DELIUS KLASING

Wartung und Reparatur

Matthew Coombs

Suzuki

DL 650 V-Strom
SFV 650 Gladius

Modelle:

DL 650 V-Strom	645 cm³	2004 bis 2013
DL 650A V-Strom	645 cm³	seit 2007
SFV 650 Gladius	645 cm³	2009 bis 2010
SFV 650A Gladius	645 cm³	seit 2009

Delius Klasing Verlag

Originaltitel:
»Haynes Service & Repair Manual« Suzuki DL 650 V-Strom, SFV 650 Gladius

Bibliografische Information der Deutschen Nationalbibliothek
Die Deutsche Nationalbibliothek verzeichnet diese Publikation in der Deutschen Nationalbibliografie; detaillierte bibliografische Daten sind im Internet über http://dnb.dnb.de abrufbar.

1. Auflage
ISBN 978-3-667-10701-5

Übertragen und bearbeitet von Udo Stünkel
Einbandgestaltung: Gabriele Engel
Satz: Hans Kock Buch- und Offsetdruck GmbH, Bielefeld
Druck: Print Consult, München
Printed in Czech Republic 2017

Vertrieb: Delius Klasing Verlag, Siekerwall 21, D-33602 Bielefeld
Tel.: 0521/559-0, Fax: 0521/559-115
E-Mail: info@delius-klasing.de
www.delius-klasing.de

FSC
www.fsc.org
MIX
Papier aus verantwortungsvollen Quellen
FSC® C084279

Inhalt

Suzuki
Jede auf ihre Art

von Julian Ryder

Von Textilmaschinen zu Motorrädern

Suzuki ist der zweitälteste der vier großen japanischen Motorradhersteller, was den Einstieg ins Zweiradgeschäft anbelangt. Genau wie Honda, begann man nach dem Zweiten Weltkrieg mit der Herstellung und Montage von kleinen Zweitaktmotoren für Fahrräder. Doch bereits vor dem Ersten Weltkrieg hatte sich Michio Suzuki mit dem Bau von Textilmaschinen einen Namen gemacht.

Der große Bedarf an Transportmitteln brachte Suzuki dazu, 1952 sein erstes motorisiertes Zweirad auf den Markt zu bringen, und dass bereits zwei Jahre später die Firma in Suzuki Motor Company umbenannt wurde, zeigt, wie wichtig das Geschäft mit Mopeds in kurzer Zeit geworden war. Im ersten Jahr der Motor Company stellte Suzuki 4500 Fahrzeuge her und begann seine Palette von Zweitaktmaschinen auszubauen.

Erst 1977 begann Suzuki mit dem Bau von Viertakt-Motorrädern, und die GS 750 mit dem quer eingebauten DOHC-Vierzylinder erschien erst einige Jahre nachdem die Konkurrenten Honda und Kawasaki den Standard festgelegt hatten. Doch an keinem anderen japanischen Motorrad kann man so gut den Stammbaum verfolgen, wie an der durchdachten Konstruktion der GS, die sich sogar noch in den Zweizylinder-Maschinen der spä-

Die T 500 Zweitakt-Zweizylindermaschine

Eine spätere GT 750 »Wasserbüffel« mit Scheibenbremsen

ten neunziger Jahre wiederfindet. Bei einer solch konstanten Modellpolitik kann man Suzuki schon Konservatismus vorwerfen, doch setzt die Firma auch immer neue Meilensteine, die für die gesamte Branche für viele Jahre als Standard gelten.

Zweitakt-Erfolge

Die ersten Rennerfolge erzielte Suzuki mit Hilfe von Ernst Degner, den während des schwedischen Grand-Prix 1961 geflohenen Fahrer und Techniker des ostdeutschen MZ-Teams. Er zeigte den japanischen Ingenieuren das Geheimnis der von MZ-Chefkonstrukteur Walter Kaaden eingesetzten Drehschieber-Steuerung. Ein Jahr später gewann die neue 50-cm³-Suzuki erstmals ein Rennen auf der Isle of Man und auch die Weltmeisterschaft. Nur Honda unterbrach einmal die von 1962 bis 1968 währende Siegesserie.
Der Einsatz der 125-cm³-Zweizylinder-Rennmaschine im Jahre 1963 ermöglichte Hugh Anderson einen Doppelsieg in den kleinen Klassen. Die 50-cm³-Klasse war alles andere als Moped-Rennerei: Vierzehn Gänge und über 160 km/h Höchstgeschwindigkeit waren nicht gerade einfach zu beherrschen. Während der sechs gewonnenen Weltmeisterschaften bis 1968 gelang es auch mit Mitsuo Itoh zum bislang einzigen Male einem japanischen Fahrer, die TT auf der Isle of Man zu gewinnen.
Auch Europa kam in den Genuss der Suzuki-Erfolge, als man die »aus dem Rennsport entstandenen« luftgekühlten Zweitakt-Zweizylinder käuflich erwerben konnte. Die 250-cm³-T 20 »Super-Six« mit Sechsgang-Getriebe ist vielen noch in Erinnerung. Den großen Erfolg erntete man mit der Einführung der 500er Zweizylinder im Jahre 1968.
Suzuki war von seinen Zweitaktern so überzeugt, dass man 1972 auch in der Motorrad-Oberklasse versuchen wollte und die wassergekühlte Dreizylinder-Maschine GT 750 vorgestellte. Sie war groß, schnell und komfortabel, wenn auch ihr Fahrwerk und die Bremsen bei sportlicher Fahrweise zu wünschen übrig ließen. Ihr Motor machte jedenfalls bei Superbike- und Formel-750-Rennen eine gute Figur, und so hatte auch die Straßenmaschine ihre Bewunderer und ist heute – allgemein bekannt als »Wasserbüffel« – bereits ein gesuchtes Sammlerstück. Nach der Umrüstung auf Scheibenbremsen wurde das Fahrverhalten besser, doch der Einbau eines solch großen Zweitaktmotors in ein Tourenmotorrad blieb einmalig, auch weil die Ölkrisen der Siebziger-Jahre die durstigen Zweitakter nicht gerade begünstigten.
Auch die RE 5, Japans einziges in Serie produziertes Wankelmotorrad, fiel neben Gewichts- und Imageproblemen wegen des großen Benzinverbrauchs Mitte der Siebziger-Jahre bei der Kundschaft durch.

Die GT 250 X7 war ein Verkaufsschlager der populären Viertelliterklasse.

Einführung der Viertakt-Serie

Als Suzuki sich als letzter japanischer Hersteller entschloss, Viertaktmotorräder ins Programm aufzunehmen, ging man bei der Entwicklung sehr sorgfältig vor. Heraus kam dabei die GS-Reihe in den Größen 550-, 650-, 750-, 850-, 1000- und 1100-cm³ als Sport-, Chopper-, Straßen- und kardangetriebenes Tourenmotorrad. Die GS 1000 wurde zu Beginn der siebziger Jahre bei Superbike-Rennen eingesetzt, die Tourenmaschine GS 850 stand fünfzehn Jahre später immer noch in der Liste. Aus den Vierzylindern wurde durch Amputation der äußeren Zylinder die kleine GS-Reihe mit 400-, 425-, 450- und 500-cm³-Zweizylindermotoren abgeleitet. Wenn es jemals an der GS-Reihe etwas zu kritisieren gab, war es das Design der GS 1000 S von 1980, die viele an einen Eiswagen erinnerte.

Natürlich machte Suzuki die gleichen Fehler wie andere Hersteller: Als 1979 die Vierventil-GSX 750 erschien, hatte man nicht nur die zwei hinteren Stoßdämpfer durch eine »Full-Floater«-Federung ersetzt, sondern auch alles andere aus der japanischen Trickkiste angebaut, wovon heute kaum noch jemand etwas weiß: Das 16-Zoll-Vorderrad und die Anti-Dive-Gabel zum Beispiel. Die ebenfalls luftgekühlte GSX wurde mit 550-, 750- und 1100-cm³ Hubraum sowie Halb-, Voll- und Tourenverkleidungen angeboten. Die historisch wichtigsten GSX-Modelle war sicher die vom Deutschen Designer Hans A. Muth gestaltete und 1981 vorgestellte Katanas mit 750-, 1000- und 1100-cm³-Motoren. Eine solche extravagante Optik hatte bis dahin und auch seitdem nicht gegeben. Zu ihrer Zeit gingen die Meinungen auseinander, doch heute wird die Maschine von allen als Meilenstein und Klassiker angesehen. Für den einheimischen Markt baut Suzuki inzwischen Retro-Katanas mit 250- und 400-cm³ Hubraum.

Die GS 400 ist der Urahn der Viertakt-Zweizylinder-Serie.

Nur zur Erinnerung, dass man immer noch gute Zweitakter bauen konnte, schuf Suzuki 1984 eine Straßenversion der RG 500 Vierzylinder-Rennmaschine, mit der unter anderem

Die GS 750 von 1976 war Suzukis erstes Viertakt-Motorrad überhaupt.

Spätere Viertaktmodelle wie diese GSX 1100 waren mit 16V-Motoren ausgerüstet.

durch Barry Sheene seit 1974 fünf Weltmeisterschaftstitel eingefahren wurden. Zehn Jahre nach dem Triumph über den Viertakter konnte jeder erfahren, wie es sich mit einem Grand-Prix-Motorrad angehen lässt. Die Maschine rannte fast 230 km/h und wog ganze 181 kg – alle anderen angebotenen Replikas waren Miezekatzen gegen diesen menschenfressenden Tiger.

Die RG wurde aufgrund schärferer Abgasgesetze nur kurze Zeit angeboten und ist inzwischen schon fast ein Klassiker; ihr Viertakt-Gegenstück, die GSX-R, gibt es immer noch. Als diese Maschine 1985 vorgestellt wurde, war sie ein revolutionärer Schritt im Sportmaschinenbau: Es war einfach eine Renn-Replika. Nicht ein Motorrad, das aussah, wie eine Rennmaschine, sondern ein Renner mit Beleuchtung und Straßenzulassung, mit dem man ohne Weiteres wieder auf den Kurs gehen und gewinnen konnte.

Die erste GSX-R verfügte über einen komplett neu konstruierten 750 cm³-Motor mit Ölkühlung in einem Alu-Doppelschleifenrahmen. Sie war schlank, etwas ruppig und sehr schnell. Die in den Suzuki-Rennfarben blau und weiß lackierte Verkleidung und die markanten Doppelscheinwerfer unterstrichen den Charakter der Maschine. Als dann noch die große GSX-R 1100 mit noch mehr Bums in allen Lebenslagen erschien, war für die Konkurrenz endgültig der Ofen aus.

Neben all diesen bahnbrechenden Entwicklungen baute Suzuki den schönsten japanischen Chopper, die VS 1400 Intruder, die erste Enduro-Replika DR 350, die schärfste Viertelliter-Supersportlerin RGV 250 und die günstigste Basis-Vierzylindermaschine mit 600 cm³ – die Bandit. Diese Maschine wurde so populär, dass man sie später auch als 1200er anbot.

Ein Motorrad seiner Zeit

Suzuki ist derjenige japanische Motorradhersteller, der Baureihen am längsten durchhält. Da man oftmals Trendsetter ist, kann man sich in Hamamatsu diese Ruhe leisten. Doch die Zeiten änderten sich irgendwann. Die wirtschaftliche Situation, das Alter der Fahrer und wachsendes Verantwortungsbewusstsein sorgten dafür, dass Sportmaschinen sich immer weniger verkauften.

Bereits in den späten 1990er-Jahren hatte Suzuki ein völlig neues Mittelklasse-Motorrad mit 650er V2-Triebwerk vorgestellt. Die SV 650 bewies von Anfang an auf dem Arbeitsweg, auf langen Reisen und sogar auf der Rennstrecke ihre Standfestigkeit. Wie bei der Bandit erhielt der Kunde zwar einen hervorragenden Motor, aber nur wenige technische Highlights – also weder eine Slipper-Kupplung noch ein einstellbares Fahrwerk. Dennoch – und natürlich aufgrund des dadurch aufgerufenen Preises – verkaufte sich die SV 650 über zehn Jahre in vielen Ländern hervorragend.

Die erste DL 650 V-Strom erschien 2004.

Nun wollte Suzuki auch den von der BMW GS dominierten – und weltweit stark wachsenden – Markt für Reise-Enduros angehen; und weil zur Jahrtausendwende bei vielen Menschen das Geld nicht mehr so locker saß, sollte auch hier der Preis ein entscheidendes Verkaufsargument sein. Die »DL 1000 V-Strom« getaufte Maschine erschien 2002 und sollte eine neue Klasse der »Sport Enduro Tourer« begründen.

2004 stand auf Basis des 650er-V-Motors aus der SV die kleine Schwester DL 650 V-Strom bereit, um Menschen zu beglücken, die keine 100 PS und 1000 cm³ Hubraum brauchten und sich auch mit einer leichten und verhältnismäßig kleinen Reiseenduro auf große Tour trauten. Die Reaktionen waren durchgängig positiv. Bei zahlreichen Vergleichen, in denen es darum ging, möglichst viel Motorrad für sein Geld zu bekommen, belegte die 650er

Die V-Strom wurde gelegentlich als Sondermodell mit Koffern angeboten – wie diese DL 650A von 2010 zeigt.

V-Strom stets vordere Plätze. Während die DL 1000 bereits 2007 wieder eingestellt wurde, konnte die Ende 2011 überarbeitet DL 650 noch mehr Begeisterung hervorrufen. Die Suzuki-Ingenieure hatten es geschafft, die bereits gute Maschine in vielerlei Hinsicht zu verbessern – vor allem das neue Design und die Verarbeitung wurden immer wieder lobend erwähnt. Mithilfe eines wohldurchdachten Zubehörprogramms konnte man mit diesem Motorrad nahezu alles anstellen. Und wenn eine 650er V-Strom sogar zweimal den großen Trans-Alp-Vergleichstest in der Zeitschrift *Motorrad* gewinnt, muss über diese Maschine nicht mehr viel gesagt werden.

Obwohl 2003 stark überarbeitet, wurde die SV 650 im Jahre 2009 durch das Modell »SFV 650 Gladius« (lateinisch für Schwert) abgelöst, bei dem der weitgehend unveränderte Motor jetzt in einem Stahlrohrrahmen hing. Das F in der Typenbezeichnung sollte trotz des zusätzlichen Gewichts von ca. 20 kg für *Fun* stehen. Wieder gelang es Suzuki über den Preis, viele Kunden zufriedenzustellen, die vor allem ein ausgereiftes Mittelklasse-Motorrad für den Alltag suchten. Im Gegensatz zur SV 650 ist die Gladius nur unverkleidet erhältlich.

Die Gladius wurde 2012 zu Ehren des 2003 verstorbenen britischen Königsklassen-Doppelweltmeisters Barry Sheene in einer Sonderlackierung sowie mit einer Bugverkleidung angeboten.

Danksagung

Wir danken den Firmen Bridge Motorcycles aus Exeter, Bransons Motorcycles aus Yeovil, Speed Superbikes aus Exeter und Fowlers aus Bristol, England, die uns die Maschinen für dieses Handbuch zur Verfügung gestellt hat. Außerdem möchten wir uns bei der Cooper-Avon Reifen Company für die Unterstützung und technische Beratung zum Thema Reifen sowie der NGK Spark Plugs (UK) Ltd. bedanken, die uns beim Thema Zündkerzen weiter geholfen hat. Danke auch an Draper Tools Ltd. für die Unterstützung mit verschiedenen Werkzeugen. Suzuki (GB) Ltd. hat uns Modellfotos zur Verfügung gestellt.

Die Einleitung wurde von Julian Ryder geschrieben.

Über dieses Handbuch

Der Sinn dieses Buches ist es, Ihnen dabei zu helfen, mit Ihrem Motorrad viel Freude zu haben. Diese Hilfe kann auf verschiedenen Wegen geschehen: Sie können entscheiden, welche Arbeiten erledigt werden müssen und was Sie davon selbst ausführen können; Ihnen werden Informationen zur Instandhaltung und Pflege Ihrer Maschine gegeben; es werden Ihnen Diagnosen und Reparatur-Reihenfolgen angeboten, um Störungen zu beseitigen.

Wir wünschen uns, dass Sie mit diesem Handbuch viele Arbeiten selber erledigen können. Bei vielen simplen Arbeiten kann es einfacher sein, sie selber auszuführen, als einen Werkstatt-Termin auszumachen und das Motorrad zum Händler zu bringen und wieder abzuholen. Noch wichtiger ist, dass man schon viel Geld sparen kann, wenn man auch nur einige Vorarbeiten erledigt – noch mehr, wenn man alle Reparaturen selber erledigt. Ebenfalls ein wichtiger Punkt ist das gute Gefühl, das entsteht, wenn man eine Arbeit erfolgreich zu Ende gebracht hat.

Angaben für die rechte oder linke Seite beziehen sich – soweit nicht anders angegeben – auf die Fahrtrichtung.

Wir sind stets sehr um die Richtigkeit der Informationen in allen unseren Büchern bemüht, doch es kommt immer wieder vor, dass Motorradhersteller während der Produktion technische Veränderungen vornehmen, von denen wir nichts wissen. Autor und Verlag können deshalb keine Verantwortung für fehlende oder falsche Informationen übernehmen, die dem Kunden Schaden oder Verletzungen zugefügt haben.

Identifikationsnummern

Rahmen- und Motornummern

Die Rahmennummer ist auf der rechten Seite des Lenkkopfes eingeschlagen und findet sich wieder auf dem Typenschild (bei DL-Modellen rechts am Rahmen, bei SFV-Modellen links am Rahmen). Die Motornummer ist links unten in das Motorgehäuse eingeschlagen. Die Rahmennummer steht in den Fahrzeugpapieren. Um der Polizei das Wiederfinden einer gestohlenen Maschine zu erleichtern, sollte man sich auch die möglicherweise von der Rahmennummer abweichende Motornummer notieren.

Die in diesem Buch behandelten Modelle werden durch ihre Typenbezeichnungen (DL oder SFV) sowie nötigenfalls durch ihre Produktionszeiträume unterschieden. Das Herstellungsjahr – welches nicht mit dem in den Papieren stehenden Erstzulassungsjahr übereinstimmen muss – ist durch einen Buchstaben hinter der Modellbezeichnung sowie einen Modellcode angegeben – siehe Tabelle. Ein Modelljahr beginnt meistens im Herbst des Vorjahres, sodass es durchaus möglich sein kann, dass z.B. eine 2011er-Maschine bereits 2010 zugelassen wurde. Mit ABS ausgerüstete Maschinen tragen im Modellcode zusätzlich ein A.

Ersatzteilkauf

Sobald Sie alle Identifikationsnummern gefunden haben, sollten diese zur Erleichterung beim Ersatzteilkauf notiert werden. Da der Hersteller technische Daten, Teile und Ausführungen ändert, ist das Bereithalten der Nummern die sicherste Methode, die richtigen Teile zu erhalten. Wenn möglich, sollten immer die defekten Teile mitgebracht werden, um sie mit den Neuteilen zu vergleichen. Auf dem Weg vom Hersteller zum Teileregal des Händlers gibt es viele Möglichkeiten, Nummern zu verwechseln oder falsch zu notieren.

Die zwei Quellen neuer Ersatzteile für Ihr Motorrad – der Zubehörhandel und der Vertragshändler – unterscheiden sich in den Teilen, die sie bereithalten. Während der Suzuki-Vertragshändler jedes aufgelistete Einzelteil Ihrer Maschine besorgen kann, bietet der Zubehörhändler zumeist nur normale Verschleißteile wie Ketten- oder Dichtungssätze sowie Tuningteile wie Stoßdämpfer und Auspuffanlagen an.

Oftmals ist es möglich, von darauf spezialisierten Geschäften Gebrauchtteile zu kaufen, die grob gesagt etwa die Hälfte von Neuteilen kosten. Dafür weiß man nie genau, was man erhält. Auch hier sollten zum Vergleich immer die defekten Teile mitgebracht werden.

Unabhängig davon, ob Sie neue, gebrauchte oder überholte Teile kaufen wollen, sollten Sie sich immer an jemanden wenden, der sich auf Suzuki-Teile spezialisiert hat.

Modell DL 650/A V-Strom	**Modelljahr**
DL 650K4	2004
DL 650K5	2005
DL 650K6	2006
DL 650AK7	2007
DL 650AK8	2008
DL 650AK9	2009
DL 650AL0	2010
DL 650AL1	2011
DL 650AL2	2012
DL 650AL3	2013
DL 650AL4	2014
DL 650AL5	2015

Modell SFV 650/A Gladius	**Modelljahr**
SFV 650K9/AK9	2009
SFV 650AL0	2010
SFV 650AL1	2011
SFV 650AL2	2012
SFV 650AL3	2013
SFV 650AL4	2014
SFV 650AL5	2015

Die Rahmennummer ist rechts in den Lenkkopf eingeschlagen.

Die Motornummer ist links unten ins Motorgehäuse eingeschlagen.

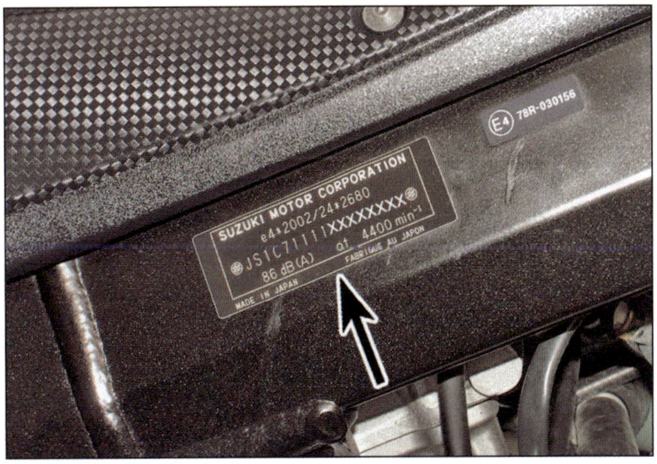

Das Typenschild ist gut sichtbar am Rahmen angebracht – hier gezeigt beim DL-Modell.

Tägliche Kontrollen

1 Kühlmittelpegel

> ⚠ ***Warnung: Entfernen Sie NICHT den Überdruckdeckel am Kühlerstutzen, um Flüssigkeit aufzufüllen. Das Nachfüllen erfolgt über den Ausgleichsbehälter. Lagern Sie Kühlflüssigkeit NICHT in offenen Behältern, da giftige Gase entweichen können.***

Vor Beginn:

✔ Bei DL-Modellen bis 2006 sitzt der Kühlmittel-Ausgleichsbehälter links zwischen dem Rahmen und dem hinteren Zylinderkopf. Der Kühlmittel-Pegel kann zwischen den Rahmenstreben kontrolliert werden, zum Auffüllen muss die linke Tankverkleidung entfernt werden (siehe Kapitel 7).

✔ Bei DL-Modellen ab 2007 sitzt der Kühlmittel-Ausgleichsbehälter unter dem Tank. Der Kühlmittel-Pegel kann erst nach der Demontage der Sitzbank (siehe Kapitel 7) kontrolliert werden, zum Auffüllen muss zudem der Tank angehoben werden (siehe Kapitel 4).

✔ Bei SFV-Modellen sitzt der Kühlmittel-Ausgleichsbehälter links zwischen dem Rahmen und dem hinteren Zylinderkopf. Der Minimal-Markierung kann bei montiertem Seitendeckel kontrolliert werden, für eine genauere Kontrolle muss der Seitendeckel entfernt werden (siehe Kapitel 7). Zum Auffüllen des Kühlsystems muss der Tank angehoben werden (siehe Kapitel 4).

✔ Stützen Sie das Motorrad auf einer ebenen Fläche senkrecht stehend ab.

✔ Prüfen Sie den Kühlmittel-Pegel immer nur bei kaltem Motor, da er sich bei warmem Motor ändert.

Vorsichtsmaßnahmen:

• Benutzen Sie immer die vorgeschriebene Mischung aus 50 % destilliertem Wasser und 50 % korrosionshemmendem Ethylen-Glykol als Frostschutz-Kühlflüssigkeit. Es ist wichtig, dass Frostschutz das ganze Jahr über verwendet wird und nicht nur im Winter. Füllen Sie bei gesunkenem Pegel nicht nur Wasser auf, um die Flüssigkeit nicht zu verdünnen. Nur im Notfall darf Regen- oder auch (möglichst weiches) Leitungswasser verwendet werden.

• Füllen Sie den Ausgleichsbehälter nicht über die obere Markierung hinaus auf.

• Falls der Pegel stetig abfällt, muss das System auf Undichtigkeiten kontrolliert werden (siehe Kapitel 1). Werden keine Lecks gefunden, muss das Kühlsystem in einer Suzuki-Werkstatt einer Druckkontrolle unterzogen werden.

DL-Modelle bis 2006

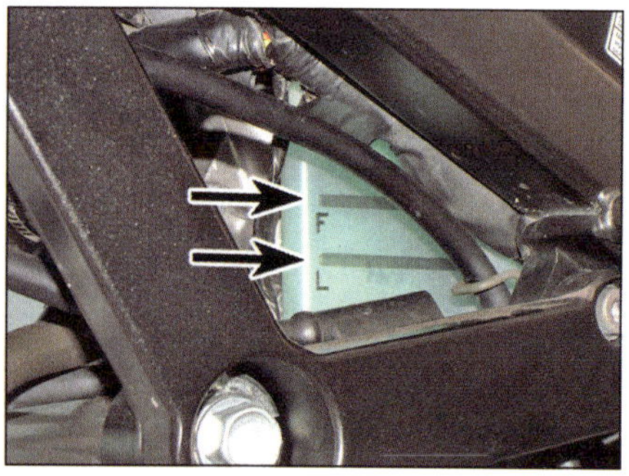

1 Der Kühlmittelpegel muss sich zwischen den am Behälter angebrachten Linien mit »F« (FULL) und »L« (LOW) befinden.

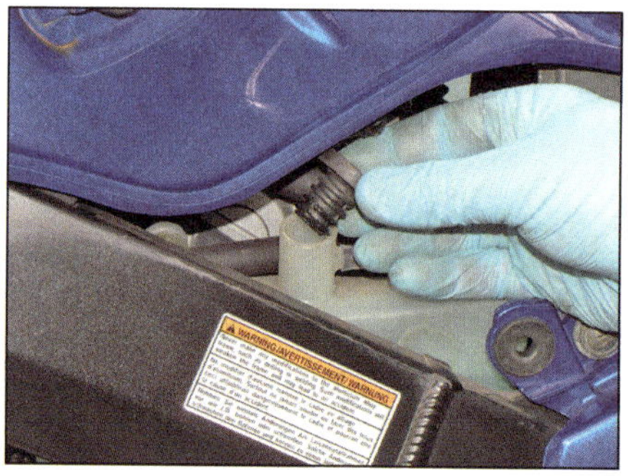

2 Entfernen Sie den Deckel des Ausgleichsbehälters.

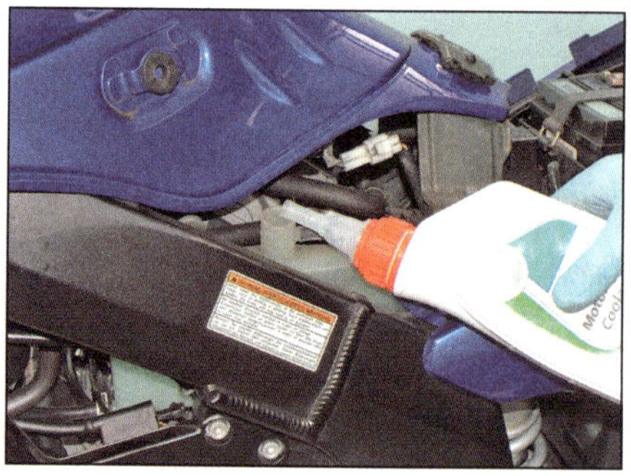

3 Füllen Sie das vorgeschriebene Kühlmittel bis zur F-Linie auf.

DL-Modelle ab 2007

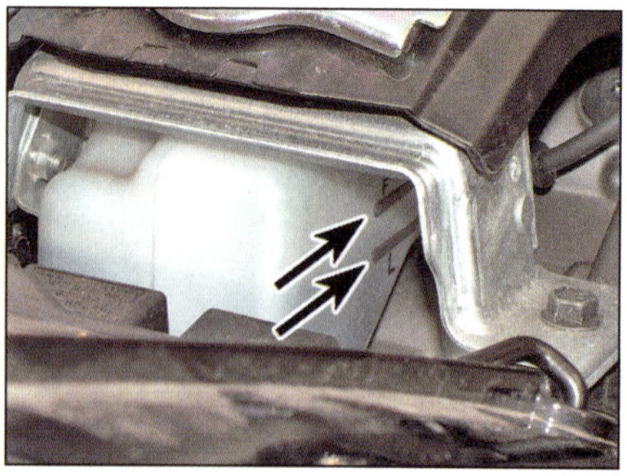

1 Der Kühlmittelpegel muss sich zwischen den rechts am Behälter angebrachten Linien mit »F« (FULL) und »L« (LOW) befinden.

2 Entfernen Sie den Deckel des Ausgleichsbehälters.

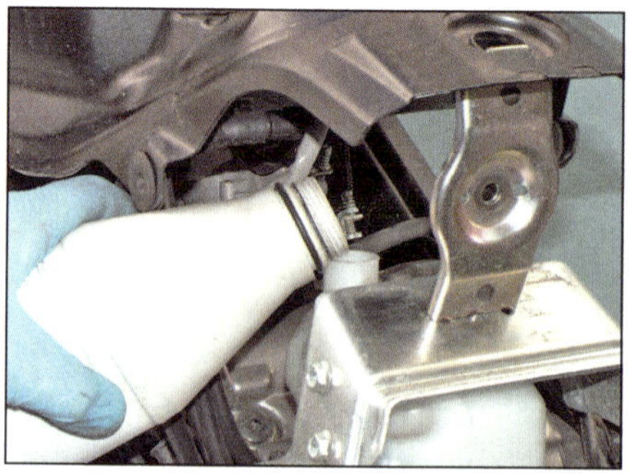

3 Füllen Sie das vorgeschriebene Kühlmittel (nötigenfalls mithilfe eines Trichters) bis zur F-Linie auf.

DL-Modelle ab 2007

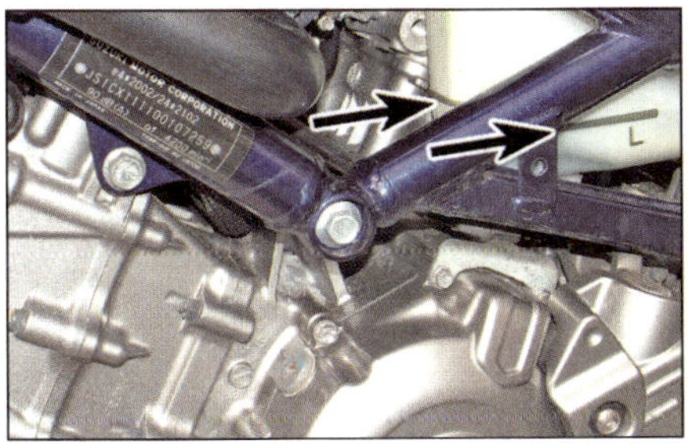

1 **Der Kühlmittelpegel muss sich zwischen den rechts am Behälter angebrachten Linien mit »F« (FULL) und »L« (LOW) befinden.**

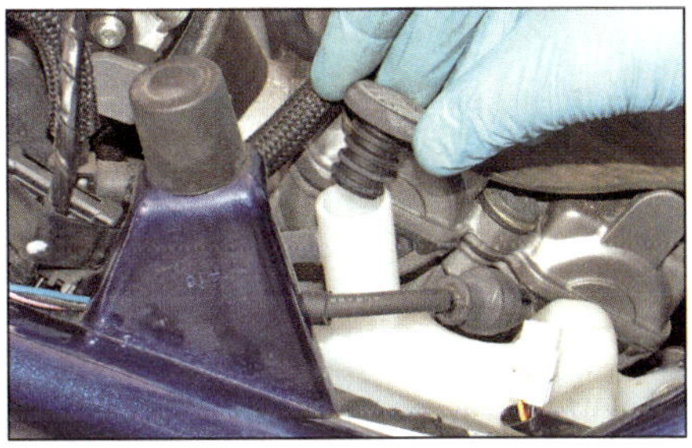

2 **Entfernen Sie den Deckel des Ausgleichsbehälters.**

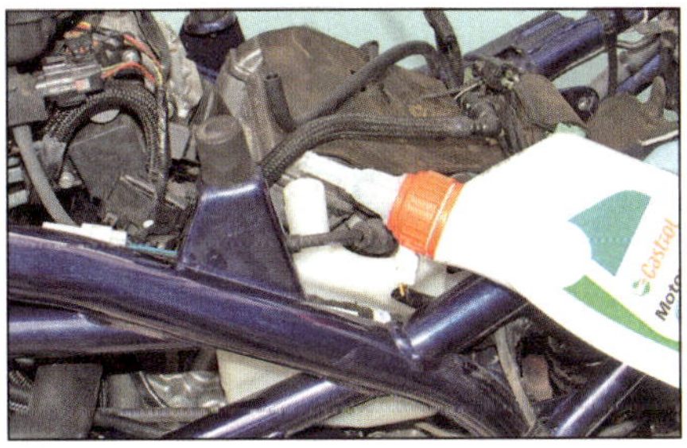

3 **Füllen Sie das vorgeschriebene Kühlmittel bis zur F-Linie auf.**

2 Federung, Lenkung und Antriebskette

Federung und Lenkung

- Prüfen Sie, ob die Vorderrad- und Hinterradfederung sanft und klemmfrei arbeitet (siehe Kapitel 1).
- Kontrollieren Sie, ob die Federung entsprechend der Belastung eingestellt ist (siehe Kapitel 5).
- Überprüfen Sie, ob sich die Lenkung sanft von Anschlag zu Anschlag bewegen lässt.

Endantrieb

- Prüfen Sie, ob die Kette den korrekten Durchhang hat, und stellen Sie sie nötigenfalls ein (siehe Kapitel 1).
- Eine trocken aussehende Kette muss geschmiert werden (siehe Kapitel 1).

3 Motorölpegel

Vor Beginn

✔ Starten Sie den Motor und bringen Sie ihn möglichst durch eine etwa viertelstündige Fahrt auf Betriebstemperatur.

Achtung: Der Motor darf nicht in einem geschlossenen Raum laufen.

✔ Schalten Sie den Motor ab und warten Sie ein paar Minuten, bis sich der Ölpegel stabilisiert hat.

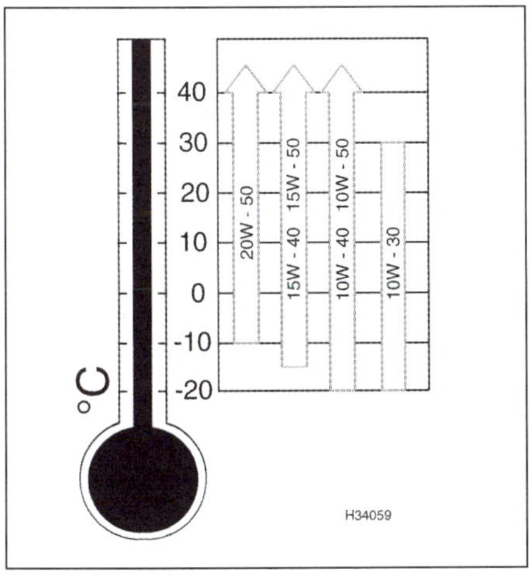

Temperaturbereiche verschiedener Motoröle

✔ Das Ölschauglas befindet sich links am Motor – wischen Sie es nötigenfalls mit einem Lappen sauber.
✔ Stützen Sie das Motorrad auf einer ebenen Fläche aufrecht stehend ab (lassen Sie es ggf. von einem Assistenten halten) und beobachten Sie das Schauglas.

Vorsichtsmaßnahmen:

- Wenn regelmäßig Öl nachgefüllt werden muss, sollten die Gründe des Ölverlustes gefunden werden. Sind keine Anzeichen von Lecks an Verbindungen und Dichtungen festzustellen, wird das Öl vom Motor verbrannt (siehe *Fehlersuche*).

Das richtige Öl:

- Moderne, leistungsstarke Motoren stellen große Anforderungen an ihr Motoröl. Es ist deshalb sehr wichtig, dass für das Motorrad das korrekte Öl benutzt wird.
- Benutzen Sie von den angegebenen Öltypen und Viskositäten immer gutes Qualitätsöl, und füllen Sie den Motor nicht zu voll.

Achtung: Manche Leichtlauföle für Automobil enthalten Additive, die Motorrad-Nasskupplungen möglicherweise durchrutschen lassen. Öle, die dem japanischen JASO-MA-Standard entsprechen, vertragen sich mit Ölbadkupplungen.

Öltyp	API-Klasse SF oder höher, JASO T 903 MA (Motorrad-Motoröl)
Ölviskosität*	SAE 10W/40 oder 15W/50

** Falls das Motorrad längere Zeit bei extremer Hitze oder Kälte gefahren wird, empfiehlt sich die Verwendung eines Motoröls mit besser geeigneter Viskosität – beachten Sie dazu die nebenstehende Tabelle.*

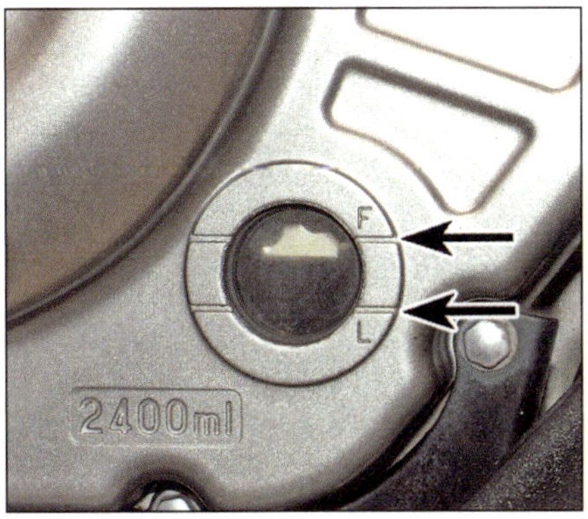

1 **Bei senkrecht stehendem Motorrad muss der Ölpegel zwischen den Markierungen für minimale (L) und maximale Füllmenge (F) liegen.**

2 **Falls der Pegel nahe oder unter der unteren Markierung liegt, muss der Einfülldeckel aus dem Motor geschraubt werden.**

3 **Füllen Sie den Motor mit dem vorgeschriebenen Öl auf, bis der Pegel knapp unter der oberen Markierung liegt. Füllen Sie nicht zu viel Öl auf!**

4 **Prüfen Sie, ob der Dichtring des Einfülldeckels in Ordnung ist und korrekt sitzt.**

4 Bremsflüssigkeitspegel

Warnung: Bremsflüssigkeit kann zu Augenverletzungen führen und Lackoberflächen angreifen, bewahren Sie deshalb beim Umgang hiermit größte Sorgfalt. Beim Eingießen sollten gefährdete Teile mit Lappen verdeckt sein. Benutzen Sie keine Bremsflüssigkeit, die längere Zeit offen gestanden hat, da sie Feuchtigkeit aus der Luft absorbiert, was zu einem gefährlichen Verlust an Bremswirkung führen kann.

Vor Beginn:

✔ Der Ausgleichsbehälter der Handbremse sitzt rechts am Lenker. Der Ausgleichsbehälter der Fußbremse sitzt hinter dem rechten Seitendeckel.

✔ Stellen Sie sicher, dass Sie die richtige Bremsflüssigkeit haben – DOT 4 ist vorgeschrieben.

✔ Umwickeln Sie den Ausgleichsbehälter mit Lappen, damit keine Spritzer auf Lackteile geraten.

✔ Drehen Sie für die Kontrolle des Handbremszylinder-Ausgleichsbehälters den Lenker so, dass der Behälter möglichst gerade steht.

✔ Stützen Sie für die Kontrolle des Fußbremszylinder-Ausgleichsbehälters das Motorrad senkrecht auf einer ebenen Fläche ab.

Vorsichtsmaßnahmen:

• Der Flüssigkeitsstand in beiden Bremsausgleichsbehältern nimmt mit zunehmendem Verschleiß der Bremsbeläge ab – prüfen Sie diese bei niedrigem Pegel (siehe Kapitel 1), und ersetzen Sie sie nötigenfalls (siehe Kapitel 6). Füllen Sie den Behälter nicht vor dem Einbau neuer Bremsbeläge auf, sondern prüfen Sie nach dem Einbau, ob Auffüllen weiterhin nötig ist – die Bremssattel-Kolben werden durch die dickeren Beläge weiter zurückgedrückt, sodass der Pegel im Behälter ansteigt.

• Wenn ein Ausgleichsbehälter wiederholt nachgefüllt werden muss, ist dies ein Indiz für ein Leck im Hydrauliksystem, das sofort repariert werden muss (siehe Kapitel 6).

• Achten Sie auf Beschädigungen oder Risse an den Hydraulikschläuchen und Komponenten – falls welche gefunden werden, müssen sie sofort ersetzt oder repariert werden (siehe Kapitel 6).

• Prüfen Sie die Funktion beider Bremsen, bevor Sie mit der Maschine fahren. Wenn Luftblasen im System sind (schwammiges Gefühl im Hebel oder Pedal), muss es entlüftet werden (siehe Kapitel 6).

Vorderradbremse

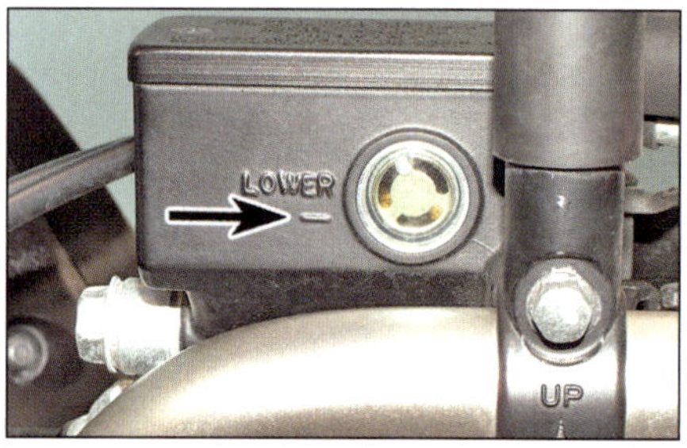

1 **Der Bremsflüssigkeitspegel ist durch das Schauglas sichtbar – er muss sich oberhalb der LOWER-Markierung befinden.**

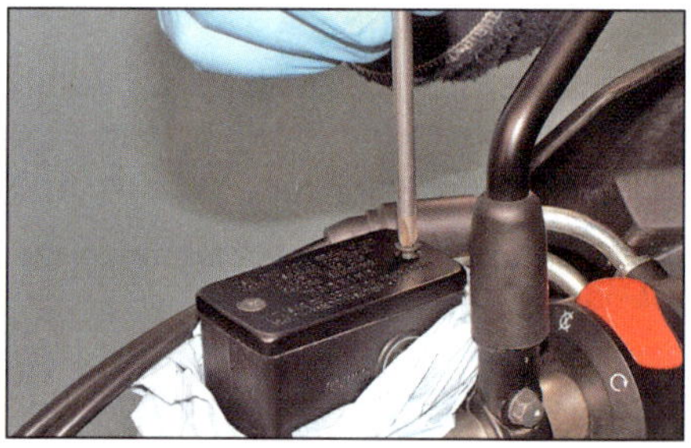

2 **Falls der Pegel nahe oder unterhalb der LOWER-Linie liegt, müssen die zwei Schrauben des Behälterdeckels gelöst und dieser samt Platte und Manschette abgenommen werden.**

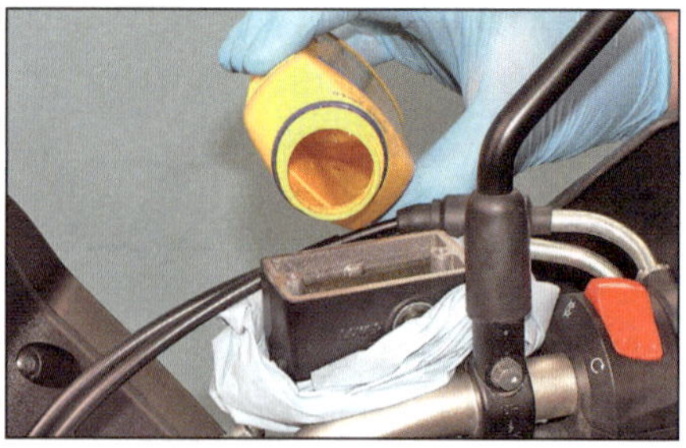

3 **Füllen Sie frische DOT 4-Bremsflüssigkeit auf, bis der Pegel an der Markierung innerhalb des Behälters steht – füllen Sie nicht zu viel auf und vermeiden Sie Spritzer (siehe Warnung oben).**

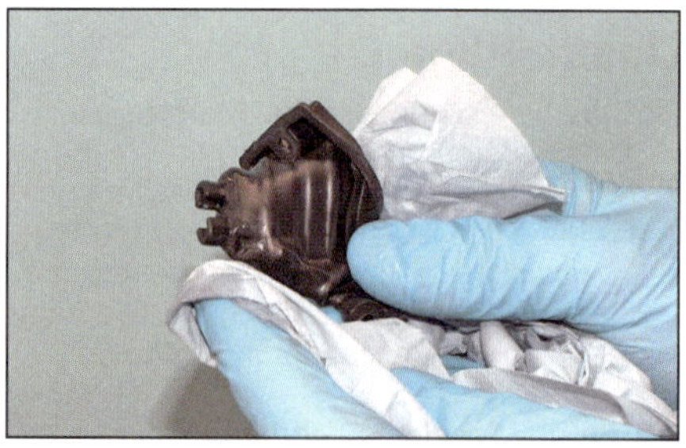

4 **Wischen Sie mit einem Papiertuch Ablagerungen aus der Manschette.**

5 **Achten Sie vor dem Aufsetzen des Deckels darauf, dass die Manschette korrekt sitzt. Sichern Sie den Deckel mit den Schrauben.**

Hinterradbremse

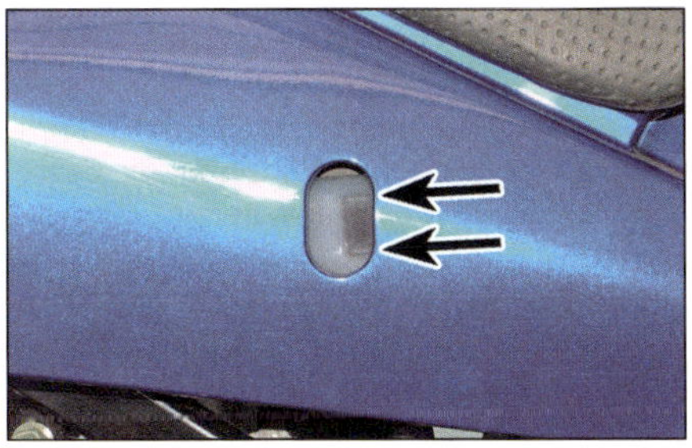

1 Die LOWER- und UPPER-Linien des Ausgleichsbehälters sind durch die Öffnung im rechten Seitendeckel erkennbar – DL-Modelle bis 2011.

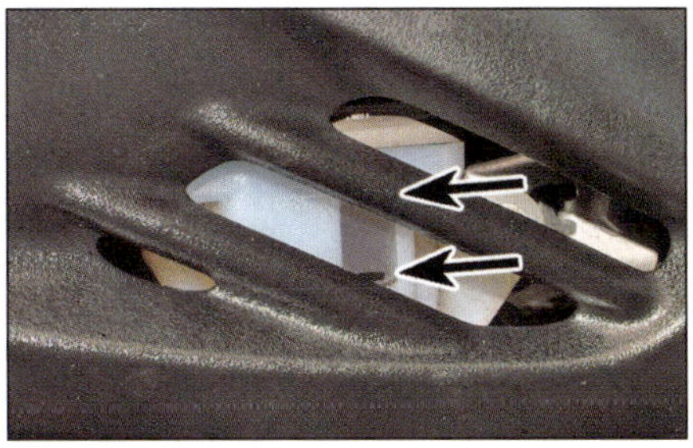

2 Die LOWER- und UPPER-Linien des Ausgleichsbehälters sind durch die Öffnung im rechten Seitendeckel erkennbar – DL-Modelle ab 2012.

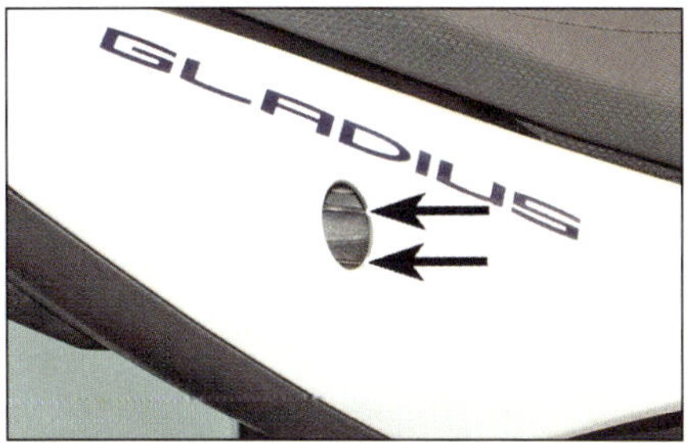

3 Die LOWER- und UPPER-Linien des Ausgleichsbehälters sind durch die Öffnung im rechten Seitendeckel erkennbar – SFV-Modelle.

4 Falls der Pegel nahe oder unterhalb der LOWER-Linie liegt, muss der Seitendeckel entfernt werden (siehe Kapitel 7). Lösen Sie die Schrauben des Behälterdeckels und entfernen Sie ihn samt Platte (nur SFV) und Manschette.

5 Füllen Sie frische DOT 4-Bremsflüssigkeit auf, bis der Pegel an der UPPER-Linie steht – füllen Sie nicht zu viel auf und vermeiden Sie Spritzer (siehe Warnung oben).

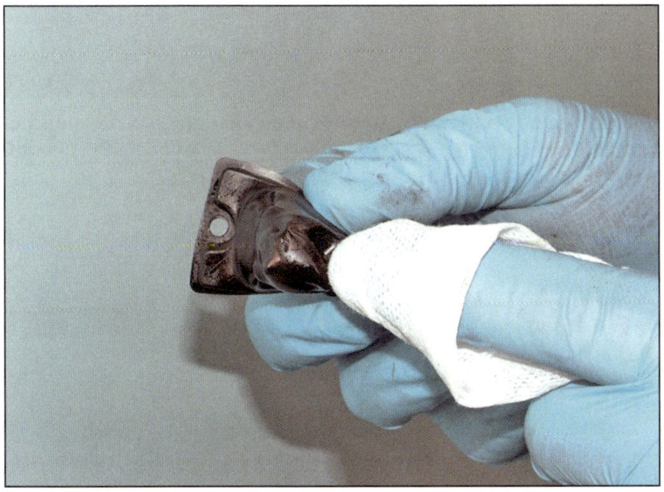

6 Wischen Sie mit einem Papiertuch Ablagerungen aus der Manschette.

7 Achten Sie vor dem Aufsetzen der Platte (nur SFV) und des Deckels darauf, dass die Manschette korrekt sitzt. Schrauben Sie den Deckel auf den Behälter und montieren Sie den Seitendeckel.

5 Ordnungsgemäßer Zustand und Sicherheit

Licht und Signale

- Kontrollieren Sie, ob Scheinwerfer, Rücklicht, Bremslicht, Kennzeichen- und Instrumentenbeleuchtung sowie alle Blinker korrekt funktionieren.
- Prüfen Sie die Funktion der Hupe.
- Ein funktionierender Tachometer ist gesetzlich vorgeschrieben.

Sicherheit

- Überprüfen Sie, ob der Gasgriff leichtgängig ist und jederzeit und in allen Lenkerpositionen von alleine wieder schließt. Kontrollieren Sie das korrekte Gasgriff-Spiel (siehe Kapitel 1).
- Prüfen Sie, ob sich der Bremshebel, das Bremspedal, der Kupplungshebel und der Schalthebel sanft und frei bewegen lassen. Schmieren alle Teile in den vorgegebenen Intervallen oder bei Erfordernis (siehe Kapitel 1).
- Prüfen Sie, ob der Motor abschaltet, wenn der Killschalter betätigt wird. Kontrollieren Sie den Sicherheits-Stromkreis (siehe Kapitel 1).
- Prüfen Sie, ob die Ständerfedern den/die Ständer im eingeklappten Zustand sicher an der Maschine halten.

Kraftstoff

- Auch wenn es überflüssig klingt: Überprüfen Sie, ob Sie genug Benzin für die bevorstehende Fahrt im Tank haben. Wenn irgendwo Kraftstoff ausläuft, muss die Ursachen hierfür sofort beseitigt werden.
- Vergewissern Sie sich, dass immer Benzin der vorgeschriebenen Oktanzahl verwendet wird – Suzuki schreibt Otto-Kraftstoff mit mindestens 91 Oktan vor.

6 Reifen

Der richtige Reifendruck

- Der Luftdruck muss bei **kaltem** Reifen überprüft werden – also nicht direkt nach längerer Fahrt, denn hierbei wird der Reifen warm und der Luftdruck steigt. Extrem niedriger Reifenluftdruck kann den Reifen auf der Felge rutschen oder sogar abspringen lassen. Zu hoher Luftdruck lässt den Reifen in der Mitte stark verschleißen und sorgt für eine unsichere Fahrweise.
- Benutzen Sie ein genaues Messgerät.
- Ein richtiger Luftdruck erhöht die Lebensdauer der Reifen und sorgt für beste Fahrstabilität und Fahrkomfort.

Vorsichtsmaßnahmen

- Kontrollieren Sie die Reifen sorgfältig auf Risse, Schnitte, eingedrungene Nägel oder andere scharfe Dinge und erhöhte Abnutzung. Die Benutzung von Motorrädern mit stark abgefahrenen Reifen ist extrem gefährlich, auch die Straßenlage und Traktion verschlechtert sich stark.
- Achten Sie auf festsitzende Schutzkappen. Entweicht nach dem Entfernen einer Kappe Luft, kann dies an einem locker sitzenden Ventil liegen. Mithilfe eines preiswerten Werkzeugs (das es auch in die Ventilkappe integriert gibt) kann das Ventil wieder angezogen (oder ausgetauscht) werden. Kontrollieren Sie den Zustand der Reifenventile.
- Im Gummi steckende Steine, Scherben und Nägel müssen entfernt werden, damit sie nicht komplett eindringen und für einen Plattfuß sorgen.
- Wenn eine Beschädigung offensichtlich ist oder ungewöhnlich hoher Druckverlust auftritt, suchen Sie sofort Rat bei einem Reifenhändler.

Reifenprofiltiefe

- Zurzeit muss ein Reifen laut Gesetz eine Mindestprofiltiefe von 1,6 mm aufweisen. Suzuki empfiehlt, vorne 1,6 mm und hinten 2,0 mm nicht zu unterschreiten, doch kann es vorkommen, dass das Fahrverhalten bereits früher schlechter wird.
- Viele heutige Reifen besitzen Profiltiefen-Indikatoren, auf die an den Flanken mit Dreiecken oder der Bezeichnung TWI hingewiesen wird. Diese Indikatoren müssen **nicht** den vorgeschriebenen 1,6 mm entsprechen! Ermitteln Sie die Profiltiefe an der am stärksten verschlissenen Stelle des Reifens – die Polizei wird es bei einer Kontrolle ebenso tun. Ersetzen Sie einen abgefahrenen Reifen – dies erhöht die Sicherheit und schützt vor Strafe.

		Vorne	Hinten
DL-Modelle	nur Fahrer mit Beifahrer	2,25 bar 2,25 bar	2,5 bar 2,8 bar
SFV-Modelle	nur Fahrer mit Beifahrer	2,25 bar 2,25 bar	2,5 bar 2,5 bar

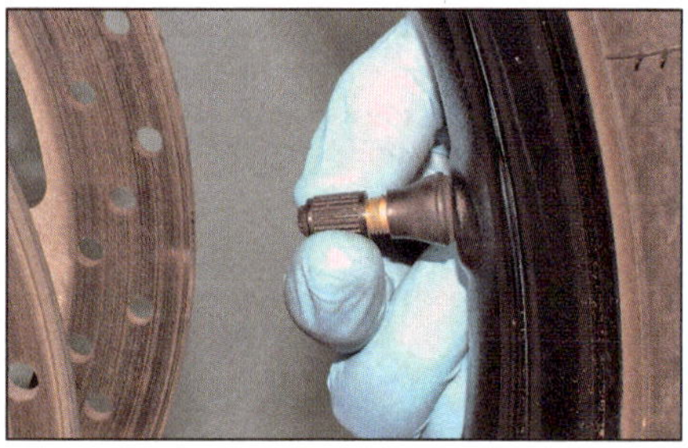

1 **Schrauben Sie die Staubkappe vom Ventil – vergessen Sie nicht, sie später wieder aufzuschrauben.**

2 **Kontrollieren Sie den Luftdruck nur bei kaltem Reifen, und füllen Sie nur bis zum empfohlenen Druck.**

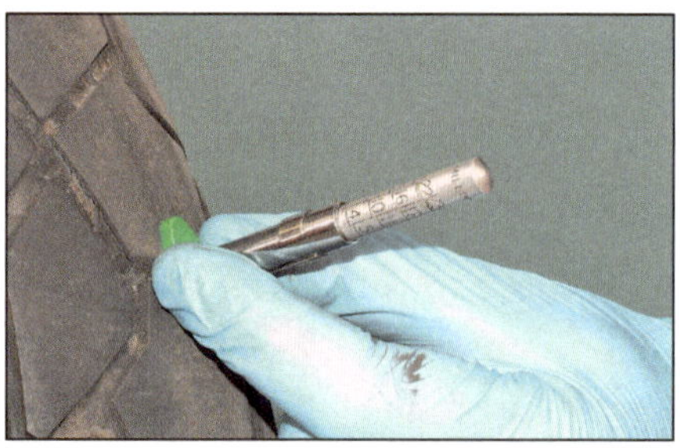

3 **Die Profiltiefe wird mithilfe eines Profil tiefenmessers an der am stärksten verschlissenen Stelle des Reifens gemessen.**

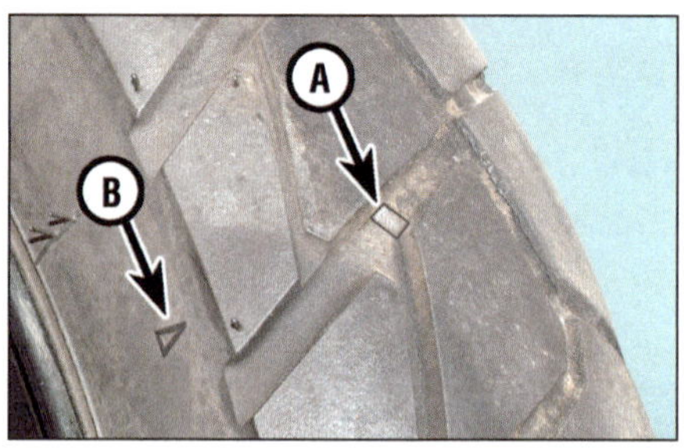

4 **Der Profiltiefen-Indikator (A) und der Hinweis (TWI = Tread Wear Indicator) auf der Reifenflanke (B).**

Modellentwicklung

DL 650 V-Strom

Die 2004 und damit zwei Jahre nach der DL 1000 eingeführte DL 650 V-Strom kann zweifellos als deren kleine Schwester bezeichnet werden.

Der V2-Motor aus der SV 650 ist auf mehr Leistung im mittleren Drehzahlbereich abgestimmt worden. Die vier Ventile jedes Zylinderkopfes werden mit jeweils einer Steuerkette und zwei obenliegenden Nockenwellen gesteuert. Die Kurbelwelle überträgt die Leistung über eine seilzugbetätigte Mehrscheiben-Ölbadkupplung auf ein Sechsganggetriebe. Das Hinterrad wird per Dichtringkette angetrieben.

Eine elektronische Motorsteuerung regelt sowohl die Einspritzanlage (mit 39 mm Saugrohrdurchmesser) als auch die Zündung. Das Frischgas tritt über zwei Ventile in den Brennraum ein, während das Abgas den Motor über ebenfalls zwei Ventile und eine Zwei-in-Eins-Auspuffanlage wieder verlässt. Im Auspuff sitzt ein geregelter Katalysator.

Der Motor sitzt als tragendes Teil in einem Aluminium-Brückenrahmen.

Das Vorderrad wird in einer konventionellen Teleskopgabel mit 43 mm Standrohrdurchmesser und einstellbarer Federvorspannung geführt. Das Hinterrad wird in einer Leichtmetall-Schwinge geführt, die sich über eine progressiv wirkende Anlenkung gegen ein Zentralfederbein mit einstellbarer Federvorspannung und Zugdämpfung abstützt.

Gebremst wird vorne mit zwei Doppelkolben-Schwimmsätteln auf zwei 310 mm große Bremsscheiben und hinten mit einem Einkolben-Schwimmsattel auf einer 260 mm große Scheibe.

2007 werden die Zylinderköpfe auf Doppelzündung umgerüstet. Eine automatische Standgasregelung ersetzt den manuellen Einsteller und es kommen eine neue Benzinpumpe und ein neuer Anlasser zum Einsatz. Die um 15 mm verlängerte Hinterradschwinge soll das Fahrverhalten verbessern. In der zumindest in Deutschland ausschließlich angebotenen DL 650A hält ABS Einzug.

2012 wird eine stark überarbeitete V-Strom vorgestellt. Am Motor sind der Ölkühler und der Kupplungs-Ausrückmechanismus überarbeitet worden, zudem kommen neue Motordeckel zum Einsatz. Änderungen werden auch an den Instrumenten, Verkleidungsteilen, dem Tank, dem Scheinwerfer und dem Rücklicht vorgenommen.

Suzuki stellt für verschiedene Märkte Sondermodelle namens »Adventure«, »Grand Tourer« (GT) und »Tourer« bereit, die teilweise mit Koffern, Topcase, Tankrucksack, Handprotektoren, Sturzbügeln, einem Ölwannenschutz, einem Hauptständer und einer höheren Windschutzscheibe ausgerüstet wurden. 2015 wird das Sondermodell V-Strom 650 XT mit Speichenrädern und umfangreichem Reiseenduro-Zubehör eingeführt (das in diesem Buch nicht gesondert behandelt wird).

SFV Gladius

Die SFV Gladius wird 2008 als Nachfolgerin der unverkleideten SV 650 vorgestellt und geht zum Modelljahr 2009 in Serie.

Der Motor entspricht weitgehend dem Doppelzündungs-Triebwerk der DL 650 von 2007, ist aber mit einem anderen Ölkühler, einem modifizierten Kupplungs-Ausrückmechanismus und anderen Deckeln ausgerüstet.

Das Triebwerk hängt als tragendes Teil in einem Stahl-Gitterrohrrahmen.

Das Vorderrad wird in einer konventionellen Teleskopgabel mit 41 mm Standrohrdurchmesser und einstellbarer Federvorspannung geführt. Das Hinterrad wird in einer Kastenschwinge aus Stahl geführt, die sich über eine progressiv wirkende Anlenkung gegen ein Zentralfederbein mit einstellbarer Federvorspannung abstützt.

Gebremst wird vorne mit zwei Doppelkolben-Schwimmsätteln auf zwei 290 mm große Bremsscheiben und hinten mit einem Einkolben-Schwimmsattel auf einer 240 mm große Scheibe. Ab 2010 sind die ausschließlich angebotenen SFV 650A-Modelle generell mit ABS ausgerüstet.

Technische Daten

Fahrwerk

Rahmen	
DL-Modelle	Brückenrahmen aus Aluminium-Profilen, Aluminiumschwinge
SFV-Modelle	Gitterrohrrahmen aus Stahl, Kastenschwinge aus Stahl
Lenkkopfwinkel und Nachlauf	
DL-Modelle	26°, 110 mm
SFV-Modelle	25°, 106 mm
Benzintank – Gesamtkapazität inklusive Reserve	
DL-Modelle bis 2011	22 Liter
DL-Modelle ab 2012	20 Liter
SFV-Modelle	14,5 Liter
Vorderradfederung	
Typ	
DL-Modelle	Hydraulische Teleskopgabel, 43 mm Standrohrdurchmesser
SFV-Modelle	Hydraulische Teleskopgabel, 41 mm Standrohrdurchmesser
Federweg	
DL-Modelle	150 mm
SFV-Modelle	125 mm
Einstellmöglichkeiten	Federvorspannung
Hinterradfederung	
Typ	Mono-Stoßdämpfer, progressiv angelenkt
Federweg	
DL-Modelle	150 mm
SFV-Modelle	130 mm

Einstellmöglichkeiten	
DL-Modelle	Federvorspannung, Zugdämpfung
SFV-Modelle	Federvorspannung
Räder	
DL-Modelle	vorne 19-Zoll-, hinten 17-Zoll-Dreispeichengussräder
SFV-Modelle	17-Zoll-Fünfspeichengussräder
Reifen – DL-Modelle	
Vorderreifen	110/80-R19 (59H) schlauchlos
Hinterreifen	150/70-R17 (69H) schlauchlos
Reifen – SFV-Modelle	
Vorderreifen	120/70-ZR17 (58W) schlauchlos
Hinterreifen	160/60-ZR17 (69W) schlauchlos
Vorderradbremse	2 schwimmend gelagerte Bremsscheiben mit Doppelkolben-Schwimmsätteln
Hinterradbremse	Bremsscheibe mit Einkolben-Schwimmsattel

Motor

Typ	Viertakt-V-Zweizylinder
Hubraum	645 cm³
Bohrung	81,0 mm
Hub	62,6 mm
Verdichtungsverhältnis	
DL bis 2011	11,5 : 1
DL ab 2012, alle SFV	11,2 : 1
Ventiltrieb	je 2 kettengetriebene obenliegende Nockenwellen
Kupplung	Mehrscheiben-Ölbadkupplung
Getriebe	6 Gänge im konstanten Eingriff
Endantrieb	Dichtringkette
Schmiersystem	Nasssumpf mit Trochoidenpumpe
Kühlsystem	Wasserkühlung
Kraftstoffsystem	Einspritzanlage
Zündanlage	Digitale Transistorzündung mit elektronischer Frühverstellung

Maße und Gewicht
DL-Modelle bis 2006

Gesamtlänge	2290 mm
Gesamtbreite	840 mm
Gesamthöhe	1390 mm
Radstand	1540 mm
Bodenfreiheit	165 mm
Sitzhöhe	820 mm
Gewicht	
trocken	190 kg
betriebsbereit und vollgetankt	213 kg

DL-Modelle von 2007 bis 2011

Gesamtlänge	2290 mm
Gesamtbreite	840 mm
Gesamthöhe	1390 mm
Radstand	1555 mm
Bodenfreiheit	165 mm
Sitzhöhe	820 mm
Gewicht	
trocken	197 kg
betriebsbereit und vollgetankt	220 kg

DL-Modelle ab 2012

Gesamtlänge	2290 mm
Gesamtbreite	835 mm
Gesamthöhe	1405 mm
Radstand	1560 mm
Bodenfreiheit	175 mm
Sitzhöhe	835 mm
Leergewicht vollgetankt	214 kg

SFV-Modelle

Gesamtlänge	2130 mm
Gesamtbreite	760 mm
Gesamthöhe	1090 mm
Radstand	1445 mm
Bodenfreiheit	135 mm
Sitzhöhe	785 mm
Leergewicht vollgetankt	202 kg (ABS: + 3 kg)

Sicherheit geht vor!

Professionelle Mechaniker haben während ihrer Ausbildung viel über Arbeitssicherheit gelernt. Doch auch der Enthusiast sollte sich bei seinen Tätigkeiten die Zeit nehmen, um sicherzustellen, dass er sich nicht unnötig in Gefahr begibt. Eine kurze Unachtsamkeit kann genauso zu einem Unfall führen wie die Nichtbeachtung simpler Vorsichtsmaßnahmen.

Es gibt unendlich viele Möglichkeiten, einen Unfall herbeizuführen – und es kann hier keine umfassende Liste aller Gefahren wiedergegeben werden; vielmehr soll auf das Risiko hingewiesen und auf eine sichere Herangehensweise an alle Arbeiten am Motorrad aufmerksam gemacht werden.

Asbest

• Verschiedene Reibmaterialien, Isolierungen, Dichtungen und andere Dinge wie Brems- und Kupplungsbeläge, Kopfdichtungen, Hitzeschilde, usw. können Asbest enthalten. Absolute Vorsicht ist beim Einatmen des Staubs solcher Teile geboten, da dieser äußerst gesundheitsschädlich ist. Im Zweifelsfall sollte man immer davon ausgehen, dass Asbest enthalten ist.

Feuer

• Denken Sie immer daran, dass Benzin leicht entzündbar ist. Rauchen Sie niemals bei der Arbeit am Fahrzeug, und lassen Sie keine offenen Flammen in die Nähe kommen. Hiermit ist das Feuer-Risiko jedoch noch nicht gebannt, denn Funken durch einen elektrischen Kurzschluss, das Aufeinanderschlagen zweier Metallteile, der unbedachte Einsatz von Werkzeugen oder die statische Aufladung des Körpers oder der Kleidung können in geschlossenen Räumen die zu einem hochexplosiven Gemisch entwickelten Benzindämpfe entzünden. Verwenden Sie Benzin niemals als Reinigungsmittel, sondern benutzen Sie ungefährlichere Lösungsmittel.

• Trennen Sie vor jeder Arbeit am Kraftstoff- oder Zündsystem den Masse-Anschluss (–) von der Batterie. Lassen Sie niemals Benzin auf den heißen Motor oder Auspuff tropfen.

• Es wird empfohlen, in der Garage oder der Werkstatt einen für brennende Flüssigkeiten geeigneten Feuerlöscher griffbereit zu halten. Löschen Sie niemals brennendes Benzin oder unter Strom stehende Teile mit Wasser!

Dämpfe

• Manche Dämpfe sind hochgiftig und können schnell zur Bewusstlosigkeit oder gar zum Tod führen, wenn sie in einer bestimmten Konzentration eingeatmet werden. Benzindämpfe gehören genauso dazu wie Dämpfe von Lösungsmitteln wie Trichlor-Ethylen. Sämtlicher Umgang mit solch flüchtigen Stoffen darf nur in gut belüfteten Bereichen geschehen.

• Bei der Verwendung von Reinigungs- oder Lösungsmitteln müssen stets sorgfältig die Anwendungshinweise durchgelesen werden. Benutzen Sie niemals Stoffe aus unbeschrifteten Behältern, und mischen Sie niemals verschiedene an sich harmlose Lösungsmittel – sie können giftige Dämpfe freisetzen.

• Lassen Sie niemals einen Verbrennungsmotor in geschlossenen Räumen laufen. Auspuffgase enthalten Kohlenmonoxid, das extrem giftig ist. Wenn ein Motor gestartet werden muss, hat dies möglichst im Freien zu geschehen, zumindest ist die Maschine so hinzustellen, dass der Auspuff nach draußen zeigt.

Batterie

• Setzen Sie die Batterie nie offenem Feuer oder Funken aus, da sie immer etwas Wasserstoff abgibt, der hochexplosiv ist.

• Trennen Sie vor der Arbeit am Kraftstoff- oder Zündsystem den Masse-Anschluss (–) von der Batterie – außer, die Stromzufuhr wird ausdrücklich verlangt.

• Lockern Sie beim Laden der Batterie die Einfüllstopfen. Laden Sie die Batterie nicht mit einer zu hohen Rate, da sie hierdurch beschädigt wird.

• Seien Sie beim Auffüllen, Reinigen und Tragen der Batterie vorsichtig. Die Batteriesäure ist auch im verdünnten Zustand stark ätzend. Haut- und Augen-Kontakt muss durch das Tragen von Gummihandschuhen und einer Schutzbrille mit Gesichtsschutz vermieden werden. Muss die Batteriesäure selber vorbereitet werden, darf nur die Säure langsam dem Wasser zugefügt werden – kippen Sie niemals das Wasser in die Säure!

Elektrizität

• Beim Einsatz von Elektrowerkzeugen, Lampen, usw. muss immer ein korrekter Stromanschluss und ggf. Masseanschluss sichergestellt sein. Verwenden Sie keine Elektrogeräte in feuchter Umgebung oder in der Nähe von Benzin oder Benzindämpfen. Achten Sie darauf, dass alle Geräte und das Stromnetz den Sicherheitsstandards entsprechen.

• Einen starken Stromschlag kann man beim Berühren bestimmter Teile der elektrischen Anlage bekommen, so zum Beispiel beim Anfassen der Zündkabel bei laufendem oder durchgedrehtem Motor – und besonders, wenn Bauteile feucht sind oder eine defekte Isolierung haben. Bei elektronischen Zündanlagen kann die Zündspannung lebensgefährlich sein!

Niemals ...

✘ den Motor starten, ohne geprüft zu haben, dass sich das Getriebe im Leerlauf befindet.

✘ plötzlich den Deckel eines heißen Kühlsystems entfernen, sondern ihn mit Lappen abdecken. Langsam den Druck ablassen, damit man sich nicht durch austretendes Kühlmittel verbrüht.

✘ aus einem heißen Motor Öl ablassen, sondern ihn erst etwas abkühlen lassen, um sich nicht zu verbrennen.

✘ Teile eines heißen Motors oder Auspuffs anfassen, um sich nicht zu verbrennen.

✘ Bremsflüssigkeit oder Kühlmittel auf Lack oder Kunststoffteile gelangen lassen.

✘ giftige Flüssigkeiten wie Benzin, Bremsflüssigkeit oder Frostschutzmittel mit dem Mund ansaugen oder auf die Haut gelangen lassen.

✘ Staub einatmen, der gesundheitsschädlich sein kann (siehe oben unter Asbest).

✘ Öl oder Fett auf dem Boden belassen, sondern es aufwischen, bevor man ausrutscht.

✘ verschlissene Werkzeuge benutzen, da man damit abrutschen und sich verletzen kann.

✘ schwere Dinge wie Motoren alleine heben, sondern einen Assistenten zu Hilfe holen.

✘ in Zeitnot arbeiten oder die Arbeit auf gefährlichen Wegen abkürzen.

✘ Kinder oder Tieren ermöglichen, sich in der Nähe eines unbeobachteten Fahrzeugs aufzuhalten.

✘ einen Reifen über den erlaubten Maximaldruck aufpumpen. Abgesehen von der Überlastung der Karkasse kann er in Extremfällen platzen.

Stets ...

✔ dafür sorgen, dass die Maschine sicher steht. Besonders wichtig ist dies, wenn die Maschine für den Ausbau eines Rades oder einer Radaufhängung aufgebockt wird.

✔ festsitzende Schrauben oder Muttern vorsichtig lockern. An einem Schlüssel zu ziehen ist immer besser als ihn zu drücken, damit man beim Abrutschen nicht auf die Maschine fällt.

✔ beim Einsatz von Bohrern, Schleifern und anderen Maschinen eine Schutzbrille tragen.

✔ beim Arbeiten in schmutzigen Bereichen die Hände mit Schutzcreme versehen, die nicht nur vor Infektionen schützt, sondern auch das Reinigen erleichtert. Längerer Kontakt mit Motoröl kann ein Gesundheitsrisiko sein. Passen Sie aber auf, dass die Hände durch die Creme nicht rutschig werden.

✔ Kleidungsstücke wie Ärmel, Halstücher oder lange Haare außerhalb des Arbeitsbereichs beweglicher Teile halten.

✔ Schmuck und Uhren vor der Arbeit – besonders an elektrischen Bauteilen – ablegen.

✔ den Arbeitsbereich sauber und geordnet halten, um nicht über herumliegende Teile zu fallen.

✔ beim Zusammendrücken von Federn für den Aus- oder Einbau vorsichtig sein. Spannen und Entspannen Sie Federn nur mit geeigneten Werkzeugen, die die Feder nicht plötzlich weg springen lassen.

✔ aufpassen, dass Hebevorrichtungen genügend Tragkraft für die zu verrichtende Arbeit haben.

✔ jemanden regelmäßig die Arbeit kontrollieren lassen, wenn man alleine am Fahrzeug arbeitet.

✔ die Arbeit in einer logischen Reihenfolge ausführen und anschließend prüfen, ob alles korrekt montiert und gesichert ist.

✔ daran denken, dass die Sicherheit des Fahrzeugs auch Ihre eigene Sicherheit und die anderer bedeutet. Bei jedem Zweifel muss professioneller Rat eingeholt werden.

• Da man sich trotz des Befolgens dieser Hinweise verletzen kann, muss dafür gesorgt werden, dass immer jemand (ggf. per Telefon) erreichbar ist, der einem zur Hilfe kommen kann.

Kapitel 1
Einstellungs- und Wartungsarbeiten

Inhalt (in alphabetischer Reihenfolge, die Zahlen geben die Nummerierung in den grauen Feldern wieder)

Schwierigkeitsgrade

Leicht. Für Anfänger mit wenig Erfahrung geeignet.	**Relativ leicht.** Für Anfänger mit etwas Erfahrung geeignet.	**Relativ schwierig.** Für geübte Selbstschrauber geeignet.	**Schwer.** Für Selbstschrauber mit viel Erfahrung geeignet.	**Sehr schwer.** Für Experten und Profis geeignet.

Technische Daten

Motor

Zylindernummerierung	vorne: 1; hinten: 2
Zündkerzen – DL-Modelle bis 2011	
Standard-Typ	NGK CR8E oder Denso U24 ESR-N
Kalter Typ (für sehr heißes Wetter oder dauerhaft hohes Tempo)	NGK CR9E oder Denso U27 ESR-N
Heißer Typ (für sehr kaltes Wetter)	NGK CR7E oder Denso U22 ESR-N
Elektroden-Kontaktabstand	0,7 bis 0,8 mm
Zündkerzen – DL ab 2012, alle SFV-Modelle	
Standard-Typ	NGK CR8EIA-9 oder Denso IU24D
Kalter Typ (für sehr heißes Wetter oder dauerhaft hohes Tempo)	NGK CR9EIA-9 oder Denso IU27D
Heißer Typ (für sehr kaltes Wetter)	NGK CR7EIA-9 oder Denso IU22D
Elektroden-Kontaktabstand	0,7 bis 0,8 mm
Standgasdrehzahl	1200 bis 1400/min
Ventilspiel (bei **kaltem** Motor)	
Einlassventile	0,1 bis 0,2 mm
Auslassventile	0,2 bis 0,3 mm

Fahrwerk

Antriebskette	
Durchhang (auf Seitenständer)	20 bis 30 mm
Streckgrenze (über 21 Bolzen)	319,4 mm
Kupplungszug-Spiel (am Hebelende)	10 bis 15 mm
Gaszug-Spiel (am Griffbund)	2 bis 4 mm
Reifendruck	siehe *Tägliche Kontrollen*

Empfohlene Schmiermittel und Flüssigkeiten

Motoröl-Typ und Viskosität	SAE 10W40, API-Klasse SF oder höher, JASO T 903 MA (Motorrad-Motoröl) – weitere Hinweise zu extremen Bedingungen finden sich in den Täglichen Kontrollen.
Motoröl-Füllmenge – DL-Modelle bis 2011	
nur Ölwechsel	2,3 Liter

Öl- und Filterwechsel	2,7 Liter
nach Motorüberholung (trocken, neuer Filter)	3,1 Liter
Motoröl-Füllmenge – DL-Modelle ab 2012, alle SFV-Modelle	
nur Ölwechsel	2,4 Liter
Öl- und Filterwechsel	2,75 Liter
nach Motorüberholung (trocken, neuer Filter)	3,0 Liter
Kühlflüssigkeit-Typ	50 % destilliertes Wasser und 50 % silikatfreies korrosionshemmendes Ethylen-Glykol
Kühlflüssigkeit-Füllmenge – DL-Modelle bis 2011	
Motor und Kühler	1,65 Liter
Ausgleichsbehälter	0,25 Liter
Kühlflüssigkeit-Füllmenge – DL-Modelle ab 2012	
Motor und Kühler	1,70 Liter
Ausgleichsbehälter	0,25 Liter
Kühlflüssigkeit-Füllmenge – SFV-Modelle	
Motor und Kühler	1,60 Liter
Ausgleichsbehälter	0,25 Liter
Antriebskette	Für Dichtringe verträgliches Kettenspray
Bremsflüssigkeit	DOT 4
Bremssattel-Gleitstifte und Manschetten	Silikonpaste
Kupplungshebel-Lagerung	Lithium-Mehrzweckfett
Bremshebel-Lagerung und Druckstangenspitze	Silikonpaste
Ständer/Bremspedal/Schalthebel/Fußrasten-Lagerung	Lithium-Mehrzweckfett
Stoßdämpferanlenkungslager und Dichtlippen	Lithium-Mehrzweckfett
Lenkkopflager	Lithium-Mehrzweckfett
Radlager-Dichtringlippen	Lithium-Mehrzweckfett
Gasgriff	Lithium-Mehrzweckfett
Gaszüge	Bowdenzug-Schmiermittel oder Waffenöl
Gaszug-Enden	Lithium-Mehrzweckfett
Schwingenlager und Dichtlippen	Lithium-Mehrzweckfett
Stoßdämpferlager und Dichtlippen	Lithium-Mehrzweckfett

Anzugsdrehmomente

Hinterachsmutter	100 Nm
Kühlsystem-Ablassschraube	13 Nm
Kurbelwellen-Inspektionsstopfen	11 Nm
Lenkschaftmutter	90 Nm
Motoröl-Ablassschraube	21 Nm
Ölfilter	20 Nm
Standrohr-Klemmschraube (obere Gabelbrücke)	23 Nm
Steuerzeiten-Inspektionsstopfen	23 Nm
Zündkerzen	11 Nm

Wartungsplan

Anmerkung: *Die täglichen Kontrollen, wie sie auch in der Betriebsanleitung aufgeführt sind, sollten vor jeder Fahrt durchgeführt werden. Außerdem sind sie Bestandteil aller größeren Inspektionen. Es kann vorkommen, dass im Handbuch für bestimmte Kontrollen andere Zeitabstände vorgeschrieben sind. Richten Sie sich im Zweifelsfall nach Ihrem Handbuch.*

Täglich (vor jeder Fahrt)

- ☐ Alle am Anfang dieses Buchs beschriebenen *Täglichen Kontrollen*.

Nach den ersten 1000 km

Anmerkung: *Normalerweise wird die Erstinspektion nach 1000 km durch eine Suzuki-Fachwerkstatt durchgeführt. Danach werden alle Inspektionen nach den im Plan vorgesehenen Intervallen vorgenommen.*

Alle 1000 km

- ☐ Kontrolle, Einstellung, Reinigung und Schmieren der Antriebskette (Sektion 1)

Alle 6000 km oder 12 Monate

- ☐ Verschleißkontrolle der Bremsbeläge (Sektion 2)
- ☐ Kontrolle des Bremssystems und der Bremslichtschalter (Sektion 2)
- ☐ Kontrolle der Kupplung (Sektion 3)
- ☐ Kontrolle und Reinigung des Luftfilterelements (Sektion 4)
- ☐ Kontrolle der Zündkerze (Sektion 5)
- ☐ Kontrolle des Kraftstoffsystems, des Sekundärluftsystems (AIS) und der Motorentlüftung (Sektion 6)
- ☐ Wechsel des Motoröls (Sektion 7)
- ☐ Kontrolle der Standgasdrehzahl (Sektion 8)
- ☐ Kontrolle und ggf. Einstellung des Gaszugs (Sektion 9)
- ☐ Kontrolle des Kühlsystems (Sektion 10)
- ☐ Kontrolle der Räder, Radlager und Reifen (Sektion 11)
- ☐ Kontrolle der Ständer und des Sicherheitsstromkreises (Sektion 12)
- ☐ Kontrolle der Federelemente (Sektion 12)
- ☐ Schmieren des Kupplungs- und Bremshebels, Bremspedals, Ständerzapfens und der Gaszüge (Sektion 13)
- ☐ Festigkeitskontrolle aller Muttern und Schrauben (Sektion 14)
- ☐ Kontrolle der Batterie (Sektion 15)

Alle 12 000 km oder 2 Jahre

Neben den Punkten der 6000er-Inspektion müssen folgende Aufgaben durchgeführt werden:

- ☐ Ersetzen der Zündkerze (Sektion 5)
- ☐ Kontrolle und Synchronisation der Drosselklappen (Sektion 16)
- ☐ Kontrolle der Federelemente (Sektion 17)
- ☐ Kontrolle und ggf. Einstellung der Lenkkopflager (Sektion 13)

Alle 18 000 km oder 3 Jahre

Neben den Punkten der 6000er-Inspektion müssen folgende Aufgaben durchgeführt werden:

- ☐ Wechsel des Luftfilterelements (Sektion 4)
- ☐ Wechsel des Ölfilters (Sektion 7)

Alle 24 000 km oder 4 Jahre

Neben den Punkten der 12 000er-Inspektion müssen folgende Aufgaben durchgeführt werden:

- ☐ Nachschmieren der Stoßdämpfer- und Anlenkungs-Lager (Sektion 17)
- ☐ Nachschmieren der Lenkkopflager (Sektion 18)
- ☐ Kontrolle und ggf. Einstellung des Ventilspiels (Sektion 19)

Alle 2 Jahre

- ☐ Wechsel der Bremsflüssigkeit (Sektion 2)
- ☐ Wechsel des Kühlmittels (Sektion 10)

Alle 4 Jahre

- ☐ Austausch der Bremsleitungen (Sektion 2)
- ☐ Austausch aller Kraftstoffschläuche (Sektion 6)
- ☐ Austausch aller Kühlerschläuche (Sektion 19)

Lage der Baugruppen (DL-Modelle bis 2011)

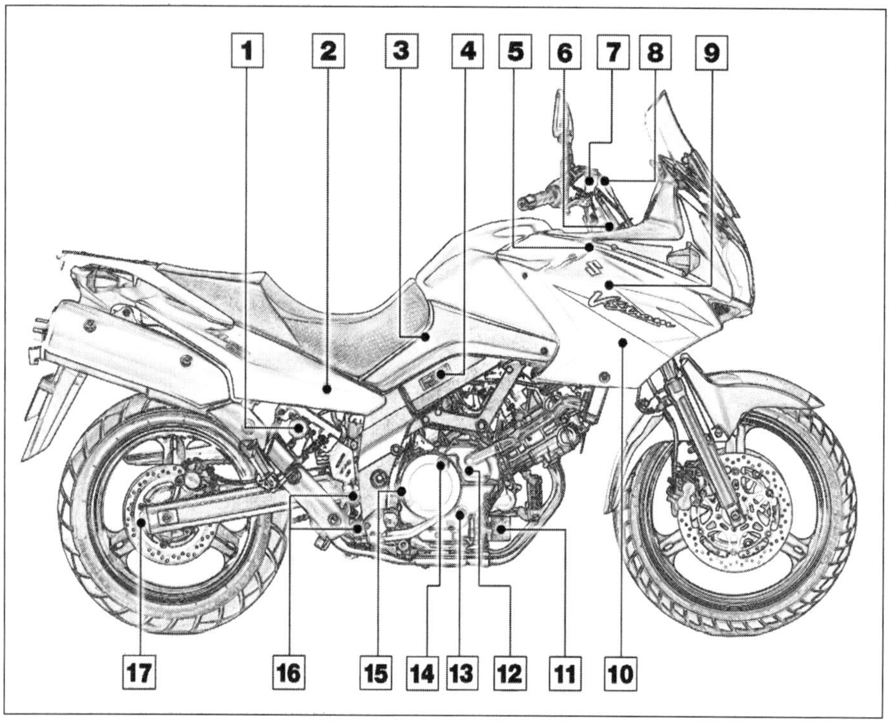

1 Federvorspannungs-Einsteller hinten
2 Fußbremsen-Ausgleichsbehälter
3 Kühlmittel-Ausgleichsbehälter (2007 bis 2011)
4 Typenschild
5 Lenkkopflager-Einsteller
6 Federvorspannungs-Einsteller vorne
7 Handbremsen-Ausgleichsbehälter
8 Gaszugeinsteller
9 Rahmennummer
10 Wasserkühler-Druckventil
11 Ölfilter
12 Kühlmittel-Ablassschraube
13 Ölpegel-Schauglas
14 Öleinfülldeckel
15 Hinterrad-Bremslichtschalter
16 Bremspedal-Höhenversteller
17 Kettenspanner

Rechte Seite

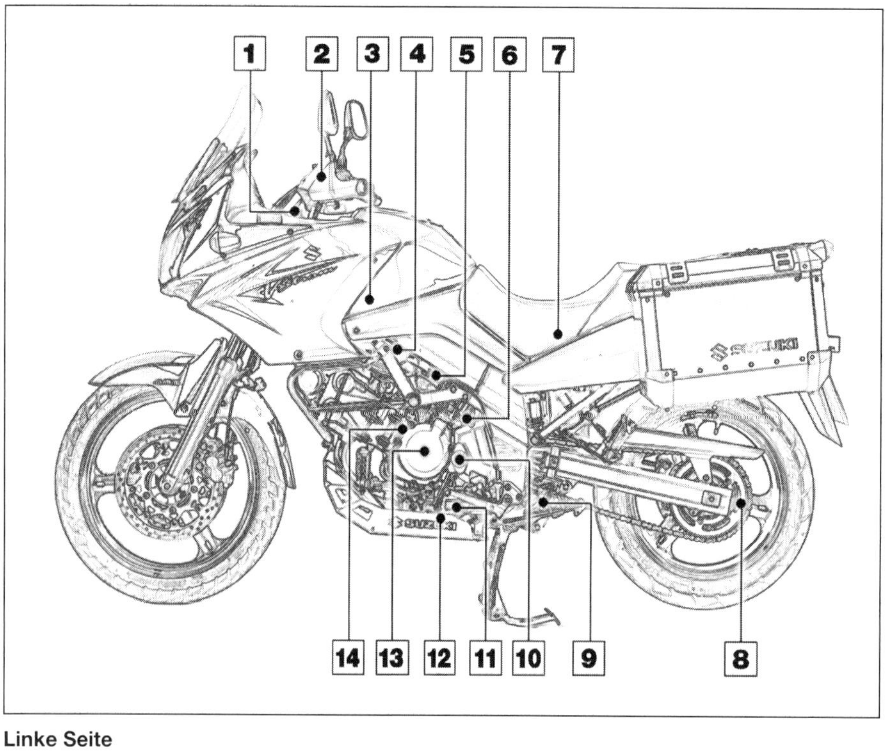

1 Federvorspannungs-Einsteller vorne
2 Oberer Kupplungszugeinsteller
3 Luftfilter
4 Standgaseinsteller (nur bis 2006)
5 Kühlmittel-Ausgleichsbehälter (bis 2006)
6 Unterer Kupplungszugeinsteller
7 Batterie
8 Kettenspanner
9 Zugstufen-Einsteller
10 Kupplungsausrückmechanismus-Einsteller
11 Motornummer
12 Ölablassschraube
13 Kurbelwellen-Inspektionsstopfen
14 Steuerzeiten-Inspektionsstopfen

Linke Seite

Lage der Baugruppen (DL-Modelle ab 2012)

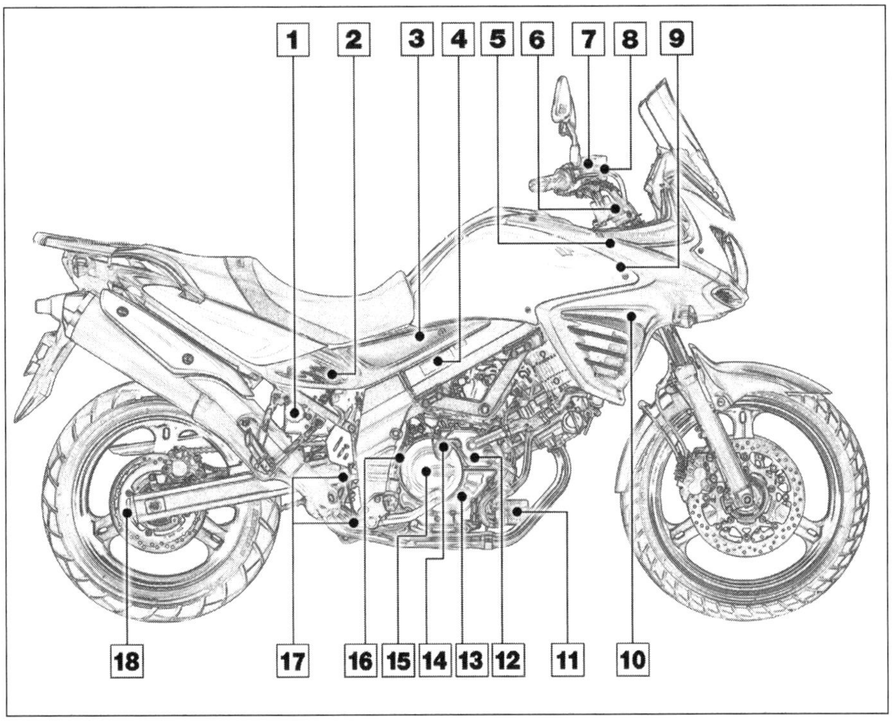

Rechte Seite

1 Federvorspannungs-Einsteller hinten
2 Fußbremsen-Ausgleichsbehälter
3 Kühlmittel-Ausgleichsbehälter
4 Typenschild
5 Lenkkopflager-Einsteller
6 Federvorspannungs-Einsteller vorne
7 Handbremsen-Ausgleichsbehälter
8 Gaszugeinsteller
9 Rahmennummer
10 Wasserkühler-Druckventil
11 Ölfilter
12 Kühlmittel-Ablassschraube
13 Ölpegel-Schauglas
14 Öleinfülldeckel
15 Kupplungsausrückmechanismus-Einsteller
16 Hinterrad-Bremslichtschalter
17 Bremspedal-Höhenversteller
18 Kettenspanner

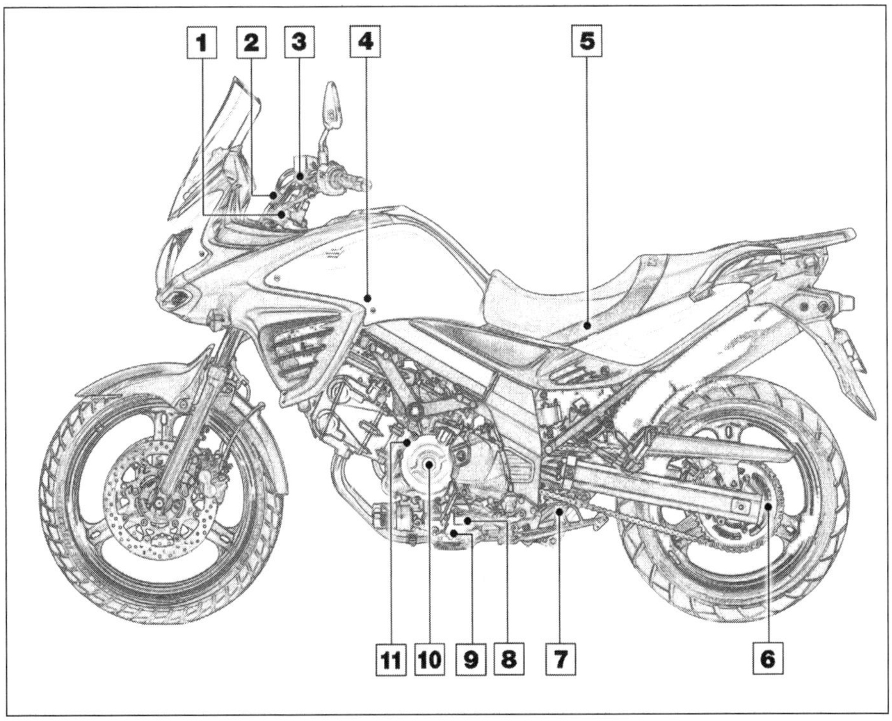

Linke Seite

1 Federvorspannungs-Einsteller vorne
2 Kupplungszugeinsteller innerhalb des Zuges
3 Oberer Kupplungszugeinsteller
4 Luftfilter
5 Batterie
6 Kettenspanner
7 Zugstufen-Einsteller
8 Motornummer
9 Ölablassschraube
10 Kurbelwellen-Inspektionsstopfen
11 Steuerzeiten-Inspektionsstopfen

Lage der Baugruppen (SFV-Modelle)

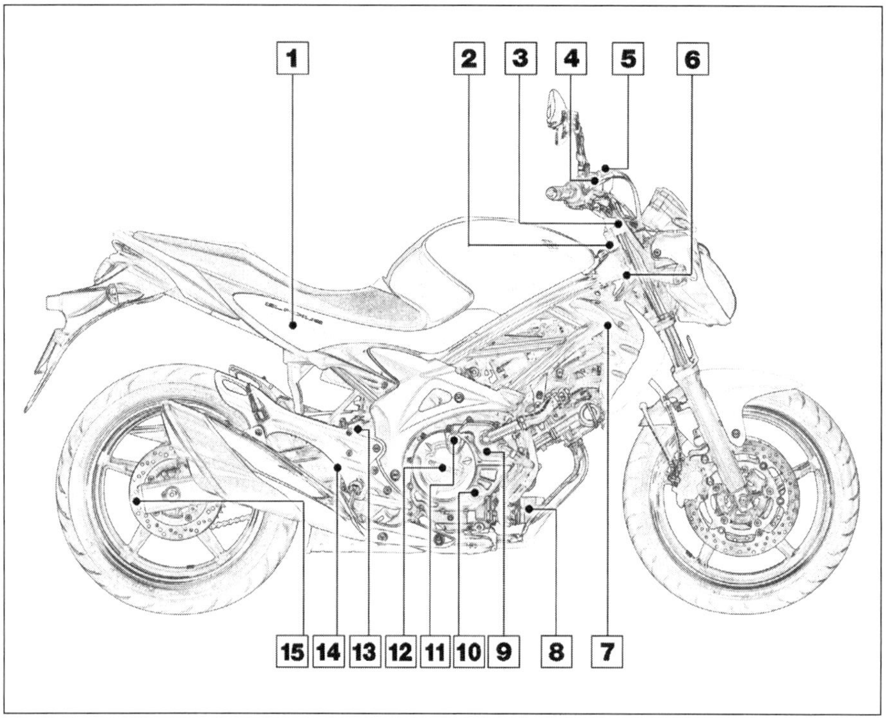

Rechte Seite

1 Fußbremsen-Ausgleichsbehälter
2 Lenkkopflager-Einsteller
3 Federvorspannungs-Einsteller vorne
4 Handbremsen-Ausgleichsbehälter
5 Gaszugeinsteller
6 Rahmennummer
7 Wasserkühler-Druckventil
8 Ölfilter
9 Kühlmittel-Ablassschraube
10 Ölpegel-Schauglas
11 Öleinfülldeckel
12 Kupplungsausrückmechanismus-Einsteller
13 Hinterrad-Bremslichtschalter
14 Bremspedal-Höhenversteller
15 Kettenspanner

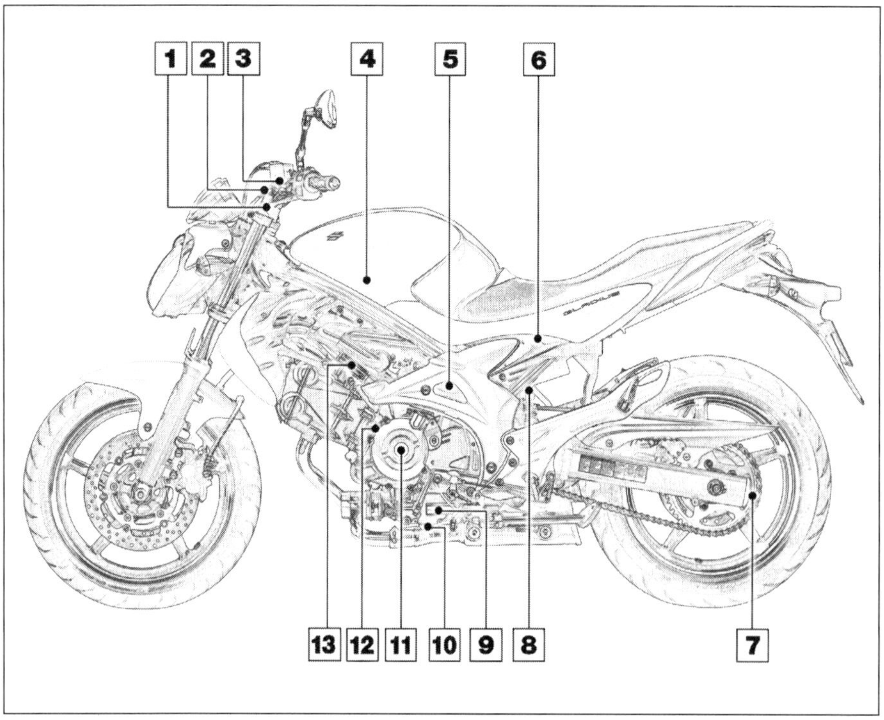

Linke Seite

1 Federvorspannungs-Einsteller vorne
2 Kupplungszugeinsteller innerhalb des Zuges
3 Oberer Kupplungszugeinsteller
4 Luftfilter
5 Kühlmittel-Ausgleichsbehälter
6 Batterie
7 Kettenspanner
8 Federvorspannungs-Einsteller hinten
9 Motornummer
10 Ölablassschraube
11 Kurbelwellen-Inspektionsstopfen
12 Steuerzeiten-Inspektionsstopfen
13 Typenschild

Einleitung

1 Dieses Kapitel soll dem Hobbyschrauber helfen, sein Motorrad in einem sicheren und technisch guten Zustand zu halten, sodass es immer voll leistungsfähig ist und eine lange Lebensdauer erreicht.
2 Die Entscheidung, wo und wann man mit den Routinekontrollen anfangen soll, hängt von verschieden Faktoren ab. Wenn die Garantieperiode der Maschine gerade abgelaufen ist, und bisherige Inspektionen von einer Werkstatt vorgenommen wurden, kann mit der nächsten Routinekontrolle bis zum nächsten vorgeschriebenen Kilometerstand oder Zeitablauf gewartet werden. Wenn Sie die Maschine schon einige Zeit haben, aber schon lange keine Inspektion haben machen lassen, sollten Sie mit dem nächsten Intervall beginnen und einige zusätzliche Kontrollen vornehmen, um sicherzugehen, dass nichts Wichtiges übersehen wurde. Wenn Sie gerade eine große Motor-Überholung erledigt haben, sollten Sie die Service-Intervalle von Anfang an beginnen. Wenn Sie eine gebrauchte Maschine erworben haben und über ihre Geschichte und Wartung nichts wissen, sollten Sie sich für eine Komplettkontrolle aller Punkte entscheiden und dann mit den normalen Intervallen weitermachen.
3 Vor Beginn irgendwelcher Wartungsarbeiten sollte das Motorrad sorgfältig gereinigt werden, besonders um den Ölfilter, die Ablassschrauben, die Ventildeckel, die Federelemente, Räder usw. herum. Dazu müssen entsprechende Verkleidungsteile demontiert werden (siehe Kapitel 7). Saubere Teile schützen davor, dass während der Arbeit Schmutz in den Motor eindringt, außerdem lassen sie Verschleiß und Beschädigungen besser erkennen.
4 Wichtige Wartungshinweise sind oft auf Aufklebern vermerkt, die am Motorrad angebracht sind. Wenn diese Informationen sich von denen in diesem Buch angegeben unterscheiden, richten Sie sich nach denen am Motorrad.

1 Antriebskette und Kettenräder

Kontrolle

1 Eine vernachlässigte Antriebskette wird nur ein kurzes Leben haben und ebenfalls schnell Ritzel und Kettenblatt zerstören. Weil die Kette mit zunehmendem Verschleiß länger wird, muss ihr Durchhang gelegentlich nachgestellt werden. Eine regelmäßige Einstellung und Schmierung garantiert eine maximale Lebensdauer aller Komponenten.
2 Stellen Sie für eine Kontrolle das Motorrad auf den Seitenständer und legen Sie den Leerlauf ein. Die Zündung muss ausgeschaltet sein.
3 Halten Sie ein Lineal hinter die Kette, und drücken Sie den unteren Kettentrum in der Mitte zwischen den beiden Kettenrädern nach oben – der Durchhang muss zwischen 20 und 30 mm betragen (siehe Abbildung). Da die Kette selten gleichmäßig verschleißt, muss das Hinterrad gedreht werden, sodass ein anderer Bereich der Kette gemessen werden kann. Wiederholen Sie dies mehrmals über die gesamte Kettenlänge und markieren Sie die strammste Stelle.

Achtung:* *Fahren mit einer zu sehr gespannten Kette führt ebenso zu Beschädigungen wie mit einer zu stark durchhängenden Kette.

4 In Fällen mangelnder Schmierung können Korrosion und Abrieb bewirken, dass die Glieder sich nicht mehr frei bewegen können – was bei den Messungen eine stramme Kette vortäuschen kann (siehe Abbildung). Markieren Sie die Stelle, reinigen Sie den Bereich und führen Sie eine kurze Probefahrt durch.
5 Ist die Kette nach der Probefahrt immer noch verklemmt oder weist lose Bolzen oder beschädigt Rollen auf, ist es Zeit, eine neue einzubauen (siehe Kapitel 6). Eine verrostete, verklemmte oder verschlissene Kette beschädigt Kettenräder und sogar Getriebewellenlager, schluckt Leistung, erhöht den Verbrauch und kann reißen – was zu schweren Beschädigungen oder gar Verletzungen und einem Sturz führen kann. Bei jedem Zweifel sollte daher die Kette (und ggf. die Kettenräder) ersetzt werden.
6 Kontrollieren Sie die gesamte Kette auf beschädigte Rollen sowie lockere Laschen und Bolzen und fehlende O-Ringe. Erneuern Sie die Kette gegebenenfalls sofort.

Anmerkung: *Montieren Sie niemals eine neue Kette auf verschlissene Ritzel, und benutzen Sie niemals die alte Kette weiter, wenn Sie neue Ritzel montiert haben – ersetzen Sie immer Kette und Ritzel als Satz.*

Einstellung

7 Stellen Sie das Motorrad so auf den Seitenständer, dass der strammste Punkt der Kette in der Mitte des unteren Trums liegt.
8 Falls vorhanden, muss der Sicherungssplint der Hinterachsmutter entfernt werden.
9 Lockeren Sie die Hinterachsmutter (siehe Abbildungen).

1.3 Drücken Sie die Kette hoch, um den Durchhang zu messen.

1.4 Bei einer schlecht gewarteten Kette können die Kettenglieder verklemmt sein.

1.9a Hinterachsmutter – DL-Modelle

1.9b Hinterachsmutter – SFV-Modelle

1.10 Drehen Sie an beiden Seiten der Schwinge die Kettenspannerschrauben um den gleichen Wert in die gewünschte Richtung.

10 Drehen Sie gleichmäßig an beiden Einstellern auf jeder Seite der Schwinge, um so in der Mitte des unteren Kettentrums einen Durchhang von 20 bis 30 mm zu erreichen (siehe Abbildung). Falls die Kette gelockert werden muss, wird es nötig sein, das Hinterrad nach vorne zu drücken, sodass das Spiel der Einsteller aufgehoben wird.

11 Prüfen Sie nach der Einstellung, ob beide Einsteller-Markierungen in einer relativ gleichen Position zu den Markierungen an der Schwinge stehen (siehe Abbildungen) – andernfalls müssen die Einsteller angeglichen werden, da das Hinterrad nicht mehr in Flucht zum Vorderrad steht. Beide Einsteller müssen an den Abdeckkappen der Schwinge anliegen. Auch wenn nur der rechte Einsteller verdreht wurde, kann sich dies auf den Kettendurchhang auswirken, sodass dieser unbedingt erneut kontrolliert werden muss.

12 Ziehen Sie die Achsenmutter mit 100 Nm an (Abbildungen 1.9a oder b). Überprüfen Sie erneut den Kettendurchhang und installieren Sie ggf. den Splint.

Reinigen und Schmieren

13 Reinigen Sie die Kette nötigenfalls mit einem speziellen Reinigungsspray, oder waschen Sie sie mit einer weichen Bürste in Petroleum oder anderem Lösungsmittel, das nicht die Dichtringe angreift. Wischen Sie das Reinigungsmittel ab, und lassen Sie die Kette trocknen – ggf. mithilfe von Druckluft. Wenn die Kette stark verschmutzt ist, sollte sie zum Reinigen ausgebaut (siehe Kapitel 6) und eine Zeit lang eingeweicht werden.

Achtung: Benutzen Sie kein Benzin, Lösungsmittel oder andere Reinigungsmittel, welche die O-Ringe in der Kette angreifen können. Benutzen Sie keinen Dampfstrahler. Der Reinigungsprozess soll nicht länger als zehn Minuten dauern, da sonst die Dichtringe beschädigt werden können (siehe Abbildung).

14 Die beste Zeit zum Schmieren der Kette ist direkt nach der Fahrt, wenn sie warm ist. Der Schmierstoff dringt dann besser zwischen die Glieder als im kalten Zustand.

Anmerkung: *Suzuki empfiehlt die Verwendung von O- oder X-Ring verträglichem Kettenspray. Wenn Sie ein anderes Kettenspray benutzen, können Lösungsmittel oder Additive die Dichtringe beschädigen. Tragen Sie den Ketten-Schmierstoff von der Innenseite der Kette her auf die Stellen auf, wo sich die Laschen überlappen, nicht in die Mitte der Rollen. Schützen Sie beim Aufsprühen den Reifen mit einem Stück Pappe (siehe Abbildung). Lassen Sie das Öl in Ruhe einziehen und ggf. vorhandenes Lösungsmittel verdunsten.*

1.11a Bei DL-Modellen müssen die hinteren Ränder der Schiebestücke an beiden Seiten zu den gleichen Einstellmarkierungen ausgerichtet sein.

1.11b Bei SFV-Modellen wird mithilfe dieser Markierungen sichergestellt, dass das Hinterrad gerade steht.

1.13 Die Reinigung der Kette mit einer speziellen Kettenbürste

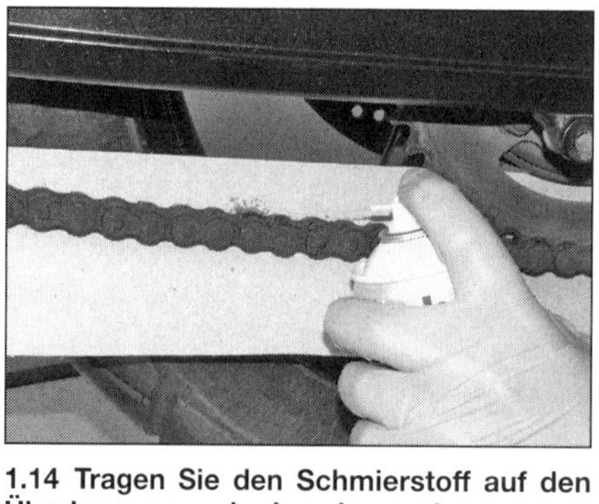

1.14 Tragen Sie den Schmierstoff auf den Überlappungen der Laschen auf.

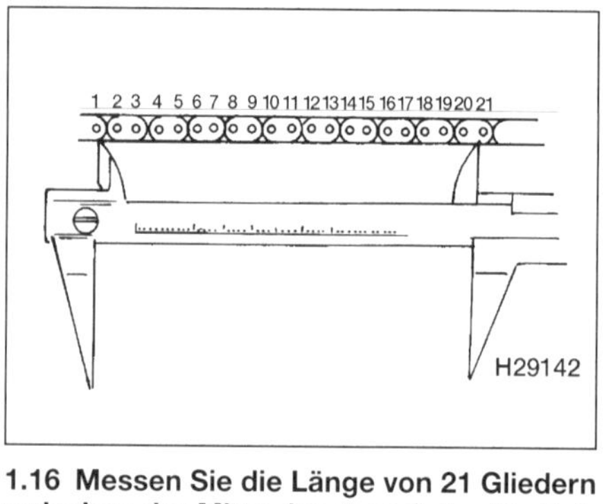

1.16 Messen Sie die Länge von 21 Gliedern zwischen der Mitte des 1. und des 21. Bolzens.

1.18a Kontrollieren Sie die Ritzel- und Kettenradzähne ...

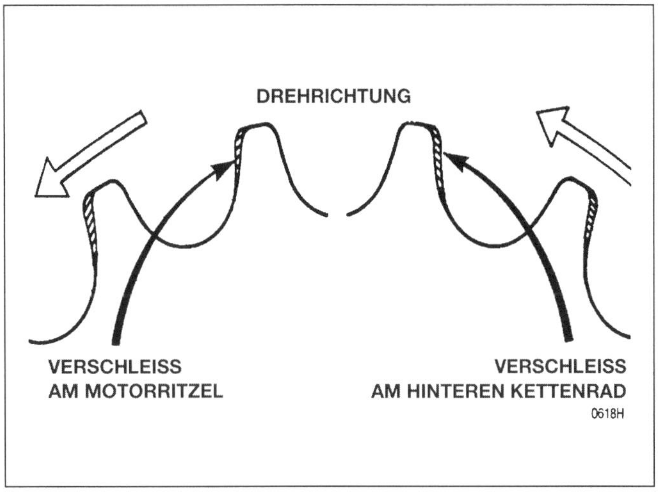

1.18b ... in den gezeigten Bereichen auf Verschleiß.

Praxis TiPP *Tragen Sie den Schmierstoff auf der Oberseite des unteren Kettentrums auf, damit ihn die Fliehkräfte während der Fahrt in die gesamte Kette drücken. Lassen Sie den Schmierstoff einige Minuten einwirken, bevor überschüssiges Öl mit einem Lappen abgewischt wird.*

⚠ *Warnung: Das Schmiermittel darf nicht auf den Reifen oder die Bremsscheibe geraten. Reinigen Sie kontaminierte Bereiche sorgfältig mit Bremsenreiniger, bevor Sie mit dem Motorrad fahren.*

Verschleiß und Ketten-Streckgrenze

15 Zur Ermittlung der Streckgrenze müssen die Kettenspanner so eingestellt werden, dass die Kette keinen Durchhang aufweist; sie darf aber auch nicht unter Zugspannung gesetzt werden.

16 Messen Sie nun am unteren Trum den Abstand zwischen der Mitte eines Bolzens und der Mitte des 21. Bolzens, und notieren Sie den Wert (siehe Abbildung). Wiederholen Sie die Messungen an verschiedenen Stellen, und errechnen Sie einen Durchschnittswert – liegt dieser über 319,4 mm, muss die Kette erneuert werden (siehe Kapitel 6).

17 Wenn die Kette in Ordnung ist, werden die Kettenspanner wieder so eingestellt, dass die Kette den korrekten Durchhang hat (siehe oben).

Kettenrad-Kontrolle

18 Demontieren Sie die Motorritzel-Abdeckung(en) (siehe Kapitel 6). Überprüfen Sie die Zähne des Ritzels und des hinteren Kettenrades auf Verschleiß (siehe Abbildungen). Wenn die Kettenräder verschlissen sind, müssen sie zusammen mit der Kette ausgetauscht werden.

19 Inspizieren Sie bei ausgebauter Kette die vorne an der Schwinge sitzende Ketten-Gleitschiene auf übermäßigen Verschleiß und Beschädigungen (siehe Abbildung). Gegebenenfalls muss die Schwinge ausgebaut und die Schiene ersetzt werden (siehe Kapitel 5).

2 Bremssystem

Bremsbelag-Verschleiß

1 Jeder Bremsbelag ist mit einer Verschleiß-Anzeige in Form von Nuten im Belagmaterial versehen (siehe Abbildung). Wenn die Bremsbeläge die Verschleißgrenze erreicht haben, müssen sie ersetzt werden (siehe Kapitel 6).

Anmerkung: *Zubehör-Bremsbeläge können andere Verschleißmarkierungen als Originalteile aufweisen.*

1

1.19 Kontrollieren Sie den Verschleiß der Kettengleitschiene.

2.1 Belagmaterial-Verschleißnuten – gezeigt an den der Hinterrad-Bremsbelägen

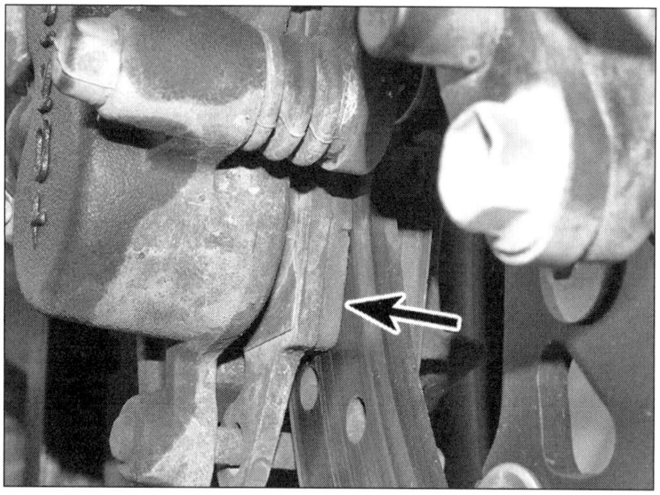

2.2 An den Vorderrad-Bremsbelägen lässt sich die Stärke des Belagmaterials leicht erkennen.

2.8 Alle Schläuche, Rohre und Anschlüsse müssen auf Risse und Lecks untersucht werden.

2.10a Einstellmutter des Hinterrad-Bremslichtschalters – DL-Modelle

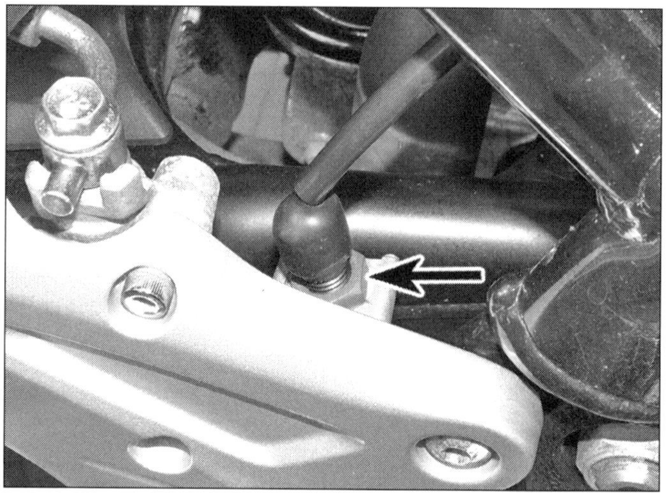

2.10b Einstellmutter des Hinterrad-Bremslichtschalters – SFV-Modelle

2 Die Verschleißnuten können besonders an den Vorderrad-Bremsbelägen nur schwierig erkennbar sein, weil sie oft mit Schmutz und Abrieb zugesetzt sind. Allerdings kann die Belagstärke auch so leicht ermittelt werden – wenn weniger als 1 mm Belagmaterial vorhanden ist, müssen alle Beläge einer Bremse erneuert werden (siehe Abbildung).
3 Prüfen Sie, ob die Beläge beider Vorderradbremssättel unterschiedlich stark oder ungleichmäßig verschlissen sind – was in beiden Fällen auf einen klemmenden Bremssattelkolben hinweisen würde, sodass der entsprechende Sattel überholt werden muss (siehe Kapitel 6).
4 Falls die Bremsbeläge verschmutzt sind oder Zweifel über die Belagstärke besteht, müssen die Beläge für eine Kontrolle ausgebaut werden (siehe Kapitel 6). Inspizieren Sie bei stark verschlissenen Bremsbelägen auch die Bremsscheibe(n) (siehe Kapitel 6).

Kontrolle des Bremssystems

5 Eine routinemäßige Gesamtkontrolle des Bremssystems stellt sicher, dass jedes Problem erkannt und behoben ist, bevor die Sicherheit des Fahrers aufs Spiel gesetzt wird.
6 Kontrollieren Sie den Verschleiß der Bremsbeläge (siehe oben) und prüfen Sie, ob sich genügend Bremsflüssigkeit in den Ausgleichsbehältern befindet (siehe *Tägliche Kontrollen*). Stellen Sie sicher, dass beim Betätigen jeder Bremse das Bremslicht leuchtet. Leuchtet das Bremslicht nur beim Betätigen einer Bremse, wird das Problem im entsprechenden Bremslichtschalter liegen (siehe unten).
7 Stellen Sie sicher, dass keine Bremsenbefestigungen locker sind. Kontrollieren Sie den Bremshebel und das Pedal auf lockere Verbindungen, unsaubere oder raue Bewegungen, übermäßiges Spiel, Verbiegungen und andere Beschädigungen. Ersetzen Sie alle zweifelhaften Teile durch Neuteile (siehe Kapitel 5). Reinigen und schmieren Sie die Hebel- und Pedal-Lagerungen, wenn sie sich steif und rau anfühlen (siehe Sektion 13). Wenn der Hebel oder das Pedal sich schwammig anfühlt, muss die entsprechende Bremse entlüftet werden (siehe Kapitel 6).
8 Drücken und kneten Sie die Bremsschläuche, während Sie sie auf Risse, Ausbeulungen und austretende Bremsflüssigkeit überprüfen. Kontrollieren Sie besonders sorgfältig die Verbindungen zu den Anschlussteilen, da die Schläuche hier besonders schnell undicht werden (siehe Abbildung). Inspizieren Sie die Anschlussaugen der Bremsleitungen – wenn die Anschlüsse korrodiert, zerkratzt oder geknickt sind, muss die entsprechende Bremsleitung ersetzt werden (siehe Kapitel 6). Kontrollieren Sie bei ABS-Modellen die Bremsleitungen auf Korrosion.
9 Prüfen Sie, ob das Bremslicht beim Betätigen der Handbremse leuchtet. Der unten am

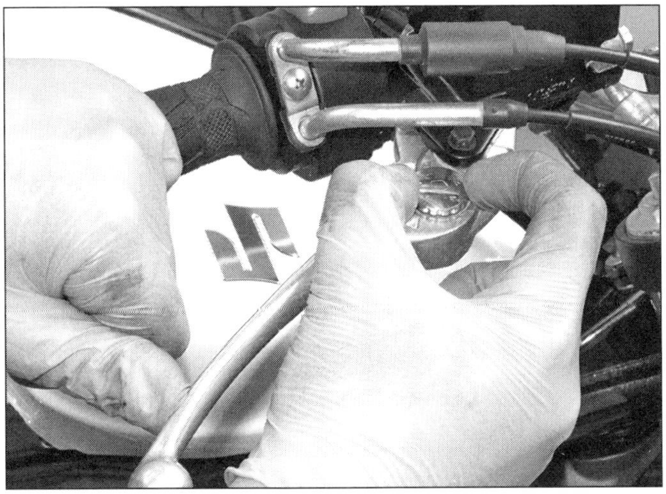

2.11a Drücken Sie den Hebel nach vorne, um den Einsteller verdrehen zu können.

2.11b Richten Sie die Nummer genau zum Dreieck (Pfeil) aus.

2.12a Kontrollieren Sie die relative Höhe des Bremspedals zur Fußraste.

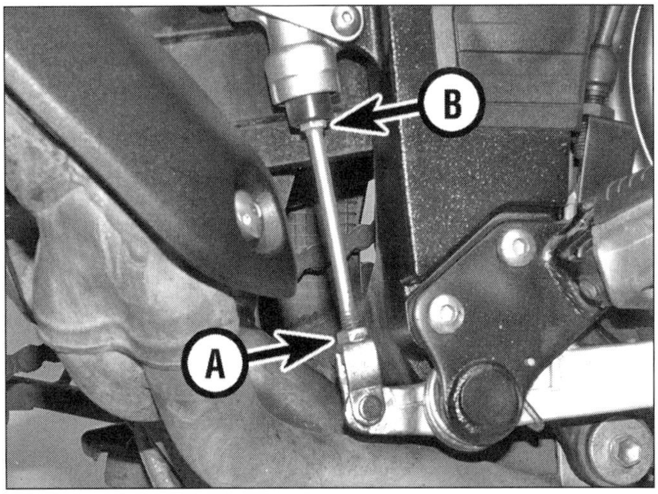

2.12b Lockern Sie die Kontermutter (A) und drehen Sie den Einsteller (B) – DL-Modelle.

Bremszylinder sitzende Bremslichtschalter ist nicht einstellbar – kontrollieren Sie ggf. seine Funktion (siehe Kapitel 8).

10 Prüfen Sie, ob das Bremslicht beim Betätigen der Fußbremse kurz vor dem Einsetzen der Bremswirkung leuchtet. Der einstellbare Schalter sitzt bei DL-Modellen oberhalb des Bremspedals zwischen dem Kupplungsdeckel und dem Rahmen; bei SFV-Modellen sitzt er hinter dem rechten Fußrastenträger (siehe Abbildungen). Halten Sie zum Einstellen des Schalters dessen Gehäuse und drehen Sie die Mutter, bis die Einstellung korrekt ist (siehe Abbildung) – drehen Sie nicht den Schalter selbst! Falls das Bremslicht zu spät oder gar nicht aufleuchtet, muss die Mutter nach unten gedreht werden, damit der Schalter aus dem Halter gehoben wird. Falls das Bremslicht zu früh oder dauerhaft aufleuchtet, muss die Mutter nach oben gedreht werden, damit der Schalter in den Halter gezogen wird. Arbeitet der Schalter überhaupt nicht, muss er kontrolliert werden (siehe Kapitel 8).

11 Der Handbremshebel ist mit einem Weitenversteller ausgerüstet, um seinen Abstand zum Gasgriff anzupassen. Die Einstellungen sind mit Nummern markiert, die zum Dreieck am Hebel ausgerichtet sein müssen. Drücken Sie den Hebel nach vorne und drehen Sie den Einsteller in die gewünschte Position (siehe Abbildungen) – Position 1 steht für maximalen, Position 5 für minimalen Abstand; bringen Sie den Einsteller nicht in eine Position zwischen zwei Ziffern.

12 Die relative Höhe des Bremspedals zur Oberseite der Fußraste sollte auf 20-30 mm (DL bis 2011), 23-33 mm (DL ab 2012) bzw. 45-55 mm (SFV) eingestellt und kann in diesem Bereich individuell angepasst werden (siehe Abbildung). Um die Höhe einzustellen, muss die Kontermutter des Druckstangen-Gelenks am Fußbremszylinder gelockert und die Druckstange mit einem Maulschlüssel entsprechend verdreht werden (siehe Abbildungen), anschließend ist die Kontermutter wieder gegen das Gelenk zu ziehen. Nach dem Ändern der Pedalhöhe muss der hintere Bremslichtschalter neu eingestellt werden (Schritt 10).

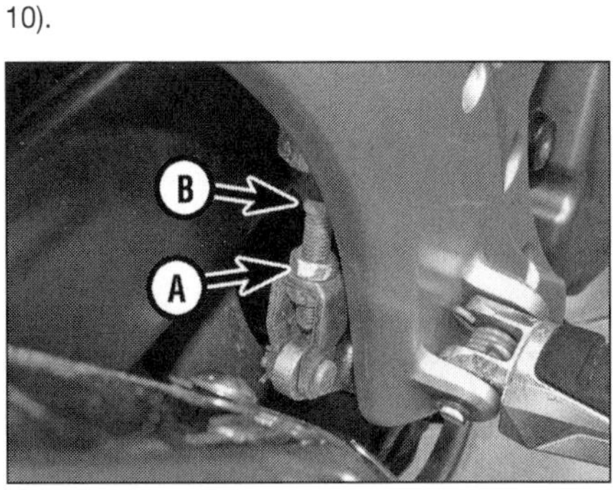

2.12c Lockern Sie die Kontermutter (A) und drehen Sie den Einsteller (B) – SFV-Modelle

Bremsflüssigkeits-Wechsel

13 Die Bremsflüssigkeit muss bei jeder Zerlegung oder Überholung einer Bremsenkomponente sowie spätestens nach zwei Jahren erneuert werden. Details hierzu finden sich in Kapitel 6, Sektion 10. Stellen Sie sicher, dass sämtliche alte Bremsflüssigkeit aus dem System gepumpt wird. Kontrollieren Sie den Pegel im Ausgleichsbehälter, und testen Sie die Bremsen vor der ersten Fahrt.

Bremsschläuche

14 Gummi-Bremsschläuche werden mit der Zeit spröde und müssen ungeachtet ihres Zustandes alle vier Jahre gewechselt werden (siehe Kapitel 6).

> **Praxis TiPP** ***Durch den Einbau sogenannter Stahlflex-Bremsleitungen kann man sich das regelmäßige Wechseln der Bremsschläuche ersparen, zudem sorgen diese Leitungen nach Meinung vieler Fahrer für einen besseren Druckpunkt.***

15 Die Dichtscheiben an den Bremsschlauch-Anschlüssen müssen nach jeder Demontage ausgetauscht werden. Füllen Sie das Bremssystem mit frischer Bremsflüssigkeit auf und entlüften Sie die Bremse (siehe Kapitel 6).

Bremszylinder- und Bremssattel-Dichtungen

16 Mit der Zeit altern die Dichtungen der Bremssättel und Bremszylinder, sodass deren Kolben schwergängig arbeiten oder Bremsflüssigkeit austritt. Obwohl keine Wechselintervalle vorgesehen sind, ist es ratsam, die Dichtringe nach einigen Jahren oder hoher Laufleistung auszutauschen – und natürlich, sobald ein Defekt auftritt (siehe Kapitel 6).

17 Suzuki bietet für alle Geberzylinder und Bremssättel entsprechende Reparatursets an (siehe Kapitel 6).

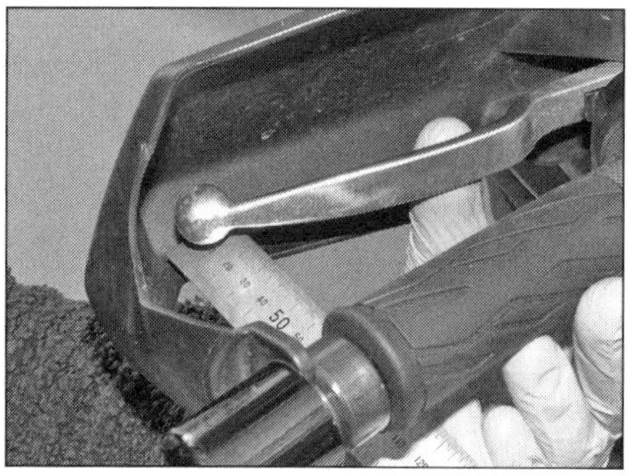

3.3 Messen Sie das Spiel des Kupplungshebels an dessen Ende.

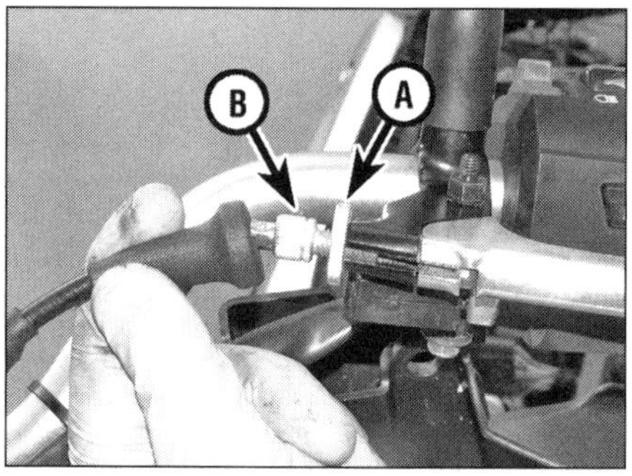

3.4 Lockern Sie den Konterring (A) und drehen Sie den Einsteller (B) hinein oder heraus.

3 Kupplung

1 Prüfen Sie, ob sich der Kupplungshebel sanft und ohne große Kraftanstrengung betätigen lässt.

2 Falls sich die Kupplung nur schwergängig betätigen lässt, muss der Kupplungszug ausgehängt oder besser vollständig ausgebaut (siehe Kapitel 2) und geschmiert werden (siehe Sektion 13). Wenn sich der Seilzug danach immer noch schwergängig in der Hülle bewegt, muss der Kupplungszug ersetzt werden.

3 Wenn der Kupplungszug leichtgängig ist, kann seine Einstellung kontrolliert werden – diese muss gelegentlich justiert werden, um den Verschleiß der Kupplungsbeläge und die Längung des Zuges auszugleichen. Prüfen Sie, ob sich das Ende des Kupplungshebels 10 bis 15 mm frei bewegen lässt, bevor der Zug unter Last gesetzt wird (siehe Abbildung).

4 Falls eine Einstellung nötig wird, kann diese sowohl am oberen als auch am unteren Ende des Bowdenzuges vorgenommen werden – beginnen sollte man am oberen Ende. Ziehen Sie hier zunächst die Gummiabdeckung vom Einsteller am Hebelhalter (siehe Abbildung), dann wird der Konterring gelockert und der Einsteller entsprechend verdreht (siehe Abbildung) – zur Verringerung des Spiels heraus und zur Vergrößerung hinein.

5 Achten Sie anschließend darauf, dass die Öffnungen des Einstellers und des Konterrings nicht zu derjenigen des Hebelhalters ausgerichtet sind, damit der Zug nicht während der Fahrt herausspringen kann. Auch darf der Einsteller nicht zu weit aus dem Halter gedreht werden, sondern mindestens vier Gewindegänge eingeschraubt sein. Drehen Sie anschließend den Konterring gegen den Hebelhalter und schieben Sie die Gummiabdeckung auf.

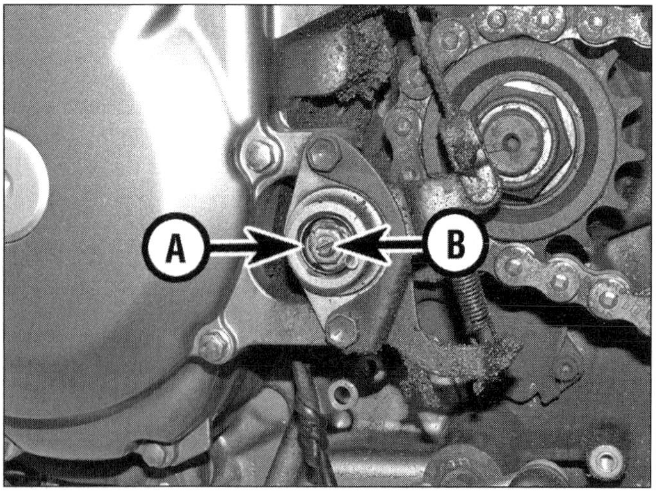

3.8a Lockern Sie am Ausrückmechanismus die Kontermutter (A) und verdrehen Sie die Einstellmutter (B) entsprechend.

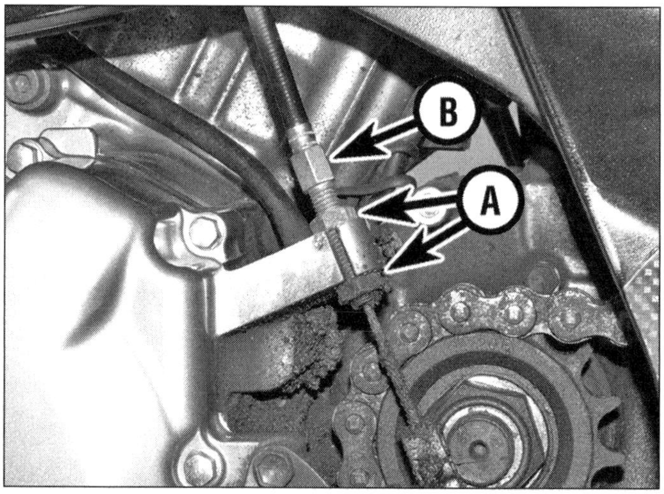

3.8b Lockern Sie unten am Kupplungszug die Kontermutter (A) und verdrehen Sie den Einsteller (B) entsprechend.

3.9a Lockern Sie am Ausrückmechanismus die Kontermutter (A) und verdrehen Sie die Einstellmutter (B) entsprechend.

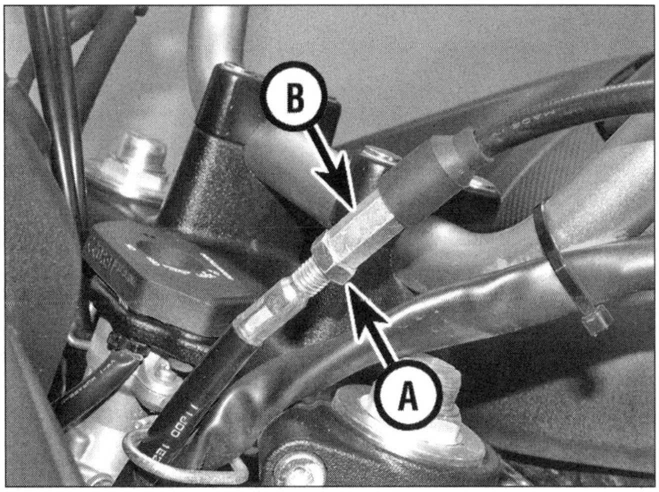

3.9b Lockern Sie am Kupplungszug die Kontermutter (A) und verdrehen Sie den Einsteller (B) entsprechend.

4.2a Lösen Sie die Schrauben, . . .

4.2b . . . heben Sie den Luftfilterdeckel ab . . .

6 Falls am oberen Kupplungszugeinsteller keine weiteren Änderungen mehr vorgenommen werden können, wird sein Konterring gelockert und der Einsteller zunächst vollständig in den Hebelhalter gedreht, um maximales Spiel herzustellen, und anschließend eine Umdrehung wieder heraus – so wird der Einsteller in seine Startposition gebracht.

7 Stellen Sie jetzt das Spiel je nach Modell wie folgt ein:

8 – DL bis 2011: Entfernen Sie die Motorritzel-Abdeckung (siehe Kapitel 6). Lockern Sie die Kontermutter der Ausrückmechanismus-Einstellschraube und drehen Sie diese zwei Umdrehungen heraus (siehe Abbildung). Kontern Sie jetzt die Kontermutter und drehen Sie die Einstellschraube hinein, bis Widerstand fühlbar wird, drehen Sie sie dann wieder eine Viertelumdrehung heraus. Hindern Sie nun die Einstellschraube am Mitdrehen und ziehen Sie die Kontermutter an. Lockern Sie die Kontermuttern des Kupplungszugs im am Motorgehäuse sitzenden Halters und drehen Sie den Einsteller, bis das Spiel am Kupplungshebel korrekt ist. Ziehen Sie die Kontermuttern wieder an (siehe Abbildung).

9 – DL ab 2012, alle SFV: Entfernen Sie den Kupplungsdeckel (siehe Kapitel 2). Lockern Sie die Kontermutter der Ausrückmechanismus-Einstellschraube und drehen Sie diese zwei Umdrehungen heraus (siehe Abbildung). Kontern Sie jetzt die Kontermutter und drehen Sie die Einstellschraube hinein, bis Widerstand fühlbar wird, drehen Sie sie dann wieder eine Umdrehung heraus. Hindern Sie nun die Einstellschraube am Mitdrehen und ziehen Sie die Kontermutter an. Lockern Sie die Kontermutter des Kupplungszug-Einstellers oberhalb der oberen Gabelbrücke und drehen Sie den Einsteller, bis das Spiel am Kupplungshebel korrekt ist. Ziehen Sie die Kontermuttern wieder an (siehe Abbildung).

10 Montieren Sie je nach Modell die Motorritzel-Abdeckung oder den Kupplungsdeckel.

4 Luftfilter

Warnung: Wenn die Maschine ständig in nasser oder staubiger Umgebung gefahren wird, müssen die Reinigungs- und/oder Wechselintervalle verkürzt werden.

Achtung: Fahren Sie das Motorrad niemals ohne Luftfilter!

1 Heben Sie den Tank an oder demontieren Sie ihn (siehe Kapitel 4).

2 Lösen Sie die Schrauben des Luftfilterdeckels und entnehmen Sie diesen (siehe Abbildungen).

4.3 . . . und befreien Sie das Filterelement.

3 Heben Sie das Filterelement aus dem Gehäuse (siehe Abbildung).
4 Das Filterelement muss entsprechend des Wartungsplans (oder seines Zustands) nun entweder wie in Schritt 5 beschrieben gereinigt oder durch ein Neuteil ersetzt werden.
5 Um das Filterelement zu reinigen, muss es auf eine harte Oberfläche geklopft werden, damit sich der Schmutz lockert; anschließend kann das Element entgegen der normalen Strömungsrichtung mit Druckluft ausgeblasen werden (siehe Abbildungen). Lösungs- oder Reinigungsmitteln dürfen nicht verwendet werden. Falls der Filter nicht gereinigt werden kann oder beschädigt ist, muss er ersetzt werden.
6 Prüfen Sie, ob die Dichtung des Filterelements in Ordnung ist und korrekt sitzt. Installieren Sie das Element korrekt in seinen Sitz (Abbildung 4.3). Montieren Sie den Deckel (Abbildung 4.2b).
7 Unten am Luftfiltergehäuse sitzt ein Sammelbehälter für Ablagerungen (bei DL-Modellen bis 2006 rechts, bei allen anderen Modellen links). Reinigen Sie diesen Behälter nötigenfalls mit einem saugfähigen Lappen.
8 Montieren Sie den Tank.

5 Zündkerzen

Kontrolle

Anmerkung: *Bis zum Modelljahr 2006 ist jeweils eine Zündkerze zentral in jeden Zylinderkopf geschraubt. Ab dem Modelljahr 2007 sind alle Motoren mit zwei zusätzlichen seitlich eingeschraubten Zündkerzen ausgerüstet. Die bei dieser Doppelzündung verwendeten Iridium-Zündkerzen müssen anders behandelt werden als konventionelle Kerzen.*

Spezialwerkzeug: *Dem Bordwerkzeug (unter der Sitzbank) sollte ein Kerzenschlüssel beigefügt sein. Bei Modellen bis 2006 wird zum Messen des Kontaktabstands eine Fühler- oder Drahtlehre benötigt, die Iridium-Zündkerzen ab 2007 können nur mit einer Drahtlehre vermessen werden.*

1 Um an die Zündkerze(n) des vorderen Zylinders zu gelangen, müssen bei SFV-Modellen die Kühlerverkleidungen entfernt werden (siehe Kapitel 7). Lösen Sie bei allen Modellen die untere Wasserkühler-Befestigungsschraube und schwenken Sie die Unterseite des Kühlers nach vorne (siehe Abbildung). Um an die Zündkerze(n) des hinteren Zylinders zu gelangen, muss der Tank angehoben werden (siehe Kapitel 4).

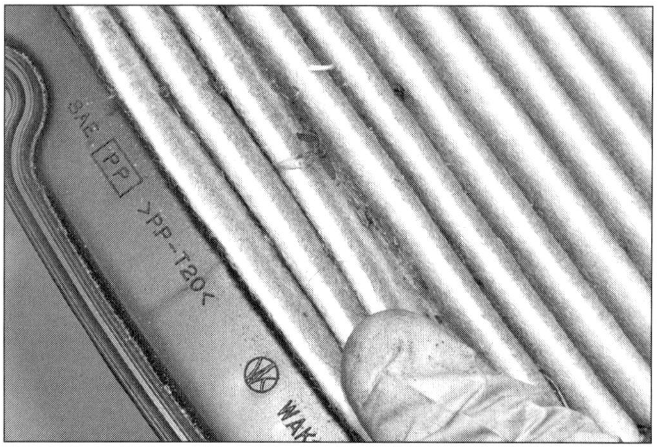

4.5a Klopfen Sie grobe Ablagerungen aus den Lamellen des Filterelements heraus . . .

4.5b . . . und blasen Sie es von der Unterseite aus.

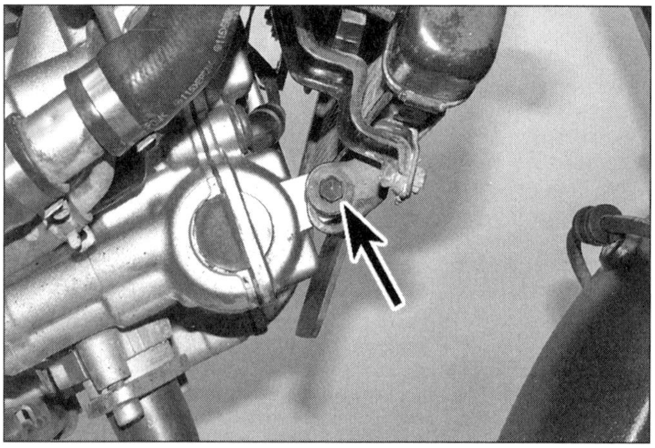

5.1 Lösen Sie die Schraube, um den Kühler nach vorne zu schwenken.

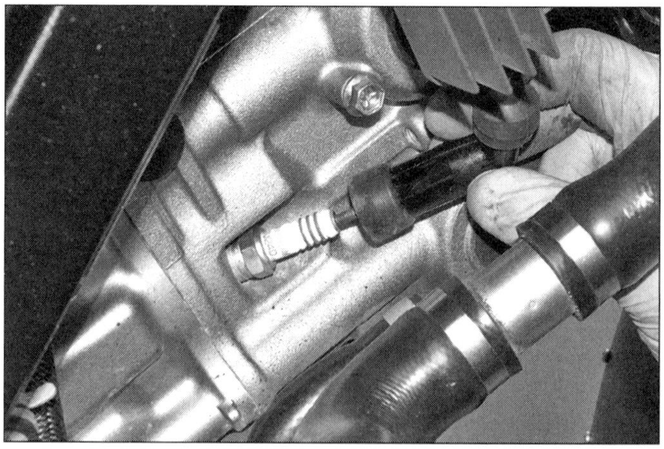

5.2 Ziehen Sie den Zündkerzenstecker ab.

5.4a Lösen Sie die Zündkerze . . .

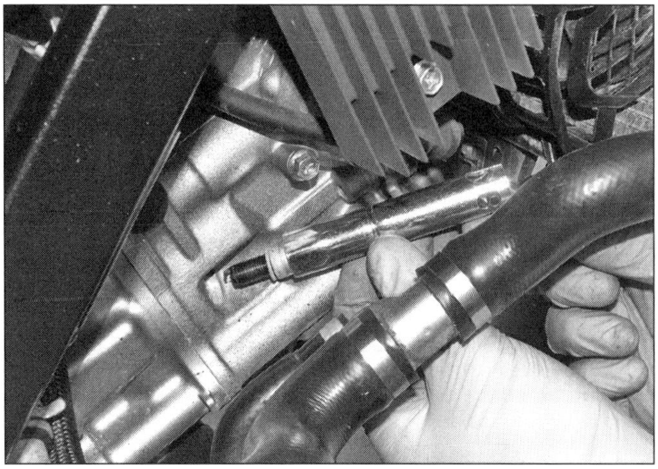

5.4b . . . und befreien Sie sie mit dem Werkzeug – dies sollte mit dem Gummieinsatz die Kerze herausziehen.

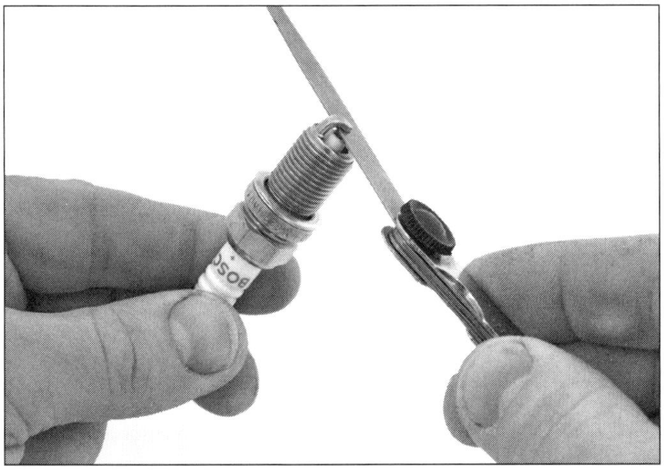

5.8a Messen Sie den Kontaktabstand mit einer Fühlerlehre . . .

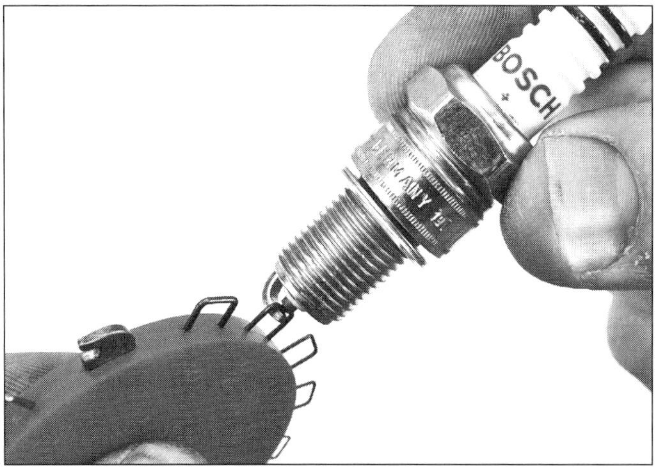

5.8b . . . oder möglichst mit einer Drahtlehre.

2 Ziehen Sie den Kerzenstecker von der Zündkerze (siehe Abbildung).

3 Reinigen Sie den Bereich um jede Zündkerze, damit kein Schmutz in den Motor fällt. Ausblasen mit Druckluft ist eine einfache und effektive Methode.

4 Schrauben Sie die Zündkerzen mithilfe des Schlüssels aus dem Bordwerkzeug oder eines anderen 16-mm-Zündkerzenschlüssels aus den Zylinderköpfen (siehe Abbildungen). Legen Sie die Kerzen entsprechend ihrer Einbaupositionen aus, um zu wissen, aus welchem Zylinder jede stammt.

> **Praxis TiPP** ***Zündkerzen können für viele Symptome verantwortlich sein: Schlechtes Anspringen, ungleichmäßiges Standgas, Fehlzündungen, hoher Verbrauch, mangelnde Leistung, usw. Ein Kerzenwechsel bewirkt hier oft Wunder.***

Konventionelle Zündkerzen

DL-Modelle bis 2006

5 Inspizieren Sie die Elektroden vor dem Reinigen auf Verschleiß. Vergleichen Sie Ihre Zündkerzen mit den farbigen Zündkerzenbildern auf der Innenseite des Rückumschlags dieses Buches. Falls unnormale Zustände festgestellt werden, sollten deren Ursachen herausgefunden werden.

6 Reinigen Sie die Elektroden mit einer Drahtbürste. Falls eine Zündkerze verschlissen oder beschädigt ist oder nicht vollständig gereinigt werden kann, sollten alle beide durch Neuteile ersetzt werden – Zündkerzen sind nicht teuer.

7 Sowohl die Mittel- wie auch die Masseelektrode dürfen keine abgerundeten Kanten aufweisen. An der Mittelelektrode dürfen sich keine Ablagerungen abgesetzt haben und ihr Isolator darf keine Risse aufweisen. Kontrollieren Sie das Gewinde, den Dichtring und den Keramik-Isolator der Zündkerze auf Brüche und andere Beschädigungen.

8 Falls die Zündkerzen wiederverwendet werden können, muss ihr Kontaktabstand mit einer Fühler- oder Drahtlehre ermittelt werden (siehe Abbildungen). Liegt der gemessene Wert nicht zwischen 0,7 und 0,8 mm, muss die Masseelektrode äußerst vorsichtig entsprechend gebogen werden, ohne dabei den Isolator zu beschädigen (siehe Abbildung).

5.8c Biegen Sie ausschließlich die Masseelektrode, um den Elektrodenabstand einzustellen.

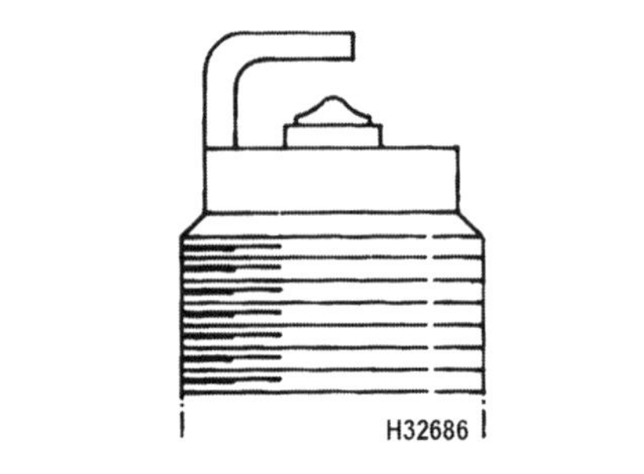

5.10 Wenn die Mittelelektrode einer Iridium-Zündkerze nicht spitz ist, muss die Kerze ersetzt werden.

Iridium-Zündkerzen

alle Modelle ab 2007

9 Vergleichen Sie Ihre Zündkerzen mit den farbigen Zündkerzenbildern auf der Innenseite des Rückumschlags dieses Buches. Falls unnormale Zustände festgestellt werden, sollten deren Ursachen herausgefunden werden. Beachten Sie, dass Iridium-Zündkerzen nicht gereinigt werden dürfen, sondern bei Verunreinigungen ersetzt werden müssen.

10 Begutachten Sie die Spitze der Mittelelektrode – falls sie abgerundet ist, muss die Zündkerze ersetzt werden (siehe Abbildung). Messen Sie mit einer Drahtlehre den Kontaktabstand zwischen der Mittelelektrode und dem Masseelektroden-Bügel (Abbildung 5.8b) – verwenden Sie keine Fühlerblattlehre, da hierdurch die Elektrodenspitze beschädigt werden kann. Liegt der gemessene Wert nicht zwischen 0,8 und 0,9 mm, ist entweder die Mittelelektrode verschlissen (Abstand zu groß) oder die Masseelektrode verbogen (Abstand zu klein) – in beiden Fällen muss eine neue Zündkerze installiert werden, weil die Masseelektrode nicht nachgebogen werden darf.

11 Kontrollieren Sie das Gewinde, den Dichtring und den Keramik-Isolator der Zündkerze auf Brüche und andere Beschädigungen.

Alle Modelle

12 Ersetzen Sie bei jedem Zweifel über den Zustand einer Zündkerze alle Kerzen gemeinsam (siehe *Praxis-Tipp*).

13 Stecken Sie die Zündkerze in den Kerzenschlüssel, um sie damit zu installieren (Abbildung 5.4b). Alternativ gibt es spezielle Zündkerzen-Einbauwerkzeuge, aber auch ein passender Schlauch kann hilfreich sein (siehe *Praxis-Tipp*). Da der Zylinderkopf aus Aluminium besteht, muss bei diesem weichen Material sehr auf Beschädigung der Kerzengewinde geachtet werden. Drehen Sie deshalb die Kerze möglichst weit per Hand in den Motor und ziehen Sie sie anschließend an (Abbildung 5.4a). Falls ein Drehmomentschlüssel vorhanden ist, sollte die Kerze mit 11 Nm angezogen werden; ansonsten werden neue Zündkerzen nach dem Aufsetzen des Dichtrings eine halbe Umdrehung angezogen, alte Kerzen werden eine Achtel- bis Viertelumdrehung festgezogen – zu festes Anziehen kann schnell das Gewinde ausreißen lassen.

14 Stecken Sie den Kerzenstecker korrekt auf die Zündkerze und drücken Sie ihn vollständig auf (Abbildung 5.2).

15 Montieren Sie alle entfernten Bauteile.

Praxis TiPP

Ausgerissene Kerzengewinde können mit Gewindeeinsätzen wieder repariert werden. Beachten Sie sich hierzu die Werkzeug- und Werkstatt-Tipps im Anhang dieses Buches.

Ersetzen

16 Die Zündkerzen müssen ungeachtet ihres Zustands spätestens nach 12 000 km erneuert werden (siehe oben).

Praxis TiPP

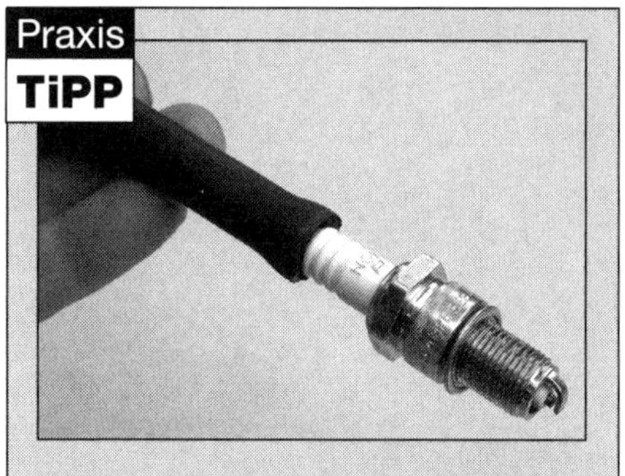

Weil zumindest die zentralen Zündkerzen sehr tief im Motor sitzen, sollten sie mithilfe eines aufgeschobenen Schlauchs eingeschraubt werden. Der Schlauch hält die Kerze ausreichend fest, um sie einzuschrauben, rutscht aber über, sobald die Gewinde verkanten – und schützt somit vor deren Beschädigung.

6 Kraftstoff- und Emissionsregelsystem

Warnung: Benzin ist sehr leicht entzündbar. Treffen Sie deshalb besondere Vorsichtsmaßnahmen, wenn Sie am Kraftstoffsystem arbeiten. Rauchen Sie nicht, und lassen Sie keine offenen Flammen oder Glühbirnen in die Nähe. Arbeiten Sie nicht in Garagen, in denen ein Gasheizgerät läuft. Sollte Benzin auf die Haut geraten, muss die Stelle sofort mit Wasser und Seife abgewaschen werden. Tragen Sie bei Arbeiten an der Kraftstoffanlage immer eine Schutzbrille, und stellen Sie einen Feuerlöscher, der für brennende Flüssigkeiten ausgelegt ist, bereit – vergewissern Sie sich, wie er zu benutzen ist.

1 Heben Sie den Tank an (siehe Kapitel 4).

Kraftstoffsystem

2 Überprüfen Sie den Tank sowie die Zufuhr-, Überlauf-, Belüftungs- und Unterdruckschläuche auf Anzeichen von Undichtigkeit, Porösität und Beschädigungen. Benzinschläuche werden mit der Zeit spröde und härten aus, sie müssen deshalb gelegentlich ausgewechselt werden (siehe Kapitel 4). Merken Sie sich die Verlegung und Befestigung aller Schläuche – es empfiehlt sich, vor der Demontage eine Skizze anzufertigen.

3 Kontrollieren Sie die Dichtfläche der Benzinpumpenplatte zum Tank. Wenn die Dichtung der Benzinpumpe leckt, muss zunächst geprüft werden, ob die Schrauben vorschriftsmäßig mit 10 Nm angezogen sind. Hilft ein Nachziehen nicht, muss die Pumpe ausgebaut und mit einer neuen Dichtung versehen werden (siehe Kapitel 4).

4 Kontrollieren Sie die Verbindungen zwischen dem Verteilerrohr, den Einspritzdüsen und den Drosselklappengehäusen auf Undichtigkeiten. Tritt Benzin aus, müssen die Einspritzdüsen ausgebaut und mit neuen Dichtungen und O-Ringen versehen werden (siehe Kapitel 4).

5 Der Austausch des Benzinfilters ist nicht im Wartungsplan aufgeführt. Der Filter sitzt innerhalb der Benzinpumpe und sein Einlassbereich ist mit einem Sieb versehen. Falls das Kraftstoffsystem verstopft ist und alle anderen Gründe ausgeschlossen werden können, kann das Problem im Filter liegen – demontieren Sie in diesem Fall die Pumpe und kontrollieren Sie den Filter sowie das Ansaugsieb (siehe Kapitel 4).

6 Prüfen Sie den Zustand aller Verbindungsstutzen zwischen dem Zylinderkopf, den Drosselklappengehäusen und dem Luftfiltergehäuse sowie deren Schellen. Die Gummis dürfen nicht spröde sein und alle Schellen und Schrauben müssen fest sitzen.

Sekundärluftsystem

DL-Modelle bis 2011

7 Das Sekundärluftsystem soll den Anteil unverbrannter Kohlenwasserstoffe im Abgas reduzieren. Das System besteht aus dem rechts unten am Luftfiltergehäuse sitzenden Regelventil, den in den Ventildeckeln sitzenden Zungenventilen sowie diversen Schläuchen, die beide Ventile mit dem Luftfiltergehäuse verbinden. Das Regelventil wird elektronisch durch das Motorsteuergerät gesteuert.

8 Das Sekundärluftsystem nutzt die pulsierenden Abgase, um unter bestimmten Betriebszuständen Frischluft aus dem Luftfilter in die Auslasskanäle saugen zu lassen, wo sie sich mit den heißen Verbrennungsgasen mischt. Der zusätzliche Sauerstoff setzt die Verbrennung bislang unverbrannter Kohlenwasserstoffe fort und verwandelt Kohlenmonoxid in relativ harmloses Kohlendioxid und Wasser. Die Zungenventile sorgen dafür, dass die Abgase nicht ins Ventil und den Luftfilter zurückströmen können.

6.11 Motorentlüftungsschläuche bei frühen DL-Modellen; spätere DL- und alle SFV-Modelle haben nur einen Schlauch.

7.3 Öffnen Sie den Einfülldeckel, um den Motor zu belüften.

9 Das Sekundärluftsystem ist nicht einstellbar und erfordert nur wenig Wartung. Prüfen Sie die Schläuche – sie dürfen nicht geknickt oder gequetscht sein und müssen fest auf den Stutzen sitzen. Ersetzen Sie schadhafte Schläuche. Der Kabelstecker des Regelventils muss sicher angeschlossen sein und es dürfen keine Steckerkontakte korrodiert sein.
10 In Kapitel 4 finden sich weitere Details für die Kontrolle des Sekundärluftsystems.

Motorentlüftung

11 Die Motorentlüftung erfolgt über Schläuche zwischen dem Motorgehäuse und dem Luftfiltergehäuse – frühe DL-Modelle sind mit zwei Schläuchen ausgerüstet, spätere DL- und alle SFV-Modelle mit nur einem Schlauch. Kontrollieren Sie die Schläuche auf Risse und andere Beschädigungen (siehe Abbildung). Falls ein Schlauch ersetzt werden muss, kann dies erst nach der Demontage des Luftfiltergehäuses geschehen (siehe Kapitel 4). Der Schlauch darf nicht geknickt oder gequetscht sein und muss an beiden Enden gut gesichert werden.

Verdunstungskontrolle (nur Kalifornien-Modelle)

12 Kontrollieren Sie alle Schläuche des Systems auf Risse, Knicke und andere Beschädigungen. Alle Schläuche müssen an beiden Enden mit Schellen gesichert sein. Beschädigte Schläuche müssen ersetzt werden.
13 Inspizieren Sie den Sammelbehälter und das Ventil auf Risse und andere Beschädigungen.
14 Zum Testen des Systems muss eine Fachwerkstatt konsultiert werden. Ein Verlaufsplan aller Schläuche findet sich bei DL-Modellen unter der Sitzbank und bei SFV-Modellen links am Rahmen.

7 Motoröl und Ölfilter

Spezialwerkzeug: *Für diese Arbeit wird ein Ölfilterschlüssel benötigt – dieser kann als Suzuki-Werkzeug mit der Teilenummer 09914-40610 für DL-Modelle bis 2011 bzw. 09914-40620 für alle anderen Modelle oder im Zubehör-Fachhandel beschafft werden (siehe Schritt 5).*

Warnung: Seien Sie beim Ablassen des Motoröls vorsichtig – der Auspuff, der Motor und das Öl selbst sind heiß und man kann sich schwere Verbrennungen zuziehen!

7.4a Lösen Sie die Ablassschraube, . . .

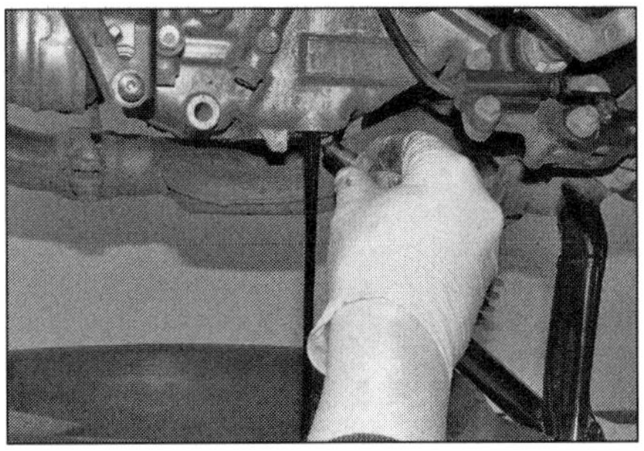

7.4b . . . um das Öl vollständig ablaufen zu lassen.

Ölwechsel

1 Ein regelmäßiger Öl- und Filterwechsel ist die wichtigste Wartungsarbeit für den Erhalt eines Motorrades. Das Öl ist nicht nur zur Schmierung der Motorinnereien, der Kupplung und des Getriebes da, sondern auch zum Kühlen, Reinigen, Abdichten und den Oberflächenschutz. Aufgrund dieser Anforderungen trägt das Motoröl einen hohen Grad an Verantwortung für die Funktion des Motors und muss deshalb spätestens nach 6000 km ersetzt werden. Der Ölfilter ist bei jedem dritten Ölwechsel auszutauschen (darf aufgrund seiner geringen Kosten aber auch bei jedem oder spätestens jedem zweiten Ölwechsel erneuert werden).

Praxis TiPP ***Für das durch Preisunterschied zwischen Billig-Öl und Markenöl gesparte Geld kann man sich nach einem möglichen Motorschaden nicht allzu viele Ersatzteile kaufen.***

2 Wärmen Sie den Motor zunächst auf, damit das Öl besser abfließen kann. Die Ölablassschraube sitzt unten am Motor und der Ölfilter vorne. Falls vorhanden, muss der Motorschutz demontiert werden (siehe Kapitel 7).
3 Halten Sie einen ausreichend großen Behälter bereit, der gleichzeitig das Altöl aus der Ablassbohrung und dem Ölfilterflansch aufnehmen kann – oder stellen Sie einen zweiten Behälter unter den Ölfilter. Drehen Sie den Einfülldeckel aus dem Motor – einmal um ihn zu belüften und zum anderen als Erinnerung daran, dass sich kein Öl im Motor befindet (siehe Abbildung).
4 Lösen Sie die Ablassschraube unten am Motor und lassen Sie das Öl in den Behälter ablaufen (siehe Abbildungen). Befreien Sie die Dichtscheibe von der Schraube (schneiden Sie ihn nötigenfalls auf) und ersetzen Sie sie durch ein Neuteil (siehe Abbildung und Abbildung 8.6b).

1

5 Falls der Ölfilter gewechselt werden soll, muss er jetzt abgeschraubt werden – nutzen Sie hierfür entweder den entsprechenden Suzuki-Schlüssel (siehe oben), einen entsprechenden Schlüssel aus dem Fachhandel, einen Bandschlüssel oder ein anderes geeignetes Werkzeug. Gießen Sie das im Filter befindliche Öl in den Sammelbehälter (siehe Abbildungen). Mithilfe eines Steckschlüssel-Aufsatzes lässt sich der neue Schlüssel später mit dem korrekten Drehmoment anziehen.

6 Reinigen Sie die magnetische Spitze der Ablassschraube. Nachdem das Öl abgelassen wurde, wird die Ablassschraube mit einer neuen Dichtscheibe ausgerüstet und mit 21 Nm angezogen (siehe Abbildungen) – zu festes Anziehen kann das Gewinde der Ölwanne beschädigen!

7 Falls ein neuer Ölfilter installiert werden soll, muss die Folie von dessen Öffnung entfernt werden. Die Filterdichtung muss mit Motoröl geschmiert werden (siehe Abbildung). Ziehen Sie den Filter entweder mit 20 Nm oder so fest wie möglich von Hand an (siehe Abbildung). Manchmal finden sich auf am Filter selbst Hinweise zur Montage.

Anmerkung: *Ziehen Sie einen Filter niemals mit einem Band- oder Kettenschlüssel an, da er hierdurch beschädigt wird!*

8 Füllen Sie die korrekte Menge des vorgeschriebenen Motoröls auf (siehe *Tägliche Kontrollen*), bis der Pegel bei geradestehendem Motorrad fast bis zum oberen Pegel des Schauglases reicht (siehe Abbildung) – füllen Sie nicht zu viel Öl auf. Schrauben Sie den ggf. mit einem neuen O-Ring versehenen Einfülldeckel ein (siehe Abbildung).

9 Starten Sie den Motor und lassen Sie ihn zwei bis drei Minuten laufen (gehen Sie sicher, dass die Öldruck-Warnlampe nach einigen Sekunden erlischt). Schalten Sie den Motor ab, warten Sie einige Minuten und kontrollieren Sie erneut den Ölpegel. Füllen Sie nötigenfalls Motoröl nach, bis der Pegel knapp unter der oberen Markierung des Schauglases liegt.

10 Kontrollieren Sie die Bereiche um die Ablassschraube und den Ölfilter auf Undichtigkeiten. Tritt Öl aus, obwohl der Filter geschmiert und die Ablassschraube mit einer neuen Dichtung ausgerüstet wurde und alles korrekt angezogen ist, muss der Grund vor der ersten Fahrt gefunden und beseitigt worden sein.

11 Das alte Motoröl kann nicht mehr verwendet werden und sollte in einen auslaufsicheren Behälter gefüllt werden. Jeder Händler, der technische Öle verkauft, ist auch dazu verpflichtet, entsprechende Mengen Altöl zurückzunehmen und zur fachgerechten Entsorgung oder zum Recycling zu bringen. Lassen Sie nie Altöl in die Kanalisation gelangen oder im Bo-

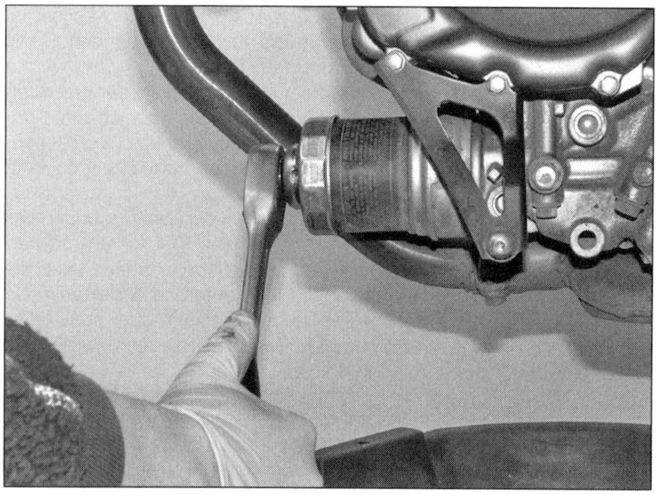

7.5a Lösen Sie den Ölfilter – entweder mit einem Filterschlüssel oder einem Bandschlüssel . . .

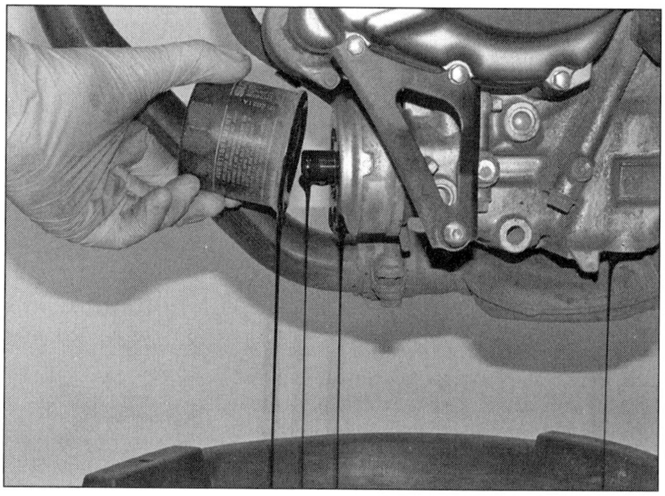

7.5b . . . und lassen Sie das Motoröl in den Behälter abtropfen.

7.6a Versehen Sie die Ablassschraube mit einer neuen Dichtscheibe . . .

7.6b . . . und ziehen Sie sie mit 21 Nm an.

7.7a **Schmieren Sie die Ölfilterdichtung mit Motoröl ...**

7.7b **... und drehen Sie den Filter wie beschrieben auf.**

7.8a **Füllen Sie das vorgeschriebene Motoröl auf, ...**

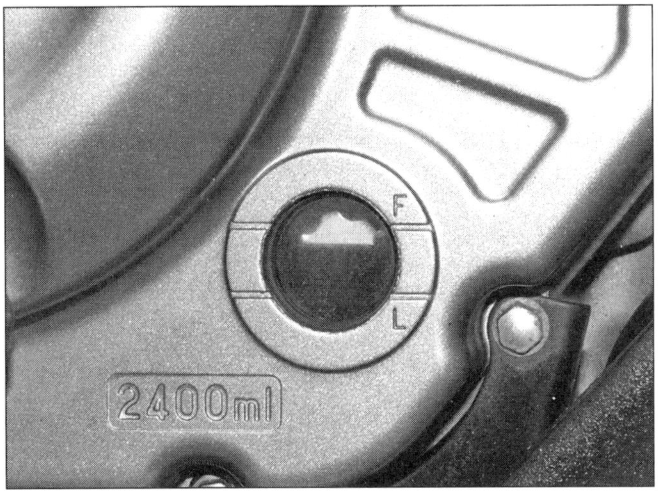

7.8b **... bis der Pegel knapp unter der oberen Linie am Schauglas liegt.**

1

den versickern! Ein entleerter Ölfilter darf zwar im Hausmüll entsorgt werden, sollte jedoch zusammen mit dem Altöl beim Händler oder dem Sondermüll abgegeben werden.

7.8c **Der O-Ring des Einfülldeckels muss in Ordnung sein und korrekt sitzen.**

Praxis TiPP ***Um einen übermäßigen Verschleiß im Motor zu ermitteln, sollte man das ablaufende Öl durch ein Sieb in den Behälter fließen lassen, sodass Fremdkörper herausgefiltert werden. Falls sich im Öl kleine Metallbrocken oder Splitter finden, läuft in Ihrem Motor etwas entschieden falsch, und die Maschine muss zur Inspektion und Reparatur zerlegt werden. Metallischer Schimmer im Öl weist bei einem neuen oder überholten Motor darauf hin, dass die Komponenten eingefahren wurden – bei einem eigentlich bereits eingefahrenen Motor zeigt er Schmierungsmangel an. Wenn Sie faserartiges Material vorfinden, weist das auf extremen Kupplungsverschleiß hin.***

8 Standgasdrehzahl

DL-Modelle bis 2006

1 Die Einstellung der Standgasdrehzahl muss vor und nach einer Drosselklappensynchronisation (Sektion 16), nach der Ventilspielkontrolle (Sektion 19) und bei einer offensichtlich zu niedrigen oder zu hohen Standgas-Drehzahl erfolgen. Zunächst muss sichergestellt sein, dass die Zündkerzen und der Luftfilter regelmäßig gereinigt oder ersetzt und ein korrektes Ventilspiel sichergestellt sind. Bewegen Sie bei im Standgas laufendem Motor den Lenker von Anschlag zu Anschlag, während auf verändernde Drehzahlen geachtet wird – in diesem Fall sind die Gaszüge nicht korrekt eingestellt, falsch verlegt oder verschlissen. Weil dieser Zustand gefährliche Folgen haben

8.3 Standgaseinsteller

kann, muss unverzüglich Abhilfe geschaffen werden (siehe Sektion 9).

2 Bringen Sie den Motor auf Betriebstemperatur – fahren Sie dazu das Motorrad etwa eine Viertelstunde warm. Schalten Sie das Getriebe in den Leerlauf.

3 Die Einstellschraube sitzt links am Motorrad (siehe Abbildung). Drehen Sie bei laufendem Motor die Schraube, bis die Drehzahl zwischen 1200 und 1400 U/min liegt. Rechts herum wird die Drehzahl verringert und links herum wird sie erhöht.

4 Geben Sie einige Male kurz Gas und lassen Sie den Gasgriff wieder zurückschnappen. Kontrollieren Sie erneut die Standgasdrehzahl und justieren Sie nötigenfalls nach. Prüfen Sie anschließend das Gaszug-Spiel (siehe Sektion 9).

5 Falls sich das Standgas nicht korrekt einstellen lässt, kann es sein, dass die Drosselklappen synchronisiert werden müssen (siehe Sektion 16). Kontrollieren Sie auch, ob der Motor durch schadhafte Ansaug-Gummis Nebenluft zieht (die zu einem abgemagerten Gemisch führen kann).

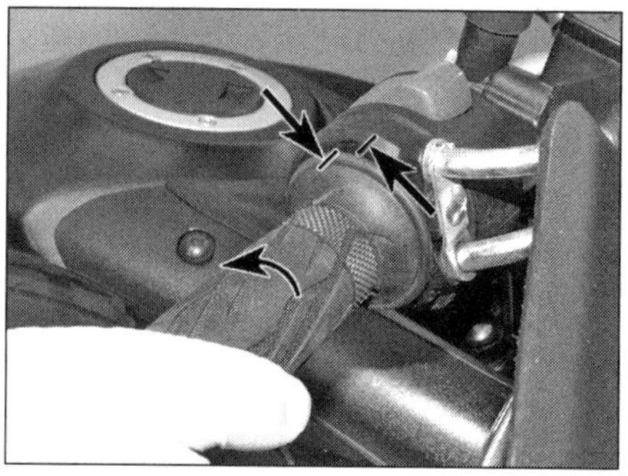

9.2 Das Gaszug-Spiel wird zwischen dem Bund des Gasgriff-Gummis und dem Gehäuse gemessen.

Alle Modelle ab 2007

6 Die Standgasdrehzahl wird automatisch vom Standgas-Regelventil kontrolliert – beachten Sie gegebenenfalls die Hinweise in Kapitel 4, Sektion 11.

9 Gaszüge

1 Der Gasgriff muss sich in verschiedenen Lenkerstellungen leicht öffnen und schließen lassen. Der geöffnete Gasgriff muss beim Loslassen jederzeit zurückschnappen. Falls der Gasgriff klemmt, müssen er und die Gaszüge geschmiert werden (siehe unten).

Warnung: Bei im Leerlauf arbeitendem Motor wird der Lenker von Anschlag zu Anschlag bewegt. Der Motor darf dabei an keiner Stelle höher drehen, andernfalls ist mindestens ein Gaszug falsch verlegt. Dieser Zustand muss unbedingt vor der nächsten Fahrt korrigiert werden!

Gasgriff-Spiel

Kontrolle

2 Prüfen Sie, ob die Gaszüge etwas Spiel haben – dies wird durch den Leerweg des Gasgriffs ermittelt, dessen Griffgummi-Bund etwa 2 bis 4 mm Drehspiel zum Gehäuse haben sollte (siehe Abbildung) – falls eine Einstellung nötig wird, müssen entsprechend des Modells die folgenden Schritten beachtet werden:

Gasgriff-Spiel

Einstellung

DL-Modelle bis 2011

3 Der obere Zug am Gasgriffgehäuse ist der Öffnerzug, der untere der Schließerzug. Ziehen Sie von beiden Einstellern die Gummikappen ab. Lockern Sie am Schließerzug die Kontermutter und drehen Sie den Einsteller vollständig hinein (siehe Abbildung). Lockern Sie nun die Kontermutter des Öffnerzuges und verdrehen Sie dessen Einsteller, bis das gewünschte Spiel (2 bis 4 mm) erreicht ist. Ziehen Sie seine Kontermutter wieder an. Halten Sie jetzt den Gasgriff geschlossen und drehen Sie den Schließerzug-Einsteller heraus, bis Widerstand fühlbar wird – jetzt ist jegliches Spiel eliminiert. Drehen Sie den Einsteller nicht weiter heraus. Ziehen Sie seine Kontermutter wieder an.

4 Falls das Gasgriff-Spiel nicht mehr an den oberen Einstellern justiert werden kann oder größere Änderungen nötig werden, müssen die Gaszüge an der Drosselklappenbetätigung eingestellt werden. Zunächst werden beide oberen Einsteller vollständig hineingeschraubt, um maximales Gaszug-Spiel zu erhalten. Demontieren Sie das Luftfiltergehäuse (siehe Kapitel 4). Der obere Zug an der Betätigung ist

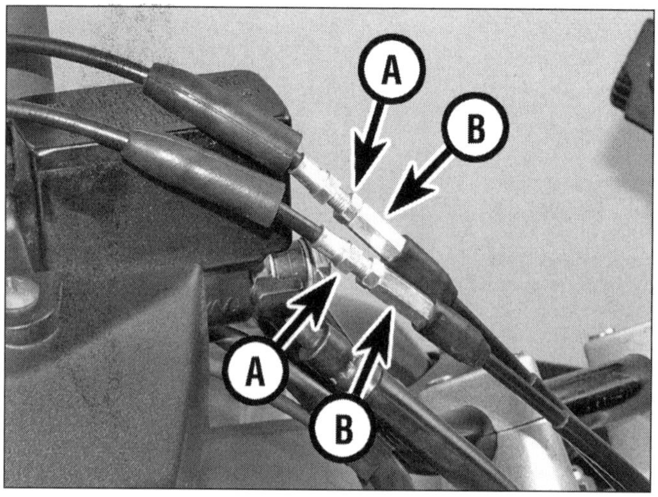

9.3 Lockern Sie die Kontermuttern (A) und drehen Sie die oberen Gaszug-Einsteller (B) wie beschrieben.

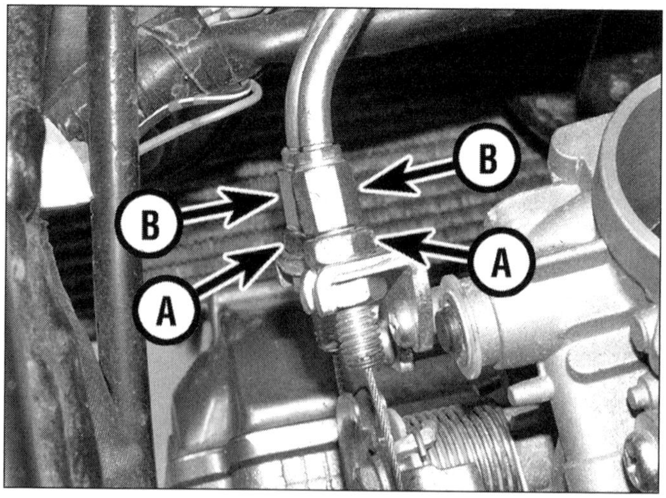

9.4 Lockern Sie an der Drosselklappenbetätigung die Kontermuttern (A) und drehen Sie die Gaszug-Einsteller (B) wie beschrieben.

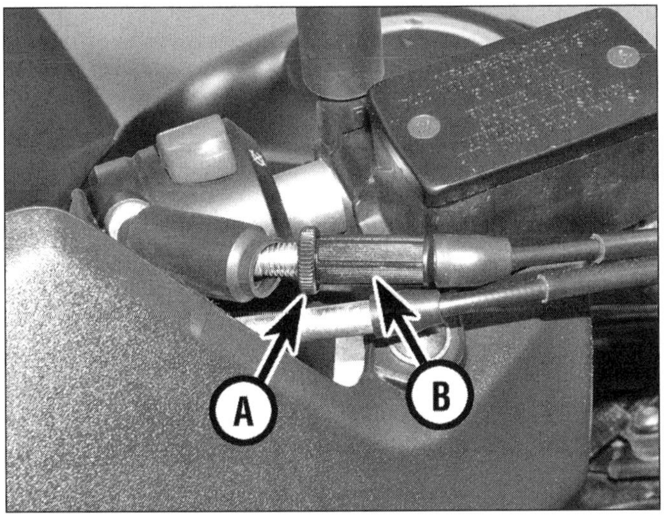

9.6 Konterring (A) und Gaszug-Einsteller (B)

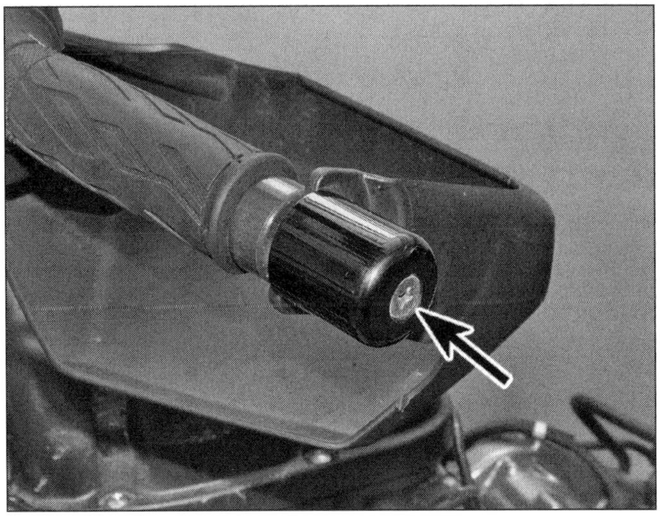

9.9 Lösen Sie die Schraube, um das Lenkergewicht zu befreien – beachten Sie bei DL-Modellen den Handprotektor.

der Schließerzug, der untere der Öffnerzug. Lockern Sie die Kontermuttern (siehe Abbildung). Drehen Sie den Schließerzug-Einsteller heraus, bis Widerstand fühlbar wird – jetzt ist jegliches Spiel eliminiert. Ziehen Sie die Kontermutter an. Verdrehen Sie nun den Einsteller des Öffnerzuges, bis das gewünschte Spiel (2–4 mm) erreicht ist. Ziehen Sie seine Kontermutter wieder an. Montieren Sie das Luftfiltergehäuse.

5 Weitere Einstellungen können nun an den oberen Einstellern vorgenommen werden. Lassen sich die Gaszüge mit keiner der beiden Methoden einstellen, müssen sie ersetzt werden (siehe Kapitel 4). Prüfen Sie, ob sich der Gasgriff sanft betätigen lässt und nach dem Öffnen automatisch wieder schließt.

DL ab 2012 und SFV-Modelle

6 Stellen Sie das Spiel mithilfe des Einstellers am oben das Gasgriffgehäuse verlassenden Öffnerzug ein. Ziehen Sie zunächst das Gummi ab. Lockern Sie die Kontermutter und drehen Sie den Einsteller heraus, um das Spiel zu verringern, oder hinein, um es zu vergrößern. Ziehen Sie dann die Kontermutter wieder an (siehe Abbildung).

7 Fall das korrekte Spiel nicht auf diese Weise eingestellt werden kann, müssen die Gaszüge ersetzt werden (siehe Kapitel 4). Prüfen Sie, ob sich der Gasgriff sanft betätigen lässt und nach dem Öffnen automatisch wieder schließt.

Gasgriff und Gaszüge

Schmieren

8 Klemmt der Gasgriff, liegt dies wahrscheinlich an einem schadhaften Seilzug. Befreien Sie die Züge von der Drosselklappenbetätigung (siehe Kapitel 4) und schmieren Sie sie (siehe Sektion 13). Bewegt sich ein Zug danach immer noch nicht sanft in seiner Hülle, muss der gesamte Gaszug ersetzt werden.

9 Prüfen Sie bei demontierten Zügen, ob sich der Gasgriff sanft auf dem Lenker drehen lässt – Schmutz und mangelnde Schmierung können zu Schwergängigkeit führen. Demontieren Sie nötigenfalls das Lenkergewicht, um den Gasgriff vom Lenker zu ziehen – nötigenfalls muss der Handprotektor beiseite genommen werden (siehe Abbildung). Entfernen Sie alte Fettreste vom Lenker und aus dem Griff und schmieren Sie den Lenker mit frischem Lithium-Mehrzweckfett, bevor Sie den Gasgriff und das Lenkergewicht wieder montieren.

10 Installieren Sie die Gaszüge – sie müssen korrekt verlegt sein (siehe Kapitel 4). Verbessert all dies nicht die Funktion des Gasgriffs, müssen die Züge erneuert werden, allerdings kann der Defekt auch in seltenen Fällen an der Drosselklappenbetätigung liegen – entfernen Sie den Tank, um die Funktion der Klappen und ihrer Verbindungen zu testen (siehe Kapitel 4).

10 Kühlsystem

Kontrolle

⚠ ***Warnung: Der Motor muss zunächst vollständig abgekühlt sein.***

1 Entfernen Sie bei DL-Modellen bis 2011 den rechten Seitendeckel und bei DL-Modellen ab 2012 die gesamte Verkleidung (siehe Kapitel 7). Entfernen Sie bei SFV-Modellen die Kühlerverkleidungen (siehe Kapitel 7).

2 Kontrollieren Sie den Kühlmittelpegel im Ausgleichsbehälter (siehe *Tägliche Kontrollen*).

3 Kontrollieren Sie das gesamte Kühlsystem auf Undichtigkeiten. Prüfen Sie jeden Gummischlauch auf der ganzen Länge. Achten Sie auf Risse, Scheuerstellen und andere Beschädigungen. Drücken Sie alle Schläuche an verschiedenen Stellen von Hand zusammen, um zu erkennen, ob sie spröde oder ausgehärtet sind (siehe Abbildung). Sie müssen sich griffig und glatt anfühlen und nach dem Lösen in ihre alte Form zurückkehren. Wenn sie spröde oder verhärtet sind, müssen sie ersetzt werden (siehe Kapitel 3).

4 Kontrollieren Sie alle Kühlsystem-Anschlüsse, die Stutzen der Wasserpumpe (rechts am Motor), den Einlassstutzen vorne am Motor, den Auslassstutzen oben am Motor und das Thermostatgehäuse auf Undichtigkeiten. Alle Schellen müssen fest sitzen, um keine Flüssigkeit austreten zu lassen. Falls die Wasserpumpe am Deckel leckt, muss geprüft werden, ob die Schrauben korrekt angezogen sind – andernfalls muss der Deckel entfernt und mit einem neuen O-Ring ausgerüstet werden (siehe Kapitel 3).

10.3 Kontrollieren Sie die Kühlerschläuche wie beschrieben.

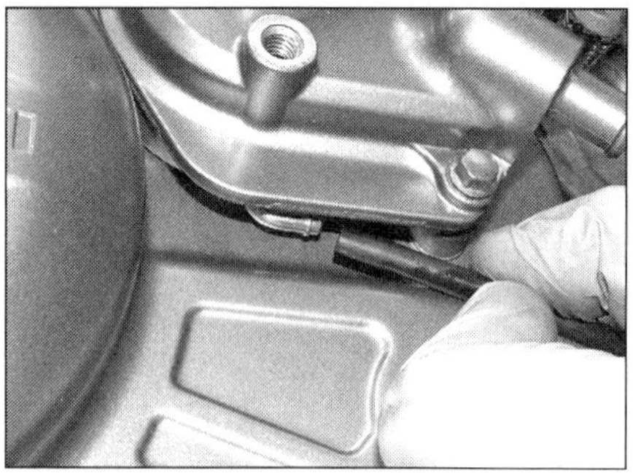

10.5a Prüfen Sie, ob am Wasserpumpen-Ablaufschlauch . . .

5 Um kein Kühlmittel ins Motoröl und umgekehrt auch kein Öl in den Kühlkreislauf eindringen zu lassen, ist die Wasserpumpenwelle innerhalb des Pumpengehäuses mit zwei Dichtungen ausgerüstet. Ein an der Rückseite des Pumpenrades sitzender Doppellippen-Dichtring soll das Kühlmittel zurückhalten, während der dahinter sitzende Simmerring dafür sorgt, dass das Öl im Motor bleibt. An der Unterseite der Pumpe befindet sich ein Ablassstutzen mit einem Schlauch (siehe Abbildungen) – wenn eine der Dichtungen ausfällt, tritt hier Kühlmittel oder Öl (oder beides) aus. Falls verräterische Spuren auf austretende Flüssigkeit hinweisen, muss die Pumpe demontiert und mit neuen Dichtungen ausgerüstet werden (siehe Kapitel 3).

6 Überprüfen Sie den Wasserkühler auf Undichtigkeiten und andere Schäden. Lecks am Kühler hinterlassen verräterische Ablagerungen verdunsteter Kühlflüssigkeit. Der Kühler muss in diesem Fall unverzüglich repariert oder ausgetauscht werden (siehe Kapitel 3) – versuchen Sie nicht, den Kühler mit chemischen Dichtmitteln zu reparieren.

7 Kontrollieren Sie die Lamellen des Wasserkühlers auf getrockneten Matsch, Schmutz und Insekten. Hiermit setzt sich der Kühler zu und die Luft kann nicht mehr hindurchströmen. Demontieren Sie gegebenenfalls den Kühler (siehe Kapitel 3), und reinigen Sie ihn mit Wasser oder mit von der Innenseite her vorsichtig eingesetzter Druckluft. Sind Kühlerrippen verbogen, können sie vorsichtig mit einem Schraubendreher wieder gerichtet werden. Wenn sich an mehr als 20 Prozent der Kühlfläche beschädigte oder verbogene Kühlerrippen finden, muss der Kühler erneuert werden.

⚠ ***Warnung: Lassen Sie den Motor vor dem Entfernen des Druckventils abkühlen. Bedecken Sie das Ventil mit mehreren Lappen, drehen Sie es langsam gegen den Uhrzeigersinn. Hört man ein Zischen, muss gewartet werden, bis es aufhört und der Druck abgebaut ist, dann wird das Ventil heruntergedrückt und weiter gedreht, bis es entnommen werden kann.***

8 Entfernen Sie das Druckventil aus dem Kühlerstutzen, indem Sie es nach links drehen, herunter drücken, und weiter drehen, bis es abgenommen werden kann (siehe Abbildung). Bei zischenden Geräuschen muss vor dem Herunterdrücken gewartet werden, bis der Druck abgebaut ist.

9 Kontrollieren Sie den Zustand des Kühlmittels. Wenn es rostfarben ist oder starke Ablagerungen sichtbar sind, muss es abgelassen und das System gespült und neu befüllt werden (siehe unten). Kontrollieren Sie den Frostschutzgehalt des Kühlmittels mit einem Frostschutz-Hydrometer – ein fünfzigprozentiges Frostschutz-Gemisch muss eine Dichte von 1,084 (bei 5 °C) bis 1,074 (bei 25 °C) aufweisen. Zu wenig Frostschutzmittel führt zu unzureichendem Schutz gegen Frostschäden, zu viel verringert hingegen die Kühlwirkung der Flüssigkeit. Zeigt das Hygrometer unkorrekte Werte, muss das Kühlsystem entleert, gespült und neu aufgefüllt werden (siehe unten).

10 Ohne ein korrekt funktionierendes Überdruckventil kann das Kühlsystem nicht korrekt arbeiten. Kontrollieren Sie die Ventildichtung auf Risse und andere Schäden. Wenn das Kühlsystem stetig Flüssigkeit verliert, und/oder der Motor überhitzt, aber keine Undichtigkeiten auffindbar sind, lassen Sie das Ventil bei Zweifel über seinen Zustand von einer Suzuki-Werkstatt testen oder tauschen Sie es aus. Hilft auch dies nicht, muss das gesamte Kühlsystem einer Druckprüfung unterzogen werden.

11 Installieren Sie das Druckventil, indem Sie ihn im Uhrzeigersinn bis zum Anschlag drehen, dann herunterdrücken und fest drehen. Starten Sie den Motor und bringen Sie ihn auf Betriebstemperatur. Kontrollieren Sie erneut die Dichtigkeit des Kühlsystems. Wenn die Kühltemperatur stark ansteigt, muss der hinten am Kühler sitzende Ventilator automatisch einsetzen, bis die Temperatur wieder auf einen normalen Wert abgesunken ist. Bei anderen Ergebnissen müssen der Schalter, der Ventilator und der entsprechende Stromkreis kontrolliert werden (siehe Kapitel 3).

12 Kontrollieren Sie den vorne unten am Motor sitzenden Ölkühler auf Anzeichen von Undichtigkeiten. Bei DL-Modellen bis 2011 müssen die Kühlerlamellen überprüft werden (siehe Schritt 7). Bei DL-Modellen ab 2012 und allen SFV-Modellen muss geprüft werden, ob die Kühlwasserschläuche fest auf ihren Stutzen sitzen – bei Undichtigkeiten sind die Hinweise in Kapitel 2, Sektion 6 beachtet werden.

Austausch des Kühlmittels

⚠ ***Warnung: Der Motor muss abgekühlt sein, bevor mit dieser Kontrolle begonnen werden kann. Frostschutzmittel darf nicht mit der Haut oder Lackoberflächen in Berührung kommen. Wischen Sie Spritzer unverzüglich mit reichlich Wasser ab. Frostschutz kann giftige und explosive Gase produzieren, wenn es in offenen Behältern gelagert oder auf den Boden verschüttet wird. Kinder und Tiere können durch den süßen Geschmack irritiert werden und das Mittel trinken. Frostschutzmittel ist brennbar und darf daher nicht in der Nähe offener Flammen ge-***

10.5b . . . Flüssigkeit austritt.

10.8 Entfernen Sie das Druckventil wie beschrieben.

10.15a Lösen Sie die Ablassschraube unten an der Wasserpumpe ...

10.15b ... und lassen Sie das Kühlmittel in eine Wanne ablaufen.

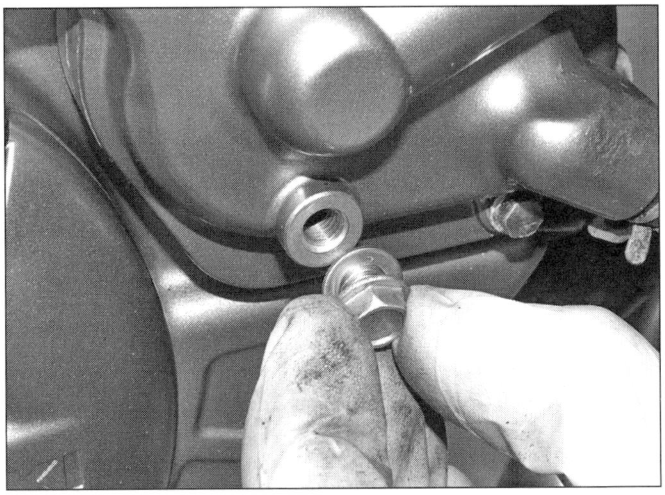

10.19 Rüsten Sie die Ablassschraube mit einer neuen Dichtscheibe aus.

10.20 Füllen Sie das Kühlsystem wie beschrieben auf.

lagert werden. Fragen Sie Ihren Fachhändler, wo Sie altes Frostschutzmittel entsorgen können.

Ablassen

13 Stützen Sie das Motorrad auf einer ebenen Fläche ab. Entfernen Sie bei DL-Modellen bis 2011 den rechten Seitendeckel und bei DL-Modellen ab 2012 die gesamte Verkleidung (siehe Kapitel 7). Entfernen Sie bei SFV-Modellen die rechte Kühlerverkleidung (siehe Kapitel 7).

14 Entfernen Sie das Druckventil aus dem Kühlerstutzen, indem Sie ihn nach links drehen, herunter drücken, und weiter drehen, bis er abgenommen werden kann (Abbildung 10.8). Hört man ein Zischen, muss gewartet werden, bis es aufhört und der Druck abgebaut ist, dann wird das Ventil heruntergedrückt und weiter gedreht, bis es entnommen werden kann.

15 Stellen Sie einen geeigneten Behälter unter die Wasserpumpe rechts am Motor und lösen Sie deren Ablassschraube, um das Kühlmittel vollständig ablaufen zu lassen (siehe Abbildungen). Heben Sie die alte Dichtscheibe für den Spülprozess auf – zum Schluss muss auf jeden Fall eine neue Dichtscheibe verwendet werden.

16 Saugen Sie möglichst mit einer Handpumpe das Kühlmittel aus dem Ausgleichsbehälter – oder befreien Sie den Behälter (siehe Kapitel 3) und gießen Sie das Kühlmittel aus.

17 Wischen Sie Kühlmittel-Spritzer auf.

Spülen

18 Spülen Sie das Kühlsystem mithilfe eines in den Kühlerstutzen gesteckten Gartenschlauchs durch. Spülen Sie solange, bis an der Ablaufbohrung klares Wasser austritt. Werden viele Rostpartikel heraus gespült, muss der Wasserkühler demontiert (siehe Kapitel 3) und professionell gereinigt werden.

Auffüllen

19 Rüsten Sie die Kühlsystem-Ablassschraube mit einer neuen Dichtscheibe aus und ziehen Sie sie mit 13 Nm an (siehe Abbildung).

20 Füllen Sie das Kühlsystem über den Kühlerstutzen bis zu dessen Basis mit dem in den technischen Daten angegebenen Gemisch aus destilliertem Wasser und Frostschutzmittel auf (siehe Abbildung).

Anmerkung: *Füllen Sie das Kühlmittel nur langsam auf, um möglichst wenig Luft ins System eindringen zu lassen. Wenn der Kühler gefüllt ist, sollte das Motorrad mehrmals von einer Seite zu anderen geneigt werden, um Luftblasen aufsteigen zu lassen – das Kneten der Kühlerschläuche und Abklopfen des Thermostaten hat eine ähnliche Wirkung. Füllen Sie*

11.6 Prüfen Sie das Spiel der Radlager.

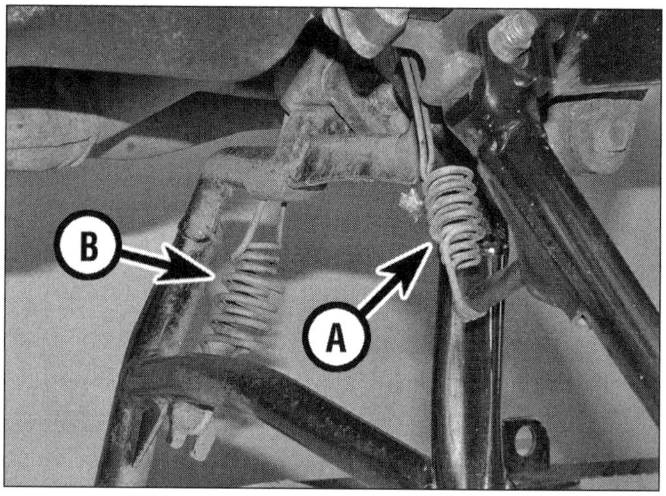

12.1 Kontrollieren Sie die Seitenständer-Federn (A) und bei DL-Modellen ggf. die Hauptständer-Federn (B).

den Ausgleichsbehälter bis zur FULL-Markierung auf (siehe Tägliche Kontrollen).

21 Starten Sie den Motor, und lassen Sie ihn zwei bis drei Minuten im Standgas laufen. Geben Sie dann drei- bis viermal kurz Gas, sodass die Drehzahl auf etwa 4000 U/min steigt. Schalten Sie den Motor dann aus – sämtliche im System gefangenen Luftblasen sollten jetzt bis in den Kühlerstutzen gestiegen sein.
22 Füllen Sie den Kühler nötigenfalls erneut bis zur Basis des Stutzens auf und installieren Sie das Druckventil. Füllen Sie den Ausgleichsbehälter bis zur FULL-Markierung auf und installieren Sie dessen Deckel.
23 Starten Sie den Motor, und lassen Sie ihn Betriebstemperatur erreichen. Lassen Sie den Motor einige Minuten laufen, schalten Sie ihn ab, und lassen Sie ihn abkühlen. Entfernen Sie erneut das Druckventil (siehe Schritt 14) und prüfen Sie, ob der Pegel weiterhin bis zum Kühlerstutzen steht – füllen Sie ggf. Kühlmittel auf.
24 Kontrollieren Sie den Kühlmittelpegel im Ausgleichsbehälter und füllen Sie ihn nötigenfalls auf. Kontrollieren Sie das Kühlsystem auf Undichtigkeiten.
25 Montieren Sie alle entfernten Verkleidungsteile (siehe Kapitel 7).
26 Entsorgen Sie die alte Kühlflüssigkeit im Fachhandel oder beim Sondermüll (siehe Warnung zu Beginn dieser Sektion).

11 Räder, Reifen und Radlager

Räder

1 Gussräder sind zwar nahezu wartungsfrei, doch sollten sie regelmäßig gereinigt und auf Brüche und andere Beschädigungen untersucht werden. Kontrollieren Sie ebenfalls den Rundlauf und die Ausrichtung der Räder (siehe Kapitel 6). Versuchen Sie nicht, Gussräder zu reparieren, bei geringen Schäden kann ein Spezialbetrieb zurate gezogen werden – ansonsten sind sie zu erneuern. Achten Sie auf den festen Sitz aller vorhandenen Auswuchtgewichte an der Felge; ist ein Gewicht abgefallen, muss das Rad von einem Fachbetrieb neu ausgewuchtet werden.

Reifen

2 Kontrollieren Sie sorgfältig den Zustand und die Profiltiefe – siehe *Tägliche Kontrollen*.
3 Achten Sie darauf, dass die Ventilkappe immer fest sitzt. Falls die Undichtigkeit auf das Ventil selbst zurückzuführen ist, kann dies mithilfe eines Ventilwerkzeugs (das auch in die Ventilkappe integriert erhältlich ist) fest angezogen oder nötigenfalls ausgetauscht werden. Überprüfen Sie den Ventilsitz auf Anzeichen von Beschädigungen – eine poröse Dichtung kann Luft entweichen lassen. Wenn der Reifen stetig Luft verliert – und dies lässt sich mithilfe von Spucke oder Seifenwasser auf den Ventilsitz zurückführen –, muss das Ventil mit einer neuen Dichtung versehen werden. Pumpen Sie den Reifen auf den korrekten Wert auf und prüfen Sie, ob er rundherum richtig in der Felge sitzt.

Radlager

Anmerkung: *Vermeiden Sie es, einen Hochdruckreiniger direkt auf die Radnabe zu richten. Das Wasser kann in die Lagerdichtungen eindringen, das Fett auswaschen und zu Korrosion führen, sodass das Lager zerstört wird.*

4 Radlager verschleißen mit der Zeit und müssen daher regelmäßig kontrolliert werden, bevor sich die Fahreigenschaften der Maschine erheblich verschlechtern.
5 Stützen Sie das Motorrad auf einer geeigneten Vorrichtung ab, sodass das zu kontrollierende Rad nicht den Boden berührt.
6 Kontrollieren Sie durch Ziehen und Drücken der Räder, ob irgendein Spiel in den Lagern festzustellen ist (siehe Abbildung). Drehen Sie zur Kontrolle des Vorderrades die Lenkung gegen einen Anschlag, damit man das Rad dagegen drücken kann. Drehen Sie außerdem das Rad, und prüfen Sie, ob es sich sanft und geräuschlos dreht.

Anmerkung: *Die Bremsen und der Endantrieb können Geräusche und Widerstand hervorrufen – verwechseln Sie dies nicht mit den Radlagern.*

7 Wenn in der Radnabe Spiel festgestellt wurde oder das Rad sich nicht sanft dreht (und dies nicht auf eine schleifende Bremse oder den Antrieb zurückzuführen ist), muss das Rad ausgebaut und die Lager auf Verschleiß oder Beschädigung kontrolliert werden (siehe Kapitel 6). Im Zweifel sind die Lager zu ersetzen.

12 Seitenständer und Sicherheitsstromkreis

Seitenständer

1 Kontrollieren Sie die Ständerfedern auf Ermüdung und Beschädigungen (siehe Abbildung). Die Federn müssen in der Lage sein, den Ständer während der Fahrt sicher am Motorrad zu halten. Eine gebrochene oder ermüdete Feder muss unverzüglich ersetzt werden.
2 Schmieren Sie regelmäßig die Ständerzapfen (siehe Sektion 13).
3 Kontrollieren Sie den Ständer und ihre Halterungen auf Risse und Verzug. Ein gebrochener Ständer darf nötigenfalls geschweißt werden.

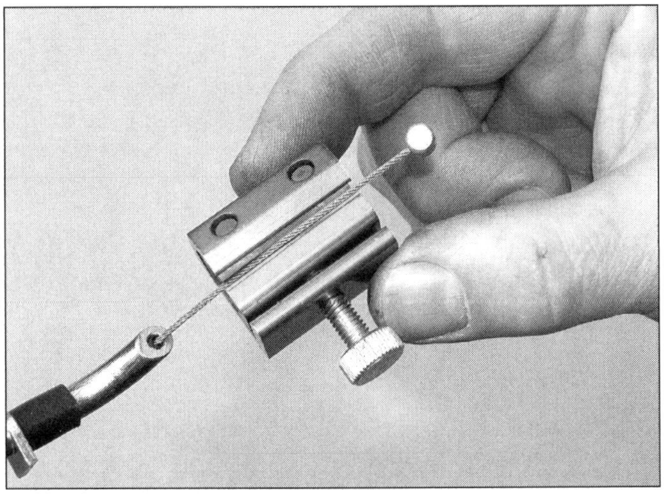

13.3a Klemmen Sie den Zug in den Adapter, ...

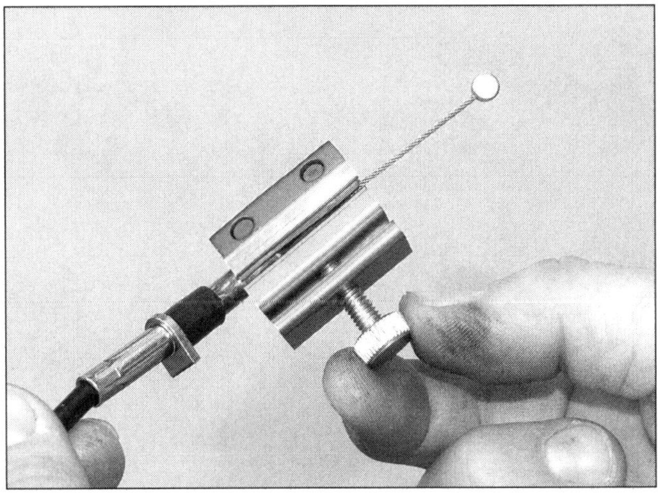

13.3b ... ziehen Sie die Schraube an, um ihn abzudichten, ...

Sicherheitsstromkreis

4 Prüfen Sie die Funktion des Sicherheitsstromkreises wie folgt: Das Getriebe muss sich im Leerlauf befinden. Klappen Sie den Ständer ein und starten Sie den Motor. Ziehen Sie die Kupplung und legen Sie einen Gang ein. Halten Sie die Kupplung gezogen und klappen Sie den Seitenständer aus – der Motor muss dabei ausgehen.
5 Falls der Stromkreis nicht wie oben beschrieben funktioniert, müssen der Seitenständerschalter, das Seitenständer-Relais und seine Dioden, der Gangsensor und der Kupplungsschalter sowie die dazugehörigen Verkabelungen überprüft werden (siehe Kapitel 8).

13 Schmierpunkte

1 Da die Bedienungselemente, Bowdenzüge oder andere Komponenten des Motorrades ständig den Unbilden des Wetters ausgesetzt sind, müssen sie regelmäßig geschmiert werden, um eine problemlose Funktion sicherzustellen.

Gelenke

2 Je nach Art des Schmierstoffes kann es das Beste sein, die Komponenten vorher zu zerlegen, um die wichtigsten Stellen zu erreichen (siehe Kapitel 5). Die von Suzuki empfohlenen Schmiermittel sind zu Beginn dieses Kapitels aufgeführt. Wenn Sprühöl oder Kettenspray verwendet wird, reicht es, die Verbindungsstellen zu schmieren, es kriecht dann von alleine an die Stellen, wo die Reibung auftritt (allerdings empfiehlt es sich, die Teile zu zerlegen, um sie zu reinigen und von Korrosion zu befreien). Bei der Verwendung von Motoröl und dünnem Fett sollte auf Sparsamkeit geachtet werden, da Schmutz daran haften bleibt, der die Funktion der Bedienungselemente nach kurzer Zeit stark beeinträchtigen kann.

Anmerkung: *Ein alternatives Schmiermittel für Hebel-Gelenke ist Trockenfilm, der unter verschiedenen Namen im Fachhandel erhältlich ist.*

Bowdenzüge

Spezialwerkzeug: *Für diese Arbeit wird ein Sprühdosen-Adapter (»Bowdenzugöler«) benötigt.*

3 Zum Schmieren des Kupplungszuges und der Gas-Bowdenzüge müssen diese an den oberen Enden ausgehängt werden (siehe Kapitel 2 bzw. 4). Montieren Sie den Bowdenzugöler an den Zug und setzen Sie die Sprühdose an seinem Anschluss an (siehe Abbildungen).

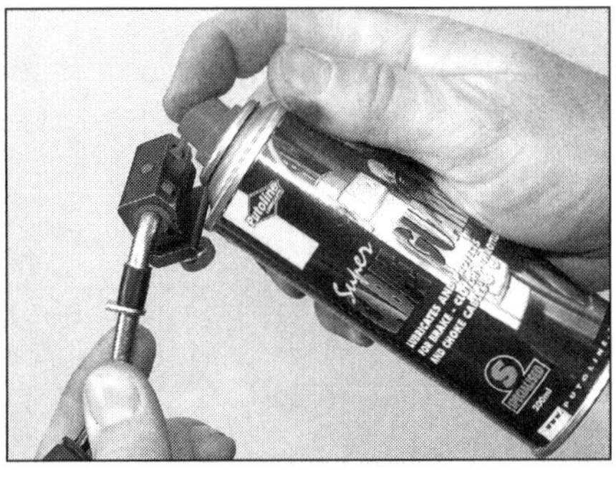

13.3c ... und schließen Sie die Sprühdose an die Bohrung an.

14 Muttern und Schrauben

1 Da sich durch die Vibrationen des Motorrades Befestigungen lockern können, sollten alle Muttern, Schrauben und Bolzen regelmäßig auf Festigkeit kontrolliert werden.
2 Beachten Sie besonders die folgenden Befestigungen – Details finden sich in den entsprechenden Kapiteln:

- Zündkerzen
- Motoröl-Ablassschraube
- Hebel- und Pedalbolzen und Muttern
- Fußrastenträger- und Ständer-Befestigungen
- Ritzel- und Kettenradmuttern
- Motorhalterungen
- Stoßdämpferbefestigungen, Anlenkungs-Bolzen, Schwingenbolzen und Mutter
- Lenker-Befestigungen
- Gabelbrücken-Klemmschrauben (oben und unten) und Gabel-Verschlüsse
- Lenkschaftmutter
- Vorderachse und Klemmschrauben
- Hinterachsmutter
- Bremssattel- und Geberzylinder-Befestigungsschrauben
- Bremsleitungs-Anschlussschrauben und Entlüftungsventile
- Bremsscheibenschrauben
- Auspuffbefestigungen
- Batterieanschlüsse

3 Es ist immer sinnvoll, einen Drehmomentschlüssel zu benutzen und sich an die Drehmomentangaben am Anfang dieses und anderer Kapitel zu halten.

15 Batterie

1 Alle Modelle sind mit »wartungsfreien« Batterien ausgerüstet, deren Gehäuse versiegelt sind und nicht geöffnet werden dürfen. Versuche, die Verschlusskappen zu öffnen, zerstört die Batterie. Die einzige mögliche Wartungsarbeit

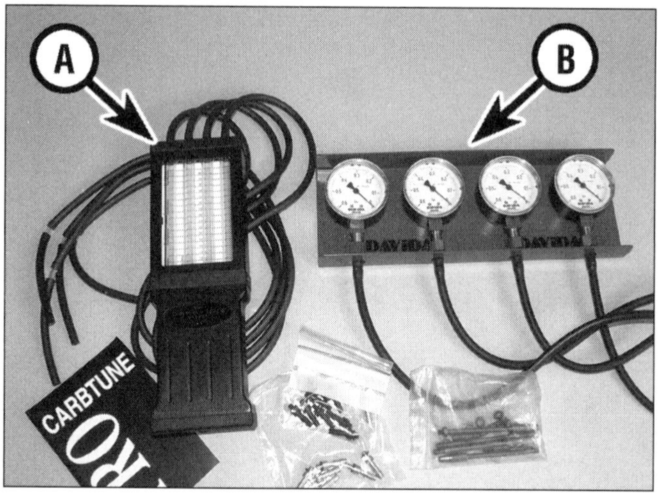

16.2 Hier sind kalibrierte Röhrchen (A) und Unterdruck-Manometer (B) zum Synchronisieren von Vierzylindermotoren gezeigt, es gibt sie aber auch für Zweizylindermotoren.

16.5 Kappe des vorderen Drosselklappengehäuses

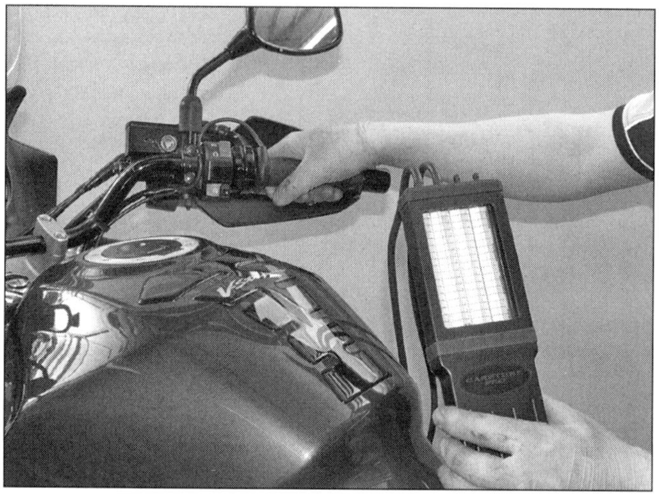

16.7a Vergleichen Sie bei laufendem Motor die Unterdrücke in beiden Ansaugtrakten.

16.7b Synchronisationsschraube

liegt darin, die Sauberkeit und Festigkeit der Batteriepole sowie die Unversehrtheit des Batteriegehäuses sicherzustellen. Weitere Details sind in Kapitel 8 beschrieben.

2 Falls das Motorrad nicht regelmäßig gefahren wird, sollte die Batterie vom Bordnetz getrennt und alle 4 bis 6 Wochen geladen werden (siehe Kapitel 8).

16 Drosselklappen-Synchronisation

Warnung: Benzin ist sehr leicht entzündbar. Treffen Sie deshalb besondere Vorsichtsmaßnahmen, wenn Sie am Kraftstoffsystem arbeiten. Rauchen Sie nicht, und lassen Sie keine offenen Flammen oder Glühbirnen in die Nähe. Arbeiten Sie nicht in Garagen, in denen ein Gasheizgerät läuft. Sollte Benzin auf die Haut geraten, muss die Stelle sofort mit Wasser und Seife abgewaschen werden. Tragen Sie bei Arbeiten an der Kraftstoffanlage immer eine Schutzbrille, und stellen Sie einen Feuerlöscher, der für brennende Flüssigkeiten ausgelegt ist, bereit – vergewissern Sie sich, wie er zu benutzen ist.

Warnung: Lassen Sie den Motor nicht in geschlossenen Räumen laufen. Führen Sie die Arbeit entweder im Freien oder in einem Raum mit Abgas-Absauganlage aus.

Spezialwerkzeug: *Für diese Arbeit wird ein Set aus zwei Unterdruckmessgeräten benötigt.*

DL-Modelle bis 2006

Anmerkung: *Suzuki schreibt vor, die Drosselklappen bei demontiertem Luftfilter zu synchronisieren. Da hierbei die Gefahr besteht, dass Schmutz in den Ansaugtrakt gerät, sollte dieser mit einer alten Strumpfhose oder Ähnlichem geschützt werden, ohne dass dabei die Luftströmung behindert wird.*

1 Durch die Synchronisation der Drosselklappen wird dafür gesorgt, dass beide Zylinder die gleiche Menge Luft erhalten – und damit das korrekte Benzin/Luft-Gemisch sichergestellt ist. Die Einstellung erfolgt mithilfe von Unterdruck-Messgeräten. Die Synchronisation der Drosselklappen verschlechtert sich langsam über lange Zeit und äußert sich in steigendem Benzinverbrauch, höherer Motortemperatur, schlechter Gasannahme und starken Vibrationen. Zunächst muss sichergestellt sein, dass die Standgasdrehzahl korrekt eingestellt ist (siehe Sektion 8) und das Ventilspiel in den vorgeschriebenen Intervallen kontrolliert und ggf. eingestellt wurde (Sektion 19).

2 Die Drosselklappen können mithilfe von Unterdruck-Messgeräten (zwei Manometer oder kalibrierte Röhrchen samt Schläuchen und Adaptern) synchronisiert werden (siehe Abbildung). Lesen Sie zunächst die Bedienungsanleitung durch. Die Schläuche (oder Uhren) sind oft mit einstellbaren Begrenzungen ausgerüstet, die für eine Dämpfung der Anzeige sorgen, damit diese korrekt abgelesen werden kann.

3 Lassen Sie den Motor Betriebstemperatur erreichen und schalten Sie ihn dann ab. Heben Sie den Tank an und entfernen Sie das Luftfiltergehäuse (siehe Kapitel 4).

4 Entfernen Sie den Ausauglufttemperatur- und Ansaugluftdruck-Sensor vom Luftfiltergehäuse und verbinden Sie sie wieder mit dem Kabelbaum (siehe Kapitel 4). Verbinden Sie den Unterdruckschlauch mit dem Luftdrucksensor. Befreien Sie das Sekundärluft-Regelventil vom Luftfiltergehäuse und schließen Sie den Stecker und den Schlauch wieder an (siehe Kapitel 4).

5 Ziehen Sie die Kappen von den Unterdruckstutzen (siehe Abbildung) und schließen Sie dort die Messgerätschläuche an – das Messgerät Nr. 1 sollte dabei an den vorderen Zylinder kommen, um Verwechslungen auszuschließen.

6 Starten Sie erneut den Motor und lassen Sie ihn im Standgas – also zwischen 1200 und 1400 U/min – laufen. Stellen Sie die Luftbegrenzungen der Messgeräte so ein, dass die Anzeigen nicht mehr wackeln, aber dennoch auf kleine Druckänderungen reagieren.

7 Die gemessenen Werte müssen möglichst gleich sein und dürfen nicht mehr als 0,10 mm Hg (13,3 Millibar) voneinander abweichen (siehe Abbildung). Bei stärker voneinander abweichenden Werten muss die Synchronisationsschraube rechts am hinteren Drosselklappengehäuse verstellt werden, bis beide Drosselklappen synchron arbeiten (siehe Abbildung).

Anmerkung: *Üben Sie beim Drehen der Schraube keinen Druck auf diese aus, da hierdurch falsche Messergebnisse erzielt werden.*

8 Nach jeder Einstellung muss zwei- bis dreimal kurz Gas gegeben werden, damit sich die Anlenkung setzt. Kontrollieren Sie anschließend erneut den Unterdruck. Kontrollieren Sie nach dem Synchronisieren die Standgasdrehzahl (siehe Sektion 8).

9 Entfernen Sie die Messgeräte und stecken Sie die Kappen auf (Abbildung 16.5). Montieren Sie das Regelventil und die Sensoren an das Luftfiltergehäuse, installieren Sie dies und senken Sie den Tank ab (siehe Kapitel 4).

DL ab 2007 und alle SFV-Modelle

10 Die Drosselklappen dieser Modelle können nur mithilfe eines Suzuki Diagnose Systems (SDS) und an das Motorsteuergerät angeschlossener Software synchronisiert werden. Bringen Sie das Motorrad für diese Arbeit in eine entsprechend ausgerüstete Suzuki-Werkstatt.

17 Federelemente

1 Alle Elemente der Federung müssen sich in gutem Zustand befinden, um die Sicherheit des Fahrers zu gewährleisten. Lockere, verschlissene oder beschädigte Komponenten vermindern die Stabilität und die Kontrolle über die Maschine.

Vorderradfederung

Kontrolle

2 Stellen Sie sich neben die Maschine, und drücken Sie mit betätigter Bremse den Lenker mehrmals nach unten (siehe Abbildung). Klemmt die Gabel oder federt sie nicht weich ein und aus, sollte sie demontiert und begutachtet werden (siehe Kapitel 5).

3 Inspizieren Sie die Oberflächen der Standrohre auf Kratzer, Korrosion und kleine Pickel, die zu vorzeitigem Ausfall der Dichtringe führen können – bei übermäßiger Beschädigung oder Undichtigkeiten müssen die Rohre ersetzt werden (siehe Abbildung und Kapitel 5). Kleine Roststellen können mit einem feinen Schleifstein entfernt werden. Fachbetriebe sind in der Lage, eine neue Hartchromschicht aufzutragen.

4 Prüfen Sie, ob an den Staubdichtringen Öl austritt, hebeln Sie dann die Staubdichtungen vorsichtig mit einem Schlitzschraubendreher ab, und begutachten Sie den Bereich um die Gabel-Dichtringe (Abbildung 17.3). Wird hier austretendes Öl festgestellt, muss der Gabeldichtring ersetzt werden (siehe Kapitel 5). Falls sich am Sicherungsdraht des Gabeldichtrings Korrosion gebildet hat, muss die Gabel demontiert werden, um neue Staubdichtungen zu installieren. Sprühen Sie den verrosteten Bereich zuvor mit Kriechöl ein, um den Ausbau nicht unnötig zu erschweren. Drücken Sie anschließend die Staubkappe wieder in ihren Sitz.

Hinterradfederung

Kontrolle

5 Kontrollieren Sie den Stoßdämpfer auf Undichtigkeit und fest sitzende Aufnahmen.

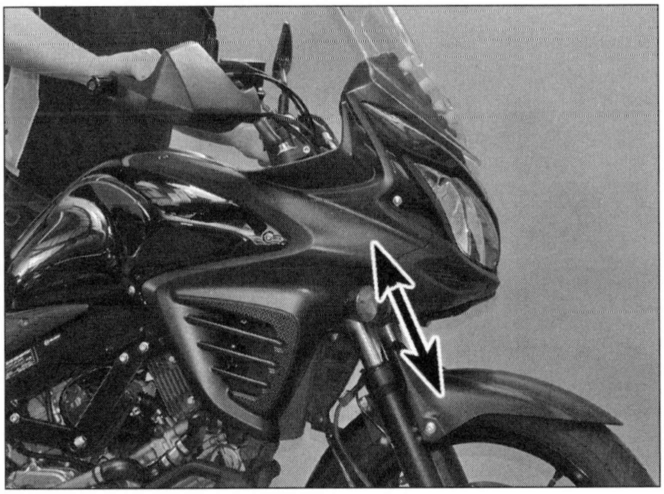

17.2 Drücken Sie die Gabel zusammen, um ihre Funktion zu testen.

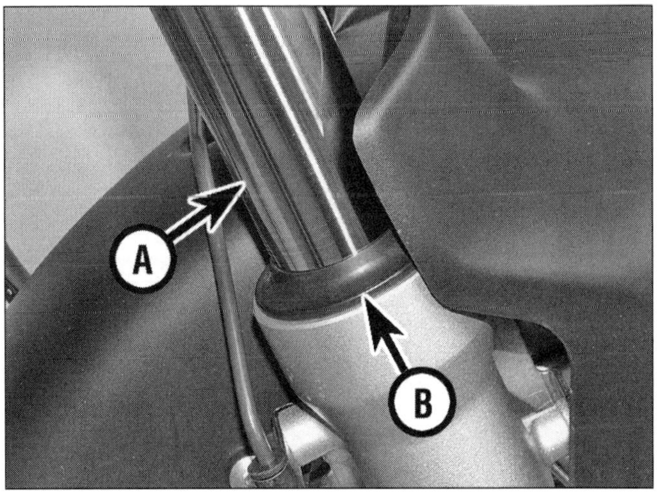

17.3 Kontrollieren Sie das Standrohr (A) auf Rost und Beschädigungen. Staubdichtung (B)

Wenn ein Leck festgestellt wurde, muss der Dämpfer von einem Spezialisten kontrolliert und gegebenenfalls überholt oder ersetzt werden (siehe Kapitel 5).

6 Lassen Sie einen Assistenten einige Male das Heck des Motorrades herunterdrücken – es sollte sich ohne Klemmen frei auf und ab bewegen können. Wenn hier irgendwelche Ungleichmäßigkeiten gefühlt werden, muss das fehlerhafte Teil identifiziert und ersetzt werden (siehe Kapitel 5). Das Problem kann am Stoßdämpfer, an seiner Anlenkung oder an der Schwingenlagerung liegen.

7 Stützen Sie das Motorrad mit einer geeigneten Vorrichtung ab, sodass das Hinterrad nicht den Boden berührt. Greifen Sie die Schwinge, und drücken Sie sie seitlich hin und her. Hinten sollten keine erkennbaren Bewegungen festzustellen sein (siehe Abbildung).

8 Als Nächstes wird das Hinterrad nach oben gezogen. Es darf kein erkennbarer Weg festzustellen sein, bis der Stoßdämpfer zu arbeiten beginnt (siehe Abbildung).

9 Bei leichtem Spiel oder leichtem Klicken müssen alle Befestigungen der Hinterradfederung und der Stoßdämpferanlenkung auf Festigkeit und richtige Anzugsdrehmomente überprüft werden (siehe Kapitel 5). Kontrollieren Sie anschließend das Schwingenspiel erneut. Jedes Spiel ist auf verschlissene Lager in der Schwingenaufnahme oder der Stoßdämpferanlenkung, eine ermüdete Feder, einen defekten Dämpfer oder dessen Befestigung zurückzuführen. Verschlissene Komponenten müssen ersetzt werden (siehe Kapitel 5).

10 Um eine brauchbare Einschätzung der Schwingenlager zu erhalten, muss zuerst das Hinterrad demontiert werden (siehe Kapitel 6). Dann wird die Schraube entfernt, die die Stoßdämpfer-Anlenkung an der Schwinge sichert (siehe Kapitel 5).

11 Greifen Sie die Schwinge mit einer Hand hinten und halten Sie die andere Hand an die Verbindung zwischen Schwinge und Rahmen. Versuchen Sie nun, die Schwinge hinten seitlich zu bewegen – jegliches Lagerspiel wird als Vor- und Zurück-Bewegung der Schwinge am Rahmen fühlbar. Wird Spiel festgestellt, muss die Schwinge für eine Inspektion ausgebaut werden (siehe Kapitel 5).

12 Wenn die Anlenkung demontiert ist, können ihre Lager auf Korrosion und Verschleiß sowie beschädigte Dichtungen überprüft werden – beachten Sie Kapitel 5 für Details. Reinigen und schmieren Sie alle schadhaften Komponenten.

Vorderradgabel

Ölwechsel

13 Obwohl für den Wechsel des Gabelöls keine Intervalle vorgegeben sind, muss bedacht werden, dass das Öl mit der Zeit schlechter wird und seine dämpfenden Eigenschaften verliert. Details zum Ausbau der Gabelrohre und dem Wechsel des Öls sind in Kapitel 5 beschrieben – die Gabel muss für den Ölwechsel nicht vollständig zerlegt werden.

Hinterradfederung

Schmieren der Lager

14 Das Fett in den Lagern der Schwinge und der Stoßdämpferanlenkung wird mit der Zeit ausgewaschen oder es verhärtet, sodass Schmutz und Wasser eindringen können. Schmieren Sie daher die Lager alle 24 000 km nach.

15 Zum Schmieren der Lager müssen die Schwinge und der Stoßdämpfer ausgebaut und die Lager gereinigt werden – Details finden sich in Kapitel 5.

18 Lenkkopflager

Lagerspiel

Kontrolle und Einstellung

1 Die an diesen Motorrädern verwendeten Kugellager können sich auch im normalen Betrieb eindrücken und lockern oder rau laufen. In Extremfällen können verschlissene oder lockere Lenkkopflager gefährliches Lenkerflattern verursachen. Zu fest angezogene Lager sorgen für ein schlechtes Fahrverhalten.

Kontrolle

2 Stützen Sie das Motorrad mithilfe einer geeigneten Vorrichtung so ab, dass das Vorderrad nicht den Boden berührt. Sorgen Sie für eine sichere Abstützung.

3 Stellen Sie das Vorderrad geradeaus, und bewegen Sie den Lenker ganz langsam hin und her. Wenn das Lager Druckstellen hat oder rau läuft, ist das dadurch zu spüren, dass der Lenker sich nicht weich und frei bewegen lässt. Prüfen Sie, ob sich das geradeaus gestellte Rad nach einem leichten Schlag gegen den Lenker selbstständig zu beiden Anschlägen »fällt«, was anzeigt, dass die Lager nicht zu fest angezogen sind (berücksichtigen Sie den Widerstand durch Bowdenzüge, Hydraulikschläuche und Kabel. Beschädigte Lager müssen ersetzt werden (siehe Kapitel 5). Sind die Lager zu fest angezogen, müssen sie neu eingestellt werden (siehe unten).

4 Greifen Sie als Nächstes unten an die Gabel, und versuchen Sie sie vorwärts und rückwärts zu bewegen (siehe Abbildung). Jede Lockerung des Lenkkopflagers kann man

17.7 Prüfen Sie, ob die Schwingenlager Spiel haben.

17.8 Prüfen Sie, ob die Stoßdämpferaufnahmen und die Anlenkung Spiel haben.

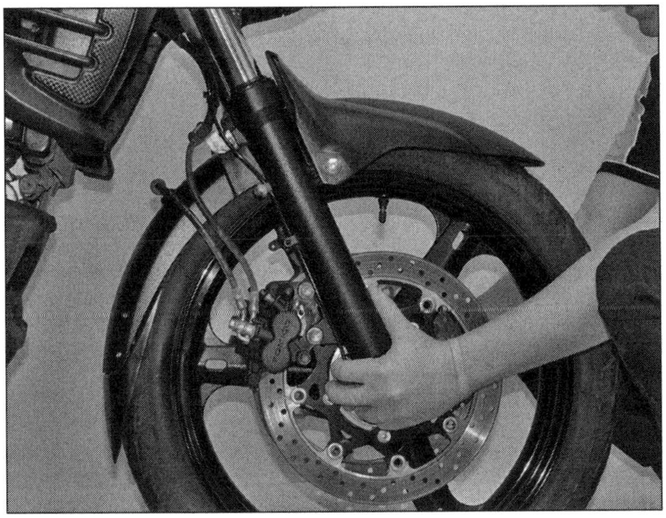

18.4 **Kontrolle des Lenkkopflagerspiels**

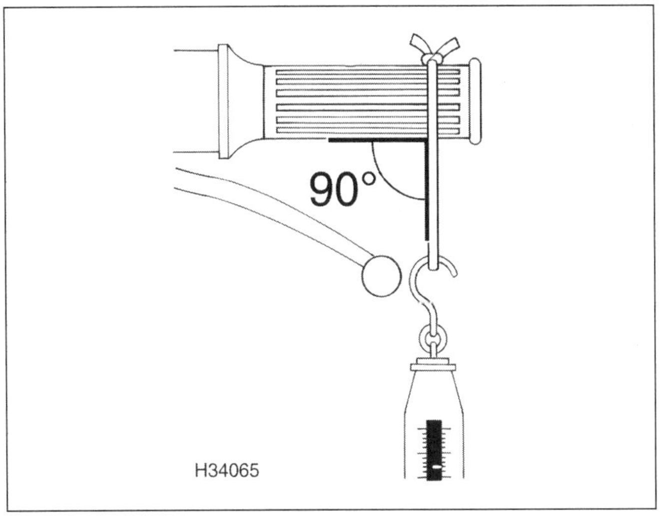

18.5 **Kontrolle der Lenkkopflager-Vorspannung mithilfe einer Federwaage**

durch die Bewegung der Gabel erfühlen. Wenn Lagerspiel festgestellt wird, muss der Lenkkopf wie folgt nachgestellt werden:

5 Falls eine Federwaage (bis 600 g) zugänglich ist, kann die Vorspannung der Lager durch eine Zugmessung am Lenker festgestellt werden. Hängen Sie die Waage dazu außen am Lenkergriff an (nicht am Lenkergewicht) und stellen Sie das Vorderrad geradeaus. Ziehen Sie jetzt den Lenker mithilfe der rechtwinklig angesetzten Waage nach vorne (siehe Abbildung). Wenn die Lager korrekt eingestellt sind, muss sich der Lenker bei einer Zuglast von 200 bis 500 g zu bewegen beginnen. Verbinden Sie die Waage mit dem anderen Lenkergriff und kontrollieren Sie erneut – das Ergebnis muss gleich sein. Falls die erforderliche Zuglast unter 200 g liegt, sind die Lenkkopflager etwas zu locker, bei über 500 g sind sie zu fest angezogen.

Praxis TiPP ***Verwechseln Sie nicht irgendeine Bewegung des Motorrades auf dem Ständer mit Lagerspiel. Drücken und ziehen Sie nicht zu stark – eine leichte Bewegung reicht völlig aus. Spiel in der Gabel kann auch durch verschlissene Gleitbuchsen in den Tauchrohren entstehen. Verwechseln Sie dieses Spiel nicht mit dem Lenkkopflagerspiel.***

Einstellung

Spezialwerkzeug: *Für diese Arbeit wird entweder das Suzuki-Spezialwerkzeug 09910-60611, ein zum Einstell- und Konterring passender Zapfen- oder Hakenschlüssel oder ein geeigneter Dorn benötigt – siehe Schritt 9.*

6 Um keine Schäden durch abrutschende Werkzeuge zu riskieren, sollten umliegende Verkleidungsteile (bei DL-Modellen ab 2012 die gesamte Verkleidung) sowie der Tank demontiert werden (siehe Kapitel 7 und 4).

Praxis TiPP ***Um die Oberfläche der Lenkschaftmutter zu schützen, sollte sie mit einer Lage Kreppband umwickelt werden.***

7 Lockern Sie die Lenkschaftmutter (siehe Abbildung). Lockern Sie die Gabelholm-Klemmschrauben der oberen Gabelbrücke (siehe Abbildung).

8 Lockern Sie bei DL-Modellen mithilfe eines Hakenschlüssels oder Dorns den Konterring

1

18.7a **Lockern Sie die Lenkschaftmutter . . .**

18.7b **. . . und beide oberen Standrohr-Klemmschrauben.**

18.9a Einstellen der Lenkkopflager bei DL-Modellen

des Lagereinstellers (der obere der beiden Ringe).

9 Setzen Sie an einer der Einstellring-Nuten den Hakenschlüssel oder Dorn an, um diesen etwas zu lockern, sodass gerade kein Druck mehr auf die Lager ausgeübt wird. Ziehen Sie den Ring anschließend soweit an, bis jegliches Lagerspiel aufgehoben ist, die Lenkung aber noch frei beweglich ist (siehe Schritte 3 und 4) (siehe Abbildungen). Ziel ist es, die Lager unter leichten Druck zu setzen, um jegliches Spiel aufzuheben, aber die Lenkung noch frei von Anschlag zu Anschlag bewegen zu können, wie oben beschrieben. Falls die Federwaage eingesetzt wird, muss der Einstellring so verdreht werden, dass die Lenkung sich ab einer Zuglast von 350 g zu bewegen beginnt.

Achtung: Achten Sie sorgfältig darauf, beim Einstellen auf die Lager keinen hohen Druck auszuüben – dieses führt zu vorzeitigen Lagerschäden.

10 Falls sich die Lager nicht korrekt einstellen lassen, muss der Lenkkopf freigelegt werden, um die Lager und ihre Schalen kontrollieren zu können (siehe Kapitel 6).

11 Ziehen Sie bei DL-Modellen den Konterring an.

12 Ziehen Sie die Lenkschaftmutter mit 90 Nm und die Standrohr-Klemmschrauben mit 23 Nm an (Abbildungen 18.7a und b) – um an der Lenkschaftmutter einen Drehmomentschlüssel ansetzen zu können, muss der Lenker mit allen daran befindlichen Komponenten demontiert werden (siehe Kapitel 5).

13 Kontrollieren Sie erneut die Einstellung der Lenkkopflager (siehe oben).

14 Montieren Sie ggf. den Lenker (siehe Kapitel 5), den Tank (siehe Kapitel 4) und alle entfernten Verkleidungsteile (siehe Kapitel 7).

Schmieren

15 Mit der Zeit altert das Fett der Lenkkopflager und härtet aus, sodass Schmutz und Wasser eindringen können.

16 Die Lenkkopflager sollten alle 24000 km zerlegt, gereinigt und nachgefettet werden (siehe Kapitel 5).

19 Ventilspiel

Spezialwerkzeug: *Für die Kontrolle des Ventilspiels wird ein Fühlerlehren-Set benötigt (Abbildung 19.7).*

1 Der Motor muss für die Ventilspielkontrolle völlig abgekühlt sein – am besten lässt man ihn über Nacht stehen.

2 Entfernen Sie die Ventildeckel (siehe Kapitel 2).

3 Demontieren Sie die Zündkerzen (siehe Sektion 5).

4 Schrauben Sie den Kurbelwellen- und den Steuerzeiten-Inspektionsstopfen aus dem Lichtmaschinendeckel (siehe Abbildung) – bei der Montage werden ein neuer O-Ring und eine neue Dichtscheibe benötigt.

5 Fertigen Sie eine Tabelle oder Skizze für die vier Ventile jedes Zylinders an, um darauf das jeweils gemessene Ventilspiel zu notieren.

6 Beginnen Sie mit dem vorderen Zylinder. Drehen Sie die Kurbelwelle mithilfe eines am Lichtmaschinen-Rotorbolzen angesetzten 17er-Steckschlüssels **gegen den Uhrzeigersinn**, bis die mit einem **F** (Front) versehene Markierung mit dem Pfeil neben der Inspektionsbohrung fluchtet (siehe Abbildungen). Wenn die Nockenspitzen im Zylinderkopf jetzt voneinander weg zeigen, steht der Kolben jetzt im oberen Totpunkt (OT) des Verdichtungstaktes. Falls die Nockenspitzen zueinander zeigen, muss die Kurbelwelle eine volle Umdrehung weitergedreht werden (wieder nur links herum!), bis die F-Markierung wieder mit dem Pfeil neben der Inspektionsbohrung fluchtet und der Verdichtungs-OT erreicht ist.

7 In dieser Position sind alle Ventile geschlossen, sodass unter allen vier Nocken etwas Spiel zum Tassenstößel bestehen muss. Führen Sie an den (hinteren) Einlassventilen ein Fühlerlehrenblatt der Stärke 0,15 mm und an den (vorderen) Auslassventilen ein Blatt der Stärke 0,25 mm ein; prüfen Sie dabei, ob sich die Fühlerlehre wie durch ein dickes Buch ziehen lässt (siehe Abbildung). Ist das Spiel zu groß oder zu klein, muss mithilfe anderer Stärken das tatsächliche Ventilspiel ermittelt werden. Notieren Sie das ermittelte Ventilspiel.

8 Zur Kontrolle des hinteren Zylinders muss die Kurbelwelle 270° (eine ¾ Umdrehung) weiter gegen den Uhrzeigersinn gedreht werden (s. Abb. 19.6a), bis die mit einem **R** (Rear) versehene Markierung mit dem Pfeil neben der Inspektionsbohrung fluchtet (s. Abb.). Die Nockenspitzen im Zylinderkopf müssen jetzt voneinander weg zeigen, sodass das Spiel wie in Schritt 7 beschrieben kontrolliert werden kann – hier sitzen allerdings die Einlassventile vorne und die Auslassventile hinten.

9 Nachdem die Werte aller Ventile ermittelt worden sind, kann jetzt abgelesen werden, ob

18.9b Einstellen der Lenkkopflager bei SFV-Modellen

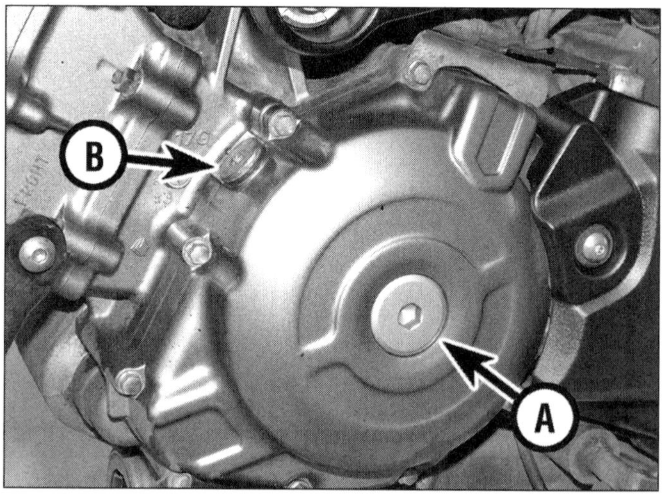

19.4 Schrauben Sie den Kurbelwellen- (A) und den Steuerzeiten-Inspektionsstopfen (B) aus dem Lichtmaschinendeckel.

19.6a Drehen Sie die Kurbelwelle immer nur gegen den Uhrzeigersinn, . . .

19.6b . . . bis die Linie neben dem F in der Mitte der Inspektionsbohrung steht.

19.7 Schieben Sie die Fühlerlehre wie gezeigt zwischen den Nocken und den Tassenstößel.

19.8 Drehen Sie die Kurbelwelle, bis die Linie neben dem R in der Mitte der Inspektionsbohrung steht.

19.11a Heben Sie vorsichtig den Tassenstößel aus seiner Bohrung . . .

19.11b . . . und stellen Sie den darin steckenden . . .

19.11c . . . oder auf dem Ventil sitzenden Shim sicher.

es irgendwo außerhalb der Toleranzen ist. Wenn dies der Fall ist, muss das Plättchen (»Shim«) zwischen Tassenstößel und Ventil gegen ein passendes ausgetauscht werden, sodass das Ventilspiel wieder korrekt wird.

10 Zum Wechseln eines Shims muss die entsprechende Nockenwelle ausgebaut werden (siehe Kapitel 2). Legen Sie Lappen über die Zündkerzenbohrung(en) und den Steuerkettenschacht, um zu verhindern, dass Shims in den Motor fallen. Arbeiten Sie immer nur an einem Ventil, um keine Teile zu vertauschen. Falls mehrere Shims zur gleichen Zeit getauscht werden sollen, empfiehlt es sich, ausgebaute Teile in entsprechend markierten Behältern oder Tüten zu lagern, um nichts zu vertauschen.

11 Entfernen Sie den Tassenstößel des entsprechenden Ventils mit einem kleinen Saugnapf, einem Magneten oder einer vorsichtig eingesetzten Spitzzange, um das darunter liegende Einstellplättchen sicherzustellen (siehe Abbildungen). Findet sich der Shim nicht im Stößel, so liegt er auf dem Ventil, wo er mit einem Magneten, einem mit Fett versehenen Schraubendreher (an dem er kleben bleiben soll) oder einem sehr kleinen Schraubenzieher abgehebelt und mit einer Zange abgenommen werden kann (siehe Abbildung). Passen Sie auf, dass der Shim nicht in den Motor fällt.

19.12 Messen Sie die Stärke des Shims mithilfe einer Bügelmessschraube.

12 Messen Sie mithilfe einer Bügelmessschraube die Stärke des vorhandenen Shims (siehe Abbildung) – sie sollte auch auf dessen Oberseite markiert sein. Ein beispielsweise mit »175« markierter Shim hat eine Stärke von 1,75 mm. Ist keine Markierung sichtbar, und um sicher zu gehen, dass das Plättchen nicht verschlissen ist, sollte es auf jeden Fall nachgemessen werden. Shims sind beim Suzuki-Händler in den Stärken von 1,20 bis 2,20 mm in 0,05 mm-Schritten erhältlich. Falls ein Shim dünner als angegeben ist, muss dies in der Berechnung berücksichtigt werden.

13 Errechnen Sie mithilfe des gemessenen Ventilspiels und der entsprechenden Tabelle die Stärke des erforderlichen Shims. Dort, wo sich das gemessene Spiel und die vorhandene Shimstärke treffen, kann der Wert des erforderlichen Shims abgelesen werden (siehe Abbildungen).

Anmerkung: *Falls die Zahl auf dem vorhandenen Shim nicht mit einer 0 oder einer 5 endet, muss sie entsprechend auf- oder abgerundet werden.*

Anmerkung: *Wenn der benötigte Shim größer als 2,40 mm (der größten erhältlichen Shim-*

Gemessenes Ventilspiel (mm)	Vorhandener Shim (mm)																				
	1.20	1.25	1.30	1.35	1.40	1.45	1.50	1.55	1.60	1.65	1.70	1.75	1.80	1.85	1.90	1.95	2.00	2.05	2.10	2.15	2.20
0.00-0.04			1.20	1.25	1.30	1.35	1.40	1.45	1.50	1.55	1.60	1.65	1.70	1.75	1.80	1.85	1.90	1.95	2.00	2.05	2.10
0.05-0.09		1.20	1.25	1.30	1.35	1.40	1.45	1.50	1.55	1.60	1.65	1.70	1.75	1.80	1.85	1.90	1.95	2.00	2.05	2.10	2.15
0.10-0.20	Korrektes Spiel / keine Einstellung erforderlich																				
0.21-0.25	1.30	1.35	1.40	1.45	1.50	1.55	1.60	1.65	1.70	1.75	1.80	1.85	1.90	1.95	2.00	2.05	2.10	2.15	2.20	2.20	
0.26-0.30	1.35	1.40	1.45	1.50	1.55	1.60	1.65	1.70	1.75	1.80	1.85	1.90	1.95	2.00	2.05	2.10	2.15	2.20			
0.31-0.35	1.40	1.45	1.50	1.55	1.60	1.65	1.70	1.75	1.80	1.85	1.90	1.95	2.00	2.05	2.10	2.15	2.20				
0.36-0.40	1.45	1.50	1.55	1.60	1.65	1.70	1.75	1.80	1.85	1.90	1.95	2.00	2.05	2.10	2.15	2.20					
0.41-0.45	1.50	1.55	1.60	1.65	1.70	1.75	1.80	1.85	1.90	1.95	2.00	2.05	2.10	2.15	2.20						
0.46-0.50	1.55	1.60	1.65	1.70	1.75	1.80	1.85	1.90	1.95	2.00	2.05	2.10	2.15	2.20							
0.51-0.55	1.60	1.65	1.70	1.75	1.80	1.85	1.90	1.95	2.00	2.05	2.10	2.15	2.20								
0.56-0.60	1.65	1.70	1.75	1.80	1.85	1.90	1.95	2.00	2.05	2.10	2.15	2.20									
0.61-0.65	1.70	1.75	1.80	1.85	1.90	1.95	2.00	2.05	2.10	2.15	2.20										
0.66-0.70	1.75	1.80	1.85	1.90	1.95	2.00	2.05	2.10	2.15	2.20											
0.71-0.75	1.80	1.85	1.90	1.95	2.00	2.05	2.10	2.15	2.20												
0.76-0.80	1.85	1.90	1.95	2.00	2.05	2.10	2.15	2.20													
0.81-0.85	1.90	1.95	2.00	2.05	2.10	2.15	2.20														
0.86-0.90	1.95	2.00	2.05	2.10	2.15	2.20															
0.91-0.95	2.00	2.05	2.10	2.15	2.20																
0.96-1.00	2.05	2.10	2.15	2.20																	
1.01-1.05	2.10	2.15	2.20																		
1.06-1.10	2.15	2.20																			
1.11-1.15	2.20																				

H31236

19.13a Shim-Auswahltabelle – Einlassventile

Gemessenes Ventilspiel (mm)	Vorhandener Shim (mm)																				
	1.20	1.25	1.30	1.35	1.40	1.45	1.50	1.55	1.60	1.65	1.70	1.75	1.80	1.85	1.90	1.95	2.00	2.05	2.10	2.15	2.20
0.05-0.09				1.20	1.25	1.30	1.35	1.40	1.45	1.50	1.55	1.60	1.65	1.70	1.75	1.80	1.85	1.90	1.95	2.00	2.05
0.10-0.14			1.20	1.25	1.30	1.35	1.40	1.45	1.50	1.55	1.60	1.65	1.70	1.75	1.80	1.85	1.90	1.95	2.00	2.05	2.10
0.15-0.19		1.20	1.25	1.30	1.35	1.40	1.45	1.50	1.55	1.60	1.65	1.70	1.75	1.80	1.85	1.90	1.95	2.00	2.05	2.10	2.15
0.20-0.30	Korrektes Spiel / keine Einstellung erforderlich																				
0.31-0.35	1.30	1.35	1.40	1.45	1.50	1.55	1.60	1.65	1.70	1.75	1.80	1.85	1.90	1.95	2.00	2.05	2.10	2.15	2.20	2.20	
0.36-0.40	1.35	1.40	1.45	1.50	1.55	1.60	1.65	1.70	1.75	1.80	1.85	1.90	1.95	2.00	2.05	2.10	2.15	2.20			
0.41-0.45	1.40	1.45	1.50	1.55	1.60	1.65	1.70	1.75	1.80	1.85	1.90	1.95	2.00	2.05	2.10	2.15	2.20				
0.46-0.50	1.45	1.50	1.55	1.60	1.65	1.70	1.75	1.80	1.85	1.90	1.95	2.00	2.05	2.10	2.15	2.20					
0.51-0.55	1.50	1.55	1.60	1.65	1.70	1.75	1.80	1.85	1.90	1.95	2.00	2.05	2.10	2.15	2.20						
0.56-0.60	1.55	1.60	1.65	1.70	1.75	1.80	1.85	1.90	1.95	2.00	2.05	2.10	2.15	2.20							
0.61-0.65	1.60	1.65	1.70	1.75	1.80	1.85	1.90	1.95	2.00	2.05	2.10	2.15	2.20								
0.66-0.70	1.65	1.70	1.75	1.80	1.85	1.90	1.95	2.00	2.05	2.10	2.15	2.20									
0.71-0.75	1.70	1.75	1.80	1.85	1.90	1.95	2.00	2.05	2.10	2.15	2.20										
0.76-0.80	1.75	1.80	1.85	1.90	1.95	2.00	2.05	2.10	2.15	2.20											
0.81-0.85	1.80	1.85	1.90	1.95	2.00	2.05	2.10	2.15	2.20												
0.86-0.90	1.85	1.90	1.95	2.00	2.05	2.10	2.15	2.20													
0.91-0.95	1.90	1.95	2.00	2.05	2.10	2.15	2.20														
0.96-1.00	1.95	2.00	2.05	2.10	2.15	2.20															
1.01-1.05	2.00	2.05	2.10	2.15	2.20																
1.06-1.10	2.05	2.10	2.15	2.20																	
1.11-1.15	2.10	2.15	2.20																		
1.16-1.20	2.15	2.20																			
1.21-1.25	2.20																				

H31237

19.13b Shim-Auswahltabelle – Auslassventile

stärke) sein muss, sitzt das Ventil wahrscheinlich aufgrund von Ölkohleablagerungen nicht korrekt im Sitz. Kontrollieren und reinigen Sie das Ventil (siehe Kapitel 2).

14 Besorgen Sie sich das entsprechende Ersatz-Plättchen und bauen Sie es mit einem Gemisch aus gleichen Teilen Molybdän-Fett und Motoröl eingeschmiert und mit der Markierung nach oben in den Ventilfederteller ein (siehe Abbildung).

15 Überprüfen Sie, ob der Shim korrekt sitzt, und schmieren Sie den Tassenstößel mit einem Gemisch aus gleichen Teilen Molybdän-Fett und Motoröl, bevor Sie ihn senkrecht über das Ventil setzen (siehe Abbildung). Wiederholen Sie diesen Prozess bei allen anderen infrage kommenden Ventilen. Montieren Sie anschließend die Nockenwelle(n) (siehe Kapitel 2).

16 Drehen Sie die Kurbelwelle einige Male (gegen den Uhrzeigersinn), damit sich das/die Plättchen setzen (Abbildung 19.6a), und kontrollieren Sie das Ventilspiel erneut.

17 Montieren Sie alle entfernten Bauteile in der umgekehrten Ausbaureihenfolge. Rüsten Sie die Inspektionsstopfen mit einer neuen Dichtscheibe (Steuerzeiten-Stopfen) bzw. einem neuen gefetteten O-Ring (Kurbelwellen-Stopfen) aus und ziehen Sie Ersteren mit 23 Nm und Letzteren mit 11 Nm an (siehe Abbildung).

18 Kontrollieren Sie die Standgasdrehzahl (Sektion 8).

19.14 Setzen Sie den Shim in die Vertiefung des Federtellers . . .

19.15 . . . und den Tassenstößel darüber.

19.17 Rüsten Sie die Inspektionsstopfen mit einer neuen Dichtscheibe (A) bzw. einem neuen O-Ring (B) aus.

1

Kapitel 2
Motor, Kupplung und Getriebe

Inhalt (in alphabetischer Reihenfolge, die Zahlen geben die Nummerierung in den grauen Feldern wieder)

Schwierigkeitsgrade

Leicht. Für Anfänger mit wenig Erfahrung geeignet.	**Relativ leicht.** Für Anfänger mit etwas Erfahrung geeignet.	**Relativ schwierig.** Für geübte Selbstschrauber geeignet.	**Schwer.** Für Selbstschrauber mit viel Erfahrung geeignet.	**Sehr schwer.** Für Experten und Profis geeignet.

Technische Daten

Allgemeines

Allgemeines	
Hubraum	645 cm³
Bohrung	81,0 mm
Hub	62,6 mm
Verdichtungsverhältnis	
DL-Modelle bis 2011	11,5 : 1
alle anderen Modelle	11,2 : 1
Zylinder-Nummerierung	1 vorne, 2 hinten
Ventiltrieb	2 Steuerketten, 4 Nockenwellen, Tassenstößel, jeweils 4 Ventile
Schmiersystem	Nasssumpfschmierung mit Trochoidenpumpe
Kupplung	Mehrscheiben-Ölbadkupplung
Getriebe	6 Gänge in konstantem Eingriff
Endantrieb	Dichtringkette

Nockenwellen	Standard	Verschleißgrenze
Einlass-Nockenhöhe		
DL bis 2011	35,48 bis 35,53 mm	35,18 mm (min.)
DL ab 2012	35,48 bis 35,55 mm	35,18 mm (min.)
SFV-Modelle	36,38 bis 36,425 mm	36,08 mm (min.)
Auslass-Nockenhöhe		
DL bis 2011	33,48 bis 33,53 mm	33,18 mm (min.)
DL ab 2012	33,48 bis 33,55 mm	33,18 mm (min.)
SFV-Modelle	35,68 bis 35,725 mm	35,38 mm (min.)

Nockenwellen-Lagerspiel		
DL bis 2011	0,032 bis 0,066 mm	0,15 mm (max.)
DL ab 2012 und SFV	0,027 bis 0,069 mm	0,15 mm (max.)
Wellenzapfen-Durchmesser	21,559 bis 21,980 mm	
Lagerschild-Durchmesser		
DL bis 2011	22,012 bis 22,025 mm	
DL ab 2012 und SFV	22,007 bis 22,028 mm	
Zylinderkopf-Verzug		0,05 mm (max.)

Ventile, Führungen und Federn	Standard	Verschleißgrenze
Ventilspiel	siehe Kapitel 1	
Einlassventile		
Ventilschaftdurchmesser		
DL bis 2011	4,465 bis 4,480 mm	
DL ab 2012 und SFV	4,475 bis 4,490 mm	
Ventilführungs-Innendurchmesser	4,500 bis 4,512 mm	
Spiel zwischen Schaft und Bohrung		
DL bis 2011	0,020 bis 0,047 mm	
DL ab 2012 und SFV	0,010 bis 0,037 mm	
Auslassventile		
Ventilschaftdurchmesser	4,455 bis 4,470 mm	
Ventilführungs-Innendurchmesser	4,500 bis 4,512 mm	
Spiel zwischen Schaft und Bohrung	0,030 bis 0,057 mm	
Alle Ventile		
Ventilschaft-Ausschlag (siehe Text)		0,35 mm (max.)
Ventilsitz-Breite	0,9 bis 1,1 mm	
Ventilrand-Breite		0,5 mm (min.)
Ventilteller-Verzug		0,03 mm (max.)
Ventilschaft-Verzug		0,05 mm (max.)
Freie Ventilfeder-Länge		
DL bis 2011		
Äußere Feder		39,8 mm (min.)
Innere Feder		36,8 mm (min.)
DL ab 2012 und SFV		37,1 mm (min.)

Zylinder	Standard	Verschleißgrenze
Bohrungs-Durchmesser	81,00 bis 81,015 mm	
Kegelförmigkeit		0,05 mm (max.)
Ovalität		0,05 mm (max.)
Verzug		0,05 mm (max.)
Zylinderkompression	13 bis 17 bar	11 bar (min.)
Maximale Differenz zwischen den Zylindern		2 bar (max.)

Kolben	Standard	Verschleißgrenze
Durchmesser (20 mm oberhalb des unteren Randes, 90° zum Kolbenbolzen)		
DL bis 2006	80,950 bis 80,955 mm	80,88 mm (min.)
DL 2007 bis 2011	80,940 bis 80,955 mm	80,88 mm (min.)
DL ab 2012, alle SFV	80,970 bis 80,985 mm	80,88 mm (min.)
Übermaß-Kolben (nur DL bis 2011)	+ 0,50 mm	
Spiel zwischen Kolben und Zylinder		
DL bis 2011	0,055 bis 0,065 mm	0,12 mm (max.)
DL ab 2012, SFV	0,025 bis 0,035 mm	0,12 mm (max.)
Kolbenbolzen-Durchmesser	19,992 bis 20,000 mm	19,980 mm (min.)
Kolbenbolzen-Bohrung im Kolben	20,002 bis 20,008 mm	23,030 mm (max.)
Spiel zwischen Kolbenbolzen und Kolben	0,002 bis 0,016 mm	0,05 mm (max.)
Oberes Pleuelauge – Durchmesser	20,010 bis 20,018 mm	20,040 mm (max.)
Spiel zwischen Kolbenbolzen und Pleuel	0,010 bis 0,026 mm	0,06 mm (max.)

Kolbenringe	Standard	Verschleißgrenze
Ring-Stärke		
Oberer Ring – DL bis 2006	1,17 bis 1,19 mm	
Oberer Ring – DL von 2007 bis 2011	0,76 bis 0,81 mm	
Oberer Ring – DL ab 2012 und SFV	0,76 bis 0,81 und 1,08 bis 1,10 mm	
Zweiter Ring	0,97 bis 0,99 mm	
Ringnut-Breite im Kolben		
Oberer Ring – DL bis 2006	1,21 bis 1,23 mm	
Oberer Ring – DL von 2007 bis 2011	0,83 bis 0,85 mm	
Oberer Ring – DL ab 2012 und SFV	0,83 bis 0,85 und 1,30 bis 1,32 mm	

Zweiter Ring	1,01 bis 1,03 mm	
Ölabstreifring	2,01 bis 2,03 mm	
Spiel der Ringe in Ringnut		
Oberer Ring		0,18 mm (max.)
Zweiter Ring		0,15 mm (max.)
Abstand der Ringenden (frei)		
Oberer Ring		
DL bis 2006	ca. 9,5 mm	7,6 mm (min.)
DL von 2007 bis 2011	ca. 7,0 mm	5,6 mm (min.)
DL ab 2012 und SFV	ca. 6,5 mm	5,2 mm (min.)
Zweiter Ring		
DL bis 2007	ca. 11,0 mm	8,8 mm (min.)
DL von 2008 bis 2011	ca. 11,5 mm	8,8 mm (min.)
DL ab 2012 und SFV	ca. 9,0 mm	7,2 mm (min.)
Stoßspiel (eingebaut)		
DL bis 2007	0,20 bis 0,35 mm	0,7 mm (max.)
DL von 2008 bis 2011		
Oberer Ring	0,2 bis 0,3 mm	0,7 mm (max.)
Zweiter Ring	0,3 bis 0,45 mm	0,7 mm (max.)
DL ab 2012 und SFV	0,06 bis 0,18 mm	0,5 mm (max.)

Schmiersystem

Öl-Typ, Viskosität und Füllmengen	siehe Kapitel 1
Öldruck (bei warmem Motor am Hauptkanalstopfen)	
DL bis 2011	1 bis 4 bar bei 3000/min
DL ab 2012 und SFV	2 bis 6 bar bei 3000/min

Kurbelwelle und Hauptlager

	Standard	Verschleißgrenze
Hauptlager-Durchmesser	41,985 bis 42,0 mm	
Kurbelwellen-Verzug		0,05 mm (max.)

Pleuelstangen und Pleuelfußlager

	Standard	Verschleißgrenze
Pleuelfuß-Axialspiel	0,17 bis 0,32 mm	0,5 mm (max.)
Pleuelfuß-Breite	20,95 bis 21,0 mm	
Hubzapfen-Breite	42,17 bis 42,22 mm	
Pleuelfuß-Radialspiel	0,032 bis 0,056 mm	0,08 mm (max.)
Hubzapfen-Durchmesser	37,976 bis 38,0 mm	

Angaben zum oberen Pleuelauge finden sich bei »Kolben«.

Kupplung

	Standard	Verschleißgrenze
Anzahl Belagscheiben	7	
Anzahl Stahlscheiben	6	
Belagscheiben-Stärke	2,92 bis 3,08 mm	2,62 mm (min.)
Belagscheiben – Laschenbreite	13,7 bis 13,8 mm	12,9 mm (min.)
Stahlscheiben-Verzug		0,1 mm (max.)
Höhe Kupplungsfeder	53,1 mm	50,5 mm (min.)

Schaltwalze und Schaltgabeln

	Standard	Verschleißgrenze
Schaltgabeln – Stärke der Gabel-Enden	5,3 bis 5,4 mm	
Schaltwalzennut – Breite	5,5 bis 5,6 mm	
Spiel zwischen Schaltgabel und Nut	0,1 bis 0,3 mm	0,5 mm (max.)

Getriebe-Untersetzung (Anzahl der Zähne)

Primäruntersetzung	2,088 zu 1 (71/34)
Enduntersetzung	
DL-Modelle	3,133 zu 1 (47/15)
SFV-Modelle	3,066 zu 1 (46/15)
1. Gang	2,461 zu 1 (32/13)
2. Gang	1,777 zu 1 (32/18)
3. Gang	1,380 zu 1 (29/21)
4. Gang	1,125 zu 1 (27/24)
5. Gang	0,961 zu 1 (25/26)
6. Gang	0,851 zu 1 (23/27)

Anzugsdrehmomente

Anlasserfreilauf-Schrauben	25 Nm
Kupplungsfeder-Schrauben	10 Nm
Kupplungsmutter	50 Nm

Kurbelwellen-Inspektionsstopfen	11 Nm
Lichtmaschinendeckel-Schrauben	10 Nm
Lichtmaschinenrotor-Bolzen	
DL bis 2011	120 Nm
DL ab 2012, alle SFV	140 Nm
Motorhalterungen	
DL-Modelle	
Einstellschrauben	12 Nm
Einstellschrauben-Kontermuttern	45 Nm
Motorhalter-Schrauben	35 Nm
Vordere Motorbolzenmutter	93 Nm
Obere und untere hintere Motorbolzenmutter	55 Nm
Distanzhülsen Klemmschraube	25 Nm
SFV-Modelle	
Vorderer Motorbolzen	55 Nm
Mittlere Motorbolzenmutter	93 Nm
Obere und untere hintere Motorbolzenmutter	55 Nm
Motorgehäuseschrauben	
M8-Schrauben	26 Nm
M6-Schrauben	11 Nm
Nockenwellenhalter-Schrauben	10 Nm
Ölansaugplatten-Schrauben	10 Nm
Öldüsen-Schraube (Ölkanal)	18 Nm
Öldüsen-Sicherungsschraube (Kolbenkühlung)	10 Nm
Ölkanal-Hauptstopfen	
DL bis 2011	18 Nm
DL ab 2012, alle SFV	21 Nm
Ölkühler-Schrauben – DL bis 2011	10 Nm
Ölkühlerbolzen – DL ab 2012, alle SFV	70 Nm
Ölkühlschlauch-Anschlussschrauben (DL bis 2011)	23 Nm
Ölsprührohr-Schraube	8 Nm
Öl-Überdruckventil	27 Nm
Pleuelfußschrauben	
Schritt 1	21 Nm
Schritt 2	+ 90° (¼ Umdrehung)
Primärtrieb-Antriebsradschraube	70 Nm
Schaltarretierhebel-Schraube	10 Nm
Schalthebelrückholfeder-Arretierstift	19 Nm
Schaltstern-Schraube an Schaltwalze	13 Nm
Steuerkettenspanner-Befestigungsschrauben	10 Nm
Steuerkettenspanner-Verschlussschrauben	23 Nm
Steuerkettenspannerschienen-Gelenkschrauben	10 Nm
Steuerzeiten-Inspektionsstopfen	23 Nm
Ventildeckelschrauben	14 Nm
Zylinderfuß-Muttern	10 Nm
Zylinderkopfschrauben M10	
Schritt 1	25 Nm
Schritt 2	42 Nm
Zylinderkopfschrauben M6	10 Nm

1 Allgemeine Informationen

In den Zylinderköpfen des wassergekühlten Zweizylinder-V-Motors werden je vier Ventile pro Zylinder über zwei obenliegende Nockenwellen und Tassenstößel betätigt. Die Nockenwellen werden von der Kurbelwelle über Ketten angetrieben.

Das aus Leichtmetall bestehende Motorgehäuse ist vertikal geteilt. Der Motor wird über ein Nasssumpfsystem mit einer vom Kupplungskorb angetriebenen Trochoidenpumpe geschmiert. Das Motoröl durchströmt einen Patronenfilter und ein Sieb in der Ölwanne. Das Schmiersystem beinhaltet ein Bypassventil und ein Überdruckventil. Die aus einem Stück geschmiedete Kurbelwelle läuft in zwei Hauptlagern. Auf dem linken Kurbelwellenstumpf sitzt der Lichtmaschinenrotor, in den auch die Zündgeber-Auslöser integriert sind.

Die per Seilzug betätigte Mehrscheiben-Ölbadkupplung wird über Zahnräder von der Kurbelwelle angetrieben. Von hier aus wird die Eingangswelle des Sechsgang-Getriebes angetrieben. Der Antrieb des Hinterrades erfolgt über Kettenräder und eine Dichtringkette.

Eine rechts am Motor sitzende und von der Kurbelwelle angetriebene Wasserpumpe wälzt das Kühlmittel um.

2 Motorbauteile
Zugang

Arbeiten, die bei eingebautem Motor möglich sind:

Die unten aufgelisteten Komponenten und Teile können demontiert werden, ohne dass der Motor aus dem Rahmen gebaut werden muss. Wenn jedoch mehrere dieser Arbeiten zugleich ausgeführt werden müssen, empfiehlt es sich, den Motor dafür auszubauen.

Ölkühler
Ventildeckel
Steuerkettenspanner

Nockenwellen, Steuerketten samt Schienen
Drosselklappengehäuse
Zylinderköpfe
Zylinder
Kolben und Kolbenringe
Wasserpumpe
Kupplung
Schaltmechanismus
Primärtriebrad
Ölpumpe
Lichtmaschine
Anlasserfreilauf
Anlasser
Öldruckschalter
Gangsensor

Arbeiten, die den Ausbau des Motors erfordern:
Für den Zugang zu folgenden Komponenten muss der Motor aus dem Rahmen genommen und die Gehäusehälften getrennt werden:
Ansaugsieb und Überdruckventil
Kurbelwelle und Lager
Pleuel und Pleuelfußlager
Getriebewellen und Lager
Schaltwalze und -Gabeln

3 Motor Verschleißbestimmung

Zylinderkompressionstest

Spezialwerkzeug: *Für diese Arbeit wird ein Kompressionsprüfer mit einem Adapter für ein Zündkerzengewinde der Größe 10 x 1,0 mm benötigt, der beim Suzuki-Händler oder im Zubehörhandel beschafft werden kann. Je nach Ergebnis des ersten Tests kann es nötig werden, für weitere Kontrollen eine Öl-Spritzflasche zu beschaffen.*

1 Geringe Motorleistung, Auspuffqualm, starker Ölverbrauch und schlechtes Startverhalten können die Folge mangelnder Kompression sein. Diese kann unter anderem durch undichte Ventile, eine leckende Zylinderkopfdichtung sowie Verschleiß an Kolben, den Kolbenringen und Zylinderbohrungen hervorgerufen werden. Eine Kompressionsprüfung kann helfen, die Ursache zu finden; zudem lassen sich damit übermäßige Kohleablagerungen ermitteln. Ein spezieller Druckverlust-Tester (fragen Sie Ihren Suzuki-Händler) kann helfen, die Gründe einzugrenzen.

2 Vor dem Durchführen des Tests muss sichergestellt werden, dass das Ventilspiel in Ordnung ist (siehe Kapitel 1). Die Batterie muss vollständig geladen sein.

3 Starten Sie den Motor, lassen Sie ihn Betriebstemperatur erreichen, schalten Sie ihn dann ab.

4 Entfernen Sie bei DL-Modellen bis 2006 beide Zündkerzen (siehe Kapitel 1). Ziehen Sie bei allen anderen Modellen alle vier Kerzenstecker ab und schrauben Sie die seitlichen Zündkerzen aus den Zylinderköpfen (siehe Kapitel 1).

5 Schrauben Sie den Adapter des Kompressionsprüfers in das Kerzengewinde des vorderen Zylinders (siehe Abbildung).

6 Schalten Sie die Zündung ein und den Killschalter auf RUN, öffnen Sie vollständig den Gasgriff, und drehen Sie den Motor mit dem Anlasser solange durch, bis sich das Messgerät nach ein paar Kurbelwellenumdrehungen auf einen Wert stabilisiert, der den maximalen Druck angibt (siehe Abbildung).

7 Wenn der gemessene Wert zwischen 13 und 17 bar liegt, ist dieser Zylinder in Ordnung.

8 Wiederholen Sie die Messung am hinteren Zylinder.

9 Liegt der Zylinderdruck eines Zylinders unter 11 bar, kann dies an Verschleiß an der Zylinderbohrung, den Kolbenringen oder dem Kolben liegen, außerdem an einer defekten Zylinderkopfdichtung, lockeren Zylinderkopfschrauben oder undichten Ventilen. Um die Ursache näher einzugrenzen, wird etwas Motoröl durch die Zündkerzenbohrung in den Brennraum gespritzt, um die Kolbenringe gegen den Zylinder abzudichten, dann wird der Kompressionstest wiederholt – liegt das Ergebnis deutlich höher, sind der Zylinder, der Kolben und/oder die Ringe verschlissen. Bleibt die Kompression niedrig, wird wahrscheinlich eine defekte Zylinderkopfdichtung, ein lockerer Kopf oder ein undichtes Ventil der Grund sein, bei extrem niedrigen Werten sind aber auch ein Loch im Kolben oder ein gebrochener Kolbenring mögliche Gründe.

10 Drücke über 18 bar sind dank sauber verbrennender moderner Kraftstoffe sehr unwahrscheinlich, würden allerdings auf massive Ölkohleablagerungen im Brennraum hinweisen. In diesem Fall muss der Zylinderkopf demontiert werden, um die Ablagerungen vom Kolben, aus dem Kopf und von den Ventilen entfernen zu können (siehe Sektion 12).

Druckverlust-Test

11 Ein Druckverlust-Test ähnelt einer Kompressionsprüfung, gibt aber auch Hinweise darauf, wieviel Druck durch Lecks verloren geht. Viele Werkstätten ziehen einen Druckverlust-Test gegenüber einer Kompressionsprüfung vor, da hierdurch gezielter auf Probleme hingewiesen wird, sodass nach einer Zerlegung gezielter gegen die Ursachen vorgegangen werden kann. Die erforderliche Ausrüstung ist allerdings teurer als ein Kompressionsprüfer, zudem wird eine Druckluftquelle benötigt. Richten Sie sich bei der Durchführung des Tests ggf. nach der Bedienungsanleitung des Prüfgeräts – oder lassen Sie ihn von einer entsprechend ausgerüsteten Fachwerkstatt durchführen.

12 Ein Druckverlust-Test kann zusammen mit einer Kompressionsprüfung durchgeführt werden, um andere Probleme zu diagnostizieren – darunter schadhafte Komponenten des Ventiltriebs, unkorrekte Steuerzeiten oder Defekte am Zünd- und Einspritzsystem.

Öldruck-Kontrolle

Anmerkung: *Für diesen Test ist ein Öldruckprüfer samt Adapter für den Ölkanalstopfen erforderlich.*

13 Besteht irgendein Zweifel über die Funktion des Schmiersystems, muss eine Öldruck-Kontrolle durchgeführt werden. Dieser Check liefert nützliche Informationen über den Verschleiß im Motor.

14 Der Motor ist mit einem Öldruckschalter ausgerüstet. Beim Einschalten der Zündung leuchtet eine Warnlampe auf, die bald wieder erlöschen muss. Sobald der Öldruck unter einen gewissen Wert fällt, leuchtet die Lampe auf – geschieht dies während der Fahrt, muss

3.5 Wählen Sie den korrekten Adapter und drehen Sie ihn in die Zündkerzenbohrung.

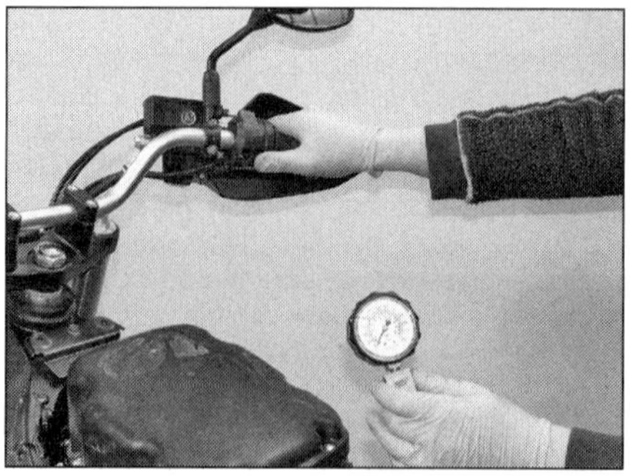

3.6 Kompressionsprüfung

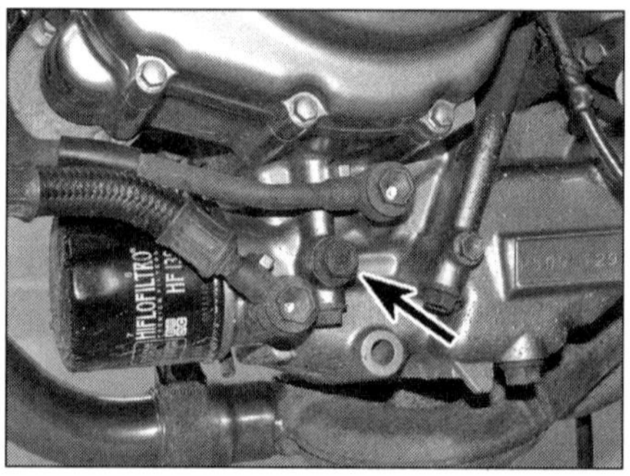

3.17 Ölkanalstopfen

der Motor unverzüglich abgeschaltet und die Ursache für den Druckverlust gefunden werden. Ist der Ölpegel korrekt (siehe *Tägliche Kontrollen*), muss das Motoröl abgelassen und der Ölfilter demontiert werden (siehe Kapitel 1). Kontrollieren Sie das abgelassene Öl auf Ölschlamm, der seine Fließfähigkeit behindern kann. Es kann aber auch sein, dass der Stromkreis des Öldruckschalters, der Schalter selbst oder die Warnlampe defekt ist (siehe Kapitel 8). War bis hierher alles in Ordnung, sollte zunächst eine Öldruckprüfung durchgeführt werden, bevor der Motor ausgebaut und das Gehäuse getrennt wird, um das Ansaugsieb der Ölpumpe auf Verstopfung zu überprüfen.

15 Stützen Sie das Motorrad senkrecht ab und halten Sie eine ausreichende Menge Lappen bereit, um das zwischen dem Entfernen des Ölkanalstopfens und der Montage des Messgeräts austretende Öl aufzunehmen.

16 Starten Sie den Motor, bringen Sie ihn auf Betriebstemperatur und schalten Sie ihn wieder aus.

17 Lösen Sie den links hinter dem Ölfilter sitzenden Ölkanalstopfen (siehe Abbildung) und schrauben Sie den Messgerät-Adapter hinein. Verbinden Sie das Messgerät mit dem Adapter.

18 Kontrollieren Sie den Ölpegel (siehe *Tägliche Kontrollen*).

19 Starten Sie den Motor und erhöhen Sie die Drehzahl auf 3000/min – beobachten Sie dabei das Messgerät; es müssen die in den technischen Daten angegebenen Drücke angezeigt werden. Beachten Sie, dass bei nicht vollständig aufgewärmten Motor der Druck durch das zähere Öl höher ist: Ist der extrem heiße Motor mit sog. Leichtlauföl befüllt, kann der Öldruck dadurch sehr gering sein.

20 Falls der Öldruck deutlich unter 1 bar (DL bis 2011) oder 2 bar (DL ab 2012, alle SFV) liegt, ist entweder das Ansaugsieb verstopft, klemmt das offene Überdruckventil, ist die Ölpumpe oder ihr Antrieb defekt oder es liegt ein anderer Motorschaden vor. Beginnen Sie die Diagnose mit der Kontrolle der Ölpumpe (Sektion 21). Wenn bis hierher alles in Ordnung ist und alle Ölkanäle frei sind, muss der Motor zerlegt werden, um das Ansaugsieb und das Überdruckventil zu kontrollieren. Anschließend ist das Spiel aller Gleitlager zu überprüfen und der Motor ggf. grundlegend zu überholen.

21 Falls der Öldruck zu hoch ist, kann ein Ölkanal oder der Ölfilter verstopft sein, das Überdruckventil im geschlossenen Zustand klemmen oder eine falsche Ölviskosität verwendet worden sein.

22 Liegt der Druck im vorgeschriebenen Bereich, müssen – falls noch nicht geschehen – der Öldruckschalter, die Warnlampe und der entsprechende Stromkreis untersucht werden.

23 Stoppen Sie den Motor und lassen Sie ihn abkühlen. Entfernen Sie das Messgerät samt Adapter und installieren Sie den mit einem neuen Dichtring ausgerüsteten Stopfen; ziehen Sie ihn mit 18 Nm (DL-Modelle bis 2011) bzw. 21 Nm (DL ab 2012, alle SFV) an.

Warnung: Bedenken Sie beim Entfernen des Öldruck-Adapters, dass die Auspuffanlage, der Motor und das Motoröl noch sehr heiß sein können.

24 Kontrollieren Sie den Ölpegel (siehe *Tägliche Kontrollen*).

4 Motor
Ausbau und Einbau

Warnung: Der Motor ist sehr schwer. Der Ein- und Ausbau des Motors sollte immer mit der Hilfe mindestens eines Assistenten ausgeführt werden. Ein herunterfallender oder abrutschender Motor kann zu Verletzungen führen und Beschädigungen zur Folge haben.

Anmerkung: *Jeder ausgebaute Motorbolzen sollte zusammen mit allen zugehörigen Scheiben, Hülsen und seiner Mutter abgelegt werden, damit keine Teile durcheinandergeraten und der Einbau auf Anhieb gelingt. Falls der Motor für eine Überholung ausgebaut wird, empfiehlt es sich, zuvor den Lichtmaschinen- und Kupplungsdeckel zu entfernen und den Lichtmaschinenrotor- und Primärradbolzen sowie die Kupplungsmutter noch bei eingebautem Motor zu lockern – beachten Sie die entsprechenden Sektionen in diesem Kapitel.*

Ausbau

1 Stützen Sie das Motorrad auf einer ebenen Fläche aufrecht ab. Ziehen Sie den Bremshebel mit einem Gummiband gegen den Lenker, damit die Maschine nicht nach vorne rollen kann. Die Arbeit kann erleichtert werden, wenn die Maschine mithilfe einer Rampe oder Bühne auf eine bessere Höhe gebracht wird. Das Motorrad muss sicher stehen und darf nicht nach vorne überkippen (beachten Sie die *Werkstatt- und Werkzeug-Tipps* im Anhang).

2 Demontieren Sie die Sitzbank. Entfernen Sie die Seitendeckel, die Verkleidungsseitenteile (DL bis 2011) bzw. die gesamte Verkleidung (DL ab 2012). Demontieren Sie ggf. die Sturzbügel und den Motorschutz (DL) bzw. die Kühlerverkleidungen (SFV) (siehe Kapitel 7).

3 Trennen Sie das Massekabel (-) von der Batterie (siehe Kapitel 8).

4 Falls der Motor – speziell an seinen Aufhängungen – verschmutzt ist, muss er zuerst gründlich gereinigt werden. Hierdurch wird nicht nur die Arbeit erleichtert, sondern auch ausgeschlossen, dass abfallender Schmutz hineingeraten kann.

5 Lassen Sie das Motoröl und das Kühlmittel ab (siehe Kapitel 1). Demontieren Sie nötigenfalls den Ölfilter (siehe Kapitel 1). Demontieren Sie bei DL-Modellen bis 2011 den Ölkühler samt seiner Schläuche (siehe Sektion 6).

6 Demontieren Sie den Tank, das Luftfiltergehäuse, die Drosselklappengehäuse und die Auspuffanlage (siehe Kapitel 4). Verstopfen Sie die Einlasskanäle mit sauberen Lappen.

7 Entfernen Sie den Kühler und das Thermostatgehäuse samt ihrer Schläuche. Entfernen Sie den Kühlmittel-Ausgleichsbehälter (siehe Kapitel 3). Ziehen Sie je nach erforderlicher Arbeit alle weiteren Kühlerschläuche ab – merken Sie sich ihre Positionen und Verlegung.

8 Ziehen Sie alle Zündkerzenstecker ab (siehe Abbildung). Befreien Sie die Zündkabel aus allen Befestigungen. Befreien Sie bei SFV-Modellen den Hitzeschild vom hinteren Ventildeckel (siehe Abbildung).

9 Ziehen Sie bei DL-Modellen bis 2011 die Schläuche des Sekundärluftsystems von den Ventildeckeln (siehe Abbildung).

2

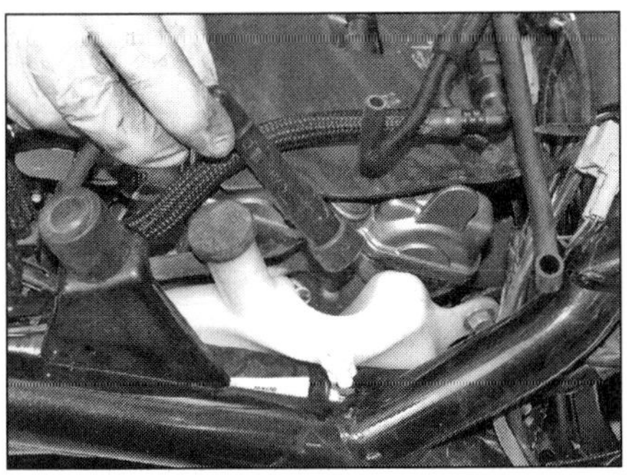

4.8a Ziehen Sie die Zündkerzenstecker ab.

4.8b Befreien Sie bei SFV-Modellen den Hitzeschild.

4.9 Ziehen Sie die Schläuche von den Zungenventilen.

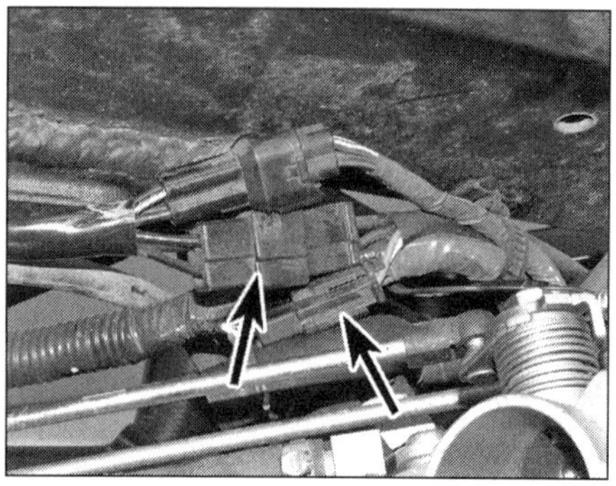

4.10a Lichtmaschinenstecker (oben) und Kurbelwellensensor-Stecker (unten) – DL-Modelle

4.10b Lichtmaschinenstecker...

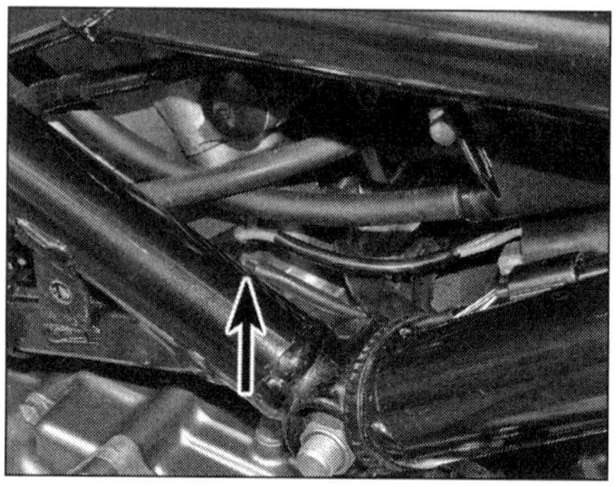

4.10c ...und Kurbelwellensensor-Stecker – SFV-Modelle

4.11a Stecker des Gangsensors – DL bis 2011

4.11b Stecker des Gangsensors – DL ab 2012

4.11c Stecker des Gangsensors – SFV-Modelle

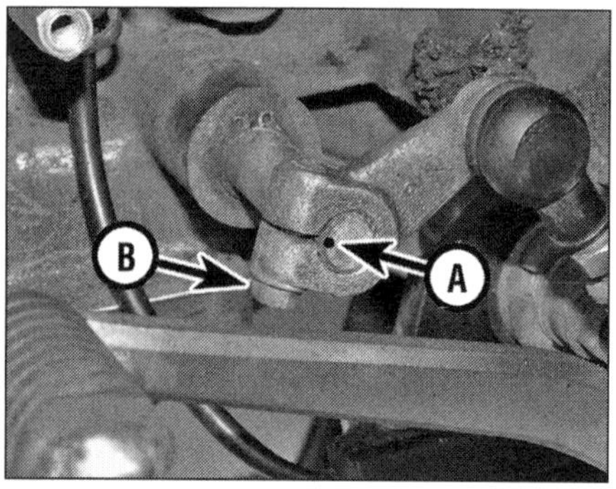

4.12a Schaltgestänge-Markierung (A) und Klemmschraube (B) – DL-Modelle

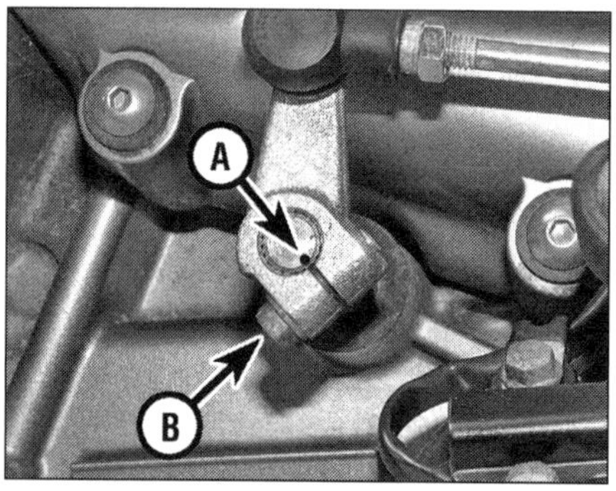

4.12b Schaltgestänge-Markierung (A) und Klemmschraube (B) – SFV-Modelle

4.15a Mutter des Anlasserkabels – DL bis 2011

10 Trennen Sie die Lichtmaschinen- und Kurbelwellensensor-Stecker (siehe Abbildungen). Befreien Sie die Kabel aus allen Befestigungen und führen Sie zur Lichtmaschine zurück – merken Sie sich ihre Verlegung.

11 Trennen Sie den Stecker des Getriebeschalters (siehe Abbildungen).

12 Bringen Sie an der Schaltwelle eine zur Klemmnut des Schaltgestängehebels ausgerichtete Markierung an, lösen Sie die Klemmschraube und ziehen Sie den Hebel ab (siehe Abbildungen).

13 – DL-Modellen bis 2011: Entfernen Sie den Ritzeldeckel (siehe Kapitel 6). Befreien Sie den Kupplungszug vom Ausrückmechanismus (Sektion 18). Entfernen Sie das Motorritzel (siehe Kapitel 6) und montieren Sie anschließend wieder den Ausrückmechanismus, um den Dichtring und die Druckstange zu schützen.

14 – DL ab 2012 und SFV: Entfernen Sie den äußeren Ritzeldeckel (siehe Kapitel 6). Demontieren Sie den Seitenständerschalter (siehe Kapitel 8) und den Geschwindigkeitssensor (siehe Kapitel 4). Entfernen Sie das Motorritzel (siehe Kapitel 6). Befreien Sie den Kupplungszug vom Ausrückmechanismus (Sektion 18).

15 Lösen Sie das Anlasserkabel (siehe Abbildungen). Demontieren Sie nötigenfalls den Anlasser (siehe Kapitel 8).

16 Lösen Sie das Kabel des Öldruckschalters (siehe Abbildung).

17 Trennen Sie den Massekabelstecker – er findet sich am anderen Ende des schwarz/weißen Batterie-Massekabels.

18 – DL-Modelle: Lösen Sie die Schrauben des rechten Fußrastenträgers, befreien Sie diesen samt Bremspedal und schwenken Sie die Baugruppe bei verbundener Bremszylinder-Druckstange beiseite (siehe Abbildungen).

19 Stellen Sie jetzt eine mechanische oder hydraulische Hebevorrichtung unter den Motor und legen Sie ein Holz darauf, um das Motorgehäuse nicht zu beschädigen. Der Heber muss mittig positioniert sein, sodass der Mo-

4.15b Mutter des Anlasserkabels – DL ab 2012 und alle SFV

4.16 Lösen Sie am Öldruckschalter die Schraube, um das Kabel zu befreien.

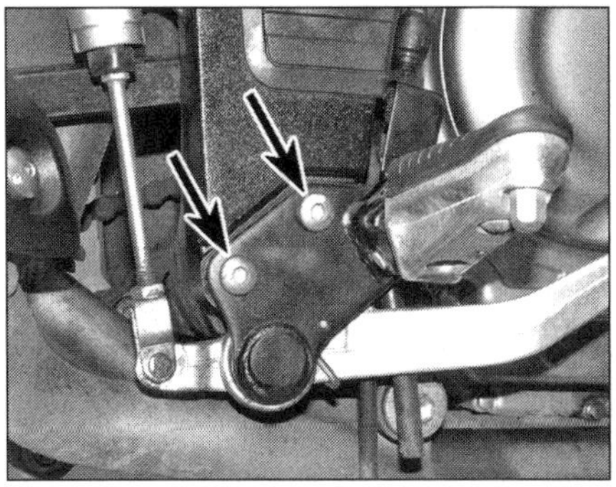

4.18a Lösen Sie die Schrauben des Fußrastenträgers . . .

4.18b . . . und befreien Sie die Baugruppe wie gezeigt aus dem Arbeitsbereich.

4.20 Lösen Sie rechts vorne die Mutter.

4.21 Lösen Sie mit einem Zapfenschlüssel die vordere Kontermutter.

4.22 Lösen Sie links die vier Schrauben des Motorhalters.

4.23 Lösen Sie rechts die hintere untere Mutter.

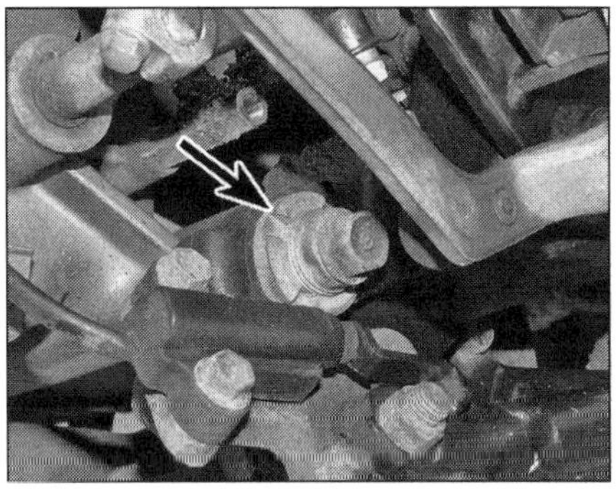

4.24 Lösen Sie mit einem Zapfenschlüssel die hintere untere Kontermutter.

tor nicht seitlich herunterfällt, nachdem der letzte Bolzen gelöst wurde. Der Heber soll lediglich das Gewicht des Motors aufnehmen (aber nicht das Motorrad anheben), damit keine Belastung auf die Motorbolzen ausgeübt wird und sie leicht herausgezogen werden können.

DL-Modelle

Spezialwerkzeug: *Zum Lockern und Anziehen der Einstellbolzen-Kontermuttern wird ein Zapfenschlüssel benötigt. Dieser kann bei Suzuki unter der Teilenummer 09940-14990 bestellt oder aus einem entsprechend zugesägten 26er-Steckschlüssel selbst angefertigt werden.*

Anmerkung: *Die Motorbolzenmuttern sind selbstsichernd und sollten beim Einbau des Motors erneuert werden.*

20 Lösen Sie rechts die Mutter des vorderen Motorbolzens (siehe Abbildung) und ziehen Sie diesen heraus.
21 Lösen Sie mithilfe eines Zapfenschlüssels die Kontermutter des vorderen Einstellers (siehe Abbildung). Lösen Sie jetzt den Einsteller, bis er bündig zur Innenseite des Halters sitzt.
22 Entfernen Sie links den Motorhalter, trennen Sie dabei den/die Zündspulenstecker und merken Sie sich die Verlegung der Zündkabel (siehe Abbildung).
23 Lösen Sie rechts die Mutter des unteren hinteren Motorbolzens (siehe Abbildung) und ziehen Sie diesen heraus.
24 Lösen Sie mithilfe eines Zapfenschlüssels die Kontermutter des unteren hinteren Einstellers (siehe Abbildung). Lösen Sie jetzt den Einsteller, bis er bündig zur Innenseite des Rahmens sitzt.
25 Prüfen Sie, ob der Motor sicher auf der Hebevorrichtung steht. Stellen Sie sicher, dass alle Schläuche und Kabel gelöst sind, die nicht zusammen mit dem Motor ausgebaut werden.

4.26 Lockern Sie die Klemmschraube.

4.27 Lösen Sie die obere hintere Schraube.

26 Lockern Sie die Klemmschraube des oberen hinteren Motorbolzen-Distanzstücks (siehe Abbildung).
27 Sichern Sie den Motor und entfernen Sie den oberen hinteren Motorbolzen (siehe Abbildung).
28 Der Motor kann jetzt aus dem Rahmen befreit werden (siehe Warnung oben). Kontrollieren Sie erneut, ob alle Kabel, Bowdenzüge und Schläuche getrennt und so gesichert sind, dass sie beim Ausbau des Motors nicht beschädigt werden. Senken Sie den Motor vorsichtig ab, manövrieren Sie ihn dabei aus dem Rahmen und heben Sie die Antriebskette von der Getriebe-Ausgangswelle. Senken Sie den Heber weiter ab, lassen Sie einen Assistenten den Heber unter dem Motor entfernen und befreien Sie den Motor nach links aus dem Rahmen. Entfernen Sie nötigenfalls die Einsteller und Distanzstücke vom Rahmen und dem Halter – merken Sie sich deren Positionen und Einbaurichtungen.

SFV-Modelle

Anmerkung: *Die Motorbolzenmuttern sind selbstsichernd und sollten beim Einbau des Motors erneuert werden.*

29 Lösen Sie rechts die Muttern der beiden hinteren und des mittleren Motorbolzens (siehe Abbildung).
30 Lösen Sie an beiden Seiten die vorderen Motorbolzen und entnehmen Sie die rechts zwischen Rahmen und Motor sitzende Distanzhülse (siehe Abbildungen).
31 Prüfen Sie, ob der Motor sicher auf der Hebevorrichtung steht. Stellen Sie sicher, dass alle Schläuche und Kabel gelöst sind, die nicht zusammen mit dem Motor ausgebaut werden.
32 Sichern Sie den Motor und entfernen Sie die beiden hinteren und den mittleren Motorbolzen (siehe Abbildungen).
33 Der Motor kann jetzt aus dem Rahmen befreit werden (siehe Warnung oben). Kontrollieren Sie erneut, ob alle Kabel, Bowdenzüge und Schläuche getrennt und so gesichert sind, dass sie beim Ausbau des Motors nicht beschädigt werden. Senken Sie den Motor vorsichtig ab, manövrieren Sie ihn dabei aus dem Rahmen und heben Sie die Antriebskette von der Getriebe-Ausgangswelle. Senken Sie den Heber weiter ab, lassen Sie einen Assistenten den Heber unter dem Motor entfernen und befreien Sie den Motor nach links aus dem Rahmen.

Einbau

Anmerkung: *Um die Motorbolzen nicht korrodieren zu lassen, sollten ihre Schäfte – aber nicht die Gewinde – mit Kupferpaste eingeschmiert werden. Hierdurch lassen sie sich auch nach Jahren aus dem Distanzhülsen und dem Rahmen befreien.*

34 – DL-Modelle: Falls entfernt, müssen die Einsteller von außen in den Rahmen und den Halter geschraubt werden, bis sie innen bündig sitzen. Installieren Sie auch das Distanz-

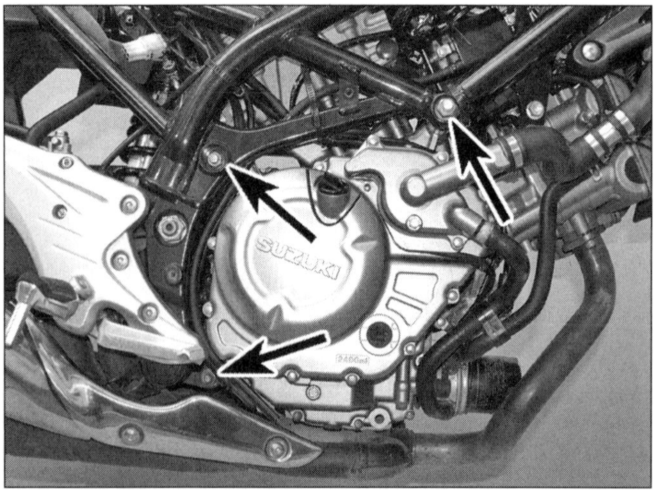

4.29 Lösen Sie die drei Muttern.

4.30a Vorderer linker Motorbolzen

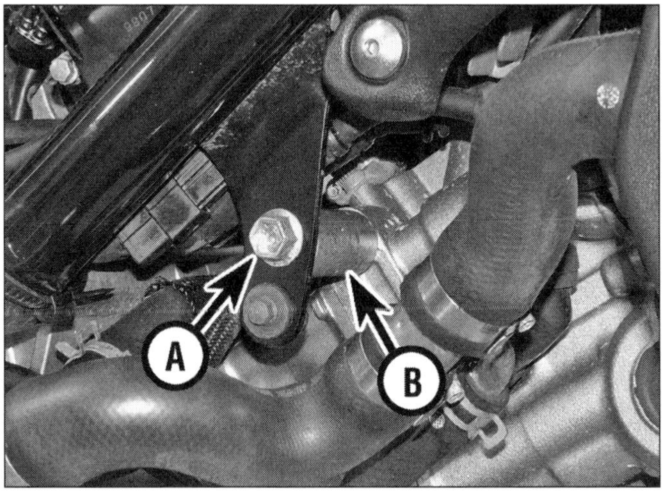

4.30b **Vorderer rechter Motorbolzen (A) und Distanzhülse**

4.32a **Ziehen Sie hinten den oberen...**

stück für den oberen hinteren Motorbolzen in die Öse links am Rahmen.

35 Manövrieren Sie den Motor unter dem Rahmen in Position und positionieren Sie ihn auf dem Heber. Heben Sie den Motor an, ohne dabei den Rahmen wegzudrücken, und legen Sie dabei so früh wie möglich die Antriebskette über die Getriebewelle. Heben Sie den Motor weiter an, bis alle seine Bolzenbohrungen zu denen des Rahmens ausgerichtet sind. Möglicherweise muss der Heber während des Einbaus der Bolzen versetzt werden, damit alle mühelos installiert werden können.

DL-Modelle

36 Setzen Sie eine Seite des Distanzstücks für den oberen hinteren Motorbolzen in den Ausschnitt des Motorgehäuses. Schieben Sie den Bolzen von rechts ein und drehen Sie ihn handfest in das Distanzstück (Abbildung 4.27).

37 Reinigen Sie die Gewinde der Motorhalter-Schrauben und tragen Sie mittelfeste Sicherungspaste auf. Montieren Sie den Halter und ziehen Sie die Schrauben mit 35 Nm an (Abbildung 4.22).

38 Schieben Sie den unteren hinteren Motorbolzen von links ein (Abbildung 4.24) und drehen Sie die neue Mutter zunächst handfest auf (Abbildung 4.23).

39 Schieben Sie den vorderen Motorbolzen von links ein (Abbildung 4.21) und drehen Sie die neue Mutter zunächst handfest auf (Abbildung 4.20).

40 Ziehen Sie die Einsteller des vorderen und unteren hinteren Motorbolzens mit 12 Nm an. Installieren Sie die Kontermuttern und ziehen Sie sie mithilfe des Zapfenschlüssels mit 45 Nm an (Abbildung 4.21).

41 Ziehen Sie den oberen hinteren Motorbolzen mit 55 Nm an (Abbildung 4.27). Ziehen Sie die Klemmschraube des Distanzstücks mit 25 Nm an (Abbildung 4.26).

42 Ziehen Sie die Mutter des vorderen Motorbolzens mit 93 Nm an (Abbildung 4.20).

43 Ziehen Sie die Mutter des unteren Motorbolzens mit 55 Nm an (Abbildung 4.23).

SFV-Modelle

44 Schieben Sie die beiden hinteren und den mittleren Motorbolzen von links ein (Abbildungen 4.32a, b und c). Drehen Sie die neuen Muttern zunächst handfest auf.

45 Installieren Sie den rechten vorderen Motorbolzen mit der Distanzhülse und ziehen Sie ihn zunächst handfest an (Abbildung 4.30b).

46 Reinigen Sie das Gewinde des linken vorderen Motorbolzens und tragen Sie mittelfeste Sicherungspaste auf. Drehen Sie den Bolzen anschließend zunächst handfest ein (Abbildung 4.30a).

47 Ziehen Sie nun beide vorderen Motorbolzen mit 55 Nm an.

48 Ziehen Sie die Mutter des mittleren Motorbolzens mit 93 Nm an (Abbildung 4.32c).

49 Ziehen Sie die Muttern der beiden hinteren Motorbolzen mit 55 Nm an (Abbildungen 4.32a und b).

Alle Modelle

50 Die restliche Einbauprozedur entspricht der umgekehrten Ausbaureihenfolge – beachten Sie dabei folgende Punkte:

- Alle Kabel, Bowdenzüge und Schläuche müssen korrekt verlegt, gesichert und angeschlossen werden.
- Verwenden Sie bei der Montage des Auspuffs neue Dichtungen (siehe Kapitel 4).
- Richten Sie den Schaltgestängehebel mit der Klemmöffnung zur Markierung auf der Schaltwelle aus und ziehen Sie seine Klemmschraube sorgfältig an (Abbildungen 4.12a oder b).
- Füllen Sie Motoröl und Kühlmittel auf (siehe Kapitel 1 und *Tägliche Kontrollen*).
- Stellen Sie das Spiel des Kupplungszugs und der Gaszüge ein (siehe Kapitel 1).
- Starten Sie den Motor und prüfen Sie, ob nirgends Motoröl oder Kühlmittel austreten.

2

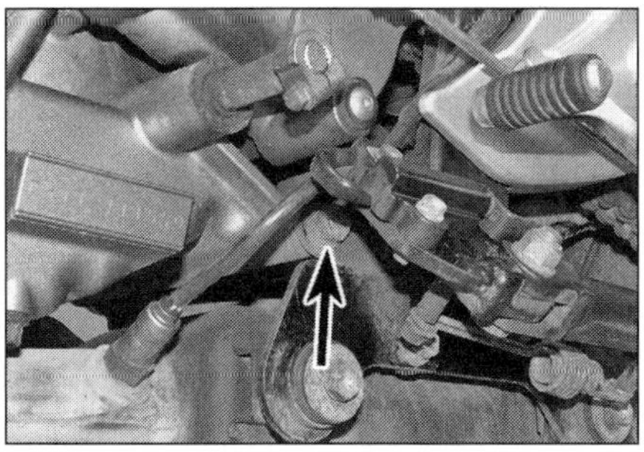

4.32b **...und den unteren Bolzen...**

4.32c **...sowie den mittleren Bolzen heraus.**

5 Motorüberholung
Allgemeine Informationen

1 Vor einer Überholung müssen alle zugehörigen Arbeitsschritte durchgelesen werden, damit man sich einen Überblick über den Umfang und die Anforderungen der Tätigkeit machen kann. Eine Motorüberholung ist nicht besonders schwierig, dafür aber zeitaufwendig. Prüfen Sie die Verfügbarkeit aller notwen-

digen Teile und sorgen Sie dafür, dass alle notwendigen Spezialwerkzeuge zugänglich sind.
2 Die meisten Arbeiten können mit der normalen Werkstatt-Ausrüstung durchgeführt werden, doch zur Verschleißermittlung werden zahlreiche Präzisions-Messgeräte benötigt – beachten Sie dazu die Hinweise im Anhang.
3 Um den überholten Motor möglichst problemlos möglichst lange betreiben zu können, muss alles äußerst sorgfältig in einer absolut sauberen Umgebung zusammengebaut werden.

Zerlegen

4 Vor dem Zerlegen des Motors muss dieser ordentlich gereinigt und äußerlich entfettet werden. Hiermit wird einer Verschmutzung der Motorinnereien vorgebeugt und außerdem ein leichteres und sauberes Arbeiten ermöglicht. Mit einem schwer entflammbaren Lösungsmittel (Petroleum) oder besser noch einem speziellen Maschinen-Entfettungsmittel und alten Pinseln oder Zahnbürsten werden die verschiedenen Ecken und Winkel gereinigt. Passen Sie auf, dass kein Lösungsmittel oder Wasser an elektrische Teile oder in die Ein- und Auslasskanäle gerät.

Warnung: Die Verwendung von Benzin als Reinigungsmittel sollte aufgrund des hohen Entzündungsrisikos vermieden werden.

5 Schaffen Sie für den gereinigten und getrockneten Motor ausreichend Platz auf einer sauberen Arbeitsfläche – möglichst einer stabilen Werkbank –, damit alle demontierten Baugruppen bearbeitet werden können. Halten Sie eine Ansammlung von Behältern und Plastiktüten bereit, damit zusammengehörige Einzelteile in übersichtlichen Gruppen gelagert werden können. Papier und Stift sollten für Notizen und Markierungen ebenso vorhanden sein wie ein Vorrat an sauberen und saugfähigen Lappen.
6 Lesen Sie vor Arbeitsbeginn die entsprechende Sektion vollständig durch, um einen Überblick zu erhalten. Beachten Sie, dass bei der Zerlegung der verschiedenen Motorkomponenten nur selten große Kraftanstrengung nötig ist – außer dies ist extra erwähnt. Das Überprüfen des vorgeschriebenen Anzugdrehmoments einer bestimmten Schraube zeigt an, wie fest sie sitzt und wie viel Kraft zum Lösen gebraucht wird. In vielen Fällen, in denen sich Teile hartnäckig weigern, auseinanderzugehen, liegt ein unkorrekter Versuch der Demontage vor. Bei jedem Zweifel sollte im Text nachgelesen werden. Sprühen Sie korrodierte Verbindungen mit Kriechöl ein, und lassen Sie es einige Stunden einwirken.
7 Beim Zerlegen des Motors müssen im Motor zusammenarbeitende »Paare« beisammengehalten werden (Kolben mit Ringen und Pleuel, Zahnräder, Ventile mit ihren Komponenten usw.). Diese Paare dürfen nur als Einheit erneuert oder wiederverwendet werden. Es ist hilfreich, eine große Pappe entsprechend des Aufbaus des Motors zu markieren, sodass die Teile darauf entsprechend ihrer Positionen im Motor verteilt werden können.
8 Die Zerlegung der Motor/Getriebe-Einheit sollte nach der folgenden generellen Reihenfolge und unter Berücksichtigung der entsprechenden Sektionen vorgenommen werden:

Demontieren Sie das Thermostatgehäuse (siehe Kapitel 3).
Demontieren Sie die Ventildeckel.
Demontieren Sie die Steuerkettenspanner.
Demontieren Sie die Nockenwellen.
Demontieren Sie die Zylinderköpfe.
Demontieren Sie die Zylinder.
Demontieren Sie die Kolben.
Demontieren Sie den Anlasser (siehe Kapitel 8).
Demontieren Sie die Wasserpumpe (siehe Kapitel 3).
Demontieren Sie die Kupplung.
Demontieren Sie den Schaltmechanismus.
Demontieren Sie das Primärtriebrad.
Demontieren Sie die Ölpumpe.
Demontieren Sie den Lichtmaschinenrotor und den Anlasserfreilauf.
Demontieren Sie die Steuerketten-Führungsschienen.
Demontieren Sie die Steuerketten.
Trennen Sie die Motorgehäusehälften.
Demontieren Sie die Kurbelwelle samt Pleuelstangen.
Demontieren Sie die Getriebewellen, die Schaltwalze und die Schaltgabeln.

Zusammenbau

9 Der Zusammenbau des Motors erfolgt in der umgekehrten Demontage-Reihenfolge.

6 Ölkühler

DL-Modelle bis 2011

Ausbau

1 Der Ölkühler sitzt vorne am Motor. Lassen Sie das Motoröl ab (siehe Kapitel 1).
2 Um den Kühler samt Zulauf- und Rücklaufschlauch entfernen zu können, muss zunächst ein Ölsammelbehälter links unter den Motor gestellt werden. Notieren Sie die Ausrichtung der Schlauchanschlüsse zum Motorgehäuse und lösen Sie die Anschlussschrauben (siehe Abbildung) – hierbei wird Öl austreten. Beim Anschließen müssen neue Dichtscheiben verwendet werden.
3 Um den Kühler ohne Zulauf- und Rücklaufschlauch zu entfernen, muss zunächst ein Ölsammelbehälter darunter gestellt werden. Notieren Sie die Ausrichtung der Schlauchanschlüsse zum Kühler und lösen Sie die Anschlussschrauben (siehe Abbildung) – hierbei wird Öl austreten. Beim Anschließen müssen neue Dichtscheiben verwendet werden.

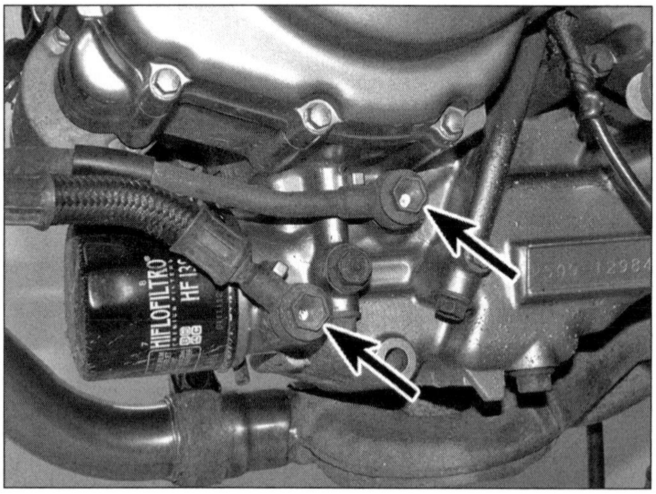

6.2 Ölkühlerschlauch-Anschlussschrauben am Motor . . .

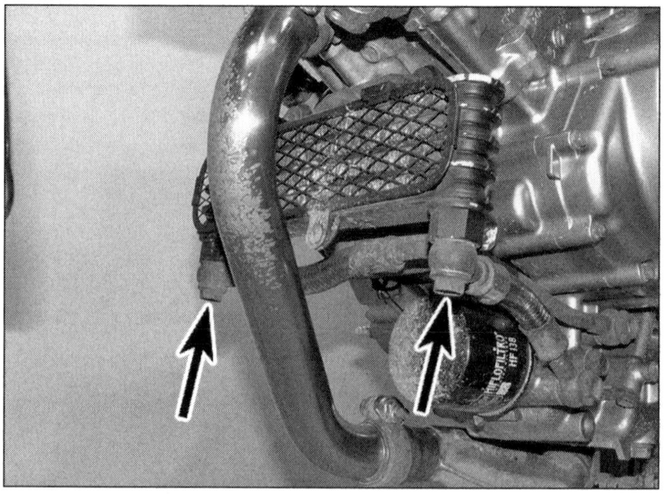

6.3 . . . und am Ölkühler

6.4 Ölkühler-Befestigungsschrauben

6.11 Ziehen Sie die Kühlmittelschläuche ab – seien Sie auf austretendes Kühlmittel vorbereitet.

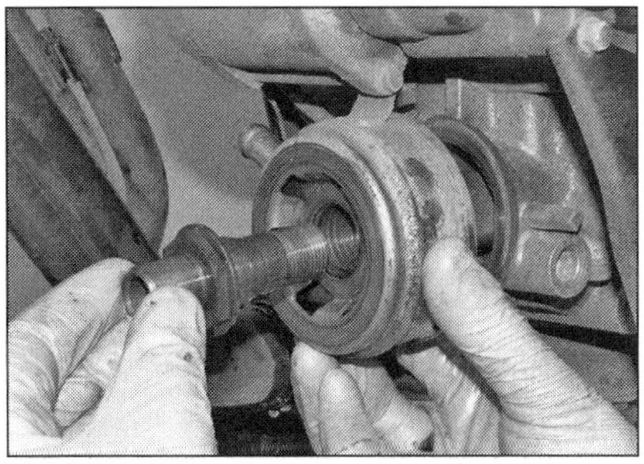

6.12 Lösen Sie den Ölkühlerbolzen und nehmen Sie den Ölkühler ab.

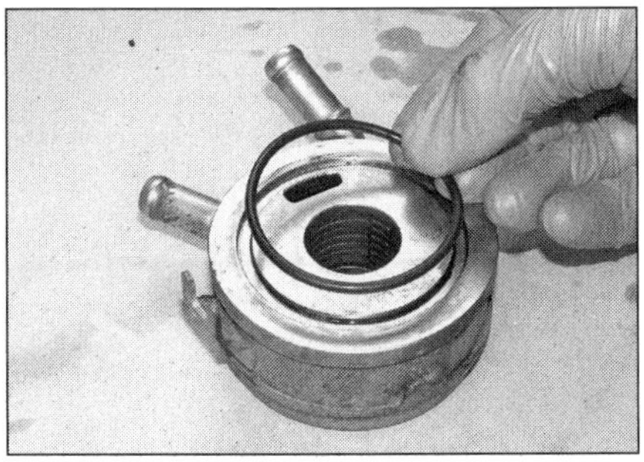

6.14a Rüsten Sie den Ölkühler mit einem neuen O-Ring aus.

6.14b Richten Sie die Laschen um den Anguss herum aus.

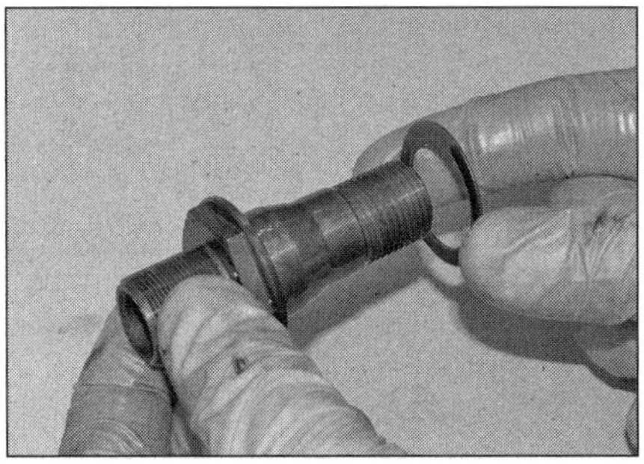

6.14c Vergessen Sie nicht, den Bolzen mit der Scheibe auszurüsten.

4 Lösen Sie die Befestigungsschrauben des Ölkühlers und nehmen Sie diesen ab (siehe Abbildung) – beachten Sie die Hülsen in den Befestigungs-Gummis.

Kontrolle

5 Lösen Sie nötigenfalls die Schraube des Steinschlagschutzes, beachten Sie, wie er oben eingehängt ist, und entfernen Sie ihn. Falls die Schraube korrodiert ist, sollte sie vor dem Lösen mit Kriechöl behandelt werden.

6 Falls irgendwo am Ölkühler oder seinen Schläuchen Öl austritt, muss das schadhafte Teil ersetzt werden.

7 Kontrollieren Sie die Lamellen des Ölkühlers auf getrockneten Matsch, Schmutz und Insekten. Hiermit setzt sich der Kühler zu und die Luft kann nicht mehr hindurchströmen. Reinigen Sie den Kühler mit Wasser oder mit von der Innenseite her vorsichtig eingesetzter Druckluft. Sind Kühlerrippen verbogen, können sie vorsichtig mit einem Schraubendreher wieder gerichtet werden. Wenn sich an mehr als 20 Prozent der Kühlfläche beschädigte oder verbogene Kühlerrippen finden, muss der Ölkühler erneuert werden.

Einbau

8 Der Einbau entspricht der umgekehrten Ausbaureihenfolge – beachten Sie dabei folgende Punkte:

- Kontrollieren Sie die Befestigungs-Gummis und ersetzen Sie beschädigte oder spröde Teile. In den Gummis müssen die Hülsen stecken.
- Bevor der Ölkühler montiert wird, muss er mit dem Steinschlagschutz ausgerüstet sein.
- Rüsten Sie die Anschlussaugen der Schläuche auf beiden Seiten mit neuen Dichtscheiben aus.
- Die Anschlüsse müssen gegen die Angüsse des Motorgehäuses bzw. des Ölkühlers ausgerichtet sein.
- Ziehen Sie die Anschlussschrauben mit 23 Nm und die Ölkühler-Befestigungsschrauben mit 10 Nm an.
- Füllen Sie den Motor mit dem vorgeschriebenen Motoröl auf (siehe Kapitel 1).

DL ab 2012, alle SFV-Modelle

Ausbau

9 Der vom Kühlmittel umspülte Ölkühler sitzt vorne am Motorgehäuse. Entfernen Sie für den Zugang die Verkleidungsseitenteile (siehe Kapitel 7).

10 Lassen Sie das Motoröl und das Kühlmittel ab (siehe Kapitel 1).

11 Stellen Sie den Behälter mit dem abgelassenen Kühlmittel unter den Ölkühler, um in den Schläuchen verbliebenes Kühlmittel aufzunehmen. Lockern Sie die Schellen der Kühlerschläuche und ziehen Sie diese ab (siehe Abbildung).

12 Lösen Sie am Ölkühler den zentralen Bolzen und entfernen Sie ihn samt der Scheibe, um den Ölkühler abzunehmen (siehe Abbildung) – der O-Ring muss später erneuert werden (Abbildung 6.14a).

13 Inspizieren Sie das Ölkühlergehäuse auf Risse und Ausbrüche sowie Hinweise auf Undichtigkeit. Kontrollieren Sie ebenfalls die Schläuche auf Risse, Verhärtung und Versprödung. Schadhafte Teile müssen erneuert werden.

Einbau

14 Der Einbau entspricht der umgekehrten Ausbaureihenfolge – beachten Sie dabei folgende Punkte:

- Die Dichtflächen des Motorgehäuses und des Ölkühlers müssen sauber und trocken sein.
- Rüsten Sie das Ölkühlergehäuse mit einem neuen gefetteten O-Ring aus – er muss korrekt in seiner Nut liegen (siehe Abbildung).
- Richten Sie die Laschen oben am Ölkühlergehäuse zu den Nuten am Motorgehäuse aus (siehe Abbildung).
- Rüsten Sie den Bolzen mit der Dichtung aus und ziehen Sie ihn mit 70 Nm an (siehe Abbildung).
- Die Kühlerschläuche müssen vollständig auf ihre Stutzen geschoben und mit Schellen gesichert werden.
- Installieren Sie den Ölfilter und füllen Sie den Motor mit dem vorgeschriebenen Motoröl auf (siehe Kapitel 1).
- Füllen Sie das Kühlsystem mit dem vorgeschriebenen Kühlmittel auf (siehe Kapitel 1).

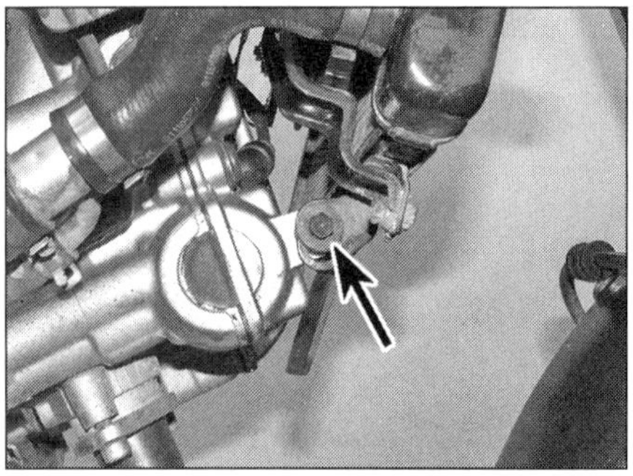

7.1 Lösen Sie die Schraube, um den Wasserkühler nach vorne zu schwenken.

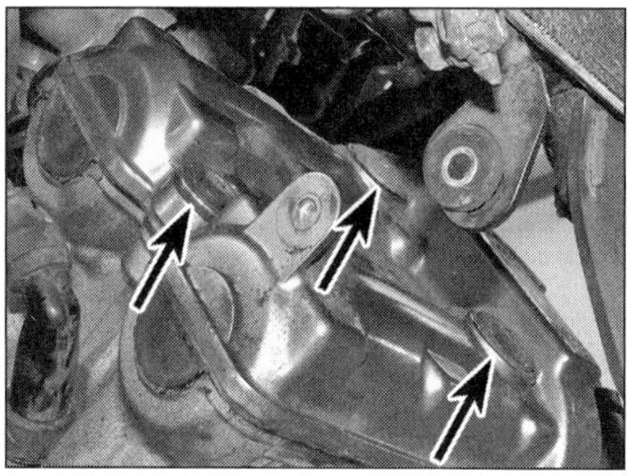

7.4 Ventildeckelschrauben

7.5 Heben Sie den vorderen Ventildeckel ab.

7.6 Stellen Sie die Passhülse und den O-Ring sicher.

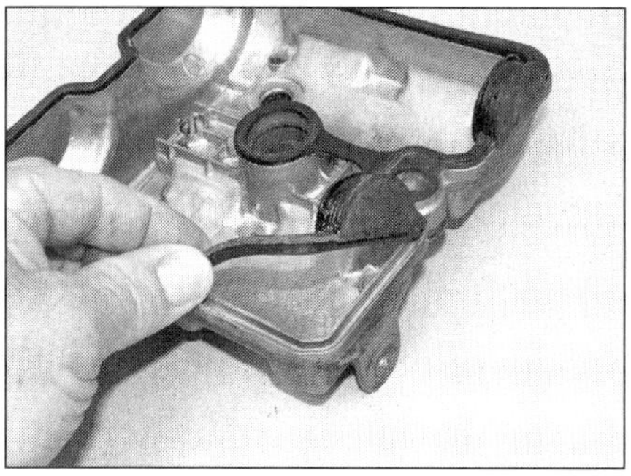

7.8 Die Dichtung muss in der Nut des Deckels liegen.

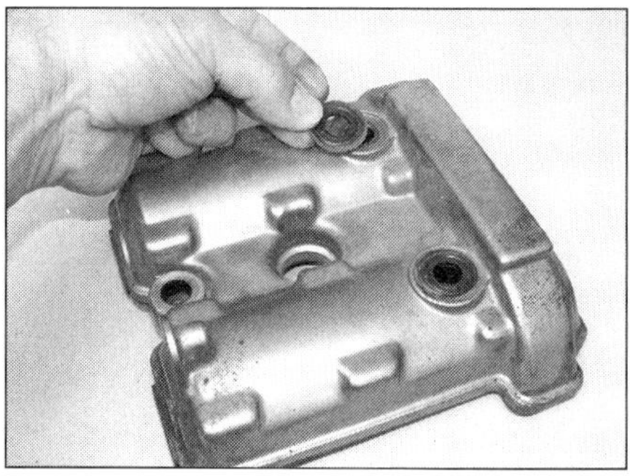

7.9a Installieren Sie die – ggf. neuen – eingeölten Scheiben . . .

7 Ventildeckel

Ausbau

1 Demontieren Sie für den Zugang zum vorderen Ventildeckel bei SFV-Modellen die Kühlerverkleidungen (siehe Kapitel 7). Lösen Sie bei allen Modellen die untere Wasserkühler-Befestigung (siehe Abbildung) oder demontieren Sie den kompletten Kühler (siehe Kapitel 3).

2 Demontieren Sie für den Zugang zum hinteren Ventildeckel den Tank (siehe Kapitel 4). Entfernen Sie bei DL-Modellen ab 2007 den Kühlmittel-Ausgleichsbehälter (siehe Kapitel 3).

3 Ziehen Sie den/die Kerzenstecker ab und sichern Sie sie abseits des Ventildeckels (Abbildung 4.8a). Ziehen Sie bei DL-Modellen bis 2011 den Schlauch des Sekundärluftsystems ab (Abbildung 4.9). Heben Sie bei SFV-Modellen den Hitzeschild vom hinteren Ventildeckel (Abbildung 4.8b).

4 Lösen Sie die Ventildeckelschrauben – beachten Sie ihre Positionen und die unterschiedlichen Dichtscheiben (siehe Abbildung). Falls die Scheiben locker sind, müssen sie zusammen mit den Schrauben entfernt werden – schadhafte Dichtscheiben müssen ersetzt werden.

5 Heben Sie den Ventildeckel vom Zylinderkopf (siehe Abbildung) – falls er klemmt, muss er rundherum mit einem Kunststoffhammer oder Holzstück gelockert werden. Versuchen Sie nicht, den Deckel abzuhebeln! Die Dichtung ist normalerweise in die Nut des Deckels geklebt – wenn sie in Ordnung ist, sollte sie dort verbleiben. Eine schadhafte Dichtung muss erneuert werden.

6 Entfernen Sie bei DL-Modellen bis 2011 die Hülse und den O-Ring aus dem Sekundärluftkanal (siehe Abbildung).

Einbau

7 Reinigen Sie die Dichtfläche des Zylinderkopfes mit Lösungsmittel und entfernen Sie sämtliche Dichtmittelreste.

8 Kontrollieren Sie die Ventildeckeldichtung auf Beschädigungen oder Porösität und ersetzen Sie sie nötigenfalls – in diesem Fall muss die Nut im Ventildeckel sorgfältig mit Lösungsmittel gereinigt und etwas Dichtmasse (z.B. Suzuki Bond 1215) versehen werden, bevor die Dichtung eingelegt wird (siehe Abbildung). Reinigen Sie auf jeden Fall die halbkreisförmigen Vertiefungen des Zylinderkopfes und tragen Sie das Dichtmittel auch in dort auf.

9 Schmieren Sie die Dichtscheiben mit Motoröl und installieren Sie sie ggf. in den Ventildeckel – die Metallseite der dickeren Scheibe muss außen liegen und später mit der langen Bundschraube gesichert werden (siehe Abbildungen).

10 Installieren Sie bei DL-Modellen bis 2011 die Hülse und den (ggf. neuen) O-Ring in den Sekundärluftkanal (Abbildung 7.6).

11 Positionieren Sie den Ventildeckel über dem Zylinderkopf – die Dichtung muss in Position bleiben. Vertauschen Sie die Ventildeckel nicht – der vordere ist rechts mit einer Gewindebohrung für die Kühlerhalterung versehen (Abbildung 7.4). Installieren Sie die Schrauben und ziehen Sie sie mit 14 Nm an.

12 Installieren Sie bei SFV-Modellen den Hitzeschild über den hinteren Ventildeckel (Abbildung 4.8b). Stecken Sie den/die Kerzenstecker auf (Abbildung 4.8a). Stecken Sie bei DL-Modellen bis 2011 den Schlauch des Sekundärluftsystems auf (Abbildung 4.9).

13 Der Rest des Einbaus entspricht der umgekehrten Ausbaureihenfolge – beachten Sie ggf. die Hinweise in den Kapiteln 3 und 4.

7.9b . . . richtig herum und an ihre korrekten Positionen – die dickere kommt nach außen.

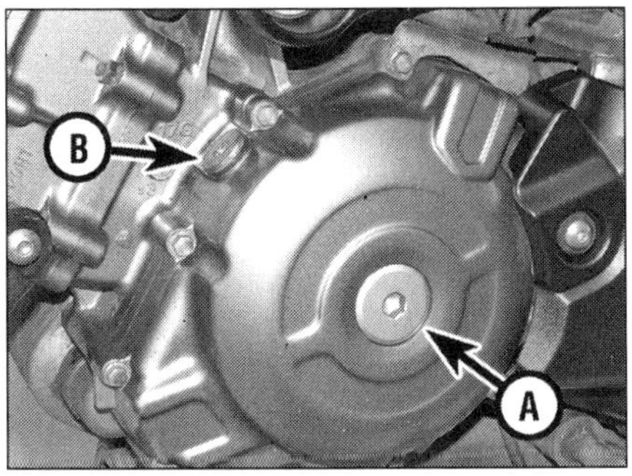

8.3 Schrauben Sie den Kurbelwellen- (A) und den Steuerzeiten-Inspektionsstopfen (B) aus dem Lichtmaschinendeckel.

8.4a Drehen Sie die Kurbelwelle immer nur gegen den Uhrzeigersinn, . . .

8.4b . . . bis die Linie neben dem F in der Mitte der Inspektionsbohrung steht.

8 Nockenwellen und Tassenstößel

1 Entfernen Sie die Ventildeckel (siehe Sektion 7).

2 Entfernen Sie die Zündkerzen (siehe Kapitel 1).

3 Schrauben Sie den Kurbelwellen- und den Steuerzeiten-Inspektionsstopfen aus dem Lichtmaschinendeckel (siehe Abbildung) – bei der Montage werden ein neuer O-Ring und eine neue Dichtscheibe benötigt.

4 Beginnen Sie am vorderen Zylinder. Drehen Sie die Kurbelwelle mithilfe eines am Lichtmaschinen-Rotorbolzen angesetzten 17er-Steckschlüssels gegen den Uhrzeigersinn, bis die mit einem F (Front) versehene Markierung mit dem Pfeil neben der Inspektionsbohrung fluchtet (siehe Abbildungen). Wenn die Nockenspitzen im Zylinderkopf jetzt voneinander weg zeigen, steht der Kolben jetzt im oberen Totpunkt (OT) des Verdichtungstaktes. Die Linien an den Enden der Nockenwellen und die Markierungen an den Nockenwellenritzeln müssen wie gezeigt ausgerichtet sein (siehe Abbildung). Falls die Nockenspitzen zueinander zeigen, muss die Kurbelwelle eine volle Umdrehung weitergedreht werden (wieder nur links herum!), bis die F-Markierung wieder mit dem Pfeil neben der Inspektionsbohrung fluchtet und der Verdichtungs-OT erreicht ist.

5 Entfernen Sie die obere Steuerkettenführung (siehe Sektion 10) und den Steuerkettenspanner (siehe Sektion 9).

6 Die Nockenwellenhalter sollten bereits mit »IN« (Einlass) oder »EX« (Auslass) markiert sein, doch um sie nicht zwischen den Zylinderköpfen zu vertauschen, müssen sie auf jeden Fall auch entsprechend ihrer Positionen (vorderer oder hinterer Zylinder) markiert werden. Arbeiten Sie zurzeit an nur einer Nockenwelle und beginnen Sie mit der Einlassnockenwelle.

7 Lockern Sie die Halter-Schrauben der Einlass-Nockenwelle von außen beginnend schrittweise und über Kreuz und entfernen Sie den Halter (siehe Abbildung) – stellen Sie ggf. lockere Passhülsen sicher. Befreien Sie die Einlass-Nockenwelle aus der Steuerkette und entnehmen Sie sie aus dem Zylinderkopf (siehe Abbildung).

Achtung: Die Nockenwellenhalter müssen absolut senkrecht abgehoben werden und dürfen nicht auf Passhülsen klemmen oder durch ungleichmäßig gelockerte Schrauben verkanten, da hierbei großer Schaden angerichtet werden kann.

8 Wiederholen Sie Schritt 7 mit der Auslass-Nockenwelle und legen Sie die Steuerkette anschließend vorne über den Zylinderkopf und sichern Sie sie dort mit Draht. Decken Sie zum Schluss alles mit sauberen Lappen ab, damit nichts in den Motor fällt. Die Nockenwellen

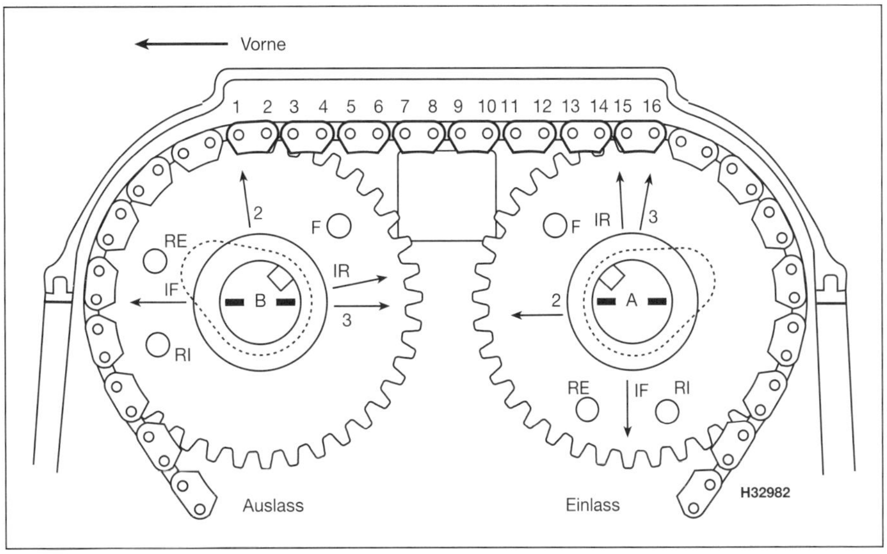

8.4c Steuerzeitenmarkierungen des vorderen Zylinders

8.7a Schrauben der Nockenwellenhalter

8.7b Heben Sie die Einlassnockenwelle an und befreien Sie sie aus der Steuerkette.

sollten mit »INF« (Einlass vorne) und »EXF« (Auslass vorne) markiert sein – bringen Sie nötigenfalls eigene Markierungen an.

9 Wechseln Sie jetzt zum hinteren Zylinder. Halten Sie die Steuerkette des vorderen Zylinders stramm, damit sie beim Drehen der Kurbelwelle nicht zwischen deren Ritzel und dem Motorgehäuse verklemmt. Drehen Sie die Kurbelwelle aus der OT-Position des vorderen Zylinders eine volle Umdrehung gegen den Uhrzeigersinn, bis die F-Markierung wieder mit dem Pfeil neben der Inspektionsbohrung fluchtet (Abbildungen 8.4a und b). Der hintere Zylinder befindet sich jetzt 90° nach OT im Verbrennungstakt und die Linien an den Enden der Nockenwellen und die Markierungen an den Nockenwellenritzeln müssen wie gezeigt ausgerichtet sein (siehe Abbildung).

10 Wiederholen Sie die Schritte 5 bis 8 am hinteren Zylinder, aber entfernen Sie zuerst die Auslass-Nockenwelle (siehe Abbildung). Hier sollten die Nockenwellen mit »INR« (Einlass hinten) und »EXR« (Auslass hinten) markiert sein – bringen Sie nötigenfalls eigene Markierungen an.

11 Falls die Tassenstößel und Shims aus dem Zylinderkopf entfernt werden sollen, muss ein Behälter mit 8 Fächern (oder z.B. ein Eierkarton) beschafft werden, um die Teile unterzubringen. Markieren Sie alle Teile entsprechend ihrer Position (Zylinder, Ein- oder Auslass, linkes oder rechtes Ventil). Entfernen Sie die Tassenstößel – nötigenfalls mithilfe eines Magneten oder kleinen Saugnapfes (z.B. eines Ventil-Läppwerkzeugs) (siehe Abbildung). Mit großer Vorsicht kann auch eine lange Spitzzange eingesetzt werden. Stellen Sie den Shim entweder aus dem Stößel oder dem Ventilfederteller sicher – auch hier hilft ein Magnet, eine Spitzzange oder ein Schraubendreher mit etwas Fett an der Spitze, an dem der Shim haften bleibt (siehe Abbildungen). Lassen Sie keinen Shim ins Motorgehäuse fallen!

Kontrolle

12 Begutachten Sie die Lagergleitflächen des Zylinderkopfes und der Lagerschilde sowie der Nockenwellen. Achten Sie auf Kerben, tiefe Riefen und Anzeichen von Abblätterungen (die zu Ausbrüchen führen können). Prüfen Sie, ob die Ölkanäle in den Lagersitzen frei sind.

13 Kontrollieren Sie die Nocken auf Anlassfarben durch Überhitzung (blaue Verfärbung), Kerben, Absplitterungen, Pitting und Risse.

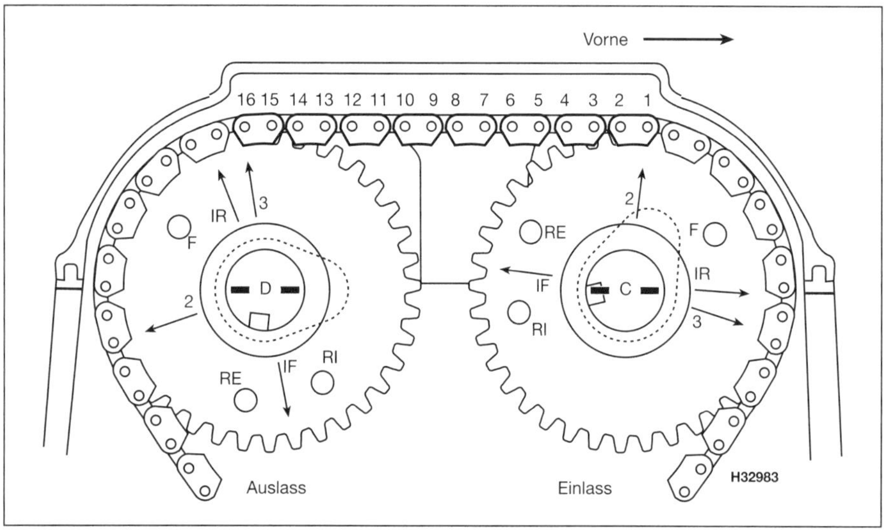

8.9 Steuerzeitenmarkierungen des hinteren Zylinders

8.10 Heben Sie die Auslassnockenwelle an und befreien Sie sie aus der Steuerkette.

8.11a Entnehmen Sie den Tassenstößel . . .

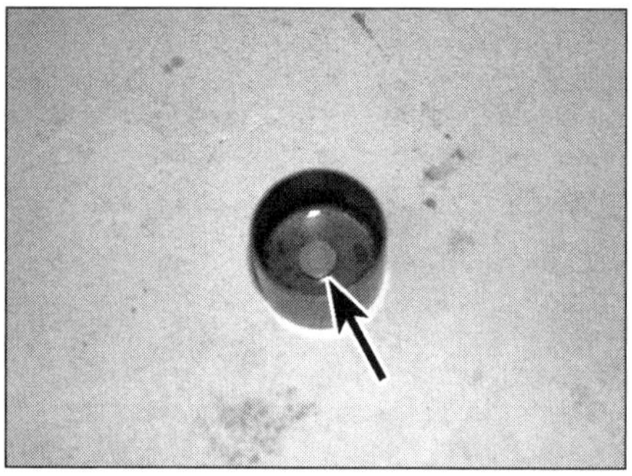

8.11b . . . und stellen Sie den Shim aus dem Stößel . . .

8.11c . . . oder vom Ventil sicher – verwenden Sie dafür einen Magneten . . .

8.11d . . . oder einen Schraubendreher mit etwas Fett.

8.13 Messen Sie die Höhe der Nocken mit der Mikrometerschraube.

Messen Sie die Höhe jedes Nockens mit einer Mikrometerschraube (siehe Abbildung) und vergleichen Sie die Werte mit denen in den technischen Daten am Anfang des Kapitels. Bei Beschädigungen oder starkem Verschleiß muss die Nockenwelle ersetzt werden.

14 Kontrollieren Sie den Höhenschlag der Nockenwellen. Lagern Sie die Nockenwelle drehbar in Prismenböcken und überprüfen mit einer Messuhr den Rundlauf. Wenn ein Verzug von mehr als 0,1 mm festgestellt wird, muss die Nockenwelle ersetzt werden.

> **Praxis TiPP** ***Wechseln Sie zu den Werkzeug- und Werkstatt-Tipps im Anhang, um mehr über die Benutzung von Messinstrumenten zu erfahren.***

15 Als Nächstes muss das Lagerspiel der Nockenwelle ermittelt werden. Arbeiten Sie zurzeit nur an einer Nockenwelle und reinigen Sie sowohl ihre Gleitflächen wie auch diejenigen des Zylinderkopfes und des Lagerschilds mit einem sauberen fusselfreien Lappen. Legen Sie die Nockenwelle so in ihren Sitz im Zylinderkopf (siehe Schritt 8 oder 10), dass die Nocken von den Ventilen weg zeigen und keinen Druck auf sie ausüben können.

8.16 Auf dem Lagerzapfen liegender Plastigauge-Messstreifen.

8.18b Messen Sie den Durchmesser des Lagerzapfens.

16 Schneiden Sie passende *»Plastigauge«*-Quetschmessstreifen ab und legen Sie sie parallel zur Drehachse der Welle auf jeden Lagerzapfen (siehe Abbildung). Setzen Sie ggf. die Passhülsen ein und legen Sie den korrekten Halter auf (siehe Schritt 6) – der Flansch der Nockenwelle muss in der Nut des Halters liegen (Abbildung 8.29b). Installieren Sie die Schrauben und ziehen Sie sie von innen nach außen schrittweise und über Kreuz bis zum Drehmoment von 10 Nm an.

Anmerkung: *Die Nockenwelle darf sich hierbei nicht drehen, da die Messstreifen dadurch zerstört würden.*

17 Lösen Sie die Schrauben wie in Schritt 7 beschrieben und heben Sie den Halter vorsichtig ab.

18 Um das Lagerspiel ermitteln zu können, müssen die gequetschten Plastikstreifen jedes Lagers an ihrer breitesten Stelle gemessen und mit der auf ihrer Verpackung gedruckten Skala verglichen werden (siehe Abbildung). Ist das Spiel größer als in den technischen Daten angegeben, müssen die Lagerzapfen der Nockenwelle vermessen werden – liegt deren Wert nicht unter 21,96 mm, muss der Zylinderkopf samt Halter ersetzt werden – Einzelteile sind nicht erhältlich. Ist der Lagerzapfen dünner als 21,96 mm, muss die Nockenwelle ersetzt und das Lagerspiel wiederholt werden – bei zu viel Spiel muss auch der Zylinderkopf samt Halter ersetzt werden (siehe Abbildung).

8.18a Die Breite des gequetschten Messstreifens lässt auf das Radialspiel des Lagers schließen.

8.24 Setzen Sie den Tassenstößel über das Ventil.

> **Praxis TiPP** ***Es gibt Fachbetriebe, die in der Lage sind, auf verschlissene Gleitflächen Material aufzuschweißen und entsprechend zu schleifen, um sie wieder auf Sollmaß zu bringen – vergleichen Sie die Kosten für diese Arbeit mit dem Preis eines neuen Zylinderkopfes!***

19 Außer bei Ölmangel verschleißt die Steuerkette nur sehr wenig. Hat sich die Kette übermäßig gelängt (sodass sie nicht korrekt gespannt werden kann) oder klemmen die Glieder, muss sie ersetzt werden (siehe Sektion 10).

20 Kontrollieren Sie die Nockenwellen-Ritzel auf ausgebrochene Zähne und andere Beschädigungen und ersetzen Sie nötigenfalls die Nockenwelle – die Ritzel sind nicht demontierbar. Sind Ritzelzähne verschlissen, werden auch die Steuerkette und das Kurbelwellenritzel nicht besser aussehen, sodass der gesamte Motor zur Inspektion zerlegt werden muss.

21 Inspizieren Sie die Steuerkettenführungen und die Spannerschiene (siehe Sektion 10).

22 Inspizieren Sie die Gleitflächen der Tassenstößel auf Verschleiß, Riefen oder andere Schäden. Wenn ein Tassenstößel schlecht aussieht, wird auch seine Bohrung im Zylinderkopf beschädigt sein. Ein verschlissener Stößel muss ersetzt werden – ist die Bohrung stark ausgeschlagen, muss der Zylinderkopf ersetzt werden – siehe *Praxis-Tipp* oben.

Einbau

23 Falls entfernt, werden die Shims mit einem Gemisch aus Molybdänfett und Motoröl geschmiert und mit der Größen-Markierung nach oben in den Ausschnitt des korrekten Ventilfedertellers gesetzt (Abbildung 8.11d).

Anmerkung: *Die Stößel und Shims müssen unbedingt wieder in ihre ursprünglichen Positionen gelangen, da ansonsten das Ventilspiel nicht mehr stimmt und mit erhöhtem Verschleiß zu rechnen ist.*

24 Prüfen Sie, ob die Shims korrekt sitzen, und schieben Sie die ebenfalls geschmierten Tassenstößel senkrecht über das entsprechende Ventil (siehe Abbildung).

25 Falls nur an einem Zylinder gearbeitet wurde und die Kurbelwelle ist nicht in der Zwischenzeit verdreht worden, sollte der Motor in der korrekten Montageposition stehen. Falls die Kurbelwelle gedreht wurde, muss sie so gedreht werden, dass die Steuerzeiten des Zylinders mit eingebauten Nockenwellen so fluchten wie in Schritt 4 (vorderer Zylinder) oder 9 (hinterer Zylinder) beschrieben. Drehen Sie die Kurbelwelle eine ganze Umdrehung (360°) gegen den Uhrzeigersinn, bis die F-Mar-

8.26a **Die Nockenwellen des vorderen Zylinderkopfes sind entsprechend ihrer Einbaulage markiert.**

8.26b **Legen Sie die Auslassnockenwelle in den Kopf und die Steuerkette.**

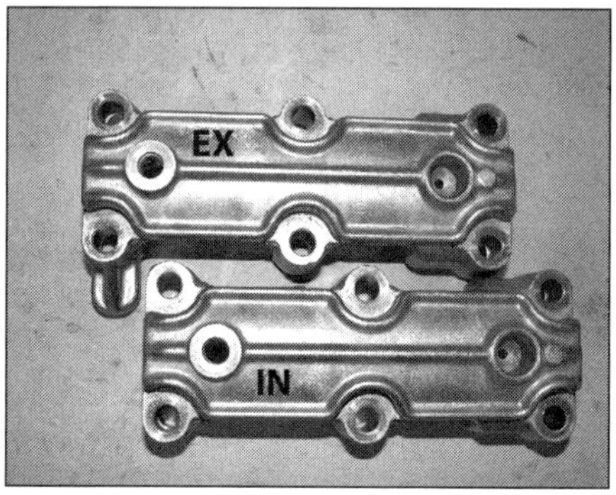

8.29a **Die Nockenwellenhalter sind entsprechend ihrer Einbaulage markiert.**

8.29b **Die Passhülsen müssen im Zylinderkopf ...**

8.29c **... oder im Halter stecken.**

kierung zum Pfeil an der Inspektionsbohrung fluchtet – halten Sie dabei die lockere Steuerkette stramm, damit sie sich nicht um das Kurbelwellenritzel wickelt. Der Motor ist jetzt für den Einbau der Nockenwellen korrekt positioniert. Falls die Nockenwellen beider Zylinder ausgebaut waren, müssen diejenigen des vorderen Zylinders zuerst installiert werden.

26 Vor dem Einbau der Nockenwellen des vorderen Zylinders muss sichergestellt werden, dass die Steuerkette korrekt um das Kurbelwellenritzel liegt und die Kurbelwelle wie in Schritt 4 beschrieben positioniert ist. Schmieren Sie die Lagerzapfen der Nockenwellen mit einem Gemisch aus Molybdänfett und Motoröl. Halten Sie die Steuerkette vorne stramm und legen Sie die (mit EXF beschriftete) Auslassnockenwelle in den Zylinderkopf (siehe Abbildungen) – die Linien an den Enden der Welle müssen parallel zur Dichtfläche des Ventildeckels liegen und der ebenfalls zur Dichtfläche ausgerichtete »1F«-Pfeil am Ritzel nach vorne zeigen; der Pfeil neben der 2 muss nach oben zeigen (Abbildung 8.4c). Bei zwischen den Ritzeln der Kurbelwelle und der Auslassnockenwelle stramm gezogener Steuerkette müssen die Steuerzeiten erneut kontrolliert werden. Legen Sie nötigenfalls die Kette in der korrekten Position auf das Ritzel.

27 Zählen Sie jetzt ab dem direkt über dem Pfeil neben der 2 gelegenen Kettenbolzen 16 Bolzen der Steuerkette ab und markieren Sie den 16. Bolzen. Legen Sie die (mit »INF« beschriftete – Abbildung 8.26a) Einlassnockenwelle so in den Zylinderkopf, dass die Linien an den Enden parallel zur Dichtfläche des Ventildeckels liegen und bei aufgelegter Steuerkette der Pfeil neben der 3 zum 16. Bolzen der Kette zeigt (Abbildungen 8.7b und 8.4c). Prüfen Sie erneut die Steuerzeiten, während die Steuerkette im vorderen Trum und zwischen den Nockenwellen strammgezogen ist und nur im hinteren Bereich des Zylinders durchhängen darf, wo später der Steuerkettenspanner installiert wird.

28 Stellen Sie vor allen weiteren Arbeiten erneut sicher, dass alles wie in den Schritten 4, 26 und 27 beschrieben zueinander ausgerichtet ist. Solange die Nockenwellenhalter nicht installiert sind, darf die Kurbelwelle nicht gedreht werden, da die Nockenwellen aus ihren Sitzen springen können.

Achtung: Wenn die Steuerzeitenmarkierungen nicht exakt zueinander ausgerichtet sind, können die Ventile bei laufendem Motor gegen die Kolben schlagen und so schwerste Motorschäden verursachen!

29 Falls entfernt, werden die Passhülsen des Auslassnockenwellen-Halters in den Zylinderkopf oder den Halter (beachten Sie Schritt 6 für seine Identifikation) installiert. Setzen Sie dann den Halter auf, sodass der Flansch der Nockenwelle in seiner Nut liegt (siehe Abbildungen). Installieren Sie die Schrauben und ziehen Sie sie von innen nach außen schrittweise und über Kreuz bis zum Drehmoment von 10 Nm an – der Halter muss sich senkrecht absenken und darf nicht verkanten. Wiederholen Sie dies mit dem Halter der Einlassnockenwelle (siehe Abbildung).

Achtung: Die Halter können verziehen oder brechen, wenn sie nicht schrittweise und absolut gleichmäßig angezogen werden.

30 Montieren Sie den Steuerkettenspanner des vorderen Zylinders (siehe Sektion 9).

31 Vor dem Einbau der Nockenwellen des hinteren Zylinders muss dessen Steuerkette stramm gehalten werden (damit sie sich nicht um das Kurbelwellenritzel wickelt), während die Kurbelwelle eine volle Umdrehung (360°) gegen den Uhrzeigersinn gedreht wird, bis die F-Markierung zum Pfeil an der Inspektionsbohrung fluchtet. Stellen Sie sicher, dass die Steuerkette korrekt um das Kurbelwellenritzel liegt. Schmieren Sie die Lagerzapfen der Nockenwellen mit einem Gemisch aus Molybdänfett und Motoröl. Halten Sie die Steuerkette vorne stramm und legen Sie die (mit INR beschriftete) Einlassnockenwelle in den Zylinderkopf (siehe Abbildungen) – die Linien an den Enden der Welle müssen parallel zur Dichtfläche des Ventildeckels liegen und der ebenfalls zur Dichtfläche ausgerichtete »1R«-Pfeil am Ritzel nach vorne zeigen; der Pfeil neben der 2 muss nach oben zeigen (Abbildung 8.9). Bei zwischen den Ritzeln der Kurbelwelle und der Einlassnockenwelle stramm gezogener Steuerkette müssen die Steuerzeiten erneut kontrolliert werden (siehe Schritt 9). Legen Sie nötigenfalls die Kette in der korrekten Position auf das Ritzel.

32 Zählen Sie jetzt ab dem direkt über dem Pfeil neben der 2 gelegenen Kettenbolzen 16 Bolzen der Steuerkette ab und markieren Sie den 16. Bolzen. Legen Sie die (mit »EXR« beschriftete – Abbildung 8.31a) Auslassnockenwelle so in den Zylinderkopf, dass die Linien an

8.31a Die Nockenwellen des hinteren Zylinderkopfes sind entsprechend ihrer Einbaulage markiert.

8.31b Legen Sie die Einlassnockenwelle in den Kopf und die Steuerkette.

den Enden parallel zur Dichtfläche des Ventildeckels liegen und bei aufgelegter Steuerkette der Pfeil neben der 3 zum 16. Bolzen der Kette zeigt (Abbildungen 8.10 und 8.9). Prüfen Sie erneut die Steuerzeiten, während die Steuerkette im vorderen Trum und zwischen den Nockenwellen strammgezogen ist und nur im hinteren Bereich des Zylinders durchhängen darf, wo später der Steuerkettenspanner installiert wird.

33 Stellen Sie vor allen weiteren Arbeiten erneut sicher, dass alles wie in den Schritten 9, 31 und 32 beschrieben zueinander ausgerichtet ist. Solange die Nockenwellenhalter nicht installiert sind, darf die Kurbelwelle nicht gedreht werden, da die Nockenwellen aus ihren Sitzen springen können.

Achtung: Wenn die Steuerzeitenmarkierungen nicht exakt zueinander ausgerichtet sind, können die Ventile bei laufendem Motor gegen die Kolben schlagen und so schwerste Motorschäden verursachen!

34 Falls entfernt, werden die Passhülsen des Einlassnockenwellen-Halters in den Zylinderkopf oder den Halter installiert (beachten Sie Schritt 6 für seine Identifikation – Abbildung 8.29a). Setzen Sie dann den Halter auf, sodass der Flansch der Nockenwelle in seiner Nut liegt (siehe Abbildung). Installieren Sie die Schrauben und ziehen Sie sie von innen nach außen schrittweise und über Kreuz bis zum Drehmoment von 10 Nm an – der Halter muss sich senkrecht absenken und darf nicht verkanten. Wiederholen Sie dies mit dem Halter der Auslassnockenwelle (siehe Abbildung).

Achtung: Die Halter können verziehen oder brechen, wenn sie nicht schrittweise und absolut gleichmäßig angezogen werden.

35 Montieren Sie den Steuerkettenspanner des vorderen Zylinders (siehe Sektion 9).

36 Kontrollieren Sie vor allen weiteren Schritten erneut die Steuerzeiten (Schritt 4 für den vorderen Zylinder, Schritt 9 für den hinteren Zylinder) (Abbildungen 8.4c und 8.9).

37 Drehen Sie die Kurbelwelle zwei volle Umdrehungen (720°) gegen den Uhrzeigersinn und kontrollieren Sie erneut die Steuerzeiten (siehe Schritte 4 und 9). Prüfen Sie auch, ob die Anzahl der Steuerketten-Bolzen zwischen den Pfeilen korrekt ist (siehe Schritte 27 und 32). Falls eine Steuerkette übergesprungen ist, muss geprüft werden, ob der entsprechende Steuerkettenspanner korrekt ausgelöst hat (siehe Sektion 9).

38 Kontrollieren Sie das Ventilspiel (siehe Kapitel 1).

39 Montieren Sie die jeweilige obere Steuerkettenführung (siehe Sektion 10).

8.34a Setzen Sie den Halter der Einlass-...

8.34b ... und der Auslassnockenwelle auf.

8.40 Rüsten Sie die Inspektionsstopfen mit einer neuen Dichtscheibe (A) bzw. einem neuen O-Ring (B) aus.

9.1 Steuerkettenspanner des vorderen Zylinders

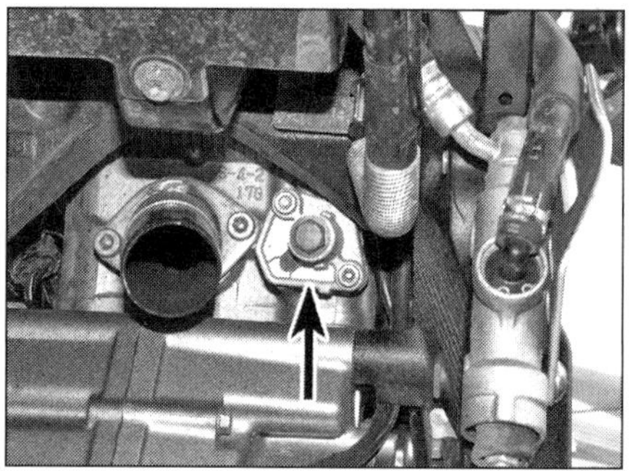

9.2 Steuerkettenspanner des hinteren Zylinders (hier eines DL-Modells)

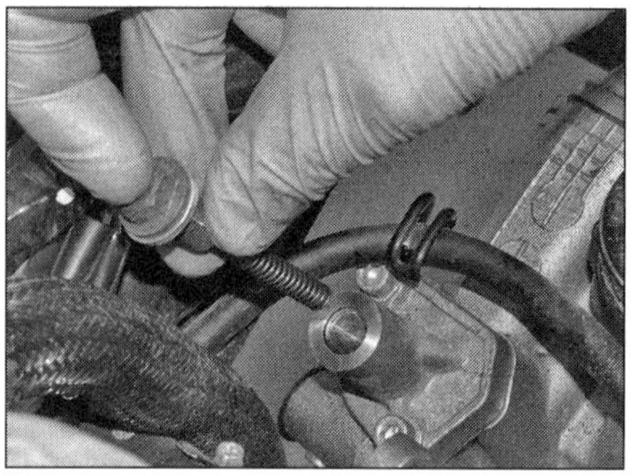

9.4a Lösen Sie die Verschlussschraube und entfernen Sie die Feder.

9.4b Lösen Sie die Befestigungsschrauben und entnehmen Sie das Spannergehäuse.

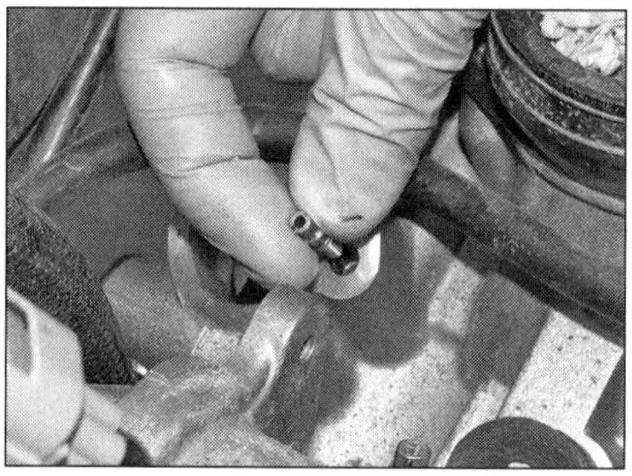

9.4c Entfernen Sie die Dichtung und ziehen Sie die Öldüse heraus.

40 Rüsten Sie die Inspektionsstopfen mit einer neuen Dichtscheibe (Steuerzeiten-Stopfen) bzw. einem neuen gefetteten O-Ring (Kurbelwellen-Stopfen) aus und ziehen Sie Ersteren mit 23 Nm und Letzteren mit 11 Nm an (siehe Abbildung).

41 Montieren Sie die Ventildeckel (siehe Sektion 7).

42 Installieren Sie die Zündkerzen (siehe Kapitel 1).

43 Kontrollieren Sie den Ölstand und füllen Sie ggf. Motoröl nach (siehe *Tägliche Kontrollen*).

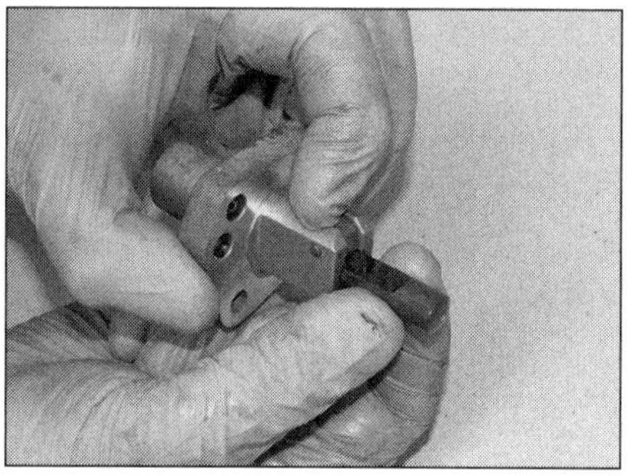

9.5 Prüfen Sie, ob sich der Kolben bei angehobener Ratsche sanft und frei bewegen lässt und sicher von ihr in Position gehalten wird.

9.9 Verwenden Sie immer eine neue Dichtung.

9 Steuerkettenspanner

Ausbau

1 Zum Ausbau des Steuerkettenspanners des vorderen Zylinders muss das Luftfiltergehäuse demontiert werden; der Ausbau der Drosselklappengehäuse verbessert den Zugang (siehe Kapitel 4) (siehe Abbildung).

2 Zum Ausbau des Steuerkettenspanners des hinteren Zylinders muss bei DL-Modellen die Schwinge (siehe Kapitel 5) und bei SFV-Modellen der rechte Seitendeckel entfernt werden (siehe Kapitel 7) (siehe Abbildung).

3 Vor dem Ausbau eines Steuerkettenspanners ist es ratsam, die Steuerzeiten zu kontrollieren. So kann man nach dem Einbau prüfen, ob die Kette nicht zwischendurch an einem der Ritzel übergesprungen ist – wechseln Sie hierfür zu Sektion 8, Schritte 1 bis 4 (vorderer Zylinder) bzw. Schritt 9 (hinterer Zylinder).

4 Lösen Sie vorsichtig die unter Federdruck stehende Verschlussschraube und entfernen Sie sie samt ihrer Dichtscheibe. Ziehen Sie die Feder aus dem Spannergehäuse (siehe Abbildung). Lösen Sie die Spannergehäuse-Schrauben – beachten Sie die Kabelklemme am vorderen Spanner – und heben Sie den Steuerkettenspanner ab (siehe Abbildung). Entfernen Sie die Dichtung und ziehen Sie die Öldüse heraus (siehe Abbildung) – ihr O-Ring muss später erneuert werden. Auch die Dichtung und die Dichtscheibe der Verschlussschraube sind beim Einbau zu erneuern.

5 Heben Sie die Ratsche an und prüfen Sie, ob sich der Spannerkolben sanft im Gehäuse bewegen lässt (siehe Abbildung); er darf sich nicht gegen die eingerastete Ratsche ins Gehäuse schieben lassen.

Einbau

6 Die Dichtflächen des Spanners und des Zylinders müssen sauber und trocken sein.

7 Reinigen Sie die Öldüse mit Lösungsmittel und blasen Sie sie möglichst mit Druckluft aus.

Installieren Sie einen neuen O-Ring über die Düse und schmieren Sie ihn mit Fett. Füllen Sie die Düse mit Motoröl und drücken Sie sie in ihren Sitz – die geschlitzte Seite muss außen liegen (Abbildung 9.4c).

8 Heben Sie die Ratsche an und drücken Sie den Kolben vollständig in das Gehäuse (Abbildung 9.5).

9 Der Steuerkettenspanner des vorderen Zylinders ist mit »F-UP« markiert, derjenige des hinteren Zylinders mit »R-UP«. Legen Sie eine neue Dichtung auf (siehe Abbildung). Installieren Sie den jeweiligen Spanner mit der Markierung nach oben und ziehen Sie die Schrauben mit 10 Nm an – vergessen Sie nicht die Kabelklemme an der oberen Schraube des vorderen Spanners (Abbildung 9.4b).

10 Installieren Sie die Spannerfeder und ziehen Sie die mit einer neuen Dichtscheibe ausgerüstete Verschlussschraube mit 23 Nm an (Abbildung 9.4a) – während sich der Spannerkolben ausdehnt, muss an der Ratsche ein Klicken zu hören sein. Wenn der Ventildeckel demontiert ist, kann geprüft werden, ob die Kette korrekt gespannt ist.

11 Kontrollieren Sie, ob die Steuerzeitenmarkierungen fluchten (Schritt 3) und installieren Sie ggf. den/die Ventildeckel (siehe Sektion 7) sowie die Inspektionsstopfen (Sektion 8, Schritt 40).

12 Montieren Sie alle für den Zugang entfernten Komponenten (siehe Kapitel 4, 5 und /oder 7).

10 Steuerkettenführungen und Schienen

Obere Führung

1 Entfernen Sie den entsprechenden Ventildeckel (siehe Sektion 7).

2 Lösen Sie die Schrauben und entfernen Sie die obere Führung (siehe Abbildung). Inspizieren Sie die Gleitfläche und die Ränder der Führung auf übermäßigen Verschleiß, tiefe Nuten, Risse oder andere Beschädigungen und ersetzten Sie sie nötigenfalls.

3 Der Einbau entspricht der umgekehrten Ausbaureihenfolge.

Vordere Führungsschiene

4 Demontieren Sie den entsprechenden Zylinderkopf (siehe Sektion 12).

5 Ziehen Sie die Schiene unter Beachtung ihrer Einbaulage aus dem Motor (siehe Abbildung). Inspizieren Sie die Gleitfläche und die Ränder der Schiene auf übermäßigen Verschleiß, tiefe Nuten, Risse oder andere Beschädigungen und ersetzten Sie sie nötigenfalls.

6 Achten Sie beim Einbau der Schiene darauf, dass die Laschen in den Ausschnitten des Zylinders liegen (siehe Abbildung). Montieren Sie den Zylinderkopf (siehe Sektion 12).

Spannerschiene

7 Zum Ausbau der Spannerschiene des vorderen Zylinders müssen die Einlassnockenwelle (siehe Sektion 8), der Lichtmaschinenrotor und der Anlasserfreilauf demontiert werden (siehe Sektion 22). Falls auch der Zylinderkopf demontiert werden soll, empfiehlt sich, dies zuerst zu erledigen, da sich die Spannerschiene danach besser ausbauen lässt.

8 Zum Ausbau der Spannerschiene des hinteren Zylinders müssen die Auslassnockenwelle (siehe Sektion 8) und die Kupplung demontiert werden (siehe Sektion 17). Falls auch der Zylinderkopf demontiert werden soll, empfiehlt sich, dies zuerst zu erledigen, da sich die Spannerschiene danach besser ausbauen lässt.

9 Lösen Sie den Gelenkbolzen und ziehen Sie die Schiene aus dem Motor – beachten Sie die Scheibe zwischen der Schiene und dem Motorgehäuse (siehe Abbildungen).

10.2 Lösen Sie die drei Schrauben und entnehmen Sie die obere Führungsschiene.

10.5 Entnehmen Sie die vordere Führungsschiene.

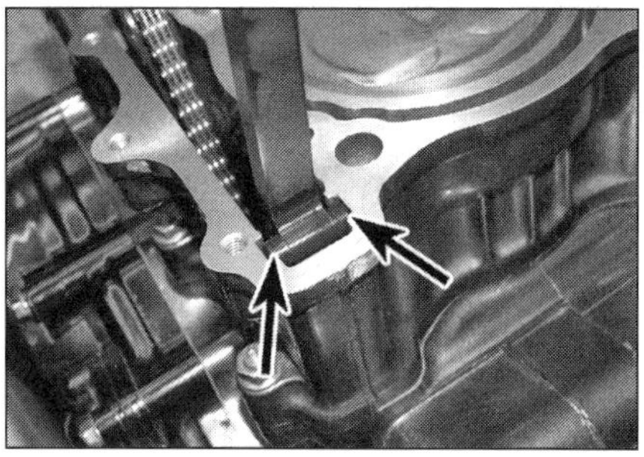

10.6 Die Laschen müssen korrekt in den Ausschnitten liegen.

2

10.9a Spannerschienen-Gelenkschraube des vorderen Zylinders

10.9b Spannerschienen-Gelenkschraube des hinteren Zylinders

10.11a Montage der Spannerschiene des vorderen Zylinders

10.11b Montage der Spannerschiene des hinteren Zylinders

11.3 Ausbau der Steuerkette des vorderen Zylinders

10 Inspizieren Sie die Gleitfläche und die Ränder der Schiene auf übermäßigen Verschleiß, tiefe Nuten, Risse oder andere Beschädigungen und ersetzten Sie sie nötigenfalls.
11 Vergessen Sie beim Einbau der Schiene nicht, die Scheibe zwischen der Schiene und dem Motorgehäuse einzulegen (siehe Abbildungen). Ziehen Sie den Gelenkbolzen mit 10 Nm an. Installieren Sie die verbliebenen Komponenten in der umgekehrten Ausbaureihenfolge.

11 Steuerketten

Vorderer Zylinder

Ausbau

1 Lassen Sie das Motoröl ab (siehe Kapitel 1).
2 Demontieren Sie den Zylinderkopf (siehe Sektion 12) sowie die Führungs- und Spannerschiene (siehe Sektion 10).
3 Führen Sie die Steuerkette durch den Kettenschacht nach unten und befreien Sie sie vom Kurbelwellenritzel (siehe Abbildung).

Kontrolle

4 Inspizieren Sie die Kette auf klemmende oder geknickte Glieder und andere sichtbare Beschädigungen und ersetzen Sie sie ggf. durch ein Neuteil.
5 Kontrollieren Sie die Zähne des Kurbelwellenritzels auf Verschleiß und Beschädigungen. Das Ritzel ist in die Welle integriert, sodass nötigenfalls die gesamte Kurbelwelle ersetzt werden muss. Inspizieren Sie auch die Nockenwellenritzel auf Verschleiß. Falls aufgrund verschlissener Ritzel die Kurbelwelle oder eine Nockenwelle ersetzt werden muss, ist auch die Steuerkette auszutauschen.

Einbau

6 Ziehen Sie die Kette z.B. mithilfe eines Drahts durch den Schacht nach oben und legen Sie sie dabei um das Kurbelwellenritzel (Abbildung 11.3). Sichern Sie die Kette, damit sie nicht zurück in den Motor fällt.
7 Installieren Sie die Spanner- und Führungsschiene (siehe Sektion 10). Montieren Sie den Zylinderkopf (siehe Sektion 12).
8 Füllen Sie Motoröl auf (siehe Kapitel 1).

Hinterer Zylinder

Ausbau

9 Lassen Sie das Motoröl ab (siehe Kapitel 1).
10 Demontieren Sie den Zylinderkopf (siehe Sektion 12).
11 Demontieren Sie die Kupplung (siehe Sektion 17), das Primärtriebrad (siehe Sektion 20) sowie die Führungs- und Spannerschiene (siehe Sektion 10).
12 Führen Sie die Steuerkette durch den Kettenschacht nach unten und befreien Sie sie vom Kurbelwellenritzel (siehe Abbildung). Ziehen Sie das Ritzel von der Kurbelwelle (siehe Abbildung).

Kontrolle

13 Inspizieren Sie die Kette auf klemmende oder geknickte Glieder und andere sichtbare Beschädigungen und ersetzen Sie sie ggf. durch ein Neuteil.
14 Kontrollieren Sie die Zähne und die Mitnehmernuten des Kurbelwellenritzels auf Verschleiß und Beschädigungen. Inspizieren Sie auch die Nockenwellenritzel auf Verschleiß. Falls aufgrund verschlissener Ritzel das Kurbelwellenritzel oder eine Nockenwelle ersetzt werden muss, ist auch die Steuerkette auszutauschen.

Einbau

15 Schieben Sie das Ritzel mit dem Flansch voran auf die Kurbelwelle – richten Sie die Körnermarkierungen außen am Ritzel und der Kurbelwelle zueinander aus (Abbildung 11.12b). Ziehen Sie die Kette z.B. mithilfe eines Drahts durch den Schacht nach oben und legen Sie sie dabei um das Kurbelwellenritzel (Abbildung 11.12a). Sichern Sie die Kette, damit sie nicht zurück in den Motor fällt.
16 Installieren Sie die Spanner- und Führungsschiene (siehe Sektion 10). Montieren Sie das Primärtriebrad (siehe Sektion 20) und die Kupplung (siehe Sektion 17).
17 Montieren Sie den Zylinderkopf (siehe Sektion 12).
18 Füllen Sie Motoröl auf (siehe Kapitel 1).

12 Zylinderköpfe

Ausbau

1 Demontieren Sie die Drosselklappengehäuse und die Auspuffanlage (siehe Kapitel 4).
2 Entfernen Sie die Ventildeckel (siehe Sektion 7).
3 Entfernen Sie die Zündkerze(n) (siehe Kapitel 1).
4 Bauen Sie die Nockenwellen aus (siehe Sektion 8). Soll ein Zylinderkopf überholt werden, müssen auch die Tassenstößel und die Einstellplättchen entfernt werden.
5 Lockern Sie die Schelle des Kühlerschlauchs und ziehen Sie diesen vom Zylinderkopf (siehe Abbildung).
6 Jeder Zylinderkopf ist mit drei M6-Schrauben und vier M10-Schrauben gesichert (siehe Abbildung). Zuerst müssen die M6-Schrauben gelöst und entfernt werden, dann werden die vier M10-Schrauben schrittweise und über Kreuz gelockert und anschließend samt ihrer Scheiben entfernt. Passen Sie auf, dass keine Scheibe in den Kettenschacht fällt.
7 Halten Sie die Steuerkette hoch und heben Sie den Kopf vom Zylinderblock, während die Kette durch den Schacht geführt wird (siehe Abbildung). Sichern Sie die Kette mit Draht oder einer Metallstange vor dem Verschwinden im Motorgehäuse. Falls der Kopf sich nicht löst, muss er mit einem weichen Hammer rundherum leicht abgeklopft werden. Versuchen Sie nicht, ihn abzuhebeln – Sie würden dabei die Dichtfläche zerstören. Der vordere Zylinderkopf ist mit einem F und der hintere mit einem R markiert (Abbildung 12.16).
8 Entfernen Sie die Zylinderkopfdichtung – später muss auf jeden Fall eine neue verwendet werden (Abbildung 12.15).
9 Entfernen Sie die beiden Passhülsen aus dem Zylinder, falls sie locker sind (Abbildung 12.15). Wenn sie dort nicht zu finden sind, stecken sie unten im Zylinderkopf.

11.12a Ausbau der Steuerkette des hinteren Zylinders

11.12b Rechts kann das Steuerkettenritzel von der Kurbelwelle gezogen werden.

12.5 Lockern Sie die Schelle und ziehen Sie den Kühlerschlauch ab – gezeigt am vorderen Zylinder.

12.6 M6-Schrauben (A) und M10-Schrauben (B) des Zylinderkopfes.

10 Entfernen Sie nötigenfalls die Steuerkettenführungsschiene vorne aus dem Kettenschacht (siehe Sektion 10).
11 Kontrollieren Sie die Zylinderkopfdichtung sowie die Dichtflächen des Zylinderkopfes und des Zylinders auf Anzeichen von Undichtigkeiten, die einen Verzug anzeigen können. Wechseln Sie nach Sektion 13 und überprüfen Sie den Verzug des Zylinderkopfes.

12.7 Heben Sie den Zylinderkopf vom Zylinder.

> **Praxis TiPP** ***Hinweise zum Entfernen von alten Dichtungen finden sich in den* Werkzeug- und Werkstatt-Tipps *im Anhang.***

12 Reinigen Sie die Dichtflächen des Kopfes und des Zylinders mit einem geeigneten Lösungsmittel. Entfernen Sie sämtliche Dichtungsreste. Wird ein Schaber eingesetzt, muss aufgepasst werden, dass nicht das relativ weiche Aluminium abgetragen wird. Dichtungsreste dürfen nicht ins Motorgehäuse, die Zylinderbohrung oder Öl- und Wasserkanäle geraten.

Einbau

13 Installieren Sie ggf. die Steuerkettenführungsschiene vorne aus dem Kettenschacht (siehe Sektion 10).
14 Stecken Sie ggf. die Passhülsen in den Zylinderblock (Abbildung 12.15).
15 Sichergehend, dass die Dichtflächen des Zylinders und des Kopfes sauber sind, wird eine neue Zylinderkopfdichtung so über die Steuerkette und die Passhülsen gelegt, dass alle Bohrungen und Öffnungen fluchten (siehe Abbildung). Verwenden Sie niemals eine alte Zylinderkopfdichtung ein zweites Mal!

12.15 Legen Sie die Zylinderkopfdichtung über die Passhülsen auf den Zylinder.

2

12.16 Jeder Zylinderkopf ist markiert – F steht für Front.

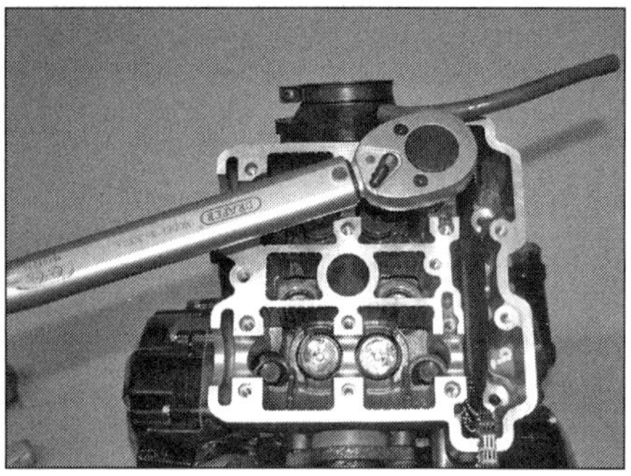

12.18 ... und ziehen sie sie wie beschrieben in 2 Schritten an.

16 Sichergehend, den richtigen Zylinderkopf in der Hand zu haben (der vordere ist mit einem F und der hintere mit einem R markiert – siehe Abbildung), wird dieser vorsichtig auf den Zylinder gesetzt, sodass er über die Passhülsen gleitet (Abbildung 11.5). Führen Sie dabei die Steuerkette durch den Kopf und sichern Sie sie, damit sie nicht wieder herunterfällt.

17 Schmieren Sie die M10-Schrauben an den Gewinden und unter den Köpfen mit Motoröl. Die Scheiben müssen mit den angeschrägten Seiten nach oben installiert und die Schrauben zunächst handfest angezogen werden (siehe Abbildung).

18 Die M10-Schrauben werden in zwei Stufen angezogen; Ziehen Sie sie zunächst schrittweise und über Kreuz bis zum Drehmoment von 25 Nm an. Ziehen Sie sie dann ein einem erneuten Rundgang bis zum Drehmoment von 42 Nm an (siehe Abbildung).

19 Installieren Sie die drei M6-Schrauben und ziehen Sie sie mit 10 Nm an (siehe Abbildung).

20 Montieren Sie alles wieder in der entgegengesetzten Ausbaureihenfolge.

13 Zylinderkopf und Ventile
Überholen

Spezialwerkzeug: *Für diese Arbeit ist eine für Motorradmotoren geeignete Ventilfederpresse unerlässlich.*

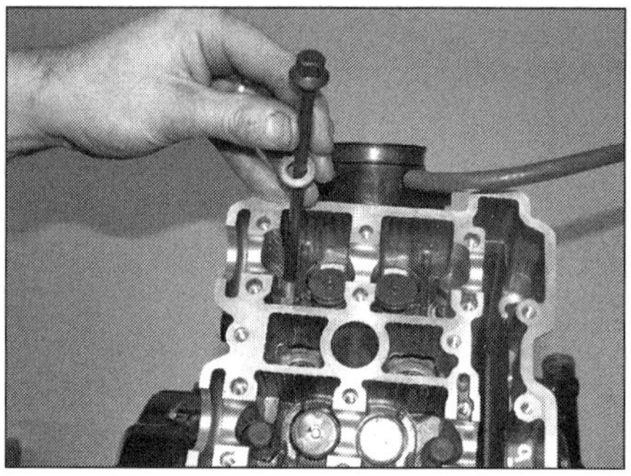

12.17 Installieren Sie die M10-Schrauben mit ihren Scheiben ...

12.19 Installieren Sie die drei M6-Schrauben.

1 Aufgrund der Komplexität dieser Arbeit und der notwendigen Werkzeuge und Ausrüstungen müssen die meisten Motorradbesitzer Arbeiten an den Ventilen, Ventilsitzen und Ventilführungen einer professionellen Werkstatt überlassen. Allerdings kann man eine Abschätzung über die Dichtigkeit der Ventile und Sitze erhalten, indem eine kleine Menge Lösungsmittel in jeden Ventilkanal gefüllt und dabei beobachtet wird, ob diese am Ventil vorbei in den Brennraum sickert (was ein nicht korrekt sitzendes und abdichtendes Ventil anzeigt).

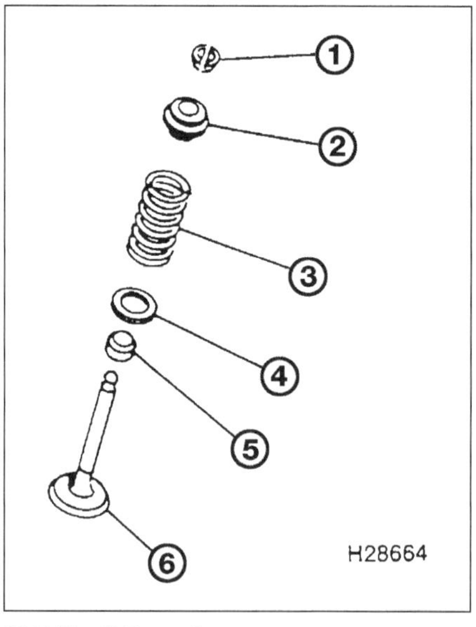

13.5 Ventil-Bauteile
1 Keile
2 Federteller
3 Ventilfeder(n)
4 Federsitz
5 Ventilschaftdichtung
6 Ventil

2 Der Heimwerker kann mithilfe einer geeigneten Ventilfederpresse die Ventile ausbauen, die Bauteile reinigen und auf Verschleiß kontrollieren. Solange die Ventilsitze nicht nachgeschnitten werden müssen, können die Ventile zudem eingeschliffen und wieder installiert werden.

3 Die Werkstatt kann zudem die Ventile und Ventilsitze überarbeiten oder austauschen und die Ventilführungen erneuern.

4 Nach erfolgter Ventilüberholung ist der Zylinderkopf in einem neuwertigen Zustand. Wenn Sie den Kopf zurückerhalten, sollten Sie ihn vor dem Einbau sorgfältig reinigen und von Metallspänen und Schleifmittelresten befreien, die von der Überholung stammen können. Wenn möglich, sollten alle Löcher und Kanäle mit Druckluft ausgeblasen werden.

Zerlegen

5 Vor Arbeitsbeginn muss sichergestellt sein, dass die Ventile und ihre zugehörigen Bauteile so gelagert werden können, dass später jedes Teil wieder genau an seinen Platz im Zylinderkopf gebaut werden kann (siehe Abbildung). Beachten Sie, dass DL-Modelle bis 2011 je Ventil zwei ineinander steckende Ventilfedern installiert sind, wogegen sich DL-Modellen ab 2012 und alle SFV-Modellen jeweils nur eine Ventilfeder findet.

6 Richten Sie die Federpresse zu den beiden Enden des ersten Ventils aus – achten Sie auf ihren korrekten Sitz (siehe Abbildung). An der Oberseite muss der Adapter etwa die gleiche Größe haben wie der Federteller – falls er zu

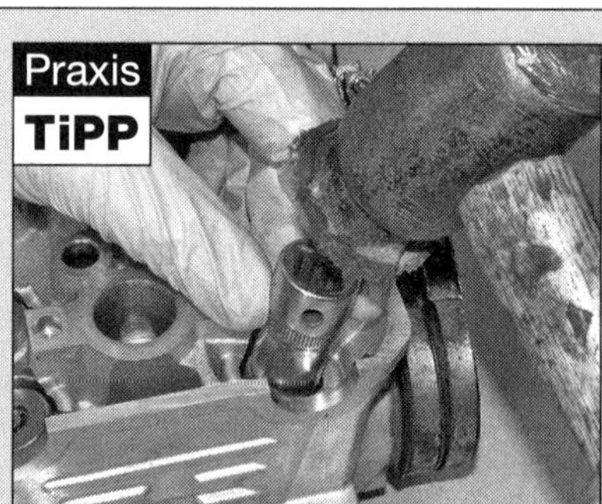

Eine schnelle Ausbaumethode für Ventil-Bauteile liegt darin, eine passende Nuss über den Ventilfederteller zu halten und ihr einen kräftigen Schlag mit einem Kunststoffhammer zu verpassen. Weil hierbei nur die Feder komprimiert, das Ventil aber nicht geöffnet wird, besteht die Chance, dass sich die Keile vom Ventilschaft lösen. Für den Zusammenbau ist eine Ventilfederpresse allerdings unerlässlich.

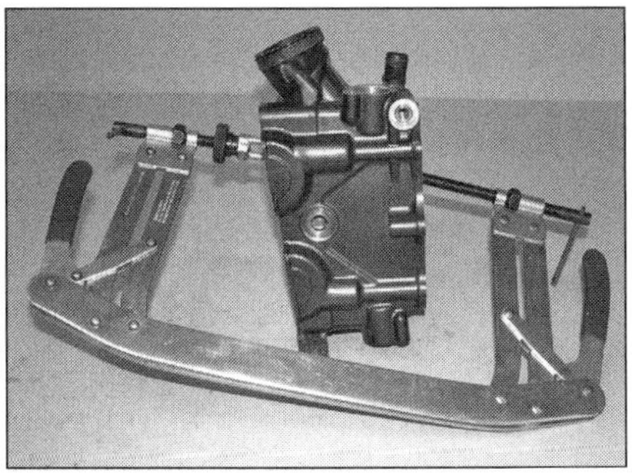

13.6a Drücken Sie die Ventilfeder mithilfe der Federpresse zusammen . . .

13.6b . . . – achten Sie darauf, dass die Presse korrekt gegen den Federteller . . .

13.6c . . . und den Ventilteller drückt.

klein ist, wird es schwierig, die Ventilschaft-Keile aus- und einzubauen (siehe Abbildung). An der Unterseite (im Brennraum) muss darauf geachtet werden, dass die Presse nur auf das Ventil drückt – und nicht gegen das Aluminium des Kopfes (siehe Abbildung) – verwenden Sie nötigenfalls eine Distanzhülse. Komprimieren Sie die Feder(n) nicht stärker als nötig.

Achtung: Passen Sie besonders auf, die Tassenstößel-Bohrungen nicht mit der Federpresse zu beschädigen!

7 Entfernen Sie mit einer Zange, einer Pinzette, einem Magneten oder einem mit Fett bestrichenen Schraubendreher die Keile (siehe Abbildung). Lösen sie vorsichtig die Federpresse, und entfernen Sie den Federteller und die Feder(n) – merken Sie sich die Einbaulagen (Abbildungen 13.31b und a). Ziehen Sie das Ventil nach unten aus dem Kopf (Abbildung 13.30) – falls es in der Führung klemmt und sich nicht hindurch ziehen lässt, muss es zurückgedrückt und im Bereich um die Keilnut mit einer sehr feinen Feile oder einem Nassschleifstein entgratet werden (siehe Abbildung).

8 Ziehen Sie mit einer Zange die Ventilschaftdichtungen von den Ventilführungen und entsorgen sie (alte Dichtungen dürfen NIEMALS wiederverwendet werden). Jetzt kann der Federsitz unter Beachtung seiner Einbaulage von der Ventilführung befreit werden (siehe Abbildungen).

9 Wiederholen Sie die Prozedur an den anderen Ventilen, und achten Sie darauf, dass die Einzelteile genau wieder dem entsprechenden Kanal im Zylinderkopf zugeordnet werden.

10 Als Nächstes wird der Zylinderkopf mit Lösungsmittel gereinigt und sorgfältig getrocknet. Druckluft beschleunigt das Trocknen und sorgt dafür, dass alle Löcher und Ecken sauber werden.

Anmerkung: *Der Brennraum darf nicht mit einem rotierenden Drahtbürstenaufsatz gereinigt werden, da hierbei Aluminium abgetragen würde.*

11 Reinigen Sie alle Ventilfedern sowie die Keile, Federteller und -sitze mit Lösungsmittel,

13.7a Entfernen Sie die Keile wie beschrieben.

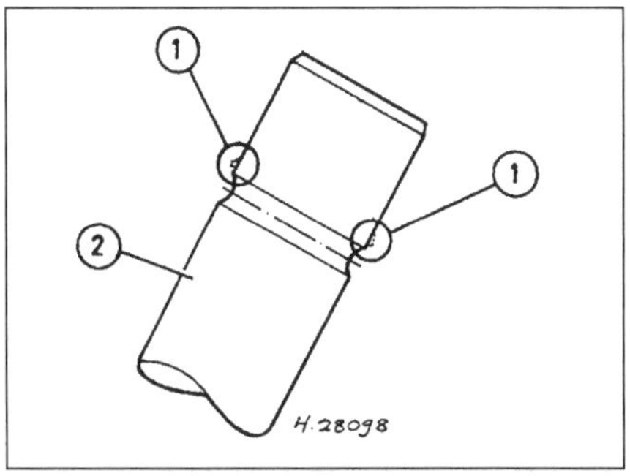

13.7b Falls das Ventil klemmt, müssen alle Grate (1) an den Keilnuten des Ventilschaftes (2) geglättet werden.

13.8a Ziehen Sie die Ventilschaftdichtung von der Ventilführung.

13.8b Entfernen Sie den Federsitz.

2

und trocknen Sie sie sorgfältig. Reinigen Sie zurzeit immer nur die Teile eines Ventils, um Verwechslung zu vermeiden.

12 Schaben Sie alle Kohleablagerungen von den Ventilen. Reinigen Sie Ventilteller und Schaft anschließend mit einem Drahtbürstenaufsatz für die Bohrmaschine. Achten Sie darauf, dass die Ventile nicht durcheinandergeraten.

Kontrolle

13 Inspizieren Sie den Zylinderkopf sorgfältig auf Risse und andere Beschädigungen. Wenn Risse festgestellt werden, muss der Zylinderkopf ausgetauscht werden. Kontrollieren Sie die Gleitflächen der Nockenwellenlager auf Verschleiß und Klemmspuren, begutachten Sie ebenso die Nockenwellen und Lagerschilde auf Verschleiß (siehe Sektion 8).

14 Mithilfe einem Präzisions-Richtwinkel und einer 0,05-mm-Fühlerlehre (der Wert des maximalen Verzugs) wird die Dichtfläche des Zylinderkopfes vermessen. Wechseln Sie zu Sektion 3 in den *Werkzeug- und Werkstatt-Tipps* im Anhang, um genaue Angaben zur Messung des Zylinderkopf-Verzugs zu erhalten. Wenn der Zylinderkopf verzogen ist, kann er ggf. geplant werden – konsultieren Sie hierzu eine Suzuki-Werkstatt oder einen Motoren-Spezialisten. Bei zu großem Verzug ist er durch einen neuen zu ersetzen.

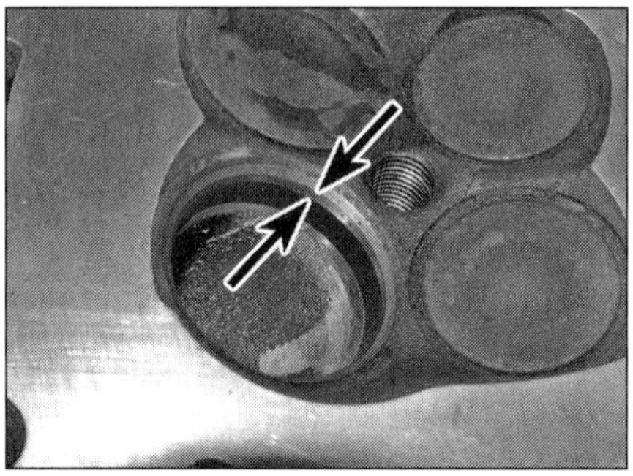

13.15 Messen Sie die Breite des Ventilsitzes.

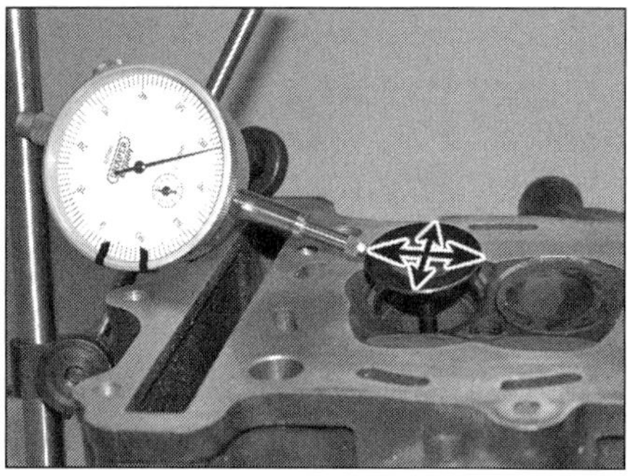

13.16a Ermitteln Sie, wie stark das 10 mm geöffnete Ventil in zwei Richtungen wackeln kann.

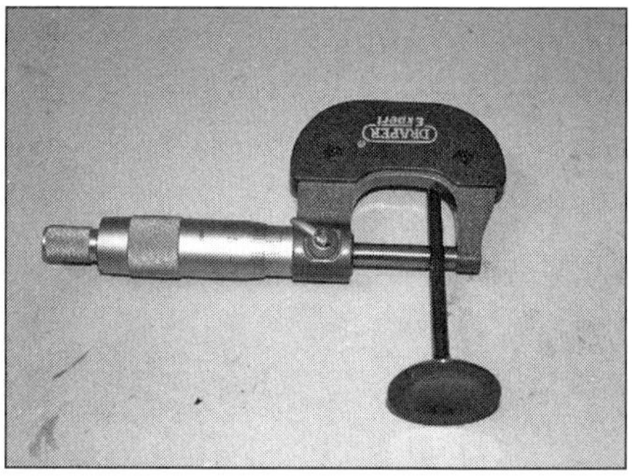

13.16b Messen Sie die Breite des Ventilschafts . . .

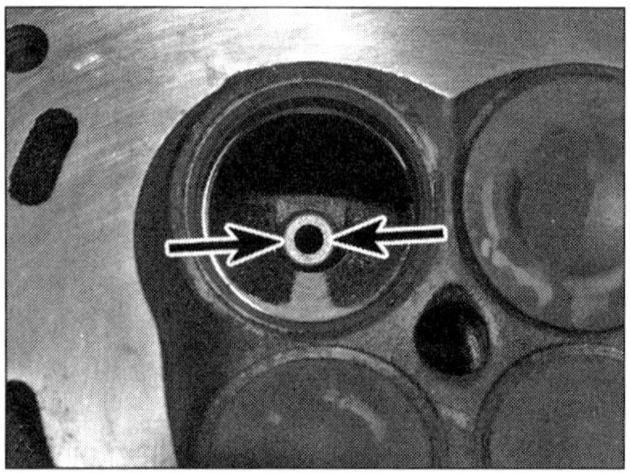

13.16c . . . und den Innendurchmesser der Ventilführung.

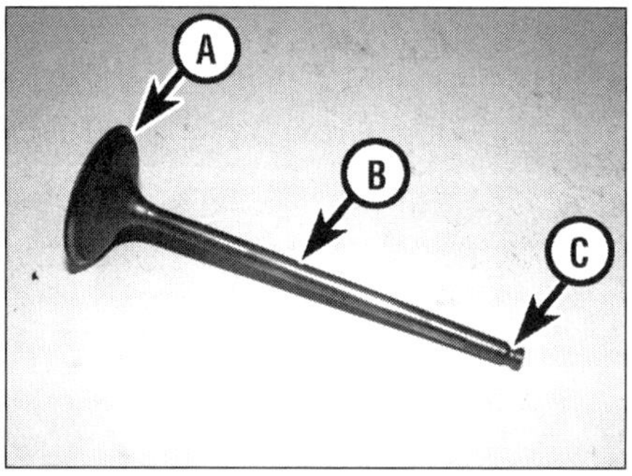

13.17a Kontrollieren Sie am Ventil den Teller (A), den Schaft (B) und die Keilnuten.

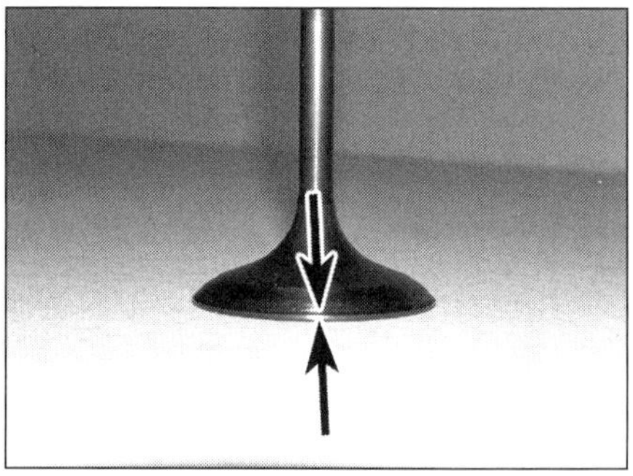

13.17b Messen Sie die Stärke des Ventilrandes.

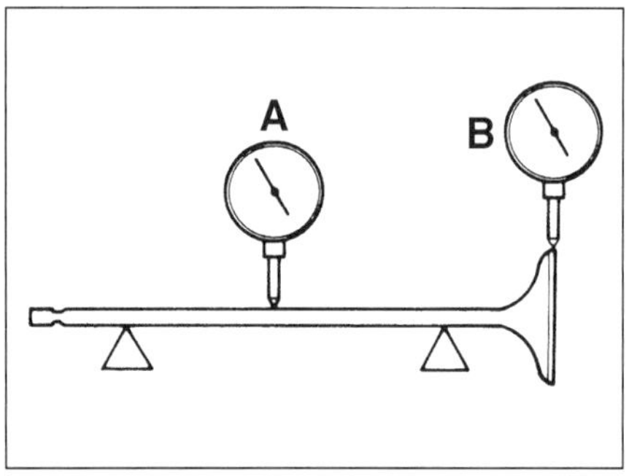

13.18 Messen Sie den Verzug des Ventilschafts (A) und des Ventiltellers (B).

13.20a Messen Sie die freie Länge aller Ventilfedern . . .

13.20b . . . und kontrollieren Sie sie auf Verzug.

15 Begutachten Sie die Ventilsitze im Brennraum. Falls sie Ausbrüche, Risse oder Verbrennungen zeigen, übersteigt dies die notwendige Arbeit die Möglichkeiten eines Hobbyschraubers. Messen Sie die Breite der Ventilsitze (siehe Abbildung) – falls sie irgendwo dünner als 0,9 mm oder breiter als 1,1 mm sind oder ungleichmäßig verlaufen, ist eine Überholung in einer Fachwerkstatt notwendig.

16 Befreien Sie die Ventilführungen von sämtlichen Kohleablagerungen und stecken Sie nacheinander das dazugehörige Ventil hinein. Befestigen Sie eine Messuhr am Zylinderkopf, ziehen Sie das Ventil 10 mm aus der Führung und ermitteln Sie, wie weit sich der Teller bewegen lässt (ausschlägt). Die Messung muss in zwei verschiedenen Richtungen erfolgen, sodass die Messuhr nach der ersten Messung umgesetzt werden muss (siehe Abbildung). Falls das Ventil in irgendeiner Richtung mehr als 0,35 mm ausschlägt, muss es ausgebaut und sein Schaftdurchmesser ermittelt werden (siehe Abbildung). Ermitteln Sie auch den Innendurchmesser der Ventilführung an beiden Enden und in der Mitte, um ungleichmäßigen Verschleiß festzustellen (siehe Abbildung). Vergleichen Sie die Messwerte mit den Angaben in den technischen Daten und ersetzen Sie alle übermäßig verschlissenen Komponenten. Falls eine Ventilführung innerhalb der Toleranzwerte liegt aber ungleichmäßig verschlissen ist, muss sie dennoch ersetzt werden. Der Austausch von Ventilführungen muss von einer Fachwerkstatt durchgeführt werden.

17 Inspizieren Sie sorgfältig den Ventilteller, den Schaft und die Keilnute auf Risse, Löcher sowie verbrannte Stellen (siehe Abbildung). Messen Sie die Breite des Ventilrands – wenn er dünner als 0,5 mm ist, muss das Ventil ersetzt werden (siehe Abbildung).

18 Drehen Sie das Ventil und prüfen Sie dabei, ob es verzogen sein könnte. Prüfen Sie ggf. mithilfe von Prismenböcken und einer Messuhr, wie stark das Ventil verzogen ist (siehe Abbildung) – am Schaft dürfen nicht mehr als 0,05 und am Teller nicht mehr als 0,03 mm

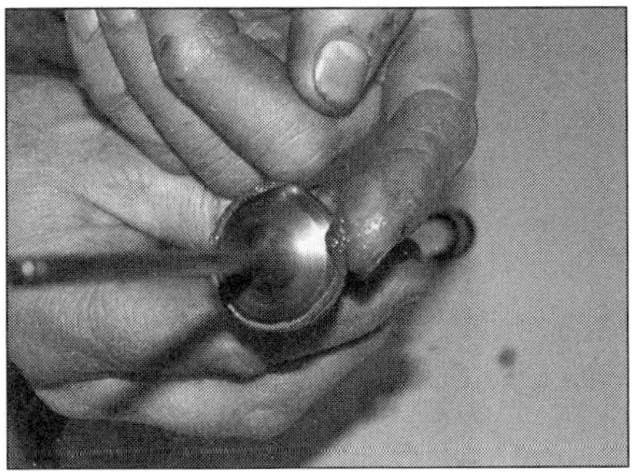

13.24 Geben Sie sparsam und gut verteilt Schleifpaste auf die Dichtflächen – nicht auf den Schaft.

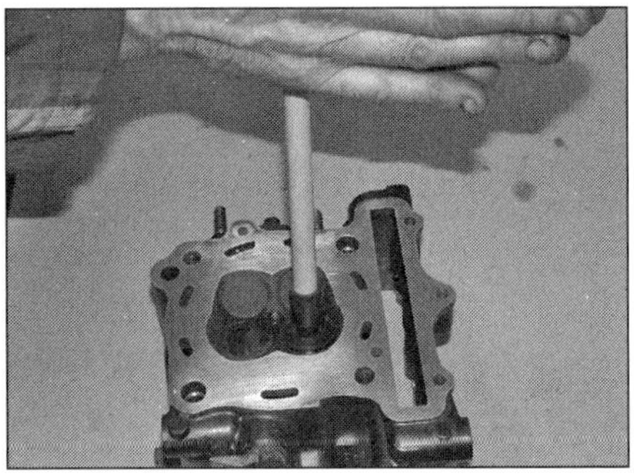

13.25 Bewegen Sie den Ventildreher zwischen den Handflächen hin und her.

13.28 Legen Sie den Federsitz richtig herum über die Ventilführung.

13.29a Installieren Sie die neue Ventilschaftdichtung . . .

13.29b . . . und drücken Sie sie entweder per Daumen . . .

13.29c . . . oder mithilfe eines Steckschlüssels senkrecht auf die Ventilführung.

festgestellt werden, andernfalls ist das Ventil zu ersetzen.

19 Kontrollieren Sie das Ende des Ventilschafts auf Ausbrüche und übermäßigen Verschleiß.

20 Kontrollieren Sie die Enden der Ventilfedern auf Verschleiß und Ausbrüche. Messen Sie die freie Länge der Federn (siehe Abbildungen) – ist eine Feder kürzer als in den technischen Daten angegeben, so ist sie erlahmt und alle Federn müssen als Set ausgetauscht werden.

Anmerkung: *Wenn eine Feder ermüdet ist, werden auch die anderen Federn bald verschlissen sein. Ermüdete Federn können die Ventile bei hohen Drehzahlen keine vorschriftsmäßig schließenden Ventile sicherstellen, sodass die Gefahr bestünde, dass Ventile und Kolben sich berühren. Dies würde schwere Motorschäden nach sich ziehen! Ermitteln Sie mithilfe eines Richtwinkels, ob eine Feder verbogen ist – in diesem Fall ist sie ebenfalls zu ersetzen.*

21 Kontrollieren Sie die Federsitze, Federteller und Keile auf sichtbaren Verschleiß und Brüche. Alle fragwürdigen Teile dürfen nicht wiederverwendet werden, da bei ihrem Ausfall im Motorbetrieb sehr großer Schaden entstehen kann.

22 Wenn die Inspektion erkennen lässt, dass keine Überholung notwendig ist, können die Bauteile des Ventiltriebs wieder in den Zylinderkopf installiert werden.

Zusammenbau

23 Falls keine Ventilüberholung durchgeführt wurde, müssen die Ventile vor dem Einbau in den Kopf eingeschliffen (»geläppt«) werden, um die Dichtigkeit an den Ventilsitzen sicherzustellen. Für das Läppen benötigt man grobe und feine Ventilschleifpaste sowie einen Ventildreher. Wenn dieses Werkzeug nicht zur Hand ist, kann auch ein Stück Gummi- oder Plastikschlauch über den Ventilschaft geschoben (nachdem das Ventil in die Führung gesteckt wurde) und das Ventil damit gedreht werden.

24 Geben Sie etwas von der groben Schleifpaste auf die Ventildichtfläche (siehe Abbildung) sowie etwas von einem Gemisch aus Molybdänfett und Motoröl an den Ventilschaft, und stecken Sie das Ventil in die Führung (Abbildung 13.30).

Anmerkung: *Gehen Sie sicher, dass das Ventil in der richtigen Führung steckt und das keine Schleifpaste an den Ventilschaft gerät.*

25 Befestigen Sie den Ventildreher (oder den Schlauch) am Ventil und drehen sie ihn zwischen den Handflächen. Hin- und herdrehen ist dem Drehen in eine Richtung vorzuziehen (siehe Abbildung). Heben Sie das Ventil regelmäßig vom Sitz und verteilen Sie die Paste ordentlich. Setzen Sie das Schleifen solange fort, bis die Dichtflächen am Ventil und am Sitz eine gleichmäßige Breite und am ganzen Umfang keine Unterbrechungen haben.

26 Ziehen Sie vorsichtig das Ventil aus der Führung, und wischen Sie alle Schleifpasten-Reste ab. Reinigen Sie das Ventil mit Lösungsmittel, und wischen Sie es sorgfältig mit einem mit Lösungsmittel getränkten Tuch ab.

27 Wiederholen Sie den Arbeitsgang mit der Feinschleifpaste, reinigen Sie anschließend das Ventil und seine Führung sorgfältig mit Lösungsmittel. Verfahren Sie mit den anderen Ventilen genauso. Reinigen Sie anschließend den Zylinderkopf erneut sorgfältig, und blasen Sie alle Kanäle mit Druckluft aus – vor der Montage müssen alle Schleifmittel-Reste entfernt sein.

28 Zurzeit immer nur an einem Ventil arbeitend, wird der Federsitz an seinen Platz im Zylinderkopf gelegt – der Bund muss nach oben zeigen und in die Feder greifen können (siehe Abbildung). Da man den Federsitz leicht an der Ventilführung verkanten (und dann wieder schwer in Position bringen) kann, sollte er mit einer Stange als Führung installiert werden.

29 Stecken Sie die neue Ventilschaftdichtung auf die Ventilführung. Drücken Sie sie mit dem Daumen oder einem geeigneten Steckschlüssel auf die Führung, bis sie fühlbar eingerastet ist (siehe Abbildungen). Auf keinen Fall darf die Dichtung verkantet, gedreht oder wieder abgezogen werden, da sie dann das Ventil nicht mehr korrekt abdichtet.

2

13.30 Schmieren Sie das Ventil am Schaft und schieben Sie es in die Führung.

13.31a Installieren Sie die Ventilfeder(n) . . .

13.31b . . . und legen Sie den Federteller auf.

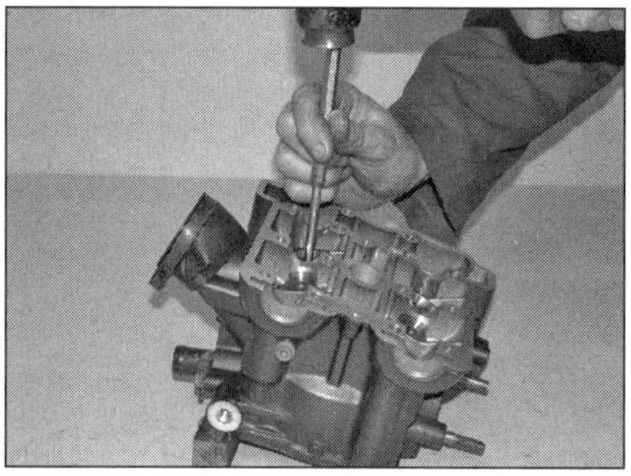

13.34 Durch Schläge auf den Schaft setzen sich die Keile.

30 Schmieren Sie den Ventilschaft mit einem Gemisch aus Molybdänfett und Motoröl und stecken Sie das Ventil drehend in die Führung, um die Dichtung nicht zu beschädigen (siehe Abbildung). Kontrollieren Sie, ob es sich frei auf und ab bewegen lässt.
31 Jetzt wird die Ventilfeder – mit den engeren Wicklungen voran (siehe Abbildung) und der Federteller mit dem Bund nach unten in die Feder installiert (siehe Abbildung).
32 Geben Sie etwas Fett innen an die Keile, um sie an das Ventil »kleben« zu können (siehe Abbildung). Drücken Sie die Feder mit der korrekt sitzenden Federpresse nur soweit wie nötig zusammen, um die Keile montieren zu können (siehe Schritt 6) (Abbildungen 13.6a, b und c). Bringen Sie die Keile nacheinander mithilfe eines gefetteten Schraubendrehers in Position (Abbildung 13.7a). Achten Sie darauf, dass die Keile korrekt in den Nuten sitzen, und lösen Sie vorsichtig die Presse.
33 Wiederholen Sie die Prozedur an den anderen Ventilen. Denken Sie daran, die Bauteile einer Ventilbaugruppe zusammenzuhalten, damit sie in die alten Positionen montiert werden können.
34 Stützen Sie den Zylinderkopf so auf Holzblöcken, dass die sich öffnenden Ventile nicht die Werkbank berühren können, und schlagen Sie sanft mit einem Hammer und einem Messingdorn (oder anderem weichen Material) oben auf die Ventilschäfte, damit die Keile sich besser in die Nuten setzen können (siehe Abbildung).

Praxis TiPP ***Kontrollieren Sie die Dichtigkeit der Ventile durch das Einfüllen von Lösungsmittel in den jeweiligen Kanal. Wenn die Flüssigkeit am Ventil vorbei in den Brennraum läuft, muss die Ventilbaugruppe wieder zerlegt und ggf. von einem Fachbetrieb begutachtet werden.***

35 Nach der Montage des Zylinderkopfes und der Nockenwellen muss das Ventilspiel kontrolliert und eventuell eingestellt werden (siehe Kapitel 1).

14 Zylinder

Ausbau

1 Demontieren Sie den Zylinderkopf (siehe Sektion 12) und die Steuerkettenführungsschiene (siehe Sektion 10). Ziehen Sie beim vorderen Zylinder von DL-Modellen bis 2011 den Schlauch der Motorentlüftung ab.
2 Lösen Sie die zwei Zylinderfußmuttern (siehe Abbildung) – beachten Sie am hinteren Zylinder die Kabelklemme, die bei DL-Modellen bis 2011 von der vorderen Mutter und bei späteren DL- sowie allen SFV-Modellen von der hinteren Mutter gesichert wird.
3 Halten Sie die Steuerkette hoch und ziehen Sie den Zylinder vom Motorgehäuse – sichern Sie dabei die austretenden Kolben, damit nicht die Pleuel gegen das Gehäuse schlagen. Führen Sie die Steuerkette durch den Schacht und legen Sie sie über die Spannerschiene (siehe Abbildung). Sichern Sie die Kette mit Draht oder einer Metallstange vor dem Verschwinden im Motorgehäuse. Falls der Zylinder sich nicht löst, muss er mit einem weichen Hammer rundherum leicht abgeklopft werden. Versuchen Sie nicht, ihn abzuhebeln – Sie würden dabei die Dichtfläche zerstören. Der vordere Zylinder ist mit FRONT und der hintere mit REAR markiert. Nachdem der Zylinder entfernt ist, muss der Kolben mit Lappen umwickelt werden, damit nichts in den Motor fällt.
4 Entfernen Sie die alte Zylinderfußdichtung (Abbildung 14.16). Ziehen Sie die Öldüse aus dem Motorgehäuse – lassen Sie sie nicht hineinfallen und stellen Sie sicher, dass alles sorgfältig mit Lappen verstopft ist (Abbildung 14.14b). Der O-Ring der Düse muss später erneuert werden (Abbildung 14.14.a).
5 Entfernen Sie die beiden Passhülsen aus dem Zylinder oder dem Motorgehäuse, falls sie locker sind (Abbildung 14.16).
6 Kontrollieren Sie die Zylinderfußdichtung und die Dichtflächen des Zylinderkopfes und des Zylinders auf Hinweise für Undichtigkeiten, was auf Verzug schließen lässt. Kontrollieren Sie den Zylinder (siehe unten).

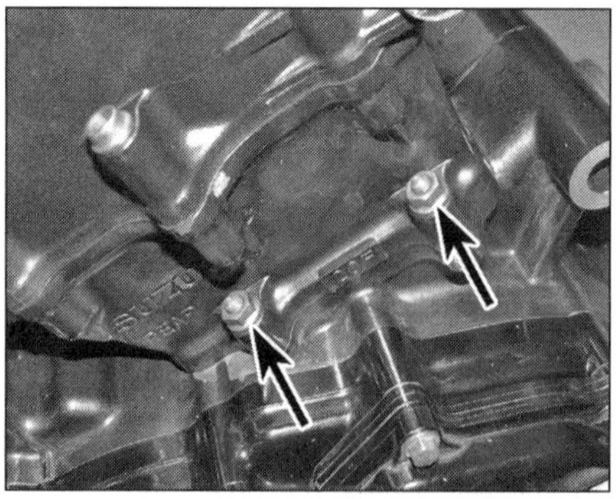

14.2 Lockern Sie die zwei Zylinderfußmuttern.

14.3 Heben Sie den Zylinder vom Motorblock.

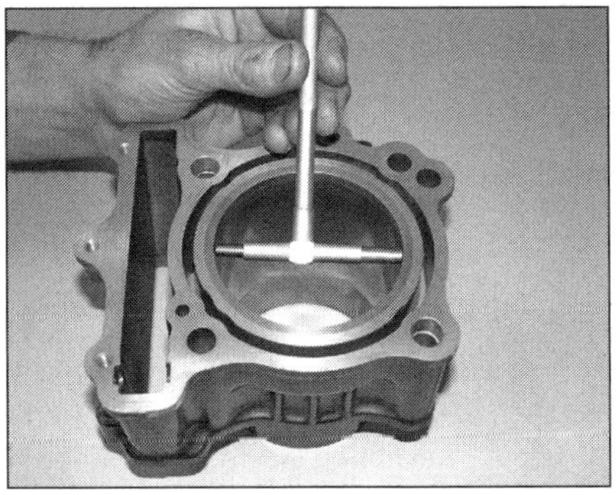
14.11a Messen Sie die Zylinderbohrung ...

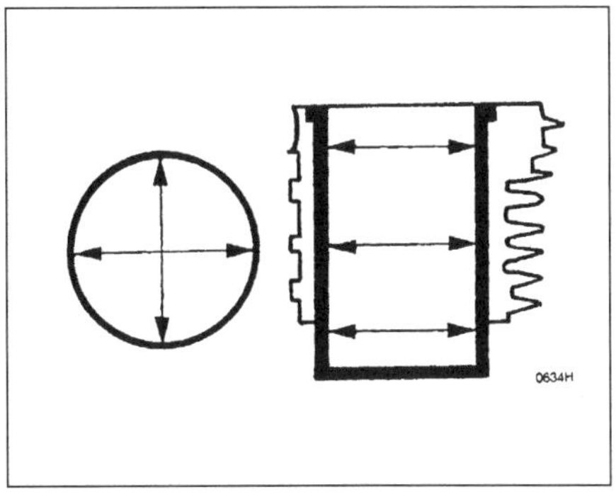
14.11b ... in drei verschiedenen Höhen quer und längs zur Fahrtrichtung.

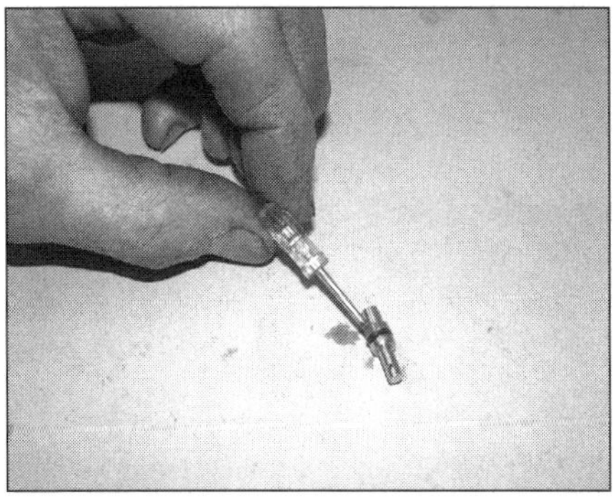
14.14a Rüsten Sie die Öldüse mit einem neuen O-Ring aus.

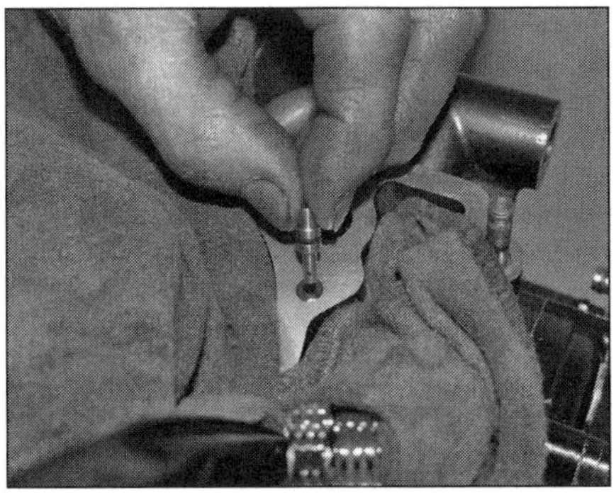
14.14b Drücken Sie die Öldüse in ihren Sitz.

14.16 Installieren Sie die zwei Passhülsen und legen Sie eine neue Zylinderfußdichtung auf.

14.18 Schmieren Sie die Kolben, die Kolbenringe und die Zylinderbohrungen mit Motoröl.

7 Reinigen Sie die Dichtflächen des Motorgehäuses und des Zylinders mit einem geeigneten Lösungsmittel. Entfernen Sie sämtliche Dichtungsreste. Wird ein Schaber eingesetzt, muss aufgepasst werden, dass nicht das relativ weiche Aluminium abgetragen wird. Dichtungsreste dürfen nicht ins Motorgehäuse und oder Öl- und Wasserkanäle geraten.

Kontrolle

8 Es darf keinesfalls versucht werden, die Laufbuchse aus dem Zylinderblock zu befreien.

9 Kontrollieren Sie sorgfältig die Zylinderwandung auf Kratzer und Riefen.

10 Mithilfe einem Präzisions-Richtwinkel und einer 0,05-mm-Fühlerlehre (der Wert des maximalen Verzugs) wird die Dichtfläche des Zylinders vermessen. Wechseln Sie zu Sektion 3 in den *Werkzeug- und Werkstatt-Tipps* im Anhang, um genaue Angaben zur Messung des Zylinder-Verzugs zu erhalten. Wenn der Zylinder verzogen ist, kann er ggf. geplant werden – konsultieren Sie hierzu eine Suzuki-Werkstatt oder einen Motoren-Spezialisten. Bei zu großem Verzug ist er durch einen neuen zu ersetzen.

11 Mit Präzisionsmessgeräten kann der Verschleiß, die Kegelförmigkeit und die Ovalität der Zylinderbohrung überprüft werden. Messen Sie dazu im oberen Bereich (aber noch unterhalb der Position des oberen Kolbenrings im OT) in der Mitte und unten (aber noch oberhalb der Position des Ölabstreifrings im UT) – je einmal in Fahrtrichtung und einmal parallel zur Kurbelwelle (siehe Abbildungen). Errechnen Sie anhand der Differenzen zwischen diesen sechs Ergebnissen und mithilfe der Angaben in den technischen Daten den Verschleiß. Wurde übermäßiger Verschleiß festgestellt, kann bei DL-Modellen bis 2011 der Zylinder von einer Fachwerkstatt aufgebohrt und mit einem Übermaß-Kolben (+ 0,5 mm) bestückt werden. Informieren Sie den ausführenden Betrieb über das vorgeschriebene Spiel des Kolbens im Zylinder (siehe *technische Daten*). Zylinder von DL-Modellen ab 2012 und allen SFV-Modellen sind innen beschichtet und können nicht aufgebohrt werden – hier ist Verschleiß relativ unwahrscheinlich und ggf. hilft nur der Austausch des Zylinders.

12 Sind keine Präzisionsmessgeräte zur Hand, kann der Zylinder zur Vermessung in eine Suzuki-Werkstatt gebracht werden.

Einbau

13 Die Dichtflächen des Zylinders und des Motorgehäuses müssen absolut sauber und ölfrei sein.

14 Reinigen Sie die Öldüse mit Lösungsmittel und blasen Sie sie möglichst mit Druckluft aus. Installieren Sie einen neuen O-Ring über die Düse und schmieren Sie ihn mit Fett (siehe Abbildung). Füllen Sie die Düse mit Motoröl und drücken Sie sie in ihren Sitz – die geschlitzte Seite muss außen liegen (siehe Abbildung).

15 Drücken Sie ggf. die Passhülsen ins Motorgehäuse (Abbildung 14.16).

16 Entfernen Sie den um den Kolben liegenden Lappen, aber lassen Sie dabei nicht das Pleuel gegen das Gehäuse fallen. Tragen Sie an den Kontaktbereichen der Gehäusehälften etwas Dichtmasse (z.B. Suzuki Bond 1215) auf und legen Sie eine neue Fußdichtung über die Passhülsen (siehe Abbildung) – sie kann nur in einer Position aufgelegt werden, damit alle Bohrungen fluchten; die Dichtungen des vorderen und hinteren Zylinders unterscheiden sich. Verwenden Sie niemals eine alte Dichtung weiter!

17 Richten Sie die Öffnungen der Kolbenringe wie in Sektion 16 beschrieben aus.

18 Schmieren Sie die Zylinderbohrung, den Kolben und die Ringe mit frischem Motoröl (siehe Abbildung). Drehen Sie die Kurbelwelle so, dass der Kolben im oberen Totpunkt steht. Es kann hilfreich sein, den Kolben z.B. mit geeigneten Hölzern zu unterlegen, damit er beim Aufsetzen des Zylinders nicht kippt oder sich die Kurbelwelle dreht.

14.19a Achten Sie darauf, die Zylinder an ihren korrekten Positionen aufzusetzen.

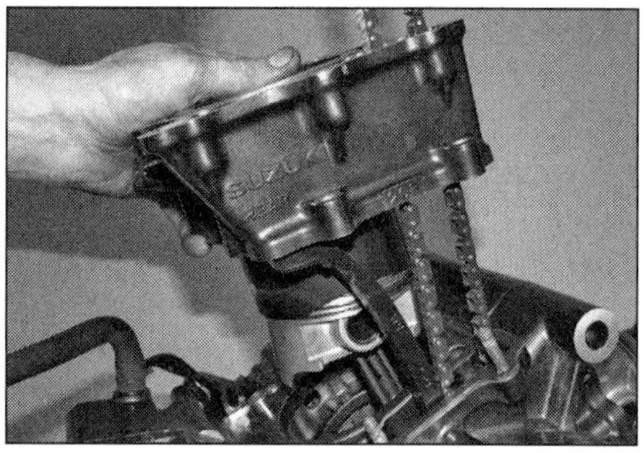

14.19b Senken Sie den Zylinder vorsichtig über dem Kolben ab . . .

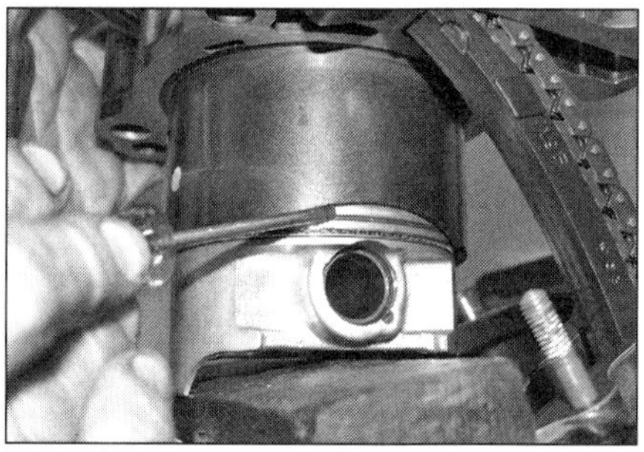

14.19c . . . und führen Sie die Kolbenringe in die Bohrung ein.

19 Achten Sie darauf, den richtigen Zylinder zu montieren – der vordere ist mit FRONT und der hintere mit REAR markiert (siehe Abbildung). Lassen Sie den Zylinder möglichst von einem Assistenten vorsichtig absenken, während Sie den Kolben vorsichtig senkrecht einführen und dabei die Kolbenringe zusammendrücken (siehe Abbildungen).

20 Wenn der Kolben korrekt in den Zylinder eingeführt ist, wird die Steuerkette durch den Schacht geführt und wieder gesichert. Entfernen Sie ggf. die Kolben-Abstützung und drücken Sie den Zylinder über die Passhülsen auf die Fußdichtung.

21 Drehen Sie die zwei Zylinderfußmuttern auf – beachten Sie, dass am hinteren Zylinder die Kabelklemme gesichert werden muss, bei DL-Modellen bis 2011 mit der vorderen Mutter und bei späteren DL- sowie allen SFV-Modellen mit der hinteren Mutter (Abbildung 14.2).

22 Wenn beide Zylinder aufgesetzt sind, werden sie heruntergedrückt, die Steuerketten stramm gehalten und die Kurbelwelle ein Stück weit in beide Richtungen gedreht, um zu kontrollieren, ob sich alles korrekt bewegt.

23 Installieren Sie die Steuerkettenführungsschiene (siehe Sektion 10) und den Zylinderkopf (siehe Sektion 12).

15 Kolben

Ausbau

1 Demontieren Sie den Zylinder (siehe Sektion 14).

2 Falls beide Kolben ausgebaut werden sollen, müssen sie zunächst mit Farbe oder einer Reißnadel entsprechend ihrer Position markiert werden – entweder auf dem bereits gesäuberten Kolbenboden oder innen im Kolbenhemd. In jedem Kolbenboden findet sich eine runde Vertiefung, die zur Auslassseite zeigt – eventuell wird sie erst nach dem Reinigen sichtbar (siehe Abbildung).

3 Hebeln Sie vorsichtig mit einer Spitzzange oder einem kleinen Schraubenzieher, den Sie in die Nut einführen, auf einer Seite des Kolbens den Sicherungsring aus (siehe Abbildung). Drücken Sie von der anderen Seite den Kolbenbolzen heraus und befreien Sie den Kolben vom Pleuel (siehe Abbildung). Entfernen Sie auch den anderen Sicherungsring – beim Einbau müssen immer neue Ringe verwendet werden! Wenn der Kolben demontiert ist, sollte der Bolzen hineingesteckt werden, um ein Vertauschen zu vermeiden.

Praxis TiPP ***Wenn ein Kolbenbolzen im Kolben feststeckt, wird der Kolben mit einem Heißluftgebläse erwärmt – das Aluminium wird sich hierdurch ausreichend ausdehnen, dass der Stahlbolzen sich lösen lässt. Benutzen Sie keine offenen Flammen! Wenn der Bolzen schwergängig ist oder teilweise steckt, kann er mit einem Ausziehwerkzeug ausgebaut werden – seien Sie jedoch vorsichtig, um die Gleitfläche des Kolbens nicht zu beschädigen.***

4 Mithilfe der Daumen oder einer Kolbenringzange werden die Ringe vorsichtig von den Kolben genommen (Abbildungen 16.9 sowie 16.8c, b und a). Sie dürfen hierbei nicht geknickt oder verkantet werden. Beachten Sie die Einbaulage der einzelnen Ringe, wenn Sie wiederverwendet werden sollen.

5 Schaben Sie die Ölkohle vom Kolbenboden. Eine weiche Drahtbürste oder feiner Schmirgelleinen kann zur Nacharbeit verwendet werden. Benutzen Sie keinesfalls einen Drahtbürstenaufsatz auf einer Bohrmaschine, das Kolbenmaterial ist sehr weich und würde abgetragen werden.

6 Die Kolbenring-Nuten können mit einem Spezialwerkzeug, aber auch mit einem abgebrochenen Stück eines alten Kolbenringes von Kohleresten befreit werden. Seien Sie vorsichtig, dass kein Kolben-Metall entfernt wird oder die Seiten der Nut gequetscht oder eingekerbt werden.

7 Wenn die Kohleablagerungen entfernt sind, wird jeder Kolben mit Lösungsmittel gereinigt und anschließend getrocknet. Wenn die angebrachten Markierungen nicht mehr lesbar sind, müssen Sie erneuert werden. Gehen Sie sicher, dass die Ölrücklaufbohrungen unter dem Ölabstreifring sauber sind.

Kontrolle

8 Begutachten Sie jeden Kolben sorgfältig auf Brüche am Hemd, an den Bolzenaugen und um die Kolbenringnuten. Normaler Kolbenverschleiß zeigt sich in gleichmäßige senkrechte Spuren auf der Lauffläche und leichtem Spiel des oberen Kolbenringes in seiner Nut. Wenn das Hemd Riefen oder Klemmspuren zeigt, kann der Motor an Überhitzung gelitten haben und/oder eine abnormale Verbrennung sorgte für extrem hohe Arbeitstemperatur.

9 Ein Loch im Kolbenboden ist ein Zeichen für abnormale Verbrennung (durch Frühzündung). Verbrannte Stellen am Rand des Bodens weisen auf Klingeln oder Klopfen hin. Wenn eines dieser Probleme existiert, müssen die Gründe beseitigt werden, damit die Schäden sich nicht fortsetzen (siehe Fehlersuche im Anhang).

10 Messen Sie das Spiel zwischen den Kolbenringen und deren Nuten im Kolben durch Einlegen eines Ringes und Erfühlen des Spiels mittels einer Fühlerlehre (siehe Abbildung) – gehen Sie sicher, dass Sie den passenden Ring verwenden. Kontrollieren Sie an drei oder vier Stellen rundherum. Wenn das Spiel über der Verschleißgrenze liegt, muss der Kolben samt Ringen ersetzt werden. Wenn neue Ringe verwendet werden sollen, muss das Spiel mit den neuen Ringen gemessen werden. Falls das Spiel über der Toleranzgrenze liegt, ist der Kolben verschlissen und muss ersetzt werden. Bei DL-Modellen ab 2012 und allen SFV-Modellen sind der obere Kompressionsring und seine Nut zweistufig gestaltet, sodass hier auch zwei Messungen durchgeführt werden müssen (siehe Abbildung)

11 Kontrollieren Sie das Spiel zwischen Kolben und Zylinder durch Messen der Zylinderbohrung (siehe Sektion 14) und des Kolbendurchmessers. Messen Sie den zugehörigen Kolben 20 mm oberhalb des unteren Endes des Hemds und 90° zum Kolbenbolzen (siehe Abbildung). Subtrahieren Sie den Kolbendurchmesser vom Zylinderdurchmesser und errechnen Sie das Spiel. Wenn es über 0,12 mm liegt, muss herausgefunden werden, ob der Kolben oder die Bohrung (oder beides) verschlissen ist.

12 Geben Sie frisches Motoröl auf den Kolbenbolzen, schieben Sie ihn in den Kolben und fühlen Sie, ob Spiel vorhanden ist (siehe Abbildung). Messen Sie den Außendurchmesser des Kolbenbolzens (an den Rändern) sowie den Innendurchmesser seiner Bohrungen im Kolben und vergleichen Sie das Ergebnis mit den technischen Daten (siehe Abbildungen). Wiederholen Sie die Messung im oberen Pleuelauge. Ersetzen Sie alle Bauteile, die außerhalb der Verschleißgrenzen liegen.

Einbau

13 Inspizieren und installieren Sie die Kolbenringe (siehe Sektion 16).

14 Schmieren Sie den Kolbenbolzen, seine Bohrung im Kolben und das obere Pleuelauge mit einem Gemisch aus gleichen Teilen Molybdänfett und frischem Motoröl.

15 Richten Sie den Kolben so zum Pleuel aus, dass die runde Vertiefung im Kolbenboden zum Auslass zeigt (bei vorderen Kolben nach vorne, beim hinteren nach hinten) (Abbildung 15.2).

16 Setzen Sie einen neuen Sicherungsring in ein Kolbenbolzenauge ein (benutzen Sie nie gebrauchte!) und schieben Sie den Kolbenbolzen von der Seite ohne Sicherungsring hindurch (siehe Abbildung). Sichern Sie den Bolzen mit dem zweiten neuen Ring (siehe Abbildung). Beim Einbau der neuen Ringe ist darauf zu achten, dass sie nicht stärker zusammengepresst werden als nötig ist, dass sie sauber in ihrem Sitz liegen und die Öffnung nicht über der Ausbaunut sitzt.

17 Montieren Sie den Zylinder (siehe Sektion 14).

15.2 Die kleine Vertiefung im Kolbenboden muss zur Auslass-Seite zeigen.

15.3a Hebeln Sie einen Sicherungsring aus dem Kolben.

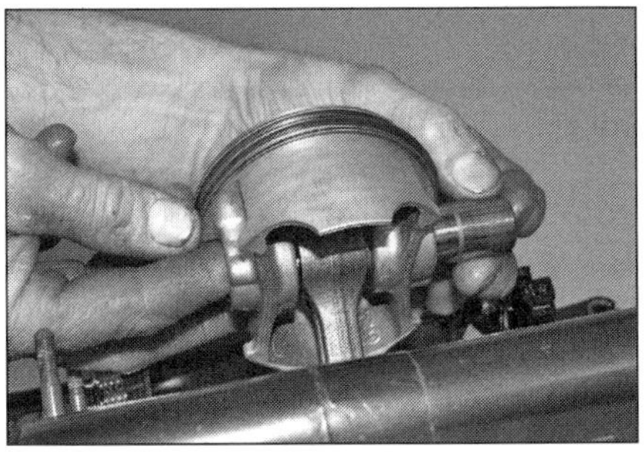

15.3b Drücken Sie den Kolbenbolzen von der anderen Seite heraus und entnehmen Sie den Kolben.

15.10a Installieren Sie den Kolbenring in seine Nut und ermitteln Sie sein Spiel.

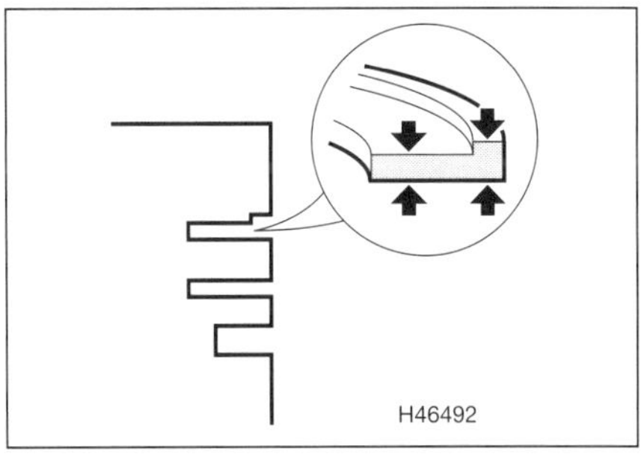

15.10b Beachten Sie das abgestufte Ring-Profil und die entsprechend geformte Ringnut.

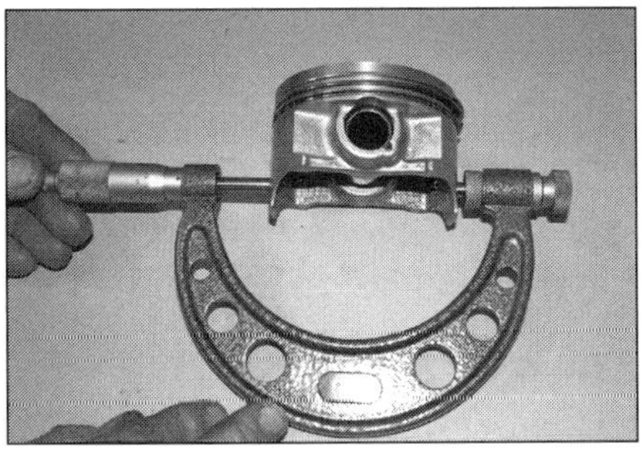

15.11 Ermitteln Sie an der gezeigten Stelle den Kolbendurchmesser.

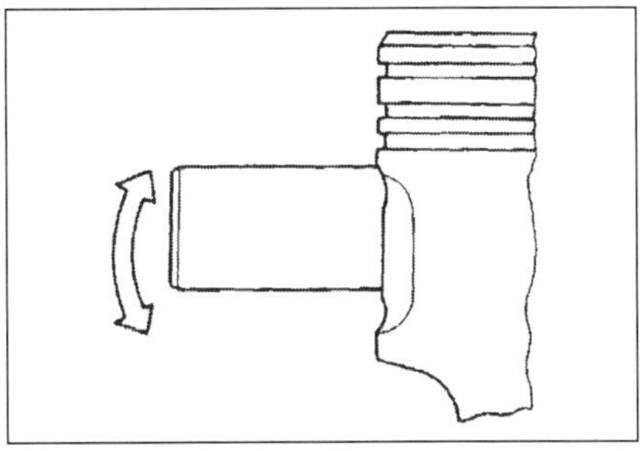

15.12a Stecken Sie den Bolzen in den Kolben und prüfen Sie, ob Spiel fühlbar ist.

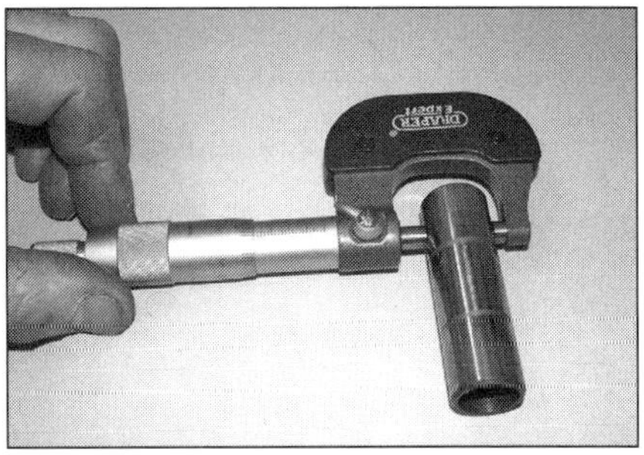

15.12b Messen Sie den Außendurchmesser des Kolbenbolzens . . .

2

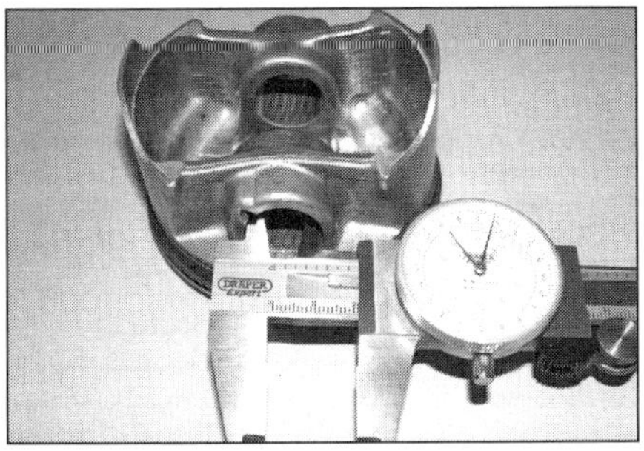

15.12c . . . und den Innendurchmesser der Bohrung im Kolben.

15.16a Schieben Sie den Kolbenbolzen durch den Kolben und das obere Pleuelauge . . .

15.16b . . . und sichern Sie ihn mit neuen Sicherungsringen – deren Öffnung darf nicht in der Ausbaunut liegen.

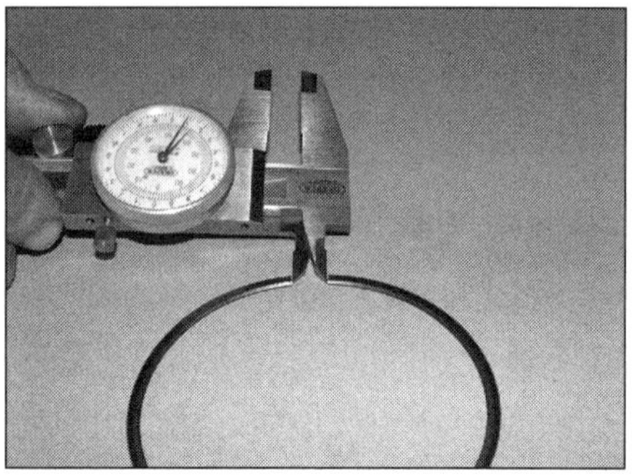

16.3a Messen Sie den Abstand der freien Kolbenring-Enden.

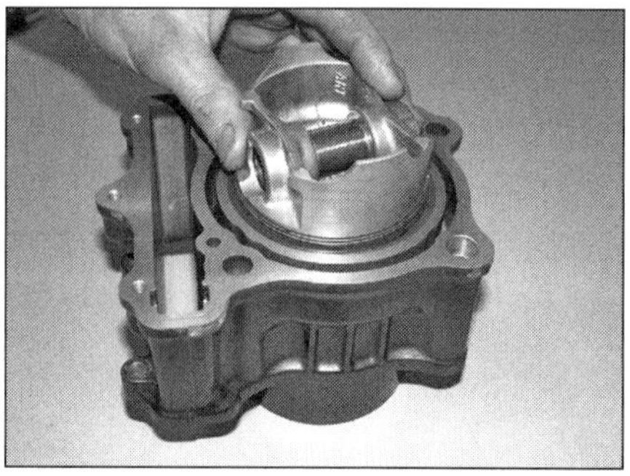

16.3b Richten Sie den Kolbenring dann mithilfe des Kolbens senkrecht im Zylinder aus . . .

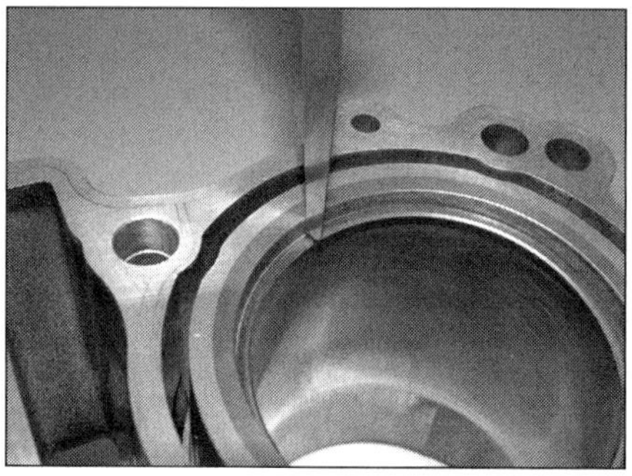

16.3c . . . und messen Sie das Stoßspiel zwischen den Ring-Enden.

16.6a Installieren Sie den Ölring-Expander in die untere Nut . . .

16.6b . . . und bringen Sie dann den unteren . . .

16.6c . . . und den oberen Ölabstreifring in Position.

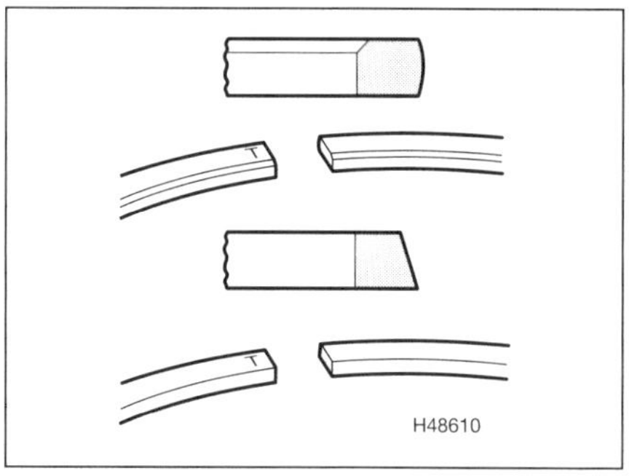

16.8a Profile und Markierungen der beiden Kompressionsringe – DL-Modelle bis 2011

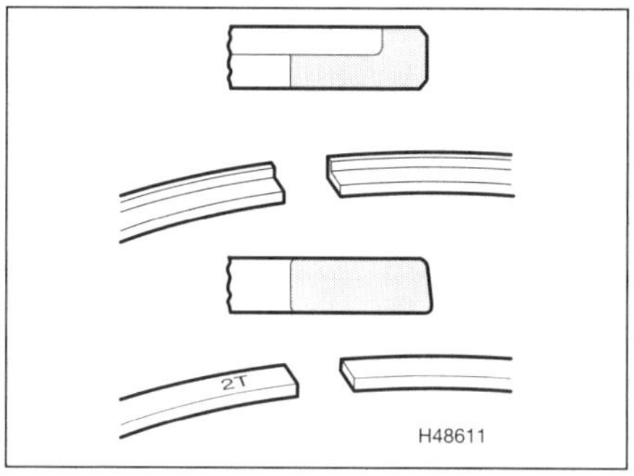

16.8b Profile und Markierungen der beiden Kompressionsringe – DL ab 2012 und alle SFV

16 Kolbenringe

Anmerkung: *Es ist ratsam, die Kolbenringe bei jeder Motorüberholung zu erneuern.*

Ausbau

1 Siehe Sektion 15, Schritt 4.

Kontrolle

2 Unabhängig davon, ob die alten Kolbenringe wiederverwendet oder neue installiert werden, sollte das Stoßspiel der beiden Kompressionsringe sowohl im ausgebauten wie auch in der Zylinderbohrung kontrolliert werden. Sortieren Sie dazu den Kolben samt Ringen dem korrekten Zylinder zu.

3 Messen Sie zunächst den Abstand der Ring-Enden bei ausgebauten Kolbenringen (siehe Abbildung), um zu ermitteln, ob der Ring mit genügend Vorspannung gegen die Zylinderwand drücken kann – vergleichen Sie den gemessenen Wert mit den Angaben in den technischen Daten. Schieben Sie den Ring dann von oben in den Zylinder und richten Sie ihn mithilfe des Kolbens etwa 2 cm unterhalb des Randes senkrecht aus, sodass er sich in seinem Arbeitsbereich befindet. Messen Sie nun mit einer Fühlerlehre das Stoßspiel der Ring-Enden und vergleichen Sie den Wert mit dem der technischen Daten (siehe Abbildungen).

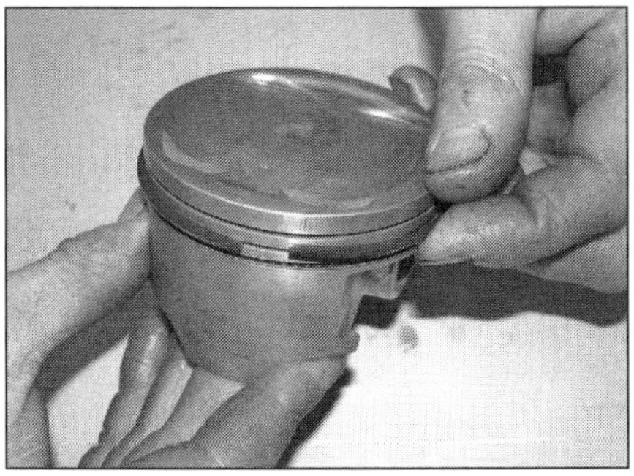

16.8c Installieren Sie den zweiten Kompressionsring ...

16.9 ... und den oberen Kompressionsring an den Kolben.

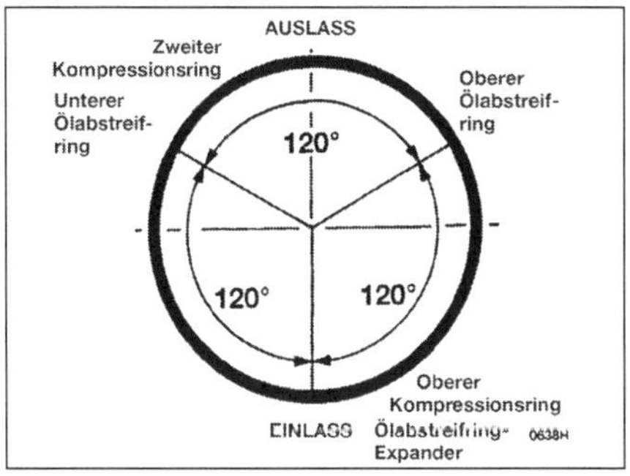

16.10 Verdrehen Sie die Öffnungen der Kolbenringe wie gezeigt.

4 Falls das Spiel größer oder kleiner ist als vorgegeben, überprüfen Sie die anderen Ringe, um sicher zu gehen, dass sie die Ringe dem richtigen Zylinder zugeordnet haben. Übermäßiges Stoßspiel bis zur Verschleißgrenze ist nicht kritisch, solange diese nicht überschritten wird.

5 Wird das Stoßspiel mit neuen Kolbenringen überschritten, muss die Zylinderbohrung auf Verschleiß untersucht werden (siehe Sektion 14). Ist das Stoßspiel zu klein, können die Enden bei laufendem Motor durch die Erwärmung in Kontakt kommen – und so schwere Schäden anrichten.

Einbau

6 Der Ölabstreifring muss als unterer zuerst an den Kolben installiert werden. Er besteht aus drei Teilen: dem Expander und zwei dünnen Ringen. Zuerst wird der Expander in die Nut gesetzt, ohne dass sich seine Enden überlappen (siehe Abbildung). Installieren Sie dann den unteren Ölring (siehe Abbildung). Diese Arbeit darf nicht mit einer Kolbenringzange ausgeführt werden, da hiermit die Gefahr einer Beschädigung besteht. Setzen Sie stattdessen ein Ende des Ringes in die Nut zwischen Expander und Kolben. Halten Sie es fest und schieben Sie den Ring nach und nach in die Nut. Installieren Sie danach den oberen Ring auf die gleiche Weise (siehe Abbildung). Prüfen Sie anschließend erneut, ob sich die Enden des Expanders nicht überlappen.

7 Nachdem alle drei Ölringbauteile installiert sind, muss kontrolliert werden, ob sich die beiden dünnen Ringe in ihrer Nut sanft drehen lassen.

8 Bauen Sie als Nächstes den zweiten Kompressionsring ein, der anhand seines Profils identifiziert werden kann (siehe Abbildungen). Seine Beschriftung muss auf jeden Fall nach oben zeigen. Drücken Sie den Ring nicht weiter auseinander als nötig und installieren Sie ihn in die mittlere Kolbennut. Am sichersten geht der Einbau mit einer Kolbenringzange oder alten Fühlerlehrenblättern.

9 Setzen sie schließlich den oberen Ring in gleicher Weise in die obere Nut des Kolbens ein (siehe Abbildung). Bei DL-Modellen bis 2011 muss darauf geachtet werden, dass seine Beschriftung auf jeden Fall nach oben zeigt; bei DL-Modellen ab 2012 und allen SFV-Modellen muss die abgestufte Seite oben liegen.

10 Wenn die Ringe korrekt installiert sind, müssen sie sich frei und ohne zu haken bewegen lassen. Verdrehen Sie die Ringstöße anschließend wie gezeigt (siehe Abbildung).

17 Kupplung

Ausbau

1 Lassen Sie das Motoröl und das Kühlmittel ab (siehe Kapitel 1).

2 Am rechten Motordeckel sitzt auch die Wasserpumpe. Lockern Sie die Schellen und ziehen Sie die Schläuche ab (siehe Abbildungen). Lösen Sie bei DL-Modellen die Schrauben des Fußrastenträgers, befreien Sie diesen samt Bremspedal und schwenken Sie die Baugruppe bei verbundener Bremszylinder-Druckstange beiseite (Abbildungen 4.18a und b).

3 Lockern Sie schrittweise und über Kreuz die Motordeckel-Schrauben – beachten Sie je nach Modell die Schlauchklemme(n) und den Halter. Seien Sie auf austretendes Öl vorbereitet und entnehmen Sie den Deckel (siehe Abbildung). Entfernen Sie die Dichtung – später muss eine neue verwendet werden. Stellen Sie ggf. die Passhülsen aus dem Deckel oder dem Motorgehäuse sicher (Abbildung 17.32a).

17.2a Lockern Sie die zwei Schellen und ziehen Sie die Schläuche ab – DL bis 2011.

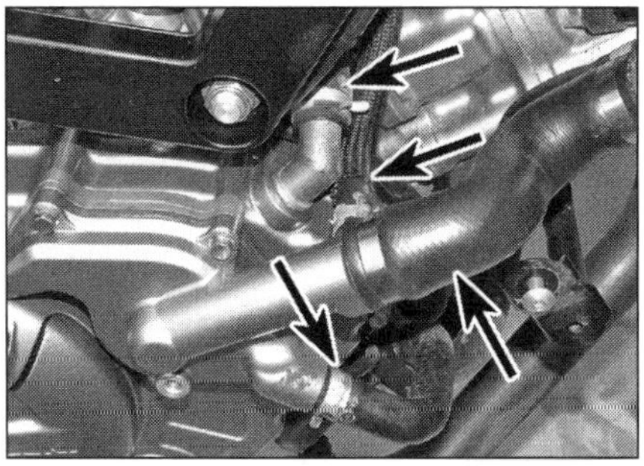

17.2b Lockern Sie die vier Schellen und ziehen Sie die Schläuche ab – DL ab 2012, alle SFV.

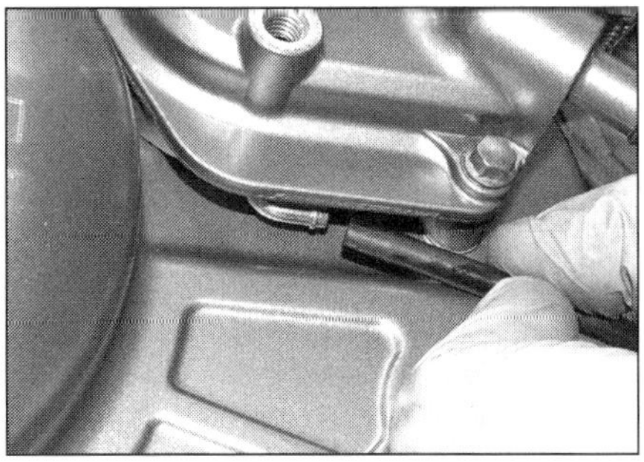

17.2c Ziehen Sie bei allen Modellen den Überlaufschlauch vom Pumpenstutzen.

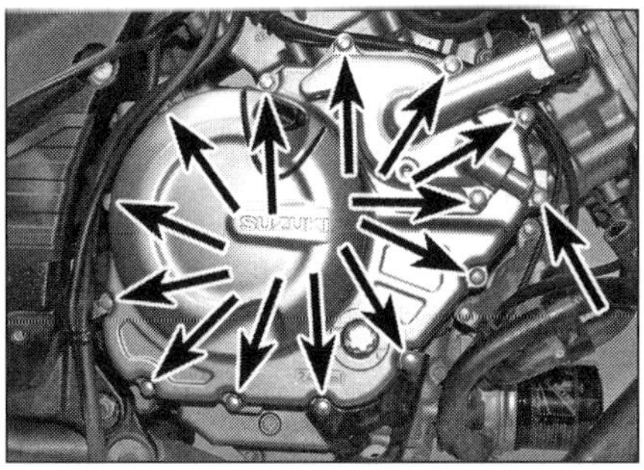

17.3 Schrauben des rechten Motordeckels

17.4a Lösen Sie die sechs Schrauben und entnehmen Sie die Hülsen (falls vorhanden) sowie die Federn, ...

17.4b ... und die Druckplatte.

17.4c Ziehen Sie den Druckpilz ...

17.4d ... und nötigenfalls die Druckstange heraus.

17.5 Entnehmen Sie die Kupplungsscheiben als Paket.

17.6a Biegen Sie das Sicherungsblech zurück ...

17.6b ... blockieren Sie die Kupplung wie beschrieben (hier mit einem Haltewerkzeug) und lösen Sie die Kupplungsmutter.

17.11 Messen Sie die Stärke der Kupplungsbeläge ...

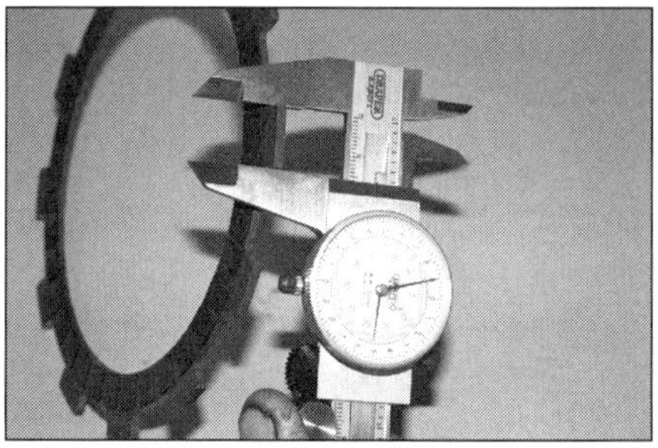

17.12 ... und die Breite ihrer Laschen.

4 Hindern Sie den Kupplungskorb am Mitdrehen und lockern Sie schrittweise und über Kreuz die Druckplatten-Schrauben, bis die Feder entlastet ist. Entfernen Sie die Schrauben, die Hülsen (nur bei DL-Modellen ab 2012), die Federn und die Druckplatte (siehe Abbildungen). Entnehmen Sie den Druckpilz – beachten Sie die Anlaufscheibe und das Lager (siehe Abbildung). Ziehen Sie ggf. mithilfe eines umgebogenen Drahts die rechte Druckstange aus der Getriebeeingangswelle (siehe Abbildung).
5 Greifen Sie das gesamte Kupplungsscheiben-Paket und entnehmen Sie es aus dem Kupplungskorb (siehe Abbildung). Alternativ können die Scheiben auch einzeln (z.B. mit einem Draht als Haken) entnommen werden. Solange keine neuen Scheiben installiert werden sollen, müssen sie in der ursprünglichen Reihenfolge belassen werden. Die innere Belagscheibe hat einen größeren Innendurchmesser, da sie über der Geräuschdämmfeder liegt – entnehmen Sie diese unter Beachtung ihrer Einbauposition sowie den Federsitz.
6 Biegen Sie die Lasche des Kupplungsmutter-Sicherungsblechs zurück (siehe Abbildung). Zum Lösen der Kupplungsmutter muss die Getriebeeingangswelle blockiert werden – entweder mit dem Suzuki-Werkzeug 09920-53740 oder einem im Fachhandel erhältlichen Haltewerkzeug, das gut in die Nuten des Kupplungskorbes greift und nicht die Motorgehäusedichtfläche beschädigt (siehe Abbildung). Alternativ kann sich ein Assistent auf die Sitzbank setzen, einen Gang einlegen und die Fußbremse betätigen. Lösen Sie die Mutter und entfernen Sie das Sicherungsblech – später muss ein Neuteil beschafft werden.
7 Ziehen Sie die Kupplungsnabe von der Getriebewelle (Abbildung 17.25).
8 Ziehen Sie die Anlaufscheibe von der Getriebewelle (Abbildung 17.24).
9 Ziehen Sie den Kupplungskorb von der Welle – die Distanzhülse muss mithilfe eines kleinen Schraubendrehers daran gehindert werden, mit abgezogen zu werden (Abbildung 17.23a).
10 Ziehen Sie die mit einem Bund versehene Distanzhülse von der Welle.

Kontrolle

11 Nach einer großen Laufleistung ist es normal, dass die Kupplungsscheiben verschleißen und zu rutschen beginnen. Messen Sie mithilfe eines Messschiebers die Stärke der Belagscheiben (siehe Abbildung). Wenn irgendeine Scheibe dünner als 2,62 mm ist, müssen alle Belagscheiben als Satz ausgewechselt werden. Dies gilt ebenfalls, wenn Scheiben verbrannt oder verglast sind.
12 Messen Sie die Breite der Belagscheiben-Laschen (siehe Abbildung) – falls irgendwo weniger als 12,9 mm festgestellt werden, müssen alle Belagscheiben als Satz ausgewechselt werden.

17.13 Kontrollieren Sie die Stahlscheiben auf Verzug.

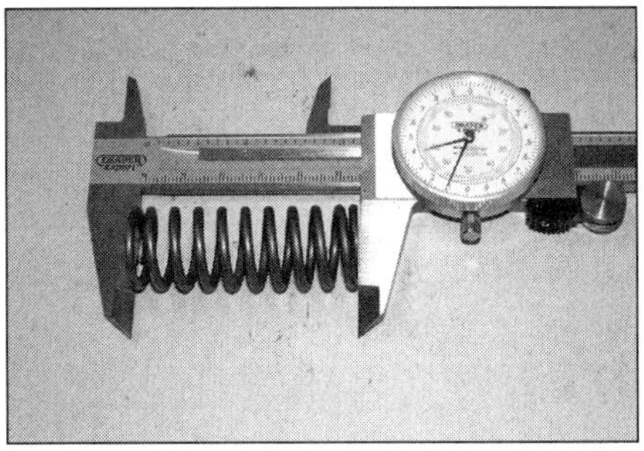

17.14a Messen Sie die freie Länge der Kupplungsfedern ...

17.14b ... und kontrollieren Sie sie auf Verzug.

17.16a Inspizieren Sie die Laschen der Belagscheiben und die Nuten des Kupplungskorbes ...

17.16b ... sowie die Zungen der Stahlscheiben und ihre Nuten in der Kupplungsnabe.

17.17 Kontrollieren Sie die Lauffläche der Lagerbuchse auf Verschleiß.

17.18a Ziehen Sie die linke Hälfte der Druckstange heraus.

17.18b Entfernen Sie das Sicherungsblech, ...

17.18c ... um Zugang zum Druckstangen-Dichtring zu erhalten.

13 Die Stahlscheiben dürfen keine Anzeichen starker Erwärmung (Blaufärbung) aufweisen. Kontrollieren sie mithilfe einer Fühlerlehre den Verzug der Scheiben, indem Sie sie auf eine ebene Oberfläche legen (siehe Abbildung). Wenn eine der Scheiben 0,1 mm oder mehr verzogen oder angelaufen ist, müssen alle Stahlscheiben als Satz ausgewechselt werden.

14 Kontrollieren Sie die Kupplungsfedern auf Verschleiß, Beschädigungen oder Verformung und ersetzen Sie schadhafte Teile. Messen Sie die freie Länge der Federn – wenn eine kürzer als 50,5 mm ist, müssen alle ersetzt werden. Prüfen Sie mit einem Richtwinkel, ob Federn verbogen sind (siehe Abbildungen) und beschaffen Sie ggf. einen neuen Satz Kupplungsfedern.

15 Kontrollieren Sie die Geräuschdämmfeder und ihren Sitz auf Verschleiß, Beschädigungen oder Verformung und ersetzen Sie die Teile nötigenfalls – dies gilt auch, falls die Kupplung zuvor gerattert hat.

16 Kontrollieren Sie die Belagscheiben-Laschen und deren Führungen am Kupplungskorb auf Riefen und Abdrücke (siehe Abbildung). Überprüfen Sie ebenso den Verschleiß an den Zungen der Stahlscheiben und der Kupplungsnabe (siehe Abbildung). Ein solcher Verschleiß äußert sich in Kupplungsrutschen und langsamem Einrücken beim Schalten, da die Scheiben haken, wenn die Druckplatte ausgerückt wird. Minimaler Verschleiß kann mit einer feinen Feile geschlichtet werden – ist er zu groß, müssen die entsprechenden Bauteile ausgetauscht werden.

17 Kontrollieren Sie die Buchse im Kupplungskorb und seine Lauffläche auf der Hülse auf Verschleiß, Beschädigungen und Riefen. Die Ölnut in der Buchse muss deutlich zu erkennen sein, andernfalls muss der Kupplungskorb oder die Hülse ersetzt werden (siehe Abbildung).

18 Inspizieren Sie die Druckplatte, den Druckpilz und das Ausrücklager auf Verschleiß und Schäden sowie rauen Lauf. Falls noch nicht geschehen, muss die rechte Druckstange aus der Eingangswelle gezogen werden (Abbildung 17.4d), um sie auf Verzug zu überprüfen. Um die linke Druckstange zu kontrollieren, muss bei DL-Modellen bis 2011 links der Ritzeldeckel entfernt (siehe Kapitel 6) und der Ausrückmechanismus demontiert werden (siehe Schritt 19); bei DL-Modellen ab 2012 und allen SFV-Modellen muss der Lichtmaschinendeckel entfernt werden (siehe Sektion 22). Ziehen Sie die linke Druckstange heraus. Um Zugang zum Dichtring zu erhalten, muss der Ritzeldeckel entfernt (siehe Kapitel 6). Lösen Sie die Schrauben des Dichtring-Sicherungsblechs und entfernen Sie dies (siehe Abbildungen). Hebeln Sie den alten Dichtring mit einem Schraubendreher heraus und installieren Sie ein Neuteil (siehe Abbildung). Setzen Sie das Dichtring-Sicherungsblech an – das Kabel des Getriebeschalters muss korrekt hinter der Lasche verlegt sein – und ziehen Sie seine Schrauben sorgfältig an.

17.19a Lösen Sie die Schrauben und entfernen Sie den Ausrückmechanismus, ...

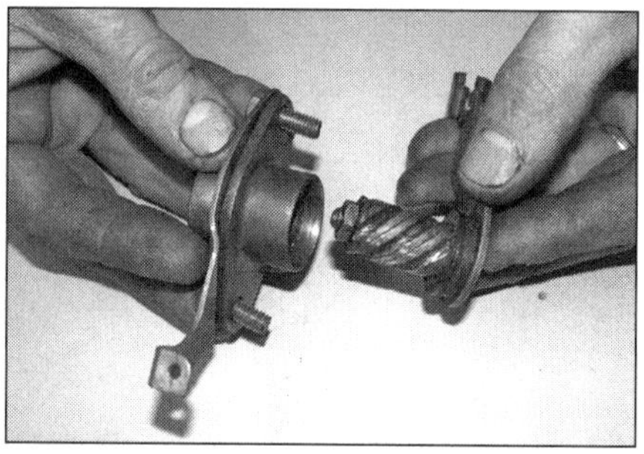

17.19b ... um ihn zu zerlegen, zu reinigen und frisch zu fetten – DL bis 2011.

17.19c Entfernen Sie bei DL ab 2012 und allen SFV das Druckstück und den Dichtring.

19 Kontrollieren Sie den Kupplungs-Ausrückmechanismus auf sanfte Funktion und irgendwelche Hinweise auf Verschleiß und Beschädigungen. Falls der Mechanismus rau arbeitet, muss bei DL-Modellen bis 2011 der Kupplungszug ausgehängt (siehe Sektion 18) werden, um seine zwei Schrauben zu lösen und den Mechanismus zu reinigen und nachzufetten (siehe Abbildungen). Setzen Sie den Mechanismus wieder zusammen, montieren Sie ihn wieder an den Motor (die linke Druckstange muss zuvor installiert sein – siehe Schritt 18) und hängen Sie den Kupplungszug ein (siehe Sektion 18). Entfernen Sie bei DL-Modellen ab 2012 und allen SFV-Modellen den Lichtmaschinendeckel (siehe Sektion 22). Entnehmen Sie dann das Druckstück und den unteren Dichtring (siehe Abbildung). Treiben Sie die

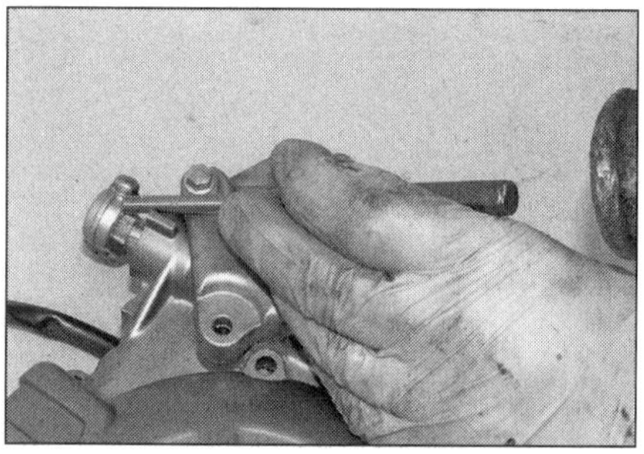

17.19d Um das Lager und den Dichtring auszubauen, muss die Welle vorsichtig herausgetrieben werden.

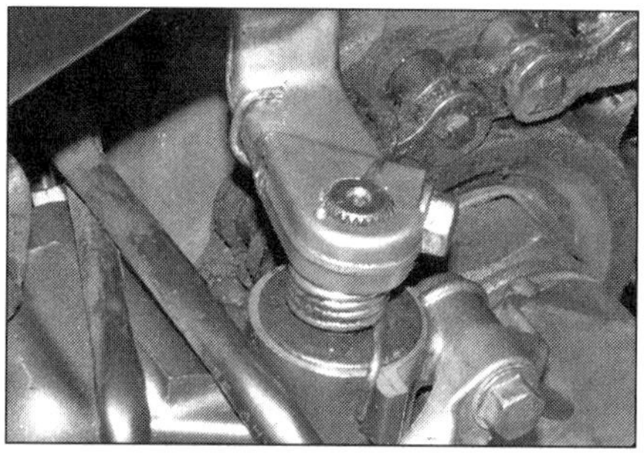

17.19e Die über der Scheibe sitzende Feder muss so eingehängt sein.

17.23a Schieben Sie den Kupplungskorb auf, ...

17.23b ... sodass er korrekt in den Primärtrieb und die Ölpumpe greift.

17.23c Stecken Sie eine Stange in eine der Bohrungen, um das Primärtriebrad auszurichten

17.24 Installieren Sie die Anlaufscheibe ...

17.25 ... und die Kupplungsnabe auf die Getriebeeingangswelle.

17.26a Schieben Sie ein neues Sicherungsblech auf, ...

17.26b ... drehen Sie die Kupplungsmutter auf ...

17.26c ... und ziehen Sie sie bei blockierter Kupplungsnabe mit 50 Nm an.

17.26d Biegen Sie das Sicherungsblech gegen die Mutter.

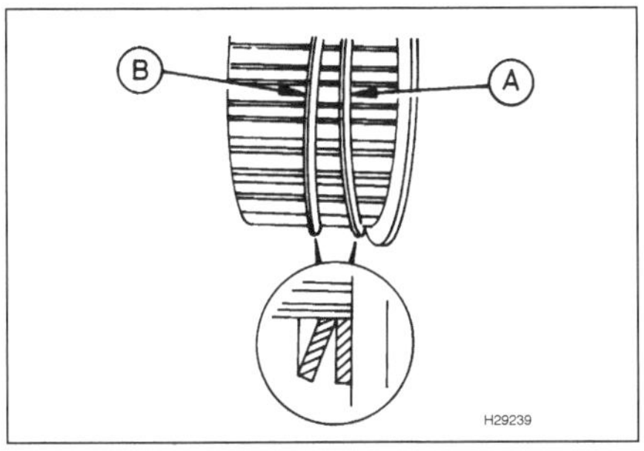

17.27 Installieren Sie den Federsitz (A) und die Geräuschdämmfeder (B) wie gezeigt.

17.28a Installieren Sie zuerst die Belagscheibe mit dem größeren Innendurchmesser ...

17.28b ... und dann abwechselnd Stahl- ...

17.28c ... und Belagscheiben.

Welle heraus – der obere Dichtring und das Lager werden mit herauskommen (siehe Abbildung). Die Welle ist unten in einem weiteren Lager geführt, für dessen Ausbau nötigenfalls ein Ausziehwerkzeug benötigt wird. Ersetzen Sie die Dichtringe und Lager durch Neuteile. Fetten Sie alle Teile vor dem Einbau. Installieren Sie die Lager mit den markierten Seiten nach oben in die Dichtringe mit den Markierungen nach außen. Schieben Sie die linke Druckstange ein (siehe Schritt 18), bevor der Lichtmaschinendeckel montiert wird. Achten Sie darauf, dass die Scheibe unter der Rückholfeder liegt und die Enden der Feder korrekt positioniert sind (siehe Abbildung).

20 Kontrollieren Sie die Zähne des Primärtrieb-Abtriebrades (hinten am Kupplungskorb) sowie des Antriebsrades auf der Kupplung. Falls Zähne ausgebrochen sind, ist der Austausch des Kupplungskorbes und/oder des Antriebsrades erforderlich (siehe Sektion 20). Beachten Sie für die Demontage des Ölpumpen-Antriebsrades die Hinweise in Sektion 21.

Einbau

Anmerkung: *Der Kupplungskorb darf erst installiert werden, wenn das Primärtrieb-Antriebsrad montiert ist (siehe Sektion 20).*

21 Reinigen Sie die Dichtflächen des Motorgehäuses und des rechten Motordeckels.

22 Schmieren Sie die Außenseite der Kupplungskorb-Hülse mit Motoröl und schieben Sie diese mit dem Bund voran auf die Getriebewelle.

23 Schieben Sie den Kupplungskorb auf die Hülse – dabei müssen die Zähne des Ölpumpenantriebs sowie der Primärtriebräder ineinandergreifen (siehe Abbildungen). Bei DL-Modellen ab 2012 und allen SFV-Modellen besteht das Primärtrieb-Antriebsrad aus zwei durch Federdruck versetzten Segmenten, deren Zähne mithilfe einer in eine der Bohrung eingeführte Stange zueinander ausgerichtet werden müssen (siehe Abbildung). Das Ineinandergreifen des Ölpumpenantriebs kann dadurch festgestellt werden, dass sich das Ölpumpenrad nicht mehr drehen lässt.

24 Schieben Sie die Anlaufscheibe auf die Welle (siehe Abbildung).

25 Schieben Sie die Kupplungsnabe auf die Welle (siehe Abbildung).

26 Legen Sie ein neues Sicherungsblech auf und drehen Sie die Kupplungsmutter mit der angeschrägten Seite nach außen auf (siehe Abbildungen). Blockieren Sie die Eingangswelle wie beim Lösen der Mutter (siehe Schritt 6) und ziehen Sie sie mit 50 Nm an (siehe Abbildung).

Anmerkung: *Prüfen Sie nach dem Anziehen der Mutter, ob sich die Kupplungsnabe frei drehen lässt. Biegen Sie eine Seite des Sicherungsblechs gegen eine flache Seite der Kupplungsmutter (siehe Abbildung).*

27 Installieren Sie zunächst den Federsitz und dann die Geräuschdämmfeder – ihr Außenrand muss vom Sitz abgehoben sein (siehe Abbildung).

28 Schmieren Sie sämtliche Kupplungsscheiben vor dem Einbau mit Motoröl. Setzen Sie die Scheiben wie folgt ein: Legen Sie die Belagscheibe mit größerem Innendurchmesser über die Geräuschdämmfeder, es folgt eine Stahlscheibe und dann abwechselnd Belag- und Stahlscheiben, bis alle installiert sind (siehe Abbildungen).

17.29a Rüsten Sie den Druckpilz mit dem Ausrücklager und der Scheibe aus...

17.29b ... und installieren Sie die Baugruppe in die Welle.

17.30a Setzen Sie die Druckplatte wie beschrieben auf...

17.30b ... und installieren Sie die Federn, ggf. die Hülsen und die Schrauben.

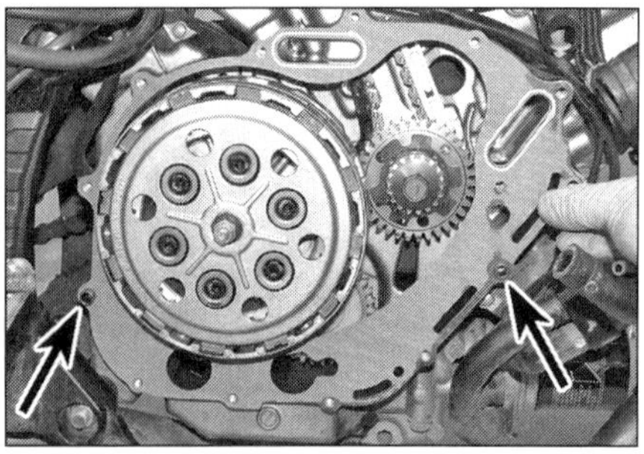

17.32a Legen Sie eine neue Dichtung über die zwei Passhülsen (Pfeile)...

17.32b ... und installieren Sie den Motordeckel.

29 Falls entfernt, müssen beide Enden der Druckstange mit Molybdänfett geschmiert werden, bevor die Stange in die Getriebewelle gesteckt wird (Abbildung 17.4d). Schmieren Sie den Druckpilz, das Ausrücklager und die Anlaufscheibe mit frischem Motoröl und installieren Sie das Lager und die Scheibe an den Druckpilz, bevor dieser in die Eingangswelle gesteckt wird (siehe Abbildungen).

30 Setzen Sie die Druckplatte so in die Kupplungsnabe, dass die Federsitze genau über den Stutzen der Nabe liegen. Während die Druckplatte gegen den Motor gedrückt wird, dürfen die Kupplungsscheiben kein Spiel aufweisen – andernfalls sitzt die Platte nicht richtig (siehe Abbildung). Installieren Sie die Kupplungsfedern, ggf. die Hülsen und die Schrauben und ziehen Sie diese schrittweise und über Kreuz bis zum korrekten Drehmoment von 10 Nm an (siehe Abbildung).

31 Kontrollieren Sie das Spiel des Kupplungshebels und stellen Sie es nötigenfalls ein (siehe Kapitel 1).

32 Installieren Sie ggf. die Passhülsen ins Motorgehäuse, legen Sie eine neue Dichtung auf (siehe Abbildung) und installieren Sie den Motordeckel (siehe Abbildung) – die beiden Zahnräder des Wasserpumpenantriebs müssen dabei ineinandergreifen (drehen Sie nötigenfalls das gesamte Gehäuse ein Stück weit, um die Zahnräder fluchten zu lassen. Drücken Sie den Deckel über die Passhülsen und ziehen Sie die Schrauben schrittweise und über Kreuz sorgfältig an (Abbildung 17.3).

33 Stecken Sie die Schläuche auf und sichern Sie sie mit dem Schellen (Abbildungen 17.2a, b und c). Montieren Sie bei DL-Modellen den Fußrastenträger samt Bremspedal (Abbildung 4.18a).

34 Füllen Sie Kühlmittel und Motoröl auf (siehe Kapitel 1) und prüfen Sie nach einer ersten Probefahrt, ob keine Undichtigkeiten aufgetreten sind.

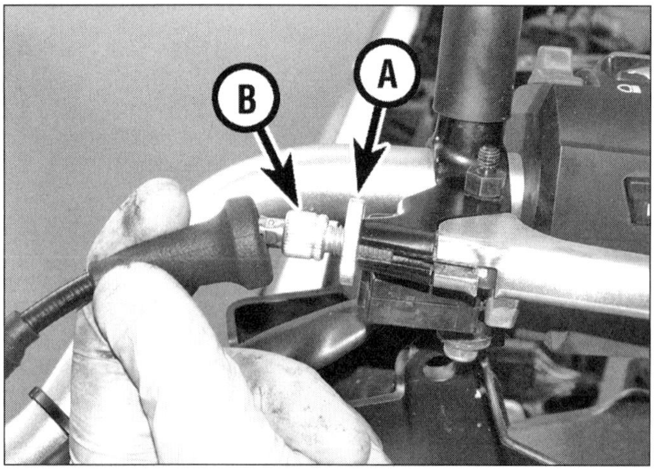

18.1 Ziehen Sie die Gummikappe ab, lockern Sie den Konterring (A) und drehen Sie den Einsteller (B) vollständig in den Halter.

18.2a Obere Kontermutter (A), untere Kontermutter (B)

18.2b Biegen Sie die Lasche herunter...

18.2c ... und befreien Sie den Kupplungszugnippel aus dem Anlenkhebel.

18.2d Lösen Sie die untere Kontermutter...

18 Kupplungszug

Ausbau

1 Falls vorhanden, muss bei DL-Modellen der linke Handprotektor entfernt werden (siehe Kapitel 7). Ziehen Sie die Gummikappe vom Einsteller des Kupplungshebelhalters (siehe Abbildung). Lockern Sie zuerst den Konterring und drehen Sie dann den Einsteller vollständig in den Halter, um im Zug maximales Spiel zu erhalten.

2 – **DL-Modelle bis 2011:** Demontieren Sie den Ritzeldeckel (siehe Kapitel 6). Lockern Sie vollständig die obere Kontermutter des unteren Einstellers (siehe Abbildung). Biegen Sie mithilfe eines kleinen Schraubendrehers die Lasche zurück, die den Bowdenzugnippel im Ausrückhebel sichert, und befreien Sie das Zugseil (siehe Abbildungen). Drehen Sie die untere Kontermutter vom Einsteller und ziehen Sie den Kupplungszug aus seinem Halter (siehe Abbildungen).

3 – **DL ab 2012 und alle SFV:** Lockern Sie auf Höhe der oberen Gabelbrücke die Kontermutter des Kupplungszug-Einstellers und drehen Sie den Einsteller vollständig zusammen, um maximales Spiel zu erreichen (siehe Abbildung). Ziehen Sie das untere Ende des Zuges aus seinem Halter und befreien Sie das Seilzug-Ende aus dem Ausrückhebel (siehe Abbildungen).

4 Richten Sie die Nuten des oberen Einstellers und des Konterrings zu derjenigen im Kupplungshebel-Halter aus, ziehen Sie die Kupplungszug-Hülle aus ihrem Sitz, befreien Sie das Zugseil aus den fluchtenden Nuten und den Nippel aus seinem Sitz im Hebel (siehe Abbildungen).

5 Notieren Sie sich exakt die Verlegung des Kupplungszuges – wenn er nicht genauso und durch alle Führungen verlegt wird, kann dies die Funktion der Kupplung und sogar der Lenkung beeinflussen. Ziehen Sie den Zug heraus – falls er klemmt, darf keine Gewalt eingesetzt werden, da hierbei wahrscheinlich nur Schaden angerichtet wird.

18.2e ... und ziehen Sie den Kupplungszug nach oben heraus.

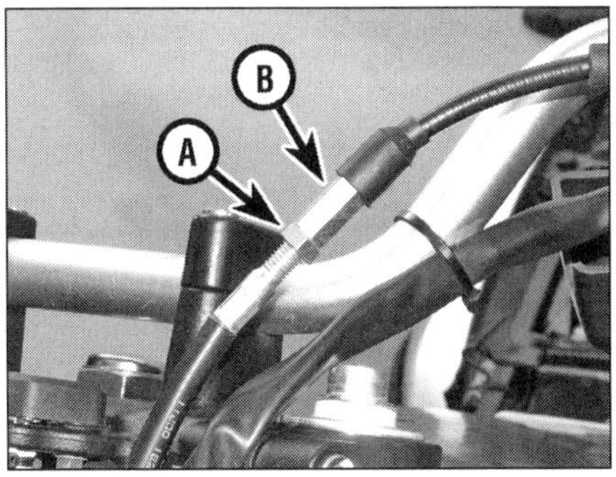

18.3a Lockern Sie die Kontermutter (A) und drehen Sie den Einsteller (B) ein.

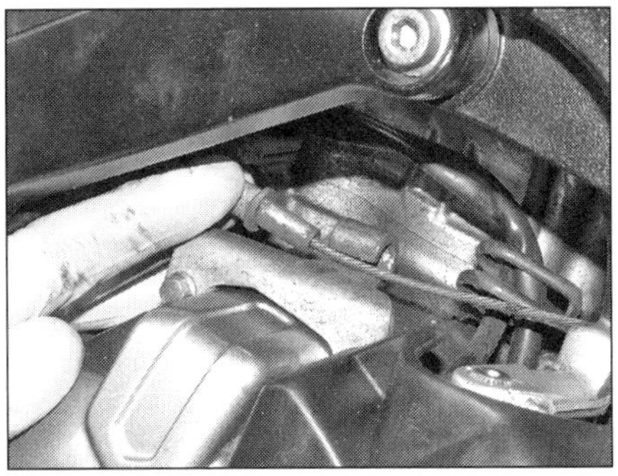

18.3b Ziehen Sie den Kupplungszug aus dem Halter...

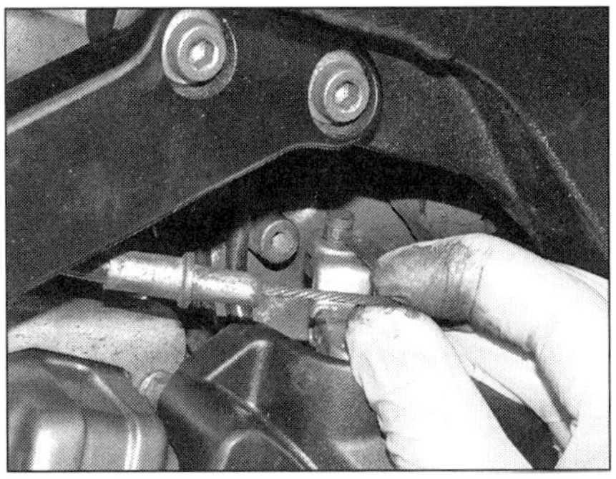

18.3c ... und befreien Sie den Kupplungszugnippel aus dem Anlenkhebel.

2

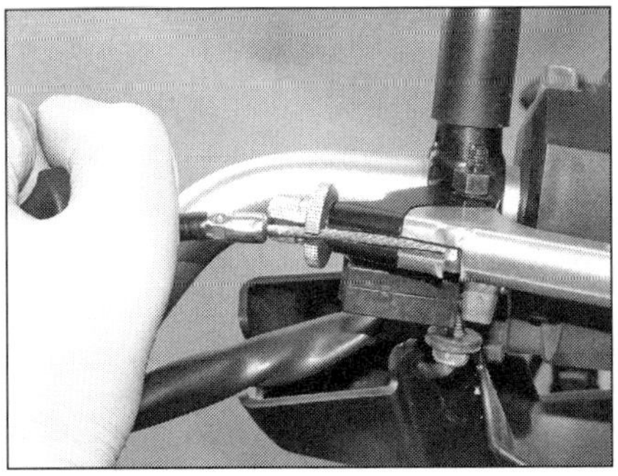

18.4a Richten Sie alle Öffnungen zueinander aus, befreien Sie den Kupplungszug aus dem Halter...

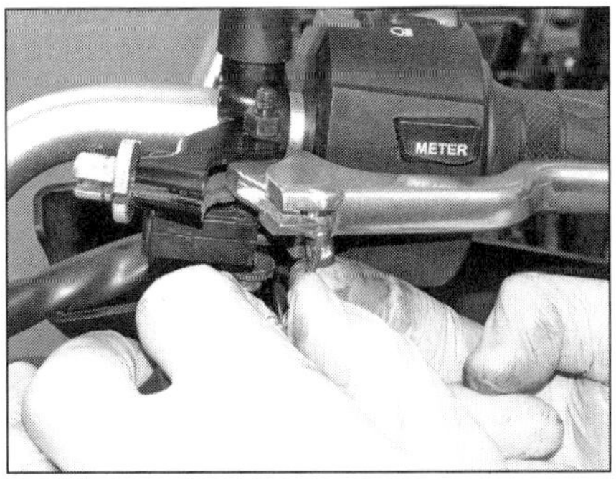

18.4b ... und befreien Sie seinen Nippel aus dem Hebel.

Praxis TiPP ***Um einen Bowdenzug sicher in der ursprünglichen Position verlegen zu können, wird das untere Ende des neuen Zuges mit Draht am oberen Ende des alten Zuges befestigt – und der neue Zug beim Herausziehen des alten Zuges in seine korrekte Einbaulage gezogen.***

Einbau

6 Der Einbau entspricht der umgekehrten Ausbaureihenfolge. Schmieren Sie die Enden des Kupplungszugs mit Fett. Ziehen Sie den neuen Zug korrekt ein (siehe *Praxis-Tipp*). Biegen Sie bei DL-Modellen bis 2011 die Lasche des Ausrückhebels zurück, um den Nippel zu sichern (siehe Abbildung). Stellen Sie das Spiel des Kupplungshebels ein (siehe Kapitel 1).

18.6 Biegen Sie die Lasche hoch, um den Kupplungszug zu sichern.

19 Schaltmechanismus

Ausbau

1 Schalten Sie das Getriebe in den Leerlauf. Demontieren Sie die Kupplung (siehe Sektion 17). Verstopfen Sie alle Löcher zum Ölsumpf mit Lappen, damit nichts hineinfällt.

2 Beachten Sie die Ausrichtung der Körnermarkierung auf der Schaltwelle zur Klemmnut des Schaltgestängehebels oder bringen Sie nötigenfalls selbst eine an. Lösen Sie die Klemmschraube und ziehen Sie den Hebel ab (Abbildungen 4.12a oder b).

3 Entfernen Sie den Seegerring und die Scheibe von der Schaltwelle (siehe Abbildungen).

4 Beachten Sie, wie die Schaltklauen auf die Schaltstern-Stifte greifen und die Enden der Schaltwellen-Rückholfeder um den Stift im Motorgehäuse liegen. Ziehen Sie die Schaltwelle aus dem Motor – die innere Scheibe darf dabei nicht am Motorgehäuse kleben bleiben (siehe Abbildung).

5 Beachten Sie die Ausrichtung der Arretierhebelfeder-Enden und der Arretierhebel-Rolle im Leerlauf-Ausschnitt des Schaltsterns. Lösen Sie dann die Arretierhebelschraube und entfernen Sie den Hebel, die Scheibe und die Feder – merken Sie sich ihre Einbaupositionen (siehe Abbildung).

6 Lösen Sie nötigenfalls die Schraube, die den Schaltstern an der Schaltwalze sichert – hindern Sie den Stern dabei mit einem zwischen ihn und die Lagersicherung eingeschobenen Schraubendreher am Mitdrehen (siehe Abbildung). Der Schaltstern wird mit zwei Arretierstiften an der Schaltwalze gesichert – legen Sie einen Lappen unten ins Motorgehäuse, um diese aufzufangen, falls sie herausfallen. Stellen Sie die Stifte ggf. sicher (siehe Abbildung).

7 Nach jedem Ausbau der Schaltwelle sollte pauschal ihr Dichtring ausgetauscht werden – hebeln Sie ihn z.B. mit einem Schraubendreher heraus (siehe Abbildung).

Kontrolle

8 Inspizieren Sie die Rückholfedern des Arretierhebels und der Schalthebelwelle sowie die Andrückfeder (siehe Abbildungen). Falls eine von ihnen ermüdet oder beschädigt ist, muss sie durch ein Neuteil ersetzt werden – sie sind mit je einem Seegerring gesichert. Prüfen Sie auch, ob der Rückholfeder-Arretierstift fest ins Gehäuse geschraubt ist (Abbildung 19.15b). Falls er locker ist, muss er ausgebaut, das gereinigte Gewinde mit Sicherungspaste bestrichen und der Stift mit 19 Nm angezogen werden.

19.3a Entfernen Sie den Seegerring . . .

19.3b . . . und ziehen Sie die Scheibe ab.

19.4 Beachten Sie die Ausrichtung der Feder-Enden und ziehen Sie die Schaltwelle heraus.

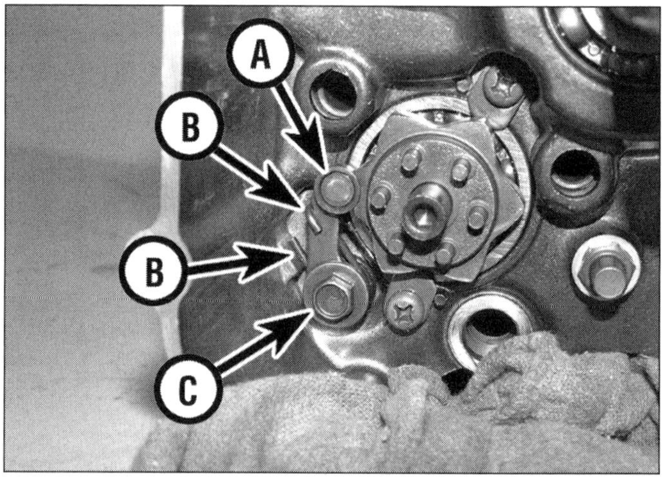

19.5 Beachten Sie die Ausrichtung der Rolle (A) und der Feder-Enden (B). Lösen Sie dann die Schraube (C) und entfernen Sie den Arretierhebel.

19.6a Blockieren Sie den Schaltstern mit einem Schraubendreher, während seine Schraube gelöst wird.

19.6b Beachten Sie die Arretierstifte für den Schaltstern und stellen Sie sie ggf. sicher.

19.7 Hebeln Sie den Schaltwellen-Dichtring heraus.

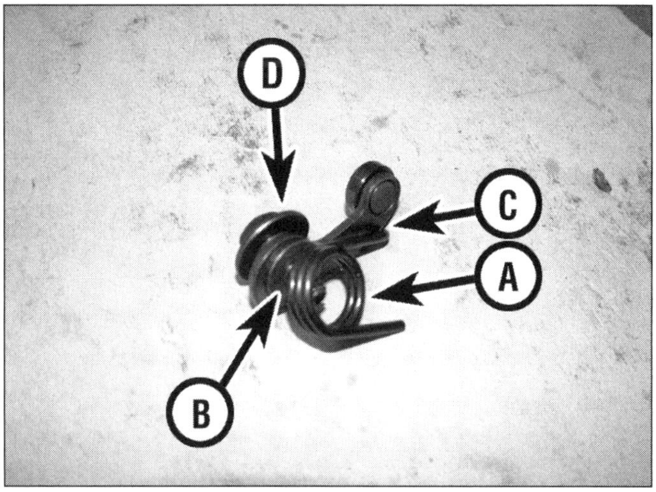

19.8a Bauteile des Arretierhebels: Rückholfeder (A), Scheibe (B), Hebel mit Rolle (C), Schraube (D)

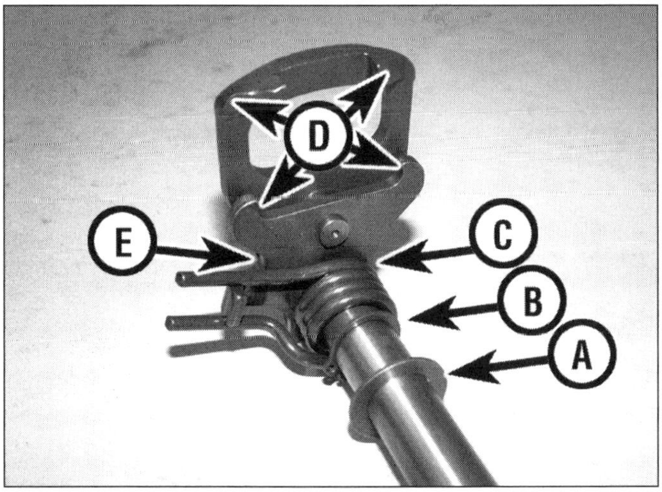

19.8b Bauteile des Schalthebels: Scheibe (A), Seegerring (B), Rückholfeder (C), Schaltklauen (D), untere Schaltklauenplatte (E), ...

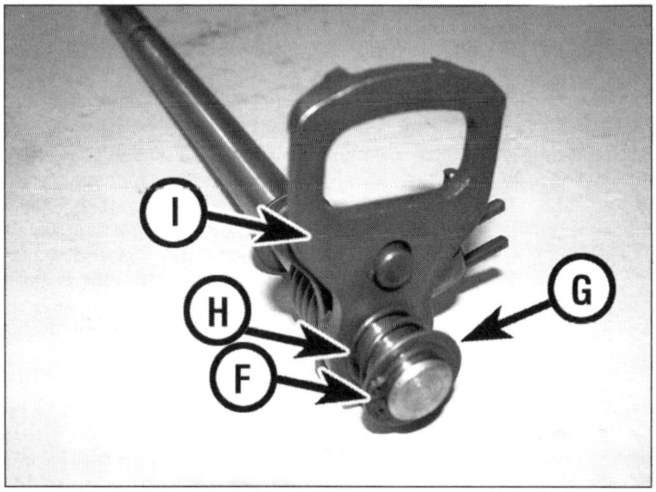

19.8c ... Seegerring (F), Scheibe (G), Andrückfeder (H), obere Schaltklauenplatte (I)

2

19.12a Installieren Sie den Schaltwellen-Dichtring mit der Markierung nach außen . . .

19.12b . . . und drücken oder treiben Sie ihn in seinen Sitz.

19.13a Installieren Sie die mit Sicherungspaste versehene Schraube, . . .

19.13b . . . blockieren Sie den Schaltstern und ziehen Sie die Schraube mit 13 Nm an.

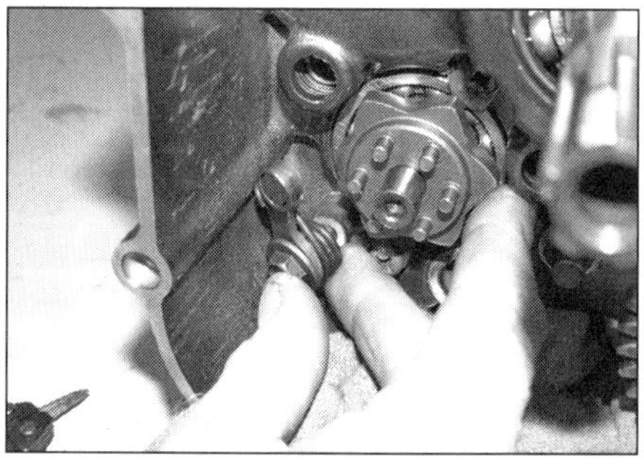

19.14 Installieren Sie die Arretierhebel-Baugruppe wie beschrieben.

19.15a Schieben Sie die Schaltwelle ins Motorgehäuse . . .

19.15b . . . und richten Sie die Enden der Rückholfeder an beiden Seiten des Stifts aus.

9 Kontrollieren Sie die Schaltwelle auf Krümmung und Beschädigung der Verzahnung. Wenn die Welle verbogen ist, kann sie vielleicht gerichtet werden – bei einer beschädigten Kerbverzahnung muss sie ausgewechselt werden.
10 Begutachten Sie die Schaltarmklauen und die Schaltstern-Stifte auf Verschleiß und ersetzen Sie schadhafte Teile (Abbildungen 19.8b und c). Die obere Schaltklauen-Platte kann von der unteren (die in die Welle integriert ist) getrennt werden, nachdem die Scheibe, der Seegerring und die Andrückfeder entfernt wurden – beachten Sie, wie die Bohrung der oberen Platte über dem Stift der unteren liegt.
11 Überprüfen Sie die Arretierhebel-Rolle und die Ausschnitte des Schaltsterns auf Anzeichen von Verschleiß oder Beschädigungen und kontrollieren Sie, ob sich die Rolle frei drehen lässt (Abbildung 19.8a) – ersetzen Sie alle schadhaften Teile.

Einbau

12 Pressen oder treiben Sie einen neuen Wellendichtring (Markierung nach außen) senkrecht in seinen Sitz; er muss etwas unter dem Rand der Bohrung sitzen (siehe Abbildungen).
13 Reinigen Sie das Gewinde der Schaltstern-Schraube. Stecken Sie ggf. die Arretierstifte in die Schaltwalze (Abbildung 19.6b). Setzen Sie den Schaltstern auf – weil die Stifte leicht versetzt angeordnet sind, kann er nur in einer Position aufgesetzt werden. Versehen Sie die Schraube mit mittelfester Sicherungspaste und ziehen Sie sie mit 13 Nm an – blockieren Sie dabei die Schaltwalze (siehe Abbildungen).
14 Reinigen Sie das Gewinde der Arretierhebel-Schraube, führen Sie sie durch den Arretierhebel und legen Sie die Scheibe und die Rückholfeder auf (Abbildung 19.8a). Versehen Sie die Schraube mit mittelfester Sicherungspaste und setzen Sie die Baugruppe an das Motorgehäuse – die Federenden müssen korrekt über dem Arretierhebel am Gehäuse anliegen; drehen Sie die Schraube ein Stück weit ins Motorgehäuse (siehe Abbildung). Hebeln Sie den Arretierhebel mit einer Zange oder einem als Hebel angesetzten Schraubendreher an und drehen Sie die Schraube vollständig ein – richten Sie dabei die Rolle über dem Schaltstern aus (Abbildung 19.5). Ziehen Sie die Schraube mit 10 Nm an und prüfen Sie anschließend, ob sich der Hebel frei drehen lässt und durch den Druck der Feder wieder zurückkehrt.
15 Die innere Scheibe muss auf die Schaltwelle geschoben sein und die Enden der Rückholfeder an beiden Seiten der Lasche der unteren Schaltklauenplatte anliegen (Abbildung 19.8b). Dann wird die Welle in ihre Bohrung im Motor geschoben – dabei müssen die Enden der Rückholfeder um den ins Gehäuse geschraubten Stift liegen (siehe Abbildungen).
16 Schieben Sie links die Scheibe auf die Welle und installieren Sie den Seegerring in seine Nut (Abbildungen 19.3b und a).
17 Schieben Sie den korrekt zur Körnermarkierung ausgerichteten Schaltgestängehebel auf die Welle und ziehen Sie die Klemmschraube an. Prüfen Sie, ob der Schaltmechanismus korrekt arbeitet.
18 Entfernen Sie alle Lappen aus den Gehäusebohrungen. Bauen Sie die Kupplung ein (siehe Sektion 17).

20 Primärtrieb-Antriebsrad

Achtung: Der Primärtriebrad-Bolzen hat ein Linksgewinde – muss also im Uhrzeigersinn gelöst und gegen den Uhrzeigersinn angezogen werden!

20.1 Lösen Sie den Kurbelwellen-Inspektionsstopfen.

20.2 Kontern Sie den Rotorbolzen.

20.3a Lösen Sie die Schraube . . .

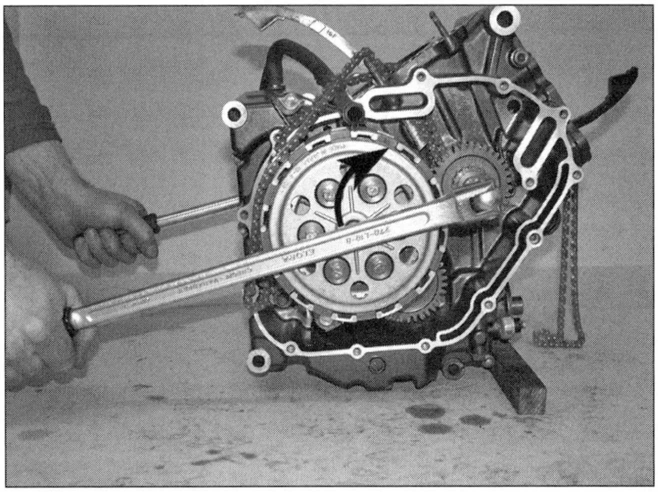

20.3b . . . im Uhrzeigersinn – sie hat ein Linksgewinde.

20.4a Ziehen Sie das Wasserpumpen-Antriebsrad . . .

20.4b . . . gefolgt vom Primärtriebrad von der Kurbelwelle.

Ausbau

1 Demontieren Sie die Kupplung (siehe Sektion 17). Schrauben Sie den Kurbelwellen-Inspektionsstopfen aus dem Lichtmaschinendeckel (siehe Abbildung).

2 Um den Primärtriebrad-Bolzen lösen zu können, muss die Kurbelwelle mithilfe eines am Lichtmaschinenrotorbolzen angesetzten 17-mm-Steckschlüssels am Mitdrehen gehindert werden (siehe Abbildung) – aufgrund des Linksgewindes am Primärtriebrad-Bolzen würde der Lichtmaschinenrotorbolzen dabei eher fester angezogen, allerdings hat er ein deutlich höheres Anzugsdrehmoment, sodass hier keine Gefahr besteht.

2

3 Lösen Sie bei blockierter Kurbelwelle den Primärtriebrad-Bolzen – bedenken Sie sein Linksgewinde (siehe Abbildungen).

4 Markieren Sie die Außenseiten der Wasserpumpen- und Primärtrieb-Antriebsräder, damit sie wieder in ihren ursprünglichen Positionen installiert werden können. Ziehen Sie beide Zahnräder von der Kurbelwelle (siehe Abbildungen).

Kontrolle

5 Kontrollieren Sie die Zähne des Primärtrieb-Antriebsrades und des Abtriebrades an der Rückseite des Kupplungskorbes. Falls Schäden festgestellt werden, müssen wahrscheinlich beide Räder – also auch der Kupplungskorb – ersetzt werden.

Einbau

6 Schieben Sie das Primärtriebrad mit der zuvor angebrachten Markierung nach außen zeigend auf die Kurbelwelle (Abbildung 20.4b). Schieben Sie genauso das Wasserpumpenrad auf (Abbildung 20.4a).

7 Installieren Sie den Bolzen und drehen Sie ihn gegen den Uhrzeigersinn ein (siehe Abbildungen). Blockieren Sie die Kurbelwelle erneut am Lichtmaschinenrotorbolzen (dieser muss mit mindestens 120 Nm angezogen sein und wird sich dabei nicht lockern) und ziehen Sie den Primärradbolzen mit 70 Nm an.

Anmerkung: *Prüfen Sie zunächst, ob sich der Drehmomentschlüssel auf Linksgewinde einstellen lässt – andernfalls besteht die Gefahr, dass man den Bolzen immer stärker anzieht, weil der Schlüssel nicht klickt, und dabei den Lichtmaschinenrotorbolzen lockert!*

8 Installieren Sie den mit einem neuen gefetteten O-Ring versehenen Kurbelwellen-Inspektionsstopfen und ziehen Sie ihn mit 11 Nm an.

9 Montieren Sie die Kupplung (siehe Sektion 17).

21 Ölpumpe, Ansaugsieb und Druckregler

Ölpumpe

Druckprüfung

1 Beachten Sie die Hinweise in Sektion 3. Wenn der Druck zwischen 1 und 4 bar (DL bis 2011) bzw. zwischen 2 und 6 bar (DL ab 2012, alle SFV) liegt, ist die Pumpe in Ordnung. Liegt der Druck niedriger, und alle in Sektion 3 aufgeführten Gründe können ausgeschlossen werden, wird die Pumpe verschlissen oder defekt sein und muss durch ein Neuteil ersetzt werden – Einzelteile sind nicht erhältlich.

20.7a Installieren Sie die Schraube . . .

20.7b . . . und ziehen Sie sie gegen den Uhrzeigersinn mit 70 Nm an.

21.3a Entfernen Sie den Seegerring . . .

21.3b . . . und ziehen Sie das Ölpumpenrad ab.

21.3c Ziehen Sie den Mitnehmerstift heraus . . .

21.3d . . . und entfernen Sie die Scheibe.

21.4a Lösen Sie die Schrauben . . .

21.4b . . . und entnehmen Sie die Ölpumpe.

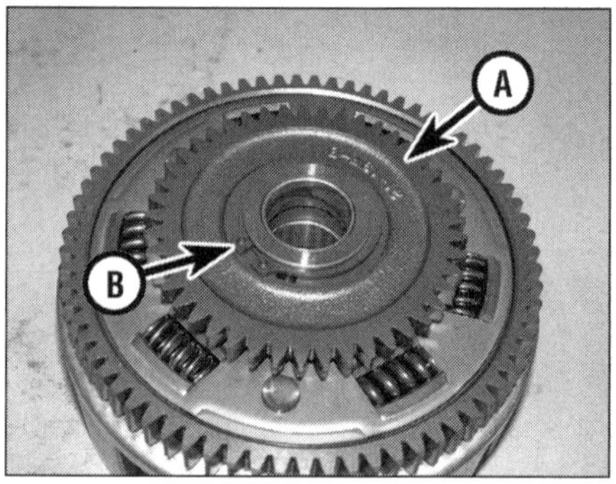

21.6 Das Antriebsrad (A) ist mit einem Seegerring (B) an der Rückseite des Kupplungskorbes gesichert.

Ausbau

2 Demontieren Sie die Kupplung (siehe Sektion 17). Verstopfen Sie alle Löcher zum Ölsumpf mit Lappen, damit nichts hineinfällt.

3 Entfernen Sie den Seegerring, der das Antriebsrad sichert, und ziehen Sie dies von der Welle – beachten Sie dabei, wie es auf dem Mitnehmerstift sitzt (siehe Abbildungen). Ziehen Sie den Stift heraus und entnehmen Sie die Scheibe (siehe Abbildungen).

4 Lösen Sie die drei Schrauben der Ölpumpe und entnehmen Sie diese (siehe Abbildungen).

Kontrolle

5 Inspizieren Sie das Pumpengehäuse auf Risse und andere Schäden. Drehen Sie die Welle und prüfen Sie, ob sie sich sanft und frei bewegen lässt.

6 Kontrollieren Sie das Ölpumpenrad auf verschlissene oder ausgebrochene Zähne und ersetzen Sie es nötigenfalls durch ein Neuteil. Überprüfen Sie genauso das Antriebsrad hinten am Kupplungskorb (siehe Abbildung). Markieren Sie die Außenseite des Zahnrades, entfernen Sie den Seegerring und heben Sie das Zahnrad vom Kupplungskorb; entnehmen Sie den zwischen den Ausschnitten des Rades und der Kupplungskorb-Nabe sitzenden Arretierstift. Achten Sie beim Zusammenbau darauf, dass der Stift richtig sitzt, das Zahnrad richtig herum montiert wird und der Seegerring rundherum in seiner Nut sitzt.

Einbau

7 Vor dem Einbau der Ölpumpe muss diese über die Auslassöffnung mit Öl gefüllt und dabei die Welle von Hand durchgedreht werden (siehe Abbildung) – so wird sichergestellt, dass die Pumpe beim Starten des Motors unverzüglich Öl fördert.

8 Setzen Sie die Ölpumpe korrekt an das Motorgehäuse (siehe Abbildung). Versehen Sie die gereinigten Gewinde der Schrauben mit mittelfester Sicherungspaste und ziehen Sie sie sorgfältig an (siehe Abbildung).

9 Schieben Sie die Scheibe auf die Welle und stecken Sie den Mitnehmerstift in seine Bohrung (Abbildungen 21.3d und c). Richten Sie die Ausschnitte des Ölpumpenrades über dem Stift aus und sichern Sie es mit dem korrekt in seine Nut sitzenden Seegerring auf der Welle (Abbildungen 21.3b und a).

10 Entfernen Sie den Lappen und montieren Sie die Kupplung (siehe Sektion 17).

Ansaugsieb

Ausbau

11 Bauen Sie den Motor aus und trennen Sie die Motorgehäusehälften (siehe Sektion 23).

12 Lösen Sie die Schrauben des Ansaugsieb-Blechs und entnehmen Sie dieses (siehe Abbildung).

13 Ziehen Sie das Ansaugsieb aus seinem Gehäuse – notieren Sie seine Einbaulage in den Nuten (siehe Abbildung).

Kontrolle

14 Reinigen Sie das Sieb mit Lösungsmittel und blasen Sie es mit Druckluft aus (siehe Abbildung). Falls im Sieb Löcher oder Risse zu finden sind, muss es ersetzt werden.

Einbau

15 Installieren Sie das Sieb mit der dünnen Seite voran und richten Sie die Ränder in den Nuten aus – der Vorsprung muss unten außen liegen (siehe Abbildung).

21.7 Füllen Sie die Ölpumpe vor dem Einbau mit Motoröl.

21.8a Setzen Sie die Ölpumpe ans Motorgehäuse . . .

21.8b . . . und ziehen Sie die mit Sicherungspaste versehenen Schrauben sorgfältig an.

21.12 Lösen Sie die Schrauben, entnehmen Sie das Blech . . .

21.13 . . . und ziehen Sie das Ansaugsieb heraus.

21.14 Reinigen Sie das Sieb wie beschrieben.

21.15 Installieren Sie das Ansaugsieb mit dem Vorsprung (Pfeil) wie gezeigt . . .

21.16 ... und montieren Sie das Blech.

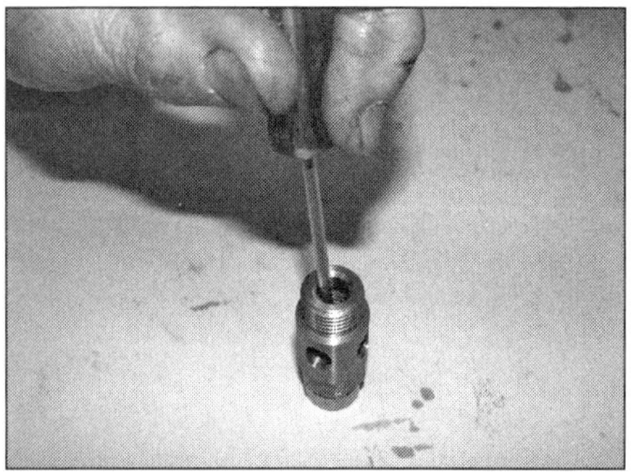

21.20 ... und kontrollieren Sie es wie beschrieben.

16 Versehen Sie die gereinigten Gewinde der Schrauben mit mittelfester Sicherungspaste, setzen Sie das Blech auf und ziehen Sie die Schrauben mit 10 Nm an (siehe Abbildung).
17 Verbinden Sie die Motorgehäusehälften (siehe Sektion 23).

Überdruckventil

Ausbau

18 Bauen Sie den Motor aus und trennen Sie die Motorgehäusehälften (siehe Sektion 23).

21.19 Schrauben Sie das Überdruckventil heraus ...

21.21 Installieren Sie das Überdruckventil und ziehen Sie es mit 27 Nm an.

19 Lösen und entfernen Sie das Überdruckventil (siehe Abbildung).

Kontrolle

20 Drücken Sie den Kolben in das Ventil und prüfen Sie, ob er sich frei bewegen lässt und von der Federkraft wieder herausgedrückt wird (siehe Abbildung). Klemmt er oder bewegt sich rau, muss das Überdruckventil ersetzt werden – es kann nicht zerlegt werden und Einzelteile sind nicht erhältlich.

Einbau

21 Installieren Sie das Überdruckventil ins Motorgehäuse und ziehen Sie es mit 18 Nm an (siehe Abbildung).
22 Verbinden Sie die Motorgehäusehälften (siehe Sektion 23).

22 Lichtmaschinenrotor und Anlasserfreilauf

Anmerkung: *Alle elektrischen Kontrollen der Lichtmaschine sind in Kapitel 8 beschrieben.*

Kontrolle

1 Die Funktion des Ablasserfreilaufs kann nach dem Ausbau des Anlassers überprüft werden (siehe Kapitel 8). Prüfen Sie, ob das Untersetzungsrad sich durch die Anlasser-Öffnung betrachtet von Hand frei im Uhrzeigersinn drehen lässt – gegen den Uhrzeigersinn muss es blockieren. Bei anderen Ergebnissen kann der Freilauf defekt sein und muss zur Inspektion demontiert werden.

Ausbau

2 Stützen Sie das Motorrad aufrecht ab. Lassen Sie entweder das Motoröl ab oder stellen Sie einen Behälter unter den Motor, um bei der Demontage des Deckels austretendes Öl aufzunehmen. Befreien Sie den Kupplungszug vom Ausrückmechanismus (siehe Sektion 18).
3 Entfernen Sie bei DL-Modellen ab 2012 und allen SFV-Modellen den äußeren Ritzeldeckel (siehe Kapitel 6) und lösen Sie die Schraube des Geschwindigkeitssensors, um diesen zu befreien (siehe Abbildung). Lösen Sie das Seitenständerkabel aus der Führung (siehe Abbildung). Demontieren Sie bei DL-Modellen ggf. den Motorschutz (siehe Kapitel 7).
4 Falls der Lichtmaschinendeckel (samt Stator) komplett demontiert werden soll, müssen

22.3a Befreien Sie den Gangsensor ...

22.3b ... und das Kabel des Seitenständerschalters.

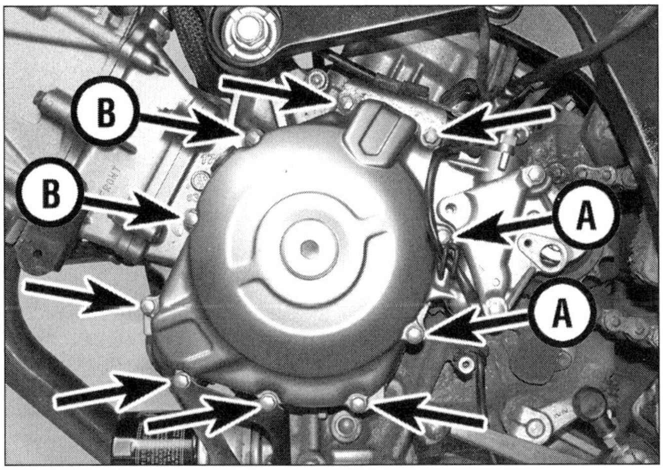

22.5 Lichtmaschinendeckel-Schrauben – beachten Sie die 65 mm-Schrauben (A) und die Dichtscheiben (B).

22.6 Kontern Sie den Rotor mit einem Bandschlüssel, um den Bolzen zu lösen.

der Lichtmaschinen- und der Kurbelwellensensor-Stecker getrennt werden (Abbildungen 4.10a, b oder c) – bei DL-Modellen muss für den Zugang das Luftfiltergehäuse (siehe Kapitel 4) und bei SFV-Modellen der rechte Seitendeckel entfernt werden (siehe Kapitel 7). Führen Sie die Kabel zum Lichtmaschinendeckel zurück und befreien Sie sie dabei aus allen Führungen – merken Sie sich die Verlegung.

5 Lockern Sie schrittweise und über Kreuz die Schrauben des Lichtmaschinendeckels – beachten Sie die zwei längeren Schrauben, die mit Dichtscheiben ausgerüsteten Schrauben und bei DL-Modellen ab 2012 sowie allen SFV-Modellen den Kupplungszughalter sowie die Klemme (siehe Abbildung). Seien Sie auf austretendes Öl vorbereitet und ziehen Sie den Deckel vom Motor – er wird durch den magnetischen Rotor zurückgehalten. Falls die Stecker nicht getrennt wurden, muss der Deckel seitlich am Motorrad mit Draht gesichert werden. Entfernen Sie die Dichtung – sie muss später erneuert werden. Stellen Sie ggf. die Passhülsen aus dem Deckel oder dem Motorgehäuse sicher.

6 Um den Rotorbolzen lösen zu können, muss der Rotor am Mitdrehen gehindert werden – dies kann mithilfe eines Bandschlüssels geschehen, doch muss darauf geachtet werden, die am Rotor angebrachten Zündauslöser nicht zu beschädigen (siehe Abbildung). Falls kein Bandschlüssel zur Hand ist, muss ein Gang eingelegt werden und ein auf der Sitzbank platzierter Assistent die Fußbremse betätigen. Der Bolzen sitzt sehr fest, sodass nötigenfalls das Suzuki-Spezialwerkzeug mit der Teilenummer 09930-44530 an der Rotornabe angesetzt werden muss, um diese zu blockieren. Lösen Sie den Bolzen und entfernen Sie ihn samt Scheibe.

7 Um den Rotor vom Konus der Kurbelwelle ziehen zu können, wird ein Abzieher benötigt, wie er z.B. auch von Suzuki unter der Teilenummer 09930-30450 angeboten wird – verwenden Sie keinen Zwei- oder Dreiarm-Abzieher. Drehen Sie den Abzieher in den Rotor und ziehen Sie ihn an, bis sich dieser von der Kurbelwelle löst – hindern Sie ihn dabei wie in Schritt 6 beschrieben am Mitdrehen. Ein fest sitzender Rotor lässt sich ggf. mit Hammerschlägen auf den Abzieherbolzen oder dem Erwärmen der Rotornabe lockern. Stellen Sie anschließend ggf. den Halbmondkeil aus der Nut der Kurbelwelle sicher (siehe Abbildung). Ziehen Sie das Freilaufrad von der Kurbelwelle (siehe Abbildung).

22.7a Stellen Sie den Halbmondkeil sicher . . .

22.7b . . . und ziehen Sie das Freilaufrad ab.

22.8 Ziehen Sie die Welle heraus und entnehmen Sie das Zahnradpaar.

8 Ziehen Sie die Welle des Untersetzungs-Zahnradpaars aus dem Motorgehäuse und entnehmen Sie die Räder (siehe Abbildung).

Kontrolle und Zerlegen

9 Während der Lichtmaschinenrotor nach unten auf der Werkbank liegt, wird geprüft, ob sich das Freilauf-Zahnrad frei gegen Uhrzeigersinn drehen lässt – im Uhrzeigersinn muss es blockieren (siehe Abbildung). Ist dies nicht der Fall, muss der Freilauf zerlegt werden.

22.9 Das Freilaufrad muss sich gegen den Uhrzeigersinn drehen lassen – und in Gegenrichtung blockieren.

2

22.11a Kontrollieren Sie die Spreizrollen (A) und ihre Gleitfläche auf der Radnabe (B).

22.11b Schrauben der Spreizrollen-Baugruppe

10 Ziehen Sie das Freilaufrad aus dem Anlasserfreilauf – falls es klemmt, muss es dabei gegen den Uhrzeigersinn gedreht werden.

11 Inspizieren Sie die im Freilaufgehäuse sitzenden Spreizrollen und ihre Gleitfläche auf der Zahnradnabe (siehe Abbildung). Sind Schäden, Ausbrüche oder Abflachungen festzustellen, müssen entsprechende Teile ersetzt werden. Zum Entfernen der Spreizrollen-Schrauben muss der Rotor mithilfe des Bandschlüssels gehalten werden (siehe Abbildung). Entfernen Sie die Spreizrollen-Baugruppe aus dem Rotor und merken Sie sich ihre Einbaurichtung – der Pfeil am Gehäuse muss außen liegen. Schmieren Sie die Spreizrollen beim Einbau mit frischem Motoröl. Reinigen Sie die Gewinde der Schrauben, tragen Sie mittelfeste Sicherungspaste auf und ziehen Sie sie mit 25 Nm an.

12 Kontrollieren Sie die Buchse im Freilaufrad sowie ihre Gleitfläche auf der Kurbelwelle. Falls die Buchse so weit verschlissen ist, dass die Ölnuten nur noch sehr flach oder kaum noch sichtbar sind, muss das Freilaufrad ersetzt werden.

13 Kontrollieren Sie die Zähne der Anlasserwelle, des Zwischen/Untersetzungsrades und des Freilaufrades und ersetzen Sie schadhafte Zahnräder bzw. den Anlasser. Inspizieren Sie auch die Zwischen/Untersetzungsrad-Welle auf Beschädigungen und ein spielfrei laufendes Zahnradpaar.

Einbau

14 Entfernen Sie sämtliche Dichtungsreste von den Dichtflächen des Lichtmaschinendeckels und des Motorgehäuses und wischen Sie sie mit Lösungsmittel ab.

22.16 Stecken Sie den Halbmondkeil in seine Nut . . .

22.19 . . . und schieben Sie den korrekt ausgerichteten Rotor darüber.

22.20a Installieren Sie den mit Öl geschmierten Rotorbolzen . . .

22.20b . . . und ziehen Sie ihn mit 120 Nm (DL bis 2011) bzw. 140 Nm (DL ab 2012, alle SFV) an.

22.21a Legen Sie eine neue Dichtung über die zwei Passhülsen . . .

22.21b . . . und montieren Sie den Lichtmaschinendeckel.

15 Schmieren Sie die Freilaufrad-Buchse und schieben Sie das Rad mit dem Nabenbund nach außen auf (Abbildung 22.7b).
16 Reinigen Sie die Konusflächen der Kurbelwelle und des Lichtmaschinenrotors mit Lösungsmittel. Installieren Sie ggf. den Halbmondkeil in die Kurbelwelle (siehe Abbildung).
17 Schmieren Sie die Zwischen/Untersetzungsrad-Welle mit Motoröl. Richten Sie das Zahnradpaar (mit dem kleineren Rad nach außen) am Motorgehäuse aus und schieben Sie die Welle ein (Abbildung 22.8).
18 Falls getrennt, muss der Anlasserfreilauf hinten an den Rotor geschraubt werden (Schritt 11).
19 Prüfen Sie, ob sich an den Magneten des Rotors keine Metallteile abgesetzt haben. Schieben Sie den Rotor auf die Kurbelwelle, richten Sie dabei die Nut zum Halbmondkeil aus, der nicht verschoben werden darf. Die Zähne des Freilaufrades müssen in diejenigen des Untersetzungsrades greifen (siehe Abbildung).
20 Installieren Sie den mit der Scheibe ausgerüsteten Bolzen, blockieren Sie den Rotor (siehe Schritt 7) und ziehen Sie den Bolzen mit 120 Nm (DL bis 2011) bzw. 140 Nm (DL ab 2012, alle SFV) an (siehe Abbildungen).
21 Stecken Sie ggf. die Passhülsen in den Deckel oder das Motorgehäuse und legen Sie eine neue Dichtung darüber (siehe Abbildung). Setzen Sie den Lichtmaschinendeckel auf – er wird durch die Magnetkräfte angezogen (siehe Abbildung). Installieren Sie die Deckelschrauben – achten Sie auf die Positionen der zwei längeren Schrauben, vergessen Sie an den zwei vorderen nicht die Dichtscheiben und bei DL-Modellen ab 2012 sowie allen SFV-Modellen die Kupplungszug-Klemme und den Halter. Ziehen Sie die Schrauben schrittweise und über Kreuz bis zum Drehmoment von 10 Nm an (Abbildung 22.5).
22 Bei DL-Modellen ab 2012 sowie allen SFV-Modellen müssen das Kabel des Seitenständerschalters gesichert und der Gangsensor montiert werden (Abbildungen 22.3b und a). Installieren Sie anschließend den äußeren Ritzeldeckel (siehe Kapitel 6) und verbinden Sie den Kupplungszug (siehe Sektion 18).
23 Falls getrennt, müssen die Lichtmaschinenkabel korrekt verlegt, gesichert und verbunden werden (Abbildungen 4.10a, b oder c).
24 Füllen Sie Motoröl auf (siehe Kapitel 1).

23 Motorgehäuse
Trennen und Zusammenbauen

Trennen

1 Um zur Kurbelwelle, den Pleuelstangen, den Getriebekomponenten sowie den Pleuel- und Hauptlagern Zugang zu erhalten, muss der Motor ausgebaut und das Motorgehäuse getrennt werden.
2 Bevor die Gehäusehälften getrennt werden können, sind folgende Baugruppen zu entfernen:

Anlasser (siehe Kapitel 8)
Ölkühler (DL bis 2012 und alle SFV)
Zylinderköpfe (siehe Sektion 12)
Zylinder (siehe Sektion 14)
Kolben (siehe Sektion 15)
Kupplung (siehe Sektion 17)
Schaltmechanismus und Schaltstern (siehe Sektion 19)
Primärtriebrad (siehe Sektion 20)
Ölpumpe (siehe Sektion 21)
Lichtmaschinenrotor und Anlasserfreilauf (siehe Sektion 22)
Steuerketten und Schienen (siehe Sektion 10 und 11)

3 Lösen Sie die Sicherungsschraube des Ölsprührohrs und entnehmen Sie das Sicherungsblech unter Beachtung seiner Ausrichtung zum Rohrende (siehe Abbildung). Ziehen Sie anschließend das Rohr aus dem Motorgehäuse (siehe Abbildung).
4 Falls die Getriebewellen ausgebaut werden sollen, müssen die Schrauben des Dichtring-Sicherungsblechs gelöst und das Blech entfernt werden (Abbildung 17.18b). Ziehen Sie anschließend die Distanzhülse von der Ausgangswelle (siehe Abbildung) – der darin sitzende O-Ring muss später erneuert werden (siehe Abbildung).
5 Falls die Schaltwalze ausgebaut werden soll, muss der Gangsensor demontiert werden (siehe Kapitel 8).

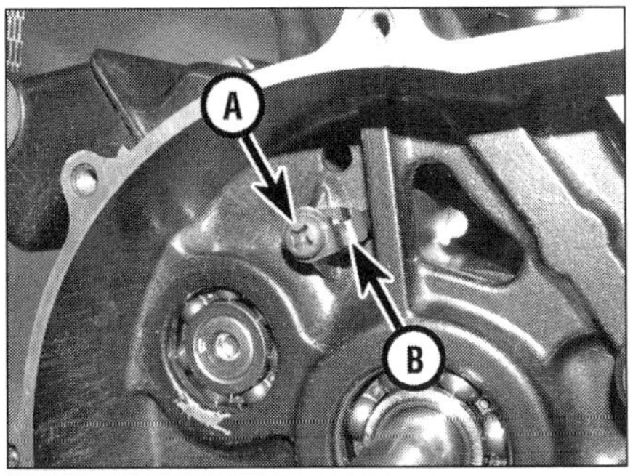

23.3a Lösen Sie die Schraube und entfernen Sie die Sicherungslasche des Ölsprührohrs, . . .

23.3b . . . um dies aus dem Motorgehäuse ziehen zu können.

23.4a Ziehen Sie die Distanzhülse aus dem Dichtring und von der Welle . . .

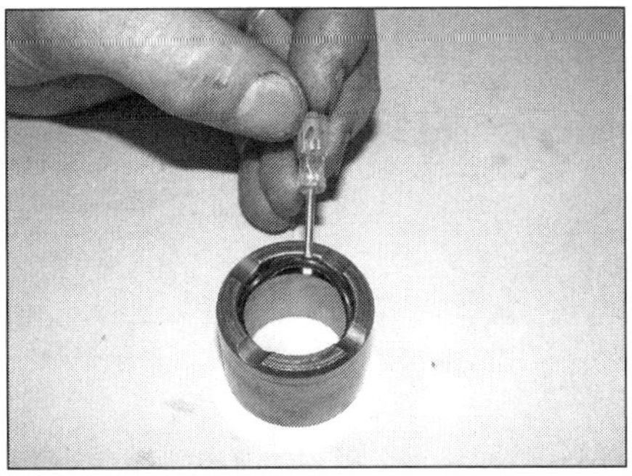

23.4b . . . und befreien Sie den an seiner Innenseite sitzenden O-Ring.

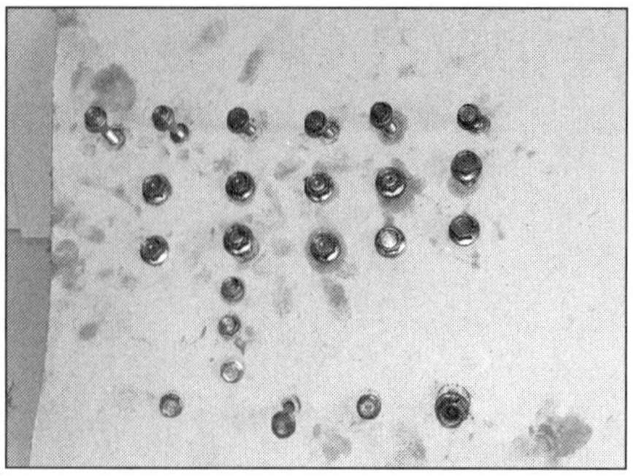

23.6 Lagern Sie die Gehäuseschrauben entsprechend ihrer Position in einer Pappe.

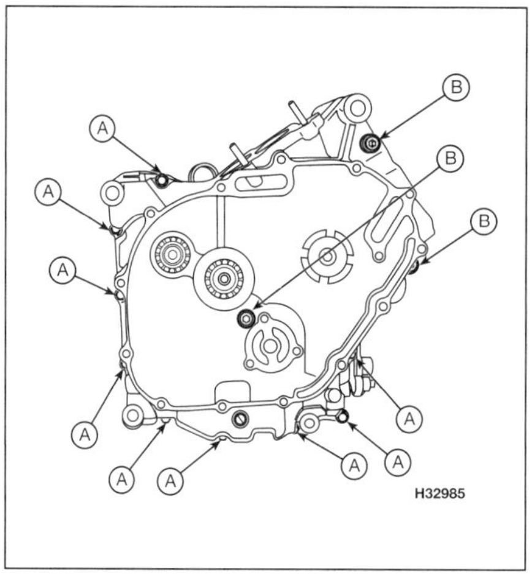

23.7 Rechte Motorseite: M6-Schrauben (A) und M8-Schrauben (B)

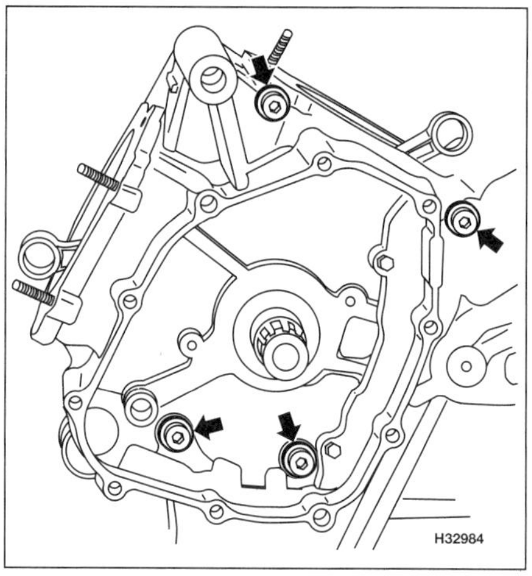

23.8 Linke Motorseite: M8-Schrauben

6 Das Motorgehäuse ist mit vielen unterschiedlichen Schrauben zusammengesetzt. Stecken Sie alle entfernten Schrauben ggf. zusammen mit ihren Scheiben, Klemmen etc. in dem Gehäuse entsprechenden Positionen in eine Pappe und sichern sie damit die richtige Zuordnung beim Zusammenbau (siehe Abbildung).

7 Lösen Sie die neun M6-Schrauben aus der rechten Gehäusehälfte und stecken Sie sie entsprechend ihrer Positionen in die Pappe (siehe Abbildung).

8 Lockern Sie schrittweise und über Kreuz die vier M8-Schrauben der linken Gehäusehälfte und entfernen Sie sie, sobald alle locker sind (siehe Abbildung).

9 Legen Sie den Motor vorsichtig auf die linke Gehäuseseite – stützen Sie ihn mit Hölzern ab, damit er nicht auf der Getriebeausgangswelle liegt. Lockern Sie schrittweise und über Kreuz die drei M8-Schrauben der rechten Gehäusehälfte und entfernen Sie sie, sobald alle locker sind (Abbildung 23.7).

10 Heben Sie vorsichtig die rechte Gehäusehälfte von der linken. Klopfen Sie nötigenfalls mit einem Kunststoffhammer oder Holzstück um die Dichtfläche herum das Gehäuse ab, um die Dichtung zu lockern (siehe Abbildung).

Anmerkung: *Wenn die Hälften sich nicht leicht trennen lassen, stellen Sie sicher, dass wirklich alle Befestigungen gelöst sind. Keinesfalls darf ein Hebel angesetzt werden, da damit die Dichtflächen zerstört würden. Falls die Getriebeeingangswelle im Lager der rechten Gehäusehälfte stecken bleibt, muss sie mit einem Kunststoffhammer herausgeklopft werden. Beschaffen Sie nötigenfalls ein Spreizwerkzeug (Bremskolben-Eindrückwerkzeuge eignen sich gut) und Hölzer zum Schutz des Gehäuses, positionieren Sie es in einer der Zylinderöffnungen und drücken Sie die Hälften vorsichtig auseinander (siehe Abbildung). Die Kurbelwelle, die Getriebewellen und die Schaltwalze samt Schaltgabeln werden in der linken Gehäusehälfte verbleiben.*

11 Entfernen Sie die zwei Passhülsen, falls sie locker sind – sie können in der rechten oder der linken Gehäusehälfte stecken (Abbildung 23.18). Entfernen Sie die Ölkanal-O-Ringe. Rechts auf der Getriebeausgangswelle muss eine Anlaufscheibe sitzen – andernfalls wird sie am Lager in der rechten Gehäusehälfte kleben.

12 Wechseln Sie zu den Sektionen 24 bis 30, um die im Gehäuse sitzenden Baugruppen aus- und einzubauen und zu kontrollieren.

Zusammenbau

13 Entfernen Sie sämtliche Dichtungsreste von den Kontaktflächen der Gehäusehälften. Auf jeden Fall empfiehlt es sich, das Ansaugsieb zu reinigen (siehe Sektion 21).

14 Legen Sie die linke Gehäusehälfte auf Holzblöcke, damit die Getriebeausgangswelle nicht die Werkbank berührt. Prüfen Sie, ob

23.10a Trennen Sie vorsichtig die Motorgehäusehälften.

23.10b Nötigenfalls kann ein Spreizwerkzeug wie gezeigt eingesetzt werden.

23.17 Das untere (linke) Pleuel muss in den vorderen Zylinder zeigen, das obere (rechte) Pleuel zum hinteren Zylinder.

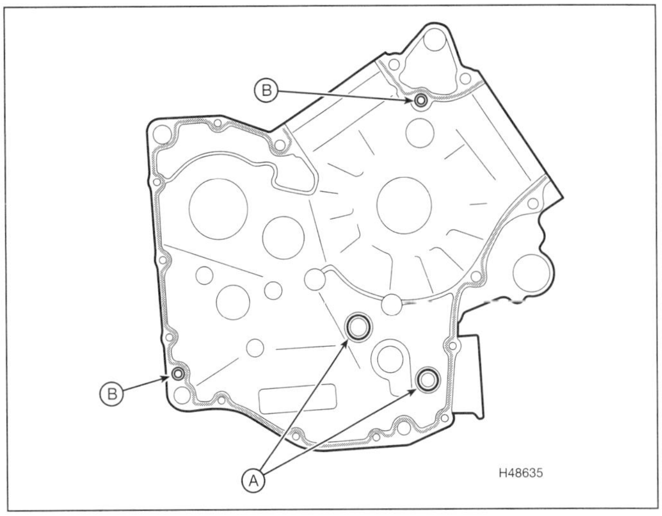

23.18 Die linke Gehäusehälfte muss mit O-Ringen (A) und Passhülsen (B) ausgerüstet und an den grau markierten Bereichen mit Dichtmasse versehen werden.

23.26a Installieren Sie einen neuen O-Ring in die Nut der Distanzhülse . . .

23.26b . . . und schieben Sie diese auf die Welle und in den Dichtring.

alle Bauteile und ihre Lager in den entsprechenden Gehäusehälften stecken – achten Sie besonders auf die Anlaufscheibe rechts auf der Ausgangswelle. Installieren Sie neue gefettete O-Ringe in die Nuten um die Ölkanäle.

15 Schmieren Sie die Getriebewellen, die Schaltwalze samt Gabeln, die Kurbelwelle und vor allem alle Lager großzügig mit einem Gemisch aus je 50 % Molybdänfett und Motoröl. Reinigen Sie dann mit Lösungsmittel die Gehäuse-Dichtflächen, um sie absolut ölfrei zu bekommen.

16 Stecken Sie (falls entfernt) die zwei Passhülsen in die linke Gehäusehälfte und installieren Sie neue O-Ringe (Abbildung 23.18).

17 Prüfen Sie, ob die Pleuelstangen korrekt zur jeweiligen Zylinderöffnung ausgerichtet sind (siehe Abbildung).

18 Verteilen Sie geeignetes Dichtmittel (z.B. Suzuki Bond 1207B) dünn auf den grau markierten Bereichen der linken Gehäusehälfte (siehe Abbildung).

Achtung: Zu dick aufgetragenes Dichtmittel würde sich beim Zusammenbau des Motorgehäuses herausdrücken und kann möglicherweise Ölkanäle verstopfen. Das Dichtmittel darf nicht zu nahe (2 bis 3 mm) an Lagerschalen, Gleitflächen oder Ölkanälen aufgebracht werden.

19 Setzen Sie vorsichtig die rechte Gehäusehälfte auf die linke (Abbildung 23.10a) – die Passhülsen und Wellen müssen dabei korrekt in ihre Sitze gleiten.

Achtung: Die Gehäusehälften müssen sich ohne Kraftaufwand verbinden lassen. Wenn sie nicht richtig passen, muss die rechte Hälfte abgehoben und das Problem untersucht werden. Versuchen Sie nicht, das Gehäuse mit den Gehäuseschrauben zusammenzuziehen – dies würde zu Brüchen und zur Zerstörung des Gehäuses führen!

20 Prüfen Sie, ob die Gehäusehälften rundherum Kontakt haben.

21 Reinigen Sie die Gewinde der rechten Gehäuseschrauben, installieren Sie sie in ihre ursprünglichen Bohrungen (Abbildung 23.7) und ziehen Sie sie handfest an. Stellen Sie das Motorgehäuse aufrecht hin und installieren Sie die linken Gehäuseschrauben auf die gleiche Weise (Abbildung 23.8).

22 Ziehen Sie zunächst die M8-Schrauben gleichmäßig und über Kreuz bis zum Drehmoment von 26 Nm an. Ziehen Sie anschließend die M6-Schrauben auf die gleiche Weise bis zum Drehmoment von 11 Nm an.

23 Kontrollieren Sie nacheinander alle M8-Schrauben auf korrekten Anzug (26 Nm). Kontrollieren Sie anschließend alle M6-Schrauben (11 Nm).

24 Nachdem alle Gehäuseschrauben korrekt angezogen sind, wird geprüft, ob sich die Kurbelwelle und Getriebewellen sanft und leichtgängig drehen lassen. Stecken Sie den Schaltstern auf die Schaltwalze, um im Getriebe nacheinander die Gänge durchzuschalten und zu prüfen, ob sich die Wellen im Leerlauf unabhängig voneinander drehen lassen. Bei irgendwelchen Hinweisen und Schwergängigkeit, rauen Lauf oder andere Probleme müssen diese vor dem weiteren Zusammenbau behoben werden – manchmal helfen sanfte Schläge mit dem Kunststoffhammer auf die Wellenstümpfe.

25 Montieren Sie ggf. den Gangsensor (siehe Kapitel 8).

26 Falls entfernt, muss die Distanzhülse der Ausgangswelle mit einem neuen O-Ring ausgerüstet und innen und außen gefettet werden (siehe Abbildung). Schieben Sie die Hülse mit den Nuten voran auf die Welle (siehe Abbildung). Montieren Sie das Sicherungsblech – das Leerlaufschalterkabel muss korrekt dahinter verlegt sein (Abbildung 17.18b).

23.27a Stecken Sie das Ölsprührohr in das Motorgehäuse, ...

23.27b ... richten Sie die Sicherungslasche darüber aus ...

23.27c ... und installieren Sie die mit Sicherungspaste versehene Schraube.

27 Schieben Sie das Ölsprührohr ins Motorgehäuse – der Vorsprung muss oben sein (siehe Abbildung). Setzen Sie das Sicherungsblech korrekt an und ziehen Sie seine Schraube mit 8 Nm an (siehe Abbildungen).
28 Installieren Sie alle entfernten Komponenten in der umgekehrten Ausbaureihenfolge von Schritt 2.

24 Motorgehäusehälften

1 Nachdem das Motorgehäuse getrennt worden ist, werden das Ansaugsieb, das Überdruckventil, der Gangsensor und der Öldruckschalter, die Kurbelwelle samt Pleuelstangen, die Getriebewellen und die Schaltwalze samt Gabeln entfernt (beachten Sie dazu die entsprechenden Sektionen dieses Kapitels bzw. Kapitel 8). Beachten Sie die Sektionen 28 und 29 sowie die *Werkzeug- und Werkstatt-Tipps* im Anhang, um Informationen über die Wälzlager der Schaltwalze und der Getriebewellen zu erhalten. Beachten Sie die Hinweise in den Sektionen 25 und 26 sowie den *Werkzeug- und Werkstatt-Tipps* im Anhang, um Informationen über die Pleuelfuß- und Kurbelwellen-Hauptlager zu erhalten.
2 Lösen Sie die Schrauben der Sicherungsbleche für die Kolbenkühlungs-Öldüsen und ziehen Sie diese aus den Gehäusehälften (siehe Abbildung) – ihre O-Ringe müssen später erneuert werden. Lösen Sie außen an der linken Gehäusehälfte auch die Schraube unten am Ölkanal-Winkel und ziehen Sie die Getriebe-Öldüse heraus – drücken Sie sie nötigenfalls mithilfe einer dünnen Stange heraus. Auch ihr O-Ring muss später erneuert werden. Reinigen Sie die Öldüsen mit Lösungsmittel und blasen Sie sie möglichst mit Druckluft aus.
3 Entfernen Sie nötigenfalls das außen in der linken Gehäusehälfte sitzende Ölleitblech (siehe Abbildung).
4 Falls noch nicht geschehen, wird das links um die Ausgangswelle sitzende Sicherungsblech entfernt (Abbildung 17.18b) und die Dichtringe der Getriebewelle, der Kupplungsdruckstange und der Schaltwelle herausgehebelt (s. Abb.).

5 Befreien Sie die Dichtflächen von altem Dichtungsmaterial. Kleinste Beschädigungen der Dichtflächen können mit einem feinen Schleifstein geschlichtet werden.

Achtung: Seien Sie sehr vorsichtig, die Dichtflächen nicht einzukerben oder abzutragen, da der Motor dadurch nicht mehr öldicht sein wird. Kontrollieren Sie die Motorgehäuseteile sorgfältig auf Brüche und andere Beschädigungen.

6 Die Motorgehäusehälften müssen sorgfältig mit frischem Lösungsmittel gereinigt und mit Druckluft ausgeblasen werden – besondere Beachtung müssen hierbei die Ölkanäle finden.

7 Die Stehbolzen für die Zylinderblockmuttern müssen fest in den Gehäusehälften sitzen. Lockere Stehbolzen müssen herausgedreht und gereinigt werden, bevor mittelfeste Sicherungspaste aufgetragen wird und die Bolzen sorgfältig angezogen werden – beachten Sie für den Einbau und Ausbau die *Werkzeug- und Werkstatt-Tipps* im Anhang.
8 Kleine Brüche oder Löcher in Leichtmetallgehäusen können provisorisch mit Epoxyd-Harz repariert werden. Permanente Reparaturen können nur mit speziellen Schweißverfahren ausgeführt werden und nur ein Spezialist ist in der Lage, wirtschaftliche und praktische Aspekte abzuwägen. Wenn eine irreparable Beschädigung vorliegt, müssen die Gehäuseteile als Satz ausgetauscht werden.

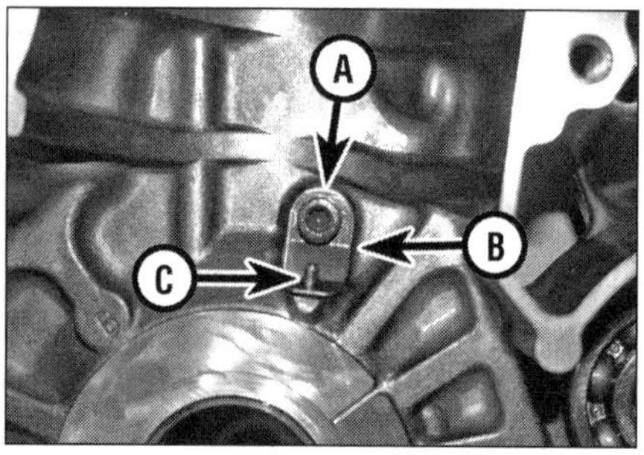

24.2 Lösen Sie die Schraube (A), entnehmen Sie die Sicherungslasche (B) und ziehen Sie die Öldüse (C) heraus – diese findet sich in jeder Gehäusehälfte.

24.3 Das außenliegende Ölleitblech ist mit zwei Schrauben gesichert.

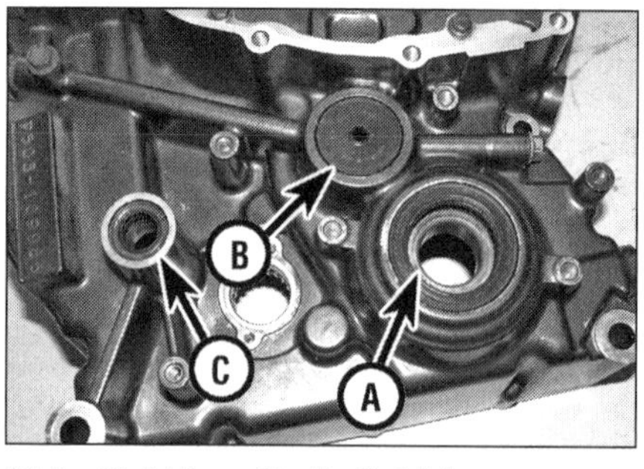

24.4a Dichtringe für die Getriebeausgangswelle (A), die Kupplungsdruckstange (B) und die Schaltwelle (C)

24.4b Hebeln Sie Dichtringe vorsichtig mit einem Schraubendreher heraus.

24.11a Schmieren Sie die Dichtlippen der Dichtring mit Fett . . .

24.11b . . . und treiben Sie sie nötigenfalls mit einem geeigneten Steckschlüssel in ihre Sitze.

24.12a Rüsten Sie die Kolbenkühlungs-Öldüsen mit neuen O-Ringen aus, . . .

24.12b . . . stecken Sie sie in die Ölkanäle, . . .

24.12c . . . richten Sie die Lasche darüber aus und installieren Sie die mit Sicherungspaste versehene Schraube.

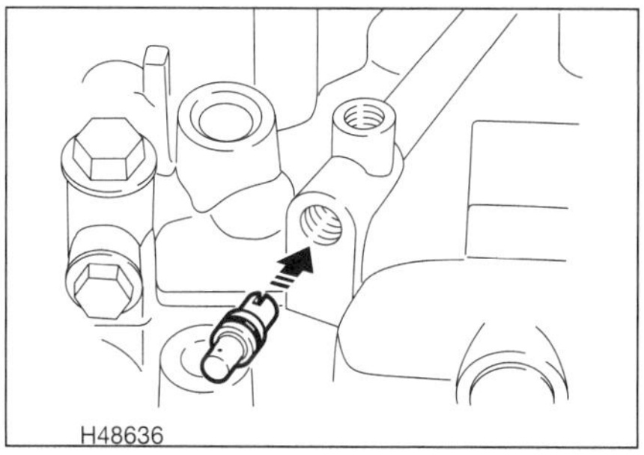

24.12d Einbau der Getriebe-Öldüse

9 Beschädigte Gewinde können kostengünstig wiederhergestellt werden, wenn man nach entsprechendem Aufbohren einen Gewindeeinsatz (z.B. *Heli-Coil*) einschraubt.

10 Abgerissene Schrauben und Bolzen können normalerweise mit Linksausdrehern demontiert werden, deren kegelförmiges Linksgewinde sich in ein vorsichtig vorgebohrtes Loch in der Schraube einfrisst und die Schraube herauszieht. Wenn Sie befürchten, hierbei an die Grenzen ihrer Fähigkeiten zu gelangen, sollten Sie lieber eine Fachwerkstatt aufsuchen, bevor Sie das sehr teure Gehäuse zerstören.

Praxis TiPP ***Wechseln Sie zu den Werkzeug- und Werkstatt-Tipps im Anhang, um Details über Gewindeeinsätze, Stehbolzen- und Linksausdreher zu erfahren.***

11 Installieren Sie neue Ausgangswellen-, Druckstangen- und Schaltwellen-Dichtringe (Abbildung 24.4a), schmieren Sie ihre Dichtlippen mit Fett und treiben Sie sie mit geeigneten Steckschlüsseln in ihre Sitze (siehe Abbildungen). Das Sicherungsblech darf erst nach der Montage des Gangsensors montiert werden.

12 Rüsten Sie die Kolbenkühlungs-Öldüsen mit neuen eingeölten O-Ringen aus und stecken Sie sie mit den verjüngten Enden nach außen in ihre Kanäle (siehe Abbildungen). Reinigen Sie das Gewinde der Sicherungsblech-Schrauben und tragen Sie mittelfeste Sicherungspaste auf, bevor Sie die Bleche ansetzen und die Schrauben mit 10 Nm anziehen (siehe Abbildung). Rüsten Sie die Getriebe-Öldüse mit einem neuen eingeölten O-Ring aus und drücken Sie sie mit dem geschlitzten Ende voran vollständig in den Getriebe-Ölkanal – verwenden Sie dazu nötigenfalls eine geeignete Stange (siehe Abbildung). Rüsten Sie die Ölkanal-Schraube mit einer neuen Dichtscheibe aus und ziehen Sie sie mit 18 Nm an.

13 Installieren Sie alle in Schritt 1 erwähnten Komponenten, bevor die Gehäusehälften zusammengesetzt werden. Reinigen Sie die Gewinde der Ölleitblech-Schrauben und versehen Sie sie mit mittelfester Sicherungspaste, bevor das Blech befestigt wird (Abbildung 24.3).

25 Pleuelfuß- und Hauptlager
Allgemeine Information

1 Auch wenn die Haupt- und Pleuellager normalerweise bei einer Motorüberholung ersetzt werden, sollten die alten Bauteile für eine genaue Begutachtung aufbewahrt werden, um aus Ihnen wertvolle Informationen über den Zustand des Motors zu ziehen.

2 Lagerschäden beruhen zumeist auf Ölmangel, Schmutz oder Fremdkörper im Motor, Motorüberlastung und/oder Korrosion. Ungeachtet des Grundes für die Lagerschäden muss dieser vor der Motormontage korrigiert werden, um eine Wiederholung auszuschließen.

3 Zu einer Begutachtung der Lager werden alle Lagerschalen entsprechend ihrer Positionen an der Kurbelwelle auf eine saubere Oberfläche gelegt. Dieses erlaubt Ihnen, ein erkanntes Lagerproblem dem entsprechenden Kurbelzapfen zuzuordnen.

4 Schmutz und andere Fremdkörper können auf unterschiedliche Weise in den Motor gelangen. Sie können beim Zusammenbau zurückgelassen werden oder durch den Filter bzw. die Motorentlüftung eindringen. Die Partikel gelangen mit dem Öl in die Lager. Oftmals finden sich Metallsplitter als Bearbeitungsrückstände oder Verschleißspuren. Ablagerungen verbleiben auch nach Überholungen in Motorkomponenten, besonders wenn die Teile nicht sorgfältig gereinigt wurden. Solche Teilchen arbeiten sich auf jeden Fall in das weiche Lagermaterial ein und können leicht erkannt werden. Große Partikel werden jedoch nicht in das Lager eingebettet, sondern kerben und zerkratzen die Lager und Zapfen. Der beste Schutz gegen diese Lager-Ausfälle ist sorgfältiges Reinigen und absolute Sauberkeit bei der Motormontage. Ebenso müssen natürlich regelmäßig das Öl und der Ölfilter gewechselt werden.

5 Ölmangel und eine Unterbrechung der Schmierung haben eine Reihe von zusammenhängenden Gründen: Extreme Hitze verdünnt das Öl, Überlastung drückt das Öl aus den Lagern und überhöhtes Lagerspiel oder eine verschlissene Ölpumpe lässt den nötigen Druck des Schmiersystems zusammenbrechen. Blockierte Ölleitungen lassen ein Lager trocken laufen und schnell zerstören. Lagerschalen

26.2 Heben Sie die Kurbelwelle aus der linken Gehäusehälfte.

26.8 Messen Sie den Durchmesser des Hauptlagerzapfens.

besitzen zwar so genannte »Notlaufeigenschaften«, aber nur für die jeweils ersten Sekunden nach dem Anlassen – wird jedoch bei hohen Drehzahlen einmal die Schmierung für Zehntelsekunden unterbrochen, können Schalen und Zapfen bereits schrottreif sein. Das Lagermaterial wird vom Schild abgetragen und die durch die Reibung entstehende starke Hitze zerstört den Wellenzapfen.

Praxis TiPP ***Beachten Sie in Sektion 5*** **der Werkzeug- und Werkstatt-Tipps** ***im Anhang die Fehlersuche bei Lagern.***

6 Auch die Fahrweise hat einen direkten Einfluss auf die Laufzeiten von Lagern. Vollgas bei niedrigen Drehzahlen und hohe Belastung beanspruchen die Lager stark, da diese dazu neigen, den Ölfilm abzuquetschen. Diese Zustände belasten die Lager stark und erzeugen feine Ermüdungsbrüche in der Oberfläche. Eventuell kann das Lagermaterial ausbrechen und selbst weitere Schäden erzeugen. Kurzstreckenbetrieb führt zu Korrosion der Lager, da der Motor keine ausreichende Betriebstemperatur erreicht, um Kondenswasser und aggressive Gase zu vertreiben. Diese Produkte sammeln sich im Motoröl und bilden Säure und Schlamm. Wenn dieses Öl in die Lager gelangt, greift die Säure die Lager an und lässt das Material korrodieren.

7 Eine nachlässige Lagermontage während des Motorzusammenbaus kann ebenso zu Problemen führen. Fest sitzende Lager führen zu geringem Lagerspiel und einem unzureichenden Schmierfilm. Hinter einer Lagerschale verbleibender Schmutz oder Fremdteile verbiegen die Schale und sorgen für punktuellen Verschleiß.

8 Um Lagerprobleme zu vermeiden, müssen alle Teile vor dem Einbau sorgfältig gereinigt, mehrmals überprüft, genau vermessen und anschließend mit frischem Motoröl geschmiert werden.

26.9 Der hier eingeschlagene Buchstabe legt den Farbcode der Lagerschalen fest.

26 Kurbelwelle und Hauptlager

Ausbau

1 Bauen Sie den Motor aus (siehe Sektion 4) und trennen Sie die Gehäusehälften (siehe Sektion 23).

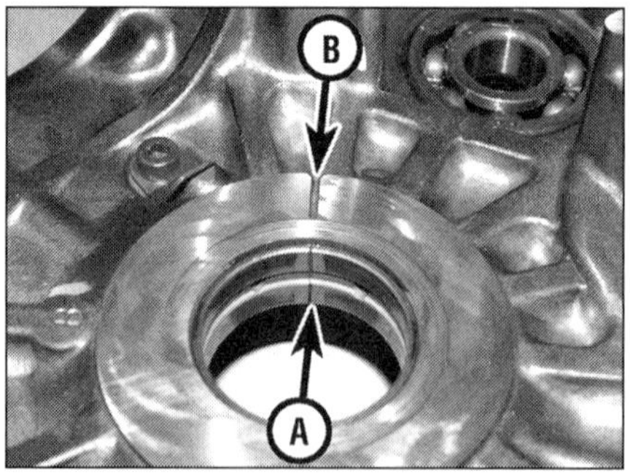

26.13 Richten Sie die Kontakte der Lagerschalen-Hälften (A) zu den Linien am Lagersitz (B) aus.

2 Heben Sie die Kurbelwelle aus der linken Gehäusehälfte (siehe Abbildung) – falls sie klemmt, muss sie vorsichtig mit einem Kunststoffhammer herausgeklopft werden.

3 Demontieren Sie nötigenfalls die Pleuelstangen (siehe Sektion 27).

Kontrolle

4 Reinigen Sie die Kurbelwelle mit Lösungsmittel, die Ölbohrungen sollten mit einer Waffenbürste gesäubert werden. Wenn möglich, sollten Welle und Bohrungen mit Druckluft getrocknet und durchgeblasen werden. Kontrollieren Sie links das Steuerkettenritzel auf Verschleiß und Beschädigungen. Wenn Zähne extrem verschlissen, gesplittert oder gebrochen sind, muss die Kurbelwelle ersetzt werden.

5 Wechseln Sie zu Sektion 25 und begutachten Sie die Hauptlagerschalen. Wenn sie riefig sind oder Fress- bzw. Klemmspuren zeigen, müssen alle als Set ersetzt werden – niemals nur an einer Seite (siehe unten). Wenn sie stark beschädigt sind, muss die Lagerfläche der Kurbelwelle untersucht werden. Verfärbungen sind Hinweise auf starke Hitze, die durch Schmiermangel entsteht. Stellen Sie sicher, dass die Ölpumpe und der Öldruckregler sowie die Ölkanäle und -Bohrungen in Ordnung sind, bevor der Motor wieder zusammengebaut wird.

6 Die Lagerflächen der Kurbelwelle sollten einer ausführlichen Begutachtung unterzogen werden – besonders wenn sie in beschädigten Lagerschalen liefen. Wenn die Welle Riefen oder Ausbrüche aufweist, muss die Kurbelwelle ausgetauscht werden. Untermaß-Lagerschalen sind nicht erhältlich, sodass die Kurbelwelle höchstens von einem Spezialbetrieb durch Aufschweißen und Schleifen gerettet werden kann – erkundigen Sie sich vor dem Kauf einer neuen Welle nach dieser Möglichkeit.

7 Kontrollieren sie den Rundlauf der Kurbelwelle in Prismenböcken mit einer Messuhr. Wenn die Welle stärker als 0,05 mm verzogen ist, muss sie ersetzt werden.

8 Messen Sie mit einer Bügelmessschraube den Durchmesser der Hauptlagerzapfen (siehe Abbildung). Falls irgendwo weniger als 41,985 mm festgestellt werden, muss die Kurbelwelle ausgetauscht oder überholt werden (siehe Schritt 6). Installieren Sie auf jeden Fall neue Lagerschalen, wenn eine neue Kurbelwelle montiert werden soll.

Hauptlager-Auswahl

9 Neue Lagerschalen für die Hauptlager gibt es passend zum neben dem Lagersitz in jede Gehäusehälfte eingeschlagenen Buchstaben in verschiedenen Größen (siehe Abbildung). Wenn ein A eingeschlagen ist, muss die Lagerschale an der Seite mit grüner Farbe markiert sein; bei einem B muss sie schwarz und bei einem C braun sein.

Hauptlager

Ausbau und Einbau

10 Der Aus- und Einbau der Hauptlager erfordert eine hydraulische Presse und ein zweiteiliges Suzuki-Spezialwerkzeug (Teilenummer: 09913-60221), um weder das Motorgehäuse noch die neuen Lagerschalen zu beschädigen. Falls die Presse nicht zur Verfügung steht, kann das Spezialwerkzeug auch zusammen mit einer Einziehvorrichtung verwendet werden. Generell ist es ratsam, die Arbeit von einer entsprechend ausgerüsteten Fachwerkstatt durchführen zu lassen.

11 Die alten Lager müssen mithilfe des Treiberteils des Werkzeugs von innen nach außen ausgetrieben werden. Einmal ausgebaute Lager dürfen auf keinen Fall wiederverwendet werden!

12 Bevor neue Lagerschalen installiert werden, müssen die scharfkantigen Ränder innen an den Lagersitzen mit einem feinen Ölstein leicht angeschrägt werden. Reinigen Sie das Gehäuse anschließend sorgfältig.

13 Schmieren Sie die neuen Lagerschalen außen mit einem Gemisch aus je 50 % Molybdänfett und Motoröl und setzen Sie die Schalen mit der Farbmarkierung zur Markierungslinie des Halters ausgerichtet in den Halter, setzen Sie dessen beiden Hälften zusammen und ziehen Sie die Schrauben mit 23 Nm an. Setzen Sie den Lagerschalen-Halter innen am Motorgehäuse an – die (tieferen) Seiten der Schalen mit der Farbmarkierung müssen oben liegen. Richten Sie die Kontaktflächen des Werkzeugs zu den Linien am Motorgehäuse an (siehe Abbildung). Installieren Sie den Eintreiber in die Vertiefung des Halters, sodass er über den Rändern der Lagerschalen sitzt. Pressen Sie die neuen Lager ein, bis der Treiber am Lagerschalen-Halter anschlägt.

Einbau

14 Falls entfernt, müssen die Pleuelstangen an den Hubzapfen montiert werden (siehe Sektion 27).

15 Schmieren Sie die neuen Lagerschalen innen mit einem Gemisch aus je 50 % Molybdänfett und Motoröl und setzen Sie die Kurbelwelle mit dem Konus (für den Lichtmaschinenrotor) voran in die linke Motorgehäusehälfte (Abbildung 26.2).

16 Verbinden Sie die Gehäusehälften (siehe Sektion 23).

27 Pleuel und Pleuelfußlager

Anmerkung: *Der Pleuelfuß wird mithilfe von Dehnschrauben zusammengehalten, die nach einem Anziehen in einem laufenden Motor nicht wiederverwendet werden dürfen. Die alten Schrauben können allerdings für die Lagerspiel-Kontrolle verwendet werden – so müssen keine zwei neuen Schraubensätze beschafft werden.*

Spezialwerkzeug: *Zum Anziehen der Schrauben wird eine Gradscheibe benötigt, allerdings lässt sich ein Winkel von 90° auch ohne sie bestimmen.*

Ausbau

1 Demontieren Sie die Kurbelwelle (siehe Sektion 26).

2 Bevor die Pleuel von der Kurbelwelle getrennt werden, sollte mithilfe einer Fühlerlehre deren Axialspiel auf dem Hubzapfen ermittelt werden (siehe Abbildung) – falls es über 0,5 mm liegt, müssen die Hinweise in Schritt 6 beachtet werden.

3 Markieren Sie mit einem Filzstift die Zugehörigkeit des jeweiligen Pleuels zu seinem Zylinder – das linke Pleuel (Lichtmaschinenseite) ist mit dem Kolben im vorderen Zylinder, das rechte (Primärtriebseite) mit dem des hinteren Zylinders verbunden. Markieren Sie an einer Seite den Kontaktbereich der Pleuelfußhälften, damit sie wieder in der ursprünglichen Position zusammengesetzt werden. Lassen Sie sich nicht von den vorhandenen Markierungen auf den Einlass-Seiten der Pleuel verwirren (markieren Sie die Zylinder Zuordnung auf der anderen Seite – auf diese Weise zeigt die »Vorne«-Markierung des vorderen Pleuels tatsächlich nach vorne und die »Hinten«-Markierung des hinteren Pleuels tatsächlich nach hinten). Die bereits vorhandene Nummer steht für Größencodierung des Pleuelfußes (siehe Abbildung).

4 Drehen Sie die Pleuelfußschrauben teilweise heraus und klopfen Sie dann mit einem Kunststoffhammer auf die Schraubenköpfe, um den Pleuelfuß zu trennen. Drehen Sie die Schrauben vollständig heraus und befreien Sie das Pleuel von der Kurbelwelle (siehe Abbildungen). Halten Sie die Pleuelstange, den Pleuelfuß, die Schrauben und die Lagerschalen (falls sie wiederverwendet werden sollen) in ihrer korrekten Einbaulage zusammen, damit später alles richtig montiert werden kann.

Kontrolle

5 Begutachten Sie die Pleuelstangen auf Risse und andere sichtbare Beschädigungen.

27.2 Messen Sie das Axialspiel der Pleuelfüße.

27.3 Größenangaben der Pleuelfüße

27.4a Lösen Sie die Pleuelfußschrauben . . .

27.4b . . . und befreien Sie die Pleuel vom Hubzapfen.

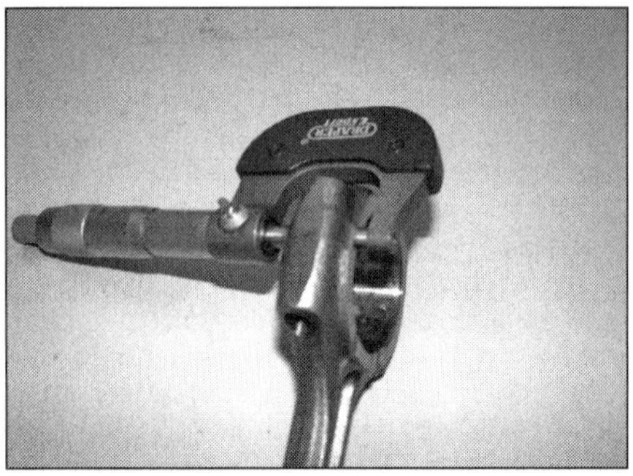

27.6a Messen Sie die Breite der Pleuelfüße . . .

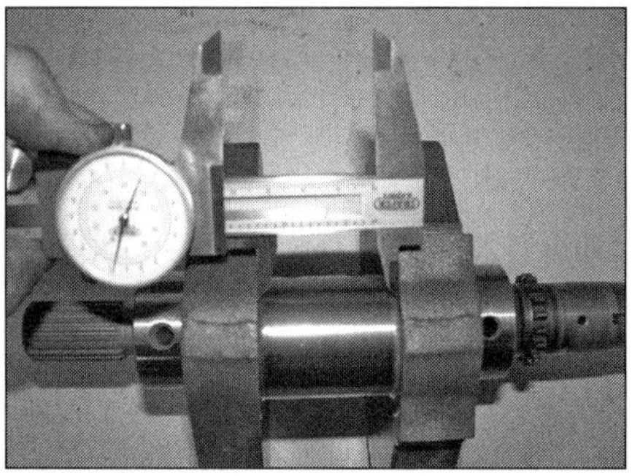

27.6b . . . und die Länge des Hubzapfens.

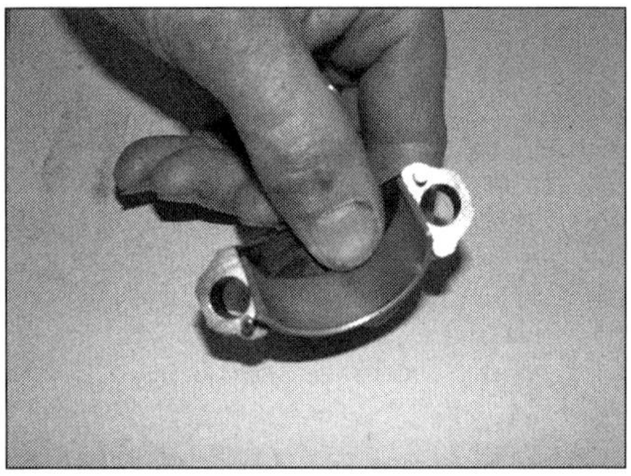

27.11 Befreien Sie die Lagerschalen aus den Pleuelfußhälften.

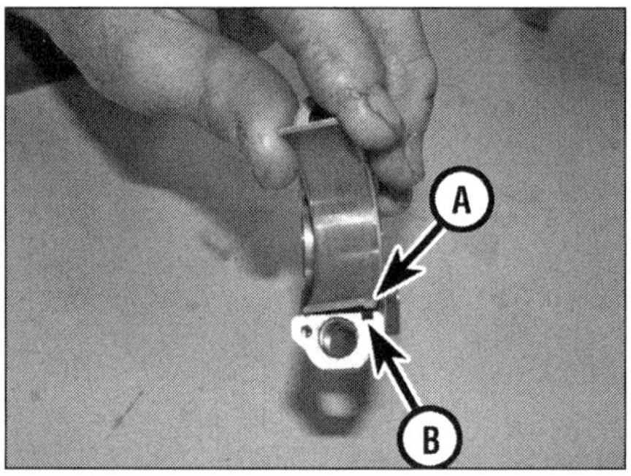

27.12 Installieren Sie die Lagerschalen so, dass die Lasche (A) in die Nut (B) greift.

6 Falls in Schritt 1 ein zu großes Axialspiel ermittelt wurde, müssen die Breite beider Pleuelfüße und die Länge des Hubzapfens ermittelt werden (siehe Abbildungen). Falls ein Pleuel schmaler als 20,95 mm ist, muss es ersetzt werden. Falls der Hubzapfen länger als 42,22 mm ist, muss die Kurbelwelle ersetzt werden.

7 Falls noch nicht geschehen (siehe Sektion 15), muss der mit Motoröl geschmierte Kolbenbolzen ins obere Pleuelauge eingeführt werden. Prüfen Sie, ob Lagerspiel fühlbar ist. Messen Sie ggf. den Außendurchmesser des Kolbenbolzens (in der Mitte) und den Innendurchmesser des Pleuelauges. Vergleichen Sie die Werte mit den Angaben in den technischen Daten und ersetzen Sie übermäßig verschlissene Teile.

8 Wechseln Sie zu Sektion 25 und begutachten Sie die Pleuellagerschalen. Wenn sie riefig sind oder Fress- oder Klemmspuren zeigen, sind sie durch neu ausgewählte Lagerschalen zu ersetzen – immer bei beiden Pleuel. Wenn sie stark beschädigt sind, muss die Gleitfläche des Hubzapfens untersucht werden. Verfärbungen sind Hinweise auf starke Hitze, die durch Schmiermangel entsteht. Stellen Sie sicher, dass die Ölpumpe und der Öldruckregler sowie die Ölkanäle und -Bohrungen in Ordnung sind, bevor der Motor wieder zusammengebaut wird.

9 Lassen Sie die Pleuelstangen von einer Suzuki-Werkstatt auf Verzug und Verbiegung kontrollieren, wenn über ihren Zustand Zweifel besteht.

Kontrolle des Lagerspiels

10 Unabhängig davon, ob die alten Lagerschalen wiederverwendet oder Neuteile verwendet werden, sollte vor dem Zusammenbau das Lagerspiel kontrolliert werden.

11 Befreien Sie die Lagerschalen aus den Pleuelfuß-Hälften (siehe Abbildung). Reinigen Sie die Rückseiten der Lagerschalen und die Sitze in beiden Pleuel-Hälften.

12 Drücken Sie die Lagerschalen in ihre Positionen, die Laschen an jeder Schale müssen in die Nuten des Sitzes einrasten (siehe Abbildung). Gehen Sie sicher, dass die Lager korrekt sitzen, und achten Sie darauf, dass die Lageroberflächen nicht mit den Fingern berührt werden dürfen.

13 Schneiden Sie von den Quetschmessstreifen ein Stück ab, das etwas kürzer als die Lagerbreite des Hubzapfens sein muss, und legen Sie ihn auf den gereinigten Hubzapfen. Installieren Sie beide Pleuel samt Lagerschalen (Abbildung 27.4b) – alle zuvor angebrachten Markierungen müssen korrekt ausgerichtet sein (siehe Schritt 3). Installieren Sie die **alten** Pleuelschrauben und ziehen Sie sie wie in Schritt 23 beschrieben in zwei Durchgängen an – es ist ratsam, einen Assistenten die Kurbelwelle und die Pleuel gegen die Werkbank drücken zu lassen, damit sich die Pleuel nicht bewegen und dadurch die Messstreifen unbrauchbar machen. Lockern Sie die Pleuelschrauben und entfernen Sie die Pleuel-Bauteile – achten Sie wieder darauf, kein Pleuel zu drehen.

14 Vergleichen Sie die gequetschten Streifen mit der Skala auf der Packung, um das Lagerspiel zu ermitteln.

15 Liegt der Wert zwischen 0,032 und 0,056 mm und sind die Lagerschalen in Ordnung, können sie wiederverwendet werden.

16 Falls das Spiel nahe oder über der Verschleißgrenze von 0,08 mm liegt, müssen die Lagerschalen durch Neuteile ersetzt (siehe Schritte 19 und 20) und die Messung wiederholt werden. Ersetzen Sie immer alle Lagerschalen als Satz.

17 Falls das Spiel auch mit neuen Lagerschalen zu groß ist, wird der Hubzapfen verschlissen sein und die Kurbelwelle muss ausgetauscht werden – sie kann höchstens noch von einem Spezialbetrieb durch Aufschweißen und Schleifen gerettet werden – erkundigen Sie sich vor dem Kauf einer neuen Welle nach dieser Möglichkeit.

18 Nach Beendigung der Messung muss der gequetschte Plastikstreifen vorsichtig aus dem Lager entfernt werden. Hierzu reicht normalerweise ein Fingernagel.

Auswahl der Lagerschalen

19 Neue Lagerschalen für die Pleuelfußlager gibt es in verschiedenen Paarungsgrößen zum Hubzapfen und den Lagersitzen im Pleuel. Zur Identifizierung der korrekten Ersatz-Lagerschalen werden die in die Kurbelwelle und das Pleuel eingeschlagenen Ziffern herangezogen. Die mit den Ziffern 1, 2 oder 3 angegebene Hubzapfen-Größe ist in eine der Kurbelwangen eingeschlagen – die linke Ziffer mit dem L davor steht für die linke Seite des Hubzapfens (Lichtmaschinenseite), auf der das Pleuel des vorderen Zylinders läuft; die rechte Ziffer mit dem R dahinter steht entsprechend für die rechte Seite (Primärtrieb) und das Pleuel des hinteren Zylinders (siehe Abbildung). Die Größe des Pleuels ist mit einer 1 oder 2 an der abgeflachten Verbindung zwischen den beiden Pleuelfußhälften angegeben (Abbildung 27.3).

20 Lagerschalen werden in verschiedenen Größen angeboten. Um die korrekte Schale zu finden, muss die unten stehende Tabelle beachtet werden, um die Farbcodierung für die Ersatz-Lagerschalen herauszufinden. Die Farben sind seitlich an den Lagerschalen angebracht (siehe Abbildung).

Pleuelfuß	**Hubzapfen-Größe**		
-Code	**1**	**2**	**3**
1	grün	schwarz	braun
2	schwarz	braun	gelb

Einbau

21 Arbeiten Sie zurzeit an einem Pleuel und stellen Sie sicher, dass es richtig herum an die korrekte Seite des Hubzapfens montiert wird (siehe Schritt 3). Reinigen Sie die Rückseiten der Lagerschalen und die Sitze in beiden Pleuel-Hälften. Falls neue Lagerschalen verwendet werden, müssen diese mit Petroleum von sämtlichem Schutzfett befreit werden. Trocknen Sie die Schalen und beide Pleuelfuß-Hälften mit einem sauberen fusselfreien Lappen. Drücken Sie die Lagerschalen in ihre Positionen, die Laschen an jeder Schale müssen in die Nuten des Sitzes einrasten (Abbildungen 27.11 und 12).

22 Schmieren Sie die Lagerschalen innen mit einem Gemisch aus je 50 % Molybdänfett und Motoröl. Setzen Sie die Pleuelstange und den Pleuelfuß an den Hubzapfen (Abbildung 27.4b) – achten Sie darauf, dass das Pleuel richtig herum an die korrekte Seite des Hubzapfens montiert wird und alle zuvor angebrachten Markierungen zueinander ausgerichtet sind (siehe Schritt 3).

23 Schmieren Sie die **neuen** Pleuelschrauben an den Gewinden und Unterseiten der Köpfe mit Motoröl, drehen Sie sie durch das Pleuelfuß-Unterteil in die Pleuelstange und ziehen Sie sie nach und nach bis zum Erstanzugswert von 21 Nm an (siehe Abbildungen). Anschließend werden die Schrauben jeweils (und ggf. mithilfe einer Gradscheibe) in einem Durchgang um 90° weitergezogen. Falls eine Schraube versehentlich weiter angezogen wurde, darf sie nicht gelockert und neu angezogen werden – stattdessen ist sie durch eine neue Schraube zu ersetzen, die wieder in den zwei Schritten angezogen werden muss.

24 Prüfen Sie, ob sich das Pleuel sanft und frei auf dem Hubzapfen drehen lässt – bei irgendwelchen Hinweisen auf Schwergängigkeit muss das Pleuel demontiert und erneut das Lagerspiel kontrolliert werden. Natürlich werden bei der anschließenden Montage wieder neue Pleuelschrauben benötigt.

25 Installieren Sie die Kurbelwelle (siehe Sektion 26).

27.19 Größenangaben für den Hubzapfen

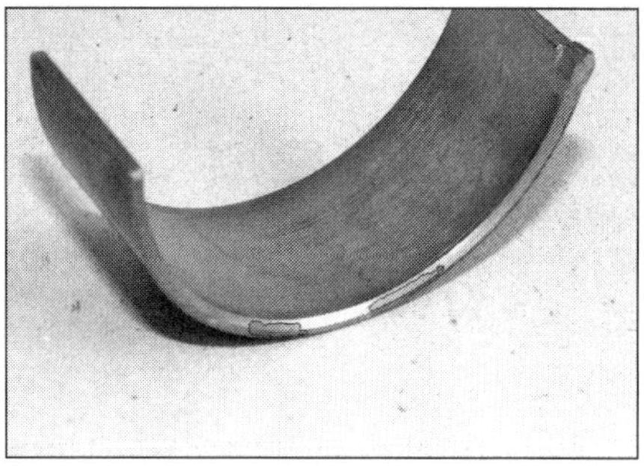

27.20 Die Farbcodierung ist an der Seite der Lagerschale angebracht.

27.23a Schmieren und installieren Sie die Pleuelschrauben . . .

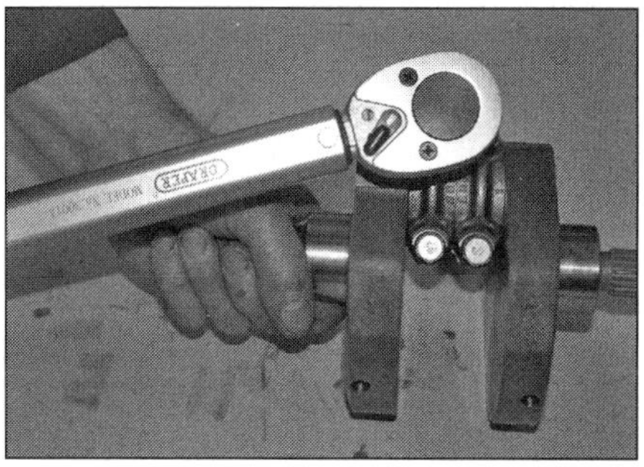

27.23b . . . und ziehen Sie sie wie beschrieben in zwei Schritten an.

28.3a Ziehen Sie die Schaltgabelachsen heraus . . .

28.3b . . . und entnehmen Sie die Schaltgabeln . . .

28.3c . . . sowie die Schaltwalze.

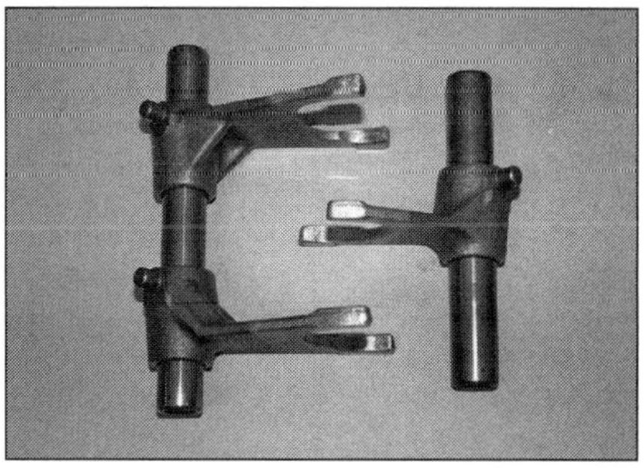

28.3d Schieben Sie die Schaltgabeln wieder auf ihre Achsen.

28 Schaltwalze und Schaltgabeln

Ausbau

1 Trennen Sie die Motorgehäusehälften (siehe Sektion 23).

2 Die drei Schaltgabeln sind nicht markiert, sodass sie mit einem Filzstift entsprechend ihrer Einbaulage (z.B. mit L, M und R für links, Mitte und rechts) beschriftet werden sollten – am besten jeweils auf der rechten Seite, damit man es beim Zusammenbau lesen kann.

3 Ziehen Sie die Schaltgabelachsen aus dem Motorgehäuse (siehe Abbildung). Schwenken Sie die Gabeln aus den Führungsnuten der Schaltwalze heraus und entnehmen Sie unter Beachtung ihrer Positionen in den Nuten der Getriebeäder (siehe Abbildung). Ziehen Sie die Schaltwalze aus dem Motorgehäuse (siehe Abbildung). Schieben Sie die ausgebauten Schaltgabeln in der korrekten Reihenfolge und Einbaurichtung wieder auf ihre Achsen (siehe Abbildung).

Kontrolle

4 Begutachten Sie die Schaltgabeln auf Anzeichen von Verschleiß und Beschädigung – dies gilt besonders an den Enden, womit sie in die Nuten der Getriebeäder greifen. Kontrollieren Sie, ob jede Gabel korrekt in die Nuten eingreift (siehe Abbildung), und prüfen Sie schließlich genau, ob die Gabeln verbogen sind. Sind die Gabeln auf irgendeine Weise beschädigt, müssen sie erneuert werden.

28.5a Messen Sie mit einer Fühlerlehre das Spiel der Schaltgabeln in den Zahnradnuten.

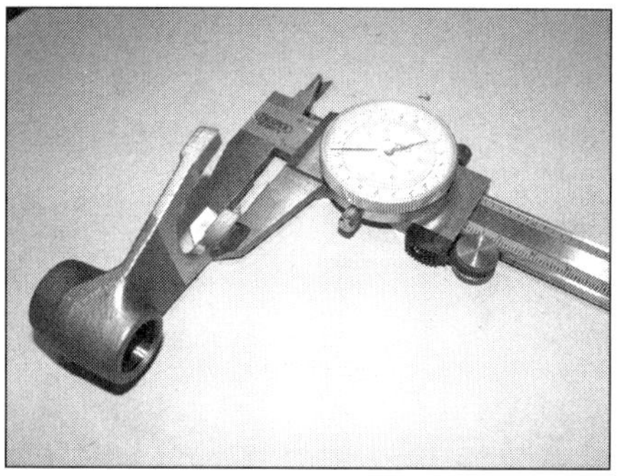

28.5b Messen Sie die Breite der Schaltgabel-Enden ...

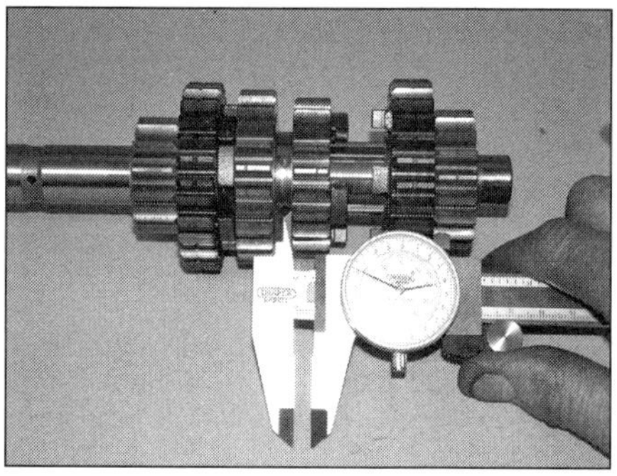

28.5c ... und die Weite der Zahnradnuten.

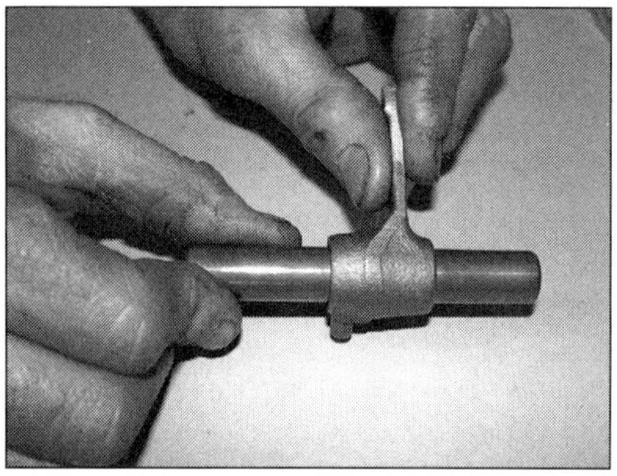

28.6 Kontrollieren Sie den Verschleiß zwischen Schaltgabel und Achse.

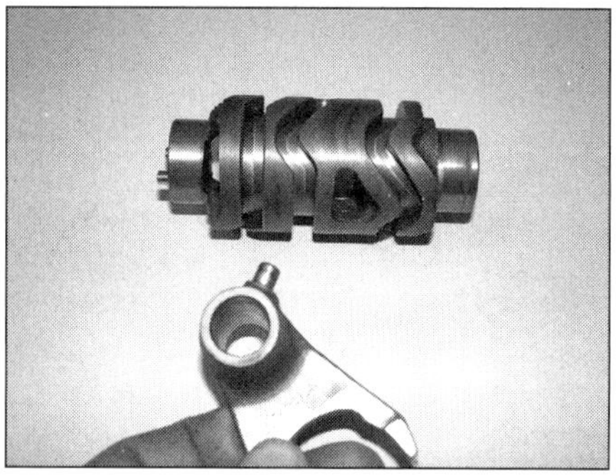

28.8 Kontrollieren Sie die Schaltwalzen-Nuten und die Führungsstifte der Schaltgabeln.

28.9a Kontrollieren Sie das Nadellager in der linken Gehäusehälfte ...

28.9b ... und das Kugellager (A) in der rechten Gehäusehälfte – es ist mit zwei Laschen (B) gesichert.

28.11a Richten Sie die Eingangswellen-Gabel zur Nut im kombinierten 3./4.-Gangrad und dann zur Schaltwalze aus.

28.11b Richten Sie die untere Ausgangswellen-Gabel zur Nut im 6.-Gangrad ...

5 Lassen Sie die Schaltgabeln in die jeweilige Nut der Getriebewellen greifen und messen Sie ihr Spiel mit einer Fühlerlehre (siehe Abbildung) – falls mehr als 0,5 mm festgestellt werden, muss die Breite der Gabel und die Weite der Nut ermittelt werden (siehe Abbildungen). Ist eine Gabel schmaler als 5,3 mm oder eine Nut breiter als 5,6 mm, muss das entsprechende Teil ersetzt werden (beachten Sie für die Zahnräder die Hinweise in Sektion 30).

6 Kontrollieren Sie, ob die Gabeln korrekt auf ihrer Welle sitzen (siehe Abbildung). Sie sollen sich frei und mit leichtem Schlupf bewegen, aber kein spürbares Lagerspiel aufweisen. Ersetzen Sie verschlissene Teile. Überprüfen Sie, ob die Gabelwellenbohrungen im Motorgehäuse weder verschlissen noch beschädigt sind.

7 Jede Schaltgabel-Welle sollte durch Rollen auf einer ebenen Oberfläche auf Biegung überprüft werden. Eine verbogene Welle verursacht schwergängiges Schalten und muss ersetzt werden.

8 Inspizieren Sie die Nuten der Schaltwalze und die Führungen der Schaltgabeln auf Verschleiß und Schäden (siehe Abbildung) – ersetzen Sie schadhafte Teile.

9 Kontrollieren Sie die Schaltwalzen-Lager in beiden Gehäusehälften – sie müssen sich frei und sanft drehen lassen und fest in den Gehäusen sitzen (siehe Abbildungen). Bauen Sie nötigenfalls die alten Lager aus und ersetzen Sie sie durch Neuteile (beachten Sie dazu die *Werkzeug- und Werkstatt-Tipps* im Anhang). Das Lager in der rechten Gehäusehälfte wird mit zwei angeschraubten Blechlaschen gesichert (Abbildung 29.9b) – versehen Sie die Schrauben vor dem Anziehen mit mittelfester Sicherungspaste.

28.11c ... und dann zur Schaltwalze aus.

28.11d Richten Sie die obere Ausgangswellen-Gabel zur Nut im 5.-Gangrad ...

28.11e ... und dann zur Schaltwalze aus.

28.12a Schmieren Sie die Schaltgabel-Achsen ...

28.12b ... und schieben Sie sie durch die Gabel(n) in das Motorgehäuse.

Einbau

10 Schmieren Sie den linken Lagerzapfen der Schaltwalze mit Motoröl und stecken Sie sie in das Nadellager (Abbildung 28.3c).

11 Schmieren Sie die Schaltgabel-Enden mit einem Gemisch aus je 50 % Molybdänfett und Motoröl. Installieren Sie die Gabeln an die beim Ausbau notierten Zahnrad-Nuten und richten Sie den Führungsstift zur entsprechenden Nut der Schaltwalze aus – hierzu müssen die Gabeln und ihre Zahnräder ggf. auf den Getriebewellen verschoben werden (siehe Abbildungen).

12 Schmieren Sie die Schaltgabel-Achsen mit einem Gemisch aus je 50% Molybdänfett und Motoröl und schieben Sie sie durch die Gabel(n) in ihre linken Gehäusebohrungen (siehe Abbildungen).

13 Setzen Sie die Gehäusehälften zusammen (siehe Sektion 23).

29.3 Greifen Sie die Getriebewellen und heben Sie sie aus der linken Gehäusehälfte.

29 Getriebewellen
Ausbau und Einbau

Ausbau

1 Trennen Sie die Motorgehäusehälften (siehe Sektion 23).

2 Entfernen Sie die Schaltgabeln und die Schaltwalze (siehe Sektion 28).

3 Greifen Sie gleichzeitig die beiden Getriebewellen und ziehen Sie sie aus der linken Gehäusehälfte – beachten Sie, wie die Zahnräder ineinandergreifen (siehe Abbildung). Falls die Ausgangswelle fest im Lager steckt, können sanfte Schläge mit einem Kunststoffhammer auf den unteren Wellenstumpf helfen. Trennen Sie die Getriebewellen voneinander. Beachten Sie die Anlaufscheibe rechts auf der Ausgangswelle. Beachten Sie bei DL-Modellen bis 2011 den O-Ring und die Federscheibe links auf der Eingangswelle.

4 Hebeln Sie den Ausgangswellendichtring aus der linken Gehäusehälfte – er muss später durch ein Neuteil ersetzt werden (Abbildung 24.4b). Wechseln Sie zu Sektion 30, um die Getriebewellen zu zerlegen und auf Verschleiß und Beschädigungen zu kontrollieren (siehe Sektion 30).

Einbau

5 Schmieren Sie die Dichtlippen des neuen Ausgangswellen-Dichtrings mit Fett und installieren Sie den Ring in die linke Gehäusehälfte; treiben Sie ihn mit einem geeigneten Steckschlüssel in seinen Sitz (Abbildungen 24.11a und b).

6 Stützen Sie die linke Gehäusehälfte so mit Hölzern ab, dass die eingebaute Ausgangswelle nicht die Werkbank berührt. Achten Sie bei DL-Modellen bis 2011 darauf, dass die Federscheibe und der O-Ring links auf der Eingangswelle sitzen.

29.7 Legen Sie die Wellen nebeneinander, sodass ihre Zahnräder ineinandergreifen.

29.8a Die Wellen müssen in ihre Lager gleiten . . .

7 Legen Sie die beiden Getriebewellen so nebeneinander auf die Werkbank, dass die Zahnräder ineinandergreifen (siehe Abbildung). Achten Sie darauf, dass die Wellen richtig herum liegen, sodass das kleinste Zahnrad der Eingangswelle ins größte Zahnrad der Ausgangswelle greift. Schmieren Sie die linken Enden beider Wellen mit frischem Motoröl.

8 Greifen Sie gleichzeitig die beiden Getriebewellen und stecken Sie sie in ihre Lager in der linken Gehäusehälfte (siehe Abbildung sowie Abbildung 29.3) – die Ausgangswelle muss nötigenfalls durch sanfte Schläge mit dem Kunststoffhammer in ihr Lager geklopft werden (siehe Abbildung). Achten Sie darauf, dass die Anlaufscheibe rechts auf der Ausgangswelle liegt (Abbildung 30.35c).

9 Montieren Sie die Schaltwalze und die Schaltgabeln (siehe Sektion 28).

10 Setzen Sie die Gehäusehälften zusammen (siehe Sektion 23).

30 Getriebewellen
Überholen

Anmerkung: *Hinweise auf links und rechts beziehen sich auf eingebaute Getriebewellen – die Kupplung sitzt rechts auf der Eingangswelle und das Motorritzel links auf der Ausgangswelle.*

1 Entfernen Sie die Getriebewellen aus dem Motorgehäuse (siehe Sektion 29). Zerlegen Sie die Getriebewellen einzeln, um Verwechslungen der Bauteile zu vermeiden.

> **Praxis TiPP** ***Beim Zerlegen der Getriebewellen sollten die Teile auf eine Stange gesteckt oder ein Draht durch sie hindurch gezogen werden, um die richtige Reihenfolge und Einbaulage zu garantieren.***

Eingangswelle

Zerlegen

2 Entnehmen Sie bei DL-Modellen bis 2011 den O-Ring und die Federscheibe links von der Eingangswelle. Öffnen Sie bei allen Modellen den Seegerring hinter dem 6.-Gangrad und verschieben Sie ihn zum kombinierten 3./4.-Gangrad (siehe Abbildung). Schieben Sie das 6.-Gangrad und das 2.-Gangrad zurück, um den Sprengring freizulegen und zu entfernen (siehe Abbildung). Markieren Sie die Außenseite des 2.-Gangrades und ziehen Sie es gefolgt vom 6.-Gangrad, der Buchse und der Anlaufscheibe von der Welle (Abbildungen 30.18a sowie 30.17c, b und a).

30.2a Lösen Sie den Seegerring aus seiner Nut, schieben Sie ihn zum kombinierten 3./4.-Gangrad . . .

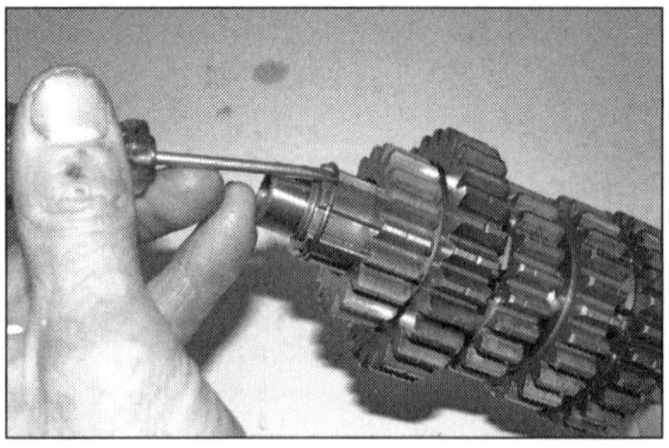

30.2b . . . und schieben Sie die beiden Zahnräder zurück, um den Sprengring zu entfernen.

29.8b . . . bzw. eingeklopft werden.

3 Entfernen Sie den Seegerring und ziehen Sie das kombinierte 3./4.-Gangrad von der Welle (Abbildungen 30.16a und b).

4 Entfernen Sie den Seegerring des 5.-Gangrades und ziehen Sie die Anlaufscheibe, das Zahnrad und seine Buchse von der Welle (Abbildungen 30.15d, c, b und a).

5 Das 1.-Gangrad ist in die Welle integriert (siehe Abbildung).

Eingangswelle

Kontrolle

6 Waschen Sie alle Bauteile in sauberem Lösungsmittel und trocknen Sie sie ab.

7 Kontrollieren Sie alle Zähne auf Ausbrüche, Lochbildung und andere augenfällige Beschädigungen oder Verschleiß. Alle beschädigten Zahnräder müssen ausgetauscht werden.

8 Inspizieren Sie die Mitnehmer und Mitnehmernuten der Zahnräder auf Brüche, Absplitterungen und exzessiven Verschleiß, besonders auch auf abgerundete Ecken. Gehen Sie sicher, dass Zahnradpaare sauber ineinandergreifen. Falls Ersatz nötig wird, ist immer paarweise auszutauschen.

9 Kontrollieren Sie alle Räder, Buchsen und die Welle auf Riefen und blaue Verfärbung, die

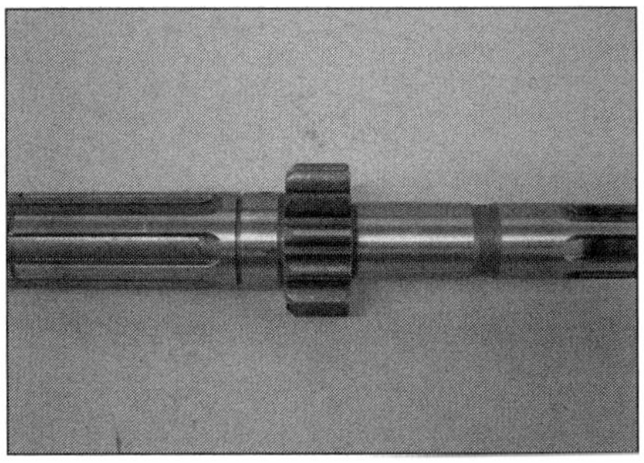

30.5 Das 1.-Gangrad ist in die Eingangswelle integriert.

30.13 Kontrollieren Sie die Getriebewellenlager in beiden Motorgehäusehälften.

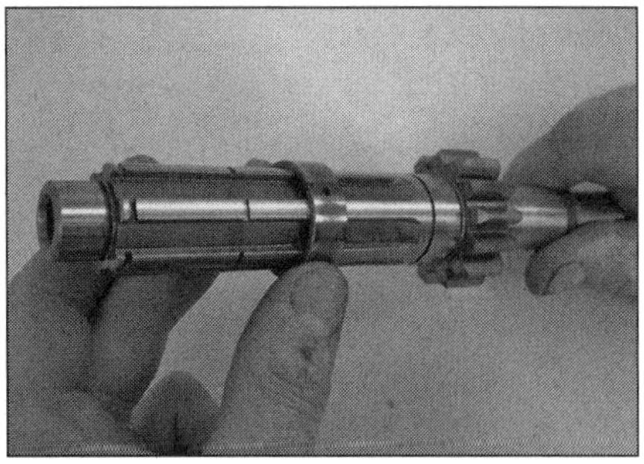

30.15a Schieben Sie die Buchse des 5.-Gangrades auf, . . .

30.15b . . . dann das 5.-Gangrad . . .

30.15c . . . und die Anlaufscheibe auf die Welle . . .

30.15d . . . und installieren Sie den Seegerring, . . .

30.15e . . . der korrekt in seiner Nut liegen muss.

30.16a Schieben Sie das kombinierte 3./4.-Gangrad auf die Welle, . . .

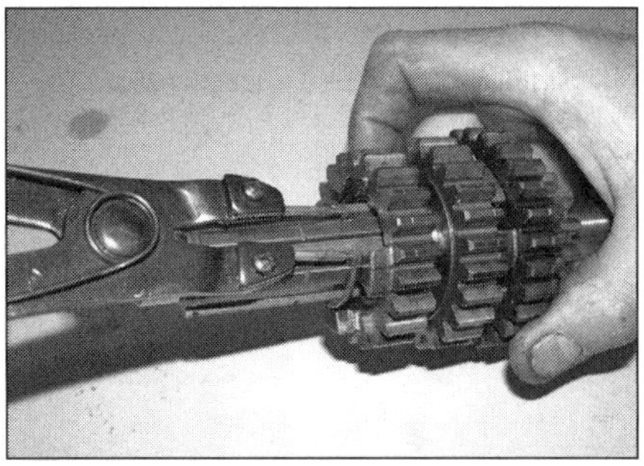

30.16b . . . installieren Sie den Seegerring und positionieren Sie ihn wie beschrieben.

2

auf Überhitzung durch mangelhafte Schmierung zurückzuführen ist. Kontrollieren Sie ob alle Ölbohrungen und Kanäle sauber sind. Ersetzen Sie alle beschädigten Komponenten.

10 Prüfen Sie, ob alle Räder sich frei aber ohne Spiel auf der Welle oder Buchse drehen und gegebenenfalls verschieben lassen. Kontrollieren Sie, ob sich die Buchsen frei aber ohne übermäßiges Spiel auf der Welle drehen.

11 Eine Beschädigung der Welle ist sehr unwahrscheinlich, solange der Motor nicht trocken lief und gefressen hat, das Getriebe nicht unter sehr hoher Last gefahren wurde oder eine extrem hohe Laufleistung vorliegt. Kontrollieren Sie die Oberfläche der Welle, besonders die Laufflächen der Zahnräder, und tauschen Sie die Welle aus, wenn Kerben oder Ausbrüche zu sehen sind oder anderer Verschleiß vorliegt.

12 Kontrollieren Sie alle Scheiben und Sicherungsringe und ersetzen Sie schadhafte Teile. Seegerringe sollten beim Zusammenbau auf jeden Fall durch Neuteile ersetzt werden.

13 Die in beiden Gehäusehälften sitzenden Getriebewellenlager müssen sich frei und sanft drehen lassen und fest in den Gehäusen sitzen (siehe Abbildung). Bauen Sie nötigenfalls die alten Lager aus und ersetzen Sie sie durch Neuteile (beachten Sie dazu die *Werkzeug- und Werkstatt-Tipps* im Anhang).

Eingangswelle

Zusammenbau

14 Schmieren Sie während der Montage alle belasteten Teile der Welle, der Buchsen und der Zahnräder mit einem Gemisch aus gleichen Teilen Molybdänfett und Motoröl. Spannen Sie die Sicherungsringe nicht mehr als nötig und setzen Sie ausgestanzte Ringe und Scheiben mit der abgerundeten Seite zum Zahnrad und der flachen Seite zur Druckbelastung ein. Die Öffnungen der Seegerringe müssen zwischen erhabenen Bereichen der Welle liegen (beachten Sie dazu die *Werkzeug- und Werkstatt-Tipps* im Anhang).

15 Schieben Sie von links die 5.-Gang-Buchse auf die Welle (siehe Abbildung). Es folgt das 5.-Gangrad, dessen Mitnehmer vom integrierten 1.-Gangrad wegzeigen müssen, und die Anlaufscheibe (siehe Abbildungen). Installieren Sie den Seegerring rundherum in seine Nut (siehe Abbildungen).

16 Schieben Sie das kombinierte 3./4.-Gangrad auf die Welle, sodass das größere Zahnrad (4. Gang) zum 5.-Gangrad zeigt (siehe Abbildung). Schieben Sie den Seegerring auf die Welle, aber zunächst über seine Nut hinweg so nahe wie möglich zum 3./4.-Gangrad auf der Welle (siehe Abbildung).

30.17a Schieben Sie die Anlaufscheibe, ...

30.17b ... die mit der Ölbohrung zur Welle ausgerichtete Buchse des 6.-Gangrades ...

30.17c ... und das 6.-Gangrad auf die Welle.

30.18a Schieben Sie das 2.-Gangrad auf die Welle ...

30.18b ... und installieren Sie den Sprengring, ...

30.18c ... der korrekt in seiner Nut liegen muss.

30.18d Schieben Sie die beiden Zahnräder gegen den Sprengring und drücken Sie den Seegerring nach links, ...

30.18e ... bis er rundherum in seiner Nut sitzt.

17 Schieben Sie die Nutenscheibe und dann die Buchse des 6.-Gangrades auf – deren Bohrung muss zu derjenigen in der Welle ausgerichtet sein. Schieben Sie dann das 6.-Gangrad mit den Mitnehmern zu denen des 3.-Gangrades zeigend auf (siehe Abbildungen).

18 Schieben Sie das 2.-Gangrad (mit der zuvor angebrachten Markierung nach außen zeigend) auf die Welle und sichern Sie es mit dem Sprengring, der vollständig in seiner Nut sitzen muss (siehe Abbildungen) – das Zahnrad hat außen eine Vertiefung, die den Sprengring aufnimmt, und seine Zähne sind innen leicht angeschrägt. Schieben Sie jetzt das 6.-Gangrad und das 2.-Gangrad nach links, um die Nut für den Seegerring des 3./4.-Gangrad freizulegen und den Seegerring dort einzusetzen (siehe Abbildungen). Legen Sie bei DL-Modellen bis 2011 die Federscheibe und den O-Ring links auf die Eingangswelle.

19 Schieben Sie das 2.-Gangrad mit der beim Ausbau angebrachten Markierung nach außen zeigend auf die Welle (siehe Abbildung).

Ausgangswelle

Zerlegung

20 Ziehen Sie rechts die Anlaufscheibe von der Welle (Abbildung 30.35c).

21 Ziehen Sie das 1.-Gangrad und je nach Modell die Buchse oder das Lager von der Welle. Es folgen die Anlaufscheibe und das 5.-Gangrad (Abbildungen 30.35b und a sowie 30.34b und a).

22 Entfernen Sie den Seegerring des 4.-Gangrades und ziehen Sie die Anlaufscheibe, das Zahnrad und ihre innen mit Nuten versehene Buchse von der Welle (Abbildungen 30.33d, c, b und a).

23 Ziehen Sie die Laschenscheibe von der Welle. Verdrehen Sie die Sicherungsscheibe so, dass sie zu den Nuten der Welle ausgerichtet ist und abgezogen werden kann (Abbildungen 30.32c und a).

30.19 Die komplette Eingangswelle muss so aussehen.

30.29a Schieben Sie das 2.-Gangrad über die Welle ...

24 Ziehen Sie das 3.-Gangrad samt Buchse und Anlaufscheibe von der Welle (Abbildungen 30.31c, b und a).

25 Entfernen Sie den Seegerring des 6.-Gangrades und ziehen Sie dies von der Welle (Abbildungen 30.30b und a).

26 Entfernen Sie den Seegerring des 2.-Gangrades, ziehen Sie die mit einem Bund versehene Buchse aus dem Zahnrad und von der Welle und ziehen Sie anschließend das Zahnrad ab (Abbildungen 30.29c, b und a).

Ausgangswelle

Kontrolle

27 Wechseln Sie hierfür zu den Schritten 6 bis 13.

Ausgangswelle

Zusammenbau

28 Schmieren Sie während der Montage alle belasteten Teile der Welle, der Buchsen und der Zahnräder mit einem Gemisch aus gleichen Teilen Molybdänfett und Motoröl. Spannen Sie die Sicherungsringe nicht mehr als nötig und setzen Sie ausgestanzte Ringe und Scheiben mit der abgerundeten Seite zum Zahnrad und der flachen Seite zur Druckbelastung ein. Die Öffnungen der Seegerringe müssen zwischen erhabenen Bereichen der Welle liegen (beachten Sie dazu die *Werkzeug- und Werkstatt-Tipps* im Anhang).

29 Schieben Sie von rechts das 2.-Gangrad mit den Mitnehmerlöchern vom Wellenbund wegzeigend auf die Welle. Schieben Sie dann die mit dem Bund versehene Buchse in das Zahnrad und sichern Sie alles mit dem rundherum in seiner Nut sitzenden Seegerring (siehe Abbildungen).

30 Schieben Sie das 6.-Gangrad mit der Schaltgabelnut vom 2.-Gangrad wegzeigend auf die Welle und sichern Sie es mit dem rundherum in seiner Nut sitzenden Seegerring (siehe Abbildungen).

30.29b ... und schieben Sie seine Buchse hinein.

30.29c Installieren Sie den Seegerring, ...

30.29d ... der korrekt in seiner Nut liegen muss.

30.30a Schieben Sie das 6.-Gangrad auf die Welle ...

30.30b ... und installieren Sie den Seegerring, ...

30.30c ... der korrekt in seiner Nut liegen muss.

2

30.31a Schieben Sie die Nutenscheibe ...

30.31b ... die mit der Ölbohrung zur Welle ausgerichtete Buchse des 3.-Gangrades ...

30.31c ... und das 3.-Gangrad auf die Welle.

30.32a Schieben Sie die Sicherungsscheibe auf die Welle ...

30.32b ... und richten Sie sie wie gezeigt aus.

30.32c Schieben Sie die Laschenscheibe mit den Laschen voran auf die Welle ...

30.32d ... sodass die Sicherungsscheibe arretiert wird.

30.33a Schieben Sie die mit der Ölbohrung zur Welle ausgerichtete Buchse des 4.-Gangrades auf ...

30.33b ... und das 4.-Gangrad darüber.

30.33c Schieben Sie die Nutenscheibe auf ...

30.33d ... und installieren Sie den Seegerring davor, ...

30.33e ... der korrekt in seiner Nut liegen muss.

31 Schieben Sie die innen mit Nuten versehene Anlaufscheibe gefolgt von der ebenfalls mit Nuten versehenen Buchse des 3.-Gangrades auf die Welle – richten Sie die Ölbohrung der Buchse zu derjenigen der Welle aus (siehe Abbildungen). Schieben Sie das 3.-Gangrad mit den Mitnehmerlöchern zum 6.-Gangrad zeigend über die Buchse (siehe Abbildung).
32 Schieben Sie die außen und innen mit Nuten versehene Sicherungsscheibe auf die Welle und verdrehen Sie sie in ihrer Nut sitzend so, dass die Laschen gegen die Keile der Welle liegen und die Scheibe so gesichert ist (siehe Abbildungen). Schieben Sie die Laschenscheibe auf die Welle, sodass ihre Laschen in die äußeren Nuten der Sicherungsscheibe greifen (siehe Abbildungen).
33 Schieben Sie die 4.-Gangrad-Buchse mit der Ölbohrung zu derjenigen der Welle ausgerichtet auf und das 4.-Gangrad mit den Mitnehmerlöchern vom 3.-Gangrad wegzeigend darüber (siehe Abbildungen). Schieben Sie die Nutenscheibe auf und sichern Sie alles mit dem Seegerring, der korrekt in seiner Nut liegen muss (siehe Abbildungen).
34 Schieben Sie das 5.-Gangrad so auf die Welle, dass die Schaltgabelnut zum 4.-Gangrad zeigt, es folgt die Anlaufscheibe (siehe Abbildungen).
35 Schieben Sie je nach Modell die Buchse oder das Lager gefolgt vom 1.-Gangrad auf die Welle – dessen Mitnehmerlöcher müssen zum 5.-Gangrad zeigen. Legen Sie schließlich die Anlaufscheibe auf (siehe Abbildungen).
36 Kontrollieren Sie, ob alle Komponenten korrekt montiert sind (siehe Abbildung).

30.34a Schieben Sie das 6.-Gangrad auf die Welle . . .

30.34b . . . und die Anlaufscheibe davor.

30.35a Schieben Sie je nach Modell die Buchse (gezeigt) oder das Lager auf . . .

30.35b . . . und das 1.-Gangrad darüber.

30.35c Legen Sie zum Schluss die Anlaufscheibe auf.

30.36 Die komplette Ausgangswelle muss so aussehen.

31 Einfahrhinweise

1 Stellen Sie sicher, dass die Motoröl- und Kühlmittel-Pegel korrekt sind (siehe *Tägliche Kontrollen*).
2 Sorgen Sie dafür, dass sich im Tank Benzin befindet.
3 Schalten Sie die Zündung ein und den Killschalter auf ON. Bringen Sie das Getriebe in den Leerlauf.
4 Starten Sie den Motor und lasen Sie ihn mit leicht erhöhter Leerlaufdrehzahl Betriebstemperatur erreichen.
5 Kontrollieren Sie, ob die Öldruck-Kontrolllampe kurz nach dem Starten erlischt.
6 Falls sich mangelnde Schmierung andeutet, muss der Motor sofort gestoppt werden und die Ursache gefunden werden. Wenn ein Motor auch nur sehr kurze Zeit ohne Öl gefahren wird, entstehen Schäden größter Ausmaße. Kontrollieren Sie sorgfältig alles auf Öl- und Kühlmittel-Undichtigkeiten.
7 Überprüfen Sie vor der ersten Probefahrt besonders die Bremsen, die Kupplung und der Antrieb, aber auch die Instrumente ordentlich funktionieren.
8 Behandeln Sie die Maschine auf den ersten Kilometern vorsichtig, um sicherzugehen, dass überall im Motor Öl angekommen ist und sich alle neuen Teile zu setzen begonnen haben.
9 Große Sorgfalt ist geboten, wenn neue Kolben, Kolbenringe oder Lagerschalen eingebaut wurden. Im Falle neuer Kolben oder Kolbenringe muss die Maschine behandelt werden, als wäre sie neu. Das bedeutet, dass öfter geschaltet werden muss, um immer im optimalen Drehzahlbereich zu fahren und das Gas mindestens auf den ersten 800 km nur bis zur Hälfte geöffnet werden sollte. Eine Geschwindigkeitsbegrenzung wird nicht vorgeschrieben, hauptsächlich sollen die Teile des Motors sich »einschleifen« und die Leistung langsam auf den ersten 1600 km gesteigert werden. Hat man bereits Erfahrungen mit der Maschine, wird man merken, wann der Motor sich frei dreht. Die folgenden Empfehlungen von Suzuki für Neumaschinen können als Hinweis genutzt werden:

Bis 800 km: Nicht längere Zeit über 5000/min drehen.
1000 bis 1600 km: Wechselnde Drehzahlen und Last, nicht über 7500/min drehen.
Über 1600 km: Nicht in den roten Bereich des Drehzahlmessers drehen.

10 Lassen Sie den Motor nach der Probefahrt abkühlen und prüfen Sie das Ventilspiel (siehe Kapitel 1). Kontrollieren Sie den Öl- und Kühlmittelpegel (siehe *Tägliche Kontrollen*).
11 Nachdem ein überholter Motor die ersten 1600 km gefahren wurde, sollten das Motoröl und der Ölfilter gewechselt werden (siehe Kapitel 1).

Kapitel 3
Kühlsystem

Inhalt (in alphabetischer Reihenfolge, die Zahlen geben die Nummerierung in den grauen Feldern wieder)

Schwierigkeitsgrade

Leicht. Für Anfänger mit wenig Erfahrung geeignet.	**Relativ leicht.** Für Anfänger mit etwas Erfahrung geeignet.	**Relativ schwierig.** Für geübte Selbstschrauber geeignet.	**Schwer.** Für Selbstschrauber mit viel Erfahrung geeignet.	**Sehr schwer.** Für Experten und Profis geeignet.

Technische Daten

Kühlmittel

Typ und Füllmenge	siehe Kapitel 1

Ventilatorschalter

DL bis 2011 und alle SFV	
Schalter schließt (Ventilator schaltet ein)	ab ca. 98 °C
Schalter öffnet (Ventilator schaltet ab)	unter ca. 92 °C
DL ab 2012	
Schalter schließt (Ventilator schaltet ein)	ab ca. 105 °C
Schalter öffnet (Ventilator schaltet ab)	unter ca. 99 °C

Kühltemperatursensor

DL bis 2011	
Widerstand bei 20 °C	ca. 2,450 K-Ohm
Widerstand bei 40 °C	ca. 1,148 K-Ohm
Widerstand bei 60 °C	ca. 0,578 K-Ohm
Widerstand bei 80 °C	ca. 0,322 K-Ohm
DL ab 2012 und alle SFV	
Widerstand bei 20 °C	ca. 2,450 K-Ohm
Widerstand bei 40 °C	ca. 0,811 K-Ohm
Widerstand bei 60 °C	ca. 0,318 K-Ohm
Widerstand bei 80 °C	ca. 0,142 K-Ohm

Thermostat

DL bis 2011	
Öffnungs-Temperatur	ca. 88 °C
Ventilhub (min.)	8 mm bei 100 °C
DL ab 2012	
Öffnungs-Temperatur	ca. 82 °C
Ventilhub (min.)	8 mm bei 95 °C
SFV-Modelle	
Öffnungs-Temperatur	ca. 77 °C
Ventilhub (min.)	8 mm bei 100 °C

Wasserkühler

Druckventil öffnet bei	0,9 bis 1,25 bar

Anzugsdrehmomente

Ventilatorschalter (DL bis 2011)	17 Nm
Kühltemperatursensor	18 Nm

1 Allgemeine Informationen

Das Kühlsystem arbeitet mit einem Wasser/Frostschutz-Gemisch, welches die Aufgabe hat, die beim Verbrennungsvorgang entstehende Wärme abzuleiten und die Temperatur im Motor möglichst konstant zu halten. Dazu werden die Zylinder von Kühlmittel umspült, das heiße Kühlmittel steigt mit Unterstützung der rechts von der Kurbelwelle per Zahnräder angetriebenen Wasserpumpe durch den Thermostaten in den Kühler. Nachdem es dessen Lamellen passiert hat und abgekühlt wurde, gelangt es zur Wasserpumpe und wird wieder in den Motor gedrückt. Bei DL-Modellen ab 2011 und allen SFV-Modellen wird ein Teil des Kühlwassers durch den Ölkühler vorne am Motor geleitet.

Bei kaltem Motor wird der Kühlkreislauf durch den Thermostaten verkürzt – das Kühlmittel gelangt also nicht durch den Kühler. Nachdem die Betriebstemperatur im so genannten inneren Kühlkreislauf erreicht ist, öffnet der Thermostat sein Ventil und das Kühlmittel durchströmt den Kühler. Durch diese Maßnahme gelangt der Motor schneller auf Betriebstemperatur. Ein im Thermostatgehäuse sitzender Temperatursensor gibt Informationen an die Temperaturanzeige im Cockpit sowie an das Motorsteuergerät weiter. An der Rückseite des Kühlers sitzt ein Ventilator, der bei extremer Kühlmitteltemperatur Luft durch den Kühler saugt; bei DL-Modellen bis 2011 wird er durch einen integrierten Thermoschalter gesteuert, wogegen er bei DL-Modellen ab 2012 und allen SFV-Modellen von einem Relais geschaltet wird, das wiederum ein Signal vom Motorsteuergerät erhält.

Das Kühlsystem ist teilweise abgedichtet und arbeitet bei Betrieb unter Druck. Der durch ein federunterstütztes Überdruckventil im Einfülldeckel regulierte höhere Druck setzt den Siedepunkt herauf, damit das Kühlmittel unter widrigen Umständen nicht überkocht. Der Überlaufschlauch des Kühlers mündet in einen Ausgleichsbehälter, beim Abkühlen des Motors fließt das Kühlmittel automatisch wieder in den Kühler zurück.

Warnung: Entfernen Sie nicht den Kühlerdeckel, wenn der Motor heiß ist. Das unter Druck stehende Kühlmittel kann bei Druckverlust plötzlich aufkochen, sodass heißer Dampf austritt und ernsthafte Verbrennungen verursacht. Wenn der Motor ausreichend abgekühlt ist, muss ein dicker Lappen oder ein Handtuch um den Deckel gelegt werden. Entfernen Sie den Kühlerdeckel durch vorsichtiges Drehen nach links bis zum Anschlag. Wenn ein zischendes Geräusch hörbar wird, muss gewartet werden, bis es aufhört. Jetzt wird der Deckel heruntergedrückt und weiter nach links gedreht, bis er abgenommen werden kann.

Achtung: Frostschutzmittel darf nicht mit der Haut oder Lackoberflächen in Berührung kommen. Wischen Sie Spritzer unverzüglich mit reichlich Wasser ab. Frostschutz kann giftige und explosive Gase produzieren, wenn es in offenen Behältern gelagert oder auf den Boden verschüttet wird. Kinder und Tiere können durch den süßen Geschmack irritiert werden und das Mittel trinken. Fragen Sie Ihren Fachhändler, wo Sie altes Frostschutzmittel entsorgen können.

Achtung: Benutzen Sie immer das vorgeschriebene Frostschutzmittel und mixen Sie im korrekten Verhältnis mit destilliertem Wasser. Der Frostschutz enthält Korrosionsschutzmittel, um das Kühlsystem zu schützen. Fehlt dieses, kann Rost entstehen und die feinen Leitungen des Kühlsystems blockieren. Durch den Einsatz von destilliertem Wasser wird die Bildung von Kalkablagerungen verhindert, welche ebenfalls die Kühlwirkung beeinträchtigen können.

2 Ventilator und Relais

1 Falls der Motor zu überhitzen droht und der Ventilator nicht einschaltet, muss zuerst dessen Sicherung kontrolliert werden (siehe Kapitel 8). Prüfen Sie anschließend den Schalter oder das Relais (je nach Modell) und anschließend den Ventilatormotor selbst (siehe unten).

Ventilatorschalter (DL-Modelle bis 2011)

Kontrolle

2 Entfernen Sie das rechte Verkleidungsseitenteil (siehe Kapitel 7).

3 Falls der Motor sehr heiß wird und der Ventilator nicht eingeschaltet wird, muss der Stecker vom rechts am Kühler sitzenden Schalter getrennt werden (siehe Abbildung). Verbindet man nun die beiden Kontakte der Kabelbaumseite mithilfe eines Überbrückungskabels und schaltet die Zündung ein, muss der Ventilator anlaufen – in diesem Fall ist der Ventilatorschalter defekt und muss ersetzt werden. Läuft der Ventilator bei diesem Test nicht, muss bei eingeschalteter Zündung am Steckerkontakt des schwarz/roten Kabels geprüft werden, ob Batteriespannung anliegt – wird keine Spannung festgestellt, muss das Kabel auf Durchgang zur Sicherungsbox überprüft werden (siehe Kapitel 8). Lag Spannung an, muss der Ventilatormotor getestet werden (siehe unten).

2.3 Stecker am Ventilatorschalter

4 Läuft der Ventilator bei eingeschalteter Zündung ständig, wird der Stecker vom rechts am Kühler sitzenden Schalter getrennt (Abbildung 2.3) – schaltet der Ventilator jetzt ab, ist der Ventilatorschalter defekt und muss ersetzt werden. Läuft der Ventilator weiter, muss die Verkabelung zwischen dem Ventilator und dem Schalter auf einen Masseschluss sowie der Ventilatormotor selbst überprüft werden.

5 Wenn der Ventilator arbeitet, aber vermutlich bei der falschen Temperatur anspringt und abschaltet, muss ein neuer Schalter installiert werden.

Einbau und Ausbau

Warnung: Der Motor muss vollständig abgekühlt sein, bevor diese Arbeit ausgeführt werden kann.

6 Entfernen Sie das rechte Verkleidungsseitenteil (siehe Kapitel 7).

7 Entleeren Sie das Kühlsystem (siehe Kapitel 1).

8 Trennen Sie den Stecker vom rechts am Kühler sitzenden Schalter (Abbildung 2.3) und schrauben Sie diesen heraus – der O-Ring muss später erneuert werden.

9 Rüsten Sie den (neuen) Schalter mit einem neuen mit Kühlmittel geschmierten O-Ring aus und ziehen Sie ihn mit 17 Nm an – zu festes Anziehen würde den Kühler beschädigen.

10 Verbinden Sie den Stecker und füllen Sie das Kühlsystem auf (siehe Kapitel 1).

Ventilator-Relais (DL ab 2012, alle SFV)

Kontrolle

11 Bauen Sie das Relais aus (siehe Schritt 16 und 17).

12 Schalten Sie ein Multimeter auf den Widerstand-Messbereich und verbinden Sie seine Klemmen mit den Relais-Anschlüssen 1 und 2 (siehe Abbildung) – es darf kein Durchgang feststellbar sein (unendlicher Widerstand). Verbinden Sie eine geladene Batterie mit den anderen beiden Relais-Anschlüssen – Plus an

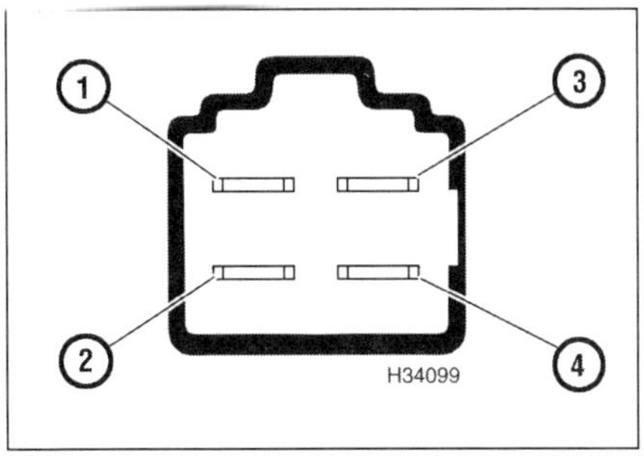

2.12 Anschluss-Identifizierungen am Ventilatorrelais

2.17a Ventilatorrelais – DL-Modelle

2.17b Ventilatorrelais – SFV-Modelle

2.19a Ventilatorstecker – DL bis 2011

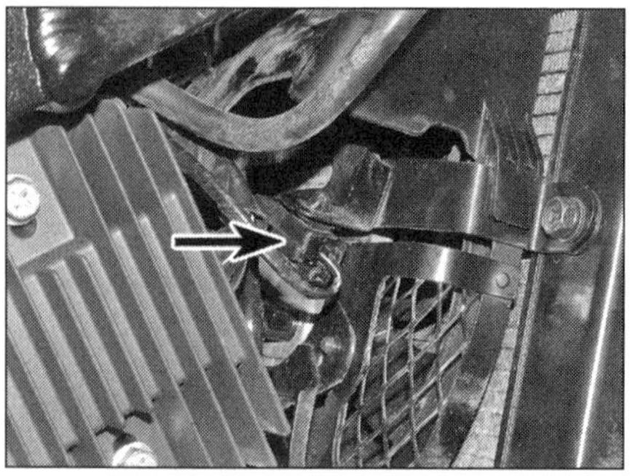
2.19b Ventilatorstecker – DL ab 2012

2.19c Ventilatorstecker – SFV-Modelle

2.24 Ventilator-Schrauben

Anschluss 3, Minus an Anschluss 4. Jetzt muss aus dem Relais ein deutliches Klicken vernehmbar sein und der Widerstand auf 0 Ohm (voller Durchgang) fallen – ist das nicht der Fall, ist das Relais defekt und muss ersetzt werden.

13 Hat das Relais den Test bestanden, muss der Stecker auf lockere oder beschädigte Kabel und Kontakte überprüft werden.

14 Läuft der Ventilator bei eingeschalteter Zündung ständig, wird das Relais ausgebaut (Schritte 16 und 17) – geht der Ventilator jetzt aus, ist das Relais defekt und muss ersetzt werden.

15 Wenn der Ventilator arbeitet, aber vermutlich bei der falschen Temperatur anspringt, muss der Kühltemperatur-Sensor überprüft werden (siehe Sektion 3).

Ausbau und Einbau

16 Entfernen Sie die Sitzbank und bei SFV-Modellen den rechten Seitendeckel (siehe Kapitel 7).

17 Befreien Sie das Relais und trennen Sie seinen Stecker (siehe Abbildungen).

18 Der Einbau entspricht der umgekehrten Ausbaureihenfolge.

Ventilator

Kontrolle

19 Der Ventilator ist hinten am Kühler montiert – demontieren Sie für den Zugang bei DL-Modellen den rechten Seitendeckel und bei SFV-Modellen die rechte Kühlerverkleidung (siehe Kapitel 7). Trennen Sie den Ventilatorstecker (siehe Abbildungen).

20 – DL-Modelle bis 2011: Trennen Sie den Stecker vom rechts am Kühler sitzenden Schalter (Abbildung 2.3). Finden Sie heraus, welcher der beiden Steckerkontakte mit dem Ventilator verbunden ist (z.B. mit einer Durchgangsprüfung am vom Ventilatorstecker zum Schalterstecker führenden schwarz/roten Kabel – wir benötigen den anderen Kontakt – beachten Sie dazu die Schaltpläne am Ende von Kapitel 8). Im Grunde muss für diesen Test lediglich der Schalter überbrückt werden. Schließen Sie den Pluspol einer vollständig geladenen 12-Volt-Batterie mithilfe eines Überbrückungskabels an den Kontakt zum Ventilator an; Minus wird mit dem Ventilatorstecker-Kontakt des blauen Kabels verbunden – jetzt sollte der Ventilator laufen. Arbeitet er nicht (und sind die Kabel und Stecker zum Motor in Ordnung), ist der Ventilatormotor defekt und der gesamte Ventilator muss ersetzt werden – Einzelteile sind nicht separat erhältlich.

21 – DL ab 2012, alle SFV: Schließen Sie den Pluspol einer vollständig geladenen 12-Volt-Batterie mithilfe eines Überbrückungskabels an den Kontakt des blauen Ventilator-Kabels an; Minus wird mit dem Kontakt des schwarzen Kabels verbunden – jetzt sollte der Ventilator laufen. Arbeitet er nicht (und sind die Kabel und Stecker zum Motor in Ordnung), ist der Ventilatormotor defekt und der gesamte Ventilator muss ersetzt werden – Einzelteile sind nicht separat erhältlich.

22 Arbeitet der Ventilator, müssen das schwarz/weiße Kabel des Ventilatorsteckers auf Durchgang zu Masse und alle Kabel und Stecker des Stromkreises auf Defekte oder Unterbrechungen überprüft werden.

Ausbau und Einbau

⚠ ***Warnung: Der Motor muss vollständig abgekühlt sein, bevor diese Arbeit ausgeführt werden kann.***

23 Demontieren Sie den Kühler (siehe Sektion 5). Trennen Sie bei DL-Modellen bis 2011 den Stecker vom rechts am Kühler sitzenden Schalter (Abbildung 2.3).

24 Lösen Sie die Schrauben des Ventilators und entfernen Sie diesen (siehe Abbildung).

25 Der Einbau entspricht der umgekehrten Ausbaureihenfolge.

3 Temperaturanzeige und Kühltemperatursensor

Temperaturanzeige

1 Der Stromkreis besteht aus dem im Thermostatgehäuse sitzenden Kühltemperatursensor und der Temperaturanzeige samt Warnlampe im Cockpit.

2 Wenn die Temperaturanzeige nicht funktioniert, müssen der Kühltemperatursensor und sein Stecker kontrolliert werden (siehe unten). Ist hier alles OK, wird der Stecker hinten an der Instrumentenbaugruppe sowie die Verkabelung zwischen den Steckern überprüft (siehe Kapitel 8). Wurden auch hier keine Fehler gefunden, kann das Anzeigeinstrument defekt sein – weil keine Prüfdaten erhältlich sind, sollte das Instrument von einer Suzuki-Werkstatt überprüft werden.

3.5 Stecker des Kühltemperatursensors – gezeigt von rechts am DL-Modell

4.3a Thermostatgehäuse

Kühltemperatursensor

Kontrolle

3 Der Sensor sitzt im Thermostatgehäuse. Der Widerstand des Sensors ändert sich temperaturabhängig (siehe *Technische Daten*). Während es theoretisch möglich ist, den Sensor bei den Prüftemperaturen zu messen, lässt sich dieser Test in der Praxis nur schwierig ausführen. Allerdings lässt sich der Widerstand des eingebauten Sensors bei kaltem, warmem und heißem Motor ermitteln. Bringen Sie den Motor zunächst auf Betriebstemperatur.

4 Demontieren Sie bei SFV-Modellen die Drosselklappengehäuse (siehe Kapitel 4).

5 Trennen Sie den Sensorstecker (Abbildungen 3.5 oder 4.4).

6 Verbinden Sie ein auf den K-Ohm-Bereich geschaltetes Multimeter mit den Sensorkontakten und beobachten Sie die Anzeige, während der Motor langsam wieder abkühlt – mit sinkenden Temperaturen muss der Widerstand steigen. Bei defektem Sensor wird meistens ungeachtet der Temperatur null oder unendlicher Widerstand oder irgendein konstanter Wert festgestellt.

Ausbau und Einbau

⚠ ***Warnung: Der Motor muss vollständig abgekühlt sein, bevor diese Arbeit ausgeführt werden kann.***

7 Der Sensor sitzt im Thermostatgehäuse. Entleeren Sie das Kühlsystem (siehe Kapitel 1).

8 Demontieren Sie bei SFV-Modellen die Drosselklappengehäuse (siehe Kapitel 4).

9 Trennen Sie den Sensorstecker (Abbildungen 3.5 oder 4.4).

10 Lösen und entnehmen Sie den Sensor – die Dichtscheibe muss später erneuert werden.

11 Rüsten Sie den Sensor mit einer neuen Dichtscheibe aus, schrauben Sie ihn ins Thermostatgehäuse und ziehen Sie ihn mit 18 Nm an. Verbinden Sie den Kabelstecker.

12 Montieren Sie alle entfernten Komponenten.

13 Füllen Sie das Kühlsystem auf (siehe Kapitel 1).

4 Thermostat

1 Der Thermostat arbeitet automatisch und normalerweise jahrelang zuverlässig. Im Falle eines Defektes kann das Ventil im offenen Zustand blockieren – dann dauert es wesentlich länger, bis der Motor Betriebstemperatur erreicht. Andererseits kann das Ventil auch im geschlossenen Zustand blockieren, dann fließt die Kühlflüssigkeit nicht durch den Kühler, und der Motor kann überhitzen. Keiner dieser Zustände ist akzeptabel und der Defekt muss unverzüglich behoben werden.

Ausbau

⚠ ***Warnung: Der Motor muss vollständig abgekühlt sein, bevor diese Arbeit durchgeführt werden darf.***

4.3b Entfernen Sie den Deckel und entfernen Sie den Thermostaten (Pfeil).

2 Lassen Sie das Kühlmittel ab (siehe Kapitel 1).

3 Der Thermostat ist zwar in begrenztem Rahmen von links zugänglich (siehe Abbildung), aber es empfiehlt sich, die Drosselklappengehäuse zu demontieren (siehe Kapitel 4), um Zugang von oben zu erhalten. Lösen Sie die Schrauben, um dem Deckel vom Gehäuse zu befreien (siehe Abbildung). Ziehen Sie den Thermostaten aus seinem Sitz – beachten Sie seine Einbauposition.

4 Um das Thermostatgehäuse demontieren zu können, müssen die Drosselklappengehäuse entfernt werden (siehe Kapitel 4). Trennen Sie den Stecker des Kühltemperatursensors (siehe Abbildung). Lockern Sie die entsprechenden Schlauchschellen, um die Schläuche entweder vom Gehäuse oder vom Motor und vom Kühler zu ziehen. Entnehmen Sie das Gehäuse – ggf. samt seiner Schläuche.

Kontrolle

5 Führen Sie vor dem Test eine Sichtkontrolle durch. Wenn der Thermostat bei Raumtemperatur offen steht, ist er defekt und muss ersetzt werden. Kontrollieren Sie seine Dichtung.

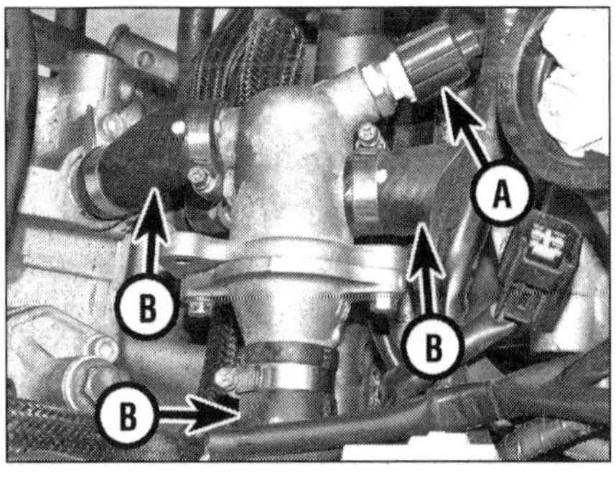

4.4 Trennen Sie den Kühltemperatursensorstecker (A) und ziehen Sie die Schläuche (B) ab.

3

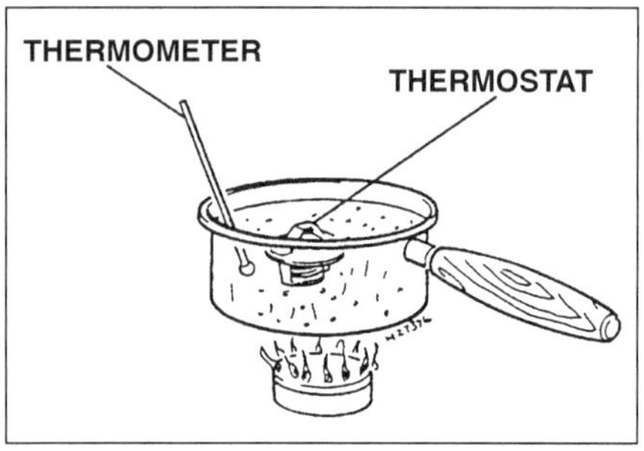

4.6 Aufbau für die Prüfung des Thermostaten

6 Halten Sie den Thermostaten mit einem Stück Draht in einen mit kaltem Wasser gefüllten Kochtopf. Halten Sie ein Thermometer (Messbereich bis über 100 °C) in die Nähe des Thermostaten und erwärmen Sie das Wasser (siehe Abbildung). Weder das Thermometer noch der Thermostat darf den Topfboden berühren. Die vorgegebene Öffnungstemperatur für den Thermostaten ist in den technischen Daten angegeben – prüfen Sie, ob er sich dann zu öffnen beginnt. Wenn das Wasser kurz vor dem Siedepunkt ist, muss nach einigen Minuten der Thermostat aus dem Wasser genommen und gemessen werden, wie weit er geöffnet ist – wenn nicht mindestens 8 mm festgestellt werden, ist der Thermostat defekt.
7 Ein defekter Thermostat muss durch ein Neuteil ersetzt werden.

Anmerkung: *Wenn der Thermostat nicht öffnet, kann im Notfall – und nach dem Abkühlen des Motors – der Thermostat ausgebaut, der Deckel wieder angeschraubt und dann weitergefahren werden (dies ist besser, als den Motor überhitzen zu lassen). Klemmt das Ventil im offenen Zustand, sollte der Thermostat eingebaut bleiben. In beiden Fällen muss beachtet werden, dass die Warmlaufzeit des Motors erheblich länger als üblich ist. Bauen Sie so schnell wie möglich einen neuen Thermostaten ein.*

Einbau

8 Der Einbau entspricht der umgekehrten Ausbaureihenfolge – beachten Sie dabei folgende Punkte:

- Falls die Thermostat-Dichtung beschädigt oder spröde ist, muss der Thermostat ersetzt werden (Abbildung 4.4).
- Installieren Sie den Thermostaten mit der Bohrung nach oben in sein Gehäuse (Abbildung 4.3b).
- Falls das Gehäuse entfernt worden ist, müssen alle Schläuche wieder vollständig aufgeschoben und mit den Schellen gesichert werden.
- Füllen Sie das Kühlsystem auf (siehe Kapitel 1) und kontrollieren Sie den Pegel (siehe *Tägliche Kontrollen*).

5 Kühler und Druckventil

Anmerkung: *Falls der Wasserkühler im Zuge des Motorausbaus demontiert werden muss, sollten die Schläuche besser vom Motor statt vom Kühler abgezogen werden, um den Kühler zusammen mit den Schläuchen zu entfernen. Notieren Sie die Verlegung der Schläuche.*

Ausbau

Warnung: Der Motor muss vollständig abgekühlt sein, bevor diese Arbeit durchgeführt werden darf.

1 Demontieren Sie bei DL-Modellen bis 2011 die Verkleidungsseitenteile bzw. bei DL-Modellen ab 2012 die gesamte Verkleidung (siehe Kapitel 7). Entfernen Sie bei SFV-Modellen die Kühlerverkleidungen (siehe Kapitel 7).
2 Lassen Sie das Kühlmittel ab (siehe Kapitel 1).
3 Trennen Sie den Ventilatorstecker (Abbildungen 2.19a, b oder c). Ziehen Sie bei DL-Modellen die Hupenstecker ab (siehe Abbildungen).
4 Lockern Sie die Schellen der am Kühler sitzenden Schläuche und ziehen Sie sie von den Stutzen (siehe Abbildungen).
5 – DL bis 2011: Befreien Sie den Ventilatorstecker von der Luftführung und das Kabel des Geschwindigkeitssensors aus seiner Klemme (siehe Abbildung). Lösen Sie die Befestigungsschrauben des Kühlers und befreien Sie ihn links aus der Öse (Abbildungen 5.6b und c); lösen Sie dann oben die Luftführungs-Clips und den Zapfen an jeder Seite und entnehmen Sie den Kühler – achten Sie darauf, die empfindlichen Lamellen nicht zu beschädigen (siehe Abbildungen). Demontieren Sie nötigenfalls die Hupe (siehe Kapitel 8).
6 – DL ab 2012: Befreien Sie die zwei Verkleidungsstifte und den links sitzenden Zapfen für die Luftführung (siehe Abbildung). Lösen Sie Befestigungsschrauben des Kühlers, befreien Sie ihn von der rechts sitzenden Luftführung sowie aus der links sitzenden Öse, um ihn entnehmen zu können – achten

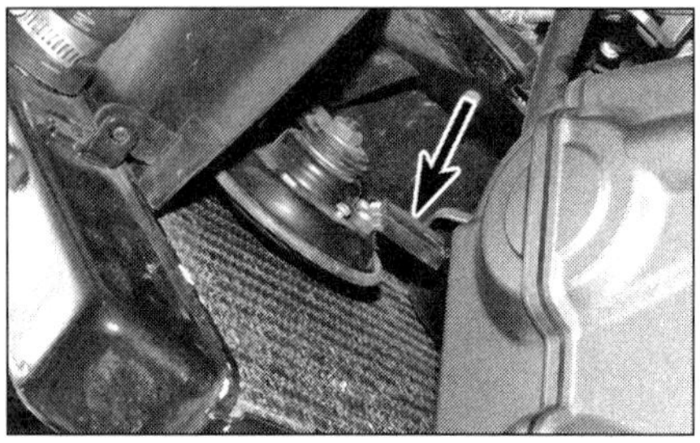

5.3a Hupenstecker – DL bis 2011

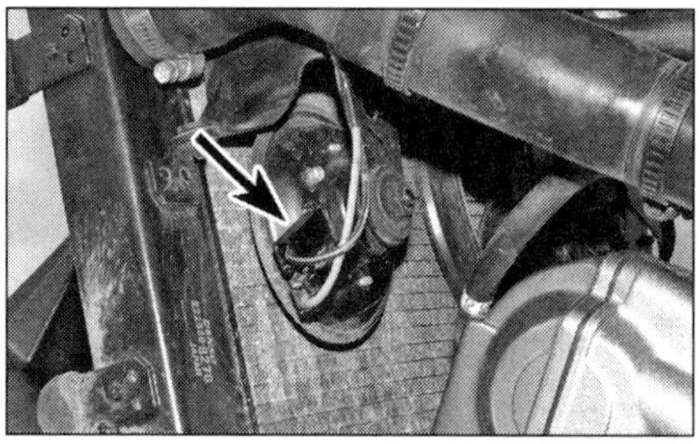

5.3b Hupenstecker – DL ab 2012

5.4a Ziehen Sie die Kühlerschläuche rechts . . .

5.4b . . . und links am Kühler ab.

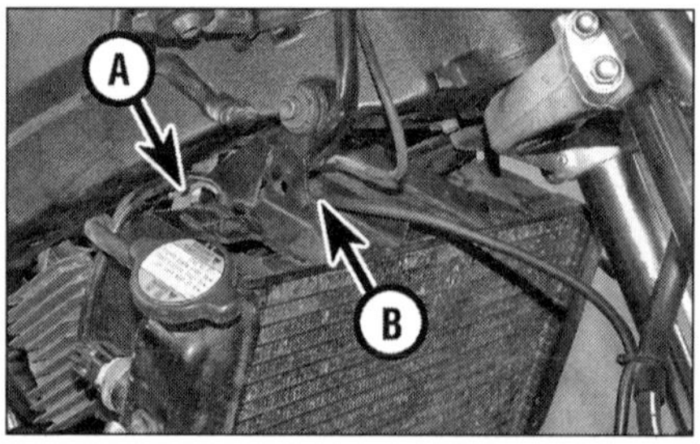

5.5a Lösen Sie den Stecker (A) und befreien Sie das Kabel (B).

5.5b Lösen Sie an der Luftführung die Clips . . .

5.5c ... und den Zapfen.

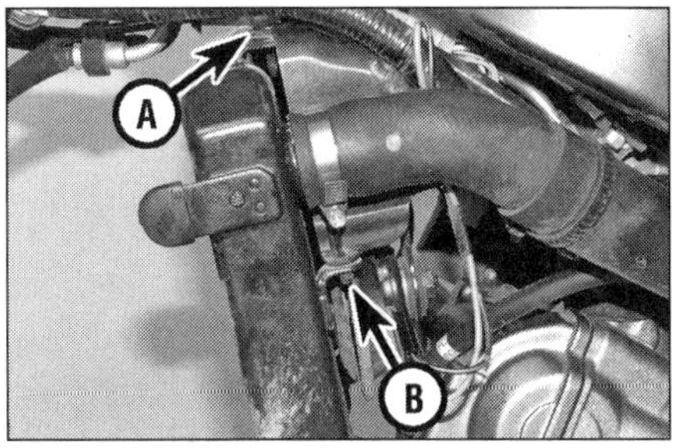

5.6a Lösen Sie an beiden Seiten den Verkleidungsstift (A) sowie den Zapfen.

5.6b Lösen Sie die Schrauben ...

Sie darauf, die empfindlichen Lamellen nicht zu beschädigen (siehe Abbildungen). Demontieren Sie nötigenfalls die Hupe (siehe Kapitel 8).

7 – SFV-Modelle: Lösen Sie rechts die Befestigungsschrauben des Kühlers (Abbildung 5.6b). Lösen Sie links die Schraube und befreien Sie den Kühler – achten Sie darauf, die empfindlichen Lamellen nicht zu beschädigen (siehe Abbildung).

8 Demontieren Sie nötigenfalls den Ventilator (siehe Sektion 2).

9 Beachten Sie die Positionen aller Hülsen und Gummiösen der Kühlerbefestigungen (siehe Abbildung). Ersetzen Sie die Gummis, falls sie beschädigt, verformt oder spröde sind.

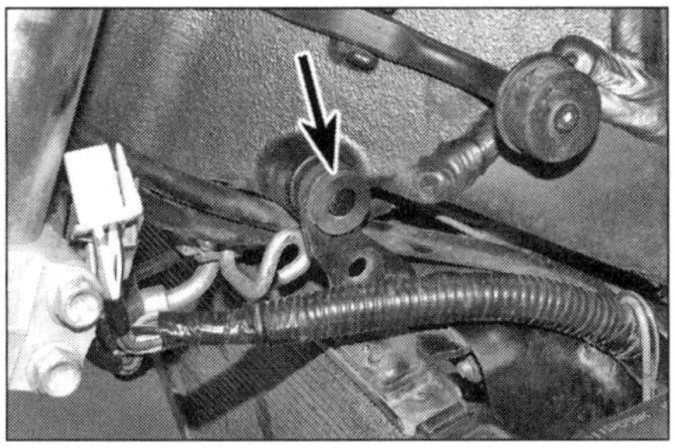

5.6c ... und befreien Sie den Kühler aus der Öse.

5.7 Lösen Sie die Schraube.

5.9 Beachten Sie die Hülsen und kontrollieren Sie die Gummiösen.

6.3a Entfernen Sie den Seegerring und ziehen Sie das Zahnrad ab.

6.3b Ziehen Sie den Mitnehmerstift heraus ...

6.3c ... und entfernen Sie die Scheibe.

10 Kontrollieren Sie den Kühler auf Beschädigungen und entfernen Sie sämtlichen Schmutz, der die Kühlwirkung behindern kann. Falls die Lamellen verbogen sind, können sie eventuell mit einem kleinen Schraubendreher wieder gerichtet werden; wenn sie stark beschädigt oder abgebrochen sind, muss der Kühler ersetzt werden.

Einbau

11 Der Einbau entspricht der umgekehrten Ausbaureihenfolge – beachten Sie dabei folgende Punkte:

- Alle Gummiösen und Hülsen müssen korrekt installiert werden (Abbildung 5.9).
- Die Kühlerschläuche müssen sich in einem guten Zustand befinden (siehe Kapitel 1), korrekt verlegt und ggf. mit neuen Schellen gesichert werden (Abbildungen 5.4a und b).
- Verbinden Sie den/die Ventilatorstecker (Abbildungen 2.19a, b oder c).
- Das Kühlsystem muss aufgefüllt (siehe Kapitel 1) und anschließend auf Undichtigkeiten überprüft werden.

Druckventil-Kontrolle

12 Wenn Probleme wie Überhitzung und Flüssigkeitsverlust auftreten, muss das Kühlsystem wie in Kapitel 1 beschrieben überprüft werden. Der Öffnungsdruck des Druckventils muss von einer entsprechend ausgerüsteten Suzuki-Werkstatt getestet werden. Ist das Ventil defekt, muss es ersetzt werden.

6 Wasserpumpe

Kontrolle

1 Beachten Sie hierfür die Hinweise in Kapitel 1, Sektion 10.

Ausbau

2 Demontieren Sie den rechten Motordeckel (siehe Kapitel 2, Sektion 17, Schritte 1 bis 3) – die Wasserpumpe ist hieran befestigt.

3 Entfernen Sie den Seegerring des Pumpenzahnrades und ziehen Sie dies von der Welle (siehe Abbildung). Ziehen Sie den Mitnehmerstift aus der Welle und entfernen Sie die Scheibe (siehe Abbildungen).

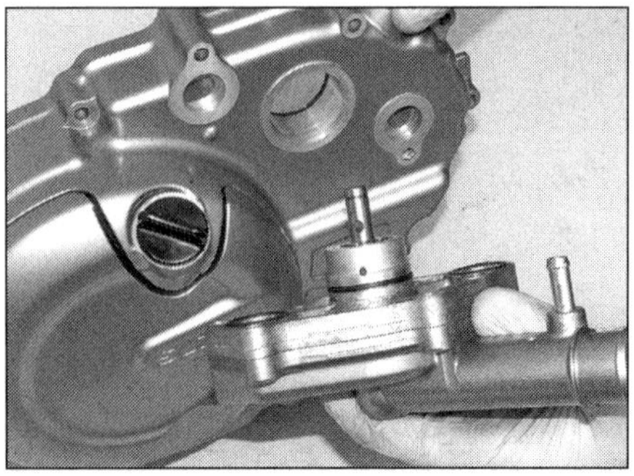

6.4a Befreien Sie die Wasserpumpe aus dem rechten Motordeckel.

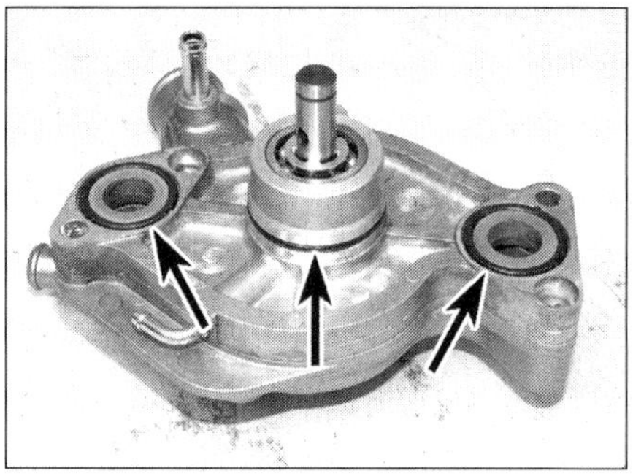

6.4b Entfernen Sie die O-Ringe.

6.5a Lösen Sie die zwei Schrauben und entfernen Sie den Deckel . . .

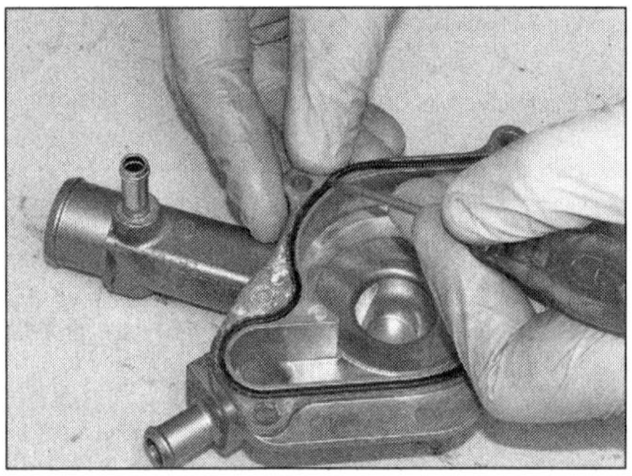

6.5b . . . sowie seine Dichtung.

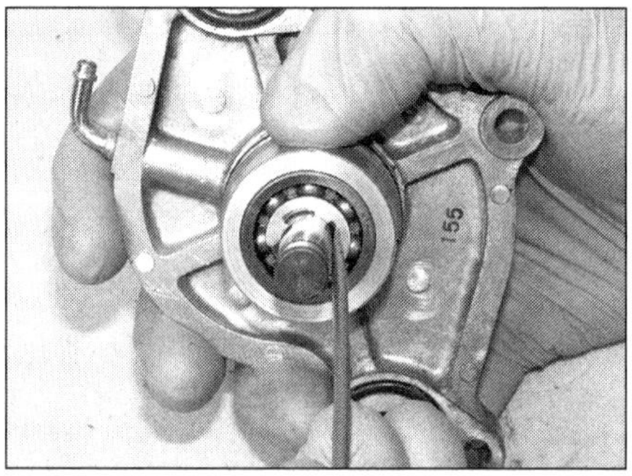

6.7a Entfernen Sie die Sicherungsscheibe . . .

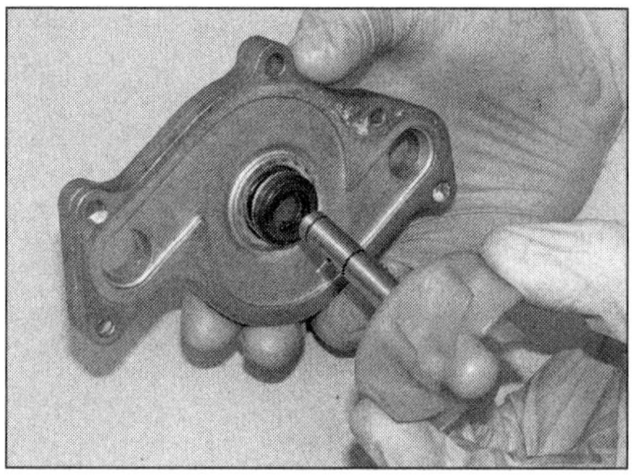

6.7b . . . und ziehen Sie die Pumpenradwelle heraus.

4 Befreien Sie die Pumpenbaugruppe aus dem Motordeckel (siehe Abbildung) – der Gehäuse-O-Ring und die beiden Kühlkanal-O-Ringe müssen später erneuert werden (siehe Abbildung).

Kontrolle

5 Lösen Sie die zwei Schrauben an der Rückseite der Wasserpumpe und trennen Sie diese vom Pumpendeckel (siehe Abbildung) – die Gummidichtung muss später erneuert werden (siehe Abbildung).

6 Kontrollieren Sie die Pumpenradlager innerhalb der Pumpe – falls sie Spiel haben oder rau laufen, müssen sie ersetzt werden.

7 Entfernen Sie die Sicherungsscheibe und ziehen Sie das Pumpenrad aus dem Gehäuse (siehe Abbildungen). Prüfen Sie, ob das Pumpenrad senkrecht auf der Welle sitzt.

8 Kontrollieren Sie den hinten im Pumpenrad sitzenden Gummidämpfer und seinen Halter – ein unnötiger Ausbau sollte unterbleiben, da beide Teile nicht wiederverwendet werden können. Falls Schäden oder Alterungserscheinungen festgestellt werden, müssen der Halter und der Dämpfer herausgehebelt werden (siehe Abbildung). Schmieren Sie die Neuteile mit Kühlmittel und drücken Sie senkrecht über die Welle, bis sie bündig zum Pumpenrad sitzen (siehe Abbildung).

9 Begutachten Sie das Pumpengehäuse auf Korrosion und Ablagerungen. Reinigen Sie es nötigenfalls mit Stahlwolle und spülen Sie es mit Leitungswasser durch.

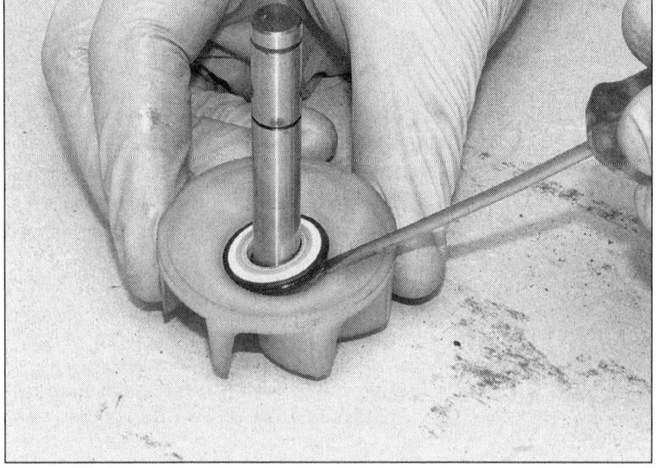

6.8a Hebeln Sie die Dämpfer-Baugruppe heraus . . .

6.8b . . . und installieren Sie eine neue.

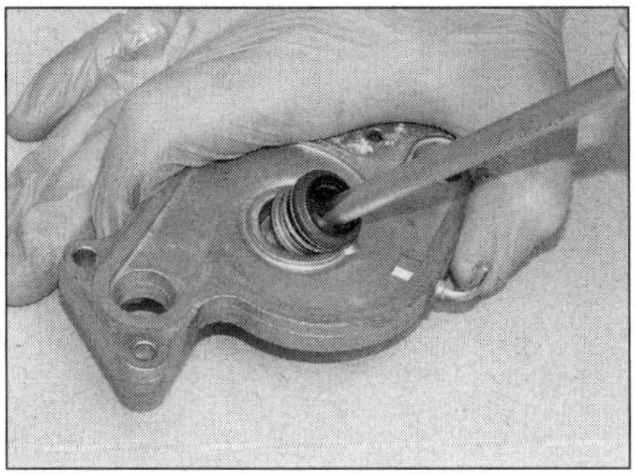

6.11a Entfernen Sie zunächst den Innenteil der Gleitringdichtung . . .

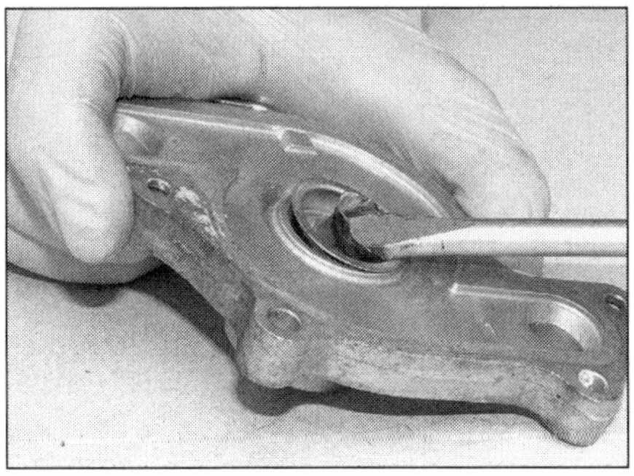

6.11b . . . und befreien Sie dann ihren Sitz.

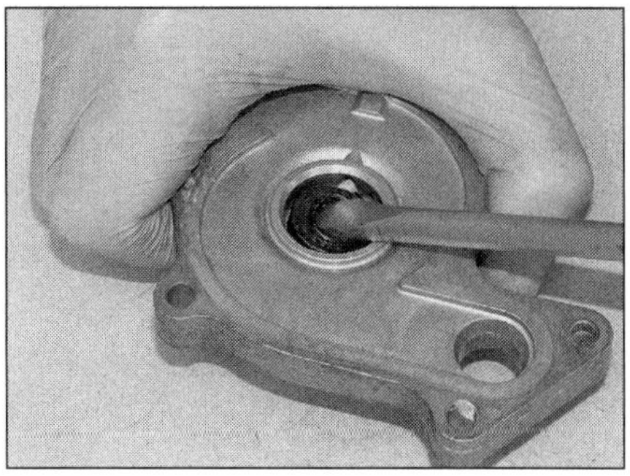

6.11c Hebeln Sie den Dichtring heraus.

6.12 Treiben Sie das Lager mit einem passenden Steckschlüssel aus.

6.14 Treiben Sie das neue Lager mit einem Steckschlüssel ein, der nur seinen Außenring berührt.

6.15a Pressen Sie den neuen Dichtring ein, . . .

Dichtringe und Lager

Ersetzen

10 Befreien Sie das Pumpenrad aus dem Gehäuse (Schritte 2 bis 7).

11 Entfernen Sie die Gleitringdichtung mithilfe eines Schraubendrehers und hebeln Sie dann den Dichtring heraus (siehe Abbildungen).

12 Stützen Sie die Wasserpumpe aus Hölzern und treiben Sie die Lager von innen mithilfe eines passenden Steckschlüssels aus (siehe Abbildung) – erwärmen Sie den Lagersitz mit einem Heißluftgebläse, um den Ausbau zu erleichtern.

13 Befreien Sie mit Lösungsmittel den Sitz der Gleitringdichtung von alter Dichtmasse.

14 Treiben Sie die neuen Lager (mit den Markierungen nach außen) mit einem Steckschlüssel, der nur ihren Außenring berührt, in ihre Sitze (siehe Abbildung).

15 Pressen oder treiben Sie den neuen Dichtring (mit den Markierungen nach außen) mit einem Steckschlüssel ein, bis er bündig zum Rand der Ablaufbohrung sitzt (siehe Abbildungen) – treiben Sie ihn nicht tiefer ein! Schmieren Sie seine Dichtlippen mit Fett.

16 Pressen oder treiben Sie vorsichtig die neue Gleitringdichtung in das Pumpengehäuse – verwenden Sie dazu ein Werkzeug, das nur ihren Außenrand berührt (siehe Abbildungen). Der Rand der Dichtung muss korrekt sitzen (siehe Abbildung).

17 Vervollständigen und montieren Sie die Wasserpumpe.

6.15b . . . bis er direkt unter der Ablaufbohrung sitzt.

6.16a Installieren Sie eine neue Gleitringdichtung . . .

6.16b . . . und treiben Sie sie wie beschrieben ein, . . .

6.16c . . . bis ihr Rand rundherum sitzt.

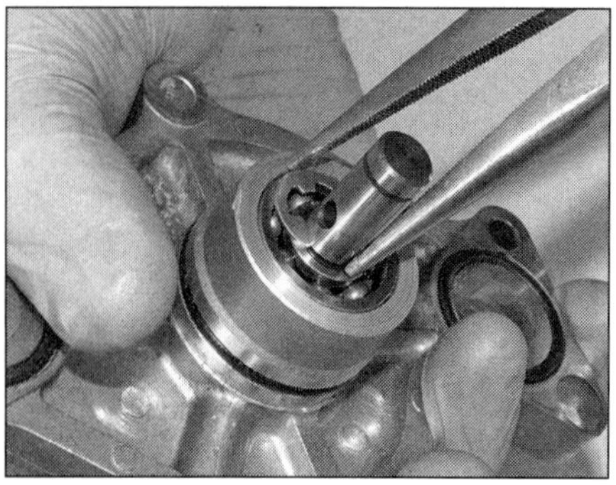
6.18 Sichern Sie die Welle mit dem Sicherungsring.

6.19a Installieren Sie eine neue Dichtung . . .

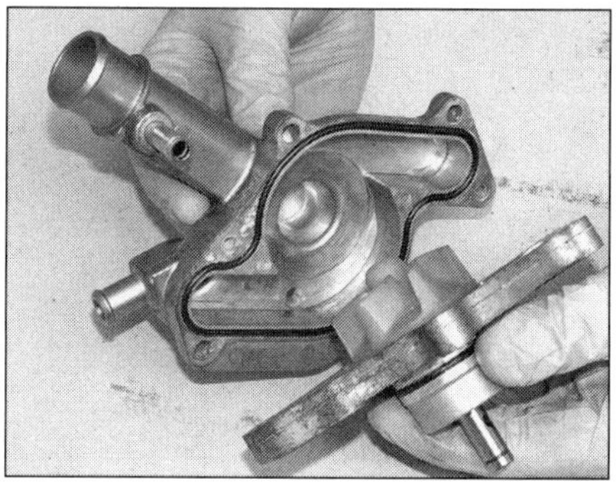
6.19b . . . und montieren Sie den Deckel.

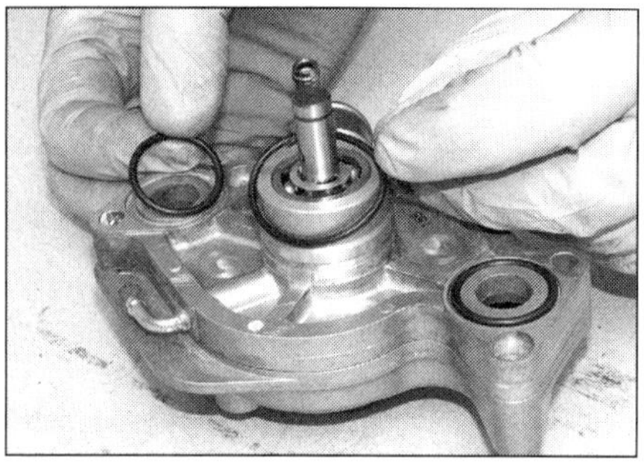
6.20 Installieren Sie neue gefettete O-Ringe.

6.22 Installieren Sie das Zahnrad mit den Ausschnitten über dem Mitnehmerstift.

Zusammenbau und Einbau

18 Umwickeln Sie das innere Ende der Antriebswelle mit einer Schicht Isolierband, um die Dichtring-Lippe zu schützen. Schmieren Sie das Isolierband und die Pumpenwelle mit Fett und schieben Sie sie ins Gehäuse; drücken Sie das Pumpenrad gegen die Dichtung, um die Nut der Sicherungsscheibe freizulegen und die Scheibe rundherum darin zu installieren (siehe Abbildung sowie Abbildung 6.7b).

19 Schmieren Sie die neue Deckeldichtung mit Kühlmittel und drücken Sie sie in ihre Nut (siehe Abbildung). Setzen Sie den Deckel an die Pumpe und ziehen Sie die zwei Schrauben an (siehe Abbildung).

20 Schmieren Sie die zwei neuen Kühlkanal-O-Ringe mit Fett und installieren Sie sie in die Nuten an der Rückseite der Pumpe (siehe Abbildung). Schmieren Sie den neuen Pumpengehäuse-O-Ring mit Fett und schieben Sie ihn über den Lagersitz.

21 Drücken Sie die Wasserpumpe in den rechten Motordeckel – richten Sie dabei die Schraubenbohrungen zueinander aus (Abbildung 6.4).

22 Schieben Sie die Scheibe auf die Welle und installieren Sie den Mitnehmerstift in seine Bohrung (Abbildungen 6.3c und b). Installieren Sie das Pumpenzahnrad korrekt ausgerichtet über den Stift (siehe Abbildung) und sichern Sie es mit dem Seegerring, der korrekt in seiner Nut sitzen muss (Abbildung 6.3a).

23 Montieren Sie den rechten Motordeckel (siehe Kapitel 2, Sektion 17, Schritte 32 bis 34).

7 Ausgleichsbehälter

Ausbau

DL-Modelle bis 2006

1 Demontieren Sie den Tank (siehe Kapitel 4). Halten Sie einen geeigneten Behälter bereit, um den Behälter ausgießen zu können.

2 Ziehen Sie oben am Behälter den Belüftungsschlauch ab (siehe Abbildung). Lösen Sie die Schraube, heben Sie den Ausgleichsbehälter heraus, öffnen Sie den Deckel und gießen Sie das Kühlmittel in den Sammelbehälter (siehe Abbildungen).

3 Ziehen Sie unten am Behälter den Schlauch ab.

DL-Modelle ab 2007

4 Demontieren Sie den Tank (siehe Kapitel 4). Halten Sie einen geeigneten Behälter bereit, um den Behälter ausgießen zu können.

5 Ziehen Sie oben am Behälter den Belüftungsschlauch ab (siehe Abbildung). Lösen Sie die Schrauben, heben Sie den Ausgleichsbehälter heraus, öffnen Sie den Deckel und gießen Sie das Kühlmittel in den Sammelbehälter (siehe Abbildung).

6 Ziehen Sie unten am Behälter den Schlauch ab (siehe Abbildung).

7.2a Ziehen Sie den Schlauch ab.

7.2b Lösen Sie die Schraube . . .

7.2c . . . heben Sie den Ausgleichsbehälter aus dem Rahmen und entleeren Sie ihn.

SFV-Modelle

7 Heben Sie den Tank an (siehe Kapitel 4). Halten Sie einen geeigneten Behälter bereit, um den Behälter ausgießen zu können.
8 Ziehen Sie den äußeren Zündkerzenstecker vom hinteren Zylinder und ziehen Sie oben am Behälter den Belüftungsschlauch ab (siehe Abbildung). Lösen Sie die Schraube, heben Sie den Ausgleichsbehälter heraus, öffnen Sie den Deckel und gießen Sie das Kühlmittel in den Sammelbehälter (siehe Abbildung).
9 Ziehen Sie unten am Behälter den Schlauch ab.

Einbau

10 Der Einbau entspricht der umgekehrten Ausbaureihenfolge. Füllen Sie den Ausgleichsbehälter mit dem vorgeschriebenen Kühlmittel bis zur F-Markierung auf (siehe *Tägliche Kontrollen*).

8 Schläuche und Anschlüsse

Ausbau

1 Lassen Sie zunächst das Kühlmittel ab (siehe Kapitel 1).
2 Lockern Sie größere Schlauchschellen mit einem Schraubendreher und ziehen Sie sie über den Stutzen zurück. Kleinere Schläuche sind mit Federklemmen gesichert, zu deren Entspannung die Enden mit einer Zange zusammengedrückt werden müssen.

Achtung: Die Kühler-Anschlüsse sind empfindlich. Ziehen Sie die Schläuche nicht mit zu viel Kraft ab.

3 Wenn ein Schlauch sich nicht lösen lässt, muss versucht werden, ihn drehend abzuziehen. Wenn das auch nicht klappt, muss mit einem scharfen Messer ein Längsschnitt über dem Flansch gezogen werden, sodass der Schlauch abgeschält werden kann. Es ist immer besser, nur einen neuen Schlauch zu beschaffen als den ganzen Kühler zu ersetzen.
4 Die Auslassstutzen an den Zylinderköpfen können nach dem Lösen ihrer Schrauben entfernt werden (siehe Abbildung) – die O-Ringe müssen später erneuert werden.

Einbau

5 Schieben Sie die Schelle über den Schlauch, und stecken Sie diesen bis zur Begrenzung auf den entsprechenden Anschluss-Stutzen.

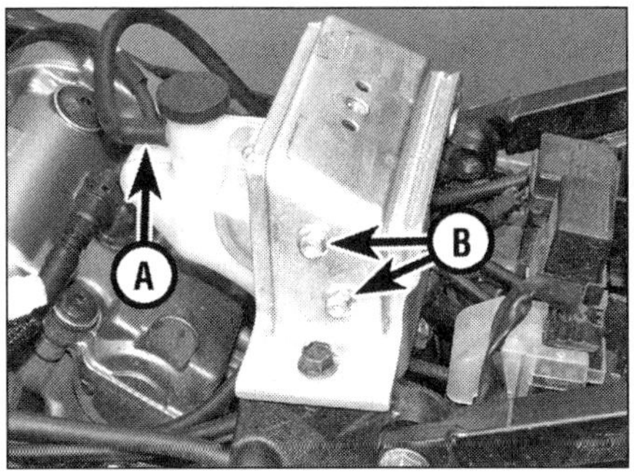

7.5a Ziehen Sie den Schlauch (A) ab, lösen Sie die Schraube (B) . . .

7.5b . . . heben Sie den Ausgleichsbehälter aus dem Rahmen, entleeren Sie ihn . . .

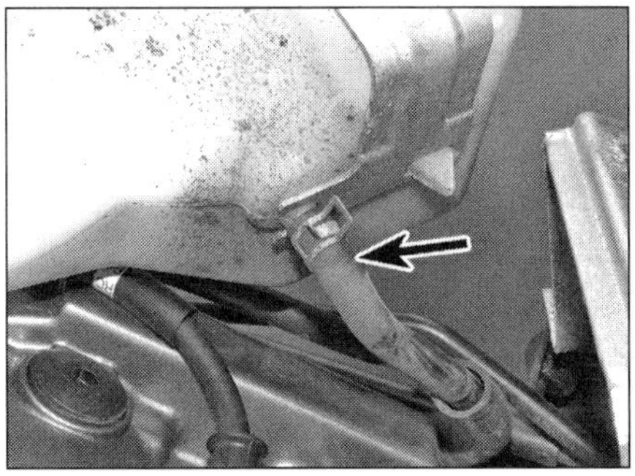

7.6 . . . und ziehen Sie den unteren Schlauch ab.

7.8a Ziehen Sie den Kerzenstecker ab, um den Schlauch vom Ausgleichsbehälter ziehen zu können.

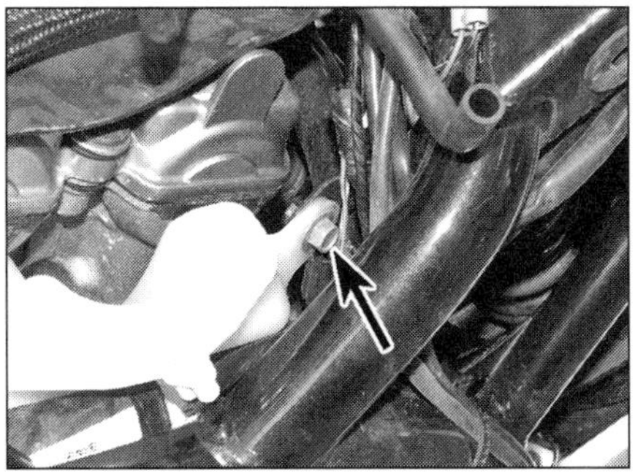

7.8b Lösen Sie die Schraube und heben Sie den Ausgleichsbehälter aus dem Rahmen.

8.4 Auslassstutzen-Schrauben

Praxis TiPP ***Wenn ein Schlauch schwer aufzuschieben ist, kann er zum Erweichen in heißes Wasser gehalten werden. Alternativ hilft die Verwendung von Seifenwasser als Schmiermittel.***

6 Drehen Sie den Schlauch in Position, bevor Sie die Schelle über den Stutzen schieben und ihn sichern.
7 Rüsten Sie die Auslassstutzen mit neuen mit Kühlmittel geschmierten O-Ringen aus, bevor Sie ihre Schrauben sorgfältig anziehen.

Kapitel 4
Motorsteuerung

Inhalt (in alphabetischer Reihenfolge, die Zahlen geben die Nummerierung in den grauen Feldern wieder)

Schwierigkeitsgrade

Leicht. Für Anfänger mit wenig Erfahrung geeignet.	**Relativ leicht.** Für Anfänger mit etwas Erfahrung geeignet.	**Relativ schwierig.** Für geübte Selbstschrauber geeignet.	**Schwer.** Für Selbstschrauber mit viel Erfahrung geeignet.	**Sehr schwer.** Für Experten und Profis geeignet.

Technische Daten

Allgemeine Informationen

Zylindernummerierung ... vorne: 1, hinten: 2
Zündkerzen ... siehe Kapitel 1
Standgasdrehzahl ... 1200 bis 1400/min

Kraftstoff

Typ ... Normal bleifrei (min. 91 Oktan)
Tankinhalt (inkl. Reserve)
DL bis 2011 ... 22 Liter
DL ab 2012 ... 20 Liter
SFV ... 14,5 Liter

Benzinpumpe

Kraftstoffdruck ... 3,0 bar
Fördermenge (min.)
DL bis 2006 und ab 2011, alle SFV ... 166 ml in 10 Sekunden (bei 3 bar)
DL von 2007 bis 2011 ... 75 ml in 6 Sekunden (bei 3 bar)

Einspritzanlagen-Prüfdaten

Ansaugluftdrucksensor (IAP-Sensor)
Eingangsspannung ... 4,5 bis 5,5 Volt
Ausgangsspannung
DL-Modelle bis 2006 ... ca. 2,7 Volt bei Standgas
DL von 2007 bis 2011 ... ca. 1,6 Volt bei Standgas
DL ab 2012, alle SFV ... ca. 2,5 Volt bei Standgas
Ansauglufttemperatursensor (IAT-Sensor)
Eingangsspannung ... 4,5 bis 5,5 Volt
Widerstand ... 2,45 bis 2,6 K-Ohm bei ca. 20 °C

Drosselklappensensor (TP-Sensor)	
Ausgangsspannung	
Drosselklappe geschlossen	ca. 1,1 Volt
Drosselklappe offen	ca. 4,3 Volt
Eingangsspannung	4,5 bis 5,5 Volt
Widerstand	
Drosselklappe geschlossen	ca. 1,12 K-Ohm
Drosselklappe offen	ca. 4,26 K-Ohm
Einspritzdüsen	
Widerstand	11 bis 13 Ohm
Spannung	Batteriespannung (ca. 12 bis 13 Volt)
Gangsensor (GP-Sensor) – Spannung	
DL-Modelle bis 2011	über 1,0 Volt
DL ab 2012, alle SFV	über 0,6 Volt
Kühltemperatursensor (ETC-Sensor)	
Eingangsspannung	4,5 bis 5,5 Volt
Widerstand	2,45 K-Ohm bei ca. 20 °C
Kurbelwellensensor (CKP-Sensor)	
Spitzenspannung	über 3,7 Volt
Widerstand	130 bis 240 Ohm
Lambdasonde	
Ausgangsspannung	
DL-Modelle bis 2011	
bei Standgas	max. 0,4 Volt
bei 5000/min	max. 0,6 Volt
DL ab 2012, alle SFV	
bei Standgas	max. 0,45 Volt
bei 6000/min	max. 0,6 Volt
Widerstand	
DL-Modelle bis 2006	4 bis 5 Ohm bei 23 °C
DL von 2007 bis 2011	11 bis 15 Ohm bei 23 °C
DL ab 2012, alle SFV	8 Ohm bei 23 °C
Neigungswinkelsensor	
Spannung	
Sensor aufrecht	0,4 bis 1,4 Volt
Sensor mehr als 65° geneigt	3,7 bis 4,4 Volt
Widerstand	
DL-Modelle bis 2006	19,1 bis 19,7 K-Ohm
DL ab 2007, alle SFV	16,4 bis 22,3 K-Ohm
Widerstand	
Sekundärluftregelventil	
Eingangsspannung	Batteriespannung (ca. 12 bis 13 Volt)
Widerstand	20 bis 24 Ohm bei 20 °C
Sekundärdrosselklappen-Sensor (STP-Sensor)	
DL-Modelle bis 2006	
Ausgangsspannung	
Drosselklappe geschlossen	ca. 0,58 Volt
Drosselklappe offen	ca. 4,4 Volt
Eingangsspannung	4,5 bis 5,5 Volt
Widerstand	
Drosselklappe geschlossen	ca. 0,58 K-Ohm
Drosselklappe offen	ca. 4,38 K-Ohm
DL ab 2007 und alle SFV-Modelle	
Ausgangsspannung	
Drosselklappe geschlossen	ca. 0,6 Volt
Drosselklappe offen	ca. 4,5 Volt
Eingangsspannung	4,5 bis 5,5 Volt
Sekundärdrosselklappenservo (STV) – Widerstand	
DL-Modelle bis 2006	ca. 7 bis 14 Ohm
DL ab 2007, alle SFV	ca. 7 Ohm
Standgas-Regelventil – Widerstand	29 bis 31 Ohm bei ca. 20 °C

Tankanzeige-Geber

Widerstand	
DL-Modelle bis 2006	
Tank voll	ca. 4 Ohm
Tank leer	ca. 182 Ohm

4

DL-Modelle von 2007 bis 2011	
Tank voll	max. 9 Ohm
Tank leer	min. 167 Ohm
DL-Modelle ab 2012	
Tank voll	9 bis 11 Ohm
Tank leer	213 bis 219 Ohm
SFV-Modelle	
Tank voll	10 bis 20 Ohm
Tank leer	84 bis 90 Ohm

Zündspulen

DL-Modelle bis 2006	
Primärwicklungs-Widerstand	2 bis 5 Ohm
Sekundärwicklungs-Widerstand	24 bis 37 K-Ohm
DL-Modelle ab 2007	
Primärwicklungs-Widerstand	1 bis 5 Ohm
Sekundärwicklungs-Widerstand	25 bis 40 K-Ohm
SFV-Modelle	
Primärwicklungs-Widerstand	1 bis 3 Ohm
Sekundärwicklungs-Widerstand	25 bis 45 K-Ohm

Anzugsdrehmomente

Auspuffanlage	
Schellen-Schrauben bei DL-Modellen ab 2012	18 Nm
Alle anderen Auspuffbefestigungen	23 Nm
Benzinpumpenschrauben	10 Nm
Lambdasonde	
DL-Modelle bis 2011	48 Nm
DL ab 2012, alle SFV-Modelle	25 Nm

1 Allgemeine Informationen und Warnhinweise

Allgemeine Informationen

Alle Modelle sind mit einem vollelektronischen Motorsteuermodul (ECM) ausgerüstet, das sowohl die Einspritzanlage als auch das Zündsystem überwacht.

Kraftstoffsystem

Das Kraftstoffsystem besteht aus dem Benzintank, der darin sitzenden Benzinpumpe (samt Filter und Druckregler), der Kraftstoffleitung zum Verteilerrohr *(Fuel Rail)*, den Drosselklappengehäusen und den darin befindlichen Einspritzdüsen sowie den Gaszügen. Die Benzinpumpe wird zunächst vom Zündschloss über ein Relais aktiviert, während der Kraftstoffdruck innerhalb der Pumpe vom Druckregler konstant gehalten wird. Falls das Motorrad umkippt, schaltet der Neigungswinkelsensor die Stromversorgung der Benzinpumpe, der Einspritzdüsen und der Zündspulen ab.

Das gesamte Kraftstoffsystem wird vom Motorsteuermodul (ECM) überwacht, das die Kraftstoffversorgung anhand der von den verschiedenen Sensoren erhaltenen Daten entsprechend reguliert. Falls an der Einspritzanlage irgendein Defekt auftritt, wird die FI-Warnlampe im Cockpit aktiviert – je nach Ernsthaftigkeit durch dauerhaftes Leuchten oder Blinken. Zudem wird im Display »FI« angezeigt – je nach Ernsthaftigkeit entweder abwechselnd mit der Temperaturanzeige oder dauerhaft. Gleichzeitig wird im Steuermodul ein Fehler gespeichert. Im Falle eines kleinen Defekts (FI-Lampe leuchtet und im Display wechselt sich »FI« je nach Modell mit der Uhr oder dem Tageskilometerzähler ab) läuft der Motor mit verminderter Leistung weiter. Für eine umfangreiche Fehlerdiagnose und verschiedene Wartungsarbeiten wird ein spezieller Modus-Auswahlschalter (Suzuki-Teilenummer 09930-82720) benötigt.

Die dem Motor zugeführte Luft wird mit jeweils zwei Drosselklappen pro Drosselklappengehäuse reguliert. Die Haupt-Drosselklappe des vorderen Zylinders wird über den Gasgriff und Gaszüge gesteuert, während die Sekundär-Drosselklappe durch einen vom Motorsteuermodul aktivierten Servomotor aktiviert wird. Die entsprechenden Drosselklappen des hinteren Zylinders werden durch Gestänge zwischen dem vorderen und dem hinteren Drosselklappengehäuse betätigt. Die Sekundärdrosselklappen dienen dazu, den Luftstrom in die Drosselklappengehäuse zu besänftigen. Drosselklappensensoren für beide Drosselklappen finden sich am hinteren Drosselklappengehäuse.

Bei DL-Modellen bis 2011 führt ein pulsierendes Sekundärluftsystem den Auslasskanälen der Zylinderköpfe gefilterte Frischluft zu, um Kraftstoffreste im Abgas verbrennen zu lassen. Das unterhalb des Luftfiltergehäuses sitzende Sekundärluft-Regelventil wird vom Motorsteuermodul aktiviert. Modelle für den kalifornischen Markt verfügen zudem über eine Emissionsregelung, die verhindert, dass im Tank verdunstendes Benzin in die Atmosphäre gelangt.

Zündsystem

Die elektronische Transistorzündung ist mit der Einspritzanlage kombiniert und beide werden mit dem Motorsteuermodul (ECM) geregelt. Die Zündanlage besteht aus den Steuerzeiten-Auslösern am Lichtmaschinenrotor, dem Kurbelwellensensor (CKP), dem Steuergerät, den Zündspulen und den Zündkerzen.

Die am Lichtmaschinenrotor (links auf der Kurbelwelle) sitzenden Auslöser aktivieren bei sich drehendem Motor magnetisch den Kurbelwellensensor. Dieser sendet ein Signal an das Steuergerät, welches die Zündspule mit dem zur Bildung eines Zündfunken benötigten Stroms versorgt. Der Zündzeitpunkt ist nicht einstellbar.

Das Zündsystem ist mit einem Sicherheitsstromkreis ausgerüstet – mehr Informationen hierzu finden sich in Kapitel 1, Sektion 12.

Anmerkung: *Bauartbedingt können die Teile der Motorsteuerung zwar kontrolliert, aber nicht repariert werden. Wenn im Einspritz- oder Zündsystem Probleme auftreten, kann die fehlerhafte Komponente isoliert und durch ein Austauschteil ersetzt werden. Elektronikteile können oftmals nach dem Kauf nicht umgetauscht werden. Um unnötige Kosten zu ver-*

meiden, sollten Sie absolut sicher gehen, dass das fehlerhafte Teil richtig identifiziert worden ist, bevor Sie ein Neuteil kaufen.

Vorsichtsmaßnahmen

⚠ ***Warnung: Benzin ist leicht entzündlich, vor allem in Form von Dampf. Daher müssen unten stehende Vorsichtsmaßnahmen getroffen werden. Beachten Sie, dass Benzindampf schwerer ist als Luft und sich daher in schlecht belüfteten Ecken sammeln kann. Vermeiden Sie Hautkontakt, und suchen Sie einen Arzt auf, wenn Benzin in die Augen gelangt ist oder verschluckt wurde. Tragen Sie immer eine Sicherheitsbrille, und haben Sie einen geeigneten Feuerlöscher zur Hand.***

⚠ ***Warnung: Die Zündung erzeugt eine sehr hohe Zündspannung, die schmerzhaft sein kann, wenn bei laufendem Motor irgendwelche Komponenten oder Anschlüsse berührt werden. Berühren Sie auch bei lediglich eingeschalteter Zündung keine Zündungs-Bauteile. Achten Sie vor Arbeiten an der Zündanlage immer darauf, dass die Zündung ausgeschaltet ist, trennen Sie dann das Massekabel der Batterie und sichern Sie es abseits des Batteriepols.***

Einspritzanlagen stehen immer unter einem gewissen Druck, sodass man beim Trennen von Leitungen auf austretendes Benzin vorbereitet sein muss. Bevor irgendeine Leitung getrennt wird, muss sichergestellt sein, dass die Zündung ausgeschaltet ist. Bei getrennten Leitungen dürfen keine Fremdkörper in den Tank oder die Leitungen gelangen, da hierdurch die Einspritzdüsen ausfallen oder beschädigt werden können. Bevor irgendein Stecker der Motorsteuerung getrennt wird, muss sichergestellt sein, dass die Zündung ausgeschaltet ist, da andernfalls das Motorsteuergerät Schaden nehmen kann.

Führen Sie Arbeiten am Kraftstoffsystem nur in gut belüfteten Räumen durch.

Stellen Sie sicher, dass sich keine offenen Flammen oder Funken (z. B. Zündanlage) in der Nähe befinden, wenn Sie mit Benzin hantieren. Beachten Sie absolutes Rauchverbot für jedermann bei Arbeiten am Kraftstoffsystem. Denken Sie an die Gefahr, die von brennenden Zigaretten ausgeht, und entfernen Sie sich zum Rauchen weit genug vom Arbeitsplatz.

Denken Sie daran, dass elektrische Geräte wie Schalter, Bohrmaschinen, Schleifböcke u. a. Funken produzieren. Vermeiden Sie daher den Betrieb solcher Geräte bei Arbeiten am Kraftstoffsystem und lüften Sie den Raum gründlich aus, bevor Sie damit beginnen.

Wischen Sie grundsätzlich verschüttetes Benzin auf und entsorgen Sie benzingetränkte Lappen und Tücher in einem feuersicheren Behälter (z. B. Stahlfass).

Beachten Sie, dass bauliche Veränderungen an Ansaug- und Auspuffsystem die Betriebserlaubnis des Motorrades zum Erlöschen bringen, wenn sie nicht von einem amtlich anerkannten Sachverständigen begutachtet und in die Fahrzeugpapiere eingetragen sind.

Praktisch bedeutet dieses, dass kein Teil der Kraftstoff-, Zünd- und Auspuffanlage von unautorisierten Personen gewartet und eingestellt werden darf. Wenn ein Bauteil dieser Systeme ersetzt werden muss, dürfen nur original Suzuki-Ersatzteile oder gesetzlich genehmigte Komponenten verwendet werden. Die Maschine darf nie mit modifizierten, beschädigten oder fehlenden Bauteilen betrieben werden.

Benzin darf nur in dafür geprüften und luftdicht verschlossenen und beschrifteten Behältern gelagert werden. Die Menge der Vorratshaltung in Wohnhäusern ist gesetzlich begrenzt. Bewahren Sie auch demontierte Benzintanks mit geschlossenem Tankdeckel sicher auf.

Lesen Sie sorgfältig die »Sicherheit Zuerst!«-Sektion, bevor Sie mit der Arbeit beginnen.

2 Tank

⚠ ***Warnung: Lesen Sie zunächst die Warnhinweise in Sektion 1.***

Anheben und Ausbauen

Anmerkung: *Das Entfernen des Tanks hat unvermeidliche Benzinspritzer zur Folge, die eine offensichtliche Gefahr darstellen. Lesen Sie vor der Arbeit die Sicherheitshinweise in Sektion 1 durch und halten Sie eine ausreichende Menge Lappen bereit. Nachdem der Tank entfernt ist, muss er gut gepolstert gelagert werden, um Schäden am Lack und den Schlauchanschlüssen zu vermeiden. Versuchen Sie den Tankausbau so zu legen, dass sich möglichst wenig Kraftstoff darin befindet und er sich leichter abheben lässt.*

DL-Modelle bis 2011

Anheben

1 Der Tankdeckel muss sicher verschlossen sein.

2 Entfernen Sie die Sitzbank, die Verkleidungsseitenteile und die Tankverkleidungen (siehe Kapitel 7).

3 Lösen Sie die hintere Befestigungsschraube und entfernen Sie die Stütze samt der oberen Gummibuchse (Abbildung 2.16).

4 Heben Sie den Tank hinten an, entfernen Sie das untere Gummi und stecken Sie die Stütze zwischen Tank und Halter – achten Sie auf sicheren Halt (Abbildungen 2.17a und b).

Ausbau

5 Heben Sie den Tank hinten an (siehe oben).

6 Trennen Sie den Kabelstecker der Benzinpumpe (Abbildung 2.19).

7 Ziehen Sie den Überlaufschlauch vom Tank ab (siehe Abbildung).

8 Halten Sie am Steckverbinder Lappen bereit, um austretendes Benzin aufzusaugen. Lösen Sie den Clip, um den Steckverbinder vom Stutzen unten am Tank zu trennen (Abbildungen 2.21a und b).

9 Entfernen Sie die Stütze und senken Sie den Tank ab.

10 Lösen Sie den vorderen Gelenkbolzen (siehe Abbildung). Heben Sie den Tank vorsichtig vom Rahmen.

11 Beachten Sie die Gelenkbolzen-Hülse in der vorderen Halterung und stellen Sie sie ggf. sicher (siehe Abbildung). Kontrollieren Sie alle Tankgummis und Schläuche auf Beschädigungen und Porösität – ersetzen Sie die Teile nötigenfalls.

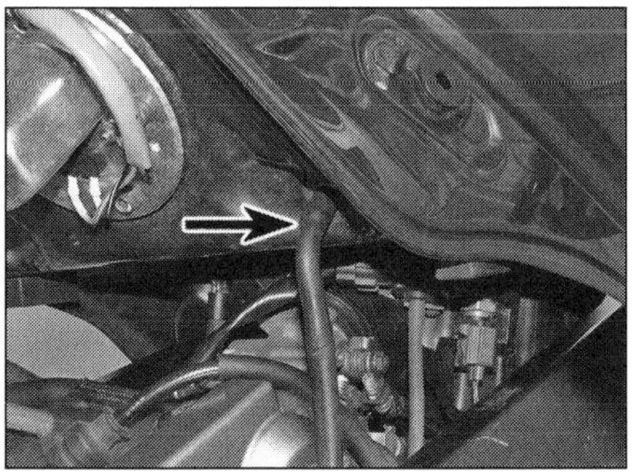

2.7 Ziehen Sie den Schlauch ab.

2.10 Lösen Sie die Mutter und ziehen Sie den Bolzen heraus.

2.11 Entfernen Sie nötigenfalls die Hülse.

2.14 Lösen Sie die Schraube des Verkleidungsseitenteils.

2.15 Lösen Sie die vorderen Schrauben.

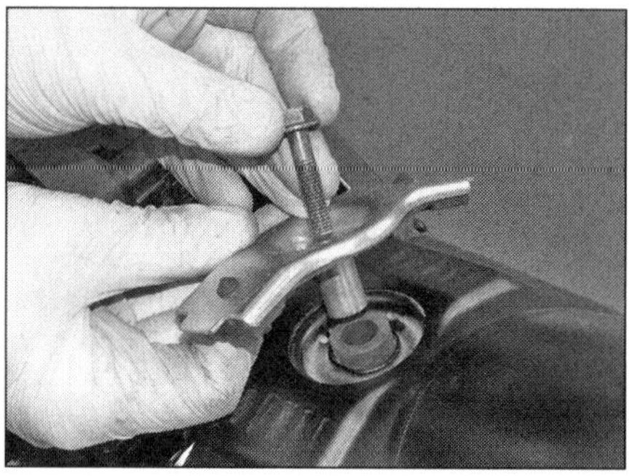

2.16 Lösen Sie die hintere Schraube und entnehmen Sie die Stütze.

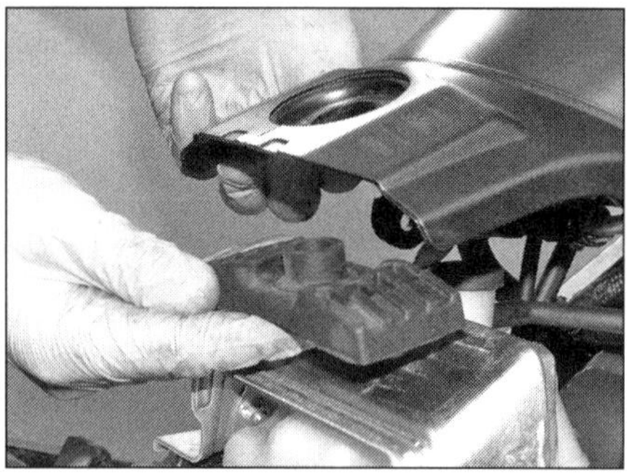

2.17a Heben Sie den Tank an, entnehmen Sie das Gummi ...

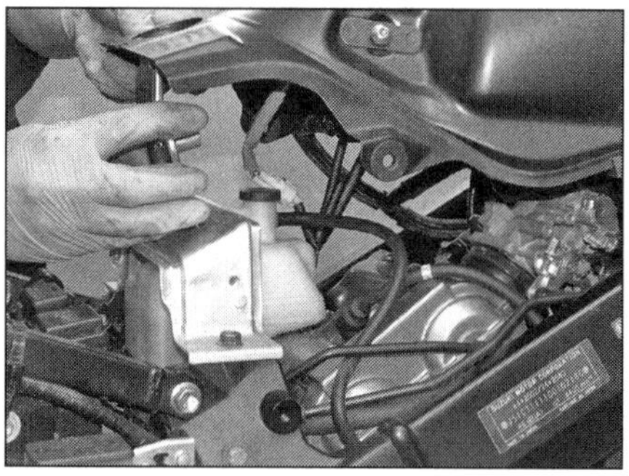

2.17b ... und setzen Sie die Stütze an.

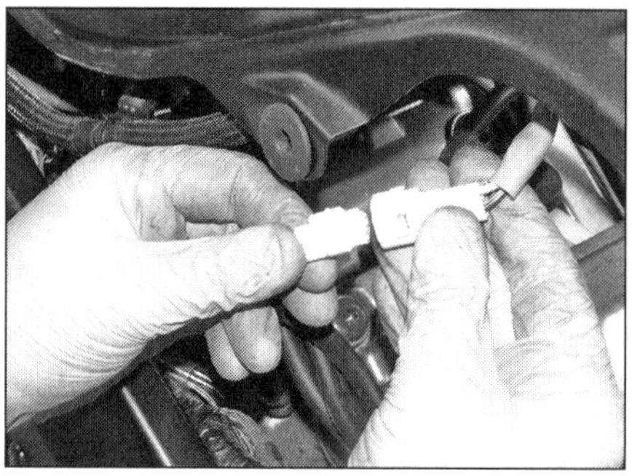

2.19 Trennen Sie den Benzinpumpenstecker.

2.20 Ziehen Sie die Schläuche ab.

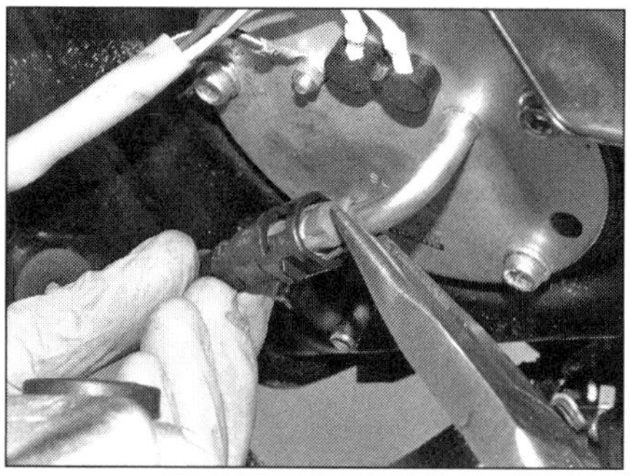

2.21a Lösen Sie die Clips ...

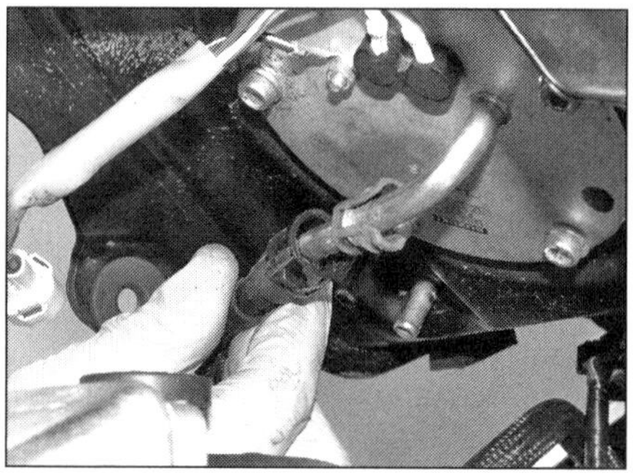

2.21b ... und ziehen Sie den Benzinschlauch ab.

Einbau

12 Die Montage des Tanks entspricht der umgekehrten Ausbaureihenfolge – beachten Sie dabei folgende Punkte:

- Alle Gummis und Hülsen müssen korrekt installiert sein.
- Der Tank muss korrekt um die vorderen Gummis herum sitzen.
- Richten Sie die Benzinschlauch-Steckverbindung zum Stutzen am Tank aus und drücken Sie auf, sodass der Clip einrastet. Die Verbindung ist sicher, wenn sie sich nicht mehr auseinanderziehen lässt.
- Der Überlaufschlauch muss vollständig auf seinen Stutzen geschoben werden.
- Starten Sie den Motor und prüfen Sie, ob nirgends Kraftstoff austritt.

DL-Modelle ab 2012

Anheben

13 Der Tankdeckel muss sicher verschlossen sein.

14 Entfernen Sie die Sitzbank, die Seitendeckel und die Tankverkleidungen (siehe Kapitel 7). Lösen Sie die Schraube des jeweiligen Verkleidungsseitenteils (siehe Abbildung).

15 Lösen Sie die vorderen Befestigungsschrauben und entfernen Sie den Halter (siehe Abbildung).

16 Lösen Sie die hintere Befestigungsschraube und entfernen Sie die Stütze samt der oberen Gummibuchse (siehe Abbildung).

17 Heben Sie den Tank hinten an, entfernen Sie das untere Gummi und stecken Sie die Stütze zwischen Tank und Halter – achten Sie auf sicheren Halt (siehe Abbildungen).

Ausbau

18 Heben Sie den Tank hinten an (siehe oben).

19 Trennen Sie den Kabelstecker der Benzinpumpe (siehe Abbildung).

20 Ziehen Sie den Überlauf- und den Belüftungsschlauch vom Tank ab (siehe Abbildung).

21 Halten Sie am Steckverbinder Lappen bereit, um austretendes Benzin aufzusaugen. Lösen Sie den Clip, um den Steckverbinder vom Stutzen unten am Tank zu trennen (siehe Abbildungen).

22 Entfernen Sie die Stütze, senken Sie den Tank ab und heben Sie ihn vorsichtig vom Rahmen ab (siehe Abbildung).

2.22 Heben Sie den Tank vorsichtig ab.

2.23 Kontrollieren Sie alle Haltegummis.

2.24a Die Hülsen müssen von unten in den Gummis stecken.

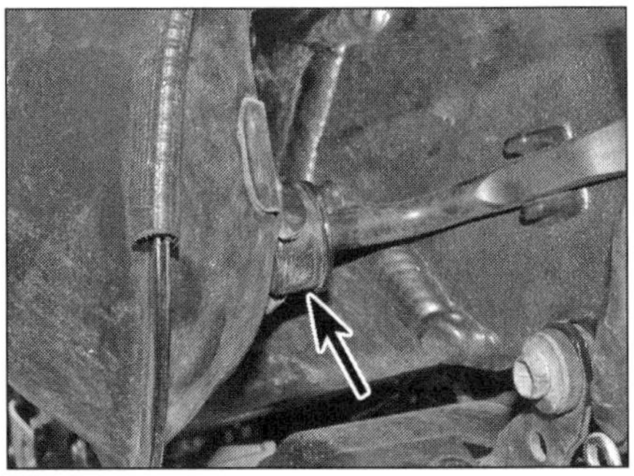

2.24b Der Tank muss korrekt um die vorderen Gummis herum sitzen.

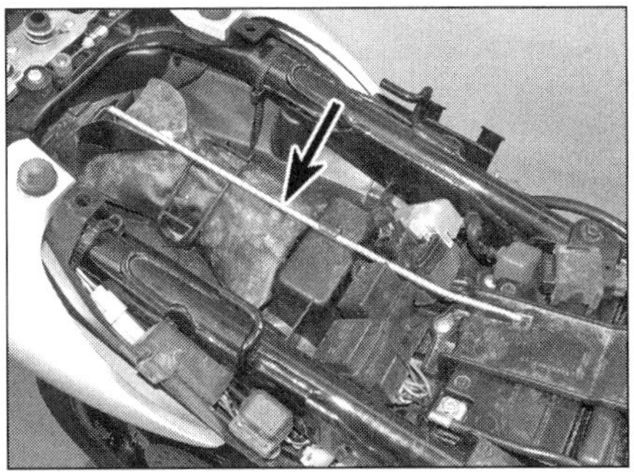

2.26 Entfernen Sie die Stütze.

2.27 Lösen Sie die vorderen Schrauben.

2.28 Heben Sie den Tank an und stützen Sie ihn wie beschrieben ab.

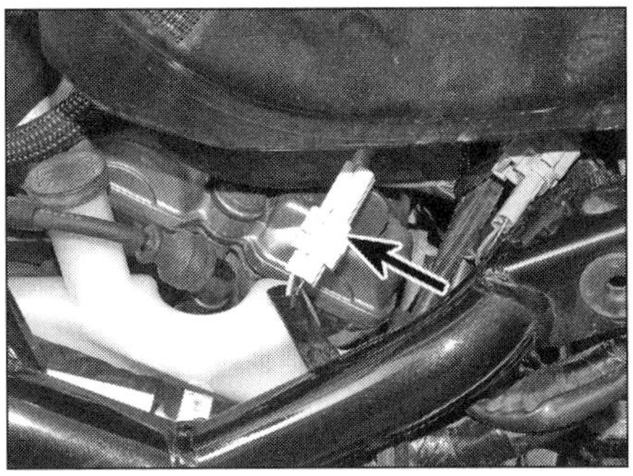

2.30 Trennen Sie den Benzinpumpenstecker.

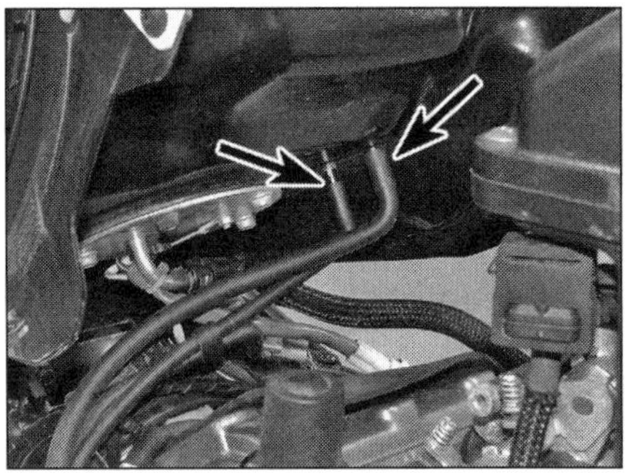

2.31 Ziehen Sie die Schläuche ab.

23 Kontrollieren Sie alle Tankgummis und Schläuche auf Beschädigungen und Porösität – ersetzen Sie die Teile nötigenfalls (s. Abb.).

Einbau

24 Die Montage des Tanks entspricht der umgekehrten Ausbaureihenfolge – beachten Sie dabei folgende Punkte:

- Alle Gummis müssen korrekt installiert sein (Abbildung 2.23). Die Hülsen müssen in den vorderen Haltergummis stecken (Abbildung 2.24a)
- Der Tank muss korrekt um die vorderen Gummis herum sitzen (Abbildung 2.24b).
- Richten Sie die Benzinschlauch-Steckverbindung zum Stutzen am Tank aus und drücken Sie auf, sodass der Clip einrastet. Die Verbindung ist sicher, wenn sie sich nicht mehr auseinanderziehen lässt.
- Der Überlauf- und der Belüftungsschlauch müssen vollständig auf ihre Stutzen geschoben werden.
- Starten Sie den Motor und prüfen Sie, ob nirgends Kraftstoff austritt.

SFV-Modelle

Anheben

25 Der Tankdeckel muss sicher verschlossen sein.

26 Entfernen Sie die Sitzbank und entnehmen Sie die Tankstütze (siehe Abbildung).

27 Lösen Sie die vorderen Befestigungsschrauben (siehe Abbildung).

28 Heben Sie den Tank vorne an und sichern Sie ihn mit der Stütze – das mit einem Ring versehene Ende muss über der Lenkschaftmutter sitzen und das andere Ende in eine der Schraubenbohrungen greifen (siehe Abbildung).

Ausbau

29 Heben Sie den Tank vorne an (siehe oben).

30 Trennen Sie den Kabelstecker der Benzinpumpe (siehe Abbildung).

31 Ziehen Sie den Überlauf- und den Belüftungsschlauch vom Tank ab (siehe Abbildung).

32 Halten Sie am Steckverbinder Lappen bereit, um austretendes Benzin aufzusaugen. Lösen Sie den Clip, um den Steckverbinder vom Stutzen unten am Tank zu trennen (Abbildungen 2.21a und b).

2.34a Lösen Sie die Mutter und ziehen Sie den Bolzen heraus.

2.34b Heben Sie den Tank vorsichtig ab.

33 Entfernen Sie die Stütze und senken Sie den Tank ab.
34 Lösen Sie hinten den Gelenkbolzen (siehe Abbildung) und heben Sie den Tank vorsichtig vom Rahmen ab (siehe Abbildung).
35 Kontrollieren Sie alle Tankgummis und Schläuche auf Beschädigungen und Porösität – ersetzen Sie die Teile nötigenfalls.

Einbau

36 Die Montage des Tanks entspricht der umgekehrten Ausbaureihenfolge – beachten Sie dabei folgende Punkte:

- Alle Gummis müssen korrekt installiert sein. Die Hülsen müssen in den vorderen Haltergummis stecken.
- Richten Sie die Benzinschlauch-Steckverbindung zum Stutzen am Tank aus und drücken Sie auf, sodass der Clip einrastet. Die Verbindung ist sicher, wenn sie sich nicht mehr auseinanderziehen lässt.
- Der Überlauf- und der Belüftungsschlauch müssen vollständig auf ihre Stutzen geschoben werden.
- Starten Sie den Motor und prüfen Sie, ob nirgends Kraftstoff austritt.

Reparatur

37 Reparaturarbeiten am Benzintank sollten von Fachbetrieben ausgeführt werden, da sie sehr schwierig und gefährlich sind. Auch nach dem Reinigen und Ausspülen des Tanks können explosive Gase zurückbleiben, die sich im Zuge der Arbeiten entzünden können.
38 Nach der Demontage des Tanks sollte er so gelagert werden, dass die ausströmenden Gase nicht durch Funken und Flammen entzündet werden können. Besondere Vorsicht ist in Räumen mit Gasheizungen geboten, da deren Zündflamme eine Explosion verursachen kann.

3 Kraftstoffdruck
Kontrolle

Warnung: Lesen Sie vor Arbeitsbeginn die Warnhinweise in Sektion 1.

Spezialwerkzeug: *Für diese Arbeit wird ein entsprechender Druckprüfer benötigt.*

1 Für die Kontrolle des Kraftstoffdrucks werden ein geeignetes Messgerät samt Schlauch und Adaptern benötigt. Suzuki bietet diese Teile unter den Teilenummern 09915-77331, 09915-74521, 09940-40211 und 09940-40220 an.
2 Heben Sie den Tank an und trennen Sie den Benzinschlauch vom Pumpenstutzen (siehe Sektion 2). Verbinden Sie nun das Messgerät zwischen die Pumpe und den Benzinschlauch (siehe Abbildung).
3 Schalten Sie die Zündung ein und lesen Sie am Messgerät den erzeugten Druck ab – er muss bei 3 bar liegen.
4 Schalten Sie die Zündung aus und trennen Sie das Messgerät wieder – halten Sie auch hierbei Lappen bereit, um Benzinreste aufzunehmen. Verbinden Sie den Benzinschlauch mit der Pumpe (siehe Sektion 2).

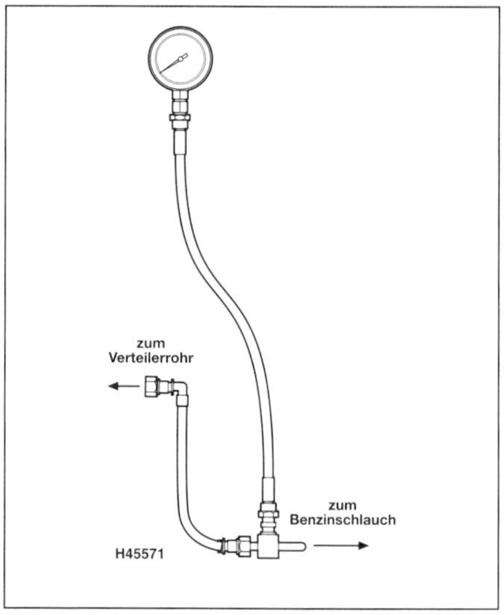

3.2 Kraftstoffdruck-Prüfaufbau

5 Falls der Druck deutlich unter 3 bar lag, muss das Kraftstoffsystem auf Lecks, einen verstopften Benzinfilter (siehe Sektion 6), einen defekten Druckregler oder eine schadhafte Benzinpumpe überprüft werden.
6 Falls der Druck deutlich über 3 bar lag, ist entweder der Druckregler oder das Benzinpumpen-Regelventil defekt.
7 Von Suzuki sind keine Prüfdaten für den Druckregler erhältlich. Ein neuer Druckregler ist nur als integriertes Bauteil der Pumpenfilterpatrone erhältlich. Bauen Sie die Benzinpumpe aus und prüfen Sie, ob sich die Filterpatrone nicht von der Pumpe gelockert hat (was sehr unwahrscheinlich ist). Zerlegen Sie als Nächstes die Pumpe und ersetzen Sie die Filterpatrone samt Druckregler durch ein Neuteil (siehe Sektion 6). Das Benzinpumpen-Regelventil ist in die Pumpe integriert und nicht separat erhältlich.

4 Benzinpumpenrelais

1 Demontieren Sie die Sitzbank und bei SFV-Modellen den rechten Seitendeckel (siehe Kapitel 7).

4.2a Benzinpumpenrelais – DL bis 2011

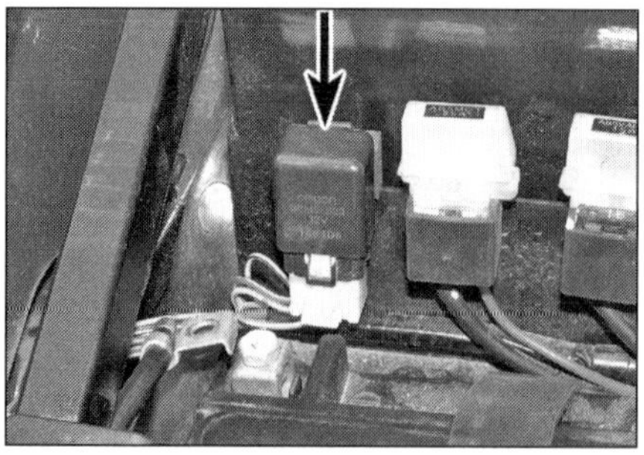

4.2b Benzinpumpenrelais – DL ab 2012

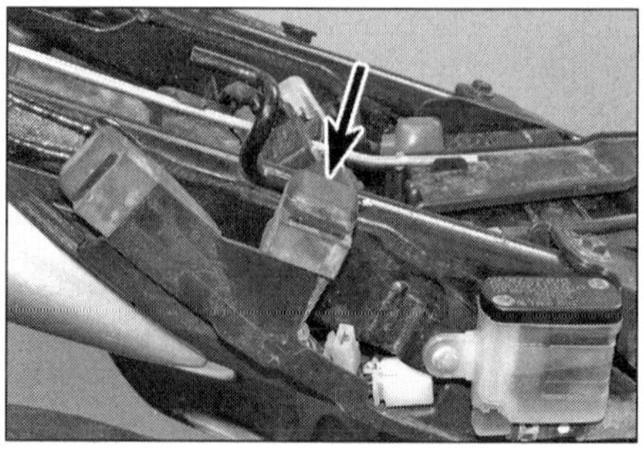

4.2c Benzinpumpenrelais – SFV

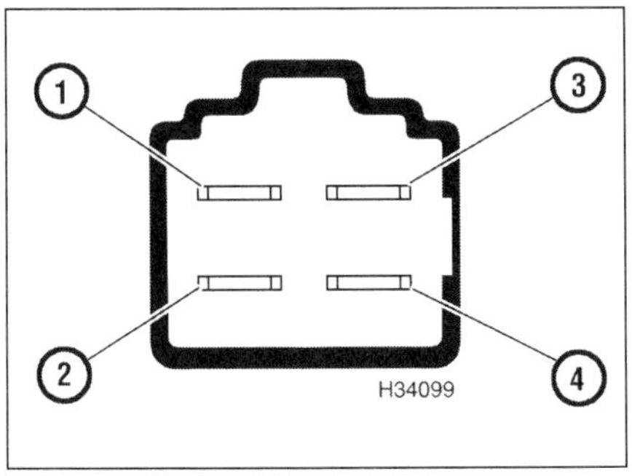

4.3 Anschluss-Nummerierung am Benzinpumpenrelais-Stecker

5.3a Lösen Sie die fünf Schrauben . . .

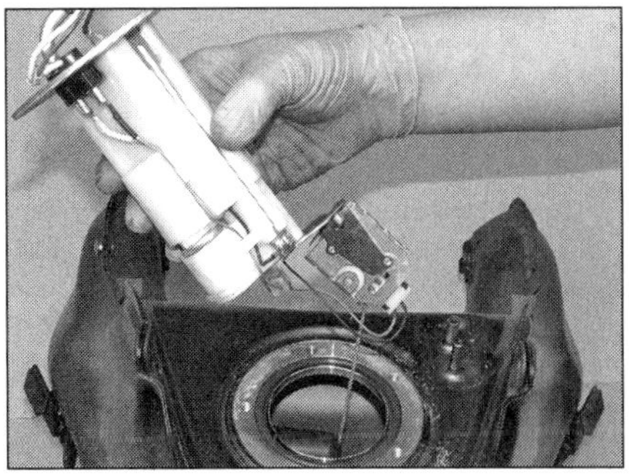

5.3b . . . und befreien Sie die Benzinpumpen-Baugruppe aus dem Tank.

5.6 Legen Sie einen neuen O-Ring in die Nut . . .

5.7a . . . und setzen Sie die Pumpe richtig herum ein.

5.7b Ziehen Sie die Schrauben gleichmäßig in der gezeigten Reihenfolge an.

2 Befreien Sie das Relais und trennen Sie seinen Stecker (siehe Abbildungen).

3 Kontrollieren Sie mit einer Prüflampe oder einen Durchgangstester, ob zwischen den Relais-Kontakten 1 und 2 Durchgang besteht (siehe Abbildung) – dies darf nicht der Fall sein. Verbinden Sie nun eine geladene 12-Volt-Batterie mithilfe von Überbrückungskabeln mit den Relaiskontakten 3 (+) und 4 (–); jetzt muss zwischen den Kontakten 1 und 2 Durchgang festgestellt werden – bei anderen Ergebnissen ist das Relais defekt und muss ersetzt werden.

5 Benzinpumpe

Warnung: Lesen Sie vor Arbeitsbeginn die Warnhinweise in Sektion 1.

1 Die innerhalb des Tanks sitzende Benzinpumpen-Baugruppe beinhaltet neben der Pumpe auch das Ansaugsieb, den Geber der Tankanzeige und die Filterpatrone samt Druckregler. Nach dem Einschalten der Zündung (Killschalter auf RUN) muss die Pumpe einige Sekunden hörbar laufen, bis das Kraftstoffsystem unter Druck gesetzt ist, dann schaltet sie sich bis zum Starten des Motors ab. Falls von der Pumpe nichts zu hören ist, muss zunächst die Sicherung kontrolliert werden (siehe Kapitel 8), dann das Relais (siehe Sektion 4). Sind beide Teile in Ordnung, müssen die Kabel und Anschlüsse auf Unterbrechungen und schlechte Kontakte (durch Korrosion überprüft und nötigenfalls repariert oder ersetzt werden – beachten Sie dazu die Schaltpläne am Ende von Kapitel 8). Läuft die Pumpe danach immer noch nicht, muss der Neigungswinkelsensor überprüft werden (siehe Sektion 14) – ist dieser in Ordnung und kann von einem funktionierenden Motorsteuermodul ausgegangen werden, muss die komplette Benzinpumpe ersetzt werden (auch wenn das Ansaugsieb, der Tankuhr-Geber und die Filterpatrone samt Druckregler als Einzelteile erhältlich sind, muss beim Ausfall des Pumpenmotors eine komplette neue Benzinpumpen-Baugruppe beschafft werden).

Anmerkung: *Falls die Pumpe defekt ist und durch ein Neuteil ersetzt werden muss, empfiehlt es sich, das Ansaugsieb, der Tankuhr-Geber und die Filterpatrone samt Druckregler von der alten Pumpe zu demontieren und als Ersatzteile wegzulegen (siehe Sektion 6).*

Ausbau

2 Die Benzinpumpe sitzt im Tank. Entleeren Sie den Tank so weit wie möglich mit einer geeigneten Absaugpumpe und demontieren Sie ihn (siehe Sektion 2).

3 Sorgen Sie dafür, dass der Tankdeckel sicher verschlossen ist, und legen Sie den Tank kopfüber auf einige schützende Lappen. Lösen Sie die fünf Schrauben der Benzinpumpen-Grundplatte schrittweise und über Kreuz und heben Sie die Pumpen-Baugruppe heraus, ohne dabei den Schwimmer des Tankanzeige-Gebers zu beschädigen (siehe Abbildungen) – der O-Ring der Grundplatte muss auf jeden Fall erneuert werden.

4 Zerlegen Sie nötigenfalls die Pumpe, um das Ansaugsieb zu reinigen, die Filterpatrone samt Druckregler zu erneuern oder die Funktion des Tankuhr-Gebers zu testen (siehe Sektion 6).

Einbau

5 Prüfen Sie, ob alle Kabel korrekt angeschlossen sind.

6 Fetten Sie den neuen O-Ring leicht ein und legen Sie ihn in die Nut des Grundplatten-Sitzes (siehe Abbildung).

7 Richten Sie beim Einsetzen der Pumpe die Löcher der Grundplatte zu den Gewindebohrungen im Tank aus – der Benzinschlauchstutzen muss nach links zeigen (bei auf dem Kopf stehendem Tank also nach rechts) (siehe Abbildung). Reinigen Sie die Gewinde der Schrauben und tragen Sie mittelfeste Sicherungspaste auf. Ziehen Sie die Schrauben zunächst handfest und dann schrittweise und über Kreuz bis zum Drehmoment von 10 Nm an (siehe Abbildung). Ziehen Sie zum Schluss alle Schrauben in der gezeigten Reihenfolge erneut mit 10 Nm an.

8 Montieren Sie den Tank (siehe Sektion 2). Prüfen Sie den Bereich um die Grundplatte herum auf Undichtigkeit.

6 Ansaugsieb, Filterpatrone/Druckregler und Tankanzeige-Geber

Warnung: Lesen Sie vor Arbeitsbeginn die Warnhinweise in Sektion 1.

DL-Modelle bis 2006

Ansaugsieb

1 Bauen Sie die Benzinpumpe aus (siehe Sektion 5).

2 Lösen Sie die Muttern und entfernen Sie die Scheiben, um die Versorgungskabel der Pumpe und des Tankanzeige-Gebers von den Anschlüssen der Grundplatte zu trennen – merken Sie sich ihre Positionen. Lösen Sie die Schrauben an den an der Grundplatte sitzenden Haltearmen und befreien Sie die Massekabel der Pumpe und des Tankanzeige-Gebers; entfernen Sie dann die Klemmmuttern (siehe Abbildung).

3 Entfernen Sie den Tankanzeige-Geber (siehe Schritt 14) – dies ist zwar nicht zwingend nötig, empfiehlt sich aber, um den Schwimmerhebel nicht zu beschädigen.

4 Ziehen Sie die Pumpen-Baugruppe aus der Grundplatte – der O-Ring am Kraftstoffrohr-Stutzen muss später erneuert werden. Befreien Sie die Grundplatte von Ablagerungen.

5 Entfernen Sie mit einer Bürste oder sanft eingesetzter Druckluft Ablagerungen aus dem Ansaugsieb. Falls das Sieb beschädigt ist oder sich Ablagerungen darin angesammelt haben, muss es ersetzt werden – lösen Sie dazu die Clips, befreien Sie den Benzinpumpensitz und die Gummi-Auflage und befreien Sie dann das Ansaugsieb unten aus der Pumpe.

6 Der Einbau entspricht der umgekehrten Ausbaureihenfolge – beachten Sie dabei folgende Punkte:

- Installieren Sie am Kraftstoffrohr-Stutzen einen neuen mit Motoröl geschmierten O-Ring.
- An beiden Haltearmen müssen die Klemmmuttern für die Kabel-Anschlussschrauben positioniert sein.
- Vergessen Sie nicht die Scheiben unter den Kabel-Anschlussmuttern – die Federscheibe gehört zwischen die Unterlegscheibe und die Mutter.

Benzinfilterpatrone/ Druckregler

7 Bauen Sie die Benzinpumpe aus (siehe Sektion 5).

8 Demontieren Sie den Tankanzeige-Geber (Schritt 14).

9 Trennen Sie vorsichtig die Filterpatrone samt Druckregler von der Pumpe – die Gummibuchse und der O-Ring am Kraftstoffrohr-Stutzen müssen später erneuert werden. Der Druckregler braucht nicht von der Filterpatrone getrennt werden, da eine neue Patrone nicht separat erhältlich ist.

10 Der Einbau entspricht der umgekehrten Ausbaureihenfolge – installieren Sie eine neue Gummibuchse zwischen die Filterpatrone und die Pumpe und rüsten Sie den Kraftstoffrohr-Stutzen mit einem neuen mit Motoröl geschmierten O-Ring aus.

Tankanzeige-Geber

11 Bauen Sie die Benzinpumpe aus (siehe Sektion 5).

12 Zur Kontrolle des Gebers müssen seine Kabel verfolgt und an den Anschlüssen getrennt werden (siehe Schritt 2). Verbinden Sie die Klemmen eines Ohmmeters mit den Kabelkontakten und messen Sie den Widerstand bei angehobenem Schwimmer (Tank voll) und bei abgesenktem Schwimmer (Tank leer). Wenn nicht ca. 4 respektive 182 Ohm ermittelt werden, muss der Geber ausgetauscht werden (siehe unten).

13 Wenn der Test ergibt, dass der Geber in Ordnung ist, muss seine Verkabelung zum Cockpit überprüft werden (siehe Kapitel 8).

14 Zum Ausbau des Gebers müssen seine Kabel verfolgt und an den Anschlüssen getrennt werden (siehe Schritt 2). Lösen Sie dann die Schrauben und entnehmen Sie den Geber – merken Sie sich die Verlegung der Kabel.

15 Der Einbau entspricht der umgekehrten Ausbaureihenfolge.

DL ab 2007 und alle SFV-Modelle

Ansaugsieb

16 Bauen Sie die Benzinpumpe aus (siehe Sektion 5).

17 Befreien Sie die Versorgungskabel der Pumpe und des Tankanzeige-Gebers von den

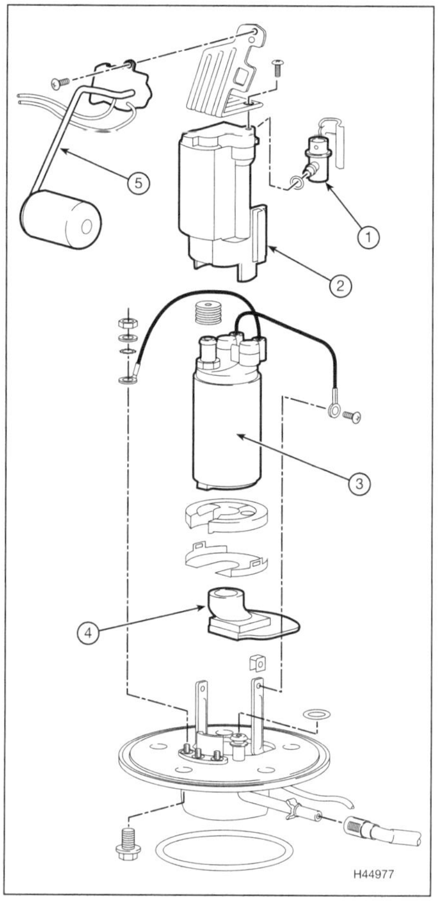

6.2 Benzinpumpen-Baugruppe – DL bis 2006
1 Druckregler
2 Filterpatrone
3 Benzinpumpe
4 Ansaugsieb
5 Tankanzeige-Geber

Anschlüssen der Grundplatte – merken Sie sich ihre Positionen (siehe Abbildung).

18 Entfernen Sie den Tankanzeige-Geber (siehe Schritt 29) und die Filterpatrone samt Druckregler (Schritt 24).

19 Ziehen Sie die Pumpen-Baugruppe aus der Grundplatte (siehe Abbildung).

20 Entfernen Sie das Ansaugsieb unten von der Pumpe (siehe Abbildung). Entfernen Sie mit einer Bürste oder sanft eingesetzter Druck-

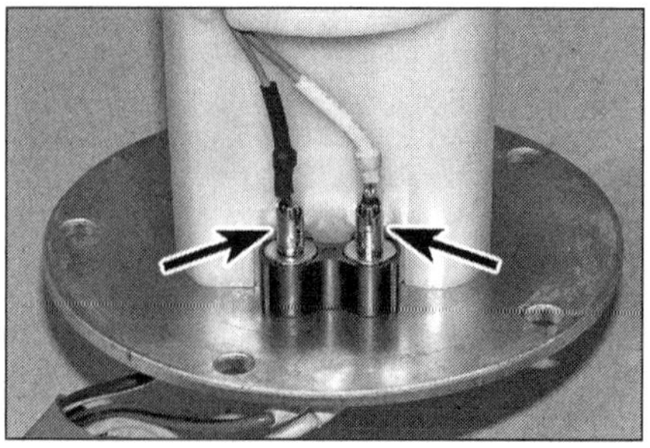

6.17 Befreien Sie die Kabel.

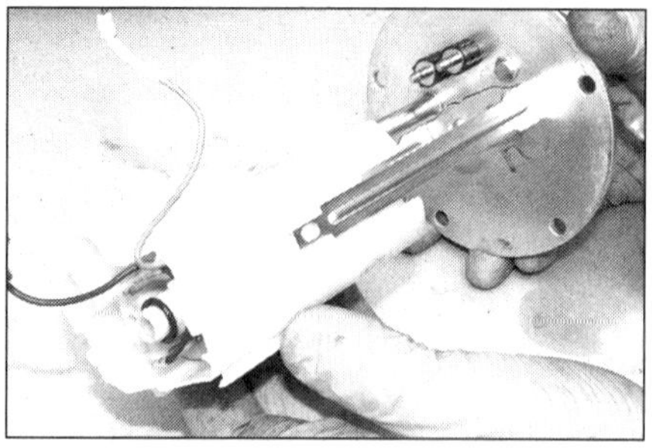

6.19 Ziehen Sie die Pumpe ab.

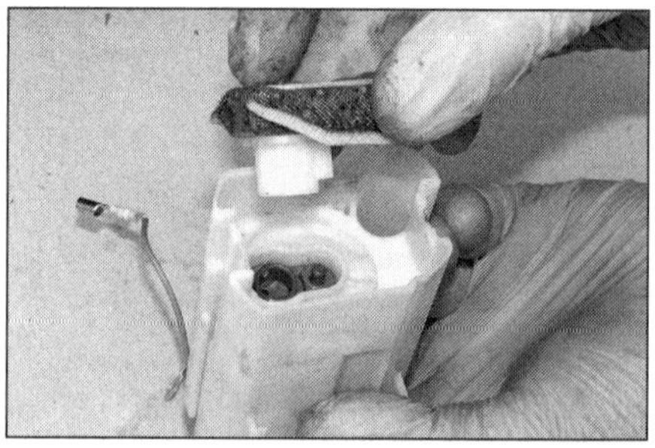

6.20 Entfernen Sie das Ansaugsieb.

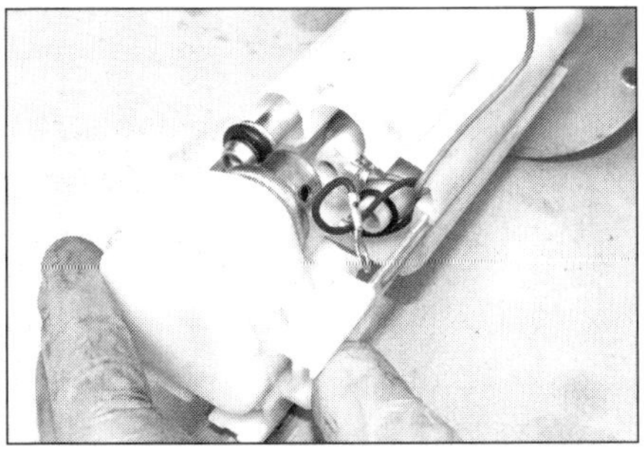

6.24a Entfernen Sie den Filter samt Druckregler . . .

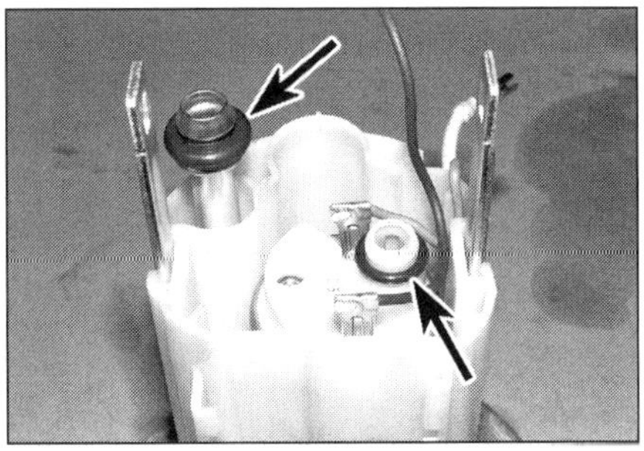

6.24b . . . sowie den O-Ring.

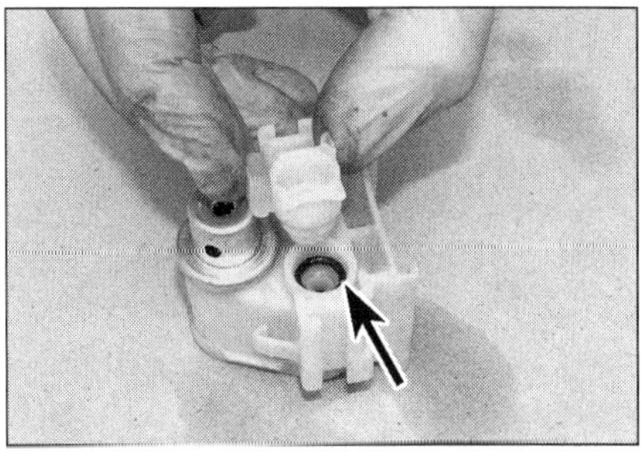

6.24c Entfernen Sie Das Verbindungsstück samt O-Ring (Pfeil).

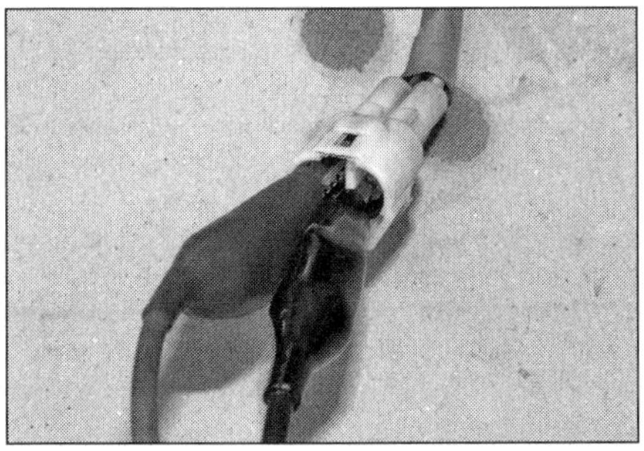

6.27a Verbinden Sie das Messgerät wie beschrieben . . .

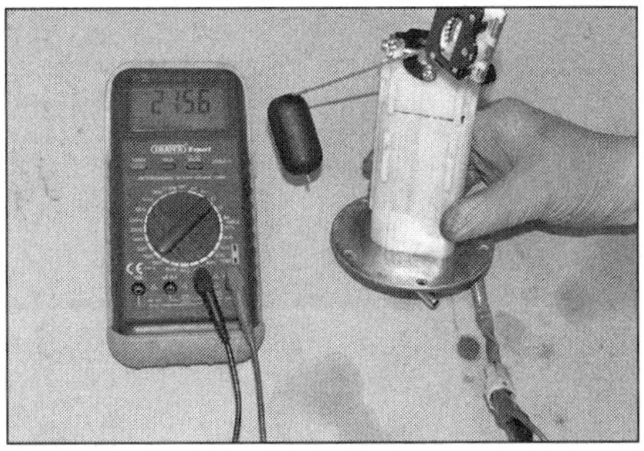

6.27b . . . und messen Sie den Widerstand bei abgesenktem . . .

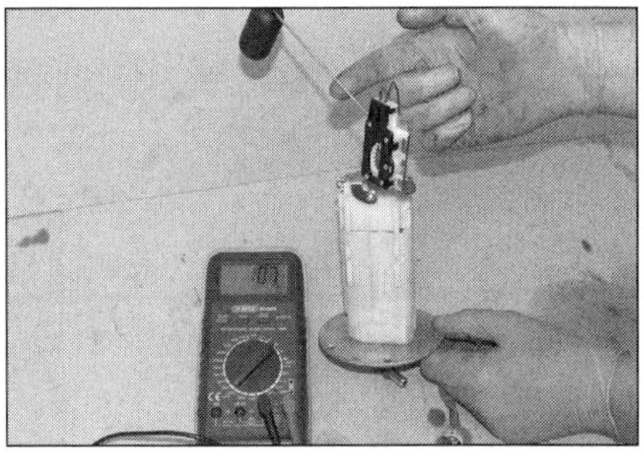

6.27c . . . sowie angehobenem Schwimmer.

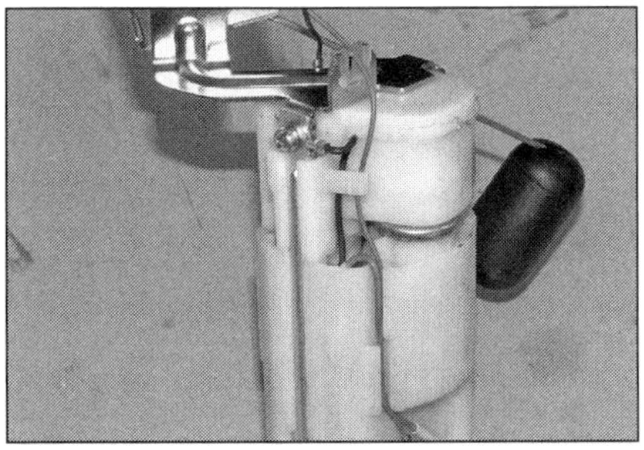

6.29a Beachten Sie die Verlegung der Kabel.

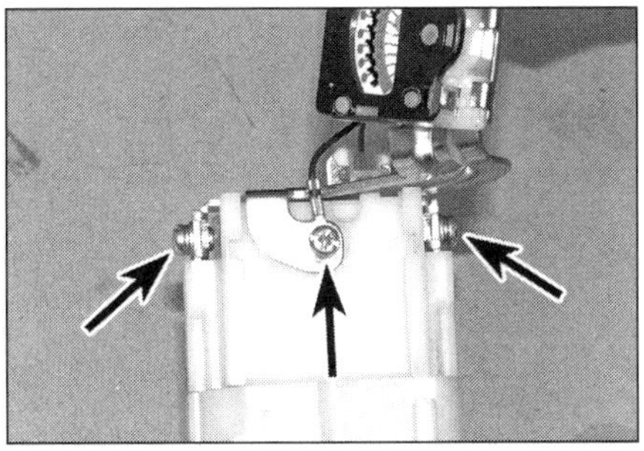

6.29b Lösen Sie die Schrauben und befreien Sie die Kabel, . . .

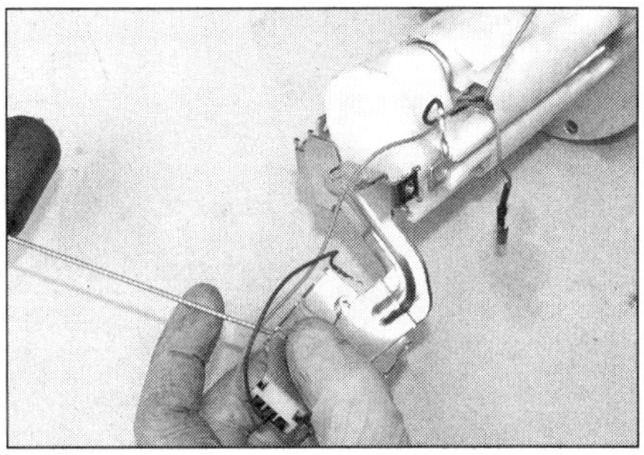

6.29c . . . um den Geber zu entfernen.

luft Ablagerungen aus dem Ansaugsieb. Falls das Sieb beschädigt ist oder sich Ablagerungen darin angesammelt haben, muss es ersetzt werden.

21 Der Einbau der Komponenten entspricht der umgekehrten Ausbaureihenfolge.

Benzinfilterpatrone/ Druckregler

22 Bauen Sie die Benzinpumpe aus (siehe Sektion 5).

23 Demontieren Sie den Tankanzeige-Geber (Schritt 29).

24 Ziehen Sie vorsichtig die Filterpatrone samt Druckregler nach oben von der Pumpe (siehe Abbildung) – die O-Ringe oben an der Pumpe am Kraftstoffrohr-Stutzen müssen später erneuert werden (siehe Abbildung). Entfernen Sie das Verbindungsstück unten von der Filterpatrone und entsorgen Sie seinen O-Ring (siehe Abbildung). Der Druckregler braucht nicht von der Filterpatrone getrennt werden, da eine neue Patrone nicht separat erhältlich ist.

25 Der Einbau entspricht der umgekehrten Ausbaureihenfolge – beachten Sie dabei folgenden Punkt:

- Installieren Sie neue mit Motoröl geschmierte O-Ringe an das Verbindungsstück, die Pumpe und den Kraftstoffrohr-Stutzen (Abbildungen 6.24c und b).

Tankanzeige-Geber

26 Bauen Sie die Benzinpumpe aus (siehe Sektion 5).

27 Zur Kontrolle des Gebers müssen die Plusklemme eines Ohmmeters mit dem Steckerkontakt des rot/schwarzen und die Minusklemme mit dem Kontakt des schwarz/weißen Kabels verbunden werden. Messen Sie den Widerstand bei angehobenem Schwimmer (Tank voll) und bei abgesenktem Schwimmer (Tank leer) (siehe Abbildungen). Wenn nicht die in den technischen Daten angegebenen Werte ermittelt werden, muss der Geber ausgetauscht werden (siehe unten).

28 Wenn der Test ergibt, dass der Geber in Ordnung ist, muss seine Verkabelung zum Cockpit überprüft werden (siehe Kapitel 8).

29 Zum Ausbau des Gebers muss sein Versorgungskabel am Anschluss der Grundplatte gelöst (Abbildung 6.17) und aus seiner Führung befreit werden – merken Sie sich seine Verlegung (siehe Abbildung). Lösen Sie die Schrauben des Gebers, seines Massekabels und des Pumpen-Massekabels – merken Sie sich die Positionen der Kabel (siehe Abbildungen). Trennen Sie den Geber nötigenfalls von seinem Halter – merken Sie sich die Verlegung der Kabel.

30 Der Einbau entspricht der umgekehrten Ausbaureihenfolge.

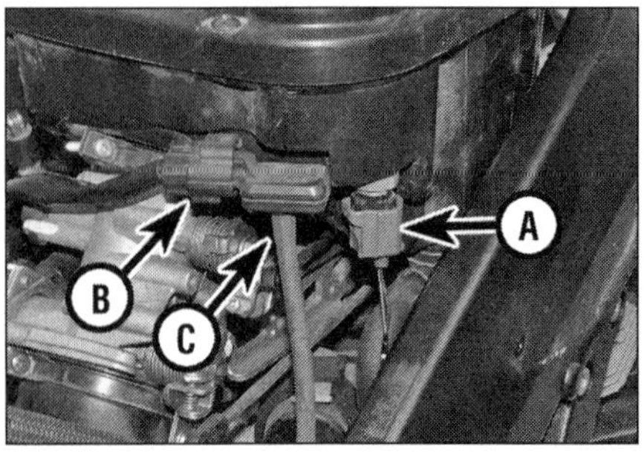

7.2 Stecker des Ansauglufttemperatursensors (A) und des Ansaugluftdrucksensors (B), Unterdruckschlauch (C)

7.4a Vordere Schelle ...

7.4b ... und hintere Schelle der Drosselklappengehäuse-Stutzen

7.5a Motorentlüftungsschläuche

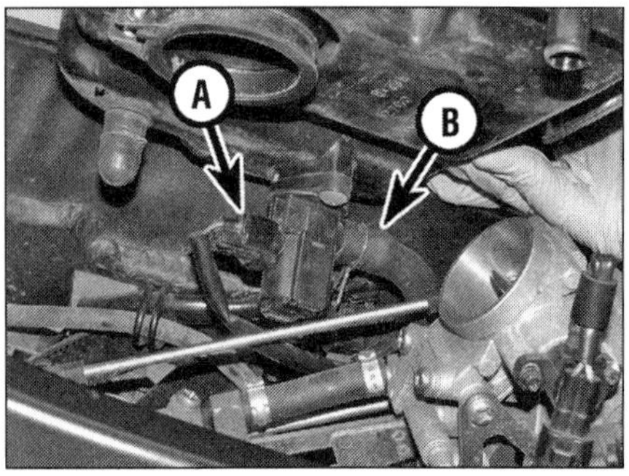

7.5b Stecker (A) und Schlauch (B) des Sekundärluftsystems

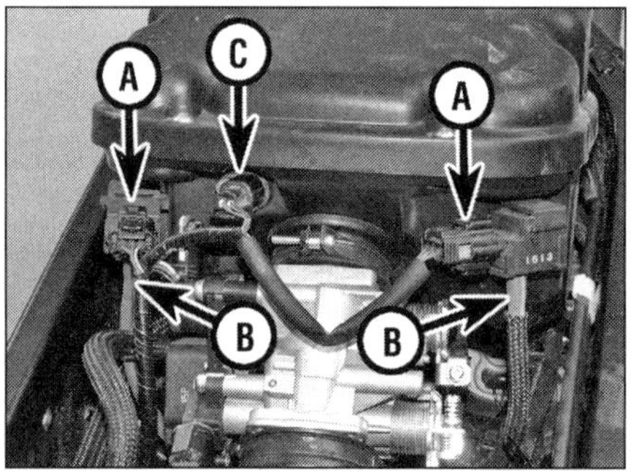

7.13 Stecker des Ansaugluftdrucksensors (A), Unterdruckschlauch (B), Stecker des Ansauglufttemperatursensors (C)

7 Luftfiltergehäuse

> ⚠ *Warnung: Lesen Sie vor Arbeitsbeginn die Warnhinweise in Sektion 1.*

DL-Modelle bis 2006

Ausbau

1 Entfernen Sie den Tank (siehe Sektion 2).

2 Trennen Sie den Stecker vom Ansauglufttemperatursensor (siehe Abbildung).

3 Trennen Sie den Stecker und den Unterdruckschlauch vom Ansaugluftdrucksensor (Abbildung 7.2).

4 Lockern Sie die Schellen, die das Gehäuse an den Drosselklappengehäusen sichern (siehe Abbildungen).

5 Befreien Sie das Gehäuse und ziehen Sie links den Motorentlüftungsschlauch sowie rechts den Stecker des Sekundärluftventil-Regelventils ab, um es vollständig zu entnehmen (siehe Abbildungen).

Einbau

6 Der Einbau entspricht der umgekehrten Ausbaureihenfolge – beachten Sie dabei folgende Punkte:

- Verbinden Sie den Stecker des Sekundärluftventil-Regelventils und den Motorentlüftungsschlauch, bevor Sie das Gehäuse auf die Drosselklappengehäuse absenken (Abbildungen 7.5b und a).
- Alle Schläuche müssen vollständig auf ihre Stutzen gedrückt und ggf. sorgfältig mit ihren Schellen gesichert sein.
- Das Luftfiltergehäuse muss korrekt auf den Drosselklappengehäusen sitzen, dann werden die Schellen sorgfältig angezogen.
- Alle Kabelstecker müssen sicher verbunden sein.

DL-Modelle von 2007 bis 2011

Ausbau

7 Entfernen Sie den Tank (siehe Sektion 2).

8 Trennen Sie am jeweiligen Ansaugluftdrucksensor den Stecker und den Unterdruckschlauch (Abbildung 7.13).

9 Lockern Sie die Schellen, die das Gehäuse an den Drosselklappengehäusen sichern (Abbildungen 7.4a und b).

10 Befreien Sie das Gehäuse und ziehen Sie rechts den Schlauch der Standgasregelung sowie den Schlauch und den Stecker des Sekundärluftventil-Regelventils ab; ziehen Sie links den Motorentlüftungsschlauch sowie den Stecker des Ansauglufttemperatursensors ab, um es vollständig zu entnehmen.

Einbau

11 Der Einbau entspricht der umgekehrten Ausbaureihenfolge – beachten Sie dabei folgende Punkte:

- Verbinden Sie den Stecker und Schlauch des Sekundärluftventil-Regelventils, den Schlauch der Standgasregelung, den Stecker des Ansauglufttemperatursensors und den Motorentlüftungsschlauch, bevor Sie das Gehäuse auf die Drosselklappengehäuse absenken.
- Alle Schläuche müssen vollständig auf ihre Stutzen gedrückt und ggf. sorgfältig mit ihren Schellen gesichert sein.
- Das Luftfiltergehäuse muss korrekt auf den Drosselklappengehäusen sitzen, dann werden die Schellen sorgfältig angezogen.
- Alle Kabelstecker müssen sicher verbunden sein.

DL-Modelle ab 2012 und alle SFV

Ausbau

12 Entfernen Sie den Tank (siehe Sektion 2).

13 Trennen Sie den Stecker und den Unterdruckschlauch vom jeweiligen Ansaugluftdrucksensor (siehe Abbildung).

14 Trennen Sie den Stecker vom Ansauglufttemperatursensor (Abbildung 7.13).

15 Lockern Sie die Schellen, die das Gehäuse an den Drosselklappengehäusen sichern (siehe Abbildungen).

16 Befreien Sie das Gehäuse und ziehen Sie den Motorentlüftungsschlauch ab, um es vollständig zu entnehmen (siehe Abbildung).

7.15a Vordere Schelle...

7.15b ...und hintere Schelle der Drosselklappengehäuse-Stutzen

7.16 Heben Sie das Luftfiltergehäuse an und ziehen Sie den Motorentlüftungsschlauch ab.

8.2 Befreien Sie den Standgaseinsteller.

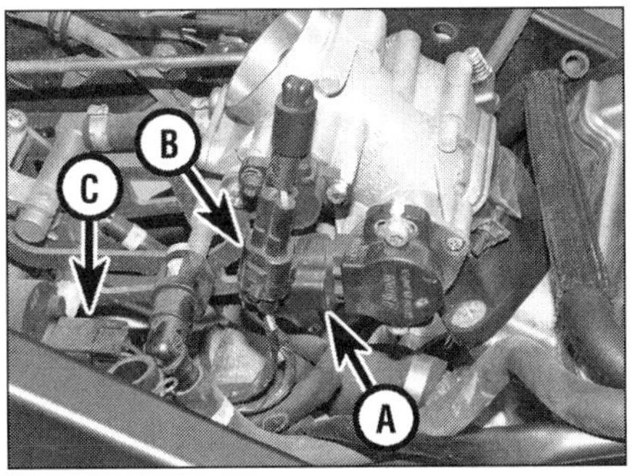

8.3a Stecker des Drosselklappensensors (A), des Sekundärdrosselklappensensors (B) und des Sekundärdrosselklappenservos (C) - DL bis 2006

8.3b Trennen Sie den Sekundärdrosselklappensensor-Stecker,...

8.3c ...den Drosselklappensensor-Stecker...

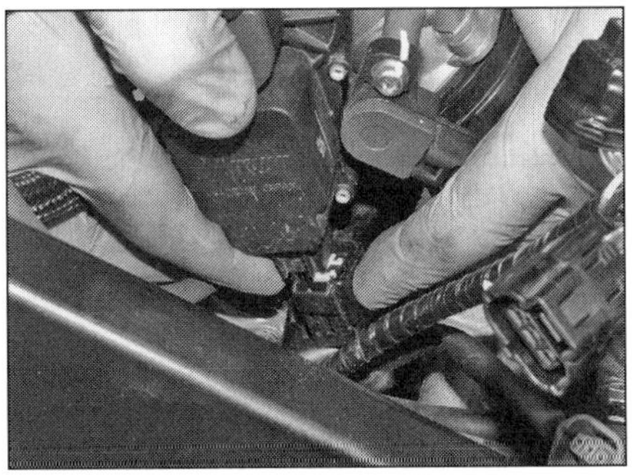

8.3d ...und den Sekundärdrosselklappenservo-Stecker – alle anderen Modelle

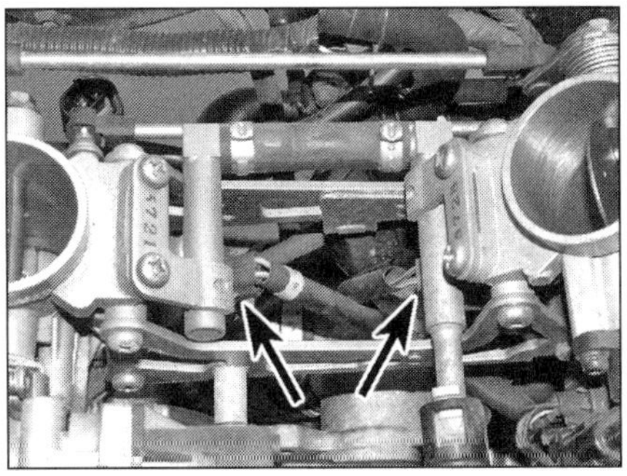

8.4 Einspritzdüsen-Stecker

Einbau

17 Der Einbau entspricht der umgekehrten Ausbaureihenfolge – beachten Sie dabei folgende Punkte:

- Verbinden Sie den Motorentlüftungsschlauch, bevor Sie das Gehäuse auf die Drosselklappengehäuse absenken.
- Alle Schläuche müssen vollständig auf ihre Stutzen gedrückt und ggf. sorgfältig mit ihren Schellen gesichert sein.
- Das Luftfiltergehäuse muss korrekt auf den Drosselklappengehäusen sitzen, dann werden die Schellen sorgfältig angezogen.
- Alle Kabelstecker müssen sicher verbunden sein.

8 Drosselklappengehäuse

Warnung: *Lesen Sie vor Arbeitsbeginn die Warnhinweise in Sektion 1.*

Ausbau

1 Demontieren Sie den Tank (siehe Sektion 2) und das Luftfiltergehäuse (siehe Sektion 7).

2 Befreien Sie bei DL-Modellen bis 2006 den Standgaseinsteller aus seinem Halter (siehe Abbildung).

3 Trennen Sie die Stecker des Drosselklappensensors, des Sekundärdrosselklappensensors und des Sekundärdrosselklappenservos – merken Sie sich ihre Positionen (siehe Abbildungen).

4 Trennen Sie die Einspritzdüsen-Stecker – merken Sie sich ihre Positionen (siehe Abbildung).

Anmerkung: *Dies kann auch nach der Demontage der Drosselklappengehäuse geschehen, da dann der Zugang zu ihren Unterseiten leichter ist.*

5 Ziehen Sie bei DL-Modellen von 2007 bis 2011 die zwei Schläuche der Standgasregelung ab.

8.8a Vordere Schelle . . .

8.8b . . . und hintere Schelle der Ansaugstutzen – gezeigt an DL ab 2012

6 Trennen Sie bei Modellen für den Kalifornien-Markt die Schläuche und Stecker der Verdunstungsregelung.

7 Befreien Sie die Gaszüge (siehe Sektion 9).

8 Lockern Sie die Schellen, mit denen die Drosselklappengehäuse an den Ansaugstutzen gesichert sind, und befreien Sie sie daraus (siehe Abbildungen).

9 Trennen Sie nötigenfalls die Kraftstoffleitung(en).

Achtung: Bedecken oder verstopfen Sie die Einlasskanäle des Zylinderkopfes, damit nichts in den Motor fallen kann.

Achtung: Lassen Sie bei getrennten Gaszügen die Drosselklappen nicht aus der Vollgasstellung in die geschlossene Position zurückschnappen, da dies später zu Standgasproblemen führen kann! Versuchen Sie nicht, die beiden Drosselklappengehäuse zu trennen oder weiter zu zerlegen. Bis auf das Verteilerrohr und die Einspritzdüsen (siehe Sektion 10) sowie die Sensoren (siehe Sektion 14) dürfen keine weiteren Komponenten von den Drosselklappengehäusen demontiert werden!

Kontrolle

10 Kontrollieren Sie die gesamte Drosselklappen-Baugruppe auf beschädigte und verzogene Komponenten. Das Drosselklappengestänge muss sich sanft öffnen und vom Federdruck wieder schließen lassen – lassen Sie die Klappen dabei nicht ungebremst zurückschnappen!

11 Prüfen Sie alle Schläuche auf Schäden und Alterung und ersetzen Sie sie nötigenfalls durch Neuteile.

Einbau

12 Der Einbau entspricht der umgekehrten Ausbaureihenfolge – beachten Sie dabei folgende Punkte:

- Vergessen Sie nicht, die Lappen aus den Ansaugstutzen des Zylinderkopfes zu entfernen.
- Schmieren Sie alle Gummiteile innen dünn mit Motoröl, um den Einbau zu erleichtern.
- Achten Sie darauf, dass die Drosselklappengehäuse vollständig in den Ansaugstutzen stecken, bevor die Schellen angezogen werden.
- Alle Steckerkontakte müssen sauber sein.
- Kontrollieren Sie das Gasgriff-Spiel und stellen Sie es nötigenfalls ein (siehe Kapitel 1).
- Prüfen Sie die Funktion des Sekundärdrosselklappenservos (siehe Sektion 14).
- Kontrollieren Sie bei DL-Modellen bis 2006 die Standgasdrehzahl (siehe Kapitel 1).

9 Gasbowdenzüge

Warnung: Lesen Sie vor Arbeitsbeginn die Warnhinweise in Sektion 1.

Ausbau

1 Entfernen Sie das Luftfiltergehäuse (siehe Sektion 7).

2 Markieren Sie die Gaszüge entsprechend ihrer Einbaulage im Halter des vorderen Dros-

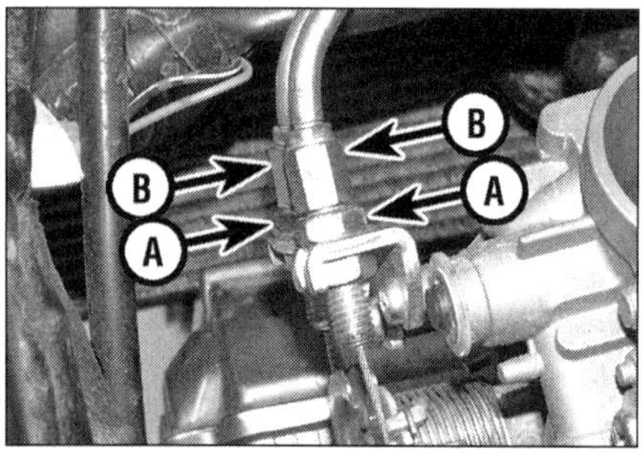

9.2a Lockern Sie die Muttern (A), schrauben Sie die Einsteller (B) heraus . . .

9.2b . . . und befreien Sie die Gaszüge aus dem Halter . . .

9.2c . . . sowie die Nippel aus der Betätigung.

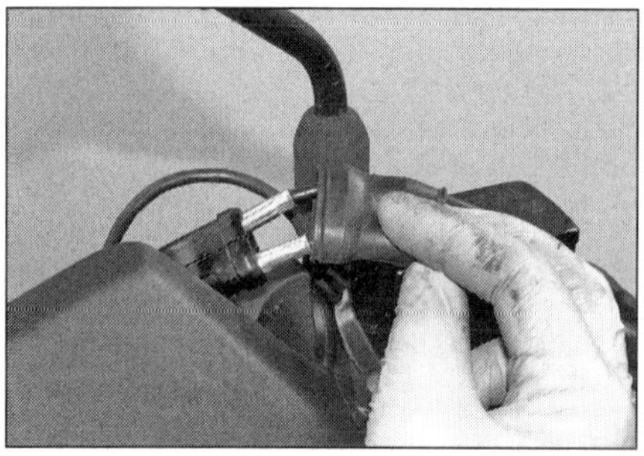

9.3a Ziehen Sie die Gummikappe ab.

9.3b Lösen Sie die Schrauben, . . .

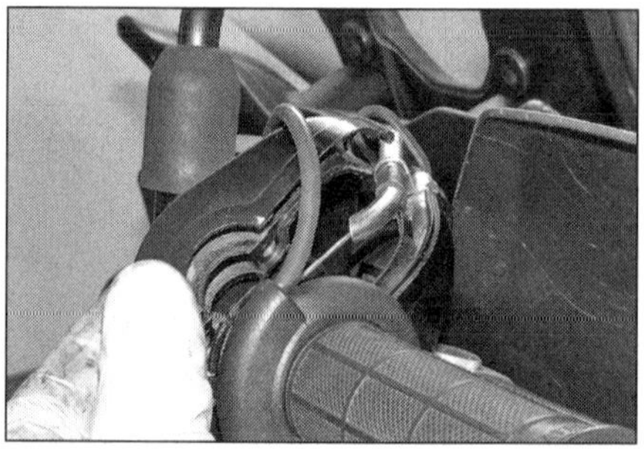

9.3c . . . trennen Sie das Gehäuse . . .

9.3d ... und befreien Sie die Gaszüge aus der Gasgriff-Rolle.

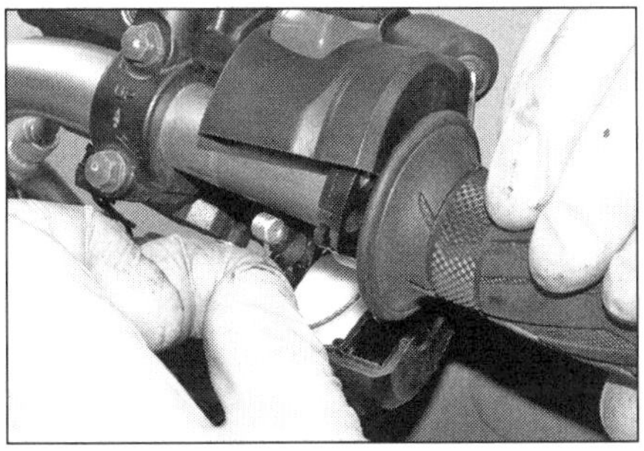

9.4c ... befreien Sie die Seilzug-Enden ...

selklappengehäuses. Lockern Sie die oberen Kontermuttern der Gaszugeinsteller, lösen Sie diese und befreien Sie die Züge aus dem Halter – beachten Sie, wie die unteren Muttern an dessen Unterseite gesichert werden (siehe Abbildungen). Befreien Sie die Gaszugnippel aus der Drosselklappenbetätigung – mit dem unteren Zug wird sie geöffnet, mit dem oberen geschlossen (siehe Abbildung).

3 – bis Modelljahr 2006: Ziehen Sie die Gummikappe vom Gasgriffgehäuse am Lenker (siehe Abbildung). Demontieren Sie nötigenfalls den Handprotektor, um den Zugang zu verbessern (siehe Kapitel 7). Lösen Sie die Gehäuseschrauben und trennen Sie das Gasgriffgehäuse – beachten Sie die Positionen der Führungsrohre (siehe Abbildungen). Befreien Sie die Gaszugnippel aus der Betätigung (siehe Abbildung) – der Öffnerzug ist mit goldener Farbe markiert, der Schließerzug mit Silber.

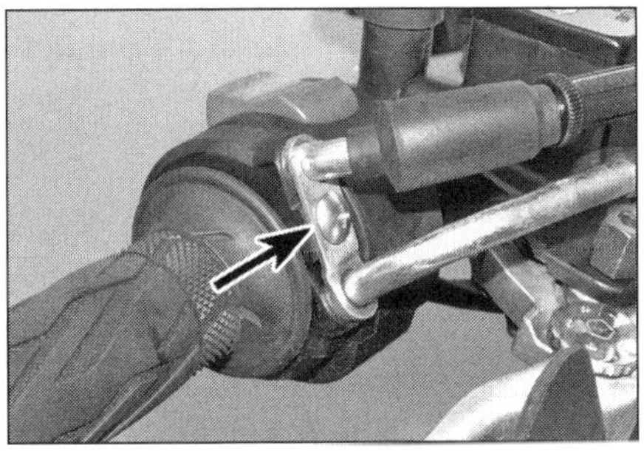

9.4a Lösen Sie die Schraube des Halteblechs.

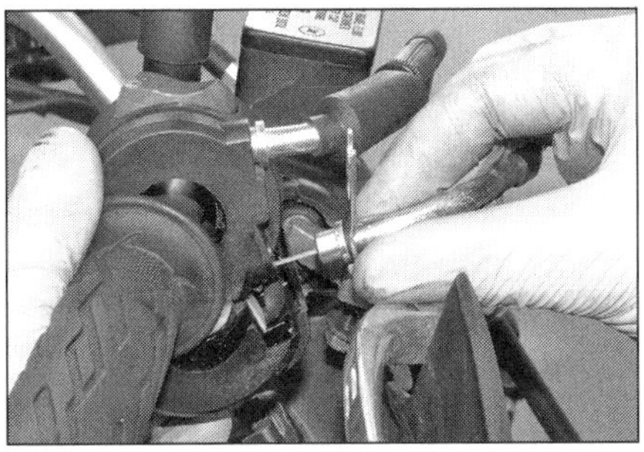

9.4d ... und ziehen Sie die Gaszüge heraus.

4 – ab Modelljahr 2007: Markieren Sie die Gaszüge entsprechend ihrer Positionen zum Gasgriffgehäuse am Lenker und lösen Sie die Schraube der Führungsrohr-Halterplatte (siehe Abbildung). Lösen Sie die Gehäuseschrauben und trennen Sie das Schalter/Gasgriffgehäuse (siehe Abbildung). Befreien Sie die Gaszugnippel aus der Betätigung (siehe Abbildungen).

5 Befreien Sie die Gaszüge unter Beachtung ihrer korrekten Verlegung aus dem Motorrad.

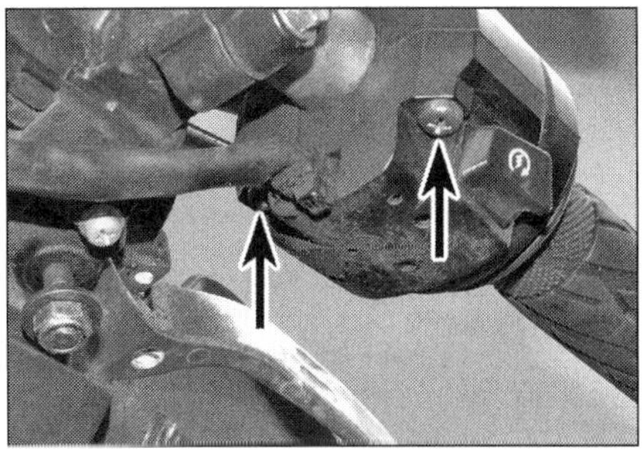

9.4b Lösen Sie die Schrauben, ...

Einbau

6 Führen Sie die Gaszüge korrekt zum Gasgriff und den Drosselklappengehäusen – sie dürfen nicht an anderen Komponenten scheuern oder scharf geknickt werden.

7 – bis Modelljahr 2006: Schmieren Sie die oberen Seilzug-Enden mit Mehrzweckfett und installieren Sie sie an die Gasgriffbetätigung – den goldenen Öffnerzug nach oben (Abbildung 9.3d). Stecken Sie die Führungsrohre in die Gehäusehälften (Abbildung 9.3c) und verbinden Sie diese so am Lenker, dass ihre Kontaktflächen zur Körnermarkierung fluchten. Ziehen Sie die Gehäuseschrauben sorgfältig an (siehe Abbildung) und schieben Sie die Gummikappe auf (Abbildung 9.3a).

8 – ab Modelljahr 2007: Stecken Sie das Öffnerzug-Führungsrohr in den oberen Sockel des Gasgriffgehäuses und das Schließerzug-Führungsrohr in den unteren. Richten Sie dann das offene Ende der Halteplatte um den Bund des Öffnerzug-Führungsrohrs aus und sichern Sie die Platte mit der Schraube (Abbildungen 9.4d und a). Schmieren Sie die oberen Seilzug-Enden mit Mehrzweckfett und installieren Sie sie an die Gasgriffbetätigung (Abbildung 9.4c). Montieren Sie die Gehäusehälften – der Stift an der Unterseite muss in die Bohrung des Lenkers greifen (siehe Abbildung) – und ziehen Sie die Schrauben sorgfältig an.

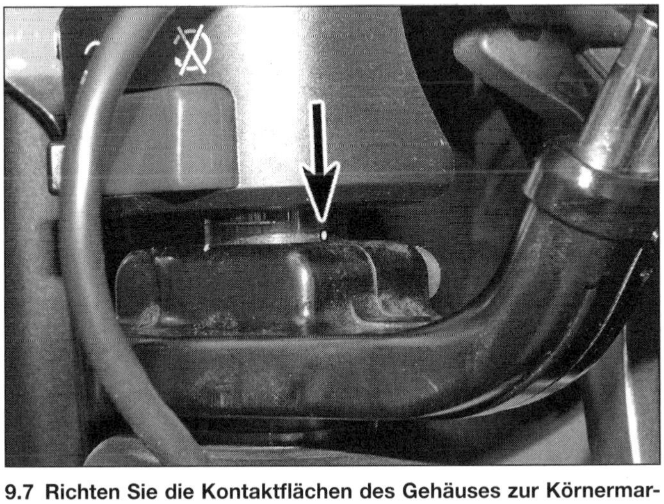

9.7 Richten Sie die Kontaktflächen des Gehäuses zur Körnermarkierung am Lenker aus.

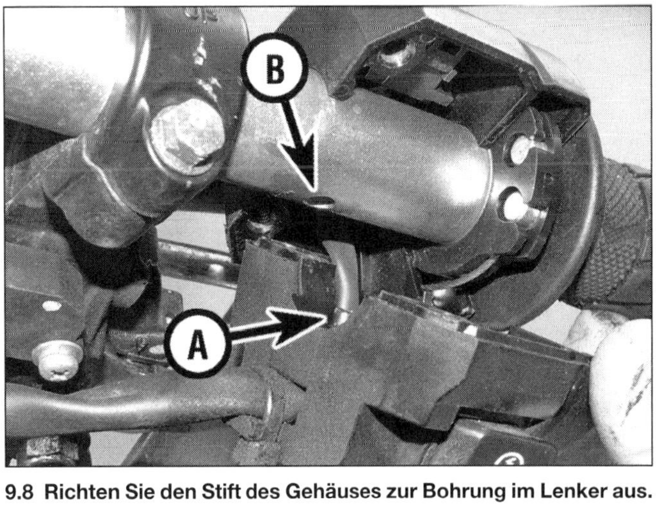

9.8 Richten Sie den Stift des Gehäuses zur Bohrung im Lenker aus.

4

9 Prüfen Sie, ob sich der Gasgriff frei bewegen lässt.
10 Installieren Sie die unteren Gaszug-Enden an die Drosselklappenbetätigung – der Öffnerzug wird oben herum geführt und der Schließerzug unten herum (Abbildung 9.2c).
11 Installieren Sie die Gaszugeinsteller an den Halter, sodass die Muttern an beiden Seiten sitzen (Abbildung 9.2b). Ziehen Sie die Einsteller hoch, sodass die unteren Muttern im Halter am Mitdrehen gehindert werden, und drehen Sie die Einsteller in den Halter, bis 1 mm Spiel zwischen ihnen und den gegen den Halter gedrehten Kontermuttern besteht (Abbildung 9.2a).
12 Stellen Sie das Gaszugspiel ein (siehe Kapitel 1). Bewegen Sie den Lenker von Anschlag zu Anschlag und kontrollieren Sie, ob die Bowdenzüge nicht die Lenkung behindern.
13 Montieren Sie das Luftfiltergehäuse (siehe Sektion 7) und ggf. den Handprotektor (siehe Kapitel 7).
14 Starten Sie den Motor und überprüfen Sie, dass die Leerlaufdrehzahl nicht steigt, wenn der Lenker bewegt wird – falls dies der Fall ist, sind die Bowdenzüge falsch verlegt und müssen korrekt eingebaut werden, bevor mit dem Motorrad gefahren wird.

10 Verteilerrohr(e) und Einspritzdüsen

Warnung: Lesen Sie vor Arbeitsbeginn die Warnhinweise in Sektion 1.

Kontrolle

1 Die Zündung muss ausgeschaltet sein. Entfernen Sie das Luftfiltergehäuse (siehe Sektion 7). Identifizieren Sie die schadhafte Einspritzdüse anhand des Fehlercodes (siehe Sektion 13) und trennen Sie den entsprechenden Einspritzdüsenstecker (Abbildung 8.4). Ermitteln Sie mithilfe eines Ohmmeters den Widerstand zwischen den Kontakten der Einspritzdüse (siehe Abbildung) – werden bei Raumtemperatur nicht 29 bis 31 Ohm festgestellt, muss geprüft werden, ob zwischen den einzelnen Kontakten und Masse Durchgang besteht – in diesem Fall ist die Einspritzdüse defekt und muss ersetzt werden (siehe unten).
2 Verbinden Sie die Plusklemme eines Voltmeters mit dem kabelbaumseitigen Steckerkontakt des gelb/roten Kabels und die Minusklemme mit Masse, um die Eingangsspannung zu ermitteln. Schalten Sie die Zündung ein und notieren Sie die Spannung.

Anmerkung: *Die Einspritzdüsen-Spannung kann nur drei Sekunden nach dem Einschalten der Zündung ermittelt werden. Schalten Sie die Zündung wieder aus. Werden nicht 11 bis 13 Volt ermittelt, muss mithilfe der Schaltpläne am Ende von Kapitel 8 der Fehler im gelb/roten Kabel zum Benzinpumpenrelais ermittelt werden.*

3 War die Spannung korrekt, muss das grau/weiße Kabel (vorderer Zylinder) bzw. das grau/schwarze Kabel (hinterer Zylinder) auf Durchgang zum Steuergerät-Stecker überprüft werden.

Ausbau

4 Entfernen Sie das Luftfiltergehäuse (siehe Sektion 7). Reinigen Sie die Bereiche um die Einspritzdüsen mit Druckluft und/oder einer weichen Bürste.
5 Falls der Benzinschlauch abgezogen werden soll, muss unterhalb des Stutzens am Verteilerrohr ein Lappen positioniert werden, um Benzinreste aufzunehmen. Lösen Sie dann die Clips des Schlauchverbinders und ziehen Sie den Schlauch ab.
6 Markieren Sie die Einspritzdüsen-Stecker anhand ihrer Positionen (vorne oder hinten).
7 – DL-Modelle bis 2011: Trennen Sie beide Einspritzdüsenstecker (Abbildung 8.4). Lösen Sie die Verteilerrohr-Schrauben und entfernen Sie das Rohr mit beiden Einspritzdüsen (siehe Abbildung). Entfernen Sie die Dichtungen – entweder aus den Einspritzdüsen-Sitzen in den Drosselklappengehäusen oder von den Düsen selbst (Abbildung 10.8c). Inspizieren Sie den Schlauch und ersetzen Sie die Verteilerrohr-Baugruppe, falls irgendwelche Risse oder Verformungen festgestellt werden.
8 – DL ab 2012 und alle SFV: Trennen Sie den entsprechenden Einspritzdüsenstecker (Abbildung 8.4). Lösen Sie die Verteilerrohr-Schrau-

10.1 Widerstandsmessung an einer Einspritzdüse

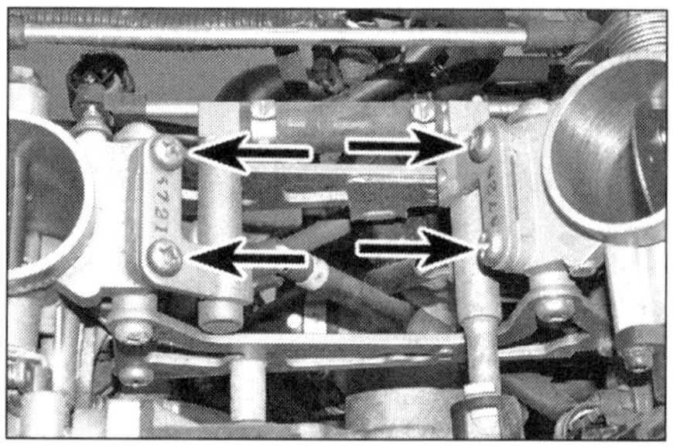
10.7 Verteilerrohr-Befestigungsschrauben – DL bis 2011

10.8a Verteilerrohr-Befestigungsschrauben – DL ab 2012 und SFV

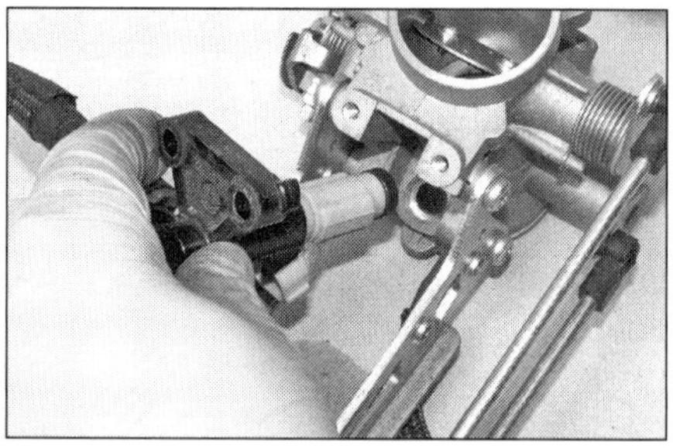
10.8b Entfernen Sie das Verteilerrohr samt Einspritzdüse . . .

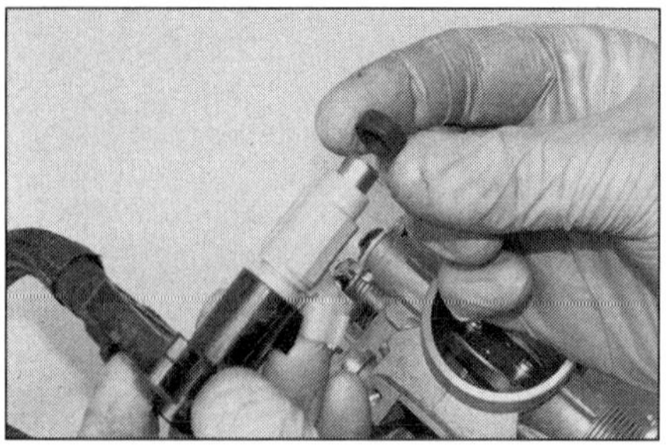
10.8c . . . und ziehen Sie den Dichtring ab.

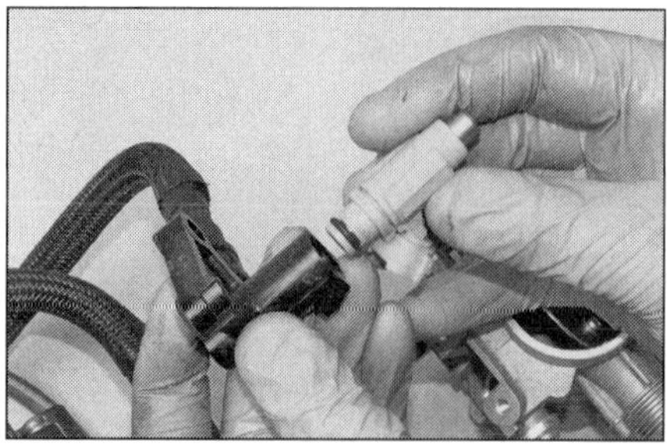
10.9a Ziehen Sie die Einspritzdüse heraus . . .

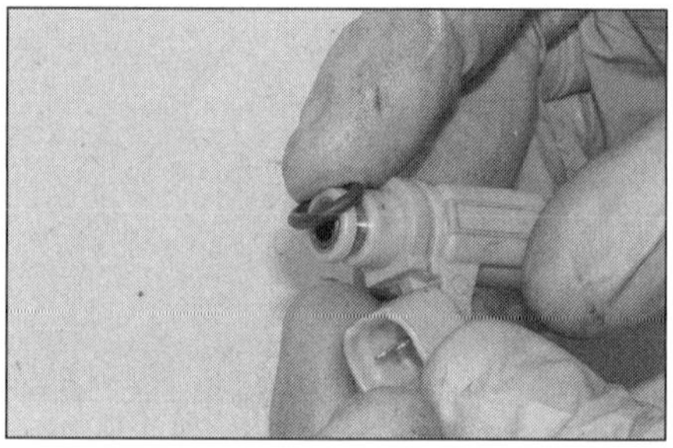
10.9b . . . und entfernen Sie den O-Ring.

ben und entfernen Sie das Rohr samt Einspritzdüse (siehe Abbildungen). Entfernen Sie die Dichtungen – entweder aus den Einspritzdüsen-Sitzen in den Drosselklappengehäusen oder von den Düsen selbst (siehe Abbildung).

9 Ziehen Sie die Einspritzdüse(n) aus dem/den Verteilerrohr(en) (siehe Abbildung). Entfernen Sie den oben an der Einspritzdüse sitzenden O-Ring (siehe Abbildung) – dieser muss genauso wie die Dichtung später erneuert werden.

10 Moderne Kraftstoffe enthalten Zusätze, die Einspritzdüsen sauber und frei von Ablagerungen halten sollen. Falls eine Einspritzdüse verstopft zu sein scheint, muss sie sorgfältig mit speziellem Reinigungsmittel behandelt werden. Falls eine Einspritzdüse sauber ist, aber nicht richtig funktioniert und die in den Schritten 1 bis 3 durchgeführten Tests nicht eindeutig sind, muss sie durch ein Neuteil ersetzt werden.

Einbau

11 Installieren Sie einen neuen eingeölten O-Ring in die obere Nut jeder ausgebauten Einspritzdüse (Abbildung 10.9b).

12 Stecken Sie die Einspritzdüse(n) in das/die Verteilerrohr(e), richten Sie dabei den Steckeranschluss zur entsprechend geformten Seite des Sitzes aus (Abbildung 10.9a).

13 Installieren Sie eine neue eingeölte Dichtung auf die Einspritzdüsen-Spitze(n) (Abbildung 10.8c).

14 Stecken Sie die die Einspritzdüsen so in die Drosselklappengehäuse, dass die Dichtungen an ihren Positionen verbleiben (Abbildung 10.8b). Installieren Sie die Schrauben und ziehen Sie sie sorgfältig an (Abbildungen 10.7 oder 10.8a).

15 Schließen Sie den/die Einspritzdüsenstecker an (Abbildung 8.4) – der Stecker am grau/weißen Kabel kommt an den vorderen Zylinder, derjenige mit dem grau/schwarzen Kabel an den hinteren.

16 Falls getrennt, wird der Verbindungsstecker des Kraftstoffschlauchs am Verteilerrohr eingesteckt und soweit eingedrückt, bis der Clip einrastet – wenn er sich nicht wieder herausziehen lässt, ist er eingerastet.

17 Montieren Sie das Luftfiltergehäuse und den Tank. Starten Sie den Motor und prüfen Sie vor der ersten Fahrt, ob das Kraftstoffsystem korrekt funktioniert und alles dicht ist.

11 Standgasanhebung

DL-Modelle bis 2006

1 Das Standgas wird bei kaltem Motor durch den Sekundärdrosselklappenservo angehoben und nach einer anhand der Umgebungs- und Motortemperatur berechneten Zeitdauer automatisch wieder abgesenkt.

2 Für eine Kontrolle des Systems muss der Motor kalt sein. Starten Sie den Motor und lesen Sie den Drehzahlmesser ab – es müssen zwischen 1500 und 2000/min festgestellt werden.

3 Lassen Sie den Motor laufen und prüfen Sie, ob sich die Drehzahl automatisch reduziert, sobald er wärmer wird, und auf 1200 bis 1400/min abfällt, sobald Betriebstemperatur erreicht ist. Stellen Sie nötigenfalls die Standgasdrehzahl ein (siehe Kapitel 1).

4 Liegt die Drehzahl bei kaltem Motor nicht zwischen 1500 und 2000/min, muss das Luftfiltergehäuse entfernt werden (siehe Sektion 7).

5 Trennen Sie den Stecker des Sekundärdrosselklappenservos (siehe Abbildung). Schalten Sie die Zündung ein. Öffnen Sie die Sekundärdrosselklappen, indem Sie die Welle des Servos von Hand drehen – versuchen Sie nicht, die Drosselklappen selbst zu bewegen.

6 Verbinden Sie die Plusklemme eines Voltmeters mit dem kabelbaumseitigen Steckerkontakt des roten Kabels und die Minusklemme mit dem schwarz/braunen Kabel, um die Ausgangsspannung zu ermitteln (Abbildung 8.3a). Werden bei geschlossenen Haupt-Drosselklappen nicht 0,6 Volt festgestellt, muss der Einsteller der Standgasanhebung vorne an der Gaszugbetätigung unterhalb des Sekundärdrosselklappenservos gedreht werden, bis die Spannung korrekt ist. Schalten Sie die Zündung aus.

7 Verbinden Sie den Stecker des Sekundärdrosselklappenservos und montieren Sie das Luftfiltergehäuse (siehe Sektion 7). Wenn der Motor kalt ist, wird er gestartet und auf Temperatur gebracht – hierbei muss sich die Standgasdrehzahl wie oben beschrieben verhalten und automatisch absenken, sobald die Kühlmitteltemperatur 40 bis 50 °C erreicht. Stellen Sie nötigenfalls die Standgasdrehzahl ein (siehe Kapitel 1).

DL von 2007 bis 2011

8 Das Standgas wird durch das Standgasregelventil kontrolliert, das nicht manuell eingestellt werden kann. Falls der Fehlercode C40 angezeigt wird, weicht die Standgasdrehzahl von ihrem vorgegebenen Wert ab oder an der Stromversorgung des Standgasregelventil-Motors liegt ein Problem vor. Mithilfe des Suzuki-SDS-Testers einer Fachwerkstatt kann eine Diagnose des Standgasregelventils durchgeführt und der Fehlercode im Steuergerät-Speicher gelöscht werden. Bevor man diese Kontrolle durchführen lässt, sollte das Ventil wie folgt kontrolliert werden:

9 Die Zündung muss ausgeschaltet sein. Entfernen Sie das Luftfiltergehäuse (siehe Sektion 7) und trennen Sie Stecker des Standgasregelventils. Kontrollieren Sie den internen Stromkreis des Ventils mithilfe eines Durchgangsprüfers: Am Steckerkontakt des Ventils darf sowohl zwischen den Kontaktstiften A und C als auch zwischen den Kontaktstiften B und D kein Durchgang bestehen (siehe Abbildung). Messen Sie nun den Widerstand zwischen den Kontaktstiften A und B sowie zwischen C und D: Hier sollten jeweils ca. 30 Ohm festgestellt werden; bei stark abweichenden Ergebnissen ist das Standgasregelventil wahrscheinlich defekt.

11.5 Sekundärdrosselklappenservo-Stecker (A) und Welle (B)

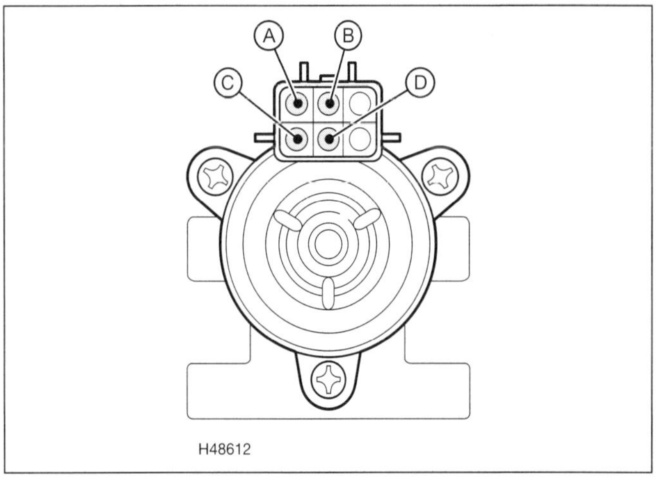

11.9 Anschluss-Identifikation des Standgasregelventils

10 Kontrollieren Sie mithilfe der Schaltpläne am Ende von Kapitel 8 die aus sechs Kabeln bestehende Verkabelung zwischen dem Standgasregelventil-Stecker und dem Steuergerät-Stecker auf Durchgang.

11 Um das Ventil ausbauen zu können, müssen der Stecker sowie die drei Schläuche abgezogen werden – notieren oder markieren Sie ihre jeweiligen Positionen. Lösen Sie die zwei Schrauben und entnehmen Sie das Ventil.

12 Das Standgasregelventil kann nur komplette Baugruppe erworben werden, doch es kann nicht schaden, die Schrauben zu lösen und das Ventil vom Gehäuse zu trennen, um es auf Beschädigungen oder Kohleablagerungen zu überprüfen und den O-Ring zu kontrollieren (falls er schadhaft ist, kann eventuell im Fachhandel ein neuer beschafft werden).

13 Montieren Sie das Ventil, stecken Sie die drei Schläuche auf und sichern Sie sie mit ihren Schellen. Nachdem der Kabelstecker verbunden ist, muss die Ventil-Position auf den Standardwert zurückgesetzt werden:

14 Bei ausgeschalteter Zündung wird der Modus-Wahlschalter angeschlossen (siehe Sektion 13) und eingeschaltet. Schalten Sie nun die Zündung ein und wieder aus. Warten Sie mindestens fünf Sekunden, schalten Sie den Modus-Wahlschalter aus und trennen Sie ihn vom Stecker.

DL ab 2012 und alle SFV

15 Das Standgas wird automatisch durch das Standgasregelventil kontrolliert. Es ist durch die SDS-Software auf einen werksmäßigen Wert eingestellt und kann nicht justiert werden. Falls die Standgasanhebung nicht korrekt funktioniert, muss das Motorrad in eine Suzuki-Werkstatt gebracht werden.

12 Motorsteuerung
Beschreibung

1 Die Motorsteuerung besteht aus zwei wesentlichen Komponenten – der Kraftstoffversorgung und der Zündung.

2 Die Kraftstoffversorgung besteht aus dem Tank, der Benzinpumpe, dem Filter, dem Druckregler und den Einspritzdüsen. Das Benzin gelangt unter Druck zu den Verteilerrohren (Fuel Rails) und von dort zu den einzelnen Einspritzdüsen. Bei ausgeschaltetem Motor wird der Kraftstoffdruck durch ein Regelventil in der Pumpe aufrechterhalten. Wenn die Benzinpumpe läuft, wird der Betriebsdruck durch den Druckregler der Pumpe überwacht, der über ein Überdruckventil Benzin in den Tank zurück fördert, falls der Druck zu hoch wird. Die Einspritzdüsen versprühen den Treibstoff in den Drosselklappengehäusen, von wo aus er zusammen mit der angesaugten Luft als zündfähiges Gemisch in den Brennraum gelangt, verdichtet und gezündet wird.

3 Das elektronische Steuermodul (ECM) überwacht und koordiniert Signale der folgenden Sensoren (die englischen Abkürzungen erleichtern unter bestimmten Bedingungen das Auffinden):

- Ansauglufttemperatursensor (IAT-Sensor)
- Ansaugluftdrucksensor(en) (IAP-Sensor)
- Drosselklappensensor (TP-Sensor)
- Sekundärdrosselklappensensor (STP-Sensor)
- Kurbelwellensensor (CKP-Sensor)
- Kühltemperatursensor (ECT-Sensor) – siehe Kapitel 3
- Gangsensor (GP-Sensor)
- Neigungswinkelsensor (TO-Sensor)
- Lambdasonde (λ-Sonde) – ab 2007

4 Anhand der erhaltenen Informationen berechnet das Steuergerät den besten Zünd- und Einspritz-Zeitpunkt sowie die erforderliche Kraftstoffmenge – Letzteres geschieht durch verschieden lange elektronische Impulse an die Einspritzdüsen, also die Einspritz-

13.2a Stecker für den Modus-Auswahlschalter – DL bis 2011

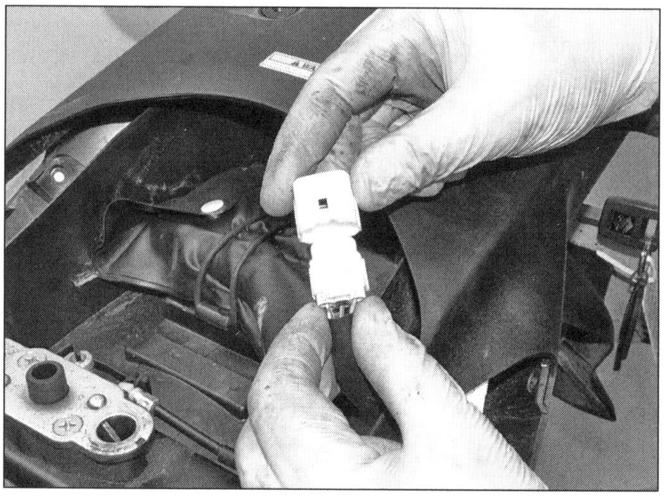

13.2b Stecker für den Modus-Auswahlschalter – DL ab 2012

13.2c Stecker für den Modus-Auswahlschalter – SFV

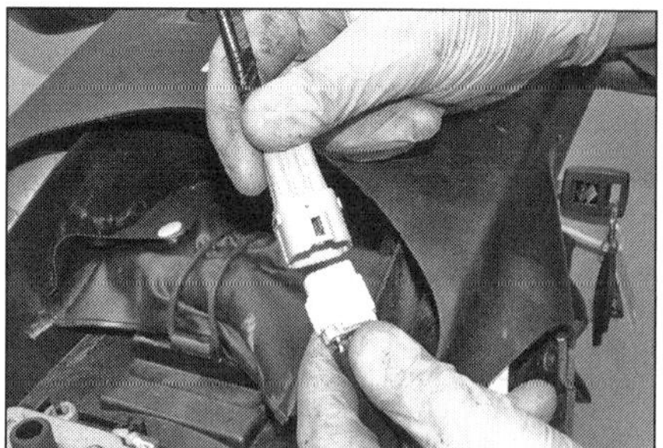

13.2d Entfernen Sie die Steckerabdeckung und verbinden Sie den Schalter, . . .

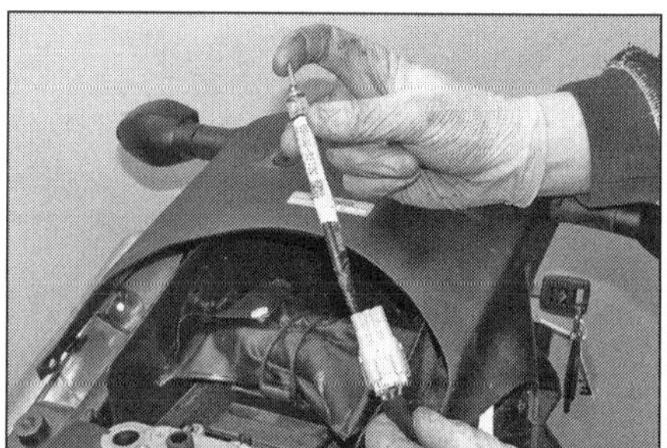

13.2e . . . um ihn wie beschrieben einzusetzen.

dauer. Diese Menge hängt davon ab, ob der Motor gestartet oder warm gefahren wird, im Standgas läuft, im Schiebebetrieb rollt oder unter Last arbeitet.

5 Im Falle eines abnormalen Sensor-Signals legt das Steuergerät fest, ob der Motor weiterhin sicher am Laufen gehalten werden kann – falls ja, ersetzt ein Sicherungsmodus die Sensorsignale durch einen festen Wert, sodass das Motorrad mit reduzierter Leistung nach Hause oder in eine Werkstatt gefahren werden kann. Wenn dies passiert, wechseln sich im Cockpit-LCD alle zwei Sekunden die Buchstaben »FI« mit der Uhr oder dem Tageskilometerzähler ab (je nach Modell). Zudem wird das FI-Symbol beleuchtet und die Warnlampe leuchtet auf. Falls der Fehler ernsthaft ist, wird das entsprechende System abgeschaltet und der Motor geht aus. Wenn dies passiert, erscheinen im LCD-Display die Buchstaben »FI« dauerhaft und das FI-Symbol sowie die Warnlampe blinken. Hinweise zur Fehlerdiagnose finden sich in Sektion 13.

6 Falls das Motorsteuermodul nicht innerhalb drei Sekunden nach dem Einschalten der Zündung ein Signal sendet, erscheinen im Cockpit-LCD die Buchstaben »CHEC«. Dies ist nicht direkt ein Fehlercode, doch es erscheint, wenn die Zündung drei Sekunden eingeschaltet ist und der Killschalter auf OFF steht; der Sicherheitsstromkreis einen Defekt aufweist (siehe Kapitel 1) oder die Zündungs-Sicherung durchgebrannt ist (siehe Kapitel 8). »CHEC« erscheint außerdem, wenn ein Kabel zwischen dem Steuergerät und dem Cockpit unterbrochen ist. Trennen Sie nicht irgendwelche Stecker vom Steuergerät oder die Batterie vom Stromnetz, bevor die Fehlercodes ausgelesen wurden, da diese dadurch gelöscht werden.

7 Das System beinhaltet drei Sicherheitsstromkreise. Sobald die Zündung eingeschaltet wurde, läuft die Benzinpumpe für drei Sekunden, um das System unter Druck zu setzen. Danach schaltet die Pumpe automatisch solange ab, bis der Motor gestartet wurde. Der zweite Sicherheitsstromkreis beinhaltet einen Neigungswinkelsensor, der die Benzinpumpe und die Zündung ausschaltet, falls das Motorrad umfällt. Der dritte Sicherheitsstromkreis beinhaltet ein Drehzahlbegrenzer-Signal, das die Einspritzdüsen abschaltet, sobald der Motor über die vorgegebene Maximaldrehzahl dreht.

13 Motorsteuerung
Fehlerdiagnose

Spezialwerkzeug: *Zum Auslesen der Fehlercodes und zum Durchführen verschiedener Tests wird der Suzuki-Modus-Auswahlschalter (Teilenummer 09930-82720) benötigt.*

1 Das Motorsteuermodul verfügt über eine Selbstdiagnosefunktion, bei der alle Fehler gespeichert werden.

2 Entfernen Sie bei DL-Modellen die Sitzbank und bei SFV-Modellen den rechten Seitendeckel (siehe Kapitel 7), um Zugang zum Stecker für den Modus-Auswahlschalter zu erhalten (siehe Abbildungen). Entfernen Sie die Stecker-Abdeckung, stellen Sie sicher, dass die Zündung und der Auswahlschalter abgeschaltet sind, und verbinden Sie den Schalter (siehe Abbildungen).

3 Starten Sie den Motor; falls er sich nicht starten lässt, muss er mindestens vier Sekunden mit dem Anlasser durchgedreht werden. Schalten Sie dann den Modus-Auswahlschalter ein – alle gespeicherten Fehlercodes werden jetzt im Cockpit-Display angezeigt; bei mehr als einem Fehler wechseln die Codes alle zwei Sekunden in aufsteigender Reihenfolge. Notieren Sie die Codes und schalten Sie die Zündung aus. Anhand der Tabelle können den Codes die fehlerhaften Komponenten zugeordnet werden.

Anmerkung: *Trennen Sie weder einen Steuergerät-Stecker noch die Batterie oder die Hauptsicherung vom Stromnetz, bevor die Fehlercodes ausgelesen wurden, da diese dadurch gelöscht werden.*

4 Die Kontrollen der einzelnen Motorsteuerungs-Komponenten sind in Sektion 14 beschrieben.

5 Nachdem ein Fehler behoben ist, wird die Zündung eingeschaltet – im Display wird »C00« angezeigt. Schalten Sie den Modus-Auswahlschalter und die Zündung aus und trennen Sie den Schalter vom Stecker. Stecken Sie die Abdeckung auf und montieren Sie die Sitzbank bzw. den Seitendeckel.

Fehlercode	Defekte Komponente – Symptome	Mögliche Ursachen
CHEC	Kein ECM-Signal – Motor läuft nicht	Killschalter auf OFF Defekte Kabel oder Stecker Defekt am Sicherheitsstromkreis (Kupplungsschalter, Seitenständerschalter, Diode oder Getriebepositionsschalter Defekte Zündungs-Sicherung
C00	Kein Defekt	System in Ordnung
C12	Kurbelwellensensor – Motor läuft nicht	Defekte Kabel oder Stecker Defekter Sensor oder Auslöser
C13	Ansaugluftdrucksensor (des hinteren Zylinders bei DL ab 2007 und allen SFV) – Motor läuft, Luftdrucksignal fixiert	Defekte Kabel oder Stecker Defekter Sensor
C14	Drosselklappensensor – Motor läuft, Drosselposition und Zündzeitpunkt fixiert	Defekte Kabel oder Stecker Defekter Sensor
C15	Kühltemperatursensor – Motor läuft, Kühltemperatursignal fixiert	Defekte Kabel oder Stecker Defekter Sensor
C17	Ansaugluftdrucksensor des vorderen Zylinders bei DL ab 2007 und allen SFV – Motor läuft, Luftdrucksignal fixiert	Defekte Kabel oder Stecker Defekter Sensor
C21	Ansauglufttemperatursensor – Motor läuft, Temperatursignal fixiert	Defekte Kabel oder Stecker Defekter Sensor
C23	Neigungswinkelsensor – Motor läuft nicht	Defekte Kabel oder Stecker Defekter Sensor

Fehler-code	Defekte Komponente – Symptome	Mögliche Ursachen
C24	Zündspule des vorderen Zylinders (Nr. 1) – Motor läuft auf dem anderen Zylinder, Kraftstoffversorgung für Zylinder 1 abgeschaltet	Defekte Kabel oder Stecker Defekte Zündspule Defekte Stromversorgung zum Zündsystem
C25	Zündspule des hinteren Zylinders (Nr. 2) – Motor läuft auf dem anderen Zylinder, Kraftstoffversorgung für Zylinder 2 abgeschaltet	Defekte Kabel oder Stecker Defekte Zündspule Defekte Stromversorgung zum Zündsystem
C28	Sekundärdrosselklappenservo – Motor läuft, Drosselklappe geschlossen fixiert	Defekte Kabel oder Stecker Defekter Servo
C29	Sekundärdrosselklappensensor – Motor läuft, Drosselklappe geschlossen fixier	Defekter Sensor
C31	Gangsensor – Motor läuft, Signal im 6. Gang fixiert	Defekte Kabel oder Stecker Defekter Sensor Defekter Schaltmechanismus
C32	Einspritzdüse des vorderen Zylinders – Motor läuft auf dem anderen Zylinder	Defekte Kabel oder Stecker Defekte Einspritzdüse
C33	Einspritzdüse des hinteren Zylinders – Motor läuft auf dem anderen Zylinder	Defekte Kabel oder Stecker Defekte Einspritzdüse
C40	Standgasregelventil – Motor läuft, Standgas zu hoch oder zu niedrig	Defekte Kabel oder Stecker Defektes Ventil
C41	Benzinpumpen-Regelsystem – Motor läuft nicht	Defekte Kabel oder Stecker zur Pumpe oder zum Pumpenrelais Defektes Pumpenrelais (siehe Sektion 4) Defekte Benzinpumpe (siehe Sektion 5)
C42	Zündschloss oder Wegfahrsperre (falls vorhanden) – Motor läuft nicht	Defekte Kabel oder Stecker Defektes Zündschloss (siehe Kapitel 8) Defekte Wegfahrsperre (Infos beim Händler)
C44	Lambdasonde – Motor läuft, Signal auf »normal« fixiert	Defekte Kabel oder Stecker Defekte Sonde
C49	Sekundärluft-Regelventil – Motor läuft, Ventil nicht aktiv	Defekte Kabel oder Stecker Defektes Ventil
C60	Ventilatorrelais – Motor läuft	Defekte Kabel oder Stecker Defektes Relais
C62	Verdunstungskontrollen-Magnetventil – Motor läuft	Defekte Kabel oder Stecker Defektes Ventil
C65	Standgassteuerung – Motor läuft, Standgas zu hoch oder zu niedrig	Defekte Kabel oder Stecker Defektes Ventil

14 Motorsteuerung
Sensoren

Achtung: Bevor irgendwelche elektrischen Leitungen der Motorsteuerung getrennt oder verbunden werden, muss die Zündung abgeschaltet werden – andernfalls kann das Steuergerät beschädigt werden!

1 Falls bei irgendeiner Komponente ein Fehler attestiert wird, müssen zuerst alle Kabel und Stecker zwischen dem entsprechenden Bauteil und dem Motorsteuermodul überprüft werden – beachten Sie dazu die Schaltpläne am Ende von Kapitel 8. Eine Durchgangsprüfung aller Kabel deckt in jedem Stromkreis eine Unterbrechung oder einen Kurzschluss auf. Begutachten Sie die Kontakte innerhalb jedes Steckers, um sicherzugehen, dass sie nicht locker oder korrodiert sind. Sprühen Sie die Stecker innen mit Kontaktspray ein, bevor Sie sie wieder verbinden.

2 Einige Komponenten können mithilfe eines Multimeters kontrolliert werden, um die Messergebnisse mit den Angaben in den technischen Daten zu vergleichen.

Anmerkung: *Mit verschiedenen Messgeräten können auch etwas unterschiedliche Messergebnisse erzielt werden. Erst wenn mit zwei Messgeräten herausgefunden wurde, dass bei einer gemessenen Komponente deutlich andere Werte ermittelt werden, kann das Bauteil als defekt bezeichnet werden. Manche Fehler lassen sich nur mithilfe eines Spitzenspannungsprüfers ermitteln, den zumeist nur eine Fachwerkstatt vorrätig hat.*

3 Falls auch nach sorgfältigen Kontrollen keine Fehlerquelle lokalisiert werden konnte, kann es sein, dass das Motorsteuermodul selbst defekt ist. Suzuki gibt hierfür keinerlei Prüfdaten heraus. Um sicherzugehen, dass der Schaden im Steuergerät liegt, muss es durch ein erwiesenermaßen funktionsfähiges Teil ausgetauscht werden – ist das Problem dadurch beseitigt, kann das Originalteil als defekt bezeichnet werden. Suzuki-Werkstätten verfügen über eine SDS-Fehlerdiagnose-Software, die eine tiefere Analyse und Diagnose des Systems erlaubt. Falls kein Fehler lokalisiert werden kann, sollte das Motorrad in einer Fachwerkstatt überprüft werden.

Kurbelwellensensor (CKP-Sensor)

4 Die Zündung muss ausgeschaltet sein. Entfernen Sie bei DL-Modellen ab 2012 das Luft-

filtergehäuse (siehe Sektion 7). Entfernen Sie bei SFV-Modellen den rechten Seitendeckel (siehe Kapitel 7). Trennen Sie den Kabelstecker des Sensors (siehe Abbildungen).

5 Verbinden Sie ein auf den Ohm-Messbereich geschaltetes Multimeter mit den sensorseitigen Steckerkontakten. Liegt der Wert wie vorgeschrieben zwischen 130 und 240 Ohm, muss geprüft werden, ob zwischen den einzelnen Kontakten kein Durchgang zu Masse besteht.

6 Werden andere Werte ermittelt, muss das Kabel zwischen dem Stecker und dem Lichtmaschinendeckel auf Schäden untersucht werden. Demontieren Sie den Lichtmaschinendeckel (siehe Kapitel 2) und inspizieren Sie den Sensor. Reinigen Sie nötigenfalls den Sensorkopf (Ablagerungen können das Signal zum Motorsteuergerät beeinträchtigen) und messen Sie erneut den Widerstand. Kontrollieren Sie auch die Auslöser am Lichtmaschinenrotor auf Beschädigungen. Wenn hier alles in Ordnung ist, müssen die Kabel zwischen dem Stecker und dem Steuergerät untersucht werden.

7 Waren keinerlei Schäden festzustellen, muss mit einem speziellen Messgerät die Spitzenspannung ermittelt werden – lassen Sie dies nötigenfalls von einer Suzuki-Werkstatt durchführen.

8 Der Sensor kann nicht separat ersetzt werden, da er in den Lichtmaschinenstator integriert ist; dessen Ausbau ist in Kapitel 8 beschrieben.

Ansaugluftdrucksensor (IAP-Sensor)

9 Die Zündung muss ausgeschaltet sein. Heben Sie den Tank an (siehe Sektion 2). Bei DL-Modellen bis 2006 sitzt der Sensor hinten am Luftfiltergehäuse (Abbildung 7.2). Bei allen anderen Modellen sitzt an jeder hinteren Ecke ein Sensor (Abbildung 7.13). Kontrollieren Sie den mit dem Sensor verbundenen Unterdruckschlauch auf Risse und festen Sitz an beiden Enden.

10 Zur Kontrolle der Eingangsspannung muss der Sensorstecker getrennt und die Zündung eingeschaltet werden. Verbinden Sie die Plusklemme eines auf Volt DC geschalteten Messgerätes mit dem kabelseitigen Kontakt des roten Kabels und die Minusklemme zunächst mit Masse und dann mit dem Kontakt des schwarz/braunen Kabels. Schalten Sie die Zündung wieder aus. Wenn in beiden Fällen keine 4,5 bis 5,5 Volt festgestellt werden, müssen die Kabel zum Motorsteuergerät und dessen Steckerkontakte kontrolliert werden.

11 Wenn die Eingangsspannung in Ordnung ist, werden der/die Sensorstecker wieder verbunden, der Motor gestartet und im Standgas laufen gelassen. Verbinden Sie die Plusklemme eines auf Volt DC geschalteten Messgerätes mit dem kabelseitigen Kontakt des grün/schwarzen oder grün/gelben Kabels (je nach Sensor bei Modellen mit zwei Sensoren) und die Minusklemme mit dem Kontakt des

14.4a Stecker des Kurbelwellensensors – DL

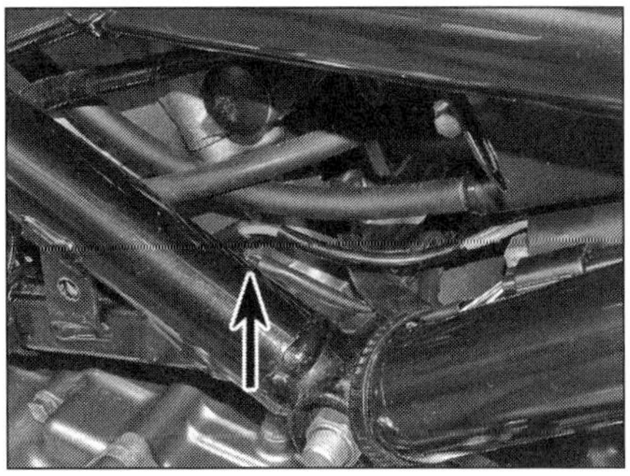

14.4b Stecker des Kurbelwellensensors – SFV

schwarz/braunen Kabels. Werden nicht ca. 2,7 Volt (DL bis 2006), 1,6 Volt (DL von 2007 bis 2011) oder 2,5 Volt (DL ab 2012, alle SFV) festgestellt, muss in einer Suzuki-Werkstatt ein Unterdruck-Test durchgeführt oder der Sensor ersetzt werden.

12 Zum Ausbau des Sensors müssen der Stecker und der Unterdruckschlauch abgezogen werden, dann wird je nach Modell die Schraube gelöst oder die Sensor-Hülse von der Lasche gezogen. Achten Sie beim Einbau darauf, dass die Steckerkontakte sauber sind und der Schlauch sicher auf seinem Stutzen steckt.

Drosselklappensensor (TP-Sensor)

Anmerkung: *Der Drosselklappensensor ist mit Torx-TR-Schrauben gesichert (ab 2007 mit nur einer Schraube), die in der Profilmitte einen Stift aufweisen und ein spezielles Torxwerkzeug mit Bohrung erfordern.*

13 Die Zündung muss ausgeschaltet sein. Heben Sie den Tank an (siehe Sektion 2). Der TP-Sensor ist der untere der beiden links am hinteren Drosseklappengehäuse sitzenden Sensoren (Abbildung 14.37). Trennen Sie den Sensorstecker (Abbildungen 8.3a oder c). Schalten Sie die Zündung ein. Verbinden Sie die Plusklemme eines auf Volt DC geschalteten Messgerätes mit dem kabelseitigen Kontakt des roten Kabels und die Minusklemme zunächst mit Masse und dann mit dem Kontakt des schwarz/braunen Kabels. Schalten Sie die Zündung wieder aus. Wenn in beiden Fällen keine 4,5 bis 5,5 Volt festgestellt werden, müssen die Kabel zum Motorsteuergerät und dessen Steckerkontakte kontrolliert werden.

14 Wurde die korrekte Spannung ermittelt, muss der Durchgang zwischen dem Sensorkontakt des pink/weißen Kabels und Masse geprüft werden – es darf kein Durchgang festgestellt werden.

15 Verbinden Sie ein auf den K-Ohm-Messbereich geschaltetes Multimeter mit den sensorseitigen Steckerkontakten des pink/weißen und des schwarz/braunen Kabels und ermitteln Sie den Widerstand – zunächst bei geschlossener und dann bei geöffneter Drosselklappe. Werden dabei ca. 1.1 bzw. 4,3 K-Ohm ermittelt, kann der Stecker wieder verbunden werden.

16 Schalten Sie die Zündung ein. Verbinden Sie die Plusklemme eines auf Volt DC geschalteten Messgerätes mit dem pink/weißen Kabel und die Minusklemme mit dem schwarz/braunen Kabel, um die Ausgangsspannung zu ermitteln – zunächst bei geschlossener und dann bei geöffneter Drosselklappe. Schalten Sie die Zündung wieder aus. Werden dabei nicht ca. 1.1 bzw. 4,3 Volt ermittelt, ist der Sensor defekt.

17 Zum Ausbau des Sensors muss zunächst der Stecker abgezogen werden. Markieren Sie die Ausrichtung des Sensors, um den Einbau zu erleichtern. Lösen Sie die Torx-TR-Schraube(n) und entnehmen Sie den Sensor (die Demontage der Drosselklappengehäuse erleichtert den Ausbau – siehe Sektion 8). Beachten Sie, wie die Drosselklappenwelle in den Sensor greift.

18 Der Einbau entspricht der umgekehrten Ausbaureihenfolge. Schmieren Sie den Dichtring am Sensorsitz des Drosselklappengehäuses mit Fett und stellen Sie sicher, dass die Drosselklappenwelle in den Schlitz des Sensors greift. Richten Sie den Sensor zur zuvor angebrachten Markierung aus und ziehen Sie die Schraube(n) leicht an. Achten Sie darauf, dass die Steckerkontakte sauber sind.

19 Um den Sensor korrekt zu positionieren, muss der Motor gestartet und auf Betriebstemperatur gebracht werden. Kontrollieren Sie die Standgasdrehzahl und stellen Sie sie bei DL-Modellen bis 2006 nötigenfalls ein (siehe Kapitel 1). Schalten Sie die Zündung aus und verbinden Sie den Modus-Wahlschalter mit dem Kabelstecker (siehe Sektion 13).

20 Schalten Sie den Modus-Wahlschalter ein – im Cockpit-Display erscheint »C00« mit einer Linie davor. Wenn die Linie in der mittleren Position steht (also »–C00« angezeigt wird), ist der Sensor korrekt eingestellt. Liegt die Linie über oder unter der mittleren Position (»_C00« oder »¯C00«), müssen die Schraube(n) gelockert und der Sensor vorsichtig gedreht werden, bis die Linie in der Mitte steht; ziehen Sie die Schrauben dann sorgfältig an.

14.22a Stecker des Kühltemperatursensors – DL

14.22b Stecker des Kühltemperatursensors – SFV

14.27 Ansauglufttemperatursensor

Kühltemperatursensor (ECT-Sensor)

21 Der Kühltemperatursensor sitzt zwischen den Zylindern im Thermostatgehäuse. Für den Zugang müssen bei SFV-Modellen die Drosselklappengehäuse demontiert werden (siehe Sektion 8).

22 Zur Kontrolle der Eingangsspannung muss der Sensorstecker getrennt und die Zündung eingeschaltet werden (siehe Abbildungen). Verbinden Sie die Plusklemme eines auf Volt DC geschalteten Messgerätes mit dem kabelseitigen Kontakt des schwarz/blauen Kabels und die Minusklemme zunächst mit Masse und dann mit dem Kontakt des schwarz/braunen Kabels. Schalten Sie die Zündung wieder aus. Wenn in beiden Fällen keine 4,5 bis 5,5 Volt festgestellt werden, müssen die Kabel zum Motorsteuergerät und dessen Steckerkontakte kontrolliert werden.

23 Verbinden Sie bei kaltem Motor ein auf den K-Ohm-Messbereich geschaltetes Multimeter mit den sensorseitigen Steckerkontakten und ermitteln Sie den Widerstand – werden bei ca. 20 °C nicht 2,45 K-Ohm ermittelt, kann der Sensor als defekt bezeichnet werden.

24 Wenn der Sensor korrekt funktioniert, muss der Widerstand bei wärmer werdendem Motor sinken. Eine Kontrolle des Sensors sowie der Aus- und Einbau ist in Kapitel 3 beschrieben.

Ansauglufttemperatursensor (IAT-Sensor)

25 Die Zündung muss ausgeschaltet sein. Heben Sie den Tank an (siehe Sektion 2). Der Sensor sitzt hinten am Luftfiltergehäuse (Abbildungen 7.2 oder 7.13). Zur Kontrolle der Eingangsspannung muss der Sensorstecker getrennt und die Zündung eingeschaltet werden. Verbinden Sie die Plusklemme eines auf Volt DC geschalteten Messgerätes mit dem kabelseitigen Kontakt des dunkelgrünen Kabels und die Minusklemme zunächst mit Masse und dann mit dem Kontakt des schwarz/braunen Kabels. Schalten Sie die Zündung wieder aus. Wenn in beiden Fällen keine 4,5 bis 5,5 Volt festgestellt werden, müssen die Kabel zum Motorsteuergerät und dessen Steckerkontakte kontrolliert werden.

26 Verbinden Sie ein auf den K-Ohm-Messbereich geschaltetes Multimeter mit den sensorseitigen Steckerkontakten und ermitteln Sie den Widerstand – bei DL-Modellen von 2007 bis 2011 muss dazu das Luftfiltergehäuse entfernt werden (siehe Sektion 7). Werden bei ca. 20 °C nicht 2,45 bis 2,6 K-Ohm ermittelt, kann der Sensor als defekt bezeichnet werden.

Anmerkung: *Der Sensor-Widerstand sinkt bei steigender Motortemperatur – die Funktion des Sensors kann auf die gleiche Weise getestet werden wie die des Kühltemperatursensors (siehe Kapitel 3).*

27 Um den Sensor auszubauen, muss bei DL-Modellen bis 2006 der Stecker getrennt und dann der Sensor herausgeschraubt werden – der Dichtring am Sensorgehäuse muss später erneuert werden, falls er beschädigt ist. Entfernen Sie bei DL-Modellen von 2007 bis 2011 das Luftfiltergehäuse (siehe Sektion 7). Lösen Sie bei allen Modellen ab 2007 die Schraube und ziehen Sie den Sensor aus dem Luftfiltergehäuse (siehe Abbildung) – falls der O-Ring beschädigt ist, muss er später erneuert werden.

Neigungswinkelsensor (TO-Sensor)

28 Die Zündung muss ausgeschaltet sein. Entfernen Sie die Sitzbank, um Zugang zu erhalten (siehe Abbildungen) und befreien Sie diesen samt Halter von den Laschen.

14.28a Neigungswinkelsensor – DL

29 Trennen Sie den Stecker vom Sensor. Verbinden Sie ein auf den K-Ohm-Messbereich geschaltetes Multimeter mit den sensorseitigen Steckerkontakten des roten und des schwarz/braunen Kabels und ermitteln Sie den Widerstand – bei Modellen bis 2006 müssen 19,1 bis 19,7 K-Ohm festgestellt werden; bei allen Modellen ab 2007 müssen es 16,5 bis 22,3 K-Ohm sein. Verbinden Sie bei korrekten Ergebnissen den Stecker wieder.

30 Schalten Sie bei verbundenem Stecker die Zündung ein. Verbinden Sie die Plusklemme eines auf Volt DC geschalteten Messgerätes mit dem pink/weißen Kabel und die Minusklemme mit dem schwarz/braunen Kabel, um bei zunächst senkrecht gehaltenem Sensor die Spannung zu ermitteln – es müssen 0,4 bis 1,4 Volt ermittelt werden. Neigen Sie nun den Sensor um mindestens 65° in beide Richtungen und messen Sie erneut die Spannung – es müssen jeweils 3,7 bis 4,4 Volt festgestellt werden. Bei anderen Ergebnissen ist der Sensor defekt und muss ersetzt werden.

31 Montieren Sie den Sensor mit »UP« nach oben und verbinden Sie den Stecker.

Sekundärdrosselklappenservo (STV-Servo) – bis Modelljahr 2006

32 Entfernen Sie das Luftfiltergehäuse (siehe Sektion 7). Der STV-Servo sitzt links am Drosselklappengehäuse (Abbildung 11.5).

33 Schalten Sie die Zündung ein und prüfen Sie die Funktion der (oben in den Gehäusen

14.28b Neigungswinkelsensor – SFV

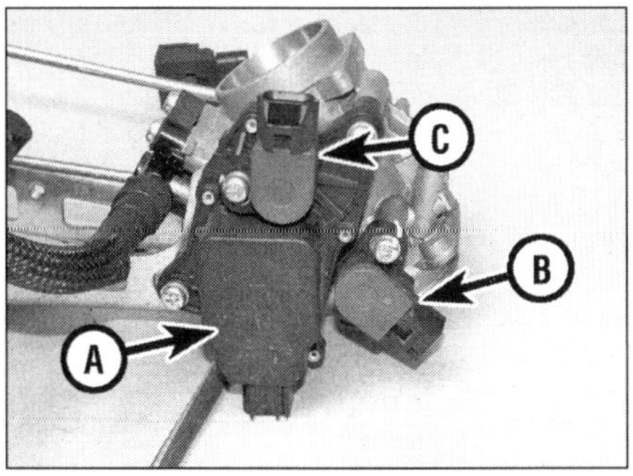

14.37 **Sekundärdrosselklappenservo (A), Drosselklappensensor (B), Sekundärdrosselklappensensor (C)**

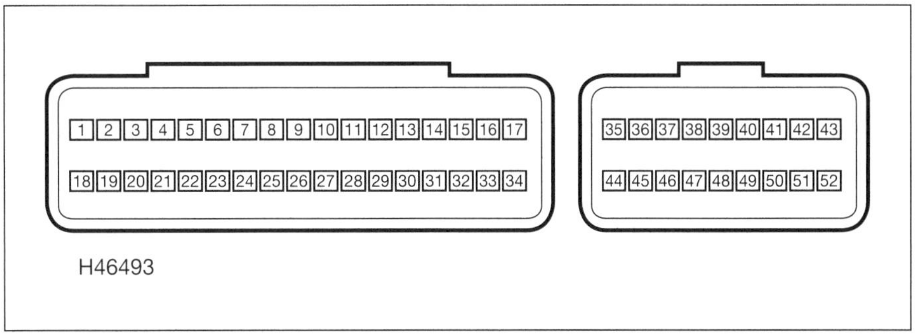

14.38 Anschluss-Identifikation der Steuergerät-Stecker (Kabelbaumseite) – alle Modelle ab 2007

sitzenden) Sekundärdrosselklappen im Start-Modus – sie müssen aus der halb geöffneten Position einmal vollständig öffnen und dann wieder in die halb geöffnete Position zurückkehren. Schalten Sie die Zündung aus. Falls sich die Klappen nicht wie beschrieben bewegen, müssen die Kabel vom Servo zum Motorsteuergerät und dessen Steckerkontakte kontrolliert werden.

Anmerkung: *Die Sekundärdrosselklappen müssen gemeinsam um die gleichen Bereiche öffnen und schließen – andernfalls müssen sie synchronisiert werden (siehe Sektion 16).*

34 Trennen Sie den Stecker vom Servo. Prüfen Sie, ob zwischen dem linken Kontakt des Servos und Masse kein Durchgang besteht.
35 Verbinden Sie ein auf den Ohm-Messbereich geschaltetes Multimeter mit den servoseitigen Steckerkontakten und ermitteln Sie den Widerstand – es müssen 7 bis 14 Ohm ermittelt werden.
36 Der Servo ist nicht separat erhältlich – falls er defekt ist, muss das gesamte Drosselklappengehäuse ausgetauscht werden.

Sekundärdrosselklappen-servo (STV-Servo) – ab Modelljahr 2007

37 Entfernen Sie das Luftfiltergehäuse (siehe Sektion 7). Der STV-Servo sitzt links am Drosselklappengehäuse (siehe Abbildung).
38 Schalten Sie die Zündung ein und prüfen Sie die Funktion der (oben in den Gehäusen sitzenden) Sekundärdrosselklappen im Start-Modus – sie müssen aus der vollständig geöffneten Position in eine um 10° geöffnete Position wechseln. Schalten Sie die Zündung aus. Falls sich die Klappen nicht wie beschrieben bewegen, müssen die Kabel vom Servo zum Motorsteuergerät und dessen Steckerkontakte kontrolliert werden – das schwarz/hellgrüne Kabel geht an Anschluss 35, das pink/weiße Kabel an Anschluss 37, das grüne Kabel an Anschluss 44 und das weiß/schwarze Kabel an Anschluss 46 (siehe Abbildung).
39 Bauen Sie die Drosselklappengehäuse aus (siehe Sektion 12). Verbinden Sie ein auf den Ohm-Messbereich geschaltetes Multimeter nacheinander mit jeweils einem der vier servoseitigen Steckerkontakte und ermitteln Sie den Widerstand zu Masse – in keinem Fall darf Durchgang festgestellt werden.
40 Verbinden Sie nun die Prüfklemmen mit den Kontakten 1 und 2, dann mit 3 und 4 – in beiden Fällen müssen 7 Ohm ermittelt werden (siehe Abbildung).
41 Bei anderen Ergebnissen wird der Sekundärdrosselklappenservo defekt sein – lassen Sie ihn jedoch von einer Suzuki-Werkstatt genauer untersuchen, bevor ein neues Drosselklappengehäuse angeschafft wird.

Sekundärdrosselklappen-sensor (STP-Sensor) – bis Modelljahr 2006

Anmerkung: *Der Sekundärdrosselklappensensor ist mit Torx-TR-Schrauben gesichert, die in der Profilmitte einen Stift aufweisen und ein spezielles Torxwerkzeug mit Bohrung erfordern.*

42 Entfernen Sie das Luftfiltergehäuse (siehe Sektion 7). Der STP-Sensor ist der obere der beiden links am hinteren Drosseklappengehäuse sitzenden Sensoren. Trennen Sie den Sensorstecker (Abbildung 8.3a). Schalten Sie die Zündung ein. Verbinden Sie die Plusklemme eines auf Volt DC geschalteten Messgerätes mit dem kabelseitigen Kontakt des roten Kabels und die Minusklemme zunächst mit Masse und dann mit dem Kontakt des schwarz/braunen Kabels. Schalten Sie die Zündung wieder aus. Wenn in beiden Fällen keine 4,5 bis 5,5 Volt festgestellt werden, müssen die Kabel zum Motorsteuergerät und dessen Steckerkontakte kontrolliert werden.
43 Wurde die korrekte Spannung ermittelt, muss der Durchgang zwischen dem Sensorkontakt des gelben Kabels und Masse geprüft werden – es darf kein Durchgang festgestellt werden.
44 Schließen Sie die Sekundärdrosselklappen, indem Sie die Welle des Servos von Hand drehen – versuchen Sie nicht, die Drosselklappen selbst zu bewegen (Abbildung 11.5). Verbinden Sie ein auf den K-Ohm-Messbereich geschaltetes Multimeter mit den sensorseitigen Steckerkontakten des gelben und des schwarzen Kabels und ermitteln Sie den Widerstand – es müssen ca. 0,58 K-Ohm ermittelt werden. Öffnen Sie jetzt die Klappen (an der Welle) und messen Sie erneut – jetzt müssen ca. 4,38 K-Ohm festgestellt werden.
45 Bei anderen Ergebnissen muss die Sensoreinstellung wie folgt justiert werden: Sichergehend, dass die Sekundärdrosselklappen weiterhin geöffnet sind, werden die Torx-TR-Schrauben gelockert. Verbinden Sie erneut das auf den K-Ohm-Messbereich geschaltete Multimeter mit den sensorseitigen Steckerkontakten des gelben und des schwarzen Kabels und ermitteln Sie den Widerstand. Drehen Sie den vorsichtig den Sensor, bis die ca. 4,38 K-Ohm abgelesen werden. Ziehen Sie die Sensorschrauben sorgfältig an. Bei geschlossenen Klappen müssen jetzt 0,58 K-Ohm festgestellt werden.
46 Falls die angegebenen Widerstände nicht eingestellt werden können, ist der Sekundärdrosselklappensensor defekt.
47 Wenn die angegebenen Widerstände eingestellt werden können, wird sein Stecker verbunden und der Stecker des Sekundärdrosselklappenservos getrennt. Schalten Sie die Zündung ein. Verbinden Sie die Plusklemme eines auf Volt DC geschalteten Messgerätes mit dem kabelseitigen Kontakt des gelben Kabels und die Minusklemme mit dem Kontakt

14.40 Anschluss-Identifikation des Sekundärdrosselklappensensors

des schwarz/braunen Sensorkabels, um die Ausgangsspannung bei geöffneten und geschlossenen Sekundärklappen zu ermitteln. Schalten Sie die Zündung aus und verbinden Sie den Sekundärdrosselklappenservo-Stecker. Falls die Ausgangsspannung nicht bei 0,58 Volt (geschlossen) bzw. 4,4 Volt (offen) liegt, ist der Sensor defekt. Ist die Ausgangsspannung in Ordnung, muss das Motorsteuergerät von einer Fachwerkstatt überprüft werden.

48 Zum Ausbau des Sensors muss zunächst der Stecker abgezogen werden. Markieren Sie die Ausrichtung des Sensors, um den Einbau zu erleichtern. Lösen Sie die Torx-TR-Schrauben und entnehmen Sie den Sensor. Beachten Sie, wie die Drosselklappenwelle in den Sensor greift.

49 Der Einbau entspricht der umgekehrten Ausbaureihenfolge. Schmieren Sie den Dichtring am Sensorsitz des Drosselklappengehäuses mit Fett und stellen Sie sicher, dass die Drosselklappenwelle in den Schlitz des Sensors greift. Richten Sie den Sensor zur zuvor angebrachten Markierung aus und ziehen Sie die Schrauben leicht an. Achten Sie darauf, dass die Steckerkontakte sauber sind. Stellen Sie den Sensor wie in Schritt 20 beschrieben ein.

Sekundärdrosselklappensensor (STP-Sensor) – ab Modelljahr 2007

Anmerkung: *Der Sekundärdrosselklappensensor ist mit einer Torx-TR-Schraube gesichert, die in der Profilmitte einen Stift aufweist und ein spezielles Torxwerkzeug mit Bohrung erfordert.*

50 Der STP-Sensor ist der obere der beiden links am hinteren Drosseklappengehäuse sitzenden Sensoren (Abbildung 14.37). Entfernen Sie das Luftfiltergehäuse (siehe Sektion 7) und trennen Sie den Sensorstecker (Abbildung 8.3a). Schalten Sie die Zündung ein. Verbinden Sie die Plusklemme eines auf Volt DC geschalteten Messgerätes mit dem kabelseitigen Kontakt des roten Kabels und die Minusklemme zunächst mit Masse und dann mit dem Kontakt des schwarz/braunen Kabels. Schalten Sie die Zündung wieder aus. Wenn in beiden Fällen keine 4,5 bis 5,5 Volt festgestellt werden, müssen die Kabel zum Motorsteuergerät und dessen Steckerkontakte kontrolliert werden – das gelbe Kabel geht an Anschluss 4, das rote Kabel an Anschluss 5 und das schwarz/braune Kabel an Anschluss 12 (Abbildung 14.38).

51 Verbinden Sie den Sensorstecker. Verbinden Sie die Plusklemme eines auf Volt DC geschalteten Messgerätes mit dem kabelseitigen Kontakt des gelben Kabels und die Minusklemme mit dem Kontakt des schwarz/braunen Sensorkabels, um die Ausgangsspannung bei geöffneten und geschlossenen Sekundärklappen zu ermitteln. Trennen Sie den Stecker des Sekundärdrosselklappenservos und schalten Sie die Zündung aus. Bewegen Sie vorsichtig die Sekundärdrosselklappen von Hand – die Ausgangsspannung muss bei 0,6 Volt (geschlossen) bzw. 4,5 Volt (offen) liegen.

14.53a Gangsensor

14.53b Stecker des Gangsensors – DL bis 2011

14.53c Stecker des Gangsensors – DL ab 2012

14.53d Stecker des Gangsensors – SFV

52 Werden andere Werte festgestellt, muss die Sensor-Befestigungsschraube gelockert und der Sensor vorsichtig gedreht werden, bis bei geschlossenen Drosselklappen 0,6 Volt anliegen. Ziehen Sie die Schraube wieder sorgfältig an. Schalten Sie die Zündung ab, verbinden Sie den Servostecker und montieren Sie das Luftfiltergehäuse.

Gangsensor (GP-Sensor)

53 Stützen Sie das Motorrad mit einer geeigneten Vorrichtung ab und klappen Sie den Seitenständer ein – der Gangsensor sitzt unterhalb des Ritzeldeckels links im Motorgehäuse (siehe Abbildung). Entfernen Sie bei DL-Modellen bis 2011 den linken Seitendeckel (siehe Kapitel 7). Heben Sie bei DL-Modellen ab 2012 und SFV-Modellen den Tank an (siehe Sektion 2). Verfolgen Sie das Sensorkabel und trennen Sie den Dreifachstecker mit dem blauen, pinken und schwarz/weißen Kabel (siehe Abbildungen).

54 Verbinden Sie ein Ohmmeter oder einen Durchgangsprüfer mit dem blauen und dem schwarz/weißen Kabel der Sensorseite – nur bei eingelegtem Leerlauf muss Durchgang bestehen. Bei anderen Ergebnissen muss der Sensor ausgebaut werden, um seine Kontakte und die Stifte der Schaltwalze zu kontrollieren (siehe Kapitel 8, Sektion 20).

55 Verbinden Sie den Kabelstecker und schalten Sie den Killschalter auf RUN. Schalten Sie die Zündung ein und verbinden Sie die Plusklemme eins Voltmeters (DC) mit dem Kontakt des pinken Kabels und die Minusklemme mit Masse, um die Ausgangsspannung zu ermitteln. Schalten Sie die Gänge durch und kontrollieren Sie, ob die Ausgangsspannung über 1,0 Volt (DL bis 2011) bzw. 0,6 Volt (DL ab 2012, alle SFV) liegt. Schalten Sie die Zündung aus.

56 Falls die gemessene Ausgangsspannung nicht den Vorgaben entspricht, liegt im pinkfarbenen Kabel zum Gangsensor oder im Sensor selbst ein Problem vor (siehe Kapitel 8).

57 Wenn die Ausgangsspannung korrekt ist, muss zuerst die Spannung der einzelnen Gänge kontrolliert werden (siehe Kapitel 8, Sektion 20), dann müssen die Kabel zwischen dem Sensor und dem Motorsteuergerät überprüft werden.

Einspritzdüsen

58 Beachten Sie die Hinweise in Sektion 10.

Benzinpumpen-Kontrollsystem

59 Kontrollen des Benzinpumpenrelais sind in Sektion 4 beschrieben.

60 Kontrollen der Benzinpumpe und ihrer Verkabelung sind in Sektion 5 beschrieben.

Anmerkung: *Ein Defekt an beiden Einspritzdüsen wird ebenfalls durch Fehlercode C41 angezeigt.*

Sekundärluft-Regelventil (DL-Modelle bis 2011)

61 Das Magnetventil sitzt unten am Luftfiltergehäuse, das ausgebaut werden muss (siehe Sektion 7). Trennen Sie den Stecker (Abbildung 7.5b).

62 Verbinden Sie ein Ohmmeter mit den Steckerkontakten des Ventils – falls bei ca. 20 °C nicht 20 bis 24 Ohm festgestellt werden, muss seine Funktion getestet werden (siehe Sektion 19).

63 Wenn der Widerstand korrekt ist, wird der Stecker verbunden und die Zündung eingeschaltet. Verbinden Sie die Plusklemme eines Voltmeters mit dem kabelbaumseitigen Kontakt des braunen Kabels und die Minusklemme mit Masse, um die Eingangsspannung zu ermitteln – es muss Batteriespannung (12 bis 13 Volt) festgestellt werden. Schalten Sie die Zündung aus. Bein anderen Ergebnissen müssen die Kabel zwischen dem Sensor und dem Motorsteuergerät überprüft werden (siehe Sektion 15).

Lambdasonde

64 Die mit Vorwärmung versehene Sonde ist zwischen den Krümmern und dem Schalldämpfer in den Sammler geschraubt (Abbildungen 14.68a oder b). Um bei DL-Modellen bis 2011 und allen SFV-Modellen Zugang zu erhalten, muss der Tank angehoben werden (siehe Sektion 2); bei DL-Modellen ab 2012 muss der rechte Seitendeckel entfernt werden (siehe Kapitel 7). Verfolgen Sie das Kabel zum Stecker und trennen Sie diesen (siehe Abbildungen). Um den Widerstand des Heizelements zu prüfen, muss ein auf den Ohm-Messbereich geschaltetes Multimeter zwischen die Kontakte der beiden weißen Kabel geklemmt werden – bei 23 °C müssen 4 bis 5 Ohm (DL bis 2006), 11 bis 15 Ohm (DL von 2007 bis 2011) bzw. 8 Ohm (DL ab 2012, alle SFV) festgestellt werden.

65 Prüfen Sie bei verbundenen Steckern die Eingangsspannung des Heizelements. Verbinden Sie den kabelbaumseitigen Kontakt des weiß/schwarzen Kabels mit der Plusklemme des Voltmeters und dessen Minusklemme mit Masse – nach dem Einschalten der Zündung muss Batteriespannung (12 bis 13 Volt) angezeigt werden.

66 – DL bis 2006: Prüfen Sie das weiß/grüne Kabel zwischen dem Lambdasondenstecker und Anschluss 24 am Motorsteuergerät-Stecker auf Durchgang (siehe Sektion 15) (siehe Abbildung). Kontrollieren Sie genauso das schwarz/braune Kabel zwischen dem Sondenstecker und Anschluss 34, das weiß/schwarze Kabel zu Anschluss 8 und das orange/grüne Kabel zu Anschluss 9.

67 – DL ab 2007 und alle SFV: Prüfen Sie das weiß/grüne Kabel zwischen dem Lambdasondenstecker und Anschluss 6 am Motorsteuergerät-Stecker auf Durchgang (siehe Sektion 15) (Abbildung 14.38). Kontrollieren Sie genauso das schwarz/braune Kabel zwischen dem Sondenstecker und Anschluss 12 sowie das weiß/schwarze Kabel zu Anschluss 37.

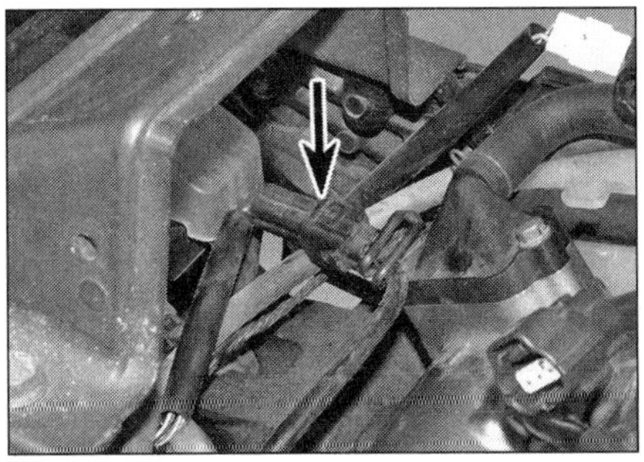

14.64a Lambdasondenstecker – DL bis 2011

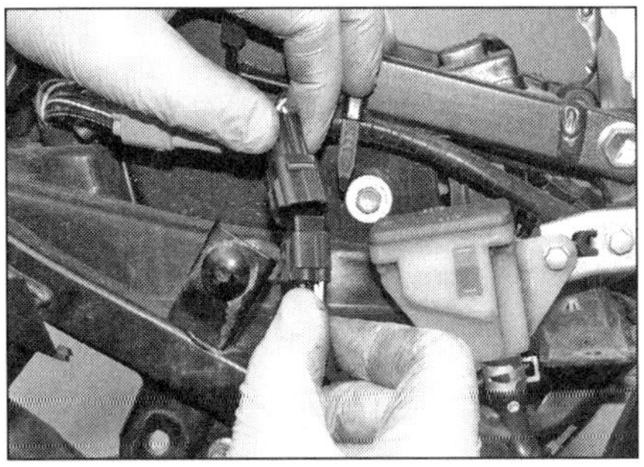

14.64b Lambdasondenstecker – DL ab 2012

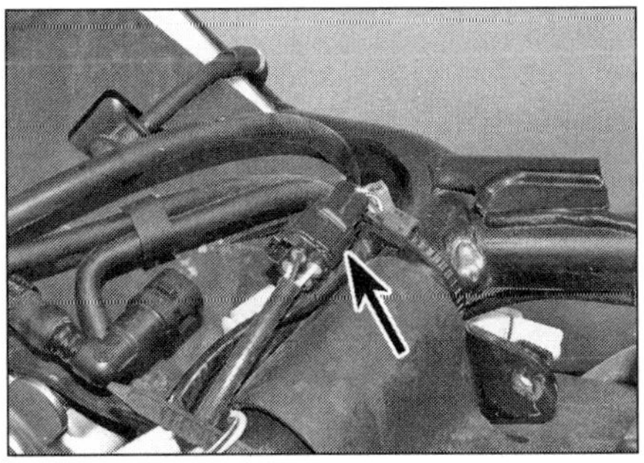

14.64c Lambdasondenstecker – SFV

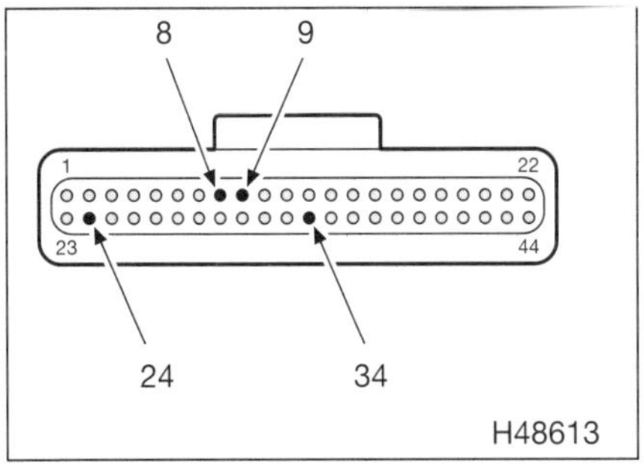

14.66 Anschluss-Identifikation der Steuergerät-Stecker (Kabelbaumseite) – alle Modelle bis 2006

14.68a Lambdasonde - DL

14.68b Lambdasonde - SFV

15.4a Lösen Sie das Halteband der Batterie.

68 Zum Ausbau der Lambdasonde wird ein Maulschlüssel oder besser noch ein spezieller Ringschlüssel benötigt, der eine Nut zum Durchführen des Kabels besitzt. Schrauben Sie die Sonde aus dem Auspuff (siehe Abbildungen) – beschädigen Sie nicht die empfindliche Sondenspitze. Ziehen Sie die Sonde bei DL-Modellen bis 2011 möglichst mit 48 Nm an, bei DL-Modellen ab 2012 und allen SFV-Modellen darf sie mit nur 25 Nm angezogen werden.

15 Motorsteuermodul (ECM)

Kontrolle

1 Falls sich mit den in den vorherigen Sektionen beschriebenen Tests keine Fehlerursache eingrenzen ließ und alle Sicherungen, Relais und Kabel samt Steckern der Motorsteuerung in Ordnung sind, kann das Motorsteuergerät selbst defekt sein. Prüfdaten für das Gerät sind nicht erhältlich, sodass der einfachste Weg darin liegt, das Steuergerät (nach einer Kontrolle aller anderen Zündsystem-Komponenten) durch ein erwiesenermaßen funktionsfähiges Teil auszutauschen. Lassen Sie das Motorrad nötigenfalls von einer entsprechend ausgerüsteten Suzuki-Werkstatt untersuchen.

Ausbau und Einbau

2 Sorgen Sie dafür, dass die Zündung ausgeschaltet ist.
3 Entfernen Sie die Sitzbank (siehe Kapitel 7). Trennen Sie den Masseanschluss (–) der Batterie.
4 Lösen Sie bei DL-Modellen das Halteband der Batterie (siehe Abbildung). Entfernen Sie bei SFV-Modellen die Tankstütze (siehe Abbildung). Heben Sie das Motorsteuergerät heraus und trennen Sie seine(n) Stecker (siehe Abbildung).
5 Der Einbau entspricht der umgekehrten Ausbaureihenfolge. Alle Steckerkontakte müssen sauber und fest verbunden sein.

16 Sekundärdrosselklappen-Synchronisation (DL-Modelle bis 2006)

Warnung: Lesen Sie vor Arbeitsbeginn die Warnhinweise in Sektion 1.

1 Die Zündung muss abgeschaltet sein. Demontieren Sie das Luftfiltergehäuse (siehe Sektion 7).
2 Arbeiten Sie zuerst am vorderen Drosselklappengehäuse. Drehen Sie die Drosselklappenservo-Welle von Hand, bis die Sekundärdrosselklappe parallel zum oberen Rand des Gehäuses steht – benutzen Sie einen Messschieber, um sicherzustellen, dass die Klappe vorne und hinten den exakt gleichen Abstand hat (siehe Abbildung).

Anmerkung: *Versuchen Sie nicht, die Drosselklappe selbst zu drehen.*

3 Ermitteln Sie mit dem Messschieber die Ausrichtung der hinteren Drosselklappe – dies muss vorsichtig geschehen, damit sich die vordere Klappe nicht verstellt. Falls diese Klappe nicht ebenfalls parallel zum oberen Rand des Drosselklappengehäuses steht, muss die Einstellschraube an der Gestänge-Betätigung entsprechend verdreht werden, bis dies der Fall ist (siehe Abbildung).
4 Öffnen und schließen Sie die Sekundärdrosselklappen mit der Drosselklappenservo-Welle und führen Sie die Kontrolle erneut durch. Verschleiß an den Klemmen der Verbindungsgestänge-Enden kann übermäßiges Spiel zwi-

15.4b Lösen Sie die Schraube und entfernen Sie den Halter.

15.4c Heben Sie das Steuergerät heraus und trennen Sie den/die Stecker.

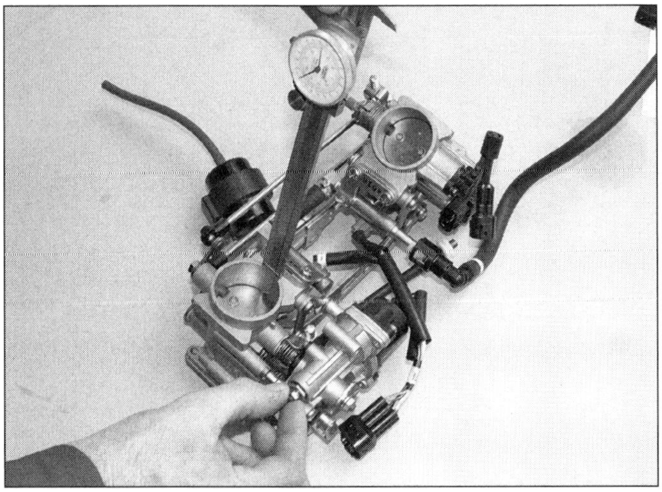

16.2 Drehen Sie die Servowelle, um die Drosselklappen parallel zum Gehäuse zu stellen.

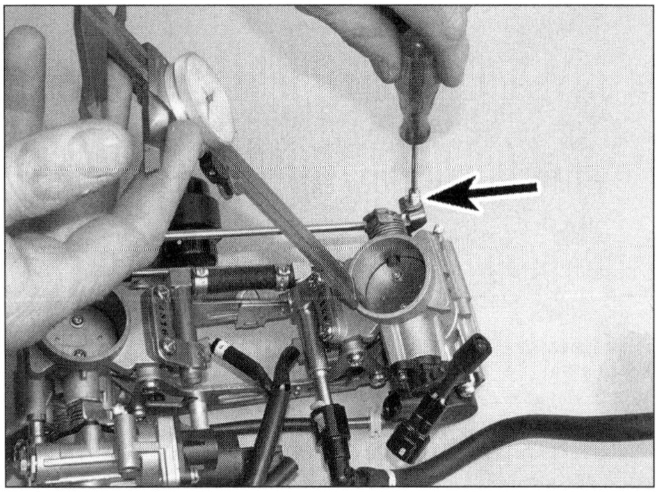

16.3 Drehen Sie die Einstellschraube des Verbindungsgestänges, um die Sekundärdrosselklappen zu synchronisieren.

17.1a Schrauben des Motorschutz-Halters

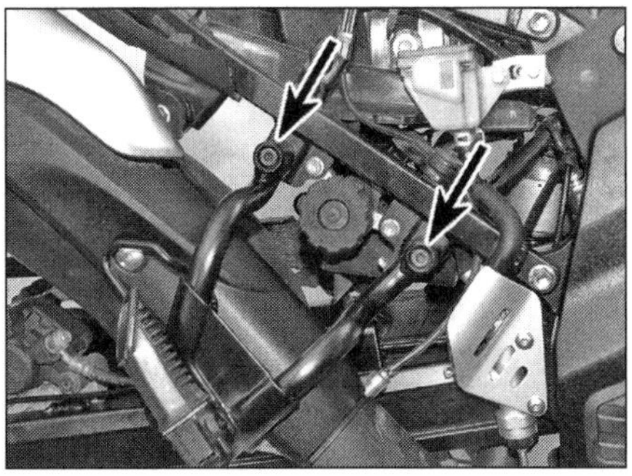

17.1b Schrauben des Beifahrerfußrastenträgers

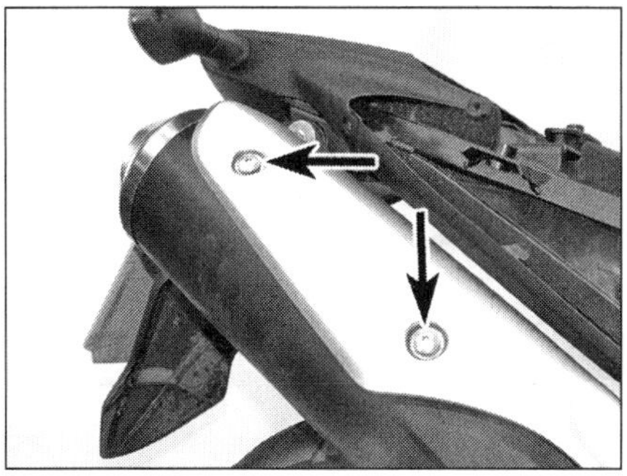

17.1c Hitzeschild-Schrauben

schen beiden Drosselklappen erzeugen und dadurch die Synchronisation erschweren.

5 Bevor das Luftfiltergehäuse montiert wird, empfiehlt es sich, eine dynamische Kontrolle der Drosselklappensynchronisation durchzuführen (siehe Kapitel 1).

17 Auspuffanlage

Warnung: Wenn der Motor in Betrieb war, ist der Auspuff sehr heiß. Lassen Sie ihn einige Zeit abkühlen, bevor Sie mit der Arbeit beginnen.

Praxis TiPP ***Auspuffbefestigungen neigen zum Korrodieren, sodass ihre Schrauben oder Muttern fest gehen. Es ist ratsam, sie einige Stunden vor dem Lösen mit Kriechöl einzusprühen.***

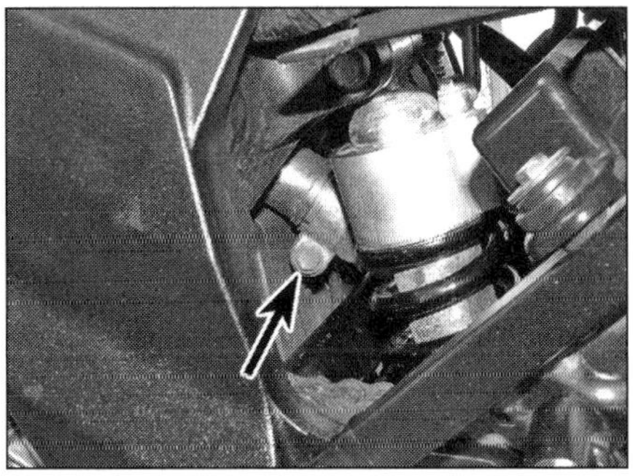

17.2 Lockern Sie die Schelle des hinteren Krümmers.

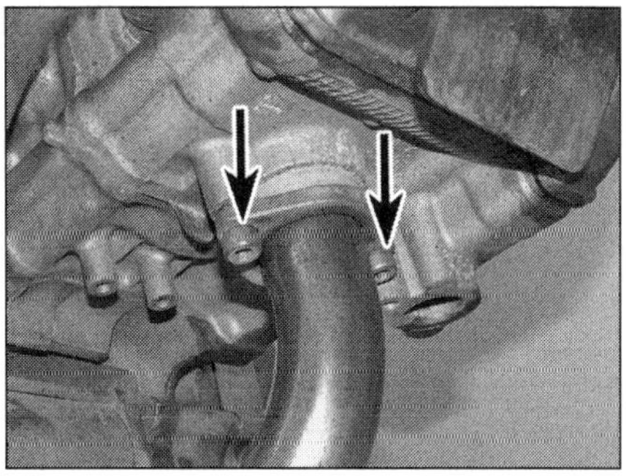

17.4 Lösen Sie die Krümmerflanschschrauben.

DL-Modelle

Ausbau

1 Entfernen Sie ggf. den Motorschutz (siehe Kapitel 7) und seinen Halter (siehe Abbildung). Demontieren Sie den rechten Beifahrerfußrastenträger (siehe Abbildung). Entfernen Sie den Hitzeschild des Schalldämpfers (siehe Abbildung).

2 Lockern Sie die Schelle am Krümmer des hinteren Zylinders (siehe Abbildung).

3 Trennen Sie den Stecker der Lambdasonde (siehe Sektion 14, Schritt 64). Führen Sie das Kabel zur Sonde zurück, befreien Sie es dabei aus allen Befestigungen und notieren Sie seine Verlegung.

4 Lösen Sie am vorderen Zylinder die Krümmerflanschschrauben (siehe Abbildung).

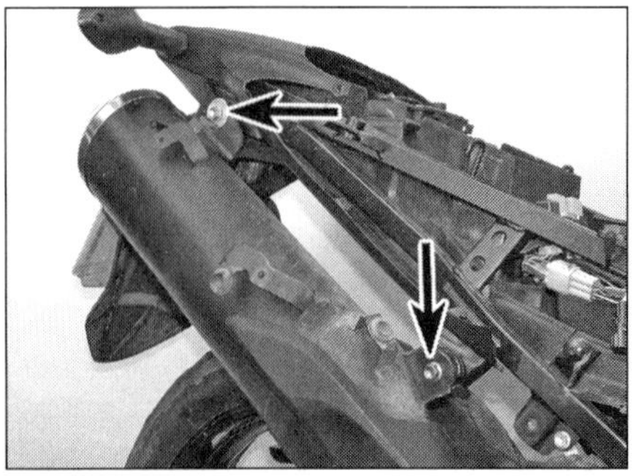

17.5a Lösen Sie beide Schalldämpfer-Schrauben ...

17.5b ... sowie die mittlere Auspuffbefestigung, ...

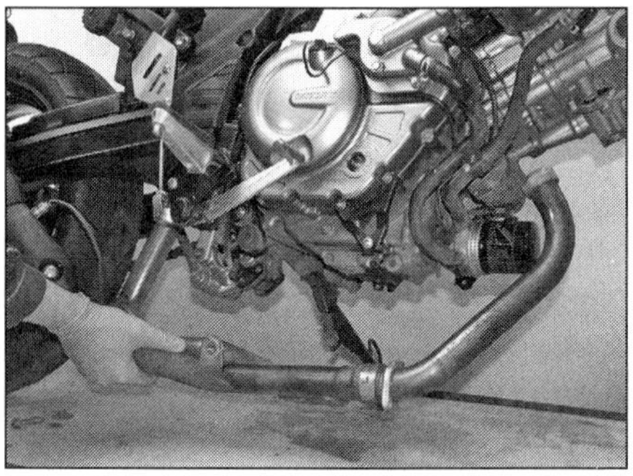

17.5c ... und die Auspuffanlage zu befreien.

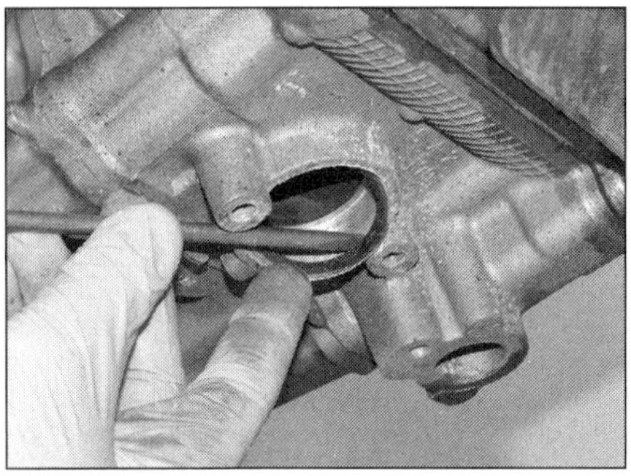

17.5d Hebeln Sie den alte Krümmerflanschdichtring heraus.

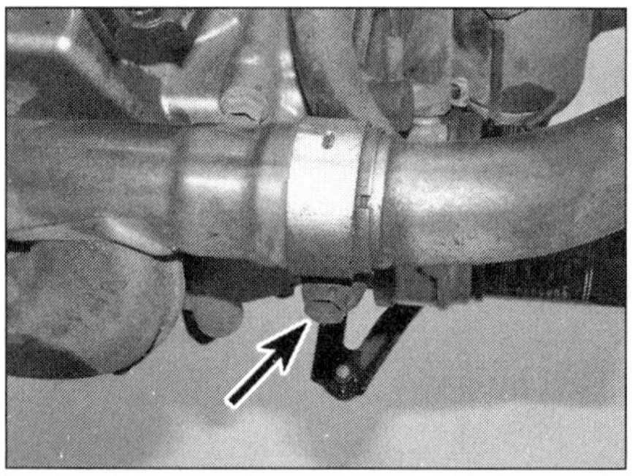

17.6 Lockern Sie die Schelle des vorderen Krümmers.

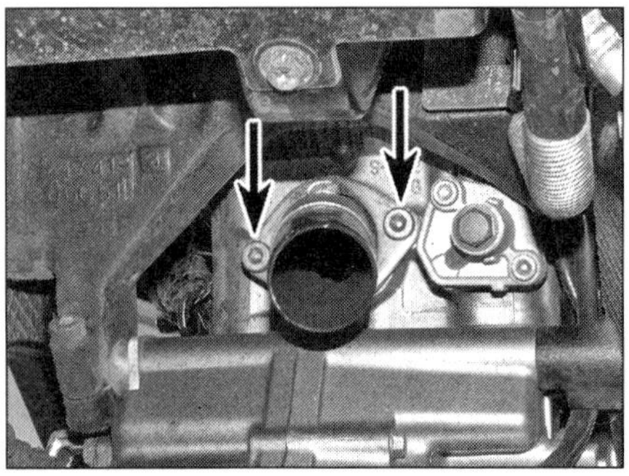

17.7 Hintere Krümmerflanschschrauben.

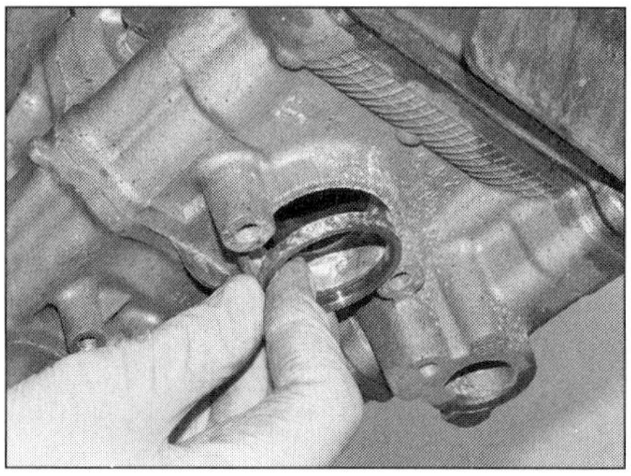

17.13 Installieren Sie einen neuen Krümmerflanschdichtring.

5 Stützen Sie die Auspuffanlage und lösen Sie die Schalldämpferschrauben – kontern Sie dabei deren Muttern – und die mittleren Befestigungsschrauben. Senken Sie den Auspuff ab, um ihn aus dem Motorrad zu befreien (siehe Abbildungen). Entfernen Sie am vorderen Zylinderkopf die Krümmerflanschdichtung – sie muss später erneuert werden (siehe Abbildung).

6 Lockern Sie nötigenfalls die Schelle am Krümmer des vorderen Zylinders, um den Krümmer vom Sammler zu trennen (siehe Abbildung).

7 Entfernen Sie nötigenfalls den hinteren Krümmer (siehe Abbildung) – hierzu müssen der Stoßdämpfer und die Schwinge ausgebaut werden (siehe Kapitel 5). Entfernen Sie die Krümmerflanschdichtung – sie muss später erneuert werden (Abbildung 17.5d).

8 Die im Sammler an den Krümmerstutzen sitzenden Dichtringe müssen nur ersetzt werden, wenn sie beschädigt oder verformt sind oder offensichtlich undicht waren.

9 Entfernen Sie die Hülsen aus den Haltegummis und kontrollieren Sie diese auf Verschleiß und Porösität. Ersetzen Sie schadhafte Gummis sowie stark korrodierte Schrauben und Schellen durch Neuteile.

Einbau

10 Reinigen und entrosten Sie alle Schrauben und schmieren Sie ihre Gewinde zum Schutz vor weiterer Korrosion mit Kupferpaste.

11 Montieren Sie ggf. den hinteren Krümmer – »kleben« Sie die neue Krümmerflanschdichtung mit Fett in den Zylinderkopf (Abbildung 17.13). Installieren Sie den Krümmer und ziehen Sie seine Schrauben mit 23 Nm an (Abbildung 17.7). Montieren Sie den Stoßdämpfer und die Schwinge (siehe Kapitel 5).

12 Installieren Sie nötigenfalls neue Dichtringe in die Krümmerstutzen des Sammlers – entfernen Sie ggf. die Schellen und spreizen Sie die geschlitzten Stutzen, um den Einbau zu erleichtern und die empfindlichen Dichtringe nicht zu beschädigen. Tragen Sie geeignete Auspuff-Dichtmasse (z. B. Permatex 1372) auf die Dichtringe auf. Falls entfernt, wird der vordere Krümmer mit dem Sammler verbunden – die Schelle sollte zunächst noch nicht angezogen werden, um den Krümmer bei der Montage des Auspuffs korrekt ausrichten zu können.

13 »Kleben« Sie die neue Krümmerflanschdichtung mit Fett in den vorderen Zylinderkopf (siehe Abbildung). Sichergehend, dass die Schelle des hinteren Krümmers korrekt sitzt, wird die Auspuffanlage in Position gebracht, sodass der hintere Krümmer zusammengesteckt werden kann (Abbildung 17.5c). Richten Sie den Auspuff zu seinen Aufnahmen aus und stecken Sie die Schrauben ein (Abbildungen 17.5b und a).

14 Nachdem alles korrekt ausgerichtet ist, werden zunächst die Krümmerflanschschrauben und dann die anderen Befestigungsschrauben mit jeweils 23 Nm angezogen, anschließend werden die Schellen angezogen – bei DL-Modellen ab 2012 mit 18 Nm, bei allen anderen Modellen mit 23 Nm.

15 Verlegen und sichern Sie das Lambdasondenkabel und verbinden Sie den Stecker. Starten Sie den Motor und prüfen Sie die Auspuffanlage auf Undichtigkeit.

SFV-Modelle

Ausbau

16 Lockern Sie zur Demontage des Schalldämpfers die Schellenschraube (siehe Abbildung). Lösen Sie die Bolzenmutter, stützen Sie den Schalldämpfer, ziehen Sie die Schraube samt Hülse und Scheibe heraus und ziehen Sie den Schalldämpfer vom Sammler (siehe Abbildungen).

17 Lockern Sie die Schelle am Krümmer des hinteren Zylinders (siehe Abbildung).

18 Entfernen Sie den vorderen Hitzeschild.

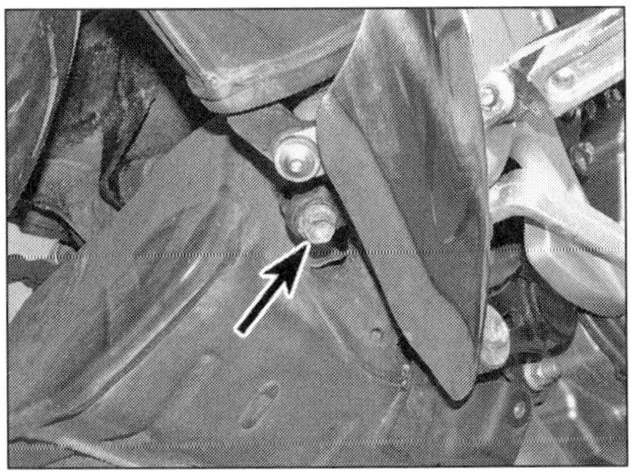

17.16a Lockern Sie die Schalldämpferschelle.

17.16b Kontern Sie innen die Schraube und lösen Sie die Mutter.

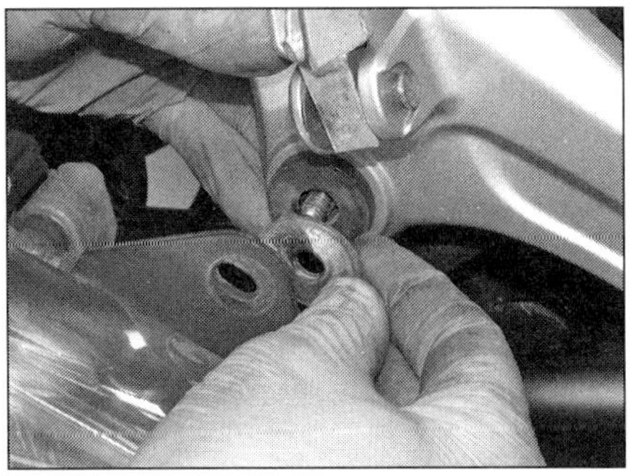

17.16c Beachten Sie die Scheibe zwischen dem Schalldämpferhalter und dem Fußrastenträger.

17.17 Lockern Sie die Schelle des hinteren Krümmers.

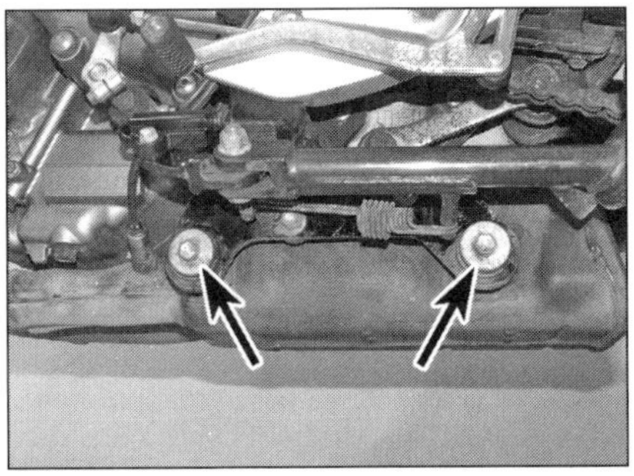

17.21a Lösen Sie links die zwei Schrauben . . .

17.21b . . . und rechts die einzelne Schraube, um die Auspuffanlage zu befreien.

19 Trennen Sie den Stecker der Lambdasonde (siehe Sektion 14, Schritt 64). Führen Sie das Kabel zur Sonde zurück, befreien Sie es dabei aus allen Befestigungen und notieren Sie seine Verlegung.

20 Lösen Sie am vorderen Zylinder die Krümmerflanschschrauben (Abbildung 17.4).

21 Stützen Sie die Auspuffanlage, lösen Sie die Befestigungsschrauben und senken Sie den Auspuff ab, um ihn aus dem Motorrad zu befreien (siehe Abbildungen). Entfernen Sie am vorderen Zylinderkopf die Krümmerflanschdichtung – sie muss später erneuert werden (Abbildung 17.5d).

22 Lockern Sie nötigenfalls die Schelle am Krümmer des vorderen Zylinders, um den Krümmer vom Sammler zu trennen.

23 Entfernen Sie nötigenfalls den hinteren Krümmer (Abbildung 17.7) – hierzu muss der rechte Seitendeckel entfernt werden (siehe Kapitel 7). Entfernen Sie die Krümmerflanschdichtung – sie muss später erneuert werden (Abbildung 17.5d).

24 Die im Sammler an den Krümmerstutzen sitzenden Dichtringe müssen nur ersetzt werden, wenn sie beschädigt oder verformt sind oder offensichtlich undicht waren.

25 Entfernen Sie die Hülsen aus den Haltegummis und kontrollieren Sie diese auf Verschleiß und Porösität. Ersetzen Sie schadhafte Gummis sowie stark korrodierte Schrauben und Schellen durch Neuteile.

Einbau

26 Reinigen und entrosten Sie alle Schrauben und schmieren Sie ihre Gewinde zum Schutz vor weiterer Korrosion mit Kupferpaste.

27 Montieren Sie ggf. den hinteren Krümmer - »kleben« Sie die neue Krümmerflanschdichtung mit Fett in den Zylinderkopf (Abbildung 17.13). Installieren Sie den Krümmer und ziehen Sie seine Schrauben mit 23 Nm an (Abbildung 17.7). Montieren Sie den rechten Seitendeckel (siehe Kapitel 7).

28 Installieren Sie nötigenfalls neue Dichtringe in die Krümmerstutzen des Sammlers – entfernen Sie ggf. die Schellen und spreizen Sie die geschlitzten Stutzen, um den Einbau zu erleichtern und die empfindlichen Dichtringe nicht zu beschädigen. Tragen Sie geeignete Auspuff-Dichtmasse (z. B. Permatex 1372) auf die Dichtringe auf.

29 Falls entfernt, wird der vordere Krümmer mit dem Sammler verbunden – die Schelle sollte zunächst noch nicht angezogen werden, um den Krümmer bei der Montage des Auspuffs korrekt ausrichten zu können.

30 »Kleben« Sie die neue Krümmerflanschdichtung mit Fett in den vorderen Zylinderkopf (Abbildung 17.13).

31 Sichergehend, dass die Schelle des hinteren Krümmers korrekt sitzt, wird die Auspuffanlage in Position gebracht, sodass der hintere Krümmer zusammengesteckt werden kann. Richten Sie den Auspuff zu seinen Aufnahmen aus und stecken Sie die Schrauben ein (Abbildungen 17.21b und a).

32 Montieren Sie den Schalldämpfer – vergessen Sie nicht die Scheibe zwischen ihm und dem Fußrastenträger. Installieren Sie die Schraube und drehen Sie locker die Mutter auf (Abbildungen 17.16c und b).

33 Nachdem alles korrekt ausgerichtet ist, werden zunächst die Krümmerflanschschrauben, dann die anderen Befestigungsschrauben und schließlich die Schellen mit jeweils 23 Nm angezogen. Montieren Sie den Hitzeschild.

34 Verlegen und sichern Sie das Lambdasondenkabel und verbinden Sie den Stecker. Starten Sie den Motor und prüfen Sie die Auspuffanlage auf Undichtigkeit.

18 Katalysator

Allgemeine Informationen

1 In der Auspuffanlage ist ein Katalysator integriert, der die im Motor entstehenden giftigen Abgase in relativ harmlose Gase umwandeln soll, bevor sie aus dem Auspuff entlassen werden.

2 Durch eine auf einem feinen Maschengitter angebrachte spezielle Metallbeschichtung wandelt der Katalysator Stickoxide in Stickstoff und Sauerstoff sowie unverbrannte Kohlenwasserstoffe und Kohlenmonoxide in Wasser und Kohlendioxide um. Die Wirksamkeit des Katalysators wird durch Ablagerungen von Ölkohle, Öl oder Blei beeinträchtigt.
3 Damit der Katalysator lange Zeit wirkungsvoll arbeiten kann, müssen die aus dem Motor kommenden Abgase eine bestimmte Zusammensetzung haben – diese wird stark vom darin enthaltenen Rest-Sauerstoff bestimmt. Die Lambdasonde misst den Gehalt des Sauerstoffs und gibt diese Informationen an das Motorsteuergerät weiter, das entsprechend das Einspritzgemisch und die Zündung reguliert.
4 Wechseln Sie für den Aus- und Einbau der Auspuffanlage nach Sektion 17. Details zur Lambdasonde finden sich in Sektion 14.

Vorsichtsmaßnahmen

5 Der Katalysator arbeitet automatisch und erfordert praktisch keine Wartung. Trotzdem sollten folgende Hinweise beachtet werden:

- Tanken Sie immer bleifreien Kraftstoff und verwenden Sie keine entsprechenden Zusätze – bereits kleine Mengen verbleiten Benzins zerstören den Katalysator.
- Halten Sie das Kraftstoff- und Zündsystem in einem guten Zustand. Wird ein unkorrektes Benzin/Luft-Gemisch vermutet, muss das System mithilfe eines Abgas-Analysegerätes untersucht werden.
- Wenn der Motor Fehlzündungen produziert, muss dies unverzüglich behoben werden, da der Katalysator dadurch zerstört wird.
- Benutzen Sie keine Kraftstoff- oder Öl-Zusätze (Additive) – diese können Substanzen enthalten, die den Katalysator beschädigen.
- Wenn der Motor Öl verbrennt und blaue Abgaswolken produziert, muss er unverzüglich repariert werden, da der Katalysator dadurch zerstört wird.
- Behandeln Sie die ausgebaute Auspuffanlage vorsichtig – der Katalysator und die Lambdasonde vertragen keine Schläge oder Stürze.

19 Sekundärluftsystem
DL-Modelle bis 2011

Allgemeine Informationen

1 Zur Reduzierung der unverbrannten Kohlenwasserstoffe im Abgas ist das Motorrad mit einem PAIR *(Pulse Secondary Air Supply)* genannten Sekundärluftsystem ausgerüstet. Das System besteht aus einem Regelventil (unterhalb des Luftfiltergehäuses), den in jedem Ventildeckel sitzenden Zungenventilen und den dazugehörigen Schläuchen. Das Regelventil wird vom Motorsteuergerät kontrolliert.
2 Wenn das Regelventil öffnet, wird aus dem Luftfilter Frischluft durch die Zungenventile in die Auslasskanäle des Zylinderkopfes gesaugt, wo sie sich mit den Abgasen vermischt und dank des zusätzlichen Sauerstoffs eine Nachverbrennung teilverbrannter Kraftstoff-Partikel ermöglicht. Hierdurch kann ein beträchtlicher Teil der gefährlichen Kohlenwasserstoffe und Kohlenmonoxide in relativ harmlose Kohlendioxide und Wasser umgewandelt werden. Die Zungenventile sorgen dafür, dass Frischluft einströmen kann, aber keine Abgase zurück zum Luftfilter gelangen können.

19.7 Schrauben des Sekundärluft-Regelventils

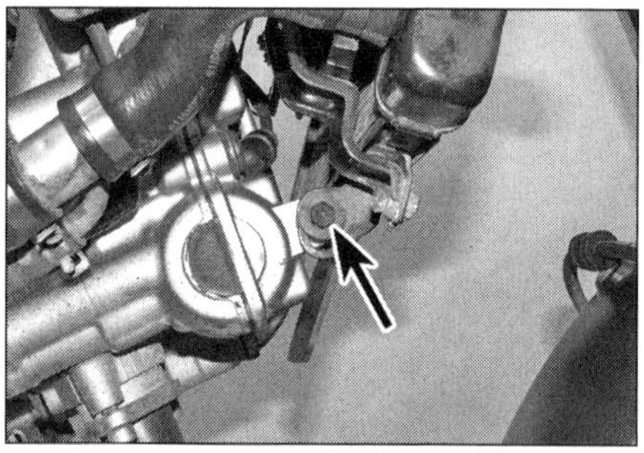

19.9 Lösen Sie die untere Kühlerschraube.

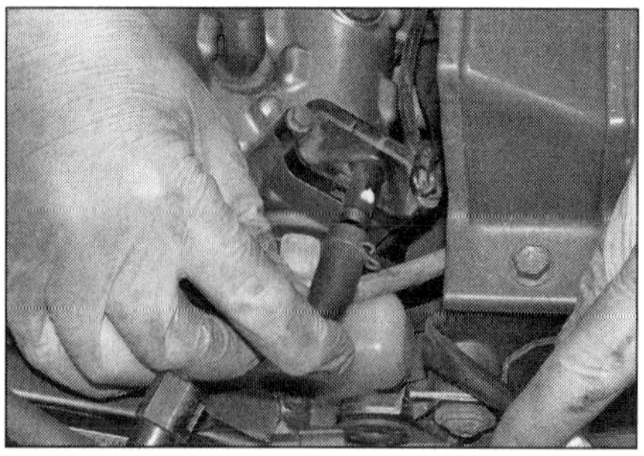

19.10 Ziehen Sie den Schlauch ab.

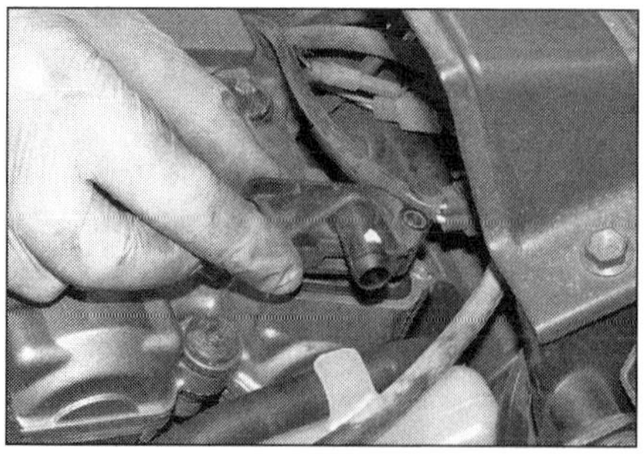

19.11a Entfernen Sie die Abdeckung . . .

Test

3 Heben Sie den Tank an (siehe Sektion 2).
4 Um das Regelventil testen zu können, muss es vom Luftfiltergehäuse befreit werden (siehe Schritt 7). Prüfen Sie, ob der Schlauch sauber ist – Kohleablagerungen weisen auf ein fehlerhaftes System hin.
5 Prüfen Sie die Funktion des Ventils, indem Sie durch den Einlassstutzen blasen – die Luft muss durch das Ventil strömen und am Auslassstutzen wieder austreten. Verbinden Sie eine geladene 12-Volt-Batterie mit den Regelventil-Kontakten und wiederholen Sie den Test – es darf keine Luft durch die Ventile gelangen. Trennen Sie die Batterie wieder. Prüfen Sie bei anderen Ergebnissen den Widerstand des Regelventils. Wenn bei ca. 20 °C nicht 20 bis 24 Ohm festgestellt werden, ist das Ventil defekt und muss erneuert werden.
6 Prüfen Sie die Funktion der Zungenventile, indem Sie in die (am Verbindungsstück getrennten) Schläuche blasen – hierbei muss Luft durch die Ventile strömen. Lässt sich allerdings auch Luft ansaugen, dichtet das Ventil nicht korrekt ab, sodass es ausgebaut und gereinigt werden muss (siehe unten). Prüfen Sie es anschließend erneut.

Ersetzen der Komponenten

Regelventil

7 Demontieren Sie das Luftfiltergehäuse (siehe Sektion 7). Lösen Sie die Schrauben und entfernen Sie das Ventil (siehe Abbildung).
8 Der Einbau entspricht der umgekehrten Ausbaureihenfolge.

Zungenventile

9 Um Zugang zum Zungenventil des vorderen Zylinders zu erhalten, muss die untere Schraube des Kühlers entfernt und dieser nach vorne geschwenkt werden (siehe Abbildung). Für den Zugang zum Ventil des hinteren Zylinders muss der Tank angehoben werden (siehe Sektion 2).
10 Lockern Sie die Schelle und ziehen Sie den Schlauch ab (siehe Abbildung).
11 Lösen Sie die Schrauben des Zungenventil-Deckels und entfernen Sie diesen (siehe Abbildung). Entnehmen Sie das Zungenventil – merken Sie sich die Einbaulagen (siehe Abbildung).
12 Drücken Sie die Ventilzunge vorsichtig von unten aus ihrem Sitz und prüfen Sie, ob sie nicht klemmt (siehe Abbildung). Lassen Sie die Zunge los und kontrollieren Sie, ob sie korrekt gegen den Sitz abdichtet (siehe Abbildung). Kontrollieren Sie das umliegende Gummi. Wenn irgendwelche Undichtigkeiten festgestellt werden, muss das Zungenventil ersetzt werden. Wiederholen Sie den Test am anderen Zungenventil.

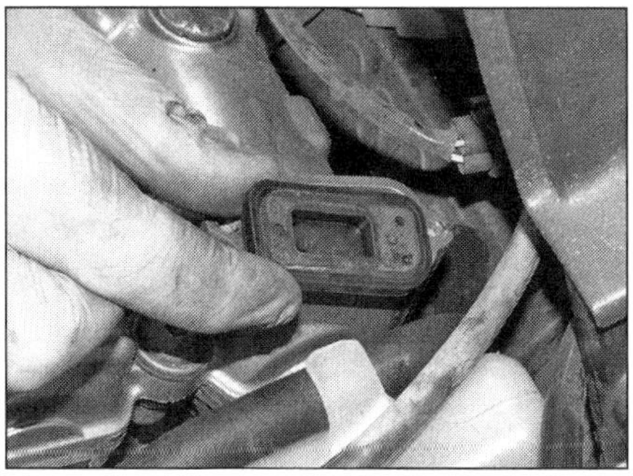

19.11b ... und heben Sie das Ventil heraus.

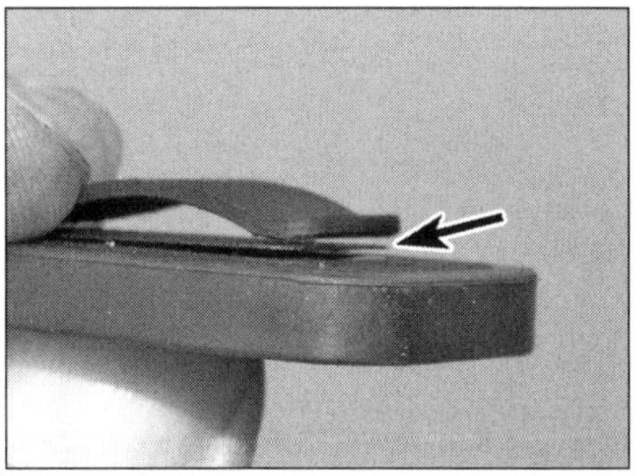

19.12a Die Ventilzunge muss sich frei vom Sitz abheben...

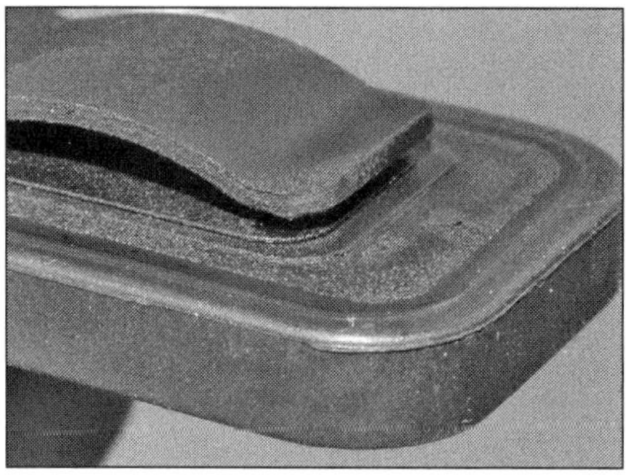

19.12b ... und beim Absetzen korrekt abdichten.

13 Der Einbau entspricht der umgekehrten Ausbaureihenfolge. Alle Teile sowie Gehäuse müssen sauber sein und korrekt sitzen. Reinigen Sie die Gewinde der Schrauben und versehen Sie sie mit mittelfester Sicherungspaste, bevor sie sorgfältig angezogen werden.

20 Zündsystem
Kontrolle

***Warnung:** Die Primärspannung von Hochspannungskondensator-Zündungen (CDI) kann bei herzschwachen Menschen lebensgefährlich sein. Die Zündspannung andererseits ist zwar nicht gefährlich, aber sehr unangenehm. Daher sollten nie Zündkerzen, -stecker oder -kabel in der Hand gehalten oder Zündspule und Zündbox berührt werden, wenn die Zündung angeschaltet oder der Motor per Anlasser gedreht wird. Für das Wohlbefinden des Zündsystems ist es wichtig, dass der Motor nur mit dem Anlasser durchgedreht wird, wenn die Kerzenstecker guten Massekontakt zum Motorgehäuse haben – ein isolierter Kerzenstecker kann Schäden am Motorsteuergerät hervorrufen.*

1 Da das Zündsystem völlig wartungsfrei ist und nicht eingestellt werden kann, können Fehlfunktionen nur auf Defekte in den einzelnen Komponenten oder in der Verkabelung zurückgeführt werden. Wahrscheinlicher ist die zweite Ursache. Bei Fehlfunktionen müssen die Zündungsbauteile in systematischer Reihenfolge wie folgt überprüft werden:

2 Um Zugang zum mittigen Kerzenstecker des vorderen Zylinders zu erhalten, muss die untere Schraube des Kühlers entfernt und dieser nach vorne geschwenkt werden (Abbildung 19.9). Für den Zugang zu allen Kerzensteckern des hinteren Zylinders muss der Tank angehoben werden (siehe Sektion 2).

3 Die Zündung muss ausgeschaltet sein. Arbeiten Sie zurzeit nur an einem Zylinder – und bei Modellen mit Doppelzündung nur an einer Zündkerze; auch wenn beide von der gleichen Zündspule versorgt werden, müssen beide Kerzenstecker getestet werden, damit sichergestellt werden kann, dass aufgrund eines defekten Steckers oder Zündkabels nicht nur eine Zündkerze arbeitet.

4 Ziehen Sie den Kerzenstecker einer Zündkerze ab (siehe Abbildung) und stecken Sie eine (vorzugsweise neue) Ersatz-Zündkerze hinein.

5 Legen Sie die Zündkerze mit ihrem Gewinde auf den Motor – halten Sie sie gegebenenfalls mit einem isolierten Werkzeug fest. Erden Sie die Kerze nicht gegen den Ventildeckel.

***Warnung:** Nehmen Sie für diese Kontrolle nie die Kerzen aus dem Motor, da austretendes Luft/Benzin-Gemisch sich entzünden und zu Verletzungen führen kann! Stellen Sie außerdem sicher, dass beim Zündfunkentest die Kerzen gründlichen Kontakt zu Masse haben, da sonst die Zündspulen durchschlagen und das Motorsteuergerät beschädigt werden können.*

6 Schalten Sie den Killschalter auf RUN, schalten Sie die Zündung ein, legen Sie den Leerlauf ein und drehen den Motor mit dem Anlasser durch. Ist die Zündung in Ordnung, werden an den Zündkerzen-Elektroden dicke blaue Funken überspringen. Ist der Funken schwach, geht ins Gelbe oder bleibt ganz aus, so muss die Ursache gefunden werden. Schalten Sie vor weiterer Arbeit die Zündung wieder aus und wiederholen Sie den Test mit den anderen Kerzensteckern.

7 Die Zündung muss einen Funken erzeugen, der in der Lage ist, eine Strecke von mindestens 6 mm zu überspringen. Für eine solche Kontrolle sind im Fachhandel sogenannte Funkenstrecken-Tester erhältlich (siehe Abbildung) – folgen Sie der beigefügten Anleitung.

8 Wenn die Testergebnisse in Ordnung sind, kann das Zündsystem als funktionsfähig betrachtet werden. Bei schwachen Funken sind weitere Untersuchungen nötig.

9 Fehlfunktionen der Zündanlage können in zwei Kategorien eingeteilt werden: ein vollständiger Ausfall oder gelegentliche Fehlfunktion. Die wahrscheinlichsten Ursachen sind unten aufgeführt, beginnend mit der häufigsten. Arbeiten Sie sich systematisch durch diese Liste, wobei in den jeweiligen Unterpunkten dieses Kapitels für Details nachgeschaut werden muss.

Anmerkung: *Bevor Sie beginnen, muss sichergestellt sein, dass die Batterie vollständig geladen ist und alle Sicherungen in Ordnung sind.*

- Lockere Zündkerzenstecker oder Zündkabel, defekter Kerzenstecker oder Zündkerze, verschmutzte, verschlissene oder beschädigte Kerzenelektroden.
- Lockere, korrodierte oder beschädigte elektrische Steckverbindungen, gebrochene Kabel im Zündsystem.

20.4 Ziehen Sie den entsprechenden Zündkerzenstecker ab.

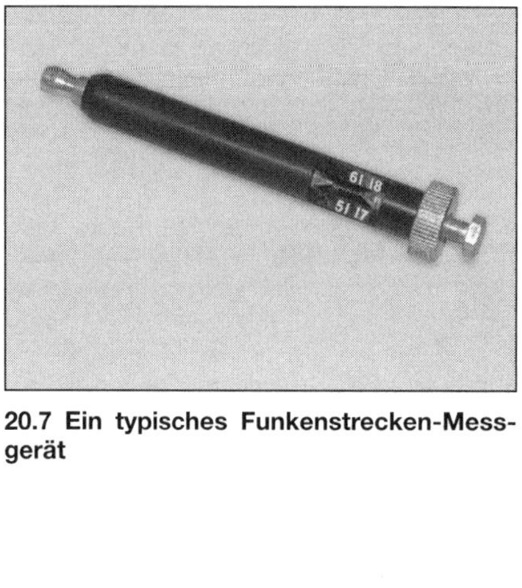

20.7 Ein typisches Funkenstrecken-Messgerät

21.1a Zündspule für den vorderen Zylinder – DL

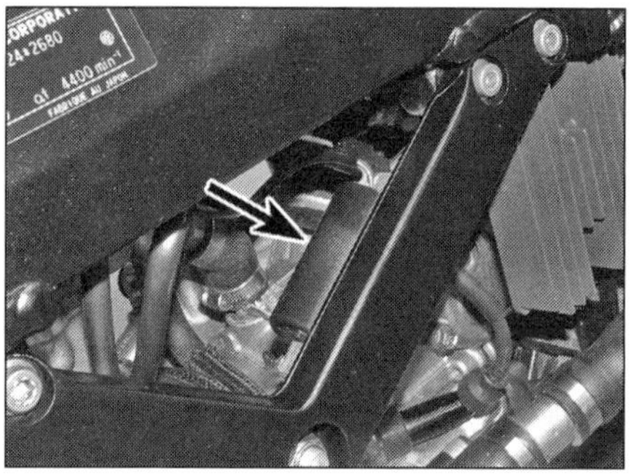

21.1b Zündspule für den hinteren Zylinder – DL

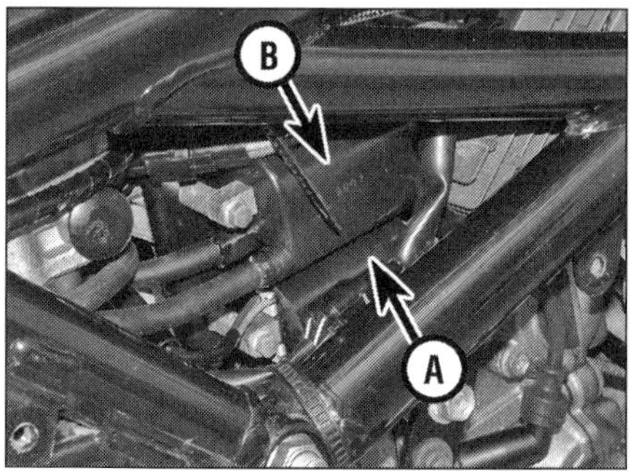

21.2 Zündspule für den vorderen (A) und den hinteren Zylinder (B) – SFV

21.4a Primärstrom-Stecker der Zündspule für den hinteren Zylinder – DL bis 2006

21.4b Primärstrom-Stecker der Zündspule für den hinteren Zylinder – DL ab 2007

- Fehlerhafter Gangsensor, Kupplungs- oder Seitenständer-Schalter (siehe Kapitel 8)
- Defekte Zündspule(n) (siehe Sektion 21).
- Defekter Kill- oder Zündschalter (siehe Kapitel 8).
- Defekter Kurbelwellensensor (siehe Sektion 14) oder beschädigter Auslöser am Zündrotor (siehe Kapitel 2).
- Defektes Motorsteuergerät (siehe Sektion 15).

10 Wenn alle oben beschriebenen Möglichkeiten keinen Grund des Problems erkennen lassen, sollte sie Zündanlage von einer Suzuki-Werkstatt getestet werden – diese verfügt über ein Testgerät, das eine Diagnose der Zündanlage erstellen kann.

21 Zündspulen

1 Bei DL-Modellen sitzt die Zündspule des vorderen Zylinders innen am linken Motorhalter, während die Zündspule des hinteren Zylinders hinter dem rechten Motorhalter montiert ist (siehe Abbildungen).

2 Bei SFV-Modellen sitzen beide Zündspulen rechts innen am Rahmen – die obere versorgt die Zündkerzen des hinteren Zylinders (siehe Abbildung).

Kontrolle

3 Unterziehen Sie die Zündspulen einer Sichtkontrolle auf lockere oder beschädigte Anschlüsse, Risse und andere Beschädigungen.

4 Trennen Sie bei Modellen bis 2006 die Primärstromstecker von der Zündspule – merken Sie sich ihre Positionen (siehe Abbildung). Verfolgen Sie bei Modellen ab 2007 die Primärstromkabel von der Zündspule zurück und trennen Sie sie am Stecker (siehe Abbildung).

5 Ziehen Sie am entsprechenden Zylinder den/die Zündkerzenstecker ab (Abbildung 20.4). Um Zugang zum mittigen Kerzenstecker des vorderen Zylinders zu erhalten, muss die untere Schraube des Kühlers entfernt und dieser nach vorne geschwenkt werden (Abbildung 19.9). Für den Zugang zu allen Kerzensteckern des hinteren Zylinders muss der Tank angehoben werden (siehe Sektion 2).

Modelle bis 2006

6 Schalten Sie für die Kontrolle der Primärwicklungen ein Messgerät auf den Ohm-Bereich, verbinden Sie seine Klemmen mit den Primärkontakten der Zündspule und ermitteln Sie den Widerstand (siehe Abbildung) – es müssen 2 bis 5 Ohm festgestellt werden.

7 Schalten Sie das Messgerät für die Kontrolle der Sekundärwicklungen auf den K-Ohm-Bereich. Verbinden Sie eine Prüfklemme mit dem Kontakt des orange/weißen (vordere Zündspule) oder schwarz/orangen Kabels (hintere Zündspule) und die andere Klemme mit dem Kontakt des Kerzensteckers, um den Widerstand zu ermitteln (siehe Abbildung) – es müssen 24 bis 37 K-Ohm festgestellt werden.

Modelle ab 2007

8 Schalten Sie für die Kontrolle der Primärwicklungen ein Messgerät auf den Ohm-Bereich, verbinden Sie seine Klemmen mit den Primärkontakten des von der Zündspule kommenden Steckers und ermitteln Sie den Widerstand – es müssen 1 bis 5 Ohm (DL-Modelle) bzw. 1 bis 3 Ohm (SFV) festgestellt werden.

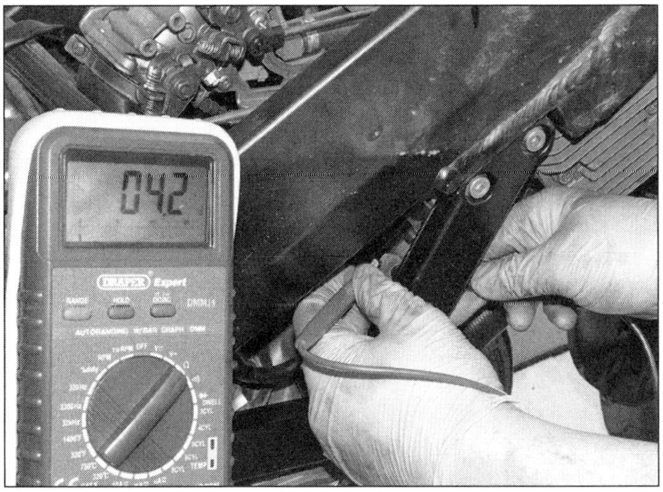

21.6 Messen Sie an den Stecker-Kontakten den Widerstand der Primärstrom-Wicklungen.

21.7 Ermittlung des Sekundärspulen-Widerstandes bei Modellen bis 2006

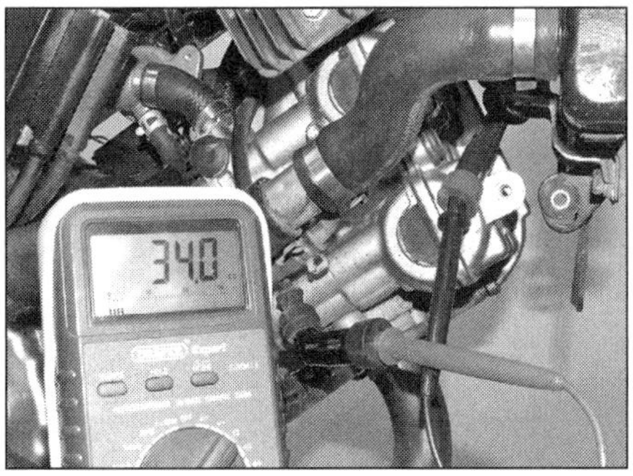

21.9 Ermittlung des Sekundärspulen-Widerstandes bei Modellen ab 2007

21.11a Drehen Sie den Kerzenstecker vom Zündkabel ...

21.11b ... und messen Sie seinen Widerstand.

9 Schalten Sie das Messgerät für die Kontrolle der Sekundärwicklungen auf den K-Ohm-Bereich und verbinden Sie die Prüfklemmen mit den beiden Kontakten der Kerzenstecker, um den Widerstand zu ermitteln (siehe Abbildung) – es müssen 25 bis 40 K-Ohm bzw. 25 bis 45 K-Ohm (SFV) festgestellt werden.

Alle Modelle

10 Bei anderen Ergebnissen ist wahrscheinlich die Zündspule defekt – lassen Sie das Zündsystem von einer mit einem Spitzenspannungs-Messgerät ausgerüsteten Werkstatt testen.

11 Im Falle des Sekundärwicklungs-Widerstands kann das Problem auch in einem schadhafen Kerzenstecker liegen. Drehen Sie den Kerzenstecker vom Zündkabel, ermitteln Sie seinen Widerstand (siehe Abbildungen) und testen Sie die Zündspule erneut – der Widerstand des Kerzensteckers muss zum gemessenen Wert hinzugerechnet werden.

Ausbau und Einbau

12 Ziehen Sie am entsprechenden Zylinder den/die Zündkerzenstecker ab (Abbildung 20.4). Um Zugang zum mittigen Kerzenstecker des vorderen Zylinders zu erhalten, muss die untere Schraube des Kühlers entfernt und dieser nach vorne geschwenkt werden (Abbildung 19.9). Für den Zugang zu allen Kerzensteckern des hinteren Zylinders muss der Tank angehoben werden (siehe Sektion 2).

13 Trennen Sie bei Modellen bis 2006 die Primärstromstecker von der Zündspule – merken Sie sich ihre Positionen (Abbildung 21.4a). Verfolgen Sie bei Modellen ab 2007 die Primärstromkabel von der Zündspule zurück und trennen Sie sie am Stecker (Abbildung 21.4b).

14 Lösen Sie die Schrauben und entnehmen Sie die Zündspule – beachten Sie die Verlegung der Zündkabel. Demontieren Sie bei SFV-Modellen zuerst die obere Zündspule (für den hinteren Zylinder).

15 Der Einbau entspricht der umgekehrten Ausbaureihenfolge.

22 Zündzeitpunkt

Allgemeine Informationen

1 Da die Zündung nicht eingestellt werden kann und die Komponenten keinem mechanischen Verschleiß unterliegen, gibt es auch keine Zündmarkierungen.

2 Bevor aufgrund eines vermutlich falschen Zündzeitpunktes der Verdacht auf das Motorsteuermodul fällt, muss sichergestellt sein, dass alle anderen Komponenten des Zündsystems in Ordnung sind (siehe Sektionen 20 und 21).

3 Liegt an anderen Komponenten kein Defekt vor, kann der Fehler im Steuergerät liegen – bringen Sie das Motorrad zu einer Suzuki-Werkstatt oder ersetzen Sie es durch ein erwiesenermaßen funktionierendes Steuergerät, um herauszufinden, dass der Fehler wirklich hier liegt.

Kapitel 5
Rahmen und Federung

Inhalt (in alphabetischer Reihenfolge, die Zahlen geben die Nummerierung in den grauen Feldern wieder)

Schwierigkeitsgrade

Leicht. Für Anfänger mit wenig Erfahrung geeignet.	**Relativ leicht.** Für Anfänger mit etwas Erfahrung geeignet.	**Relativ schwierig.** Für geübte Selbstschrauber geeignet.	**Schwer.** Für Selbstschrauber mit viel Erfahrung geeignet.	**Sehr schwer.** Für Experten und Profis geeignet.

Technische Daten

Gabel

Gabelöl-Typ	Suzuki SS-08 oder 10W-Gabelöl
Gabelöl-Füllmenge (je Gabelholm)	
DL bis 2006	524 ml
DL 2007 bis 2011	528 ml
DL ab 2012	530 ml
SFV	517 ml
Gabelöl-Pegel*	
DL bis 2006	143 mm
DL ab 2007	139 mm
SFV	96 ml
Freie Federlänge	
DL bis 2011	
Standard	441 mm
Verschleißgrenze (min.)	435 mm
DL ab 2012	
Standard	451 mm
Verschleißgrenze (min.)	442 mm
SFV	
Standard	446,5 mm
Verschleißgrenze (min.)	437 mm
Standrohr-Verzug (max.)	0,2 mm

** Der Ölpegel wird bei ausgebauter Feder und zusammengedrückter Gabel vom Standrohr-Rand aus gemessen.*

Hinterradfederung

Schwingenbolzen-Verzug (max.)	0,3 mm

Anzugsdrehmomente

Gabel – Dämpferschraube	20 Nm
Gabel-Verschlussschraube	23 Nm
Gabelbrücken-Klemmschrauben – oben und unten	23 Nm
Handbremszylinder-Klemmschrauben	10 Nm
Lenkkopflager-Einstellring	45 Nm
Lenkkopflager-Konterring (nur DL)	80 Nm
Lenkschaftmutter	90 Nm
Schwingbolzen (nur DL)	15 Nm

Schwingbolzen-Kontermutter (nur DL)	90 Nm
Schwingenbolzenmutter	100 Nm
Seitenständerbolzen	
DL-Modelle	50 Nm
SFV-Modelle	10 Nm
Stoßdämpfer-Schrauben/Muttern	50 Nm
Stoßdämpferanlenkungs-Schrauben/Mutter	78 Nm

1 Allgemeine Informationen

DL-Modelle basieren auf einem Brückenrahmen aus Aluminium, der den Motor als tragendes Teil aufnimmt. SFV-Modelle basieren auf einem Gitterrohrrahmen aus Stahlrohr, der den Motor als tragendes Teil aufnimmt.
Das Vorderrad wird in einer konventionellen Telegabel mit 43 mm (DL) bzw. 41 mm (SFV) Standrohrdurchmesser geführt, die in der Federvorspannung einstellbar ist.
Das Hinterrad wird bei DL-Modellen in einer Kastenschwinge aus Aluminium geführt, die sich über eine progressiv wirkende Anlenkung gegen einen in der Federvorspannung und der Zugdämpfung einstellbaren Stoßdämpfer abstützt. Bei SFV-Modellen wird das Hinterrad in einer Schwinge aus Stahlrohr geführt und der progressiv angelenkte Stoßdämpfer ist nur in der Federvorspannung einstellbar.
Die Schwinge ist bei allen Modellen im Rahmen gelagerte.

2 Rahmen
Kontrolle und Reparatur

1 Dem Rahmen braucht normalerweise keine Aufmerksamkeit beigemessen zu werden – solange er nicht bei einem Unfall beschädigt wurde. Nur wenige Spezialisten sind in der Lage, einen verzogenen Rahmen zu reparieren. Alu-Rahmen dürfen nicht zurückgebogen werden, sondern ausschließlich am Lenkkopf so nachgearbeitet werden, dass die Maschine wieder geradeaus läuft.

2 Nachdem eine Maschine sehr viele Kilometer zurückgelegt hat, sollte der gesamte Rahmen auf Anzeichen von Brüchen oder Rissen an den Schweißnähten begutachtet werden. Lockere Motorhaltebolzen können ihre Aufnahmen ausgeschlagen oder verbogen haben. Kleine Beschädigungen können je nach Ausmaß und Art eventuell von Spezialisten geschweißt werden.
3 Beachten Sie, dass ein verbogener Rahmen Fahrwerksprobleme hervorruft. Wenn ein Verzug infolge eines Unfalls festgestellt wird, muss der Rahmen von sämtlichen Anbauteilen befreit werden, um ihn komplett kontrollieren und vermessen zu können.

3.1 Entfernen Sie die Sicherungsscheibe und ziehen Sie den Lagerzapfen nach oben heraus.

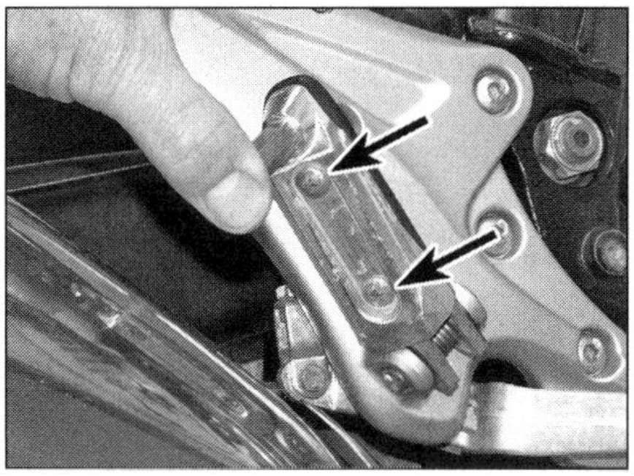
3.2 Lösen Sie die Schrauben, um das Fußrastengummi zu befreien.

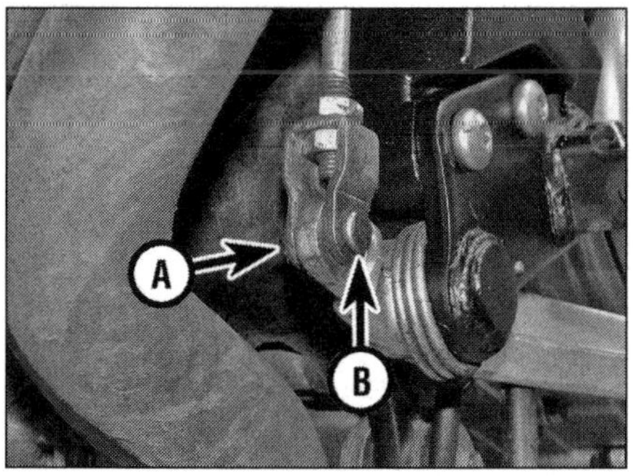

3.4 Entfernen Sie den Splint und die Scheibe (A) und ziehen Sie den Gelenkstift (B) heraus.

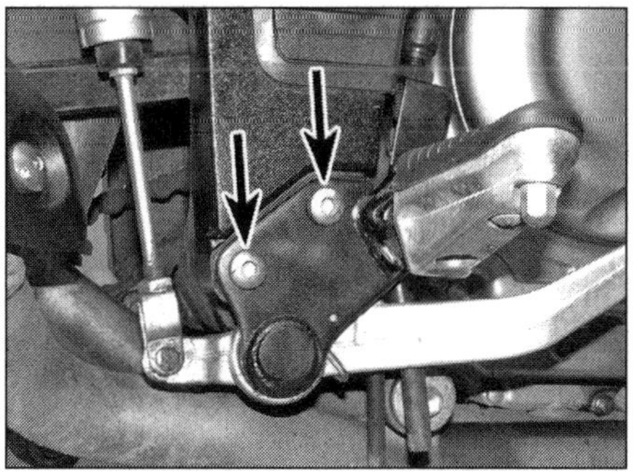
3.5 Fußrastenträger-Schrauben

3 Fußrasten, Bremspedal und Schalthebel

Fußrasten

1 Entfernen Sie zur Demontage einer Fußraste unten am Lagerzapfen die Sicherungsscheibe, ziehen Sie den Zapfen heraus und entnehmen Sie die Fußraste (siehe Abbildung) – beachten Sie an Fahrerfußrasten die Rückholfedern. Beachten Sie bei Beifahrerfußrasten von DL-Modellen die Halteschelbe und bei SFV-Modellen die Arretierscheibe samt Kugel und Feder.
2 Die Fußrastengummis können nötigenfalls ersetzt werden – lösen Sie dazu an der Fahrerfußraste die Schrauben an der Unterseite (merken Sie sich ihre Positionen), beachten Sie bei DL-Modellen das Halteblech und entnehmen Sie das Gummi (siehe Abbildung). Entfernen Sie bei den Beifahrerfußrasten von DL-Modellen die Haltescheibe und ziehen Sie das Gummi ab – beachten Sie seinen Sitz um die Abschlussplatte.
3 Der Einbau entspricht der umgekehrten Reihenfolge des Ausbaus. Versehen Sie alle Lagerzapfen mit etwas Fett.

Bremspedal

DL-Modelle

4 Entfernen Sie den Splint und die Scheibe vom Lagerstift, der das Pedal an der Bremszylinder-Druckstange sichert (siehe Abbildung). Ziehen Sie den Stift heraus und trennen Sie die Druckstange vom Pedal.
5 Lösen Sie die Schrauben des Fußrastenträgers und entnehmen Sie diesen (siehe Abbildung).

3.6 Hängen Sie die Feder (A) aus und entfernen Sie den Seegerring (B).

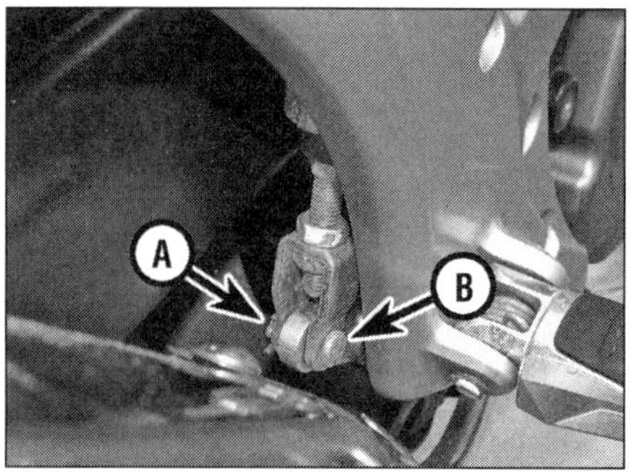

3.8 Entfernen Sie den Splint und die Scheibe (A) und ziehen Sie den Gelenkstift (B) heraus.

3.9a Kontern Sie die Schraube der Auspuffhalterung, lösen Sie die Mutter, ...

3.9b ... lösen Sie die Schrauben des Fußrastenträgers ...

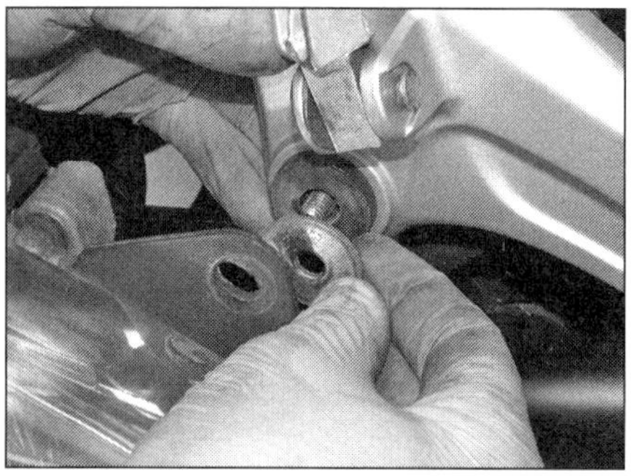
3.9c ... und stellen Sie die Scheibe zwischen dem Schalldämpfer und dem Träger sicher.

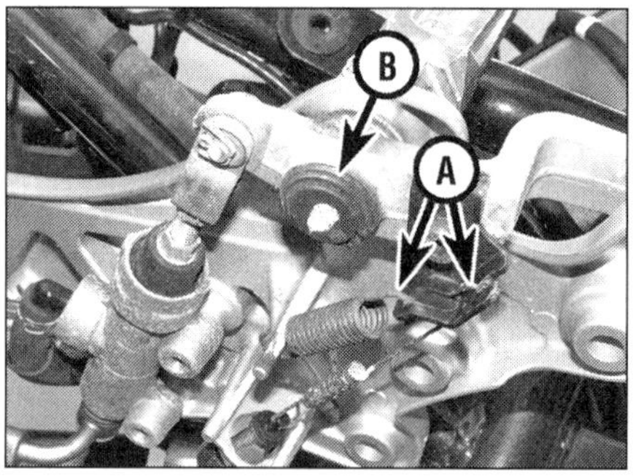

3.10 Hängen Sie die Feder (A) aus und entfernen Sie den Seegerring (B).

3.12a Ausricht-Markierungen (A) und Klemmschraube (B) des Schaltgestängehebels – DL

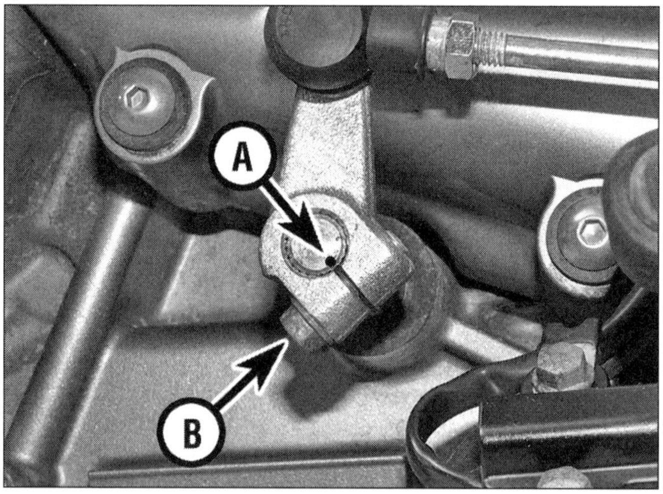

3.12b Ausricht-Markierungen (A) und Klemmschraube (B) des Schaltgestängehebels – SFV

6 Hängen Sie am Pedal die Bremslichtschalter-Feder aus (siehe Abbildung). Entfernen Sie den Seegerring und die Scheibe und ziehen Sie das Pedal von seinem Lagerzapfen; hängen Sie die Rückholfeder aus.

7 Der Einbau entspricht der umgekehrten Reihenfolge des Ausbaus. Reinigen Sie die Lagerbereiche des Pedals und seines Zapfens und tragen Sie frisches Fett auf.

SFV-Modelle

8 Entfernen Sie den Splint und die Scheibe vom Lagerstift, der das Pedal an der Bremszylinder-Druckstange sichert (siehe Abbildung). Ziehen Sie den Stift heraus und trennen Sie die Druckstange vom Pedal.

9 Lösen Sie die Schalldämpfer-Befestigungsschraube und die Schrauben des Fußrastenträgers, um diesen zu entfernen – beachten Sie die Scheibe (siehe Abbildungen).

10 Hängen Sie am Pedal die Bremslichtschalter-Feder und die Rückholfeder aus (siehe Abbildung). Entfernen Sie den Seegerring und die Scheibe und ziehen Sie das Pedal von seinem Lagerzapfen.

11 Der Einbau entspricht der umgekehrten Reihenfolge des Ausbaus. Reinigen Sie die

3.13a **Entfernen Sie den Seegerring, . . .**

3.13b **. . . nehmen Sie die Scheibe ab . . .**

3.13c **. . . und ziehen Sie den Hebel von der Schaltwelle.**

4.2a **Seitenständer-Federn**

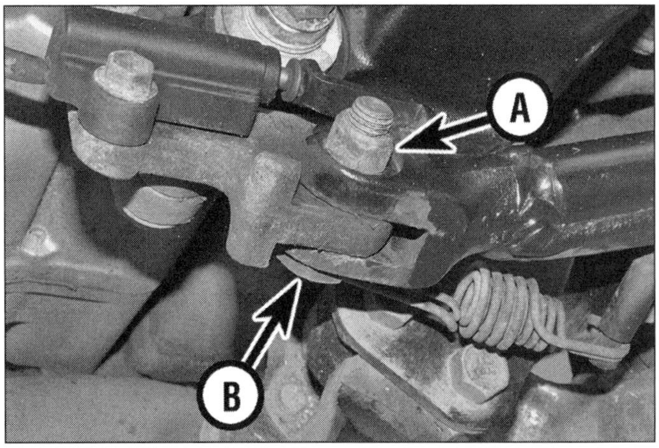

4.2b **Mutter (A) des Seitenständerbolzens (B)**

Lagerbereiche des Pedals und seines Zapfens und tragen Sie frisches Fett auf.

Schalthebel und Schaltgestänge

Ausbau

12 Markieren Sie an der aus dem Motor kommenden Schaltwelle die Ausrichtung zur Klemmöffnung des Schaltgestängehebels, lockern Sie die Klemmschraube und ziehen Sie den Schaltgestängehebel ab (siehe Abbildungen).

13 Entfernen Sie den Seegerring und die Scheibe, um den Hebel vom Wellenzapfen zu ziehen (siehe Abbildungen).

14 Falls das Schaltgestänge vom Schalthebel getrennt werden soll, muss notiert werden, wie weit die Gewindestange in die Hebelgelenke gedreht ist (hierdurch wird die Höhe des Schalthebels zur Fußraste bestimmt). Lockern Sie die Kontermuttern – eine von ihnen hat ein Linksgewinde – und drehen Sie die Stange so, dass sie sich gleichzeitig aus beiden Seiten löst. Falls eine der Gummikappen der Schaltgestänge-Gelenke spröde oder rissig ist, muss sie ersetzt werden.

15 Kontrollieren Sie alle Komponenten auf Verschleiß und Beschädigungen – sämtliche Einzelteile sind separat erhältlich.

Einbau

16 Der Einbau entspricht der umgekehrten Ausbaureihenfolge – beachten Sie dabei folgende Punkte:

- Befreien Sie alle Gelenke von altem Fett und schmieren Sie sie mit frischem Fett.
- Falls das Schaltgestänge zerlegt wurde, dürfen die Kontermuttern erst angezogen werden, nachdem die Höhe des Schalthebels eingestellt wurde.
- Richten Sie die Klemmöffnung des Schaltgestängehebels zur Körnermarkierung der Welle aus (Abbildungen 3.12a oder b).
- Stellen Sie die Höhe des Schalthebels durch das Verdrehen des Schaltgestänges ein und ziehen Sie die Kontermuttern sorgfältig an.

4 Seitenständer

Ausbau

1 Stützen Sie das Motorrad mit einer geeigneten Vorrichtung sicher ab. Klappen Sie den Seitenständer ein.

2 Hängen Sie vorsichtig die Ständerfedern aus und entfernen Sie sie (siehe Abbildung). Lösen Sie die Mutter des Lagerbolzens, drehen Sie diesen heraus und entnehmen Sie den Ständer (siehe Abbildung).

Einbau

3 Befreien Sie den Ständer und den Lagerbolzen von alten Fettresten und tragen Sie auf den Gleitflächen frisches Fett auf. Ziehen Sie den Lagerbolzen mit 10 Nm (SFV) bzw. 50 Nm (DL) an, kontern Sie ihn und ziehen Sie die Mutter mit 40 Nm an (Abbildung 4.2b).

4 Hängen Sie die Federn ein (Abbildung 4.2a) – sie müssen den Ständer sicher in der eingeklappten Position halten – ein während der Fahrt ausklappender Ständer kann zu schweren Unfällen führen.

5 Lenker und Hebel

5

Lenker

Demontage

Anmerkung: *Der Lenker kann von der oberen Gabelbrücke demontiert werden, ohne dass irgendwelche Bauteile von ihm getrennt werden müssen – folgen Sie hierzu lediglich den Schritten 1 sowie 9 oder 10 (je nach Modell-*

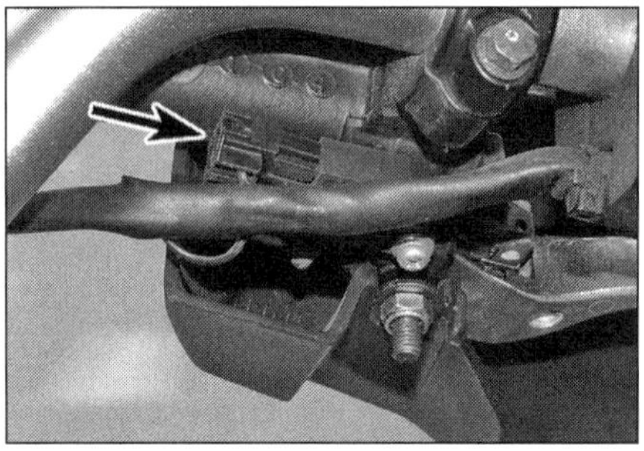

5.3a Trennen Sie den Stecker des Bremslichtschalters.

5.3b Lösen Sie die Schrauben und befreien Sie die Handbremszylinder-Baugruppe.

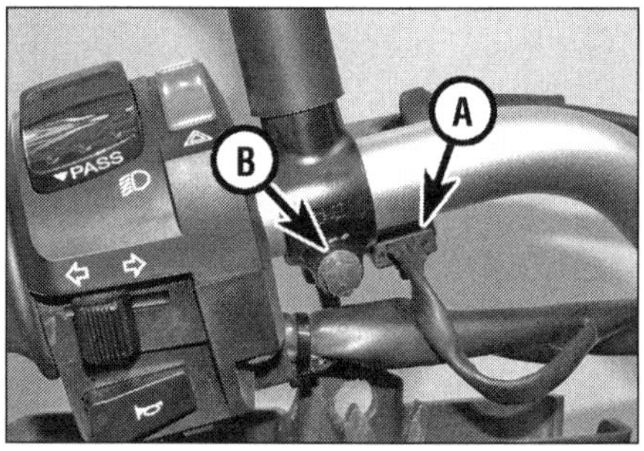

5.4 Kupplungsschalter-Stecker (A), Hebelhalter-Klemmschraube (B)

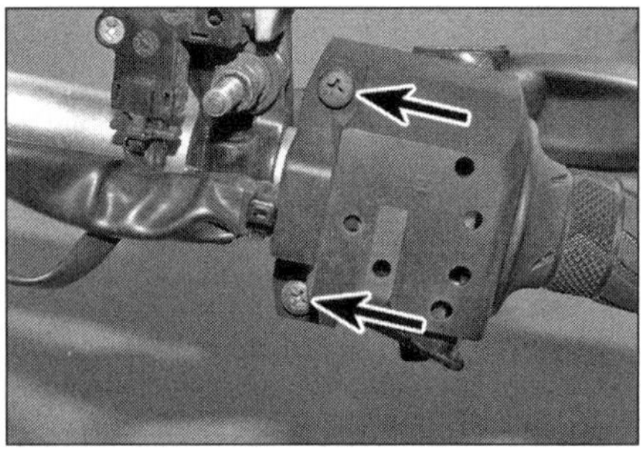

5.5 Schaltergehäuseschrauben

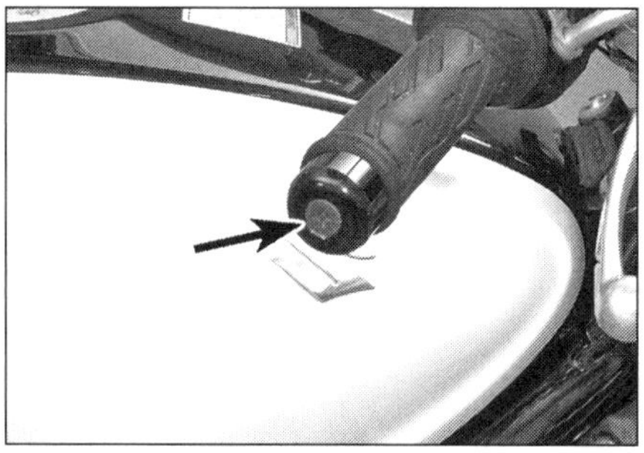

5.6 Schraube des Lenkergewichts

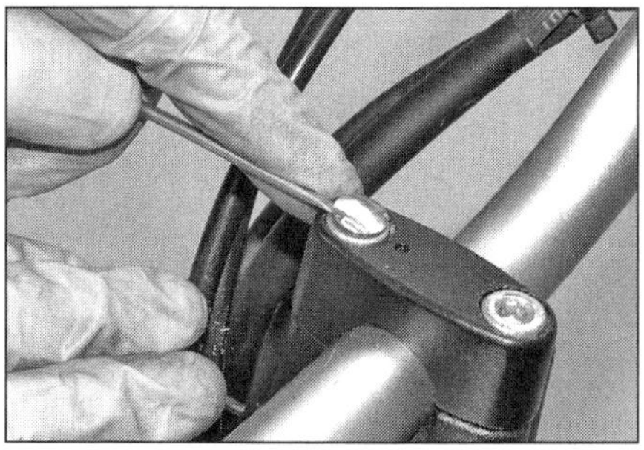

5.8a Hebeln Sie die Kappen heraus, ...

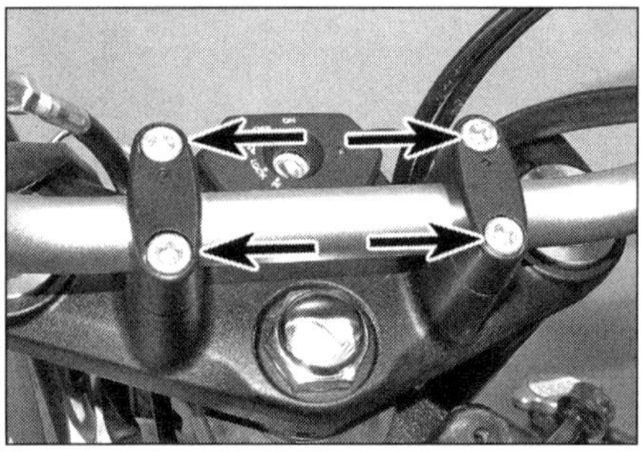

5.8b ... lösen Sie die Schrauben ...

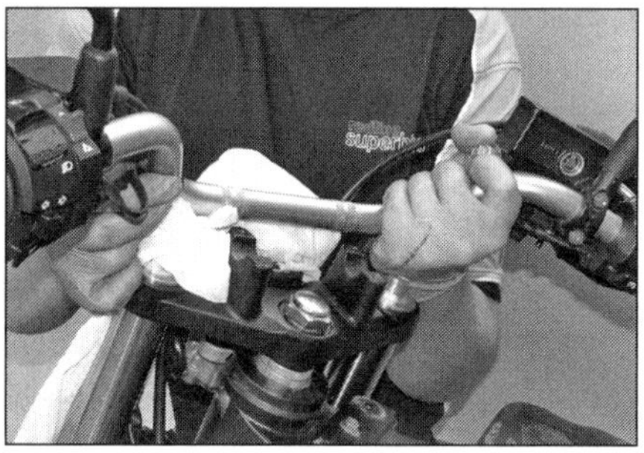

5.8c ... und befreien Sie den Lenker.

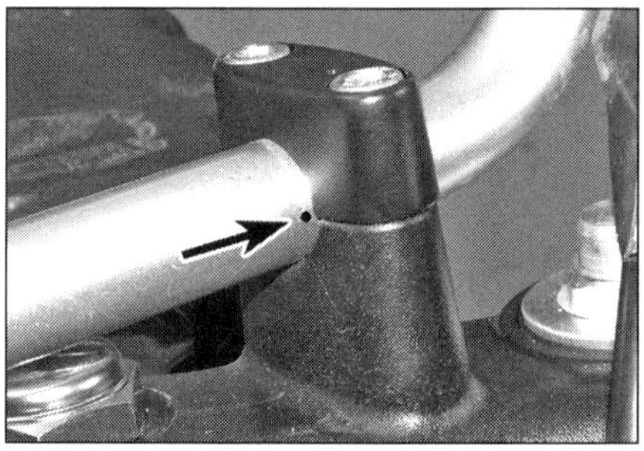

5.9a Richten Sie die Markierung (Pfeil) vorne innen zur Kontaktfläche des linken Lenkerhalters aus.

jahr). Lagern Sie den demontierten Lenker auf Lappen.

1 Demontieren Sie die Rückspiegel und ggf. die Handprotektoren (siehe Kapitel 7).
2 Befreien Sie die Gaszüge vom Gasgriff (siehe Kapitel 4) – erzeugen Sie bei Modellen ab 2007 maximales Spiel mithilfe der Einsteller (siehe Kapitel 1) oder befreien Sie die Züge nötigenfalls von der Drosselklappenbetätigung, bevor Sie sie am Gasgriff trennen.
3 Trennen Sie die Kabel vom Bremslichtschalter (siehe Abbildung). Lösen Sie die zwei Klemmschrauben des Handbremszylinders und nehmen Sie die Baugruppe ab. Halten Sie den Ausgleichsbehälter aufrecht, um das Auslaufen von Bremsflüssigkeit zu vermeiden und keine Luft in die Hydraulik eindringen zu lassen. Setzen Sie den Hydraulikschlauch nicht unter Last (siehe Abbildung).
4 Trennen Sie die Kabel vom Kupplungsschalter und lockern Sie die Klemmschraube des Kupplungshebelhalters (siehe Abbildung). Befreien Sie den Kupplungszug vom Hebel und aus dem Halter (siehe Kapitel 2).
5 Falls vorhanden, müssen alle Kabelbinder am Lenker geöffnet werden. Lösen Sie die Schrauben der Schaltergehäuse und befreien Sie sie vom Lenker (siehe Abbildung).
6 Lösen Sie die Schraube des rechten Lenkergewichts, befreien Sie dies aus dem Lenker und ziehen Sie den Gasgriff ab (siehe Abbildung).
7 Lösen Sie die Schraube des linken Lenkergewichts, befreien Sie dies aus dem Lenker und ziehen Sie das Griffgummi ab – falls es aufgeklebt ist und sich nicht mit einem eingeschobenen Werkzeug lösen lässt, muss es längs aufgeschnitten werden, um es entfernen zu können. Ziehen Sie den Kupplungshebelhalter ab.
8 Hebeln Sie vorsichtig die Kappen aus den Lenker-Klemmschrauben (siehe Abbildung), stützen Sie den Lenker und lösen Sie die Schrauben – achten Sie auf deren Scheiben. Entfernen Sie die Klemmstücke und entnehmen Sie den Lenker (siehe Abbildungen). Falls der Lenker samt aller Anbauteile nur abgenommen werden soll, müssen ggf. alle Züge und Kabel aus den Führungen der oberen Gabelbrücke befreit werden.

Einbau

9 Die Montage entspricht der umgekehrten Demontagereihenfolge – dabei ist zu beachten:

- Richten Sie die Körnermarkierung vorne am Lenker innen zur Kontaktfläche des linken Lenkerhalters aus (Abbildung 5.9a).
- Setzen Sie die Klemmstücke mit den Körnermarkierungen nach vorne zeigend auf (Abbildung 5.9b). Installieren Sie die mit den Scheiben ausgerüsteten Schrauben und ziehen Sie zuerst die vorderen und dann die hinteren mit 23 Nm an.

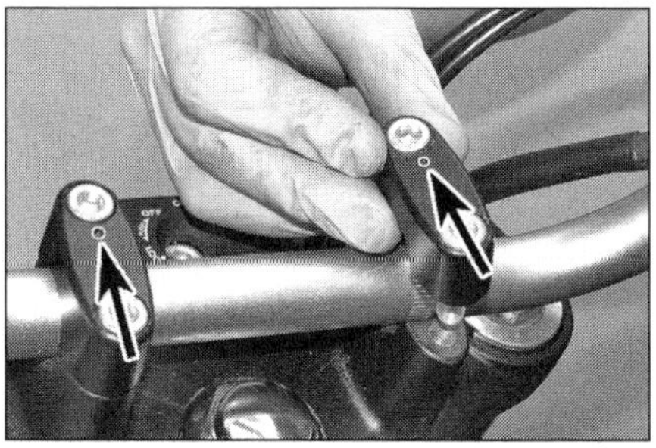

5.9b Setzen Sie die Klemmstücke mit den Markierungen nach vorne auf.

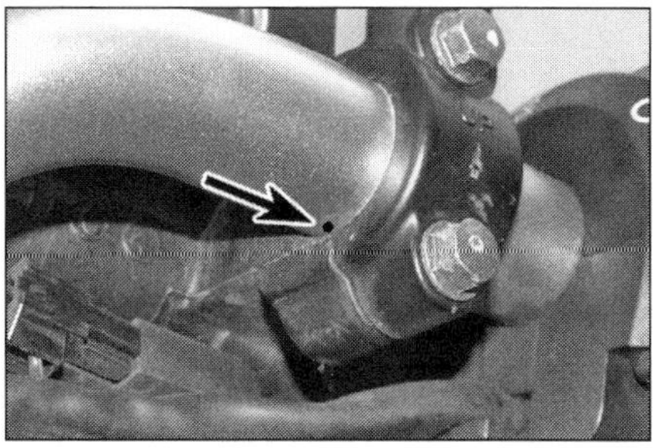

5.9c Richten Sie die Kontaktfläche der Bremszylinder-Klemmung zur Lenkermarkierung aus.

5.9d Richten Sie die Klemmöffnung des Kupplungshebelhalters zur Lenkermarkierung aus.

5.11 Beachten Sie bei DL-Modellen mit Handprotektoren die Scheibe am Gelenkbolzen.

- Schmieren Sie vor dem Aufschieben des Gasgriffs das rechte Lenkerende mit Mehrzweckfett. Die Montage der Gaszüge ist in Kapitel 4 beschrieben.
- Das Klemmstück des Handbremszylinders muss mit der Rückspiegel-Aufnahme nach oben angesetzt und mit der Kontaktfläche zur Körnermarkierung unten am Lenker ausgerichtet werden (Abbildung 5.9c). Ziehen Sie zuerst die obere und dann die untere Klemmschraube mit 10 Nm an.
- Richten Sie die Klemmöffnung des Kupplungshebelhalters zur Körnermarkierung unten am Lenker aus (Abbildung 5.9d) und ziehen Sie die Klemmschraube sorgfältig an.
- Die Stifte in jeweils einer der Schaltergehäusehälften müssen in die Bohrungen des Lenkers greifen.

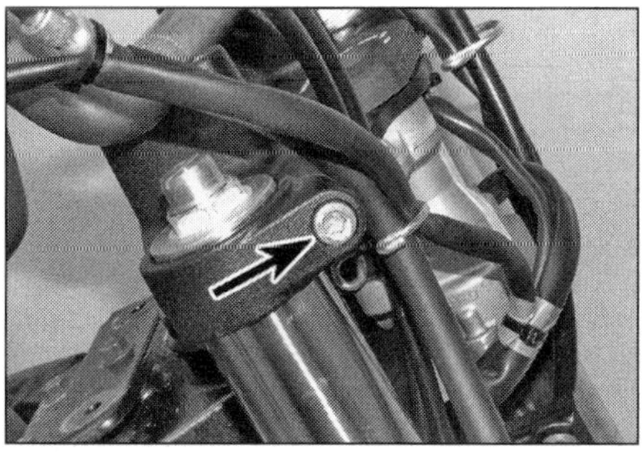

6.5a Standrohr-Klemmschraube der oberen Gabelbrücke

5.12 Beachten Sie bei DL-Modellen mit Handprotektoren die Hülse am Gelenkbolzen.

- Reinigen Sie die Gewinde der Lenkergewicht-Schrauben und versehen Sie sie vor der Montage mit mittelfester Sicherungspaste.
- Falls neue Griffgummis verwendet werden, sollten sie mit geeignetem Kleber versehen aufgeschoben werden.
- Vergessen Sie nicht, die Stecker des Kupplungs- und des Bremslichtschalters anzuschließen.
- Prüfen Sie vor der ersten Fahrt die Funktion des Gasgriffs, der Handbremse und der Kupplung sowie aller Schalter. Stellen Sie nötigenfalls das Gaszugspiel ein (siehe Kapitel 1).

Lenkerhebel

10 Demontieren Sie bei DL-Modellen ggf. den entsprechenden Handprotektor (siehe Kapitel 7).

6.5b Lockern Sie nötigenfalls den Gabelverschluss.

11 Zur Demontage des Bremshebels muss die unten am Halter sitzende Lagerbolzenmutter gelöst, der Bolzen herausgedreht und der Hebel entfernt werden (siehe Abbildung).

12 Zur Demontage des Kupplungshebels muss im Kupplungszug ausreichend Spiel erzeugt werden (siehe Kapitel 1). Lösen Sie die unten am Halter sitzende Lagerbolzenmutter (siehe Abbildung). Drehen Sie den Bolzen heraus, entnehmen Sie den Hebel und befreien Sie den Bowdenzugnippel.

13 Der Einbau entspricht der umgekehrten Ausbaureihenfolge. Geben Sie etwas Silikonpaste auf die Gleit- und Kontaktflächen zwischen der Bremszylinder-Druckstange und dem Hebel. Versehen Sie die Lagerbolzen-Schäfte und die Kontaktflächen zwischen dem Hebel und dem Halter mit frischem Fett. Ziehen Sie den Lagerbolzen leicht an, halten Sie ihn und ziehen Sie die Kontermutter sorgfältig an.

6 Gabel
Ausbau und Einbau

Ausbau

1 Entfernen Sie bei DL-Modellen bis 2011 die Verkleidungsseitenteile und bei DL-Modellen ab 2012 die gesamte Verkleidung (siehe Kapitel 7).

2 Bauen Sie das Vorderrad aus (siehe Kapitel 6). Sichern Sie die an den Leitungen angeschlossenen Bremssättel mit Draht außerhalb des Arbeitsbereichs.

3 Demontieren Sie das Vorderradschutzblech (siehe Kapitel 7).

4 Befreien Sie je nach Modell ggf. das Kabel des Geschwindigkeitssensors von der Gabel. Notieren Sie die Verlegung aller durch die Gabel führenden Bowdenzüge, Hydraulikschläuche und Kabel.

5 Arbeiten Sie immer nur an einem Gabelholm. Lockern Sie die obere Gabelbrückenklemmschraube am zu entfernenden Gabelholm (siehe Abbildung). Falls das Gabelöl gewechselt oder die Gabel zerlegt werden soll, empfiehlt es sich jetzt, die Verschlussschraube zu lockern (siehe Abbildung).

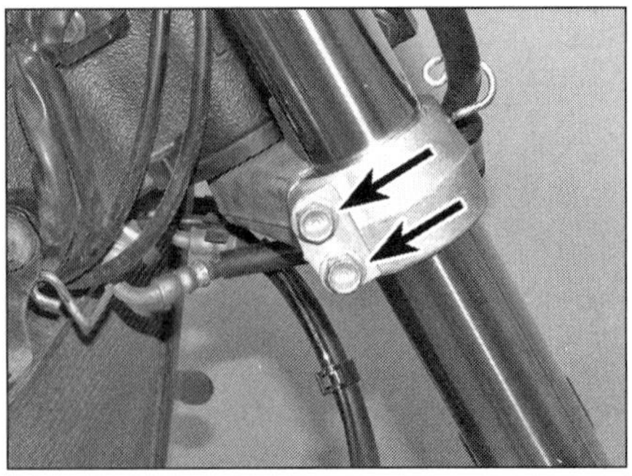

6.6a Standrohr-Klemmschrauben der unteren Gabelbrücke

6.6b Ziehen Sie den Gabelholm nach unten aus den Gabelbrücken.

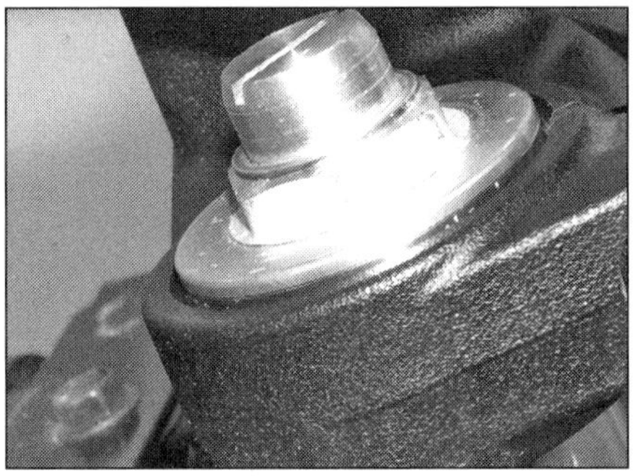

6.8 Richten Sie das Standrohr korrekt zur Gabelbrücke aus – bei DL-Modellen muss es bündig sitzen, sodass nur die Verschlussschraube oben herausragt.

6 Lockern Sie die Klemmschrauben der unteren Gabelbrücke und ziehen den Gabelholm nach unten aus der Brücke – drehen Sie ihn dabei nötigenfalls (siehe Abbildungen).

Praxis TiPP ***Wenn die Standrohre fest in den Gabelbrücken klemmen, müssen die Bereiche mit Kriechöl eingesprüht werden, bevor nach einer gewissen Einwirkzeit ein weiterer Demontageversuch gestartet wird.***

Einbau

7 Entfernen Sie alle Rostspuren von den Standrohren und den Gabelbrücken. Achten Sie darauf, die Gabelholme korrekt zu positionieren – das Tauchrohr mit der Achsen-Klemmschraube gehört bei DL-Modellen bis 2011 sowie allen SFV-Modellen nach rechts, bei DL-Modellen ab 2012 sitzt es links. Stellen Sie dabei sicher, dass alle Leitungen an der richtigen Seite der Gabel verlegt sind.

8 Schieben Sie die Gabelholme durch die untere Gabelbrücke in die obere Brücke, bis bei DL-Modellen der Rand des Standrohrs (nicht die Verschlussschraube!) bündig zur Gabelbrücke steht, bei SFV-Modellen muss das Standrohr 1,5 mm oben herausragen (siehe Abbildung). Ziehen Sie die unteren Klemmschrauben mit 23 Nm an (Abbildung 6.6a).

9 Falls das Gabelöl gewechselt oder die Gabelholme zerlegt wurden, wird jetzt die Verschlussschraube mit 23 Nm angezogen (Abbildung 6.5b).

10 Ziehen Sie jetzt die Klemmschrauben der oberen Gabelbrücke mit 23 Nm an (Abbildung 6.5a).

11 Montieren Sie das Schutzblech (siehe Kapitel 7) und das Vorderrad (siehe Kapitel 6). Prüfen Sie, ob alle Züge, Schläuche und Kabel korrekt verlegt sind.

12 Montieren Sie bei DL-Modellen alle entfernten Verkleidungsteile (siehe Kapitel 7).

13 Prüfen Sie vor der ersten Fahrt die Funktion der Gabel und der Vorderradbremse.

7 Gabel
Ölwechsel

1 Gabelöl altert mit der Zeit und verliert seine dämpfende und schmierende Eigenschaft, sodass es gelegentlich erneuert werden muss. Wechseln Sie immer das Gabelöl beider Gabelholme gleichzeitig.

2 Bauen Sie einen Gabelholm aus – lockern Sie vor dem Lösen der unteren Gabelbrücken-Klemmschrauben die Verschlussschraube (siehe Sektion 6).

3 Drehen Sie die Verschlussschraube aus dem Standrohr – sie steht unter Federdruck durch die Gabelfeder, sodass sich der Ausbau mit einer Ratsche empfiehlt, über die permanent Druck auf den Verschluss ausgeübt wird, damit sie nicht wegspringt. Alternativ kann das Werkzeug festgehalten und das Standrohr abgeschraubt werden (siehe Abbildung).

4 Schieben Sie das Standrohr ins Tauchrohr und entfernen Sie die Distanzhülse, die Scheibe und die Gabelfeder (siehe Abbildungen).

5 Gießen Sie das Gabelöl in einen Sammelbehälter – pumpen Sie mit der Dämpferstange und dem Standrohr einige Male, um möglichst viel Öl herauszubekommen (siehe Abbildung). Stellen Sie den Gabelholm eine Zeit lang verkehrt herum in den Behälter, um das Öl abtropfen zu lassen und pumpen Sie anschließend

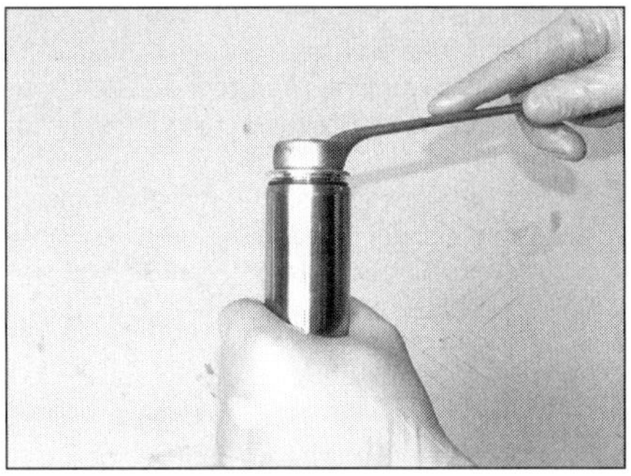

7.3 Drehen Sie den Verschluss aus dem Standrohr.

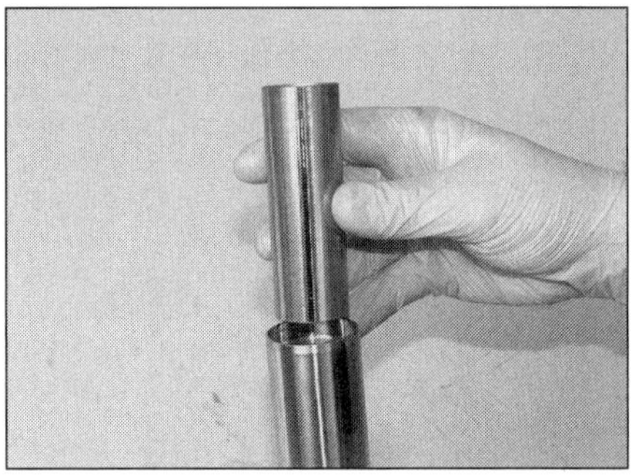

7.4a Entfernen Sie das Distanzrohr, ...

7.4b ... die Scheibe ...

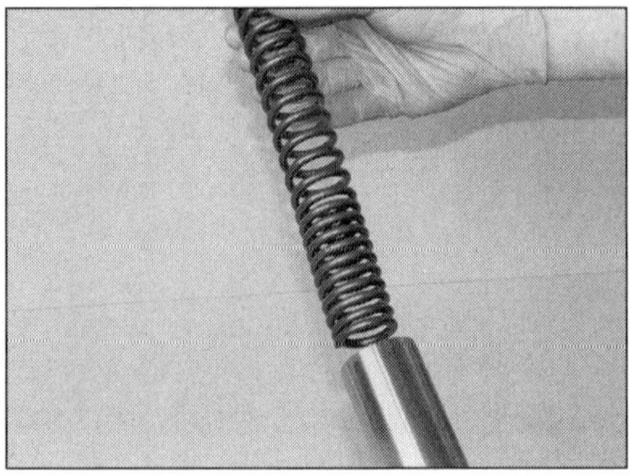

7.4c ... und die Gabelfeder.

erneut. Falls das Gabelöl Metallpartikel enthält, müssen die Gleitbuchsen auf Verschleiß überprüft werden (siehe Sektion 8). Wischen Sie die Distanzhülse und die Feder sauber.

6 Stellen Sie den Gabelholm aufrecht hin und füllen Sie langsam die vorgeschriebene Menge des vorgegebenen Gabelöls ein (siehe Abbildung). Pumpen Sie mindestens zehnmal mit dem Standrohr, um Luftblasen aufsteigen zu lassen. Warten Sie mindesten zehn Minuten, damit das Öl überall hinfließt und alle Luftblasen aufsteigen können.

7 Schieben Sie das Standrohr bis zum Anschlag ins Tauchrohr und messen Sie vom oberen Rand den Ölpegel – er muss beim in den technischen Daten angegebenen Wert liegen (siehe Abbildung). Füllen Sie nötigenfalls Öl nach oder gießen Sie etwas aus, bis der Pegel korrekt ist.

8 Ziehen Sie das Standrohr heraus und installieren Sie die Feder (mit den engeren Wicklungen nach unten), die Scheibe und das Distanzrohr (Abbildungen 7.4c, b und a).

9 Falls der Verschlussschrauben-O-Ring beschädigt oder spröde ist, muss er ersetzt werden (siehe Abbildung). Schmieren Sie den O-Ring mit Gabelöl. Ziehen Sie das Standrohr nach oben und drehen Sie die Verschlussschraube möglichst weit von Hand gegen den Federdruck ein – sie darf dabei nicht verkanten.

Anmerkung: *Die Verschlussschraube kann mit dem korrekten Drehmoment angezogen werden, wenn der Gabelholm montiert und mit der unteren Gabelbrückenklemmschraube gesichert ist – die obere Klemmschraube darf erst danach angezogen werden.*

10 Montieren Sie den Gabelholm (siehe Sektion 6).

8 Gabel Überholen

1 Bauen Sie einen Gabelholm aus. Lockern Sie vor dem Lösen der unteren Gabelbrücken-Klemmschraube die Verschlussschraube (siehe Sektion 6). Zerlegen Sie die Gabelholme

7.5 Entleeren Sie den Gabelholm wie beschrieben.

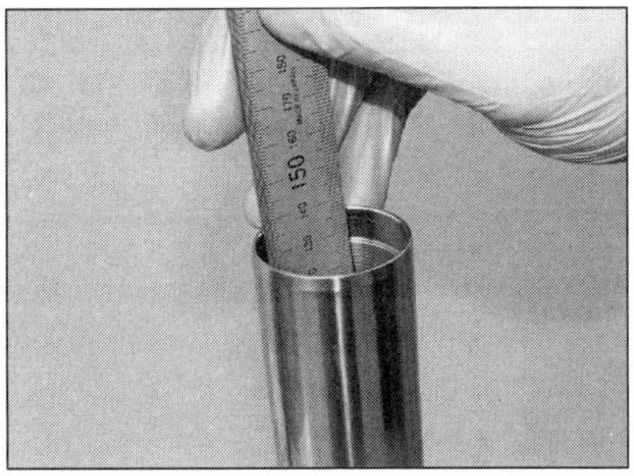

7.7 Messen Sie den Pegel bei senkrecht stehendem Gabelholm.

immer einzeln, um Verwechslungen von Teilen zu vermeiden, was nach der Montage zu einem erhöhten Verschleiß führen würde. Lagern Sie alle Komponenten in getrennten und markierten Behältern.

Zerlegen

2 Entfernen Sie bei DL-Modellen bis 2011 sowie allen SFV-Modellen rechts, bei DL-Modellen ab 2012 links die Achsen-Klemmschraube (siehe Abbildung). Entfernen Sie bei SFV-Modellen nötigenfalls den Gabel-Protektor.

3 Legen Sie den Gabelholm mit den Bremssattel-Aufnahmen nach links zeigend auf die Werkbank. Drücken Sie das Tauchrohr herunter und lockern Sie die von unten eingesetzte Dämpferschraube (siehe Abbildung), ziehen Sie sie danach wieder leicht an, damit kein Öl austritt. Falls sich der Dämpfer dabei mitdreht, muss der Holm soweit komprimiert werden, bis die Feder genügend Druck ausübt, dass die Schraube gelöst werden kann. Alternativ kann ein Luftdruck-Schrauber verwendet werden.

7.6 Füllen Sie langsam frisches Gabelöl ein, damit möglichst wenige Luftblasen entstehen.

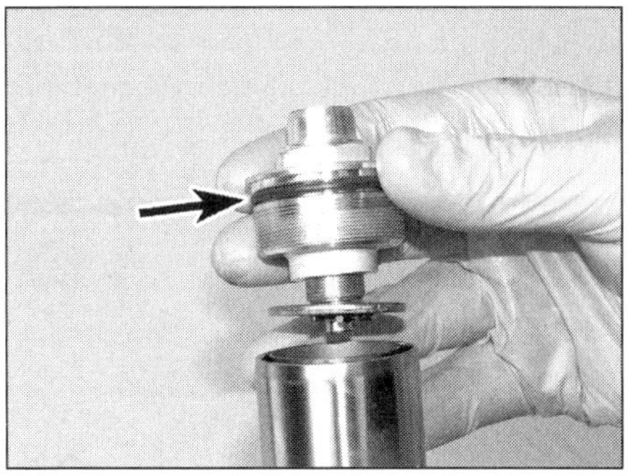

7.9 Kontrollieren Sie den O-Ring der Verschlussschraube.

4 Wechseln Sie zu Sektion 7, Schritte 3 bis 5, und gießen Sie das Gabelöl aus.

5 Entfernen Sie die Dämpferstangenschraube und ihre Dichtscheibe unten aus dem Tauchrohr (Abbildung 8.20b) – die Scheibe muss später erneuert werden.

6 Kippen Sie die Dämpferstange und ihre Feder heraus (siehe Abbildung).

8.2 Entfernen Sie die Achsen-Klemmschraube.

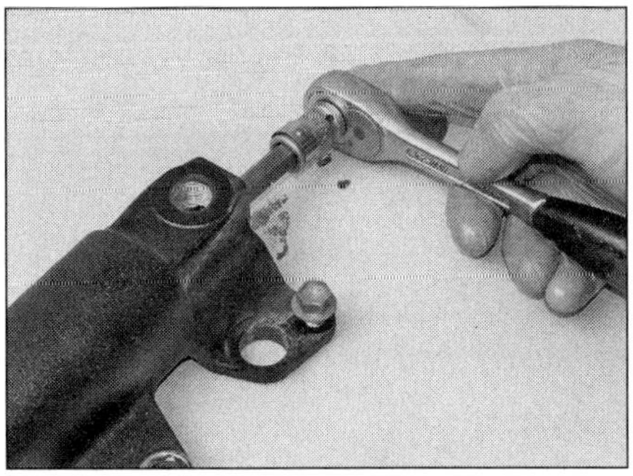

8.3 Lockern Sie die unten im Tauchrohr sitzende Dämpferstangenschraube.

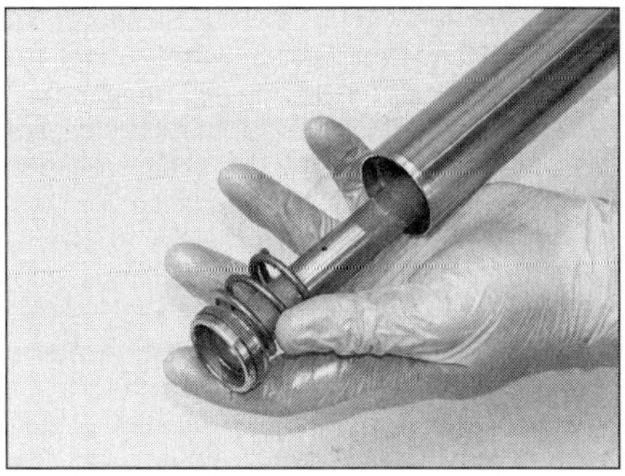

8.6 Kippen Sie die Dämpferstange aus dem Standrohr.

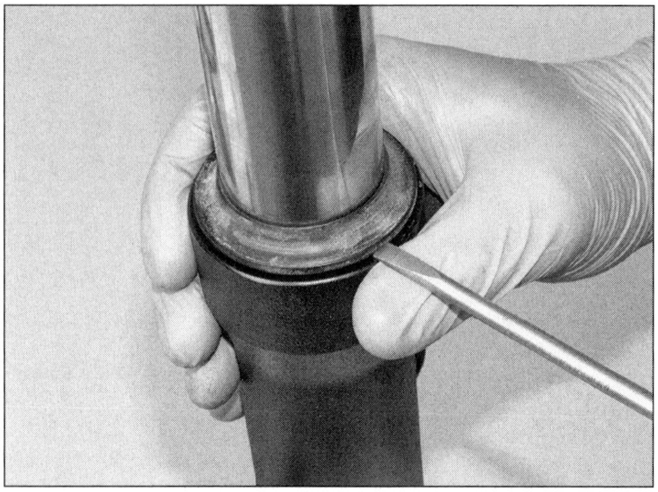

8.7 Hebeln Sie mit einem Schraubendreher die Staubdichtung ab.

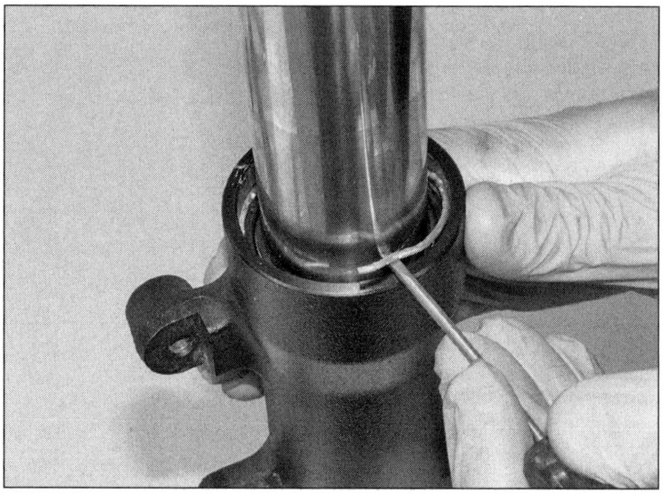

8.8 Hebeln Sie die Drahtsicherung vorsichtig mit einem Schraubendreher heraus.

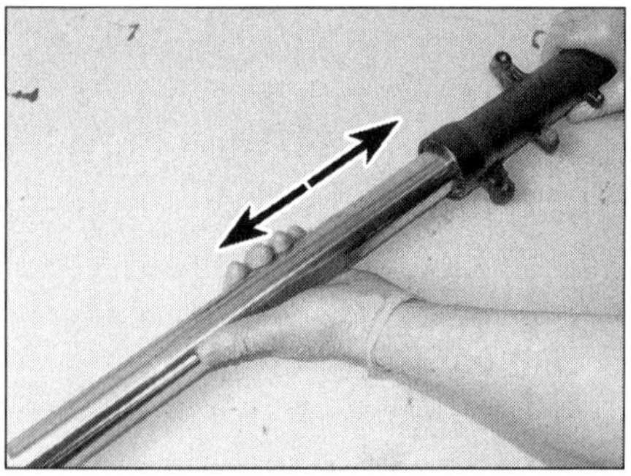

8.9a Ziehen Sie die beiden Rohre zum Trennen mehrmals kräftig auseinander, ...

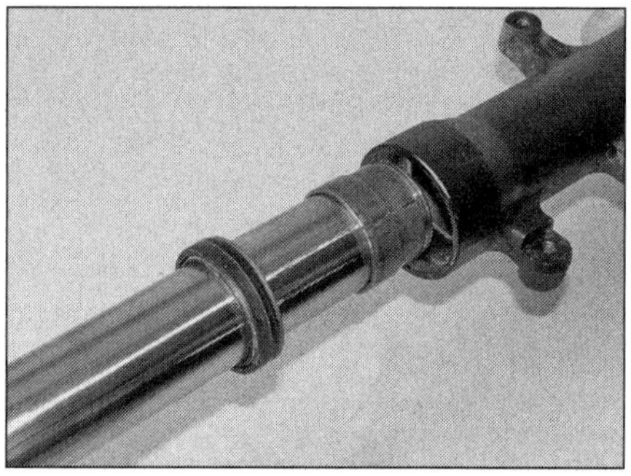

8.9b ... um den Dichtring, die Scheibe und die obere Buchse aus dem Tauchrohr zu ziehen.

8.9c Kippen Sie den Ölverschluss aus dem Tauchrohr.

7 Hebeln Sie vorsichtig die Staubdichtung oben aus dem Tauchrohr (siehe Abbildung).

8 Hebeln Sie vorsichtig den Sicherungsdraht des Dichtrings aus dem Tauchrohr – zerkratzen Sie dabei nicht dessen Oberfläche (siehe Abbildung).

9 Um das Standrohr aus dem Tauchrohr zu trennen, müssen die obere Gleitbuchse und der Dichtring hieraus befreit werden. Weil die am Standrohr sitzende untere Buchse nicht durch die ins Tauchrohr gepresste untere Buchse passt, kann sie als Auszieh-Werkzeug benutzt werden. Greifen Sie das Standrohr mit der einen Hand und das Tauchrohr mit der anderen und schieben Sie die Teile zusammen; ziehen Sie sie dann kräftig auseinander, sodass die untere Buchse die obere und den Dichtring herausdrückt. Wiederholen Sie dies, bis die Rohre getrennt sind (siehe Abbildungen). Kippen Sie den Ölverschluss aus dem Tauchrohr (siehe Abbildung).

10 Ziehen Sie den Dichtring, seine Scheibe und die obere Gleitbuchse vom Standrohr – beachten Sie ihre Einbaupositionen (Abbildung 8.9b). Der Gabel-Dichtring und die Staubdichtung müssen beim Einbau durch Neuteile ersetzt werden. Die untere Buchse darf nur vom Standrohr entfernt werden, wenn sie ersetzt werden soll – hebeln Sie dazu vorsichtig ihre Öffnung mit einem Schraubendreher auf und ziehen Sie sie ab (siehe Abbildung).

Kontrolle

11 Reinigen Sie alle Teile in Lösungsmittel und blasen Sie sie möglichst mit Druckluft aus.

12 Begutachten Sie das Standrohr auf Kerben, Kratzer, abblätternde Beschichtung und extremen oder abnormalen Verschleiß. Finden sich an Ausbrüche durch Steinschlag, muss das Standrohr erneuert werden. Kontrollieren Sie das Standrohr mithilfe von Prismenböcken und einer Messuhr auf Verzug. Wenn das Rohr mehr als 0,2 mm verbogen ist, muss es ersetzt werden.

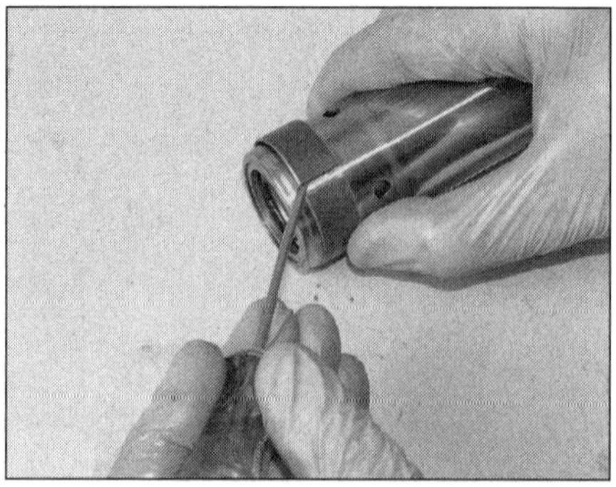

8.10 Hebeln Sie vorsichtig die untere Buchse auseinander, um sie abzuziehen.

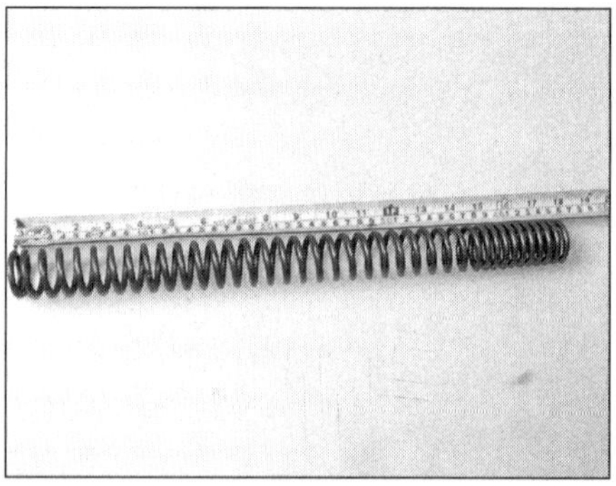

8.14 Messen Sie die freie Länge der Gabelfeder.

8.15 Kontrollieren Sie die Gleitflächen aller Gleitbuchsen auf Verschleiß.

8.16 Kontrollieren Sie den Dämpfer, die Anschlagfeder und den Kolbenring (Pfeil).

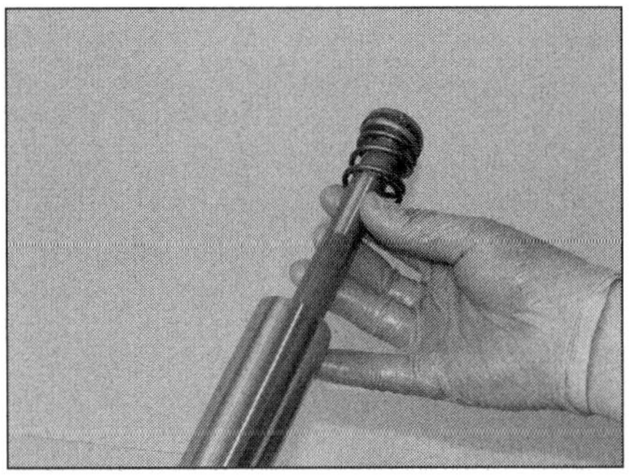

8.18a Schieben Sie die Dämpferstange ins Standrohr . . .

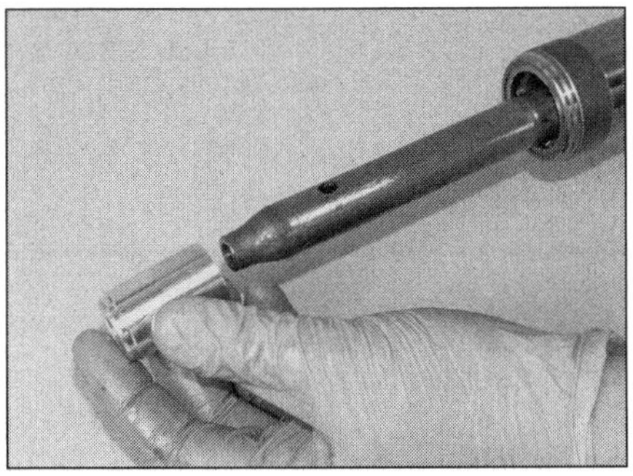

8.18b . . . und stecken Sie unten den Ölverschluss auf.

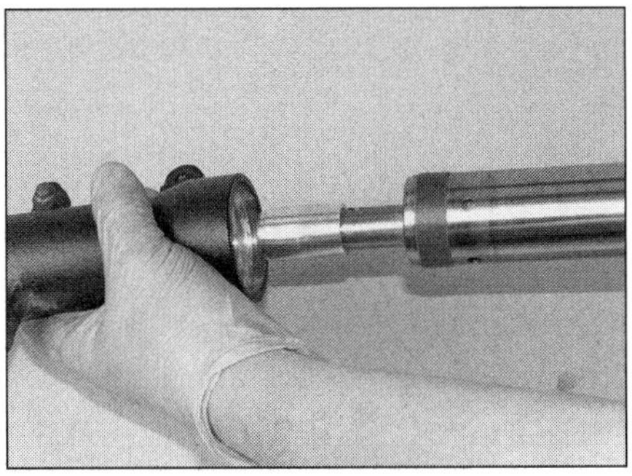

8.19 Schieben Sie das Standrohr ins Tauchrohr.

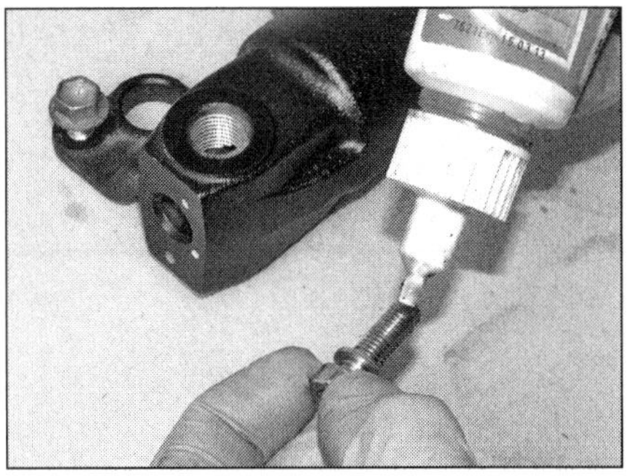

8.20a Versehen Sie das Gewinde der Dämpferstangenschraube mit Sicherungspaste . . .

Warnung: Wenn ein Standrohr verbogen ist, darf es nicht wieder gerichtet, sondern muss ersetzt werden.

13 Begutachten Sie das Tauchrohr auf Beulen und Risse. Begutachten Sie den Dichtring-Sitz auf Kerben, Beulen und Riefen – solche Schäden können zu Undichtigkeit führen. Kontrollieren Sie auch die Dichtring-Scheibe auf Schäden und Verzug und ersetzen Sie sie nötigenfalls.

14 Kontrollieren Sie die Feder auf Brüche und andere Beschädigungen. Messen Sie ihre freie Länge und vergleichen Sie den Wert mit den technischen Daten (siehe Abbildung). Wenn eine Gabelfeder gebrochen oder ermüdet und kürzer als vorgeschrieben ist, müssen immer die Federn beider Gabelholme ersetzt werden – niemals eine einzelne!

15 Überprüfen Sie die Gleitflächen der Buchsen (also die äußere Fläche der unteren und die Innenfläche der oberen Buchse) (siehe Abbildung). Verschleiß zeigt sich durch eine abgeriebene graue Teflonschicht und eine sichtbare Kupferoberfläche – Suzuki empfiehlt den Austausch, wenn über drei Viertel der Teflonschicht abgetragen ist – und natürlich, wenn eine Buchse stark riefig ist. Generell empfiehlt es sich, die Gleitbuchsen im Zuge einer Gabelholm-Überholung zu ersetzen.

16 Kontrollieren Sie die Dämpferstange, den an ihrem Kopf sitzenden Kolbenring und die daran sitzende Anschlagfeder auf Schäden und Verschleiß (siehe Abbildung).

Zusammenbau

17 Installieren Sie nötigenfalls eine neue untere Gleitbuchse in die Vertiefung unten am Standrohr (Abbildung 8.10).

18 Installieren Sie ggf. den Kolbenring in die Nut des Dämpferstangen-Kopfes und schieben Sie die Anschlagfeder auf (Abbildung 8.16). Schmieren Sie den Kolbenring mit Gabelöl. Schieben Sie die Dämpferstange von oben ins Standrohr, bis sie unten herausragt (siehe Abbildung). Setzen Sie den Ölverschluss unten an die Stange (siehe Abbildung).

19 Schmieren Sie die untere Gleitbuchse mit Gabelöl und schieben Sie das Standrohr vollständig ins Tauchrohr (siehe Abbildung).

20 Reinigen Sie das Gewinde der Dämpferstangenschraube. Legen Sie den Gabelholm mit den Bremssattel-Aufnahmen nach rechts zeigend auf die Werkbank. Rüsten Sie die Dämpferschraube mit einer neuen Dichtscheibe aus und tragen Sie am Gewinde mittelfeste Sicherungspaste auf (siehe Abbildung). Drehen Sie die Schraube von unten durch das Tauchrohr in die Dämpferstange und ziehen Sie sie mit 20 Nm an (siehe Abbildungen) – falls sich die Stange mitdreht, muss mit dem Anziehen gewartet werden, bis die Gabel vollständig zusammengesetzt ist, sodass die Feder Druck darauf ausübt.

8.20b . . . installieren Sie sie mit einer neuen Dichtscheibe . . .

8.20c . . . und ziehen Sie sie mit 20 Nm an.

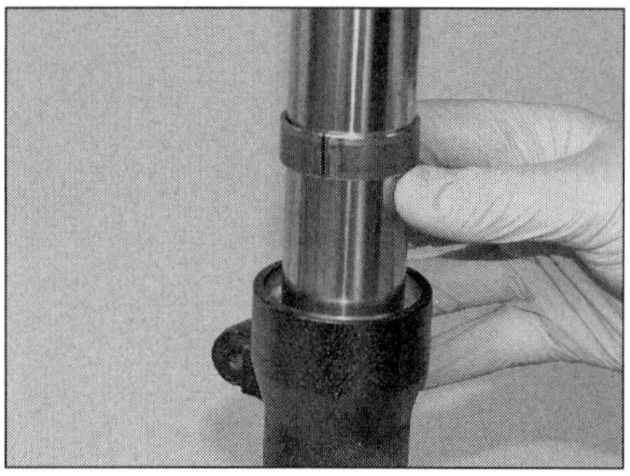

8.21a Schieben Sie die obere Gleitbuchse über das Standrohr ins Tauchrohr, ...

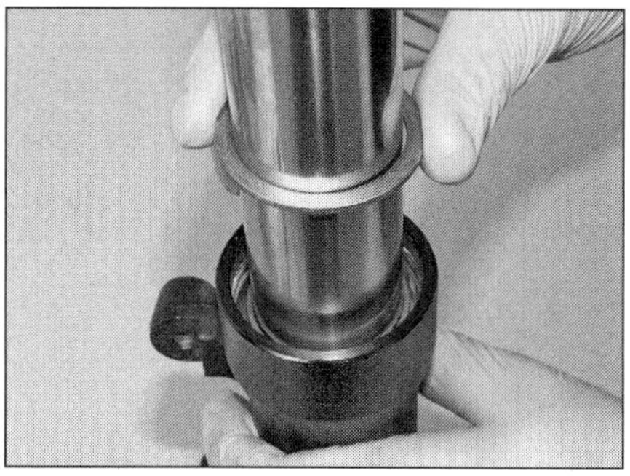

8.21b ... legen Sie zum Schutz die Scheibe auf.

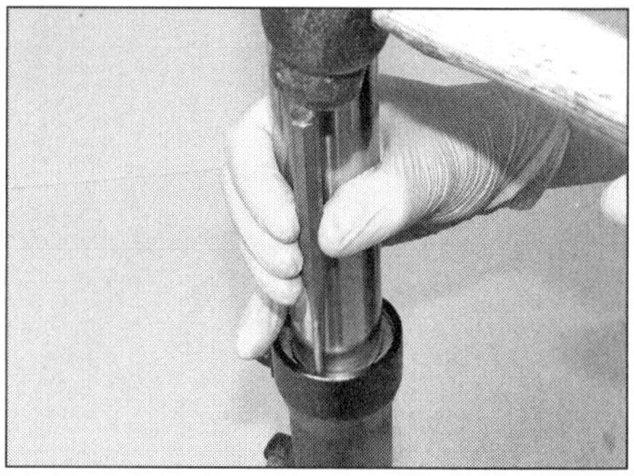

8.22 ... und treiben Sie sie z.B. mit einem Dorn rundherum ein, ...

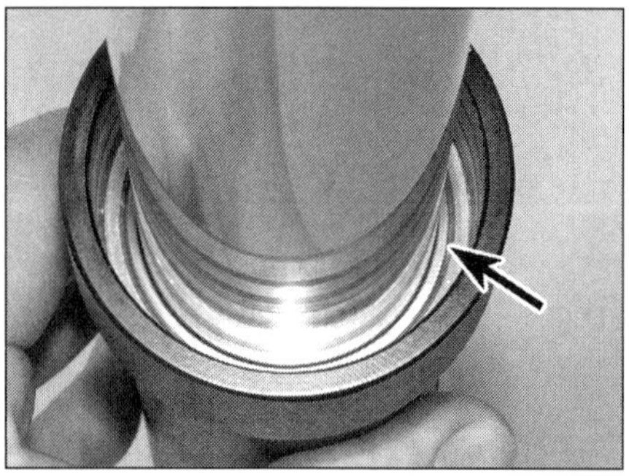

8.23 ... bis sie vollständig sitzt.

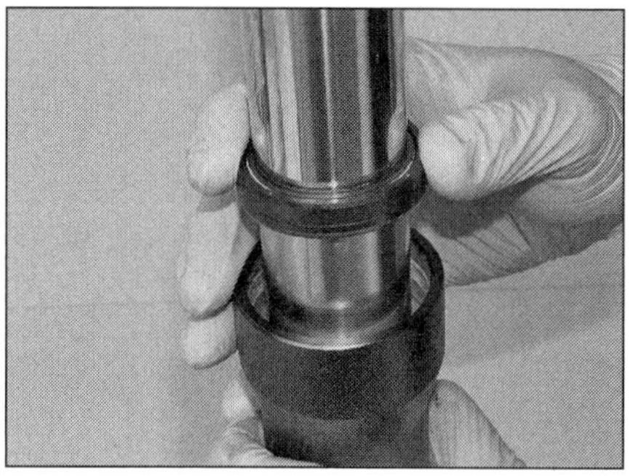

8.24a Schieben Sie den neuen Dichtring auf ...

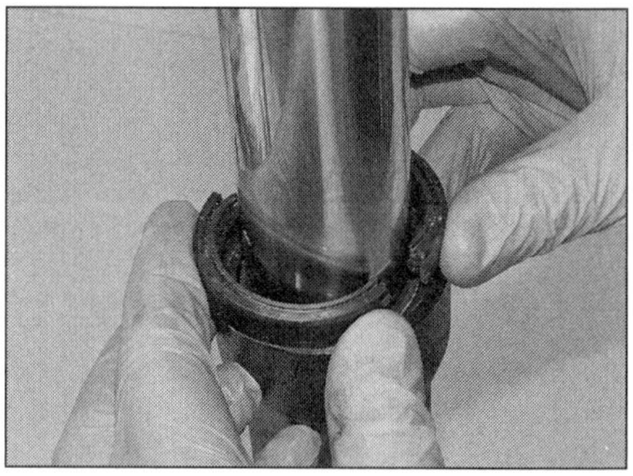

8.24b ... und den alten Dichtring zum Schutz darüber, um ihn sicher in seinen Sitz treiben zu können.

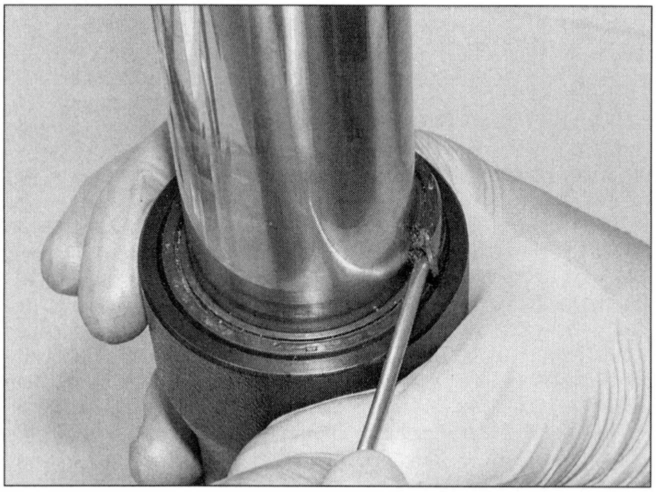

8.24c Entfernen Sie den alten Dichtring ...

8.24d ... und kontrollieren Sie, ob die Sicherungsring-Nut rundherum freiliegt.

21 Schmieren Sie die obere Gleitbuchse innen mit Gabelöl und schieben Sie sie über das Standrohr bis aufs Tauchrohr (siehe Abbildung). Legen Sie die Dichtring-Scheibe auf (siehe Abbildung).

22 Lassen Sie einen Assistenten den aufrecht stehenden Gabelholm mit vollständig auseinandergezogenen Rohren halten, damit ein möglicher Kratzer beim Einklopfen der oberen Buchse und des Dichtrings später nicht den Dichtring beschädigt. Verwenden Sie entweder das Suzuki-Spezialwerkzeug mit der Teilenummer 09940-52861 oder einen geeigneten Treibdorn, um die obere Buchse vollständig in ihren Sitz zu treiben – die Dichtring-Scheibe schützt dabei den Rand der Buchse (siehe Abbildung). Umwickeln Sie beim Einsatz des Dorns das Standrohr mit Klebeband, um es nicht zu zerkratzen. Klopfen Sie die Buchse gleichmäßig rundherum ein, damit sie nicht verkantet.

23 Heben Sie die Dichtringscheibe an, um sicherzugehen, dass die Buchse vollständig im Tauchrohr sitzt. Wischen Sie den Dichtring-Sitz sauber und legen Sie die Scheibe wieder auf (siehe Abbildung).

24 Schmieren Sie die Dichtlippen des neuen Dichtrings mit Gabelöl und schieben Sie ihn mit den Markierungen nach oben zeigend über das Standrohr (siehe Abbildung). Schieben Sie zum Schutz den alten Dichtring darüber und treiben Sie den Dichtring ein, bis die Nut der Drahtsicherung rundherum freiliegt (siehe Abbildungen). Der neue Dichtring sitzt richtig,

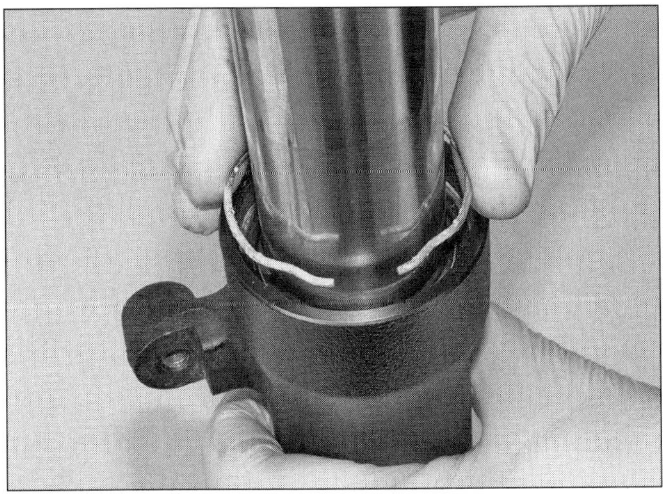

8.25 **Installieren Sie den Sicherungsdraht in seine Nut ...**

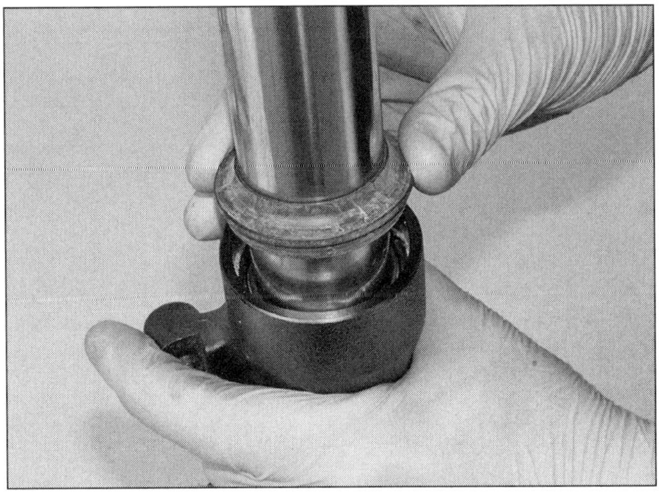

8.26 **... und drücken Sie die Staubdichtung in ihren Sitz.**

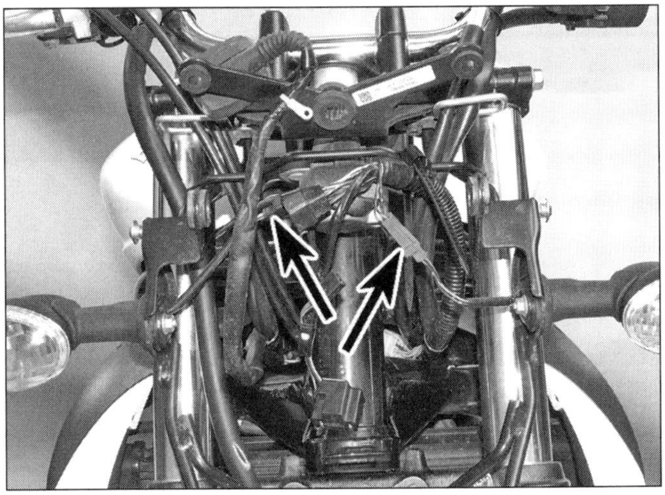

9.2a **Trennen Sie die Blinkerstecker.**

9.2b **Schrauben des Scheinwerferträgers**

wenn der alte fast bündig zum Tauchrohr-Rand liegt – entfernen Sie diesen und prüfen Sie, ob die Drahtsicherungs-Nut rundherum freiliegt.

25 Installieren Sie die Drahtsicherung rundherum in ihre Nut (siehe Abbildung).

26 Schieben Sie die Staubdichtung über das Standrohr und drücken Sie sie ins Tauchrohr (siehe Abbildung).

27 Wechseln Sie zu Sektion 7, Schritte 6 bis 9, um Gabelöl aufzufüllen und den Zusammenbau abzuschließen.

28 Falls die Dämpferstangenschraube noch angezogen werden muss (siehe Schritt 20), muss der Gabelholm umgedreht auf Hölzern abgestützt (damit der Federvorspanner nicht den Boden berührt) und von einem Assistenten komprimiert werden, damit die Feder maximalen Druck ausübt und die Schraube mit 20 Nm angezogen werden kann.

29 Installieren Sie bei SFV-Modellen ggf. den Protektor und richten Sie die Lasche zum Ausschnitt im Tauchrohr aus.

30 Installieren Sie die Achsen-Klemmschraube (siehe Schritt 2) (Abbildung 8.2). Montieren Sie den Gabelholm (siehe Sektion 6).

9 Lenkschaft

Spezialwerkzeug: *Für diese Arbeit wird das Suzuki-Werkzeug mit der Teilenummer 09940-14911 (bei DL-Modellen auch 09940-14960) oder ein entsprechender Zapfen- oder Hakenschlüssel benötigt – siehe Schritt 7.*

Ausbau

1 Entfernen Sie bei DL-Modellen bis 2011 die Verkleidungsseitenteile und bei DL-Modellen ab 2012 die gesamte Verkleidung (siehe Kapitel 7).

2 Demontieren Sie bei SFV-Modellen den Scheinwerfer und die Cockpit-Instrumente (siehe Kapitel 8). Trennen Sie die Blinkerstecker (siehe Abbildung). Lösen Sie die Schrauben des Scheinwerfer-Trägers und entfernen Sie diesen – beachten Sie, wie die Gummikappen an den oberen Enden unten in die obere Gabelbrücke greifen (siehe Abbildung). Lösen Sie die Instrumententräger-Schrauben und entfernen Sie den Träger (siehe Abbildung).

9.2c **Lösen Sie an beiden Seiten die Schraube des Instrumententrägers.**

5

9.5a Befreien Sie die Bremsleitung, die Gaszüge, den Kupplungszug und alle Kabel aus den Führungen.

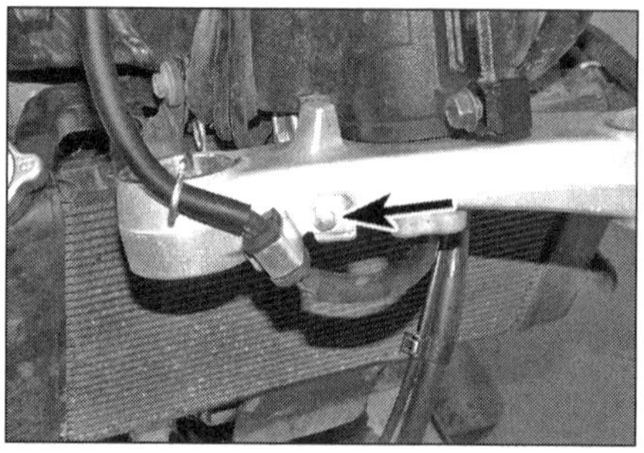

9.5b Schraube des Bremsleitungshalters – DL

9.5c Schraube des Bremsleitungshalters – SFV

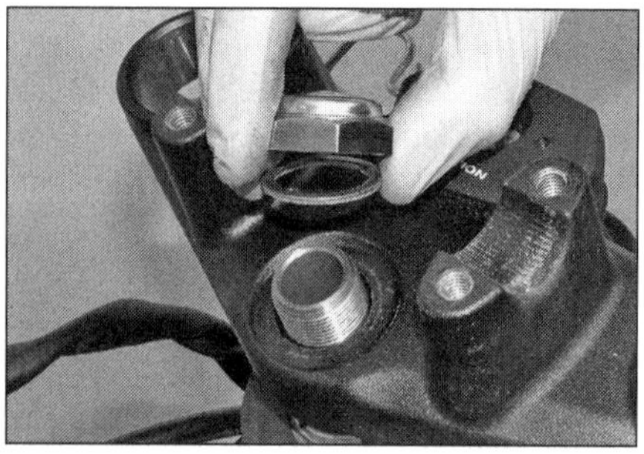

9.6a Lösen Sie die Lenkschaftmutter, entfernen Sie die Scheibe ...

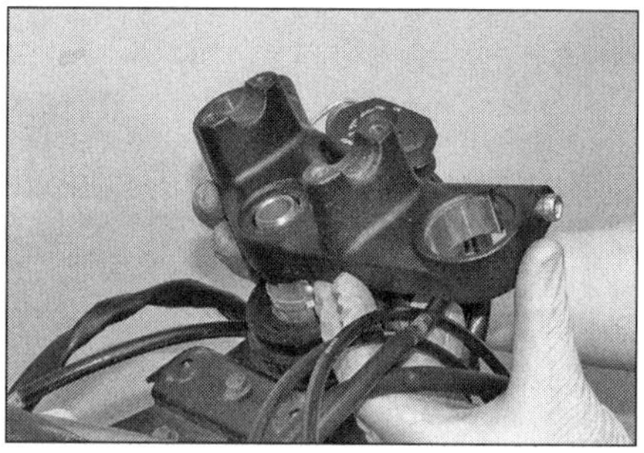

9.6b ... und befreien Sie die obere Gabelbrücke vom Lenkschaft.

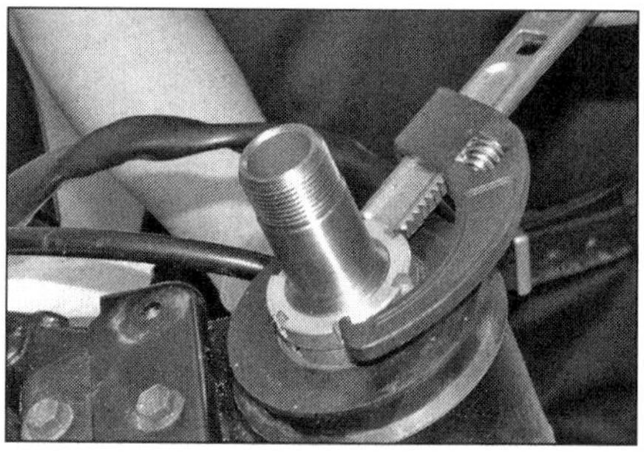

9.7a Lösen Sie den Konterring ...

9.7b ... und entnehmen Sie die Sicherungsscheibe.

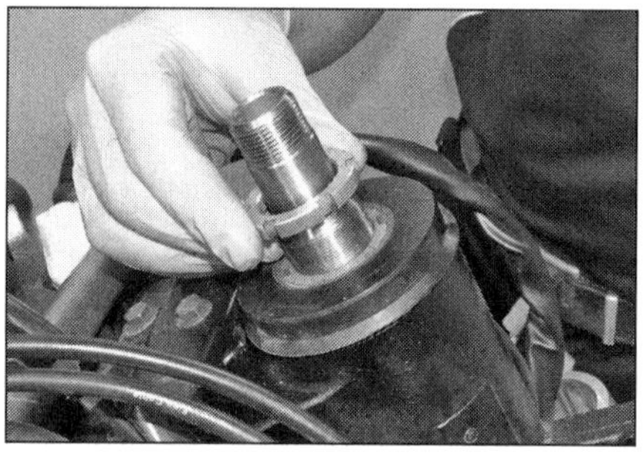

9.9a Lösen Sie den Einstellring ...

9.9b ... und entnehmen Sie die Fettdichtung, ...

3 Demontieren Sie zur Sicherheit den Tank (siehe Kapitel 4) – dies ist zwar nicht zwingend nötig, schützt aber vor Schäden durch abrutschende Werkzeuge.
4 Bauen Sie die Gabelholme aus (siehe Sektion 6).
5 Befreien Sie den Lenker von der oberen Gabelbrücke (siehe Sektion 5) – befreien Sie dazu bei DL-Modellen alle Kabel und Seilzüge aus ihren Führungen (siehe Abbildung). Befreien Sie die Bremsleitung von der unteren Gabelbrücke (siehe Abbildungen).
6 Umwickeln Sie die Lenkschaftmutter mit einer Lage Kreppband, um sie nicht zu beschädigen. Lösen Sie die Mutter und entfernen Sie die Scheibe (siehe Abbildung) Heben Sie vorsichtig die obere Gabelbrücke vom Lenkschaft und lagern Sie sie auf Lappen, um den Tank oder andere Komponenten zu schützen (siehe Abbildung).
7 – nur DL-Modelle: Lösen Sie den Konterring – falls er sich nicht von Hand lockern lässt, muss ein geeigneter Haken- oder Zapfenschlüssel verwendet werden (siehe Abbildung). Entfernen Sie die Sicherungsscheibe (siehe Abbildung).
8 Falls das Suzuki-Werkzeug nicht zugänglich ist, muss zwischen dem Einstellring und dem Rahmen eine Ausricht-Markierung angebracht werden, um beim Einbau einen groben Hinweis auf die Festigkeit des Einstellrings zu erhalten. Zählen Sie beim Abschrauben des Rings die Umdrehungen mit.
9 Stützen Sie die untere Gabelbrücke und lösen Sie den Einstellring mithilfe des Zapfen- oder Hakenschlüssels (siehe Abbildung). Entfernen Sie oben die Fettdichtung, die innere Lagerschale und das Lager vom Lenkkopf (siehe Abbildungen). Senken sie vorsichtig die untere Gabelbrücke mit dem Lenkschaft aus dem Lenkkopf ab (siehe Abbildung).
10 Entfernen Sie das untere Lager vom Lenkschaft (siehe Abbildung).
11 Befreien Sie die Lager und Lagerringe von altem Fett und überprüfen Sie die Teile auf Verschleiß (siehe Sektion 10).

Anmerkung: *Demontieren sie die oben und unten im Lenkkopf sitzenden äußeren Lagerschalen und die unten auf dem Lenkschaft sitzende innere Lagerschale nur, wenn sie ausgetauscht werden müssen (siehe Sektion 10).*

Einbau

12 Kontrollieren Sie die Fettdichtungen und ersetzen Sie sie, falls sie beschädigt oder spröde sind – für den Austausch der unteren Dichtung muss die innere Lagerschale vom Lenkschaft gezogen werden (siehe Sekti-

9.9c ... den Lager-Innenring und das obere Lager.

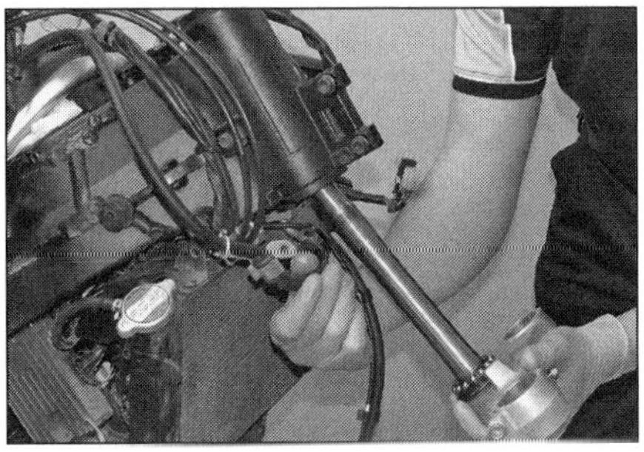

9.9d Befreien Sie die untere Gabelbrücke samt Lenkschaft und unterem Lager aus dem Lenkkopf.

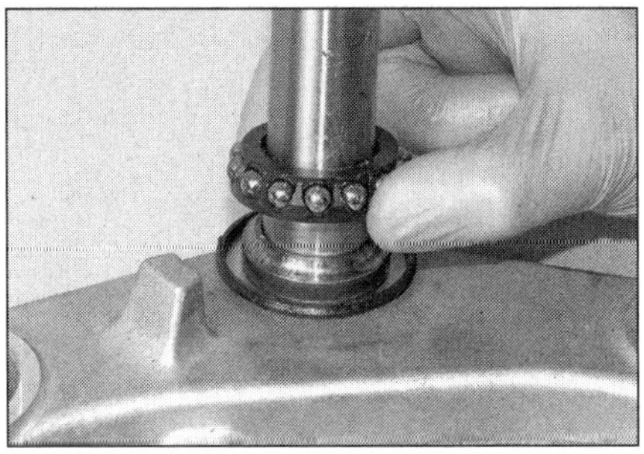

9.10 Heben Sie das untere Lager vom Lenkschaft.

9.15 Anziehen des Einstellrings mithilfe eines Hakenschlüssels

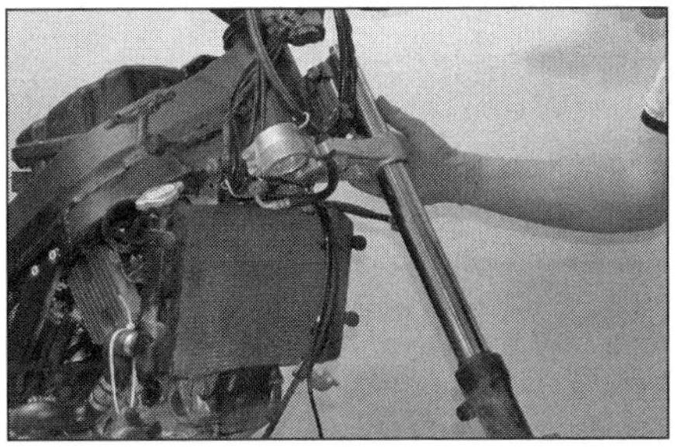

9.17 Schieben Sie einen Gabelholm ein, um die Gabelbrücken auszurichten.

on 10). Verteilen Sie eine ausreichende Menge hochwertiges Lithium-Mehrzweckfett auf den Lagerschalen und arbeiten Sie es gut in beide Lager ein. Schmieren Sie auch die Dichtringe. Legen Sie das untere Lager auf die untere Lagerschale (Abbildung 9.10).

13 Heben Sie vorsichtig die untere Gabelbrücke mit dem Lenkschaft in den Lenkkopf und stützen Sie sie dort ab (Abbildung 9.9d). Setzen Sie das obere Lenkkopflager zusammen mit seinem Innenring und der Fettdichtung oben in den Lenkkopf (Abbildungen 9.9c und b). Drehen Sie den Einstellring handfest auf den Lenkschaft (Abbildung 9.9a).

14 Falls das Suzuki-Spezialwerkzeug vorhanden ist, wird dies an einen Drehmomentschlüssel angeschlossen und der Einstellring zunächst mit 45 Nm angezogen, damit er sich setzt. Bewegen Sie die Lenkung nun mindestens fünfmal von Anschlag zu Anschlag und lockern Sie den Einstellring um eine viertel bis halbe Umdrehung.

15 Falls das Suzuki-Werkzeug nicht zur Hand ist, wird der Einstellring mit einem Hakenschlüssel so viele Umdrehungen wie beim Ausbau notiert aufgedreht und dann bis zur Markierung am Rahmen fluchtend angezogen. Drehen Sie den Ring eine viertel bis halbe Umdrehung weiter, damit sich die Lager setzen (siehe Abbildung). Bewegen Sie die Lenkung mindestens fünfmal von Anschlag zu Anschlag und lockern Sie den Einstellring um eine viertel bis halbe Umdrehung, bis die Markierungen wieder fluchten.

Achtung: Achten Sie sorgfältig darauf, beim Einstellen auf die Lager keinen übermäßigen Druck auf sie auszuüben – dieses führt zu vorzeitigen Lagerschäden.

16 – DL-Modelle: Legen Sie die Sicherungsscheibe auf, sodass die innere Lasche in die Lenkschaft-Nut greift (Abbildung 9.7b). Drehen Sie den Konterring auf und ziehen Sie ihn mit 80 Nm an (Abbildung 9.7a).

17 Setzen Sie die obere Gabelbrücke über den Lenkschaft (Abbildung 9.6b). Legen Sie die Scheibe auf und drehen Sie die Lenkschaftmutter zunächst handfest auf (Abbildung 9.6a).Installieren Sie übergangsweise einen der Gabelholme, um die Gabelbrücken zueinander auszurichten und sichern Sie ihn mit den angezogenen Klemmschrauben der unteren Gabelbrücke (siehe Abbildung). Ziehen Sie die Lenkschaftmutter mit 90 Nm an.

10.3a Kontrollieren Sie die äußeren Lagerschalen oben und unten im Lenkkopf.

18 Montieren Sie alle verbliebenen Teile in der entgegengesetzten Ausbaureihenfolge – beachten Sie die entsprechenden Sektionen und Kapitel sowie die vorgeschriebenen Anzugsdrehmomente.

19 Führen Sie zum Schluss eine Kontrolle des Lenkkopflagerspiels durch (siehe Kapitel 1).

10 Lenkkopflager

Kontrolle

1 Entfernen Sie den Lenkschaft (siehe Sektion 9).

2 Entfernen Sie alte Fettreste aus den Lagern und Schalen.

3 Kontrollieren Sie alles auf Verschleiß und Beschädigung. Die äußeren Lagerschalen oben und unten im Lenkkopf müssen glatt und ohne Eindrücke sein (siehe Abbildung). Inspizieren Sie die Kugeln auf Verschleiß, Schäden und Verfärbung und überprüfen Sie ihren Käfig auf Brüche oder Risse. Wenn irgendwelche Anzeichen von Verschleiß an einem Teil festgestellt werden, müssen beide Lenkkopflager als Satz ausgewechselt werden. Entfernen Sie die äußeren Lagerschalen oben und unten im Lenkkopf sowie den auf den Lenkschaft gepressten unteren Innenring nur, wenn die Teile ersetzt werden sollen – einmal entfernt, müssen sie erneuert werden (siehe Abbildung).

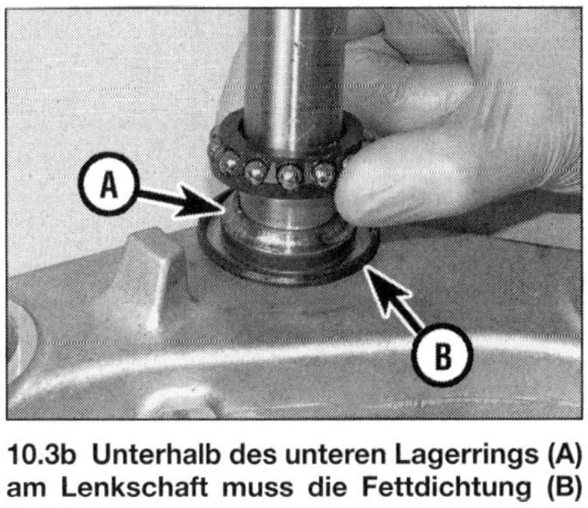

10.3b Unterhalb des unteren Lagerrings (A) am Lenkschaft muss die Fettdichtung (B) liegen.

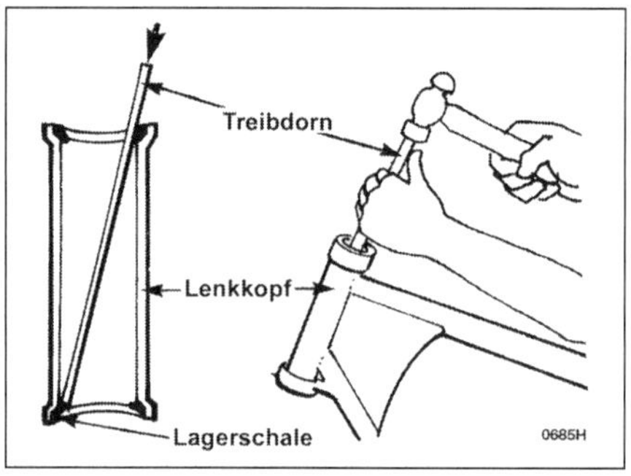

10.4a Treiben Sie die äußeren Lagerschalen von der Gegenseite mit einem Messingdorn aus, ...

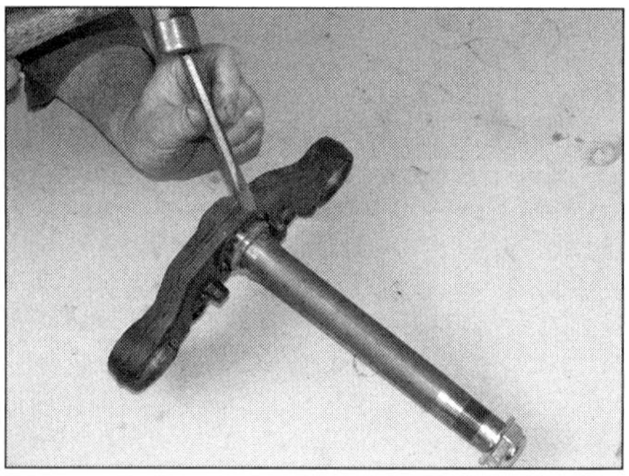

10.6a Lösen Sie den unteren Lager-Innenring mit Hammer und Meißel ...

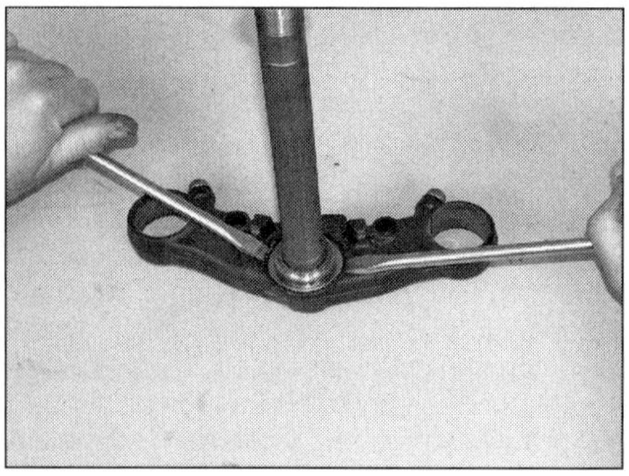

10.6b ... und/oder hebeln Sie ihn mit Schraubendrehern ab ...

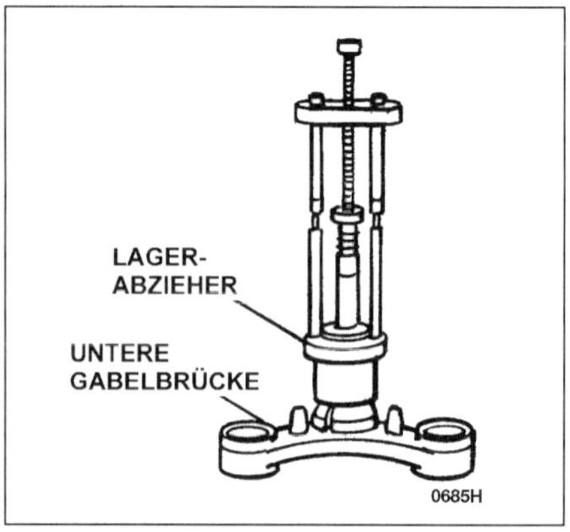

10.6c ... oder entfernen Sie ihn mit einem Abzieher.

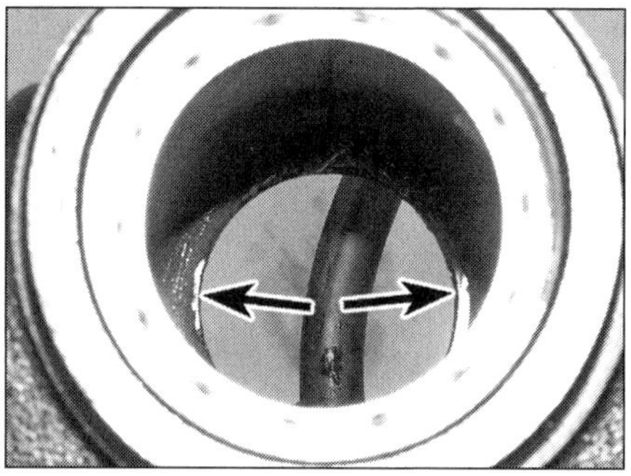

10.4b ... der in den Ausschnitten angesetzt werden kann.

Ersetzen

4 Die äußeren Lagerschalen sind in den Lenkkopf eingepresst und können mit einem geeigneten Treibdorn herausgeschlagen werden (siehe Abbildungen). Klopfen Sie kräftig und kreisförmig die Lager heraus, ohne sie dabei zu verkanten – es kann vorteilhaft sein, das Ende des Dorns zu krümmen, um die Ringe besser ausschlagen zu können.

5 Die neuen äußeren Lagerschalen können mit einer Einziehvorrichtung in den Lenkkopf gepresst (siehe Abbildung) oder mit einem entsprechend großen Rohr oder Steckschlüssel eingetrieben werden. Achten Sie darauf, dass die Scheibe des Einziehers oder der Rand des Treibers nur den äußeren Rand des Lagers und niemals die Lagerlauffläche berührt. Eine Suzuki-Werkstatt hat für diese Arbeit ein spezielles Einpresswerkzeug.

Praxis TiPP ***Der Einbau neuer Lagerschalen kann vereinfacht werden, wenn man sie über Nacht in die Kühltruhe legt. Sie schrumpfen dadurch und lassen sich leichter einbauen. Alternativ kann Kältespray verwendet werden.***

6 Der untere Lagerinnenring darf nur demontiert werden, wenn er ausgetauscht werden soll. Drehen Sie zum Schutz des Gewindes die Lenkschaftmutter auf, legen Sie die Gabelbrücke auf ihre Vorderseite und klopfen Sie den Ring mithilfe eines Meißels ab. Eventuell kann er auch vorsichtig mit zwei gegenüberliegenden Schraubenziehern abgehebelt werden. Zum Schutz der Gabelbrücke und zur Verbesserung der Hebelwirkung sollten Hölzer unterlegt werden (siehe Abbildungen). Wenn der Ring fest sitzt, ist es nötig, einen Abzieher anzusetzen (siehe Abbildung). Eine Suzuki-Werkstatt hat für diese Arbeit ein spezielles Abziehwerkzeug.

7 Installieren Sie einen neuen unteren Lager-Innenring über den Lenkschaft. Klopfen Sie den Ring mit einem Rohr, das nicht die Lager-Gleitflächen berührt, in seine Position (siehe Abbildung); durch Erhitzen des Rings und

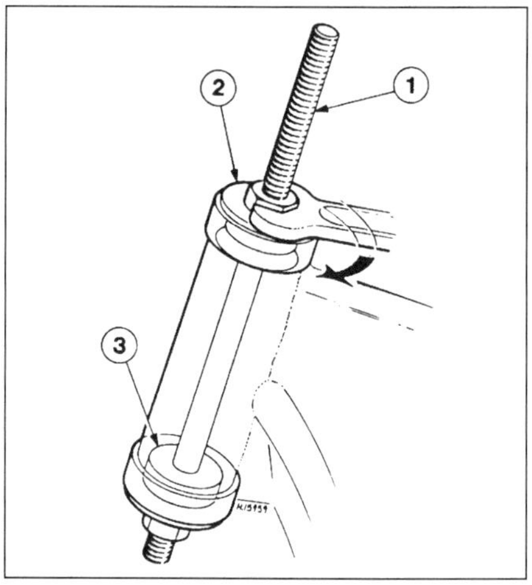

10.5 Lenkkopflager-Einziehvorrichtung
1 Lange Schraube oder Gewindestange
2 Dicke Scheibe
3 Führung für unteren Lagerring

Abkühlen des Lenkschaftes wird die Arbeit erleichtert. Benützen Sie nötigenfalls eine hydraulische Presse.

8 Montieren Sie den Lenkschaft (siehe Sektion 9).

11 Stoßdämpfer

Warnung: Versuchen Sie nicht, den Stoßdämpfer zu zerlegen. Er enthält eine Stickstoff-Füllung, die unter hohem Druck steht. Unsachgemäßes Zerlegen kann zu ernsthaften Verletzungen führen. Bringen Sie den Stoßdämpfer nötigenfalls zu einer Suzuki-Werkstatt oder zu einem Fahrwerk-Spezialisten.

Ausbau

1 Stützen Sie das Motorrad mit einer geeigneten Vorrichtung ab, sodass das Hinterrad komplett entlastet ist (siehe Abbildung) – es darf nach dem Lösen der Stoßdämpferbefestigungen aber auch nicht herunterfallen. Ziehen

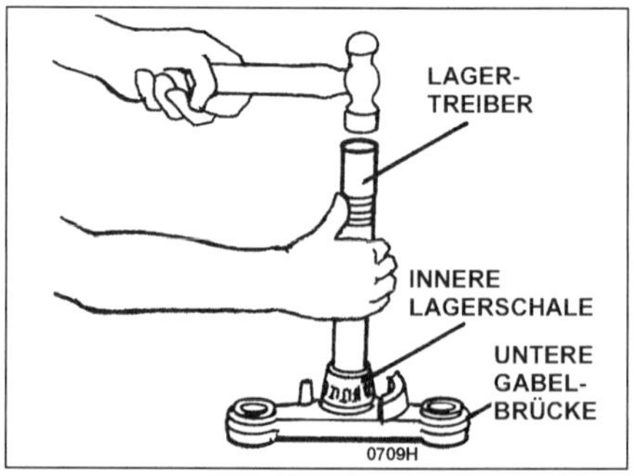

10.7 Treiben Sie das neue Lager mit einem geeigneten Treiber oder Rohr auf.

11.1 Eine Möglichkeit, das Motorrad sicher abzustützen.

11.3 Schrauben des Federvorspanner-Halters (A), Schlauchklemme (B), Bremsleitungs-Führungsschraube (C)

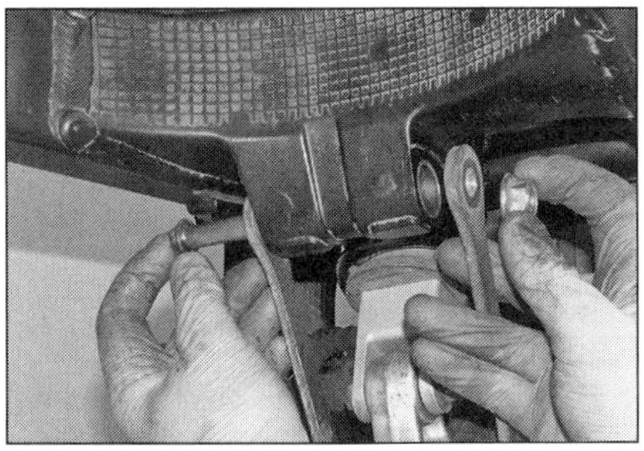

11.4 Lösen Sie die Mutter, ziehen Sie den Bolzen heraus und befreien Sie die Anlenkstangen.

11.5 Lösen Sie die Mutter, ziehen Sie den Bolzen heraus und befreien Sie den Anlenkhebel.

11.6a Lösen Sie oben am Stoßdämpfer die Mutter, ...

11.6b ... ziehen Sie den Bolzen heraus ...

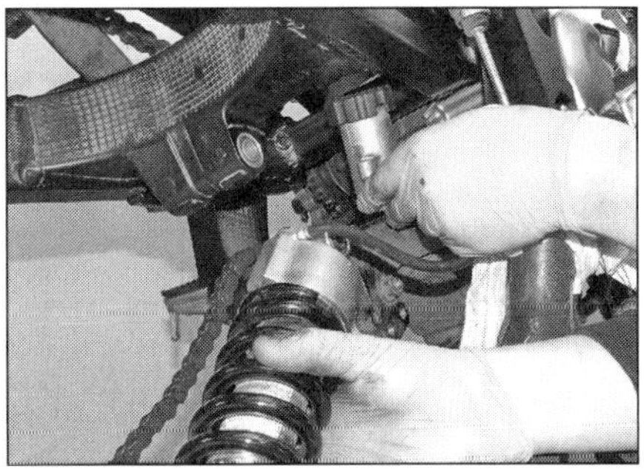

11.6c ... und entnehmen Sie den Stoßdämpfer.

11.7 Kontrollieren Sie die Dämpferstange auf Korrosion und ausgetretenes Öl.

Sie den Bremshebel mit Gummibändern gegen den Lenker, damit das Motorrad nicht nach vorne rollen kann. Merken Sie sich die Einbaulage des Stoßdämpfers und von welcher Seite die Bolzen eingesetzt sind.

2 Entfernen Sie bei SFV-Modellen die Seitendeckel (siehe Kapitel 7).

3 Lösen Sie bei allen DL-Modellen die Schrauben des Federvorspannungs-Verstellers, befreien Sie diesen vom Rahmen und den Schlauch aus seiner Schelle. Lösen Sie bei DL-Modellen mit ABS auch die Schraube der Bremsleitungsführung (siehe Abbildung).

4 Lösen Sie unten an der Schwinge die Mutter des Anlenkstangenbolzens und schwenken Sie die Stangen herunter (siehe Abbildung).

5 Lösen Sie unten am Stoßdämpfer die Mutter und ziehen Sie den Bolzen heraus, um den Anlenkhebel herunterzuschwenken (siehe Abbildung).

6 Lösen Sie oben am Stoßdämpfer die Mutter (siehe Abbildung). Stützen Sie den Stoßdämpfer und ziehen Sie den Bolzen heraus. Befreien Sie den Stoßdämpfer – bei DL-Modellen zusammen mit dem Vorspannungs-Einsteller – nach unten aus der Schwinge, merken Sie sich die Verlegung des Schlauchs (siehe Abbildungen).

Kontrolle

7 Inspizieren Sie den Stoßdämpfer auf sichtbare Beschädigungen und Undichtigkeit, kontrollieren Sie die Feder auf lockeren Sitz, Risse und Anzeichen von Ermüdung (siehe Abbildung).

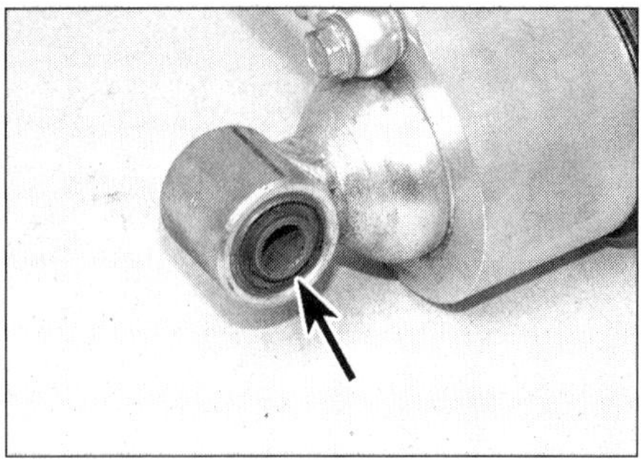

11.8 Kontrollieren Sie die Lagerbuchse.

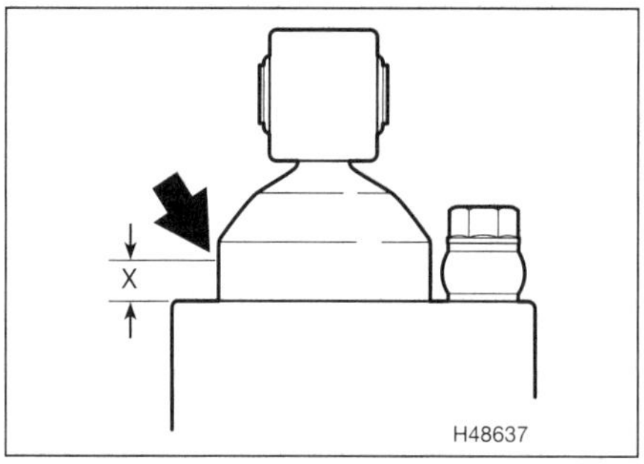

11.10a Hier bohren, um den Gasdruck abzulassen - DL
X = 7 mm

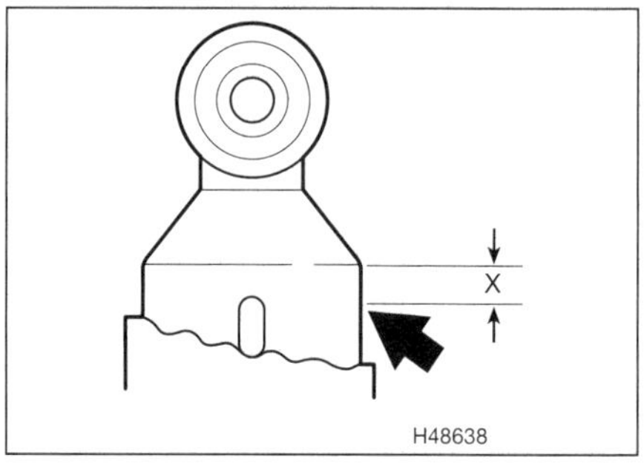

11.10b Hier bohren, um den Gasdruck abzulassen - SFV
X = 7 mm

8 Kontrollieren Sie die oben im Stoßdämpfer sitzende Hülse auf Verschleiß und Beschädigung (siehe Abbildung).
9 Überprüfen Sie bei DL-Modellen den Schlauch des Vorspannungs-Einstellers auf Beschädigungen.
10 Für den Original-Stoßdämpfer sind keine Ersatzteile erhältlich, sodass er bei einem Defekt ersetzt werden muss. Bevor jedoch ein neuer Stoßdämpfer gekauft wird, sollte ein Fachbetrieb konsultiert werden, ob nicht doch eine Reparatur möglich ist. Bevor der alte Stoßdämpfer entsorgt wird, muss der Druck abgelassen werden. Bringen Sie hierzu mit einem Körner an der gezeigten Stelle (siehe Abbildungen) eine Markierung an, klemmen Sie den Stoßdämpfer in einen Schraubstock und bohren Sie ein 2-3 mm großes Loch hinein, um das Gas abzulassen – decken Sie den Arbeitsbereich ab und schützen Sie ihr Gesicht.

Warnung: Tragen Sie eine Schutzbrille! Beim Ablassen des Gasdrucks muss aufgepasst werden, da kleine Metallsplitter austreten können, die durch den hohen Druck zu ernsthaften Augenverletzungen führen können.

Einbau

11 Der Einbau entspricht der umgekehrten Ausbaureihenfolge – beachten Sie dabei folgende Punkte:

- Versehen Sie die Anlenkpunkte des Stoßdämpfers mit Lithium-Mehrzweckfett.
- Montieren Sie bei DL-Modellen den Stoßdämpfer mit dem Einstellerschlauch nach hinten zeigend.
- Drehen Sie zunächst alle Muttern locker auf. Wenn alle Komponenten korrekt positioniert sind, werden die Stoßdämpfer-Befestigungen mit 50 Nm und die Anlenkstangen-Befestigungen mit 78 Nm angezogen.
- Vergessen Sie nicht, bei DL-Modellen mit ABS die Bremsleitungsführung und bei allen DL-Modellen den Einstellerschlauch zu sichern (Abbildung 11.3).

12 Stoßdämpfer-Anlenkung

Ausbau

1 Stützen Sie das Motorrad mit einer geeigneten Vorrichtung ab, sodass das Hinterrad komplett entlastet ist (siehe Abbildung) – es darf nach dem Lösen der Stoßdämpferbefestigungen aber auch nicht herunterfallen. Ziehen Sie den Bremshebel mit Gummibändern gegen den Lenker, damit das Motorrad nicht nach vorne rollen kann. Merken Sie sich die Einbaulage des Stoßdämpfers und von welcher Seite die Bolzen eingesetzt sind.
2 Lösen Sie unten an der Schwinge die Mutter des Anlenkstangen-Bolzens, ziehen Sie den Bolzen heraus und schwenken Sie die Stangen herunter (Abbildung 11.4).
3 Lösen Sie unten am Stoßdämpfer die Mutter und ziehen Sie den Bolzen heraus, der den Anlenkhebel sichert (Abbildung 11.5).
4 Lösen Sie die Mutter und ziehen Sie den Bolzen heraus, der die Anlenkstangen am Anlenkhebel sichert; entnehmen Sie die Stangen (siehe Abbildung).
5 Lösen Sie die Mutter und entfernen Sie den Bolzen, der den Anlenkhebel am Rahmen sichert (siehe Abbildung) – beachten Sie das bei DL-Modellen die zwischen dem Hebel und dem Halter sitzenden Scheiben (siehe Abbildung).

Kontrolle

6 Ziehen Sie die Hülsen aus dem Anlenkhebel und den Lagern der Schwinge (siehe Abbildungen).
7 Reinigen Sie alle Komponenten sorgfältig, um Schmutz, Korrosion und altes Fett zu entfernen.
8 Begutachten Sie alle Anlenkungs-Bauteile penibel auf Verschleiß (z.B. starke Riefen) und Beschädigungen (z.B. Risse oder Verzug). Ersetzen Sie verschlissene oder schadhafte Teile.
9 Kontrollieren Sie alle Lager. Schieben Sie die Hülsen wieder ein und prüfen Sie, ob sie Spiel haben. Beachten Sie für weitere Informationen zu Lagern die Sektion 5 der *Werkzeug- und Werkstatt-Tipps* im Anhang. Kontrollieren Sie alle Teile genau auf Verschleiß oder Beschädigungen und ersetzen Sie schadhafte Teile.
10 Falls ein Nadellager verschlissen ist, muss es ausgetrieben oder ausgezogen werden – ein einmal ausgebautes Nadellager darf nicht wie-

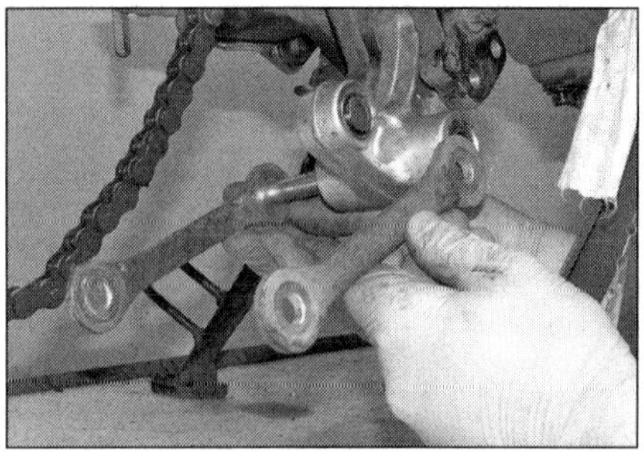

12.4 Lösen Sie die Mutter, ziehen Sie den Bolzen heraus und befreien Sie die Anlenkstangen.

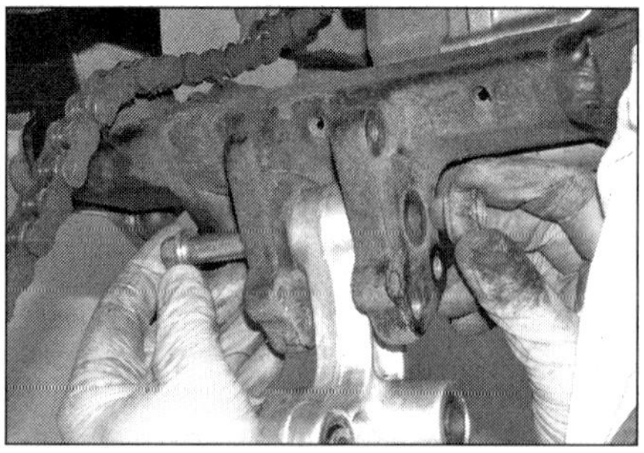

12.5a Lösen Sie die Mutter, ziehen Sie den Bolzen heraus und befreien Sie den Anlenkhebel.

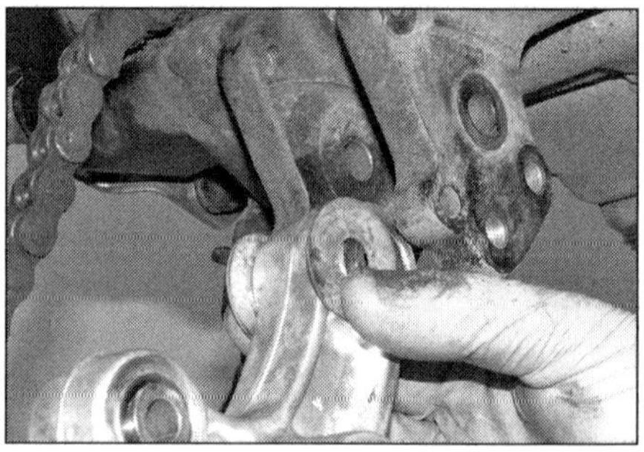

12.5b Beachten Sie bei DL-Modellen die Scheiben.

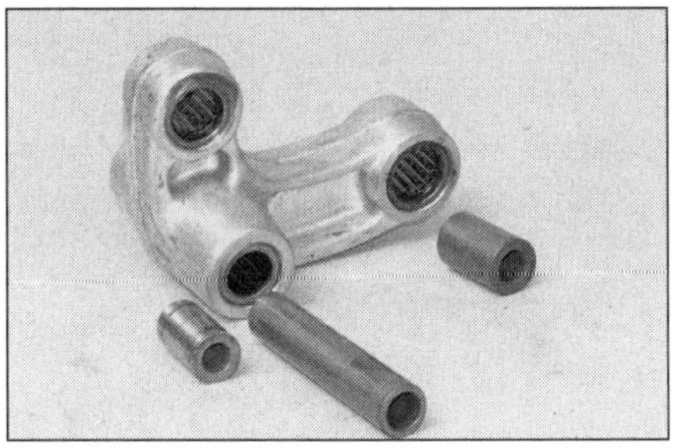

12.6a Ziehen Sie die Hülsen aus dem Anlenkhebel und kontrollieren Sie die Lager.

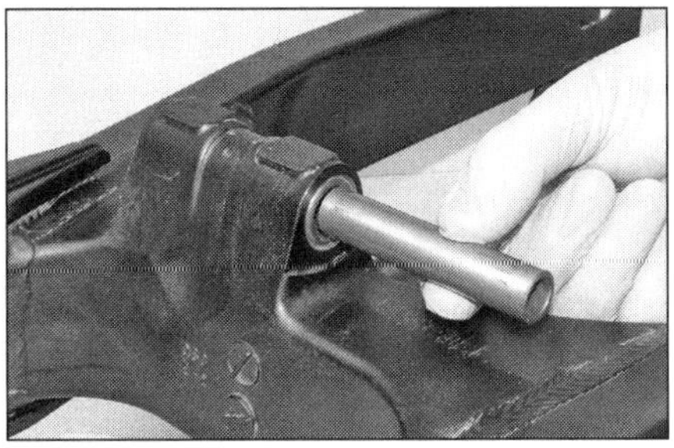

12.6b Ziehen Sie die Hülsen aus der Schwinge und kontrollieren Sie die Lager.

12.12 Die (möglicherweise durch Korrosion versteckten) Markierungen der Anlenkstangen müssen außen liegen.

derverwendet werden. Eine selbstgebaute Ausziehvorrichtung ist in den *Werkzeug- und Werkstatt-Tipps* im Anhang beschrieben. Das neue Lager kann eingepresst oder eingezogen – darf aber nicht eingetrieben – werden. Installieren Sie die neuen Lager mit den Markierungen nach außen und bündig zu ihren Sitzen im Anlenkhebel oder der Schwinge.

11 Schmieren Sie die Nadellager und Hülsen ausgiebig mit Lithium-Mehrzweckfett und schieben Sie die Hülsen ein (Abbildungen 12.6a und b).

Einbau

12 Der Einbau entspricht der umgekehrten Ausbaureihenfolge – beachten Sie dabei folgende Punkte:

- Die Markierungen der Anlenkstangen müssen außen liegen (siehe Abbildung).
- Drehen Sie zunächst alle Muttern locker auf. Wenn alle Komponenten korrekt positioniert sind, werden die Stoßdämpfer-Befestigungen mit 50 Nm und die Anlenkstangen-Befestigungen mit 78 Nm angezogen.

13 Schwinge

Ausbau

1 Demontieren Sie die Auspuffanlage (siehe Kapitel 4).

2 Bauen Sie das Hinterrad aus (siehe Kapitel 6). Entfernen Sie die Kettenspanner unter Beachtung ihrer Einbaupositionen (siehe Abbildung).

3 Demontieren Sie entweder den Stoßdämpfer oder befreien Sie lediglich die Anlenkstangen von der Schwinge und den Anlenkhebel vom Stoßdämpfer (siehe Sektion 11).

4 Befreien Sie den Bremsschlauch und ggf. das Kabel des Geschwindigkeitssensors von der Schwinge.

5 – DL-Modelle: Entfernen Sie die Kappen der Schwingenlagerung und ggf. den Kettenschutz (siehe Abbildungen).

6 – DL-Modelle: Lösen Sie mithilfe des Suzuki-Spezialwerkzeugs (Teilenummer: 09940-14940) oder eines aus einem 28er- oder 30er-Steckschlüssels zurechtgesägten Zapfenschlüssels die Kontermutter des Schwingenbolzens (siehe Abbildung). Halten Sie den Bolzen mithilfe eines 19er-Inbusschlüssels (oder einer mit verkonterten Muttern ausgerüsteten Schraube) und lösen Sie die Mutter (siehe Abbildung). Lösen Sie anschließend den Schwingenbolzen und ziehen Sie ihn heraus. Manövrieren Sie die Schwinge aus dem Rahmen heraus (siehe Abbildung).

13.2 Ziehen Sie an beiden Seiten der Schwinge die Kettenspanner heraus.

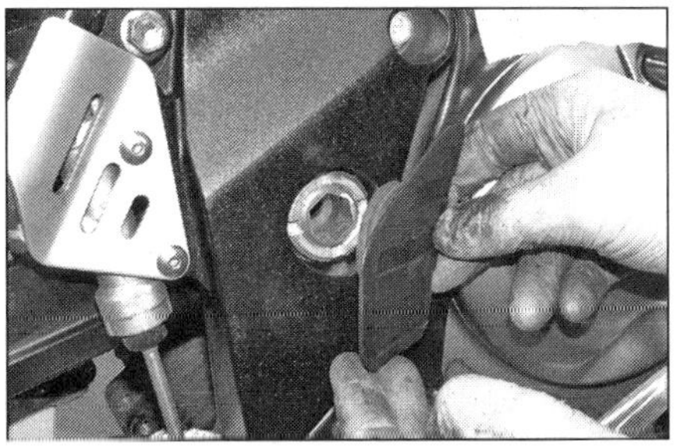

13.5a Entfernen Sie die Abdeckkappen.

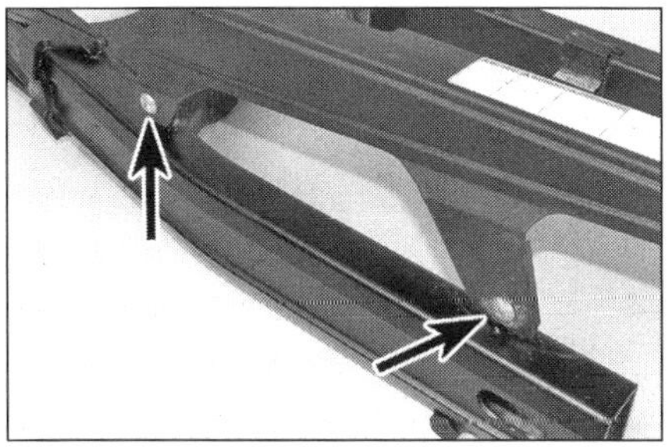

13.5b Kettenspanner-Schrauben

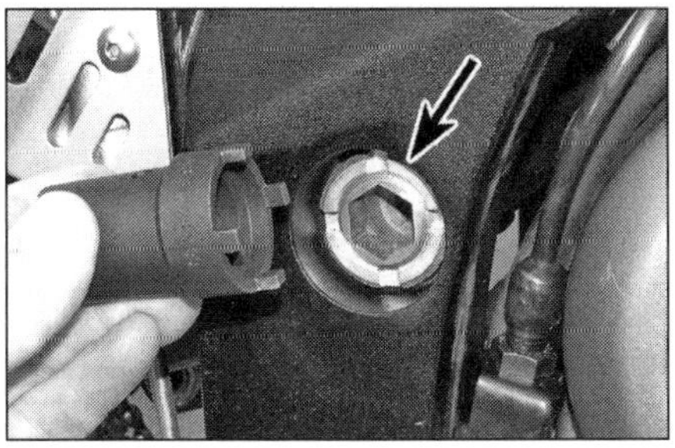

13.6a Lösen Sie die Kontermutter mit einem Zapfenschlüssel.

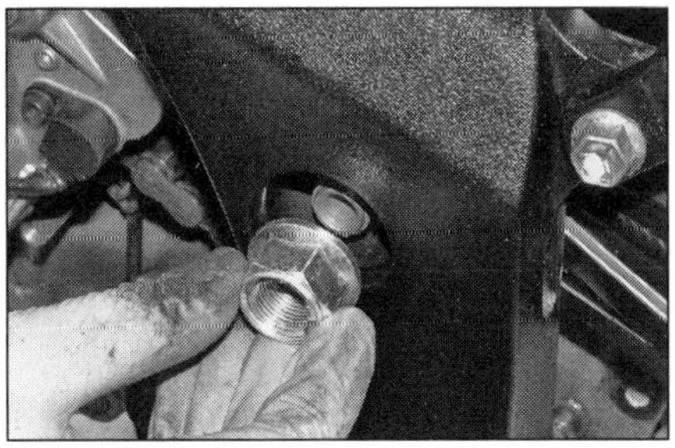

13.6b Lösen Sie die Mutter, . . .

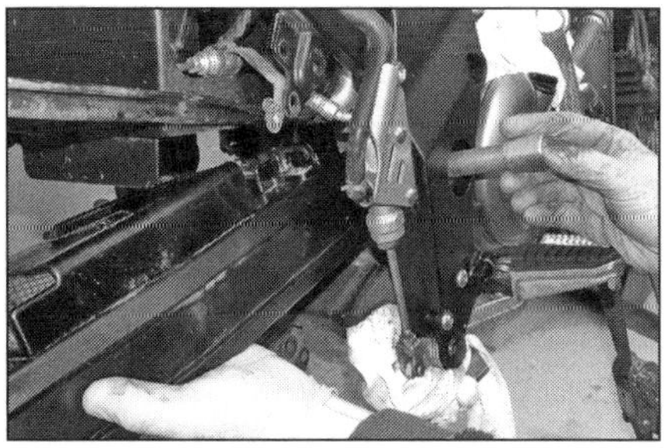

13.6c . . . ziehen Sie den Schwingenbolzen heraus und befreien Sie die Schwinge.

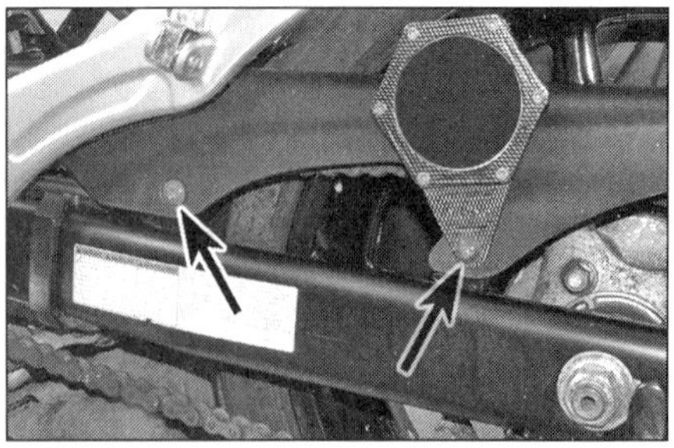

13.7a Der Kettenschutz ist bei SFV-Modellen außen...

13.7b ...und innen mit je zwei Schrauben gesichert.

13.7c Schwingenbolzenmutter

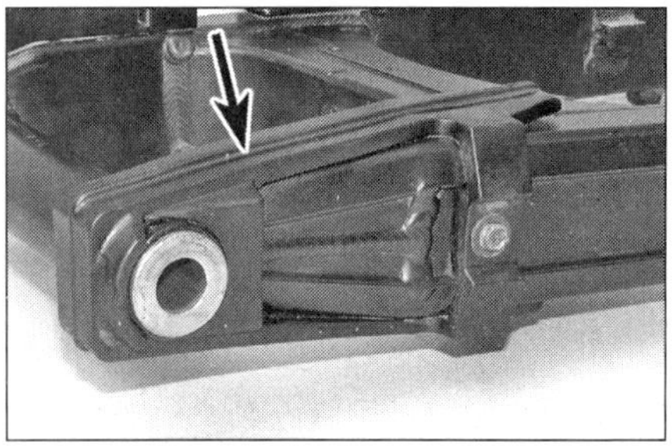

13.8 Ketten-Gleitschiene – gezeigt am DL-Modell

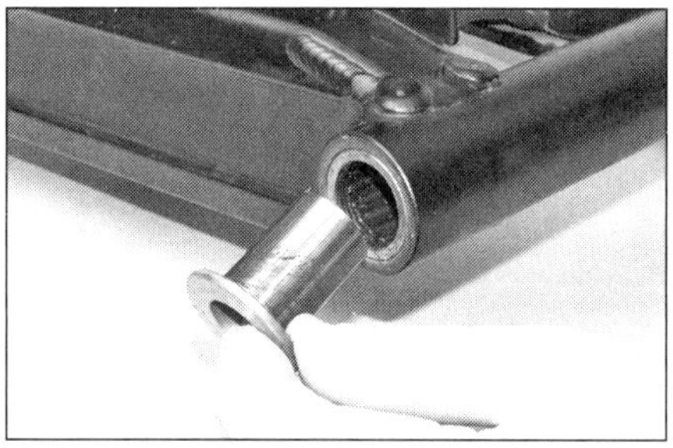

13.9 Entfernen Sie die Hülse aus der Schwinge – gezeigt am DL-Modell.

7 – SFV-Modelle: Entfernen Sie den Kettenschutz (siehe Abbildungen). Lösen Sie die Schwingenbolzenmutter und entfernen Sie die Scheibe (siehe Abbildung). Ziehen Sie den Schwingenbolzen heraus und manövrieren Sie die Schwinge aus dem Rahmen heraus.

8 Entfernen Sie nötigenfalls die Ketten-Gleitschiene (siehe Abbildung).

Kontrolle

9 Entfernen Sie die (bei DL-Modellen mit einem Bund versehene) Hülsen aus beiden Seiten der Schwinge (siehe Abbildung).

10 Reinigen Sie sorgfältig alle Schwingenlager-Komponenten und entfernen Sie Korrosion und Fettreste.

11 Inspizieren Sie die Schwinge penibel auf tiefe Riefen, Risse oder andere Beschädigungen.

12 Begutachten Sie die Schwingenlager – rechts und links sitzen Nadellager (siehe Abbildung). Schieben Sie die Hülsen wieder in die Lager und prüfen Sie, ob sie Spiel haben. Beachten Sie für weitere Informationen zu Lagern die Sektion 5 der *Werkzeug- und Werkstatt-Tipps* im Anhang. Kontrollieren Sie alle Teile genau auf Verschleiß oder Beschädigungen und ersetzen Sie schadhafte Teile.

13 Falls ein Lager verschlissen ist, muss es ausgetrieben oder ausgezogen werden – eine selbstgebaute Ausziehvorrichtung ist in den *Werkzeug- und Werkstatt-Tipps* im Anhang beschrieben. Ein einmal ausgebautes Lager darf nicht wiederverwendet werden. Erwärmen Sie den Lagersitz, um den Ausbau zu erleichtern. Entfernen Sie die zwischen den Lagern sitzende Hülse und reinigen Sie sie. Installieren Sie die neuen mit reichlich Fett versehenen Lager mit den Beschriftungen nach außen und pressen oder ziehen Sie es mit einer geeigneten Vorrichtung bündig zur Schwinge in ihre Sitze – Eintreiben per Hammer würde sie beschädigen. Zur Erleichterung kann das Lager zuvor im Eisfach abgekühlt und sein Sitz mit einem Heißluftgebläse erwärmt werden.

14 Schmieren Sie die Hülsen mit Fett und stecken Sie sie in die Lager (Abbildung 13.9).

15 Kontrollieren Sie die Ketten-Gleitschiene auf Verschleiß und Beschädigungen und ersetzten Sie sie ggf. durch ein Neuteil.

Einbau

16 Montieren Sie ggf. die Ketten-Gleitschiene (Abbildung 13.8).

17 Reinigen Sie den Schwingenbolzen und schmieren Sie ihn mit frischem Fett. Bringen Sie die Schwinge in Position und schieben Sie den Bolzen bei DL-Modellen von rechts ein (Abbildung 13.6c); bei SFV-Modellen wird er von links eingeschoben.

18 – DL-Modelle: Ziehen Sie den Schwingenbolzen mithilfe des beim Ausbau verwendeten 19er-Innensechskants mit 15 Nm an. Kontern Sie nun den Bolzen und ziehen Sie die Mutter

13.12 Kontrollieren Sie an beiden Seiten die Lager.

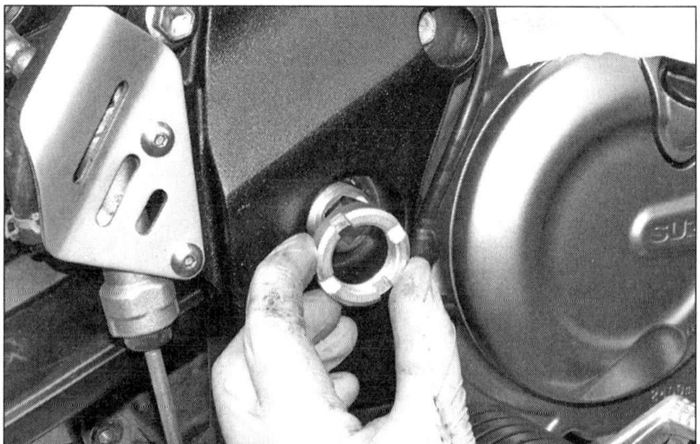

13.18 Drehen Sie den Konterring auf und ziehen Sie ihn mit dem Zapfenschlüssel an.

mit 100 Nm an. Installieren Sie anschließend die Kontermutter und ziehen Sie sie mit 90 Nm an (siehe Abbildung). Prüfen Sie, ob sich die Schwinge sanft und frei bewegen lässt. Montieren Sie ggf. den Kettenschutz (Abbildung 13.5b). Drücken Sie die Kappen in ihre Sitze (Abbildung 13.5a).

19 – SFV-Modelle: Legen Sie die Scheibe auf und drehen Sie die Mutter auf den Schwingenbolzen, kontern Sie diesen und ziehen Sie die Mutter mit 100 Nm an (Abbildung 13.7c). Prüfen Sie, ob sich die Schwinge sanft und frei bewegen lässt. Montieren Sie den Kettenschutz (Abbildungen 13.7b und a).

20 Befestigen Sie den Bremsschlauch und ggf. das Kabel des Geschwindigkeitssensors an der Schwinge.

21 Montieren Sie die verbliebenen Komponenten in der umgekehrten Ausbaureihenfolge. Prüfen Sie vor der ersten Fahrt die Funktion der Hinterradfederung und der Fußbremse.

14 Federung
Einstellung

Gabel

Anmerkung: *Alle Einstellungen müssen an beiden Gabelholmen gleich sein.*

1 Die Gabel ist oben an der Verschlussschraube in der Federvorspannung einstellbar (siehe Abbildung).

2 Zur Erhöhung der Vorspannung muss der Einsteller im Uhrzeigersinn gedreht werden, zur Verringerung gegen den Uhrzeigersinn. Die Einstellung ist anhand der freiliegenden Linien erkennbar. In der Standardeinstellung bei DL-Modellen bis 2011 und allen SFV-Modellen ist die dritte Linie über der Verschlussschraube sichtbar; bei DL-Modellen ab 2012 ragen nur zwei Linien aus dem Verschluss heraus (siehe Abbildung). Die maximale Vorspannung ist erreicht, wenn der Einsteller bündig in den Verschluss gedreht ist; die minimale Vorspannung ist erreicht, wenn fünf Linien (DL ab 2011, alle SFV) bzw. vier Linien (DL ab 2012) sichtbar sind.

Stoßdämpfer

DL-Modelle

3 Der Stoßdämpfer ist in der Federvorspannung sowie in der Zugdämpfung einstellbar.

4 Die Federvorspannung wird mithilfe des rechts am Motorrad sitzenden Einstellrades vorgenommen (siehe Abbildung) – durch Drehen im Uhrzeigersinn wird die Vorspannung verstärkt, durch Drehen nach links wird sie verringert. Am Einstellergehäuse erkennbare Linien zeigen die Vorspannung an – in der Standardeinstellung sind zwei Linien sichtbar, in der weichsten Position ist keine und in der härtesten Einstellung sind fünf Linien sichtbar.

5 Die Zugdämpfung wird durch Drehen der Schraube links unten am Stoßdämpfer verändert (siehe Abbildung). Durch Drehen im Uhrzeigersinn wird die Dämpfung verstärkt – gegen den Uhrzeigersinn wird sie verringert. Um die Standardposition einzustellen, wird die Schraube im Uhrzeigersinn bis gegen den Anschlag gedreht und dann bei Modellen bis 2011 um eine Umdrehung und bei Modellen ab 2012 um zwei Umdrehungen gegen den Uhrzeigersinn zurückgedreht.

SFV-Modelle

6 Der Stoßdämpfer ist in der Federvorspannung einstellbar.

7 Die Federvorspannung wird mithilfe des dem Bordwerkzeug beigefügten Hakenschlüssels am Ring oben am Stoßdämpfer eingestellt (siehe Abbildungen). Drehen Sie den Ring (von oben betrachtet) im Uhrzeigersinn, um die Vorspannung zu erhöhen, und gegen den Uhrzeigersinn, um sie zu verringern. Die Vorspannung ist anhand der Einstellring-Position im Verhältnis zum Anschlag erkennbar. Es gibt sieben Positionen; die Standardposition ist Nr. 3.

14.2 Federvorspanner der Gabel – gezeigt mit der dritten Linie sichtbar

14.4 Federvorspannungs-Einstellrad – DL-Modelle

14.5 Zugdämpfungs-Einsteller – DL-Modelle

14.7a Der Federvorspannungs-Einsteller bei SFV-Modellen . . .

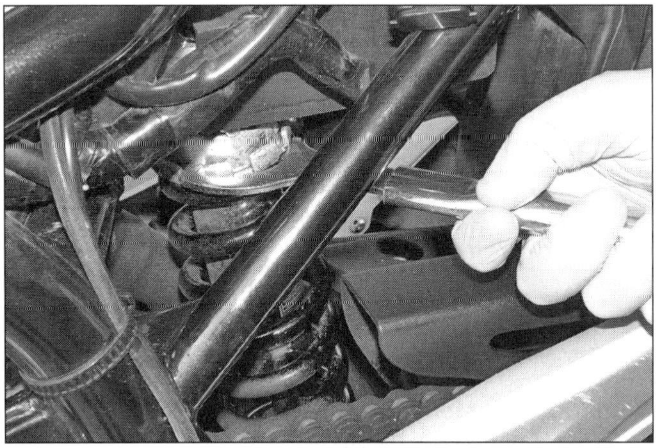

14.7b . . . wird mit dem Hakenschlüssel aus dem Bordwerkzeug gedreht.

Kapitel 6
Bremsen, Räder und Endantrieb

Inhalt (in alphabetischer Reihenfolge, die Zahlen geben die Nummerierung in den grauen Feldern wieder)

Schwierigkeitsgrade

Leicht. Für Anfänger mit wenig Erfahrung geeignet.	**Relativ leicht.** Für Anfänger mit etwas Erfahrung geeignet.	**Relativ schwierig.** Für geübte Selbstschrauber geeignet.	**Schwer.** Für Selbstschrauber mit viel Erfahrung geeignet.	**Sehr schwer.** Für Experten und Profis geeignet.

Technische Daten

Bremsflüssigkeit

Bremsflüssigkeit	DOT 4

Bremsbeläge

Belagstärke (min.)	1,0 mm

Vorderrad-Bremsscheiben

Stärke	
DL-Modelle	
Standard	5,0 mm
Verschleißgrenze (min.)	4,5 mm
SFV-Modelle	
Standard	4,5 mm
Verschleißgrenze (min.)	4,0 mm
Verzug (max.)	0,3 mm

Hinterrad-Bremsscheiben

Stärke	
Standard	5,0 mm
Verschleißgrenze (min.)	4,5 mm
Verzug (max.)	0,3 mm

Antiblockiersystem

Radsensor – Abstand zum Geberring	
DL bis 2011	0,3 bis 1,5 mm
DL ab 2012	0,25 bis 1,65 mm

SFV-Modelle	
Vorderrad	0,20 bis 1,86 mm
Hinterrad	0,21 bis 1,57 mm

Räder

Seitenschlag (axial) (max.)	2,0 mm
Höhenschlag (radial) (max.)	2,0 mm
Achsen-Verzug (max.)	0,25 mm
Größen	
DL-Modelle	
Vorderrad	19 x MT2.50
Hinterrad	17 x MT4.00
SFV-Modelle	
Vorderrad	17 x MT3.50
Hinterrad	17 x MT5.00

Reifen

Luftdruck und Profiltiefe	siehe *Tägliche Kontrollen*
Reifengrößen*	
DL-Modelle	
Vorderrad	110/80-R 19 (59W) TL
Hinterrad	150/70-R 17 (69H) TL
SFV-Modelle	
Vorderrad	120/70-ZR 17 (58W) TL
Hinterrad	160/60-ZR 17 (69W) TL

** Beachten Sie die Eintragungen in Ihren Fahrzeugpapieren und der Bedienungsanleitung, wenden Sie sich im Zweifel an einen Suzuki-Händler, einen Reifenhändler, den TÜV oder die DEKRA.*

Endantrieb

Ketten-Durchhang und Schmiermittel	siehe Kapitel 1
Ketten-Größe, Anzahl der Glieder (Original-Kette)	
DL bis 2006	525, 116 Glieder (DID 525 V8)
DL von 2007 bis 2011	525, 118 Glieder (DID 525 V8)
DL ab 2012	525, 118 Glieder (RK 525 SMO Z8)
SFV	520, 112 Glieder (DID 520 VM2)
Kettenschloss – Laschenabstand (außen)	
DL bis 2011	18,7 bis 18,9 mm
DL ab 2012	18,6 bis 18,9 mm
SFV	17,1 bis 17,3 mm
Kettenschlossbolzen – Außendurchmesser	
DID-Ketten	5,5 bis 5,8 mm
RK-Ketten	5,45 bis 5,85 mm
Kettenrad-Größen (Anzahl der Zähne)	
DL-Modelle	
Motorritzel	15
Kettenblatt hinten	47
SFV-Modelle	
Motorritzel	15
Kettenblatt hinten	46

Anzugsdrehmomente

ABS-Sensorring-Schrauben	6 Nm
Bremsbelagstift (Hinterrad)	17 Nm
Bremsleitungs-Überwurfmuttern (ABS-Modelle)	16 Nm
Bremssattel-Befestigungsschrauben	
Vorderrad	39 Nm
Hinterrad	23 Nm
Bremssattel-Gleitstift (Hinterrad)	27 Nm
Bremsscheiben-Schrauben (vorne/hinten)	23 Nm
Bremsschlauch-Anschlussschrauben	23 Nm
Bremssattel-Entlüftungsventile	
Vorderrad	7,5 Nm
Hinterrad	6 Nm
Fußbremszylinder-Befestigungsschrauben	10 Nm

Geschwindigkeitssensor-Schraube	
DL (ab 2012)	28 Nm
SFV	25 Nm
Handbremszylinder-Klemmschrauben	10 Nm
Hinterachsmutter	100 Nm
Kettenblatt-Muttern	60 Nm
Motorritzel-Mutter	145 Nm
Vorderachse	65 Nm
Vorderachs-Klemmschrauben	23 Nm

1 Allgemeine Informationen

Alle Modelle sind mit Gussrädern ausgerüstet, die mit schlauchlosen Reifen bestückt werden müssen. Der Antrieb des Hinterrades erfolgt über eine Dichtringkette, im Hinterrad sitzt ein Ruckdämpfer.

Vorne und hinten verzögern hydraulisch betätigte Scheibenbremsen die Motorräder. Vorne wirken zwei Zweikolben-Schwimmsättel auf zwei Bremsscheiben, wogegen die hintere Bremsscheibe von einem Einkolbensattel umgriffen wird.

DL 650A- und SFV 650A-Modelle sind mit einem Anti-Blockier-System (ABS) ausgerüstet.

Achtung: Scheibenbremsen-Bauteile erzwingen selten eine Demontage. Zerlegen Sie keine Komponenten, wenn es nicht unbedingt nötig ist. Wenn die Wirkung einer Hydraulik-Bremsanlage schwach wird, muss das betreffende System demontiert, entleert, gereinigt und dann sorgfältig gefüllt und entlüftet werden. Innereien der Bremsen dürfen keinesfalls mit Lösungsmitteln gereinigt werden, da hierdurch die Dichtungen quellen und zerstört werden. Verwenden Sie zum Reinigen nur frische DOT-4-Bremsflüssigkeit. Passen Sie beim Arbeiten mit Bremsflüssigkeit besonders auf, sie nicht in die Augen zu bekommen. Auch Lack und Plastikteile sind gefährdet.

2 Vorderrad-Bremsbeläge

Achtung: Betätigen Sie nicht die Bremse, solange ein Bremssattel nicht die Bremsscheibe umgreift!

1 Befreien Sie den Bremsschlauchhalter von der Gabel (siehe Abbildungen). Legen Sie Lappen auf das Schutzblech, damit es nicht vom Halter zerkratzt wird.

2 Lösen Sie die Bremssattel-Befestigungsschrauben und ziehen Sie den Sattel von der Bremsscheibe (siehe Abbildung).

3 Ziehen Sie den Splint aus dem Belagstift und ziehen Sie diesen heraus (siehe Abbildun-

2.1a Schraube des Bremsschlauchhalters – DL, rechte Seite

2.1b Schraube des Bremsschlauchhalters – DL, linke Seite

2.2 Lösen Sie die Schrauben und ziehen Sie den Bremssattel von der Bremsscheibe.

2.3a Entfernen Sie den Splint, ...

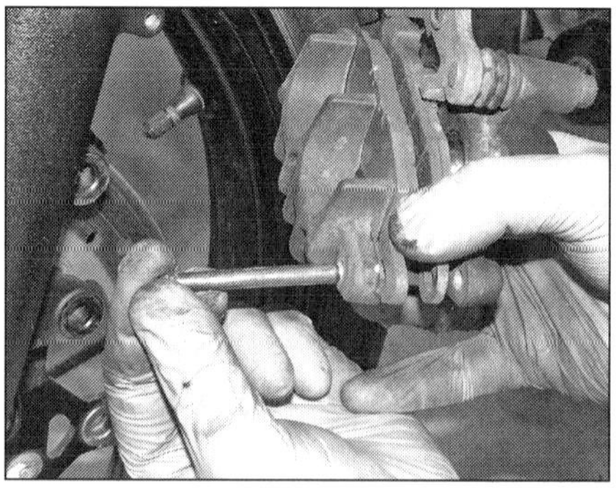

2.3b ... ziehen Sie den Belagstift heraus ...

2.3c ... und entfernen Sie den inneren ...

2.3d ... sowie den äußeren Bremsbelag.

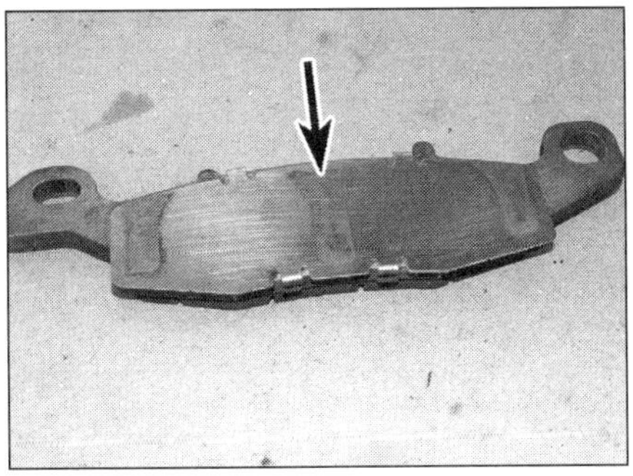

2.4 Bremsbelag-Blech

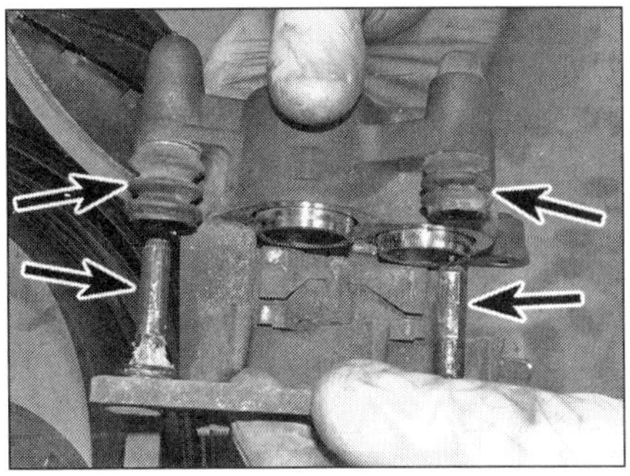

2.5 Ziehen Sie den Bremssattel und seinen Halter auseinander. Reinigen und kontrollieren Sie die Gleitstifte und Gummimanschetten.

2.8a Um Platz für neue Beläge zu schaffen, können die Kolben von Hand, ...

2.8b ... mithilfe einer Zange und einem Stück Holz ...

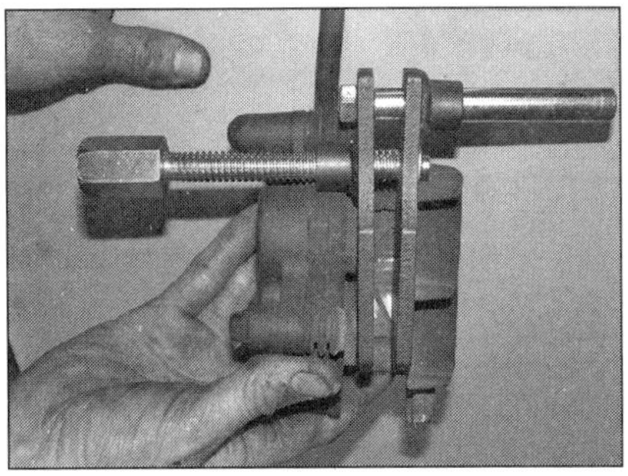

2.8c ... oder einem speziellen Eindrück-Werkzeug zurückgedrückt werden.

gen). Schwenken Sie den inneren Bremsbelag aus dem Sattel, bis er den Halter freigibt, ziehen Sie ihn dann seitlich von seinem Zapfen (siehe Abbildung). Entfernen Sie den äußeren Bremsbelag – beachten Sie, wie er an der Führung anliegt (siehe Abbildung).

4 Entfernen Sie nötigenfalls die Bleche von den Rückseiten der Bremsbeläge (siehe Abbildung); neue Beläge sollten mit Blechen geliefert werden – achten Sie besonders bei Zubehör-Belägen darauf, bevor die alten Bleche entsorgt werden. Nötigenfalls sind die Bleche auch separat erhältlich.

5 Ziehen Sie den Bremssattel und seinen Halter auseinander (siehe Abbildung). Befreien Sie die Gleitstifte von altem Fett. Falls die Gummimanschetten spröde oder anderweitig beschädigt sind, müssen sie ersetzt werden.

6 Kontrollieren Sie die Oberflächen der Beläge auf Verunreinigungen und prüfen Sie, ob das Belagmaterial noch nicht unter der Verschleißgrenze ist (siehe Kapitel 1, Sektion 2). Ersetzen Sie alle Beläge der gesamten Vorderradbremse immer als Satz, auch wenn nur einer nahe oder unterhalb der Verschleißgrenze liegt. Außerdem müssen die Bremsbeläge ersetzt werden, wenn sie mit Öl oder Fett verschmutzt, stark eingekerbt oder durch Schmutz oder Sand beschädigt wurden. Ungleichmäßig verschlissene Bremsbeläge weisen darauf hin, dass ein Kolben klemmt oder festgegangen ist (siehe Schritte 8 und 9).

Anmerkung: *Es ist kaum möglich, Bremsbeläge vollständig zu entfetten – wenn sie in irgendeiner Weise verunreinigt sind, müssen sie ersetzt werden.*

7 Wenn die Bremsbeläge in gutem Zustand sind, werden Sie mit einer vollkommen fett- und ölfreien feinen Drahtbürste sorgfältig gereinigt. Arbeiten Sie mit einem spitzen Werkzeug eingearbeitete Partikel aus dem Material und schleifen Sie verglaste Stellen mit Schmirgelleinen ab. Leichte Verunreinigungen können mit Bremsenreiniger-Spray behandelt werden.

8 Befreien Sie nötigenfalls die Belagfeder aus dem Bremssattel – merken Sie sich ihre Einbaurichtung (Abbildung 2.12a). Reinigen Sie die sichtbaren Bereiche der Kolben, damit die Dichtringe nicht durch Schmutz oder Ablagerungen beschädigt werden können. Wenn neue Bremsbeläge installiert werden sollen, müssen die Kolben jetzt vollständig in den Sattel gedrückt werden; sollen die alten Beläge wiederverwendet werden, werden die Kolben nur einige Millimeter eingedrückt. Drücken Sie die Kolben von Hand oder mit einem Holz als Hebel ein (siehe Abbildungen). Notfalls können auch die alten Beläge installiert und mit einem Schraubendreher oder Ähnlichem auseinander gedrückt werden (sollen die alten Beläge wiederverwendet werden, darf das Belagmaterial dabei nicht beschädigt werden). Mit einem Holz als Schutz vor Schäden am Sattel kann auch eine entsprechende Zange angesetzt werden. Werkstätten verwenden spezielle Bremskolben-Rückstellwerkzeuge (siehe Abbildung). Durch das Drücken der Kolben in den Sattel wird Bremsflüssigkeit in den Ausgleichsbehälter gepumpt, sodass es daher nötig sein kann, dass der Deckel, die Abdeckung und die Manschette des Ausgleichsbehälters entfernt und etwas überschüssige Bremsflüssigkeit abgeschöpft werden müssen (siehe *Tägliche Kontrollen*). Lassen sich die Kolben schwer eindrücken, muss das Entlüftungsventil mit einem durchsichtigen Schlauch bestückt und dessen anderes Ende in einen geeigneten Behälter gehalten werden. Dann wird das Ventil geöffnet und einer neuer Versuch gestartet. Achten Sie beim Öffnen des Ventils darauf, keine Luft in das System zu ziehen – im Zweifel muss die Bremse anschließend entlüftet werden (siehe Sektion 11).

9 Falls einer der Kolben festzusitzen scheint, muss der andere Kolben des Sattels mit Hölzern oder Kabelbindern blockiert und der Bremshebel betätigt werden, um zu prüfen, ob sich der infrage kommende Kolben überhaupt bewegt. Wenn er sich heraus bewegt aber nicht eingedrückt werden kann, wird er wahrscheinlich von versteckter Korrosion gestoppt. Wenn er sich überhaupt nicht bewegt, muss der Bremssattel zerlegt und überholt werden (siehe Sektion 3).

6

2.12a Die Belagfeder...

2.12b ...und die Führung müssen sauber sein und korrekt sitzen.

2.16 Schieben Sie den Bremssattel auf die Bremsscheibe und installieren Sie die Schrauben.

10 Befreien Sie den Belagstift von Korrosionsresten und kontrollieren Sie ihn auf Verschleiß und Beschädigungen.

11 Kontrollieren Sie den Zustand der Bremsscheiben (siehe Sektion 4).

12 Reinigen Sie die Belagfeder und installieren Sie sie korrekt ausgerichtet in den Bremssattel (siehe Abbildung). Reinigen Sie die Belagführung am Halter und prüfen Sie, ob sie korrekt sitzt (siehe Abbildung).

13 Schmieren Sie die Gleitstifte und die Manschetten innen mit Silikonpaste (Abbildung 2.5). Schieben Sie den Sattel und den Halter zusammen – die Manschetten-Lippe muss in der Nut des Gleitstifts sitzen.

14 Rüsten Sie die Bremsbeläge ggf. mit den korrekt ausgerichteten Blechen aus (Abbildung 2.4). Reinigen Sie die Außenseiten der Bleche, sodass sie glänzen.

15 Installieren Sie den äußeren Bremsbelag so in den Bremssattel, dass das Blech an den Kolben und sein inneres Ende korrekt an der Führung des Halters anliegen (Abbildung 2.3d). Installieren Sie den inneren Belag über den Zapfen, schieben Sie ihn auf und schwenken Sie ihn herunter (Abbildung 2.3c). Drücken Sie beide Bremsbeläge gegen die Belagfeder, sodass die Löcher ausgerichtet sind, und installieren Sie den Belagstift (Abbildung 2.3b). Sichern Sie den Stift mit dem in seine Bohrung gesteckten Splint – drehen Sie den Stift nötigenfalls, um die Bohrung auszurichten (Abbildung 2.3a). Falls der alte Splint korrodiert oder verbogen ist, muss ein neuer Splint verwendet werden.

16 Schieben Sie den Bremssattel so auf die Bremsscheibe, dass diese zwischen den Belägen sitzt (siehe Abbildung). Installieren Sie die Befestigungsschrauben und ziehen Sie sie mit 39 Nm an.

17 Schrauben Sie die Bremsschlauchführung an die Gabel (Abbildungen 2.1 a oder b).

18 Betätigen Sie mehrmals den Bremshebel, um die Beläge an die Scheibe zu drücken. Kontrollieren Sie den Bremsflüssigkeitsstand und füllen Sie nötigenfalls auf (siehe *Tägliche Kontrollen*).

19 Prüfen Sie vor der ersten Fahrt die Funktion der Bremse.

3 Vorderradbremssättel

Warnung: Wenn eine Überholung des Bremssattels nötig ist (normalerweise bei Undichtigkeiten oder Funktionsverweigerung), muss jegliche alte Bremsflüssigkeit abgelassen werden. Das Zerlegen, Überholen und Montieren von Bremsenteilen muss auf einer absolut sauberen Arbeitsfläche geschehen, damit keine Fremdkörper in die Bremse gelangen und sie während der Fahrt ausfallen lassen. Verwenden Sie zum Reinigen von Bremsenteilen auf keinen Fall Lösungsmittel auf Petroleumbasis. Benutzen Sie saubere DOT 4-Bremsflüssigkeit, Bremsenreiniger oder Spiritus. Seien Sie bei der Arbeit mit Bremsflüssigkeit äußerst vorsichtig – sie kann ihren Augen schaden und greift Lack und Kunststoff an.

Ausbau

Anmerkung: *Falls ein Bremssattel (z.B. wegen eines klemmenden Kolbens oder Undichtigkeiten) überholt werden soll, muss zunächst die gesamte Sektion durchgelesen und sichergestellt werden, dass alle erforderlichen Ersatzteile sowie frische Bremsflüssigkeit (DOT 4) vorhanden sind.*

Achtung: Betätigen Sie nicht die Bremse, solange ein Bremssattel demontiert ist!

1 Wenn die Bremssättel nur abgenommen werden sollen (um z.B. das Vorderrad auszubauen), müssen die Bremsschlauchhalter von der Gabel befreit werden (Abbildungen 2.1a oder b). Legen Sie Lappen auf das Schutzblech, damit es nicht von den Führungen zerkratzt wird. Lösen Sie die Bremssattel-Befestigungsschrauben und ziehen Sie den Sattel von der Bremsscheibe (Abbildung 2.2). Sichern Sie die Bremssättel außerhalb des Arbeitsbereichs, sodass die Schläuche nicht unter Last stehen.

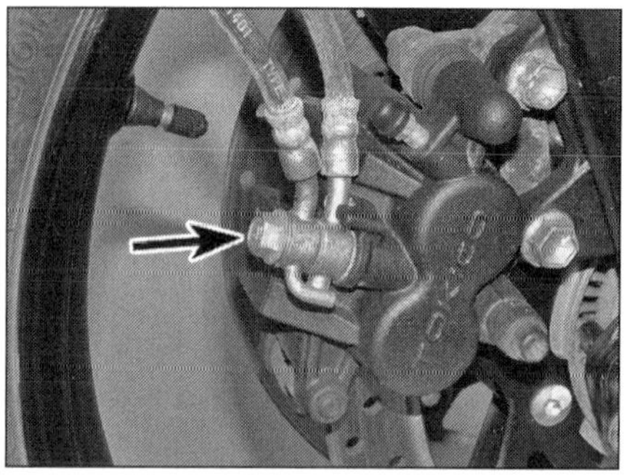

3.2a Bremsschlauch-Anschlussschraube – rechter Bremssattel mit zwei Anschlüssen

3.2b Bremsschlauch-Anschlussschraube – linker Bremssattel

3.2c Abdichtung eines Anschlussauges mit Schraube, Mutter und alten Dichtscheiben

2 Falls ein Bremssattel (z. B. für eine Überholung) komplett demontiert werden soll, sind alle Bremsleitungsanschlüsse mit saugfähigen Lappen zu umwickel und ihre Ausrichtung zu notieren (siehe Abbildungen). Lösen Sie die Anschlussschraube, befreien Sie die Leitung(en) und fangen Sie austretende Bremsflüssigkeit auf. Dichten Sie alle Schlauchanschlüsse ab – z. B. mit einer Schraube samt Mutter und den alten Dichtscheiben (siehe Abbildung) – später werden neue Dichtscheiben benötigt.

3 Falls der Bremssattel überholt werden soll, müssen die Bremsbeläge entfernt werden (siehe Sektion 2, Schritte 1 bis 5) – dies beinhaltet auch die Demontage des Sattels von der Gabel und das Trennen vom Halter.

Überholen

4 Reinigen Sie den Sattel äußerlich mit Bremsenreiniger oder Spiritus. Halten Sie Lappen bereit, um austretende Bremsflüssigkeit aufzusaugen.

5 Zum Ausbau der Kolben wird Druckluft oder ein spezielles Bremskolben-Ausbauwerkzeug benötigt – alternativ hilft auch eine gute Außenseegerringzange (siehe Abbildung)

6 Beim Einsatz von Druckluft müssen zunächst einige Lappen oder ein Stück Holz zwischen die Kolben und die Innenseite des Sattels gelegt werden (Abbildung 7.6a). Setzen Sie am Bremsleitungsanschluss vorsichtig Druckluft an, damit sich die Kolben aus ihren Bohrungen schieben (Abbildung 7.6a) – hierbei muss ggf. mithilfe eines Blockierwerkzeugs aus Holz sichergestellt werden, dass sie gleichmäßig herauskommen.

7 Beim Einsatz des speziellen Ausbauwerkzeugs oder der Außenseegerringzange muss der Kolben von innen gegriffen und drehend senkrecht aus seiner Bohrung gezogen werden. Versuchen Sie nicht, einen Kolben mit außen angesetzten Zangen oder anderen Werkzeugen herauszuziehen, da hierbei seine Gleitfläche beschädigt wird und der gesamte Bremssattel ersetzt werden muss.

8 Falls ein Kolben aufgrund von Korrosion in seiner Bohrung klemmt, muss der komplette Bremssattel durch ein Neuteil ersetzt werden.

9 Markieren Sie die Kolben und den Bremssattel, um sicherzustellen, dass beim Zusammenbau alles wieder an seine ursprünglichen Positionen kommt.

10 Entfernen Sie mit einem Holz- oder Plastikwerkzeug die Staubdichtungen und die Kolbendichtungen aus den Sattelbohrungen, um diese nicht zu beschädigen (Abbildung 7.9). Die Dichtungen müssen auf jeden Fall ersetzt werden.

11 Reinigen Sie Bohrungen und Kolben mit Spiritus, Bremsenreiniger oder sauberer Bremsflüssigkeit. Ist (gefilterte und ölfreie) Druckluft vorhanden, werden die Kanäle damit durchgeblasen.

Achtung: Benutzen Sie zum Reinigen von Bremsenteilen auf keinen Fall Lösungsmittel auf Petroleumbasis!

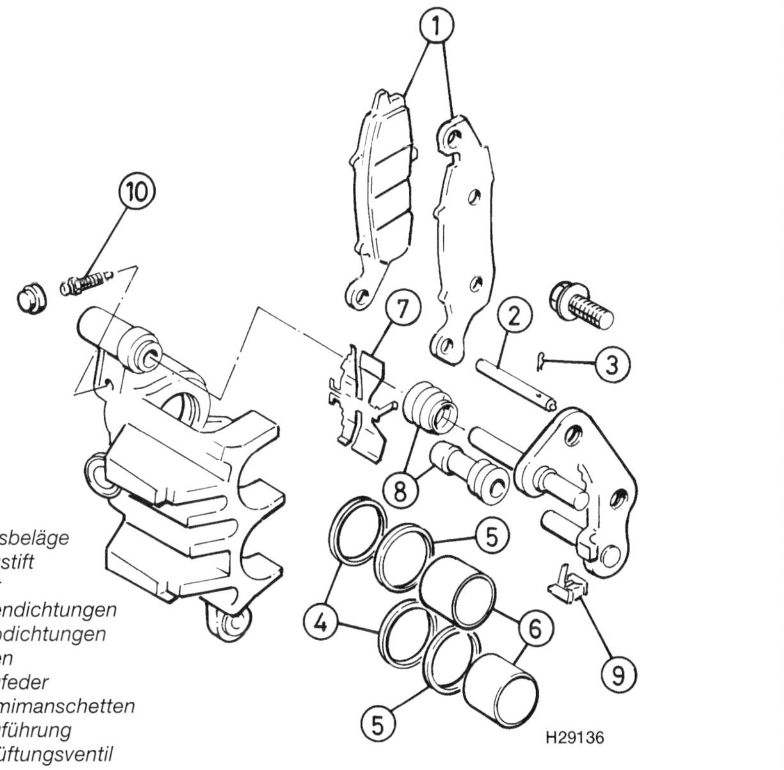

1 Bremsbeläge
2 Belagstift
3 Splint
4 Kolbendichtungen
5 Staubdichtungen
6 Kolben
7 Belagfeder
8 Gummimanschetten
9 Belagführung
10 Entlüftungsventil

3.5 Bauteile des Vorderradbremssattels

12 Inspizieren Sie die Sattelbohrungen und Kolben auf Anzeichen von Korrosion, Kerben, Riefen und Abplatzungen. Falls schadhafte Oberflächen vorhanden sind, müssen der Bremssattel und/oder die Kolben ersetzt werden. Wenn ein Bremssattel in schlechtem Zustand ist, muss auch der andere Sattel sowie der Handbremszylinder kontrolliert werden.

13 Schmieren Sie die neuen Kolbendichtungen mit sauberer Bremsflüssigkeit und setzen Sie sie in die inneren Nuten der Sattelbohrungen (Abbildungen 7.12a und b).

14 Schmieren Sie die neuen Staubdichtungen mit sauberer Bremsflüssigkeit und setzen Sie sie in die äußeren Nuten der entsprechenden Bohrung (Abbildung 7.13).

15 Schmieren Sie die Kolben mit sauberer Bremsflüssigkeit und setzen Sie sie mit der geschlossenen Seite voran in die Sattelbohrungen, ohne die Dichtungen aus den Nuten zu drücken (Abbildung 7.14a). Drücken Sie sie mit den Daumen senkrecht bis auf den Boden (Abbildung 7.14b).

Einbau

16 Falls der Bremssattel überholt wurde, muss er wie in Sektion 2 beschrieben mit der Belagfeder, den (gereinigten oder neuen) Bremsbelägen, den Gleitstiften und Manschetten sowie der Führung ausgerüstet werden, um samt Halter ans Standrohr montiert werden zu können.

17 Falls der Bremssattel nur abgenommen wurde, muss er auf die Bremsscheibe geschoben werden – diese muss zwischen den Belägen stecken (Abbildung 2.16). Installieren Sie die Befestigungsschrauben und ziehen Sie sie mit 39 Nm an.

18 Falls getrennt, müssen alle Bremsleitungen angeschlossen werden – verwenden Sie dabei neue Dichtscheiben. Wo mit einer Schraube zwei Leitungen gesichert werden, müssen drei Dichtscheiben verwendet werden – eine zwischen den Ringanschlüssen und je eine außen (Abbildungen 3.2a und b). Richten Sie die Leitung(en) wie beim Trennen notiert aus (siehe Abbildung) und ziehen Sie die Anschlussschraube mit 23 Nm an.

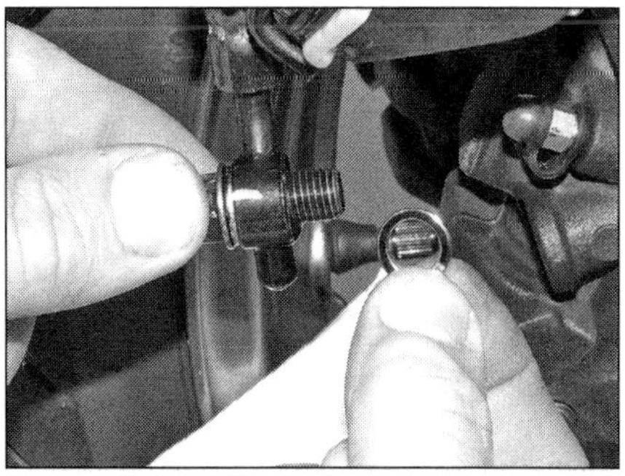

3.18 Rüsten Sie den Anschluss an beiden Seiten mit neuen Dichtringen aus.

4.2 Messen Sie die Stärke der Bremsscheibe.

4.3 Prüfen Sie den Scheibenverzug mit einer Messuhr.

4.5 Vorderrad-Bremsscheiben sind mit fünf Schrauben gesichert.

19 Sichern Sie alle Bremsschlauchhalter und an der Gabel (Abbildungen 2.1a oder b).
20 Füllen Sie ggf. Bremsflüssigkeit auf und entlüften Sie das System (siehe Sektion 11).
21 Betätigen Sie mehrmals den Bremshebel, um die Beläge an die Scheibe zu drücken. Kontrollieren Sie den Bremsflüssigkeitsstand und füllen Sie nötigenfalls auf (siehe *Tägliche Kontrollen*).
22 Prüfen Sie vor der ersten Fahrt die Dichtigkeit und die Funktion der Bremse.

4 Vorderrad-Bremsscheiben

Kontrolle

1 Begutachten Sie den Zustand der Bremsscheiben-Oberfläche auf Kerben und andere Beschädigungen. Leichte Kratzer sind nach Gebrauch normal und behindern nicht die Funktion der Bremse, tiefe Kerben und starker Abrieb reduzieren jedoch die Bremswirkung und erhöhen den Belagverschleiß. Wenn eine Scheibe stark riefig ist, muss sie ersetzt werden.
2 Die Scheibe darf nicht dünner verschlissen sein, als in den technischen Daten und auf der Scheibe selbst als minimaler Toleranzwert angegeben ist. Die Stärke kann in der Mitte des Bremsbelag-Kontaktbereichs mit einer Bügelmessschraube gemessen werden (siehe Abbildung) – messen Sie nicht am Außenrand, wo kein Verschleiß stattfindet. Ersetzen Sie die Bremsscheibe nötigenfalls.
3 Um den Scheibenverzug zu kontrollieren, muss das Motorrad so abgestützt werden, dass das Rad nicht den Boden berührt. Befestigen Sie eine Messuhr so an der Gabel, dass der Messdorn die Scheibe etwa 2 mm unter ihrem Außenrand abtasten kann (siehe Abbildung). Drehen Sie das Rad langsam und beobachten Sie die Messuhr-Nadel. Wenn der Schlag größer als 0,3 mm ist, müssen zunächst die Radlager auf erhöhtes Spiel kontrolliert werden (siehe Kapitel 1) – falls sie verschlissen sind, müssen sie ersetzt (siehe Sektion 19) und diese Kontrolle wiederholt werden. Wenn immer noch starker Verzug vorliegt, muss die Scheibe demontiert (Schritte 4 und 5) und ihr Sitz an der Radnabe auf Korrosion überprüft und diese ggf. entfernt werden. Auch kann es helfen, die Bremsscheibe um ein Loch zu versetzen und nach dem Anziehen der Schrauben erneut auf Verzug zu kontrollieren. In den meisten Fällen muss die Bremsscheibe jedoch ersetzt werden – fragen Sie bei einem Fachbetrieb nach, ob es möglich ist, sie überarbeiten zu lassen.

Ausbau

4 Bauen Sie das Rad aus (siehe Sektion 17).

Achtung: Legen Sie das Rad nicht auf eine Bremsscheibe, da sie sich verziehen kann. Legen Sie es so auf Holzblöcke, dass es auf der Felge aufliegt.

5 Wenn die alte Scheibe wiederverwendet werden soll, muss ihre Einbaulage am Rad markiert werden, sodass sie in der ursprünglichen Position und an der gleichen Seite wieder montiert werden kann. Lösen Sie die Bremsscheibenschrauben schrittweise über Kreuz, um ein Verziehen der Bremsscheibe zu vermeiden. Heben Sie die Scheibe vom Rad (siehe Abbildung).

Einbau

6 Stellen Sie vor der Montage der Bremsscheibe sicher, dass sich auf ihrem Sitz weder Korrosion noch Schmutz abgelagert haben, da hierdurch die Scheibe nicht flach aufliegt und beim Bremsen ein Rubbeln verursacht und/ oder verzieht.
7 Bauen Sie die Scheibe so an das Rad, dass die eingeschlagenen Beschriftungen außen liegen und – falls Sie die originale Bremsscheibe installieren – die zuvor angebrachten Markierungen zur Radnabe ausgerichtet sind. Der eingeschlagene Pfeil muss in die normale Drehrichtung des Rades zeigen.
8 Reinigen Sie die Gewinde der Bremsscheiben-Schrauben und tragen Sie mittelfeste Sicherungspaste auf, bevor sie schrittweise und über Kreuz bis zum Drehmoment von 23 angezogen werden. Reinigen Sie die Bremsscheiben mit Aceton oder Bremsenreiniger. Wenn eine neue Bremsscheibe verwendet wird, muss deren Schutzüberzug entfernt werden – zudem sind neue Bremsbeläge zu montieren.
9 Bauen Sie das Rad ein (siehe Sektion 17).
10 Betätigen Sie mehrmals den Bremshebel, um die Beläge an die Scheibe zu drücken. Kontrollieren Sie den Bremsflüssigkeitsstand und füllen Sie nötigenfalls auf (siehe *Tägliche Kontrollen*).
11 Prüfen Sie vor der ersten Fahrt die Funktion der Bremse.

5 Handbremszylinder

Warnung: Wenn der Geberzylinder überholt werden soll, muss die gesamte Bremsflüssigkeit aus dem System gepumpt – und später neue aufgefüllt werden (siehe Sektion 11). Das Überholen von Bremsenteilen muss auf einer absolut sauberen Arbeitsfläche geschehen, damit keine Fremdkörper in die Bremse gelangen und sie während der Fahrt ausfallen lassen. Verwenden Sie zum Reinigen von Bremsenteilen auf keinen Fall Lösungsmittel auf Petroleumbasis. Benutzen Sie saubere Bremsflüssigkeit, Brem-

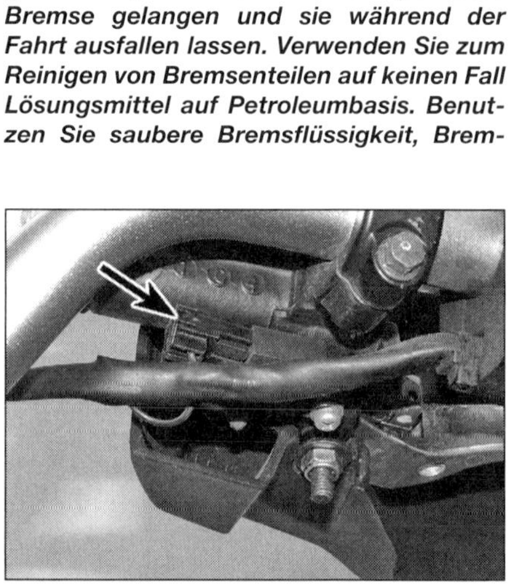

5.1 Trennen Sie den Stecker des Bremslichtschalters.

5.3 Lockern Sie die Schrauben des Ausgleichsbehälterdeckels.

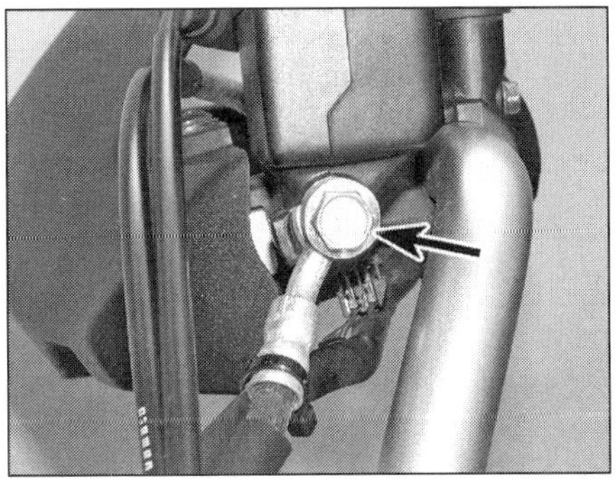

5.4 Bremsleitungs-Anschlussschraube

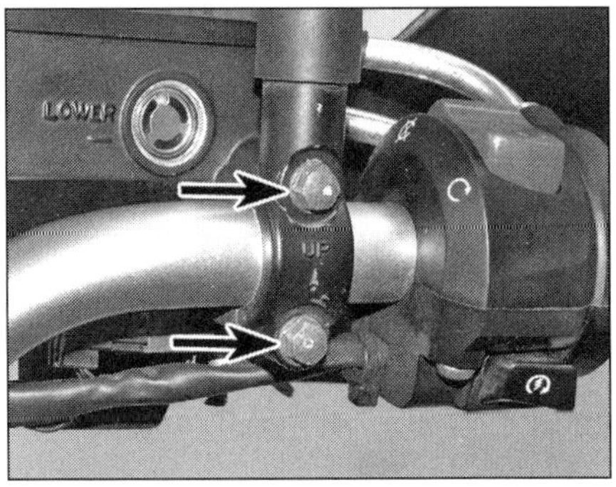

5.5 Handbremszylinder-Klemmschrauben

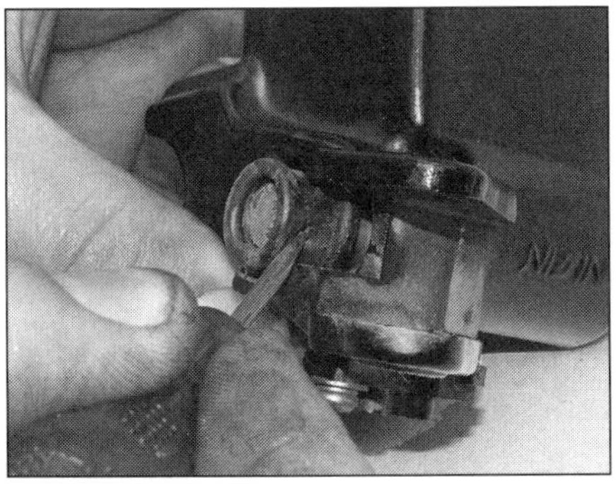

5.7 Befreien Sie die Staubkappe vom Bremszylinder-Kolben.

5.8a Drücken Sie den Kolben ein, entfernen Sie den Seegerring . . .

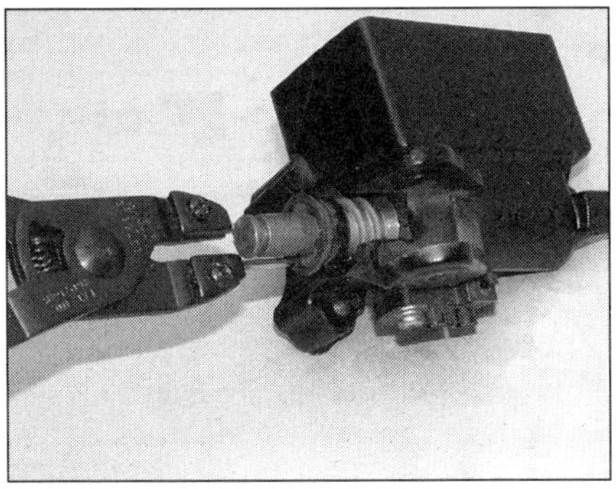

5.8b . . . und ziehen Sie den Kolben . . .

senreiniger oder Spiritus. Seien Sie bei der Arbeit mit Bremsflüssigkeit äußerst vorsichtig – sie kann ihren Augen schaden und greift Lack und Kunststoff an. Decken Sie gefährdete Teile mit Lappen ab und wischen Sie Spritzer unverzüglich mit Seife und Wasser ab.

Anmerkung: *Wenn der Geberzylinder (üblicherweise aufgrund schwacher Bremswirkung, Klemmneigung oder Lecks) überholt werden soll, müssen die gesamte Prozedur durchgelesen und alle erforderlichen Ersatzteile einschließlich frischer DOT-4-Bremsflüssigkeit beschafft werden. Suzuki bietet ein Reparaturset an, das alle Dichtungen, den Seegerring, den Kolben und die Feder enthält.*

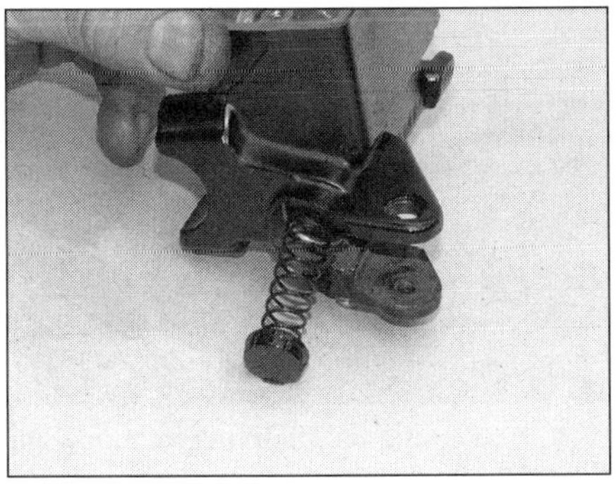

5.8c . . . samt Feder heraus.

Ausbau

1 Trennen Sie den Stecker des Bremslichtschalters (siehe Abbildung).

2 Demontieren Sie den Bremshebel (siehe Sektion 5) und den Rückspiegel (siehe Kapitel 7).

3 Lockern Sie die Schrauben des Ausgleichsbehälterdeckels (siehe Abbildung).

4 Umwickeln Sie den Ausgleichsbehälter mit Lappen. Lösen Sie die Bremsleitungs-Anschlussschraube und trennen die Leitung vom Handbremszylinder – merken Sie sich die Ausrichtung (siehe Abbildung). Dichten Sie den Schlauchanschluss ab – z. B. mit einer Schraube samt Mutter und den alten Dichtscheiben (Abbildung 3.2c) – später werden neue Dichtscheiben benötigt.

5 Lösen Sie die Klemmschrauben und entnehmen Sie das Klemmstück, um den Handbremszylinder vom Lenker zu befreien (siehe Abbildung).

6 Entfernen Sie den Ausgleichsbehälterdeckel, die Abdeckung und die Manschette. Falls die Bremsflüssigkeit noch nicht abgelassen wurde, muss sie jetzt in einen geeigneten Sammelbehälter ausgegossen werden. Wischen Sie Flüssigkeitsreste mit einem sauberen Lappen aus dem Ausgleichsbehälter.

Überholen

7 Entfernen Sie die Staubkappe aus der Zylinderbohrung (siehe Abbildung).

8 Drücken Sie den Kolben ein und entfernen Sie den Seegerring. Ziehen Sie dann den Kolben samt Feder heraus (siehe Abbildungen) – merken Sie sich die Einbaurichtungen.

9 Reinigen Sie den Bremszylinder und den Ausgleichsbehälter mit frischer Bremsflüssigkeit. Falls gefilterte und ölfreie Druckluft vorhanden ist, sollten damit alle Kanäle durchgeblasen werden.

Achtung: Benutzen Sie zum Reinigen von Bremsenteilen unter keinen Umständen Lösungsmittel auf Petroleumbasis!

10 Inspizieren Sie die Bremszylinderbohrung auf Korrosion, Kerben oder Riefen. Falls defekte Oberflächen vorhanden sind, muss der Handbremszylinder ersetzt werden. Falls der Handbremszylinder verschlissen oder beschädigt ist, müssen auch die Bremssättel kontrolliert werden.

11 Die Staubkappe, der Seegerring, der Kolben samt Dichtungen sowie die Feder sind im Reparaturset enthalten, alle anderen Bauteile sind separat erhältlich. Benutzen Sie ungeachtet ihres Zustands immer alle Teile des Reparatursets. Schmieren Sie die Zylinderbohrung mit frischer Bremsflüssigkeit.

12 Schmieren Sie den Kolben, die Topfdichtung und den Dichtring sowie die Zylinderbohrung mit frischer Bremsflüssigkeit. Falls noch nicht erledigt, muss der Dichtring mit der Dichtlippe nach innen auf den Kolben geschoben und die Topfdichtung an die Feder gedrückt werden (siehe Abbildungen).

13 Stecken Sie die Feder in die Zylinderbohrung – die Dichtlippe der Topfdichtung dürfen dabei nicht umklappen (siehe Abbildung). Drücken Sie den Kolben gegen die Feder in den Zylinder – auch seine Dichtung darf nicht umklappen (siehe Abbildung) – und installieren Sie den neuen Seegerring in seine Nut (siehe Abbildungen).

14 Schmieren Sie den Außenrand des Kolbens und die Innenseite der Staubkappe mit Silikonpaste. Drücken Sie den breiten Rand der Staubmanschette vorsichtig in ihren Sitz im Bremszylinder (siehe Abbildung). Richten Sie die Lippe am schmaleren Ende zur Nut des Kolbens aus (siehe Abbildung)

15 Kontrollieren Sie die Ausgleichsbehälter-Manschette – falls sie beschädigt oder spröde ist, muss sie ersetzt werden.

Einbau

16 Richten sie den Handbremszylinder mit der Klemmung zur Körnermarkierung oben am Lenker aus, setzen Sie das Klemmstück mit der Spiegel-Aufnahme sowie der »UP«-Markierung nach oben ausgerichtet an und ziehen Sie zuerst die obere Schraube und dann die untere mit 10 Nm an (siehe Abbildung).

17 Schließen Sie das an beiden Seiten mit neuen Dichtscheiben versehene und korrekt ausgerichtete Bremsleitungsauge an (Abbildungen 3.18 und 5.4) und ziehen Sie die Anschlussschraube mit 23 Nm an.

18 Montieren Sie den Bremshebel (siehe Kapitel 5) und dem Rückspiegel (siehe Kapitel 7).

19 Verbinden Sie den Bremslichtschalter-Stecker (Abbildung 5.1).

20 Füllen Sie Bremsflüssigkeit auf und/oder entlüften Sie die Bremse (siehe Sektion 11). Kontrollieren Sie das System auf Undichtigkeiten und prüfen Sie vor der ersten Fahrt die Funktion der Bremse.

5.12a Der Dichtring muss korrekt am Kolben installiert sein.

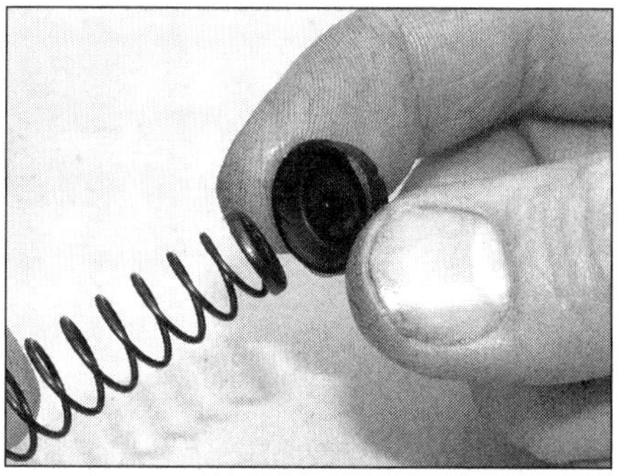

5.12b Die Topfmanschette muss auf das schmale Ende der Feder gesteckt werden.

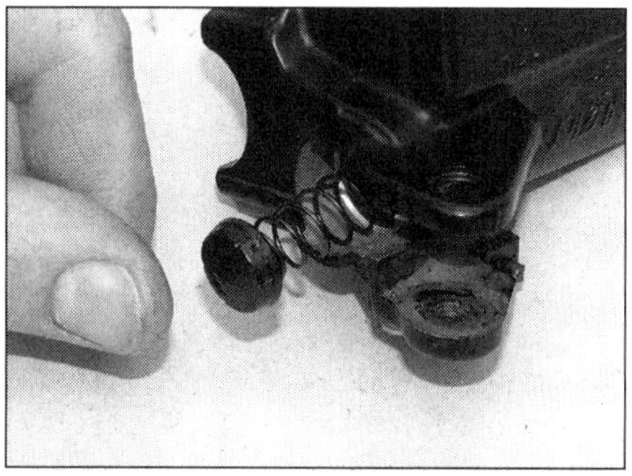

5.13a Schieben Sie die Feder in den Bremszylinder.

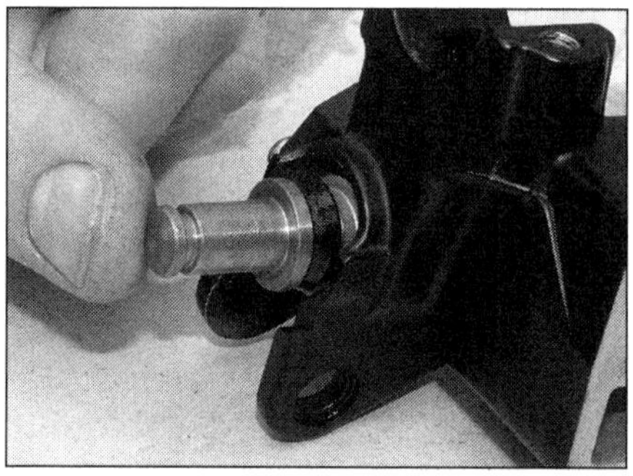

5.13b Drücken Sie den Kolben hinein . . .

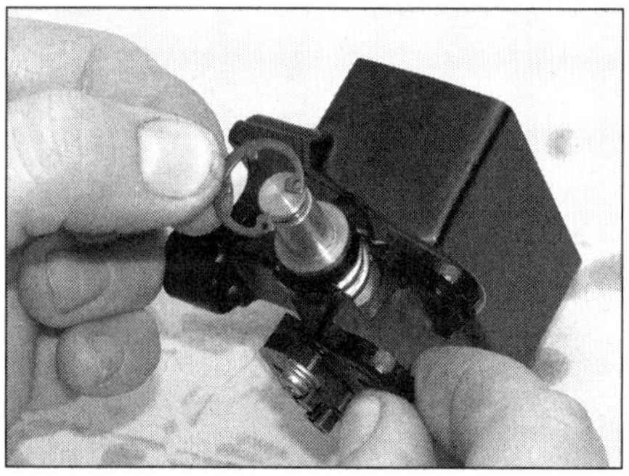

5.13c . . . und installieren Sie den Seegerring . . .

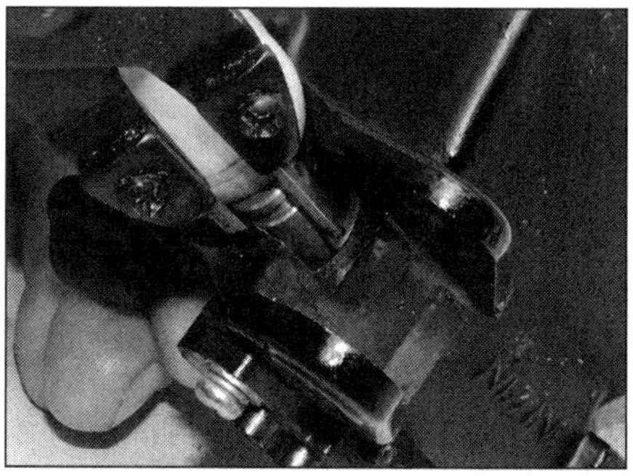

5.13d . . . vollständig in seine Nut.

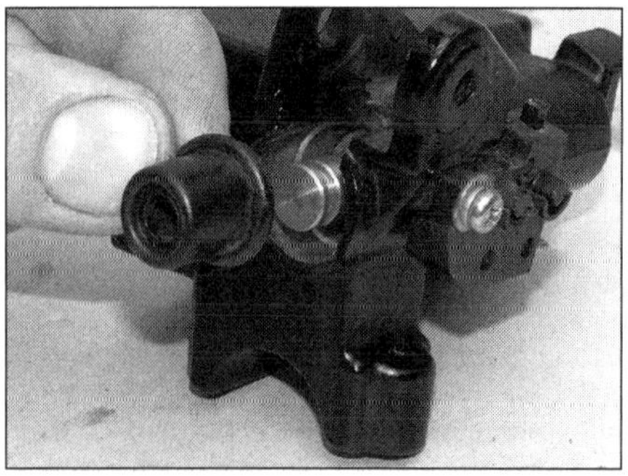

5.14a Installieren Sie die mit Silikonpaste geschmierte Gummimanschette über den Kolben . . .

5.14b . . . und richten Sie ihren Bund in dessen Nut aus.

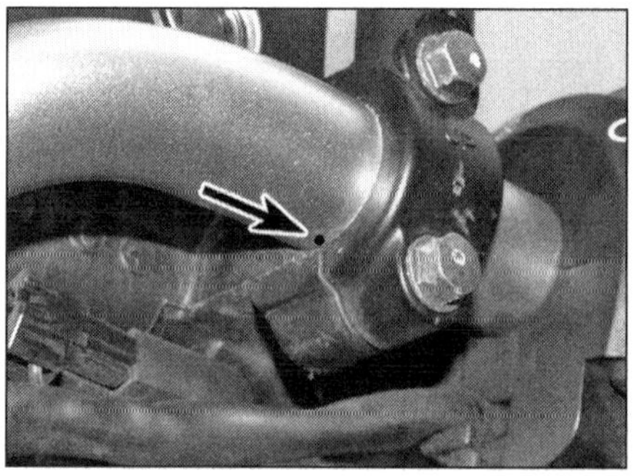

5.16 Richten Sie die Klemmverbindung zur Körnermarkierung am Lenker aus.

6 Hinterrad-Bremsbeläge

Achtung: Betätigen Sie nicht die Bremse, solange die Beläge ausgebaut sind oder der Bremssattel nicht über der Bremsscheibe sitzt!

1 Entfernen Sie den Belagstift-Stopfen (siehe Abbildung) und lockern Sie die dahinter sitzende Belagstift-Schraube.

2 Lösen Sie die hintere Bremssattel-Befestigungsschraube (siehe Abbildung). Ziehen Sie den Belagstift heraus und schwenken Sie den Bremssattel hinten hoch, um die Bremsbeläge entfernen zu können – beachten Sie ihre Einbaupositionen (siehe Abbildungen).

3 Falls vorhanden, können die Bleche und Isolierstücke von den Rückseiten der Beläge entfernt werden (siehe Abbildung); neue Beläge sollten mit Blechen geliefert werden – achten Sie besonders bei Zubehör-Belägen darauf, bevor die alten Bleche entsorgt werden. Nötigenfalls sind sowohl die Bleche als auch die Isolierstücke separat erhältlich.

4 Kontrollieren Sie die Oberflächen der Beläge auf Verunreinigungen und prüfen Sie, ob das Belagmaterial noch nicht unter der Verschleißgrenze ist (siehe Kapitel 1, Sektion 2). Ersetzen Sie alle Beläge der Hinterradbremse immer als Satz, auch wenn nur einer nahe oder unterhalb der Verschleißgrenze liegt. Außerdem müssen die Bremsbeläge ersetzt werden, wenn sie mit Öl oder Fett verschmutzt, stark eingekerbt oder durch Schmutz oder Sand beschädigt wurden.Ungleichmäßig verschlissene Bremsbeläge weisen darauf hin, dass der Kolben klemmt oder festgegangen ist (siehe Schritte 6 und 7).

Anmerkung: *Es ist kaum möglich, Bremsbeläge vollständig zu entfetten – wenn sie in irgendeiner Weise verunreinigt sind, müssen sie ersetzt werden.*

5 Wenn die Bremsbeläge in gutem Zustand sind, werden Sie mit einer vollkommen fett- und ölfreien feinen Drahtbürste sorgfältig gereinigt. Arbeiten Sie mit einem spitzen Werkzeug eingearbeitete Partikel aus dem Material und schleifen Sie verglaste Stellen mit Schmirgelleinen ab. Leichte Verunreinigungen können mit Bremsenreiniger-Spray behandelt werden.

6 Befreien Sie nötigenfalls die Belagfeder aus dem Bremssattel – merken Sie sich ihre Einbaurichtung (Abbildung 6.10a). Reinigen Sie die zugänglichen Bereiche des Kolbens, damit die Dichtungen nicht durch Schmutz oder Ablagerungen beschädigt werden. Wenn neue Bremsbeläge installiert werden sollen, muss der Kolben jetzt vollständig in den Sattel gedrückt werden; sollen die alten Beläge wiederverwendet werden, wird der Kolben nur einige Millimeter eingedrückt. Drücken Sie die Kolben von Hand oder mit einem Holz als Hebel ein. Notfalls können auch die alten Beläge installiert und mit einem Schraubendreher oder Ähnlichem auseinander gedrückt werden (sollen die alten Beläge wiederverwendet werden, darf das Belagmaterial dabei nicht beschädigt werden). Mit einem Holz als Schutz vor Schäden am Sattel kann auch eine entsprechende Zange angesetzt werden (siehe Abbildung). Werkstätten verwenden spezielle Bremskolben-Rückstellwerkzeuge (Abbildung 2.8c). Durch das Drücken des Kolbens in den Sattel wird Bremsflüssigkeit in den Ausgleichsbehälter gepumpt, sodass es daher nötig sein kann, dass der Deckel, die Abdeckung und die Manschette des Ausgleichsbehälters entfernt und etwas überschüssige Bremsflüssigkeit abgeschöpft werden müssen (siehe *Tägliche Kontrollen*). Lässt sich der Kolben schwer eindrücken, muss das Entlüftungsventil mit einem durchsichtigen Schlauch bestückt und dessen anderes Ende in einen geeigneten Behälter gehalten werden. Dann wird das Ventil geöffnet und einer neuer Versuch gestartet. Achten Sie beim Öffnen des Ventils darauf, keine Luft in das System zu ziehen – im Zweifel muss die Bremse anschließend entlüftet werden (siehe Sektion 11).

7 Falls der Kolben festzusitzen scheint, muss der Bremssattel zerlegt und überholt werden (siehe Sektion 7). Falls sich der Kolben herausdrücken lässt, aber nicht wieder zurückgedrückt werden kann, ist dies ein Hinweis auf versteckte Korrosion.

8 Befreien Sie den Belagstift von Korrosionsresten und kontrollieren Sie ihn auf Verschleiß und Beschädigungen.

6.1 Entfernen Sie den Stopfen und lockern Sie die dahinter sitzende Belagstift-Schraube.

6.2a Lösen Sie die Schraube, ...

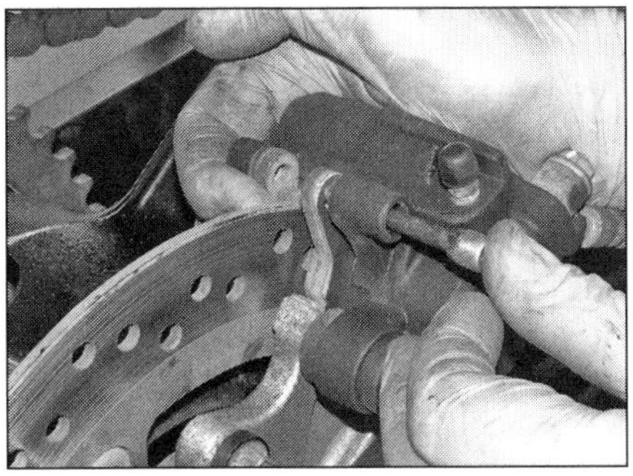

6.2b ... ziehen Sie den Stift heraus ...

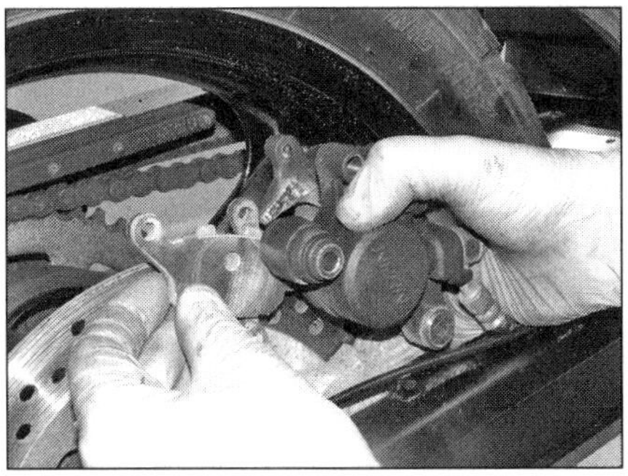

6.2c ... und entnehmen Sie die Bremsbeläge.

6.3 Entfernen Sie nötigenfalls das Blech von der Bremsbelag-Rückseite.

6.6 Drücken Sie den Kolben in den Sattel.

6.10a Sowohl die Belagfeder . . .

6.10b . . . als auch die Führung müssen sauber sein und korrekt sitzen.

9 Kontrollieren Sie den Zustand der Bremsscheibe (siehe Sektion 8).

10 Reinigen Sie die Belagfeder und installieren Sie sie korrekt ausgerichtet in den Bremssattel (siehe Abbildung). Reinigen Sie die Belagführung am Halter und prüfen Sie, ob sie korrekt sitzt (siehe Abbildung).

11 Entfernen Sie Fettreste von den Gleitflächen der Befestigungsschrauben und entfernen Sie die Hülse aus der Manschette, um auch diese zu reinigen. Kontrollieren Sie die Gummimanschetten und ersetzen Sie sie, falls sie spröde oder anderweitig beschädigt sind (zum Austausch der vorderen Manschette muss der Bremssattel demontiert werden (siehe Sektion 7).Schmieren Sie die Innenbereiche der Gummimanschetten mit Silikonpaste.

12 Falls entfernt, werden die Isolierstücke und Bleche korrekt ausgerichtet an die Rückseiten der Bremsbeläge gesetzt (Abbildung 6.3). Reinigen Sie die Außenbereiche der Bleche, bis sie glänzen.

13 Installieren Sie die Bremsbeläge mit dem Belagmaterial zur Bremsscheibe zeigend in den Halter – achten Sie darauf, dass die inneren Ränder korrekt gegen die Führung am Halter ausgerichtet sind (siehe Abbildung). Sichern Sie die Beläge mit der Belagstift-Schraube (Abbildung 6.2b).

14 Schwenken Sie den Bremssattel herunter und installieren Sie die Befestigungsschraube (Abbildung 6.2a). Ziehen Sie die Schraube mit 23 Nm und den Gleitstift mit 27 Nm an, installieren Sie dann den Stopfen (Abbildung 6.1).

15 Betätigen Sie mehrmals den Bremshebel, um die Beläge an die Scheibe zu drücken. Kontrollieren Sie den Bremsflüssigkeitsstand und füllen Sie nötigenfalls auf (siehe *Tägliche Kontrollen*).

16 Prüfen Sie vor der ersten Fahrt die Funktion der Bremse.

7 Hinterradbremssattel

Warnung: Wenn eine Überholung des Bremssattels nötig ist (normalerweise bei Undichtigkeiten oder Funktionsverweigerung), muss jegliche alte Bremsflüssigkeit abgelassen – und später neue aufgefüllt werden (siehe Sektion 11). Das Überholen von Bremsenteilen muss auf einer absolut sauberen Arbeitsfläche geschehen, damit keine Fremdkörper in die Bremse gelangen und sie während der Fahrt ausfallen lassen. Verwenden Sie zum Reinigen von Bremsenteilen auf keinen Fall Lösungsmittel auf Petroleumbasis. Benutzen Sie saubere Bremsflüssigkeit, Bremsenreiniger oder Spiritus. Seien Sie bei der Arbeit mit Bremsflüssigkeit äußerst vorsichtig – sie kann ihren Augen schaden und greift Lack und Kunststoff an. Decken Sie gefährdete Teile mit Lappen ab und wischen Sie Spritzer unverzüglich mit Seife und Wasser ab.

Ausbau

Anmerkung: *Falls der Bremssattel (z. B. wegen eines klemmenden Kolbens oder Undichtigkeiten) überholt werden soll, muss zunächst die gesamte Sektion durchgelesen und sichergestellt werden, dass alle erforderlichen Ersatzteile sowie frische Bremsflüssigkeit (DOT 4) vorhanden sind.*

Achtung: Betätigen Sie nicht die Bremse, solange der Bremssattel demontiert ist!

1 Falls der Bremssattel (z. B. für eine Überholung) komplett demontiert werden soll, sind alle Bremsleitungsanschlüsse mit saugfähigen Lappen zu umwickeln und ihre Ausrichtung zu notieren (siehe Abbildung). Lösen Sie die Anschlussschraube, befreien Sie die Leitung und fangen Sie austretende Bremsflüssigkeit auf. Dichten Sie den Schlauchanschluss ab – z. B. mit einer Schraube samt Mutter und den alten Dichtscheiben (Abbildung 3.2c) – später werden neue Dichtscheiben benötigt.

2 Entfernen Sie die Bremsbeläge (siehe Sektion 6, Schritte 1 und 2).

3 Wenn die Bremsleitung getrennt ist, wird der Bremssattel vollständig nach oben geschwenkt

6.13 Die Bremsbeläge müssen korrekt gegen die Führung drücken.

7.1 Bremsschlauch-Anschlussschraube

7.3 Vorderer Gleitstift

7.6a Drücken Sie den Kolben nötigenfalls mit Druckluft heraus ...

7.6b ... und entnehmen Sie ihn.

7.9 Entfernen Sie die Dichtungen

7.12a Schmieren Sie die neue Kolben-Dichtung mit Bremsflüssigkeit ...

7.12b ... und installieren Sie sie in die untere Nut.

7.13 Schmieren Sie die neue Staubdichtung mit Silikonpaste und installieren Sie sie in die obere Nut.

und aus dem Halter geschoben. Wenn die Bremsleitung noch angeschlossen ist, wird die hintere Befestigungsschraube locker installiert und dann der vordere Gleitstift gelöst und entfernt. Entfernen Sie die Schraube wieder und heben Sie den Sattel von der Bremsscheibe (siehe Abbildung).

Überholen

4 Reinigen Sie den Sattel äußerlich mit Bremsenreiniger oder Spiritus. Halten Sie Lappen bereit, um austretende Bremsflüssigkeit aufzusaugen.

5 Zum Ausbau des Kolbens wird Druckluft oder ein spezielles Bremskolben-Ausbauwerkzeug benötigt – alternativ hilft auch eine gute Außenseegerringzange.

6 Beim Einsatz von Druckluft müssen zunächst einige Lappen oder ein Stück Holz zwischen den Kolben und die Innenseite des Sattels gelegt werden (siehe Abbildung), dann wird am Bremsleitungsanschluss vorsichtig Druckluft angesetzt, damit sich der Kolben aus seiner Bohrung schiebt (siehe Abbildung).

7.14a Installieren Sie den Kolben ...

7 Beim Einsatz des speziellen Ausbauwerkzeugs oder der Außenseegerringzange muss der Kolben von innen gegriffen und drehend senkrecht aus seiner Bohrung gezogen werden. Versuchen Sie nicht, den Kolben mit außen angesetzten Zangen oder anderen Werkzeugen herauszuziehen, da hierbei seine Gleitfläche beschädigt wird und ggf. der Kolben und/oder der gesamte Bremssattel ersetzt werden muss.

8 Falls der Kolben aufgrund von Korrosion in seiner Bohrung klemmt, muss der komplette Bremssattel durch ein Neuteil ersetzt werden.

7.14b ... und drücken Sie ihn vollständig in seine Bohrung.

9 Entfernen Sie mit einem Holz- oder Plastikwerkzeug die Staubdichtung und die Kolbendichtung aus der Sattelbohrung, um diese nicht zu beschädigen (siehe Abbildung). Die Dichtungen müssen auf jeden Fall ersetzt werden.

10 Reinigen Sie Bohrung und den Kolben mit Spiritus, Bremsenreiniger oder sauberer Bremsflüssigkeit. Ist (gefilterte und ölfreie) Druckluft vorhanden, werden die Kanäle damit durchgeblasen.

Achtung: Benutzen Sie zum Reinigen von Bremsenteilen auf keinen Fall Lösungsmittel auf Petroleumbasis.

11 Inspizieren Sie die Sattelbohrung und den Kolben auf Anzeichen von Korrosion, Kerben, Riefen und Abplatzungen. Wenn schadhafte Oberflächen vorhanden sind, muss der Bremssattel und/oder der Kolben ersetzt werden. Wenn der Bremssattel in schlechtem Zustand ist, muss auch der Fußbremszylinder kontrolliert werden.

12 Schmieren Sie die neue Kolbendichtung mit sauberer Bremsflüssigkeit und setzen Sie sie in die innere Nut der Sattelbohrung (siehe Abbildungen).

13 Schmieren Sie die neue Staubdichtung mit sauberer Bremsflüssigkeit und setzen Sie sie in die äußere Nut der Bohrung (siehe Abbildung).

14 Schmieren Sie den Kolben mit sauberer Bremsflüssigkeit und setzen Sie ihn mit der geschlossenen Seite voran in die Sattelbohrung, ohne die Dichtungen aus den Nuten zu drücken (siehe Abbildung). Drücken Sie ihn/sie mit den Daumen senkrecht bis auf den Boden (siehe Abbildung).

Einbau

15 Wechseln Sie zu Sektion 6, um die Bremsbeläge, die Belagführung, die Feder, den Befestigungsbolzen, den Gleitstift und ihre Gummimanschetten zu reinigen und zu kontrollieren.

16 Wenn die Bremsleitung getrennt ist, wird der Bremssattel in den Halter geschoben und dann die Bremsbeläge installiert (siehe Sektion 6). Ist die Bremsleitung weiterhin angeschlossen, muss der Bremssattel korrekt über der Bremsscheibe positioniert und der vordere Gleitstift locker eingeschraubt werden. Installieren Sie die Bremsbeläge (siehe Sektion 6) und ziehen Sie den Gleitstift mit 27 Nm an.

17 Falls getrennt, wird die Bremsleitung angeschlossen – verwenden Sie dabei neue Dichtscheiben (Abbildung 3.18). Richten Sie die Leitung wie beim Trennen notiert aus (Abbildung 7.1) und ziehen Sie die Anschlussschraube mit 23 Nm an.

18 Füllen Sie ggf. Bremsflüssigkeit auf und entlüften Sie das System (siehe Sektion 11).

19 Betätigen Sie mehrmals das Bremspedal, um die Bremsbeläge an die Bremsscheibe zu drücken. Kontrollieren Sie den Bremsflüssigkeitsstand und füllen Sie nötigenfalls nach (siehe *Tägliche Kontrollen*).

20 Prüfen Sie vor der ersten Fahrt die Dichtigkeit und die Funktion der Bremse.

8 Hinterrad-Bremsscheibe

Kontrolle

1 Wechseln Sie hierfür nach Sektion 4 – die Messuhr muss in diesem Fall an der Schwinge angebracht werden.

Ausbau

2 Bauen Sie das Hinterrad aus (siehe Sektion 18).

3 Wenn die alte Scheibe wiederverwendet werden soll, markieren Sie die Einbaulage der Bremsscheibe am Rad, sodass sie in derselben Position wieder montiert werden kann. Lösen Sie die Bremsscheibenschrauben schrittweise über Kreuz, um ein Verziehen der Bremsscheibe zu vermeiden, und heben Sie diese vom Rad (siehe Abbildung).

Einbau

4 Stellen Sie vor der Montage der Bremsscheibe sicher, dass sich auf ihrem Sitz weder Korrosion noch Schmutz abgelagert haben, da hierdurch die Scheibe nicht flach aufliegt und beim Bremsen ein Rubbeln verursacht und/oder verzieht.

5 Setzen Sie die Bremsscheibe so an das Rad, dass die Beschriftung außen liegt und die ggf. zuvor angebrachten Markierungen zueinander ausgerichtet sind.

6 Reinigen Sie die Gewinde der Bremsscheiben-Schrauben und tragen Sie mittelfeste Sicherungspaste auf, bevor sie schrittweise und über Kreuz bis zum Drehmoment von 23 angezogen werden. Reinigen Sie die Bremsscheibe mit Aceton oder Bremsenreiniger. Wenn eine neue Bremsscheibe verwendet wird, muss deren Schutzüberzug entfernt werden – zudem sind neue Bremsbeläge zu montieren.

7 Bauen Sie das Hinterrad ein (siehe Sektion 18).

8 Betätigen Sie mehrmals die Fußbremse, um die Beläge an die Scheibe zu drücken. Kontrollieren Sie den Bremsflüssigkeitsstand und füllen Sie nötigenfalls auf (siehe *Tägliche Kontrollen*).

9 Prüfen Sie vor der ersten Fahrt die Funktion der Bremse.

9 Fußbremszylinder

Warnung: Wenn der Geberzylinder überholt werden soll, muss die gesamte Bremsflüssigkeit aus dem System gepumpt – und später neue aufgefüllt werden (siehe Sektion 11). Das Überholen von Bremsenteilen muss auf einer absolut sauberen Arbeitsfläche geschehen, damit keine Fremdkörper in die Bremse gelangen und sie während der Fahrt ausfallen lassen. Verwenden Sie zum Reinigen von Bremsenteilen auf keinen Fall Lösungsmittel auf Petroleumbasis. Benutzen Sie saubere Bremsflüssigkeit, Bremsenreiniger oder Spiritus. Seien Sie bei der Arbeit mit Bremsflüssigkeit äußerst vorsichtig – sie kann ihren Augen schaden und greift Lack und Kunststoff an. Decken Sie gefährdete Teile mit Lappen ab und wischen Sie Spritzer unverzüglich mit Seife und Wasser ab.

8.3 Die Hinterrad-Bremsscheibe ist mit vier Schrauben gesichert.

Ausbau

Anmerkung: *Wenn der Geberzylinder (üblicherweise aufgrund schwacher Bremswirkung, Klemmneigung oder Lecks) überholt werden soll, müssen die gesamte Prozedur durchgelesen und alle erforderlichen Ersatzteile einschließlich frischer DOT-4-Bremsflüssigkeit beschafft werden.*

1 Entfernen Sie den rechten Seitendeckel (siehe Kapitel 7). Lösen Sie bei SFV-Modellen die Schelle des Ausgleichsbehälterschlauchs (siehe Abbildung).

2 Umwickeln Sie den Ausgleichsbehälter mit Lappen. Beachten Sie die Ausrichtung der Bremsleitung (siehe Abbildungen). Lösen Sie die Anschlussschraube und fangen Sie austretende Bremsflüssigkeit auf. Dichten Sie den Schlauchanschluss ab – z. B. mit einer Schraube samt Mutter und den alten Dichtscheiben (Abbildung 3.2c) – später werden neue Dichtscheiben benötigt.

3 Biegen Sie am Druckstangen-Gelenk die Enden des Splints gerade, ziehen Sie ihn he-

9.1 Lösen Sie die Schelle.

9.2a Bremsleitungs-Anschlussschraube – DL

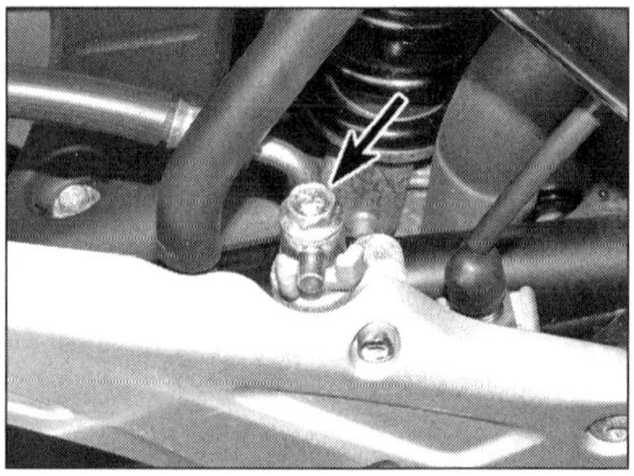

9.2b Bremsleitungs-Anschlussschraube – SFV

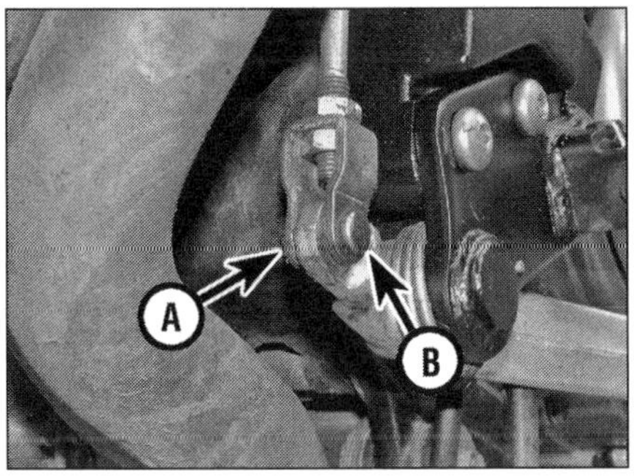

9.3 Entfernen Sie den Splint und die Scheibe (A) und ziehen Sie den Gelenkstift (B) heraus.

9.4a Ausgleichsbehälter-Schraube – DL

9.4b Ausgleichsbehälter-Schraube – SFV

9.5a Bremszylinder-Befestigungsschrauben – DL

9.5b Bremszylinder-Befestigungsschrauben – SFV

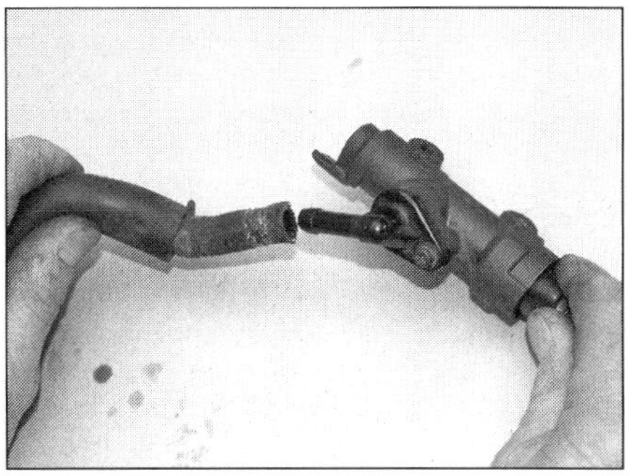

9.6 Lösen Sie die Schelle und ziehen Sie den Schlauch vom Stutzen.

9.8a Befreien Sie die Staubkappe vom Bremszylinder-Kolben, . . .

9.8b . . . entfernen Sie den Seegerring . . .

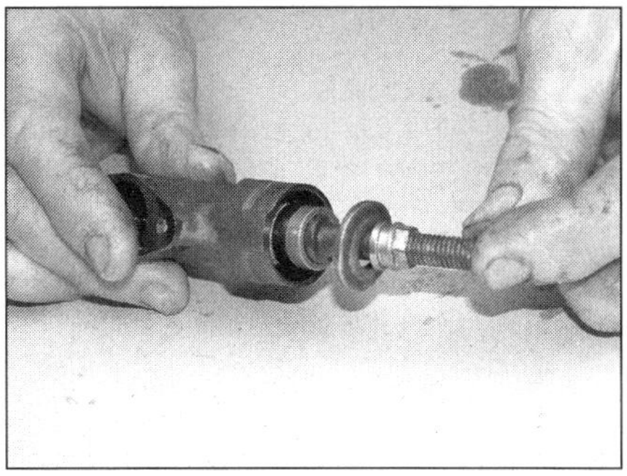

9.8c . . . und ziehen Sie die Druckstange, den Kolben und die Feder heraus.

raus und entfernen Sie die Scheibe (siehe Abbildung). Ziehen Sie den Gelenkzapfen heraus und befreien Sie die Druckstange vom Bremspedal.

4 Lösen Sie die Ausgleichsbehälter-Befestigungsschrauben und nehmen Sie ihn ab (siehe Abbildungen).

5 Lösen Sie die Bremszylinder-Schrauben und entfernen Sie bei DL-Modellen den Hackenschutz. Entfernen Sie den Fußbremszylinder samt Ausgleichsbehälter (siehe Abbildungen).

Überholen

6 Lösen Sie die Schrauben des Ausgleichsbehälterdeckels und entfernen Sie diesen samt Platte (nur SFV) und Manschette, um die Bremsflüssigkeit in einen geeigneten Sammelbehälter auszugießen – sie darf keinesfalls wiederverwendet werden. Wischen Sie mit einem sauberen Lappen Reste aus dem Behälter. Befreien Sie den Ausgleichsbehälterschlauch vom Stutzen des Bremszylinders (siehe Abbildung). Lösen Sie nötigenfalls den Seegerring des Ausgleichsbehälterschlauchstutzens und befreien Sie diesen vom Geberzylinder – der O-Ring muss später erneuert werden. Falls der Schlauch spröde oder anderweitig beschädigt ist, muss er erneuert werden.

7 Markieren Sie die Position der Kontermutter am Druckstangengelenk, lockern Sie sie und schrauben Sie die Gelenkmutter, das Gelenk und die Kontermutter von der Druckstange.

8 Befreien Sie unten am Geberzylinder vorsichtig die Staubkappe und ziehen Sie sie von der Druckstange (siehe Abbildung). Drücken Sie die Druckstange ein, entfernen Sie den Seegerring aus der Nut des Bremszylinders und ziehen Sie die Druckstange samt Kolben und Feder heraus (siehe Abbildungen). Legen Sie alle Teile entsprechend ihrer Einbaulage aus, um Schwierigkeiten beim Einbau zu vermeiden.

9 Reinigen Sie den Bremszylinder mit frischer Bremsflüssigkeit. Falls gefilterte und ölfreie Druckluft vorhanden ist, sollten damit alle Kanäle durchgeblasen werden.

Achtung: Benutzen Sie zum Reinigen von Bremsenteilen unter keinen Umständen Lösungsmittel auf Petroleumbasis!

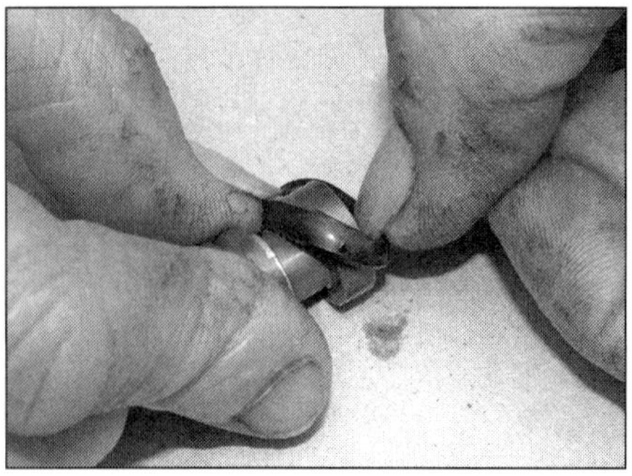

9.12a Installieren Sie die Dichtung ...

9.12b ... wie gezeigt an den Kolben.

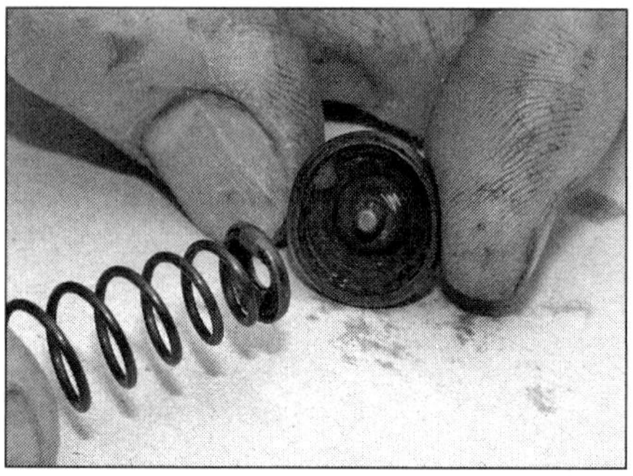

9.12c Installieren Sie die Topfmanschette an das schmale Ende der Feder.

10 Inspizieren Sie die Bremszylinderbohrung auf Korrosion, Kerben oder Riefen. Falls defekte Oberflächen vorhanden sind, muss der Fußbremszylinder ersetzt werden. Falls der Bremszylinder verschlissen oder beschädigt ist, muss auch der Bremssattel kontrolliert werden.
11 Die Gummimanschette, der Seegerring, der Kolben samt Dichtungen sowie die Feder sind zusammen als Reparaturset erhältlich. Benutzen Sie unabhängig vom Zustand der alten Teile immer alle Neuteile.
12 Schmieren Sie alle Kolbendichtungen mit frischer Bremsflüssigkeit. Falls die Dichtung noch nicht am Kolben sitzt, muss sie in die Nut am breiteren Ende installiert werden (siehe Abbildungen). Stecken Sie die Topfdichtung auf das schmale Ende der Feder (siehe Abbildung). Schmieren Sie die Zylinderbohrung mit frischer Bremsflüssigkeit.
13 Stecken Sie die Feder mit dem breiteten Ende voran in den Bremszylinder und drücken Sie die Topfdichtung hinein, ohne dass ihre Lippe umklappt (siehe Abbildung).
14 Schmieren Sie den Kolben mit frischer Bremsflüssigkeit und schieben Sie ihn gegen die Topfdichtung und die Feder (siehe Abbildung) – auch seine Dichtung darf dabei nicht umklappen.
15 Schmieren Sie das abgerundete Ende der Druckstange mit Silikonpaste und richten Sie sie zum Ende des Kolbens aus (siehe Abbildung). Drücken Sie den Kolben mithilfe der Druckstange ein, bis die Scheibe hinter der Seegerringnut liegt und der Seegerring installiert werden kann (siehe Abbildung).
16 Schmieren Sie die Lippen der Gummimanschette mit Silikonpaste und installieren Sie die Manschette so, dass die Lippen korrekt im Bremszylinder und um die Druckstange herum liegen (siehe Abbildungen).
17 Drehen Sie die Kontermutter, das Gelenk und die Gelenkmutter auf die Druckstange. Positionieren Sie das Gelenk wie beim Ausbau markiert und ziehen Sie die Kontermutter an.
18 Falls entfernt, muss der Ausgleichsbehälterschlauchstutzen mit einem neuen mit Bremsflüssigkeit geschmierten O-Ring ausgerüstet und in den Bremszylinder gedrückt werden, wo er mit dem Seegerring gesichert wird. Stecken Sie den Schlauch auf den Stutzen und sichern Sie ihn mit der Schelle (Abbildung 9.6). Prüfen Sie, ob der Schlauch auch am Ausgleichsbehälter korrekt gesichert ist.

Einbau

19 Richten Sie den Bremszylinder (bei DL-Modellen samt Hackenschutz) zum Halter aus und ziehen Sie die Schrauben mit 10 Nm an (Abbildungen 9.5a oder b).
20 Sichern Sie den Ausgleichsbehälter mit der Schraube und installieren Sie bei SFV-Modellen die Schlauchschelle.
21 Richten Sie das Druckstangen-Gelenk zum Bremspedal aus, drücken Sie den Gelenkstift ein (Abbildung 9.3), legen Sie die Scheibe auf und sichern Sie den Stift mit einem neuen Splint – dessen Enden müssen um den Zapfen gebogen werden.
22 Schließen Sie das an beiden Seiten mit neuen Dichtscheiben versehene und korrekt ausgerichtete Bremsleitungsauge an (Abbildungen 3.18 und 9.2a oder b) und ziehen Sie die Anschlussschraube mit 23 Nm an.
23 Füllen Sie Bremsflüssigkeit auf und/oder entlüften Sie die Bremse (siehe Sektion 11). Kontrollieren Sie das System auf Undichtigkeiten und prüfen Sie vor der ersten Fahrt die Funktion der Bremse.
24 Montieren Sie bei SFV-Modellen die Schelle und bei allen Modellen den rechten Seitendeckel (siehe Kapitel 7).

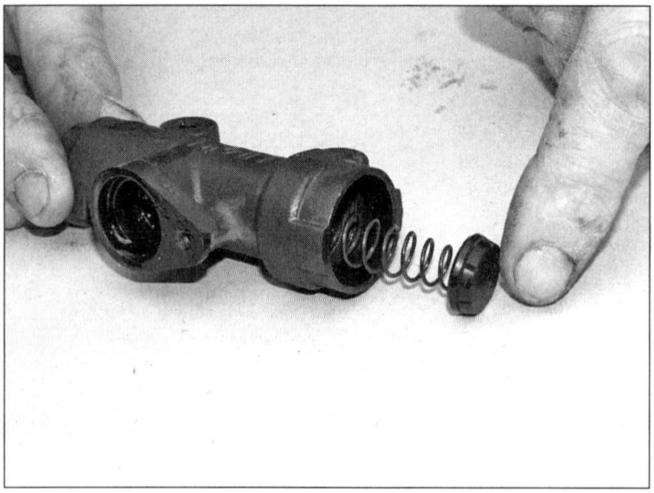

9.13 Stecken Sie die Feder in den Zylinder – die Manschette darf nicht umklappen.

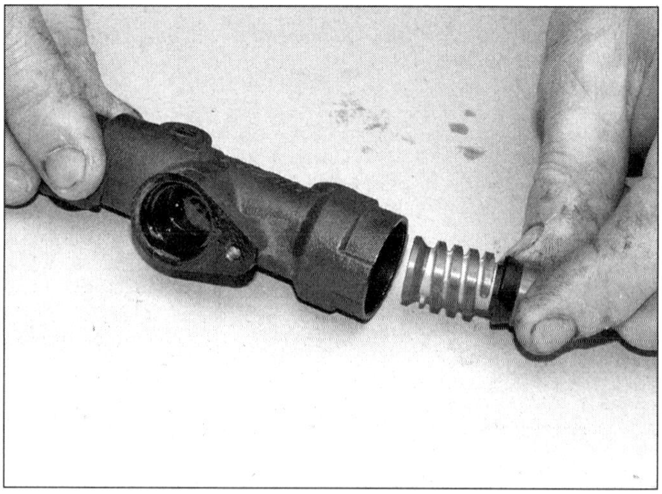

9.14 Drücken Sie den Kolben in den Zylinder.

9.15a Legen Sie die Scheibe auf und den Seegerring darüber, . . .

9.15b . . . drücken Sie die Druckstange hinein und installieren Sie den Seegerring in seine Nut.

10 Bremsschläuche und Anschlüsse

Kontrolle

1 Der Zustand der Bremsleitungen sollte regelmäßig kontrolliert und die Schläuche bei den ersten Alterungsanzeichen von Riss- oder Beulen-Bildung ersetzt werden (siehe Kapitel 1). Drehen und ziehen Sie die Gummischläuche, um Risse, Beulen und durchsickernde Flüssigkeit zu entdecken. Begutachten Sie besonders die Verbindungen der Schläuche zu den Anschlussaugen, da hier die meisten Probleme auftreten.

> **Praxis TiPP** ***Der regelmäßige Austausch der Leitungen lässt sich umgehen, indem man im Zubehörhandel erhältliche Stahlflex-Leitungen montiert. Diese Leitungen halten – solange sie nicht mechanisch beschädigt werden – ewig. Viele Fahrer behaupten zudem, sie verbesserten auch den Druckpunkt.***

2 Kontrollieren Sie bei mit ABS ausgerüsteten Modellen alle Rohre und deren Anschlüsse zu Schläuchen auf Undichtigkeiten und Beschädigungen, Rost, Kratzer und Risse und ersetzen Sie entsprechende Teile.

Ausbau und Einbau

3 Entleeren Sie die entsprechende Bremse (siehe Sektion 11).

4 Die Bremsschläuche haben alle an den Enden Ring-Anschlüsse. Bedecken Sie umliegende Flächen mit Lappen und lösen Sie die Anschlussschraube auf jeder Seite des Schlauchs – beachten Sie die Ausrichtung zum Geberzylinder und zum Bremssattel (Abbildungen 3.2a und b, 5.4, 7.1 und 9.2a und b). Befreien Sie die Bremsleitung aus allen Befestigungen und Führungen und entnehmen Sie sie unter Beachtung ihrer Verlegung. Entsorgen Sie die Dichtringe.

Anmerkung: *Betätigen Sie nicht den Bremshebel oder das Bremspedal, wenn eine Bremsleitung ausgebaut ist.*

5 Setzen Sie die neue Bremsleitung ein – gehen Sie sicher, dass sie nicht verdreht ist oder anderweitig unter Spannung steht – und verlegen Sie sie durch alle Führungen und Klemmen. Achten Sie darauf, dass die Leitungen keine beweglichen Teile berühren.

6 Wenn die Anschlüsse korrekt ausgerichtet sind, werden die mit neuen Dichtscheiben ausgerüsteten Anschlussschrauben installiert (Abbildung 3.18). Wo mit einer Schraube zwei Leitungen gesichert werden, müssen drei Dichtscheiben verwendet werden – eine zwischen den Ringanschlüssen und je eine außen (Abbildungen 3.2a und b). Richten Sie die Leitung(en) wie beim Trennen notiert aus (siehe Abbildung) und ziehen Sie die Anschlussschraube mit 23 Nm an.

7 Die bei ABS-Modellen verwendeten Rohrleitungen sind mit Überwurfmuttern ohne Dichtscheiben gesichert. Lösen Sie die Muttern und befreien Sie die Leitungen. Bevor eine Mutter (bei Verwendung eines geeigneten Werkzeugs) mit 16 Nm angezogen werden, muss sichergestellt werden, dass die Leitung korrekt positioniert und gesichert ist.

8 Füllen Sie die Anlage mit frischer DOT-4-Bremsflüssigkeit auf (siehe *Tägliche Kontrollen*) und entlüften Sie sie (siehe Sektion 11).

9 Prüfen Sie vor der ersten Fahrt sorgfältig die Funktion der Bremse.

11 Bremsanlage Entlüften und Bremsflüssigkeitswechsel

Entlüftung

1 Entlüften der Bremse besagt, dass alle Luftblasen aus dem Bremsflüssigkeitsbehälter, den Leitungen und den Bremssätteln entfernt werden. Entlüften ist immer notwendig, wenn eine Hydraulik-Verbindung gelöst wurde, wenn eine Komponente oder Leitung gewechselt wurde, oder wenn ein Geberzylinder oder Sattel überholt wurde. Sind ein schwammiges Gefühl in der Bremse oder mangelhafte Bremsleistung nicht auf mechanische Defekte (z. B. klemmender Kolben im Bremssattel oder durch Korrosion klemmende Bremsbeläge) zurückzuführen, weist dies ebenfalls auf notwendiges Entlüften hin. Lecks im System können ebenfalls das Eindringen von Luft ermöglichen, aber sie zeigen auch durch auslaufende Flüssigkeit das Problem an und weisen auf eine dringend notwendige Reparatur hin.

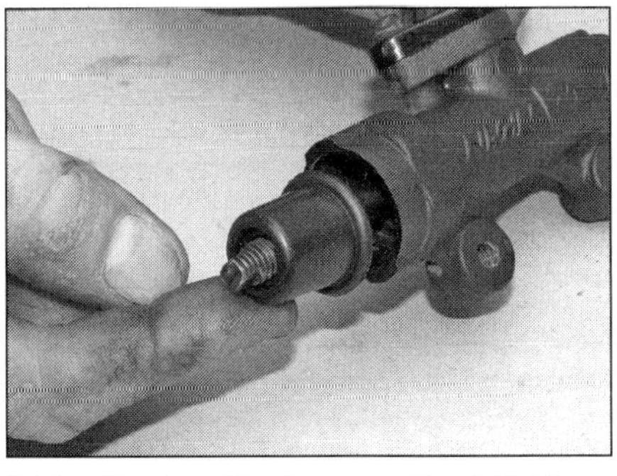

9.16a Stecken Sie die neue Staubdichtung auf, . . .

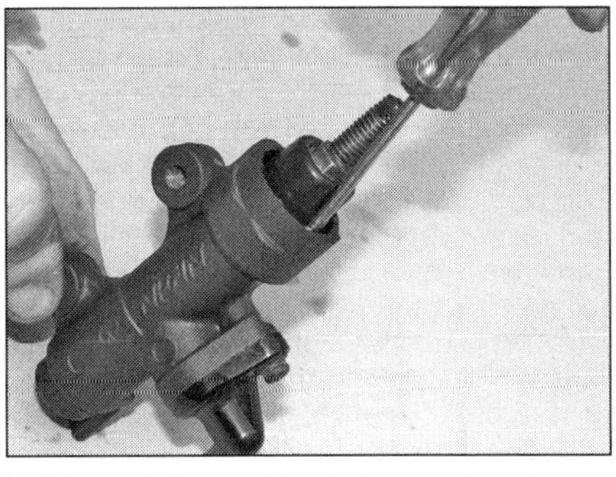

9.16b . . . drücken Sie sie in den Zylinder . . .

9.16c . . . und achten Sie darauf, dass ihr Bund korrekt in der Nut der Druckstange sitzt.

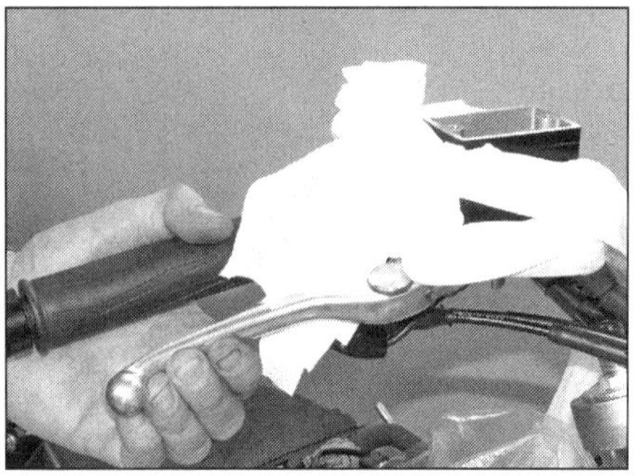

11.5a Ziehen Sie den Bremshebel ...

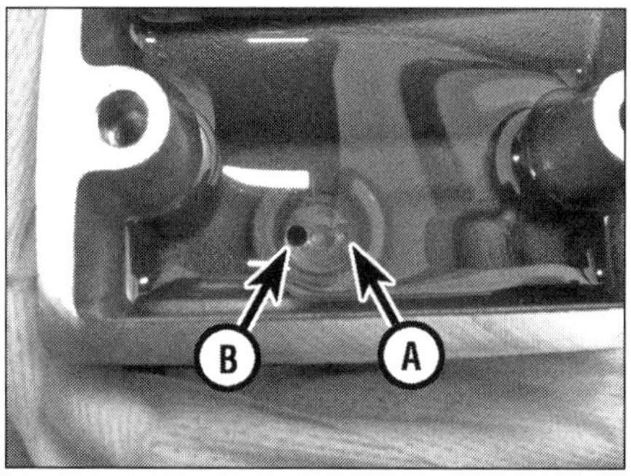

11.5b ... und kontrollieren Sie, ob an der kleinen Bohrung (A) feine Luftblasen austreten. Große Bohrung (B)

11.5c Eine aus der großen Bohrung aufsteigende Luftblase

11.6 Entlüftungsventil des linken Bremssattels.

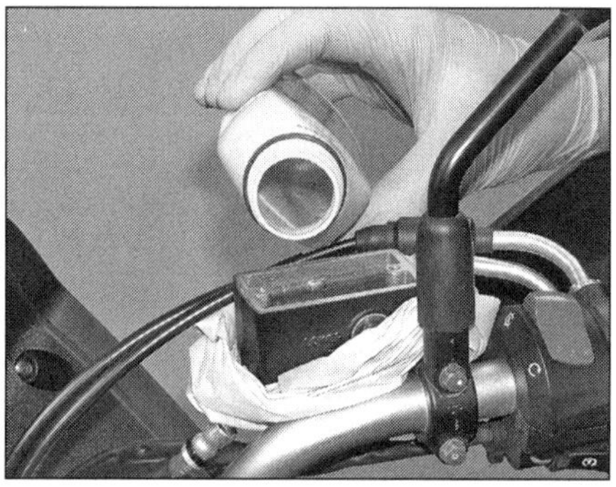

11.7 Der Pegel im Ausgleichsbehälter darf nie unter die untere Markierung absinken.

2 Selbst erfahrene Schrauberprofis betrachten das Entlüften von Bremsen oft als »Schwarze Kunst«, weil sie manchmal große Probleme haben, einen festen Druckpunkt zu erreichen, wogegen mancher Anfänger überhaupt keine Schwierigkeiten damit hat. Besonders bei der Vorderradbremse besteht eines der Probleme darin, dass man gegen ein Naturgesetz arbeiten muss, wonach Luftblasen in Flüssigkeiten aufsteigen, beim Entlüften jedoch die Bremsflüssigkeit (einschließlich langsam darin aufsteigender Luftblasen) vom Geberzylinder zum Entlüftungsventil am darunterliegenden Bremssattel gepumpt werden muss. Luft kann sich auch in hohen Punkten der Leitung oder ABS-Komponenten sammeln.

3 Zum Entlüften der Bremsen werden frische DOT-4-Bremsflüssigkeit, ein durchsichtiger Vinyl- oder Plastikschlauch und ein zum Teil mit sauberer Bremsflüssigkeit gefüllter Behälter benötigt, dazu Lappen und ein Ringschlüssel für das Entlüftungsventil. Im Fachhandel sind relativ preiswerte Entlüftungskits erhältlich, die aus dem Schlauch und einem Einwegventil bestehen – und die Arbeit beträchtlich erleichtern. Der Sammelbehälter muss z. B. mit einem Holzblock abgestützt werden.

4 Decken Sie gefährdete Lackteile ab, die Bremsflüssigkeitsspritzer abbekommen könnten.

Achtung: Bremsflüssigkeit greift Lack und Kunststoff an! Decken Sie gefährdete Bereiche mit Lappen ab und waschen Sie Spritzer mit reichlich Seifenwasser ab.

Handbremse

5 Drehen Sie den Lenker so, dass der Ausgleichsbehälter möglichst geradesteht. Lösen Sie die Schrauben des Deckels und entfernen Sie diesen samt der Platte und der Manschette (Abbildung 5.3). Pumpen Sie langsam einige Male mit dem Hebel, bis keine aus der kleinen Bohrung am Boden des Behälters aufsteigenden Blasen mehr zu sehen sind (siehe Abbildungen). Halten Sie den Bremshebel jetzt gezogen, um größere Luftblasen aus der größeren Bohrung zu drücken (siehe Abbildung) – der Hebel kann auch eine Zeit lang gegen den Lenker gebunden werden, dann wird er gelöst, einige Male damit gepumpt und wieder gegen den Lenker gebunden. Es kann eine Weile dauern, bis auf diese Weise alle Luftblasen aufgestiegen sind – besonders, wenn der Bremszylinder am Lenker sitzend überholt wurde, aber die Methode ist immer noch besser, als sämtliche Luft durch das Bremssystem zu pumpen. Wenn sämtliche Luft aus der großen Bohrung ausgetreten ist, erscheint diese vollständig dunkel, wogegen darin steckende Luftblasen durch einen silbern schimmernden Rand erkennbar sind.

6 Ziehen Sie am linken Bremssattel die Gummikappe vom Entlüftungsventil (siehe Abbildung). Setzen Sie möglichst einen Ringschlüssel an (Abbildung 11.10b), schieben Sie das eine Ende des durchsichtigen Schlauchs auf das Ventil und stecken Sie das andere Ende in die Bremsflüssigkeit des Sammelbehälters.

> **Praxis TiPP** ***Um Schäden am Entlüftungsventil zu vermeiden, sollte es vor dem Anschließen des Schlauchs mit einem Ringschlüssel gelockert und später wieder angezogen werden. Während des Entlüftens kann entweder der weiterhin am Ventil sitzende Ringschlüssel oder ein Maulschlüssel verwendet werden.***

7 Kontrollieren Sie den Pegel im Ausgleichsbehälter und lassen Sie ihn während des Prozesses nicht unter den unteren Schauglas-Rand sinken (siehe Abbildung).

8 Pumpen Sie vorsichtig drei- oder viermal mit dem Hebel und halten Sie ihn gezogen, während das Bremssattelventil eine Viertelumdrehung geöffnet wird (siehe Abbildung) und (ggf. mit Luftblasen versetzte) Bremsflüssigkeit aus dem Sattel durch den Schlauch in den Behälter fließt – der Bremshebel kann jetzt an den Lenker gezogen werden.

9 Ziehen Sie das Entlüftungsventil leicht an und lösen Sie langsam die Bremse. Wiederholen Sie diesen Prozess, bis in der ausfließenden Bremsflüssigkeit keine Blasen mehr zu sehen sind und am Hebel oder Pedal ein Druckpunkt zu spüren ist. Zum Schluss wird der Entlüftungsschlauch abgenommen, das Ventil mit 7,5 Nm angezogen und die Staubkappe aufgesetzt.

10 Entlüften Sie auf die gleiche Weise den rechten Bremssattel (siehe Abbildungen).

11.8 Entlüften der Vorderradbremse (hier am rechten Bremssattel)

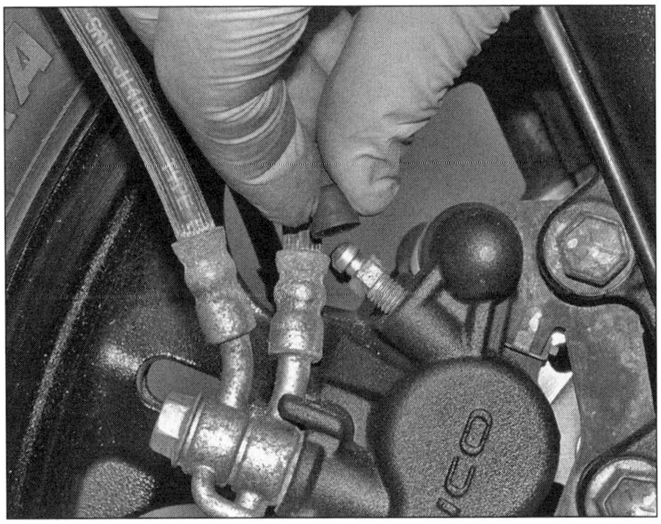

11.10a Ziehen Sie die Kappe vom Entlüftungsventil ...

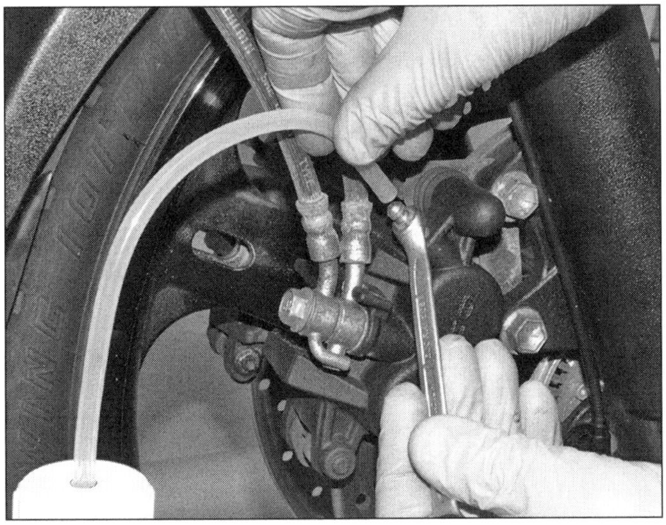

11.10b ... setzen Sie einen Ringschlüssel an und stecken Sie den Schlauch auf.

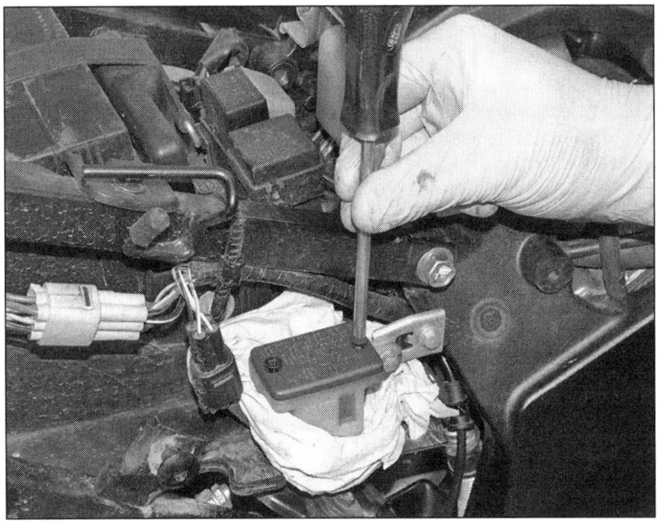

11.12 Entfernen Sie den Deckel, die Platte und die Manschette.

Fußbremse

11 Demontieren Sie den rechten Seitendeckel (siehe Kapitel 7).

12 Lösen Sie den Deckel des Ausgleichsbehälters und entfernen Sie ihn samt Platte (nur SFV) und Manschette (siehe Abbildung). Betätigen Sie einige Male langsam das Bremspedal, um die im Fußbremszylinder steckenden Luftblasen zu befreien.

13 Ziehen Sie am Bremssattel die Gummikappe vom Entlüftungsventil (siehe Abbildung). Setzen Sie den Ringschlüssen an (siehe *Praxis-Tipp* oben) (Abbildung 11.10b), schieben Sie das eine Ende des durchsichtigen Schlauchs auf das Ventil und stecken Sie das andere Ende in die Bremsflüssigkeit des Sammelbehälters.

14 Kontrollieren Sie den Flüssigkeitsstand im Ausgleichsbehälter. Lassen Sie den Pegel während des Prozesses nicht unter die untere Markierung sinken (siehe Abbildung).

11.13 Ziehen Sie die Kappe vom Entlüftungsventil des hinteren Bremssattels.

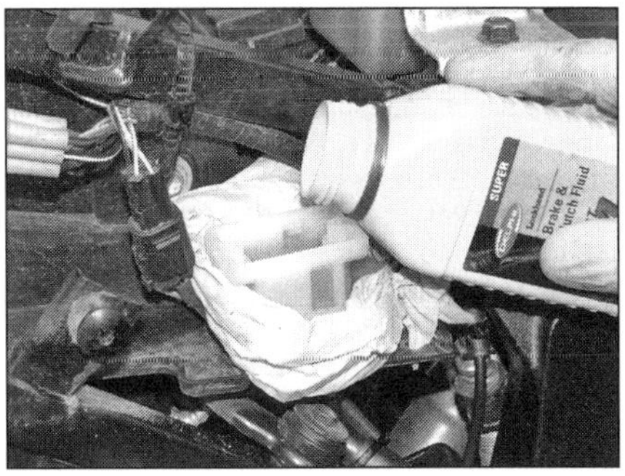

11.14 Der Pegel im Ausgleichsbehälter darf nie unter die untere Markierung absinken.

11.15 Entlüften der Hinterradbremse

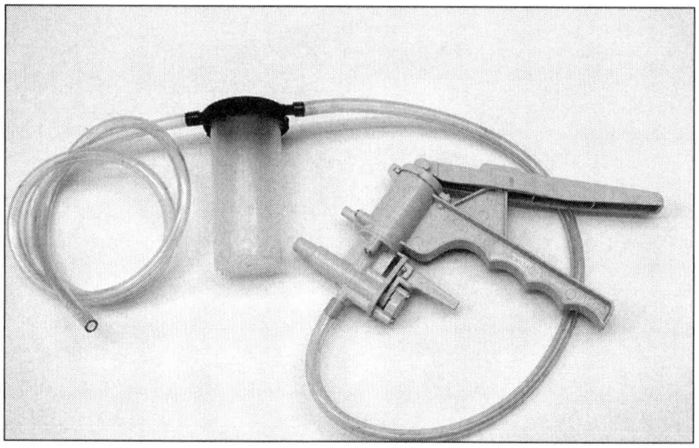

11.19 Ein Vakuum-Entlüftungsgerät

15 Pumpen Sie vorsichtig drei- oder viermal mit dem Pedal und halten Sie es gedrückt, während das Bremssattelventil eine Vierteldrehung geöffnet wird (siehe Abbildung) und (ggf. mit Luftblasen versetzte) Bremsflüssigkeit aus dem Sattel durch den Schlauch in den Behälter fließt.

16 Ziehen Sie das Entlüftungsventil wieder an und lösen Sie das Bremspedal. Wiederholen Sie die Prozedur, bis keine Luftblasen mehr austreten und ein Druckpunkt spürbar ist. Füllen Sie nötigenfalls den Ausgleichsbehälter auf. Ziehen Sie das Entlüftungsventil mit 6 Nm an.

Beide Bremsen

17 Wenn es nicht möglich ist, im Hebel oder Pedal einen Druckpunkt zu finden, kann die Flüssigkeit aufgeschäumt sein. Zur Abhilfe kann die Bremse unter Druck gesetzt werden, indem der Bremshebel an den Lenker gebunden und das Pedal belastet wird.

Achtung: Zu viel Druck kann die Dichtungen der Bremszylinder und Bremssättel beschädigen. Lassen Sie die Bremsflüssigkeit für einige Stunden in Ruhe, damit die kleinen Blasen entweder aufsteigen oder sich zu größeren Blasen verbinden, die sich beim erneuten Entlüften leichter herausspülen lassen.

18 Falls weiterhin Probleme bestehen, muss nach hohen Punkten im Bremssystem gesucht werden, in denen sich Luft sammeln kann. Befreien Sie entsprechende Leitungen und klopfen Sie sie ab, damit sich Blasen lösen können (aber verbiegen Sie dabei keine Rohre. Demontieren Sie nötigenfalls den Geberzylinder und/oder den/die Bremssättel und bewegen Sie die Teile so, dass mögliche Luftblasen zum Entlüftungsventil aufsteigen – beachten Sie zur Demontage die entsprechenden Sektionen. Bei ABS-Modellen ist es nicht möglich, den Modulator oder das Verteilerventil zu befreien, da hierfür Bremsleitungen getrennt werden müssen, was zu noch mehr Luft im System sorgt – bringen Sie das Motorrad nötigenfalls zu einer Suzuki-Werkstatt.

19 Falls das Entlüften der Bremse mit herkömmlichen Werkzeugen und Hilfsmitteln nicht zu befriedigenden Ergebnissen führt, kann auch ein im Fachhandel erhältliches Vakuum-Entlüftungswerkzeug (z. B. die »Mityvac«) benutzt werden – beachten Sie die beigefügte Anleitung (siehe Abbildung). Diese Pumpe saugt die Bremsflüssigkeit am Entlüftungsventil ab, und viele Anwender sind von der in der Bremsflüssigkeit auftretenden Luftmenge verwirrt. Doch oft wird diese erst durch das Gewinde des Entlüftungsventils gesogen (Luft bietet dem Vakuum weniger Widerstand als Bremsflüssigkeit) und ist ein Hinweis darauf, dass mit zu viel Unterdruck gearbeitet wird oder das Entlüftungsventil zu locker ist. Eine Möglichkeit, dies Problem zu umgehen, besteht darin, das Entlüftungsventil herauszudrehen und sein Gewinde mit PTFE-Band zu umwickeln – die hierbei austretende Bremsflüssigkeit muss mit Lappen aufgesaugt werden.

20 Wenn die Bremse erfolgreich entlüftet wurde, wird am Bremshebel oder Pedal ein fester Druckpunkt spürbar sein, sobald die Bremse betätigt wird.

21 Entfernen Sie zum Schluss die verwendete Ausrüstung vom Entlüftungsventil, ziehen Sie es möglichst mit dem korrekten Drehmoment an und stecken Sie die Gummikappe auf. Füllen Sie den Ausgleichsbehälter auf und installieren Sie die Manschette, die Abdeckung und den Deckel. Wischen Sie verschüttete Bremsflüssigkeit unverzüglich mit einem nassen Lappen ab und kontrollieren sie das ganze System auf Undichtigkeiten.

22 Prüfen Sie vor der ersten Fahrt die Funktion der Bremsen.

Bremsflüssigkeitswechsel

23 Der Wechsel der Bremsflüssigkeit ist ein ähnlicher Prozess wie das Entlüften der Bremse und erfordert das gleiche Material, außerdem ggf. eine Pumpe zum Entleeren der Ausgleichsbehälter. Stellen Sie sicher, dass der Sammelbehälter groß genug ist, die gesamte alte Bremsflüssigkeit aufnehmen zu können.

24 Decken Sie gefährdete Lackteile ab, die Bremsflüssigkeitsspritzer abbekommen könnten. Verbinden Sie die zur Entlüftung verwendete Ausrüstung mit dem entsprechenden Bremssattel. Entfernen Sie den Behälterdeckel, die Abdeckung (soweit vorhanden) sowie die Manschette (Abbildungen 5.3 und 11.12). Saugen Sie die Bremsflüssigkeit aus dem Behälter (siehe Abbildung) oder pumpen Sie solange, bis die alte Bremsflüssigkeit bis zum Behälterboden abgesunken ist. Dabei sollte keine Luft in das System gelangen, da es ansonsten entlüftet werden muss. Wischen Sie den Ausgleichsbehälter mit Haushaltstüchern sauber und füllen Sie frische Bremsflüssigkeit auf (Abbildungen 11.7 oder 11.14). Betätigen Sie die Bremse und öffnen Sie das Entlüftungsventil (Abbildungen 11.8 und 11.15) – Bremsflüssigkeit wird durch den Entlüftungsschlauch austreten und der Hebel oder das Pedal wird sich bis zum Lenker bzw. Anschlag bewegen lassen.

25 Ziehen Sie das Entlüftungsventil wieder leicht an und lösen Sie langsam wieder die Bremse. Halten Sie den Ausgleichsbehälter immer gut gefüllt, damit keine Luft eintritt und die Aufgabe deutlich in die Länge zieht. Wiederholen Sie die Prozedur, bis am Entlüftungsventil frische Bremsflüssigkeit austritt.

Praxis TiPP ***Alte Bremsflüssigkeit ist deutlich dunkler als frische, sodass leicht erkannt werden kann, wann die Bremse mit frischer Flüssigkeit gefüllt ist.***

26 Entfernen Sie zum Schluss die verwendete Ausrüstung vom Entlüftungsventil, ziehen Sie es möglichst mit dem korrekten Drehmoment an und stecken Sie die Gummikappe auf. Füllen Sie den Ausgleichsbehälter auf und installieren Sie die Manschette, die Abdeckung und den Deckel. Wischen Sie verschüttete Bremsflüssigkeit unverzüglich mit einem nassen Lappen ab und kontrollieren sie das ganze System auf Undichtigkeiten.

27 Prüfen Sie vor der ersten Fahrt die Funktion der Bremsen.

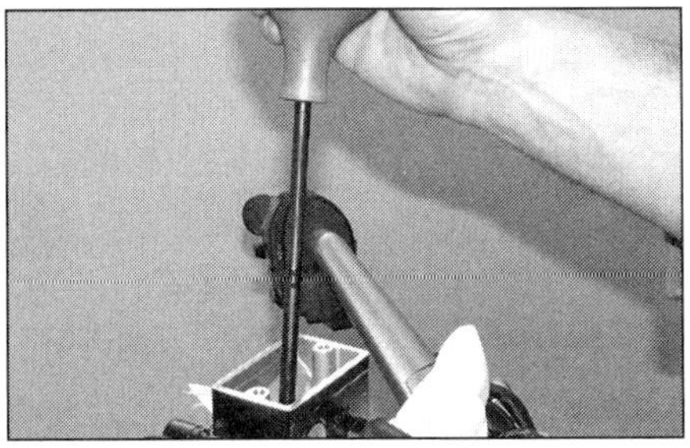

11.24 Saugen Sie die Bremsflüssigkeit aus dem Ausgleichsbehälter.

12.6a Stecker für den Modus-Auswahlschalter – Modelle ab 2012

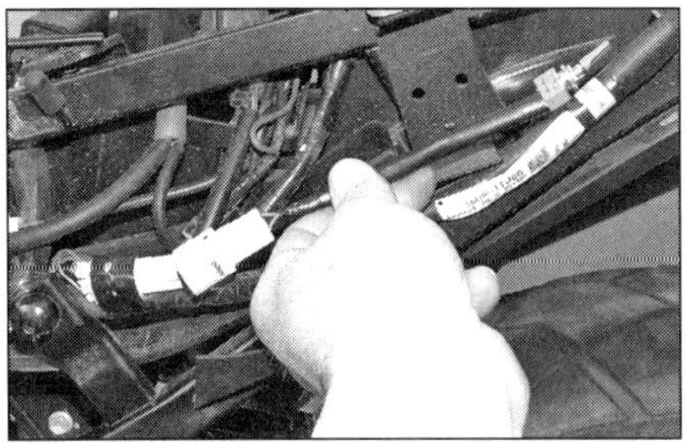

12.6b Verbinden Sie den Auswahlschalter und schalten Sie ihn ein.

Ablassen der Bremsflüssigkeit (für eine Überholung)

28 Das Ablassen der Bremsflüssigkeit ist ein ähnlicher Prozess wie das Entlüften der Bremse. Am schnellsten und einfachsten geht dies mit einer im Handel erhältlichen Vakuumpumpe (siehe Schritt 19) – folgen Sie den beiliegenden Herstellerangaben. Ist keine solche Pumpe zugänglich, müssen Sie der oben gegebenen Prozedur für den Wechsel der Flüssigkeit folgen, dürfen dabei aber den Ausgleichsbehälter nicht auffüllen.

29 Das Auffüllen ist wieder mit der Vakuumpumpe am einfachsten – jetzt muss darauf geachtet werden, dass immer genügend Bremsflüssigkeit im Ausgleichsbehälter steht. Ohne die Pumpe muss der Behälter anfangs aufgefüllt und dann den Hinweisen zum Entlüften gefolgt werden, bis am Entlüftungsschlauch keine Luftblasen mehr austreten.

12 ABS
Funktion

1 Das Antiblockiersystem (ABS) verhindert, dass die Räder beim Bremsen blockieren, was meist unweigerlich zu einem Sturz führen würde. An beiden Rädern sitzen Sensoren, die Informationen über deren Umdrehungsgeschwindigkeit an das ABS-Steuergerät senden. Falls das Steuergerät erkennt, dass ein Rad langsamer wird als das andere und zu blockieren droht, verringert es den Bremsdruck ein Stück weit, um das Rad am Drehen zu halten.

2 Das ABS wird beim Einschalten der Zündung aktiviert und führt eine Selbstkontrolle durch. Die ABS-Lampe im Cockpit leuchtet zunächst auf und erlischt bei einem funktionsfähigen System, sobald das Motorrad schneller als 5 km/h wird.

Anmerkung: *Falls die ABS-Lampe beim Einschalten der Zündung nicht aufleuchtet, liegt im System ein Fehler vor – siehe Sektion 13.*

Fehlercodes auslesen

Spezialwerkzeug: *Um Zugang zu den Fehlercodes zu erhalten und einige Tests durchführen zu können, wird der von Suzuki für wenig Geld angebotene Modus-Wahlschalter (Teilenummer: 09930-82710) benötigt.*

Anmerkung: *Das ABS-Steuergerät kann auch Fehler diagnostizieren, falls an einem Rad der Luftdruck nicht korrekt ist oder eine nicht von Suzuki freigegebene Reifengröße montiert wurde. Auch wenn man längere Zeit auf unebener Fahrbahn unterwegs war, das Vorderrad bei einem Wheelie vom Boden gehoben wurde oder bei aufgebocktem Motorrad mit Motorkraft das Hinterrad gedreht wurde, können Fehler gespeichert werden.*

3 Falls die ABS-Lampe nach dem Losfahren weiterleuchtet oder während der Fahrt zu blinken beginnt, liegt im System ein Fehler vor und das ABS wird abgeschaltet – die Bremsen funktionieren weiter normal wie bei einer Maschine ohne ABS. Der Fehler wird im Steuergerät gespeichert.

4 Wenn ein Fehler festgestellt wird, speichert das ABS-Steuergerät diesen mit einem Fehlercode – im Speicher können bis zu 6 Fehlercodes gespeichert werden.

Anmerkung: *Trennen Sie weder die Batterie noch den Stecker des ABS-Steuergeräts, bevor der/die Fehler ausgelesen sind, da hierdurch der Speicher gelöscht würde.*

5 Bevor ein Fehlercode ausgelesen wird, sollten die Reifen (siehe Anmerkung oben) und die Bremse einer Kontrolle unterzogen werden – die Pegel in beiden Ausgleichsbehältern müssen korrekt sein, die Bremsbeläge dürfen nicht übermäßig verschlissen sein und im Bremssystem darf sich keine Luft befinden. Außerdem muss die Batterie in Ordnung und vollständig geladen sein. Keine der beiden ABS-Sicherungen darf korrodiert oder durchgebrannt sein.

6 Um Fehlercodes auszulesen und einige Tests durchführen zu können, wird der von Suzuki preiswert angebotene Modus-Wahlschalter (Teilenummer: 09930-82710) benötigt. Entfernen Sie bei DL-Modellen bis 2011 die Sitzbank und bei DL-Modellen ab 2012 den linken Seitendeckel (siehe Kapitel 7); bei SFV-Modellen muss der rechte Seitendeckel entfernt werden (siehe Kapitel 7). Entfernen Sie die Kappe vom Prüfstecker. Die Zündung muss ausgeschaltet sein, dann wird der Wahlschalter mit dem am orangen und schwarz/weißen Kabel sitzenden Prüfstecker verbunden (siehe Abbildungen). Schalten Sie zuerst den Wahlschalter und dann die Zündung ein.

7 Fehlercodes werden als Blinkzeichen der ABS-Lampe wiedergegeben – die erste Ziffer der generell zweistelligen Codes (siehe Tabelle) werden durch 0,4 Sekunden dauerndes Aufleuchten mit genauso langen Unterbrechungen angezeigt, nach Abschluss der Zehnerstelle folgt eine 1,6 Sekunden dauernde Pause, dann geht es mit den Einerstellen weiter (siehe Abbildung). Falls ein zweiter Fehler gespeichert wurde, wird dieser nach einer 3,6 Sekunden dauernden Pause auf die gleiche Weise angezeigt. Die Fehlercodes sind nummerisch sortiert. Die Wiedergabe wird bis zu fünf Minuten lang wiederholt – oder bis der Modus-Wahlschalter vorher ausgeschaltet wird. Falls mehr als sechs Fehler gespeichert werden müssen, löscht das System den/die ältesten Fehler, um den siebten und ggf. weitere Fehler zu speichern. Notieren Sie die Fehlercodes, schalten Sie die Zündung aus und beseitigen Sie mithilfe der Tabelle alle entsprechenden Ursachen (siehe Sektion 13).

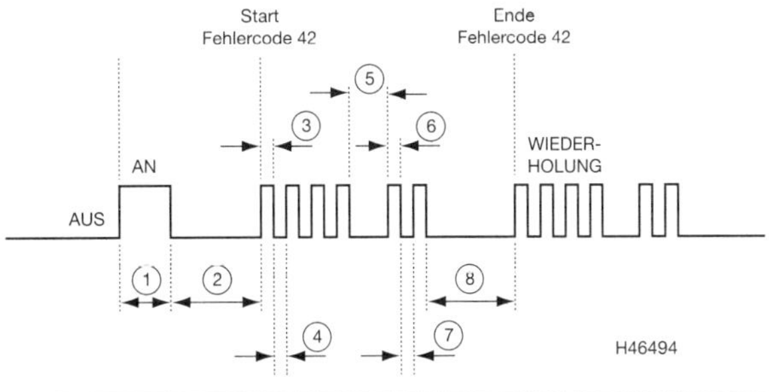

1 2 Sekunden – Licht an
2 3,6 Sekunden – Licht aus
3 0,4 Sekunden – Licht an
4 0,4 Sekunden – Licht aus
5 1,6 Sekunden – Licht aus
6 0,4 Sekunden – Licht an
7 0,4 Sekunden – Licht aus
8 3,6 Sekunden – Licht aus

12.7 Auslesen eines Fehlercodes – am Beispiel des Codes 42

Fehlercodes löschen

8 Nachdem der Fehler identifiziert und behoben wurde, müssen die Fehlercodes aus dem Speicher gelöscht werden. Die Zündung muss zunächst ausgeschaltet sein. Verbinden Sie den Modus-Auswahlschalter und schalten Sie die Zündung wieder ein. Während die Fehlercodes erneut angezeigt werden, wird der Schalter wieder auf OFF geschaltet. Schalten Sie ihn nach 12,5 Sekunden dreimal ein und aus – dabei muss er immer mindestens eine Sekunde eingeschaltet bleiben. Nach dem Löschen der Fehlercodes wird das System wieder in den normalen Selbstdiagnosemodus zurückkehren.

9 Wiederholen Sie die Ausleseprozedur (Schritte 6 und 7), um sicherzustellen, dass alle Fehlercodes gelöscht sind. Wenn keine Fehler gespeichert sind, wird die ABS-Lampe in Intervallen von 3,6 Sekunden blinken (Abbildung 12.7).

13 ABS Fehlerdiagnose

1 Falls das ABS einen Fehler anzeigt, muss zuerst geprüft werden, ob die Batterie vollständig geladen ist, dann werden die ABS-Sicherungen kontrolliert (siehe Kapitel 8).

2 Wenn ein Fehler auftritt, muss mithilfe der nebenstehenden Tabelle der Grund gefunden werden.

3 Beachten Sie die entsprechenden Schritte (siehe unten) für die zu kontrollierende fehlerhafte Komponente und stellen Sie zunächst sicher, dass alle relevanten Stecker fest verbunden und nicht korrodiert sind – schlechte Kontakte sind die häufigsten Gründe für ABS-Probleme. Kontrollieren Sie auch die Kabel selbst auf Unterbrechungen und andere Beschädigungen. Beachten Sie die Schaltpläne am Ende von Kapitel 8 und die allgemeinen Hinweise in Sektion 2 von Kapitel 8, um mehr über den Umgang mit Messgeräten zu erfahren. Bei Problemen mit den ABS-Sensoren an den Rädern muss sichergestellt sein, dass die Sensorspitze und der Ring sauber sind (siehe Sektion 14).

4 Falls trotz sorgfältiger Kontrolle die Fehlerquelle nicht identifiziert werden konnte, muss das Motorrad von einer Suzuki-Werkstatt überprüft werden.

ABS-Lampe leuchtet gar nicht

5 Kontrollieren Sie zuerst die Blinkersicherung und dann das orange/grüne Kabel zwischen der Sicherungsbox und den Instrumenten (siehe Kapitel 8).

6 Sichergehend, dass die Zündung abgeschaltet ist, wird der Stecker des ABS-Steuergeräts getrennt (siehe Sektion 14, Schritte 16 bis 18).

7 Schalten Sie die Zündung ein und verbinden Sie ein auf den Messbereich Volt (DC) geschal-

Fehlercodes/ Blinkzeichen	Defekte Komponente oder Symptome	Mögliche Gründe
ABS-Lampe leuchtet bei eingeschalteter Zündung gar nicht	Keine Spannung am Instrument Keine Spannung am ABS-Steuergerät	Blinkersicherung defekt Kabel oder Stecker defekt LED defekt
ABS-Lampe leuchtet ständig	Keine Spannung am ABS-Steuergerät ABS-Steuergerät Modus-Auswahlstecker	Kabel oder Stecker defekt Interner Fehler
13 – nur SFV	Vorderrad-Sensorring	Sensorring beschädigt oder verschmutzt Sensorspitze verschmutzt Rad beschädigt
14 – nur SFV	Hinterrad-Sensorring	Sensorring beschädigt oder verschmutzt Sensorspitze verschmutzt Rad beschädigt
22 – nur SFV	Vorderradsensor-Stromkreis	Vorderrad blockiert oder Bremse schleift Falsch montierter Sensor oder Abstand zum Sensorring unkorrekt
23 – nur SFV	Hinterradsensor-Stromkreis	Hinterrad blockiert oder Bremse schleift Falsch montierter Sensor oder Abstand zum Sensorring unkorrekt
25	Vorderradsensor-Stromkreis Vorderradsensor Vorderrad-Sensorring	Falscher Reifen oder Luftdruck Beschädigtes Rad Kabel oder Stecker defekt Sensor defekt Sensorring beschädigt
35	ABS-Motorsicherung	Sicherung durchgebrannt Kabel oder Stecker defekt Interner Fehler
41	Vorderradsensor	Sensor falsch montiert Kabel oder Stecker defekt Sensorring beschädigt ABS-Steuergerät defekt
42	Vorderradsensor – Stromunterbrechung	Sensor beschädigt oder verschmutzt Kabel oder Stecker defekt ABS-Steuergerät defekt
43 – nur SFV	Vorderradsensor – Kurzschluss	Sensor oder Kabel defekt
44	Hinterradsensor	Sensor falsch montiert Kabel oder Stecker defekt Sensorring beschädigt ABS-Steuergerät defekt
45	Hinterradsensor – Stromunterbrechung	Sensor beschädigt oder verschmutzt Kabel oder Stecker defekt ABS-Steuergerät defekt
46 – nur SFV	Hinterradsensor – Kurzschluss	Sensor oder Kabel defekt
47	Erhöhte Versorgungsspannung*	Batterie defekt Regler/Gleichrichter defekt Kabel oder Stecker defekt
48	Erhöhte Versorgungsspannung*	Batterie entladen oder defekt Lichtmaschine oder Regler/Gleichrichter defekt Kabel oder Stecker defekt
55	ABS-Steuergerät	Interner Fehler
61	ABS-Ventil-Sicherung ABS-Magnetschalter	Sicherung durchgebrannt ABS-Steuergerät defekt

* *Die ABS-Lampe erlischt, sobald wieder normale Spannung besteht.*

tetes Multimeter mit den folgenden Steckerkontakten der Kabelbaumseite (siehe Abbildungen), um die Spannung zu ermitteln:
DL bis 2011: Kontakt 12 (+) und Kontakt 4 (–)
DL ab 2012: Kontakt 11 (+) und Kontakt 9 (–)
SFV: Kontakt 21 (+) und Kontakt 24 (–)
Bei DL-Modellen müssen zwischen 7,5 und 9,5 Volt ermittelt werden, bei SFV-Modellen müssen es über 7 Volt sein. Wird gar keine Spannung festgestellt, müssen die Kabel zu den Instrumenten und die Kontakte des Instrumentensteckers überprüft werden. Ist hier alles in Ordnung, kann die ABS-Lampe defekt sein.

Anmerkung: *Bei der ABS-Lampe handelt es sich um eine in die Instrumentenplatine integrierte LED, sodass bei einem Ausfall das gesamte Instrument ersetzt werden muss (siehe Kapitel 8). Schalten Sie nach Beendigung der Kontrollen die Zündung aus.*

8 Wurde in Schritt 7 Spannung festgestellt, muss der Durchgang zwischen den folgenden Steckerkontakten der Kabelbaumseite (+) und Masse (–) geprüft werden – wird Durchgang festgestellt, ist der Massestromkreis in Ordnung und im ABS-Steuergerät liegt ein Fehler vor, sodass es von einer Suzuki-Werkstatt getestet werden muss.
DL bis 2011: Kontakt 4
DL ab 2012: Kontakt 9
SFV: Kontakt 25

ABS-Lampe leuchtet ständig

9 Kontrollieren Sie zuerst die Zündungs-Sicherung (siehe Kapitel 8).
10 Wenn die Sicherung in Ordnung ist, wird der Stecker des ABS-Steuergeräts getrennt (siehe Sektion 14, Schritte 16 bis 18).
11 Schalten Sie die Zündung ein und verbinden Sie ein auf den Messbereich Volt (DC) geschaltetes Multimeter mit den folgenden Steckerkontakten der Kabelbaumseite (Abbildungen 13.7a, b oder c), um die Spannung zu ermitteln:
DL bis 2011: Kontakt 18 (+) und Kontakt 4 (–)
DL ab 2012: Kontakt 6 (+) und Kontakt 9 (–)
SFV: Kontakt 16 (+) und Kontakt 24 (–)
Es muss Batteriespannung (12 bis 13 Volt) ermittelt werden, andernfalls müssen die Kabel überprüft werden.
12 Wurde in Schritt 11 Spannung festgestellt, muss die Spannung wie in Schritt 7 beschrieben, gemessen werden. Bei DL-Modellen müssen zwischen 7,5 und 9,5 Volt ermittelt werden, bei SFV-Modellen müssen es über 7 Volt sein. Wird gar keine Spannung festgestellt, müssen die Kabel zu den Instrumenten und die Kontakte des Instrumentensteckers überprüft werden. Schalten Sie die Zündung wieder aus.
13 Wurde Spannung festgestellt, müssen das orange und das schwarz/weiße Kabel zwischen dem Steuergerät-Stecker und dem Modus-Wahlschalter auf Durchgang und Kurzschluss zu Masse überprüft werden (siehe Sektion 12). Ist hier alles in Ordnung, liegt

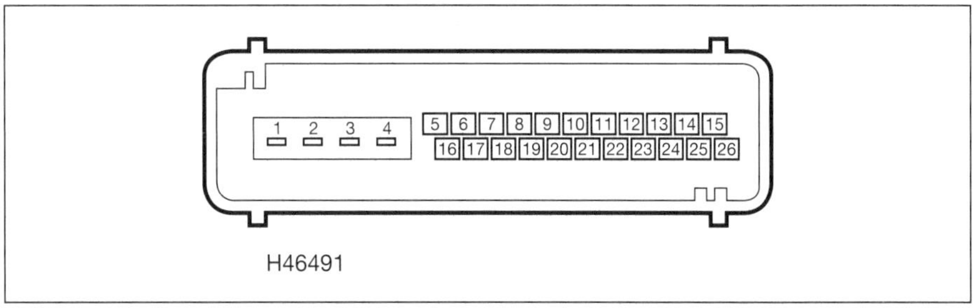

13.7a Anschluss-Identifikation am kabelbaumseitigen Stecker des ABS-Steuergeräts – DL bis 2011

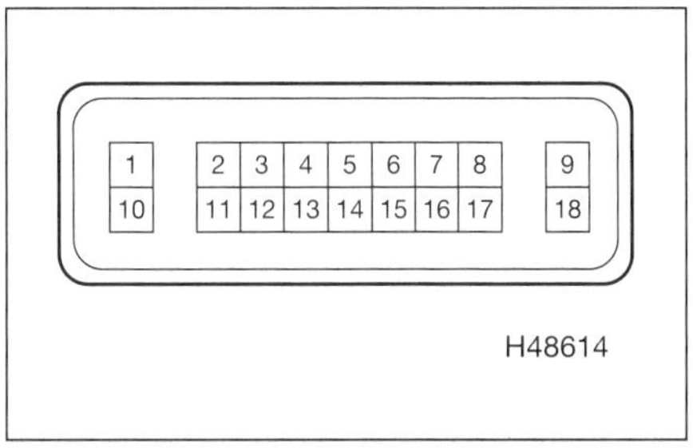

13.7b Anschluss-Identifikation am kabelbaumseitigen Stecker des ABS-Steuergeräts – DL ab 2012

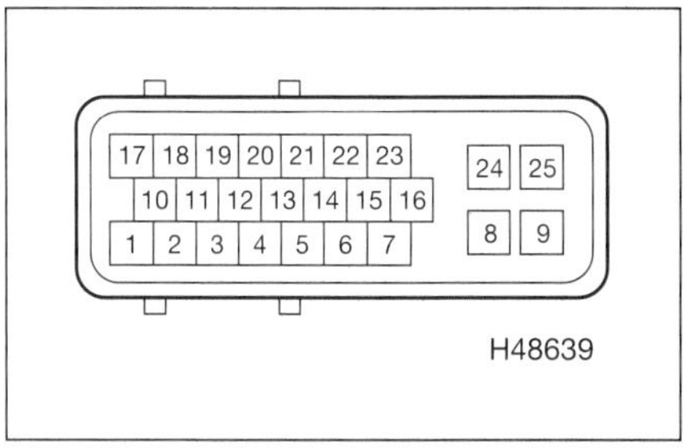

13.7c Anschluss-Identifikation am kabelbaumseitigen Stecker des ABS-Steuergeräts – SFV

im ABS-Steuergerät ein Fehler vor, sodass es von einer Suzuki-Werkstatt getestet werden muss.

Code 25 – Fehlfunktion des Geschwindigkeitssensors

14 Stellen Sie sicher, dass der Luftdruck und die Reifengröße korrekt sind (siehe *Technische Daten*).
15 Kontrollieren Sie den Sensorring – zwischen den Segmenten darf sich nichts abgelagert haben (Abbildung 13.30a).
16 Kontrollieren Sie den Abstand zwischen Sensor und Ring (Schritt 23 bzw. 30).
17 Falls sich mit diesen Kontrollen kein Fehler ermitteln lässt, muss das ABS-Steuergerät von einer Suzuki-Werkstatt getestet werden.

Code 35 – ABS-Motorsicherung

18 Schalten Sie die Zündung ein und achten Sie auf Geräusche aus der ABS-Steuereinheit. Falls bei stehendem Motorrad Geräusche festgestellt werden, liegt wahrscheinlich im ABS-Steuergerät ein Fehler vor, sodass es von einer Suzuki-Werkstatt getestet werden muss.
19 Kontrollieren Sie die ABS-Motorsicherung (siehe Kapitel 8).
20 Wenn die Sicherung in Ordnung ist, muss geprüft werden, ob der Steuergerät-Stecker sicher verbunden ist (siehe Sektion 14, Schritte 16 bis 18). Trennen Sie dann den Stecker und kontrollieren Sie, ob seine Kontakte sauber und unbeschädigt sind.
21 Schalten Sie die Zündung ein und verbinden Sie ein auf den Messbereich Volt (DC) geschaltetes Multimeter mit den folgenden Steckerkontakten der Kabelbaumseite (Abbildungen 13.7a, b oder c), um die Spannung zu ermitteln:
DL bis 2011: Kontakt 2 (+) und Kontakt 1 (–)
DL ab 2012: Kontakt 10 (+) und Kontakt 18 (–)
SFV: Kontakt 9 (+) und Kontakt 25 (–)
Wenn keine Batteriespannung (12 bis 13 Volt) ermittelt werden, müssen die Kabel überprüft werden. Wird Batteriespannung gemessen, muss das Steuergerät ersetzt werden.

Code 41 – Fehlfunktion des Vorderradsensors

22 Prüfen Sie, ob der Sensor sicher sitzt und der Sensorring sauber ist und zwischen seinen Segmenten keine Ablagerungen zu finden sind (siehe Abbildung).

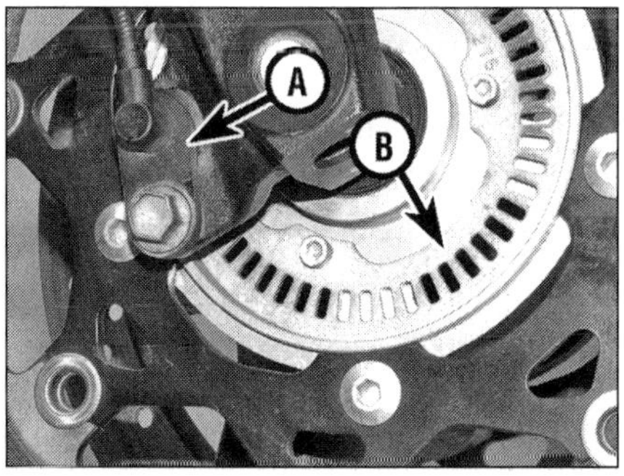

13.22 Kontrollieren Sie den Vorderradsensor (A) und den Sensorring (B).

6

23 Messen Sie mithilfe einer Fühlerlehre den Abstand zwischen der Sensorspitze und den Sensorring-Segmenten – es müssen die in den technischen Daten angegebenen Toleranzen festgestellt werden (siehe Abbildung). Liegt der Abstand außerhalb dieser Vorgaben, kann es sein, dass der Sensorring nicht korrekt an der Radnabe sitzt oder der Sensorhalter verbogen ist. Direkte Einstellmöglichkeiten für den Abstand gibt es nicht; in Sektion 14 finden sich Details zum Aus- und Einbau des Sensors.

13.23 Messen Sie den Abstand zwischen Sensorspitze und Sensorring.

13.24a Stecker des Vorderradsensors – DL

Code 42 – Stromunterbrechung am Vorderradsensor

24 Entfernen Sie bei DL-Modellen das Luftfiltergehäuse, um Zugang zum Kabelstecker zu erhalten (siehe Kapitel 4); bei SFV-Modellen sitzt der Stecker links hinter dem Lenkkopf am Rahmen. Kontrollieren Sie die Verkabelung auf Schäden und prüfen Sie, ob die Stecker sicher verbunden sind. Trennen Sie die Stecker und kontrollieren Sie, ob ihre Kontakte sauber und unbeschädigt sind (siehe Abbildungen). Verbinden Sie die Stecker wieder.

25 Prüfen Sie, ob der Steuergerät-Stecker sicher verbunden ist (siehe Sektion 14, Schritte 16 bis 18). Trennen Sie dann den Stecker und kontrollieren Sie, ob seine Kontakte sauber und unbeschädigt sind.

26 Prüfen Sie an den kabelbaumseitigen Kontakten des Steckers den Durchgang (Abbildungen 13.7a, b oder c):
DL bis 2011: Kontakte 16 und 5
DL ab 2012: Kontakte 16 und 7
SFV: Kontakte 9 und 3
Wird Durchgang festgestellt, müssen die Kabel zwischen dem Stecker und dem Sensor kontrolliert werden.

27 Wird kein Durchgang ermittelt, muss bei DL-Modellen zwischen Kontakt 16 und Masse, bei SFV-Modellen zwischen Kontakt 12 und Masse überprüft werden, ob kein Durchgang besteht. Ist dies der Fall, muss der Stecker des Radsensors getrennt und zwischen dem weißen Kabel der Sensorseite und Masse kontrolliert werden, ob kein Durchgang besteht, andernfalls ist der Sensor defekt und muss ersetzt werden.

28 Prüfen Sie am kabelbaumseitigen Kontakt des Steuergerätsteckers den Durchgang zu Masse (Abbildungen 13.7a, b oder c):
DL bis 2011: Kontakt 5
DL ab 2012: Kontakt 7
SFV: Kontakt 3
Es darf kein Durchgang festgestellt werden, andernfalls muss der Stecker des Radsensors getrennt und zwischen dem schwarzen Kabel der Sensorseite und Masse kontrolliert werden, ob kein Durchgang besteht – ist dies der Fall, muss der Sensor ersetzt werden.

29 Kontrollieren Sie schließlich das weiß/rote Kabel zwischen dem Steuergerätstecker und dem Sensorstecker auf Durchgang – dieser muss festgestellt werden. Überprüfen Sie genauso das schwarz/rote Kabel.

Code 43 – Kurzschluss am Vorderradsensor (SFV)

30 Prüfen Sie, ob der Steuergerät-Stecker sicher verbunden ist (siehe Sektion 14, Schritte 16 bis 18). Trennen Sie dann den Stecker und kontrollieren Sie, ob seine Kontakte sauber und unbeschädigt sind.

31 Prüfen Sie an den kabelbaumseitigen Steckerkontakten 3 und 12 den Durchgang (Abbildung 13.7c) – wird dieser festgestellt, muss die Verkabelung zum Vorderradsensor auf Beschädigungen überprüft werden. Wenn das Kabel in Ordnung ist, wird wahrscheinlich der Sensor defekt sein – lassen Sie ihn von einer Suzuki-Werkstatt testen.

32 Verbinden Sie ein auf dem Messbereich Volt (DC) geschaltetes Multimeter mit Kontakt 3 (+) und Kontakt 24 (–) der Kabelbaumseite. Schalten Sie die Zündung ein und ermitteln Sie die Spannung – es darf keine festgestellt werden. Schalten Sie die Zündung wieder aus. Wurde Spannung ermittelt, müssen die Kabel des Sensor-Stromkreises und der Stromversorgung auf Beschädigungen überprüft werden. Wurde keine Spannung festgestellt, liegt wahrscheinlich im ABS-Steuergerät ein Fehler vor, sodass es von einer Suzuki-Werkstatt getestet werden muss.

Code 44 – Fehlfunktion des Hinterradsensors

33 Folgen Sie den Schritten 22 und 23, und kontrollieren Sie den Sensor und seinen Ring am Hinterrad (siehe Abbildungen) – der Sensor sitzt direkt in den Bremssattelträger.

Code 45 – Offener Stromkreis des Hinterradsensors

34 Prüfen Sie, ob der Steuergerät-Stecker sicher verbunden ist (siehe Sektion 14, Schritte 16 bis 18). Trennen Sie dann den Stecker und kontrollieren Sie, ob seine Kontakte sauber und unbeschädigt sind.

35 Entfernen Sie bei DL-Modellen die Sitzbank und nötigenfalls den linken Seitendeckel, um Zugang zum Kabelstecker zu erhalten (siehe Kapitel 4); bei SFV-Modellen muss die Abdeckung des ABS-Steuergeräts entfernt werden (siehe Abbildungen). Kontrollieren Sie die Verkabelung auf Schäden und prüfen Sie, ob die Stecker sicher verbunden sind. Trennen Sie die Stecker und kontrollieren Sie, ob ihre Kontakte sauber und unbeschädigt sind. Verbinden Sie die Stecker wieder.

36 Prüfen Sie an den kabelbaumseitigen Kontakten des Steckers den Durchgang (Abbildungen 13.7a, b oder c):
DL bis 2011: Kontakte 19 und 7
DL ab 2012: Kontakte 15 und 14
SFV: Kontakte 2 und 18
Wird Durchgang festgestellt, müssen die Kabel zwischen dem Stecker und dem Sensor kontrolliert werden.

37 Wird kein Durchgang ermittelt, muss bei DL-Modellen bis 2011 zwischen Kontakt 7 und Masse, bei DL-Modellen ab 2012 zwischen Kontakt 15 und Masse und bei SFV-Modellen zwischen Kontakt 18 und Masse überprüft werden, ob kein Durchgang besteht. Ist dies der Fall, muss der Stecker des Radsensors getrennt und zwischen dem weißen Kabel der Sensorseite und Masse kontrolliert werden, ob kein Durchgang besteht, andernfalls ist der Sensor defekt und muss ersetzt werden.

38 Prüfen Sie am kabelbaumseitigen Kontakt des Steuergerätsteckers den Durchgang zu Masse (Abbildungen 13.7a, b oder c):
DL bis 2011: Kontakt 19
DL ab 2012: Kontakt 14
SFV: Kontakt 2
Es darf kein Durchgang festgestellt werden, andernfalls muss der Stecker des Radsensors getrennt und zwischen dem schwarzen (DL) oder blauen Kabel (SFV) der Sensorseite und Masse kontrolliert werden, ob kein Durchgang besteht – ist dies der Fall, muss der Sensor ersetzt werden.

39 Kontrollieren Sie schließlich das weiß/gelbe Kabel zwischen dem Steuergerätstecker und dem Sensorstecker auf Durchgang – dieser muss festgestellt werden. Überprüfen Sie genauso das schwarz/gelbe Kabel.

Code 46 – Kurzschluss am Hinterradsensor (SFV)

40 Prüfen Sie, ob der Steuergerät-Stecker sicher verbunden ist (siehe Sektion 14, Schritte 16

13.24b Stecker des Vorderradsensors – SFV

13.33a Kontrollieren Sie den Hinterradsensor (A) und den Sensorring (B).

13.33b Messen Sie den Abstand zwischen Sensorspitze und Sensorring.

bis 18). Trennen Sie dann den Stecker und kontrollieren Sie, ob seine Kontakte sauber und unbeschädigt sind.

41 Prüfen Sie an den kabelbaumseitigen Steckerkontakten 2 und 18 den Durchgang (Abbildung 13.7c) – wird dieser festgestellt, muss die Verkabelung zum Vorderradsensor auf Beschädigungen überprüft werden. Wenn das Kabel in Ordnung ist, wird wahrscheinlich der Sensor defekt sein – lassen Sie ihn von einer Suzuki-Werkstatt testen.

42 Verbinden Sie ein auf dem Messbereich Volt (DC) geschaltetes Multimeter mit Kontakt 2 (+) und Kontakt 24 (–) der Kabelbaumseite. Schalten Sie die Zündung ein und ermitteln Sie die Spannung – es darf keine festgestellt werden. Schalten Sie die Zündung wieder aus. Wurde Spannung ermittelt, müssen die Kabel des Sensor-Stromkreises und der Stromversorgung auf Beschädigungen überprüft werden. Wurde keine Spannung festgestellt, liegt wahrscheinlich im ABS-Steuergerät ein Fehler vor, sodass es von einer Suzuki-Werkstatt getestet werden muss.

Code 47 und 48 – Versorgungsspannung

43 Prüfen Sie die Batteriespannung (siehe Kapitel 8) – wenn sie in Ordnung ist, muss die Ausgangsspannung des Ladesystems kontrolliert werden (siehe Kapitel 8).

44 Wenn das Ladesystem in Ordnung ist, muss geprüft werden, ob der Steuergerät-Stecker sicher verbunden ist (siehe Sektion 14, Schritte 16 bis 18). Trennen Sie dann den Stecker und kontrollieren Sie, ob seine Kontakte sauber und unbeschädigt sind (Abbildungen 13.7a, b oder c).

45 Verbinden Sie bei getrenntem Steuergerätstecker ein Voltmeter zwischen die kabelbaumseitigen Steckerkontakte (Abbildungen 13.7a, b oder c).

DL bis 2011: Kontakt 18 (+) und Kontakt 4 (–)
DL ab 2012: Kontakt 6 (+) und Kontakt 9 (–)
SFV: Kontakt 16 (+) und Kontakt 24 (–)

Starten Sie den Motor, bringen Sie ihn auf Betriebstemperatur, schalten Sie das Fernlicht ein und erhöhen Sie die Drehzahl kurzzeitig auf 5000/min, um hierbei die Spannung zu messen. Werden zwischen 14,5 und 15 Volt ermittelt, ist wahrscheinlich das ABS-Steuergerät defekt, sodass es von einer Suzuki-Werkstatt getestet werden muss. Liegt die Spannung außerhalb dieser Vorgaben, muss der ABS-Kabelbaum auf Beschädigungen untersucht werden.

13.35a Stecker des Hinterradsensors – DL

Code 55 – Fehlfunktion des Steuergeräts

46 Prüfen Sie, ob die Abstände der beiden Radsensoren zu den Sensorringen korrekt sind (Schritt 23), ob keine Komponente beschädigt ist und ob alle Sensoren und Sensorringe gut gesichert sind.

47 Lässt sich hierbei kein Fehler finden, muss der Fehlerspeicher gelöscht (siehe Sektion 12) und die Selbstdiagnoseprozedur eingeleitet werden. Wird der Fehlercode danach erneut angezeigt, liegt wahrscheinlich im ABS-Steuergerät ein Fehler vor, sodass es von einer Suzuki-Werkstatt getestet werden muss.

Code 61 – Fehlfunktion des ABS-Magnetventils

48 Kontrollieren Sie die Sicherung des ABS-Ventils (siehe Kapitel 8). Wenn die Sicherung in Ordnung ist, muss geprüft werden, ob der Steuergerät-Stecker sicher verbunden ist (siehe Sektion 14, Schritte 16 bis 18). Trennen Sie dann den Stecker und kontrollieren Sie, ob seine Kontakte sauber und unbeschädigt sind (Abbildungen 13.7a, b oder c).

13.35b Stecker des Hinterradsensors – SFV

49 Verbinden Sie bei getrenntem Steuergerätstecker ein Voltmeter zwischen die kabelbaumseitigen Steckerkontakte (Abbildungen 13.7a, b oder c), um die Batteriespannung zu prüfen:

DL bis 2011: Kontakt 3 (+) und Kontakt 4 (–)
DL ab 2012: Kontakt 1 (+) und Kontakt 9 (–)
SFV: Kontakt 8 (+) und Kontakt 24 (–)

Falls keine Spannung festgestellt wird, muss die Verkabelung auf Beschädigungen überprüft werden.

50 Wird Batteriespannung festgestellt, liegt wahrscheinlich im ABS-Steuergerät ein Fehler vor, sodass es von einer Suzuki-Werkstatt getestet werden muss.

14 ABS-Komponenten

Vorderradsensor

1 Entfernen Sie bei DL-Modellen für den Zugang zum Kabelstecker das Luftfiltergehäuse (siehe Kapitel 4); bei SFV-Modellen sitzt der Stecker links hinter dem Lenkkopf am Rahmen. Verfolgen Sie das Sensorkabel zum Stecker und trennen Sie diese (Abbildungen 13.24a oder b).

14.2a Schraube des Vorderradsensors – DL

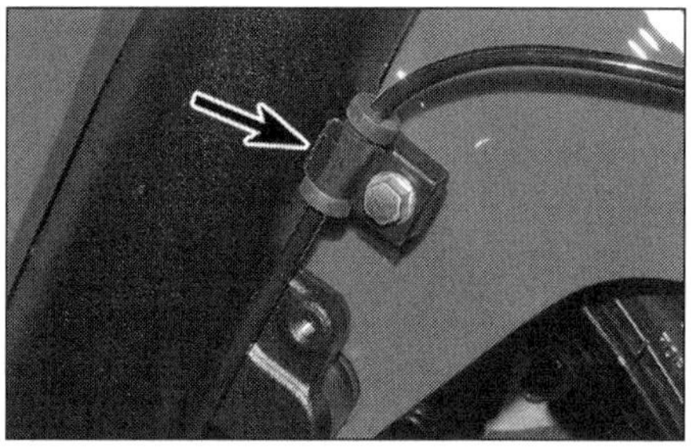

14.2b Kabelführung ...

14.2c ... und Schraube des Vorderradsensors – SFV

14.5 Schrauben des Vorderrad-Sensorrings

14.9a Lösen Sie die Schraube des Hinterradsensors – DL

14.9b Kabelführung ...

14.9c ... und Hinterradsensor – SFV

14.17a Lösen Sie die Schraube, ...

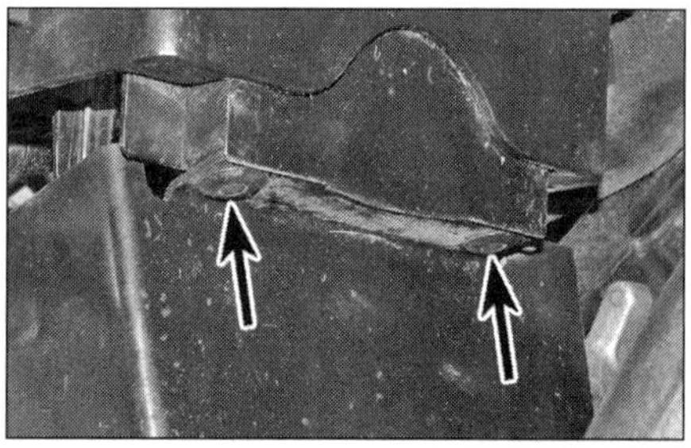

14.17b ... befreien Sie die Verkleidungsstifte ...

2 Lösen Sie die Sensorkabel-Führungen und führen Sie das Kabel zum Sensor zurück – merken Sie sich seine Verlegung. Lösen Sie die Sensorschraube und befreien Sie den Sensor von seinem Halter (siehe Abbildungen).

3 Sorgen Sie dafür, dass die Sensorspitze, sein Sitz und der Sensorring sauber sind. Montieren Sie den Sensor und ziehen Sie die Schraube an. Kontrollieren Sie den Abstand zum Sensorring (siehe Sektion 13, Schritt 23). Verlegen Sie das Kabel wie beim Ausbau notiert zum Stecker, verbinden Sie es und sichern Sie es mit allen Befestigungen. Montieren Sie bei DL-Modellen das Luftfiltergehäuse (siehe Kapitel 4).

Vorderrad-Sensorring

4 Bauen Sie das Vorderrad aus (siehe Sektion 17). Entfernen Sie bei DL-Modellen bis 2011 den Sensorhalter.

5 Lösen Sie die Schrauben des Sensorrings und heben Sie diesen ab (siehe Abbildung).

6 Der Sitz des Rings an der Radnabe muss von Schmutz und Korrosion befreit sein, damit später der Abstand des Sensors stimmt. Setzen Sie den Sensorring so an die Radnabe, dass die Markierung »50T« (DL) bzw. »44H« (SFV) außen lesbar ist. Installieren Sie die Schrauben und ziehen Sie sie mit 6 Nm an.

7 Bauen Sie das Vorderrad ein (siehe Sektion 17) und messen Sie den Abstand zwischen Sensor und Sensorring (siehe Sektion 13, Schritt 23).

Hinterrad-Sensor

8 Entfernen Sie bei DL-Modellen die Sitzbank und nötigenfalls den linken Seitendeckel, um Zugang zum Kabelstecker zu erhalten (siehe Kapitel 4); bei SFV-Modellen muss die Abdeckung des ABS-Steuergeräts entfernt werden (Abbildungen 13.35a oder b). Trennen Sie den Stecker des Radsensorkabels.

9 Lösen Sie die Sensorkabel-Führungen und führen Sie das Kabel zum Sensor zurück – merken Sie sich seine Verlegung. Lösen Sie die Sensorschraube und befreien Sie den Sensor (siehe Abbildungen).

10 Sorgen Sie dafür, dass die Sensorspitze, sein Sitz und der Sensorring sauber sind. Montieren Sie den Sensor und ziehen Sie die

14.17c ... und entfernen Sie die Abdeckung des ABS-Steuergeräts – gezeigt am DL-Modell.

Schraube an. Verlegen Sie das Kabel wie beim Ausbau notiert zum Stecker, verbinden Sie es und sichern Sie es mit allen Befestigungen. Messen Sie den Abstand zwischen Sensor und Sensorring (siehe Sektion 13, Schritt 23).

11 Montieren Sie bei DL-Modellen die Sitzbank (und nötigenfalls den linken Seitendeckel) und bei SFV-Modellen die Abdeckung des ABS-Steuergeräts.

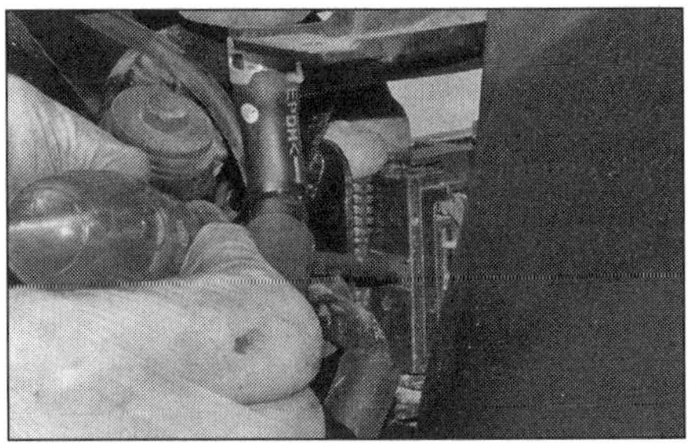

14.18 Trennen Sie den Stecker mithilfe eines Schraubendrehers.

14.20 Bremsleitungs-Überwurfmuttern – gezeigt am DL-Modell ab 2012

14.21 Schrauben des ABS-Steuergeräts – gezeigt am DL-Modell ab 2012

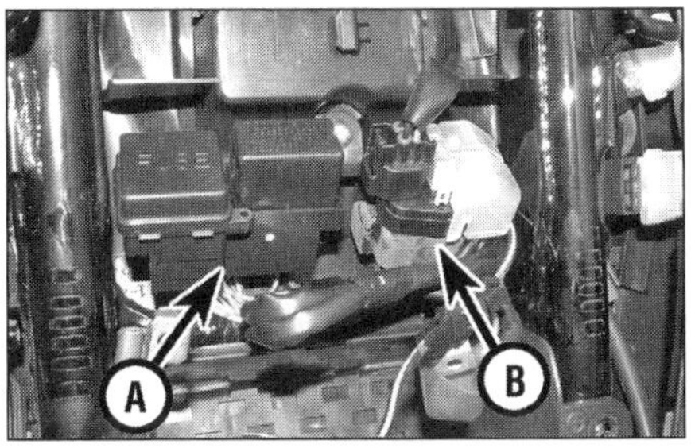

14.23a Befreien Sie die Sicherungsbox/Relais-Einheit (A) und das Anlasserrelais (B).

14.23b Heben Sie das Motorsteuergerät heraus.

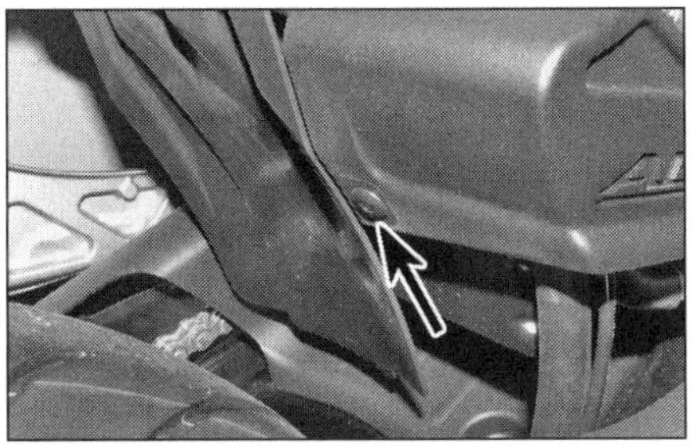

14.24a Die Abdeckung des ABS-Steuergeräts ist hinten rechts . . .

14.24b . . . und vorne rechts mit Verkleidungsstiften . . .

14.24c . . . sowie einer Schraube gesichert . . .

14.24d . . . und kann dann abgenommen werden.

Hinterrad-Sensorring

12 Bauen Sie das Hinterrad aus (siehe Sektion 18).

13 Lösen Sie die Schrauben des Sensorrings und heben Sie diesen ab (Abbildung 14.5).

14 Der Sitz des Rings an der Radnabe muss von Schmutz und Korrosion befreit sein, damit später der Abstand des Sensors stimmt. Setzen Sie den Sensorring so an die Radnabe, dass die Markierung »50T« außen lesbar ist. Installieren Sie die Schrauben und ziehen Sie sie mit 6 Nm an.

15 Bauen Sie das Hinterrad ein (siehe Sektion 18) und messen Sie den Abstand zwischen Sensor und Sensorring (s. Sektion 13, Schritt 23).

ABS-Steuergerät/Modulator

Anmerkung: *Bevor der Modulator aus dem Motorrad demontiert werden kann, muss die gesamte Bremsflüssigkeit abgelassen werden (siehe Sektion 11). Der Modulator kann nicht zerlegt werden und es sind keine Ersatzteile erhältlich – bei einem Ausfall muss er ausgetauscht werden.*

DL-Modelle

16 Demontieren Sie bei DL-Modellen bis 2011 (und für einen besseren Zugang auch bei DL-Modellen ab 2012) die Batterie, alle sie umgebenden Elektrik-Komponenten und den Batterieträger (siehe Kapitel 8).

17 Entfernen Sie die ABS-Steuergerät-Abdeckung (siehe Abbildungen).

18 Trennen Sie die Kabelstecker vom Modulator (siehe Abbildung).

19 Bedecken Sie die Umgebung des Modulators mit Lappen, um keine Bremsflüssigkeitsspritzer auf Lackteile geraten zu lassen.

20 Markieren Sie alle Bremsleitungen entsprechend ihrer Position am Modulator. Lösen Sie die Bremsleitungs-Anschlussmuttern und befreien Sie die Leitungen (siehe Abbildung) – fangen Sie austretende Bremsflüssigkeit auf. Verstopfen Sie die Bohrungen im Modulator, damit kein Schmutz ins Bremssystem gerät.

21 Lösen Sie die Schrauben und entfernen Sie das Steuergerät (siehe Abbildung).

22 Der Einbau entspricht der umgekehrten Ausbaureihenfolge – beachten Sie dabei folgende Punkte:

- Ziehen Sie die Anschlussmuttern erst mit 16 Nm an, wenn alle Leitungen korrekt ausgerichtet sind.
- Der Modulatorstecker muss korrekt angeschlossen sein.
- Füllen Sie das Bremssystem auf und entlüften Sie es (siehe Sektion 11). Kontrollieren Sie das Bremssystem auf Dichtigkeit und prüfen Sie vor der ersten Fahrt die Funktion der Bremsen.

SFV-Modelle

23 Demontieren Sie die Batterie (siehe Kapitel 8) und befreien Sie den Sicherungs/Relais-Block sowie das Anlasserrelais von ihren Laschen (siehe Abbildung). Heben Sie das Motorsteuergerät aus seiner Halterung vor dem Batteriegehäuse – seine Kabel müssen nicht getrennt werden (siehe Abbildung).

24 Befreien Sie rechts die von zwei Clips und einer Schraube gesicherte ABS-Steuergerät-Abdeckung (siehe Abbildungen).

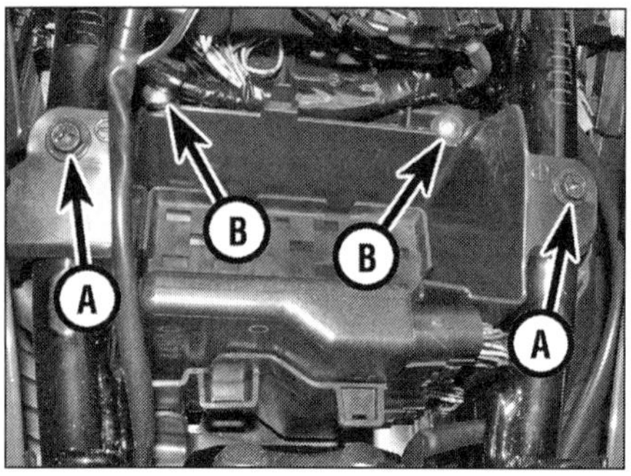

14.26a Das Batteriegehäuse ist außen mit zwei Schrauben am Rahmen (A), mit zwei Schrauben am Schutzblech (B) . . .

14.26b . . . und einer einzelnen Schraube (C) gesichert.

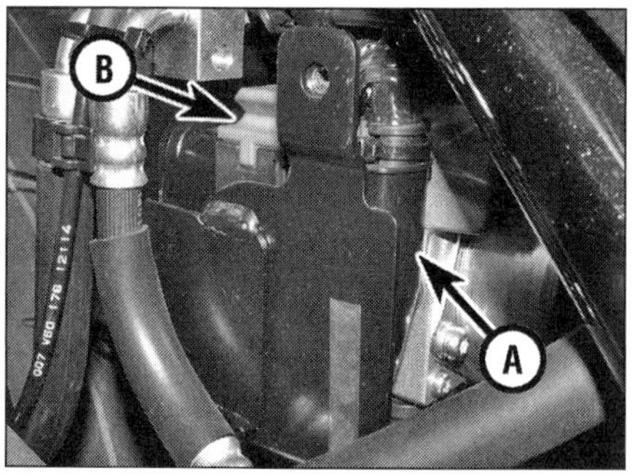

14.27 Stecker (A) und Arretierung (B) des ABS-Steuergeräts

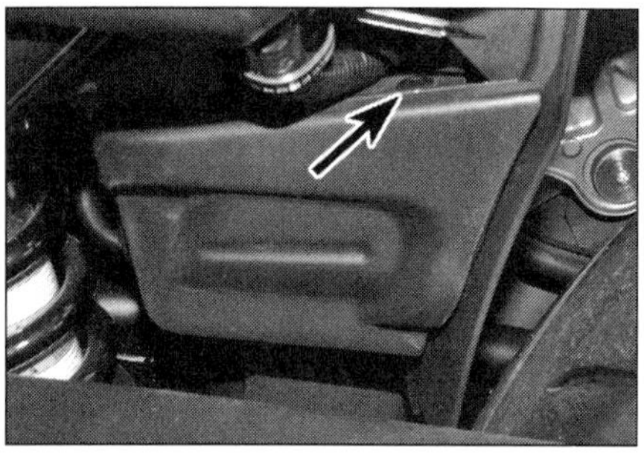

14.28 Verkleidungsstift oben an der linken Abdeckung

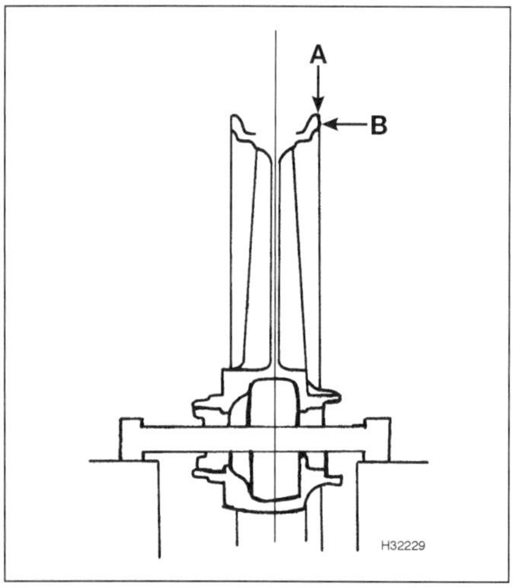

15.3 Kontrollieren Sie das Rad auf Höhenschlag (A) und Seitenschlag (B).

25 Entfernen Sie den rechten Seitendeckel (siehe Kapitel 7).

26 Lösen Sie die fünf Schrauben, die das Batteriegehäuse am Rahmen und am Hinterradschutzblech sichern (siehe Abbildungen). Manövrieren Sie das Gehäuse vorsichtig heraus, ohne dabei die umliegenden Kabel zu beschädigen. Merken Sie sich die Position des Hitzeschildes vorne am Gehäuse.

27 Lösen Sie die orange Arretierung und trennen Sie den Modulatorstecker (siehe Abbildung).

28 Entfernen Sie rechts die oben mit einem Clip und unten mit einer Schraube gesicherte Steuergerät-Abdeckung (siehe Abbildung).

29 Bedecken Sie die Umgebung des Modulators mit Lappen, um keine Bremsflüssigkeitsspritzer auf Lackteile geraten zu lassen.

30 Markieren Sie alle Bremsleitungen entsprechend ihrer Position am Modulator. Lösen Sie die Bremsleitungs-Anschlussmuttern und befreien Sie die Leitungen – fangen Sie austretende Bremsflüssigkeit auf. Verstopfen Sie die Bohrungen im Modulator, damit kein Schmutz ins Bremssystem gerät.

31 Lösen Sie die Schrauben und entfernen Sie das Steuergerät.

32 Der Einbau entspricht der umgekehrten Ausbaureihenfolge – beachten Sie dabei folgende Punkte:

- Ziehen Sie die Anschlussmuttern erst mit 16 Nm an, wenn alle Leitungen korrekt ausgerichtet sind.
- Der Modulatorstecker muss korrekt angeschlossen sein.
- Füllen Sie das Bremssystem auf und entlüften Sie es (siehe Sektion 11). Kontrollieren Sie das Bremssystem auf Dichtigkeit und prüfen Sie vor der ersten Fahrt die Funktion der Bremsen.

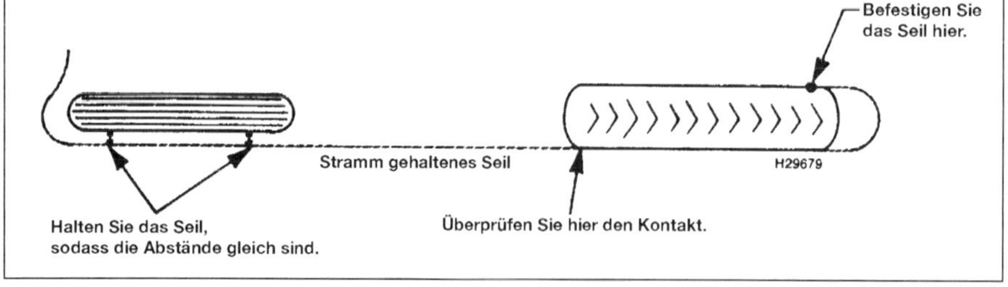

16.5 Spurkontrolle des Rades mithilfe eines Seils

15 Räder
Inspektion und Reparatur

1 Um eine vernünftige Inspektion der Räder durchführen zu können, ist das Motorrad so aufzustellen, dass das zu kontrollierende Rad frei drehbar ist. Stützen Sie die Maschine mit einer geeigneten Vorrichtung sicher ab und reinigen Sie die Räder sorgfältig, da Matsch und Schmutz die Inspektion stören und Schäden verdecken können. Führen Sie eine allgemeine Kontrolle der Räder (siehe Kapitel 1) und Reifen (siehe *Tägliche Kontrollen*) durch.

2 Begutachten Sie die Räder auf Risse, Ausbrüche an der Felge und andere Beschädigungen. Achten Sie besonders auf Beulen in dem Gebiet, wo die Reifenflanken an der Felge liegen, da hier Undichtigkeiten auftreten können. Wenn Beschädigungen vorliegen, muss das Rad ersetzt werden – versuchen Sie nicht, es selbst zu richten!

3 Befestigen Sie eine Messuhr an der Gabel oder der Schwinge und richten Sie den Messdorn seitlich gegen die Felge. Drehen sie das Rad langsam und kontrollieren Sie das Axial- (Seiten-) Spiel (siehe Abbildung) – es dürfen nicht mehr als 2,0 mm Spiel mm festgestellt werden.

4 Um das Radial- (Höhen-) Spiel akkurat messen zu können, muss das Rad ausgebaut und der Reifen demontiert werden. Bei im Schraubstock eingespannter Achse und einer Messuhr kann dann der Höhenschlag ermittelt werden (Abbildung 15.3) – es dürfen nicht mehr als 2,0 mm Spiel festgestellt werden.

5 Eine einfachere jedoch auch ungenauere Methode zum Ermitteln des Radialspiels ist durch das Befestigen eines festen Drahtes an der Gabel oder Schwinge zu erreichen, dessen Ende nahe an den Außenrand der Felge, wo der Reifen aufliegt, gebogen wird. Wenn das Rad in Ordnung ist, wird sich der Abstand zum Draht beim Drehen des Rades nicht verändern.

6 Falls übermäßiger Schlag festgestellt wird, müssen zunächst die Radlager kontrolliert werden – wenn sie in Ordnung sind, kann es nötig sein, das Rad ersetzen zu müssen (ziehen Sie zuvor einen Spezialisten zurate).

16 Räder
Spurkontrolle

1 Falls die Räder aufgrund eines schräg eingebauten Hinterrades, eines verzogenen Rahmens oder einer verbogenen Gabel nicht in Flucht laufen, können hierin die Ursachen für ein schlechtes und auch gefährliches Fahrverhalten der Maschine liegen. Wenn der Rahmen oder die Gabelbrücken verzogen sind, kann nur ein Rahmenricht-Spezialist weiterhelfen, oder die Baugruppen müssen getauscht werden. Sorgen Sie zunächst dafür, dass die Kettenspanner auf beiden Seiten exakt gleich eingestellt sind (siehe Kapitel 1, Sektion 1).
2 Um die Spur kontrollieren zu können, wird neben einem Assistenten ein Seil oder eine absolut gerade Holzlatte und ein Lineal benötigt. Ebenfalls braucht man ein Lot.
3 Zur ordentlichen Kontrolle muss das Motorrad auf dem Hauptständer gerade ausgerichtet sein. Messen Sie dann die Breite beider Räder an der dicksten Stelle. Ziehen Sie den Wert des Vorderrades von dem des Hinterrads ab und teilen Sie den Wert durch zwei. Das Ergebnis ist der Wert, der bei den folgenden Messungen auf beiden Seiten der Räder herauskommen sollte.
4 Wenn ein Seil verwendet wird, muss der Assistent das eine Ende auf halber Höhe zwischen Boden und Hinterradachse halten, sodass es die hintere Seitenfläche des Reifens berührt.
5 Halten Sie das andere Ende des Seils am Vorderrad in die gleiche Höhe und bringen Sie es stramm gespannt in Berührung mit der vorderen Seitenfläche des Hinterrads. Drehen Sie das Vorderrad, bis es parallel mit dem Seil steht. Messen Sie den Abstand der Reifenflanken zum Seil (siehe Abbildung).
6 Wiederholen Sie die Prozedur auf der anderen Seite. Der Abstand zwischen Vorderrad und Seil muss auf beiden Seiten gleich sein.
7 Wie erwähnt, kann man die Messung auch mit einer absolut geraden Holzlatte durchführen (s. Abbildung). Die Ausführung bleibt gleich.
8 Wenn der Abstand zwischen Reifen und Seil auf beiden Seiten variiert oder das Hinterrad nicht fluchtet, muss eine Suzuki-Werkstatt oder ein Rahmen-Spezialist konsultiert werden.
9 Wenn die Spur stimmt, können die Räder immer noch vertikal nicht in Flucht stehen.
10 Mit einem Lot oder entsprechendem Gewicht und einer Schnur wird am Hinterrad gemessen, ob es senkrecht steht. Die Schnur wird an der oberen Seitenfläche des Reifens angelegt und das Lot herabgelassen. Wenn die Schnur beide Reifenflanken gleichzeitig berührt, steht es gerade. Wenn nicht, muss der Ständer unterlegt werden, bis das Rad senkrecht steht.
11 Wenn das Hinterrad senkrecht steht, wird das Vorderrad in gleicher Weise kontrolliert. Wenn beide Räder nicht vertikal gleich stehen, ist der Rahmen und/oder ein wesentlicher Teil der Federelemente verzogen.

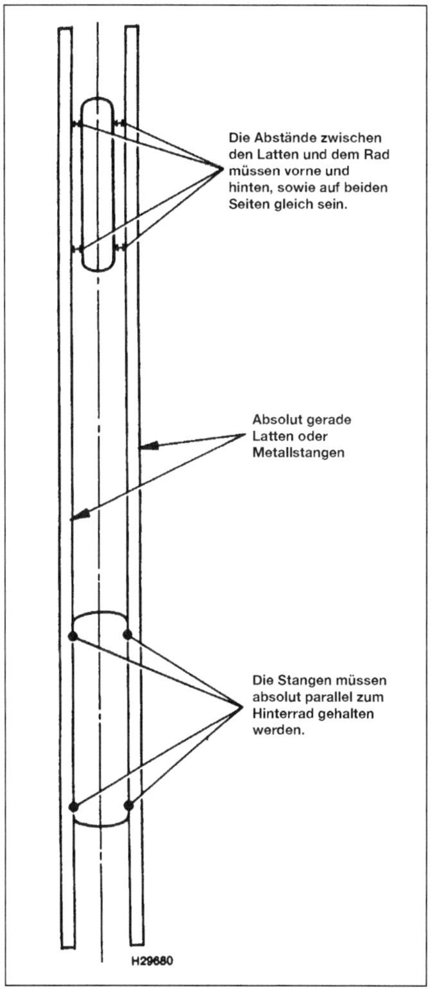

16.7 Spurkontrolle des Rades mithilfe von Holzlatten

17 Vorderrad

Ausbau

1 Stützen Sie das Motorrad mithilfe einer geeigneten Stütze so ab, dass das Vorderrad nicht den Boden berührt. Achten Sie immer auf einen sicheren Stand.
2 Demontieren Sie die Vorderrad-Bremssättel (siehe Sektion 3). Sichern Sie die Sättel so, dass die Bremsleitungen nicht unter Last stehen. Es ist nicht nötig, die Bremsleitungen zu trennen.

Anmerkung: *Betätigen Sie nicht die Bremse, wenn die Bremssättel demontiert sind.*

3 Befreien Sie bei ABS-Modellen den Radsensor (Abbildung 14.9) – sein Stecker muss nicht getrennt werden.
4 Lockern Sie bei DL-Modellen bis 2011 und allen SFV-Modellen unten am rechten Tauchrohr – bei DL-Modellen am linken Standrohr – die Achsen-Klemmschraube (siehe Abbildung). Lösen Sie mithilfe eines 12-mm-Innensechskants die Achse, halten Sie das Rad und ziehen Sie die Achse heraus (Abbildung 17.4). Senken Sie das Rad vorsichtig ab.
5 Befreien Sie bei DL-Modellen von 2007 bis 2011 den Geschwindigkeitssensor und entfernen Sie ggf. den Halter des ABS-Sensors. Befreien Sie das Rad aus der Gabel.
6 Befreien Sie bei DL-Modellen ab 2012 links die mit einem Bund versehene Hülse und rechts die normale Hülse aus der Radnabe (siehe Abbildungen). Entfernen Sie bei SFV-Modellen links die Hülse aus der Radnabe und befreien Sie das Rad aus der Gabel.

Achtung: Legen Sie das Rad nicht auf eine der Bremsscheiben, da sie dadurch verziehen kann. Legen Sie das Rad auf Blöcke, sodass die Felge das Gewicht des Rades stützt.

7 Befreien Sie die Hülsen, die Achse und die Dichtringe ggf. mithilfe von Stahlwolle von Korrosion. Kontrollieren Sie die Achse durch Rollen auf einer ebenen Oberfläche (z. B. einer Glasscheibe) auf Verzug. Wenn die Ausrüstung vorhanden ist, wird die Achse in Prismenböcke gelegt und ihr Verzug gemessen – wenn die Achse verbogen ist, muss sie ersetzt werden.

17.6a Entfernen Sie links die Distanzhülse mit dem Bund . . .

17.6b . . . und rechts die glatte Hülse.

6

8 Kontrollieren Sie die Dichtringe und die Radlager (siehe Sektion 19).

Einbau

9 Schmieren Sie den Geschwindigkeitssensor oder die Hülse(n) innen und im Bereich der Dichtringe mit etwas Fett. Stecken Sie bei Modellen ohne ABS die kürzere Hülse in den rechten Dichtring und die längere in den linken. Setzen Sie bei DL-Modellen ab 2012 die Hülse rechts an (Abbildung 17.6b); bei SFV-Modellen wird sie links installiert.

10 Die Einbaurichtung des Rades kann anhand der in die normale Drehrichtung weisenden Pfeile auf den Bremsscheiben und Reifen ermittelt werden. Manövrieren Sie das Rad zwischen den Gabelholmen in Position. Montieren Sie bei DL-Modellen bis 2011 den Geschwindigkeitssensor und bei entsprechenden Modellen mit ABS den Sensorhalter. Setzen Sie bei DL-Modellen ab 2012 die Hülse mit dem Bund links in die Radnabe (Abbildung 17.6a).

11 Schmieren Sie die Achse dünn mit Fett ein. Heben Sie das Rad in Position – alle Hülsen und ggf. die Sensorplatte müssen in ihren Positionen verbleiben. Richten Sie den Ausschnitt der Sensorplatte zum Anguss der Gabel aus. Schieben Sie bei DL-Modellen bis 2011 und allen SFV-Modellen die Achse von rechts ein; bei DL-Modellen ab 2012 wird die Achse von links eingeschoben (Abbildung 17.4).

12 Ziehen Sie die Achse mit 65 Nm an.

13 Senken Sie das Motorrad ab, sodass es sich wieder über das Vorderrad abstützt. Montieren Sie die Bremssättel (siehe Sektion 3).

14 Bringen Sie durch mehrmaliges Betätigen des Bremshebels die Bremsbeläge in Kontakt mit den Bremsscheiben und richten Sie ggf. die Gabel entsprechend aus.

15 Ziehen Sie die Achs-Klemmschraube mit 23 Nm an.

16 Montieren Sie ggf. den ABS-Sensor und messen Sie seinen Abstand zum Sensorring (siehe Sektion 13, Schritt 23).

17 Reinigen Sie die Bremsscheiben mit Bremsenreiniger und prüfen Sie vor der ersten Fahrt sorgfältig die Funktion der Bremsen.

18 Hinterrad

Ausbau

1 Stützen Sie das Motorrad mithilfe einer geeigneten Stütze so ab, dass das Hinterrad nicht den Boden berührt. Achten Sie immer auf einen sicheren Stand. Binden Sie den Bremshebel gegen den Lenker.

2 Befreien Sie bei ABS-Modellen den Radsensor (Abbildung 14.9) – sein Stecker muss nicht getrennt werden.

3 Vergrößern Sie den Kettendurchhang (siehe Kapitel 1).

4 Entfernen Sie ggf. die Bremsbeläge – dies erleichtert den Einbau des Rades.

5 Lösen Sie die Achsmutter und entfernen sie die Kettenspanner-Markierung (DL) bzw. die Scheibe (SFV) (siehe Abbildungen).

6 Stützen Sie das Rad ab und ziehen Sie die Achse (bei DL-Modellen samt der Kettenspanner-Markierung) heraus. Senken Sie das Rad ab (siehe Abbildung). Falls die Achse schwierig herauszuziehen ist, muss sie vorsichtig mit einem Kunststoffhammer von der anderen Seite ausgetrieben werden – beschädigen Sie nicht ihr Gewinde. Entfernen Sie nötigenfalls die Kettenspanner aus beiden Enden der Schwinge (siehe Abbildung).

7 Heben Sie die Kette vom Kettenblatt (siehe Abbildung). Ziehen Sie das Rad nach hinten, bis der Bremssattelhalter aus seiner Führung innerhalb der Schwinge befreit und zwischen Schwinge und Rad herausgehoben werden kann (siehe Abbildung). Befreien Sie das Rad und setzen Sie den Bremssattelhalter ggf. wieder an die Schwinge, um ihn dort mit einem Kabelbinder zu sichern.

Achtung: Legen Sie das Rad nicht auf die Bremsscheibe oder das Kettenblatt, da sie dadurch verziehen können. Legen Sie das Rad auf Blöcke, sodass die Felge das Gewicht des Rades stützt. Betätigen Sie nicht das Bremspedal, wenn der Bremssattel demontiert ist.

8 Entfernen Sie an beiden Seiten des Rades die Hülsen – merken Sie sich ihre Positionen (siehe Abbildung). Befreien Sie die Distanzstücke, die Achse und die Dichtringe von alten Fettresten.

9 Befreien Sie die Achse ggf. mithilfe von Stahlwolle von Korrosion. Kontrollieren Sie sie durch Rollen auf einer ebenen Oberfläche (z. B. einer Glasscheibe) auf Verzug. Wenn die Ausrüstung vorhanden ist, wird die Achse in Prismenböcke gelegt und ihr Verzug gemessen – wenn die Achse verbogen ist, muss sie ersetzt werden.

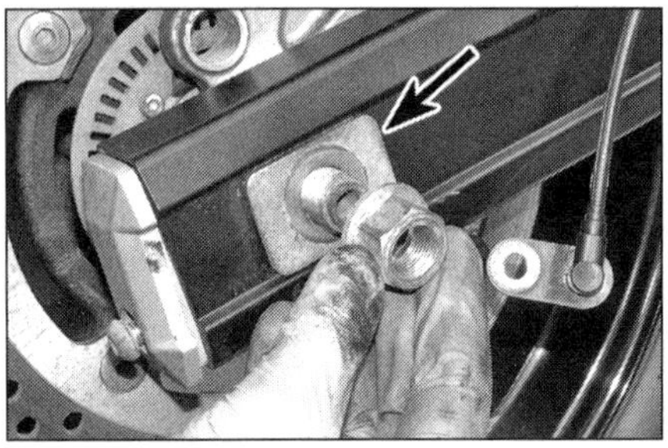

18.5a Hinterachsmutter und Kettenspanner-Markierung – DL

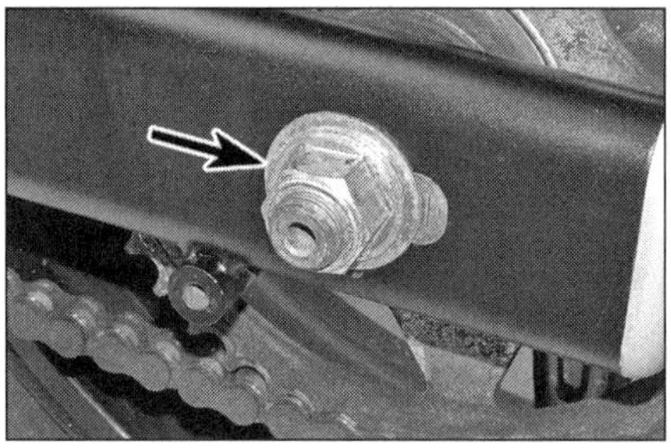

18.5b Hinterachsmutter und Scheibe – SFV

18.6a Ziehen Sie die Achse heraus und senken Sie das Hinterrad ab.

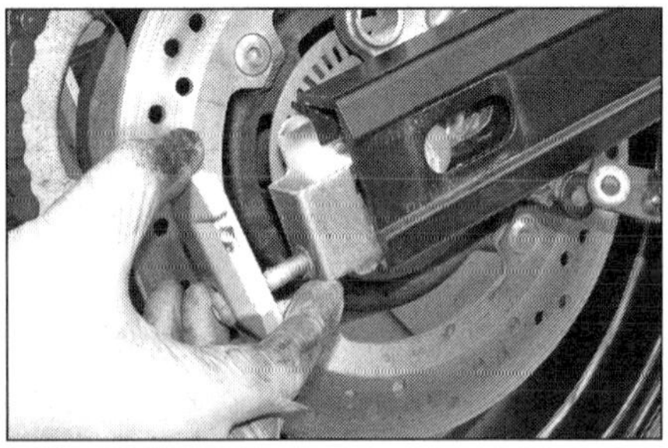

18.6b Entfernen Sie nötigenfalls die Kettenspanner.

18.7a Heben Sie die Kette vom Kettenblatt.

18.7b Ziehen Sie das Rad nach hinten und befreien Sie den Bremssattel, sobald dies möglich ist.

10 Kontrollieren Sie die Dichtringe und die Radlager (siehe Sektion 19). Kontrollieren Sie den Mitnehmer (siehe Sektion 23).

Einbau

11 Schmieren Sie die Distanzhülse innen und außen im Bereich des Dichtrings im Fett. Bei DL-Modellen wird die dünnwandige Hülse rechts und die dickwandige Hülse links eingesetzt (Abbildung 18.8). Bei SFV-Modellen wird die Hülse mit dem Bund rechts und die glatte Hülse links eingesetzt. Schmieren Sie die Achse dünn mit Fett ein. Falls der Bremssattelträger an der Schwinge sitzt, muss er abgenommen und abseits gelagert werden – belasten Sie dabei nicht die Bremsleitung.

12 Schieben Sie bei DL-Modellen die korrekt ausgerichtete Kettenspanner-Markierung auf die Achse.

13 Bringen Sie das Rad innerhalb der Schwinge in Position. Schieben Sie den Bremssattelträger zwischen das Rad und die Schwinge (Abbildung 18.7b) und richten Sie ihn zu seiner Führung aus. Legen Sie die Kette auf das Kettenblatt (Abbildung 18.7a). Schieben Sie ggf. die Kettenspanner in die Schwinge (Abbildung 18.6b).

14 Heben Sie das Rad in Position und schieben Sie die Achse ein – bei DL-Modellen von links und bei SFV-Modellen von rechts (Abbildung 18.6a). Achten Sie darauf, dass alle Hülsen und der Bremssattelträger korrekt installiert bleiben. Richten Sie bei DL-Modellen die Kettenspanner-Markierung zur Nut in der Schwinge aus. Prüfen Sie, ob alles korrekt ausgerichtet ist. Stecken Sie die zweite Kettenspanner-Markierung auf die Achse und drehen Sie die Achsmutter zunächst locker auf (Abbildungen 18.5a oder b).

15 Installieren Sie ggf. die Bremsbeläge (siehe Sektion 6).

16 Stellen Sie den Kettendurchhang ein (siehe Kapitel 1). Ziehen Sie zum Schluss die Achsmutter mit 100 Nm an.

17 Montieren Sie bei Modellen mit ABS den Sensor und kontrollieren Sie seinen Abstand zum Sensorring (siehe Sektion 13, Schritt 23).

18 Reinigen Sie die Bremsscheibe mit Bremsenreiniger. Bringen Sie durch mehrmaliges Betätigen des Bremspedals die Bremsbeläge in Kontakt mit der Bremsscheibe und prüfen Sie vor der ersten Fahrt sorgfältig die Funktion der Bremse.

19 Radlager

Anmerkung: *Ersetzen Sie Radlager immer als Set – niemals einzeln. Der Austausch von Lagern geht einfacher, wenn die Lagersitze mit einem Heißluftgebläse erwärmt und die neuen Lager vor dem Einbau im Eisfach gekühlt werden.*

Vorderradlager

1 Bauen Sie das Rad aus (siehe Sektion 17). Stützen Sie das Rad mit der Felge auf Hölzern, um die Bremsscheiben nicht zu beschädigen.

2 Inspizieren Sie die Dichtringe und Lager – deren Innenringe müssen sich sanft drehen lassen und der Außenring muss fest in der Nabe sitzen; beachten Sie hierzu die Sektion 5 der *Werkzeug- und Werkstatt-Tipps* im Anhang.

Anmerkung: *Die Radlager dürfen nur ausgebaut werden, wenn sie erneuert werden sollen. Falls neue Lager montiert werden müssen, sollten die Bremsscheiben und ggf. der ABS-Sensorring demontiert werden (siehe Sektionen 4 und 14), damit die Teile nicht beschädigt werden.*

3 Hebeln Sie bei DL-Modellen den rechten und bei SFV-Modellen beide Dichtringe mit einem Schlitzschraubendreher heraus (siehe Abbildung) – beschädigen Sie dabei nicht die Nabe. Die Dichtringe müssen später durch Neuteile ersetzt werden.

4 Drücken Sie das linke Ende der zwischen den Lagern sitzenden Distanzhülse zur Seite, um den Innenring des linken Lagers freizulegen und von rechts einen Treibdorn anzusetzen (siehe Abbildungen). Falls sich die Distanzhülse nicht bewegen lässt oder der Treibdorn nicht richtig angesetzt werden kann, müssen die Lager mit einem Ausziehwerkzeug ausgebaut werden, dessen Spreizvorrichtung zwischen dem Lager-Innenring und dem Distanzrohr verklemmt werden kann (siehe Abbildung). Ziehen Sie entweder den Ausziehbolzen an oder treiben Sie bei fest heruntergedrücktem Rad das Lager mithilfe eines Zughammers heraus (siehe Abbildung). Nachdem das erste Lager entfernt ist, wird die zwischen den Lagern sitzende Distanzhülse entnommen.

5 Legen Sie das Rad auf die andere Seite und demontieren Sie das andere Lager auf die gleiche Weise oder treiben Sie es mit einem geeigneten Steckschlüssel von der anderen Seite aus.

18.8 Entfernen Sie die Distanzhülse.

19.3 Hebeln Sie den alten Dichtring heraus.

19.4a Drücken Sie die Distanzhülse zur Seite, um den Lagerinnenring freizulegen, ...

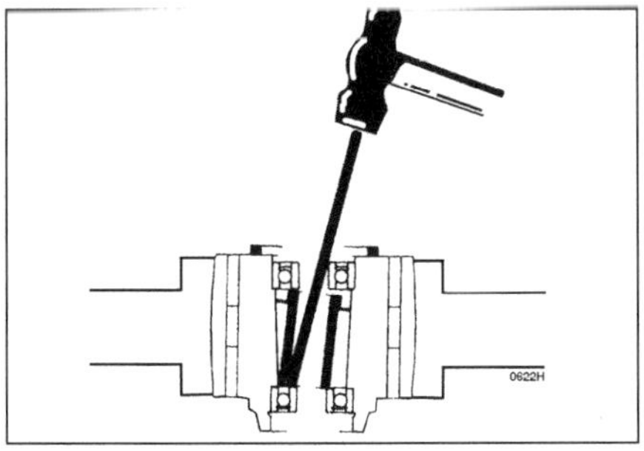

19.4b ... und treiben Sie das Lager wie gezeigt aus.

19.4c Verklemmen Sie den Abzieher unter dem Lager, ...

19.4d ... montieren Sie den Zughammer und treiben Sie das Lager heraus.

6 Reinigen Sie die Radnabe mit Lösungsmittel und begutachten Sie die Lagersitze auf Riefen und Verschleiß. Sind die Sitze beschädigt, muss das Rad von einer Suzuki-Werkstatt untersucht werden.

7 Falls die neuen Lager an einer Seite offen sind, müssen sie hier mit Fett gefüllt werden. Installieren Sie die neuen Lager mit den abgedichteten Seiten nach außen – bei DL-Modellen muss zuerst das linke Lager, bei SFV-Modellen zuerst das rechte Lager installiert werden. Benutzen Sie entweder ein altes Lager, einen Eintreiber oder eine geeignete Steckschlüssel-Nuss, die groß genug ist, nur den Außenring zu berühren, um das erste Lager senkrecht in seinen Sitz zu treiben (siehe Abbildung).

8 Drehen Sie das Rad um und stecken Sie die Distanzhülse in die Nabe. Treiben Sie das andere neue Radlager genauso in seinen Sitz, bis es an der Distanzhülse anliegt.

9 Installieren Sie den/die neuen Dichtring(e) von Hand oder mit einem Werkzeug, das nur den Außenrand berührt, bündig zur Radnabe (siehe Abbildung). Schmieren Sie die Dichtlippen mit Fett.

10 Montieren Sie ggf. die Bremsscheiben und den Sensorring (siehe Sektionen 4 und 14), reinigen Sie die Scheiben mit Aceton oder Bremsenreiniger und bauen Sie das Rad ein (siehe Sektion 17).

Hinterradlager

11 Bauen Sie das Rad aus (siehe Sektion 18). Demontieren Sie die Bremsscheibe (siehe Sektion 8), um sie zu schützen, oder stützen Sie das Rad mit der Felge auf Hölzern, um die Bremsscheibe nicht zu beschädigen.

12 Entfernen Sie den Kettenrad-Mitnehmer aus der Nabe (siehe Abbildung).

13 Inspizieren Sie die Dichtringe und Lager – die Innenringe der Kugellager müssen sich sanft drehen lassen und die Außenringe müssen fest in der Nabe sitzen; beachten Sie hierzu die Sektion 5 der *Werkzeug- und Werkstatt-Tipps* im Anhang.

Anmerkung: *Die Radlager dürfen nur ausgebaut werden, wenn sie erneuert werden sollen.*

14 Falls neue Lager montiert werden müssen, muss rechts der Dichtring mit einem Schlitzschraubendreher herausgehebelt werden (Abbildung 19.3) – beschädigen Sie dabei nicht die Nabe. Der Dichtring muss später durch ein Neuteil ersetzt werden.

15 Drücken Sie das linke Ende der zwischen den Lagern sitzenden Distanzhülse zur Seite, um den Innenring des linken Lagers freizulegen und von rechts einen Treibdorn anzusetzen (Abbildungen 19.4a und b). Falls sich die Distanzhülse nicht bewegen lässt oder der Treibdorn nicht richtig angesetzt werden kann, müssen die Lager mit einem Ausziehwerkzeug ausgebaut werden, dessen Spreizvorrichtung zwischen dem Lager-Innenring und dem Distanzrohr verklemmt werden kann (Abbildung 19.4c). Ziehen Sie entweder den Ausziehbolzen an oder treiben Sie bei fest heruntergedrücktem Rad das Lager mithilfe eines Zughammers heraus (Abbildung 19.4d). Nachdem das erste Lager entfernt ist, wird die zwischen den Lagern sitzende Distanzhülse entnommen.

19.7 Treiben Sie das neue Lager mit einem passenden Steckschlüssel ein.

19.9 Drücken Sie den Dichtring bündig ein.

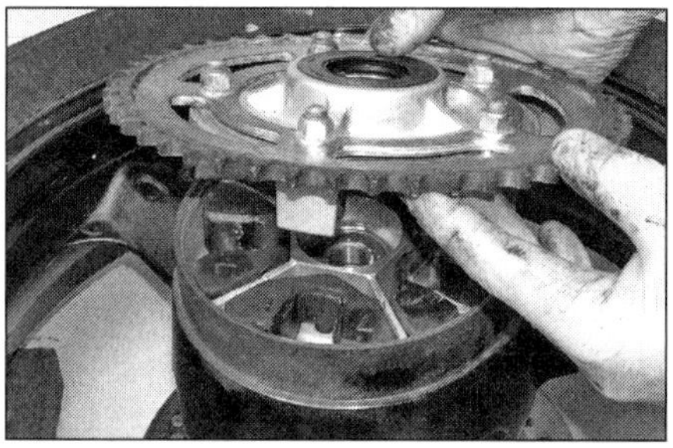

19.12 Heben Sie den Kettenradmitnehmer aus der Radnabe.

19.23 Entfernen Sie die Distanzhülse.

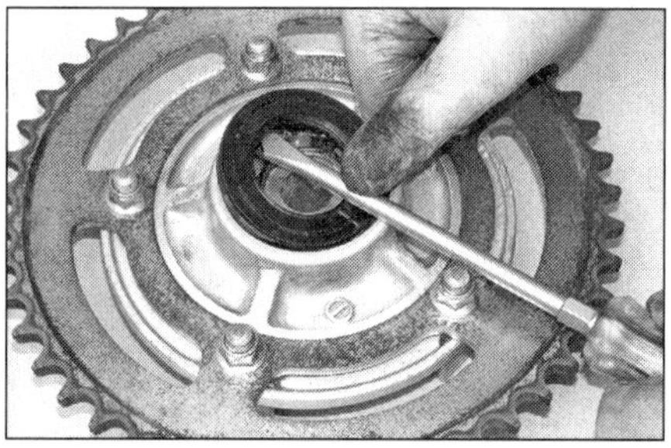

19.25 Hebeln Sie den alten Dichtring heraus.

19.26 Treiben Sie das alte Lager von innen aus.

16 Legen Sie das Rad auf die andere Seite und demontieren Sie das andere Lager auf die gleiche Weise oder treiben Sie es mit einem geeigneten Steckschlüssel von der anderen Seite aus.

17 Reinigen Sie die Radnabe mit Lösungsmittel und begutachten Sie die Lagersitze auf Riefen und Verschleiß. Sind die Sitze beschädigt, muss das Rad von einer Suzuki-Werkstatt untersucht werden.

18 Falls die neuen Lager an einer Seite offen sind, müssen sie hier mit Fett gefüllt werden. Installieren Sie die neuen Lager mit den abgedichteten Seiten nach außen – zuerst das rechte Lager. Benutzen Sie entweder ein altes Lager, einen Eintreiber oder eine geeignete Steckschlüssel-Nuss, die groß genug ist, nur den Außenring zu berühren, um das erste Lager senkrecht in seinen Sitz zu treiben (Abbildung 19.7).

19 Drehen Sie das Rad um und stecken Sie die Distanzhülse in die Nabe. Treiben Sie das andere neue Radlager genauso in seinen Sitz, bis es an der Distanzhülse anliegt.

20 Installieren Sie rechts den neuen Dichtring von Hand oder mit einem Werkzeug, das nur seinen Außenrand berührt, bündig in die Nabe (Abbildung 19.9). Schmieren Sie die Dichtlippen mit Fett.

21 Kontrollieren Sie den Mitnehmer, sein Lager und die Dämpferelemente, bevor Sie ihn ans Rad setzen (siehe Sektion 23). Montieren Sie ggf. die Bremsscheiben und den Sensorring (siehe Sektionen 8 und 14), reinigen Sie die Scheibe mit Aceton oder Bremsenreiniger und bauen Sie das Rad ein (siehe Sektion 18).

Mitnehmer-Lager

22 Bauen Sie das Hinterrad aus (siehe Sektion 18) und befreien Sie den Kettenradmitnehmer und seine Dämpferelemente aus der Radnabe (Abbildung 19.12).

19.28 Treiben Sie das neue Lager von außen ein.

23 Entfernen Sie die Distanzhülse aus dem Mitnehmer (siehe Abbildung).
24 Prüfen Sie, ob sich der Lager-Innenring sanft drehen lässt und der Außenring fest in der Nabe sitzt; beachten Sie hierzu die Sektion 5 der *Werkzeug- und Werkstatt-Tipps* im Anhang.

Anmerkung: *Das Lager darf nur ausgebaut werden, wenn es erneuert werden soll.*

25 Falls ein neues Lager montiert werden soll, muss der Dichtring herausgehebelt werden (siehe Abbildung) – beschädigen Sie dabei nicht die Nabe. Der Dichtring muss später durch ein Neuteil ersetzt werden.
26 Legen Sie den Mitnehmer mit dem Kettenblatt nach unten auf Hölzer und treiben Sie das

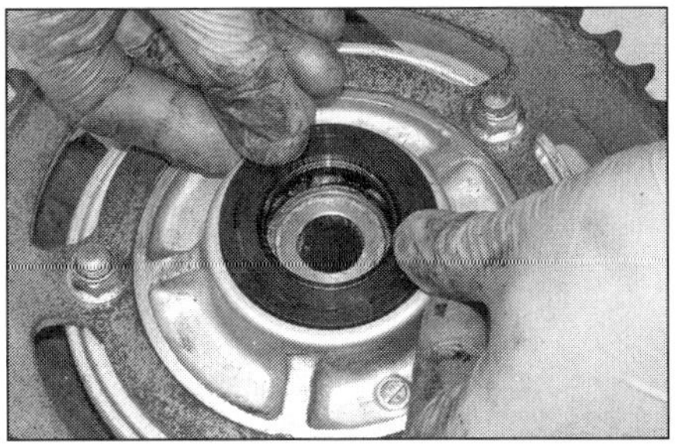

19.30 Drücken Sie den Dichtring bündig ein.

Lager von innen mit einem passenden Steckschlüssel aus (siehe Abbildung).
27 Reinigen Sie den Mitnehmer mit Lösungsmittel und begutachten Sie den Lagersitz auf Riefen und Verschleiß. Falls der Sitze beschädigt ist, muss der Mitnehmer ersetzt werden.
28 Falls das neue Lager an einer Seite offen ist, muss es hier mit Fett gefüllt werden. Installieren Sie das neue Lager mit der abgedichteten Seite nach außen und treiben Sie es mithilfe eines Werkzeugs, das nur seinen Außenring berührt, senkrecht in den Mitnehmer (siehe Abbildung).
29 Installieren Sie die Distanzhülse (Abbildung 19.23).
30 Installieren Sie den neuen Dichtring von Hand oder mit einem Werkzeug, das nur seinen Außenrand berührt, bündig in den Mitnehmer (siehe Abbildung). Schmieren Sie die Dichtlippen mit Fett.
31 Kontrollieren Sie den Mitnehmer und die Ruckdämpfergummis (siehe Sektion 23). Installieren Sie den Mitnehmer (Abbildung 19.12) und bauen Sie das Rad ein (siehe Sektion 18).

20 Reifen

Allgemeine Informationen

1 Auf die an allen Modellen verwendeten Räder müssen schlauchlose Reifen gezogen werden. Die Reifengrößen finden sich in den technischen Daten dieses Kapitels sowie auf einem Aufkleber am Kettenschutz, im Fahrerhandbuch und in den Fahrzeugpapieren.
2 Wechseln Sie zu den *Täglichen Kontrollen* am Anfang dieses Handbuches, um Räder und Reifen zu warten.

Montage neuer Reifen

3 Die Auswahl neuer Reifen wird von den Eintragungen in den Fahrzeugpapieren bestimmt. Achten Sie darauf, dass Vorder- und Hinterreifen zusammenpassen, die Größe und Geschwindigkeitsangabe stimmen. Lassen Sie sich von einem Suzuki- oder Reifenhändler beraten (siehe Abbildung).

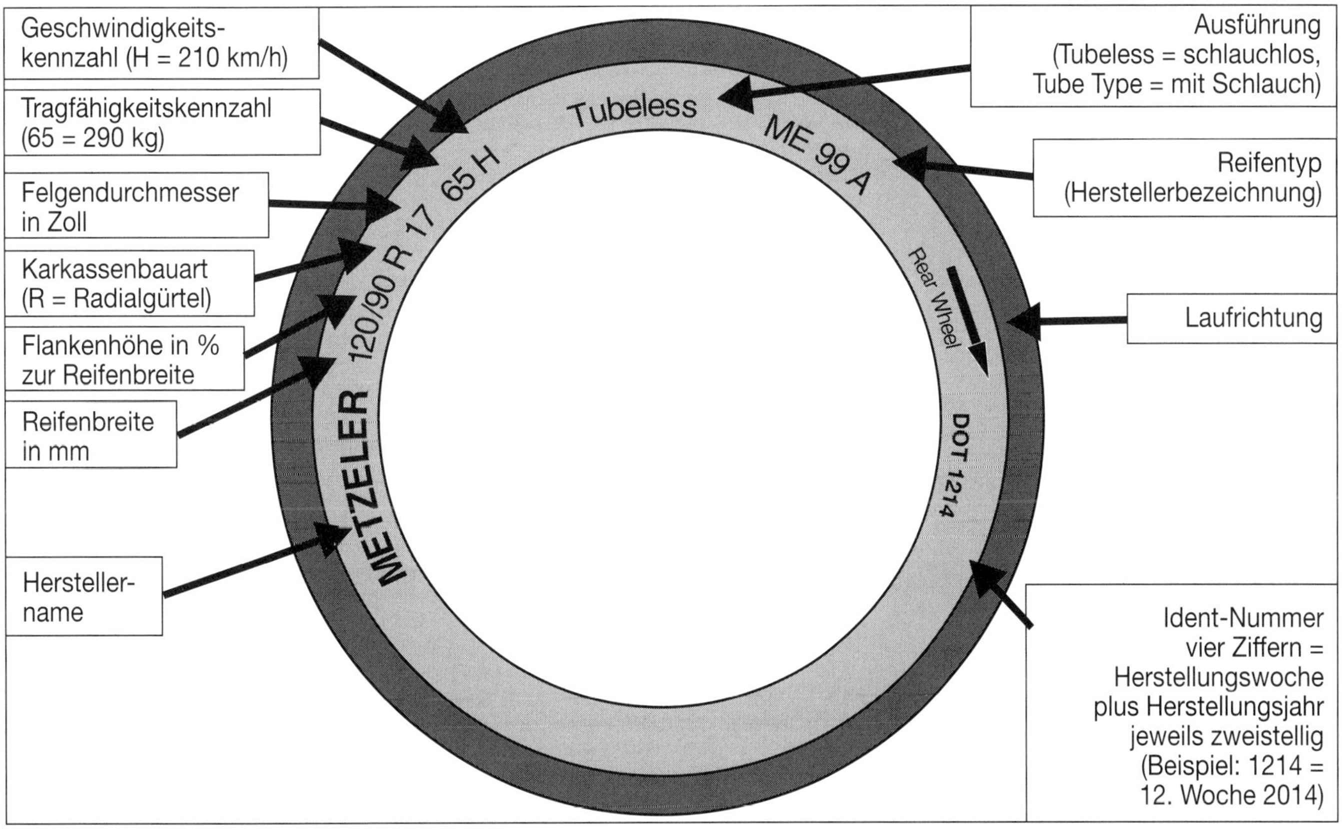

20.3 Übliche Reifen-Markierungen

21.1 Das Nietschloss kann anhand der unterschiedlichen Bolzen-Enden identifiziert werden.

22.1 Schrauben der Motorritzel-Abdeckung

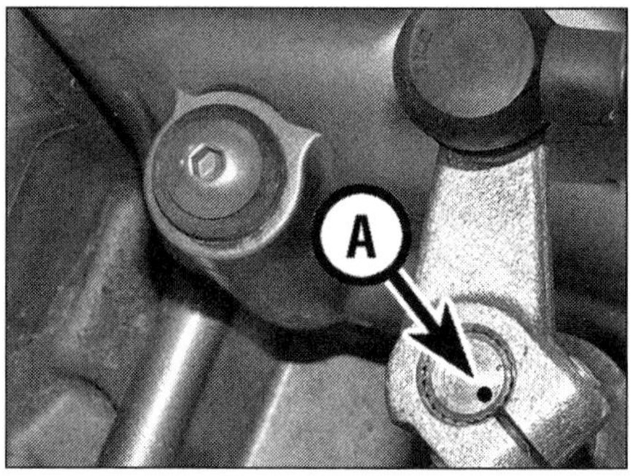

22.2 Die Markierung (A) muss zur Klemmöffnung des Schaltwellenhebels ausgerichtet sein; Klemmschraube (B)

4 Es empfiehlt sich, Reifen bei einem Spezialisten wechseln zu lassen. Der Heimwerker ist mit seinen Montiereisen oft überfordert und beschädigt eventuell die Dichtflächen an Reifen und Felgen. Eine Werkstatt ist zusätzlich in der Lage, neue Reifen auszuwuchten.

5 Beachten Sie, dass beschädigte Schlauchlos-Reifen in manchen Fällen repariert werden können. Von außen vorgenommene Reparaturen mit einem Pannenset sind nur eine Übergangslösung, um zum nächsten Reifenhändler zu kommen – das Fahren mit hohen Geschwindigkeiten und/oder hoher Beladung sollte unterbleiben. Von innen vorgenommene Reparaturen sollten nur von einem Fachbetrieb ausgeführt werden. Ein Rad mit einem reparierten Reifen muss vor dem Einbau ausgewuchtet werden. Berücksichtigen Sie bei reparierten Reifen Ratschläge zur Höchstgeschwindigkeit und zur Beladung.

21 Antriebskette

Anmerkung: *Die an diesen Modellen verwendeten Originalketten sind Nietschlossketten, die entweder mit einem Suzuki-Werkzeug (Teile-Nr. 09922-22711) oder einem im Zubehör erhältlichen Kettentrenn- und Nietwerkzeug geöffnet werden können. Nietschlossketten sind an den sich unterscheidenden Schloss-Gliedern zu erkennen, die nicht nur markiert sind, sondern oftmals auch eine andere Farbe aufweisen, außerdem sind ihre Nieten tief gekörnt statt abgeflacht.*

Ausbau

1 Stützen Sie das Motorrad möglichst so ab, dass das Hinterrad nicht den Boden berührt. Bringen Sie das Nietschloss durch Drehen des Hinterrades in eine geeignete Position – die Mitte des unteren Kettentrums ist ideal (siehe Abbildung). Vergrößern Sie den Kettendurchhang (siehe Kapitel 1, Sektion 1).

2 Entfernen Sie den Kettenschutz (siehe Kapitel 5, Sektion 13).

3 Entfernen Sie die Motorritzel-Abdeckung(en) (siehe Sektion 22).

4 Trennen Sie das Kettenschloss mit dem Spezialwerkzeug – beachten Sie hierzu die Hinweise des Werkzeugherstellers sowie die Informationen in Sektion 8 der *Werkzeug- und Werkstatt-Tipps* im Anhang. Nehmen Sie die Kette unter Beachtung ihrer Verlegung um die Schwinge aus dem Motorrad.

Kontrolle und Reinigung

5 Das Reinigen der eingebauten Kette ist in Kapitel 1, Sektion 1 beschrieben. Bei der Kontrolle der Kette müssen auch die Kettenräder überprüft werden (siehe Sektion 22). Die Kette und die Kettenräder sollten immer als Set ausgetauscht werden – verschlissene Kettenräder können eine neue Kette schnell ruinieren und umgekehrt.

6 Ist die Kette stark verschmutzt, wird sie ausgebaut und für fünf bis sechs Minuten in Petroleum oder Heizöl (Diesel) getaucht, um dann mit einer weichen Bürste gereinigt zu werden.

Achtung: Zum Reinigen der Kette darf kein Benzin oder anderes Lösungsmittel verwendet werden, da hierdurch die O-Ringe beschädigt werden können; ebenfalls darf kein Hochdruckreiniger (Dampfstrahler) benutzt werden. Holen Sie die Kette aus dem Bad, wischen Sie sie ab und trocknen Sie sie unverzüglich mit Druckluft – sollte die Prozedur länger als zehn Minuten dauern, können die O-Ringe Schaden nehmen.

Einbau

Warnung: Benutzen Sie NIEMALS eine Kette mit einem Federclip-Schloss! Verwenden Sie immer das korrekte Werkzeug, um das Nietschloss zu sichern. Wenn Sie ein solches Werkzeug nicht besitzen oder Zweifel an Ihren Fähigkeiten haben, sollten Sie die Arbeit von einer Fachwerkstatt erledigen lassen. Eine durch ein fehlerhaft montiertes Schloss während der Fahrt abreißende Kette kann nicht nur große Schäden am Motorrad anrichten, sondern auch zu schwersten Verletzungen und/oder durch ein blockierendes Hinterrad zu einem Sturz führen!

Anmerkung: *Die in den Schritten 8 und 9 angegebenen Maße gelten nur für die ab Werk montierten Ketten der Hersteller DID oder RK.*

7 Führen Sie die Kette um die Schwinge und um beide Kettenräder und halten Sie die Enden in der Mitte des unteren Trums zusammen.

8 Vernieten Sie die Bolzen mit dem korrekten Werkzeug entsprechend der Anleitungen des Ketten- und des Werkzeugherstellers. Das Vernieten von Ketten ist in Sektion 8 der *Werkzeug- und Werkstatt-Tipps* im Anhang beschrieben. Verwenden Sie NIEMALS die alten Kettenschloss-Teile weiter! Rüsten Sie beide Bolzen des Schlosses mit einem O-Ring aus, schieben Sie das Schloss von innen durch beide Ketten-Enden, legen Sie die anderen beiden O-Ringe auf und stecken Sie die Schloss-Lasche mit der Beschriftung nach außen darüber. Drücken Sie die Lasche mit dem Werkzeug so weit auf, bis der außen gemessene Abstand zwischen beiden Laschen den Vorgaben in den technischen Daten entspricht.

9 Kontrollieren Sie die Vernietung. Bei gerissenen Bolzen-Köpfen müssen alle Teile des Kettenschlosses erneuert werden. Messen Sie den Durchmesser der vernieteten Köpfe in zwei Richtungen und prüfen Sie, ob die Köpfe eine gleichmäßige Breite und einen Durchmesser von 5,45 bis 5,85 mm (RK-Ketten) bzw. 5,5 bis 5,8 mm (DID-Ketten) haben. Prüfen Sie, ob sich die Kette im Bereich des Schlosses frei drehen lässt.

10 Montieren Sie die Ritzelabdeckung(en) (siehe Sektion 22).

11 Montieren Sie den Kettenschutz.

12 Zum Schluss wird der Kettendurchhang eingestellt und die Kette geschmiert (siehe Kapitel 1).

22 Kettenräder

Motorritzel-Abdeckung(en)

1 – DL-Modelle bis 2011: Lösen Sie die Schrauben und entfernen Sie die Abdeckung (siehe Abbildung).

2 – SFV-Modelle: Markieren Sie die Ausrichtung der aus dem Getriebe kommenden Schaltwelle zur Klemmöffnung des Schaltgestänges, lösen Sie die Klemmschraube und ziehen Sie das Schaltgestänge von der Welle (siehe Abbildung).

3 – DL ab 2012, alle SFV: Lösen Sie die Schrauben der äußeren Abdeckung und entfernen diese (siehe Abbildung). Befreien Sie den Geschwindigkeitssensor (siehe Abbildung). Lösen Sie die Schrauben der inneren Abdeckung und entfernen diese (siehe Abbildung).

4 Der Einbau entspricht der umgekehrten Ausbaureihenfolge. Richten Sie bei SFV-Modellen die Klemmöffnung des Schaltgestängehebels zur Markierung der Schaltwelle aus (Abbildung 22.2), bevor die Klemmschraube angezogen wird.

Kettenräder

Kontrolle

5 Begutachten Sie den Verschleiß auf beiden Kettenrädern (Kapitel 1, Sektion 1). Wenn die Zähne stark verschlissen sind, müssen beide Räder und die Kette als Satz ausgetauscht werden. Würde man eine neue Kette auf verschlissene Kettenräder ziehen (oder eine verschlissene Kette auf neue Kettenräder), hätte dies einen raschen Verschleiß der Neuteile zur Folge.

6 Stellen Sie den Durchhang der Kette ein und schmieren Sie sie (siehe Kapitel 1).

Kettenräder

Ersetzen

Motorritzel

7 Entfernen Sie den/die Ritzeldeckel (siehe Schritte 1 bis 3).

8 Lösen Sie bei DL-Modellen bis 2011 die zwei Schrauben des Kupplungsausrückmechanismus und befreien Sie diesen (siehe Abbildung) – der Kupplungszug muss nicht getrennt werden.

9 Betätigen Sie bei DL-Modellen ab 2012 und allen SFV-Modellen die Fußbremse und lösen Sie die Schraube des Geschwindigkeitssensor-Rotors, um diesen zu entfernen (siehe Abbildung).

10 Biegen Sie die Lasche(n) des Sicherungsblechs zurück, um die Ritzelmutter zu befreien.

11 Lassen Sie einen Assistenten die Fußbremse betätigen, um die Kette zu blockieren. Lösen Sie die Ritzelmutter und entnehmen Sie sie samt Sicherungsblech und bei SFV-Modellen der Scheibe (siehe Abbildung). Das Sicherungsblech muss beim Einbau erneuert werden (siehe Abbildung).

22.3a Schrauben der äußeren Motorritzel-Abdeckung

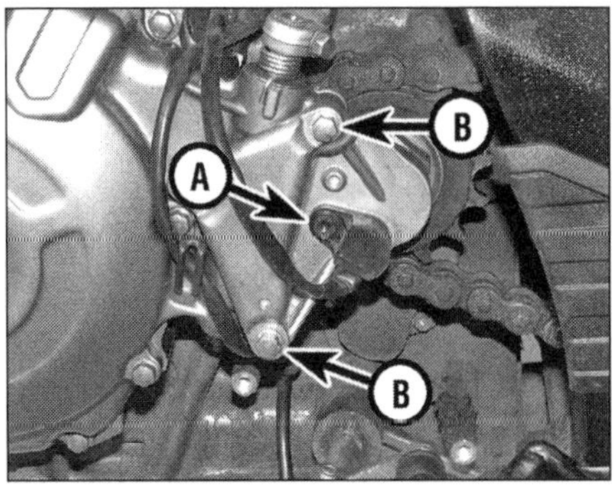

22.3b Schraube des Geschwindigkeitssensors (A), Schrauben der inneren Motorritzel-Abdeckung (B)

22.3c Passhülsen der inneren Motorritzel-Abdeckung

22.8 Ausrückmechanismus-Schrauben

22.9 Schraube des Geschwindigkeitssensor-Rotors

22.10 Biegen Sie die Laschen des Sicherungsblechs zurück, . . .

22.11a . . . lösen Sie die Ritzelmutter . . .

22.11b . . . und entnehmen Sie die Scheibe(n).

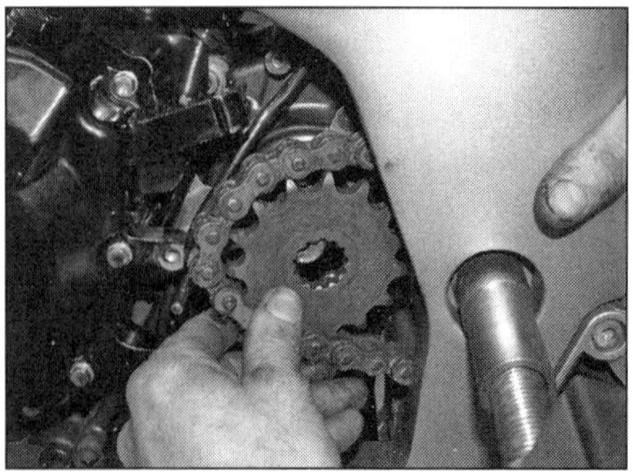

22.13 Ziehen Sie das Ritzel von der Getriebewelle.

22.17 Biegen Sie die Laschen des Sicherungsblechs gegen die Mutter.

22.22 Kettenblattmuttern

23.1 Prüfen Sie, ob zwischen dem Mitnehmer und der Radnabe Spiel besteht.

23.3 Kontrollieren Sie die Ruckdämpfergummis.

12 Maximieren Sie den Kettendurchhang (siehe Kapitel 1, Sektion 1). Wenn auch das hintere Kettenblatt ersetzt werden soll, sollte jetzt das Hinterrad ausgebaut werden (siehe Sektion 18), um vorne das Abheben der Kette zu erleichtern. Andernfalls muss die Kette nötigenfalls vom Kettenblatt gehoben werden, um den Durchhang zu vergrößern.
13 Ziehen sie das Ritzel zusammen mit der Kette von der Ausgangswelle und befreien Sie es aus der Kette (siehe Abbildung). Befreien Sie den Bereich hinter dem Ritzel von altem Fett und Schmutz.
14 Reinigen Sie das Gewinde der Getriebe-Ausgangswelle.
15 Legen Sie das neue Ritzel (mit der Markierung nach außen) in die Kette und schieben Sie es auf die Getriebewelle (Abbildung 22.13).
16 Falls das hintere Kettenblatt ebenfalls ersetzt werden soll, muss der Austausch jetzt geschehen (siehe unten) und das Hinterrad montiert werden (siehe Sektion 18). Legen Sie ggf. die Kette auf das Kettenblatt und verringern Sie den Kettendurchhang.
17 Legen Sie bei SFV-Modellen die innere Scheibe auf die Ausgangswelle. Legen Sie bei allen Modellen ein neues Sicherungsblech auf (Abbildung 22.11b). Versehen Sie das Gewinde der Getriebewelle mit mittelfester Sicherungspaste. Drehen Sie die Mutter auf, hindern Sie das Ritzel mithilfe der Fußbremse am Mitdrehen und ziehen Sie die Mutter mit 145 Nm an (siehe Abbildung).
18 Montieren Sie bei DL-Modellen ab 2012 und allen SFV-Modellen den Geschwindigkeitssensor-Rotor, halten Sie die Fußbremse gedrückt und ziehen Sie seine Schraube mit 28 Nm (DL) bzw. 25 Nm (SFV) an.
19 Montieren Sie bei DL-Modellen bis 2011 den Kupplungsausrückmechanismus (Abbildung 22.8). Kontrollieren Sie das Spiel des Kupplungszuges und stellen Sie es nötigenfalls ein (siehe Kapitel 1).
20 Montieren Sie die Ritzel-Abdeckung(en) (siehe oben). Stellen Sie den Durchhang der Kette ein und schmieren Sie sie (siehe Kapitel 1).

Kettenblatt

21 Bauen Sie das Hinterrad aus (siehe Sektion 18). Legen Sie es mit dem Kettenblatt nach oben auf Holzblöcke – legen Sie es nicht auf die Bremsscheibe, da diese verziehen kann!
22 Lösen Sie die Kettenblattmuttern (siehe Abbildung) und heben Sie das Kettenblatt unter Beachtung seiner Einbaulage ab.
23 Legen Sie das Kettenblatt (mit der Markierung nach außen) auf den Träger. Kontrollieren Sie bei SFV-Modellen, ob die Kettenblatt-Bolzen fest sitzen – falls sich einer drehen lässt, muss der Kettenrad-Mitnehmer aus der Radnabe befreit werden, um den Bolzenkopf an seiner Rückseite korrekt in seinen Sitz zu positionieren. Installieren Sie die Muttern und ziehen Sie sie schrittweise und über Kreuz bis zum vorgeschriebenen Drehmoment von 60 Nm an.
24 Bauen Sie das Hinterrad ein (siehe Sektion 18).

23 Kettenblattträger und Ruckdämpfer

1 Bauen Sie das Hinterrad aus (siehe Sektion 18). Prüfen Sie, ob zwischen dem Träger und dem Hinterrad Spiel herrscht (siehe Abbildung) – dies weist auf verschlissene Gummisegmente hin.

Achtung: Legen Sie das Rad nicht auf die Bremsscheibe, da sie verziehen kann; legen Sie es so auf Holzblöcke, dass die Felge (oder der Reifen) das Gewicht trägt.

2 Heben Sie den Kettenblattträger aus der Radnabe – die Gummisegmente sollten in der Radnabe verbleiben (Abbildung 19.12). Beachten Sie das Distanzstück im Träger – es muss fest im Lager stecken. Begutachten Sie den Träger auf Risse und Beschädigungen.
3 Nehmen Sie die Gummidämpfer-Segmente aus der Nabe und kontrollieren Sie sie auf Risse, Verhärtungen und Verformungen (siehe Abbildung). Ersetzen Sie die Gummidämpfer nötigenfalls immer als Satz.
4 Schmieren Sie die Kontaktflächen der Radnabe und des Mitnehmers mit Fett.
5 Die Kontrolle und das Ersetzen des Kettenblattträger-Lagers ist in Sektion 19 beschrieben.
6 Der Einbau entspricht der umgekehrten Ausbaureihenfolge. Achten Sie auf den korrekten Sitz der Distanzhülse (Abbildung 19.23) und richten Sie den Träger korrekt zu den Dämpfergummis aus, bevor Sie ihn vollständig in die Radnabe drücken.
7 Bauen Sie das Hinterrad ein (siehe Sektion 18).

Kapitel 7
Anbauteile

Inhalt (in alphabetischer Reihenfolge, die Zahlen geben die Nummerierung in den grauen Feldern wieder)

Schwierigkeitsgrade

Leicht. Für Anfänger mit wenig Erfahrung geeignet.	**Relativ leicht.** Für Anfänger mit etwas Erfahrung geeignet.	**Relativ schwierig.** Für geübte Selbstschrauber geeignet.	**Schwer.** Für Selbstschrauber mit viel Erfahrung geeignet.	**Sehr schwer.** Für Experten und Profis geeignet.

1 Allgemeine Informationen

In diesem Kapitel sind die nötigen Arbeitsschritte beschrieben, die zum Entfernen und Montieren der Anbau- und Verkleidungsteile am Motorrad nötig sind. Da bei vielen Wartungsarbeiten und Reparaturen Anbauteile entfernt werden müssen, sind die Arbeitsschritte hier zusammengefasst und werden in anderen Kapiteln erwähnt.

Im Falle einer Beschädigung der Teile ist es normalerweise üblich, diese Komponenten durch Neu- oder Gebrauchtteile zu ersetzen. Das Material, aus dem die Verkleidungsteile sind, lässt sich mit konventioneller Technik nicht reparieren. Es gibt jedoch einige Spezialisten, die Kunststoff wieder »schweißen« können. Es lohnt sich, hier Angebote einzuholen, bevor teure Neuteile verbaut werden.

Wenn die Demontage eines Verkleidungsteils ansteht, sollte es zunächst genau studiert und alle Befestigungen und Anschlüsse beachtet werden, um beim Einbau alles wieder korrekt an seinen Platz zu bekommen. In Sektion 2 finden sich genaue Informationen über die an diesen Motorrädern verwendeten Verkleidungs-Stifte sowie ihren Aus- und Einbau. In einigen Fällen kann es nötig sein, einen Assistenten zur Hilfe zu haben, um bei der Demontage Lackschäden zu vermeiden. Wenn alle sichtbaren Befestigungen entfernt worden sind, muss versucht werden, das Teil wie beschrieben abzuziehen – **aber nicht mit Gewalt.** Wenn es sich nicht entfernen lässt, muss vor einem erneuten Versuch überprüft werden, ob alle Befestigungen gelöst sind.

Beim Anbau von Verkleidungsteilen muss zuvor genau studiert werden, ob alle Befestigungen und angeschlossenen Teile wieder an ihren korrekten Platz gelangen. Achten Sie darauf, dass alle Befestigungen, wie auch alle Klemmen und Blindsteckmuttern in gutem Zustand sind. Alle verschlissenen oder beschädigten Teile müssen ersetzt werden, bevor die Komponente installiert wird. Prüfen Sie auch, ob alle Halterungen gerade sind und reparieren oder ersetzen Sie, bevor versucht wird, das Anbauteil zu montieren.

Ziehen Sie alle Befestigungen sorgfältig an, aber seien Sie vorsichtig, nichts zu überdrehen, da – nicht immer sofort – Belastungsbrüche oder Risse auftreten können.

2 Verkleidung-Stifte

1 Es kommen drei verschiedene Befestigungsstifte zum Einsatz – merken Sie sich die Positionen aller Stifte, um sie später nicht zu vertauschen.

2 Der erste und am häufigsten verbreitete Typ hat einen Mittelstift, der in das Stiftgehäuse gedrückt werden muss, um dieses aus der Verkleidung ziehen zu können (siehe Abbildungen). Um den Stift einbauen zu können, muss zunächst die Spitze des Stiftgehäuses auseinandergebogen und der Mittelstift nach hinten herausgedrückt werden (siehe Abbildung). Jetzt wird das Stiftgehäuse in seine Bohrung gesteckt und der Mittelstift so weit eingedrückt, bis sein Kopf bündig zum Gehäuse liegt – jetzt ist der Stift arretiert.

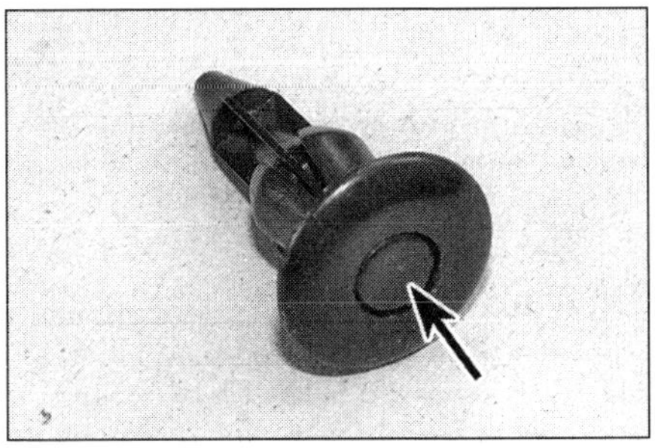

2.2a Drücken Sie den Mittelstift ...

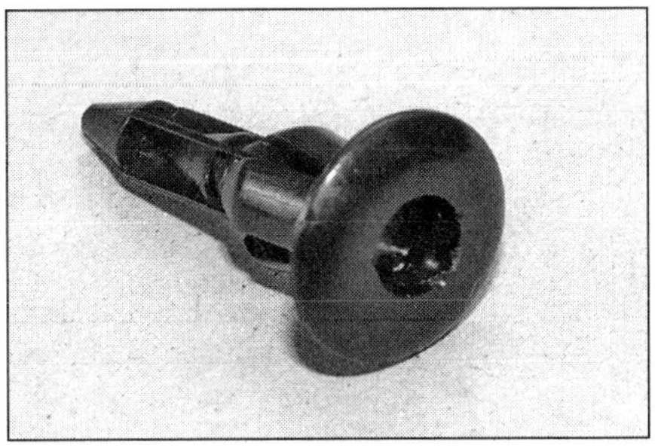

2.2b ... in das Gehäuse, um den Verkleidungsstift zu befreien.

2.2c Drücken Sie den Mittelstift vor dem Einbau heraus – und nach dem Einbau wieder ein.

2.3 Ziehen Sie den Mittelstift (Pfeil) heraus, um den Verkleidungsstift zu befreien, drücken Sie ihn ein, um ihn zu arretieren.

2.4a Lösen Sie die Kreuzschlitzschraube und ziehen Sie den Verkleidungsstift heraus.

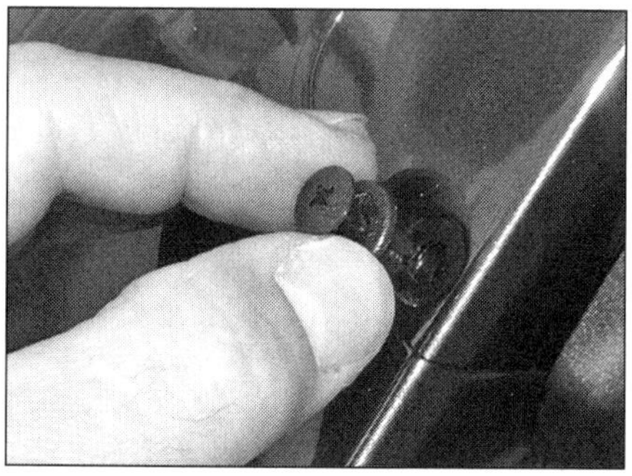

2.4b Setzen Sie den Verkleidungsstift ein und drücken Sie den Mittelstift hinein, um ihn zu arretieren.

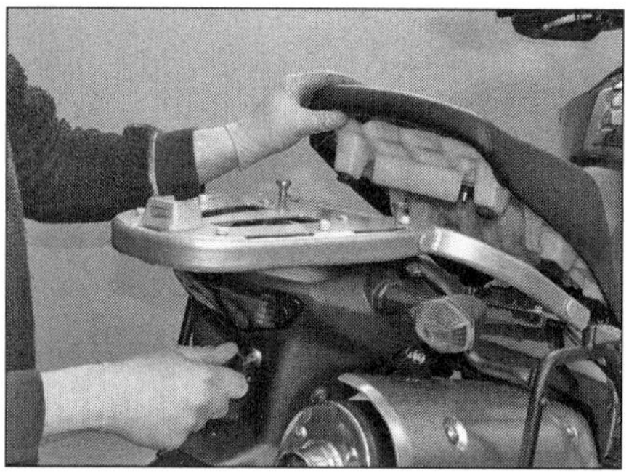

3.1 Entriegeln Sie die Sitzbank und heben Sie ihn hinten an.

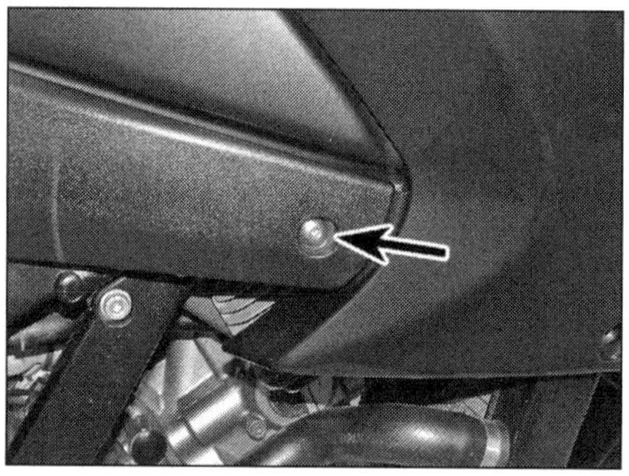

3.4a Lösen Sie die vordere Schraube . . .

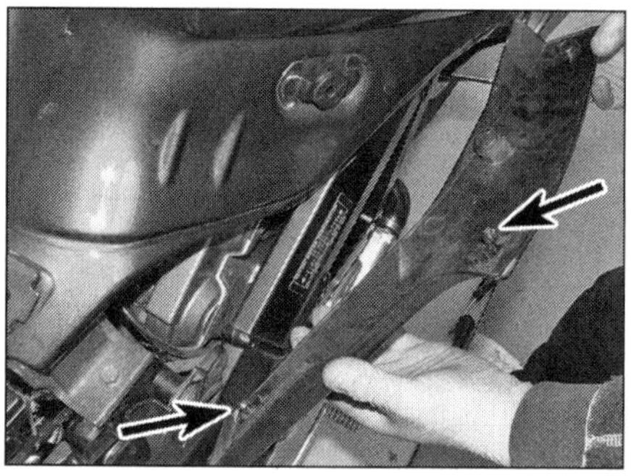

3.4b . . . und befreien Sie die Stifte aus den Gummiösen.

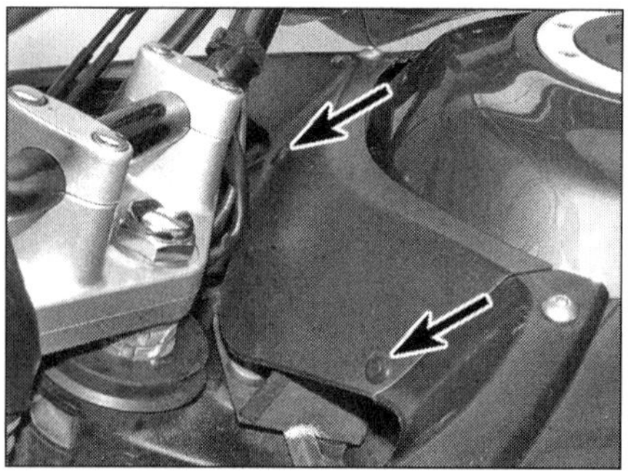

3.5a Befreien Sie die Verkleidungsstifte . . .

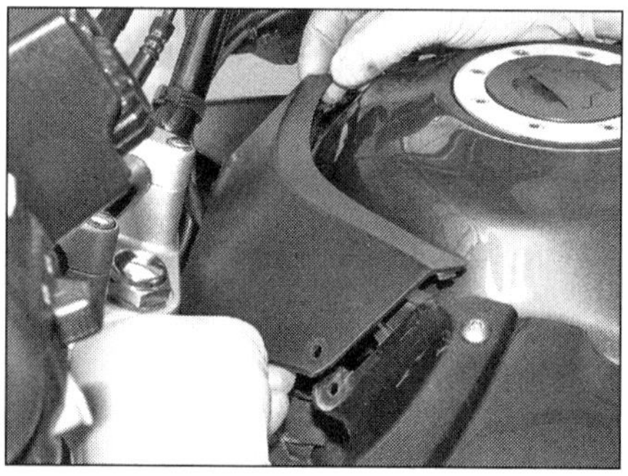

3.5b . . . und lösen Sie die Laschen, um die obere Tankabdeckung zu entfernen.

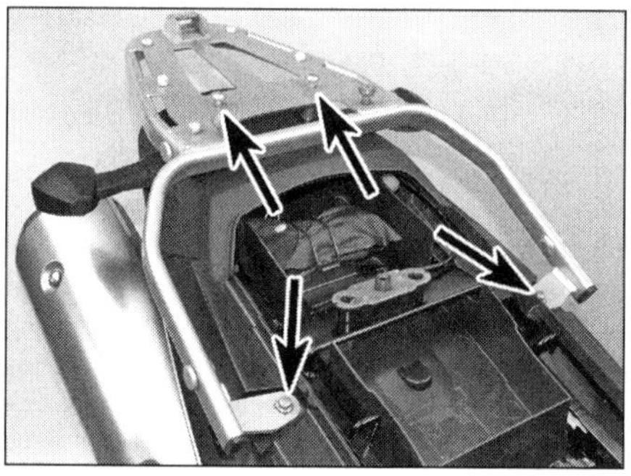

3.8 Schrauben der Beifahrergriff/Gepäckträger-Baugruppe

3 Der zweite Typ hat einen vorstehenden Mittelstift, der herausgezogen werden muss, um den gesamten Stift zu entriegeln und aus seinem Sitz ziehen zu können (siehe Abbildung). Beim Einbau wird der Verkleidungsstift in seine Bohrung gesetzt und der Mittelstift eingedrückt – jetzt ist der Stift arretiert.

4 Der dritte Typ hat einen Kreuzschlitz-Kopf, der mit einem Phillips-Schraubendreher herausgedreht werden muss, bevor das Stiftgehäuse aus der Verkleidung gezogen werden kann (siehe Abbildung). Zum Einbau muss das Gehäuse mit herausgedrehtem Kreuzschlitzkopf in seine Bohrung gesteckt und der Kopf eingedrückt werden (siehe Abbildung). Da die Stifte aus Kunststoff bestehen, verschleißen ihre Gewinde schnell und der Kreuzschlitz-Kopf lässt sich nicht mehr lösen – in diesem Fall muss der Kreuzschlitzkopf mit einem kleinen Schlitzschraubendreher aus dem Gehäuse gehebelt und der gesamte Verkleidungsstift durch ein Neuteil ersetzt werden.

3 Anbauteile
DL-Modelle bis 2011

Sitzbank

1 Öffnen Sie mit dem Zündschlüssel das Sitzbankschloss nach rechts, heben Sie die Sitzbank hinten an und ziehen Sie sie nach hinten ab – beachten Sie, wie die vorderen Laschen sitzen (siehe Abbildung).

2 Der Einbau entspricht der umgekehrten Ausbaureihenfolge. Wenn die Sitzbank korrekt positioniert ist, wird sie hinten heruntergedrückt, damit die Arretierung einrastet.

Tankverkleidung

3 Entfernen Sie die Sitzbank.

4 Zum Entfernen der Seitenteile muss die vordere Schraube entfernt und die hintere Ecke vorsichtig abgezogen werden, damit die Stifte oben und unten aus den Gummiösen befreit werden (siehe Abbildungen).

3.12a Verkleidungsstifte des linken Seitendeckels

3.12b Verkleidungsstift des rechten Seitendeckels

3.12c Lösen Sie bei beiden Seitendeckeln die Schraube . . .

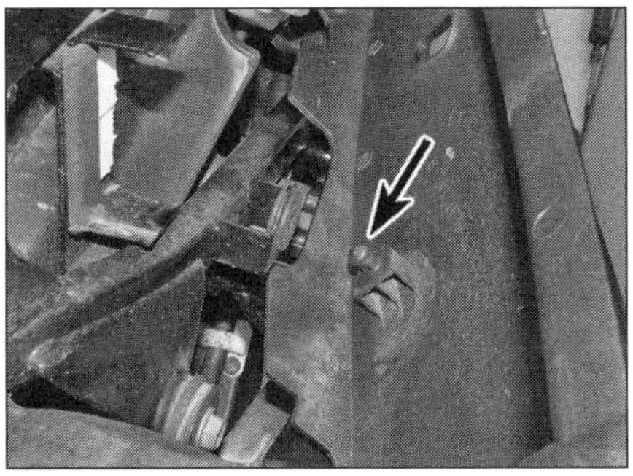

3.12d . . . und befreien Sie den Stift aus der Gummiöse . . .

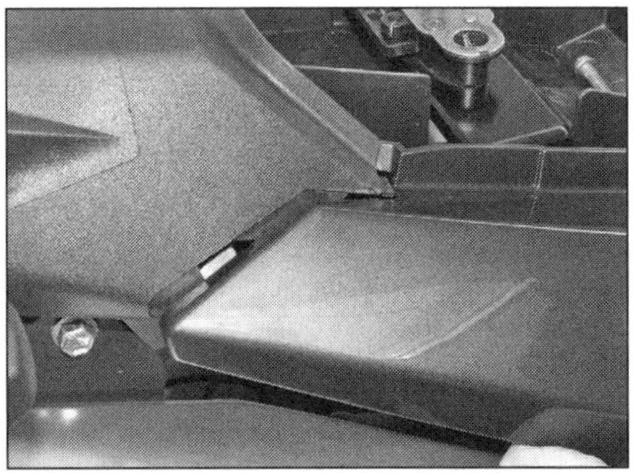

3.12e . . . sowie die hinteren Laschen.

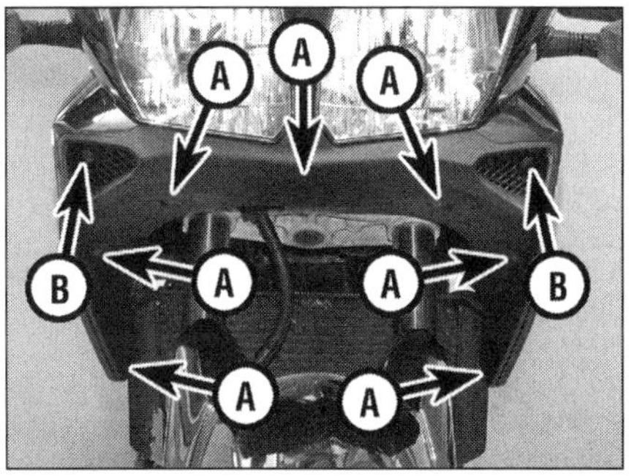

3.14a Befreien Sie die Verkleidungsstifte (A), lösen Sie die Schrauben (B) . . .

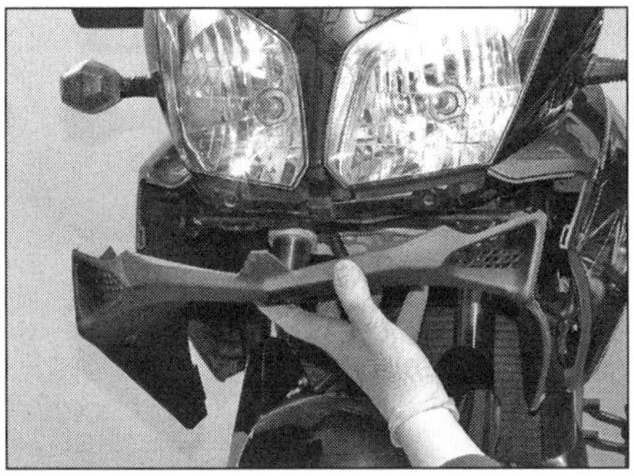

3.14b . . . und entfernen Sie die Innenverkleidung.

3.15a Lösen Sie die Schrauben . . .

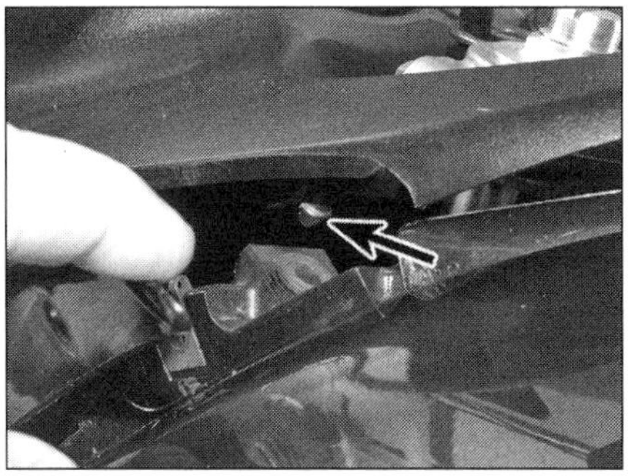

3.15b . . . und heben Sie die Cockpitverkleidung an, um den Stift zu befreien.

5 Zum Entfernen der oberen Abdeckung müssen die zwei Verkleidungsstifte gelöst werden (siehe Abbildungen).
6 Der Einbau entspricht der umgekehrten Ausbaureihenfolge. Die Gummiösen dürfen nicht spröde oder verhärtet sein und sollten mit Öl oder Fett geschmiert werden.

Beifahrergriffe/ Gepäckträger

7 Entfernen Sie die Sitzbank.
8 Lösen Sie die vier Schrauben und heben Sie Baugruppe ab (siehe Abbildung).
9 Entfernen Sie nötigenfalls die Gepäckträgerplatte, indem Sie sie an allen Ecken vorsichtig hochhebeln, bis die Stifte befreit sind.
10 Der Einbau entspricht der umgekehrten Ausbaureihenfolge.

Seitendeckel

11 Entfernen Sie die Sitzbank und die Beifahrergriffe/Gepäckträger-Baugruppe.
12 Lösen Sie an der Unterseite den/die Verkleidungsstift(e) und oben die Schraube (siehe Abbildungen). Ziehen Sie den Deckel vorsichtig ab, um den Stift aus der Gummiöse und hinten die Laschen zu befreien (siehe Abbildungen).
13 Der Einbau entspricht der umgekehrten Ausbaureihenfolge. Die Gummiösen dürfen nicht spröde oder verhärtet sein und sollten mit Öl oder Fett geschmiert werden.

Verkleidungsseitenteile

14 Lösen Sie die sieben Verkleidungsstifte und die zwei Schrauben, mit denen die Innenverkleidung gesichert ist, und befreien Sie sie zwischen den Seitenteilen heraus (siehe Abbildungen).
15 Lösen Sie die Schrauben (merken sich ihre Positionen) und heben die Cockpitverkleidung an der Seite an, um ihren Stift aus der Gummiöse im Verkleidungsseitenteil zu ziehen und dies entfernen zu können (siehe Abbildungen). 7
16 Der Einbau entspricht der umgekehrten Ausbaureihenfolge.

Cockpitverkleidung

17 Entfernen Sie die obere Tankabdeckung (Schritt 5).

18 Lösen Sie die zwei Schrauben und befreien Sie dann die zwei Verkleidungsstifte (siehe Abbildungen). Ziehen Sie die Verkleidung vorsichtig zurück, um die Stifte aus den Gummiösen zu befreien (siehe Abbildung). Trennen Sie den Instrumentenstecker und entnehmen Sie die Verkleidung (siehe Abbildung); befreien Sie nötigenfalls die Instrumente aus der Verkleidung (siehe Kapitel 8).
19 Der Einbau entspricht der umgekehrten Ausbaureihenfolge. Die Gummiösen dürfen nicht spröde oder verhärtet sein und sollten mit Öl oder Fett geschmiert werden.

Windschutzscheibe und Träger

20 Lösen Sie die Schrauben der Abdeckungen und entfernen Sie diese.
21 Lösen Sie die Schrauben, beachten Sie die Scheiben und entnehmen Sie die Windschutzscheibe (siehe Abbildung).
22 Lösen Sie nötigenfalls die vier Schrauben, merken Sie sich ihre Positionen und entfernen Sie den Windschutzscheibenträger (siehe Abbildung).
23 Der Einbau entspricht der umgekehrten Ausbaureihenfolge. Der Windschutzscheibenträger kann durch die Auswahl der Schraubenlöcher in zwei Positionen (hoch oder niedrig) montiert werden (siehe Abbildung).

Verkleidung

24 Entfernen Sie die Verkleidungsseitenteile.
25 Entfernen Sie die Cockpitverkleidung.
26 Entfernen Sie die Windschutzscheibe samt Träger.
27 Trennen Sie die vorderen Blinkerstecker (siehe Abbildung).
28 Lösen Sie die Schrauben und ziehen Sie die Verkleidung vorsichtig nach vorne, um die Stifte aus den Gummiösen zu befreien (siehe Abbildungen).
29 Demontieren Sie nötigenfalls die Blinker (siehe Kapitel 8).
30 Der Einbau entspricht der umgekehrten Ausbaureihenfolge. Die Gummiösen dürfen nicht spröde oder verhärtet sein und sollten mit Öl oder Fett geschmiert werden.

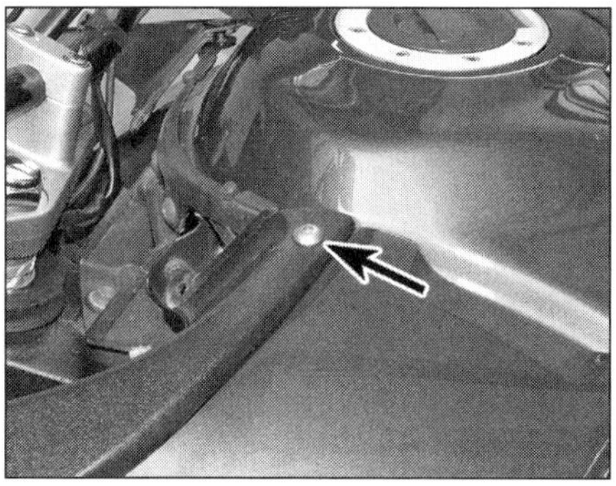

3.18a Lösen Sie an beiden Seiten die Schraube . . .

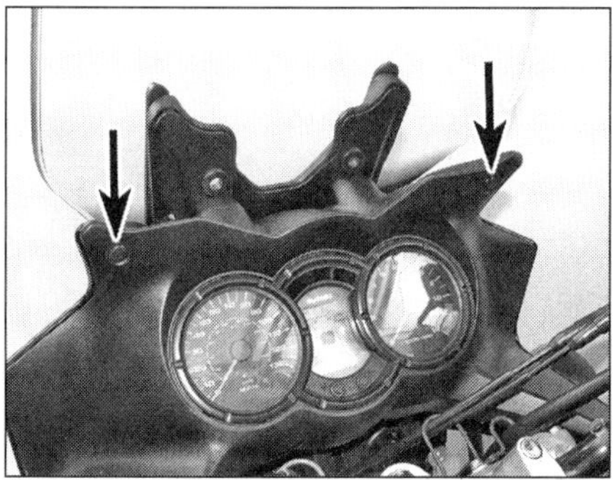

3.18b . . . und die Verkleidungsstifte.

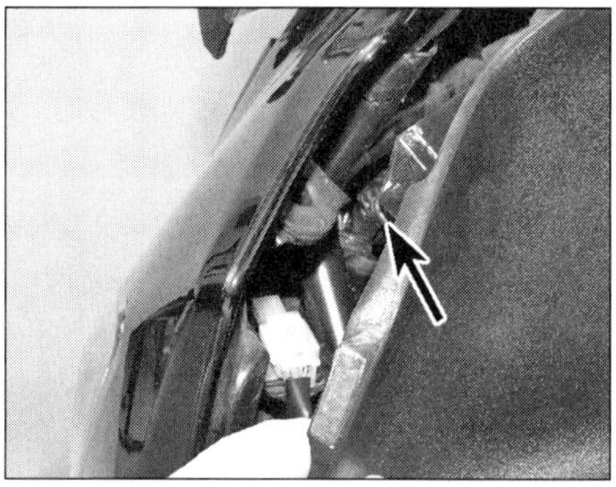

3.18c Lösen Sie an beiden Seiten den Stift, . . .

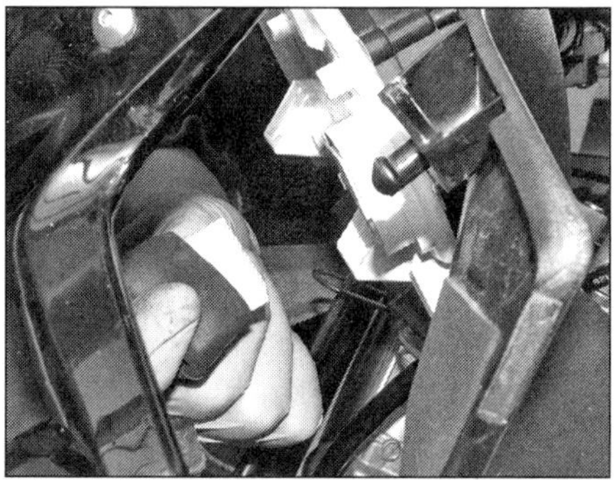

3.18d . . . trennen Sie den Instrumentenstecker und entfernen Sie die Cockpitverkleidung.

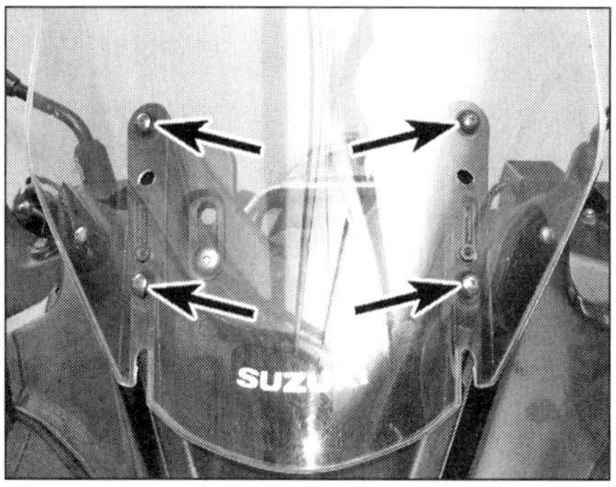

3.21 Windschutzscheiben-Schrauben

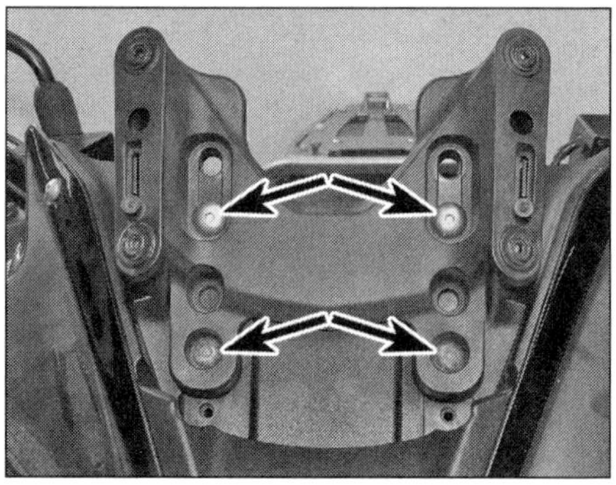

3.22 Schrauben des Windschutzscheibenträgers

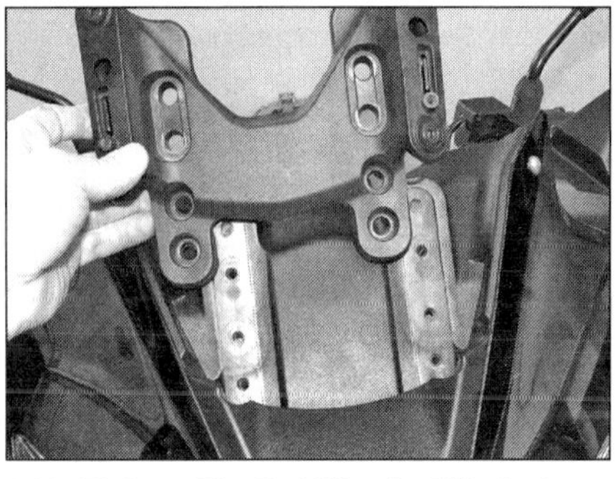

3.23 Richten Sie die Höhe der Windschutzscheibe durch die Verwendung der entsprechenden Schraubenlöcher ein.

3.27 Trennen Sie an beiden Seiten den Blinkerstecker.

3.28a Lösen Sie an beiden Seiten die Schraube . . .

3.28b ... sowie die hinteren Schrauben ...

3.28c ... und befreien Sie an beiden Seiten den Stift.

3.31a Schutzblech-Schrauben

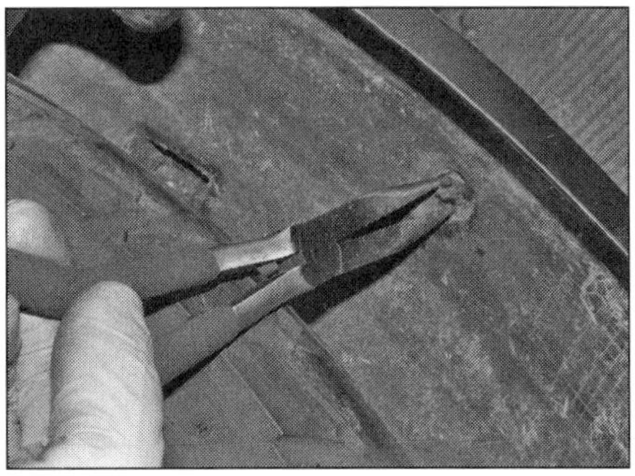

3.31b Befreien Sie die Bremsschlauchführung von unten aus dem Schutzblech.

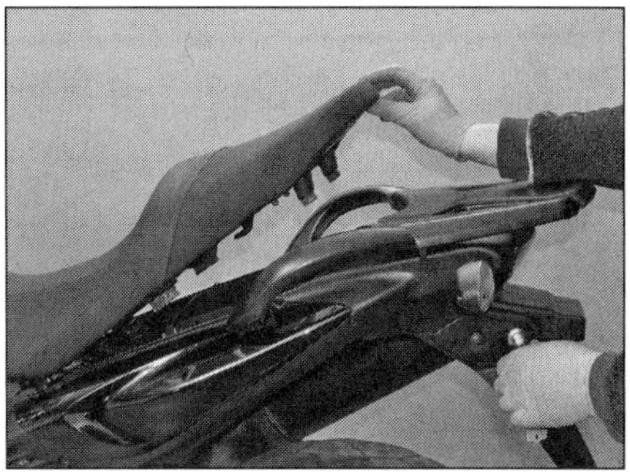

4.1 Entriegeln Sie die Sitzbank und heben Sie ihn hinten an.

4.4 Befreien Sie die Gepäckträgerplatte.

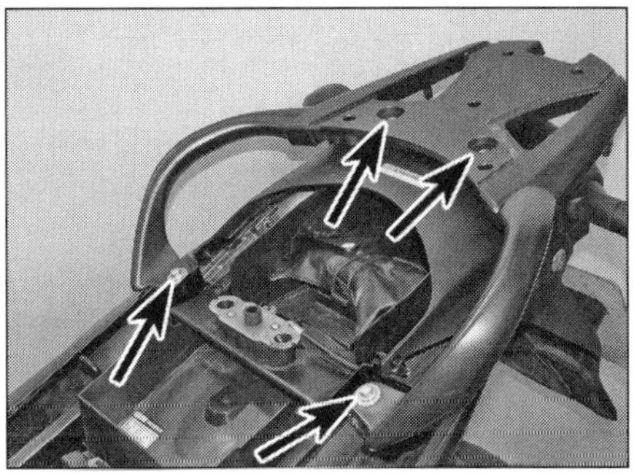

4.5 Schrauben der Beifahrergriff/Gepäckträger-Baugruppe

Vorderradschutzblech

31 Lösen Sie an beiden Seiten die Schrauben, merken Sie sich ihre Positionen und beachten Sie, wie die hintere Schraube den Bremsschlauch sichert (siehe Abbildung). Heben Sie das Schutzblech an, befreien Sie an seiner Unterseite die Bremsschlauchführung – zerkratzen Sie es dabei nicht mit den Bremsschlauchhaltern – und manövrieren Sie es nach vorne aus der Gabel (siehe Abbildung).
32 Der Einbau entspricht der umgekehrten Ausbaureihenfolge.

Rückspiegel

33 Details hierfür finden sich in Sektion 4, Schritte 37 und 38.

Handprotektoren

34 Details hierfür finden sich in Sektion 4, Schritte 39 bis 41.

Motorschutz

35 Lösen Sie an beiden Seiten die zwei Schrauben (Abbildung 4.42).

4 Anbauteile DL-Modelle ab 2012

Sitzbank

1 Öffnen Sie mit dem Zündschlüssel das Sitzbankschloss nach rechts, heben Sie die Sitzbank hinten an und ziehen Sie sie nach hinten ab – beachten Sie, wie die vorderen Laschen sitzen (siehe Abbildung).
2 Der Einbau entspricht der umgekehrten Ausbaureihenfolge. Wenn die Sitzbank korrekt positioniert ist, wird sie hinten heruntergedrückt, damit die Arretierung einrastet.

Beifahrergriffe/ Gepäckträger

3 Entfernen Sie die Sitzbank.
4 Entfernen Sie die Gepäckträgerplatte, indem Sie sie an allen Ecken vorsichtig hochhebeln, bis die Stifte befreit sind (siehe Abbildung).
5 Lösen Sie die vier Schrauben und heben Sie Baugruppe ab (siehe Abbildung).
6 Der Einbau entspricht der umgekehrten Ausbaureihenfolge.

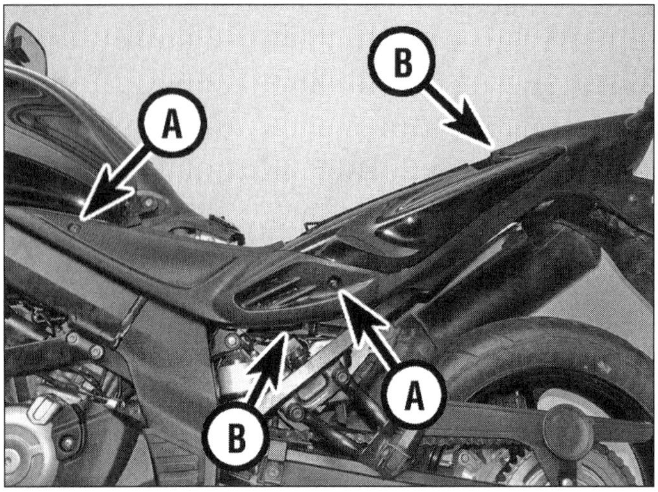

4.8a Lösen Sie die Schrauben (A) und die Verkleidungsstifte (B), ...

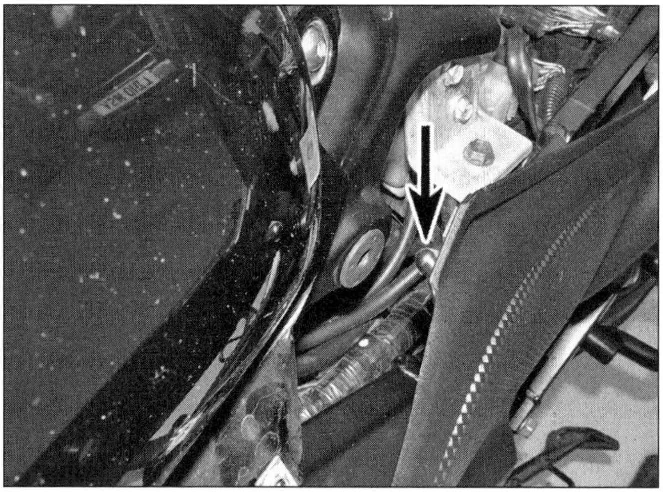

4.8b ... befreien Sie den Stift und entfernen Sie den Seitendeckel.

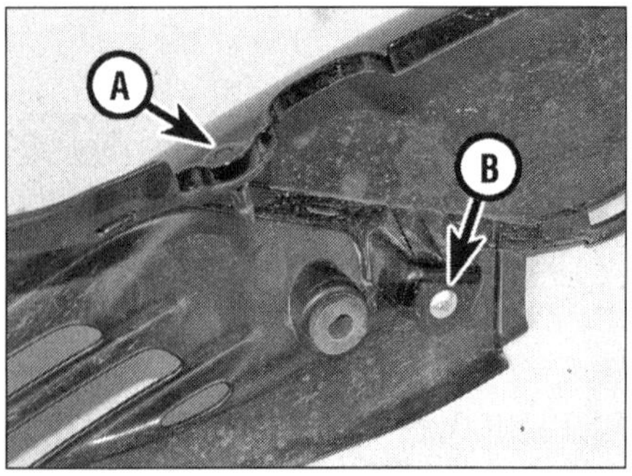

4.9 Befreien Sie den Verkleidungsstift (A) und lösen Sie die Schraube (B).

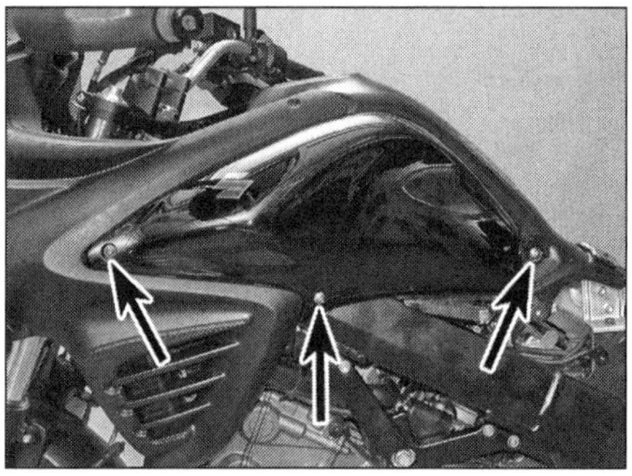

4.12a Lösen Sie die Schrauben, ...

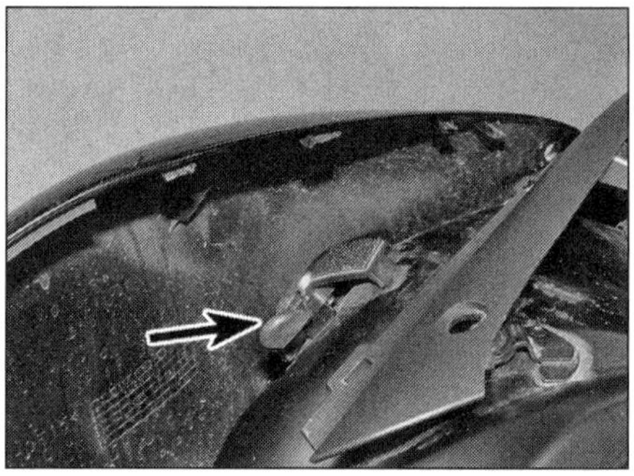

4.12b ... trennen Sie den Klettverschluss und befreien Sie diese Lasche (Pfeil) ...

4.12c ... und diese Laschen aus den Schlitzen.

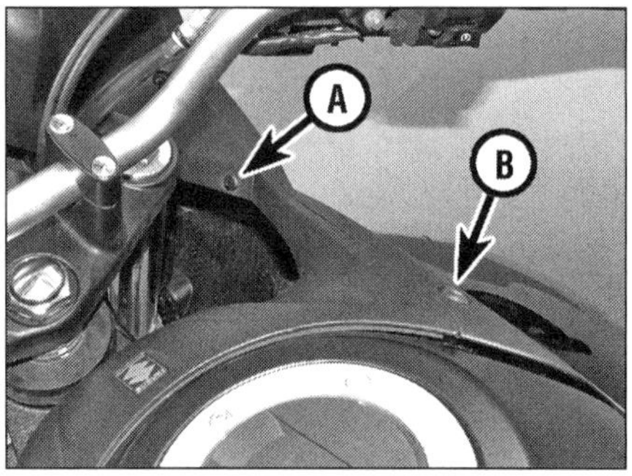

4.13a Befreien Sie an beiden Seiten den Verkleidungsstift (A) und die Schraube (B) ...

Seitendeckel

7 Entfernen Sie die Sitzbank und die Beifahrergriffe/Gepäckträger-Baugruppe.

8 Lösen Sie die Schrauben und die Verkleidungsstifte (siehe Abbildung). Ziehen Sie den Deckel vorsichtig ab, um den Stift aus der Gummiöse und hinten die Laschen zu befreien (siehe Abbildung).

9 Trennen Sie nötigenfalls die beiden Seitendeckelteile, indem Sie den Verkleidungsstift und die Schraube lösen (siehe Abbildung).

10 Der Einbau entspricht der umgekehrten Ausbaureihenfolge. Die Gummiösen dürfen nicht spröde oder verhärtet sein und sollten mit Öl oder Fett geschmiert werden.

Tankverkleidung

11 Entfernen Sie die Sitzbank.

12 Zum Entfernen der Seitenteile müssen die Schrauben entfernt und das Seitenteil vorsichtig abgezogen werden, um den Klettverschluss zu trennen und die Laschen zu befreien (siehe Abbildungen).

13 Zum Entfernen der vorderen Abdeckung müssen die zwei Schrauben und die zwei Verkleidungsstifte gelöst werden (s. Abbildungen).

14 Der Einbau entspricht der umgekehrten Ausbaureihenfolge. Die Gummiösen dürfen nicht spröde oder verhärtet sein und sollten mit Öl oder Fett geschmiert werden.

Windschutzscheibe und Träger

15 Lösen Sie die Schrauben und entnehmen Sie die Windschutzscheibe (siehe Abbildung).

16 Der Einbau entspricht der umgekehrten Ausbaureihenfolge. Die Windschutzscheibe kann durch die Auswahl der Schraubenlöcher in zwei Positionen (hoch oder niedrig) montiert werden – entfernen Sie dazu die Kappen und positionieren Sie die Gummistopfen-Muttern und Kappen entsprechend (siehe Abbildung).

Cockpitverkleidung

17 Zum Ausbau des hinteren Segments müssen die Verkleidungsstifte befreit und die Schrauben gelöst werden, dann wird das Verkleidungsteil vorsichtig befreit (siehe Abbil-

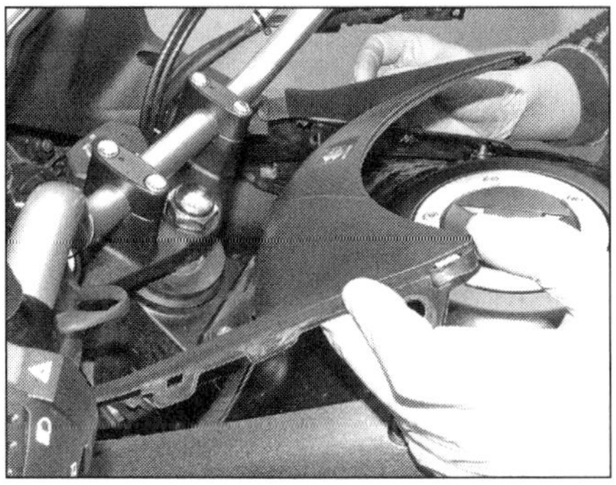
4.13b ... und entnehmen Sie die vordere Abdeckung.

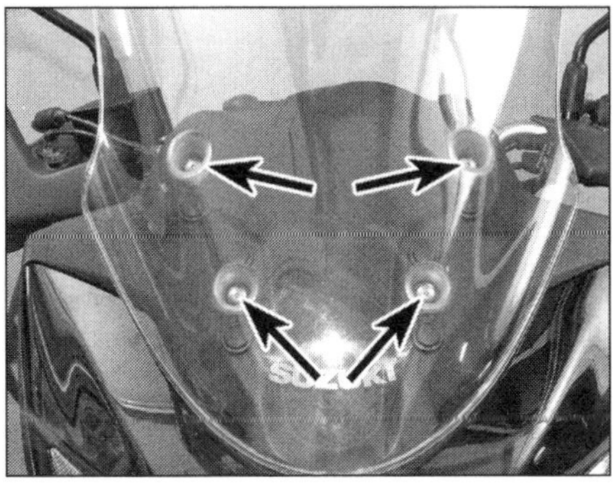
4.15 Windschutzscheiben-Schrauben

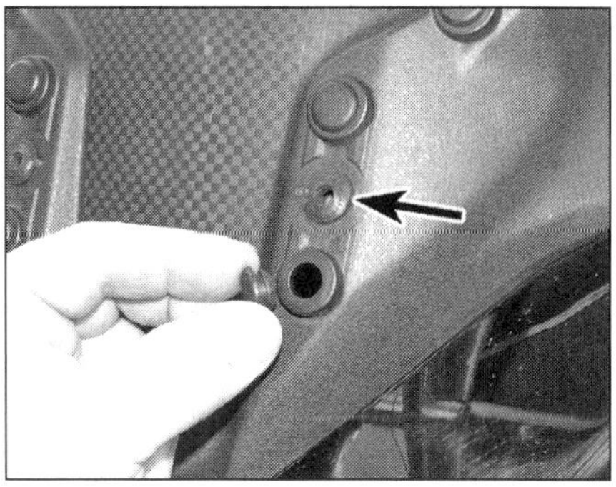
4.16 Entfernen Sie die Kappen und positionieren Sie die Gummistopfen-Muttern in der gewünschten Position.

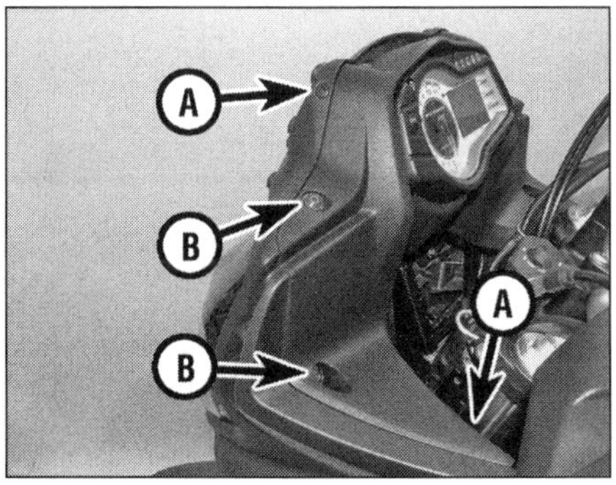

4.17a Befreien Sie die Verkleidungsstifte (A) und lösen Sie die Schrauben (B) ...

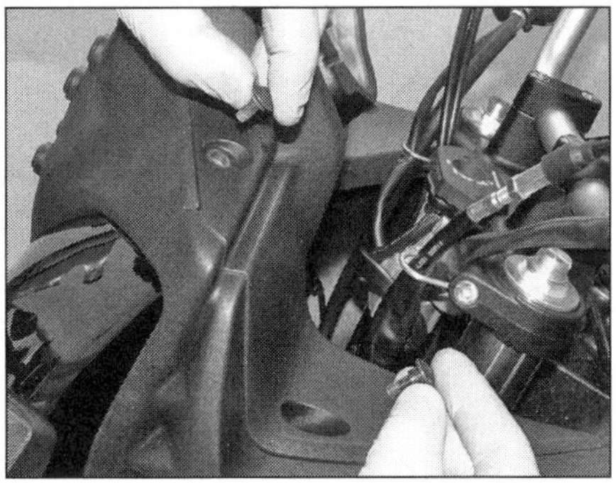
4.17b ... – beachten Sie deren Positionen.

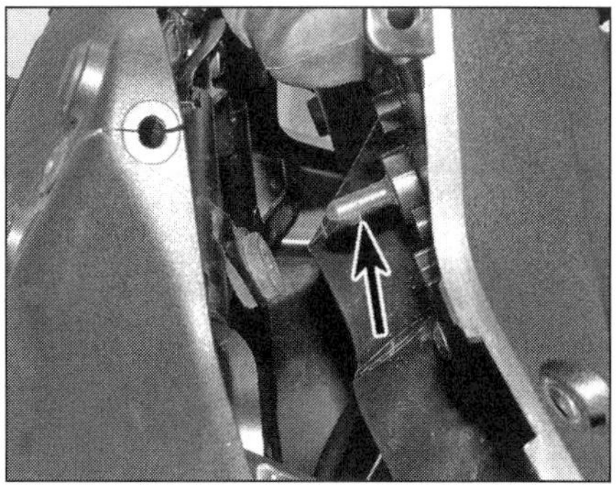
4.17c Ziehen Sie an beiden Seiten den Stift heraus ...

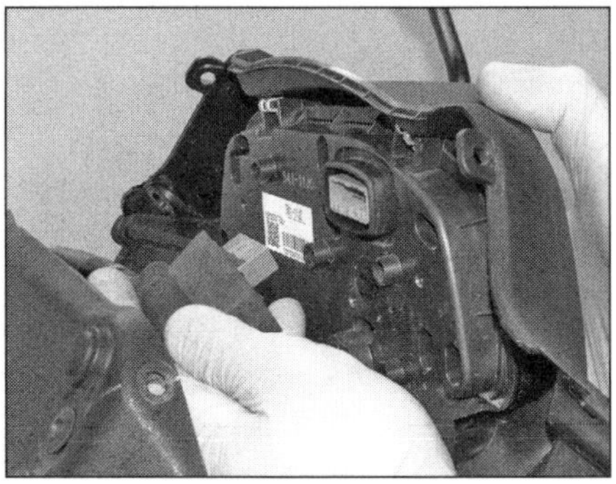
4.17d ... und trennen Sie den Instrumentenstecker.

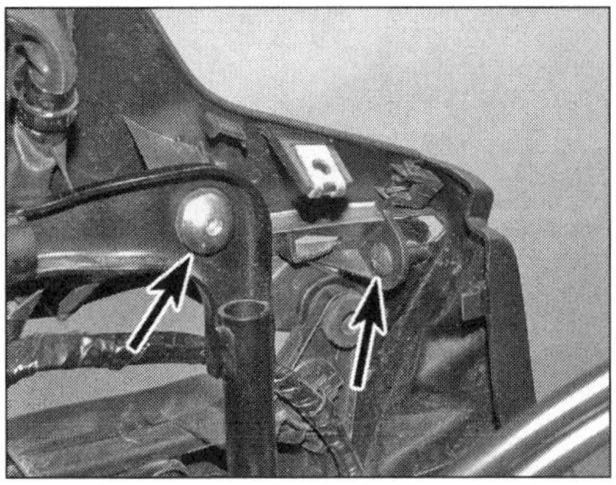
4.18a Lösen Sie an beiden Seiten die Schrauben, ...

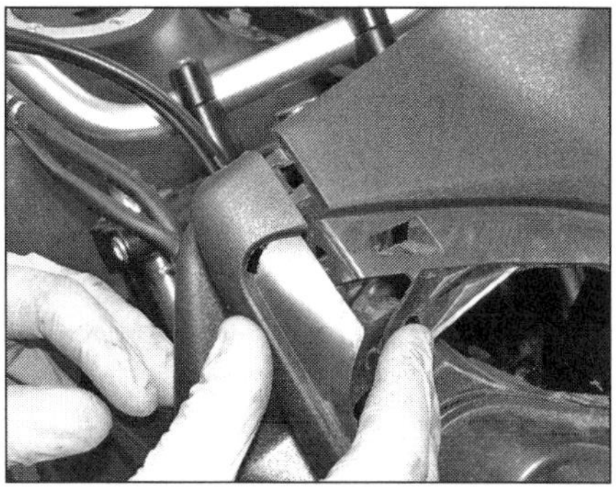
4.18b ... befreien Sie die Laschen, ...

dungen). Trennen Sie den Instrumentenstecker und entnehmen Sie die Verkleidung (siehe Abbildung); befreien Sie nötigenfalls die Instrumente aus der Verkleidung (siehe Kapitel 8).

18 Zum Ausbau des vorderen Segments müssen die Windschutzscheibe, das hintere Cockpitverkleidungs-Segment und die Verkleidung entfernt werden. Lösen Sie die Schrauben und befreien Sie die Laschen, den Stift und die Verkabelung und entnehmen Sie die Cockpitverkleidung (siehe Abbildungen).

19 Der Einbau entspricht der umgekehrten Ausbaureihenfolge.

4.18c ... den Stift ...

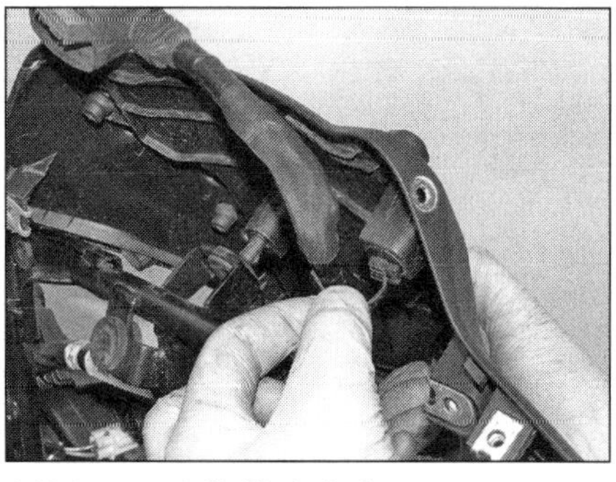
4.18d ... und die Verkabelung.

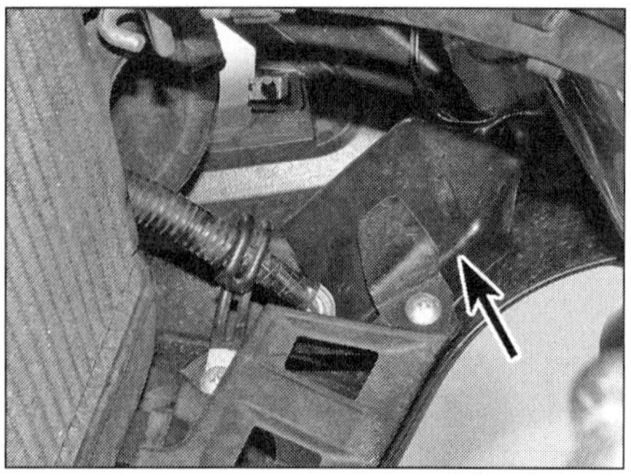

4.21a Ziehen Sie die Gummikappe ab, . . .

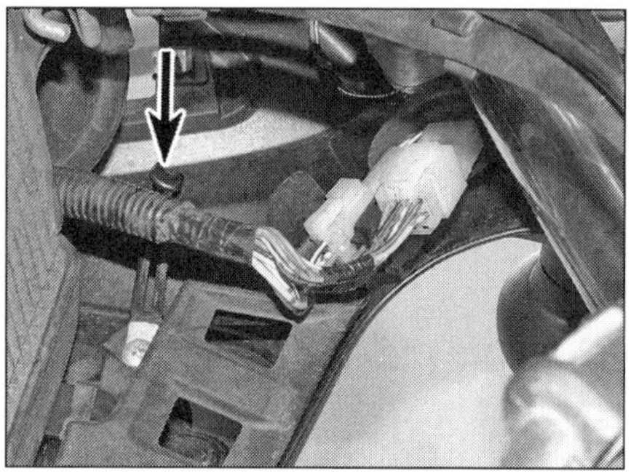

4.21b . . . trennen Sie die Stecker und öffnen Sie die Klemme.

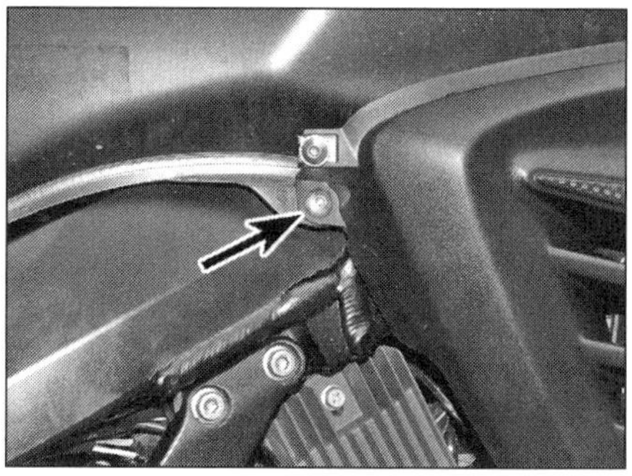

4.22 Lösen Sie an beiden Seiten der Verkleidung die Schraube.

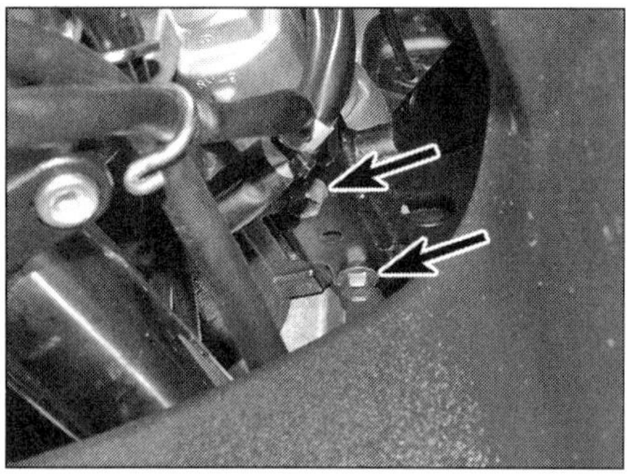

4.23a Lösen Sie die Schrauben des Verkleidungsträgers.

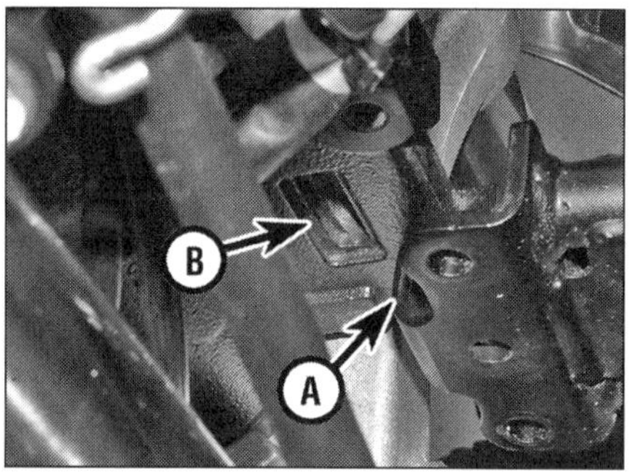

4.23b Drücken Sie die gesamte Verkleidung nach rechts, um die Lasche (A) aus der Nut (B) zu befreien . . .

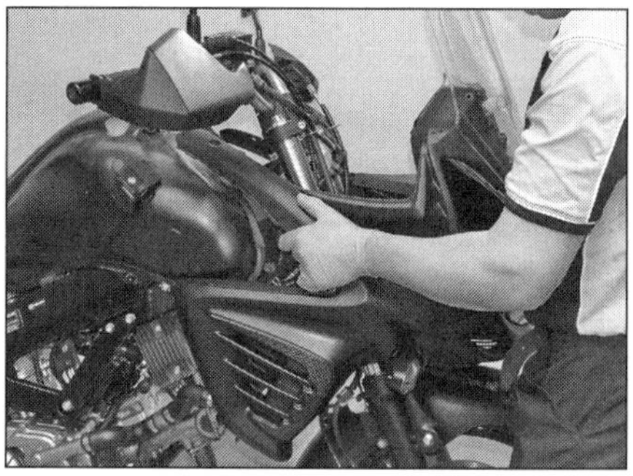

4.23c . . . und ziehen Sie sie nach vorne, um sie zu entnehmen . . .

4.23d . . . – beachten Sie, wie an beiden Seiten die Zungen in die Nuten greifen.

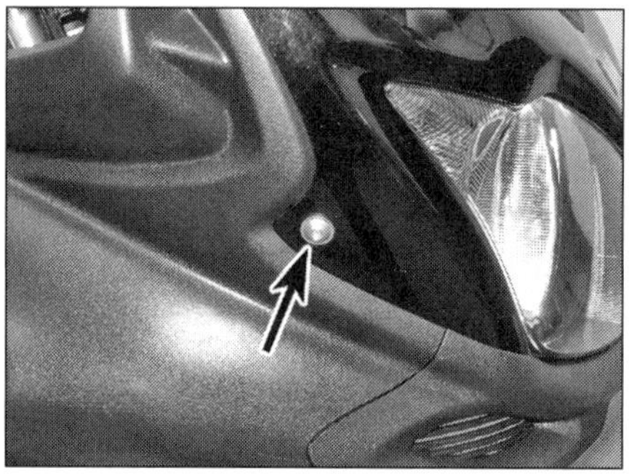

4.26a Lösen Sie an beiden Seiten der Verkleidung die Schraube . . .

4.26b . . . und die vier Schrauben an der Rückseite.

Verkleidung (komplett)

20 Entfernen Sie die Tankverkleidungen.

21 Ziehen Sie die Gummikappe von den vorderen Kabelbaum-Steckern und trennen Sie diese; befreien Sie die Kabel anschließend aus der Klemme (siehe Abbildungen).

22 Lösen Sie an beiden Seiten die Schraube (siehe Abbildung).

23 Lösen Sie die zwei Verkleidungsträger-Schrauben (siehe Abbildung). Befreien Sie hinten am Träger die Lasche aus der Nut im Lenkkopf und ziehen Sie die Verkleidung nach vorne, um sie an beiden Seiten von den Zungen des Kühlers zu befreien und zu entnehmen (siehe Abbildungen).

24 Der Einbau entspricht der umgekehrten Ausbaureihenfolge. Die Gummiösen dürfen nicht spröde oder verhärtet sein und sollten mit Öl oder Fett geschmiert werden.

Frontverkleidungen

25 Entfernen Sie die Windschutzscheibe und die hintere Cockpitverkleidung.

26 Lösen Sie die Schrauben und Verkleidungsstifte und ziehen Sie den oberen Teil der Verkleidung vorsichtig nach vorne, um die Klettverschlüsse zu trennen (siehe Abbildungen).

27 Lösen Sie am Unterteil die Verkleidungsstifte und Schrauben und entnehmen Sie das Verkleidungsteil (siehe Abbildungen).

28 Der Einbau entspricht der umgekehrten Ausbaureihenfolge. Die Gummiösen dürfen nicht spröde oder verhärtet sein und sollten mit Öl oder Fett geschmiert werden.

Verkleidungsseitenteile

29 Entfernen Sie die Tankverkleidungen und die Frontverkleidungen.

30 Trennen Sie für den Ausbau des linken Seitenteils den Blinkerstecker und den Stecker des Umgebungstemperatursensors (siehe Abbildungen). Befreien Sie die Kabel aus der Gummikappe, der Klemme und allen Kabelbindern (siehe Abbildung).

4.26c Lösen Sie die Verkleidungsstifte an der Rückseite . . .

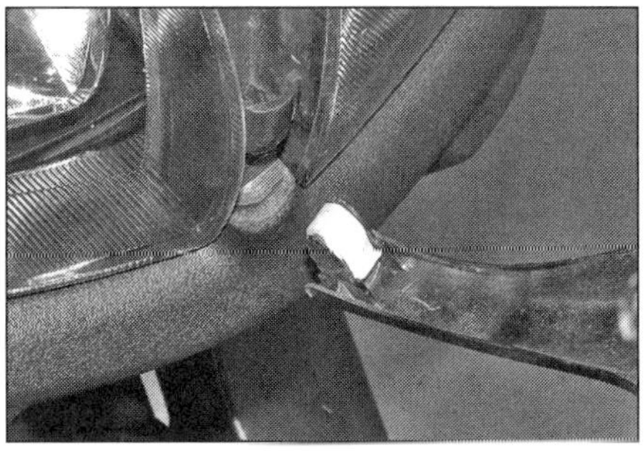

4.26d . . . und vorne den unteren Verkleidungsstift . . .

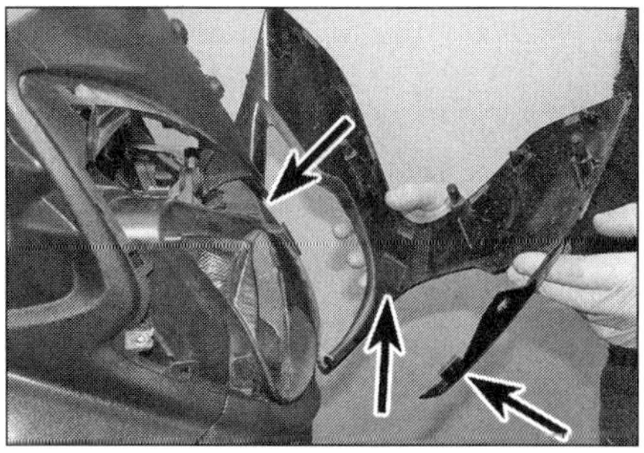

4.26e . . . sowie die Klettverschlüsse.

4.27a Lösen Sie an beiden Seiten der unteren Frontverkleidung den Verkleidungsstift . . .

4.27b . . . und die Schrauben, . . .

4.27c . . . und entnehmen Sie das Verkleidungsteil.

31 Trennen Sie für den Ausbau des rechten Seitenteils den Blinkerstecker und befreien Sie das Kabel aus allen Kabelbindern.
32 Lösen Sie die Schraube und ziehen Sie das Verkleidungsteil nach vorne, um es aus der Lasche des Kühlers zu befreien und zu entnehmen (Abbildungen 4.22 und 4.23d).
33 Entfernen Sie nötigenfalls die Blinker und den Umgebungstemperatursensor (siehe Kapitel 8).
34 Der Einbau entspricht der umgekehrten Ausbaureihenfolge. Die Gummiösen dürfen nicht spröde oder verhärtet sein und sollten mit Öl oder Fett geschmiert werden.

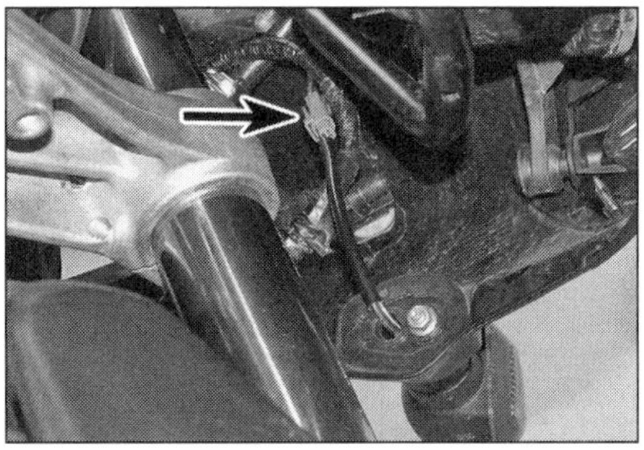

4.30a Blinkerstecker

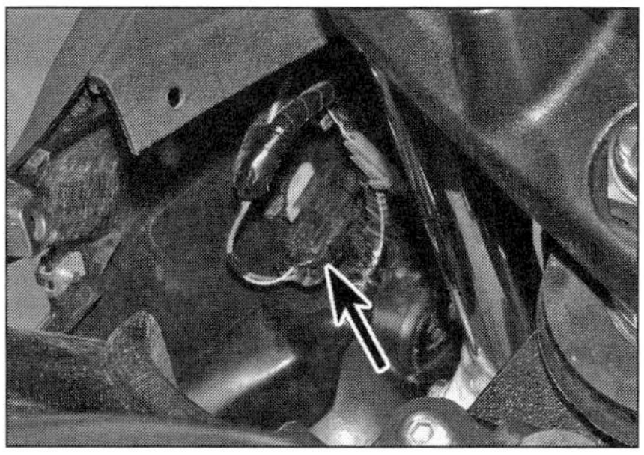

4.30b Stecker des Umgebungstemperatursensors

Vorderradschutzblech

35 Lösen Sie an beiden Seiten die Schrauben, merken Sie sich ihre Positionen und beachten Sie, wie die hintere Schraube den Bremsschlauch sichert (Abbildung 3.31a). Heben Sie das Schutzblech an, befreien Sie an seiner Unterseite die Bremsschlauchführung – zerkratzen Sie es dabei nicht mit den Bremsschlauchhaltern – und manövrieren Sie es nach vorne aus der Gabel (Abbildung 3.31b).
36 Der Einbau entspricht der umgekehrten Ausbaureihenfolge.

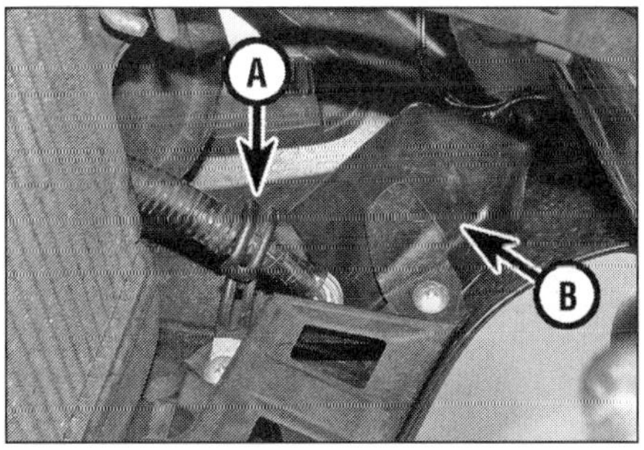

4.30c Öffnen Sie die Klemme (A) und befreien Sie die Gummikappe der Stecker aus ihrem Halter (B).

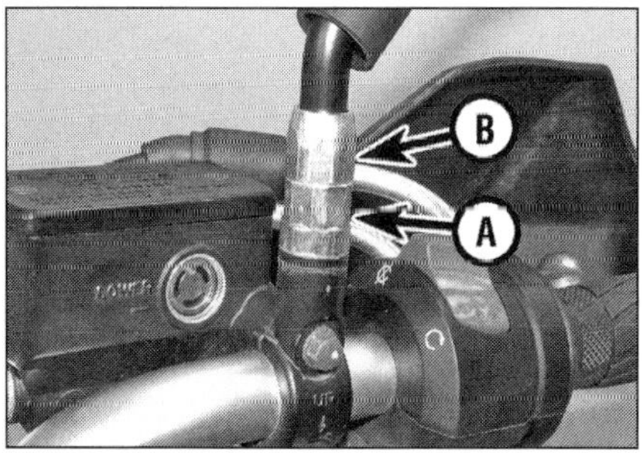

4.37 Unterer Sechskant (A), Schaftmutter (B)

Rückspiegel

37 Ziehen Sie die Gummikappe hoch. Lösen Sie den unteren Sechskant, um den Spiegel aus dem Halter zu schrauben (siehe Abbildung).
38 Der Einbau entspricht der umgekehrten Ausbaureihenfolge. Um den Spiegelschaft einzustellen, muss der untere Sechskant gehalten und die Schaftmutter gelockert werden. Richten Sie den Schaft aus und ziehen Sie die Schaftmutter wieder an.

4.39 Lockern Sie die Schraube des Lenkergewichts.

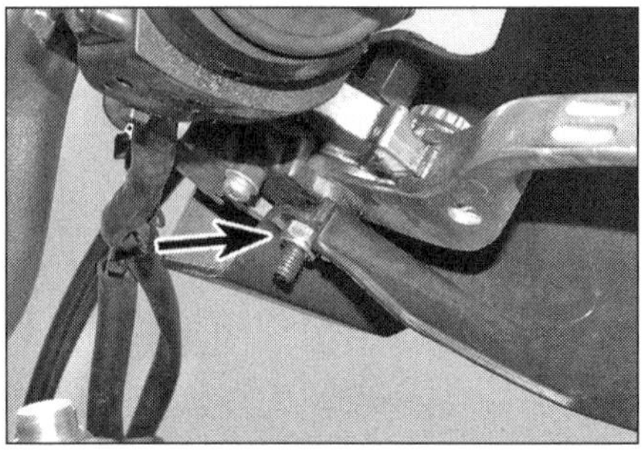

4.40a Lockern Sie die Mutter weit genug, um den rechten Handprotektor zu befreien, . . .

4.40b . . . lösen Sie dann oben die Schraube und entnehmen Sie den Protektor.

4.41a Lockern Sie die Mutter weit genug, um den linken Handprotektor zu befreien, . . .

4.41b . . . lösen Sie dann oben die Mutter und entfernen Sie sie samt Scheibe, . . .

Handprotektoren

39 Lockern Sie die Schraube des entsprechenden Lenkergewichts (siehe Abbildung).

40 Für den Ausbau des rechten Handprotektors muss die Mutter an dessen Unterseite gelockert werden – beachten Sie die zwischen ihr und dem Protektor sitzende Scheibe (siehe Abbildung). Lösen Sie oben die Schraube und entfernen Sie den Protektor (siehe Abbildung).

41 Für den Ausbau des linken Handprotektors muss die Mutter an dessen Unterseite gelockert werden – beachten Sie die an beiden Seiten sitzenden Scheiben (siehe Abbildung). Lösen Sie oben die Mutter und entfernen Sie die Scheibe (siehe Abbildung) Heben Sie den Protektor vom Stutzen (siehe Abbildung).

4.41c . . . um den rechten Handprotektor zu befreien.

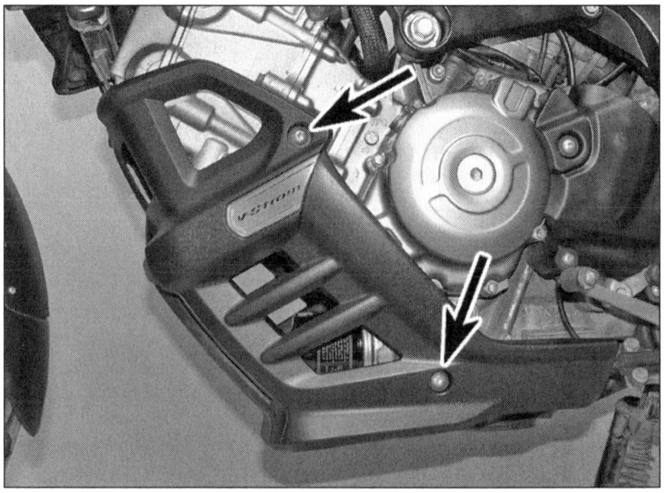

4.42 Motorschutz-Schrauben

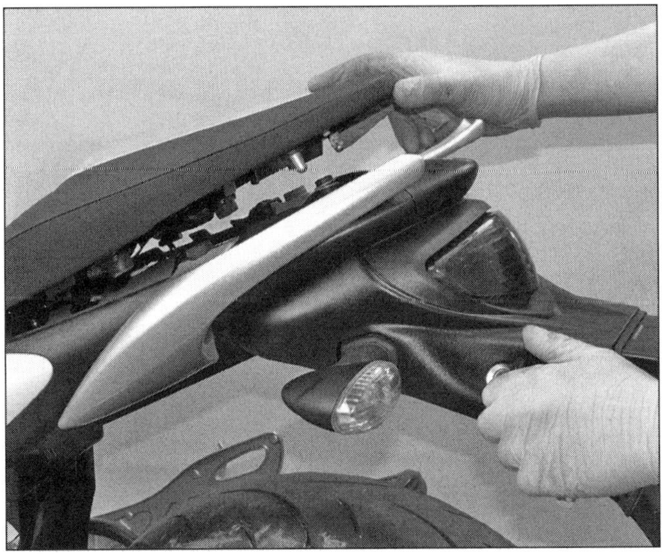

5.1 Entriegeln Sie die Sitzbank und heben Sie ihn hinten an.

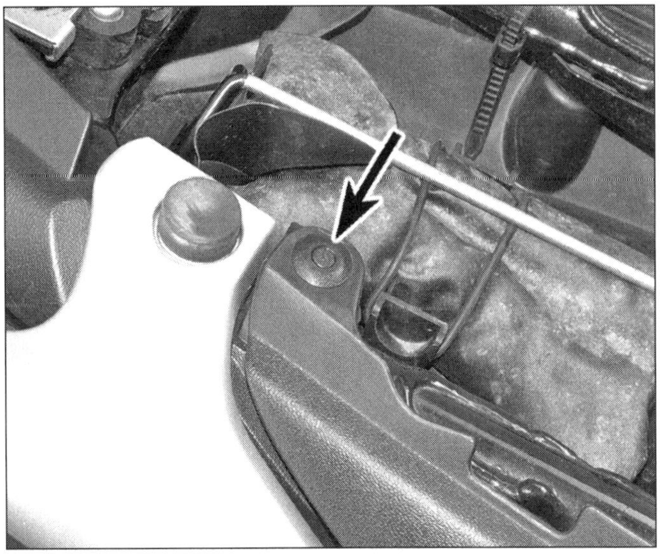

5.4a Lösen Sie den Verkleidungsstift . . .

5.4b . . . und die Schrauben.

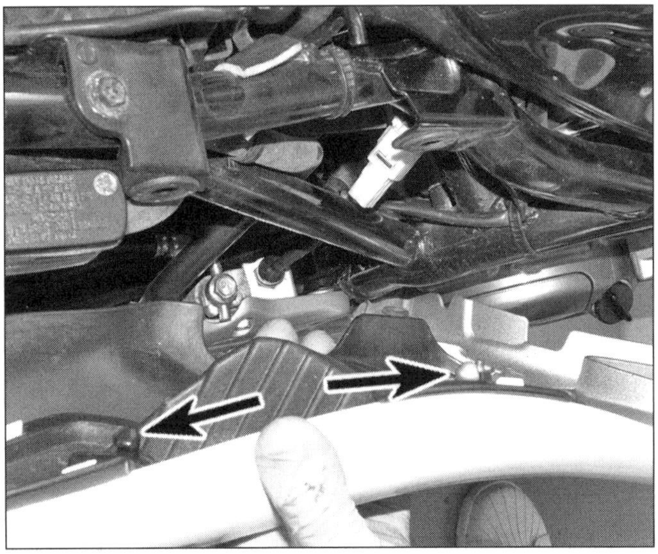

5.4c Befreien Sie den Stift an der Seite . . .

Motorschutz

42 Lösen Sie an beiden Seiten die zwei Schrauben (siehe Abbildung).

5 SFV-Modelle

Sitzbank

1 Öffnen Sie mit dem Zündschlüssel das Sitzbankschloss nach rechts, heben Sie die Sitzbank hinten an und ziehen Sie sie nach hinten ab – beachten Sie, wie die vorderen Laschen sitzen (siehe Abbildung).

2 Der Einbau entspricht der umgekehrten Ausbaureihenfolge. Wenn die Sitzbank korrekt positioniert ist, wird sie hinten heruntergedrückt, damit die Arretierung einrastet.

Seitendeckel

3 Entfernen Sie die Sitzbank.

4 Lösen Sie den Verkleidungsstift und die Schrauben (siehe Abbildungen). Ziehen Sie den Deckel vorsichtig ab und dann nach hinten, um die Stifte aus den Gummiösen zu befreien (siehe Abbildungen).

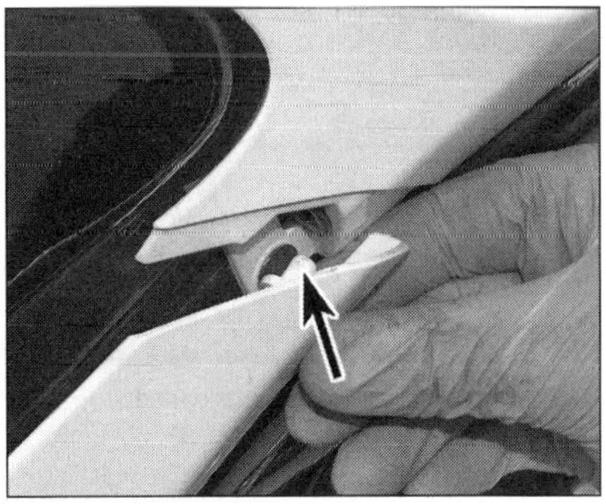

5.4d . . . und vorne.

7

5 Trennen Sie nötigenfalls die beiden Seitendeckelteile, indem Sie die Schrauben und die Verkleidungsstifte lösen (siehe Abbildungen).

6 Der Einbau entspricht der umgekehrten Ausbaureihenfolge. Die Gummiösen dürfen nicht spröde oder verhärtet sein und sollten mit Öl oder Fett geschmiert werden.

Kühler-Abdeckungen

7 Lösen Sie die Schrauben (siehe Abbildung). Ziehen Sie die Abdeckung vorsichtig nach vorne, um sie von den seitlich am Kühler sitzenden Zungen zu befreien (siehe Abbildung).

8 Der Einbau entspricht der umgekehrten Ausbaureihenfolge. Achten Sie darauf, dass die Gummikappen auf den Zungen stecken.

Beifahrergriff und Heckverkleidung

9 Entfernen Sie die Sitzbank und die Seitendeckel.

10 Entfernen Sie an den Griffbefestigungen die vier Kappen, lösen Sie die darunter sitzenden Schrauben und entnehmen Sie die Griffe (siehe Abbildungen).

11 Entfernen Sie die Heckverkleidung (siehe Abbildung).

12 Der Einbau entspricht der umgekehrten Ausbaureihenfolge.

Vorderradschutzblech

13 Lösen Sie an beiden Seiten die Schrauben, merken Sie sich ihre Positionen und beachten Sie, wie die hintere Schraube den Bremsschlauch sichert (Abbildung 3.31a). Heben Sie das Schutzblech an, befreien Sie an seiner Unterseite die Bremsschlauchführung – zerkratzen Sie es dabei nicht mit den Bremsschlauchhaltern – und manövrieren Sie es nach vorne aus der Gabel (Abbildung 3.31b).

14 Der Einbau entspricht der umgekehrten Ausbaureihenfolge.

Rückspiegel

15 Lösen Sie den Sechskant, um den Spiegel aus dem Halter zu schrauben (siehe Abbildung).

16 Der Einbau entspricht der umgekehrten Ausbaureihenfolge.

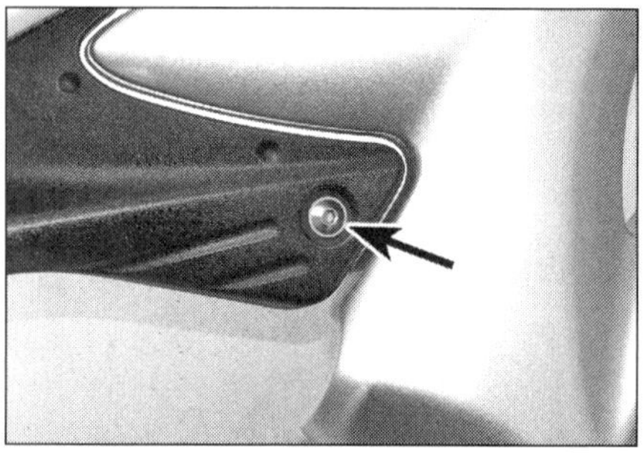

5.5a Lösen Sie außen die Schraube...

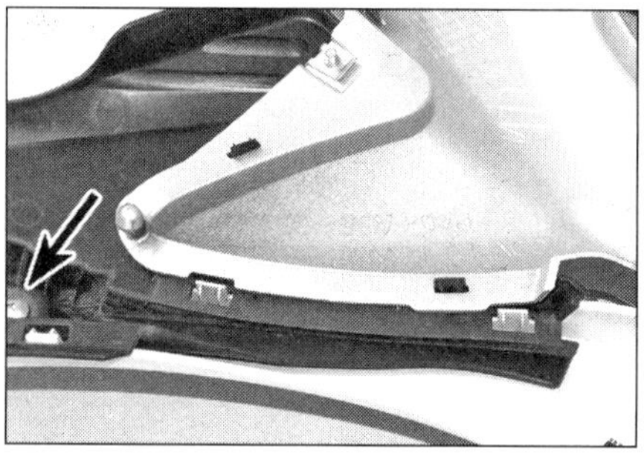

5.5b ...und innen die Schraube (Pfeil) sowie die Verkleidungsstifte.

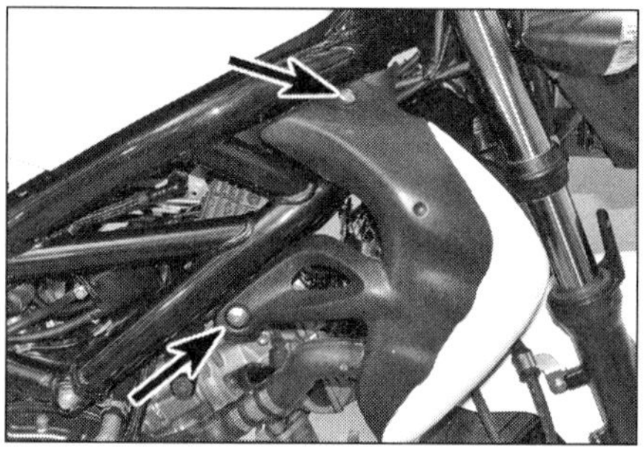

5.7a Lösen Sie die Schrauben...

5.7b ...und ziehen Sie die Abdeckung nach vorne.

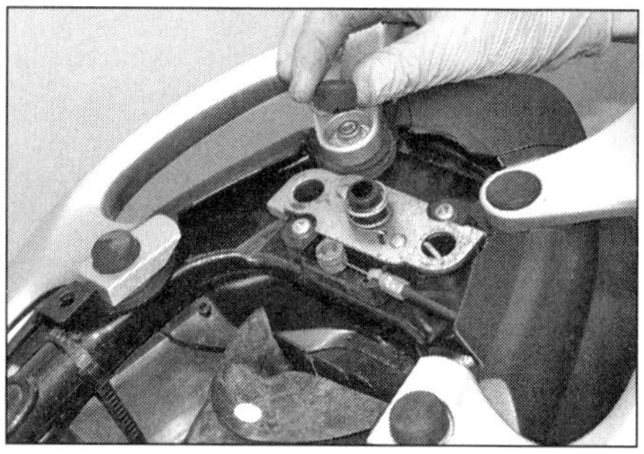

5.10a Entfernen Sie die Kappen...

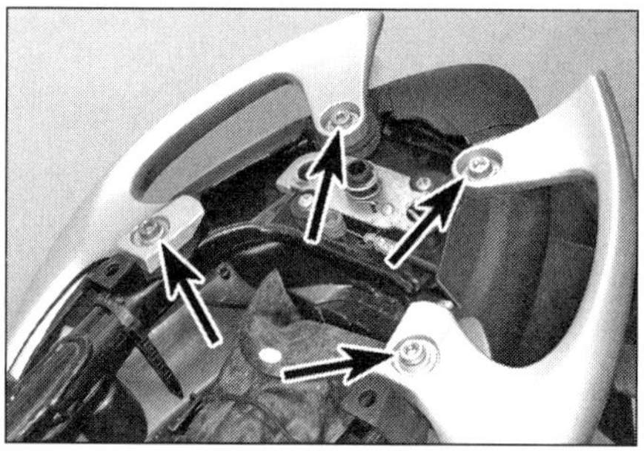

5.10b ...und lösen Sie die Beifahrergriff-Schrauben

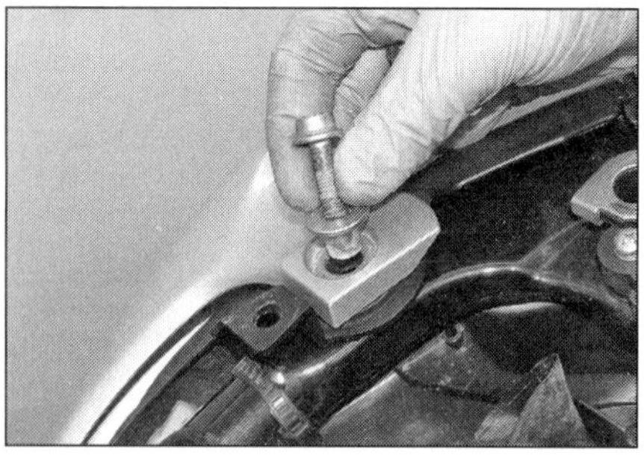

5.10c ...– beachten Sie die Hülsen.

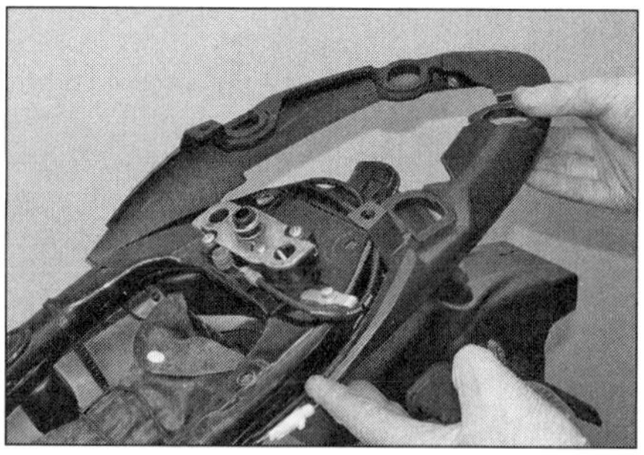

5.11 Heben Sie die Heckverkleidung ab.

5.15 Rückspiegel-Sechskant

Kapitel 8
Elektrik

Inhalt (in alphabetischer Reihenfolge, die Zahlen geben die Nummerierung in den grauen Feldern wieder)

Schwierigkeitsgrade

Leicht. Für Anfänger mit wenig Erfahrung geeignet.	**Relativ leicht.** Für Anfänger mit etwas Erfahrung geeignet.	**Relativ schwierig.** Für geübte Selbstschrauber geeignet.	**Schwer.** Für Selbstschrauber mit viel Erfahrung geeignet.	**Sehr schwer.** Für Experten und Profis geeignet.

Technische Daten

Batterie

Typ	
DL-Modelle bis 2011	YTX12-BS
DL-Modelle ab 2012	FTX12-BS
SFV-Modelle	YT12A-BS
Kapazität	12 V, 10 Ah
Spannung	
Vollständig geladen	12,8 Volt
Entladen	unter 12,0 Volt
Ladezeit	
Normale Laderate	1,2 A über 5 bis 10 Stunden
Schnellladung	5 A über 1 Stunde

Ladesystem

Statorspulen-Widerstand	
DL-Modelle	0,2 bis 0,7 Ohm
SFV-Modelle	0,3 bis 1,2 Ohm
Nominelle Ausgangsleistung	375 W bei 5000/min
Geregelte Ausgangsspannung (ohne Last)	14,0 bis 15,5 V bei 5000/min
Ungeregelte Spannung (ohne Last)	60 V bei 5000/min
Kriechstrom	ca. 2 mA (max.)

Anlasserrelais

Widerstand	3 bis 6 Ohm

Sicherungen

Beachten Sie zur Identifikation die Hinweise in Sektion 5, die Angaben auf der Sicherungsbox und die Schaltpläne am Ende dieses Kapitels.

DL-Modelle

Hauptsicherung	30 A
Scheinwerfer	
Fernlicht	15 A
Abblendlicht	15 A
Zündung	10 A
Einspritzanlage	10 A
Kühlerventilator	15 A
Blinker/Brems-/Rücklicht	15 A
ABS (A-Modelle)	
Ventil	
Modelle bis 2011	25 A
Modelle ab 2012	15 A
Motor	
Modelle bis 2011	48 A
Modelle ab 2012	25 A

SFV-Modelle

Hauptsicherung	30 A
Scheinwerfer	
Fernlicht	10 A
Abblendlicht	10 A
Zündung	15 A
Einspritzanlage	10 A
Kühlerventilator	15 A
Blinker/Brems-/Rücklicht	10 A
ABS (A-Modelle)	
Ventil	15 A
Motor	20 A

Lampen

Scheinwerfer	60/55 W (H4)
Standlicht	5 W
Bremslicht/Rücklicht	21/5 W
Kennzeichenbeleuchtung	5 W
Blinker	21 W
Instrumentenbeleuchtung	LED
Kontrolllampen	LED

Anzugsdrehmomente

Öldruckschalter	14 Nm

1 Allgemeine Informationen

Alle Modelle sind mit einer 12-Volt-Elektrik ausgerüstet. Die Baugruppe beinhaltet eine Dreiphasen-Wechselstromlichtmaschine und eine separate Regler/Gleichrichter-Einheit.

Der Regler begrenzt den Ladestrom, um die Anlage nicht zu überlasten, der Gleichrichter wandelt den in der Lichtmaschine produzierten Wechselstrom (AC) in Gleichstrom (DC) um, den die Verbraucher und die Batterie benötigen. Der Lichtmaschinenrotor sitzt links auf der Kurbelwelle, der Stator befindet sich im Lichtmaschinendeckel.

Der Anlasser sitzt vorne am Motorgehäuse. Das Startersystem besteht aus dem Anlassermotor, der Batterie, dem Relais sowie verschiedenen Kabeln und Schaltern, von denen einige zum Sicherheitsstromkreis gehören, der dafür sorgt, dass der Motor unter bestimmten Umständen nicht gestartet werden kann (siehe Kapitel 1).

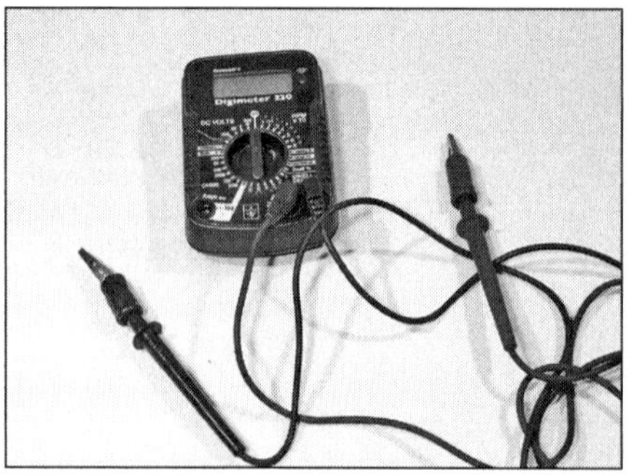

2.4a Ein digitales Multimeter eignet sich für alle elektrischen Prüfungen.

Anmerkung: *Beachten Sie, dass Elektroteile – einmal gekauft – normalerweise nicht mehr vom Händler umgetauscht werden. Um unnötige Kosten zu vermeiden, sollte ganz sicher*

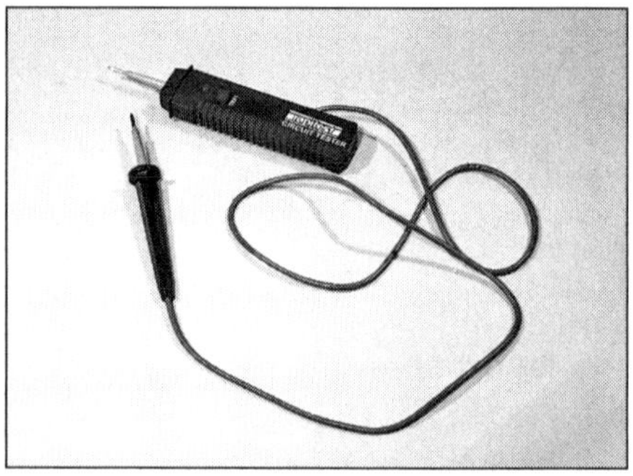

2.4b Ein batteriebetriebener Durchgangstester

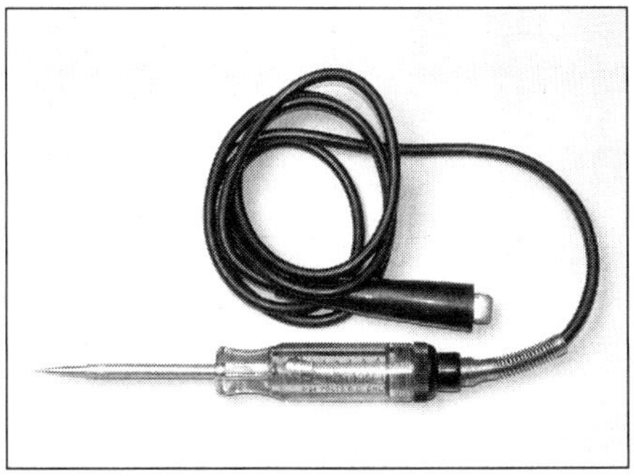

2.4c Eine einfache Prüflampe eignet sich für Spannungsprüfungen.

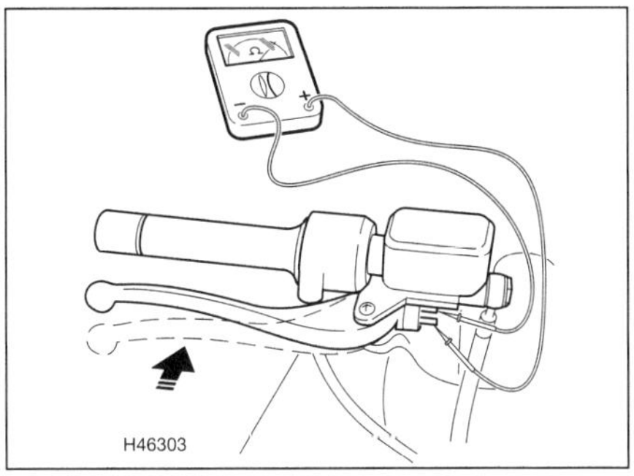

2.10 Prüfung eines Bremslichtschalters auf Durchgang

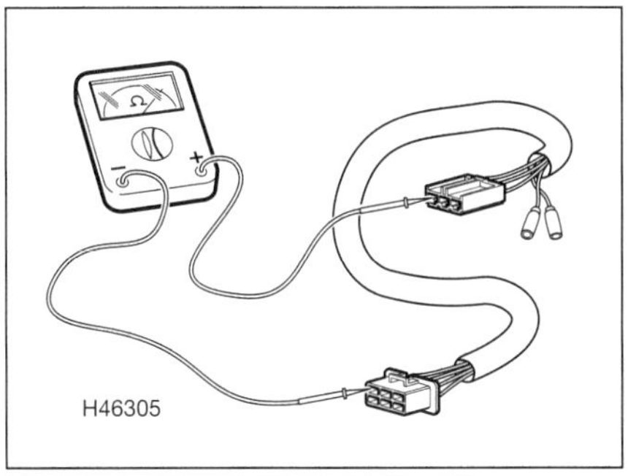

2.12 Prüfung eines Kabelbaums auf Durchgang

gegangen werden, das fehlerhafte Teil genau identifiziert zu haben, bevor ein Ersatzteil gekauft wird.

2 Elektrik
Fehlersuche

Warnung: Um das Risiko von Kurzschlüssen zu verhindern, muss die Zündung stets ausgeschaltet und das Massekabel (–) der Batterie getrennt sein, bevor an irgendwelchen elektrischen Komponenten gearbeitet wird. Vergessen Sie nicht nach der Beendigung der Arbeit oder der Durchführung des Tests, die Anschlüsse wieder anzuschließen.

1 Ein typischer Stromkreis besteht aus einem Verbraucher, entsprechenden Schaltern und Relais sowie Kabeln und Steckern, die das Bauteil mit der Batterie und dem Rahmen (Masse) verbinden. Zur Lokalisierung eines Problems und als Hilfe bei den Kabelfarben können die Schaltpläne am Ende des Kapitels beachtet werden.

2 Bevor Sie einen defekten Stromkreis untersuchen, müssen Sie den Schaltplan studieren, um ein vollständiges Bild über die Bestandteile des Stromkreises zu erhalten. Probleme können beispielsweise dadurch eingekreist werden, indem man andere zum Stromkreis gehörende Komponenten auf ihre Funktion überprüft. Wenn mehrere Komponenten eines Stromkreises gleichzeitig ausfallen, ist es sehr wahrscheinlich, dass der Fehler in der Sicherung oder einem defekten Masseanschluss liegt, da mehrere Stromkreise oftmals an derselben Sicherung oder Masse angeschlossen sind. Masseanschlüsse lassen sich daran erkennen, dass Kabel direkt an den Rahmen oder den Motor geschraubt oder dort mit anderen Befestigungsschrauben gesichert sind.

3 Elektrikprobleme sind oftmals auf Kleinigkeiten wie lockere oder korrodierte Stecker oder eine durchgebrannte Sicherung zurückzuführen. Bevor Sie sich auf die Fehlersuche begeben, sollten Sie stets die Sicherungen, Kabel und Stecker des betroffenen Stromkreises einer Sichtkontrolle unterziehen. Wackelkontakte können besonders frustrierend sein, da der Defekt niemals auftritt, wenn man ihn untersuchen will. In solchen Situationen macht es sich gut, alle Verbindungen des betreffenden Stromkreises unabhängig ihres optischen Zustandes zu reinigen. Wackeln Sie an allen Verbindungen und Kabeln, um lockere Stellen zu finden, die Wackelkontakte hervorrufen können.

4 Für Kontrollen am elektrischen System empfiehlt sich ein Multimeter – ein Mehrfachmessgerät, mit dem sich Spannungs-, Stromstärken- und Widerstandsmessungen durchführen lassen (siehe Abbildung). Leicht ablesbare digitale Ausführungen sind nicht teuer. Für einfache Prüfungen reicht auch ein Durchgangstester oder eine Prüflampe, doch können hiermit keine Messungen vorgenommen werden (siehe Abbildungen). Für manche Messungen werden zudem Überbrückungskabel benötigt, mit denen Verbraucher direkt an die Batterie geklemmt werden können.

Durchgangsprüfungen

5 Bei diesem Test wird ermittelt, ob der Strom durch einen Stromkreis fließen kann. Zum Testen eignen sich ein Durchgangsprüfer (der bei geschlossenem Stromkreis piept) oder das auf den Ohm-Messbereich geschaltete Multimeter. Beide Geräte arbeiten mit einer eigenen Stromversorgung, sodass die Zündung abgeschaltet sein muss. Zur Sicherheit sollte auch der Masseanschluss (–) der Batterie getrennt werden – ganz besonders, wenn das Zündsystem überprüft wird.

6 Schalten Sie das Multimeter auf die Durchgangs-Funktion (falls vorhanden) oder den Ohm-Messbereich. Halten Sie die beiden Spitzen der Prüfkabel zusammen – das Gerät sollte jetzt durch Piepen oder eine angezeigte Null Durchgang erkennen lassen. Schalten Sie nach dem Prüfen das Gerät aus, damit sich die Batterie nicht entlädt.

7 Ein Durchgangsprüfer kann auf die gleiche Weise benutzt werden – entweder piept er oder eine Lampe leuchtet auf, wenn Durchgang besteht.

8 Bei normalen Durchgangsprüfungen ist die Polarität des Messgerätes egal, allerdings muss beim Prüfen von Dioden oder Magnetschaltern darauf geachtet werden, den genauen Hinweisen über das Verbinden des Plus- und des Minus-Kabels zu folgen.

Durchgangsprüfung am Schalter

9 Scheint ein Schalter defekt zu sein, müssen seine Kabel bis zum Stecker verfolgt werden. Trennen Sie den Stecker und überprüfen Sie, ob seine Kontakte in Ordnung sind. Verschmutzte oder korrodierte Kontakte können Gründe für das Problem sein – reinigen Sie sie und versehen Sie sie mit etwas wasserverdrängendem Lösungsmittel wie WD40 oder Kontaktreiniger und geeignetem Schutzspray.

10 Wird ein Multimeter verwendet, muss es entweder auf die Durchgangs-Funktion (falls vorhanden) oder den Ohm-Messbereich geschaltet werden, dann werden die Prüfkabel-Spitzen mit den Stecker-Kontakten verbunden (siehe Abbildung). Einfache An/Aus-Schalter wie Bremslichtschalter haben nur zwei Kontakte, während kombinierte Schalter wie die Lenkerschalter über mehrere Kabelkontakte verfügen. Studieren Sie den entsprechenden Schaltplan (am Ende dieses Kapitels), um sicherzustellen, dass an den korrekten Kabelkontakten geprüft wird. Bei eingeschaltetem Schalter muss Durchgang bestehen, bei ausgeschaltetem Schalter darf kein Durchgang bestehen.

Durchgangsprüfung bei Kabeln

11 Viele elektrische Probleme sind auf beschädigte Kabel zurückzuführen, was oft an einer falschen Verlegung, Quetschung bei falscher Montage von Teilen sowie lockere oder korrodierte Stecker liegt.

12 Eine Durchgangsprüfung kann an einem einzelnen Kabel durchgeführt werden, nachdem man es an beiden Enden getrennt und hier die Prüfklemmen angeschlossen hat (siehe Abbildung). Ist ein Kabel in Ordnung, wird Durchgang angezeigt – besteht dieser nicht, wird das Kabel irgendwo gebrochen sein.

13 Um den Durchgang eines Massekabels zu Masse zu prüfen, wird eine Prüfklemme an den Massekontakt des Steckers und die ande-

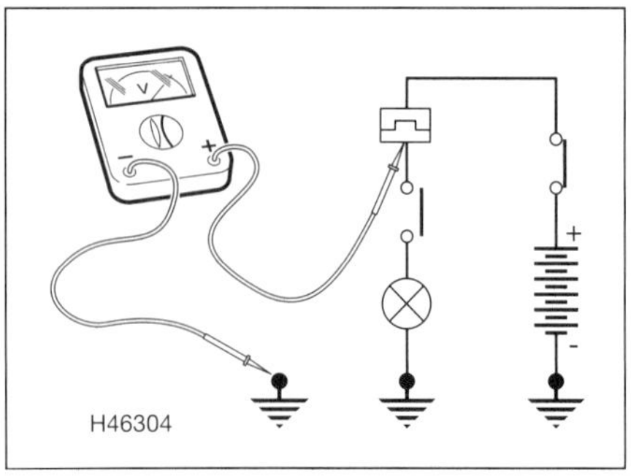

2.15 Schließen Sie bei der Spannungsprüfung das Messgerät parallel zum Stromfluss an.

re an den Rahmen, den Motor oder (bei angeschlossenem Massekabel) an den Minuspol der Batterie gehalten. Ist das Kabel und sein Massekontakt in Ordnung, wird Durchgang angezeigt. Wird kein Durchgang festgestellt, wird ein Kabel gebrochen sein oder einen schlechten Massekontakt haben (siehe unten).

Spannungs-Prüfungen

14 Eine Spannungsprüfung kann belegen, ob der Strom einen Verbraucher erreicht. Schalten Sie das Multimeter auf den Volt-Messbereich für Gleichstrom (DC), um die Spannung hinter der Batterie oder des Gleichrichters zu prüfen, schalten sie es auf AC (Wechselstrom), um die Spannung der Lichtmaschine zu messen. Für den Gleichstrom-Bereich kann auch eine einfache Prüflampe verwendet werden, doch das Messgerät hat den Vorteil, den Wert der Spannung anzuzeigen.

15 Verbinden Sie die Prüfklemmen parallel zur vorhandenen Verkabelung (siehe Abbildung).

16 Identifizieren Sie zuerst den entsprechenden Stromkreis mithilfe des Schaltplans am Ende dieses Kapitels.

17 Wird ein Messgerät eingesetzt, muss zunächst sichergestellt sein, dass die Prüfklemmen korrekt daran angeschlossen sind – rot an Plus (+), schwarz an Minus (–). Schalten Sie das Messgerät auf den gewünschten Bereich (z.B. 0 bis 20 Volt DC). Verbinden Sie die rote Plusklemme mit dem stromführenden Kabel

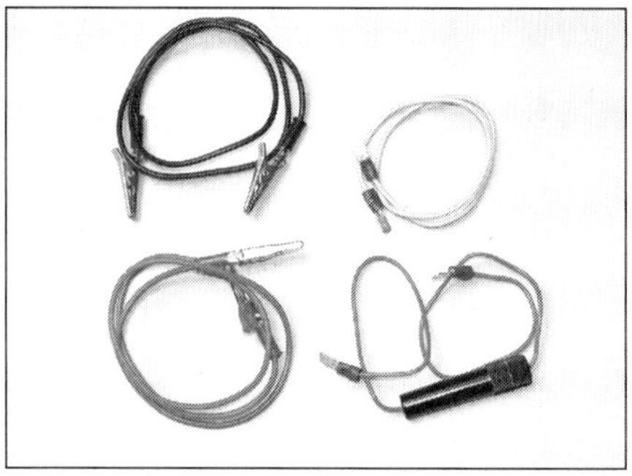

2.23 Verschiedene Überbrückungskabel (z.B. für Masse-Tests)

und die schwarze Minusklemme mit Masse am Motor oder Rahmen oder dem Minuspol der Batterie. Bei eingeschalteten Schaltern muss beispielsweise Batteriespannung oder ein anderer in den technischen Daten angegebener Wert angezeigt werden.

18 Wird eine Prüflampe eingesetzt (Abbildung 2.4c), muss die Plusklemme mit dem stromführenden Kabel und die Minusklemme mit Masse am Motor oder Rahmen oder dem Minuspol der Batterie verbunden werden – bei eingeschaltetem Stromkreis muss die Lampe leuchten.

19 Liegt keine Spannung an, muss man sich zur Stromquelle (z.B. der Batterie) vorarbeiten, um herauszufinden, wo das Problem liegt.

Masse-Prüfung

20 Masseverbindungen gibt es entweder direkt zur Befestigung am Rahmen oder Motor (wie z.B. den Anlasser oder Zündspulen, die nur einen Steckerkontakt für Plus haben) oder über Kabel zum Massekabel an der Batterie. Auch kann ein kurzes Kabel vom Verbraucher direkt zum Rahmen verlegt sein.

21 Korrosion ist genauso ein verbreiteter Grund für eine schlechte Masseverbindung, wie es lockere Anschlüsse sind.

22 Fallen alle oder mehrere Verbraucher gleichzeitig aus, muss die Festigkeit des Haupt-Massekabels (–) an der Batterie überprüft werden, außerdem sind das an den Motor geschraubte Massekabel sowie der/die Haupt-Massepunkt(e) am Rahmen zu kontrollieren. Bei Korrosion muss der Anschluss freigelegt und gereinigt werden, bis wieder blankes Metall zum Vorschein kommt. Verbinden Sie den Anschluss und tragen Sie etwas Polfett auf, um weiterem Rost vorzubeugen.

23 Um einen Verbraucher auf guten Masseschluss zu prüfen, muss sein Massekontakt oder sein Gehäuse übergangsweise mithilfe eines Überbrückungskabels (siehe Abbildung) mit dem Rahmen verbunden werden – arbeitet der Verbraucher jetzt, ist sein Masseschluss defekt.

24 Prüfen Sie bei einem Massekabel zunächst seine Anschlüsse auf Korrosion und lockere Kontakte, kontrollieren Sie dann das Kabel auf Durchgang (siehe Schritt 13).

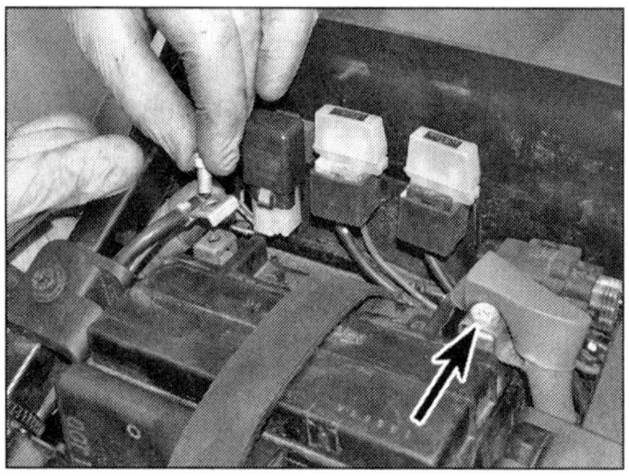

3.3 Trennen Sie immer zuerst den Masseanschluss (–), dann den Plus-Anschluss.

3.4a Hängen Sie das Gummiband aus . . .

3.4b . . . und entnehmen Sie die Batterie.

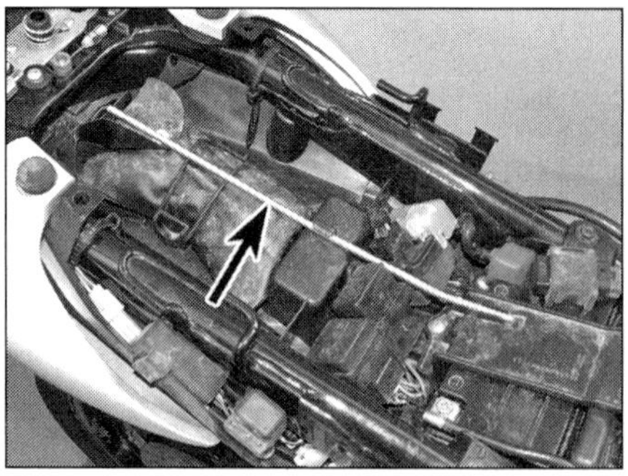

3.5a Entfernen Sie die Tankstütze, . . .

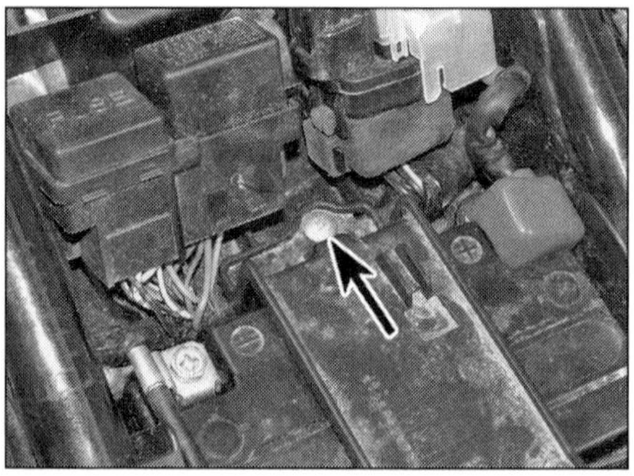

3.5b . . . lösen Sie die Schraube und entfernen Sie den Halter.

> **Praxis TiPP** ***Bedenken Sie immer: Ein elektrischer Stromkreis soll Strom von der Quelle (der Batterie) durch Kabel, Schalter, Relais usw. zum Verbraucher (Lampe, Anlasser etc.) leiten, von dort aus geht es über die Masseverbindung zurück zur Batterie. Elektrische Probleme sind im Wesentlichen Unterbrechungen dieses Stromflusses.***

3 Batterie
Ausbau und Wartung

Achtung: Seien Sie extrem vorsichtig, wenn Sie an der Batterie arbeiten. Die Batteriesäure ist stark ätzend und bei der Ladung entstehen explosive Gase. Lösen Sie immer zuerst die Schraube des Minus-Anschlusses (–) an der Batterie – und schließen Sie diesen als Letztes wieder an.

Ausbau und Einbau

1 Die Zündung muss ausgeschaltet sein.
2 Entfernen Sie die Sitzbank (siehe Kapitel 7).
3 Lösen Sie zuerst am Minuspol (–) die Schraube des Massekabels und trennen Sie dies von der Batterie (siehe Abbildung). Heben Sie die rote Abdeckung ab, um Zugang zum Pluspol (+) zu erhalten und dort die Schraube des Stromkabels zu trennen.
4 – DL-Modelle: Lösen Sie das Gummiband (siehe Abbildung). Heben Sie die Batterie heraus (siehe Abbildung).
5 – SFV-Modelle: Befreien Sie die Tankstütze aus ihren Klemmen (siehe Abbildung). Lösen Sie die einzelne Schraube und drücken Sie den Clip daneben ein, um den Batteriehalter aus dem Batteriegehäuse zu befreien (siehe Abbildung). Heben Sie die Batterie heraus. Beachten Sie, dass der Halter am Rahmen verbleiben kann, sodass der Neigungswinkelsensor nicht demontiert werden muss (siehe Abbildung).
6 Der Einbau entspricht der umgekehrten Ausbaureihenfolge. Reinigen Sie die Batteriepole mit einer Drahtbürste, feinem Sandpapier oder Stahlwolle. Verbinden Sie zuerst das rote Stromkabel mit dem Pluspol (+) und dann das Massekabel mit dem Minuspol (–).

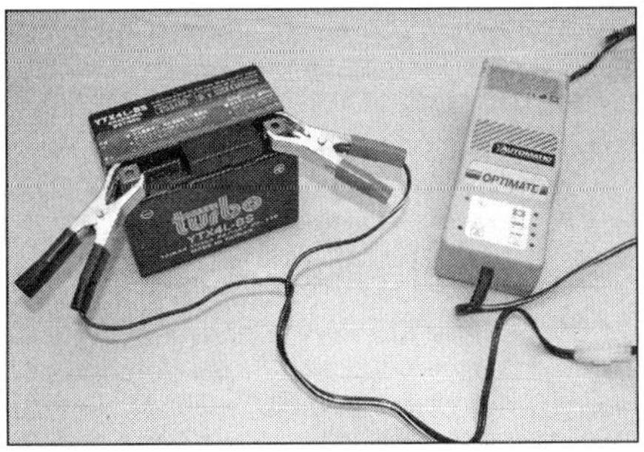

4.2 Eine mit einem Motorradladegerät geladene Batterie

3.5c Legen Sie den Halter samt Neigungswinkelsensor auf dem Rahmen ab.

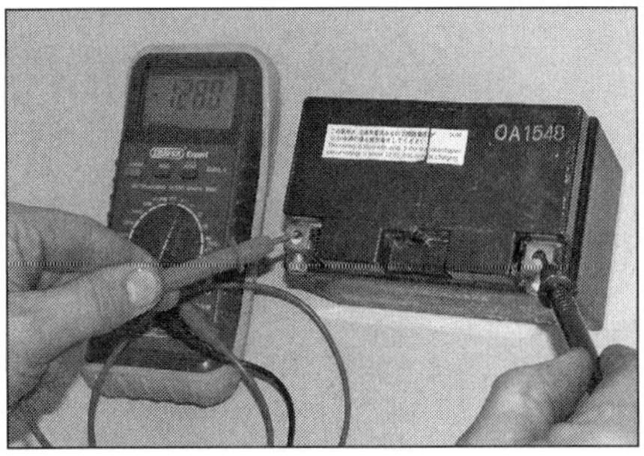

3.8 Prüfen Sie so die Batteriespannung.

> **Praxis TiPP** ***Korrosion der Batteriepole kann auf ein Minimum reduziert werden, wenn man sie nach dem Anschließen der Kabel mit Polfett oder Vaseline versieht. Für diesen Zweck sind auch Sprays erhältlich. Verwenden Sie kein Fett auf Mineral-Basis.***

Kontrolle und Wartung

7 Die serienmäßig an diesen Modellen verwendeten Batterien sind sogenannte »wartungsfreie« (geschlossene) Ausführungen, die keinerlei Wartung erfordern. Allerdings können die folgenden Kontrollen durchgeführt werden.

Anmerkung: *Versuchen Sie nicht, die Batterie zu öffnen, um den Pegel oder die Dichte der Säure zu ermitteln – dies zerstört die Batterie!*

8 Der Ladezustand der Batterie kann durch Messen der Spannung zwischen den Polen der Batterie ermittelt werden (siehe Abbildung). Schließen Sie die Plusklemme eines Voltmeters an den Pluspol des Akkus an, ebenso die Minusklemme an den Minuspol. Eine vollständig geladene Batterie sollte mindestens 12,8 Volt Spannung haben. Wenn die Voltzahl unter 12 Volt fällt, ist die Batterie entladen und muss wie in Sektion 4 beschrieben geladen werden.
9 Kontrollieren Sie die Batteriepole und Anschlüsse auf Korrosion und Festigkeit. Ist Korrosion vorhanden, müssen die Batteriepole wie oben beschrieben gereinigt und dann vor weiterer Korrosion geschützt werden (siehe *Praxis-Tipp*).
10 Das Batteriegehäuse muss sauber gehalten werden, damit keine Kriechströme durch den Schmutz fließen und den Akku über längere Zeit entladen. Waschen Sie die Außenseite des Gehäuses mit einer Lösung aus Wasser und Soda. Spülen Sie die Batterie ordentlich ab und trocknen Sie sie.
11 Achten Sie auf Risse im Gehäuse und wechseln Sie die Batterie sofort aus, wenn welche entdeckt werden. Wenn Säure auf den Rahmen oder den Batteriehalter gespritzt ist, muss sie sofort mit Sodalauge neutralisiert werden. Trocknen Sie alles ab und bessern Sie Lackschäden aus.
12 Wenn das Motorrad für längere Zeit nicht benutzt wird, sollten die Batterieanschlüsse gelöst werden – Masse (–) zuerst. Wechseln Sie zu Sektion 4 und laden Sie die Batterie alle vier bis sechs Wochen nach.

4 Batterie
Laden

Achtung: Seien Sie bei Arbeiten an der Batterie extrem vorsichtig! Die Batteriesäure ist stark ätzend und beim Aufladen entstehen explosive Gase. Batteriesäure ist extrem korrosiv und löst nach kürzester Zeit Lack und Metall an.

1 Bauen Sie die Batterie zum Laden immer aus (siehe Sektion 3). Das Laden einer wartungsfreien (»MF«-) Batterie erfordert ein Ladegerät mit einem eingebauten Amperemeter. Verbinden Sie das Ladegerät mit der Batterie, BEVOR Sie es einschalten – gehen Sie dabei sicher, dass die Anschlüsse nicht verwechselt werden – die Plusklemme gehört an den Pluspol und die Minusklemme an den Minuspol.
2 Suzuki empfiehlt, die Batterie mit 1,2 Ampere über fünf bis zehn Stunden zu laden; im Notfall kann sie eine Stunde lang mit 5 Ampere geladen werden. Das Überschreiten dieser Vorgaben kann dazu führen, dass die Batterie überhitzt und sich ihre Platten verziehen, sodass sie durch Kurzschlüsse zerstört wird. Normale einfache Ladegeräte sollten nach einem möglicherweise stärkeren Anfangsladestrom auf ein niedriges sicheres Level absinken (siehe Abbildung). Stoppen Sie sofort die Ladung, wenn die Batterie warm wird – weiteres Laden wird zu Beschädigungen führen. Im gut sortierten Fachhandel gibt es spezielle Ladegeräte für Motorradbatterien, die sich oft besonders gut für stark entladene MF-Batterien eignen – besonders bei nur gelegentlich genutzten Motorrädern stellen diese gar nicht teuren Geräte eine wertvolle Investition dar. Folgen Sie zum Laden den Hinweisen des Ladegerät-Herstellers.

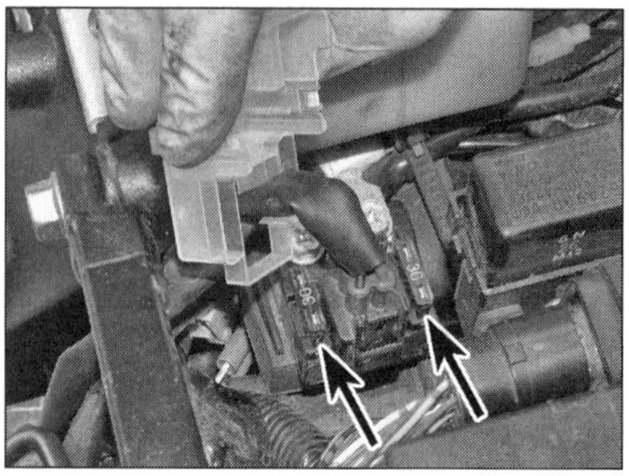

5.3 **Entfernen Sie die Relaisabdeckung, um Zugang zur Hauptsicherung samt Ersatzsicherung zu erhalten.**

5.4a **Sicherungsbox**

5.4b **Öffnen Sie die Deckel, um Zugang zu den Sicherungen zu erhalten.**

5.5a **ABS-Sicherungen – DL-Modelle**

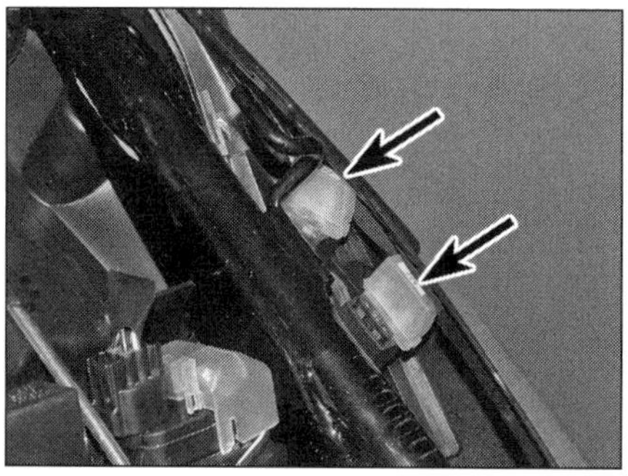

5.5b **ABS-Sicherungen – SFV-Modelle**

5.5c **Öffnen Sie die Deckel, um Zugang zur Sicherung zu erhalten.**

3 Falls sich eine geladene Batterie über kurze Zeit wieder entlädt, wird ein innerer Kurzschluss durch physikalische Beschädigung oder starke Sulfatierung vorliegen und es muss eine neue Batterie beschafft werden. Eine gesunde Batterie verliert etwa 1 % ihrer Ladung pro Tag.
4 Installieren Sie die Batterie (siehe Sektion 3).
5 Wenn das Motorrad für längere Zeit nicht benutzt wird, sollte die Batterie alle vier bis sechs Wochen geladen werden.

5.7 **Ziehen Sie die Sicherung heraus.**

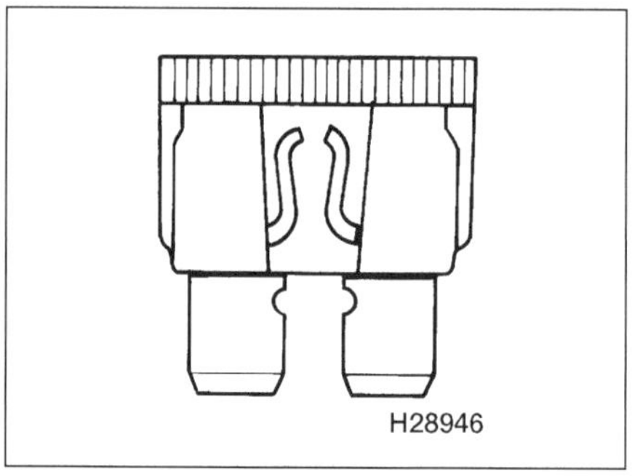

5.8 **Eine durchgebrannte Sicherung kann am unterbrochenen Metallstreifen erkannt werden.**

5 Sicherungen

1 Die Bordelektrik als Ganzes ist mit einer Hauptsicherung geschützt, während die verschiedenen Verbraucher mit Sicherung unterschiedlicher Stärken geschützt sind.
2 Um Zugang zu den Sicherungen zu erhalten, muss die Sitzbank entfernt werden (siehe Kapitel 7).
3 Die Hauptsicherung sitzt samt einer Ersatzsicherung am Anlasserrelais (siehe Abbildung).
4 Alle anderen Sicherungen (außer den ABS-Sicherungen) befinden sich in der Sicherungsbox – entfernen Sie für den Zugang den Deckel (siehe Abbildungen). Die Lage, Zuordnung und Absicherungsrate der einzelnen Sicherungen ist im Deckel angegeben (siehe Abbildung).
5 Die beiden ABS-Sicherungen befinden sich in separaten Haltern, deren Deckel für den Zugang geöffnet werden müssen (siehe Abbildungen).
6 Von jeder Absicherungsrate ist eine Ersatzsicherung vorhanden – diese sitzen ebenfalls in der Sicherungsbox bzw. im separaten Halter (Abbildung 5.5a).
7 Die Sicherungen können ausgebaut und einer Sichtkontrolle unterzogen werden. Ziehen Sie die Sicherung mit den Fingern oder einer geeigneten Zange heraus (siehe Abbildung).
8 Eine durchgebrannte Sicherung ist leicht an der Unterbrechung in der Drahtverbindung zwischen den beiden Kontakten zu erkennen (siehe Abbildung) – im Zweifelsfall muss sie mit einem Durchgangsprüfer oder Ohmmeter geprüft werden (siehe Sektion 2). Jede Sicherung ist deutlich mit dem Wert der maximalen Stromstärke markiert und darf nur durch eine gleich starke ersetzt werden.

⚠ ***Warnung: Setzen Sie niemals eine stärkere Sicherung ein und überbrücken Sie die Anschlüsse niemals mit Draht oder Ähnlichem, für wie kurz auch immer. Die elektrische Anlage kann stark beschädigt werden oder in Brand geraten.***

9 Falls eine neue Sicherung sofort wieder durchbrennt, muss der Kabelbaum sorgfältig auf den Grund des Kurzschlusses überprüft werden. Achten Sie auf blanke Leitungen und abgeriebene, geschmolzene oder verbrannte Isolationen.
10 Gelegentlich wird eine Sicherung ohne offensichtlichen Grund durchbrennen oder den Stromkreis unterbrechen. Der Grund hierfür liegt in korrodierten Kontakten der Sicherung oder ihrer Halterung. Entfernen Sie diese Kontaktschwächen mit einer Drahtbürste oder Schleifpapier und sprühen Sie die Anschlüsse mit Kontaktspray ein.

6 Lichtanlage Kontrolle

Anmerkung: *Beachten Sie die Hinweise zur Fehlersuche in Sektion 2 sowie die Schaltpläne am Ende des Kapitels.*

1 Wenn eine einzelne Lampe nicht mehr funktioniert, müssen zuerst die Lampe und ihre Anschlüsse überprüft werden – beachten Sie die entsprechende Sektion. Falls keine einzige Lampe leuchtet, muss zuerst die Batterie kontrolliert werden – eine schwache Batterie kann entweder einen eigenen Schaden oder einen Fehler im Ladesystem bedeuten – wechseln Sie für die Batteriekontrolle zu Sektion 3 und wegen eines Tests des Ladesystems zu Sektion 27. Kontrollieren Sie auch die Sicherungen (siehe Sektion 5). Falls gleichzeitig mehrere Probleme auftreten, wird der Defekt wahrscheinlich in einer Multifunktions-Komponente wie der für mehrere Stromkreise zuständigen Sicherung oder dem Zündschloss liegen. Bei der Kontrolle eines Lampen-Glühdrahtes sollte eine Sichtkontrolle von einem Durchgangstest bestätigt werden, da die Drahtwendel nicht immer erkennen lässt, dass die Lampe durchgebrannt ist.

Scheinwerfer

2 DL-Modelle sind mit zwei H4-Doppelfadenlampen ausgerüstet. Falls ein Scheinwerfer ausfällt, muss die Lampe kontrolliert werden (siehe Sektion 7). Fallen beide Scheinwerfer aus, muss zuerst die Sicherung überprüft werden (siehe Sektion 5).
3 SFV-Modelle sind mit einer einzelnen H4-Doppelfadenlampe ausgerüstet. Falls der Scheinwerfer ausfällt, müssen zuerst die Lampe (siehe Sektion 7) und dann die Sicherung überprüft werden (siehe Sektion 5).
4 Wenn das Abblendlicht nicht funktioniert, muss bei eingeschalteter Zündung und auf »LO« stehendem Abblendschalter geprüft werden, ob am schwarz/blauen (DL) bzw. weißen Scheinwerferkabel (SFV) Batteriespannung anliegt. Ist dies der Fall, muss am schwarz/weißen Kabel geprüft werden, ob Durchgang zu Masse besteht.
5 Wenn das Fernlicht nicht funktioniert, muss bei eingeschalteter Zündung und auf »HI« stehendem Abblendschalter geprüft werden, ob am gelben Scheinwerferkabel Batteriespannung anliegt. Ist dies der Fall, muss am schwarz/weißen Kabel geprüft werden, ob Durchgang zu Masse besteht.
6 Falls am Stecker keine Spannung festgestellt wurde, liegt das Problem in der Verkabelung, den Steckern oder dem Abblendschalter. Kontrollieren Sie die Verkabelung (siehe Sektion 2 sowie die Schaltpläne am Ende des Kapitels) und den Lenkerschalter (siehe Sektion 19).

Rücklicht

7 DL-Modelle bis 2011 sind mit zwei kombinierten Brems/Rücklichtlampen ausgerüstet, DL-Modelle ab 2012 sowie alle SFV-Modelle sind mit einer einzelnen kombinierten Brems/Rücklichtlampe ausgerüstet.
8 Falls ein/das Rücklicht ausfällt, muss die Lampe kontrolliert werden (siehe Sektion 9). Wenn die Lampe in Ordnung ist, muss bei eingeschalteter Zündung überprüft werden, ob am entsprechenden Kabel des Lampenhalters Spannung anliegt (die korrekte Kabelfarbe kann mithilfe der Schaltpläne herausgefunden werden). Ist dies der Fall, muss am schwarz/weißen Kabel geprüft werden, ob Durchgang zu Masse besteht. Wird keine Spannung ermittelt, müssen alle Kabel und Stecker zwischen dem Rücklicht und der Sicherungsbox kontrolliert werden.

Bremsleuchten

9 DL-Modelle bis 2011 sind mit zwei kombinierten Brems/Rücklichtlampen ausgerüstet, DL-Modelle ab 2012 sowie alle SFV-Modelle sind mit einer einzelnen kombinierten Brems/Rücklichtlampe ausgerüstet.
10 Falls ein/das Bremslicht ausfällt, muss die Lampe kontrolliert werden (siehe Sektion 9). Wenn die Lampe in Ordnung ist, muss bei eingeschalteter Zündung und betätigter Bremse – erst vorne, dann hinten – überprüft werden, ob am entsprechenden Kabel des Lampenhalters Spannung anliegt (die korrekte Kabelfarbe kann mithilfe der Schaltpläne herausgefunden werden). Ist dies nur bei einer Bremse der Fall, ist der andere Bremslichtschalter oder seine Verkabelung defekt. Liegt beim Betätigen beider Bremsen Spannung an, muss am schwarz/weißen Kabel geprüft werden, ob Durchgang zu Masse besteht. Wird keine Spannung ermittelt, muss zunächst die Blinker/Brems-/Rücklicht-Sicherung kontrolliert werden (siehe Sektion 5), dann werden alle Kabel und Stecker zwischen dem Bremslicht, den Bremslichtschaltern und der Sicherungsbox kontrolliert werden – die Kontrolle der Bremslichtschalter ist in Sektion 14 beschrieben.

Standlicht

11 DL-Modelle sind mit zwei Standlichtlampen ausgerüstet, SFV-Modelle nur mit einer.
12 Falls ein/das Standlicht ausfällt, muss die Lampe kontrolliert werden (siehe Sektion 7). Wenn die Lampe in Ordnung ist, muss bei eingeschalteter Zündung überprüft werden, ob am braunen Kabel des Lampenhalters Spannung anliegt. Ist dies der Fall, muss am schwarz/weißen Kabel geprüft werden, ob Durchgang zu Masse besteht. Wird keine Spannung ermittelt, müssen alle Kabel und Stecker zwischen dem Standlicht und der Sicherungsbox kontrolliert werden.

Kennzeichenbeleuchtung

13 Falls die Kennzeichenbeleuchtung ausfällt, muss die Lampe kontrolliert werden (siehe Sektion 9). Wenn die Lampe in Ordnung ist, muss bei eingeschalteter Zündung überprüft werden, ob am entsprechenden Kabel des Lampenhalters Spannung anliegt (die korrekte Kabelfarbe kann mithilfe der Schaltpläne herausgefunden werden). Ist dies der Fall, muss am schwarz/weißen Kabel geprüft werden, ob Durchgang zu Masse besteht. Wird keine Spannung ermittelt, müssen alle Kabel und Stecker zwischen der Lampe und der Sicherungsbox kontrolliert werden.

Blinker

14 Beachten Sie hierfür die Hinweise in Sektion 11.

Instrumenten- und Kontrolllampen

15 Beachten Sie hierfür die Hinweise in Sektion 16.

7 Scheinwerfer- und Standlichtlampen

Anmerkung: *Die H4-Halogenlampe des Scheinwerfers darf nicht am Glas angefasst werden, da Flecken das Leben der Lampe verkürzen. Wenn sie doch einmal berührt worden ist, muss sie (im kalten Zustand) sorgfältig mit einem in Spiritus getränkten Lappen abgewischt und vor dem Einbau getrocknet werden. Fassen Sie Lampen immer mit einem Taschentuch oder trockenem Lappen an, um ihre Lebensdauer zu verlängern.*

DL-Modelle

Scheinwerferlampe

1 Demontieren Sie bei Modellen bis 2011 an der entsprechenden Seite das Verkleidungsseitenteil (siehe Kapitel 7). Drehen Sie den Lenker so, dass möglichst guter Zugang besteht.

7.2 **Trennen Sie den Scheinwerferstecker...**

7.3 **... und entfernen Sie die Gummikappe.**

7.4a **Lösen Sie den Drahtbügel...**

7.4b **... und befreien Sie die Lampe.**

7.10 **Befreien Sie den Standlichtlampenhalter...**

7.11 **... und ziehen Sie die Lampe heraus.**

7.15 **Entfernen Sie die Gummikappe.**

2 Trennen Sie den Scheinwerferstecker der entsprechenden Lampe (siehe Abbildung).
3 Ziehen Sie die Gummikappe ab (siehe Abbildung).
4 Lösen Sie den Sicherungsdraht und entnehmen Sie die Lampe (siehe Abbildungen).
5 Installieren Sie die korrekt ausgerichtete neue Lampe – beachten Sie die Anmerkung oben – und sichern Sie sie mit dem Sicherungsdraht (Abbildungen 7.4b und a).
6 Stecken Sie die Gummikappe auf (Abbildung 7.3).
7 Verbinden Sie den Lampenstecker (Abbildung 7.2).
8 Prüfen Sie die Funktion des Scheinwerfers. Montieren Sie entfernte Verkleidungsteile (siehe Kapitel 7).

Standlichtlampe

9 Demontieren Sie die Cockpitverkleidung – bei Modellen ab 2012 nur die hintere Sektion (siehe Kapitel 7).
10 Drehen Sie den Lampenhalter eine Vierteldrehung nach links und ziehen Sie ihn aus dem Scheinwerfer (siehe Abbildung).
11 Ziehen Sie vorsichtig die Lampe aus dem Halter (siehe Abbildung).
12 Stecken Sie die neue Lampe in den Halter und installieren Sie diesen in den Reflektor – drehen Sie ihn zum Schluss eine Vierteldrehung nach rechts, um ihn zu sichern.
13 Prüfen Sie die Funktion der Lampe. Montieren Sie die Cockpitverkleidung (siehe Kapitel 7).

SFV-Modelle

Scheinwerferlampe

14 Demontieren Sie den Scheinwerfer (siehe Sektion 8).
15 Ziehen Sie die Gummikappe ab (siehe Abbildung).
16 Lösen Sie den Sicherungsdraht und entnehmen Sie die Lampe (siehe Abbildungen).
17 Installieren Sie die korrekt ausgerichtete neue Lampe – beachten Sie die Anmerkung oben – und sichern Sie sie mit dem Sicherungsdraht (Abbildungen 7.16b und a).
18 Stecken Sie die Gummikappe auf (Abbildung 7.15).
19 Montieren Sie den Scheinwerfer (siehe Sektion 8) und prüfen Sie seine Funktion.

Standlichtlampe

20 Demontieren Sie den Scheinwerfer (siehe Sektion 8).
21 Ziehen Sie vorsichtig den Lampenhalter aus dem Scheinwerfer (siehe Abbildung).
22 Ziehen Sie vorsichtig die Lampe aus dem Halter (siehe Abbildung).
23 Stecken Sie die neue Lampe in den Halter und installieren Sie diesen in den Reflektor.
24 Montieren Sie den Scheinwerfer (siehe Sektion 8) und prüfen Sie die Funktion der Lampe.

8 Scheinwerfer

Ausbau

DL-Modelle bis 2011

1 Demontieren Sie die Verkleidung (siehe Kapitel 7).
2 Trennen Sie die Scheinwerfer- und Standlicht-Stecker und befreien Sie die Kabel aus allen Befestigungen (siehe Abbildungen).
3 Lösen Sie die Muttern und entnehmen Sie die Scheiben, bevor Sie den Scheinwerfer

7.16a **Lösen Sie den Drahtbügel...**

7.16b **... und befreien Sie die Lampe.**

7.21 **Befreien Sie den Standlichtlampenhalter...**

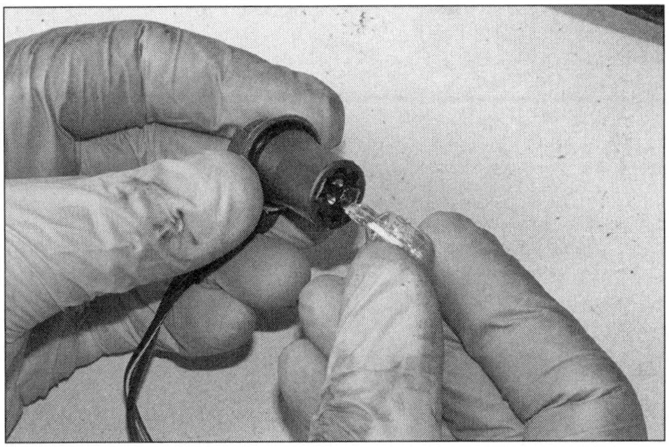

7.22 **... und ziehen Sie die Lampe heraus.**

8.2a **Trennen Sie die Scheinwerferstecker...**

8.2b **... und Standlichtlampenstecker.**

8.3 **Lösen Sie an beiden Seiten die Muttern.**

vom Halter ziehen (siehe Abbildung). Falls die Gummiösen spröde oder beschädigt sind, müssen sie ersetzt werden.

4 Entfernen Sie nötigenfalls die Scheinwerferlampen und Standlichtlampen-Halter (siehe Sektion 7).

DL-Modelle ab 2012

5 Demontieren Sie die komplette Verkleidung (siehe Kapitel 7).

6 Lösen Sie die Halter-Schrauben und ziehen Sie den Halter ab, um die Gummiösen von den Stiften zu ziehen (siehe Abbildungen).

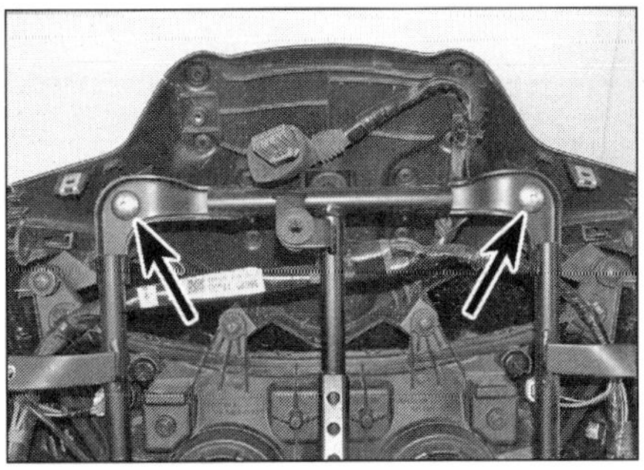

8.6a **Lösen Sie die Schrauben...**

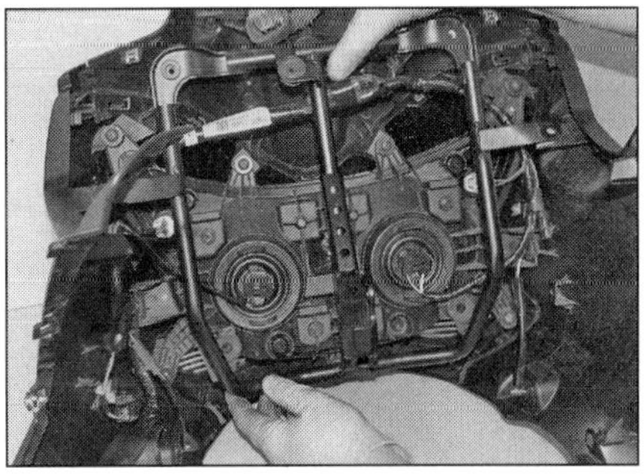

8.6b **... und entfernen Sie den Träger.**

7 Befreien Sie die Scheinwerfer-Verkabelung, lösen Sie die Schrauben, befreien Sie die Stifte aus den Verkleidungsseitenteilen und ziehen Sie den Scheinwerfer von den Klettverschlüssen (siehe Abbildung).
8 Entfernen Sie nötigenfalls die Scheinwerferlampen und Standlichtlampen-Halter (siehe Sektion 7).

SFV-Modelle

9 Lösen Sie an beiden Seiten die Schraube und entfernen Sie die Scheinwerferabdeckungen – beachten Sie ihre Positionen (siehe Abbildungen).
10 Lösen Sie an beiden Seiten die Schraube und schwenken Sie den Scheinwerfer auf seinen unteren Halterungen herunter (siehe Abbildungen). Trennen Sie die Standlicht- und Scheinwerfer-Stecker, befreien Sie die unteren Halterungen und entnehmen Sie den Scheinwerfer (siehe Abbildungen).
11 Entfernen Sie nötigenfalls die Scheinwerferlampe und den Standlichtlampen-Halter (siehe Sektion 7).

Einbau

12 Der Einbau entspricht der umgekehrten Ausbaureihenfolge. Die Hülsen müssen in den Gummiösen stecken. Prüfen Sie die Funktion der Lampen und stellen Sie die Leuchtweite ein (siehe unten).

8.7 Scheinwerfer-Befestigungsschrauben – DL ab 2012

8.9a Lösen Sie die Schraube der Scheinwerferabdeckung . . .

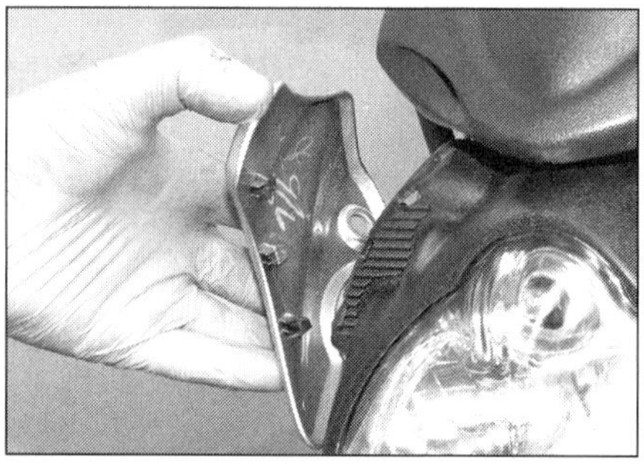

8.9b . . . und entfernen Sie diese.

8.10a Lösen Sie an beiden Seiten die Schraube . . .

Scheinwerfer-Einstellung

Anmerkung: *Ein schlecht eingestellter Scheinwerfer blendet den Gegenverkehr und/oder leuchtet die Fahrbahn nicht korrekt aus. Bei der Hauptuntersuchung wird die Einstellung der Leuchtweite kontrolliert.*

13 Vor Beginn müssen der Reifendruck und die Einstellung der Federung geprüft werden. Einstellungen sollten möglichst mit halb gefülltem Tank und einem auf der Maschine sitzenden Assistenten auf einer ebenen Fläche vorgenommen werden. Wird vorzugsweise zu zweit gefahren, muss eine zweite Person auf dem Rücksitz platz nehmen. Führen Sie ggf. zunächst eine Seiten-Einstellung durch, dann die Höheneinstellung.
14 Entfernen Sie bei DL-Modellen bis 2011 das entsprechende Verkleidungsseitenteil (siehe Kapitel 7). Die Seitenversteller sitzen an der oberen inneren Ecke jedes Scheinwerfers, die Höhenversteller sitzen in der unteren äußeren Ecke (siehe Abbildung).
15 Entfernen Sie bei DL-Modellen ab 2012 die hintere Cockpitverkleidung (siehe Kapitel 7) und drehen Sie den Lenker, um einen möglichst guten Zugang zu erhalten. Die Seitenversteller sitzen an der oberen äußeren Ecke jedes Scheinwerfers, die Höhenversteller sitzen in der unteren inneren Ecke (siehe Abbildung).
16 Bei SFV-Modellen sitzt der Seitenversteller links unten am Scheinwerfer, der Höhenversteller sitzt in der oberen rechten Ecke (siehe Abbildung) – drehen Sie den Lenker, um einen möglichst guten Zugang zu erhalten.

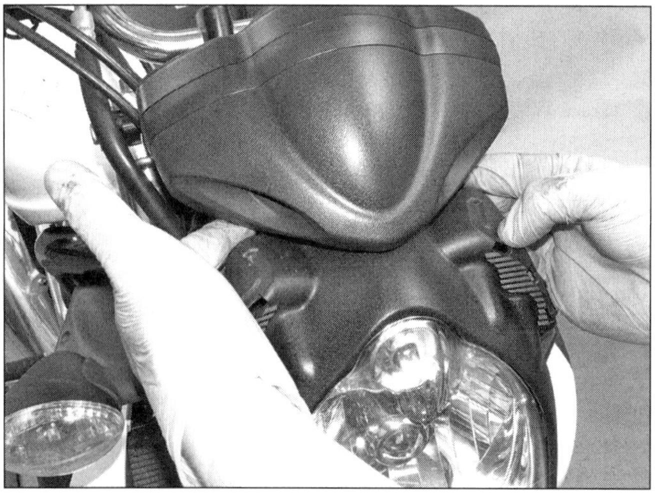

8.10b . . . und schwenken Sie den Scheinwerfer herunter, . . .

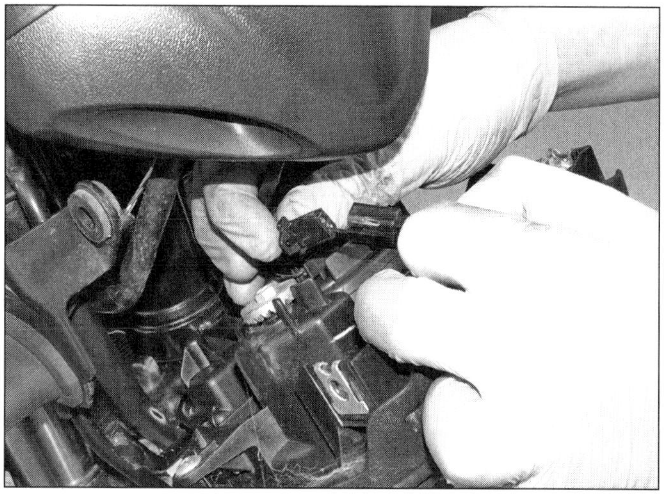

8.10c . . . um den Standlichtlampenstecker . . .

9 Brems/Rücklicht- und Kennzeichenbeleuchtungs-Lampen

Anmerkung: *Es kann nicht schaden, die Lampe mit einem Tuch anzufassen, um keine Fingerabdrücke darauf zu hinterlassen und ihre Lebensdauer zu verlängern.*

Brems/Rücklichtlampe DL-Modelle

1 Entfernen Sie die Sitzbank (siehe Kapitel 7).

2 Drehen Sie den Lampenhalter links herum, um ihn zu befreien (siehe Abbildung).

8.10d ... und den Scheinwerferstecker zu trennen ...

8.10e ... und den Scheinwerfer zu entnehmen.

8.14 Seitenversteller (A), Höhenversteller (B) – rechter Scheinwerfer bei DL bis 2011

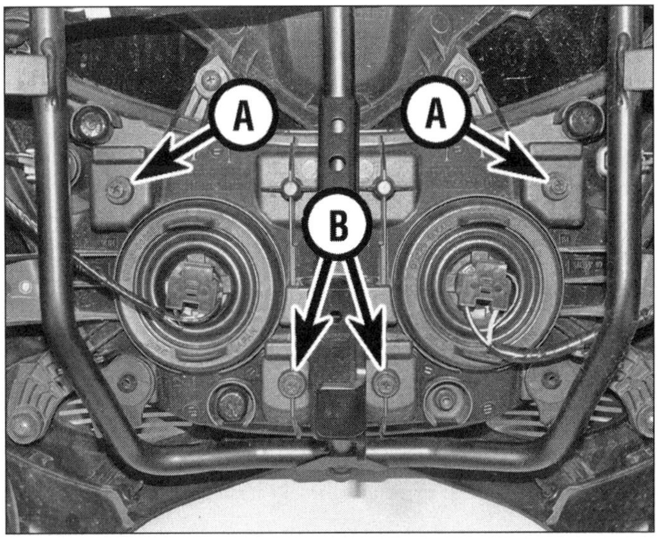

8.15 Seitenversteller (A), Höhenversteller (B) – DL ab 2012

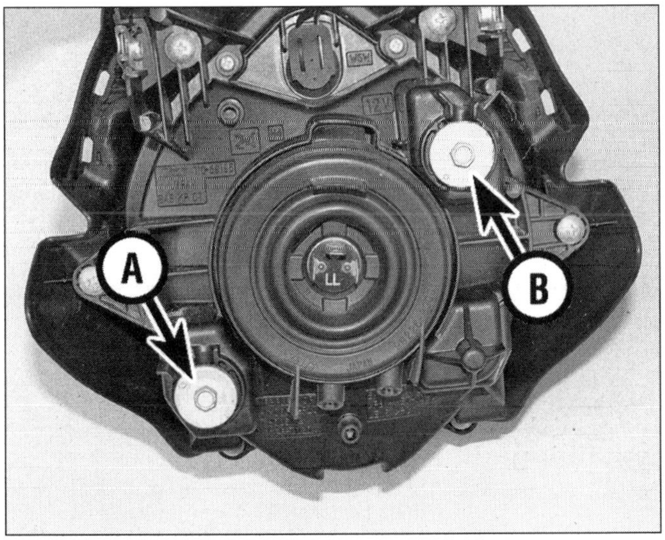

8.16 Seitenversteller (A), Höhenversteller (B) – SFV

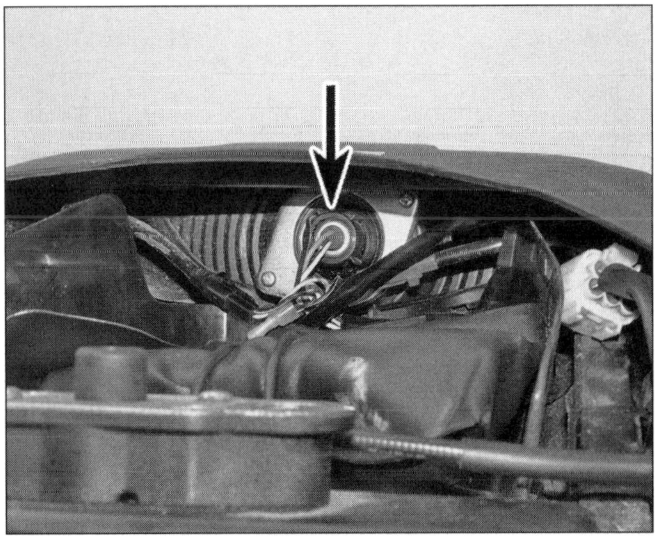

9.2 Befreien Sie den Rücklichtlampenhalter ...

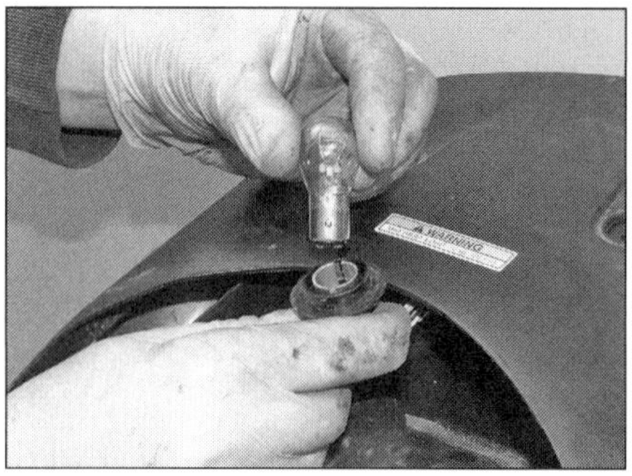

9.3 ... und ziehen Sie die Lampe heraus.

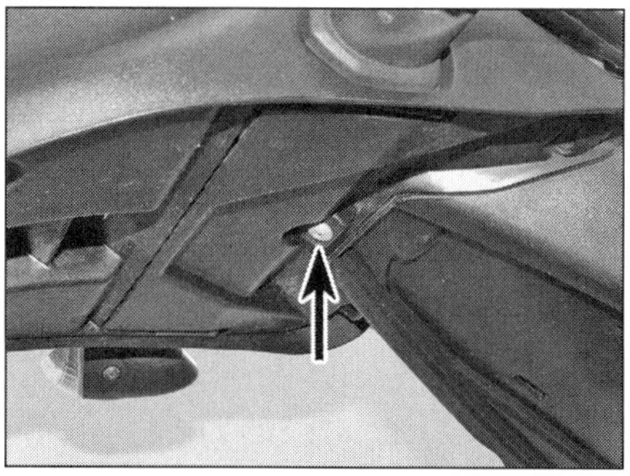

9.7a Lösen Sie die Schraube der Abdeckung unterhalb des Hinterradschutzblechs ...

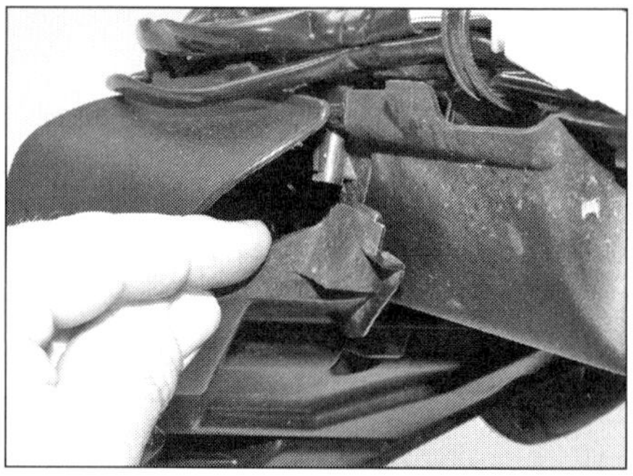

9.7b ... und befreien Sie sie an beiden Seiten, ...

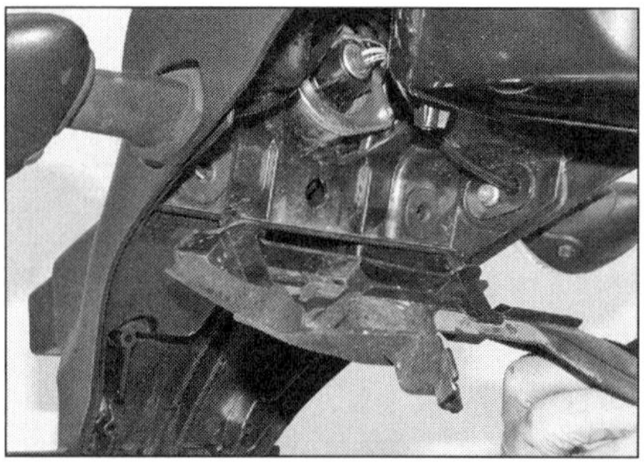

9.7c ... um sie zu entnehmen.

9.8 Befreien Sie den Lampenhalter ...

9.9 ... und die Lampe aus dem Halter.

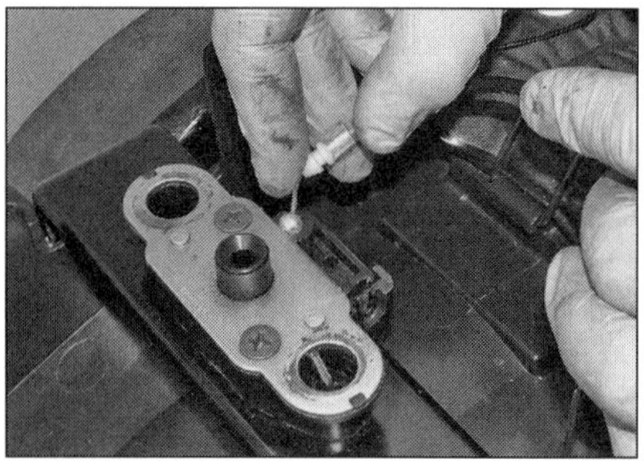

9.14 Befreien Sie den Seilzug der Sitzbankverriegelung.

9.15a Lösen Sie an beiden Seiten die Schraube, ...

9.15b ... ziehen Sie die Baugruppe nach hinten und trennen Sie den Stecker.

3 Drücken Sie die Lampe vorsichtig in den Halter, drehen Sie sie nach links und ziehen Sie sie aus dem Halter (siehe Abbildung).
4 Kontrollieren Sie die Kontakte auf Korrosion und reinigen Sie sie nötigenfalls.
5 Richten Sie die Stifte der Lampe zu den Schlitzen des Sockels aus, drücken Sie sie hinein und drehen Sie sie rechts herum, bis sie korrekt sitzt.
6 Installieren Sie den Lampenhalter ins Rücklicht und drehen Sie ihn rechts herum, bis er korrekt sitzt.

SFV-Modelle

7 Entfernen Sie die Abdeckung unten am Hinterradschutzblech (siehe Abbildungen).
8 Drehen Sie den Lampenhalter links herum, um ihn zu befreien (siehe Abbildung).
9 Drücken Sie die Lampe vorsichtig in den Halter, drehen Sie sie nach links und ziehen Sie sie aus dem Halter (siehe Abbildung).
10 Kontrollieren Sie die Kontakte auf Korrosion und reinigen Sie sie nötigenfalls.
11 Richten Sie die Stifte der Lampe zu den Schlitzen des Sockels aus, drücken Sie sie hinein und drehen Sie sie rechts herum, bis sie korrekt sitzt.
12 Installieren Sie den Lampenhalter ins Rücklicht und drehen Sie ihn rechts herum, bis er korrekt sitzt.

Kennzeichenbeleuchtung DL-Modelle bis 2011

13 Entfernen Sie die Seitendeckel (siehe Kapitel 7).
14 Befreien Sie den Seilzug des Sitzbankschlosses (siehe Abbildung).
15 Lösen Sie an beiden Seiten die Schrauben hinten am Schutzblech, ziehen Sie dies zurück und trennen Sie den Stecker des Heck-Kabelbaums (siehe Abbildungen).
16 Trennen Sie den Kennzeichenbeleuchtungs-Stecker und befreien Sie das Kabel (siehe Abbildung). Lösen Sie die Muttern, befreien Sie die Hülsen und entnehmen Sie die Beleuchtungseinheit samt Gummiplatte (siehe Abbildungen).
17 Ziehen Sie den Lampenhalter heraus und ziehen Sie vorsichtig die Lampe aus dem Halter (siehe Abbildungen).
18 Installieren Sie die neue Lampe in den Halter und drücken Sie diesen ins Gehäuse – richten Sie den Ausschnitt des Lampenhalters über den Anguss am Gehäuse aus (Abbil-

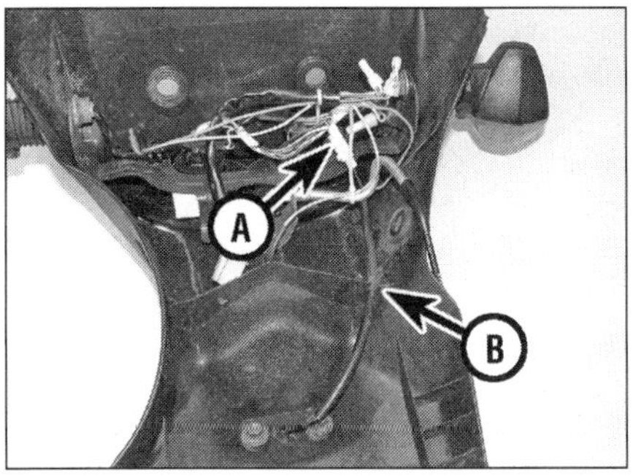

9.16a Trennen Sie den Stecker (A) und befreien Sie das Kabel aus der Nut (B).

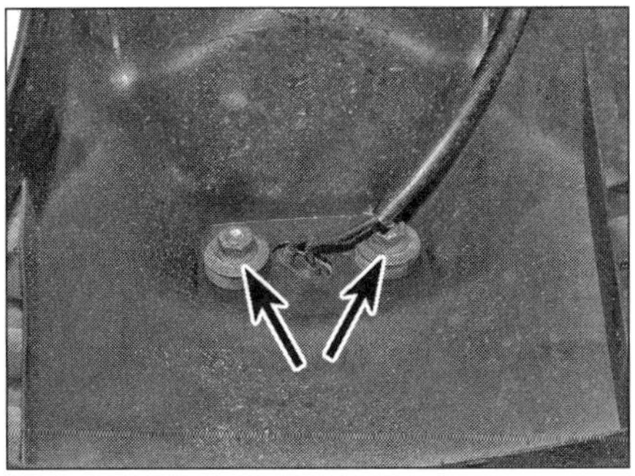
9.16b Lösen Sie die Muttern...

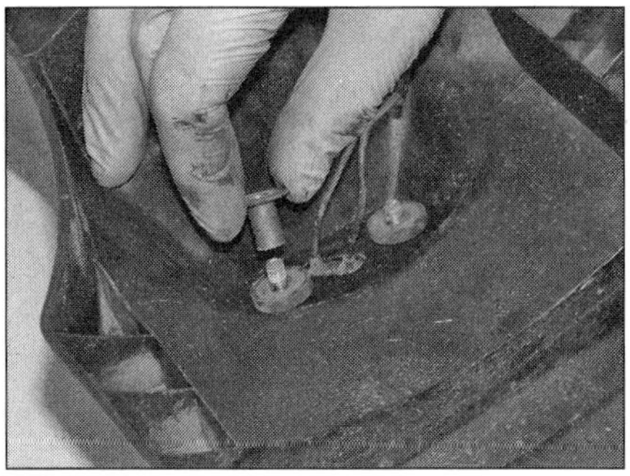
9.16c ...und entfernen Sie die Hülsen.

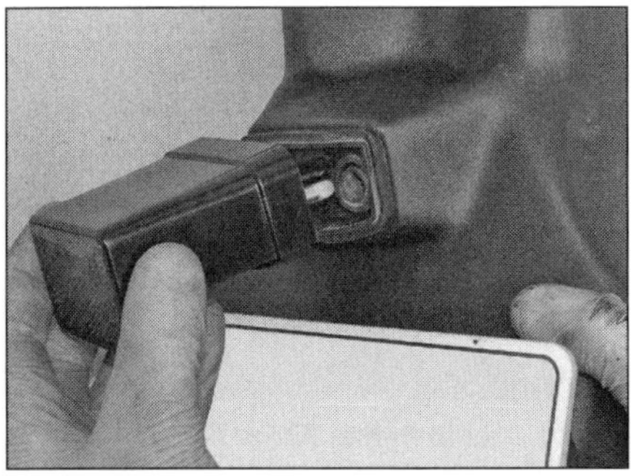
9.16d Befreien Sie die Kennzeichenbeleuchtung...

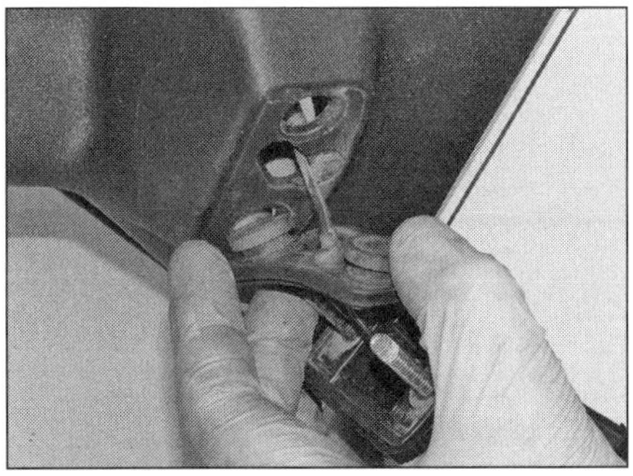
9.16e ...und deren Gummiplatte.

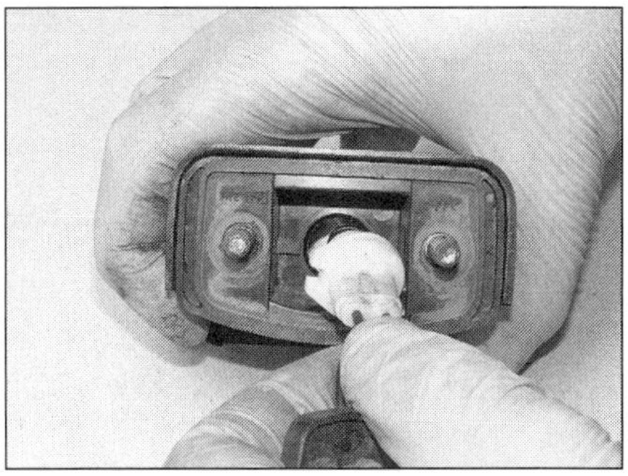
9.17a Befreien Sie den Lampenhalter...

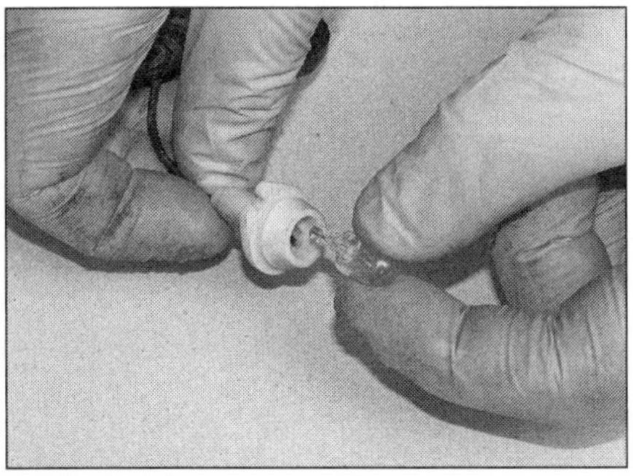
9.17b ...und ziehen Sie die Lampe heraus.

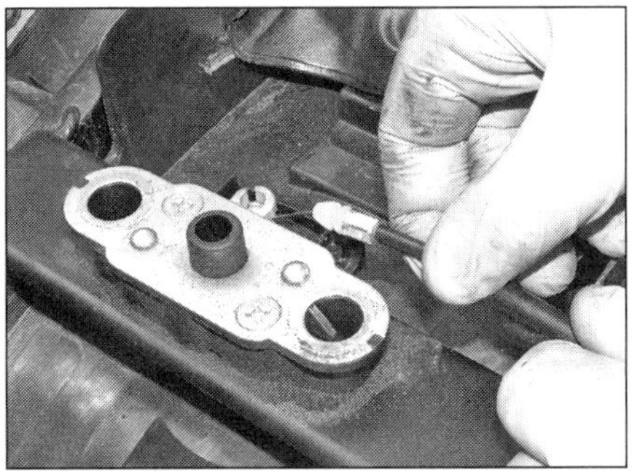
9.20 Befreien Sie den Seilzug der Sitzbankverriegelung.

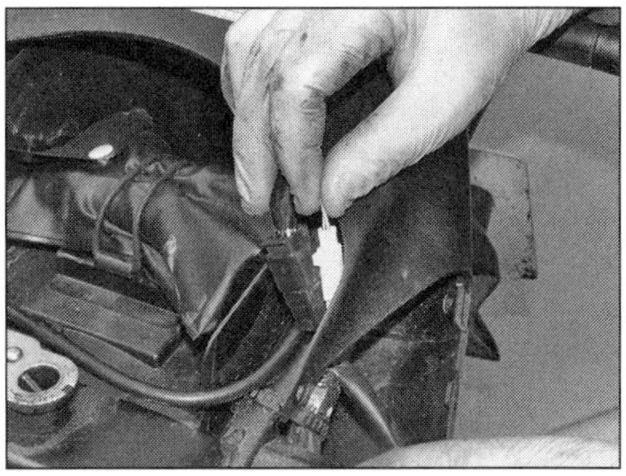
9.21 Trennen Sie die Kabelstecker.

dung 9.17a). Der Rest des Zusammenbaus entspricht der umgekehrten Ausbaureihenfolge.

DL-Modelle ab 2012

19 Entfernen Sie die Seitendeckel (siehe Kapitel 7).

20 Befreien Sie den Seilzug des Sitzbankschlosses (siehe Abbildung).

21 Trennen Sie die Blinker-, Brems/Rücklicht- und Kennzeichenbeleuchtungs-Stecker (siehe Abbildung).

22 Befreien Sie den Verkleidungsstift und lösen Sie die an beiden Seiten die Schrauben hinten am Schutzblech, um dies nach hinten vom Motorrad abzuziehen (siehe Abbildungen).

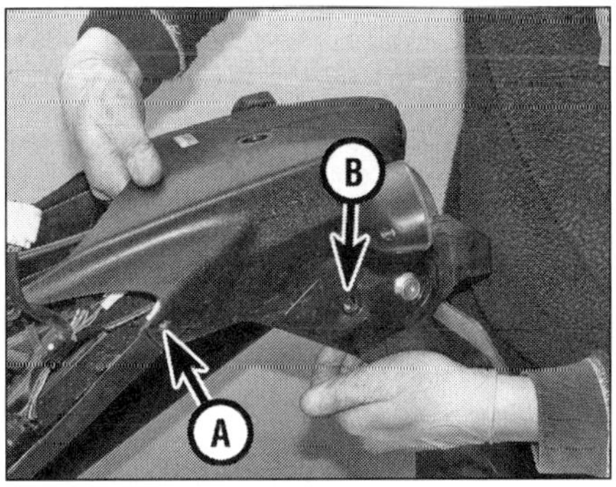

9.22a Lösen Sie an beiden Seiten den Verkleidungsstift (A) und die Schraube (B)...

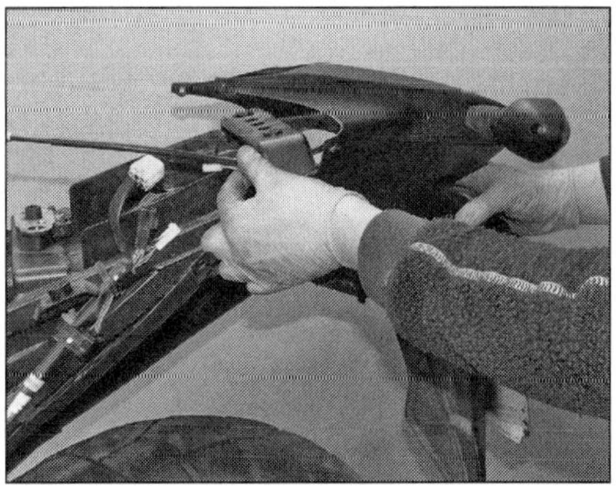
9.22b ...und ziehen Sie die Baugruppe nach hinten ab.

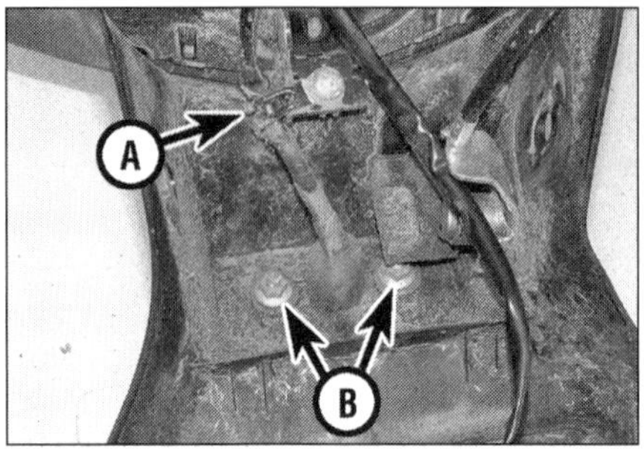

9.23a Lösen Sie die Kabelklemme (A), lösen Sie die Muttern (B) und entfernen Sie die Scheiben.

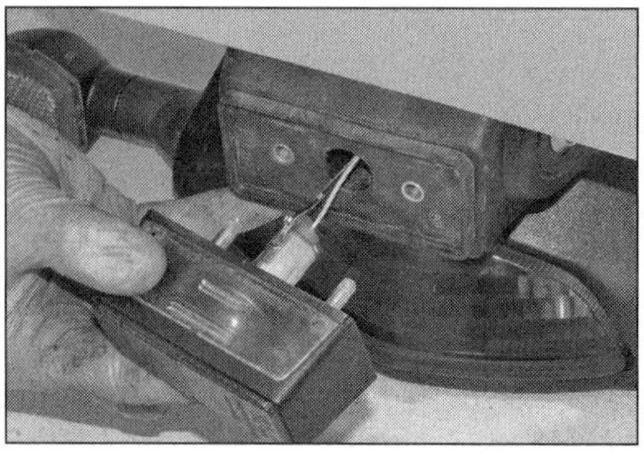

9.23b Befreien Sie die Kennzeichenbeleuchtung, . . .

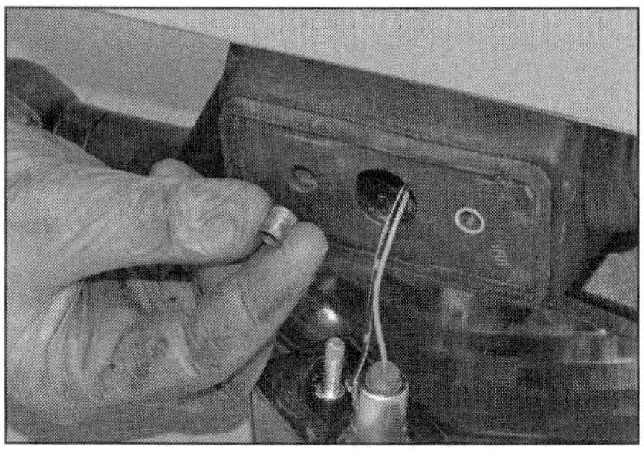

9.23c . . . entfernen Sie die Hülsen . . .

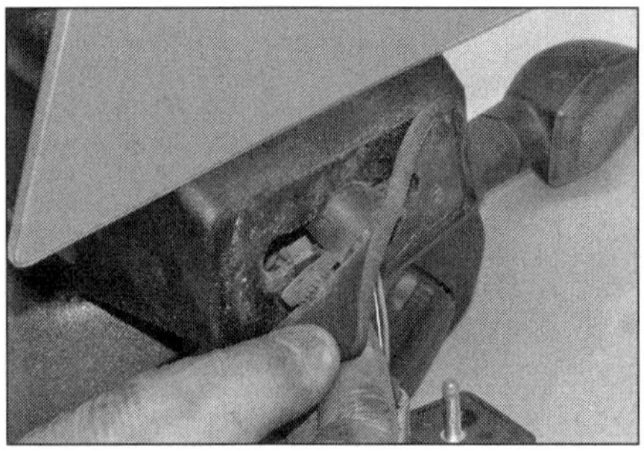

9.23d . . . und die Gummiplatte.

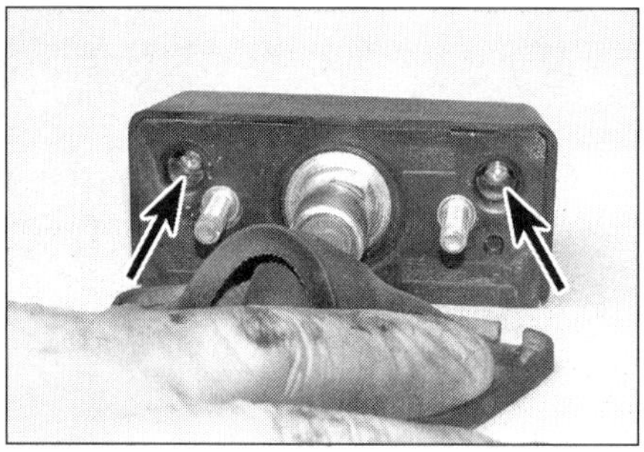

9.24a Lösen Sie die Schrauben, . . .

9.24b . . . entnehmen Sie das Glas . . .

9.24c . . . und befreien Sie die Lampe.

9.27 Befreien Sie den Seilzug der Sitzbankverriegelung.

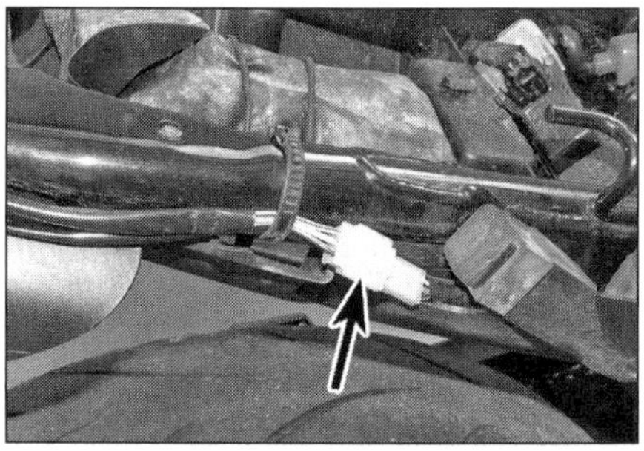

9.28a Rücklichtstecker.

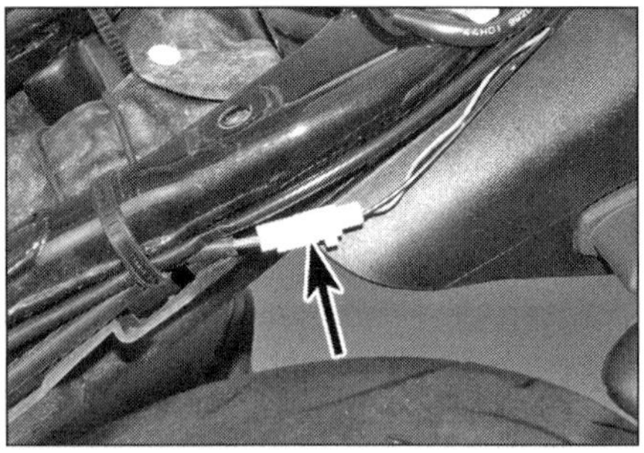

9.28b Kennzeichenbeleuchtungs-Stecker

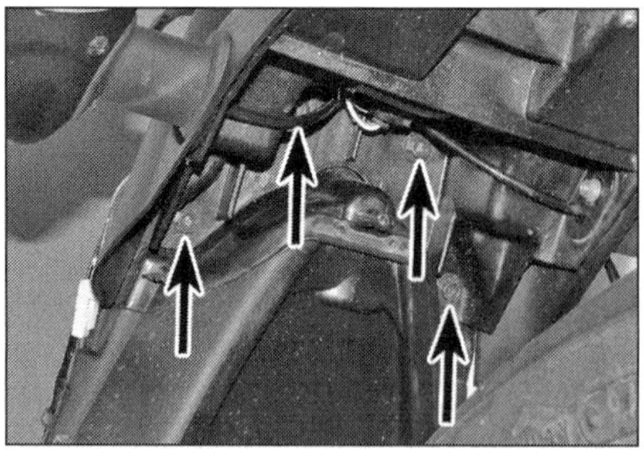

9.29a Lösen Sie die vier Schrauben . . .

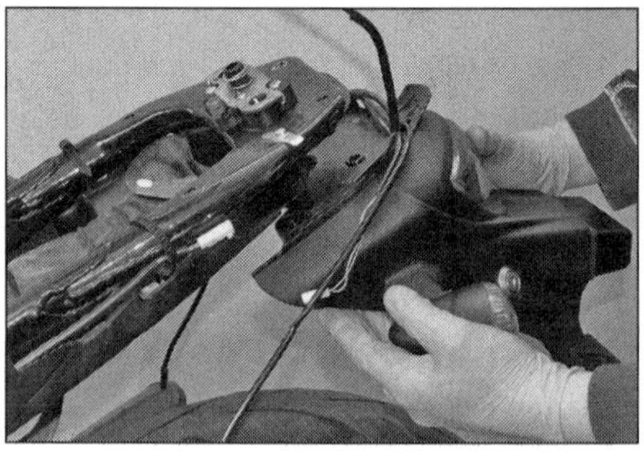

9.29b . . . und entnehmen Sie die Schutzblech-Baugruppe.

23 Befreien Sie das Kennzeichenbeleuchtungs-Kabel aus der Klemme, lösen Sie die Muttern und entnehmen Sie die Scheiben (siehe Abbildung). Entfernen Sie die Beleuchtungseinheit, entnehmen Sie die Hülsen aus der Gummiplatte und befreien Sie diese (siehe Abbildungen).

24 Lösen Sie die Schrauben, ziehen Sie das Glas ab, drücken Sie vorsichtig die Lampe in den Halter und drehen Sie sie nach links, um sie zu befreien (siehe Abbildungen).

25 Installieren Sie die Lampe und alle anderen Bauteile in der umgekehrten Ausbaureihenfolge.

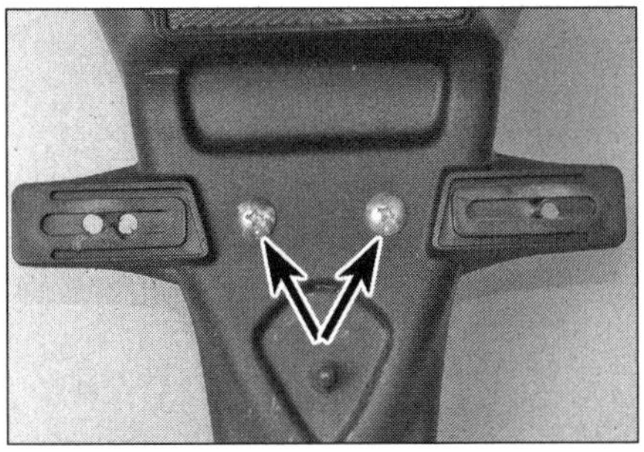

9.30a Lösen Sie die Schrauben.

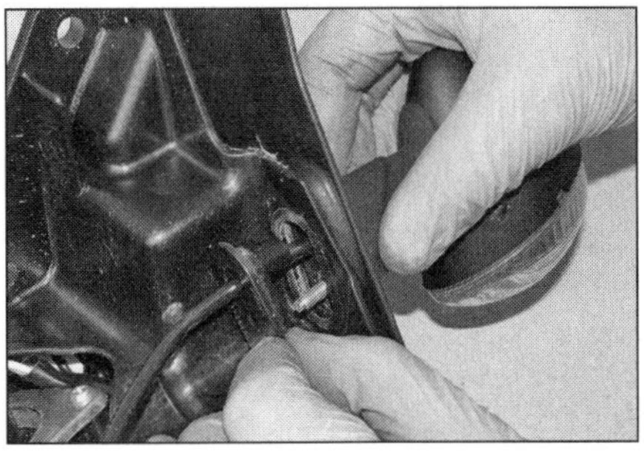

9.30b Befreien Sie den Blinker und seine Halteplatte ...

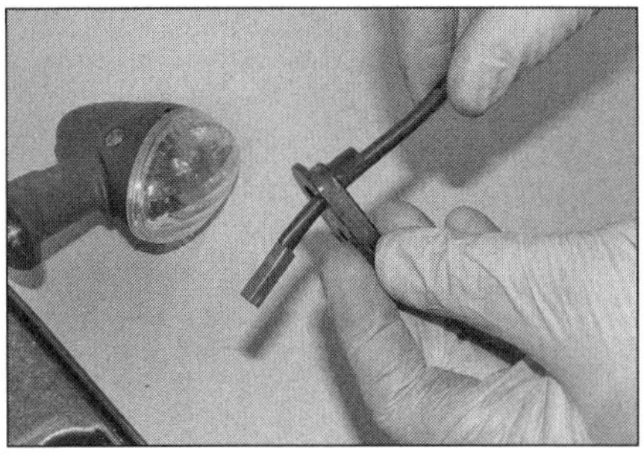

9.30c ... und ziehen Sie das Blinkerkabel vorsichtig hindurch.

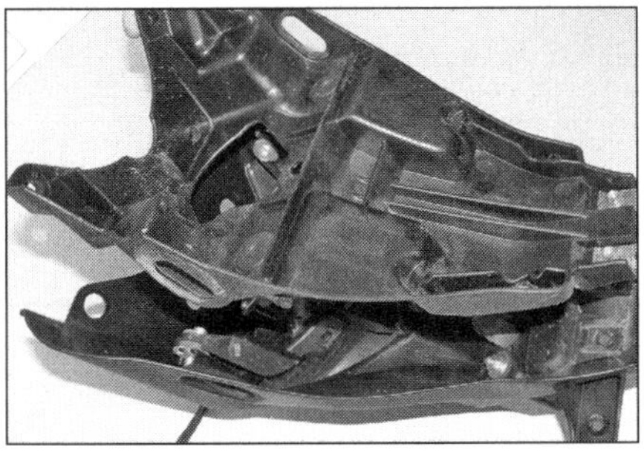

9.30d Heben Sie den Halter aus dem Schutzblech.

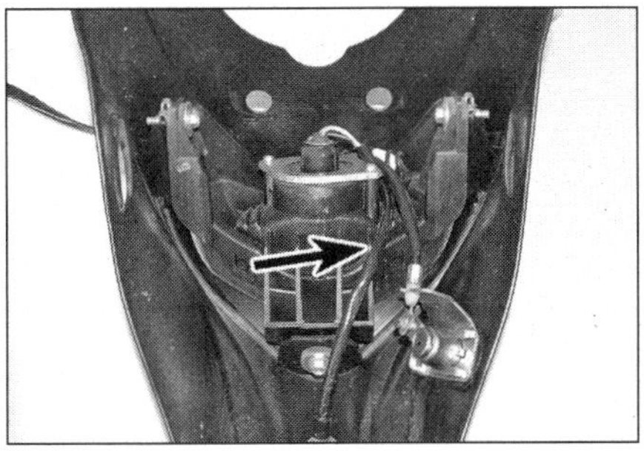

9.31a Ziehen Sie das Kabel herunter, ...

9.31b ... lösen Sie die Muttern und entnehmen Sie die Scheiben.

SFV-Modelle

26 Entfernen Sie die Beifahrergriffe und die Heckverkleidung (siehe Kapitel 7). Entfernen Sie die Abdeckung unten am Hinterradschutzblech (Abbildungen 9.7a, b und c).

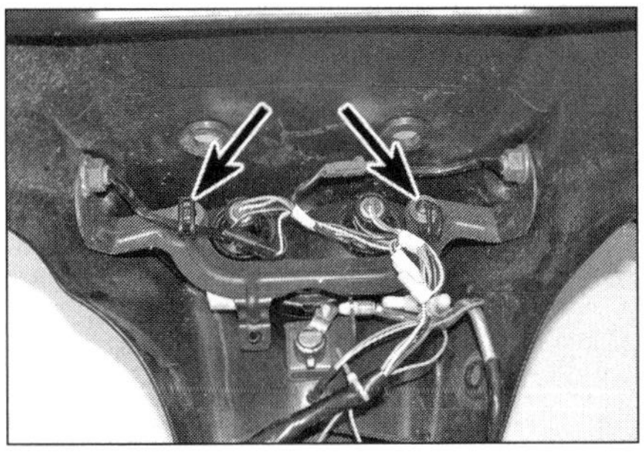

10.1 Rücklichtschrauben bei DL-Modellen bis 2011 – beachten Sie die Kabelklemmen.

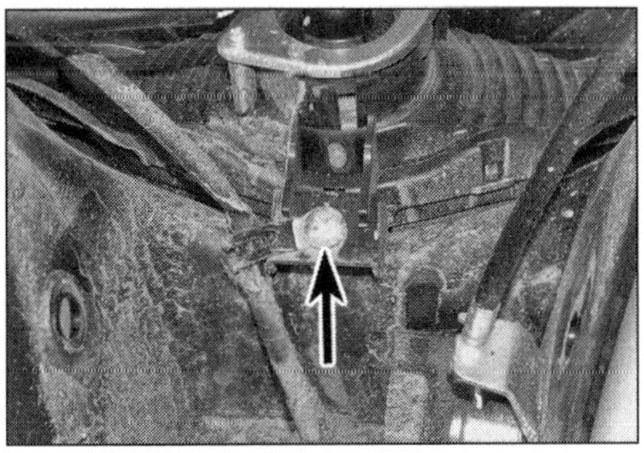

10.2 Rücklichtschraube bei DL-Modellen ab 2012 – beachten Sie die Kabelklemme.

27 Befreien Sie den Seilzug des Sitzbankschlosses (siehe Abbildung).

28 Trennen Sie die Brems/Rücklicht- und Kennzeichenbeleuchtungs-Stecker (siehe Abbildungen). Trennen Sie die Blinkerstecker (Abbildungen 13.7a und b). Öffnen Sie alle Kabelbinder.

29 Lösen Sie die Schrauben unten am Hinterradschutzblech und ziehen Sie dies nach hinten vom Motorrad (siehe Abbildungen).

30 Lösen Sie die zwei Schrauben, befreien Sie die Blinker und entfernen Sie den Halter (siehe Abbildungen).

31 Ziehen Sie das Kabel der Kennzeichenbeleuchtung herunter (siehe Abbildung). Lösen Sie die Schrauben und entnehmen Sie die Scheiben (siehe Abbildung). Entfernen Sie die Beleuchtungseinheit, entnehmen Sie die Hülsen aus der Gummiplatte und befreien Sie diese (Abbildungen 9.24a, b und c).

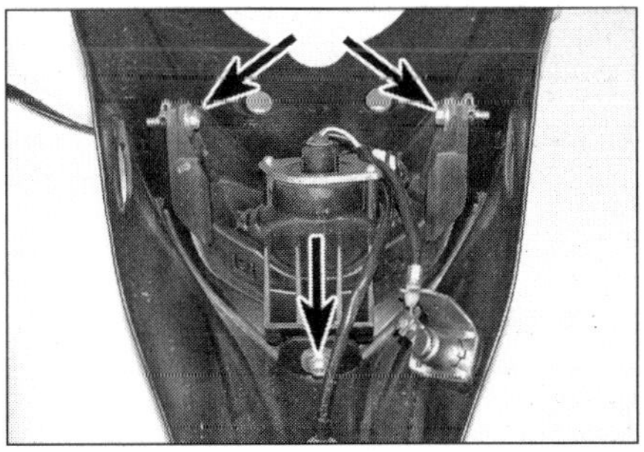

10.3 Rücklichtschrauben bei SFV-Modellen – beachten Sie die Verlegung der Kabel und des Sitzbank-Seilzugs.

32 Lösen Sie die Schrauben, ziehen Sie das Glas ab, drücken Sie vorsichtig die Lampe in den Halter und drehen Sie sie nach links, um sie zu befreien (Abbildungen 9.24a, b und c).

33 Installieren Sie die Lampe und alle anderen Bauteile in der umgekehrten Ausbaureihenfolge.

10 Rücklichteinheit

Ausbau

1 – DL-Modelle bis 2011: Wechseln Sie nach Sektion 13 und demontieren Sie die Blinker. Heben Sie die Rücklichteinheit aus dem Hinterradschutzblech. Drehen Sie den Lampenhalter nach links, um ihn zu entfernen. Lösen Sie die Schrauben und befreien Sie die Rücklichteinheit vom Halter (siehe Abbildung).

2 – DL-Modelle ab 2012: Wechseln Sie nach Sektion 13 und demontieren Sie die Blinker. Drehen Sie den Lampenhalter nach links, um ihn zu entfernen (siehe Abbildung). Lösen Sie die Schraube und befreien Sie die Rücklichteinheit.

3 – SFV-Modelle: Wechseln Sie nach Sektion 9, Schritte 26 bis 30, und entfernen Sie das Hinterradschutzblech samt Halter. Drehen Sie den Lampenhalter nach links, um ihn zu entfernen. Lösen Sie die Schraube und befreien Sie die Rücklichteinheit (siehe Abbildung).

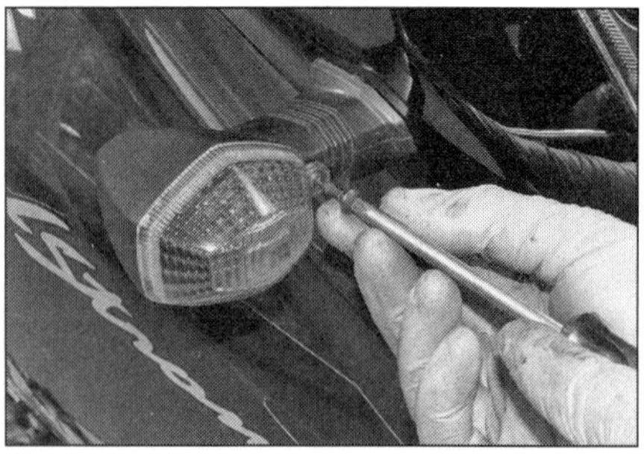

12.1 Lösen Sie die Schraube und befreien Sie das Blinkerglas.

12.2 Drücken Sie die Lampe hinein, drehen Sie sie nach links und ziehen Sie sie heraus.

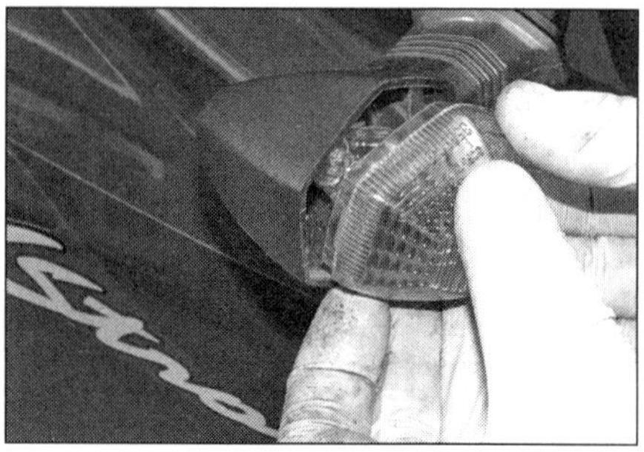

12.4 Achten Sie bei der Montage des Blinkerglases auf einen korrekten Sitz.

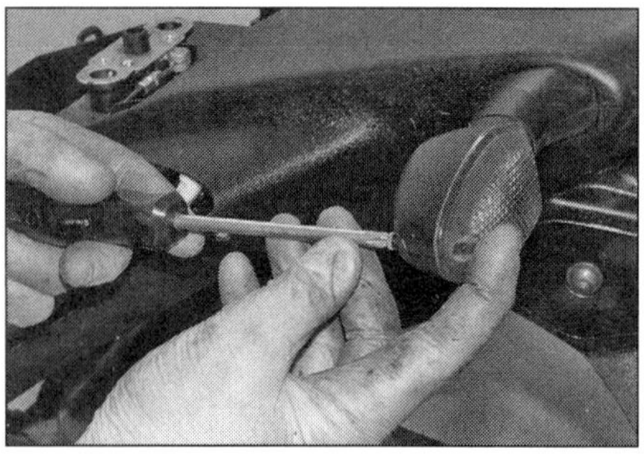

12.5 Lösen Sie die Schraube und befreien Sie das Blinkerglas.

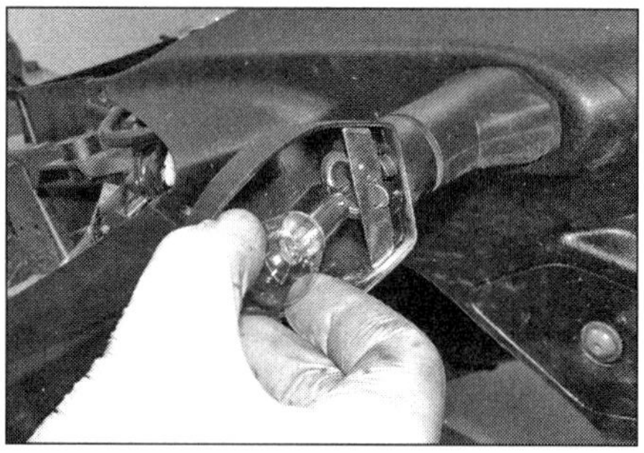

12.6 Drücken Sie die Lampe hinein, drehen Sie sie nach links und ziehen Sie sie heraus.

12.8 Achten Sie bei der Montage des Blinkerglases auf einen korrekten Sitz.

Einbau

4 Der Einbau entspricht der umgekehrten Ausbaureihenfolge. Die Gummiösen dürfen nicht spröde oder verformt sein. Prüfen Sie die Funktion des Rücklichts und des Bremslichts.

11 Blinker Stromkreiskontrolle

1 Die meisten Blinkerprobleme sind das Resultat einer durchgebrannten Lampe oder korrodierten Fassung, besonders wenn die Anlage auf einer Seite noch funktioniert (möglicherweise zu schnell) und auf der anderen nicht. Kontrollieren Sie zunächst die Lampen, Fassungen und Kabelstecker (siehe Sektion 12 und 13). Wenn alle Blinker ausgefallen sind, müssen zunächst die Sicherung (siehe Sektion 5) und das Relais (siehe Schritte 2 bis 4) kontrolliert werden.

2 Das Blinkrelais bildet zusammen mit dem Seitenständerrelais und den Dioden ein gemeinsames Bauteil. Um Zugang zu dieser Relaiseinheit zu erhalten, muss die Sitzbank entfernt werden (siehe Kapitel 7). Die Einheit steckt neben der Sicherungsbox in ihrem Sockel (Abbildungen 21.11a oder b) und muss herausgezogen werden (Abbildung 21.11c).

3 Prüfen Sie, ob bei eingeschalteter Zündung am kabelbaumseitigen Kontakt G des braunen Kabels Batteriespannung anliegt. Wird keine Spannung festgestellt, muss das Kabel zwischen dem Relais und dem Zündschloss (über die Sicherung) auf Durchgang kontrolliert werden (beachten Sie dazu die Hinweise in Sektion 2 und die Schaltpläne am Ende des Kapitels). Lag Spannung an, muss das hellblaue Kabel auf Durchgang zum Blinkerschalter kontrolliert werden, außerdem der Lenkerschalter selbst (siehe Sektion 19). Prüfen Sie dann die Kabel zu den Lampen und reparieren oder ersetzen Sie alle schadhaften Bauteile.

4 Wenn bis hierher alles in Ordnung ist, muss die Relaisbaugruppe ersetzt werden.

12 Blinkerlampen

Anmerkung: *Es kann nicht schaden, die Lampe mit einem Tuch anzufassen, um keine Fingerabdrücke darauf zu hinterlassen und ihre Lebensdauer zu verlängern.*

DL-Modelle bis 2011

1 Lösen Sie die Schraube des Blinkerglases und befreien Sie es vom Gehäuse (siehe Abbildung).

2 Drücken Sie die Lampe vorsichtig in ihre Fassung und drehen Sie sie nach links, um sie zu entfernen (siehe Abbildung). Kontrollieren Sie die Kontakte des Sockels – wenn sie korrodiert sind, müssen sie gereinigt werden.

3 Richten Sie die Stifte der neuen Lampe zu den Schlitzen des Sockels aus, drücken Sie die Lampe hinein und drehen Sie sie im Uhrzeigersinn, um sie zu arretieren.

4 Montieren Sie das Blinkerglas und sichern Sie es mit der Schraube (siehe Abbildung) – ziehen Sie diese nicht zu fest, da das Glas leicht zerbricht. Prüfen Sie die Funktion des Blinkers.

DL-Modelle ab 2012

5 Lösen Sie die Schraube an der Rückseite des Blinkergehäuses und befreien Sie das Blinkerglas (siehe Abbildung).

6 Drücken Sie die Lampe vorsichtig in ihre Fassung und drehen Sie sie nach links, um sie zu entfernen (siehe Abbildung). Kontrollieren Sie die Kontakte des Sockels – wenn sie korrodiert sind, müssen sie gereinigt werden.

7 Richten Sie die Stifte der neuen Lampe zu den Schlitzen des Sockels aus, drücken Sie die Lampe hinein und drehen Sie sie im Uhrzeigersinn, um sie zu arretieren.

8 Montieren Sie das Blinkerglas und sichern Sie es mit der Schraube (siehe Abbildung) – ziehen Sie diese nicht zu fest, da das Glas leicht zerbricht. Prüfen Sie die Funktion des Blinkers.

SFV-Modelle

9 Lösen Sie am Blinker die Schraube unter dem Blinkerglas und befreien Sie die Blinkerbaugruppe aus dem Gehäuse (siehe Abbildung).

10 Lösen Sie die Schraube des Lampenhaltes und befreien Sie ihn vom Blinkerglas (siehe Abbildung).

11 Drücken Sie die Lampe vorsichtig in ihre Fassung und drehen Sie sie nach links, um sie

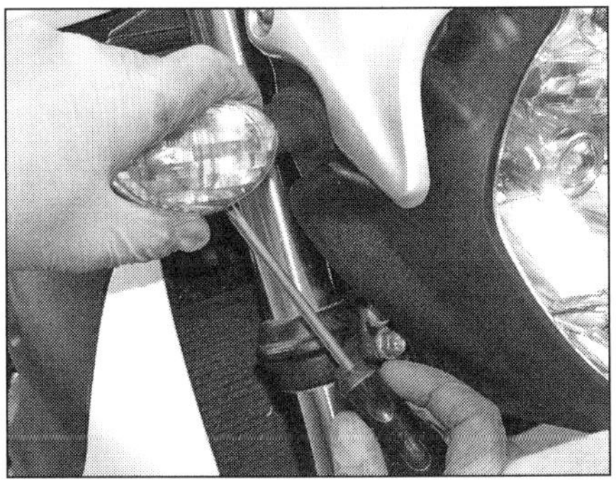

12.9 Lösen Sie die Schraube und befreien Sie den Blinker aus dem Gehäuse.

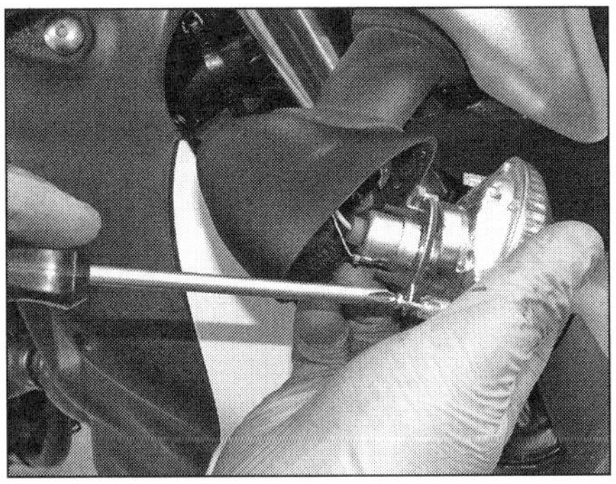

12.10 Lösen Sie die Schraube und befreien Sie den Lampenhalter aus dem Blinkerglas.

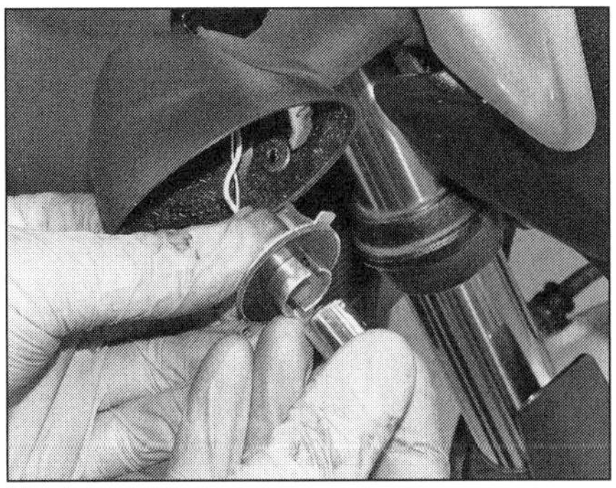

12.11 Drücken Sie die Lampe hinein, drehen Sie sie nach links und ziehen Sie sie heraus.

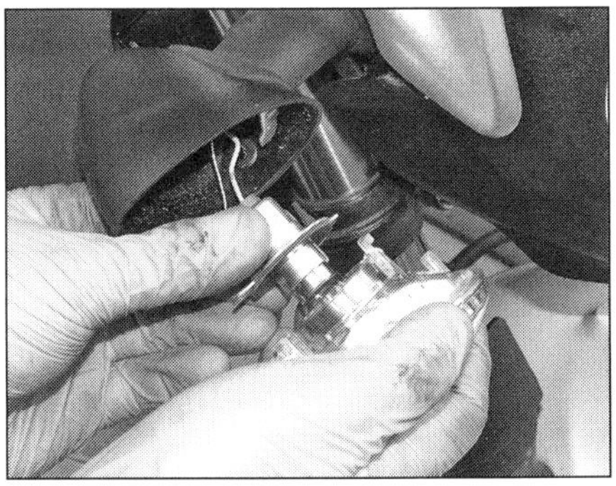

12.13a Installieren Sie den Lampenhalter ins Blinkerglas . . .

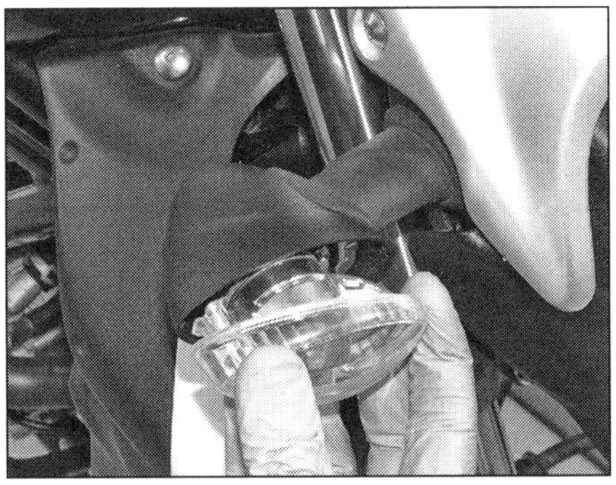

12.13b . . . und dies in das Blinkergehäuse.

zu entfernen (siehe Abbildung). Kontrollieren Sie die Kontakte des Sockels – wenn sie korrodiert sind, müssen sie gereinigt werden.

12 Richten Sie die Stifte der neuen Lampe zu den Schlitzen des Sockels aus, drücken Sie die Lampe hinein und drehen Sie sie im Uhrzeigersinn, um sie zu arretieren.

13 Sichern Sie den Lampenhalter im Blinkerglas und installieren Sie dies ins Gehäuse (siehe Abbildungen) – ziehen Sie die Schrauben nicht zu fest, da das Glas leicht zerbricht. Prüfen Sie die Funktion des Blinkers.

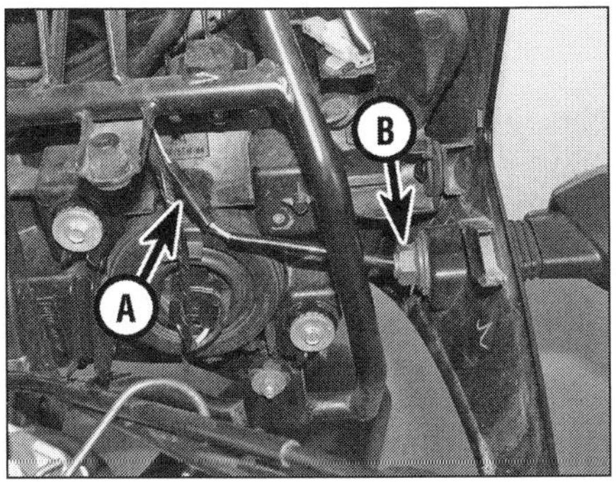

13.1 Blinkerstecker (A) und Blinkermutter (B) – vorderer Blinker bei DL bis 2011

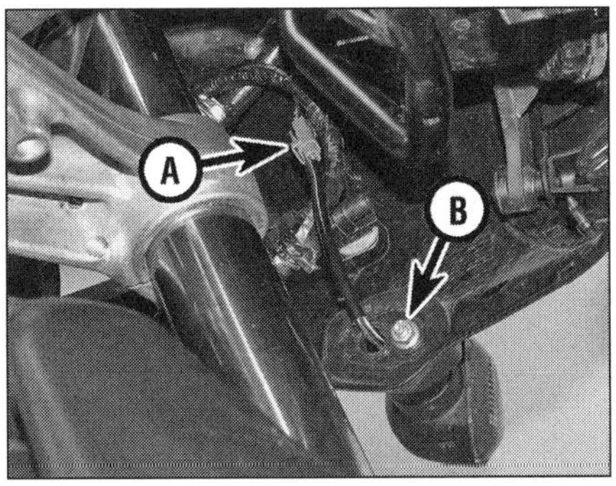

13.2 Blinkerstecker (A) und Blinkermutter (B) – vorderer Blinker bei DL ab 2012

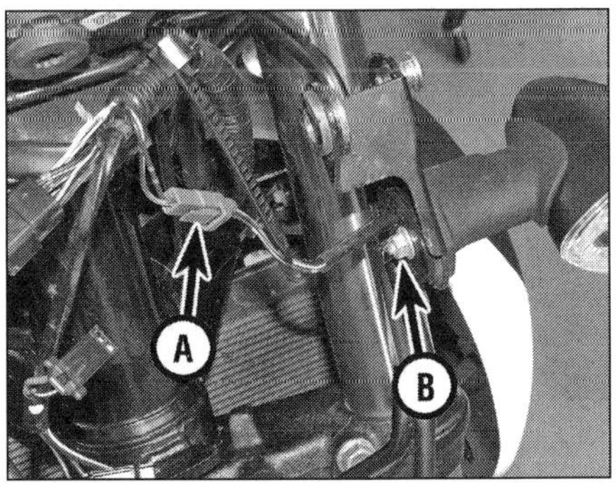

13.3 Blinkerstecker (A) und Blinkermutter (B) – vorderer Blinker bei SFV

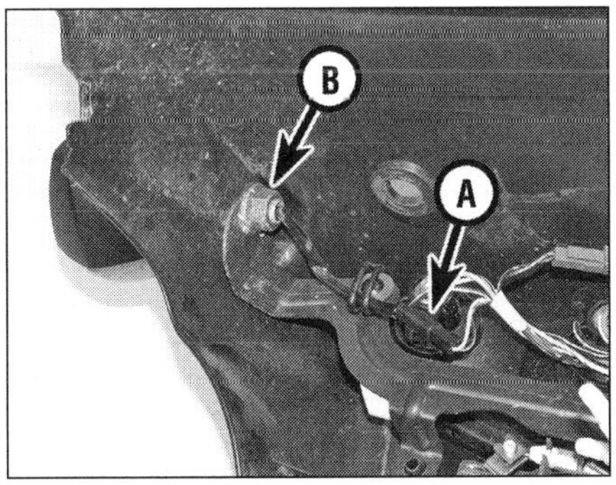

13.5 Blinkerstecker (A) und Blinkermutter (B) – hinterer Blinker bei DL bis 2011

13 Blinker-Baugruppen

Vorne

1 – DL-Modelle bis 2011: Entfernen Sie die Cockpitverkleidung (siehe Kapitel 7). Trennen Sie den Blinkerstecker (siehe Abbildung). Lösen Sie die Mutter und entnehmen Sie den Blinker – ziehen Sie vorsichtig das Kabel durch den Halter.

2 – DL-Modelle ab 2012: Trennen Sie den Blinkerstecker (siehe Abbildung). Lösen Sie die Mutter und entnehmen Sie den Blinker – ziehen Sie vorsichtig das Kabel durch den Halter.

3 – SFV-Modelle: Demontieren Sie den Scheinwerfer. Trennen Sie den Blinkerstecker (siehe Abbildung). Lösen Sie die Mutter und entnehmen Sie den Blinker – ziehen Sie vorsichtig das Kabel durch den Halter.

4 Der Einbau entspricht der umgekehrten Ausbaureihenfolge. Prüfen Sie vor der ersten Fahrt die Funktion der Blinker.

Hinten

5 – DL-Modelle bis 2011: Wechseln Sie zu Sektion 9, Schritte 13 bis 15, und entfernen Sie das Hinterradschutzblech. Trennen Sie den Blinkerstecker und befreien Sie das Kabel aus der Klemme (siehe Abbildung). Lösen Sie die Mutter und entnehmen Sie den Blinker – ziehen Sie vorsichtig das Kabel durch den Halter.

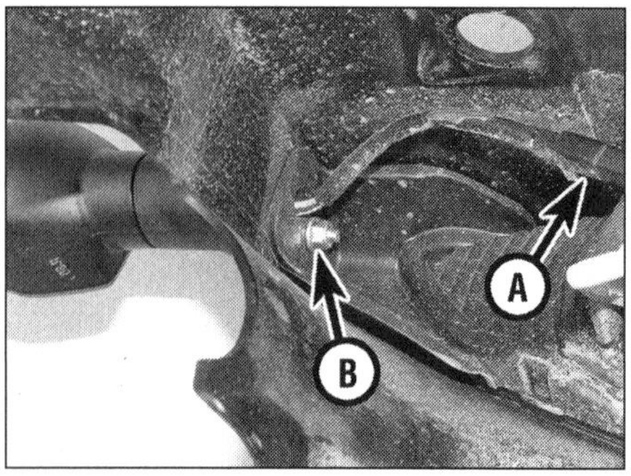

13.6 Blinkerstecker (A) und Blinkermutter (B) – hinterer Blinker bei DL ab 2012

13.7a Blinkerstecker – rechter hinterer Blinker bei SFV

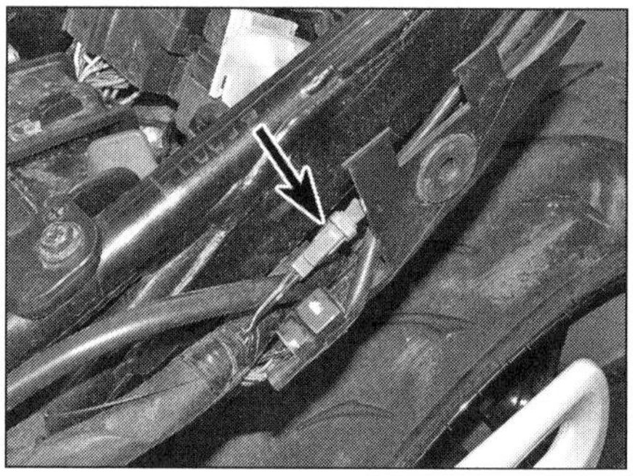

13.7b Blinkerstecker – linker hinterer Blinker bei SFV

13.7c Blinkermutter – hinterer Blinker bei SFV-Modellen

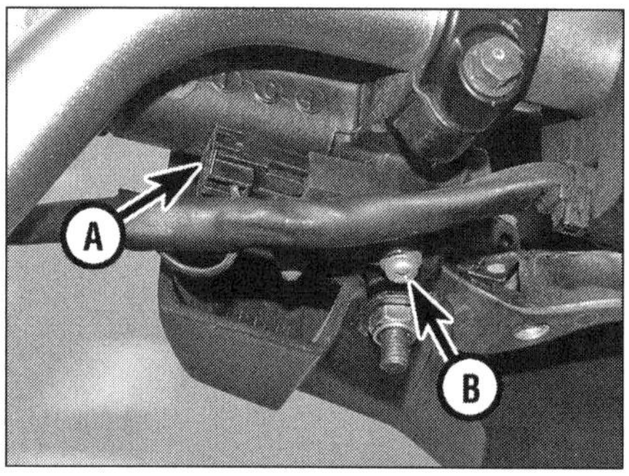

14.2 Stecker (A) und Schraube (B) des vorderen Bremslichtschalters

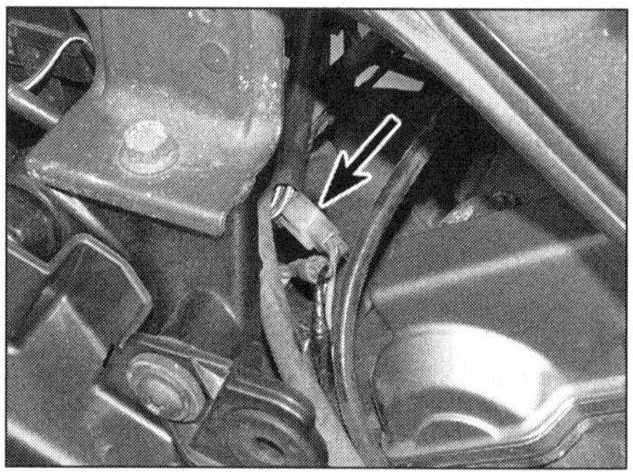

14.3a Stecker des hinteren Bremslichtschalters – DL bis 2011

6 – DL-Modelle ab 2012: Wechseln Sie zu Sektion 9, Schritte 19 bis 22, und entfernen Sie das Hinterradschutzblech. Trennen Sie den Blinkerstecker. Lösen Sie die Mutter und entnehmen Sie den Blinker – ziehen Sie vorsichtig das Kabel durch den Halter (siehe Abbildung).

7 – SFV-Modelle: Demontieren Sie die Beifahrergriffe und die Heckverkleidung (siehe Kapitel 7). Trennen Sie den Blinkerstecker und öffnen Sie den Kabelbinder (siehe Abbildungen). Entfernen Sie die Abdeckung unten am Hinterradschutzblech (Abbildungen 9.7a, b und c). Lösen Sie die Mutter und entnehmen Sie den Blinker – ziehen Sie vorsichtig das Kabel durch den Halter (siehe Abbildung).

8 Der Einbau entspricht der umgekehrten Ausbaureihenfolge. Prüfen Sie vor der ersten Fahrt die Funktion der Blinker.

14 Bremslichtschalter

Anmerkung: *Beachten Sie die Hinweise zur Fehlersuche in Sektion 2 sowie die Schaltpläne am Ende des Kapitels.*

Stromkreis-Kontrolle

1 Vor der Kontrolle der Schalter sollte – falls noch nicht geschehen – der Bremslicht-Stromkreis kontrolliert werden (siehe Sektion 6).

2 Der vordere Bremslichtschalter sitzt unten am Handbremszylinder. Trennen Sie den Kabelstecker vom Schalter (siehe Abbildung). Verbinden Sie die Klemmen eines Durchgangsprüfers mit den Kontakten des Bremslichtschalters. Bei nicht betätigter Bremse darf kein Durchgang bestehen; bei gezogenem Hebel muss Durchgang bestehen – bei anderen Ergebnissen muss der Schalter demontiert und ersetzt werden.

3 Der hintere Bremslichtschalter sitzt bei DL-Modellen oberhalb des Bremspedals zwischen dem Kupplungsdeckel und dem Rahmen; bei SFV-Modellen sitzt er innen am rechten Fußrastenträger (Abbildungen 14.8a oder b). Entfernen Sie bei DL-Modellen bis 2011 die rechte Tankverkleidung (siehe Kapitel 7). Heben Sie bei DL-Modellen ab 2012 und allen SFV-Modellen den Tank an (siehe Kapitel 4). Trennen Sie den Kabelstecker des Schalters (siehe Abbildungen). Verbinden Sie die Klemmen eines Durchgangsprüfers mit den Kontakten des Bremslichtschalter-Steckers. Bei nicht betätigter Bremse darf kein Durchgang bestehen; bei gedrücktem Pedal muss Durchgang bestehen – bei anderen Ergebnissen muss die Einstellung des Schalters (siehe Kapitel 1) und ggf. die Feder auf Ermüdung kontrolliert werden. Ein defekter Schalter muss ersetzt werden.

4 Sind die Schalter in Ordnung, muss bei eingeschalteter Zündung am kabelbaumseitigen Kontakt des schwarz/roten (DL vorne), am schwarz/grünen (SFV vorne) bzw. des orange/grünen Kabels (alle Modelle hinten) die Spannung ermittelt werden – es muss Batteriespannung (12 bis 13 Volt) ermittelt werden. Liegt keine Spannung an, müssen die Kabel zwischen dem Schalter und der Sicherungsbox kontrolliert werden (beachten Sie dazu die Hinweise in Sektion 2 und die Schaltpläne am Ende des Kapitels). Wurde Spannung ermittelt, müssen die anderen Kabel auf Durchgang zwischen dem Stecker und dem Bremslichtlampen-Stecker überprüft werden. Reparieren oder ersetzen Sie schadhafte Kabel.

Anmerkung: *Beim Vorderrad-Bremslichtschalter wechseln die Kabelfarben am Bremslichtschalter-Stecker.*

Ausbau und Einbau

Vorderrad-Bremslichtschalter

5 Der Schalter sitzt unten am Handbremszylinder. Trennen Sie den Kabelstecker vom Schalter (Abbildung 14.2).

6 Lösen Sie die einzelne Schraube, die den Schalter am Bremszylinder sichert, und entfernen Sie ihn.

7 Der Einbau entspricht der umgekehrten Ausbaureihenfolge. Der Stift des Schalters muss in der Bohrung stecken, bevor die

14.3b Stecker des hinteren Bremslichtschalters – DL ab 2012

14.8b Hinterrad-Bremslichtschalter – SFV

Schraube angezogen wird. Der Schalter ist nicht einstellbar.

Hinterrad-Bremslichtschalter

8 Der hintere Bremslichtschalter sitzt bei DL-Modellen oberhalb des Bremspedals zwischen dem Kupplungsdeckel und dem Rahmen; bei SFV-Modellen sitzt er innen am

14.3c Stecker des hinteren Bremslichtschalters – SFV

14.9 Hängen Sie die Bremslichtschalter-Feder aus – gezeigt am DL-Modell

rechten Fußrastenträger (Abbildungen 14.8a oder b). Entfernen Sie bei DL-Modellen bis 2011 die rechte Tankverkleidung (siehe Kapitel 7). Heben Sie bei DL-Modellen ab 2012 und allen SFV-Modellen den Tank an (siehe Kapitel 4). Trennen Sie den Kabelstecker des Schalters (Abbildungen 14.3a, b oder c) Befreien Sie das Kabel aus allen Kabelbindern und Führungen und führen Sie es zum Schalter zurück.

14.8a Hinterrad-Bremslichtschalter - DL

9 Hängen Sie am Bremspedal die Bremslichtschalter-Feder aus (siehe Abbildung). Drehen Sie den Schalter aus seiner Einstellmutter und befreien Sie diese nötigenfalls aus dem Halter – ein neuer Schalter ist mit einer neuen Mutter ausgerüstet.

10 Der Einbau entspricht der umgekehrten Ausbaureihenfolge. Stellen Sie den Bremslichtschalter so ein, dass er das Bremslicht kurz vor dem Einsetzen der Bremswirkung einschaltet – wechseln Sie für die Einstellung ggf. nach Kapitel 1, Sektion 2.

15 Instrumente
Ausbau und Einbau

Ausbau

1 – DL-Modelle: Entfernen Sie die Cockpitverkleidung – ab Modelljahr 2012 nur die hintere Hälfte (siehe Kapitel 7). Lösen Sie die Schrauben und befreien Sie die Instrumentenbaugruppe aus der Verkleidung (siehe Abbildungen).

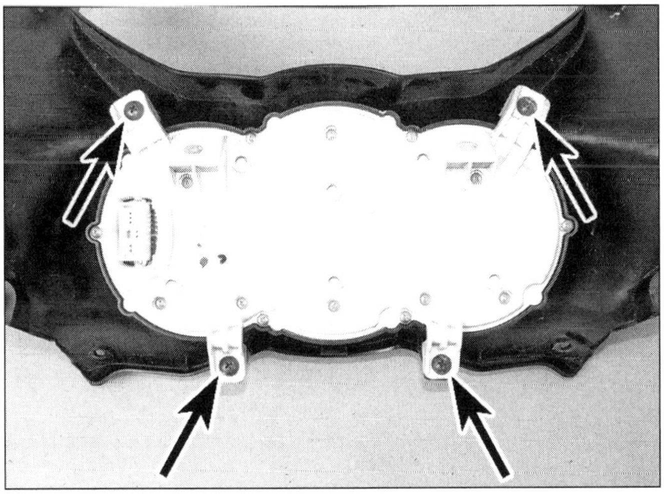

15.1a Schrauben der Instrumenteneinheit – DL bis 2011

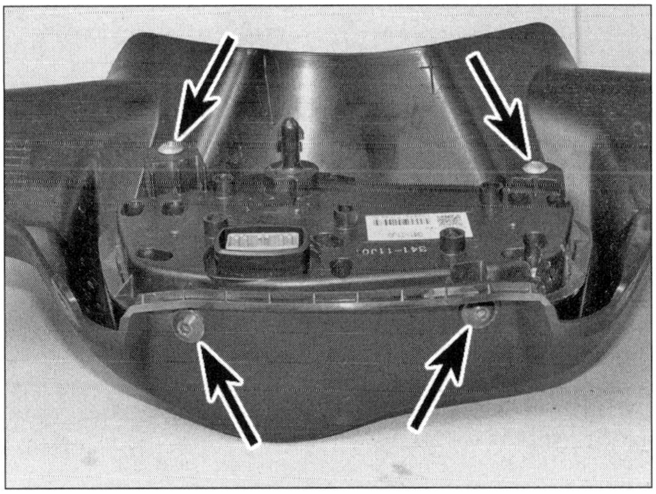

15.1b Schrauben der Instrumenteneinheit – DL ab 2012

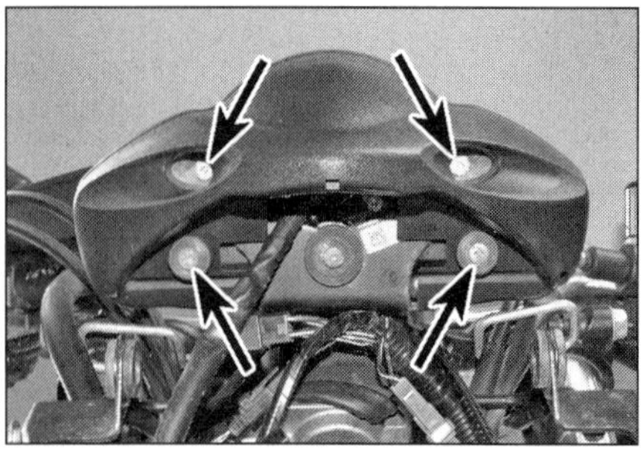

15.2a Lösen Sie die Schrauben der Instrumentenabdeckung ...

15.2b ... und entfernen Sie diese – SFV

15.2c Lösen Sie die Schraube der Kabelklemme ...

15.2d ... und trennen Sie den Instrumentenstecker.

15.2e Lösen Sie die Muttern und die Schraube ...

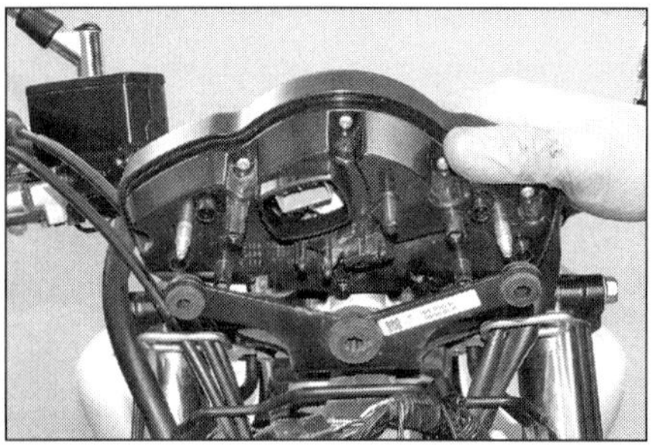

15.2f ... und entnehmen Sie das Instrument – SFV

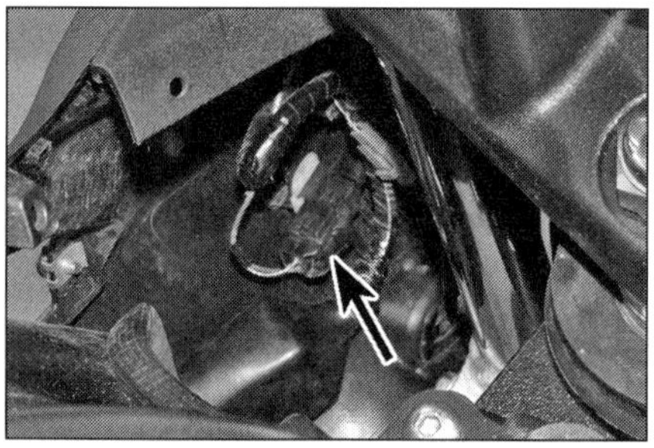

16.8 Umgebungstemperatursensor

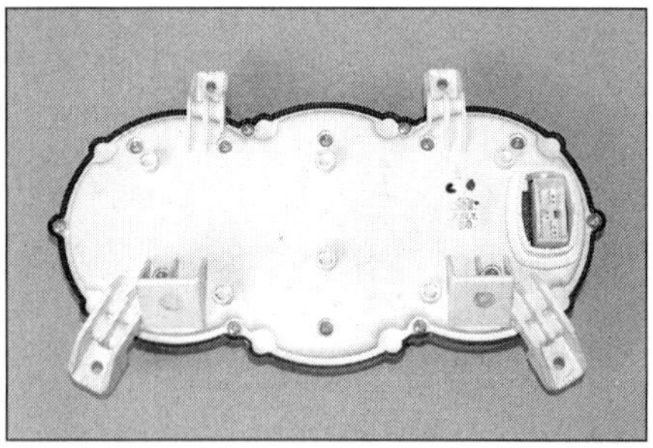

16.15a Lösen Sie bei DL-Modellen bis 2011 die Schrauben ...

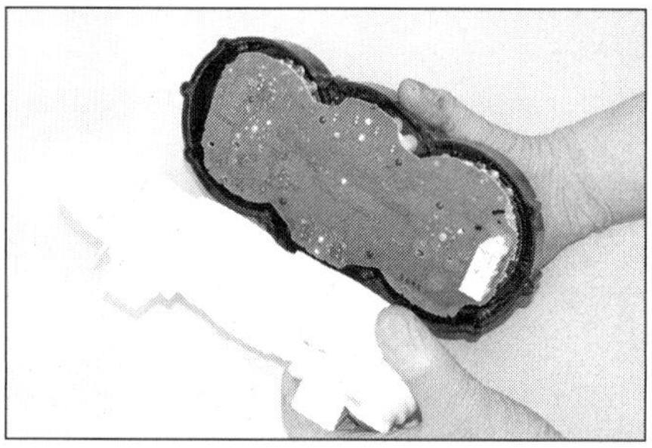

16.15b ... und entfernen Sie die hintere Abdeckung ...

2 – SFV-Modelle: Lösen Sie die Schrauben der Instrumentenabdeckung und entfernen Sie diese (siehe Abbildungen). Lösen Sie die Schraube der Kabelklemme und trennen Sie den Instrumentenstecker (siehe Abbildung). Lösen Sie die Schraube und die Muttern und entnehmen Sie die Instrumentenbaugruppe (siehe Abbildungen).

Einbau

3 Der Einbau entspricht der umgekehrten Ausbaureihenfolge. Ersetzen Sie bei SFV-Modellen ggf. spröde oder verformte Gummiösen (Abbildung 15.2f).

16 Instrumente
Kontrolle und Zerlegen

Anmerkung: *Beachten Sie die Hinweise zur Fehlersuche in Sektion 2 sowie die Schaltpläne am Ende des Kapitels.*

Anmerkung: *Der Drehzahlmesser, das LCD-Display und die LEDs sind in die Instrumentenplatine integriert und können nicht separat ausgetauscht werden. Die Platine ist allerdings separat von den Gehäuseteilen erhältlich.*

Kontrolle

1 Wenn keines der Instrumente oder Anzeigen funktioniert, müssen zunächst die Blinker/Bremslicht-Sicherung und alle relevanten Kabel und Stecker kontrolliert werden (beachten Sie dazu die Hinweise in Sektion 2 und die Schaltpläne am Ende des Kapitels).

Tachometer und Geschwindigkeitssensor

2 Für den Geschwindigkeitsmesser und Kilometerzähler sind keine Prüfdaten erhältlich. Der Tachometer wird vom Motorsteuergerät mit Informationen versorgt – wenn er nicht korrekt funktioniert, muss das Motorrad von einer Suzuki-Werkstatt überprüft werden.

Drehzahlmesser

3 Für den Drehzahlmesser sind keine Prüfdaten erhältlich – wenn er nicht korrekt funktioniert, muss das Motorrad von einer Suzuki-Werkstatt überprüft werden.

4 Bei normaler Funktion bewegt sich die Drehzahlmessernadel nach dem Einschalten der Zündung über die gesamte Skala und kehrt dann wieder zurück – dies ist ein Bestandteil der Selbstdiagnoseprozedur. Falls die Nadel (z.B. bei sehr niedrigen Temperaturen) nicht vollständig zurückkehrt und auch ein Aus- und Einschalten der Zündung keine Verbesserungen bringt, kann sie folgendermaßen

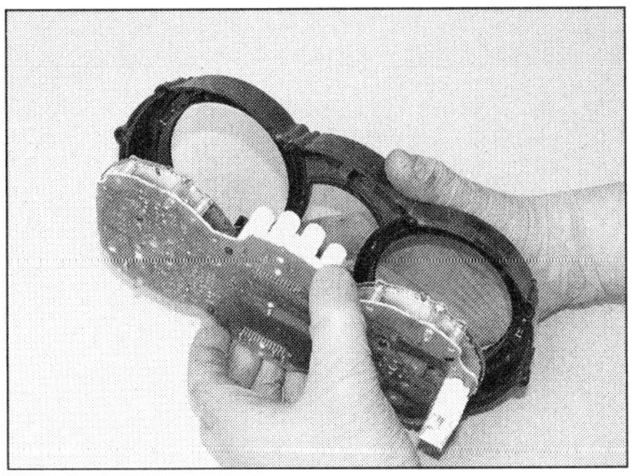

16.15c ... sowie die Frontabdeckung von der Platine.

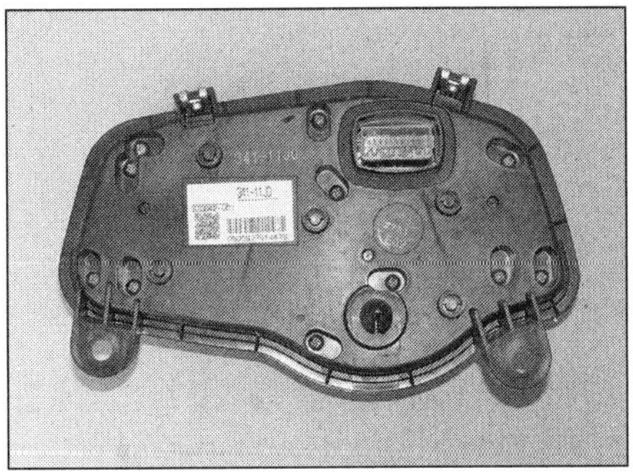

16.15d Lösen Sie bei DL-Modellen ab 2012 die Schrauben ...

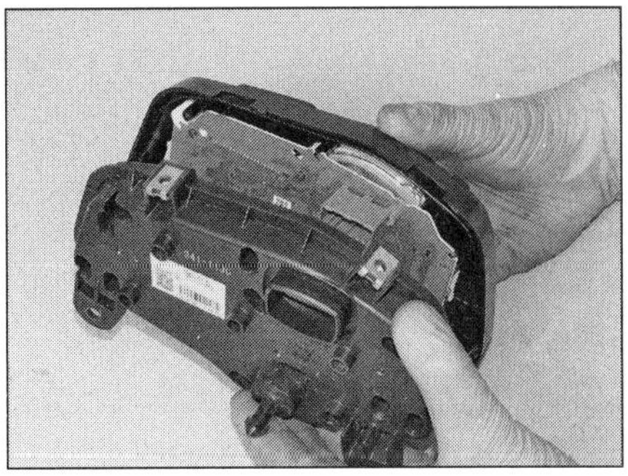

16.15e ... und entfernen Sie die hintere Abdeckung ...

zurückgesetzt werden: Schalten Sie zunächst die Zündung aus.

5 – DL-Modelle: Halten Sie den ADJ-Knopf gedrückt, schalten Sie die Zündung ein und lassen Sie den Knopf drei bis fünf Sekunden später wieder los. Drücken Sie den ADJ-Knopf jetzt innerhalb von vier Sekunden zweimal – wenn der Drehzahlmesser korrekt funktioniert, wird die Nadel jetzt auf Null zurückkehren. Die gesamte Rücksetzprozedur muss innerhalb von zehn Sekunden abgeschlossen sein. Schalten Sie die Zündung aus.

6 – SFV-Modelle: Halten Sie den ADJ-Knopf gedrückt, schalten Sie die Zündung ein – nach fünf bis maximal zehn Sekunden muss die Nadel auf Null zurückkehren. Schalten Sie die Zündung aus.

Kühltemperaturanzeige

7 Die Anzeige wird durch den Kühltemperatursensor gesteuert – beachten Sie für dessen Test die Hinweise in Kapitel 3, Sektion 3.

Umgebungstemperaturanzeige und Frost-Warnlampe DL-Modelle ab 2012

8 Der Umgebungstemperatursensor sitzt links in der Verkleidung (siehe Abbildung) – entfernen Sie die Tankverkleidung, um Zugang zum Sensor zu erhalten (siehe Kapitel 7). Die Anzeige, die Warnlampe und der Sensor können nur mithilfe einer Spezialausrüstung getestet werden, sodass es sinnvoll ist, das Motorrad in eine Suzuki-Werkstatt zu bringen.

Tankanzeige

9 Die Tankanzeige wird durch den im Tank sitzenden Geber gesteuert – Details zu dessen Kontrolle sind in Kapitel 4, Sektion 6 zu finden.

Öldruck-Warnung

10 Die Öldruck-Warnlampe und das Symbol in der Anzeige müssen für eine Selbstkontrolle beim Einschalten der Zündung aufleuchten bzw. erscheinen und erlöschen, sobald der Motor gestartet wurde.

11 Falls die Warnlampe und die Anzeige nicht aufleuchtet bzw. erscheint, muss die Zündung ausgeschaltet werden. Trennen Sie den Kabelstecker vom Öldruckschalter (siehe Sektion 17). Schalten Sie die Zündung ein und erden Sie das Kabel am Motorgehäuse – wenn die Lampe und die Anzeige jetzt nicht aktiviert werden, muss das Kabel zwischen dem Öldruckschalter und dem Instrument auf Durchgang überprüft werden. Ist hier alles in Ordnung, wird das Instrument einen Defekt haben.

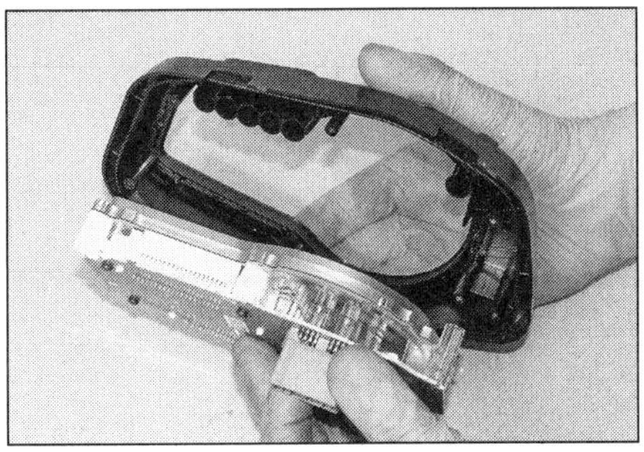

16.15f ... sowie die Frontabdeckung von der Platine.

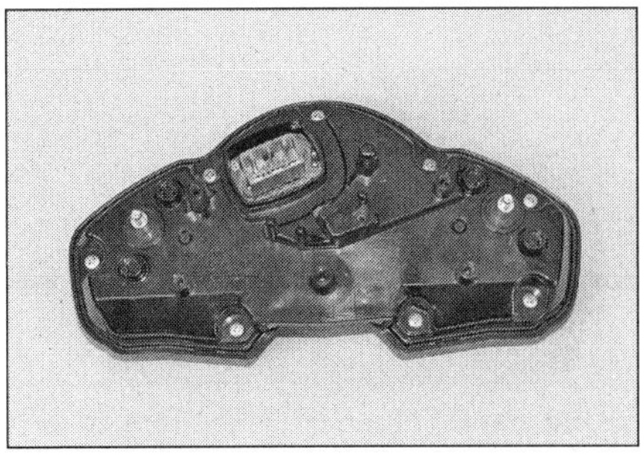

16.15g Lösen Sie bei SFV-Modellen die Schrauben ...

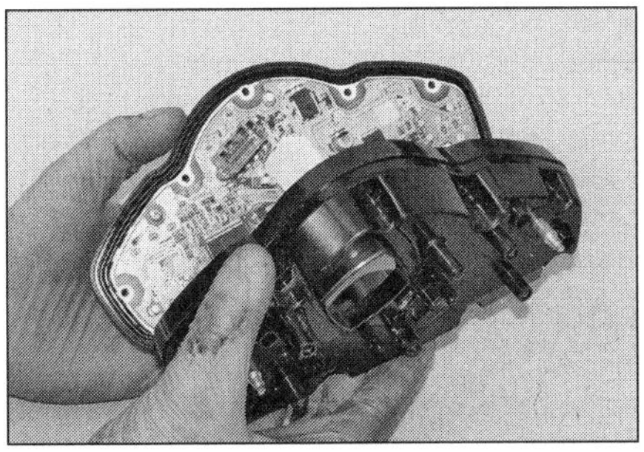

16.15h ... und entfernen Sie die hintere Abdeckung ...

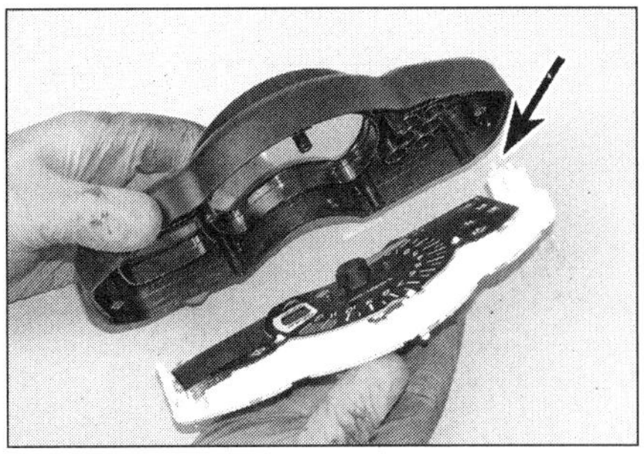

16.15i ... sowie die Frontabdeckung von der Platine – beachten Sie die Stifte (Pfeil).

12 Wenn bei laufendem Motor das Warnsymbol erscheint und die Warnlampe aufleuchtet – und dies nicht auf einen zu niedrigen Ölpegel (siehe *Tägliche Kontrollen*) oder Öldruck (siehe Kapitel 2, Sektion 3) zurückzuführen ist – müssen der Kabelstecker vom Öldruckschalter getrennt (siehe Sektion 17) und die Zündung eingeschaltet werden. Wenn jetzt das Symbol und die Warnlampe nicht erlöschen, hat das Kabel zwischen dem Öldruckschalter und dem Instrument irgendwo einen Masseschluss, der repariert werden muss.

13 Verlöschen das Symbol und die Warnlampe nach dem Trennen des Kabels, ist der Öldruckschalter defekt und muss ersetzt werden (siehe Sektion 17).

Instrumentenplatine

Ausbau und Einbau

14 Entfernen Sie die Instrumente (siehe Sektion 15).

15 Lösen Sie die Schrauben an der Rückseite des Instrumentengehäuses und trennen Sie, die Frontabdeckung, die Platine und die Rückseite (siehe Abbildungen). Eine weitere Zerlegung ist nicht möglich. Die Platine kann nötigenfalls als Ersatzteil beschafft werden.

16.16a Die Platine muss korrekt auf den Stiften sitzen – DL bis 2011.

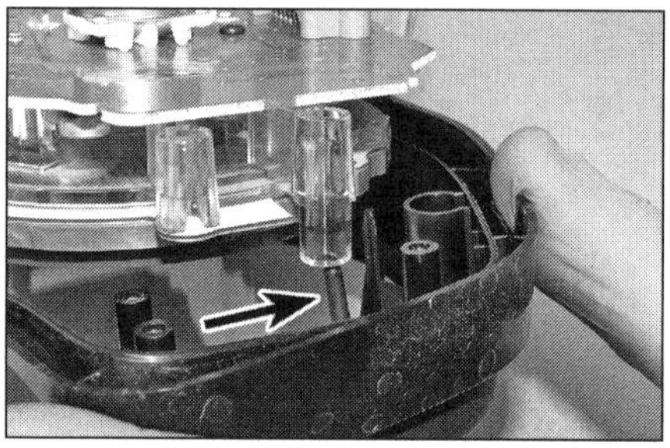

16.16b Führen Sie den Zapfen in seinen Sitz an der Platine ein – DL ab 2012

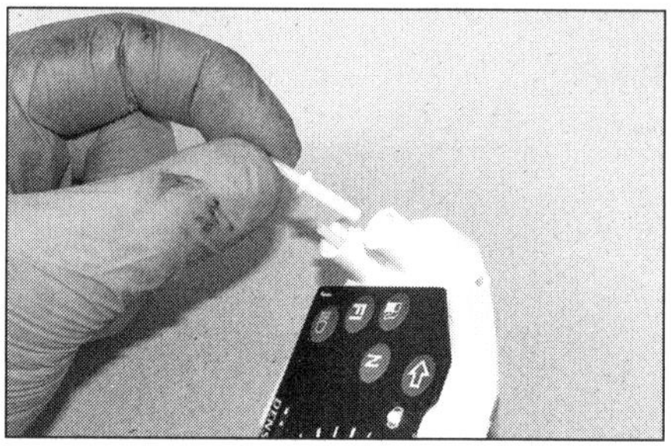

16.16c Installieren Sie die zwei Stifte in ihre Bohrungen – SFV

16.16d Die Dichtung muss in Ordnung sein und korrekt sitzen.

16.17a Entfernen Sie den Rotor und den Ring . . .

16.17b . . . und kontrollieren Sie den Dichtring.

16 Der Einbau entspricht der umgekehrten Ausbaureihenfolge – achten Sie bei DL-Modellen bis 2011 darauf, dass die Platine korrekt zwischen den Stiften sitzt (siehe Abbildung); bei DL-Modellen ab 2012 muss die Platine korrekt auf den Zapfen stecken (siehe Abbildung); bei SFV-Modellen müssen die Stifte installiert sein (siehe Abbildung). Achten Sie ggf. darauf, dass die Dichtung richtig sitzt (siehe Abbildung).

Geschwindigkeitssensor

Ausbau und Einbau

17 – DL-Modelle bis 2011: Verfolgen Sie das Kabel des links am Vorderrad sitzenden Sensors und trennen Sie es am Stecker. Befreien Sie das Kabel aus allen Befestigungen und führen Sie es zum Sensor zurück – merken Sie sich seine Verlegung. Bauen Sie das Vorderrad aus (siehe Kapitel 6). Entfernen Sie den Rotor und den Sensorring aus dem Sensorgehäuse und kontrollieren Sie die Teile sowie den Dichtring am Gehäuse auf Verschleiß und Beschädigungen. Ersetzen Sie schadhafte Teile (siehe Abbildungen). Befreien Sie alle Teile ggf. von Fettresten, tragen Sie frisches Fett auf und stecken Sie den Ring und den Rotor zurück ins Gehäuse.

18 – DL ab 2012, alle SFV: Entfernen Sie den äußeren Ritzeldeckel (siehe Kapitel 6). Heben Sie den Tank an (siehe Kapitel 4). Lösen Sie die Schraube und entfernen Sie den Sensor (siehe Abbildung). Verfolgen Sie das Sensorkabel und befreien Sie es aus allen Befestigungen. Trennen Sie den Kabelstecker – bei ausgebautem Sensor ist genügend Kabel vorhanden, um den Stecker für einen besseren Zugang herausziehen zu können. Führen Sie das Kabel zum Sensor zurück und merken Sie sich seine Verlegung. Demontieren Sie nötigenfalls den inneren Ritzeldeckel und kontrollieren Sie den Rotor des Geschwindigkeitssensors (siehe Kapitel 6) (siehe Abbildung).

Instrumentenbeleuchtung und Kontrolllampen

19 Die Instrumentenbeleuchtung und Kontrollfunktionen werden von LEDs übernommen, die nicht ersetzt werden können. Bei einem Ausfall muss die gesamte Platine ersetzt werden (siehe Schritte 14 bis 16).

17 Öldruckschalter

Anmerkung: *Beachten Sie die Hinweise zur Fehlersuche in Sektion 2 sowie die Schaltpläne am Ende des Kapitels.*

Kontrolle

1 Die Öldruck-Warnlampe und das Symbol in der Anzeige müssen für eine Selbstkontrolle beim Einschalten der Zündung aufleuchten bzw. erscheinen und erlöschen, sobald der Motor gestartet wurde (beachten Sie bei einer Fehlfunktion die Hinweise in Sektion 16). Wenn bei laufendem Motor das Warnsymbol erscheint und die Warnlampe aufleuchtet, muss der Motor unverzüglich gestoppt und eine Ölpegel-Kontrolle durchgeführt werden (siehe *Tägliche Kontrollen*). Wenn der Pegel korrekt ist, muss der Schalter überprüft (siehe unten) und nötigenfalls eine Öldruck-Kontrolle durchgeführt werden (siehe Kapitel 2, Sektion 3).

2 Der Öldruckschalter ist vorne rechts in den Motor geschraubt. Ziehen Sie die Gummikappe ab und lösen Sie die Schraube des Kabelanschlusses (siehe Abbildung). Schalten Sie die Zündung ein und erden Sie das Kabel am Motorgehäuse – wenn die Lampe und die Anzeige jetzt aktiviert werden, ist der Schalter defekt und muss ersetzt werden, andernfalls müssen die Hinweise in Sektion 16, Schritte 11 und 12 beachtet werden.

Ausbau

3 Der Öldruckschalter ist vorne rechts in den Motor geschraubt. Lassen Sie das Motoröl ab (siehe Kapitel 1).

4 Ziehen Sie die Gummikappe ab und lösen Sie die Schraube des Kabelanschlusses (Abbildung 17.2).

5 Schrauben Sie den Schalter aus dem Motor.

Einbau

6 Versehen Sie den hinteren Bereich des Gewindes (am Gehäuse) mit geeigneter Dichtmasse (z.B. Suzuki Bond 1207B), aber belassen Sie die vordere Gewinde-Hälfte blank. Installieren Sie den Schalter und ziehen Sie ihn mit 14 Nm an.

7 Verbinden Sie das Kabel mit dem Schalter und sichern Sie es mit der Schraube; schieben Sie die Gummikappe auf (Abbildung 17.2).

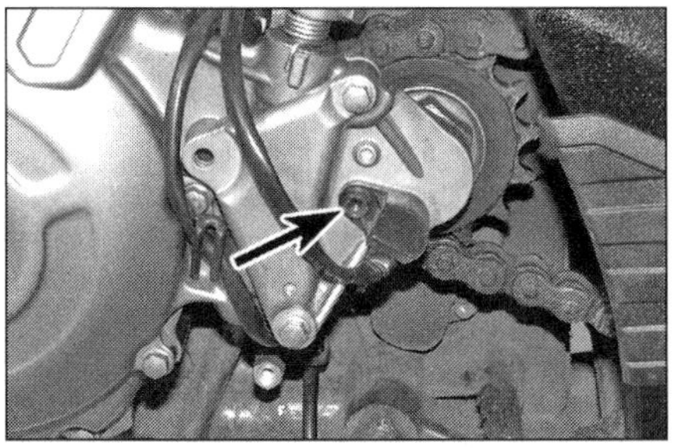

16.18a Schraube des Geschwindigkeitssensors

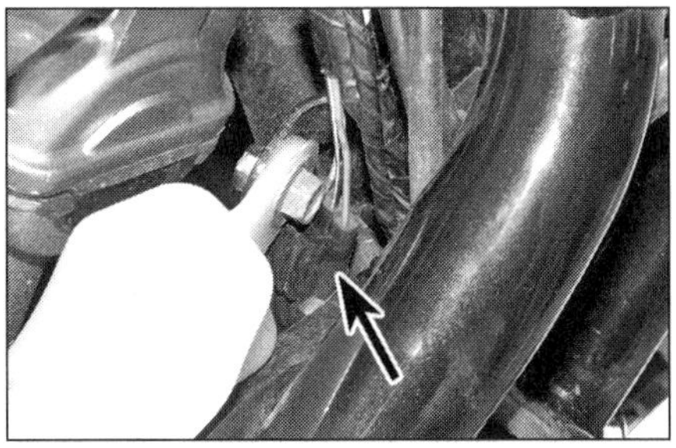

16.18b Kabelstecker des Geschwindigkeitssensors

17.2 Ziehen Sie die Gummikappe ab, lösen Sie die Anschlussschraube und befreien Sie das Kabel.

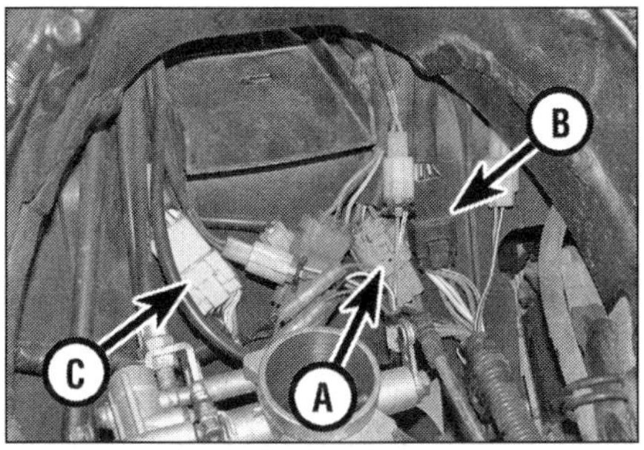

18.2a Zündschloss-Stecker (A), Stecker des rechten (B) und des linken Lenkerschalters (C) – DL bis 2011

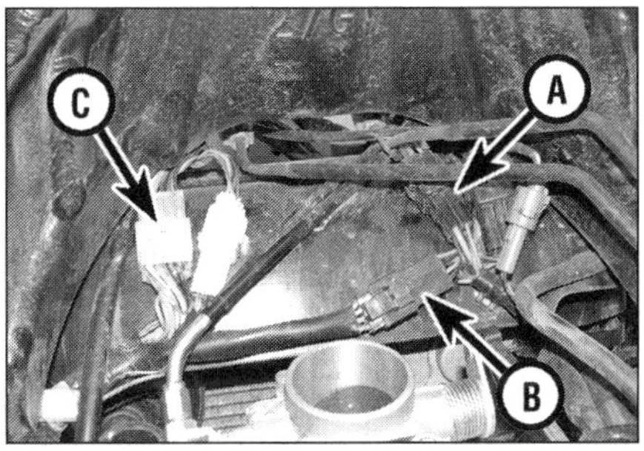

18.2b Zündschloss-Stecker (A), Stecker des rechten (B) und des linken Lenkerschalters (C) – DL ab 2012

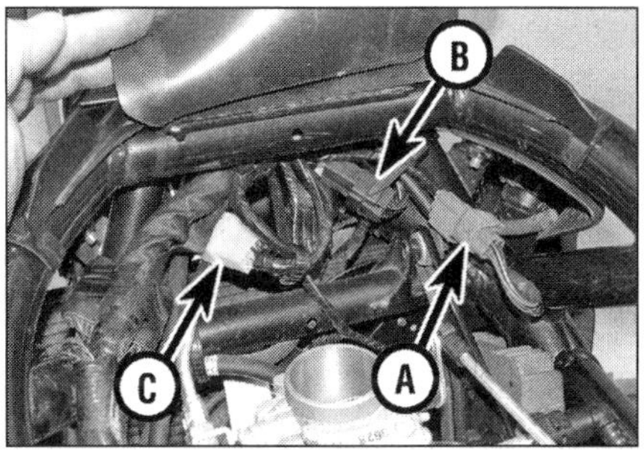

18.2c Zündschloss-Stecker (A), Stecker des rechten (B) und des linken Lenkerschalters (C) – SFV

8 Füllen Sie den Motor mit dem vorgeschriebenen Öl auf (siehe Kapitel 1). Starten Sie den Motor und prüfen Sie die Funktion des Schalters. Kontrollieren Sie seinen Sitz auf austretendes Öl.

18 Zündschloss

Warnung: Um das Risiko eines Kurzschlusses zu vermeiden, muss vor jeder Kontrolle des Zündschlosses der Masseanschluss (–) von der Batterie getrennt werden.

Anmerkung: *Beachten Sie die Hinweise zur Fehlersuche in Sektion 2 sowie die Schaltpläne am Ende des Kapitels.*

Kontrolle

1 Das Zündschloss kann mit einem Ohmmeter oder einem Durchgangsprüfer kontrolliert werden. Trennen Sie auf jeden Fall den Masseanschluss (–) der Batterie, um keinen Kurzschluss zu verursachen (siehe Sektion 3). Kontrollieren Sie vor der Kontrolle des Zündschlosses die Hauptsicherung (siehe Sektion 5).

2 Um Zugang zum Zündschlossstecker zu erhalten, muss das Luftfiltergehäuse demontiert werden (siehe Kapitel 4). Verfolgen Sie das Zündschlosskabel zum Stecker und trennen Sie diesen (siehe Abbildungen). Kontrollieren Sie die Steckerkontakte auf lockere oder gebrochene Verbindungen.

3 Prüfen Sie den Durchgang der Anschlusspaare – Durchgang muss je nach Zündschloss-Stellung zwischen den im Schaltplan mit einer Linie verbundenen Anschlüssen bestehen.

4 Wird kein Durchgang angezeigt, muss das Kabel zwischen dem Stecker und dem Zündschloss auf Unterbrechungen überprüft werden. Sind die Kabel in Ordnung, muss das Zündschloss ersetzt werden.

5 Wenn das Zündschloss in Ordnung ist, wird die Batterie wieder angeschlossen und geprüft, ob am kabelbaumseitigen Kontakt des schwarz/roten Kabels Batteriespannung anliegt. Ist dies nicht der Fall, wird im Kabel zwischen dem Stecker und der Batterie eine Unterbrechung vorliegen. Liegt Spannung an, müssen alle anderen Kabel auf Durchgang zur Sicherungsbox überprüft werden.

Ausbau

Anmerkung: *Das Zündschloss ist bei manchen Modellen mit speziellen Schrauben gesichert, deren Köpfe beim Anziehen abscheren. Um diese Schrauben wieder lösen zu können, müssen ihre Köpfe ausgebohrt oder die Schrauben mithilfe eines Meißels schrittweise herausgedreht werden. Andere Zündschlösser sind mit Torx-TR-Schrauben gesichert, die in der Profilmitte einen Stift aufweisen und ein spezielles Torxwerkzeug mit Bohrung erfordern.*

6 Trennen Sie den Masseanschluss (–) der Batterie (siehe Sektion 3).

7 Verschaffen Sie sich Zugang zum Zündschlossstecker (siehe Schritt 2). Verfolgen Sie das Zündschlosskabel zum Stecker und trennen Sie diesen. Führen Sie die Kabel zum Zündschloss zurück und befreien Sie sie dabei aus allen Befestigungen – merken Sie sich die Verlegung.

8 Falls das Zündschloss mit Torx-TR-Schrauben gesichert ist, müssen diese gelöst und das Bauteil von der oberen Gabelbrücke befreit werden.

9 Falls das Zündschloss mit Abscher-Schrauben gesichert ist, muss der Lenker von der oberen Gabelbrücke befreit und diese demontiert werden (siehe Kapitel 5, Sektionen 5 und 9). Schützen und sichern Sie die Gabelbrücke ausreichend, lösen Sie die Schrauben (siehe Anmerkung) und entfernen Sie das Zündschloss (siehe Abbildung).

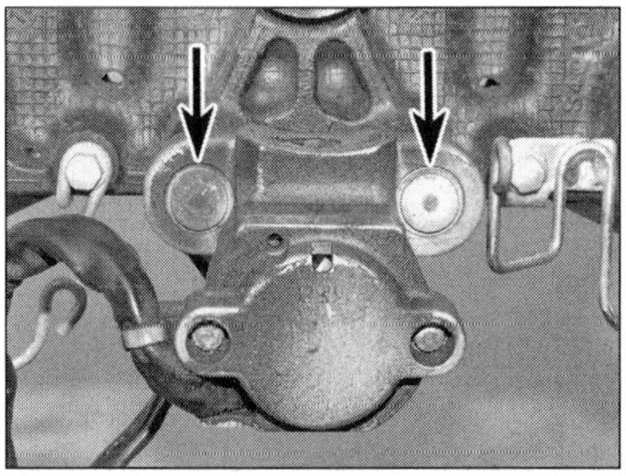

18.9 Zündschloss-Schrauben

19.8 Lenkerschalter-Gehäuseschrauben

Einbau

10 Der Einbau entspricht der umgekehrten Ausbaureihenfolge. Reinigen Sie ggf. die Gewinde der Torxschrauben und tragen Sie mittelfeste Schraubensicherung auf, bevor Sie sie sorgfältig anziehen. Oder verwenden Sie neue Abscher-Schrauben (einem neuen Zündschloss liegen neue Schrauben bei, sie sind aber auch separat erhältlich) und ziehen Sie sie an, bis ihre Köpfe abreißen. Montieren Sie ggf. die Gabelbrücke und Lenker entsprechend der Hinweise in Kapitel 5. Achten Sie darauf, dass alle Kabel korrekt verlegt, gesichert und angeschlossen sind.

19 Lenkerschalter

1 Im Allgemeinen funktionieren die Schalter zuverlässig und problemlos. Wenn Probleme auftreten, liegt es oft an Schmutz und korrodierten Kontakten, aber auch Verschleiß und Brüche innerer Teile sind Möglichkeiten, die nicht übersehen werden dürfen. Wenn irgendeine Unterbrechung auftritt, muss der entsprechende Schalter samt angeschlossener Kabel ersetzt werden, da Einzelteile nicht erhältlich sind.

Kontrolle

Anmerkung: *Beachten Sie die Hinweise zur Fehlersuche in Sektion 2 sowie die Schaltpläne am Ende des Kapitels.*

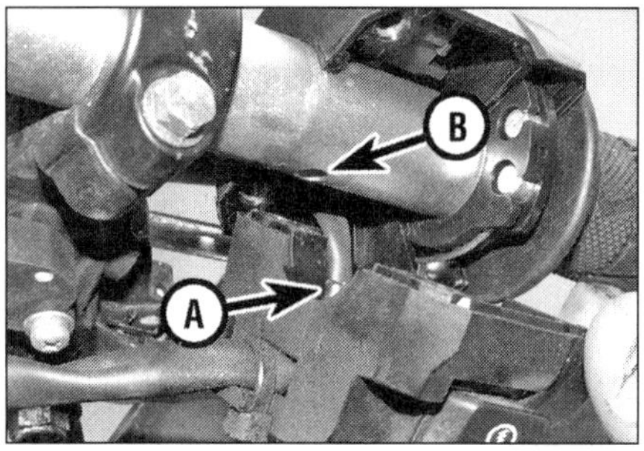

19.10 Richten Sie den Stift (A) zur Bohrung im Lenker (B) aus.

2 Die Schalter können mit einem Ohmmeter oder einer Prüflampe auf Durchgang kontrolliert werden – der Masseanschluss (–) muss dazu immer von der Batterie getrennt sein, damit bei der Kontrolle keine Kurzschlüsse entstehen (siehe Sektion 3).

3 Demontieren Sie für den Zugang zu den Steckern das Luftfiltergehäuse (siehe Kapitel 4).

Anmerkung: *Mit etwas Geschick reicht es bei SFV-Modellen eventuell aus, den Seitendeckel der entsprechenden Lenkerschalter-Seite zu entfernen (siehe Kapitel 7). Verfolgen Sie die Schalterkabel und trennen Sie ihren Stecker (Abbildungen 18.2a, b oder c). Kontrollieren Sie die Steckerkontakte auf lockere oder gebrochene Verbindungen.*

4 Kontrollieren Sie den Durchgang zwischen den Anschlüssen der Schalterseite bei entsprechender Schalterstellung (d.h. Schalter aus – kein Durchgang, Schalter an – Durchgang) – beachten Sie die Schaltpläne am Ende des Kapitels. – Durchgang muss je nach Schalterstellung zwischen den im Schaltplan mit einer dicken Linie verbundenen Anschlüssen bestehen.

5 Wenn die Durchgangsprüfung ein Problem bestätigt, muss das entsprechende Schaltergehäuse vom Lenker befreit (siehe unten) und seine Kontakte mit Kontaktspray eingesprüht werden (es ist nicht nötig, die Schalter dazu vollständig zu entfernen). Falls sie zugänglich sind, können die Kontakte mit einem Messer sauber gekratzt oder feinem Sandpapier aufpoliert werden. Wenn Schalterelemente beschädigt oder zerstört sind, wird dieses bei der Demontage offensichtlich.

Ausbau und Einbau

6 Verschaffen Sie sich Zugang zu den Schaltersteckern (siehe Schritt 3). Führen Sie die Kabel zum Schalter zurück und befreien Sie es dabei aus allen Befestigungen – merken Sie sich die Verlegung.

7 Um den rechten Lenkerschalter demontieren zu können, muss zunächst der Stecker des Bremslichtschalters getrennt werden (Abbildung 14.2). Um den linken Lenkerschalter demontieren zu können, muss zunächst der Stecker des Kupplungsschalters getrennt werden (Abbildung 22.2).

8 Zum Demontieren des linken Lenkerschalters bei allen Modellen und des rechten Lenkerschalters bei DL-Modellen bis 2006 müssen die Schrauben gelöst und die Schalterhälften getrennt werden (siehe Abbildung).

9 Um bei DL-Modellen ab 2007 und allen SFV-Modellen den rechten Lenkerschalter demontieren zu können, müssen die Gaszüge befreit werden (siehe Kapitel 4).

10 Der Einbau entspricht der umgekehrten Ausbaureihenfolge. Die Arretierstifte der Schalter müssen in den Lenkerbohrungen stecken (siehe Abbildung), bevor die Gehäuseschrauben – nicht zu fest – angezogen werden. Alle Kabel müssen korrekt verlegt, gesichert und verbunden sein. Prüfen Sie vor der ersten Fahrt alle Schalter-Funktionen.

20 Gangsensor

Anmerkung: *Beachten Sie die Hinweise zur Fehlersuche in Sektion 2 sowie die Schaltpläne am Ende des Kapitels.*

1 Der Gangsensor sitzt unterhalb des Motorritzels links im Motorgehäuse. Bei eingeschalteter Zündung und eingelegtem Leerlauf sorgt der Sensor dafür, dass die Leerlauf-Kontrollleuchte leuchtet. Der Sensor ist Teil des Sicherheits-Stromkreises, der dafür sorgt, dass

20.2a Kabelstecker des Gangsensors – DL bis 2011

20.2b Kabelstecker des Gangsensors – DL ab 2012

20.2c Kabelstecker des Gangsensors – SFV

der Motor bei ausgeklapptem Seitenständer und eingelegtem Gang ausgeht bzw. nicht gestartet werden kann, solange dabei nicht die Kupplung gezogen wird.

Kontrolle

2 Entfernen Sie bei DL-Modellen bis 2011 den linken Seitendeckel (siehe Kapitel 7). Heben Sie bei DL-Modellen ab 2012 und allen SFV-Modellen den Tank an (siehe Kapitel 4). Verfolgen Sie das Sensorkabel und trennen Sie es am Stecker (siehe Abbildungen). Sorgen Sie dafür, dass sich das Getriebe im Leerlauf befindet.

3 Bei getrenntem Stecker und eingeschalteter Zündung darf die Leerlauf-Kontrolllampe nicht leuchten – andernfalls hat das Kabel zwischen dem Stecker und dem Instrument irgendwo einen Masseschluss.

4 Prüfen Sie am schalterseitigen Stecker, ob zwischen den Kontakten des blauen und des schwarz/weißen (Masse-) Kabels Durchgang besteht – im Leerlauf muss dies der Fall sein; bei einem eingelegten Gang darf kein Durchgang vorhanden sein. Bei anderen Ergebnissen ist der Sensor defekt – bauen Sie ihn aus, kontrollieren Sie ihn (siehe unten) und ersetzen Sie ihn nötigenfalls.

5 Kontrollieren Sie die Gang-Erkennungsfunktion des Sensors wie folgt: Stützen Sie das Motorrad mit einer geeigneten Vorrichtung ab und klappen Sie den Seitenständer ein. Stellen Sie sicher, dass der Gangsensor-Stecker sicher verbunden ist. Verbinden Sie die Klemmen eines Voltmeters mit den kabelbaumseitigen Kontakten des pinkfarbenen und des schwarz/weißen Kabels und schalten Sie die Zündung ein. Schalten Sie das Getriebe in den ersten Gang und notieren Sie die gemessene Spannung. Wiederholen Sie dies im zweiten bis sechsten Gang, sodass sechs Messungen vorliegen. Bei DL-Modellen bis 2011 müssen die unten angegebenen Voltzahlen ermittelt werden. Bei DL-Modellen ab 2012 und allen SFV-Modellen müssen in allen Gängen mehr als 0,6 Volt gemessen werden. Bei anderen Ergebnissen ist der Sensor defekt – bauen Sie ihn aus, kontrollieren Sie ihn (siehe unten) und ersetzen Sie ihn nötigenfalls.

Gang	Spannung
1.	ca. 1,36 Volt
2.	ca. 1,77 Volt
3.	ca. 2,5 Volt
4.	ca. 3,23 Volt
5.	ca. 4,1 Volt
6.	ca. 4,55 Volt

Ausbau

6 Der Gangsensor sitzt unterhalb des Motorritzels links im Motorgehäuse. Lassen Sie das Motoröl ab (siehe Kapitel 1). Entfernen Sie die Ritzel-Abdeckung (bei DL-Modellen ab 2012 und allen SFV-Modellen nur die äußere).

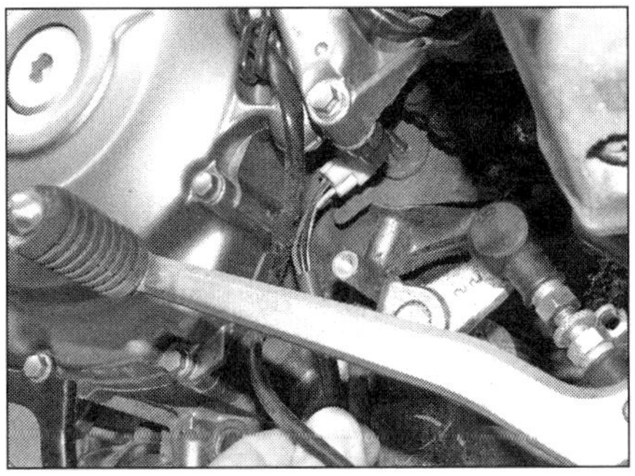

20.7 Beachten Sie die Verlegung des Kabels, wenn Sie den Stecker herunterziehen.

20.8 Befestigungsschrauben des Gangsensors

20.9 Stellen die Kontaktstifte und ihre Federn sicher.

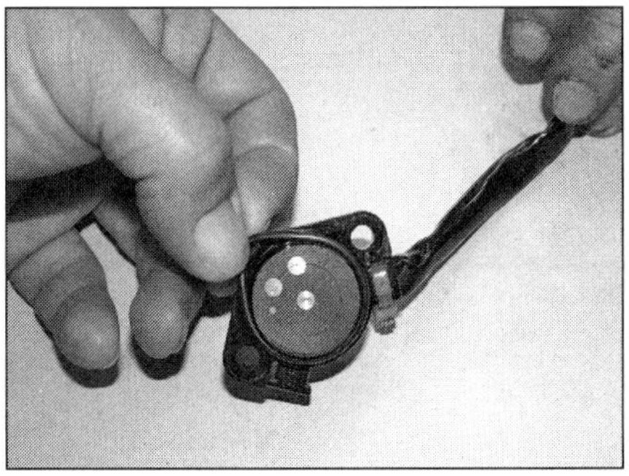

20.11 Rüsten Sie den Gangsensor mit einem neuen O-Ring aus.

7 Verschaffen Sie sich Zugang zum Sensorstecker (siehe Schritt 3) und trennen Sie ihn. Befreien Sie das Sensorkabel aus allen Befestigungen und führen Sie es zum Sensor zurück (siehe Abbildung) – merken Sie sich seine Verlegung.

8 Befreien Sie den Sensor und den umliegenden Bereich von Schmutz und Fettresten. Lösen Sie die Schrauben und entfernen Sie den Schalter (siehe Abbildung) – der O-Ring muss später erneuert werden.

9 – DL-Modelle bis 2011: Entfernen Sie die Kontaktstifte und Federn aus der Schaltwalze (siehe Abbildung), um sie sowie die Kontakte innerhalb des Sensors zu kontrollieren und verschlissene oder schadhafte Teile zu ersetzen.

10 – DL ab 2012, alle SFV: Kontrollieren Sie den Stift auf Verschleiß und Beschädigungen und stellen Sie sicher, dass sich der Sensor frei im Gehäuse drehen kann. Ersetzen Sie den Sensor nötigenfalls durch ein Neuteil.

Einbau

11 – DL-Modelle bis 2011: Installieren Sie die Federn und die Kontaktstifte in die Bohrungen der Schaltwalze (Abbildung 20.9). Rüsten Sie den Sensor mit einem neuen gefetteten O-Ring aus (siehe Abbildung), reinigen Sie die Gewinde seiner Schrauben, tragen Sie mittelfeste Sicherungspaste auf und installieren Sie ihn ins Motorgehäuse.

12 – DL ab 2012, alle SFV: Rüsten Sie den Sensor mit einem neuen gefetteten O-Ring aus, stecken Sie den Stift in die außermittig liegende Bohrung der Schaltwalze, reinigen Sie die Gewinde der Sensorschrauben, tragen Sie mittelfeste Sicherungspaste auf und installieren Sie den Sensor ins Motorgehäuse.

13 Verlegen Sie das Sensorkabel wie beim Ausbau notiert und verbinden Sie die Stecker. Prüfen Sie die Funktion der Leerlaufkontrolllampe.

14 Füllen Sie Motoröl auf (siehe Kapitel 1). Senken Sie den Tank ab oder montieren Sie den Seitendeckel.

21 Seitenständerschalter, Relais und Dioden

Anmerkung: *Beachten Sie die Hinweise zur Fehlersuche in Sektion 2 sowie die Schaltpläne am Ende des Kapitels.*

1 Der Seitenständerschalter sitzt vorne am Seitenständergelenk und ist Teil des Sicherheitsstromkreises, der dafür sorgt, dass der Motor bei ausgeklapptem Seitenständer und eingelegtem Gang ausgeht bzw. nicht gestartet werden kann, solange dabei nicht die Kupplung gezogen wird. Das Seitenständerrelais und die Dioden des Sicherheitsstromkreises sitzen zusammen mit dem Blinkrelais als gemeinsame Komponente neben der Sicherungsbox (Abbildungen 21.11a oder b).

21.2a Kabelstecker des Seitenständerschalters – DL bis 2011

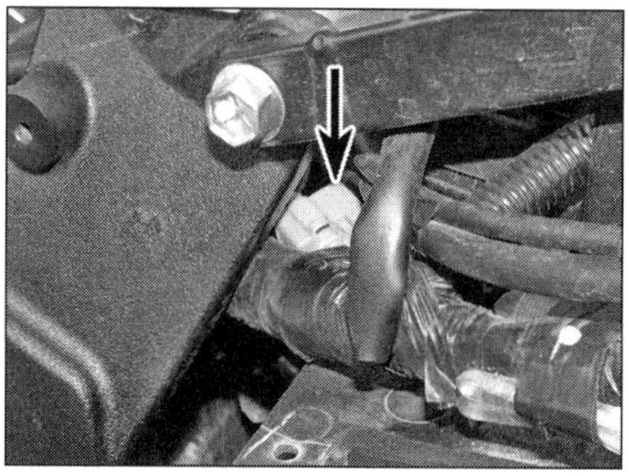

21.2b Kabelstecker des Seitenständerschalters – DL ab 2012

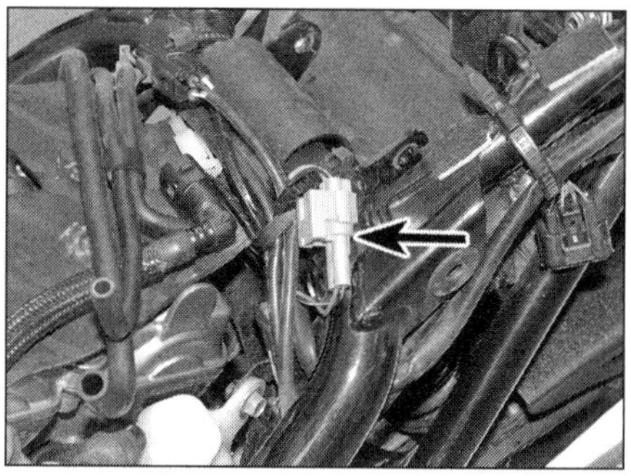

21.2c Kabelstecker des Seitenständerschalters – SFV

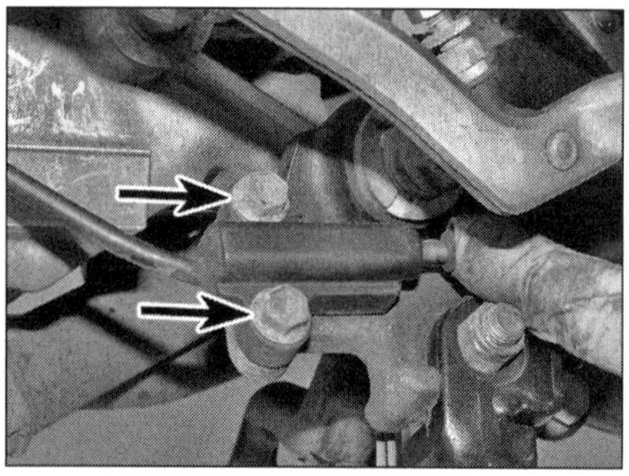

21.4 Der Kolben muss sich sanft und frei bewegen können. Schalterschrauben (Pfeile)

21.11a Relais/Dioden-Einheit – DL

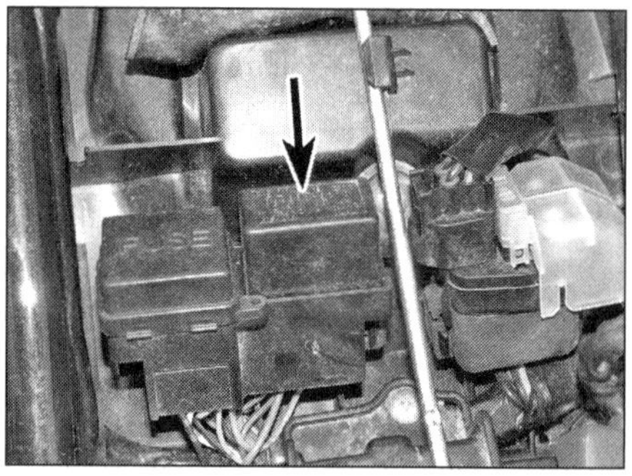

21.11b Relais/Dioden-Einheit – SFV

21.11c Ziehen Sie die Relais/Dioden-Einheit aus ihrem Sockel.

2 Entfernen Sie bei DL-Modellen den linken Seitendeckel (siehe Kapitel 7). Heben Sie bei SFV-Modellen den Tank an (siehe Kapitel 4). Verfolgen Sie das Sensorkabel und trennen Sie es am Stecker (siehe Abbildungen).

3 Prüfen Sie mithilfe eines Ohmmeters oder Durchgangstesters die Funktion des Schalters. Verbinden Sie die Prüfgerät-Klemmen mit den Kontakten der Schalter-Seite – Plus an den Kontakt des grünen Kabels und Minus an den Kontakt des schwarz/weißen Kabels. Bei eingeklapptem Ständer muss Durchgang bestehen (»0«), bei ausgeklapptem Ständer darf kein Durchgang bestehen (»1«). Falls das Messgerät als Diodentester genutzt werden kann, werden die Prüfklemmen wie zuvor verbunden – bei eingeklapptem Ständer müssen 0,4 bis 0,6 Volt festgestellt werden, bei ausgeklapptem Ständer muss die Batteriespannung des Prüfgeräts angezeigt werden.

4 Bei anderen Messergebnissen muss geprüft werden, ob nicht ein durch Schmutz klemmender Kontaktstift die Ursache des Problems ist; sprühen Sie den Sensor mit wasserverdrängendem Kriechöl ein (siehe Abbildung) – funktioniert er weiterhin nicht, ist der Sensor defekt und muss ersetzt werden.

5 Wenn der Sensor in Ordnung ist, müssen das Seitenständerrelais (siehe Schritte 11 bis 13) und die Dioden (Schritt 14) kontrolliert werden. Kontrollieren Sie auch die Kabel zwischen den verschiedenen Komponenten – beachten Sie dazu die Schaltpläne am Ende des Kapitels.

Ausbau und Einbau

6 Trennen Sie den Kabelstecker (siehe Schritt 2). Führen Sie das Kabel zum Schalter zurück – befreien Sie es dazu aus allen Befestigungen und merken Sie sich seine Verlegung.

7 Lösen Sie die Schrauben und entfernen Sie den Schalter (Abbildung 21.4).

8 Reinigen Sie die Gewinde der Schrauben und tragen Sie mittelfeste Sicherungspaste auf. Installieren Sie den Schalter und ziehen Sie die Schrauben sorgfältig an.

9 Verlegen Sie das Kabel korrekt zum Stecker und sichern Sie es, wie beim Ausbau notiert. Verbinden Sie den Stecker und prüfen Sie die Funktion des Schalters.

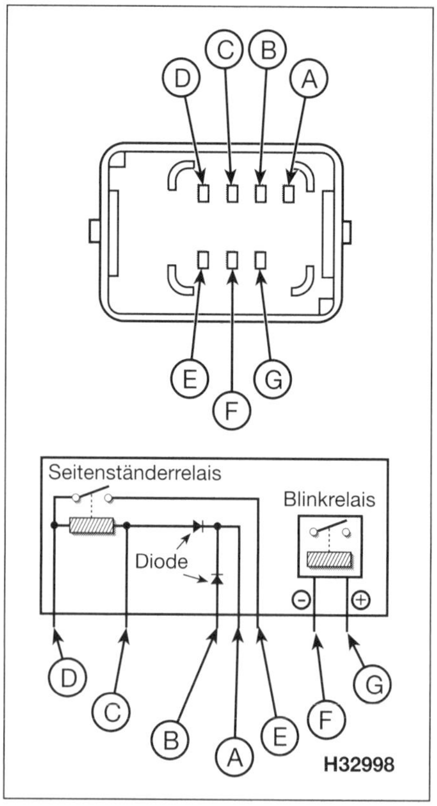

21.12 Anschluss-Identifikationen und Schaltplan der Relais/Dioden-Einheit

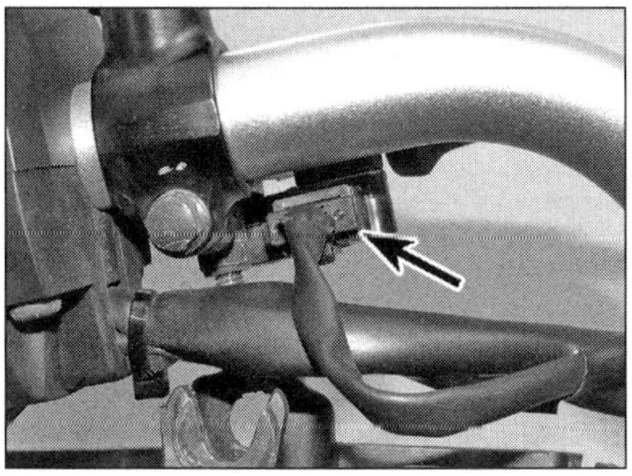

22.2 Stecker des Kupplungsschalters

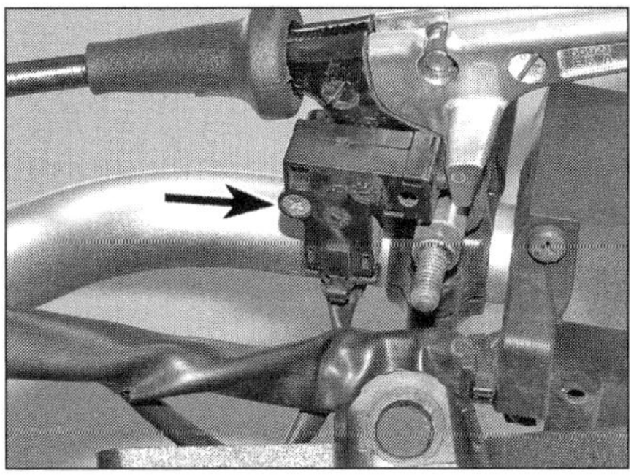

22.4 Schraube des Kupplungsschalters – gezeigt am DL-Modell

10 Senken Sie den Tank ab oder montieren Sie den Seitendeckel.

Seitenständerrelais

11 Das Seitenständerrelais sitzt zusammen mit den Dioden und dem Blinkrelais als gemeinsame Komponente neben der Sicherungsbox (siehe Abbildung). Entfernen Sie für den Zugang die Sitzbank und ziehen Sie die Baugruppe aus ihrem Sockel (siehe Abbildungen).

12 Prüfen Sie mithilfe eines Ohmmeters oder Durchgangstesters den Durchgang zwischen den Relaiskontakten D und E (siehe Abbildung) – es darf kein Durchgang bestehen (»1«).

13 Verbinden Sie nun eine geladene 12-Volt-Batterie mithilfe von Überbrückungskabeln mit den Kontakten D (+) und C (–) und messen Sie erneut den Durchgang zwischen D und E – es muss Durchgang bestehen (»0«). Bei anderen Ergebnissen muss die Relais-Baugruppe ersetzt werden.

Dioden

14 Die Dioden sitzen zusammen mit dem Seitenständerrelais sitzt zusammen mit den Dioden und dem Blinkrelais als gemeinsame Komponente neben der Sicherungsbox. Entfernen Sie für den Zugang die Sitzbank und ziehen Sie die Baugruppe aus ihrem Sockel (Abbildungen 21.11a bis c).

15 Verbinden Sie die Prüfklemmen eines Diodentesters mit den Dioden-Kontakten C (+) und A (–) (Abbildung 21.12) – es müssen 0,4 bis 0,6 Volt festgestellt werden. Tauschen Sie die Prüfklemmen jetzt um – jetzt muss die Batteriespannung des Prüfgeräts angezeigt werden. Wiederholen Sie den Test mit den Kontakten B und A – die Ergebnisse müssen die gleichen sein. Bei anderen Ergebnissen muss die Relaisbaugruppe ersetzt werden.

16 Wenn die Dioden in Ordnung sind, müssen die anderen Bauteile des Sicherheitsstromkreises (Kupplungsschalter, Gangsensor, Seitenständerschalter und Relais) überprüft werden. Sind all diese Komponenten in Ordnung, müssen die Kabel zwischen den Bauteilen überprüft werden – beachten Sie dazu die Schaltpläne am Ende dieses Kapitels.

22 Kupplungsschalter

Anmerkung: *Beachten Sie die Hinweise zur Fehlersuche in Sektion 2 sowie die Schaltpläne am Ende des Kapitels.*

1 Der Kupplungsschalter sitzt unten am Kupplungshebelhalter und ist Teil des Sicherheits-Stromkreises, der dafür sorgt, dass der Motor bei ausgeklapptem Seitenständer und eingelegtem Gang ausgeht bzw. nicht gestartet werden kann, solange dabei nicht die Kupplung gezogen wird. Der Schalter ist nicht einstellbar.

Kontrolle

2 Trennen Sie den Stecker vom Schalter (siehe Abbildung). Verbinden Sie die Klemmen des Ohmmeters oder Durchgangsprüfers mit den beiden Schalterkontakten. Bei gezogenem Kupplungshebel muss Durchgang (»0«), nach dem Lösen muss Unterbrechung (»1«) festgestellt werden.

3 Wenn der Schalter in Ordnung ist, müssen die anderen Bauteile des Sicherheitsstromkreises (Dioden, Gangsensor, Seitenständerschalter und Relais) überprüft werden. Überprüfen Sie die Kabel zwischen den Teilen auf Durchgang und die Stecker auf lockere oder gebrochen Kontakte – beachten Sie dazu die Schaltpläne am Ende dieses Kapitels.

Ausbau und Einbau

4 Trennen Sie den Stecker vom Schalter (Abbildung 22.2). Lösen Sie die Schraube(n) und entfernen Sie den Schalter (siehe Abbildung).

5 Der Einbau entspricht der umgekehrten Ausbaureihenfolge. Der Schalter ist nicht einstellbar.

23 Hupe

1 Die Hupe sitzt hinter dem Kühler (siehe Abbildungen).

Kontrolle

Anmerkung: *Beachten Sie die Hinweise zur Fehlersuche in Sektion 2 sowie die Schaltpläne am Ende des Kapitels.*

2 Wenn die Hupe ausfällt, muss zunächst die Blinker/Bremslicht-Sicherung kontrolliert werden (siehe Sektion 5).

3 Wenn die Sicherung in Ordnung ist, müssen die Kabelstecker der Hupe getrennt und auf lockere Kabel überprüft werden. Verbinden Sie die Hupe mithilfe zweier Überbrückungskabel direkt mit der Batterie. Arbeitet die Hupe nicht, muss sie ersetzt werden.

4 Hat die Hupe den Test bestanden, müssen die Kabel zwischen ihr, dem Hupenknopf und der Sicherungsbox überprüft werden – beach-

23.1a Hupe – DL-Modelle bis 2011

23.1b Hupe – DL-Modelle ab 2012

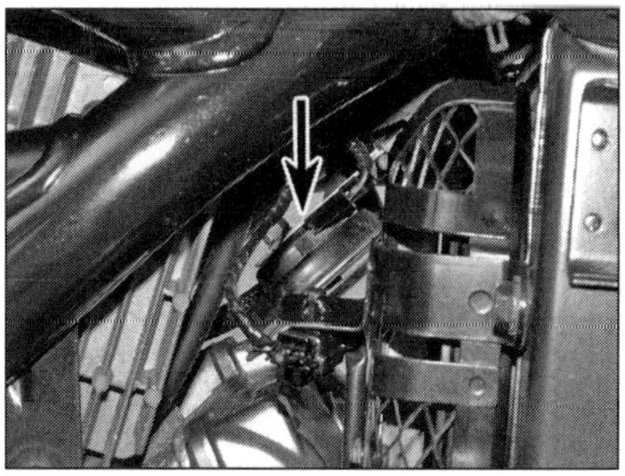

23.1c Hupe – SFV-Modelle

ten Sie dazu die Schaltpläne am Ende dieses Kapitels. Kontrollieren Sie das schwarz/weiße Kabel auf guten Massekontakt.

5 War bis hierher alles in Ordnung, muss der Hupenknopf-Kontakt im linken Lenkerschalter überprüft werden (siehe Sektion 19).

Ersetzen

6 Trennen Sie die Hupenstecker. Lösen Sie die Mutter oder Schraube der Hupe.

7 Bauen Sie die Hupe an und ziehen Sie die Mutter oder Schraube sorgfältig an. Verbinden Sie die Kabelstecker und prüfen Sie die Funktion der Hupe.

24 Anlasserrelais

Anmerkung: *Beachten Sie die Hinweise zur Fehlersuche in Sektion 2 sowie die Schaltpläne am Ende des Kapitels.*

Kontrolle

1 Falls der Anlasser-Stromkreis fehlerhaft ist, müssen zuerst die Hauptsicherung und die Zündungs-Sicherung kontrolliert werden (siehe Sektion 5).

2 Entfernen Sie für den Zugang zum Relais die Sitzbank (siehe Kapitel 7) (siehe Abbildung). Trennen Sie den Masseanschluss (–) der Batterie (siehe Sektion 3). Entfernen Sie die Kunststoffabdeckung (Abbildung 24.9b).

3 Lösen Sie die Schraube des Anlasserkabels und sichern Sie das Kabel ausreichend weit vom Anschluss (Abbildung 24.9c). Verbinden Sie das Massekabel (–) wieder mit der Batterie. Drücken Sie bei eingeklapptem Seitenständer, eingeschalteter Zündung, Killschalter auf RUN und im Getriebe eingelegtem Leerlauf den Startknopf – im Relais muss es klicken. Schalten Sie die Zündung wieder aus.

4 Falls das Relais nicht klickt, muss der Relaisstecker getrennt werden (Abbildung 24.9a). Verbinden Sie die Plusklemme eines Voltmeters mit dem Steckerkontakt des gelb/grünen Kabels und die Minusklemme mit dem Kontakt des schwarz/weißen Kabels – bei eingeschalteter Zündung, Killschalter auf RUN, eingelegtem Leerlauf und gedrücktem Startknopf muss Batteriespannung festgestellt werden. Ist dies nicht der Fall, müssen die Kabel und Steckerkontakte – beachten Sie dazu die Schaltpläne am Ende dieses Kapitels – sowie die anderen Komponenten des Anlasser-Stromkreises überprüft werden.

5 Wurde Spannung festgestellt, muss das Relais ausgebaut werden (Schritt 9).

6 Verbinden Sie ein auf den Messbereich Ohm x 1 gestelltes Multimeter zwischen den Anlasser- und Batterie-Schraubanschluss (A und B) des Relais (siehe Abbildung) – es darf kein Durchgang festgestellt werden. Jetzt wird der Pluspol einer vollständig geladene 12-Volt-Batterie mit einem Überbrückungskabel an den Kontakt C geklemmt, der Minuspol kommt an den Kontakt D. Zu diesem Zeitpunkt sollte im Relais ein Klicken zu hören sein und das Multimeter 0 Ohm (vollen Durchgang) anzeigen. Wenn dieses der Fall ist, hat sich das Relais als funktionstüchtig erwiesen. Wenn das Relais bei angelegter Batteriespannung nicht klickt und kein Durchgang angezeigt wird, muss es ersetzt werden.

Anmerkung: *Halten Sie die Batterie nicht länger als fünf Sekunden an die Relais-Kontakte, da dessen Spulen ansonsten beschädigt werden können.*

7 Verbinden Sie das auf den Messbereich Ohm x 1 gestelltes Multimeter mit den Relais-Kontakten C und D – es müssen 3 bis 6 Ohm ermittelt werden. Bei anderen Ergebnissen ist das Relais defekt und muss ersetzt werden.

24.2 Anlasserrelais

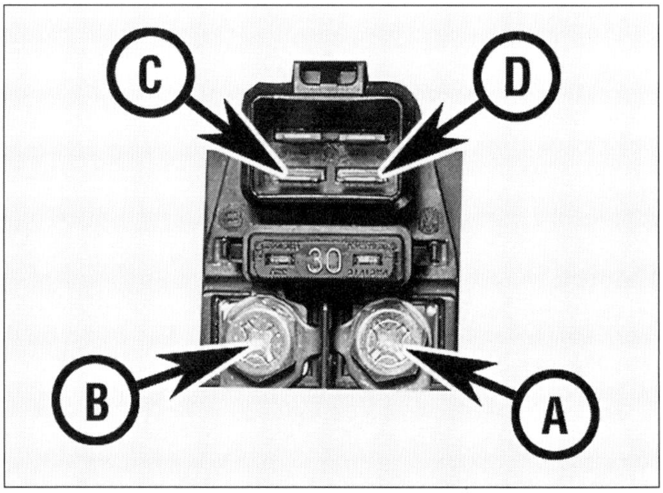

24.6 Anschluss-Identifikationen des Anlasserrelais

24.9a Trennen Sie den Relaisstecker.

24.9b Entfernen Sie die Relaisabdeckung.

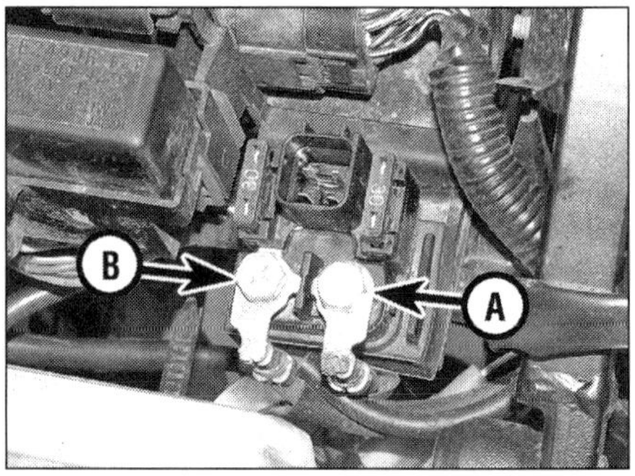

24.9c Relaisanschluss des Anlasserkabels (A) und des Batteriekabels (B)

Ausbau und Einbau

8 Entfernen Sie für den Zugang zum Relais die Sitzbank (siehe Kapitel 7) (siehe Abbildung). Trennen Sie den Masseanschluss (–) der Batterie (siehe Sektion 3).

9 Trennen Sie den Relaisstecker (siehe Abbildung). Entfernen Sie die Kunststoffabdeckung (siehe Abbildung). Lösen Sie die Schrauben des Anlasser- und des Batteriekabels, um das Relais entnehmen zu können (siehe Abbildung).

10 Der Einbau entspricht der umgekehrten Ausbaureihenfolge. Ziehen Sie die Anschlussschrauben sorgfältig an. Verbinden Sie zum Schluss zuerst den Stromanschluss (+) und dann den Masseanschluss (–) mit der Batterie.

25 Anlasser
Ausbau und Einbau

Ausbau

1 Der Anlasser sitzt vorne am Motorgehäuse. Trennen Sie den Masseanschluss (–) der Batterie (siehe Sektion 3).

2 Ziehen Sie die Gummiabdeckung vom Anlasser zurück (siehe Abbildungen). Lösen Sie die Mutter des Anlasserkabels und befreien dies.

3 Lösen Sie die zwei Schrauben, die den Anlasser am Motorgehäuse halten – beachten Sie die von der unteren Schraube gesicherte Kabelklemme (siehe Abbildung). Ziehen Sie den Anlasser aus dem Motorgehäuse – hebeln Sie ihn nötigenfalls mit einem Schraubendreher heraus (siehe Abbildung).

4 Entfernen Sie den O-Ring vom Ende des Anlassers – beim Einbau wird auf jeden Fall ein neuer benötigt (Abbildung 25.5).

Einbau

5 Legen Sie einen neuen eingefetteten O-Ring um das Ende des Anlassers und gehen Sie sicher, dass er in seiner Nut sitzt (siehe Abbildung).

6 Bringen Sie den Anlasser in Position und schieben Sie ihn in das Motorgehäuse, sodass die Anlasserverzahnung in das Untersetzungszahnrad greift (Abbildung 25.3b). Installieren Sie die Befestigungsschrauben – vergessen Sie nicht die Kabelklemme an der unteren Schraube – und ziehen Sie sie sorgfältig an (Abbildung 25.3a).

7 Verbinden Sie das Anlasserkabel mit dem Anlasser und sichern Sie es mit der Mutter (Abbildungen 25.2a oder b). Schieben Sie die Gummiabdeckung über den Anschluss.

8 Verbinden Sie zum Schluss zuerst den Stromanschluss (+) und dann den Masseanschluss (–) mit der Batterie.

25.2a Kabelanschluss am Anlasser – DL bis 2009, SFV bis 2010

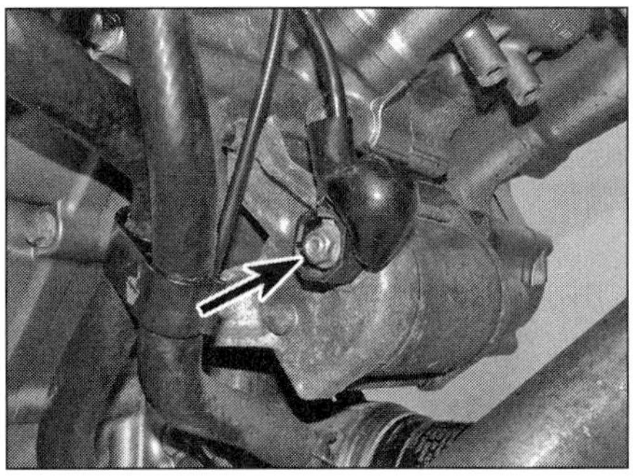

25.2b Kabelanschluss am Anlasser – DL ab 2010, SFV ab 2011

25.3a Lösen Sie die zwei Anlasser-Befestigungsschrauben, beachten Sie die Kabelklemme . . .

25.3b und ziehen Sie den Anlasser heraus.

25.5 Der neue gefettete O-Ring muss vollständig in der Nut sitzen.

26.4 Beachten Sie die Ausrichtmarkierungen zwischen den Gehäuseteilen.

26 Anlasser
Überholen

Kontrolle

1 Bauen Sie den Anlasser aus (siehe Sektion 25). Umwickeln Sie ihn mit Lappen und klemmen Sie ihn vorsichtig in einen mit weichen Backen bestückten Schraubstock – beschädigen Sie nicht sein Gehäuse.

2 Verbinden Sie den Pluspol einer vollständig geladene 12-V-Batterie mithilfe von Überbrückungskabeln mit dem Kabelanschluss sowie den Minuspol mit einem der Befestigungsangüsse – der Anlasser muss zu drehen beginnen. Funktioniert der Anlasser jetzt, hat aber im eingebauten Zustand Schwierigkeiten, den Motor durchzudrehen, muss er für weitere Untersuchungen zerlegt werden – das Gleiche gilt, wenn er gar nicht funktioniert.

DL-Modelle bis 2009, SFV-Modelle bis 2010

Anmerkung: *Die hier behandelten Anlasser sind an der seitlich angebrachten Anschlussschraube erkennbar (Abbildung 25.2a).*

Zerlegen

3 Bauen Sie den Anlasser aus (siehe Sektion 25).

4 Beachten Sie die Markierungen an den Übergängen zwischen dem Hauptgehäuse und den vorderen und hinteren Gehäuseteilen – diese müssen bei der Montage wieder fluchten. Falls die Markierungen schwierig zu erkennen sind, müssen welche angebracht werden (siehe Abbildung).

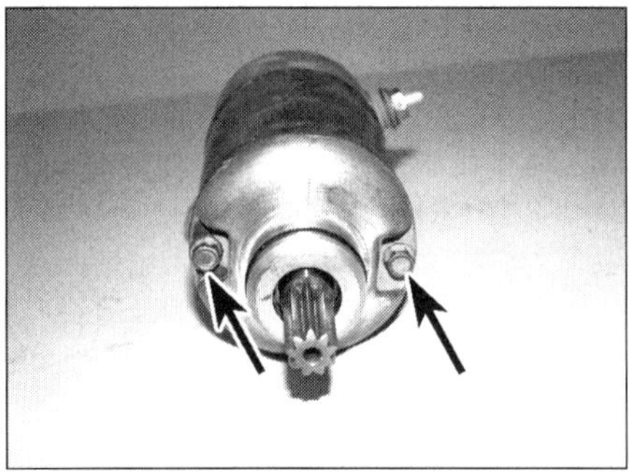

26.5a Lösen und entfernen Sie die zwei langen Schrauben, ...

26.5b ... um das vordere Gehäuseteil samt Dichtring entfernen zu können.

26.5c Entfernen Sie die Laschenscheibe, ...

26.5d ... die Isolierscheibe und die Distanzscheibe.

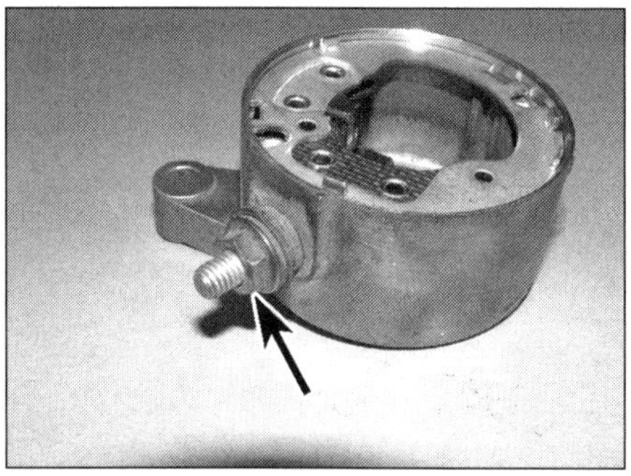

26.9a Lösen Sie die Mutter und entfernen Sie die beiden Isolierscheiben und den O-Ring.

26.9b Entfernen Sie die Bürstenplatten-Baugruppe ...

26.9c ... und das Isolierstück.

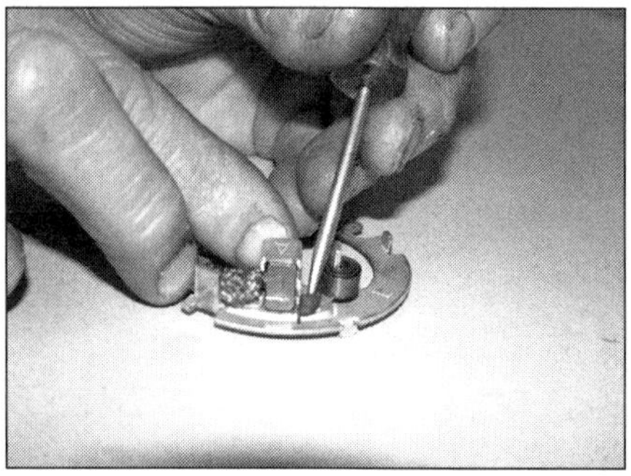

26.10 Drücken Sie die Feder beiseite und ziehen Sie die Bürste heraus.

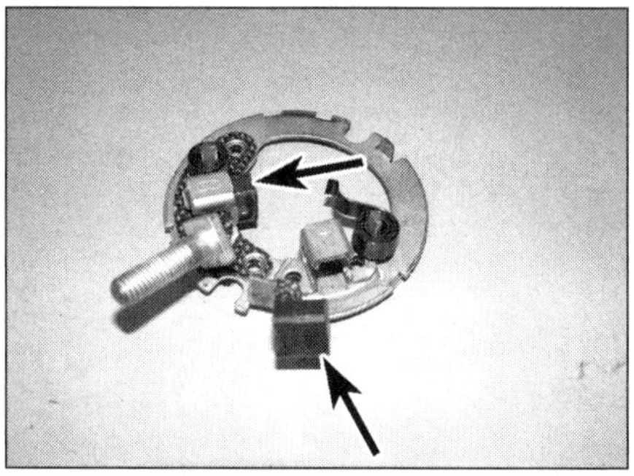

26.11 Kontrollieren Sie die Bürsten wie beschrieben.

5 Lösen Sie die zwei langen Schrauben, beachten Sie die O-Ringe und entfernen Sie den vorderen Gehäusedeckel samt Dichtring (siehe Abbildungen). Entfernen Sie die Laschenscheibe aus dem Deckel und ziehen Sie die Isolierscheibe und die Distanzscheibe von der Ankerwelle – merken Sie sich die Reihenfolge (siehe Abbildungen).

6 Entfernen Sie den hinteren Gehäusedeckel samt Dichtring vom Hauptgehäuse. Ziehen Sie die Distanzscheiben vom hinteren Ende der Ankerwelle (Abbildung 26.21a).

7 Ziehen Sie die Ankerwelle aus dem Hauptgehäuse – sie wird von dessen Magneten zurückgehalten, sodass sie nicht zwischen durch losgelassen werden darf.

8 Prüfen Sie jetzt den Durchgang zwischen der Anschlussschraube und der isolierten Kohlebürste – es darf kein Widerstand festgestellt werden. Zwischen der Anschlussschraube und dem Gehäuse muss unendlicher Widerstand (»1«) ermittelt werden. Zwischen der unisolierten Bürste und der Bürstenplatte muss Durchgang bestehen (kein Widerstand). Bei anderen Ergebnissen muss die fehlerhafte Komponente identifiziert und durch ein Neuteil ersetzt werden.

9 Merken Sie sich die korrekte Einbaulage aller Teile, lösen Sie die Mutter der Anschlussschraube und entfernen Sie die Unterlegscheibe sowie die große und die zwei kleinen Isolierscheiben (siehe Abbildung). Befreien Sie die Bürstenplatte und die Anschlussschraube aus dem hinteren Gehäuseteil – merken Sie sich die Einbaulage (siehe Abbildung). Entfernen Sie den O-Ring und das Isolierstück von der Schraube (siehe Abbildung).

10 Drücken Sie die Kohlebürsten beiseite und ziehen Sie die Bürsten heraus (siehe Abbildung).

Kontrolle

11 Diejenigen Teile, denen am meisten Aufmerksamkeit geschenkt werden muss, sind die Kohlebürsten (siehe Abbildung). Suzuki macht keine Vorgaben, doch wenn eine Bürste kürzer als 6 mm oder beschädigt ist, muss die Bürstenplatte ersetzt werden. Wenn nur gerin-

26.12a Kontrollieren Sie den Kollektor.

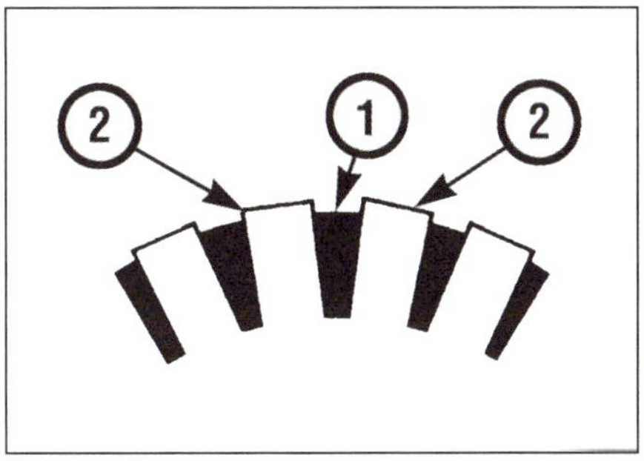

26.12b Kontrollieren Sie die Tiefe des Glimmers (1) zwischen den Kollektor-Lamellen (2).

26.13a Zwischen den Lamellen muss Durchgang bestehen.

ger Verschleiß, keine Ausbrüche oder anderen Schäden vorliegen, können die Bürsten wiederverwendet werden.

12 Inspizieren Sie die Kollektor-Lamellen der Ankerwelle auf Kerben, Kratzer und Verfärbung. Der Kollektor kann vorsichtig mit Schmirgelleinen oder Sandpapier mit mindestens 400er-Körnung gereinigt werden, darf aber nicht mit gröberem Schleifpapier bearbeitet werden. Wischen Sie alle Rückstände mit einem mit Spiritus getränkten Lappen ab, sodass die Nuten zwischen den Lamellen sauber sind. Der in diesen Nuten sitzende Glimmer muss mindestens 1 mm unterhalb der Lamellen liegen (siehe Abbildungen) – notfalls muss er mithilfe einer kleinen Feile oder einem Sägeblatt entsprechend abgetragen werden.

13 Mithilfe eines Ohmmeters oder eines Durchgangsprüfers wird zwischen den Kollektorlamellen der Widerstand gemessen (siehe Abbildung) – innerhalb des Kollektors muss Durchgang bestehen. Messen Sie den Widerstand zwischen den Lamellen und der Ankerwelle (siehe Abbildung) – hier darf kein Durchgang bestehen (unendlicher Widerstand). Bei anderen Ergebnissen ist die Ankerwelle defekt und der Anlasser muss ersetzt werden – die Welle ist nicht separat erhältlich.

14 Kontrollieren Sie das Anlasser-Zahnrad. Wenn ausgebrochene Zähne oder übermäßiger Verschleiß festgestellt wird, muss der Anlasser ersetzt werden – das Zahnrad sitzt auf der Welle, die nicht separat erhältlich ist. Kontrollieren Sie in diesem Fall auch das Zwischenrad im Motorgehäuse.

15 Inspizieren Sie die vorderen und hinteren Gehäuseteile auf Risse oder Verschleiß. Kontrollieren Sie auch den Dichtring und das Nadellager im vorderen Gehäuseteil sowie die Lagerbuchse im hinteren Deckel. Keines der Teile ist als separates Ersatzteil aufgelistet, sodass nötigenfalls ein neuer Anlasser beschafft werden muss (siehe Abbildungen). Holen Sie sich bei einem beschädigten Nadellager Rat bei einem Spezialisten – möglicherweise kann es ausgetauscht werden.

16 Kontrollieren Sie die Magnete im Hauptgehäuse und das Gehäuse selbst auf Risse. Spröde oder verformte Dichtringe müssen ersetzt werden.

26.13b Zwischen den Lamellen und der Ankerwelle darf kein Durchgang bestehen.

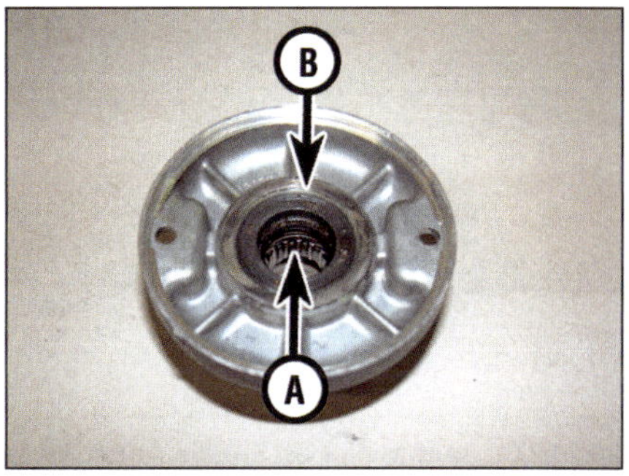

26.15a Kontrollieren Sie den Dichtring (A) und das Nadellager (B) im vorderen Gehäuse...

26.15b ... sowie die Buchse im hinteren Gehäusedeckel.

26.19 Installieren Sie den O-Ring, die zwei kleinen Isolierscheiben, die große Isolierscheibe, die Unterlegscheibe und die Mutter auf die Anschlussschraube.

17 Begutachten Sie den Anschluss und seine Isolierung auf Schäden und Porösität und ersetzen Sie den Anlasser nötigenfalls.

Zusammenbau

18 Schieben Sie die Bürsten wieder in ihre ursprünglichen Positionen und richten Sie die Enden der Federn darüber aus (Abbildung 26.10).

19 Legen Sie das Isolierstück in das hintere Gehäuseteil (Abbildung 26.9c). Stecken Sie die Schraube von innen durch ihre Bohrung im hinteren Gehäuse und setzen Sie die mit der Lasche korrekt zur Gehäusenut ausgerichtete Bürstenplatte auf (Abbildung 26.9b). Rollen Sie den O-Ring über die Schraube und drücken Sie ihn in die Nut zwischen der Schraube und dem Gehäuse (siehe Abbildung). Schieben Sie die zwei kleinen Isolierscheiben gefolgt von der großen Isolierscheibe und der Unterlegscheibe auf die Schraube und sichern Sie alles mit der Mutter.

20 Prüfen Sie jetzt, ob zwischen der Schraube und der isolierten Bürste Durchgang besteht – dies muss der Fall sein; zwischen der Schraube und dem Gehäuse darf kein Durchgang bestehen. Zwischen der unisolierten Bürstenplatte und der Bürstenplatte muss Durchgang bestehen. Bei anderen Ergebnissen muss die fehlerhafte Komponente identifiziert und durch ein Neuteil ersetzt werden.

26.21a Legen Sie die Distanzscheiben auf die Ankerwelle auf . . .

26.21b . . . und schmieren Sie den hinteren Lagerzapfen mit Fett.

26.21c Richten Sie die Bürsten gegen den Kollektor aus . . .

26.21d . . . und schieben Sie die Ankerwelle in das hintere Gehäuseteil.

26.22a Rüsten Sie das Hauptgehäuse hinten mit dem Dichtring aus . . .

26.22b . . . und schieben Sie es vorsichtig über die Ankerwelle.

26.24 Rüsten Sie das Hauptgehäuse vorne mit dem Dichtring aus.

26.25 Installieren Sie die langen Schrauben samt ihrer O-Ringe.

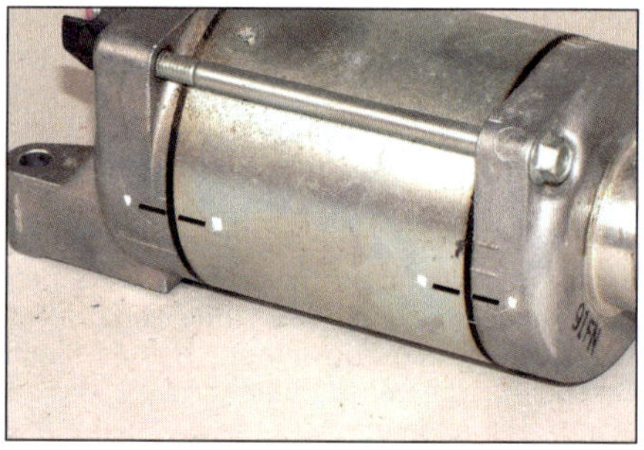

26.28 Die Markierungen zwischen den Gehäuseteilen müssen zueinander ausgerichtet sein.

21 Schieben Sie die Distanzscheiben hinten auf die Ankerwelle (siehe Abbildung) und Schmieren Sie den Lagerzapfen mit etwas Fett (siehe Abbildung). Schieben Sie die Ankerwelle angewinkelt in die Bürstenplatte, sodass die Bürsten gegen den Kollektor drücken, richten Sie die Welle dann senkrecht aus, drücken Sie die Bürsten in ihre Sitze und schieben Sie die Welle vollständig in das hintere Gehäuseteil, sodass ihr Lagerzapfen in seine Lagerhülse greift (siehe Abbildungen).

22 Rüsten Sie das hintere Ende des Hauptgehäuses mit dem Dichtring aus (siehe Abbildung). Halten Sie die Ankerwelle und das hintere Gehäuseteil mit einer Hand zusammen, damit die Welle nicht durch die Magneten herausgezogen wird (allerdings darf das Hauptgehäuse auch nicht unkontrolliert über die Welle gezogen werden). Senken Sie das Hauptgehäuse mit der Seite mit dem Ausschnitt voran vorsichtig über der Ankerwelle auf das hintere Gehäuse ab und richten Sie den Ausschnitt zur äußeren Lasche der Bürstenplatte aus (siehe Abbildung). Die Markierungen zwischen den beiden Gehäuseteilen müssen fluchten.

23 Schmieren Sie die Dichtlippe im vorderen Gehäuseteil mit Fett. Legen Sie die Laschenscheibe korrekt zwischen den Gehäuserippen in den Deckel (Abbildung 26.5c).

24 Rüsten Sie das vordere Ende des Hauptgehäuses mit dem Dichtring aus (siehe Abbildung). Schieben Sie die Distanzscheibe und die Isolierscheibe auf die Ankerwelle (Abbildung 26.5d) Setzen Sie das korrekt ausgerichtete vordere Gehäuseteil auf (Abbildung 26.5b).

25 Prüfen Sie, ob alle angebrachten Markierungen fluchten, installieren Sie die mit den (ggf. neuen) O-Ringen ausgerüsteten langen Schrauben und ziehen Sie sie sorgfältig an (siehe Abbildung).

26 Bauen Sie den Anlasser ein (siehe Sektion 25).

DL-Modelle ab 2010, SFV-Modelle ab 2011

Anmerkung: *Die hier behandelten Anlasser sind an der nach hinten austretenden Anschlussschraube erkennbar (Abbildung 25.2b).*

Zerlegen

27 Bauen Sie den Anlasser aus (siehe Sektion 26).

28 Beachten Sie die Markierungen an den Übergängen zwischen dem Hauptgehäuse und den vorderen und hinteren Gehäuseteilen – diese müssen bei der Montage wieder fluch-

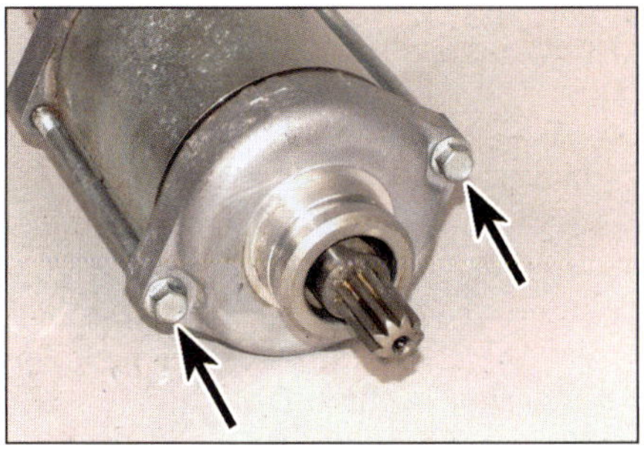

26.29a Lösen und entfernen Sie die zwei langen Schrauben, . . .

26.29b . . . um das vordere Gehäuseteil . . .

26.30 . . . und das hintere Gehäuseteil entfernen zu können.

26.31 Ziehen Sie die Ankerwelle heraus.

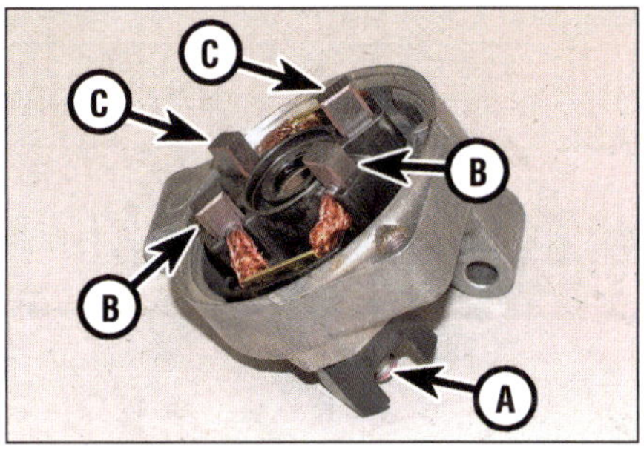

26.32 Anschlussschraube (A), Plusbürsten (B), Minusbürsten (C)

26.33a Lösen Sie die Mutter und entfernen Sie die Unterlegscheibe (Pfeil), . . .

26.33b . . . die Isolierscheibe, . . .

26.33c . . . den Anschluss-Schild . . .

26.33d . . . und den O-Ring.

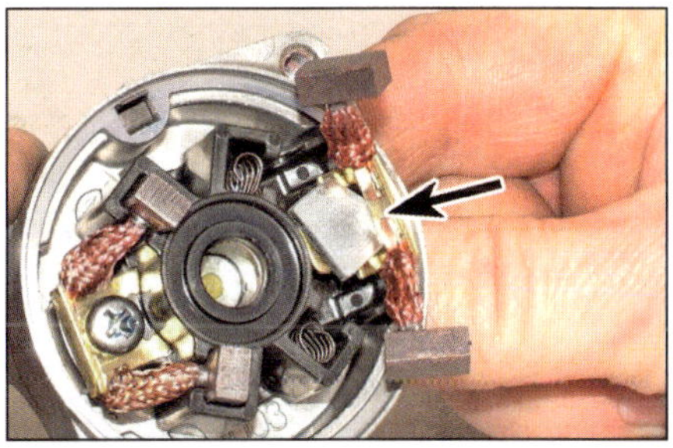

26.33e Ziehen Sie die Anschlussschraube (Pfeil) und die Bürsten-Baugruppe heraus . . .

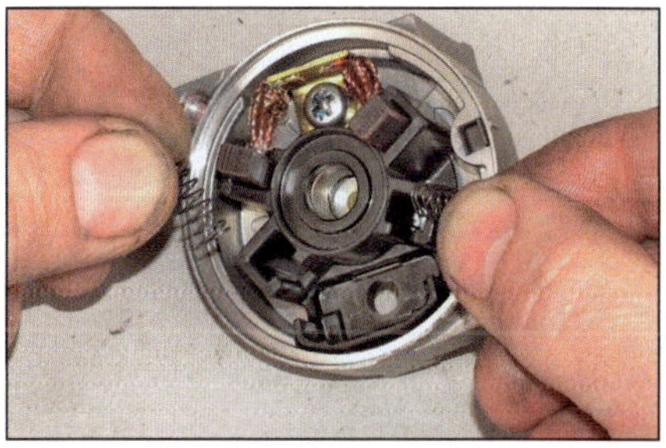

26.33f . . . und entfernen Sie die Bürstenfedern.

ten. Falls die Markierungen schwierig zu erkennen sind, müssen welche angebracht werden (siehe Abbildung).

29 Lösen Sie die zwei langen Schrauben und entfernen Sie den vorderen Gehäusedeckel (siehe Abbildungen).

30 Entfernen Sie den hinteren Gehäusedeckel (siehe Abbildung).

31 Ziehen Sie die Ankerwelle aus dem Hauptgehäuse (siehe Abbildung) – sie wird von dessen Magneten zurückgehalten, sodass sie nicht zwischen durch losgelassen werden darf.

32 Prüfen Sie jetzt den Durchgang zwischen der Anschlussschraube und den isolierten Plus-Kohlebürsten (siehe Abbildung) – es darf kein Widerstand festgestellt werden. Zwischen der Anschlussschraube und dem Gehäuse muss unendlicher Widerstand (»1«) ermittelt werden. Zwischen den unisolierten Minus-Bürsten und den isolierten Plus-Bürsten muss ebenfalls unendlicher Widerstand (»1«) bestehen. Bei anderen Ergebnissen muss die fehlerhafte Komponente identifiziert und durch ein Neuteil ersetzt werden.

33 Merken Sie sich die korrekte Einbaulage aller Teile, lösen Sie die Mutter der Anschlussschraube und entfernen Sie die Unterlegscheibe, die Isolierscheibe, den Anschluss-Schild und den O-Ring (siehe Abbildungen). Befreien Sie die aus der Anschlussschraube und der Bürstenplatte bestehende Bautruppe und entfernen Sie die Federn der Positiv-Bürsten (siehe Abbildungen).

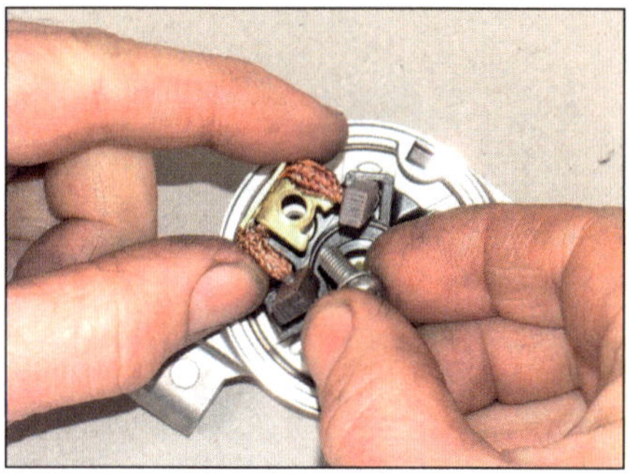

26.34a Lösen Sie die Schraube und entfernen Sie die Minusbürsten-Baugruppe . . .

26.34b . . . samt Federn, . . .

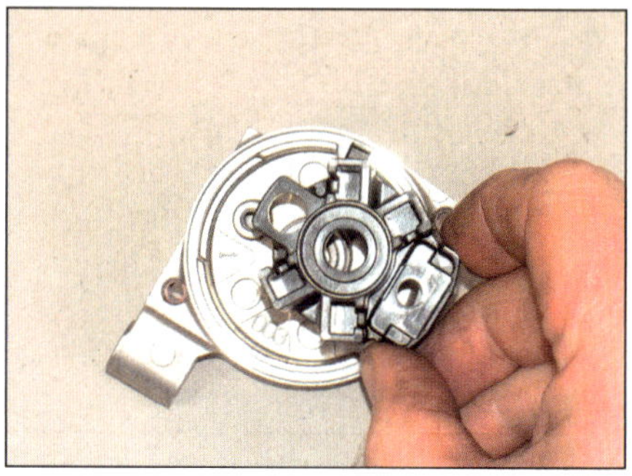

26.34c . . . entnehmen Sie dann den Bürstenträger.

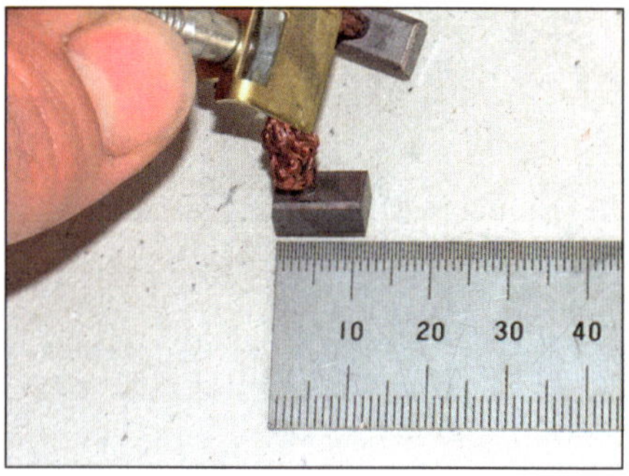

26.35 Messen Sie die Länge der Bürsten.

26.37a Zwischen den Lamellen muss Durchgang bestehen.

34 Lösen Sie die Schraube und entfernen Sie die Minusbürsten-Baugruppe (siehe Abbildung). Entfernen Sie die Bürstenfedern und den Bürstenträger (siehe Abbildungen).

Kontrolle

35 Diejenigen Teile, denen am meisten Aufmerksamkeit geschenkt werden muss, sind die Kohlebürsten. Messen Sie die Länge der Bürsten (siehe Abbildung) – wenn eine von ihnen nahe oder unter der Verschleißgrenze von 6,5 mm liegt oder beschädigt ist, müssen sie als Set ersetzt werden (siehe Abbildung). Wenn nur geringer Verschleiß, keine Ausbrüche oder anderen Schäden vorliegen, können die Bürsten wiederverwendet werden.

36 Inspizieren Sie die Kollektor-Lamellen der Ankerwelle auf Kerben, Kratzer und Verfärbung. Der Kollektor kann vorsichtig mit Schmirgelleinen oder Sandpapier mit mindestens 400er-Körnung gereinigt werden, darf aber nicht mit gröberem Schleifpapier bearbeitet werden. Wischen Sie alle Rückstände mit einem mit Spiritus getränkten Lappen ab, sodass die Nuten zwischen den Lamellen sauber sind. Der in diesen Nuten sitzende Glimmer muss mindestens 1 mm unterhalb der Lamellen liegen (Abbildung 26.12b) – notfalls muss er mithilfe einer kleinen Feile oder einem Sägeblatt entsprechend abgetragen werden.

37 Mithilfe eines Ohmmeters oder eines Durchgangsprüfers wird zwischen den Kollektorlamellen der Widerstand gemessen (siehe Abbildung) – innerhalb des Kollektors muss Durchgang bestehen. Messen Sie den Widerstand zwischen den Lamellen und der Ankerwelle (siehe Abbildung) – hier darf kein Durchgang bestehen (unendlicher Widerstand). Bei anderen Ergebnissen ist die Ankerwelle defekt und der Anlasser muss ersetzt werden (die Welle ist nicht separat erhältlich).

38 Kontrollieren Sie das Anlasser-Zahnrad. Wenn ausgebrochene Zähne oder übermäßiger Verschleiß festgestellt wird, muss der Anlasser ersetzt werden – das Zahnrad sitzt auf der Welle, die nicht separat erhältlich ist. Kontrollieren Sie in diesem Fall auch das Zwischenrad im Motorgehäuse.

39 Inspizieren Sie die vorderen und hinteren Gehäuseteile auf Risse oder Verschleiß. Kont-

26.37b Zwischen den Lamellen und der Ankerwelle darf kein Durchgang bestehen.

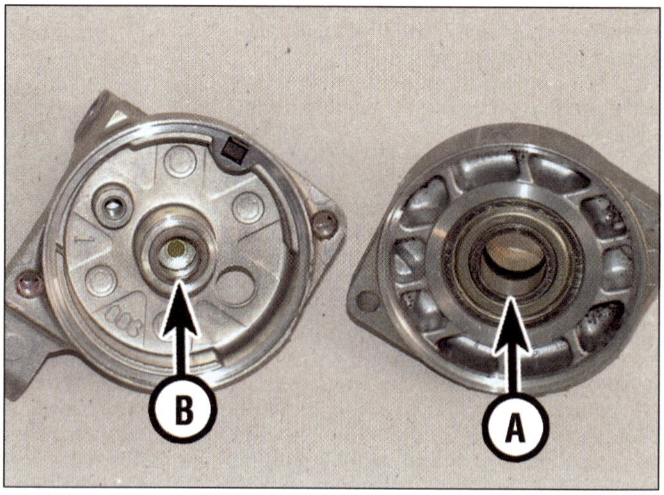

26.39 Kontrollieren Sie im vorderen Gehäuse das Lager und den Dichtring (A) und im hinteren Gehäuse die Lagerbuchse (B).

26.43 Drücken Sie den O-Ring in die Nut zwischen dem Anschluss und dem Gehäuse.

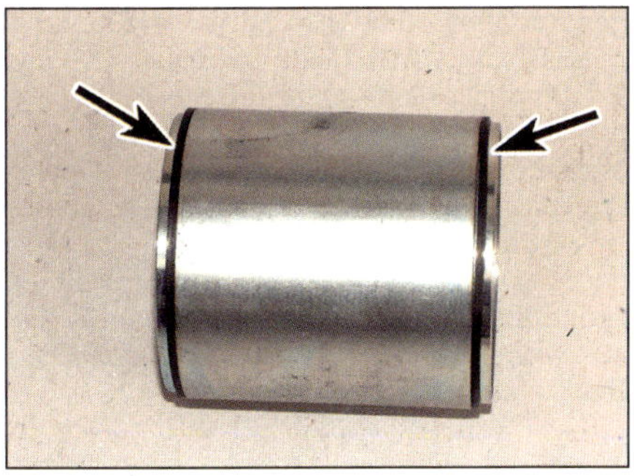

26.45 Hauptgehäuse-Dichtringe

26.47 Richten Sie beim Zusammensetzen der Gehäuse die Markierungen aus.

rollieren Sie auch den Dichtring und das Nadellager im vorderen Gehäuseteil sowie die Lagerbuchse im hinteren Deckel. Keines der Teile ist als separates Ersatzteil aufgelistet, sodass nötigenfalls ein neuer Anlasser beschafft werden muss (siehe Abbildung). Holen Sie sich bei einem beschädigten Nadellager Rat bei einem Spezialisten – möglicherweise kann es ausgetauscht werden.

40 Kontrollieren Sie die Magnete im Hauptgehäuse und das Gehäuse selbst auf Risse. Spröde oder verformte Dichtringe müssen ersetzt werden.

41 Begutachten Sie den Anschluss und seine Isolierung sowie den O-Ring auf Schäden und Porösität – nur der O-Ring ist als separates Ersatzteil erhältlich.

Zusammenbau

42 Richten Sie den Bürstenträger im hinteren Gehäuseteil aus (Abbildung 26.34c). Installieren Sie die Minusbürsten-Federn und die Bürstenbaugruppe und sichern Sie sie samt dem Träger mit der Schraube (Abbildungen 26.34b und a).

43 Stecken Sie die Plusbürsten-Federn in ihre Gehäuse (Abbildung 26.33f). Installieren Sie die Bürsten und die Anschlussschraube an und durch den Träger und die hintere Abdeckung (Abbildung 26.33e). Rollen Sie den O-Ring über die Schraube und drücken Sie ihn in die Nut zwischen der Schraube und dem Gehäuse (siehe Abbildung). Installieren Sie den Anschlussschild wie gezeigt (Abbildung 26.33c). Legen Sie die Isolierscheibe und die Unterlegscheibe auf und sichern Sie alles mit der Mutter (Abbildungen 26.33b und a). Richten Sie die Bürsten in ihren Gehäusen gegen die Federn und ihre Kabel zu den Schlitzen aus (Abbildung 26.32).

44 Kontrollieren Sie mit Durchgangsprüfungen, ob alles korrekt zusammengebaut ist (siehe Schritt 32).

45 Rüsten Sie das Hauptgehäuse ggf. mit den Dichtringen aus (siehe Abbildung).

46 Greifen Sie das Gehäuse und lassen Sie die Ankerwelle vorsichtig durch die Magneten hineinziehen – der Kollektor muss an der gleichen Seite wie der Ausschnitt des Gehäuses liegen (Abbildung 26.31).

47 Schmieren Sie den Lagerzapfen der Ankerwelle mit etwas Fett. Setzen Sie das korrekt ausgerichtete hintere Gehäuseteil auf und stellen Sie sicher, dass die Bürsten senkrecht sitzen und gegen den Kollektor drücken (siehe Abbildung).

48 Schmieren Sie die Dichtlippe im vorderen Gehäuseteil mit Fett. Setzen Sie das korrekt ausgerichtete vordere Gehäuseteil auf (Abbildung 26.29b).

49 Prüfen Sie, ob alle Gehäuse-Markierungen fluchten, installieren Sie die langen Schrauben und ziehen Sie sie sorgfältig an (Abbildung 26.29a).

50 Bauen Sie den Anlasser ein (siehe Sektion 25).

27 Ladesystem
Test

1 Falls an der Funktion des Ladesystems Zweifel bestehen, sollte zunächst das System als Ganzes kontrolliert werden, danach die einzelnen Komponenten.

Anmerkung: *Vor dem Beginn der Kontrolle muss sichergestellt werden, dass die Batterie vollständig geladen ist und alle elektrischen Verbindungen sauber sind und fest sitzen.*

2 Zur Kontrolle der Ausgangsleistung des Ladesystems und der Funktion der Komponenten des Ladesystems wird ein Multimeter (mit Stromspannungs-, Stromstärken- und Widerstands-Messmöglichkeiten) benötigt. Ist ein solches Gerät nicht zur Hand, sollte die Kontrolle einer Fachwerkstatt überlassen werden.

3 Folgen Sie bei der Kontrolle sorgfältig den Hinweisen, um falsche Anschlüsse oder Kurzschlüsse zu vermeiden, die zu irreparablen Schäden an elektrischen Bauteilen führen können.

Ausgangsleistungs-Test

4 Entfernen Sie die Sitzbank (siehe Kapitel 7). Starten Sie den Motor und bringen Sie ihn auf Betriebstemperatur.

5 Schließen Sie für eine Kontrolle der geregelten (Gleichstrom-) Ausgangsleistung bei im Standgas laufendem Motor das Multimeter mit dem auf 0 - 20 Volt Gleichstrom (DC) eingestellten Messbereich an die beiden Pole der Batterie an – Plus an Plus, Minus an Minus (siehe Sektion 3) (siehe Abbildung).

6 Erhöhen Sie langsam die Drehzahl des Motors auf 5000/min – die Spannung muss dabei von normaler Batteriespannung auf 14,0 bis 15,5 Volt ansteigen. Liegt die geregelte Ausgangsspannung außerhalb dieser Vorgaben, müssen die Lichtmaschine und die Regler/Gleichrichter-Einheit überprüft werden (siehe Sektionen 28 und 29).

Praxis TiPP ***Hinweise auf einen defekten Regler sind Lampen mit drehzahlabhängiger Leuchtstärke, die ständig durchbrennen und eine überhitzende Batterie.***

Kriechstrom-Test

Achtung: Schließen Sie das Amperemeter (Multimeter auf A-Messbereich) immer in Reihe, niemals parallel zur Batterie an, da es dabei beschädigt wird. Schalten Sie nicht die Zündung an und betätigen Sie niemals den Startknopf, wenn das Messgerät angeschlossen ist – der plötzliche fließende Strom würde das Gerät zerstören.

7 Entfernen Sie die Sitzbank (siehe Kapitel 7). Trennen Sie den Minus-Anschluss (–) von der Batterie (siehe Sektion 3).

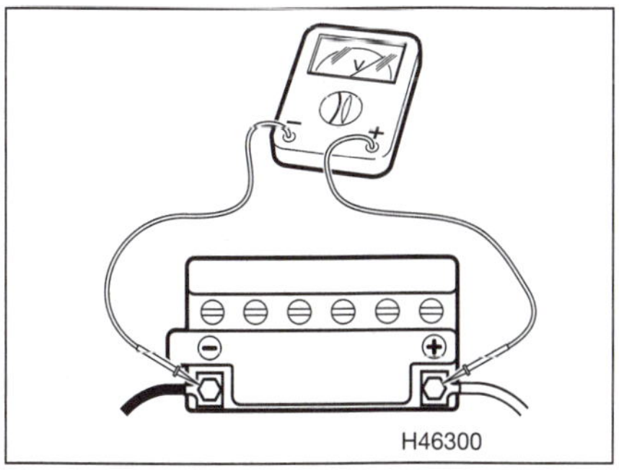

27.5 Messen Sie die Lichtmaschinen-Ausgangsspannung mit einem so angeschlossenen Voltmeter.

8 Schalten Sie das Multimeter auf den Ampere-Messbereich und verbinden Sie die Minusklemme mit dem Minus-Pol (–) der Batterie sowie die Plusklemme (+) mit dem getrennten Masse-Anschlusskabel (siehe Abbildung). Schalten Sie das Messgerät immer zunächst auf den höchsten Messbereich und dann schrittweise herunter auf den Milliampere-Bereich (mA), um ein Durchbrennen der Geräte-Sicherung zu verhindern.
9 Bei dieser Messung sollte nicht mehr als 2 mA Stromstärke abzulesen sein. Wenn das Ergebnis höher (aber nicht auf Verbraucher wie eine Alarmanlage zurückzuführen) ist, liegt irgendwo im elektrischen System ein Kurzschluss vor. Trennen Sie das Messgerät und schließen Sie den Masseanschluss (–) der Batterie wieder an.
10 Wenn Kriechströme festgestellt werden, müssen unter Verwendung der Schaltpläne am Ende des Kapitels systematisch einzelne elektrische Bauteile getrennt und der Test wiederholt werden, bis die Kriechstromquelle identifiziert ist.

28 Lichtmaschinen-Stator

Kontrolle

1 Entfernen Sie bei DL-Modellen das Luftfiltergehäuse (siehe Kapitel 4). Entfernen Sie bei SFV-Modellen den rechten Seitendeckel (siehe Kapitel 7).
2 Verfolgen Sie das aus dem Lichtmaschinendeckel kommende Kabel und trennen Sie den Dreistiftstecker (Abbildungen 29.2a, b oder c). Kontrollieren Sie die Steckerkontakte auf Festigkeit und Korrosion.
3 Zum Test des Statorspulen-Widerstandes werden die Klemmen eines auf den Messbereich Ohm x 1 gestellten Multimeters mit je zwei der drei von der Lichtmaschine kommenden Kabel verbunden, sodass drei Messergebnisse vorliegen. Dann wird überprüft, ob zwischen dem jeweiligen Anschluss und Masse Durchgang besteht. Sind die Spulen in Ordnung, müssen die Widerstände zwischen 0,2 und 0,7 Ohm (DL-Modelle) bzw. 0,3 und 1,2 Ohm (SFV) liegen; zu Masse darf kein Durchgang bestehen (unendlicher Widerstand). Bei anderen Ergebnissen ist die Statorspulen-Baugruppe defekt und muss ersetzt werden.

Anmerkung: *Prüfen Sie zunächst, ob der Defekt nicht in der Verkabelung zwischen den Spulen und dem Stecker liegt.*

Ausbau

4 Entfernen Sie den Lichtmaschinendeckel (siehe Kapitel 2, Sektion 22) – der Stator sitzt innerhalb des Deckels.
5 Lösen Sie die Statorschrauben sowie die Schrauben des Kurbelwellensensors und entnehmen Sie die Stator/Sensor-Baugruppe – beachten Sie die Einbaulage des Kabelstopfens in der Durchführung (siehe Abbildung).

Einbau

6 Befreien Sie die Kabel-Durchführung und den Gummistopfen von Dichtungsresten.
7 Installieren Sie den Stator und den Sensor in den Lichtmaschinendeckel, richten Sie den Kabelstopfen zur Nut des Deckels aus (Abbildung 28.5). Ziehen Sie die Schrauben sorgfältig an. Drücken Sie den mit etwas Dichtmasse versehenen Gummistopfen in seinen Sitz, sichern Sie das Kabel mit der Klemme und ziehen Sie die Schraube sorgfältig an.
8 Montieren Sie den Lichtmaschinendeckel (siehe Kapitel 2, Sektion 22).

29 Regler/ Gleichrichter-Einheit

Kontrolle

1 Entfernen Sie bei DL-Modellen das Luftfiltergehäuse (siehe Kapitel 4). Entfernen Sie bei SFV-Modellen den rechten Seitendeckel (siehe Kapitel 7).

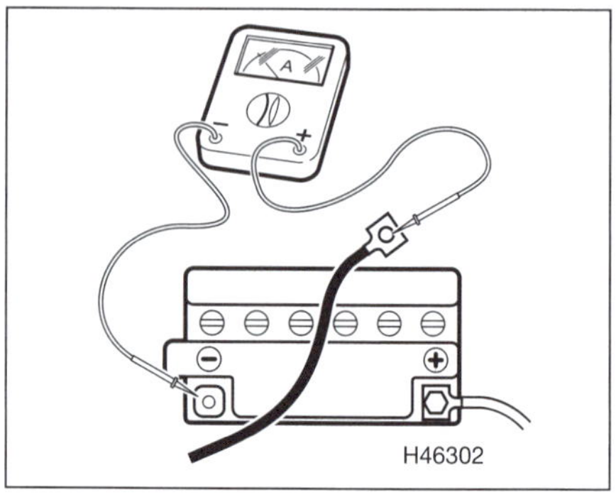

27.8 Kriechstrom-Kontrolle – verbinden Sie das Amperemeter wie gezeigt.

28.5 Lösen Sie die drei Statorschrauben und zwei Kurbelwellensensor-Schrauben.

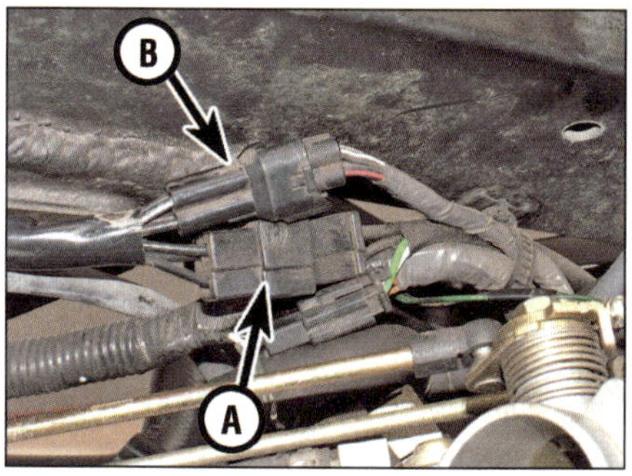

29.2a Lichtmaschinen- (A) und Regler/ Gleichrichter-Stecker (B) – DL-Modelle

29.2b Lichtmaschinen-Kabelstecker...

29.2c ... und Regler/Gleichrichter-Stecker – SFV-Modelle

Spannung V		Verbinden Sie die **Plus**klemme des Diodentesters mit Anschluss:						
		B/R1	B/R2	B1	B2	B3	B/W1	B/W2
Verbinden Sie die **Minus**klemme des Diodentesters mit Anschluss:	B/R1		0	0.4-0.7	0.4-0.7	0.4-0.7	0.5-1.2	0.5-1.2
	B/R2	0		0.4-0.7	0.4-0.7	0.4-0.7	0.5-1.2	0.5-1.2
	B1	1.4 +	1.4 +		1.4 +	1.4 +	0.4-0.7	0.4-0.7
	B2	1.4 +	1.4 +	1.4 +		1.4 +	0.4-0.7	0.4-0.7
	B3	1.4 +	1.4 +	1.4 +	1.4 +		0.4-0.7	0.4-0.7
	B/W1	1.4 +	1.4 +	1.4 +	1.4 +	1.4 +		0
	B/W2	1.4 +	1.4 +	1.4 +	1.4 +	1.4 +	0	

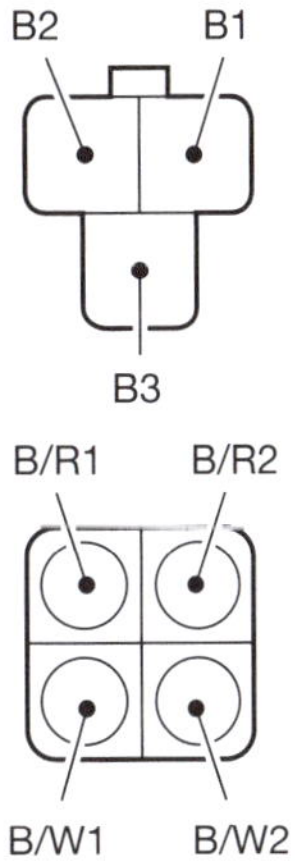

H48615

29.4a Prüfdaten und Anschluss-Identifikation der Regler/Gleichrichter-Einheit – DL bis 2011

Spannung V		Verbinden Sie die **Plus**klemme des Diodentesters mit Anschluss:						
		B/R1	B/R2	B1	B2	B3	B/W1	B/W2
Verbinden Sie die **Minus**klemme des Diodentesters mit Anschluss:	B/R1		0	0.4-0.7	0.4-0.7	0.4-0.7	0.5-1.2	0.5-1.2
	B/R2	0		0.4-0.7	0.4-0.7	0.4-0.7	0.5-1.2	0.5-1.2
	B1	1.4 +	1.4 +		1.4 +	1.4 +	0.4-0.7	0.4-0.7
	B2	1.4 +	1.4 +	1.4 +		1.4 +	0.4-0.7	0.4-0.7
	B3	1.4 +	1.4 +	1.4 +	1.4 +		0.4-0.7	0.4-0.7
	B/W1	1.4 +	1.4 +	1.4 +	1.4 +	1.4 +		0
	B/W2	1.4 +	1.4 +	1.4 +	1.4 +	1.4 +	0	

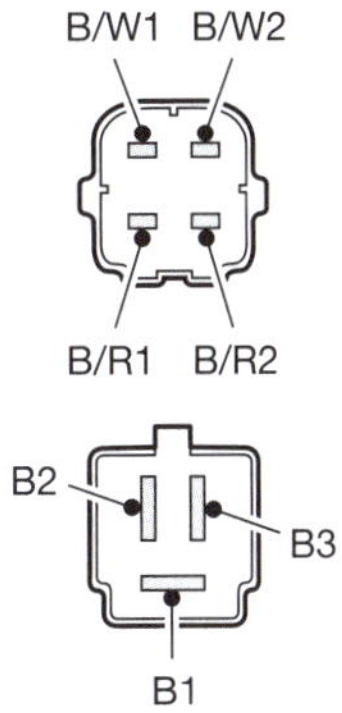

H48616

29.4b Prüfdaten und Anschluss-Identifikation der Regler/Gleichrichter-Einheit – DL ab 2012

Spannung V		Verbinden Sie die **Plus**klemme des Diodentesters mit Anschluss:						
		B/R1	B/R2	B1	B2	B3	B/W1	B/W2
Verbinden Sie die **Minus**klemme des Diodentesters mit Anschluss:	B/R1		0	0.1-0.8	0.1-0.8	0.1-0.8	0.3-1.0	0.3-1.0
	B/R2	0		0.1-0.8	0.1-0.8	0.1-0.8	0.3-1.0	0.3-1.0
	B1	1.4 +	1.4 +		1.4 +	1.4 +	0.1-0.8	0.1-0.8
	B2	1.4 +	1.4 +	1.4 +		0.4-0.7	0.1-0.8	0.1-0.8
	B3	1.4 +	1.4 +	1.4 +	1.4 +		0.1-0.8	0.1-0.8
	B/W1	1.4 +	1.4 +	1.4 +	1.4 +	1.4 +		0
	B/W2	1.4 +	1.4 +	1.4 +	1.4 +	1.4 +	0	

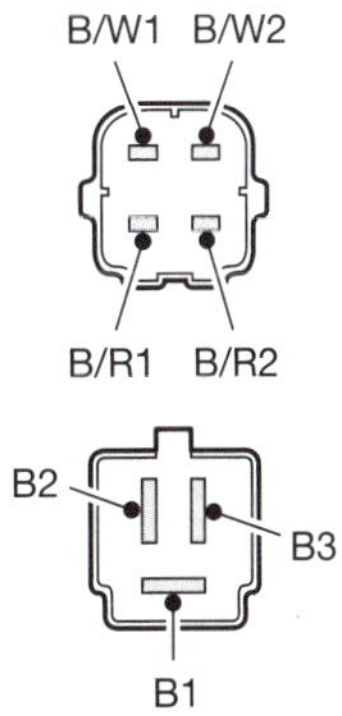

H48617

29.4c Prüfdaten und Anschluss-Identifikation der Regler/Gleichrichter-Einheit – SFV-Modelle

2 Trennen Sie alle Stecker der Regler/Gleichrichter-Einheit (siehe Abbildungen). Prüfen Sie die Steckerkontakte auf Korrosion und festen Sitz.

3 Kontrollieren Sie die Kabel und Stecker zwischen der Batterie, der Regler/Gleichrichter-Einheit und der Lichtmaschine auf Unterbrechungen, Brüche und lockere oder korrodierte Kontakte – beachten Sie dazu die Schaltpläne am Ende des Kapitels.

4 Messen Sie mithilfe eines Diodentesters die Spannung zwischen den verschiedenen Kontakten des reglerseitigen Steckers – beachten Sie dafür die entsprechende Tabelle (siehe Abbildungen).

Anmerkung: *Je nach Messgerät können die Messergebnisse von den Vorgaben etwas abweichen. Solange allerdings die Differenzen vergleichbar sind, geben die Tests Hinweise auf den Zustand der Regler/Gleichrichter-Einheit. Falls die Messergebnisse oder Varianzen von den Vorgaben abweichen, muss die Regler/Gleichrichter-Einheit von einer Suzuki-Werkstatt getestet werden.*

5 Wenn die Regler/Gleichrichter-Einheit in Ordnung zu sein scheint, müssen die Kabel und Stecker zwischen der Batterie, der Einheit und der Lichtmaschine kontrolliert werden – beachten Sie dazu die Schaltpläne am Ende des Kapitels.

Praxis TiPP ***Hinweise auf einen defekten Regler sind Lampen mit drehzahlabhängiger Leuchtstärke, die ständig durchbrennen und eine überhitzende Batterie.***

Ausbau und Einbau

6 Entfernen Sie bei DL-Modellen das Luftfiltergehäuse (siehe Kapitel 4). Entfernen Sie bei SFV-Modellen den rechten Seitendeckel (siehe Kapitel 7).

7 Die Zündung muss ausgeschaltet sein. Trennen Sie beide Stecker der Regler/Gleichrichter-Einheit (Abbildungen 28.2a, b oder c).

8 Lösen Sie die Schrauben und entfernen Sie die Regler/Gleichrichter-Einheit (siehe Abbildung).

9 Der Einbau entspricht der umgekehrten Ausbaureihenfolge.

29.8 Befestigungsschrauben der Regler/Gleichrichter-Einheit

8

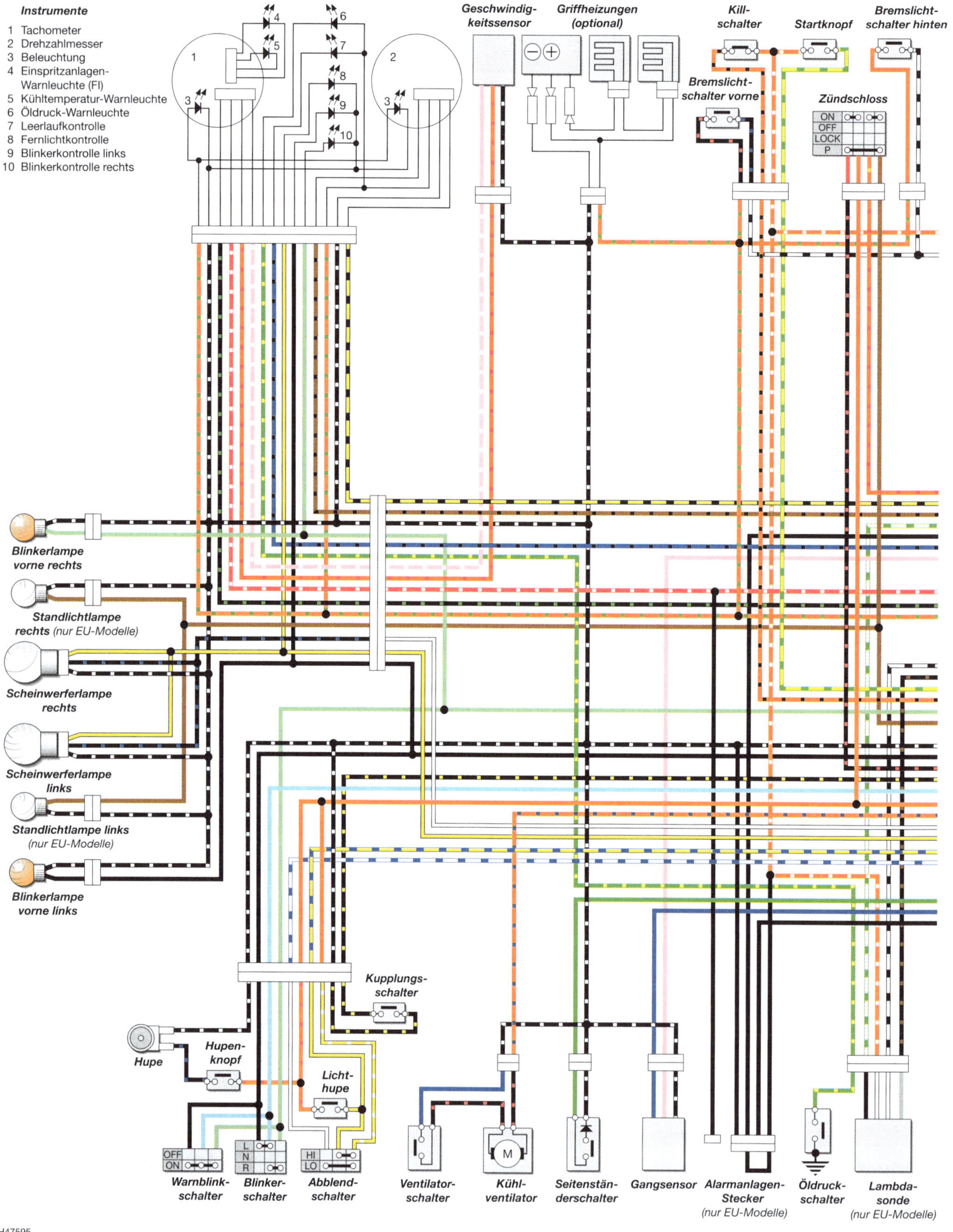

DL 650 K4 (2004)

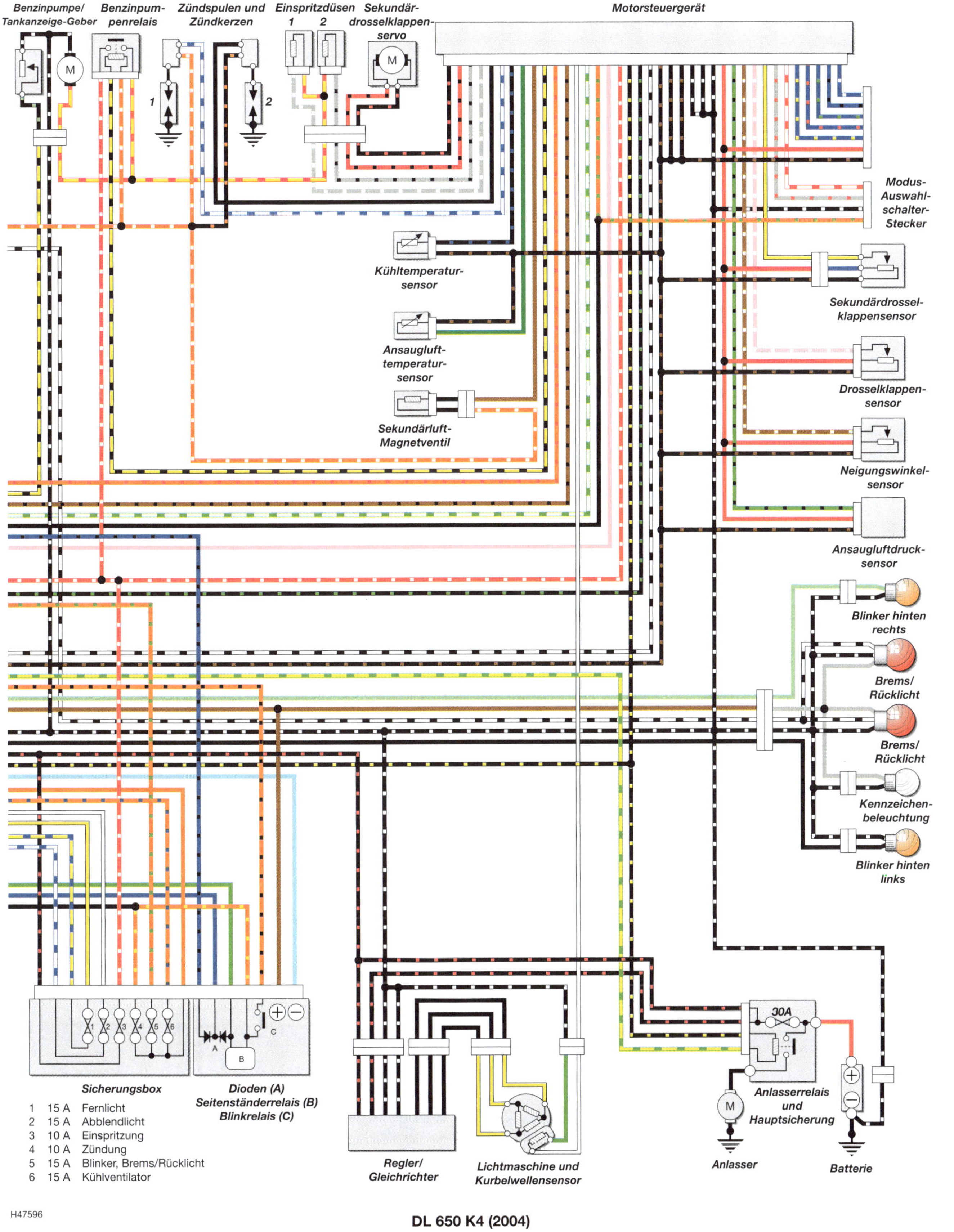

DL 650 K4 (2004)

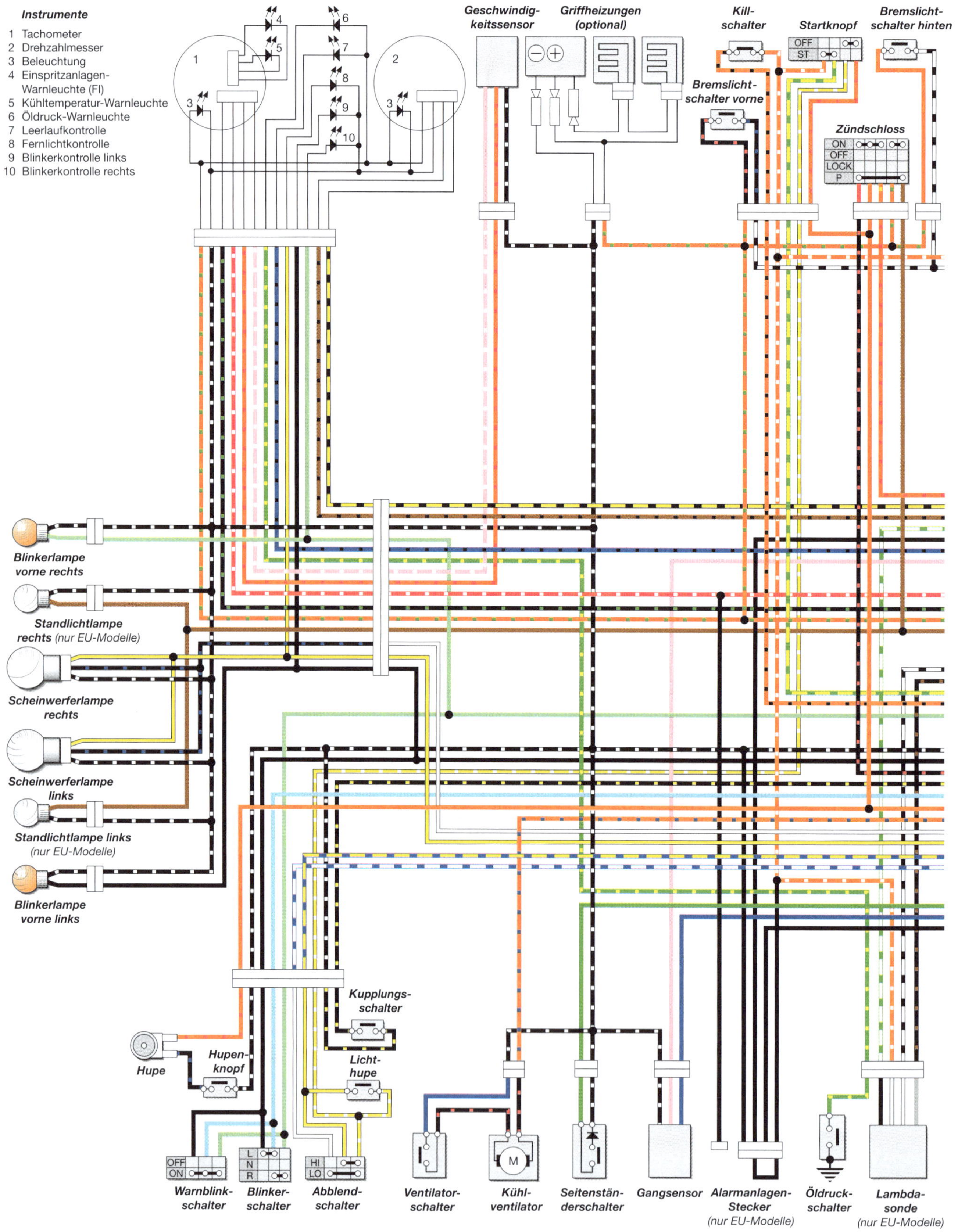

H47599

DL 650 K5 und K6 (2005 und 2006)

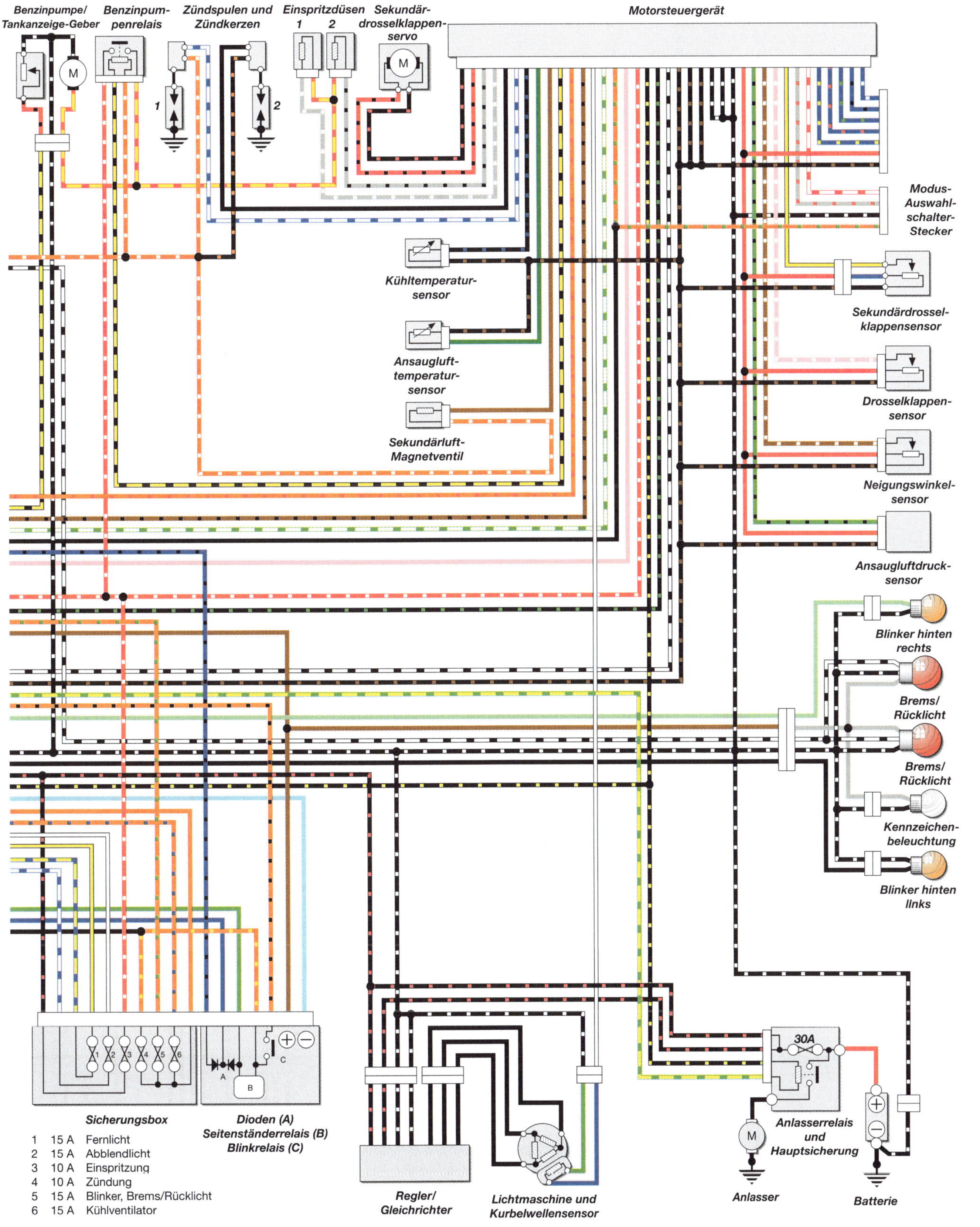

H47600

DL 650 K5 und K6 (2005 und 2006)

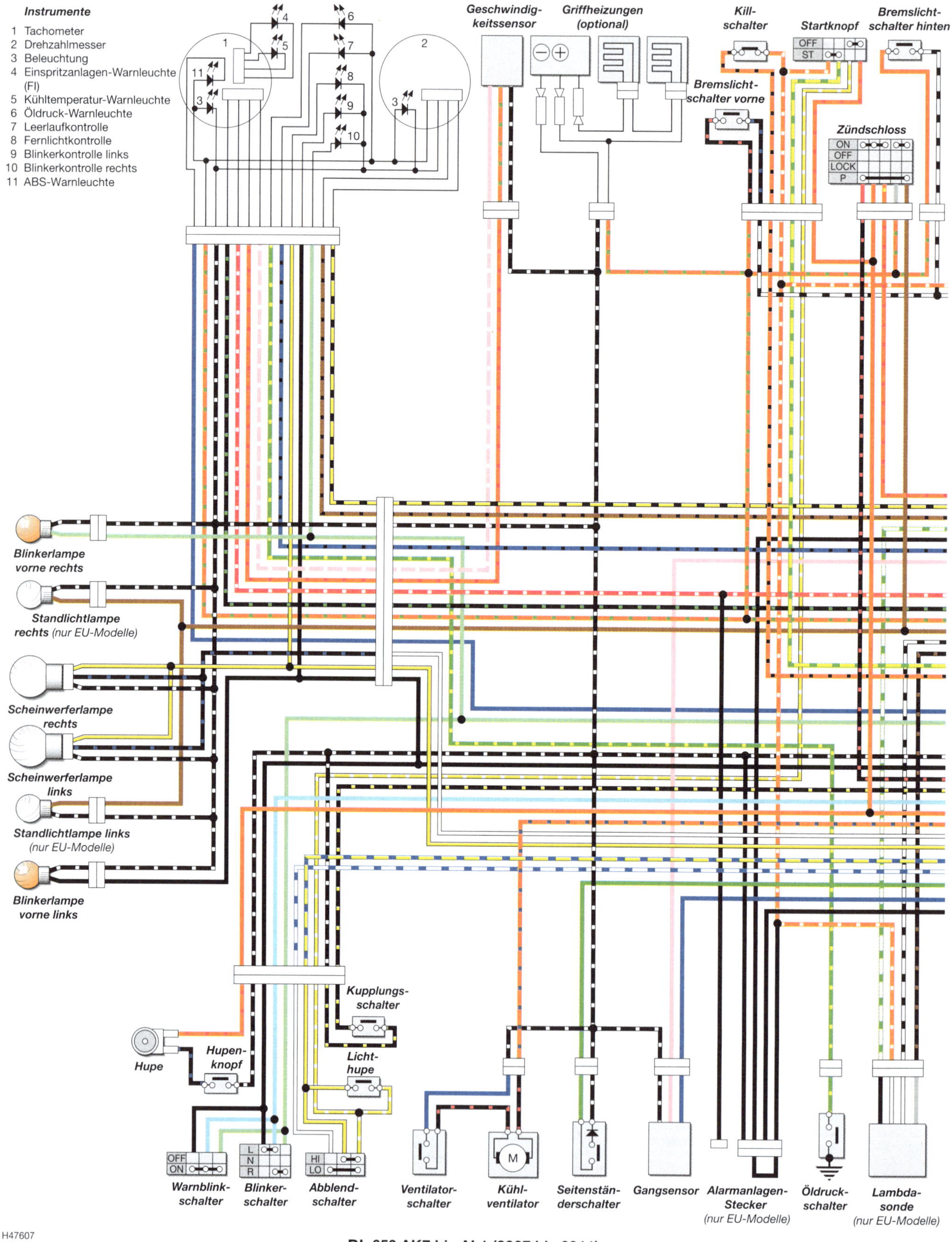

DL 650 AK7 bis AL1 (2007 bis 2011)

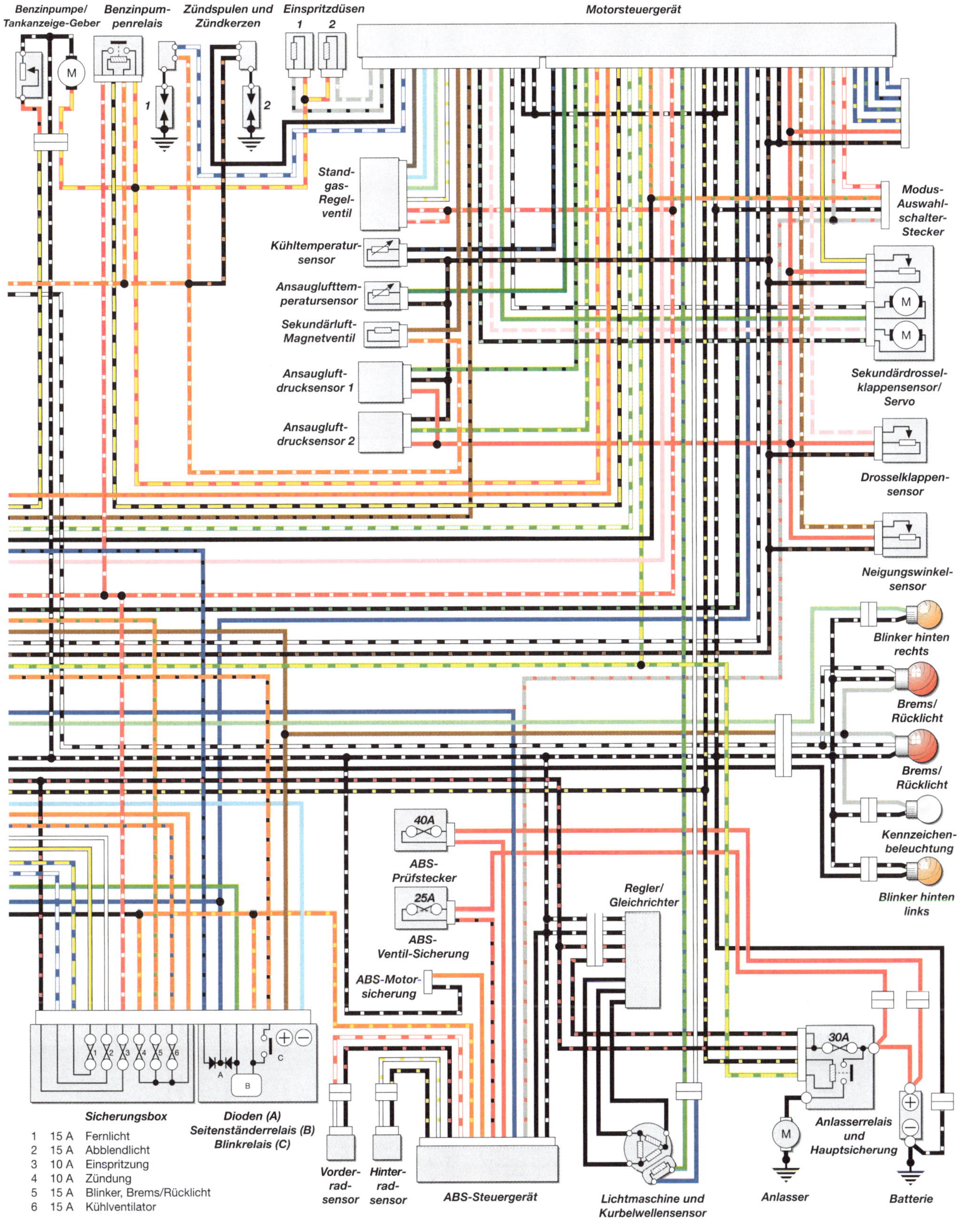

H47608

DL 650 AK7 bis AL1 (2007 bis 2011)

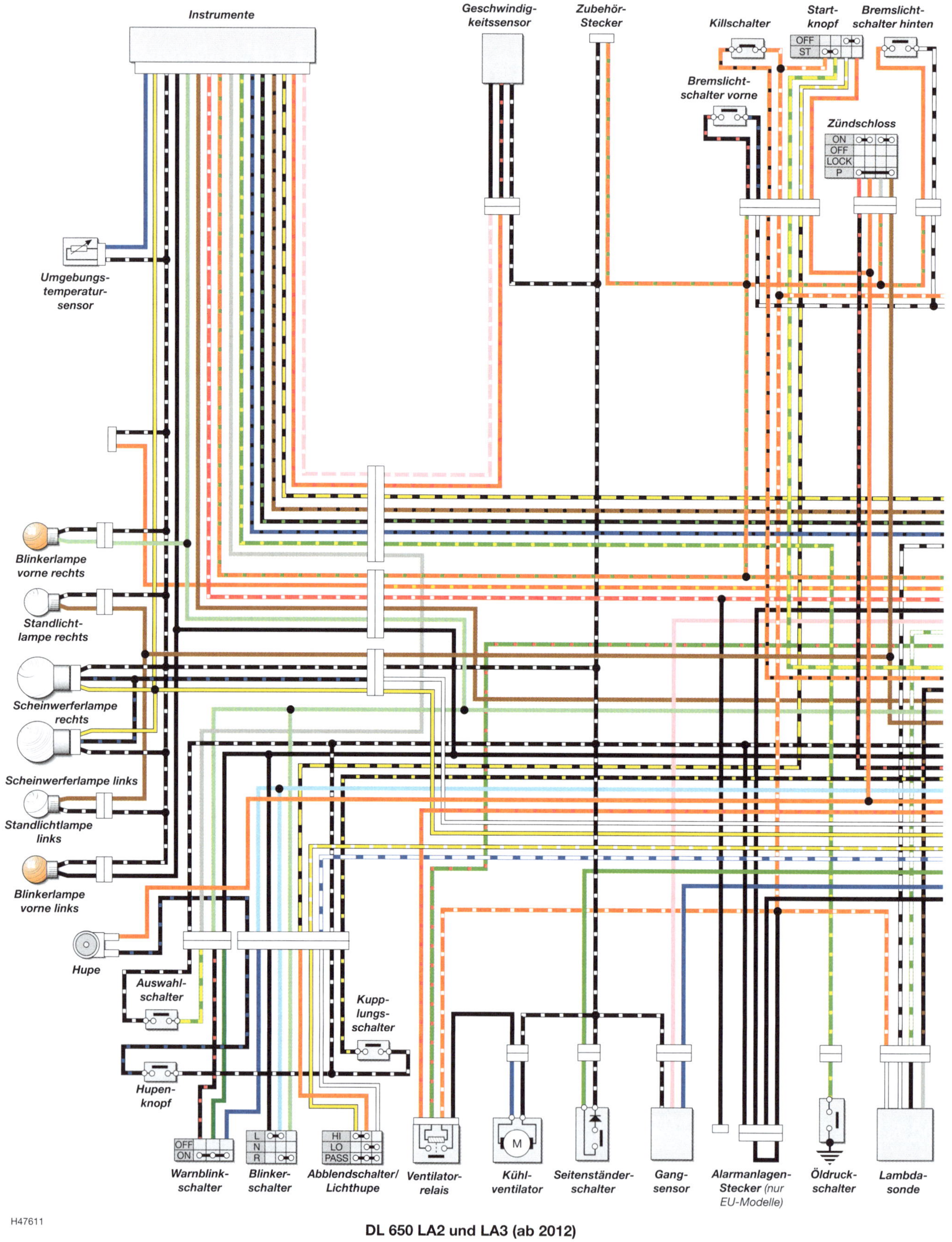

DL 650 LA2 und LA3 (ab 2012)

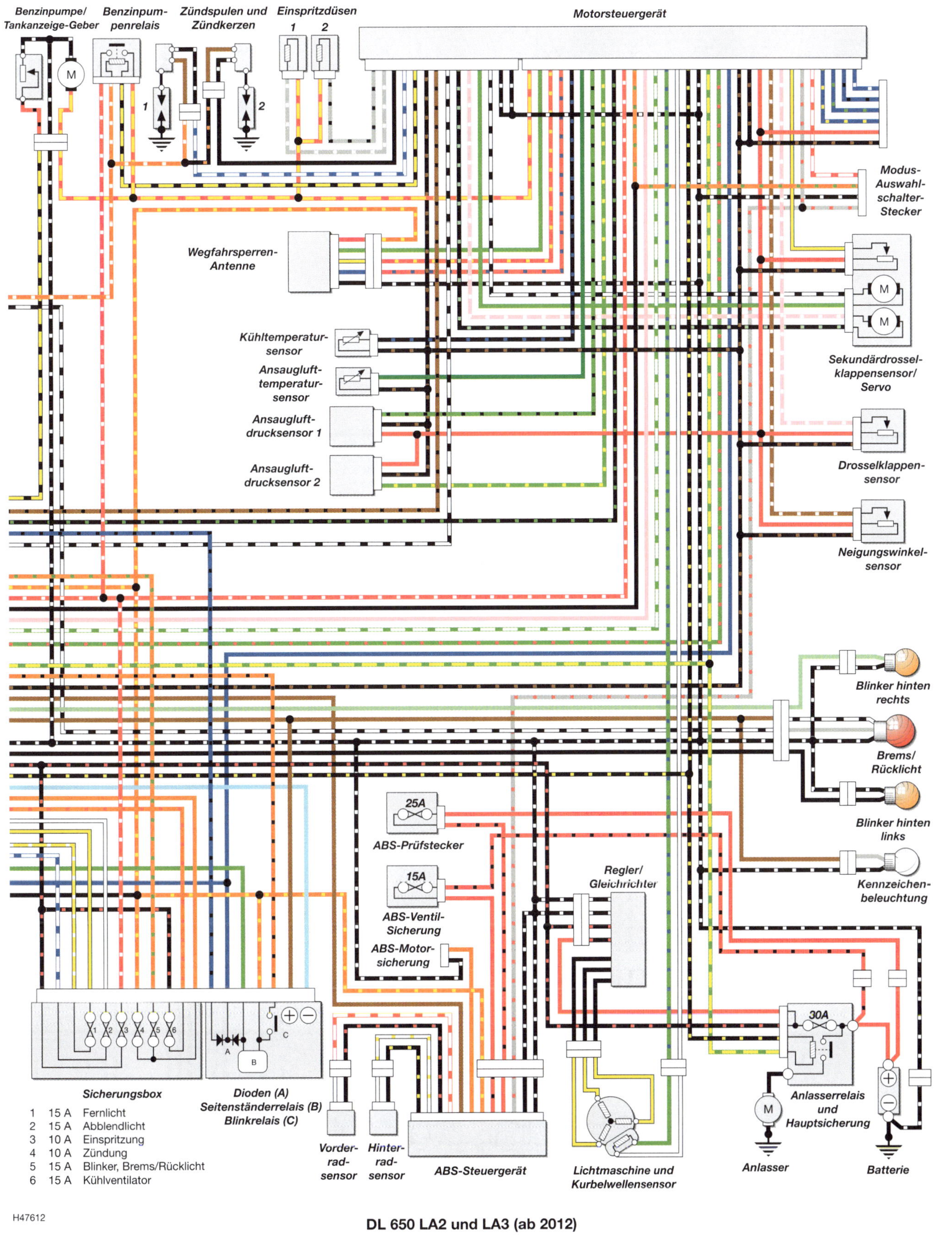

DL 650 LA2 und LA3 (ab 2012)

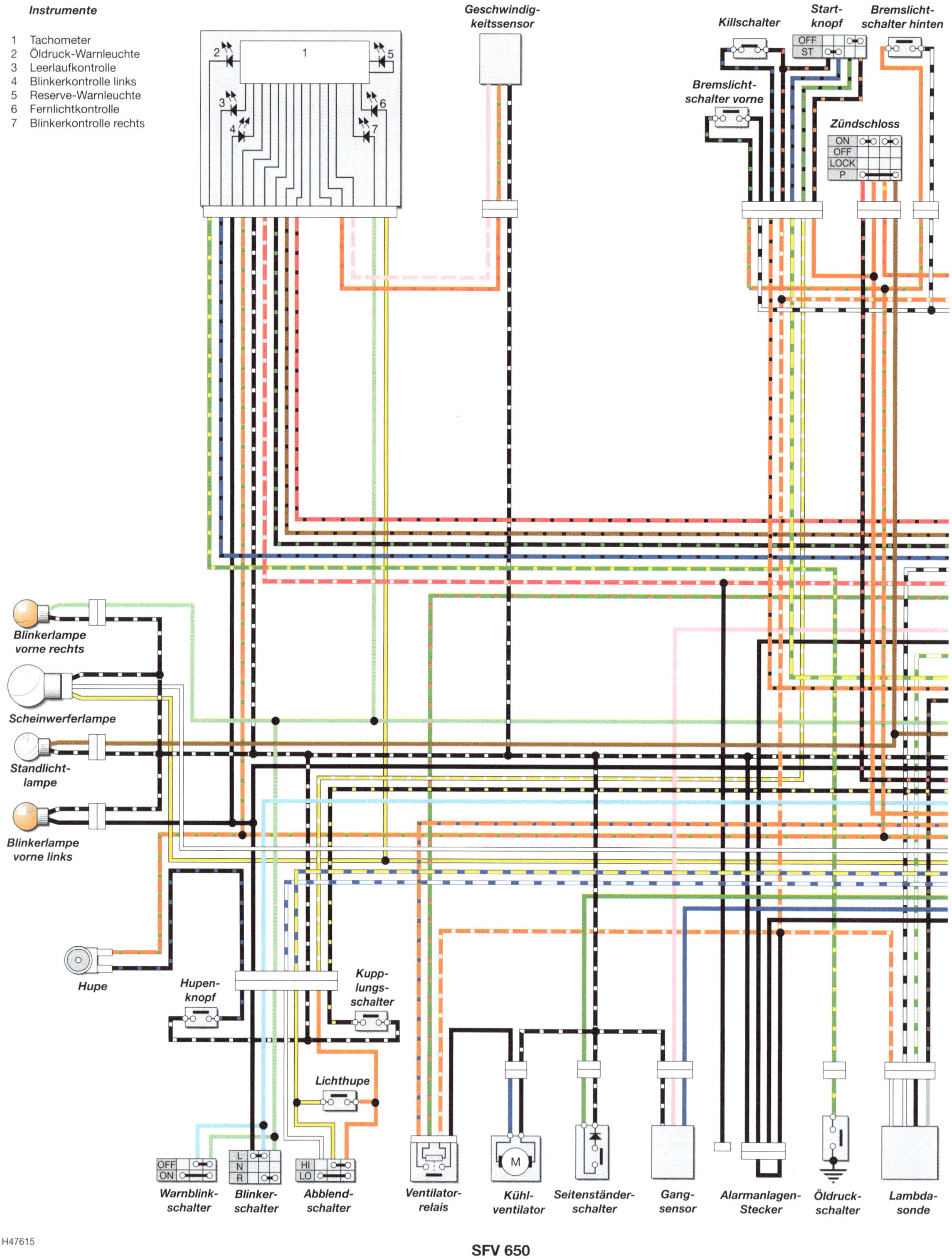
Instrumente
1 Tachometer
2 Öldruck-Warnleuchte
3 Leerlaufkontrolle
4 Blinkerkontrolle links
5 Reserve-Warnleuchte
6 Fernlichtkontrolle
7 Blinkerkontrolle rechts
Geschwindig-keitssensor
Killschalter
Start-knopf
Bremslicht-schalter hinten
OFF
ST
Bremslicht-schalter vorne
Zündschloss
ON
OFF
LOCK
P
Blinkerlampe vorne rechts
Scheinwerferlampe
Standlicht-lampe
Blinkerlampe vorne links
Hupe
Hupen-knopf
Kupp-lungs-schalter
Lichthupe
OFF
ON
L
N
R
HI
LO
M
Warnblink-schalter
Blinker-schalter
Abblend-schalter
Ventilator-relais
Kühl-ventilator
Seitenständer-schalter
Gang-sensor
Alarmanlagen-Stecker
Öldruck-schalter
Lambda-sonde
H47615

SFV 650

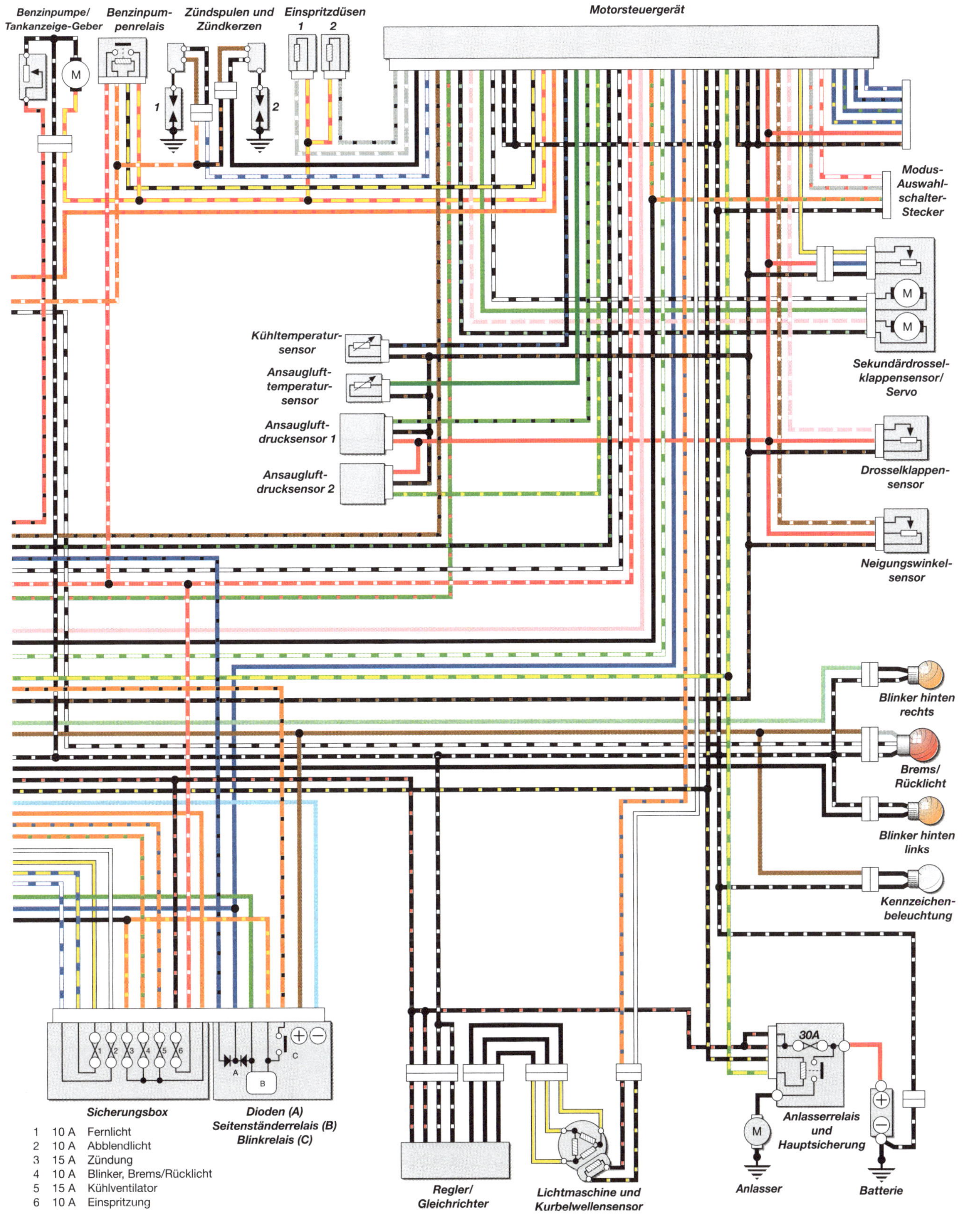

1	10 A	Fernlicht
2	10 A	Abblendlicht
3	15 A	Zündung
4	10 A	Blinker, Brems/Rücklicht
5	15 A	Kühlventilator
6	10 A	Einspritzung

H47616

SFV 650

Instrumente

1 Tachometer
2 Öldruck-Warnleuchte
3 Leerlaufkontrolle
4 Blinkerkontrolle links
5 Reserve-Warnleuchte
6 Fernlichtkontrolle
7 Blinkerkontrolle rechts
8 ABS-Warnleuchte

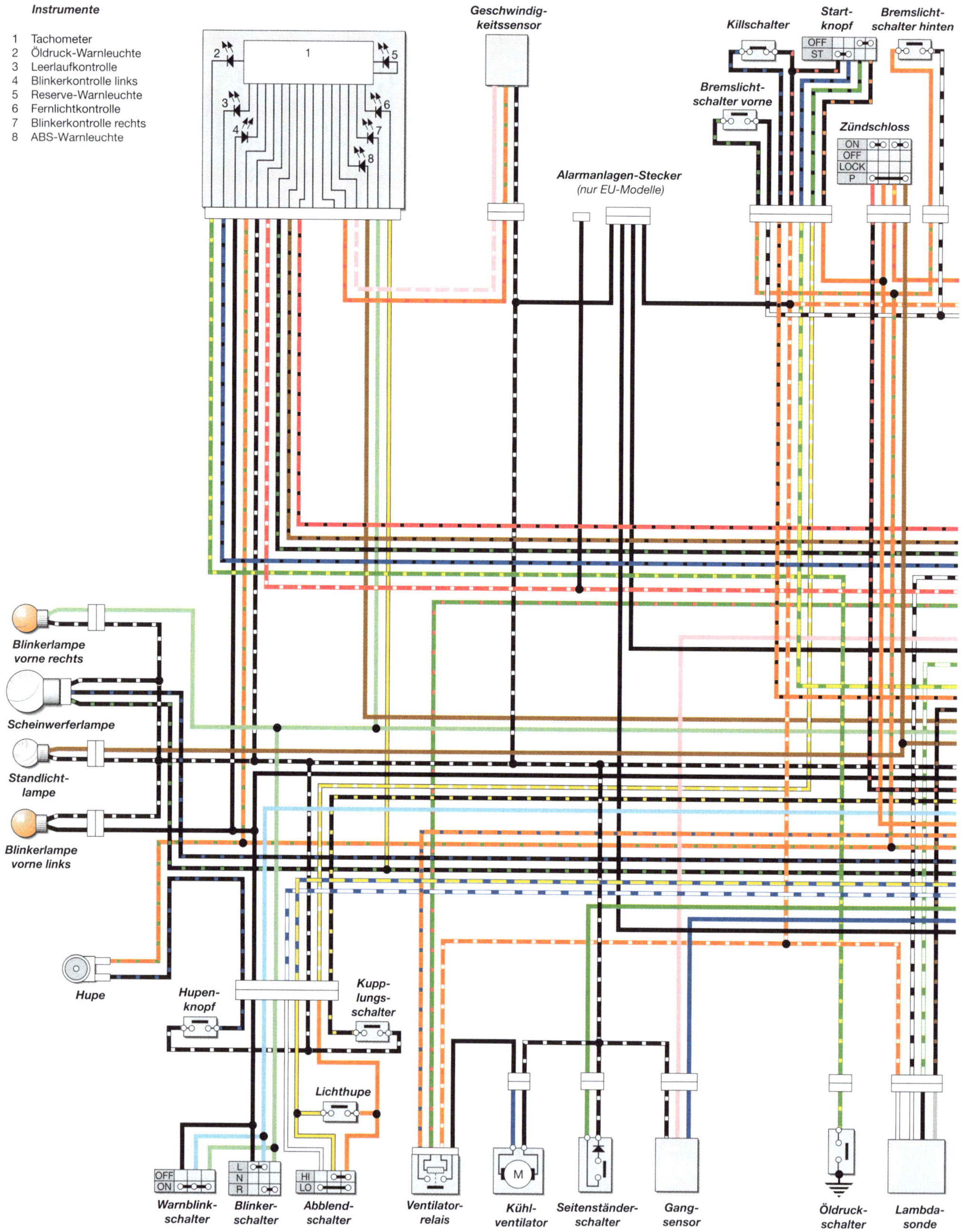

H47617

SFV 650A

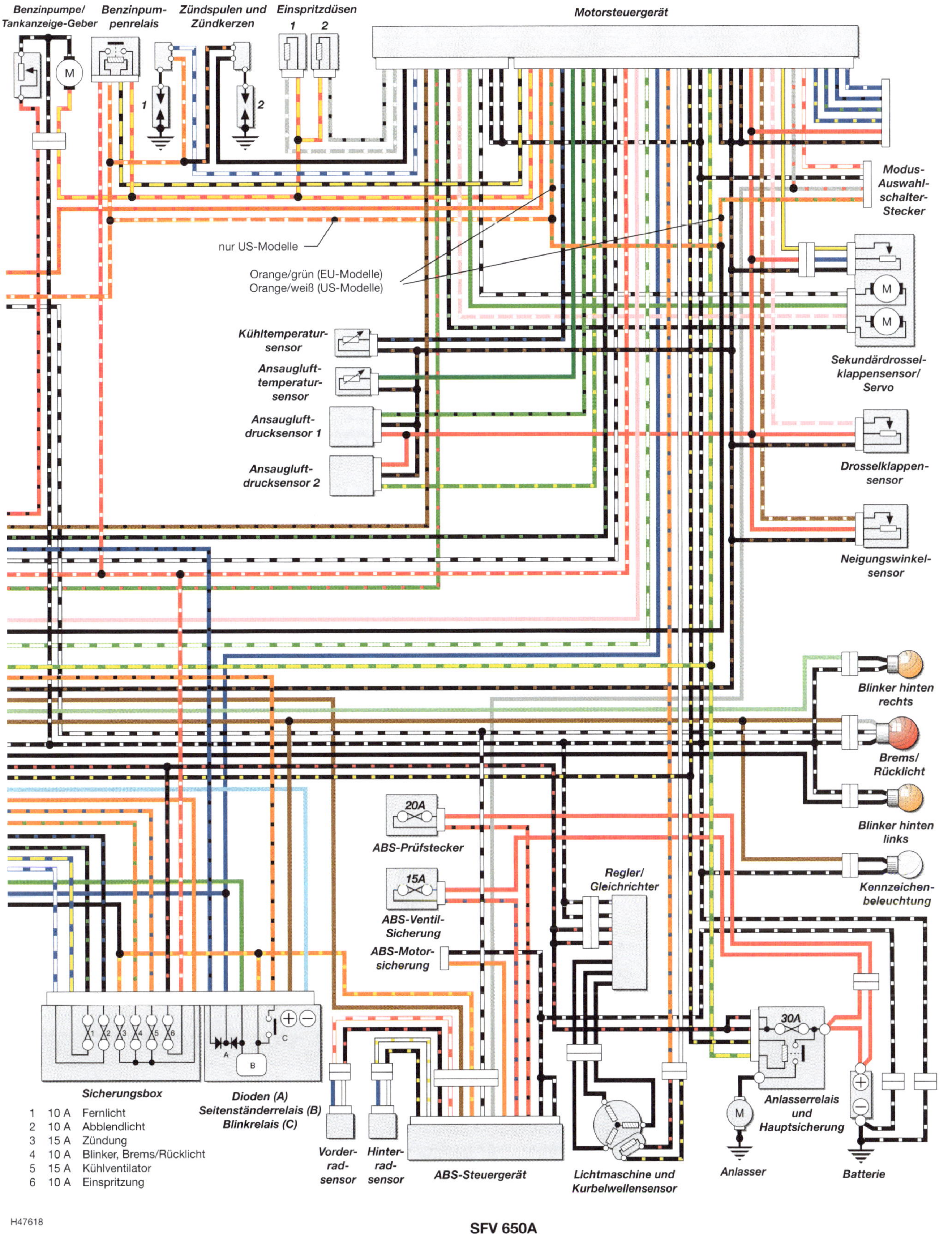
Benzinpumpe/ Tankanzeige-Geber
Benzinpumpenrelais
Zündspulen und Zündkerzen
Einspritzdüsen 1 2
Motorsteuergerät
Modus-Auswahlschalter-Stecker
nur US-Modelle
Orange/grün (EU-Modelle)
Orange/weiß (US-Modelle)
Kühltemperatursensor
Ansaugluft-temperatursensor
Ansaugluft-drucksensor 1
Ansaugluft-drucksensor 2
Sekundärdrosselklappensensor/ Servo
Drosselklappensensor
Neigungswinkelsensor
Blinker hinten rechts
Brems/ Rücklicht
Blinker hinten links
Kennzeichenbeleuchtung
20A
ABS-Prüfstecker
15A
ABS-Ventil-Sicherung
ABS-Motor-sicherung
Regler/ Gleichrichter
30A
Sicherungsbox
1 10 A Fernlicht
2 10 A Abblendlicht
3 15 A Zündung
4 10 A Blinker, Brems/Rücklicht
5 15 A Kühlventilator
6 10 A Einspritzung
Dioden (A)
Seitenständerrelais (B)
Blinkrelais (C)
Vorderradsensor
Hinterradsensor
ABS-Steuergerät
Lichtmaschine und Kurbelwellensensor
Anlasserrelais und Hauptsicherung
Anlasser
Batterie
H47618

SFV 650A

8

Werkzeug- und Werkstatt-Tipps

Werkzeug-Kauf

Zur Wartung und Reparatur ist unbedingt ein Werkzeugsatz nötig. Obwohl die Anschaffung einer geeigneten Grundausrüstung zunächst etwas Geld kostet, macht sie sich schnell bezahlt, da man durch Eigenleistung Werkstattkosten spart. Bei steigender Erfahrung und Zutrauen kann zusätzliches Werkzeug beschafft werden, um große Reparaturen und Motorüberholungen durchführen zu können. Viele Spezialwerkzeuge sind teuer und werden nur selten benutzt, hierbei kann sich das Mieten lohnen bzw. der gemeinsame Kauf mit Freunden oder einem Club.

Eine Regel ist, besser gutes teures Qualitätswerkzeug zu kaufen, als billiges, welches schnell verschleißt und öfter erneuert werden muss – und dadurch die anfänglichen Ersparnisse schnell aufhebt.

> ***Warnung: Um das Risiko zu vermindern, durch das Brechen schlechten Werkzeugs verletzt zu werden oder Bauteile zu beschädigen, muss immer auf stabile Qualität und die Erfüllung von Sicherheitsnormen geachtet werden.***

Die folgende Werkzeugliste entspricht nicht den Wartungs- und Reparaturwerkzeugen des Herstellers und der Werkstätten, sondern stellt eine Empfehlung dar, welche Werkzeuge für einfache Arbeiten benötigt werden. Zusätzlich werden solche Dinge wie eine elektrische Bohrmaschine, eine Eisensäge, Feilen, Hämmer, ein Lötkolben und eine mit einem Schraubstock ausgerüstete Werkbank empfohlen. Obwohl nicht als Werkzeug klassifiziert, ist eine Sammlung von Schrauben, Muttern, Scheiben und Rohrstücken immer sehr nützlich.

Werks-Spezialwerkzeug

In unvermeidlichen Fällen ist die Benutzung von Spezialwerkzeug empfohlen. Wenn die Möglichkeit einer alternativen Verwendung besteht, ist diese beschrieben. Jedoch ist manchmal das Risiko einer Verletzung oder Beschädigung zu groß, sodass ein Spezialwerkzeug des Herstellers benutzt werden muss. Spezialwerkzeug ist normalerweise nur über den Motorradhandel zu bekommen und mit einer Werksnummer versehen. Einige der oft benutzten Werkzeuge, wie z. B. Rotorabzieher sind auch über den Zubehörhandel erhältlich.

Grundausstattung Wartungs- und Reparatur-Werkzeug

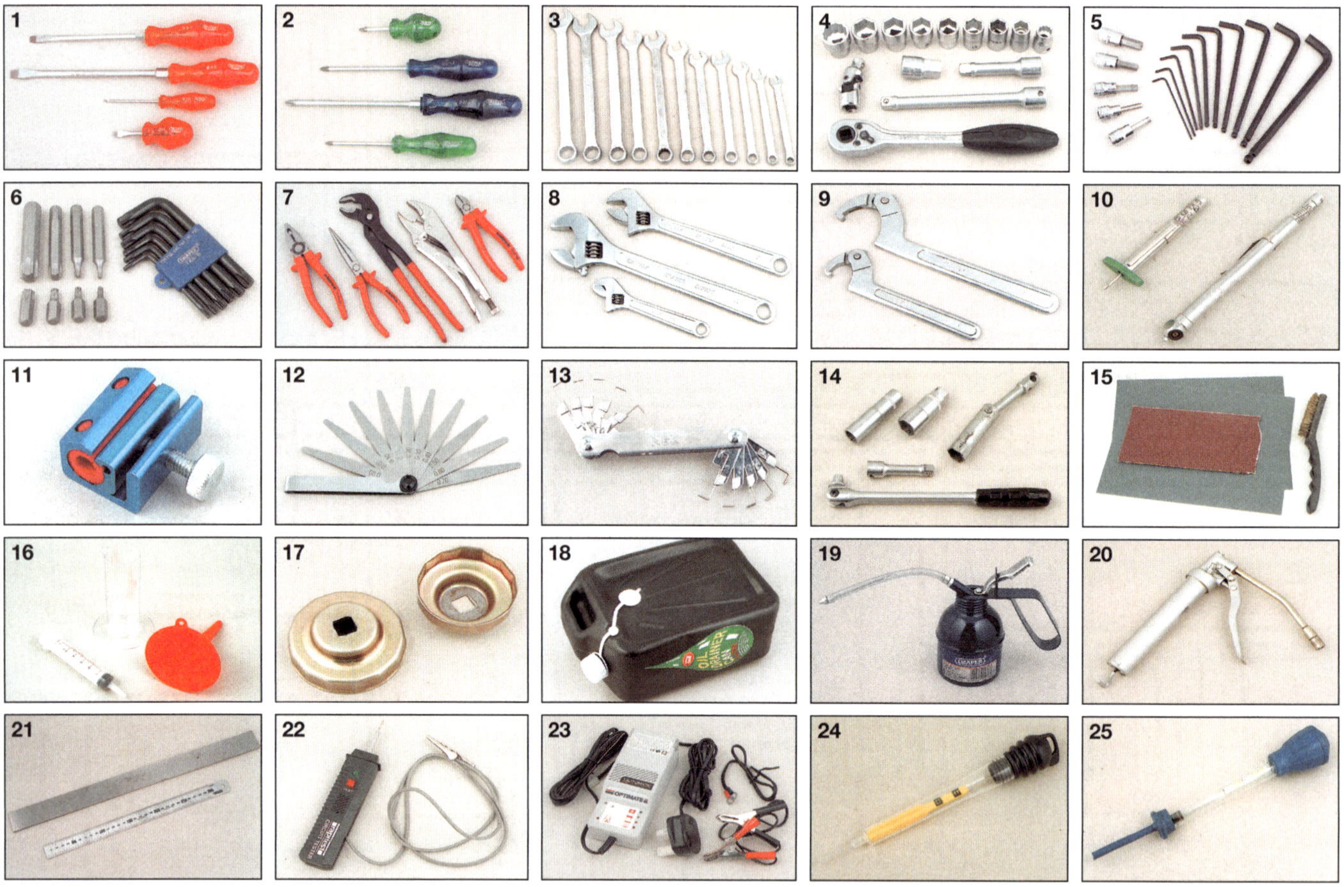

1 Schlitzschraubendrehersatz
2 Kreuzschraubendrehersatz
3 Gabel-/Ringschlüsselsatz
4 Steckschlüsselsatz mit 3/8 oder ½ Zollantrieb (Knarrenkasten)
5 Inbus-Schlüsselsatz oder Steckeinsätze
6 Torxschlüsselsatz oder -bits
7 verschiedene Zangen, Gripzangen
8 einstellbarer Rollgabelschlüssel
9 Hakenschlüssel (am besten einstellbar)
10 Profiltiefenmesser, Luftdruckprüfgerät
11 Bowdenzug-Öler
12 Fühlerlehre
13 Mess- und Einstellgerät für Zündkerzenelektroden
14 Zündkerzenschlüssel oder tiefer Knarreneinsatz
15 Drahtbürste und Schleifpapier
16 Trichter und Messbecher
17 Bandschlüssel
18 Öl-Auffangbehälter
19 Ölkanne mit Pumpe
20 Fettpresse
21 Stahllineal und Winkel
22 Durchgangsprüfer
23 Batterieladegerät
24 Hydrometer (zur Bestimmung der Batteriesäuredichte)
25 Frostschutztester (für wassergekühlte Motoren)

Werkzeug für Reparatur und Überholung

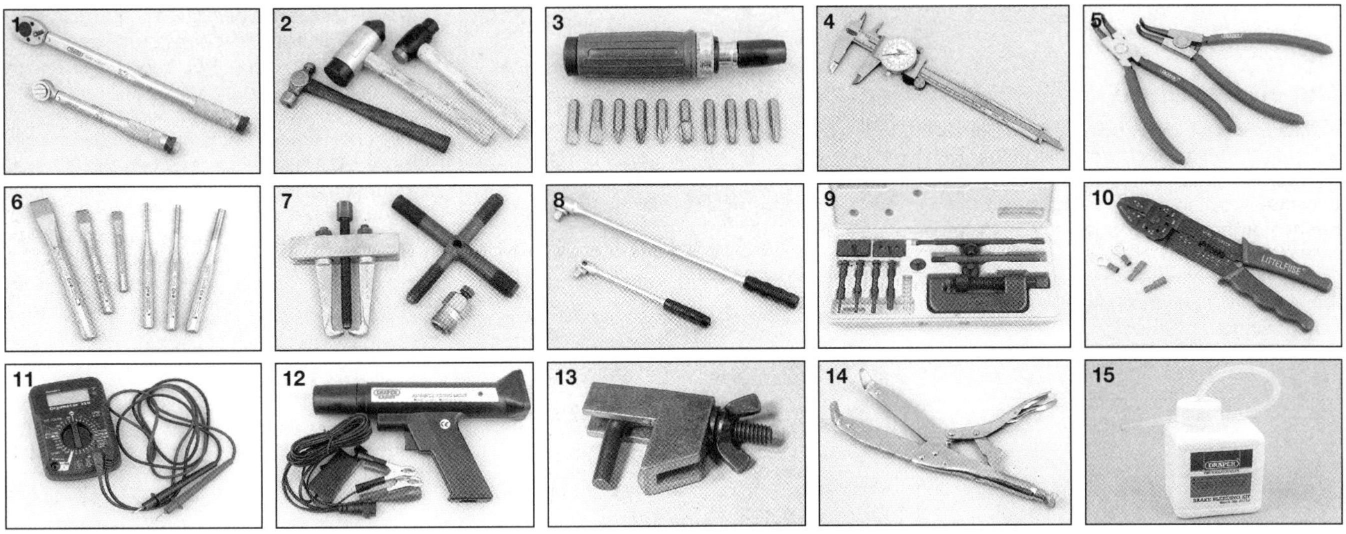

1 *Drehmomentschlüssel (kleine und mittlere Ausführung)*
6 *Dorne und Meißel*
11 *Multimeter (für Volt, Ampere, Ohm)*
2 *Stahl-, Plastik- und Gummihammer*
7 *verschiedene Abzieher*
12 *Stroboskoplampe (für dynamische Zündungskontrolle)*
3 *Schlagschraubersatz*
8 *Gelenkgriff und Rohrverlängerung*
13 *Schlauchklemme*
4 *Schieblehre*
9 *Ketten-Trenn- und Montierwerkzeug*
14 *Kupplungs-haltewerkzeug*
5 *Seegerringzangen (für innen und außen)*
10 *Abisolierzange*
15 *Einpersonen-Bremsentlüftungssatz*

Spezialwerkzeug

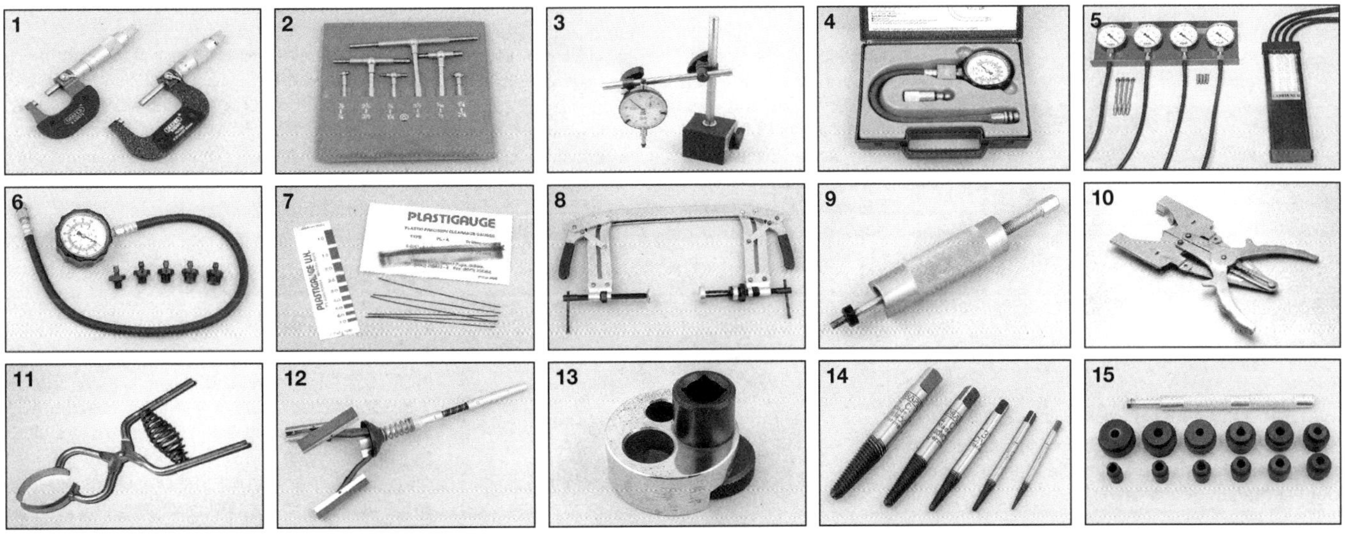

1 *Mikrometerschrauben*
6 *Öldruck-Messgerät*
11 *Kolbenringklemme*
2 *Innenmessgeräte*
7 *Quetschmessstreifen für Lagerspielmessung*
12 *Zylinderhonsteine*
3 *Messuhr mit Halter*
8 *Ventilfederpresse*
13 *Bolzenausdreher*
4 *Zylinderkompressions-Messgerät*
9 *Kolbenbolzenauszieher*
14 *Linksausdrehersatz*
5 *Synchronisationsgerät*
10 *Kolbenringzange*
15 *Lagertreibersatz*

1 Werkstatt
Ausrüstung und Einrichtung

Die Hebebühne

• Man kann sich die Arbeit an vielen Bauteilen des Motorrades erheblich erleichtern, wenn die Maschine mithilfe einer Hebebühne in eine günstige Arbeitshöhe gebracht wird. Die teuren hydraulischen oder pneumatischen Hebebühnen, wie man sie aus professionellen Werkstätten kennt, sind eine lohnenswerte Anschaffung, wenn man viele Reparaturen und Überholungen zu erledigen hat (siehe Abbildung 1.1).

1.1 Hydraulische Motorrad-Hebebühne

• Wenn das Motorrad angehoben wird, muss darauf geachtet werden, dass es gegen Herunterfallen gesichert wird. Die meisten Bühnen haben dazu eine einstellbare Vorderrad-Klemmung. Beim Einklemmen des Rades darf der Reifen oder die Felge nicht beschädigt werden, den besten Schutz bieten hier zwischengelegte Holzblöcke.

• Sichern Sie das Motorrad mit Spannriemen an der Bühne (siehe Abbildung 1.2). Wenn die Maschine nur einen Seitenständer besitzt und kippgefährdet ist, sollte sie auf einer passenden Stütze positioniert werden.

1.2 Mit z. B. an den Beifahrerfußrasten befestigten Spannriemen wird die Maschine vor dem Umfallen gesichert.

• Passende Stützen sind in unterschiedlichen Formen und Ausführungen im Fachhandel erhältlich. Zumeist wird die Maschine damit an der Hinterrad- oder Schwingenachse angehoben (siehe Abbildung 1.3). Um beide Räder zu entlasten, kann ein Wagenheber unter den Motor positioniert und das Vorderteil angehoben werden (siehe Abbildung 1.4).

1.3 Diese Stütze hebt das Motorrad an der Schwingenachse an.

1.4 Um Beschädigungen zu vermeiden, muss immer ein Stück Holz zwischen Wagenheber und Motor oder Rahmen liegen.

Rauch und Feuer

• Beachten Sie genau das Kapitel »Sicherheit geht vor!« am Anfang des Buches. Gehen Sie sicher, dass ein Feuerlöscher zur Hand ist, der für brennbare Flüssigkeiten geeignet ist – versuchen Sie auf gar keinen Fall, brennendes Benzin oder Öl mit Wasser zu löschen!

• Sorgen Sie dafür, dass immer ausreichende Belüftung sichergestellt ist. Wenn keine Abgas-Absauganlage vorhanden ist, darf der Motor nur außerhalb der Werkstatt gestartet werden.

• Wenn Sie mit Kraftstoff hantieren, muss durch gutes Lüften dafür gesorgt werden, dass sich keine zündfähigen Gasgemische bilden können. Das Gleiche gilt beim Aufladen von Batterien. Rauchen Sie nicht, und verbieten Sie auch anderen Personen, in der Werkstatt zu rauchen.

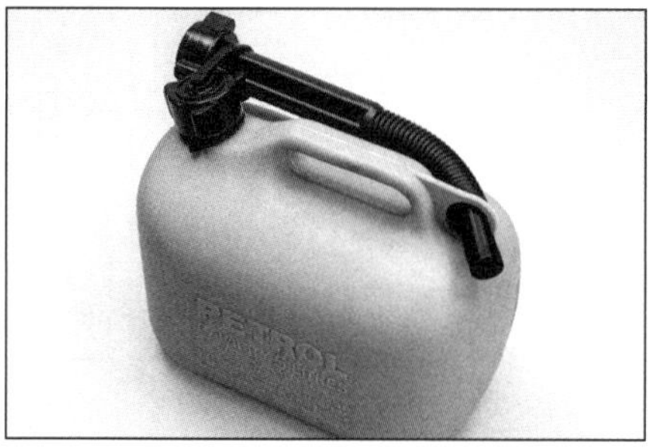

1.5 Benutzen Sie zum Lagern von Kraftstoff nur vorgeschriebene Kanister.

Flüssigkeiten

• Wenn Sie den Tank entleeren müssen, darf der Kraftstoff nur in geeigneten und verschließbaren Behältern und Kanistern gelagert werden (siehe Abbildung 1.5). Lagern Sie Benzin niemals in Gläsern oder Flaschen.

• Benutzen Sie entsprechende Motoren-Entfetter oder schwer entflammbare Lösungsmittel, wie z. B. Petroleum, um Öl, Fett und Schmutz zu entfernen – benutzen Sie niemals Benzin! Tragen Sie bei diesen Arbeiten Gummihandschuhe, und benutzen Sie diese Reinigungsmittel nur draußen oder in sehr gut belüfteten Räumen.

Staub-, Augen- und Handschutz

• Schützen Sie Atemwege und Lunge mit Staubmasken vor dem Eindringen von Staubpartikeln. Manche älteren Brems- oder Kupplungsbeläge enthalten Krebs erregendes Asbest – hantieren Sie auf jeden Fall sehr vorsichtig mit solchem Material. Schützen Sie Ihre Augen mit einer Schutzbrille vor Spritzern und Spänen (siehe Abbildung 1.6).

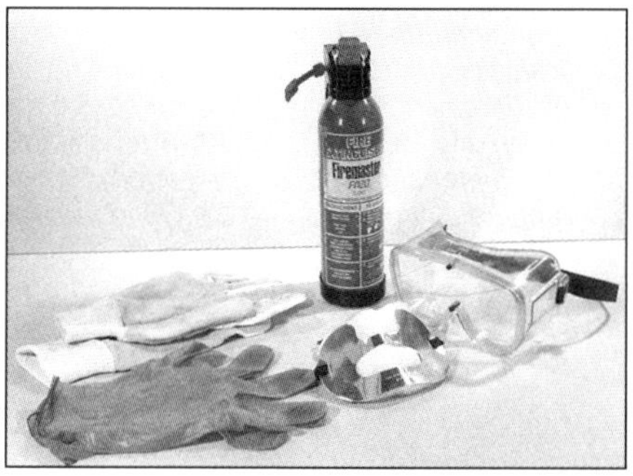

1.6 Ein Feuerlöscher, eine Schutzbrille, Staubmaske und Schutzhandschuhe sollten in der Werkstatt immer zur Hand sein.

• Schützen Sie Ihre Hände mit Gummihandschuhen vor dem Kontakt mit Lösungsmitteln, Benzin und Öl. Alternativ kann vor Arbeitsbeginn eine spezielle Schutzcreme auf die Hände aufgetragen werden. Wenn Sie mit heißen Teilen oder Flüssigkeiten hantieren, müssen hierfür geeignete Handschuhe getragen werden.

Die Entsorgung alter Flüssigkeiten

• Alte Reinigungs- und Bremsflüssigkeit, Kraftstoff und Öl dürfen nicht ins Erdreich oder in Wasserabflüsse gelangen. Füllen Sie die entsprechenden Flüssigkeiten in geeignete Behälter, und bringen Sie sie zu dem Händler, von dem Sie sie erworben haben. Unter Vorlage einer Quittung sind Händler verpflichtet, altes Öl und Bremsflüssigkeit wieder zurückzunehmen. Schütten Sie unterschiedliche Flüssigkeiten nicht zusammen in einen Behälter, da sie nur getrennt wieder aufbereitet werden können. Öliger und fettiger Schmutz kann zusammen mit dem Altöl abgegeben werden, alte Ölfilter können ebenfalls beim Händler entsorgt werden.

2 Befestigungen
Schrauben und Muttern

Typen und Anwendungen

Schrauben

• Köpfe von Maschinenschrauben gibt es in den Ausführungen Sechskant, Torx und Vielzahn – alle in Innen- und Außenversionen (siehe Abbildungen 2.1 und 2.2). Vielzahn-Schrauben werden im Motorradbau sehr selten verwendet. Schlitz- und Kreuzschlitzköpfe werden nur bei kleinen Schrauben verwendet, die keiner großen Belastung ausgesetzt sind. Längenangaben bei Schrauben werden von unterhalb des Kopfes bis zum Ende gemessen (siehe Abbildung 2.11).

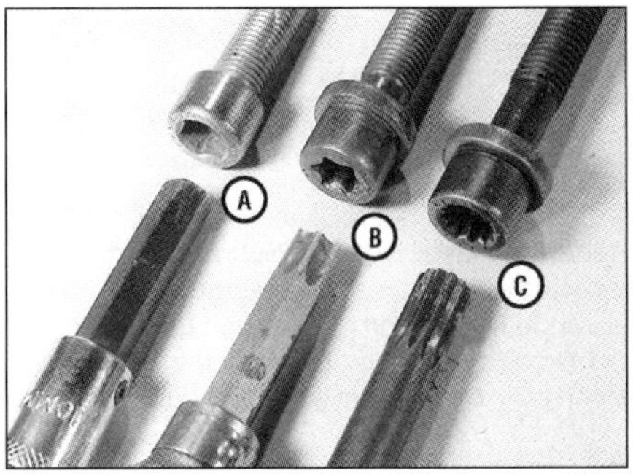

2.1 Innen-Sechskant (»Inbus«) (A), Torx (B) und Vielzahnschraubenköpfe (C) mit entsprechenden Werkzeugen

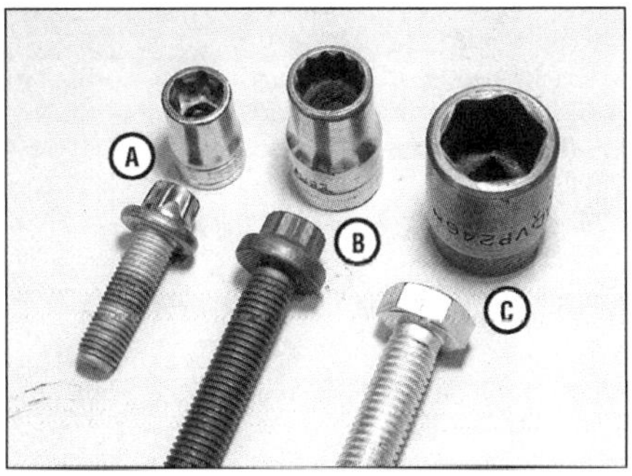

2.2 Außen-Torx (A), Zwölfkant- (B) und Sechskantschrauben (C) mit entsprechenden Steckschlüsseleinsätzen (»Nüssen«)

• Verschiedene Schrauben haben Zugfestigkeitsangaben auf ihren Köpfen. Je höher die Zahl, desto stabiler die Schraube. Hochfeste Schrauben tragen eine 10 oder höhere Zahl. Ersetzen Sie eine hochfeste Schraube niemals durch eine minderfeste.

Scheiben (siehe Abbildung 2.3)

• Unterlegscheiben werden zwischen Schraubenkopf und Bauteil gelegt, um Beschädigungen des Teils zu vermeiden und um die Last des Anzugsmoments zu verteilen. Spezielle Unterlegscheiben werden bei verschiedenen Gelegenheiten als Abstandhalter und Einstellscheibe eingesetzt. Kupfer- oder Aluminiumscheiben fungieren als Dichtungsringe, z. B. bei Ablassschrauben.

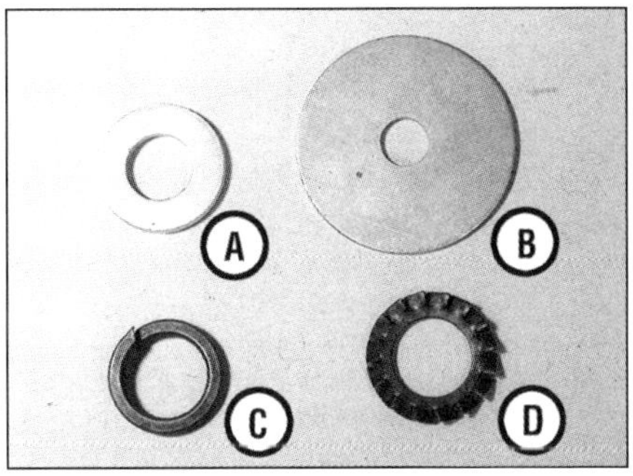

2.3 Unterlegscheibe (A), Kotflügelscheibe (B), Federring (C) und Sicherungsscheibe (D)

• Der offene Federring übt zwischen Schraube und Bauteil axialen Druck aus. Nach einmaligem Gebrauch muss er ersetzt werden. Wenn der Federring zusammen mit einer Unterlegscheibe verwendet wird, muss er zwischen diese und die Schraube gelegt werden.

• Sternförmige Sicherungsscheiben schneiden sich beim Linksherumdrehen in die Schraube und das Bauteil ein, um das Lösen der Schraube zu verhindern. Sie werden oft bei elektrischen Masseverbindungen am Rahmen verwendet.

• Konus- oder Fächerscheiben üben zwischen Schraube und Bauteil axialen Druck aus. Sie werden mit der flachen Seite auf das Bauteil gelegt, wenn sie abgeflacht sind, sind sie ermüdet und müssen ausgewechselt werden.

• Sicherungsbleche werden unter glatte Wellenmuttern gelegt, das Blech wird an einer oder mehreren Seiten der Mutter hochgebogen und gegen deren Sechskant gepresst, um ein Lösen zu verhindern. Ist das Blech nach mehrmaligem Gebrauch verschlissen, muss es ersetzt werden.

• Wellenscheiben werden eingesetzt, um Spiel auf Achsen aufzunehmen. Sie üben leichten Federdruck aus und verhindern das Hin- und Herschieben von Baugruppen, z. B. Kipphebeln auf ihren Wellen.

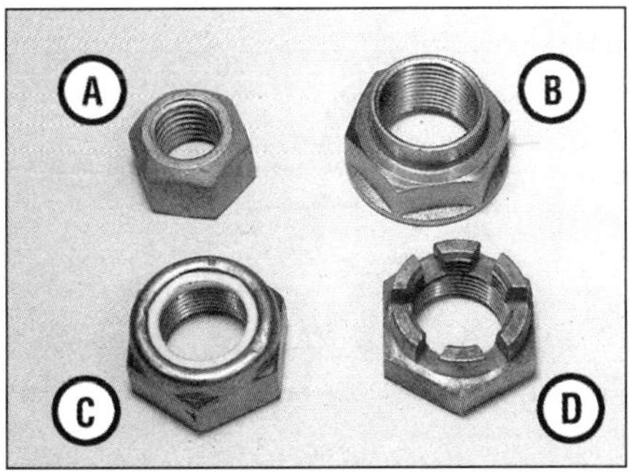

2.4 Sechskantmutter (A), Mutter mit Bund (B), selbstsichernde Mutter mit Nylon-Einsatz (C), Kronenmutter (D)

Muttern und Splinte

• Herkömmliche Muttern sind sechskantig (siehe Abbildung 2.4). Ihre Größenbezeichnungen richten sich nach dem Gewindedurchmesser und dessen Steigung. Hochfeste Muttern tragen auf einer Seite eine Zahl, die ihre Festigkeit angibt.

• Selbstsichernde Muttern haben entweder Nylon-Einsätze oder zwei Federstreifen, außerdem gibt es Muttern mit Bund, die sich mit einer Verzahnung sichern. Ihr aller Vorzug liegt darin, dass sie nicht durch Vibrationen zu lösen sind. Die Nylon- und Federausführungen können mehrmals universell eingesetzt werden und müssen erst ersetzt werden, wenn sie leichtgängig oder verschlissen sind. Die Bundausführungen müssen nach jedem Lösen ausgewechselt werden.

• Splinte werden zum Sichern von Kronenmuttern auf Achsen, aber auch gegen das Lösen normaler Sechskantmuttern eingesetzt, besonders an Radachsen und Bremsankern. Normale Splinte müssen wegen der Bruchgefahr nach jedem Gebrauch erneuert werden (siehe Abbildungen 2.5 und 2.6).

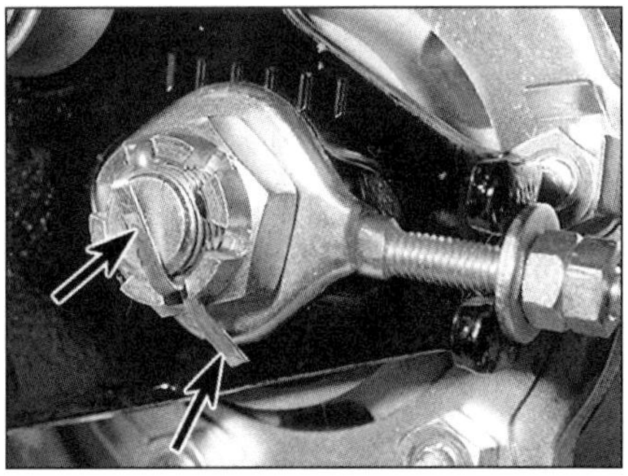

2.5 Biegen Sie Einwegsplinte bei Kronenmuttern wie gezeigt auseinander.

2.6 Biegen Sie Einwegsplinte bei normalen Muttern wie gezeigt auseinander.

Achtung: Wenn die Schlitze der Kronenmutter nach dem vorschriftsmäßigen Anziehen nicht mit der Splintbohrung in der Achse fluchten, muss sie so weit fester angezogen werden, bis der Splint durchgeführt werden kann – sie darf niemals gelockert werden.

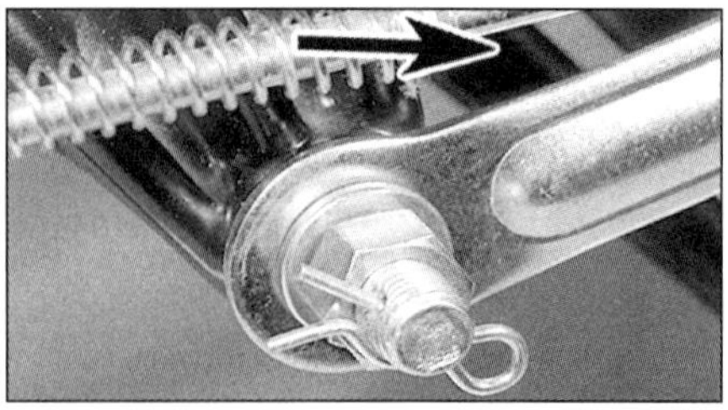

2.7 Federsplinte werden mit dem geschlossenen Ende in Fahrtrichtung (Pfeil) montiert.

- Federsplinte können öfter verwendet werden, solange sie nicht beschädigt sind. Installieren Sie Federsplinte immer mit dem geschlossenen Ende nach vorne (siehe Abbildung 2.7).

Sicherungsringe (siehe Abbildung 2.8)

- Sicherungsringe, die mit »Augen« zum besseren Aus- und Einbau versehen sind, werden auch Seegerringe genannt. Je nach Einsatzzweck auf Wellen oder in Bohrungen sitzen die Augen innen oder außen. Geschliffene Ringe können beidseitig verwendet werden, bei gestanzten Ringen (mit einer flachen und einer abgerundeten Seite) muss die flache Seite entstehenden Druck auf die Nut übertragen (siehe Abbildung 2.9).
- Benutzen Sie immer eine Seegerringzange zur Montage und Demontage, spannen Sie damit die Ringe nicht mehr als nötig. Drehen Sie die Ringe nach der Montage in ihrer Nut, um sicherzugehen, dass sie richtig sitzen. Wenn ein Sicherungsring auf eine Nutenwelle montiert wurde, muss die Öffnung mit einer Nut fluchten. So wird sichergestellt, dass die Enden gut gehalten werden (siehe Abbildung 2.10).
- Sicherungsringe können durch den Druck von Bauteilen verschleißen und dadurch locker in ihren Nuten sitzen. Da hierdurch die Gefahr des Herausspringens steigt, sollten Sie regelmäßig nach jedem Ausbau ersetzt werden.
- Drahtsicherungsringe werden normalerweise zur Sicherung des Kolbenbolzens in die Nuten des Kolbens gesetzt. Sie können mit einer Spitzzange oder einem kleinen Schraubendreher ausgebaut werden. Kolbenbolzen-Sicherungsringe dürfen auf keinen Fall mehrmals verwendet werden.

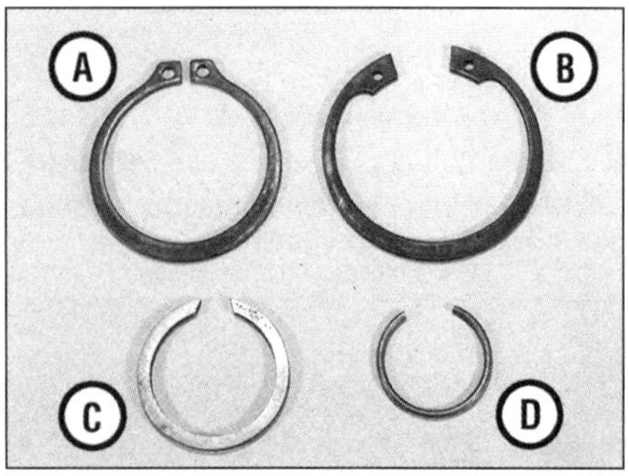

2.8 Wellen-Seegerring (A), Bohrungs-Seegerring (B), geschliffener Sicherungsring (C), Draht-Sicherungsring (D)

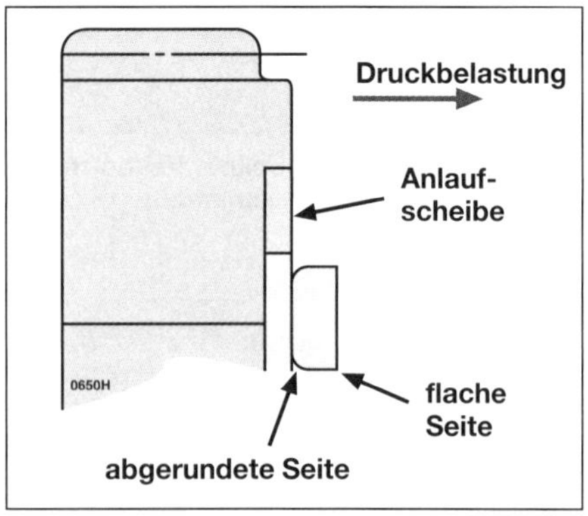

2.9 Korrekte Einbaulage eines gestanzten Sicherungsrings

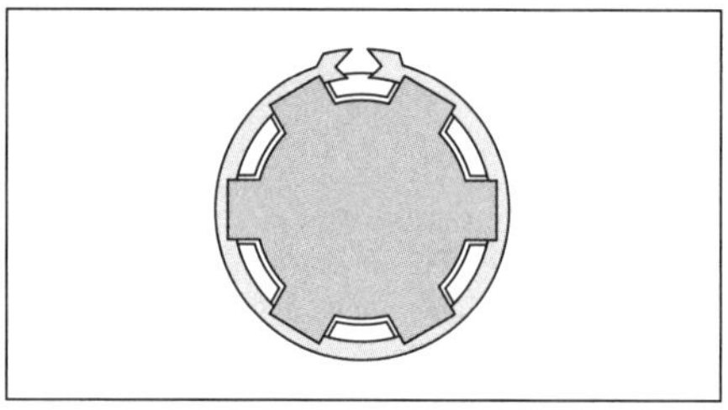

2.10 Die Öffnung des Sicherungsrings muss in einer Nut der Welle liegen.

Gewindedurchmesser und Gewindesteigung

- Der Durchmesser eines Gewindes wird außen an der Schraube oder des Bolzens gemessen. Fast alle Fahrzeughersteller benutzen heute metrische Gewinde nach ISO-Norm, eine M-6-Schraube hat einen Gewindedurchmesser von 6 mm. Diese Bezeichnung gilt auch für die entsprechende Mutter, hier muss der Durchmesser in den »Tälern« des Gewindes gemessen werden.
- Die Gewindesteigung bezeichnet den Abstand zwischen zwei Gewindegängen (siehe Abbildung 2.11). Sie wird in Millimetern angegeben, jedoch nur extra erwähnt, wenn sie von der Norm abweicht, d. h. eine M8-Schraube nicht wie üblich eine Steigung von 1,25 mm, sondern z. B. ein Feingewinde mit 1,0 mm Steigung hat – sie heißt dann M8 x 1,0. Mit zunehmendem Gewindedurchmesser wird auch die Steigung größer.

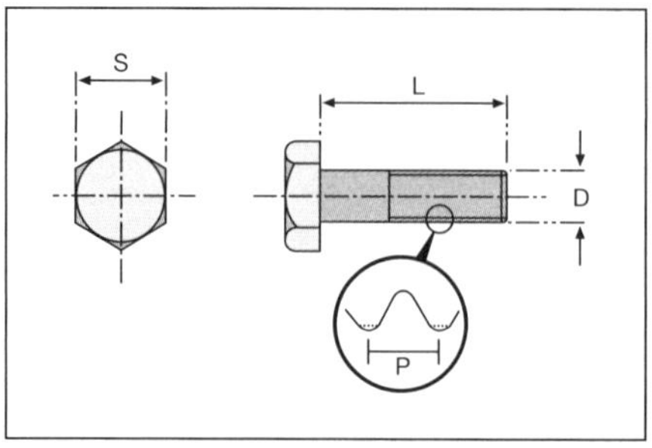

2.11 Schraubenlänge (L), Gewindedurchmesser (D), Gewindesteigung (P), Schlüsselweite (S)

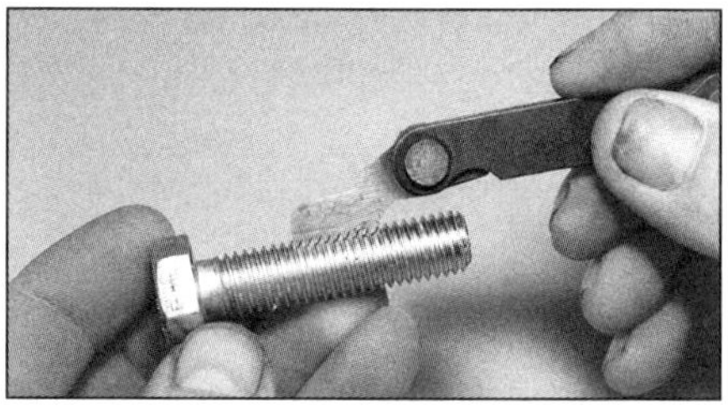

2.12 Mit einer Gewindelehre kann die Steigung bestimmt werden.

- Zu bestimmten Gewindedurchmessern, -steigungen und -festigkeiten gehören entsprechende Schraubenköpfe mit Schlüsselweiten in Millimetern (siehe Abbildung 2.11). Bei Unsicherheit können Gewindesteigungen mit Gewindelehren gemessen werden (siehe Abbildung 2.12).

Schlüsselweite	∅ Gewinde x Steigung
8 mm	M 5 x 0,8 mm
8 mm	M 6 x 1,0 mm
10 mm	M 6 x 1,0 mm
12 mm	M 8 x 1,25 mm
14 mm	M10 x 1,25 mm
17 mm	M12 x 1,25 mm

- Die meisten Schrauben und Bolzen haben Rechtsgewinde, d. h. die Schraube oder Mutter wird im Uhrzeigersinn festgezogen. Linksgewinde finden sich ganz selten an Stellen, wo die Drehrichtung des Bauteils die Verbindung lösen könnte, z. B. bei einigen Ritzelmuttern.

Standard-Anzugsdrehmomente

M5 (Schraube oder Mutter)	5 Nm
M6 (Schraube oder Mutter)	10 Nm
M8 (Schraube oder Mutter)	21 Nm
M10 (Schraube oder Mutter)	35 Nm
M12 (Schraube oder Mutter)	55 Nm
M6 (Schraube oder Mutter mit Bund)	12 Nm
M8 (Schraube oder Mutter mit Bund)	27 Nm
M10 (Schraube oder Mutter mit Bund)	40 Nm

Festsitzende Gewinde

- Durch Feuchtigkeit, Salz und elektro-chemische Korrosion zwischen unterschiedlichen Metallen können freiliegende Schrauben im Laufe

2.13 Bereits ein leichter Schlag auf den Schraubenkopf reicht oft aus, ein korrodiertes Gewinde zu lösen.

2.14 Ein Schlagschrauber setzt die Wucht des Hammers in eine Drehbewegung um.

2.16 Mit einem am Rand angesetzten Meißel wird die Schraube oder Mutter gelockert.

2.19 Achtung beim Vorbohren: nicht das weichere Gehäusematerial beschädigen.

der Zeit schwer zu lösen sein. Mit normalen Methoden wird man in diesen Fällen wahrscheinlich den Schraubenkopf zerstören. Wenn man merkt, dass sich eine Schraube oder Mutter nicht wie üblich durch ein Knacken löst und dann leicht ausbauen lässt, sollte die übliche Demontage sofort gestoppt werden, bevor etwas zerstört wird.

- Bereits ein leichter Schlag auf den Schraubenkopf kann Korrosion und Spannungen im Gewinde lösen (siehe Abbildung 2.13).
- Kriechöl (z. B. *Caramba* oder *WD40*) kann als Rostlöser an die Verbindung gesprüht werden und über Nacht einsickern. Formt man mit Plastilin eine »Wanne« um die Schraube oder Mutter, kann die Verbindung sogar geflutet werden.
- Aufgrund der öligen Umgebung haben innerhalb des Motorgehäuses befindliche Schraubverbindungen kaum Korrosionsprobleme. Doch kann auch hier ein Schlagschrauber die Arbeit erleichtern, wenn festsitzende Schrauben gelöst werden sollen (siehe Abbildung 2.14).
- Korrosion zwischen Metallen (z. B. Stahl und Aluminium) kann durch Erwärmung gelockert werden. Da sich Aluminium stärker ausdehnt als Stahl, reißt die Verbindung auf und die Bohrung (im Aluminium) erweitert sich. Hitzeempfindliche Teile wie Dichtringe und Gummistopfen müssen zunächst entfernt werden, dann kann man z. B. mit einem Heißluftgebläse den Bereich um die Schraube erwärmen (siehe Abbildung 2.15). Alternativ kann man das Bauteil auf einer elektrischen Herdplatte, in einem Backofen, in kochendem Wasser oder mit einem Bügeleisen erwärmen. Benutzen Sie keine offene Flamme! Tragen Sie Handschuhe, um Hautverbrennungen zu vermeiden.

2.15 Erwärmen Sie den Bereich um die Schraubverbindung gleichmäßig.

Achtung: Beachten Sie immer, dass das Gehäuseteil, in dem die Schraube sitzt, viel empfindlicher und teurer ist als die Schraube selbst. Wenn die Schraube gelockert ist, sollte sie nicht mit Gewalt herausgedreht werden. Um das Gewinde zu schonen, muss die Schraube bei starkem Widerstand vorsichtig vor- und zurückgedreht werden, bis sie locker ist.

- Als nächste Möglichkeit kann man die Schraube mit Hammer und Meißel losklopfen (siehe Abbildung 2.16). Hierdurch wird die Schraube oder Mutter zerstört, doch wichtiger ist, dass man das Bauteil nicht beschädigt.

Abgebrochene Schrauben und Stehbolzen

- Wenn das Gewinde zugänglich ist, kann man versuchen, es mit einer selbstsichernden Gripzange zu drehen. Mit einem Stehbolzendreher, der normalerweise bei Zylinderstehbolzen verwendet wird, lassen sich meist bessere Ergebnisse erzielen (siehe Abbildung 2.17). Stehbolzen lassen sich auch mit zwei verkonterten Muttern lösen (siehe Abbildung 2.18).

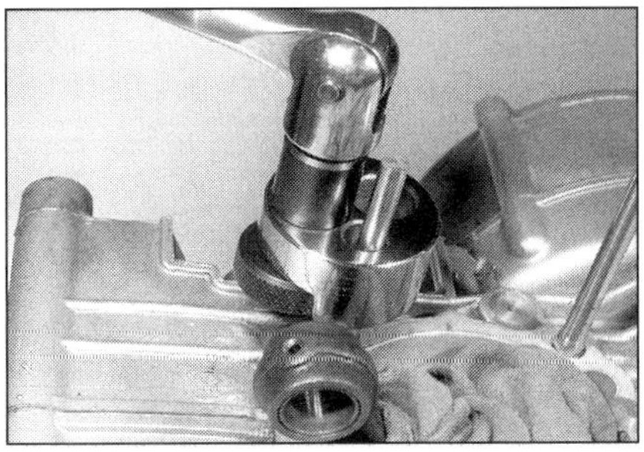

2.17 Mit einem Stehbolzendreher können auch festsitzende Schraubengewinde gelöst werden.

2.18 Nach dem Verdrehen zweier Muttern gegeneinander kann hiermit der Bolzen herausgeschraubt werden.

- Eine bündig am Gehäuse abgerissene Schraube kann, wenn sie nicht allzu fest sitzt, nur mit einem Linksausdreher entfernt werden. Zunächst wird mit dem Körner in der Mitte des Gewindes eine Markierung geschlagen, aus der ein Bohrer nicht mehr abrutschen kann (siehe Abbildung 2.19). Wählen Sie den Bohrer etwa halb bis dreiviertel so groß wie der Innendurchmesser der Schraube, und bohren Sie ein dem Linksausdreher entsprechend tiefes Loch. Wählen Sie den größtmöglichen Linksausdreher, aber achten Sie darauf, die Wandung der Schraube oben nicht auseinanderzudrücken, da dadurch das Gewinde im Gehäuse beschädigt und das Herausdrehen erschwert wird.
- Drehen Sie den Linksausdreher links herum (gegen den Uhrzeigersinn) in die abgebrochene Schraube. Wenn er sich festgefressen hat, wird er automatisch den Gewinderest aus dem Gehäuse herausdrehen (siehe Abbildung 2.20).

⚠ ***Warnung: Linksausdreher sind sehr hart und können bei unvorsichtigem Umgang und in extrem festsitzenden Schraubenresten abbrechen. In diesem Fall sollte eine professionelle Werkstatt konsultiert werden.***

2.20 Drehen Sie den Linksausdreher links herum in das Bohrloch, bis das Gewindestück herausgeschraubt ist.

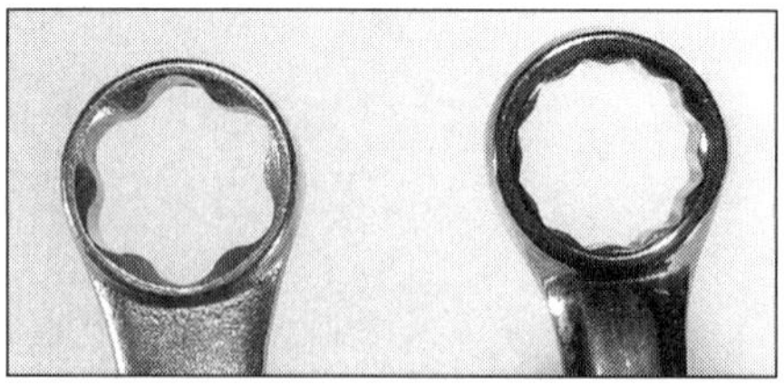

2.21 Besonders bei abgerundeten Köpfen sind Flächendruckschlüssel solchen mit Zwölfkant vorzuziehen.

- Alternativ, oder wenn das Gehäusegewinde zu stark beschädigt ist, kann die Schraube ganz herausgebohrt werden. Hierbei muss darauf geachtet werden, dass die Bohrung exakt zentriert und gerade sitzt und genau die vorgegebene Tiefe erreicht wird. Dann kann ein Übermaßgewinde eingebohrt oder ein Gewindeeinsatz (z. B. *Heli Coil*) hineingeschraubt werden. Bei Zweifel über die eigenen Fähigkeiten und in Anbetracht des Preises für ein neues Gehäuse sollte diese Arbeit gegebenenfalls einer Werkstatt überlassen werden.
- Schrauben und Muttern mit abgerundeten Sechskantköpfen sollten sehr vorsichtig mit exakten Ring- oder Steckschlüsseln gelöst werden. Diese sollten besser sechs als zwölf Kanten aufweisen. Als sehr gut haben sich auch Schlüssel erwiesen, die nicht die Kanten, sondern die Flächen der Köpfe belasten – sie werden u. a. unter dem Handelsnamen »Metrinch« vertrieben (siehe Abbildung 2.21)
- Schlitz- oder Kreuzschlitzschrauben werden häufig durch falsche Schraubendrehergrößen beschädigt, zudem können die Dreher auch verschlissen (abgerundet) sein. Inbus- und Torx-Schrauben sind dagegen kaum zu zerstören. Wenn die Schraube zugänglich ist, kann mann mit einer Eisensäge einen Schlitz in den Kopf sägen und sie mit einem passenden Schlitzschraubendreher lösen. Alternativ kann die Schraube mit Hammer und Meißel vorsichtig losgeklopft werden. Beschädigte Schrauben dürfen auf keinen Fall wieder eingesetzt und festgezogen werden.

Ein Klecks Ventileinschleifpaste auf der Schraube kann für den Schraubendreher das letzte Quäntchen Haftung bringen.

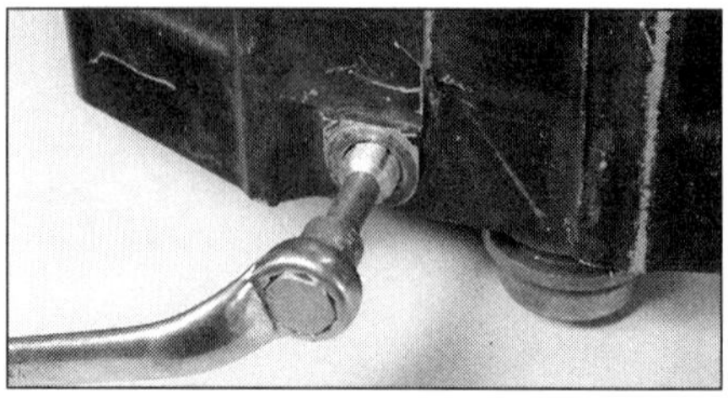

2.22 Zum Reinigen und Reparieren von Innengewinden muss ein passender (!) Gewindebohrer senkrecht (!) eingeschraubt werden.

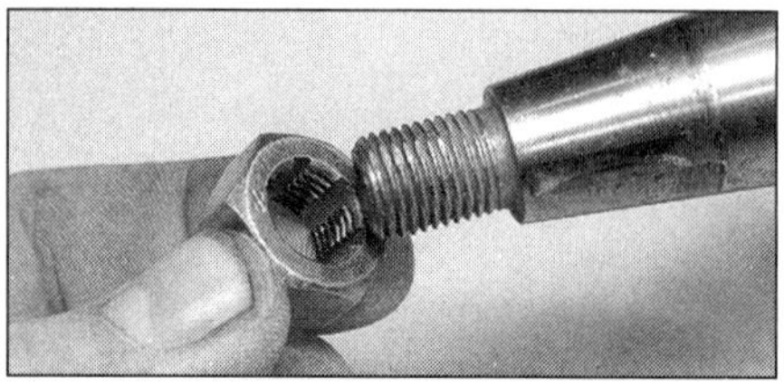

2.23 Zum Nacharbeiten von Außengewinden wird ein Schneideisen aufgedreht.

Gewindereparatur

- Besonders in Aluminium kann ein Gewinde durch viel zu festes Anziehen, eingearbeiteten Schmutz oder auch Vibrationen lockerer Schrauben schnell zerstört werden. Das Gewinde kann komplett mit der Schraube herausfallen.
- Wenn ein Gewinde nur leicht beschädigt oder mit alter Schraubensicherungspaste verschmutz ist, kann es mit einem passenden Gewindebohrer repariert/gereinigt werden (siehe Abbildungen 2.22 und 2.23). Für Zündkerzengewinde gibt es spezielle Größen. Achten Sie darauf, dass der Bohrer den korrekten Durchmesser und die richtige Steigung hat, sonst wird das Gewinde zerstört. Das Gleiche gilt für Außengewinde. Hier kann mit einer passenden Gewindefeile oder einem Schneideisen nachgearbeitet werden (siehe Abbildung 2.24).
- Wenn um das beschädigte Innengewinde genügend Material vorhanden ist und eine größere Schraube eingesetzt werden kann, ist es möglich, das Loch passend zu vergrößern und ein größeres Gewinde einzuschneiden. Manchmal, z. B. bei Zündkerzen oder Ablassschrauben und bei wenig »Fleisch« um das Loch, ist dieser Schritt jedoch nicht möglich.
- Man muss dann auf Gewindeeinsätze zurückgreifen, die in das aufgebohrte defekte Gewinde eingesetzt werden und in die anschließend wieder Originalschrauben oder Zündkerzen einge-

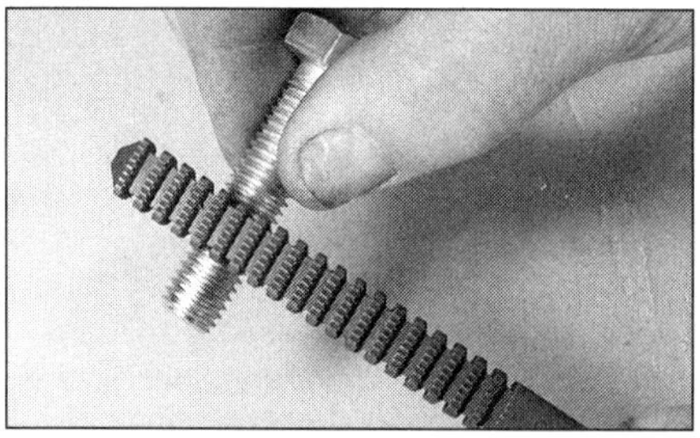

2.24 Mit einer Gewindefeile können Außengewinde nachgebessert werden.

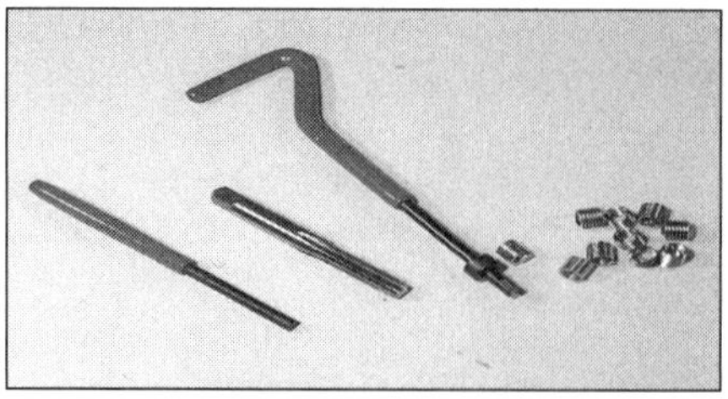

2.25 Dem Grund-Kit sind neben Gewindeeinsätzen auch die nötigen Spezialwerkzeuge beigefügt.

2.26 Bohren Sie zunächst das alte Gewinde auf (Lager und Dichtungen sollten besser abgedeckt sein).

2.27 Drehen Sie sorgfältig den Gewindeschneider hinein, . . .

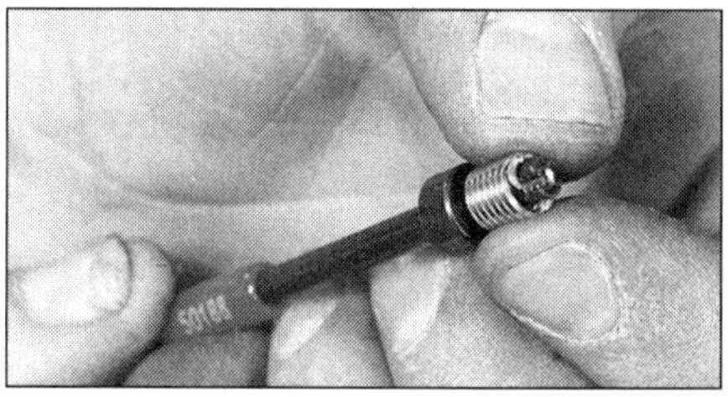

2.28 . . . setzen Sie den Einsatz in das Eindrehwerkzeug, . . .

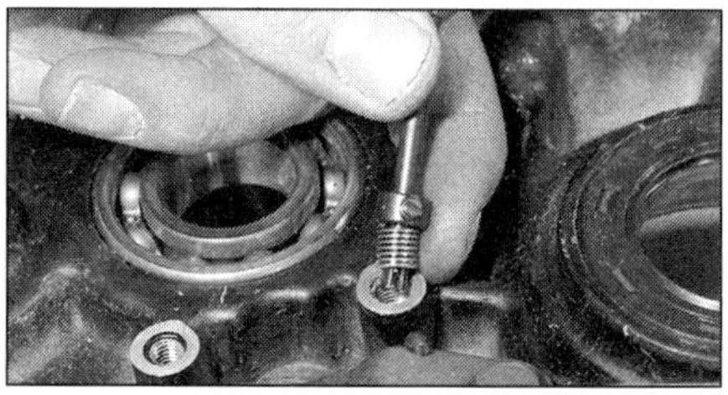

2.29 . . . und schrauben Sie ihn in die Bohrung.

2.30 Brechen Sie zum Schluss die Lasche ab.

dreht werden können. Neben vielen anderen Einsätzen heißt das bekannteste Produkt »Heli Coil«. Eine Packung enthält einen Gewindebohrer, Einbauwerkzeuge und mehrere Einsätze (siehe Abbildung 2.25). Vergrößern Sie das Loch mit einem passenden Bohrer (siehe Abbildung 2.26), schneiden Sie vorsichtig das Gewinde ein (siehe Abbildung 2.27), und drehen Sie vorsichtig und mit leichtem Druck den Einsatz hinein (siehe Abbildungen 2.28 und 2.29). Wenn er viertel bis halbe Umdrehung vor dem Grund sitzt, wird das Werkzeug herausgezogen und mit der Stange die Eindrehlasche abgebrochen (siehe Abbildung 2.30).

- Es gibt Gewinde-Reparaturmittel auf Epoxidharzbasis. Sie sollten jedoch nur bei wenig belasteten Verbindungen eingesetzt werden.

Sicherungspaste und Dichtmasse

- Schraubensicherungspaste (bekannt unter dem Namen *Loctite*) wird an Verbindungen eingesetzt, wo durch Vibrationen Gefahr der Lockerung besteht, oder besonders sicherheitsrelevante Teile verloren gehen können. Außerdem wird sie verwendet, wo andere Schraubensicherungen, wie Bleche oder Splinte, nicht eingesetzt werden können.
- Vor dem Auftragen von Sicherungspaste müssen beide Gewinde sorgfältig von alten Resten gereinigt, entfettet und getrocknet werden. Es gibt zwei Arten von Schraubensicherungspasten: dauerfeste und lösbare (mittelfeste). Normalerweise wird mittelfeste Schraubensicherung verwendet, nur Zylinderstehbolzen werden oft mit dauerhafter Paste eingesetzt. Geben Sie einen oder zwei Tropfen auf die ersten Gewindegänge der einzusetzenden Schraube, setzen Sie sie ein, und ziehen Sie sie mit dem vorgeschriebenen Drehmoment fest. Geben Sie nicht zu viel Sicherungspaste auf das Gewinde, da sonst beim Ausbau ein Alugewinde mit herausgezogen werden kann.
- Es gibt Schrauben und Muttern, die mit einem trockenen Sicherungsmaterial überzogen sind. Diese Verbindungsteile müssen nach jeder Demontage ersetzt werden.
- Um Gewinde vor dem Korrodieren zu schützen, können sie mit Kupferpaste eingesetzt werden. Dieses empfiehlt sich besonders bei stark hitzebelasteten Teilen wie Zündkerzen, Krümmerflanschmuttern und Auspuffschrauben.

3.1 Fühlerlehren werden zum Ermitteln kleiner Spaltmaße benötigt. Ihr Maß ist auf einer Seite eingeätzt.

3 Messwerkzeuge und Messuhren

Fühlerlehren

- Fühlerlehren werden zum Ermitteln kleiner Spaltmaße und Spiele (z. B. Ventilspiel) benutzt (siehe Abbildung 3.1). Wo der Einsatz einer Messuhr unmöglich ist, kann man mit ihnen auch Seitenspiel von Wellen messen.
- Fühlerlehrensätze müssen vorsichtig behandelt und dürfen nicht verbogen oder beschädigt werden. In jedes Blatt ist auf einer Seite das entsprechende Maß eingeätzt. (Messen Sie das bei besonders billigen Fühlerlehren einmal nach!) Die Blätter sollten gegen Korrosion immer leicht eingeölt sein, damit sie nicht – im wahrsten Sinne – »aufblühen«.
- Wenn Sie irgendwo Spiel ermitteln wollen, gilt immer der Wert, bei dem das Blatt sich mit leichtem Druck durch die beiden Komponenten ziehen lässt. Es kann passieren, dass man manchmal zwei Fühlerlehren benötigt.

Bügelmessschrauben (Mikrometerschrauben)

- Mit einer Präzisionsmessschraube lassen sich Messgenauigkeiten von bis zu einem tausendstel Millimeter erzielen. Das empfindliche Gerät sollte immer in seinem Etui und nie lose im Werkzeugkasten aufbewahrt werden, da defekte Geräte falsche Messergebnisse zeigen, die eventuell teure Motorschäden nach sich ziehen können.
- Bügelmessschrauben werden zum Ermitteln von Außendurchmessern eingesetzt, es gibt sie in verschiedenen Messbereichen, normalerweise von 0 bis 25 mm, 25 bis 50 mm usw., immer in 25-mm-Schritten steigend. Zu großen Bügelmessschrauben gibt es austauschbare Zwischenstücke, um verschiedene Messungen durchführen zu können. Allgemein ist das größte benötigte Maß das des Kolbendurchmessers.
- Kleine Innendurchmesser können mit Innenmesslehren oder Dreipunkt-Innenmessschrauben ermittelt werden. Große Durchmesser, wie Zylinderbohrungen, lassen sich mit Messuhren oder Schnabelmessschrauben ermitteln. Alle diese Geräte sind sehr teuer, und es stellt sich die Frage, ob sich die Anschaffung für den Hobbyschrauber lohnt.

Bügelmessschrauben

Anmerkung: *Hier wird eine konventionelle mechanische Messschraube beschrieben. Einfacher abzulesen, aber auch erheblich teurer sind digitale Geräte.*

- Vor Beginn muss immer die Kalibrierung kontrolliert werden, d. h. das Gerät wird geschlossen (bei 0–25 mm) oder mit den entsprechenden (gereinigten!) Zwischenstücken versehen und auf Null-Maß gestellt (siehe Abbildung 3.2).

Beachten Sie hierzu die Bedienungsanleitung der Messschraube. Denken Sie immer daran,

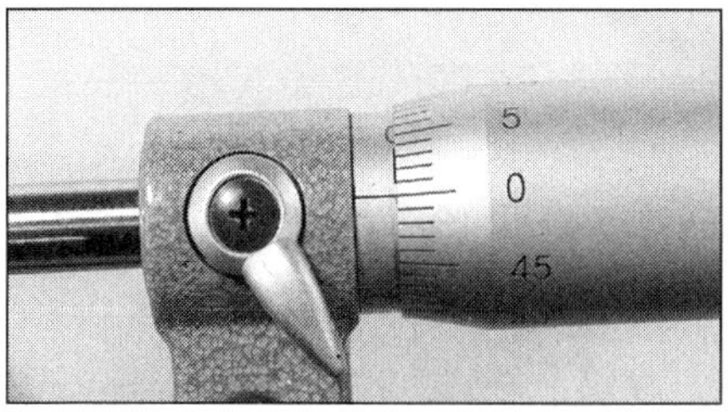

3.2 Kontrollieren Sie vor dem Gebrauch, ob die Messschraube auf Null kalibriert ist.

dass es sich hierbei um ein Präzisionsmessgerät handelt, das schonend behandelt werden muss.

- Achten Sie darauf, dass das zu messende Teil sauber ist. Drücken Sie den Amboss (1) gegen das Teil und drehen Sie die Trommel (2), bis die Spindel (3) das Teil an der gegenüberliegenden Seite leicht berührt (siehe Abbildung 3.3). Drehen Sie jetzt die Spindel mit der Ratsche (4) ein, bis sie überrutscht, schrauben Sie sie auf gar keinen Fall mit der Trommel fester – hierdurch kann das Instrument zerstört werden.
- Jetzt kann die Spindel mit dem Klemmhebel arretiert und die Bügelmessschraube vom zu messenden Teil genommen werden, dann wird das Ergebnis abgelesen. Zuerst wird die Grundmessung auf dem Schaft abgelesen, dann wird die Feinmessung auf der Trommel hinzugezählt. Anhand der Teilstriche auf dem Schaft werden in unserem Fall die ganzen und halben Millimeter abgelesen. Auf der Trommel sind die Hundertstelmillimeter-Markierungen zu sehen (je nach der Beschriftung auf dem Bügel und Genauigkeit der Messschraube können auch andere Werte abgelesen werden). Jede ganze Umdrehung bedeutet eine Veränderung um einen halben Millimeter. Der Teilstrich, der (direkt von oben betrachtet!) über der Linie liegt, zeigt einen Hundertstelmillimeter (0,01 mm) an. Zählen Sie das abgelesene Ergebnis zu der Schaftmessung hinzu.

In unserem Beispiel wird folgendes Messergebnis abgelesen (siehe Abbildung 3.4):

obere Schaft-Skala	2,00 mm
untere Schaft-Skala	0,50 mm
Trommel-Skala	0,45 mm
Messergebnis	**2,95 mm**

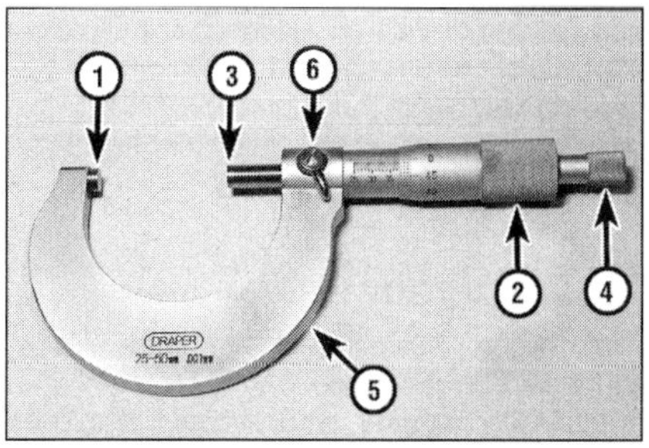

3.3 Bügelmessschrauben-Bauteile
1 Amboss, 2 Trommel, 3 Spindel, 4 Ratsche, 5 Bügel, 6 Feststellhebel

A

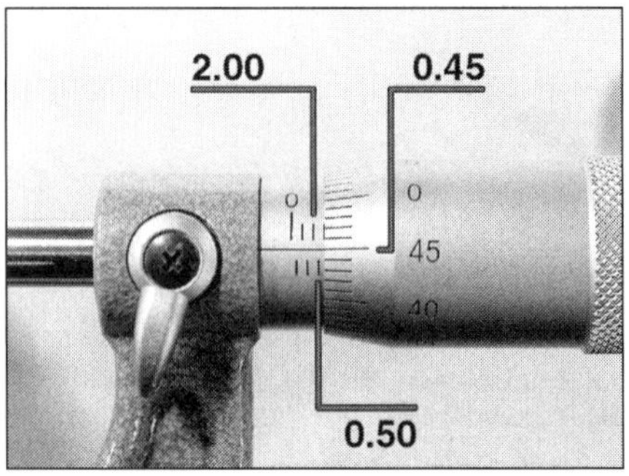

3.4 **Das Messergebnis beträgt 2,95 mm.**

• Einige Messgeräte haben eine Nonius-Skala auf ihrem Schaft, mit der es ermöglicht wird, auf tausendstel Millimeter genau zu messen. Zählen Sie zu dem oben abgelesenen Ergebnis den Wert hinzu, der mit einem Teilstrich auf der Trommel fluchtet. Anmerkung: Beim Ablesen des Nonius der 0,001-mm-Teilstriche muss genauestens von oben abgelesen werden. Drehen Sie die Messschraube gegebenenfalls zu sich hin. In unserem Beispiel wird folgendes Messergebnis abgelesen (siehe Abbildungen 3.5 und 3.6):

untere Schaft-Skala (große Striche)	46,000 mm
untere Schaft-Skala (kleine Striche)	0,500 mm
Trommel-Skala	0,490 mm
fluchtende Linie (Nonius)	0,004 mm
Messergebnis	**46,994 mm**

Innenmessgeräte

• Für das Ausmessen von Bohrungen benötigt man Innenmessgeräte. Da Messschrauben sehr teuer sind, kann man auf einen Satz verstellbarer Innenfühler zurückgreifen, die mit einer Bügelmessschraube vermessen werden.
• Mit Teleskop-Messlehren können z. B. Pleuelaugen und Kolbenbolzenbohrungen vermessen werden. Schieben Sie die saubere Lehre ein, spannen Sie sie auseinander, sichern Sie sie, und ziehen Sie sie aus der Bohrung (siehe Abbildung 3.7). Messen Sie das Ergebnis mit einer Bügelmessschraube (siehe Abbildung 3.8).
• Sehr kleine Bohrungen, wie Ventilführungen, können mit Bohrungsfühlern vermessen werden. Schieben Sie die saubere Lehre ein, spannen Sie sie so weit auseinander, bis sie leicht gleitet, sichern Sie sie, und ziehen Sie sie aus der Bohrung (siehe Abbildung 3.9). Messen Sie das Ergebnis mit einer Bügelmessschraube (siehe Abbildung 3.10).

Messschieber

Anmerkung: *Beschrieben werden hier konventionelle Nonius- und Uhren-Messschieber, Digital-Messschieber sind leichter abzulesen und kosten inzwischen nicht mehr viel.*

• Ein Messschieber arbeitet nicht so genau wie eine Bügelmessschraube, dafür ist er leichter

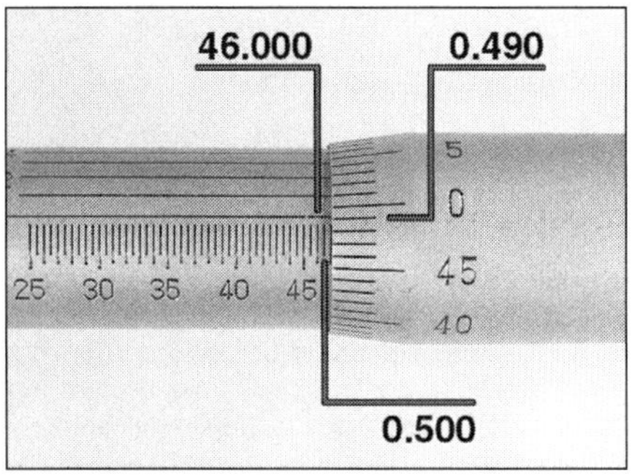

3.5 **Auf dem Schaft und der Trommel werden 46,99 mm abgelesen, . . .**

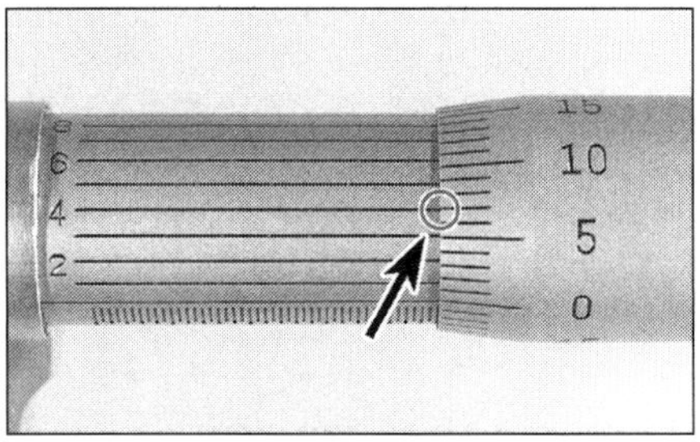

3.6 **. . . dazu kommen 0,004 mm aufgrund der fluchtenden Linien.**

zu bedienen und vielseitig für Außen-, Innen- und Tiefenmessungen einsetzbar. Für viele Messungen, wie z. B. Kupplungsbeläge oder Ventilfedern, reicht er völlig aus.
• Lösen Sie zunächst die Klemmschraube (1), und schieben Sie das Gerät soweit auseinander, dass die Schnäbel (2) über bzw. die Kreuzspitzen (3) in das zu messende Teil passen (siehe Abbildung 3.11). Schieben Sie das Gerät, eventuell mit der Feineinstellung (4), bis auf beiden Seiten leichter Kontakt entsteht, und ziehen Sie die Klemmschraube wieder an. Jetzt werden auf der festen Skala (6) als Grundmessung die ganzen Millimeter abgelesen, die links der Null auf der Schieberskala (5) liegen. Als Nächstes wird auf der Schieberskala der Strich identifiziert, der genau mit einem Strich auf der festen Skala fluchtet, jeder Strich steht normalerweise für 0,02 oder sogar 0,01 Millimeter. Addieren Sie den abgelesenen Wert zu der Grundmessung hinzu, und Sie haben das Messergebnis. In unserem Beispiel wird folgendes Messergebnis abgelesen (siehe Abbildung 3.12):

3.7 **Spannen Sie die Teleskop-Messlehre in der Bohrung auseinander, arretieren Sie sie, . . .**

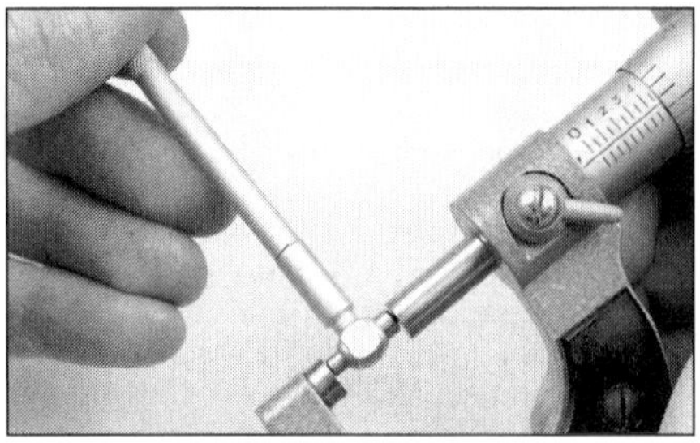

3.8 **. . . und messen Sie das Ergebnis mit der Bügelmessschraube.**

3.9 **Spannen Sie den Bohrungsfühler in das Loch, und arretieren Sie ihn, . . .**

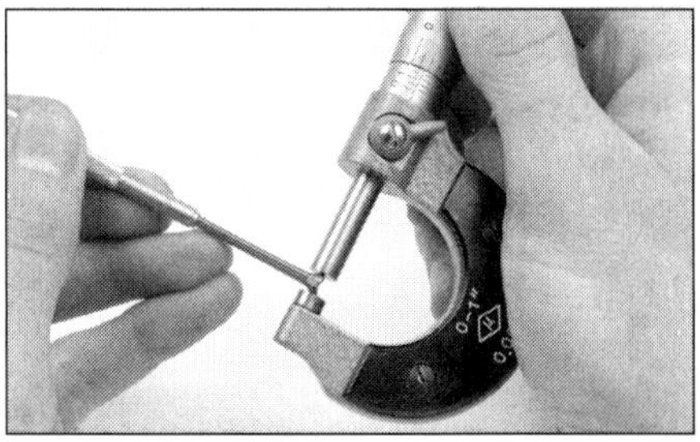

3.10 **. . . messen Sie das Gerät dann mit einer Bügelmessschraube.**

Grundmessung	55,00 mm
Feinmessung	0,92 mm
Messergebnis	**55,92 mm**

• Einige Messschieber sind zur Feinmessung mit einer Messuhr ausgerüstet. Achten Sie darauf, dass der Messschieber sauber sein muss. Schieben Sie ihn zuerst zusammen und kontrollieren Sie, ob die Messuhr auf Null steht, gegebenenfalls muss am Außenring nachgestellt werden. Lösen Sie zunächst die Klemmschraube (1), und schieben Sie das Gerät soweit auseinander, dass die Schnäbel (2) über bzw. die Kreuzspitzen (3) in das zu messende Teil passen (siehe Abbildung 3.13). Schieben Sie das Gerät, eventuell mit der Feineinstellung (4), bis auf beiden Seiten leichter Kontakt entsteht, und ziehen Sie die Klemmschraube wieder an. Jetzt werden auf der festen Skala (5) als Grundmessung die ganzen Millimeter abgelesen, die links der Schieberskala (6) erscheinen. Als Nächstes wird die Position der Nadel in der Uhr (7) ermittelt, jeder Teilstrich

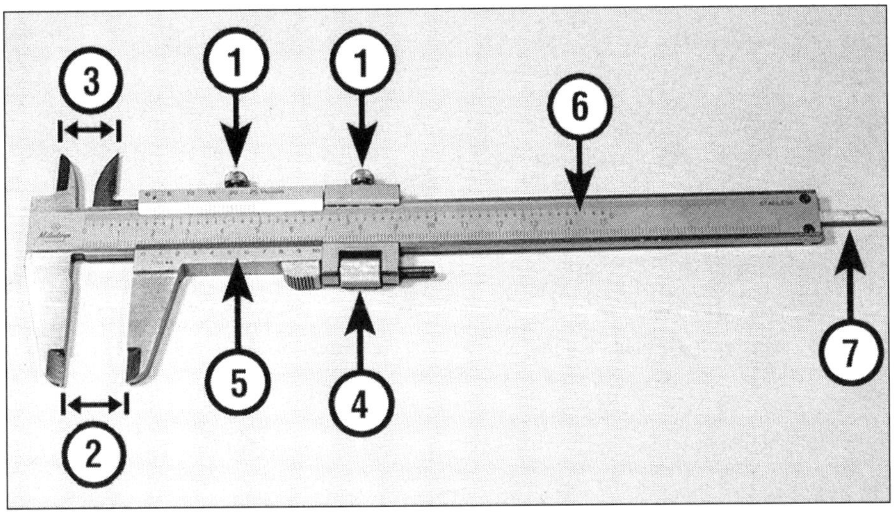

3.11 Bauteile eines Messschiebers (Nonius-Ablesung)
1 Klemmschraube
2 Außenmess-Schnäbel
3 Innenmess-Kreuzspitzen
4 Feineinstellung
5 Schieberskala
6 feste Skala
7 Tiefenmessdorn

entspricht hier 0,05 mm. Addieren Sie diesen Wert zu der Grundmessung, um das Messergebnis zu erhalten.

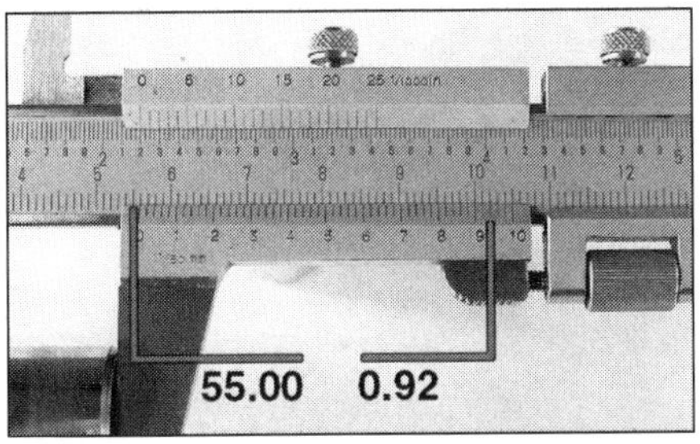

3.12 Das Messergebnis beträgt 55,92 mm.

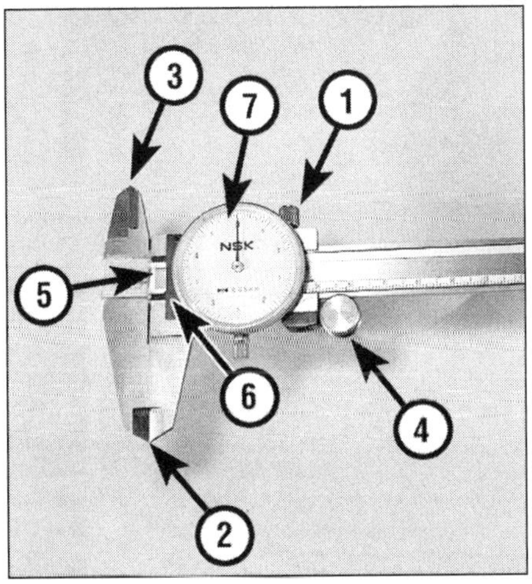

3.13 Bauteile eines Messschiebers (Uhr-Ablesung)

1 Klemmschraube
2 Außenmess-Schnäbel
3 Innenmess-Kreuzspitzen
4 Feineinstellung
5 feste Skala
6 Schieberskala
7 Messuhr

In unserem Beispiel wird folgendes Messergebnis abgelesen (siehe Abbildung 3.14):

Grundmessung	55,00 mm
Feinmessung	0,95 mm
Messergebnis	**55,95 mm**

Quetschmessstreifen

- Die unter dem Markennamen Plastigauge bekannten Kunststoffstreifen werden zwischen zwei Oberflächen gepresst. Anschließend wird anhand ihrer Quetschbreite mit einer Skala das Spiel zwischen den Oberflächen ermittelt.
- Üblicherweise wird mit Quetschmessstreifen das Radialspiel in Gleitlagern von Kurbel- und Nockenwellenlagern sowie zwischen Hubzapfen und Pleuellagern ermittelt. Im Folgenden wird Letzteres als Beispiel beschrieben.
- Gehen Sie vorsichtig mit den Quetschmessstreifen um, damit sich keine verzerrten Messergebnisse zeigen. Schneiden Sie mit einem scharfen Messer einen Streifen davon ab, der etwas kürzer ist als die Breite der Lagerschale, und legen Sie ihn parallel zur Welle in das Lager oder auf die Welle (siehe Abbildung 3.15). Montieren Sie vorsichtig beide Lagerschalen, und setzen Sie das Pleuel zusammen. Ziehen Sie, ohne das Pleuel auf der Kurbelwelle zu drehen, die Schrauben oder Muttern mit dem vorgeschriebenen Drehmoment fest. Dann wird alles vorsichtig wieder gelockert und der Quetschmessstreifen begutachtet.
- Der Streifen wird mit der an der Packung befindlichen Skala verglichen und das entsprechende Lagerspiel abgelesen (siehe Abbildung 3.16). Entfernen Sie anschließend alle Messstreifenreste mit dem Fingernagel.

3.14 Das Messergebnis beträgt 55,95 mm.

Achtung: Um ein korrektes Messergebnis zu erhalten, müssen alle vom Motorradhersteller vorgeschriebenen Anzugs-Drehmomente und -Reihenfolgen genauestens eingehalten werden.

Messuhren und Verzugsmessung

- Mithilfe einer Messuhr können kleinste Bewegungen ermittelt werden. Typische Einsatzzwecke sind Messungen von Unrundlauf, Seitenspiel oder Kolbenpositionen zur Zündeinstellung bei Zweitaktmotoren. Zu einem Messuhr-Set gehört eine Vielzahl von Tastern, Adaptern und Befestigungsmöglichkeiten.

3.15 Der Plastigauge-Streifen wird längs auf die Lageroberfläche gelegt.

- Im Ruhezustand der Uhr muss die Nadel auf Null stehen, gegebenenfalls muss am Ring nachjustiert werden.
- Prüfen Sie, ob der Messbereich der Uhr für die zu erwartende Bewegung ausreicht. Die meisten Uhren haben neben der großen Feinmessanzeige mit 0,01- oder 0,001-mm-Einteilung einen kleinen Zeiger, der ganze Millimeter misst. Zählen Sie zuerst die ganzen Millimeter und dann die Hundertstel oder Tausendstel dazu.

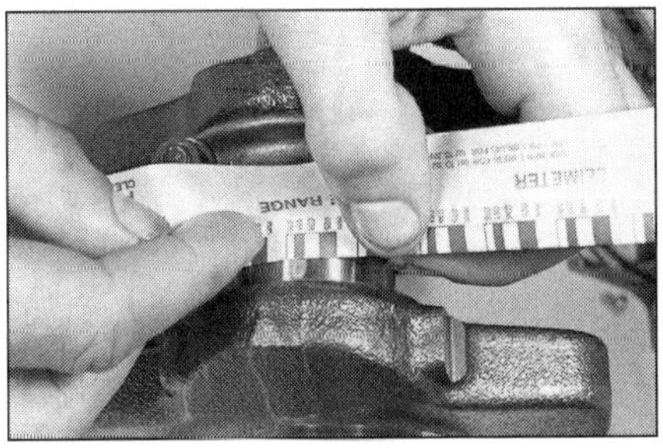

3.16 Messen Sie die Breite der gequetschten Messstreifen.

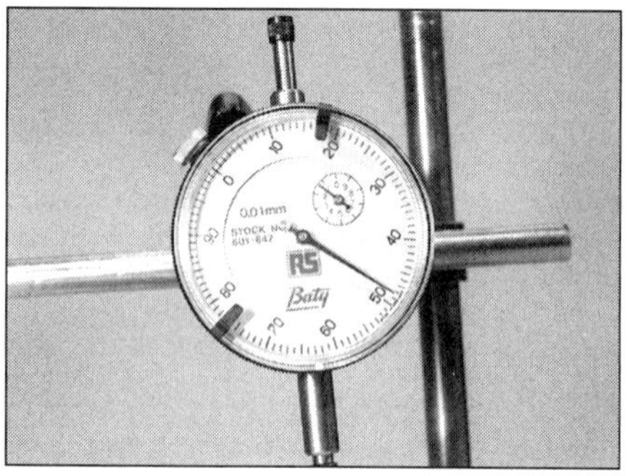

3.17 Das Messergebnis beträgt 1,48 mm.

In unserem Beispiel wird folgendes Messergebnis abgelesen (siehe Abbildung 3.17):

Grundmessung	1,00 mm
Feinmessung	0,48 mm
Messergebnis	**1,48 mm**

- Wenn der Unrundlauf von Wellen ermittelt werden soll, muss die Welle in den V-förmigen Ausschnitten von stabilen Prismenblöcken liegen und die Messuhr an einem Stativ rechtwinkelig zur Welle montiert werden. Lassen Sie den Taster in der Wellenmitte aufliegen, und drehen Sie langsam die Welle. Beobachten Sie dabei die Anzeige (siehe Abbildung 3.18). Führen Sie ggf. an verschiedenen Stellen der Welle Messungen durch, und merken Sie sich den maximalen Schlag.

Anmerkung: *Das abgelesene Ergebnis stellt den totalen Unrundlauf der Welle dar. Einige Hersteller geben in ihren* Technischen Daten *den maximalen Wert zu einer Seite an, sodass das Ergebnis halbiert werden muss.*

- Das Seitenspiel (Axialspiel) einer Welle kann nach dem sicheren Befestigen der Messuhr am Gehäuse gemessen werden, der Taster wird dabei auf das Wellenende gesetzt. Dann wird die Welle mit der Hand hin- und hergedrückt und anhand der Bewegung des Zeigers das Spiel abgelesen (siehe Abbildung 3.19).
- Zur exakten Zündzeitpunktbestimmung bei mehrzylindrigen Zweitakt-Motoren wird eine Messuhr so platziert, dass der Taster durch das Zündkerzengewinde auf den Kolben zum Liegen kommt. Justieren Sie die Uhr im oberen Totpunkt des Kolbens auf Null, und beachten Sie die Betriebsanleitung.

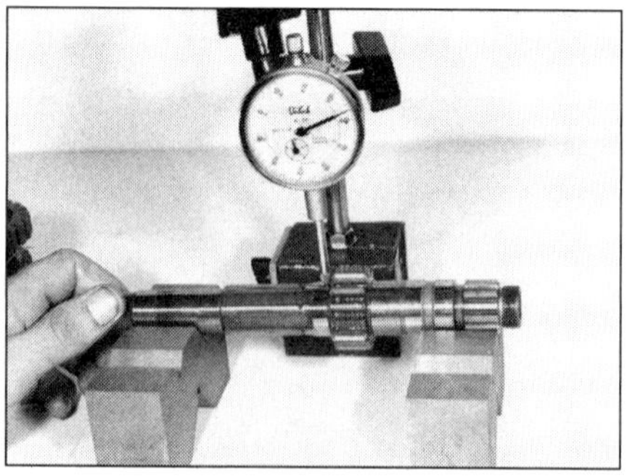

3.18 Messen Sie den Unrundlauf der Welle mit einer Messuhr.

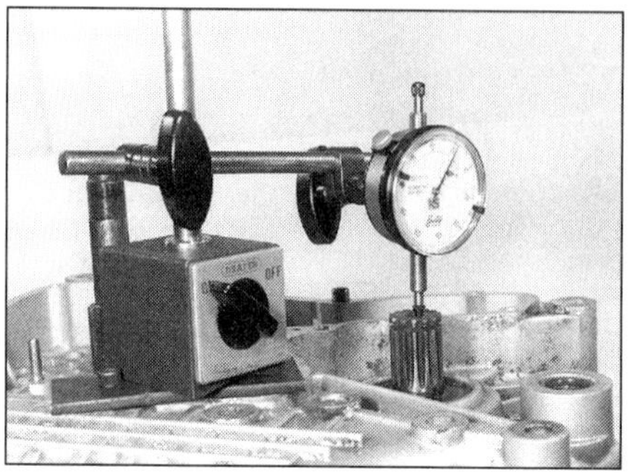

3.19 Hier wird das Axialspiel einer Welle vermessen.

Zylinder-Kompressionsmessgerät

- Kompressionsuhren gibt es mit verschiedenen Anschlüssen: Entweder mit einem konusförmigen Gummi, das in die Kerzenbohrung gedrückt werden muss, oder mit passendem Gewinde zum Einschrauben – Letztere ist zu empfehlen. Der Messbereich der Uhr sollte bei Benzinmotoren bis 20 bar gehen.
- Nach dem Entfernen der Zündkerzen wird die Kompression bei drehendem, aber nicht laufendem Motor gemessen (siehe Abbildung 3.20). Führen Sie den Kompressionstest so durch, wie es in »Ausrüstung zur Fehlersuche« beschrieben wird. Das Messgerät wird den Druck so lange halten, bis das Ventil per Hand geöffnet wird.

Öldruck-Messgerät

- Um den Öldruck des Motors zu ermitteln, wird ein Öldruck-Messgerät benötigt, die meisten von ihnen sind mit verschiedenen Adaptern ausgerüstet, sodass sie in alle Anschlussgewinde geschraubt werden können (siehe Abbildung 3.21). Wenn der vom Hersteller vorgesehene Anschluss an einer externen Öldruckleitung liegt, muss eine spezielle Ersatz-Ölleitung verwendet werden, um Ölmangel an verschiedenen Komponenten auszuschließen.

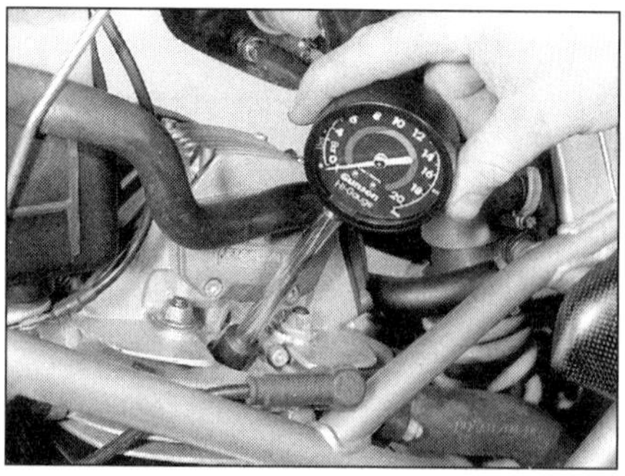

3.20 Ein Kompressionstester mit Gummi-Konus muss kräftig in die Bohrung gedrückt werden.

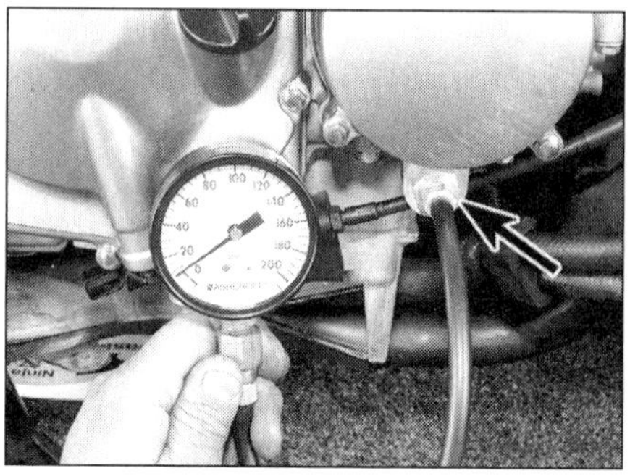

3.21 Öldruck-Messuhr und Anschluss-Adapter (Pfeil)

- Der Öldruck wird bei mit einer bestimmten Drehzahl laufendem Motor gemessen. Oftmals sind die vorgeschriebenen Werte sowohl bei kaltem als auch bei warmem Motor angegeben.

Haarlineale und Verzug

- Zur Kontrolle einer ebenen Dichtfläche auf Verzug muss ein Haarlineal oder ein Präzisions-Stahllineal über die Fläche gelegt und vorhandene Spalte mit einer Fühlerlehre vermessen werden (siehe Abbildung 3.22). Messen Sie diagonal zum Bauteil und zwischen Befestigungsbohrungen (siehe Abbildung 3.23).
- Kontrollieren Sie verschiedene Bauteile, wie Kupplungsreibscheiben auf einer ebenen Fläche (z. B. einem Spiegel), auf Verzug.

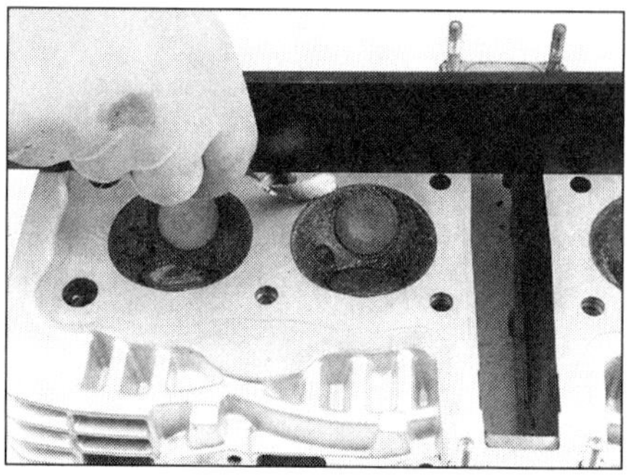

3.22 Messen Sie mit einem Präzisionslineal und einer Fühlerlehre den Verzug der Dichtfläche.

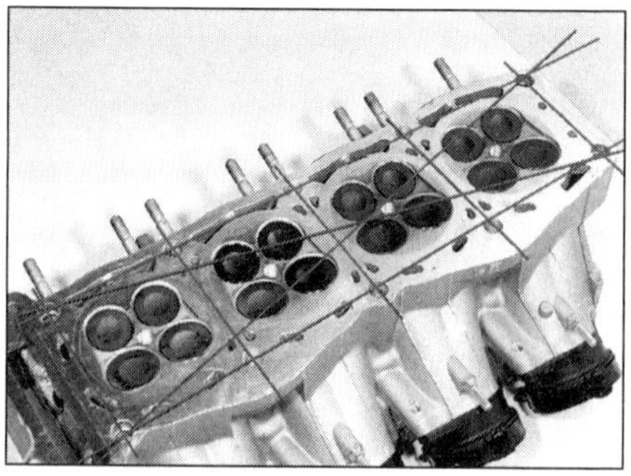

3.23 Kontrollieren Sie die Dichtflächen in diesen Richtungen auf Verzug.

4 Drehmoment und Hebel

Was ist das Drehmoment?

- Mit Drehmoment ist die Drehkraft gemeint, die auf eine Welle wirkt. Das Drehmoment wird bestimmt durch die Länge des Hebels und die auf dessen Ende wirkende Kraft. Die Maßeinheit 1 Nm (Newton pro Meter) bedeutet eine Kraft von einem Newton (ca. 100 g) auf einen ein Meter langen Hebel, ist der Hebel nur 10 cm lang, muss er schon mit 1000 g belastet werden.
- Die vom Hersteller angegebenen Drehmomente sollen sicherstellen, dass sich eine Verbindung weder lockert noch durch zu festes Anziehen Bauteile beschädigt werden. Sie beziehen sich auf die Belastung, die Zugfähigkeit und Größe des Gewindes und das Material, in dem es halten soll.
- Bei einem zu geringen Drehmoment besteht die Gefahr, dass die Verbindung sich im Betrieb löst, zu starkes Drehmoment kann die Verbindungsteile überlasten und beschädigen, sodass sie ab- oder ausreißen. Beachten Sie daher immer die Anzugsdrehmomente in den *Technischen Daten* des jeweiligen Kapitels oder die in diesen *Werkzeug- und Werkstatt-Tipps* angegebenen Standardanzugsdrehmomente.

Der automatische Drehmoment-Schlüssel

- Kontrollieren Sie die Kalibrierung und Funktionsfähigkeit des Drehmomentschlüssels (der für das verlangte Drehmoment ausgelegt sein muss). Oftmals sind auf dem Drehmomentschlüssel mehrere Maßeinheiten angegeben (Nm, kpm oder lbf/in und lbf/ft), verwechseln Sie die Maßeinheiten nicht!
- Stellen Sie den Schlüssel auf das verlangte Drehmoment ein (siehe Abbildung 4.1). Wenn Ihr Drehmomentschlüssel nicht die angegebene Maßeinheit aufweist, muss anhand von Tabellen umgerechnet werden. Wenn Hersteller eine Empfehlung aussprechen (8–10 Nm), sollte die Verbindung mit dem mittleren Wert angezogen werden. Genauso hätte man 9 Nm ± 1 Nm angeben können. Viele Drehmomentschlüssel können nach Einstellen des Wertes arretiert werden, sodass beim Anziehen der Wert nicht verändert werden kann.

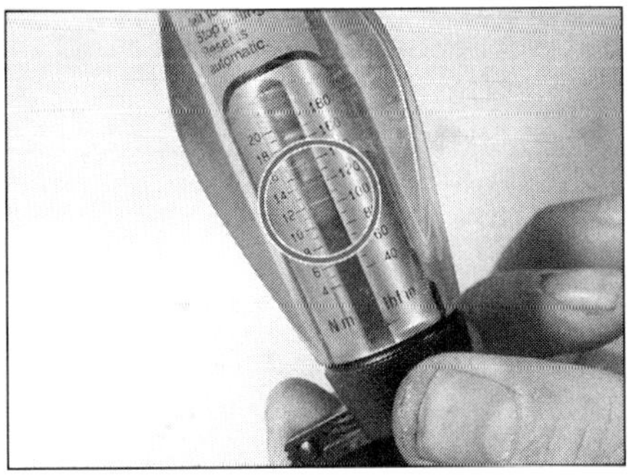

4.1 Stellen Sie den Drehmomentschlüssel auf das gewünschte Anzugsmoment ein, in diesem Fall auf 12 Nm.

- Setzen Sie die Schraube oder Mutter an, und ziehen Sie sie leicht fest. Das Gewinde muss sauber und frei von alten Sicherungskomponenten sein. Wenn nicht anders erwähnt, müssen die Gewinde trocken sein – unter bestimmten Umständen sind eingeölte oder mit Schraubensicherung versehene Gewinde nötig, dann sind entsprechende Drehmomente berücksichtigt.
- Ziehen Sie die Verbindung fest, bis der Drehmomentschlüssel mit einem Klicken automatisch auslöst und damit anzeigt, dass das gewünschte Drehmoment erreicht ist. Kontrollieren Sie ein zweites Mal die Festigkeit der Verbindung. Wird ein Bauteil mit unterschiedlichen Gewindedurchmessern befestigt, müssen immer zuerst die größeren Verbindungen mit den höheren Drehmomenten festgezogen werden.
- Nachdem die Arbeit mit dem Drehmomentschlüssel beendet ist, muss die vorhandene Arretierung gelöst und die Einstellung auf Null gestellt werden – legen Sie den Schlüssel nicht vorgespannt beiseite. Benutzen Sie keinen Drehmomentschlüssel zum Lösen von Verbindungen.

Anziehen mit Winkelmessscheibe

- Manche Hersteller schreiben vor, Schraubverbindungen nach dem Anziehen mit einem vorgegebenen Drehmoment noch um einen bestimmten Winkel nachzuziehen.

4.2 Die aufsetzbare Winkelscheibe wird auf Null arretiert, bevor die Verbindung entsprechend nachgezogen wird.

4.3 Man kann den Winkel auch per Auge oder Geodreieck bestimmen.

- Mit einer Winkelmessscheibe (siehe Abbildung 4.2) oder einem Winkelmesser kann der gewünschte Winkel bestimmt und entsprechend nachgezogen werden (siehe Abbildung 4.3).

Lockerungsreihenfolge

- Wenn mehrere Schrauben oder Muttern eine Komponente sichern, sollten sie alle gleichmäßig Schritt für Schritt gelöst werden, sodass nicht zum Schluss die gesamte Last auf einer Verbindung liegt und das Bauteil verbiegen oder verziehen kann.
- Wenn vom Hersteller eine Anzugsreihenfolge vorgegeben ist, müssen die Verbindungen entgegengesetzt gelöst werden. Ansonsten werden Verbindungen schrittweise von außen nach innen gelockert (siehe Abbildung 4.4).

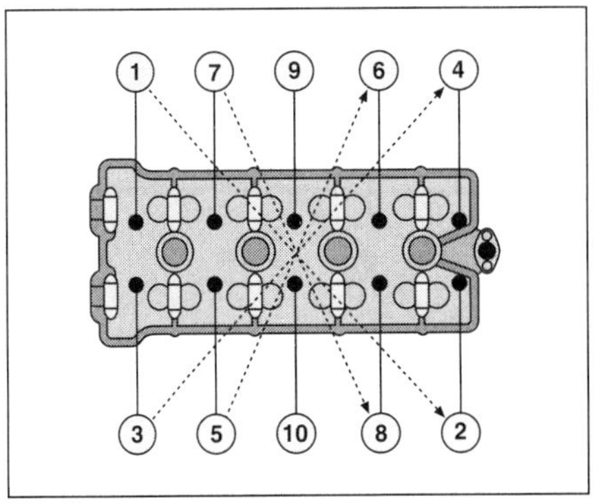

4.4 Beim Lösen von Schraubverbindungen muss Sie von außen nach innen arbeiten.

Anzugsreihenfolge

- Wenn mehrere Schrauben oder Muttern eine Komponente sichern, sollten alle gleichmäßig Schritt für Schritt angezogen werden, sodass nicht zu Anfang die gesamte Last auf einer Verbindung liegt und Dichtungen zerstört werden oder das Bauteil verbiegen oder verziehen kann. Besonders wichtig ist ein gleichmäßiges Anziehen bei großflächigen und festen Verbindungen wie Zylinderköpfen oder Motorgehäusen.
- Normalerweise wird vom Hersteller eine Anzugsreihenfolge entweder als Zeichnung oder auch direkt am Bauteil markiert, angegeben. Wenn nicht, wird in der Mitte begonnen und schritt- und kreuzweise nach außen gearbeitet

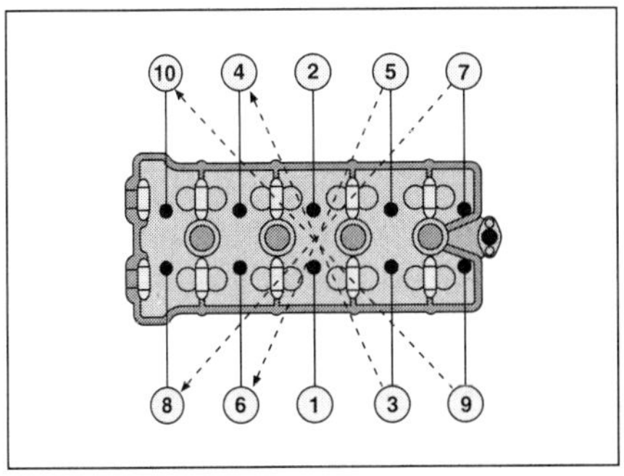

4.5 Typische Anzugsreihenfolge von Schrauben oder Muttern einer großflächigen Verbindung

A

(siehe Abbildung 4.5). Beginnen Sie mit handfestem Anziehen aller Verbindungen, setzen Sie dann den Drehmomentschlüssel an, und ziehen Sie alles schrittweise und über Kreuz fester, bis alle Anzugsdrehmomente stimmen. Nur so ist gewährleistet, dass die Verbindung hält und nichts beschädigt wird. Wichtige Verbindungen wie Zylinderköpfe haben oftmals zwei oder drei Anzugsschritte, bis alles endgültig festgezogen wird.

Der richtige Hebel

• Verwenden Sie Werkzeuge im richtigen Winkel. Ziehen Sie Schlüssel wenn möglich immer zu sich hin, wenn Verbindungen gelöst werden sollen. Wenn das nicht möglich ist, darf das Werkzeug nicht von der Hand umschlungen sein (siehe Abbildung 4.6) – der Schlüssel kann abrutschen oder die Verbindung sich plötzlich lösen, und Ihre Finger an scharfen Kanten gequetscht oder aufgerissen werden.

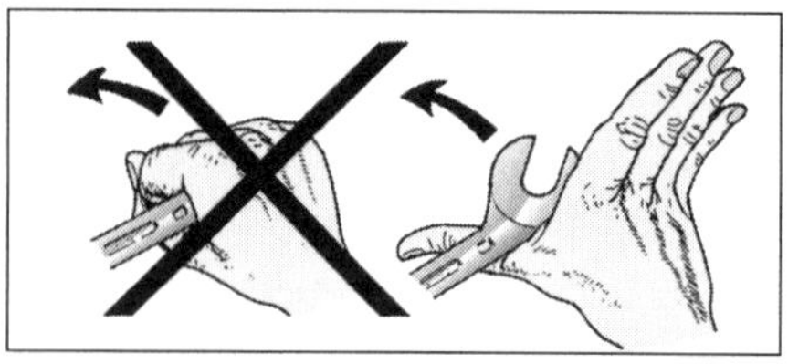

4.6 Wenn Sie den Schlüssel nicht zu sich ziehen können, drücken Sie ihn mit geöffneter Hand.

• Bei sehr festen Verbindungen kann eine Hebelverlängerung durch ein Rohr oder Stange helfen, sie zu lösen. Normalerweise sind Werkzeuge jedoch so ausgelegt, dass mit ihnen alle entsprechenden Verbindungen gelöst werden können. Wie Sie festgegangene Verbindungen lösen können, ist unter Punkt 2 beschrieben. Inbusschrauben und deren Gewinde können sehr leicht zerstört werden, wenn man einen Inbusschlüssel mit einem Rohr verlängert. Beim Anziehen sollten Verlängerungen generell nie benutzt werden, da man sich mit der eingesetzten Kraft leicht verschätzen kann.

5 Lager

Wälzlager – Aus- und Einbau

Treiber und Steckschlüsselnüsse

• Bevor man mit dem Ausbau eines Lagers beginnt, muss man sich vergewissern, in welche Richtung es demontiert wird. Einige Gehäuse haben angegossene Nuten oder Halteplatten. Überprüfen Sie Identifikations-Markierungen an den Lagern, und messen Sie ggf. ihre Einbautiefe im Gehäuse. Merken Sie sich die Einbaurichtung, wenn das Lager auf einer Seite abgedichtet ist.

5.1 Mit einem Lagertreiber, der nur den äußeren Ring berührt, wird das Lager eingetrieben.

5.2 Auch eine passende Nuss kann hierfür verwendet werden. Verkanten Sie das Lager nicht!

• Wälzlager können mit einem passenden Austreib-Werkzeug oder einer Steckschlüsselnuss, deren Durchmesser etwas kleiner als der Außendurchmesser des Lagers ist, aus dem Gehäuse geschlagen werden. Stützen Sie das Gehäuse rund um das Lager mit Holzblöcken ab, um es vor Verzug zu schützen. Nach ein paar Schlägen mit einem schweren Hammer auf den Treiber sollte das Lager aus dem Gehäuse fallen. Wenn der Zugang, z. B. bei Radlagern, erschwert ist, muss das Lager mit einem Treibdorn im Kreis herum ausgeschlagen werden, damit es nicht im Sitz verkantet.

• Mit der gleichen Ausrüstung können auch neue Lager eingetrieben werden. Stützen Sie auch hier das Gehäuse mit Holzblöcken ab. Setzen Sie das Lager senkrecht – und bei einseitiger Abdichtung richtig herum, die Beschriftung zeigt normalerweise immer nach außen – in die Bohrung, und treiben Sie es ein. Wird hierbei der Käfig, Dichtring oder innerer Lagerring berührt, ist das Lager zerstört (siehe Abbildungen 5.1 und 5.2).

• Kontrollieren Sie, ob der Innenring sich nach der Montage frei drehen lässt.

5.3 Dieser Lagerabzieher ist mit einer Trennvorrichtung versehen, die unter das Lager geklemmt wird.

Abzieher und Zughammer

• Wenn ein Lager auf eine Welle gepresst ist, kann man es meist nur mit einem Abzieher wieder herunterbekommen (siehe Abbildung 5.3). Gehen Sie sicher, dass die Abzieher-Arme sicher hinter das Lager greifen und nicht abrutschen können. Wenn kein Platz zum Abziehen ist, kann es manchmal nötig sein, das dahinter liegende Zahnrad zusammen mit dem Lager abzuziehen (siehe Abbildung 5.4).

5.4 Wenn hinter dem Lager kein Platz für die Abzieherarme ist, kann z. B. das dahinter liegende Zahnrad mit abgezogen werden.

Achtung: Gehen Sie sicher, dass sich die Spindel des Abziehers immer in der Mitte der Welle befindet und beim Anziehen nicht abrutscht. Achten Sie darauf, dass die Welle nicht beschädigt wird.

• Setzen Sie den Abzieher so an, dass die Spindel sich in der Mitte der Welle abdrückt und nicht abrutscht, wenn das Lager abgezogen wird.

• Wenn das Lager auf die Welle getrieben wird, darf der äußere Ring und der Käfig oder Dichtring nicht berührt werden. Mithilfe eines Steck-

5.5 Benutzen Sie zum Auftreiben des Lagers ein Rohr, das etwas größer ist als die Welle und nur den inneren Lagerring berührt.

5.6 Nach dem Einführen wird der Auszieher aufgespreizt, sodass er hinter den Innenring greift.

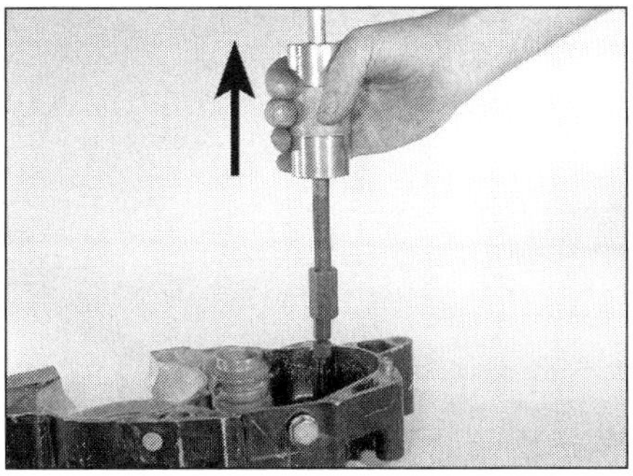

5.7 Dann kann ein Zughammer aufgeschraubt und durch dessen nach oben geschlagenes Gewicht das Lager ausgetrieben werden.

schlüssels oder passenden Rohrs, das nur den inneren Lagerring berührt, kann das Lager bis auf seinen Sitz geschlagen werden (siehe Abbildung 5.5).

- Lager, die in Sacklöchern stecken, können nicht ausgeschlagen werden. Hier wird ein Innenauszieher benötigt, der in das Lager gesteckt und dann aufgespreizt wird (siehe Abbildung 5.6). Dieser Auszieher wird zusammen mit dem Lager entweder mit einem Abzieher herausgezogen oder mit einem Zughammer herausgetrieben (siehe Abbildung 5.7).
- Es kann auch möglich sein, dass das Lager durch sein Eigengewicht aus dem Gehäuse fällt, nachdem dieses wie unten beschrieben erhitzt worden ist. Legen Sie das Gehäuse, um die Dichtfläche nicht zu beschädigen, so auf eine nicht zu harte Oberfläche, dass das Lager

5.8 Schlagen Sie das erwärmte Gehäuse mehrmals auf Holzblöcke, um das Lager herausfallen zu lassen.

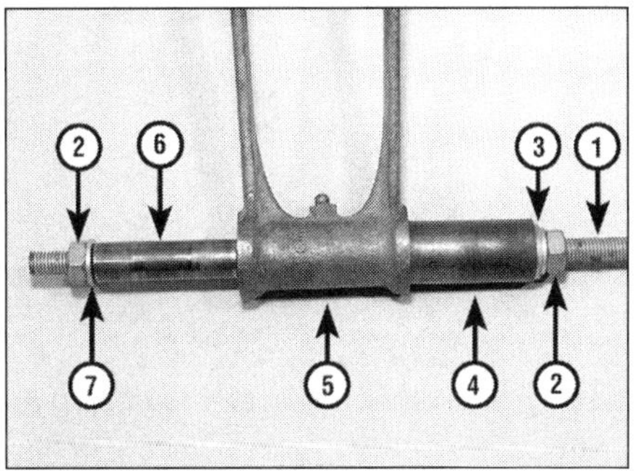

5.9 Hier soll eine Lagerbuchse gewechselt werden.

1 lange Schraube oder Gewindestange
2 Muttern
3 Scheiben mit größerem Außendurchmesser als Rohr-Innendurchmesser
4 Rohr mit zur Buchse passendem Durchmesser
5 Hebelarm mit Lagerbuchse
6 Rohr mit etwas kleinerem Durchmesser als Lagerbuchse
7 Scheibe mit etwas kleinerem Außendurchmesser als Lagerbuchse

nach unten herausfallen kann. Tragen Sie beim Erwärmen Handschuhe, und klopfen Sie dabei das Gehäuse regelmäßig auf die Oberfläche, um das Lager leichter herausfallen zu lassen (siehe Abbildung 5.8).

- Lager können genauso in Sacklöcher montiert werden, wie es oben beschrieben ist.

Einziehvorrichtungen

- Lager oder Buchsen, die z. B. in obere Pleuelaugen oder andere Hebel eingepresst sind, können nicht ohne Beschädigung des Bauteils aus-

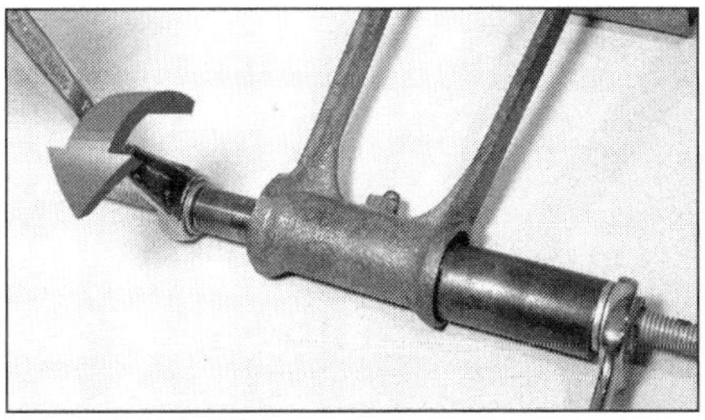

5.10 Hier wird die Lagerbuchse aus dem Hebel gezogen.

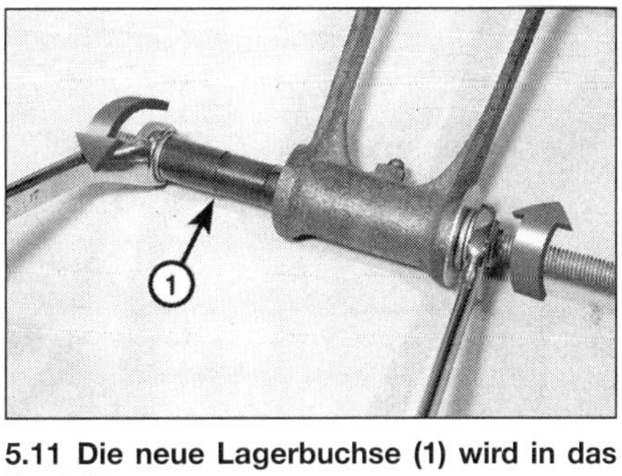

5.11 Die neue Lagerbuchse (1) wird in das Bauteil gezogen.

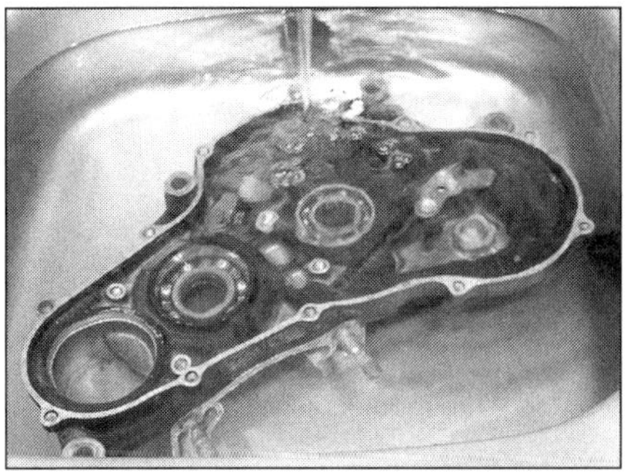

5.12 Passt das Teil in einen Topf, kann es in kochendem Wasser erwärmt werden. Schützen Sie danach die Stahlteile vor Rost!

geschlagen werden. Auch Gummibuchsen lassen sich schlecht durch Schläge aus- und eintreiben. Wenn man Zugang zu einer maschinellen Presse hat, kann man hiermit arbeiten, falls nicht, muss zum Aus- und Einziehen von Buchsen ein Werkzeug angefertigt werden.

- Man benötigt eine lange Schraube mit Mutter (oder eine Gewindestange mit zwei Muttern), ein Stück Rohr, das einen größeren Innendurchmesser als die Buchse hat, ein weiteres Stück Rohr mit einem kleineren Außendurchmesser als die Buchse und eine Reihe verschiedener Scheiben (siehe Abbildungen 5.9 und 5.10). Die Rohre müssen länger sein als die Buchse.
- Das gleiche Werkzeug, ohne Rohre, kann man zum Einziehen der Buchse benutzen (siehe Abbildung 5.11).

Ausdehnung durch Erwärmung

- Wenn der Lageraußenring fest im Leichtmetallgehäuse steckt, kann dieses erwärmt werden, um das Lager zu lockern. Aluminium dehnt sich bei Erwärmung mehr aus als Stahl, also darf auch das Lager warm werden. Es gibt verschiedene Möglichkeiten der Erwärmung, doch sollte man auf offene Brennerflammen verzichten, da das Material sich verziehen oder sogar schmelzen kann.
- Man kann das Teil in einem auf nicht mehr als 100 °C erwärmten Backofen oder in kochendem Wasser erwärmen (siehe Abbildung 5.12). Eine gezielte Erhitzung ist mit einem Heißluftgebläse, wie es zum Abbeizen verwendet wird, oder einem Bügeleisen zu erreichen (siehe Abbildung 5.13).

5.13 Die Umgebung des Lagers kann mit einem Heißluftgebläse erwärmt werden. Schützen Sie Dichtungen vor direkter Hitze!

A

> **⚠ *Warnung: Bei all diesen Methoden müssen zur Vermeidung von Verbrennungen Handschuhe getragen werden.***

- Beim Erhitzen des ganzen Gehäuses muss darauf geachtet werden, dass Kunststoffteile, wie Leerlaufschalter, beschädigt werden könnten – bauen Sie sie vorher aus.
- Bauen Sie unverzüglich nach dem Erhitzen das Lager aus. Sie werden merken, dass es sehr leicht auszutreiben ist oder gar von allein herausfallen wird.
- Auch zur Erleichterung des Einbaus neuer Lager kann das Gehäuse erhitzt werden. Die Motorradhersteller haben oft die Gehäuse entsprechend konstruiert und benutzen diese Methode bei der Motormontage.
- Zur leichteren Montage kann man das Lager auch über Nacht in die Kühltruhe legen, damit sie sich zusammenziehen. Empfohlen wird diese Methode z. B. bei den Lagerschalen, die in den Lenkkopf getrieben werden.

Lagertypen und Markierungen

- An Motorrädern findet man Gleitlagerschalen und Wälzlager (Nadellager, Kegellager und Kugellager) in verschiedenen Größen (siehe Abbildungen 5.14 und 5.15). Die Rollen (Kugeln, Kegel oder Nadeln) der Wälzlager sitzen meistens in Käfigen, doch gibt es auch offene Lager.
- Gleitlager werden normalerweise bei Kurbelwellen und Pleuelfüßen verwendet, da sie hohe Druckbelastung aushalten, auch die Fertigung des Kurbeltriebs wird dadurch erheblich erleichtert. Sie benötigen konstanten Öldruck, da sie sonst schnell fressen. Sie sind zumeist aus gesinterter (selbstschmierender) Phosphor-Bronze, um beim Motorstart, wenn erst Öldruck aufgebaut wird, Notlaufeigenschaften zu besitzen.
- Wälzlager besitzen einen inneren und einen äußeren Ring, zwischen denen Rollen oder Kugeln laufen. Sie benötigen konstante Schmierung mit Öl oder Fett, aber keinen Öldruck, und halten axiale Belastungen aus. Kugellager sind nur komplett als Bauteil zu montieren, die meisten Nadellager und Kegellager bestehen aus getrennt zu montierenden Innen- und Außenringen. Letztere halten hohe axiale Belastungen aus und werden deshalb oft in Lenkköpfen eingesetzt.
- Wälzlager sind im Gegensatz zu Gleitlagern Normteile, die bei bekannter Markierung (anhand derer das Maß, die Belastbarkeit und der Typ bestimmt werden können) im Fachhandel besorgt werden können (siehe Abbildung 5.16).
- Metallbuchsen bestehen üblicherweise aus Phosphorbronze, in Stoßdämpferaugen werden Gummibuchsen verwendet, in billigen Schwingenlagerungen fristen Plastikbuchsen ein kurzes Dasein.

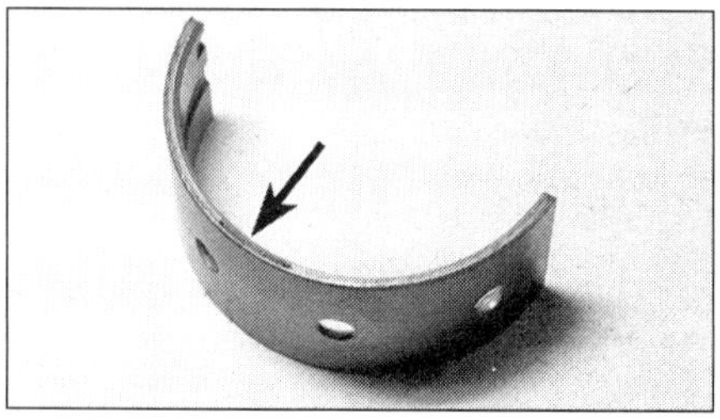

5.14 Gleitlager-Schalen gibt es glatt oder mit Nuten. Normalerweise sind sie mit Farb-Codes markiert.

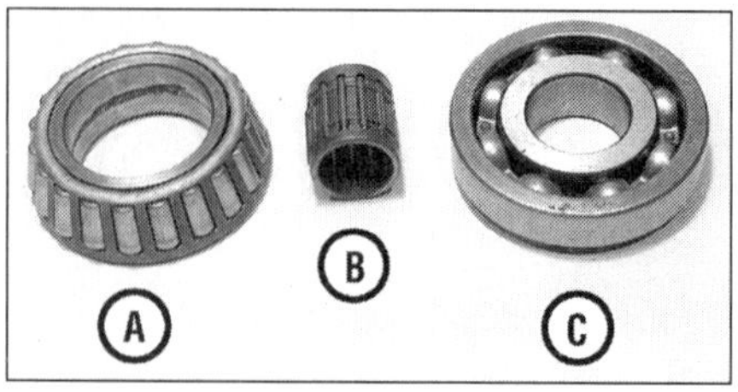

5.15 Kegelrollenlager (A), Nadellager (B) und Kugellager (C), alle mit Käfig

5.16 Typische Markierung eines Kugellagers

Fehlersuche bei Lagern

- Wenn sich ein Lageraußenring im Lagersitz gedreht hat, ist das Gehäuse beschädigt. Wenn noch nicht allzu viel Material abgetragen ist, kann man das Lager mit Spezialkleber einsetzen.
- Gleitlagerschalen können durch Ölmangel, Korrosion oder Fremdteilchen im Öl beschädigt werden (siehe Abbildung 5.17). Kleine Teilchen werden in die Lageroberfläche eingearbeitet, während große Teile die Schale und die Welle zerkratzen. Wird das Motorrad viel auf Kurzstrecken eingesetzt, kann sich der Motor nur ungenügend erwärmen, und dadurch entstehendes Kondenswasser sorgt für mangelnde Schmierung und kann das Lager korrodieren lassen.
- Kugel- und Rollenlager können durch Überhitzung (bei Ölmangel) und eindringenden Schmutz zerstört werden, Kegelrollenlager drücken sich bei zu hoher Last ein. Wälzlager unterliegen auch bei vorschriftsmäßiger Benutzung einem gewissen Verschleiß. Wenn ein Wälzlager nicht auf beiden Seiten abgedichtet ist, kann es in Petroleum von alten Fettresten befreit und anschließend getrocknet werden, sodass bei einer Sichtinspektion schadhafte Kugeln, Käfige und Laufflächen entdeckt werden können (siehe Abbildung 5.18).
- Ein Kugellager kann auf Verschleiß kontrolliert werden, wenn man sich seinen Rundlauf genau anhört. Geben Sie dünnes Öl in das Lager, und drehen Sie den Innenring dicht am Ohr (siehe Abbildung 5.19). Es sollten keine Laufgeräusche festzustellen sein. Wenn es hakt oder rau läuft, ist es verschlissen.

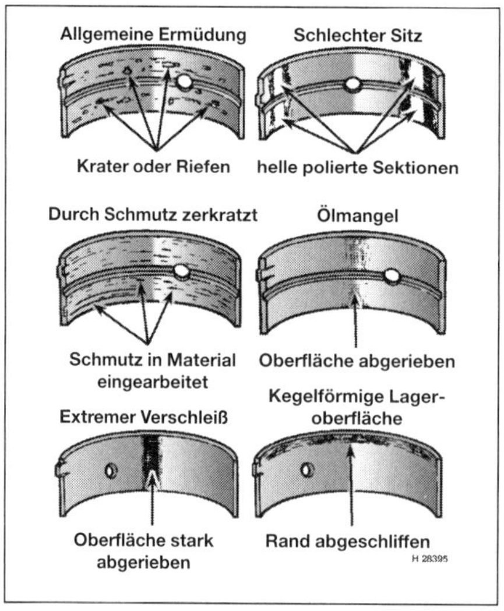

5.17 Typische Lager-Schäden

5.18 Diese Kugeln haben deutliche Abdrücke – das Lager ist defekt.

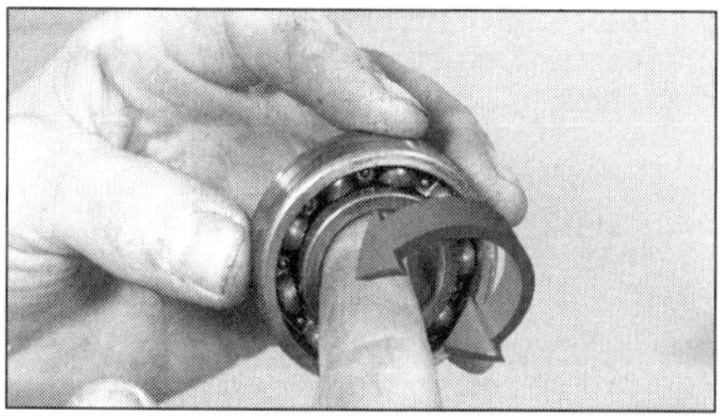

5.19 Halten Sie den äußeren Ring, und drehen Sie den inneren Ring dicht am Ohr.

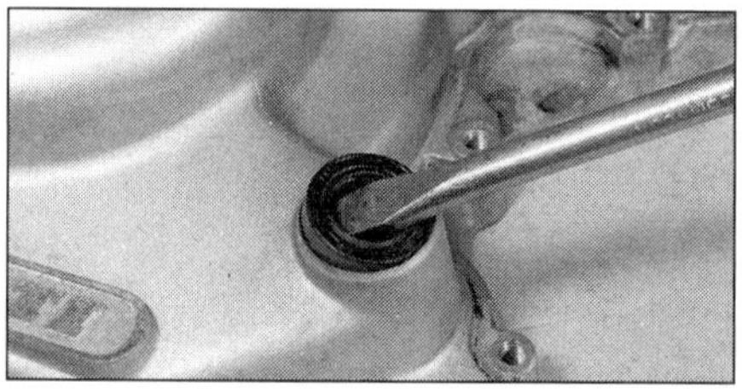

6.1 Dichtringe werden beim Aushebeln zerstört – verwenden Sie sie niemals wieder!

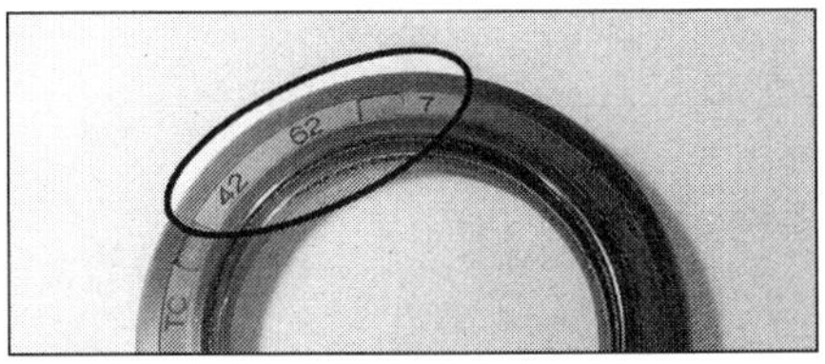

6.2 Diese Dichtring-Markierungen geben die Innengröße, die Außengröße und die Breite an.

6 Dichtringe

Aus- und Einbau

- Wellen-Dichtringe (auch »Simmerringe« genannt) sollten bei jeder Demontage der entsprechenden Baugruppe erneuert werden, da die Dichtlippen mit der Zeit verschleißen und das Material altert.
- Dichtringe können mit einem großen Schlitzschraubendreher aus ihrem Sitz gehebelt werden (siehe Abbildung 6.1). Achten Sie beim Ausbau darauf, dass der Dichtring nicht durch Seegerringe oder Draht gesichert ist.
- Neue Dichtringe werden normalerweise mit den markierten Seiten nach außen und der Federseite gegen die Flüssigkeit eingebaut. Sonderformen dichten z. B. Kurbelgehäuse von Zweitaktmotoren in beide Richtungen ab.
- Mit einem nur außen am Ring anliegenden Lagertreiber oder Steckschlüssel wird der neue Dichtring senkrecht an seinen Platz getrieben – Schläge auf die Dichtfläche zerstören den Ring.

Dichtringtypen und Markierungen

- Dichtringe sind normalerweise mit einfachen Dichtlippen ausgerüstet. Doppeldichtungen werden verwendet, wenn beidseitig Flüssigkeit oder Gas gegeneinander abgedichtet werden müssen.
- Dichtringe härten nach langer Zeit aus. Wenn das Motorrad lange gestanden hat, hilft nur ein Auswechseln aller Dichtringe.
- Dichtringe sind meistens Normteile. Doch außer den angegebenen Maßen (siehe Abbildung 6.2) sind sie aus für ihre Einsatzzwecke entsprechendem Material konstruiert.

7 Dichtungen und Dichtmasse

Dichtungs- und Dichtmassentypen

- Um das Austreten von Flüssigkeiten und Überdruck zu verhindern, werden Komponenten gegeneinander abgedichtet. Aluminium- oder Kupferdichtungen findet man häufig an Zylinderköpfen, die meisten Dichtungen sind aus Papier. Wenn die Dichtflächen der Gehäuse nicht beschädigt sind, können die Dichtungen trocken angesetzt werden, mit etwas Fett oder Dichtmasse können sie eventuell für die Montage in Position gehalten werden.
- Mit Silikondichtmasse können kleine Löcher oder Unregelmäßigkeiten ausgeglichen werden. Durch Zusammenziehen der Gehäuseteile wird Silikon zur Seite herausgepresst. Man kann zwar damit Papierdichtungen ersetzen, doch muss zuvor kontrolliert werden, ob die Dicke des Papiers nicht für bestimmte Bauteile wichtig ist. Silikon sollte nicht bei hohen Temperaturen oder Benzinberührung eingesetzt werden.
- Dauerelastische, anhärtende oder aushärtende Dichtmasse kann zusammen mit Dichtungen oder direkt zwischen Metall-Dichtflächen eingesetzt werden. Für bestimmte Zwecke werden bestimmte Dichtmassen benötigt: Dauerelastische Dichtmasse kann an fast allen Verbindungen eingesetzt werden, anhärtende Masse an rauen oder beschädigten Dichtungen, und aushärtende Dichtmasse wird an immer bestehenden Verbindungen oder bei hohen Temperaturen und hohem Druck verwendet.

Anmerkung: *Kontrollieren Sie zunächst, ob die verwendeten Papierdichtungen mit Dichtmasse imprägniert sind, bevor Sie zusätzliche Dichtmasse auftragen.*

- Überprüfen Sie, ob die ausgewählte Dichtmasse den Ansprüchen der Dichtung genügt, d. h. hohe Temperaturen oder Benzin aushalten. Einige Anbieter verkaufen Dichtmassen in verschiedenen Farben, sodass man für seinen Motor die unauffälligste aussuchen sollte.
- Geben Sie nicht zu viel Dichtmasse auf die Flächen, da sie sich nicht nur nach außen, wo sie abgewischt werden kann, sondern auch nach innen drücken kann, wo abgefallenes Material im Extremfall Ölkanäle verstopfen kann.

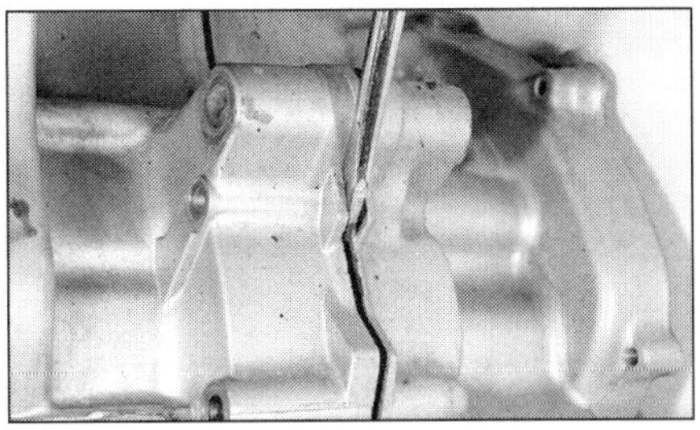

7.1 Wenn Hebellaschen vorhanden sind, kann hier vorsichtig mit einem Schraubendreher auseinander gehebelt werden.

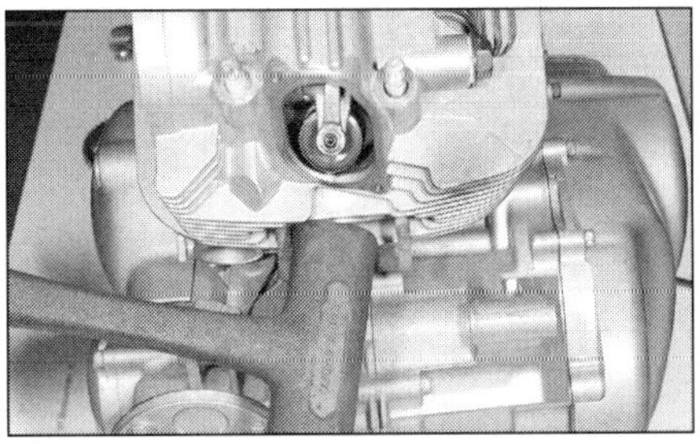

7.2 Klopfen Sie mit einem weichen Hammer die Dichtungs-Umgebung ab – zerstören Sie keine Kühlrippen.

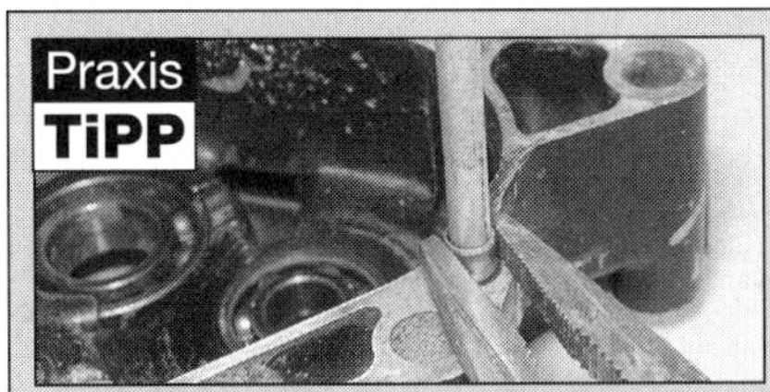

Viele Bauteile werden mit einer oder zwei Passhülsen zwischen den Dichtflächen zusammengefügt. Wenn eine Passhülse sich nicht entfernen lässt, darf sie nicht mit Zangen gegriffen werden, da sie dabei verbogen und zerstört wird. Legen Sie zur Stabilisierung eine eng sitzende Steckschlüsselnuss oder einen passenden Kreuzschlitzschraubendreher hinein, und greifen Sie die Hülse dann mit der Zange.

Öffnen einer Dichtverbindung

- Alter, Hitze, Druck und die Verwendung aushärtender Dichtmasse können dafür sorgen, dass zwei zusammenhängende Bauteile alleine mit Fingerkraft kaum wieder auseinander zu bekommen sind. Doch dürfen keine Hebel

7.3 Dichtungsreste können mit einem Dichtungsschaber, . . .

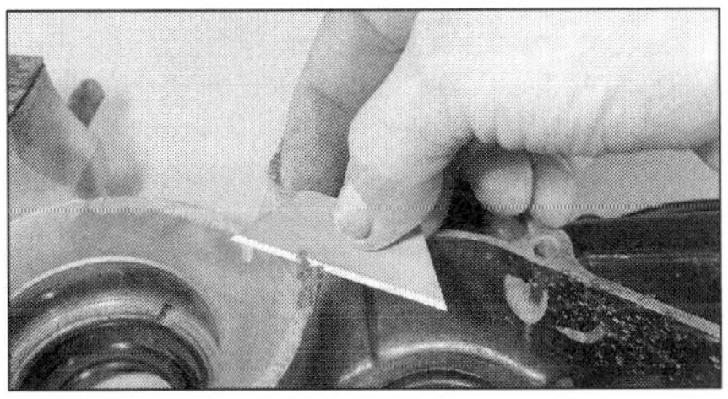

7.4 . . . einer Messerklinge . . .

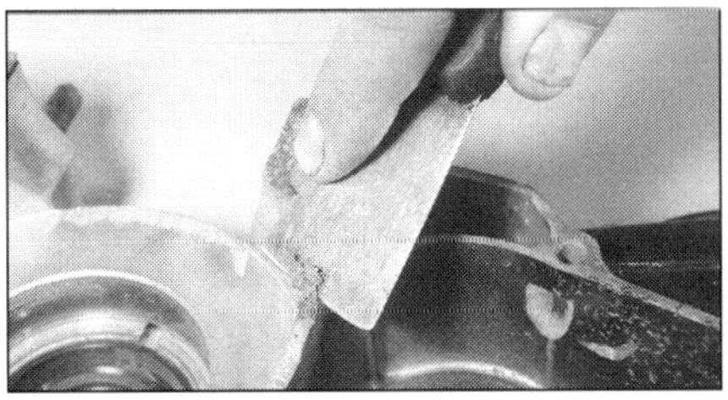

7.5 . . . oder einem Spachtel entfernt werden.

7.6 Mit um eine Flachfeile gewickeltem feinen Schleifpapier wird die Dichtfläche gereinigt.

benutzt werden, wenn hierfür keine Hebelstellen vorgesehen sind (siehe Abbildung 7.1), da sonst die Dichtflächen beschädigt werden.

- Mithilfe eines Gummi- oder Kunststoffhammers (siehe Abbildung 7.2) oder aber eines Stahlhammers mit Holzstück wird in der Nähe der Dichtflächen gegen die Bauteile geklopft. Schlagen Sie nicht gegen filigrane Gussteile wie Kühlrippen, da sie abbrechen können. Zeigt diese Methode Erfolg, können die Gehäusehälften mit einem dazwischen geschobenen Holzstück auseinandergedrückt werden.

Achtung: Wenn die Verbindung sich gar nicht lösen lässt, kontrollieren Sie, ob wirklich alle Schrauben gelöst sind.

Entfernen alter Dichtungen

- Papierdichtungen lassen sich zumeist relativ rückstandsfrei entfernen. Übrig gebliebene Reste müssen vor dem Auflegen einer neuen Dichtung gründlich entfernt werden.
- Kratzen Sie alle Dichtungsreste sorgfältig und vorsichtig ab, hobeln Sie dabei kein Aluminium ab, und kerben Sie es nicht ein (siehe Abbildungen 7.3, 7.4 und 7.5). Hartnäckige Rückstände können mit Dichtungsentferner aus der Sprühdose entfernt werden. Zum Schluss der Reinigung müssen die Dichtflächen mit sehr feinem Schleifpapier (siehe Abbildung 7.6) oder einem Topfschwamm gereinigt werden.
- Alte Dichtmasse kann je nach Typ abgekratzt oder abgepult werden. Beachten Sie, dass es chemische Dichtungsentferner gibt, die die Arbeit erleichtern, doch müssen sie für die vorhandene Dichtungsmasse ausgelegt sein.

8 Ketten

Trennen und Verbinden von Antriebsketten

- Antriebsketten für größere Motorräder sind endlos, d. h. sie haben kein Schloss zum Öffnen. Soll die Kette gewechselt werden, muss die alte mit einem Kettentrenner geöffnet, und die neue nach dem Aufziehen ordentlich vernietet werden. Federclip-Schlösser dürfen nur im Notfall verwendet werden. Zum Trennen und Vernieten gibt es neben den gezeigten Werkzeugen eine Vielzahl anderer – lesen Sie vor dem Arbeiten deren Gebrauchsanweisungen.
- Drehen Sie die Kette, und suchen Sie das Nietschloss. Im Gegensatz zu den anderen Bolzen, die am Rand abgeplattet sind, sind seine Bolzen durch zentrale Schläge aufgespreizt (siehe Abbildung 8.9). Positionieren Sie das Schloss zwischen die Ritzel, und setzen Sie an einen Bolzen die Trennvorrichtung an (siehe Abbildung 8.1). Drücken Sie den Bolzen durch die Kette (siehe Abbildung 8.2). Achten Sie bei einer O-Ringkette auf die entsprechenden Dichtungen (siehe Abbildung 8.3). Führen Sie die Prozedur am anderen Bolzen durch.

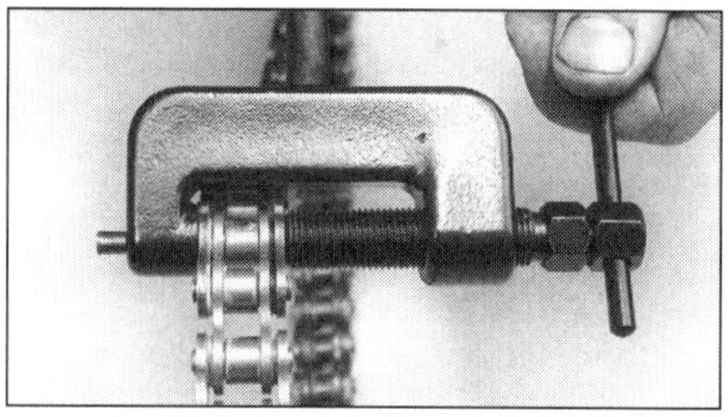

8.1 Drücken Sie mit dem Kettentrenner den Bolzen durch die Kette, . . .

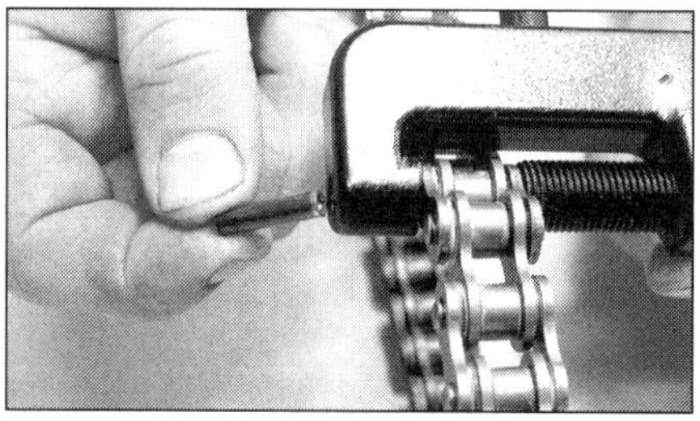

8.2 . . . entfernen Sie den Bolzen, nehmen Sie das Werkzeug ab, . . .

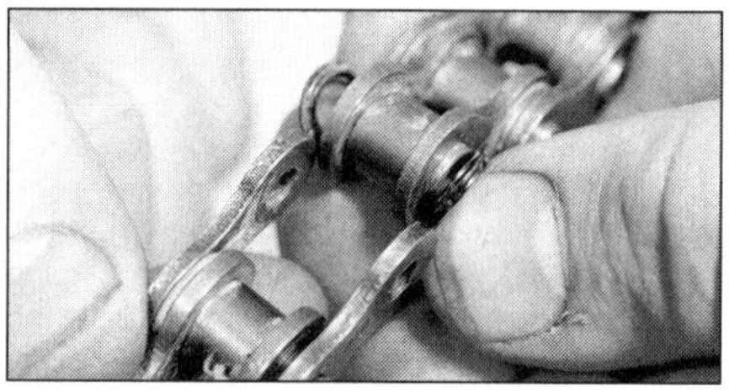

8.3 . . . und öffnen Sie die Kette.

Warnung: Eine Antriebskette ist über lange Zeit und unter widrigen Umständen einer sehr hohen Belastung ausgesetzt. Nur mit einer korrekten Vernietung kann sie die gewünschte Lebensdauer erreichen. Eine abreißende Kette stellt für Mensch und Maschine eine große Gefahr dar!

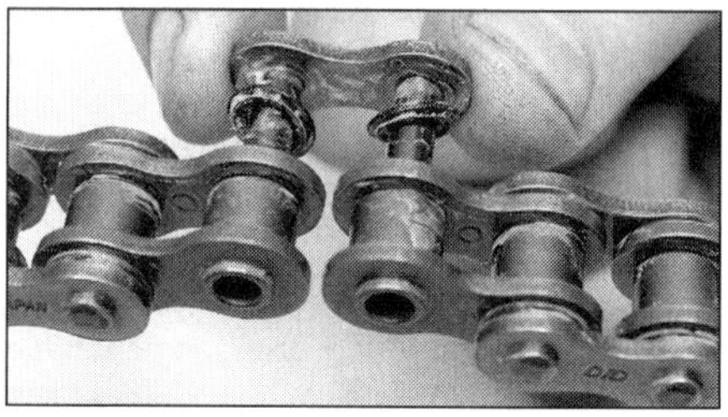

8.4 Drücken Sie das neue mit O-Ringen bestückte Schloss durch die Enden der Kette, . . .

8.5 . . . legen Sie neue O-Ringe über die Bolzenenden, . . .

8.6 . . . und legen Sie die neue Lasche auf.

Achtung: Bei großen und sehr harten Ketten kann es nötig sein, die Vernietung der Bolzen abzufeilen oder abzuschleifen, bevor sie sich durch die Kette drücken lassen.

- Überprüfen Sie, ob das neue Schloss in der Größe und Stärke der Kette entspricht – verwenden Sie niemals das alte Schloss wieder. Die Größen und Ausführungen der Ketten sind auf den Gliedern eingestanzt (siehe Abbildung 8.10).
- Legen Sie die Enden der Kette über das hintere Kettenrad. Legen Sie bei einer O-Ringkette je einen neuen O-Ring auf die Bolzen des Schlosses, und schieben Sie das Schloss

8.7 Mit einer solchen Klemme lässt sich die Lasche leicht in ihre Position schieben.

8.8 Mit dem Ketten-Verniet-Werkzeug wird pro Arbeitsgang ein Bolzen vollständig vernietet.

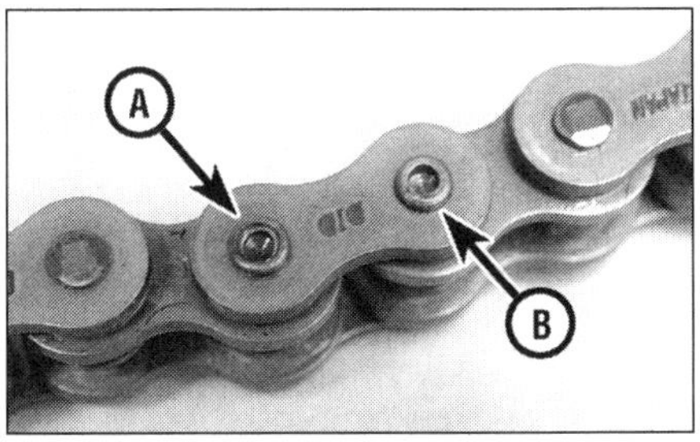

8.9 Korrekt vernieteter Bolzen (A), Bolzen noch nicht vernietet (B)

durch die beiden Kettenenden (siehe Abbildung 8.4). Legen Sie auf jedes Bolzenende einen neuen O-Ring und darüber die neue Lasche (siehe Abbildungen 8.5 und 8.6).

- Die Lasche lässt sich nicht mit der Hand aufschieben. Benutzen Sie entweder ein spezielles Werkzeug (siehe Abbildung 8.7), eine Zange oder Klemme, mit der Sie die Lasche über die Bolzen drücken können.
- Positionieren Sie das Verniet-Werkzeug der Anleitung entsprechend über dem Bolzen, und spreizen Sie ihn durch Einschrauben der Spindel auseinander (siehe Abbildungen 8.8 und 8.9). Wiederholen Sie die Prozedur am anderen Bolzen.

> ⚠ ***Warnung: Kontrollieren Sie genau die Vernietung der Bolzen, und vergewissern Sie sich, dass die Lasche sich nicht lösen kann. Wenn die Bolzenenden reißen, muss ein neues Schloss verwendet werden.***

8.10 Typische Kettengröße und Typenmarkierung

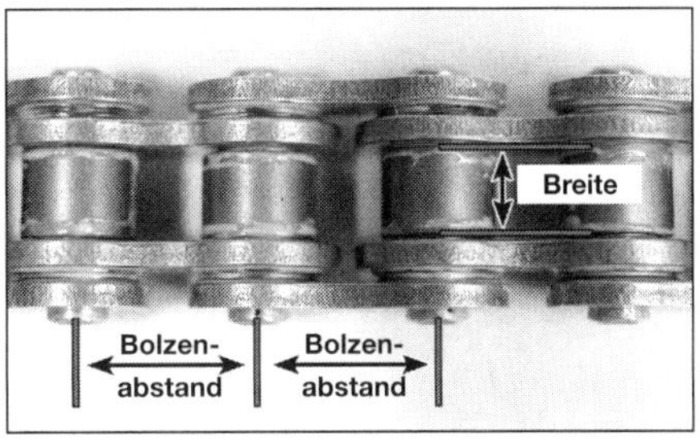

8.11 Maße zur Bestimmung der Kettengröße

Antriebsketten-Größen

- Die Kettengröße wird durch eine dreistellige Zahl angegeben, folgende Buchstaben stehen für den Kettentyp (siehe Abbildung 8.10). Die Typen sagen etwas über die Qualität und Stärke (Dicke der Laschen) aus, und ob es sich um eine O-Ring-Kette handelt.
- Die erste Ziffer gibt den Abstand der Bolzenmitten zueinander an (siehe Abbildung 8.11) – sie wird in Achtel-Zoll-Werten angeben:

Größenangabe beginnt mit 4 (z. B. 428):
Bolzenabstand = 4/8 (1/2) Zoll (12,7 mm)

Größenangabe beginnt mit 5 (z. B. 520):
Bolzenabstand = 5/8 Zoll (15,5 mm)

Größenangabe beginnt mit 6 (z.B. 630):
Bolzenabstand = 6/8 (3/4) Zoll (19,1 mm)

- Anhand der zweiten und dritten Ziffer kann die Breite der Rollen bestimmt werden, die ebenfalls in englischen Maßen angegeben ist, z. B. hat eine 525er Kette Rollen mit einer Breite von 5/16 Zoll (7,94 mm) (siehe Abbildung 8.11).

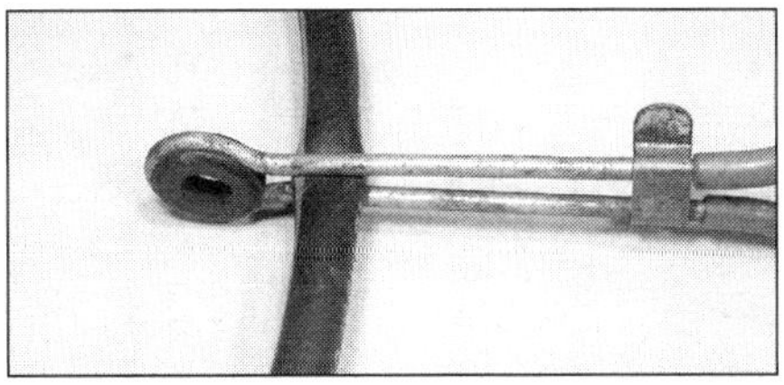

9.1 Schläuche können mit einer Bremsleitungsklemme, . . .

9.2 . . . einer Flügelmutter-Klemme, . . .

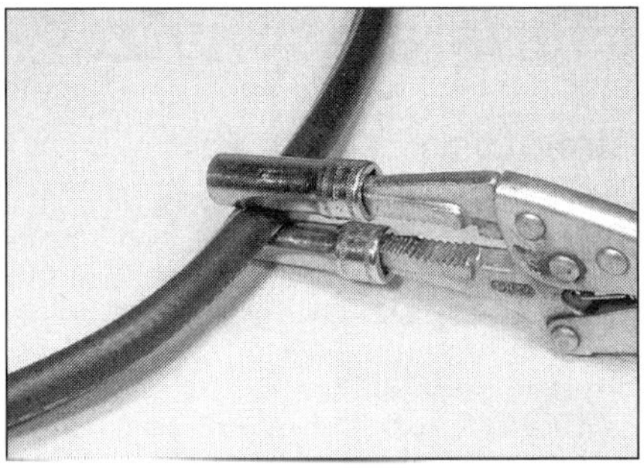

9.3 . . . auf einer Gripzange steckenden Nüssen . . .

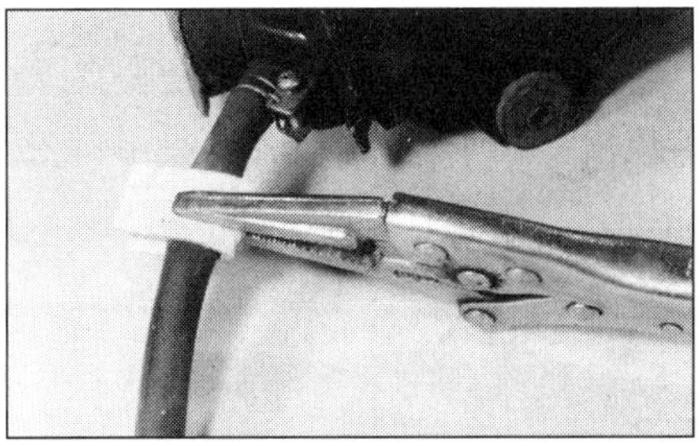

9.4 . . . oder unterlegter Pappe abgeklemmt werden.

9 Schläuche

Abklemmen zur Durchflussunterbrechung

- Dünne flexible Schläuche können abgeklemmt werden, damit man an bestimmten Bauteilen arbeiten kann. Welche Methode auch immer gewählt wird, das Schlauchmaterial darf nicht dauerhaft verbogen oder durch die Klemme beschädigt werden (vgl. Abb. 9.1–9.4).

Lösen und Aufschieben von Schläuchen

- Gehen Sie sicher, dass alle Klemmen und Schellen entfernt sind. Greifen Sie den Schlauch, und ziehen Sie ihn drehend vom Stutzen. Wenn der Schlauch im Laufe der Zeit ausgehärtet ist und sich nicht bewegt, schlitzen Sie ihn am Stutzen mit einem scharfen Messer längs auf, und ziehen Sie ihn dann ab.
- Widerstehen Sie der Versuchung, zur Erleichterung der Schlauchmontage die Anschlüsse mit Fett oder Seife einzuschmieren; es hilft zwar, doch kann dann am Stutzen auch Flüssigkeit leichter austreten. Besser ist es, das Schlauchende ggf. in heißem Wasser oder anderen Flüssigkeiten zu erwärmen und damit geschmeidig zu machen.

Diebstahlschutz

Einleitung

Ihr Fahrzeug kann eher gestohlen sein, als Sie zum Lesen diese Einleitung benötigen. Und es gibt kaum ein schlimmeres Gefühl, als zu der Stelle zurückzukehren, wo einmal Ihr Fahrzeug stand. Selbst wenn Sie ihre Maschine gegen Diebstahl versichert hatten, werden Sie nach dem ersten Schock noch die Unannehmlichkeiten bei der Polizei und der Versicherung zu spüren bekommen.

Fahrzeugdiebe unterscheiden sich in zwei Kategorien: Professionelle Auftrags- und Gelegenheitsdiebe. Profis sind auf bestimmte Marken und Modelle spezialisiert und suchen dann manchmal landesweit, um dieses Fahrzeug zu beschaffen. Gelegenheitsdiebe schauen dagegen nach leichten Zielen, die mit minimalem Aufwand und Risiko geknackt werden können. Während es unmöglich ist, die Maschine hundertprozentig gegen Profis zu sichern, kann man gegen die Gelegenheitsdiebe, die etwa die Hälfte aller Maschinen stehlen, einiges unternehmen.

Denken Sie daran, dass diese immer nach Gelegenheiten schauen – wenn also zwei ähnliche Fahrzeuge Seite an Seite parken, werden sie den Blick auf dasjenige richten, welches am wenigsten gesichert ist. Mit etwas Vorsorge kann man hier schon das Risiko eines Diebstahls deutlich reduzieren.

Ausrüstung

Es gibt für Motorräder reichlich spezielle Vorrichtungen zu kaufen, und die folgenden Texte fassen ihre Anwendungen und Plus- sowie Minuspunkte zusammen.

Wenn Sie sich für den für Ihre Zwecke optimalen Typ eines Sicherheitssystems entschieden haben, empfehlen wir Ihnen, einen oder mehrere der regelmäßig in der Motorradpresse durchgeführten Vergleichstests dieser Teile durchzulesen. In diesen Tests werden aktuelle Modelle verschiedener Hersteller in ihrer Sicherheit, ihre Bedienbarkeit und auf ihr Preis-/Leistungsverhältnis verglichen.

Keines dieser Sicherheitssysteme kann einen vollständigen Schutz gewährleisten. Es wird empfohlen, mit zwei oder mehr der unten beschriebenen Vorrichtungen die Sicherheit Ihrer Maschine zu erhöhen (ein Schloss, eine Kette plus eine Alarmanlage sind nahezu ideal). Je mehr Sicherheitsmaßnahmen am Motorrad vorhanden sind, desto geringer ist die Wahrscheinlichkeit, dass es gestohlen wird.

1

Die Kette und das Schloss müssen von guter Qualität und ausreichender Länge sein, um Ihr Motorrad an einen stabilen Gegenstand anschließen zu können.

Schloss und Kette

Plus: *Sehr flexibel einzusetzen; das Motorrad kann an nahezu alle immobilen Objekte angeschlossen werden. Bei manchen Ausführungen kann das Schloss einzeln als Bremsscheibenschloss eingesetzt werden (siehe unten).*

Minus: *Kann sehr schwer und unhandlich auf dem Motorrad zu transportieren sein, doch werden einige Typen mit Transportbeuteln geliefert, die man auf dem Rücksitz festschnallen kann.*

- Schwere Ketten und Schlösser sind eine ideale Sicherheitsvorrichtung (siehe Abbildung 1). Wenn das Motorrad geparkt wird, schließt man es mit der Kette an eine stabile und nicht zu entfernende Vorrichtung wie einen Laternenpfahl oder ein Geländer an. Hierdurch lässt sich die Maschine weder wegfahren noch mit einem Lieferwagen abtransportieren.
- Achten Sie beim Anlegen der Kette darauf, dass sie um den Rahmen oder die Schwinge verläuft (siehe Abbildungen 2 und 3). Legen Sie die Kette niemals nur um ein Rad; ein Dieb kann das Rad lösen und den Rest der Maschine abtransportieren. Versuchen Sie, die Kette so kurz wie möglich zu verlegen, um das Ansetzen von Werkzeugen zu erschweren, und halten Sie sie vom Boden fern, um das Auftrennen mit einem Meißel oder einem Beil zu verhindern. Positionieren Sie das Schloss so, dass der Schließzylinder nach unten zeigt, da es hierdurch für den Dieb schwierig wird, ihn zu erreichen.

2

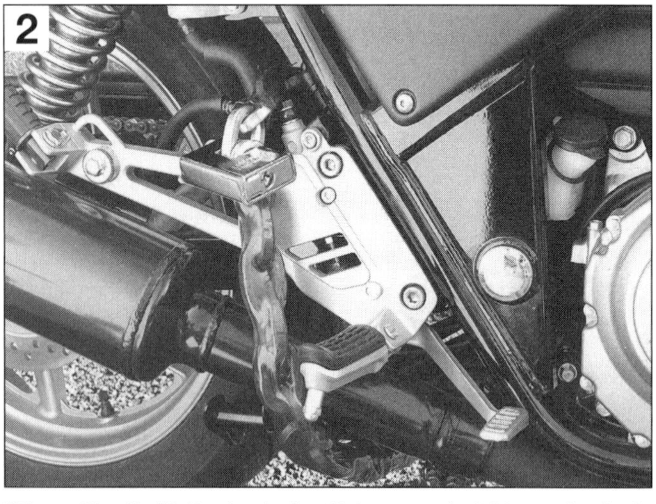

Führen Sie die Kette durch den Rahmen und nicht nur durch ein Rad . . .

3

. . . und um einen stabilen Gegenstand.

Bügelschlösser

Plus: *Eine sehr effektive Abschreckung, mit der die Maschine an einem Mast oder Geländer gesichert werden kann. Die meisten Bügelschlösser werden mit einem Halter geliefert, der einen einfachen Transport ermöglicht.*

Minus: *Nicht so flexibel wie ein Kettenschloss.*

• Diese stabilen Schlösser werden ähnlich eingesetzt wie Kettenschlösser. Sie sind leichter als eine Kette samt Schloss, aber nicht so flexibel einzusetzen. Die Länge und die Form des Bügelschlosses beschränken das Einsatzgebiet (siehe Abbildung 4).

Wenn das Bügelschloss lang genug ist, kann die Maschine auch damit an einem festen Gegenstand gesichert werden.

Bremsscheibenschlösser

Plus: *Klein, leicht und sehr leicht zu transportieren. Die meisten Modelle sind im Werkzeugfach unterzubringen.*

Ein typisches Bremsscheibenschloss wird durch eines der Löcher in der Scheibe gesteckt.

Minus: *Schützt nicht vor dem Abtransport des Motorrades mit einem Lieferwagen. Das Vergessen des Schlosses kann beim Losfahren sehr unangenehm werden.*

• Diese Schlösser sind dazu konstruiert, in ein Loch in der Bremsscheibe gesteckt zu werden und das Rad beim Drehen zu blockieren (siehe Abbildung 5). Einige Ausführungen sind mit einer Alarmanlage ausgerüstet, die im abgeschlossenen Zustand durch Bewegung aktiviert wird. Diese wirkt nicht nur als Abschreckung gegen Diebe, sondern auch als Erinnerung an den Fahrer, das Schloss vor dem Losfahren herauszunehmen.

• Die Kombination aus einem Bremsscheibenschloss und einem Stück Drahtseil, das um einen Masten oder ein Geländer gelegt wird, bietet ein weiteres Sicherheitsplus (s. Abb. 6).

Alarmanlagen und Wegfahrsperren

Plus: *Einmal installiert, ist sie absolut mühelos zu bedienen. Manche Versicherungen bieten bei bestimmten Anlagen (und Auflagen) Rabatte.*

Minus: *Kann teuer und schwierig zu installieren sein. Kein System hindert den Dieb daran, das Motorrad mit einem Lieferwagen abzutransportieren.*

• Elektronische Alarmanlagen und Wegfahrsperren gibt es in unterschiedlichen Preisklassen. Es sind drei unterschiedliche Systeme erhältlich: reine Alarmanlagen, reine Wegfahrsperren und etwas teurere kombinierte Geräte (siehe Abb. 7).

• Eine Alarmanlage ist so konstruiert, dass sie ein Warngeräusch erzeugt, sobald am Motorrad herummanipuliert wird.

• Eine Wegfahrsperre schützt davor, dass das Motorrad ohne Schlüssel und/oder Codierung gestartet werden kann, indem sie die elektrische Anlage blockiert.

• Haben Sie sich für eine Anlage entschieden, sollten Sie die Einbaukosten beachten, wenn Sie die Montage nicht selbst erledigen können. Wenn das Motorrad nicht regelmäßig eingesetzt wird, muss auch der Stromverbrauch berücksichtigt werden, der bei allen Systemen über die Bordbatterie erfolgt. Eine von einer viel Strom verbrauchenden Anlage leer gesogene Batterie sorgt sowohl dafür, dass das Motorrad nicht gestartet werden kann, als auch dafür, dass die Alarmanlage nach einer gewissen Zeit nicht mehr funktioniert.

Ein mit einem Drahtseil kombiniertes Bremsscheibenschloss bietet zusätzlichen Schutz.

Ein typisches Alarm-/Wegfahrsperrensystem

8

Unverwechselbare Markierungen können überall angebracht werden – stets an einen gut sichtbaren Warnhinweis denken, der sehr abschreckend wirken kann.

9

Verkleidungsteile können mit eingeätzten Markierungen versehen werden . . .

10

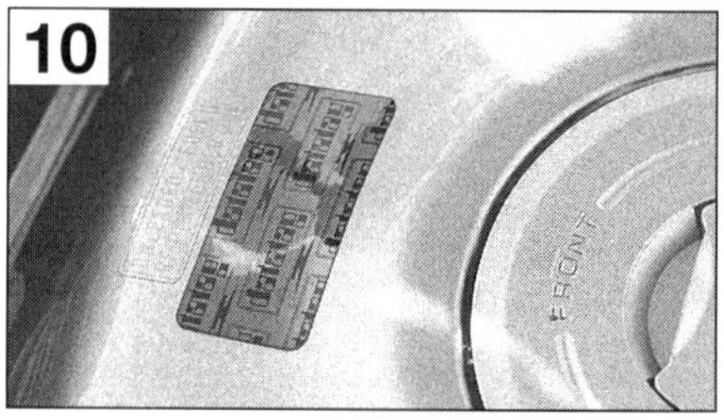

. . . auch hier stets den Warnhinweis des Herstellers des Diebstahlschutzes gut sichtbar anbringen.

Sicherungsmarkierungen

Plus: *Sehr billige und effektive Abschreckung. Manche Versicherungen bieten bei Sicherungsmarkierungen Rabatte im Teilkaskobereich.*

Minus: *Schützen nicht vor Gelegenheitsdieben, die einen Ausflug machen wollen.*

• Es gibt viele verschiedene Ausführungen an Sicherungsmarkierungen. Ideal ist es, so viele Teile am Motorrad wie möglich mit einer einzigen Nummer zu markieren (siehe Abbildungen 8, 9 und 10). Mit dem Satz wird ein Formular geliefert, auf dem Ihre persönlichen Daten und die Details des Motorrades eingetragen und in einem Register gespeichert werden. Dieses Register ermöglicht der Polizei, jeden rechtmäßigen Besitzer eines Motorrades oder Bauteils zu identifizieren, auch wenn alle anderen Formen der Identifikation entfernt sind. Bringen Sie immer einen gut sichtbaren Warnaufkleber zur Abschreckung am Motorrad an.

Bodenverankerungen, Radklemmen und Sicherungspfosten

Plus: *Eine exzellente Form der Sicherheit, die auch die entschlossensten Diebe abschrecken wird.*

Minus: *Schwierig zu installieren und evtl. teuer.*

• Während das Motorrad sich zu Hause befindet, ist es eine gute Idee, es sicher am Boden oder an der Wand zu verankern, selbst wenn es in einer gut gesicherten Garage steht. Zu diesem Zwecke werden eine Reihe verschiedener Bodenverankerungen, Radklemmen und Sicherungspfosten angeboten (siehe Abbildung 11). Diese Vorrichtungen werden entweder im Beton oder Stein verankert oder erhalten ein eigenes Fundament.

11

Zuhause bietet eine solide Bodenverankerung ein hohes Maß an Sicherheit.

Diebstahlschutz zu Hause

Ein großer Anteil der Motorräder wird beim Besitzer zu Hause gestohlen. Einige Dinge sollten beachtet werden, wenn die Maschine an ihrem Heimatstandort steht:

✓ Wenn möglich, sollte das Motorrad immer in der sicheren Garage stehen. Vertrauen Sie niemals dem serienmäßigen Garagenschloss. Bringen Sie am Tor einen zusätzlichen Schließmechanismus an, und denken Sie über eine Alarmanlage nach. Ein von einem Bewegungsmelder aktivierter Scheinwerfer ist auch für den eigenen Nutzen eine gute Investition.

✓ Sichern Sie das Motorrad immer am Boden oder an der Wand, auch wenn es in einer gut gesicherten Garage steht.

✓ Lassen Sie Ihr Motorrad nicht regelmäßig an der Straße stehen, versuchen Sie, es möglichst außer Sichtweite der Straße zu parken, wenn Sie keine Garage besitzen. Decken Sie ein frei stehendes Motorrad mit einer Plane ab, um seine Identität nicht sofort preiszugeben.

✓ Es ist nicht ungewöhnlich, dass ein Dieb einem Motorradfahrer nach Hause folgt, um herauszufinden, wo die Maschine abgestellt wird. Er wird dann später zurückkehren. Wenn Sie vermuten, dass Ihnen jemand folgt, sollten Sie zunächst zu einer Tankstelle, Eisdiele oder sonstigem fahren.

✓ Wenn Sie ein Motorrad verkaufen wollen, sollten Sie in der Anzeige nicht Ihre Adresse oder den Standplatz der Maschine angeben. Vereinbaren Sie mit Interessenten einen Treffpunkt abseits Ihrer Wohnung. Es ist bekannt, dass Diebe als potenzielle Käufer auftreten, um herauszufinden, wo die Maschine steht, und sie dann später »kostenlos« abholen.

Diebstahlschutz unterwegs

Genauso wichtig wie die Sicherheitsausrüstung an Ihrem Motorrad sind einige allgemeine Regeln, die beachtet werden sollten, wenn das Motorrad irgendwo geparkt werden soll.

✓ Parken Sie an einem belebten Platz.

✓ Benutzen Sie einen bewachten Autoparkplatz.

✓ Parken Sie nachts in einem beleuchteten Bereich, vorzugsweise direkt unterhalb einer Straßenlaterne.

✓ Lassen Sie das Lenkschloss einrasten – es bewirkt zwar nicht viel, sorgt aber dafür, dass die Versicherung zahlt.

✓ Sichern Sie das Motorrad mit einem zusätzlichen Schloss an einem stabilen unbeweglichen Gegenstand wie einer Laterne oder einem Geländer. Wenn dieses nicht möglich ist, sollten Motorräder »zusammengebunden« werden.

✓ Belassen Sie niemals Ihren Helm oder Gepäck auf dem Motorrad.

Schmiermittel und Flüssigkeiten

Speziell für den Einsatz an und in Motorrädern ist ein weiter Bereich an Schmiermitteln, Flüssigkeiten und Reinigungsmitteln entwickelt worden. Hier soll gezeigt werden, was es gibt, wofür es eingesetzt wird und welche Eigenschaften es hat.

Viertakt-Motoröl

- Motoröl ist zweifellos die wichtigste Komponente eines Viertaktmotors. Moderne Motorradmotoren stellen große Anforderungen an das Öl, weswegen dessen Auswahl sehr wichtig ist. Die Verwendung eines ungeeigneten Öls führt zu erhöhtem Motorverschleiß und kann mit einem ernsthaften Motorschaden enden. Bevor Sie Motoröl kaufen, müssen Sie beachten, welche Anforderungen der Motorradhersteller stellt. Hierbei wird sowohl eine Klassifikation als auch ein bestimmter Viskositätsbereich angegeben.
- Die Öl-Klassifikation wird durch die API-Rate (festgelegt durch das »**A**merican **P**etroleum **I**nstitute«) angegeben. Sie erscheint in Form von zwei Buchstaben, so z. B. als »SG«. Das S steht für »Spark«, d. h. fremdgezündete Motoren (die mit Benzin laufen). Der zweite Buchstabe liegt im Alphabet zwischen A und M und steht für die Leistungsfähigkeit des Öls. Je früher der Buchstabe, desto höher sind die Anforderungen an das Öl. Ein SG-Öl übersteigt also die Anforderungen eines SF-Öls.

Anmerkung: *Bei manchen Ölen ist eine zweite mit einem C beginnende Klassifikation angegeben, die für die Verwendung in Dieselmotoren (Compression Ignition = Selbstentzündung) steht und daher für den Einsatz in Motorrädern irrelevant ist.*

- Die »Viskosität« des Öls wird durch die SAE-Rate identifiziert (festgelegt durch die **S**ociety of **A**utomotive **E**ngineers). Alle modernen Motoren erfordern Mehrbereichsöle, und dort besteht die SAE-Rate aus zwei Nummern, hinter der ersten steht ein W, also z. B. 10W/40. Die erste Zahl steht für die Viskositätsrate des Öls bei niedrigen Temperaturen (W steht für Winter = getestet bei – 20 °C), die zweite Zahl steht für die Viskositätsrate des Öls bei hohen Temperaturen (getestet bei 100 °C). Je niedriger die Zahl, desto dünner das Öl. So steht ein 10W/40-Öl für einen besseren Kaltlauf als ein 15W/50-Öl.
- Neben dem Typ und der Viskosität gibt es drei unterschiedliche chemische Aufbauten des Motoröls. Man kann Öl auf mineralischer Basis, synthetisches Öl und ein Gemisch aus beiden Sorten – teilsynthetisch genannt – kaufen. Obwohl alle Öle eine ähnliche Viskosität und Klassifizierung haben, sind die Preise sehr unterschiedlich. Mineralöle sind die billigsten, Synthetiköle die teuersten Öle, teilsynthetische Öle liegen entsprechend dazwischen. Die Entscheidung liegt im Wesentlichen beim Besitzer, doch sollte bedacht werden, dass moderne Synthetiköle bessere Schmier- und Reinigungseigenschaften haben als traditionelle Mineralöle, und diese Eigenschaften auch länger behalten. Bedenken Sie, dass die Arbeitsumgebungen in einem modernen hochdrehenden Motorradmotor für ein Öl höchste Anforderungen bedeuten, und deswegen ein Synthetiköl empfehlenswert ist. Die Mehrkosten bei jedem Ölwechsel können langfristig viel Geld sparen, indem der Motorverschleiß verringert wird.
- Schließlich muss immer sichergestellt werden, dass das Öl für Ihr Motorrad geeignet ist. Motoröl ist normalerweise für Autos entwickelt worden und kann deswegen Additive oder Schmierstoffe enthalten, die in einem Motorradmotor mit Nasskupplung Kupplungsrutschen verursachen können.

Zweitakt-Motoröl

- Moderne Hochleistungszweitaktmotoren stellen hohe Anforderungen an ihr Öl. Um Klemmen oder Fressen im Motor zu vermeiden, ist es entscheidend, Qualitätsöle zu verwenden. Zweitaktöl unterscheidet sich stark von Viertaktöl. Das Öl schmiert ausschließlich die Kurbelwelle und den/die Kolben (Primärtrieb und Getriebe haben ihr eigenes Öl), dann muss es während der Verbrennung rückstandslos verschwinden.
- Die Japaner haben kürzlich ein Klassifizierungssystem für Zweitaktöle eingeführt, die JASO-Rate. Diese wird in Form von zwei Buchstaben, entweder FA, FB oder FC, angegeben. FA ist die niedrigste und FC die höchste Klassifikation. Stellen Sie sicher, dass das zu verwendende Öl den Empfehlungen des Herstellers entspricht.
- Neben dem Typ und der Viskosität gibt es drei unterschiedliche chemische Aufbauten des Zweitaktöls. Man kann Öl auf mineralischer Basis, synthetisches Öl und ein Gemisch aus beiden Sorten – teilsynthetisch genannt – kaufen. Die Preise sind sehr unterschiedlich. Mineralöle sind die billigsten, Synthetiköle die teuersten Öle, teilsynthetische Öle liegen entsprechend dazwischen. Die Entscheidung liegt im Wesentlichen beim Besitzer, doch sollte bedacht werden, dass moderne Synthetiköle bessere Schmiereigenschaften besitzen und sauberer verbrennen als traditionelle Mineralöle. Die Mehrkosten können langfristig viel Geld sparen, indem der Motorverschleiß verringert wird, die Leistung erhalten bleibt und Ablagerungen weitgehend vermieden werden.
- Wenn Sie einen Zweitaktmotor mit Getrenntschmierung besitzen, muss darauf geachtet werden, dass das Öl für den Betrieb in Pumpen geeignet ist. Viele Hochleistungszweitaktöle sind für Rennmaschinen konzipiert, bei denen sie direkt im Tank dem Benzin beigemischt werden. Diese Öle haben eine hohe Viskosität und sind nicht für Getrenntschmierungspumpen geeignet.

Getriebeöl

- Getriebeöl ist ein spezielles zähes Öl, das in Getrieben und Hinterradantrieben (bei Kardanwellen) eingesetzt wird und überall dort, wo hohe Reibkräfte und Temperaturen herrschen. Es ist in verschiedenen Viskositäten erhältlich.
- Bei allen Zweitaktmotoren werden das Getriebe und die Kupplung mit speziellem Öl geschmiert, welches entsprechend der Herstelleranweisung gewechselt werden muss.
- Obwohl bei den meisten Viertaktmaschinen der Motor, die Kupplung und das Getriebe mit der gleichen Ölversorgung geschmiert werden, gibt es auch Motorräder mit getrennt geschmierten Bauteilen und gegebenenfalls einer Trockenkupplung.
- Motorradhersteller empfehlen entweder ein Einbereichsgetriebeöl oder ein bestimmtes Motoröl, um das Getriebe zu schmieren.
- Getriebeöle sind speziell für ihren Einsatz zwischen Zahnflanken konzipiert. Die Viskosität dieser Öle ist durch eine SAE-Nummer angegeben, doch deren Messung unterscheidet sich von Motorölen. Als grober Hinweis gilt, dass ein SAE-90-Getriebeöl etwa die gleiche Viskosität wie ein SAE-50-Motoröl hat.

Kardanöl

- Bei mit einem Kardanantrieb ausgerüsteten Motorrädern hat dieser Endantrieb immer seine eigene Ölversorgung. Der Hersteller gibt hierfür eine Klassifizierung und eine Viskosität an.
- Diese Öle werden durch die Zahl hinter der API-Bezeichnung GL (für Gear Lubricant) klassifiziert, ein GL5-Öl ist besser als eines mit der Bezeichnung GL4. Stellen Sie sicher, dass Ihr Öl die vorgegebene Klassifikation zumindest einhält oder übertrifft und die korrekte Viskosität hat. Die Viskosität dieser Öle ist durch eine SAE-Nummer angegeben, doch deren Messung unterscheidet sich von Motorölen. Als grober Hinweis gilt, dass ein SAE-90-Kardanöl etwa die gleiche Viskosität wie ein SAE-50-Motoröl hat.
- Wenn die Benutzung eines druckfesten EP-Öls (Extreme Pressure) vorgeschrieben ist, muss Ihr Öl auch diesen Anforderungen entsprechen.

Gabelöl und Stoßdämpferflüssigkeit

- Konventionelle Teleskopgabeln arbeiten hydraulisch und erfordern dazu Gabelöl. Um die korrekte Funktion der Gabel sicherzustellen, muss das Gabelöl entsprechend der Herstelleranweisung ausgetauscht werden.
- Gabelöl ist in einer Vielzahl von Viskositäten erhältlich, welche durch die SAE-Rate zu identifizieren ist. Die Werte variieren von leichtem Öl (SAE 5) bis zu sehr dickem Öl (SAE 30). Wenn Sie Gabelöl kaufen, muss darauf geach-

tet werden, dass es den Herstelleranweisungen entspricht.

• Einige Schmiermittelhersteller produzieren auch eine Reihe hochwertiger Federungsflüssigkeiten, die Gabelöl ähnlich sind, aber hauptsächlich für den Einsatz im Wettbewerb bestimmt sind. Diese Flüssigkeiten können unterschiedliche Viskositätsraten haben, die nicht den SAE-Werten für normale Gabeln entsprechen. Im Zweifel müssen die Herstelleranweisungen beachtet werden.

Brems- und Kupplungsflüssigkeit

• Bremsflüssigkeit wird auch in hydraulischen Kupplungsbetätigungen eingesetzt und ist eine Hydraulikflüssigkeit, die einen sehr hohen Siede- und niedrigen Gefrierpunkt besitzt. Sie greift Gummi nicht, dafür aber Lack und Plastik stark an. Sie ist stark wasseranziehend (hygroskopisch) und altert daher durch Wasseraufnahme aus der Luft. Behälter sollten daher nicht offen stehen gelassen werden. Für den Rennsport ist Bremsflüssigkeit auf Silikonbasis erhältlich, auf die diese Eigenschaft nicht zutrifft, die aber Bremskomponenten aus anderem Material benötigt.

• Alle Scheibenbremsanlagen und einige Kupplungen werden hydraulisch betätigt. Um deren korrekte Funktion sicherzustellen, muss die Hydraulikflüssigkeit regelmäßig entsprechend der Herstelleranweisungen ausgetauscht werden.

• Brems- und Kupplungsflüssigkeit wird durch den DOT-Wert klassifiziert. Die meisten Motorradhersteller schreiben DOT-3 oder -4 vor. Diese beiden Flüssigkeiten basieren auf Glykol und können untereinander gemischt werden. DOT-4 übertrifft die Anforderungen von DOT-3. Es ist empfehlenswert, ein für DOT-3 vorgesehenes System mit DOT-4 zu befüllen – aber niemals anders herum, denn hierdurch wird die Bremswirkung beeinträchtigt.

• Einige Hersteller produzieren auch eine DOT-5-Hydraulikflüssigkeit auf Silikonbasis. Diese Bremsflüssigkeit darf nicht mit DOT-3- oder DOT-4-Flüssigkeit vermischt werden, da hierdurch die Wirkung des Hydrauliksystems stark beeinträchtigt wird.

Kühlmittel/Frostschutz

• Bei der Beschaffung von Kühlmittel oder Frostschutz muss unbedingt sichergestellt werden, dass es für einen Aluminiummotor geeignet ist und Korrosionsschutzmittel enthält, um das Verstopfen von Kühlmittelkanälen zu verhindern. Als allgemeine Regel gilt, dass die meisten Kühlmittel pur eingesetzt werden müssen und nicht verdünnt werden dürfen, und Frostschutz mit destilliertem Wasser verdünnt werden muss, um eine Lösung der gewünschten Stärke zu erhalten. Beachten Sie die Herstellerangaben auf der Flasche.

• Stellen Sie sicher, dass das Kühlmittel regelmäßig entsprechend der Herstellerangaben gewechselt wird.

Kettenschmiermittel

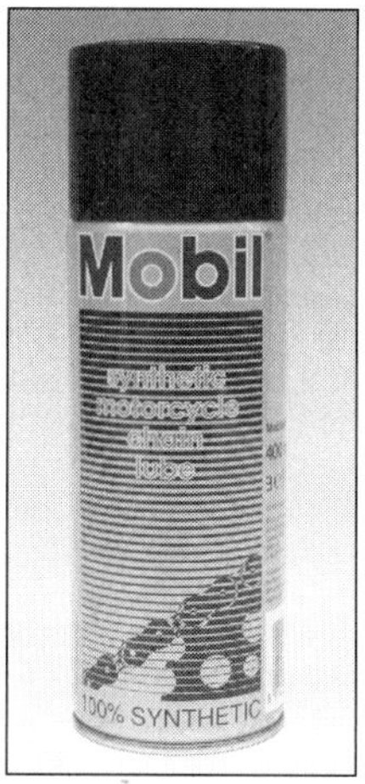

• Dieses wird zumeist als Spray angeboten, welches speziell für den Einsatz an Motorradketten entwickelt wurde. Es hat zum einen die Funktion, die Reibung zwischen der Kette und den Kettenrädern zu vermindern und zum anderen soll es einen Korrosionsschutz bilden. Der regelmäßige Einsatz von Kettenschmiermittel guter Qualität verlängert die Lebensdauer des Endantriebs und sorgt für einen minimalen Kraftverlust zwischen Motor und Hinterrad.

• Nach der Benutzung von Kettenspray muss einige Zeit gewartet werden, bis das Lösungsmittel verdunstet und das Schmiermittel eingezogen ist. Anderenfalls wird es durch die Fliehkraft wieder abgeschleudert und verschmutzt dabei noch die Felge. Achten Sie beim Einsatz von O-Ringketten darauf, dass das Spray dafür geeignet ist.

• Schmiermittel auf Silikonbasis pflegen und schützen Teile aus Gummi (Schläuche, Stopfen u. a.). Sie werden zur Schmierung von Schlössern und Scharnieren verwendet.

Entfetter und Reiniger

• Entfetter sind starke Lösemittel, um Fett und Ölschmiere zu entfernen. Sie sind in der Regel hochgiftig, können Lack und Kunststoffteile angreifen und sind entzündlich. Manche Lösemittel stehen außerdem in Verdacht, Krebs zu erregen. »Kaltreiniger« ist dagegen ein sanfter Entfetter auf Petroleumbasis, der wasserlöslich ist und daher abgewaschen werden kann, am besten über dem Ölabscheider einer Selbstwaschanlage.

• Es gibt viele verschiedene Reiniger und Entfetter, um Schmutz und Fett zu entfernen, wie es sich im normalen Einsatz ansammelt. Entfetter sind Lösungsmittel, die normalerweise als Spray oder als Flüssigkeit für den Einsatz in Spritzpistolen geliefert werden. Folgen Sie immer sorgfältig den Herstelleranweisungen, und tragen Sie eine Schutzbrille. Die meisten Lösungsmittel sind brennbar und dünsten giftige Gase aus – treffen Sie vor dem Einsatz entsprechende Vorkehrungen (siehe *Sicherheit geht vor!*).

• Für allgemeine Reinigungen können im Fachhandel erhältliche Reiniger und Entfetter benutzt werden. Diese Mittel müssen zumeist einige Zeit einwirken, bevor sie mit Wasser abgespült werden.

Bremsenreiniger ist ein Lösungsmittel, welches jegliche Öl-, Fett- und Schmutzreste aus Bremsenteilen entfernen kann. Es verdunstet schnell und bildet keine Rückstände.

Vergaserreiniger ist ein Spray, mit dem die hartnäckigen Rückstände und Gummiablagerungen entfernt werden können, wie man sie häufig in zu überholenden Vergasern findet. Es hinterlässt in der Regel einen leichten Ölfilm. Der Reiniger eignet sich nicht für elektrische Komponenten.

Dichtungsentferner ist zumeist ein Spray, mit dem hartnäckige Dichtungsreste beseitigt werden können, ohne dass die Gefahr besteht, die Gehäusefläche zu zerkratzen und damit die Dichtfläche zu beschädigen.

Unterbrecher-/Zündkerzen-Reiniger soll Ölfilm, Schmutz und Oxidation von Unterbrecherkontakten und Zündkerzenelektroden beseitigen. Er ist fett- und rückstandfrei. Er kann ebenfalls zur Reinigung von Vergaserdüsen verwendet werden.

Sprühöl

• Sprühöle gibt es in verschiedenen Ausführungen, und sie eignen sich auch zum Schmieren von Hebeln, Schaltern und freiliegenden Gelenken. Versuchen Sie ein Sprühmittel zu beschaffen, welches auf Trockenfilm basiert, da es eine trockene Oberfläche hinterlässt und nicht, wie Öl, Staub und Schmutz anzieht, wodurch die Verschleißrate wieder erhöht werden würde.

• Die meisten Sprühöle fungieren auch als Feuchtigkeitsverdränger und Schutzfilm in Schaltern und Kabelverbindungen oder als Rostlöser bei festen Schrauben.

• Kriechöl wird oft fälschlich als »Kontaktspray« bezeichnet, weil es auch Wasser verdrängen kann. Es ist zum schnellen Schmieren kleiner Lagerstellen und Konservieren von Maschinenteilen geeignet.

• Kontaktspray soll Oxidation von elektrischen Kontakten entfernen und sie gleichzeitig konservieren. Allerdings funktioniert das kaum, da Oxid nur mit Säure entfernt werden kann (solche Sprays gibt es), die Säure aber ihrerseits wieder das Metall angreift. Die üblichen sogenannten Kontaktsprays sind daher lediglich Kriechöle, von denen keine Reinigung der elektrischen Kontakte erwartet werden kann.

Fette

• Fette werden zum Schmieren von Gelenken und Lagern eingesetzt. Ein gutes Mehrbereichsfett ist für die meisten Anwendungen ausreichend, doch manche Hersteller schreiben den Einsatz spezieller Fette an Bauteilen wie Schwingen- und Anlenkhebellagerungen vor. Diese Fette können im Zubehörfachhandel erworben werden; die üblichen Spezialfette sind Molybdänfett, Lithiumfett, Graphitfett, Silikonfett und temperaturbeständige Kupferpaste.

Dichtmasse

• Dichtmassen können zusammen mit Dichtungen verwendet werden, um ihre Dichtigkeit zu verbessern. Oder sie werden direkt zum Abdichten zweier Metallflächen verwendet. Abhängig vom Typ härten sie entweder aus oder bleiben dauerelastisch.

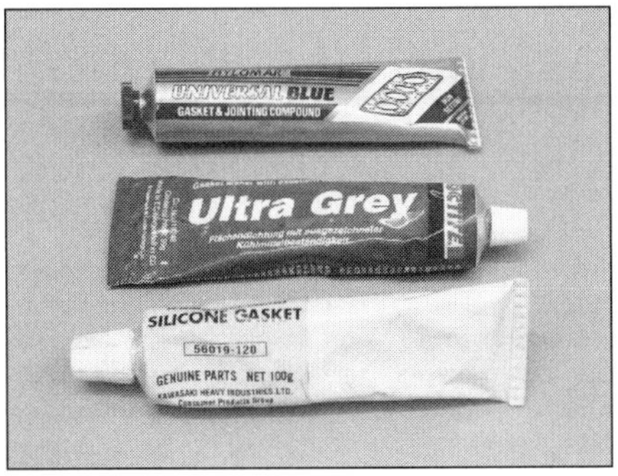

• Bei der Beschaffung von Dichtmasse muss sichergestellt sein, dass sie zur Verwendung an einem Verbrennungsmotor geeignet ist. Universaldichtstoffe aus dem Baumarkt können ähnlich aussehen, halten jedoch eventuell weder starke Hitze noch Kontakt mit Öl oder Kraftstoff aus (siehe *Werkzeug- und Werkstatt-Tipps* für weitere Informationen).

Schraubensicherung

• Diese Mittel werden zum Sichern von Gewinden in Positionen eingesetzt, wo sich Schrauben durch Vibrationen lösen können. Schraubensicherungsmasse kann im Fachhandel beschafft werden. Stellen Sie sicher, dass die Gewindegänge beider Komponenten vollständig sauber und trocken sind, bevor Sie das Mittel sparsam auftragen (siehe *Werkzeug- und Werkstatt-Tipps* für weitere Informationen).

Kraftstoff-Additive

• Mittel zum Schutz und zur Reinigung des Kraftstoffsystems gibt es in vielfältiger Auswahl. Diese Additive sind konzipiert, alle Ablagerungen in Vergasern und Einspritzanlagen zu entfernen und vor Verschleiß zu schützen, um das Kraftstoffsystem wirkungsvoll funktionieren zu lassen. Wenn ein Kraftstoff-Additiv verwendet wird, muss zuvor sichergestellt sein, dass es in Ihrem Motorrad eingesetzt werden kann, besonders wenn dieses mit einem Katalysator ausgerüstet ist.

• Sogenannte Oktan-Booster erhöhen die Klopffestigkeit des Treibstoffs. Sie können die Leistungsfähigkeit stark getunter Motoren verbessern, wenn diese mit einfachem Benzin betrieben werden – in Serienmotoren bringen sie nichts.

Wachse und Polituren

• Wachse und Polituren reinigen und konservieren lackierte Teile. Da es unterschiedliche Lackarten gibt, muss ausprobiert werden, ob die jeweilige Politur bzw. das Wachs dazu passt. Für Schutzflüssigkeiten, die kein Wachs, sondern Silikon oder Polymere enthalten, verspricht die Werbung einen vielfach längeren Schutz gegenüber Wachsen. In Tests konnte die längere Dauer des Schutzes jedoch nicht nachgewiesen werden.

A

Sicherheitscheck

Hauptuntersuchung

In Deutschland müssen Motorräder alle zwei Jahre zur Hauptuntersuchung nach § 29 der Straßenverkehrszulassungsordnung (StVZO). Diese Untersuchung wird im Volksmund als »TÜV« bezeichnet; das stammt noch aus der Zeit, als der Technische Überwachungsverein (TÜV bzw. TÜH) das Monopol auf Hauptuntersuchungen besaß. Das ist seit einigen Jahren nicht mehr der Fall. DEKRA und auch freie Sachverständige, die einer anerkannten Überwachungsorganisation wie KÜS oder GTÜ angeschlossen sind, dürfen die Hauptuntersuchung durchführen.

Gerade bei freien Sachverständigen hat dies seine Vorteile für den Fahrzeugbesitzer: Eine familiäre Atmosphäre, sehr kurze Wartezeiten und hohe Kompetenz unterscheiden diese kleinen Prüfbüros von den häufig anonymen und bürokratischen Prüfstellen der eingesessenen Organisationen.

TÜV/TÜH (alte Bundesländer) und DEKRA (neue Bundesländer) besitzen allerdings nach wie vor das Monopol für die Begutachtung von Änderungen am Fahrzeug, für die keine Gutachten vorliegen – etwa selbstgebaute Auspuffanlagen, Umbauten zum Gespann o.Ä.

Bei der Hauptuntersuchung werden Betriebs- und Verkehrssicherheit des Motorrades geprüft. Sachverstand des Prüfers vorausgesetzt – was leider nicht immer der Fall ist –, ist dies ein notwendiger Check im Interesse des Fahrzeugbesitzers. Doch unabhängig von dieser regelmäßigen Untersuchung sollte der Fahrer des Motorrades wissen, wo die sicherheitsrelevanten Baugruppen sitzen und sie selber prüfen können.

> **Praxis TiPP** ***Wenn Sie ein gebrauchtes Motorrad kaufen möchten, so ist eine kürzlich durchgeführte Hauptuntersuchung (HU) keinesfalls eine Gewähr für den einwandfreien Zustand des Fahrzeugs. Motor, Getriebe und wesentliche Teile der Elektrik werden bei der HU nicht geprüft, und selbst wichtige Baugruppen wie Bremsen und Rahmen können von einem inkompetenten Prüfer falsch beurteilt worden sein.***

Elektrik

Beleuchtung

Prüfen Sie die Funktion aller Leuchten am Motorrad: Stand-, Abblend-, Fern-, Rück- und Bremslicht, Letzteres bei Fuß- und Handbremse. Das Gleiche gilt für die Blinker und eventuelle Zusatzleuchten wie Breit- oder Zusatzscheinwerfer, Nebelschlussleuchte oder Warnblinker. Häufig wird die Instrumentenbeleuchtung nicht beachtet (übrigens auch nicht bei der HU), doch auch bei einer Nachtfahrt möchte man doch wissen, wie schnell man fährt.

Scheinwerfereinstellung

Im Gegensatz zu Autos wird bei der HU die Scheinwerfereinstellung bei Motorrädern nicht überprüft. Tun Sie das daher selbst im eigenen Interesse; weder ist es angenehm, andere Verkehrsteilnehmer zu blenden, noch nachts lediglich das Vorderrad oder die Baumwipfel zu beleuchten.
Stellen Sie in einer Werkstatt, die ein Prüfgerät für PKW besitzt, den Scheinwerfer Ihres Motorrades ein. Achten Sie dabei darauf, dass Sie das Motorrad mit dem üblichen Fahrgewicht belasten (1).

Batterie

Auch der Zustand von Batterie, Sicherungen, Regler und Lichtmaschine ist sicherheitsrelevant. Stellen Sie sich beispielsweise vor, auf der Überholspur der Autobahn geht schlagartig der Motor aus, weil es an Zündfunken fehlt, oder nachts in der gleichen Situation bleibt plötzlich das Licht weg.

1
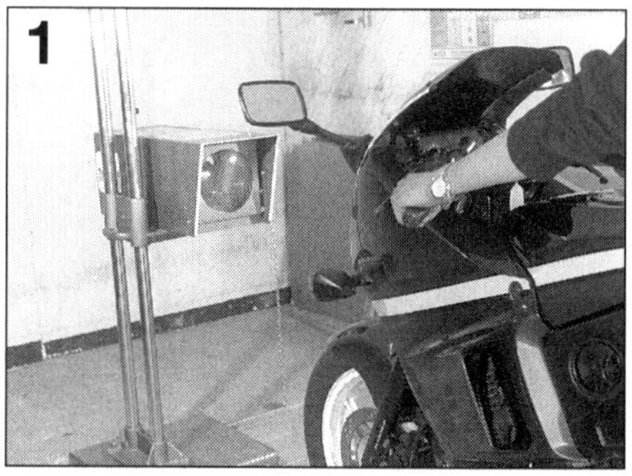

Prüfen der Scheinwerfereinstellung mit einem PKW-Prüfgerät

Auspuff und Antrieb

Auspuff

Auspuff und Schalldämpfer haben zugegebenermaßen wenig mit Sicherheit zu tun. Allerdings kann mit einer nicht genehmigten Änderung die Betriebserlaubnis des Fahrzeugs erlöschen, was bei einem Unfall – der noch nicht einmal selbst verschuldet sein muss – unangenehme Folgen haben kann: Fahren ohne Versicherungsschutz, eventuell Fahren ohne Führerschein (wenn das Motorrad serienmäßig leistungsbegrenzt und die Fahrerlaubnis darauf beschränkt war), Fahren ohne Betriebserlaubnis u. a. Stellen Sie also sicher, dass der angebaute Auspuff entweder serienmäßig oder eingetragen ist, dass die Anlage fest sitzt und keine Löcher oder Durchrostungen vorliegen.

Antrieb

Sehr viel mehr mit Sicherheit hat der Hinterradantrieb zu tun, obwohl er bei der HU nicht geprüft wird. Ist die Kette in ordentlichem Zustand und weist die richtige Spannung auf? Sind Ritzel und Kettenrad nicht übermäßig abgenutzt? Bei Kardanmaschinen: Ist der Hinterradantrieb öldicht? Ist die Mitnehmerverzahnung des Hinterrads in Ordnung? (Für diese Prüfung muss das Hinterrad ausgebaut werden.)

Steuerkopf und Federung

Steuerkopf

Entlasten Sie das Vorderrad, sodass es frei in der Luft steht. Schwenken Sie den Lenker langsam von Anschlag zu Anschlag. Ist der Lenker dabei schwergängig? Sind »Raststellen« zu spüren? Schlägt etwas am Tank an? Das alles darf nicht der Fall sein, andernfalls sind Lenkkopflager und/oder Anschläge neu zu justieren bzw. auszutauschen (2).
Fassen Sie die beiden Enden der Vorderachse mit den Fäusten und versuchen Sie, das Rad nach hinten und vorne zu drücken. Ein loses Lenkkopflager können Sie dabei an einem »Klacken« erkennen, wobei das Geräusch auch von einer ausgeschlagenen Telegabel kommen kann. Um sicher zu gehen, lassen Sie bei diesem Test eine zweite Person einen Finger an den Spalt zwischen Lenkkopf und unterer Gabelbrücke legen. Selbst ein kleines Spiel des Lagers lässt sich so feststellen (3).

Vorderradfederung

Bocken Sie das Motorrad ab und halten es mit der Vorderbremse fest. Drücken Sie nun mit dem Lenker die Telegabel zusammen. Sie darf dabei nicht stocken oder klemmen (4). Prüfen Sie die Enden der Tauchrohre auf Öldichtigkeit. Ölnebel oder gar -tropfen weisen auf undichte Simmerringe hin (5).
Prüfen Sie schließlich den Ölstand in den Telegabelrohren nach Anleitung.

Hinterradfederung

Lassen Sie das Motorrad in abgebocktem Zustand von einer zweiten Person festhalten. Drücken Sie das Heck nach unten. Die Hinterradfederung darf dabei nicht stocken oder klemmen. Das Heck darf nach dem Loslassen auch nicht nachschwingen (6).
Prüfen Sie das oder die hinteren Federbein/e auf Öldichtigkeit. Nur wenige Federbeine sind reparabel. Erkundigen Sie sich danach.
Fassen Sie das Hinterrad an, und versuchen Sie, es nach links und rechts zu drücken. Damit kann Spiel im Hinterradlager und im Schwingenlager festgestellt werden (9).
Bei Maschinen mit einem Zentralfederbein können die Lager der Anlenkhebel ausschlagen. Lassen Sie eine zweite Person das Hinterrad des Motorrads anheben, und beobachten Sie dabei mit einer Taschenlampe die Lagerstellen, um Spiel festzustellen (7, 8).

Um das Lenkkopflager zu prüfen, darf das Vorderrad nicht aufstehen, auch nicht so!

Prüfen von unzulässigem Spiel in Lenkkopflager und Telegabel

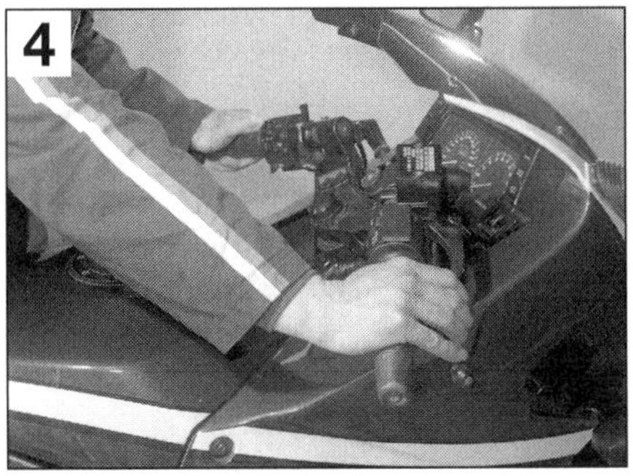

Bei gezogener Handbremse mit dem Lenker die Telegabel zusammendrücken.

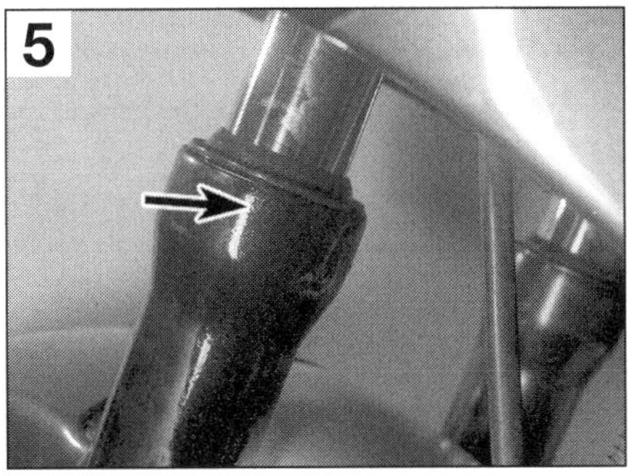

Bei undichten Simmerringen tritt Öl am oberen Ende des Tauchrohrs aus.

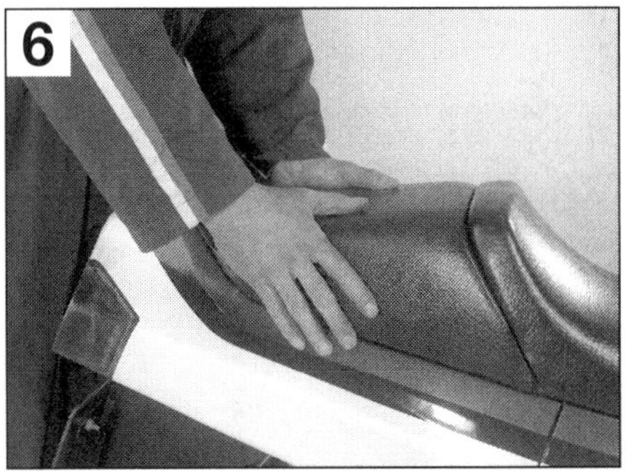

Herunterdrücken des Hecks zum Prüfen der Hinterradfederung

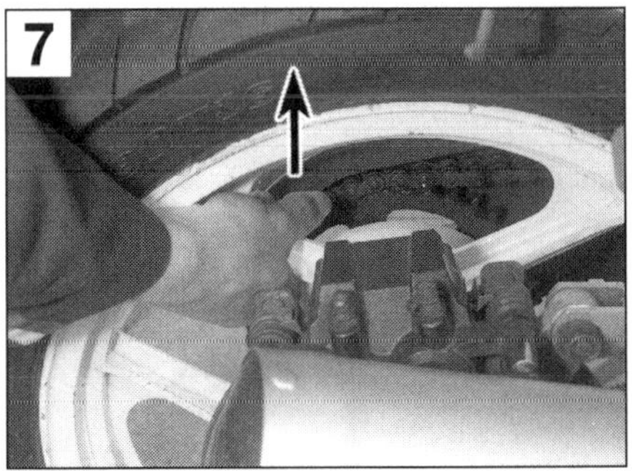

Anheben des Hinterrades, um Spiel . . .

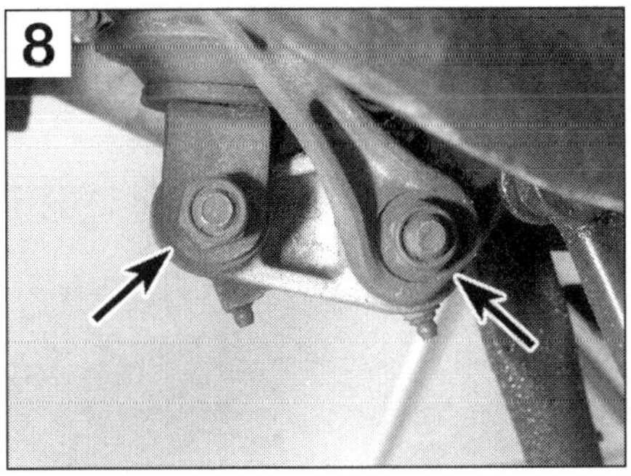

. . . in den Lagern der Federbein-Anlenkung aufzuspüren.

Hinterradschwinge nach links und rechts drücken, um unzulässiges Spiel in den Schwingenlagern festzustellen.

Bremsen, Räder und Reifen

Bremsen

Ziehen Sie bei angehobenem Rad die jeweilige Bremse, und lösen Sie sie wieder. Danach muss sich das Rad frei drehen lassen, ohne dass die Bremse klemmt. Leichte Schleifgeräusche dabei sind bei Scheibenbremsen normal.

Unterziehen Sie die Bremsscheibe einer Sichtprüfung. Sie darf im Bremsbereich keine Riefen und Absätze aufweisen, erst recht keine Risse.

Prüfen Sie die Belagstärke der Bremsbacken, wie im Handbuch beschrieben (10).

Betätigen Sie bei Trommelbremsen den Bremshebel bis zum Anschlag, und prüfen Sie den Winkel zwischen Bremsnockenhebel und Bremsstange bzw. -seilzug; er muss knapp unter 90° liegen (11).

Prüfen Sie bei hydraulischen Bremsen alle Schläuche und Leitungen bei betätigter Bremse auf Undichtigkeiten. Prüfen Sie den Pegel im Bremsflüssigkeitsvorratsbehälter.

Räder und Reifen

Prüfen Sie Gussräder auf Beschädigung und Risse, Drahtspeichenräder auf lose, verbogene und gebrochene Speichen. Lassen Sie das angehobene Rad frei drehen und prüfen es und den Reifen auf runden Lauf. Kontrollieren Sie, ob das Rad ausgewuchtet wurde und die Wuchtgewichte sich noch an ihren Plätzen befinden.

Fassen Sie das Rad, und versuchen Sie, es nach links und rechts zu drücken. Dabei darf kein Spiel der Radlager feststellbar sein (13). Prüfen Sie den Reifen auf Risse, Beschädigungen und Profiltiefe. In Deutschland muss das Profil an allen Stellen mindestens 1,6 Millimeter tief sein (14).

Stellen Sie sicher, dass Reifen mit den vorgeschriebenen Maßen und Herstellerbindungen montiert sind (siehe Angaben im Fahrzeugschein). Beachten Sie Laufrichtungspfeile an den Reifen-Seitenwänden (15).

Prüfen Sie den Festsitz aller Achsen- und Klemmfaustmuttern und das Vorhandensein vorgesehener Splinte (16).

Die Radflucht (Spur) können Sie am besten mit einer Spurlatte feststellen (17; siehe Beschreibung vorne im Buch).

Allgemeine Checks

Prüfen Sie den Festsitz aller wesentlichen Muttern von Verkleidung, Lenker, Sitzbank, Motor, Rahmen und Schutzblechen. Fußrasten und Haltegriffe dürfen nicht verbogen oder lose sein. An keiner Stelle darf der Rahmen Durchrostungen zeigen.

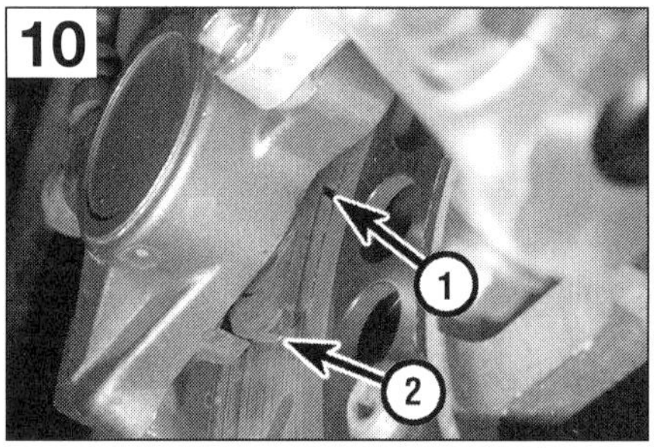

Der Verschleiß von Bremsbelägen kann meist ohne Abnahme der Bremssättel festgestellt werden. Die meisten besitzen Verschleißnuten (1) oder -markierungen (2).

Prüfen Sie an Trommelbremsen bei betätigter Bremse den Winkel zwischen Nockenhebel und Bremsstange bzw. -seilzug. Viele Bremsen besitzen einen Verschleißanzeiger.

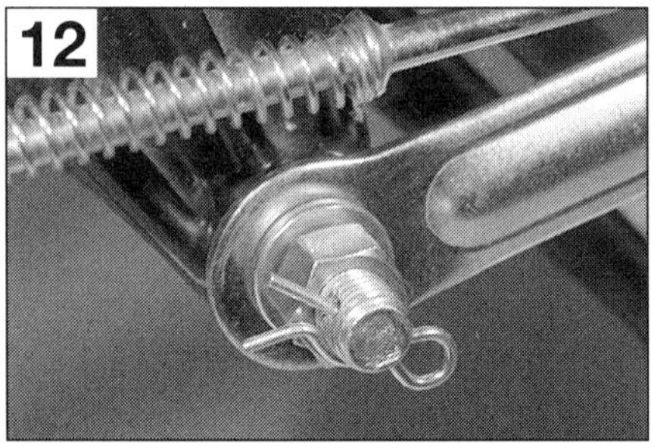

Die Verschraubung des Bremssattelhalters muss wie vorgeschrieben gesichert sein.

Prüfen Sie das Radlagerspiel, indem Sie das Rad nach links und rechts drücken.

Prüfen der Profiltiefe

Manche Reifen besitzen einen Laufrichtungspfeil an der Seitenwand.

Achsenmuttern, die als Kronenmuttern ausgeführt sind, müssen mit einem Splint gesichert werden.

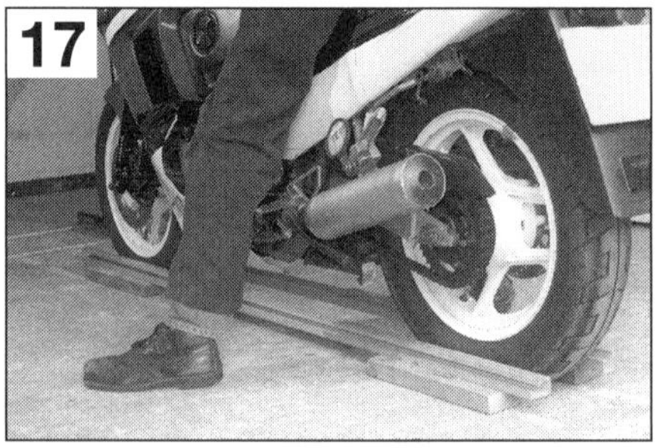

Prüfen der Radflucht mit Spurstangen

Stilllegen

Es sind einige Dinge zu beachten, bevor man das Motorrad für längere Zeit stilllegt, etwa über den Winter. Das Fahrzeug abzustellen, ohne die beschriebenen Arbeiten auszuführen, bringt erhöhten Verschleiß und Schwierigkeiten beim »Ausmotten« mit sich.

1. Waschen und reinigen Sie das Motorrad gründlich. Führen Sie notwendige Reparaturen jetzt durch, da Sie nach dem Winter ja doch keine Lust dazu haben werden.
2. Fahren Sie das Motorrad warm. Legen Sie dazu an einem sonnigen Tag eine Tour von mindestens 20 Kilometer ein. Fahren Sie auf dem Rückweg an einer Tankstelle vorbei, tanken Sie randvoll und erhöhen Sie den Reifendruck um etwa 1 bar über den vorgeschriebenen Wert.
3. Stellen Sie das Motorrad an einem trockenen Platz ab, wo es längere Zeit stehen soll. Bocken Sie es so auf, dass kein Reifen den Boden berührt.
4. Führen Sie Motor-, Getriebe- und eventuell (bei Kardanmaschinen) Hinterradölwechsel durch. Das geht gut, weil der Motor jetzt noch warm ist. Altes Öl enthält aus Verbrennungsrückständen saure Bestandteile, die mit der Zeit Metall angreifen, daher sollte es nicht im Motorrad belassen werden.
5. Schmieren Sie die Antriebskette.
6. Verschließen Sie die Auspuffrohre mit Plastiktüten, oder stopfen Sie Lappen hinein, um Kondenswasser und damit Innenrost zu vermeiden (3).
7. Drehen Sie alle Zündkerzen heraus und füllen in jedes Loch etwa 20 ml (1 Esslöffel) frisches Motoröl. Legen Sie danach den höchsten Gang ein und drehen den Motor ein paar Mal mit dem Hinterrad durch. Das verteilt das Öl an die Zylinderwände und verhindert Rost. Schrauben Sie die Kerzen wieder ein (1).
8. Ölen Sie alle Bowdenzüge mit einer alten Spritze und Nähmaschinenöl (Beschreibung siehe vorne im Buch).
9. Schließen Sie die Benzinhähne, und entleeren Sie die Schwimmerkammern aller Vergaser, um Verharzung des Benzins zu vermeiden und um beim späteren Start gleich frisches Benzin aus dem Tank zur Verfügung zu haben (2).
10. Bauen Sie die Batterie aus (3) und stellen sie an einen kühlen, frostfreien, trockenen Ort (z. B. Keller). Laden Sie sie etwa alle vier Wochen mit einem Steckerladegerät einen Tag lang nach (Ladestrom max. 1/10 des Wertes der Batteriekapazität). Noch besser ist es, die Batterie ins Auto einzubauen (Parallelanschluss zur Autobatterie).
11. Konservieren Sie leicht rostende und Chromstellen des Motorrades mit Sprühöl oder Wachs.
12. Reinigen Sie den Luftfiltereinsatz und bauen ihn wieder ein.
13. Bedecken Sie das Motorrad mit einem alten Laken oder einem anderen Stoff. Plastikfolie ist nicht geeignet, weil sich darunter Kondenswasser bildet und das Fahrzeug rostet.

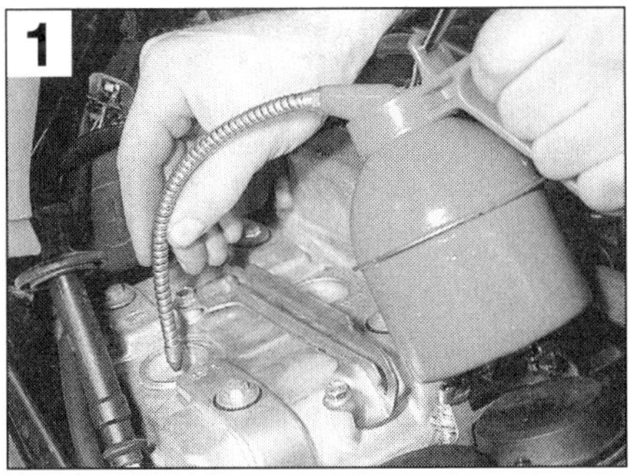

Etwas Motoröl in jedes Kerzenloch geben.

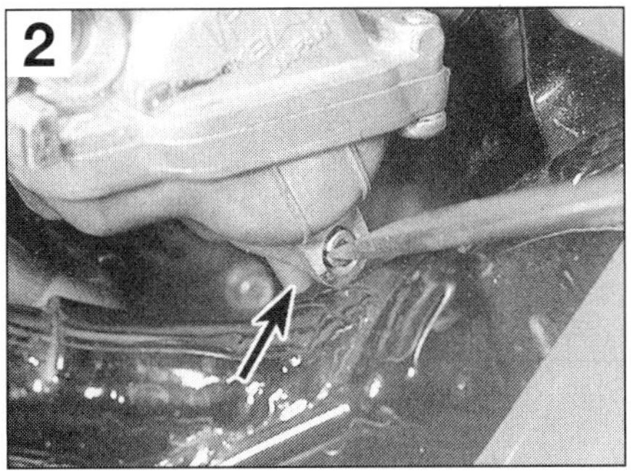

Die meisten Vergaser-Schwimmerkammern besitzen eine Schraube, mit der man das Benzin aus der Kammer ablassen kann.

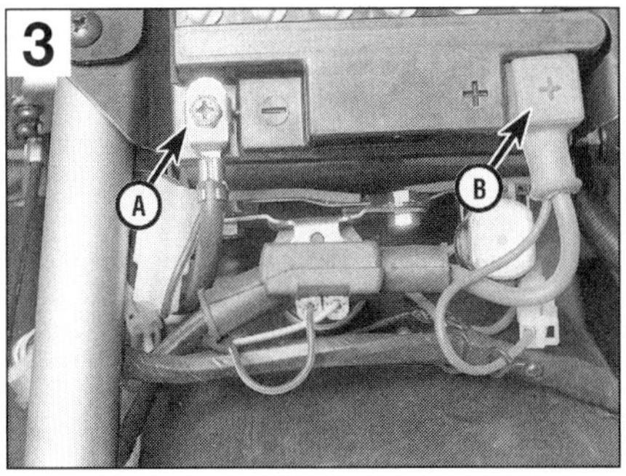

Batterie abklemmen, Minuspol (A) zuerst.

Inbetriebnahme

Haben Sie das Motorrad wie beschrieben gewissenhaft »eingemottet«, so ist der Start in die neue Saison kein Problem.

1. Bauen Sie die geladene Batterie wieder ein (Pluspol zuerst anschließen, Kupferpaste an den Polen nicht vergessen).
2. Wischen Sie überschüssiges Konservierungsöl und -wachs ab.
3. Kontrollieren Sie den Reifen-Luftdruck.
4. Entfernen Sie Plastiktüten bzw. Lappen von den Auspuffrohren.
5. Stellen Sie die Benzinhähne auf »ON« (bei normalen Hähnen) bzw. auf »PRI« (bei Unterdruck-Benzinhähnen), damit die Schwimmerkammern mit frischem Benzin gefüllt werden.
6. Ziehen Sie die Kupplung und befestigen Sie den Hebel mit einem Gummi am Handgriff. Nach längerer Standzeit können die Lamellen zusammenkleben (4).
7. Starten Sie den Motor und lassen ihn etwa eine Minute laufen. Stellen Sie dabei einen eventuellen Unterdruckbenzinhahn wieder auf »ON«.
8. Schalten Sie den Motor wieder aus und kontrollieren nach etwa einer Minute den Motorölstand. Bei Motoren mit Trockensumpf-Schmierung kann es nämlich sein, dass durch die lange Standzeit das Öl aus dem Öltank in den Motor gelaufen ist, sodass eine Kontrolle vor dem Laufenlassen ein falsches Ergebnis brächte. Lösen Sie den Kupplungshebel wieder.
9. Prüfen Sie die Funktion beider Bremsen. Vor allem müssen sie nach dem Bremsen die Räder wieder freigeben.

Das Motorrad ist jetzt bereit zur ersten Fahrt. Lassen Sie es langsam angehen, denn auch die Reflexe müssen erst wieder sitzen. Gute Fahrt!

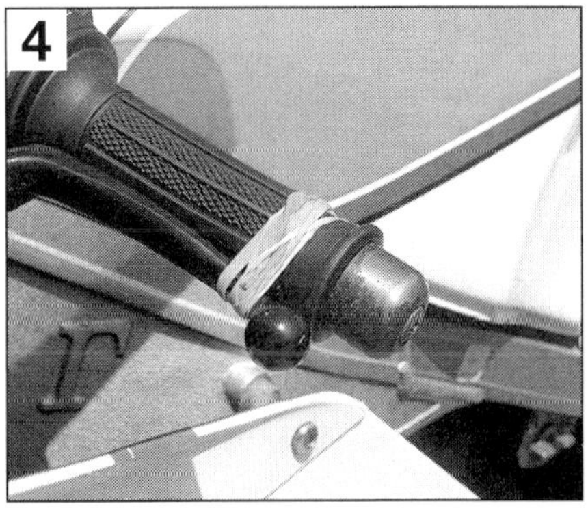

Der Kupplungshebel wird mit einem Gummi am Handgriff festgebunden.

Fehlersuche

(von Hans Hohmann)

In diesem Abschnitt sind die häufigsten Fehler am Motorrad zusammengestellt und ihre Behebung beschrieben. Dennoch kann es vorkommen, dass ausgerechnet die Ursache Ihrer Panne nicht beschrieben ist. Eine umfassende Darstellung der Technik aller Motorräder kann dieses Kapitel nicht leisten. Dazu sind eine Menge spezieller Bücher geschrieben worden.

Eine erfolgreiche Fehlersuche besteht aus etwas Grundwissen zusammen mit systematischer und logischer Vorgehensweise, nicht zu vergessen innerer Ruhe. Daher gibt es keine »mysteriösen Fehler«, sondern nur mangelnde Erfahrung oder mangelnde Systematik.

Beginnen Sie jede Fehlersuche mit der genauen Feststellung der Fehler-Symptome. Überlegen Sie, was es sein könnte; danach, was es noch sein könnte. Beginnen Sie dann mit systematischer Suche, Schritt für Schritt. Die beiden Schemata »Programmierte Fehlersuche« sollen Ihnen dabei helfen. Danach sind Baugruppe für Baugruppe mögliche Fehler erklärt.

Programmierte Fehlersuche:

Motorrad hat keine Leistung mehr

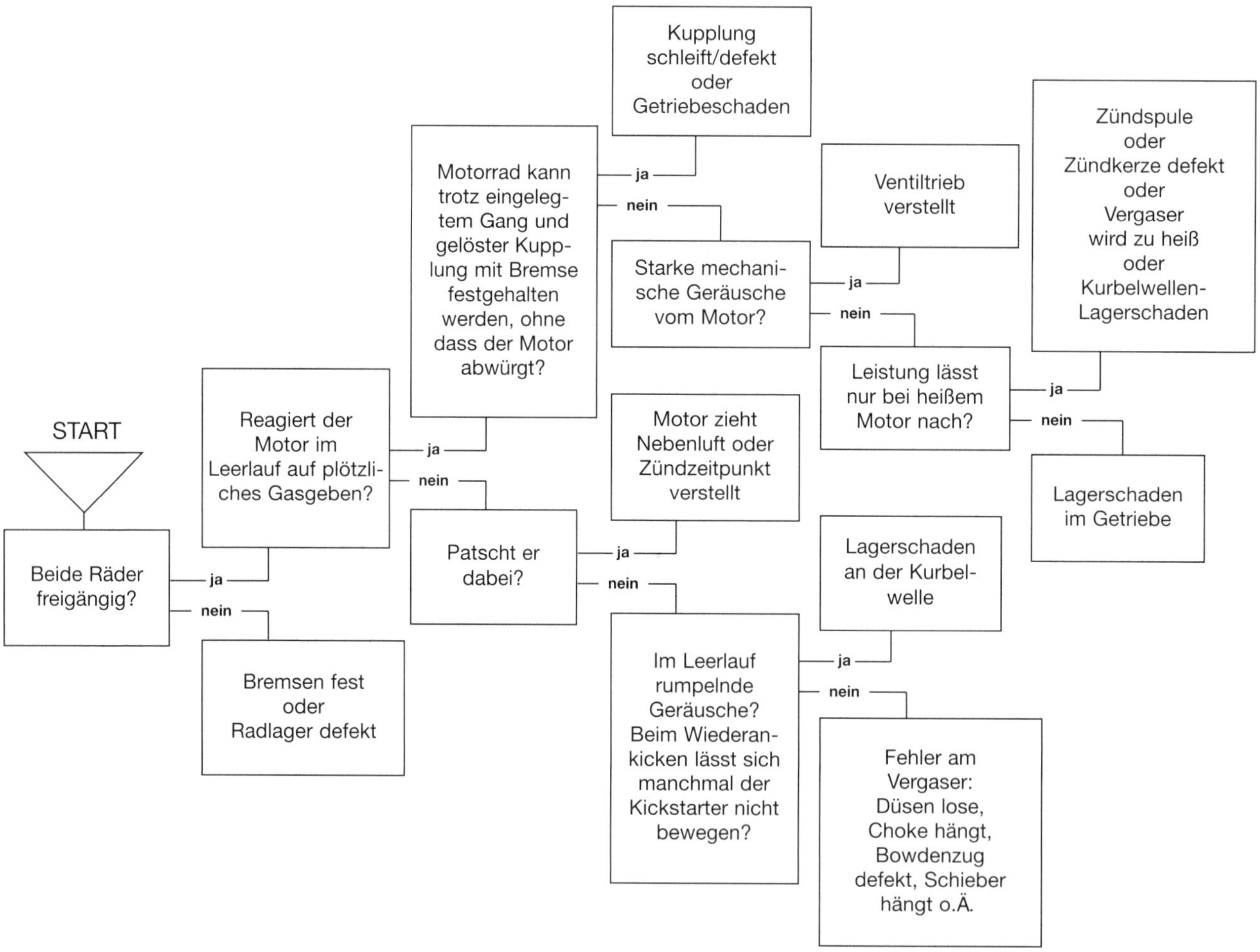

Programmierte Fehlersuche:

Motorrad springt nicht an

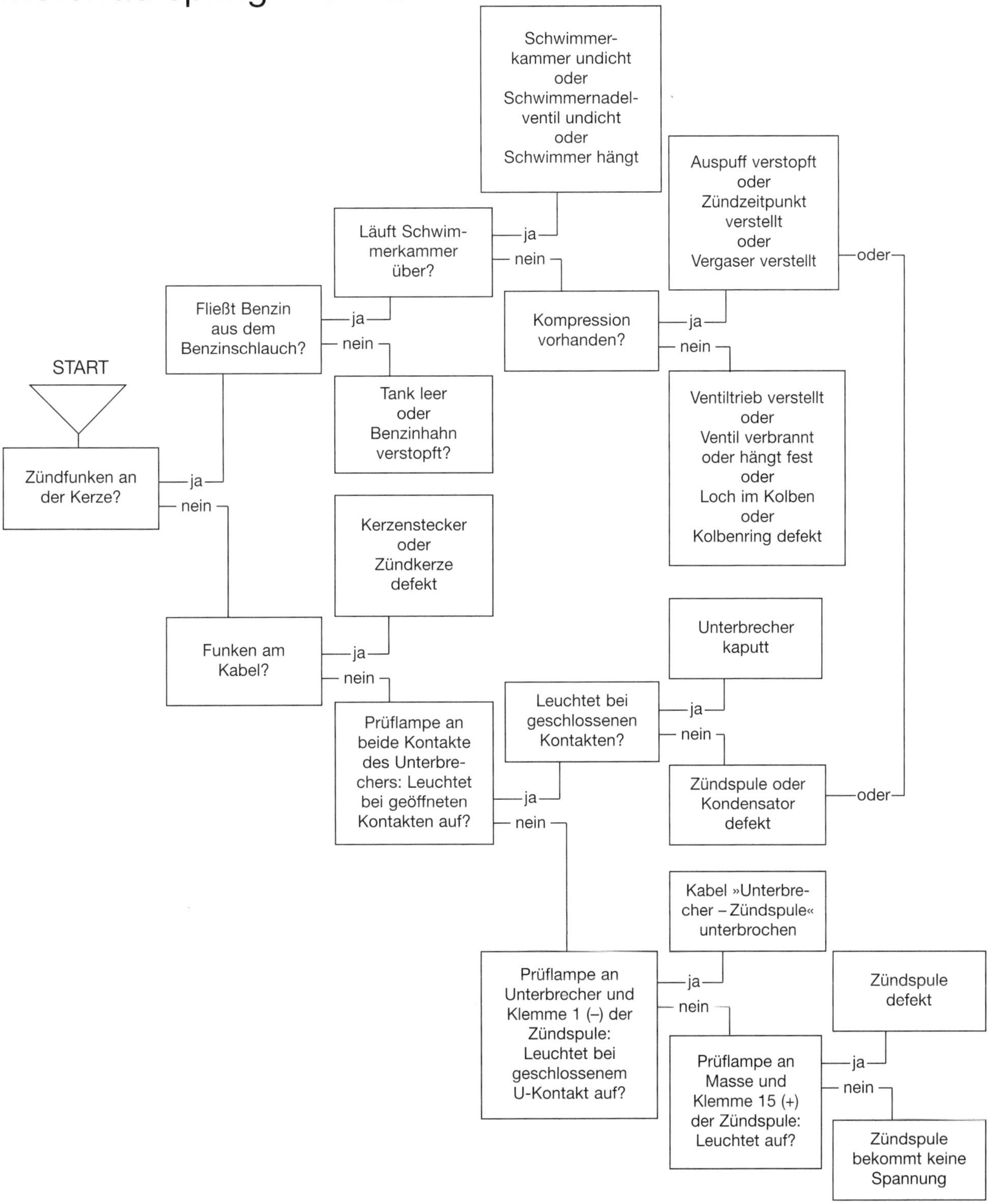

1 Anlasserprobleme

Anlasser dreht sich nicht:

- ☐ Killschalter umgelegt.
- ☐ Sicherung durchgebrannt. Prüfen Sie die Hauptsicherung am Anlasserrelais.
- ☐ Batterie leer. Prüfung: Zündung einschalten, Fernlicht an und Hupenknopf drücken. Funktioniert alles, so ist die Batterie voll. Wenn nicht, laden bzw. ersetzen.
- ☐ Leerlauf nicht eingelegt.
- ☐ Defekter Leerlauf-, Kupplungshebel- oder Seitenständerschalter. Schalter und Kabel prüfen.
- ☐ Zündschalter defekt. Mit Ohmmeter prüfen.
- ☐ Killschalter oder dessen Kabel defekt. Prüfen Sie beide auf elektrischen Durchgang in der »RUN«-Position.
- ☐ Anlasserknopf defekt. Mit Ohmmeter prüfen.
- ☐ Anlasserrelais defekt. Siehe Beschreibung vorne im Buch.
- ☐ Verkabelung gebrochen oder Kurzschluss. Prüfen Sie den Anlasserstromkreis mit einer Prüflampe durch.
- ☐ Anlasser defekt. Prüfen: Lösen Sie das Plus-Kabel vom Anlasser und schließen daran und an Masse eine Prüflampe an. Zündung einschalten und Anlasserknopf drücken. Leuchtet die Prüflampe auf, so ist der Anlasser defekt.

Anlasser dreht sich, aber Motor nicht:

- ☐ Anlasserfreilauf defekt. Ausbauen und reparieren.

Anlasser will sich drehen, Motor blockiert aber:

- ☐ Motorschaden. Hierfür kann einiges die Ursache sein: Kurbelwellenlager defekt, Kolbenklemmer, Steuerkette übergesprungen, Ventiltrieb defekt u. a.

2 Motor springt nicht an

Kein Benzinfluss zum Vergaser:

- ☐ Kein Benzin im Tank.
- ☐ Benzinhahn steht auf »OFF«.
- ☐ Bei Unterdruck-Benzinhahn: Unterdruck-Schlauch ist defekt oder nicht angeschlossen oder Membran im Hahn ist defekt. Benzinhahn als Notbehelf auf »PRI« stellen.
- ☐ Benzinfilter am Benzinhahn oder am Vergaser verstopft.
- ☐ Bei installierter Benzinpumpe: Pumpe defekt oder bekommt keine Spannung.
- ☐ Tankbelüftung verstopft. Die Belüftung befindet sich oft im Tankdeckel – freiblasen. Manchmal verschließen auch Tankrucksäcke die Belüftung.
- ☐ Benzinleitung verstopft. Das ist sehr unwahrscheinlich, weil ein Filter vorgeschaltet ist. Höchstens kann noch ein Stopfen von einer Reparatur darin stecken.

Kein Benzin im Brennraum:

- ☐ Schwimmerkammer ist leer und Schwimmer klemmt in oberer Stellung. Das kann nach langer Standzeit des Motorrads der Fall sein, wenn das Benzin aus der Schwimmerkammer verdunstet ist und harzige Rückstände zurückgeblieben sind.
- ☐ Düsen des Vergasers verstopft. Freiblasen.
- ☐ Wassertropfen vor der Hauptdüse. Das kann z. B. nach Wäschen oder langer Standzeit (Kondenswasser) vorkommen. Schwimmerkammer entleeren.
- ☐ Benzinpegel in der Schwimmerkammer zu niedrig. Schwimmer verbogen?

Motor »abgesoffen«:

- ☐ Schwimmernadelventil klemmt oder ist defekt. Freiblasen oder ersetzen.
- ☐ Schwimmer klemmt in unterer Stellung.
- ☐ Schwimmer verbogen.
- ☐ Choke-Mechanismus lässt sich nicht ausschalten. Prüfen und reparieren.
- ☐ Verstopfter Lufteinlass. Der Luftfiltereinsatz kann sehr dreckig oder nass sein, ein Lappen vor den Lufteinlass legen oder Ähnliches.

Kein Zündfunke:

- ☐ Zündschalter nicht an.
- ☐ Killschalter auf »OFF«.
- ☐ Sicherung durchgebrannt.
- ☐ Batterie leer.
- ☐ Anlasser verschlissen. Ein verschlissener Anlasser kann beim Starten so viel Strom ziehen, dass die Batteriespannung für einen genügenden Zündfunken nicht mehr ausreicht.
- ☐ Zündkerzen defekt. Dies kann sogar bei neuen Zündkerzen passieren.
- ☐ Zündkerzenkörper feucht und/oder dreckig. Der Zündfunken wandert dann draußen am Zündkerzen-Isolator gegen Masse. Kerze trocknen und säubern, auch den Stecker von innen.
- ☐ Kerzenstecker defekt. Haarrisse im Stecker lassen, vor allem bei feuchtem Wetter, den Funken im Stecker gegen Masse wandern.
- ☐ Zündkabel brüchig. Auch hier können Kriechfunkenstrecken gegen Masse entstehen.
- ☐ Zündkabel lose. Befestigen.
- ☐ Zündspule defekt. Bei einem Mehrzylindermotor ist es allerdings unwahrscheinlich, dass alle Zündspulen gleichzeitig kaputtgehen; er müsste dann zumindest auf einem oder zwei Zylindern zünden.
- ☐ Verkabelung im Zündstromkreis gebrochen oder Kurzschluss.
- ☐ Zündgeberspulen defekt. Spulen wie vorne beschrieben prüfen, evtl. ersetzen.
- ☐ Zündbox defekt. Prüfen – soweit möglich – und evtl. ersetzen.

Schwacher Zündfunke:

- ☐ Viele der vorgenannten Ursachen können auch einen zu schwachen Zündfunken hervorrufen. Beginnen Sie mit der Prüfung an den Kerzen: Elektrodenabstand korrekt?

Fehlende Kompression:

- ☐ Zündkerze(n) lose. Nachziehen bzw. defektes Gewinde im Zylinderkopf reparieren.
- ☐ Zylinderkopfdichtung defekt.
- ☐ Ventil schließt nicht. Das kann an einer falschen Ventileinstellung liegen oder an einem verbrannten oder verklemmten Ventil. Die Steuerkette kann auch übergesprungen sein.
- ☐ Verschleiß von Zylinder, Kolben und Kolbenringen.
- ☐ Kolbenringe klemmen im Kolben (Ölkohle) oder sind gebrochen.
- ☐ Loch im Kolben. Das passiert bei einer falschen Zündkerze mit zu niedrigem Wärmewert oder zu heißem Motor, etwa durch abgemagertes Gemisch.

3 Motor geht nach dem Starten wieder aus

Ursachen:

- ☐ Choke defekt oder falsch justiert. Ohne Choke springt ein kalter Motor unter Umständen an, läuft jedoch nicht weiter. Umgekehrt mag ein warmer Motor mit Choke anspringen, dann aber wegen Überfettung wieder ausgehen.
- ☐ Fehlfunktion der Zündung. Siehe »schwacher Zündfunke«.
- ☐ Vergaser falsch eingestellt. Falsche Leerlaufdrehzahl oder schlecht justierte Leerlaufgemisch- bzw. Leerlaufluftschraube kann die Ursache sein.
- ☐ Motor zieht Nebenluft. Prüfen Sie Ansaugstutzen und Zylinderkopfdichtung auf Risse und lose Teile.
- ☐ Benzinzulauf schlecht. Verstopfte Benzinfilter, Nachrüstfilter oder Wasser können den Benzinzulauf verringern, sodass der Motor nach kurzer Zeit wegen Benzinmangels ausgeht.
- ☐ Lufteinlassquerschnitt stark verringert. Das kann durch einen verstopften Luftfiltereinsatz oder einen vergessenen Lappen geschehen. Das Gemisch überfettet, und der Motor stirbt ab.
- ☐ Tankbelüftung verstopft. Die Belüftung befindet sich oft im Tankdeckel – freiblasen. Manchmal verschließen auch Tankrucksäcke die Belüftung.

4 Schlechter Motorlauf bei Standgas

Schwacher Zündfunke oder Fehlzündungen:

- ☐ Batteriespannung zu schwach. Batterie laden bzw. ersetzen.
- ☐ Defekte Zündkerzen, siehe »kein Zündfunke«.
- ☐ Defekte Kerzenstecker oder Zündkabel.
- ☐ Falscher Wärmewert der Zündkerze. Wird eine Kerze zu heiß, kann es zu Glühzündungen kommen, was oft kapitale Motorschäden nach sich zieht. Achten Sie streng auf den vorgeschriebenen Wärmewert. Siehe auch Zündkerzen-Vergleichstabelle am Schluss des Buches.
- ☐ Falscher Zündzeitpunkt. Prüfen Sie statischen und dynamischen Zündzeitpunkt und die Verstellung bei höheren Drehzahlen.
- ☐ Defekte Zündspule(n). Ein Zündspulendefekt kann nicht nur in totalem Ausfall bestehen, sondern sich auch in Fehlzündungen bemerkbar machen.
- ☐ Defekte Zündgeberspulen. Prüfen Sie sie, wie im Buch beschrieben.
- ☐ Defekte Zündbox. Prüfen durch Messen oder Austausch.

Benzin-Luft-Gemisch falsch:

- ☐ Motor zieht Nebenluft, siehe Punkt 3.
- ☐ Leerlaufgemisch falsch eingestellt. Leerlaufgemisch- bzw. Leerlaufluftschraube justieren.
- ☐ Vergaser nicht synchronisiert. Synchronisation wie vorne im Buch beschrieben.
- ☐ Leerlaufdüse oder Leerlaufsystem des Vergasers verstopft. Freiblasen.
- ☐ Luftfiltereinsatz fehlt oder ist beschädigt. Ersetzen. Achten Sie auch auf den korrekten Sitz des Luftfilterdeckels.
- ☐ Choke defekt oder falsch justiert. Prüfen Sie auch den Choke-Zug auf Leichtgängigkeit und nötiges Spiel.
- ☐ Schwimmerstand zu hoch oder zu niedrig. Einstellen.
- ☐ Benzintank-Belüftung verstopft. Reinigen.
- ☐ Ventilspiel falsch. Ventile neu einstellen (siehe vorne im Buch).

Niedrige Kompression:

- ☐ Siehe unter Punkt 2 »fehlende Kompression«.

5 Schlechte Beschleunigung

Ursachen:

- ☐ Siehe Ursachen unter Punkt 4.
- ☐ Vergaserschieber klemmt.
- ☐ Bremsen klemmen. Prüfen Sie die Freigängigkeit der Räder. Verbogene Radachsen und verzogene Bremsscheiben können die gleiche Wirkung hervorrufen.

6 Schlechter Motorlauf/ wenig Leistung bei hoher Geschwindigkeit

Schwacher Zündfunke oder Fehlzündungen:

- ☐ Siehe unter Punkt 4.
- ☐ Bei Motorrädern mit Unterbrecherkontaktzündung kann der Unterbrecherkondensator defekt sein. Prüfen durch Austausch.
- ☐ Isolierung von Zündkerzenstecker oder Zündkabel schlecht. Poröse Stecker und Kabel können bei hoher Drehzahl Kriechströme zur Masse leiten und damit Zündunterbrechungen bzw. Fehlzündungen hervorrufen.

Benzin-Luft-Gemisch falsch:

- ☐ Alle unter Punkt 4 beschriebenen Ursachen sind möglich – außer der zweiten (Leerlaufgemisch falsch) und der vierten (Leerlaufsystem verstopft).
- ☐ Hauptdüse des Vergasers hat sich losvibriert oder fehlt ganz.
- ☐ Hauptdüse hat die falsche Größe. Vielleicht hat ein Vorbesitzer eine kleine eingebaut, um vermeintlich Benzin zu sparen. Oder die Hauptdüse ist nach dem Luftdruck im Flachland gewählt, und Sie fahren in den Bergen.
- ☐ Düsennadel und Nadeldüse sind ausgeschlagen. Ersetzen Sie sie als Satz.
- ☐ Belüftungsbohrungen des Vergasers verstopft. Reinigen.
- ☐ Benzinzulauf schlecht. Verstopfte Benzinfilter, Nachrüstfilter oder Wasser können den Benzinzulauf verringern.
- ☐ Tankbelüftung verstopft. Siehe oben.
- ☐ Gummimembran am Vergaserschieber eingerissen (nur bei Gleichdruckvergasern). Erneuern.

Niedrige Kompression:

- ☐ Siehe unter Punkt 2 »fehlende Kompression«.

7 Klopfen und Klingeln

Ursachen:

- ☐ Ölkohleablagerungen im Brennraum. Nach hoher Laufleistung oder bei defekten Kolbenringen oder Ventilschaftdichtungen kann es dazu kommen. Die Kohle beginnt zu glühen und verursacht unkontrollierte Zündungen. Klopfen, Klingeln und kapitale Motorschäden sind die Folge. Zylinderkopf demontieren und Brennraum reinigen.
- ☐ Schlechtes Benzin. Benzin mit zu niedriger Oktanzahl kann zu Klopfen und Klingeln führen. Tanken Sie Superbenzin oder – z. B. im Ausland – erhöhen Sie die Oktanzahl durch Zugabe von Benzol.
- ☐ Wärmewert der Zündkerze falsch. Wird eine Kerze zu heiß, kann es zu Glühzündungen (Klopfen und Klingeln) kommen, was oft kapitale Motorschäden nach sich zieht. Achten Sie streng auf den vorgeschriebenen Wärmewert. Siehe auch Zündkerzen-Vergleichstabelle am Schluss des Buches.
- ☐ Zu mageres Benzin-Luft-Gemisch. Fehlender Luftfilter(einsatz), Nebenluft, niedriger Schwimmerstand, falsche Nadeldüsenstellung und zu kleine Hauptdüse können das Gemisch mit gefährlichen Folgen abmagern.

8 Überhitzung

Falsche Zündeinstellung:

- ☐ Defekte Zündkerzen, siehe Punkt 2.
- ☐ Zündkerzen mit falschem Wärmewert. Wird eine Kerze zu heiß, kann auch der Motor selbst durch Glühzündungen zu heiß werden, was oft kapitale Motorschäden nach sich zieht. Achten Sie streng auf den vorgeschriebenen Wärmewert. Siehe auch Zündkerzen-Vergleichstabelle am Schluss dieses Buches.
- ☐ Falscher Zündzeitpunkt. Einstellen.

Falsches Benzin-Luft-Gemisch:

- ☐ Leerlaufgemisch- bzw. Leerlaufluftschraube verstellt. Neu justieren.
- ☐ Hauptdüse zu klein.
- ☐ Luftfilter beschädigt oder fehlt.
- ☐ Motor zieht Nebenluft. Lassen Sie den Motor im Standgas laufen und sprühen dabei Starthilfe-Spray auf die Stellen an Ansaugstutzen und Zylinderkopfdichtung, wo Sie Nebenluft vermuten. Läuft darauf der Motor mit höherer Drehzahl, so zieht er Nebenluft. Ist die Drehzahl unverändert, so sind die Stellen dicht.
- ☐ Benzinstand im Schwimmergehäuse zu niedrig. Schwimmer nachstellen.
- ☐ Benzintankbelüftung blockiert.

Mangelnde Schmierung:

- ☐ Motorölstand zu niedrig. Prüfen und nachfüllen.
- ☐ Motoröl zu alt. Sehr altes Motoröl verliert seine Schmier- und Kühlwirkung. Wechseln Sie rechtzeitig Öl und Ölfilter.
- ☐ Motoröl von schlechter Qualität oder falscher Viskosität. Wechseln gegen eines der richtigen Sorte.

Ungewöhnliche Ursachen:

- ☐ Rippen des Kühlers sind verdreckt. Sehr stark zugesetzte Kühlrippen beeinträchtigen den Wärmetausch zwischen Fahrtwind und Kühler. Das kann zu Überhitzungen führen.

9 Kupplungsprobleme

Kupplung rutscht durch:

- ☐ Kein Spiel am Kupplungshebel (bei Seilzug-Kupplungen). Einstellen.
- ☐ Kupplungszug schwergängig, weil zu stark geknickt oder Seele aufgefasert. Ersetzen.
- ☐ Ausrückmechanismus verschlissen oder defekt. Reparieren.
- ☐ Flüssigkeitsstand im Ausgleichsbehälter zu hoch (bei hydraulischer Kupplungsbetätigung). Ausgleichen.
- ☐ Reibscheiben stark verschlissen. Erneuern als Paket.
- ☐ Kupplungsfedern gebrochen oder ermüdet. Ausmessen und als Satz erneuern.
- ☐ Kupplungsmitnehmer und/oder -korb verschlissen: Reibscheiben und Lamellen haben sich in die Mitnehmernuten eingearbeitet, sodass sie nicht mehr in den Nuten gleiten können. Mit Schlüsselfeile glätten oder bei starkem Verschleiß Teile ersetzen.
- ☐ Falsches Schmiermittel (bei Nasskupplung). Auch nicht vorgesehene Zusätze wie Molybdändisulfit können die Kupplung zum Durchrutschen bringen. Schmiermittel gegen das vorgeschriebene tauschen. Unter Umständen sind die Reibscheiben der Kupplung durch falsche Zusätze unbrauchbar geworden und müssen ersetzt werden.

Kupplung trennt nicht:

- ☐ Zu viel Spiel am Kupplungshebel (bei Seilzug-Kupplungen). Einstellen.
- ☐ Ausrückmechanismus verschlissen oder defekt. Reparieren.
- ☐ Flüssigkeitsstand im Ausgleichsbehälter zu niedrig (bei hydraulischer Kupplungsbetätigung). Ausgleichen.
- ☐ Luft im Betätigungssystem (bei hydraulischer Kupplungsbetätigung). Entlüften.
- ☐ Kupplungs-Sekundärzylinder defekt (bei hydraulischer Kupplungsbetätigung). Ein beschädigter Kolben kann im Zylinder feststecken und die Kupplung nicht mehr betätigen.
- ☐ Kupplungsfedern unterschiedlich stark. Passiert bei einer oder mehreren gebrochenen Federn.
- ☐ Verbranntes Motoröl steckt zwischen Lamellen und Reibscheiben. Das kann passieren, wenn die Kupplung unter hoher Last lange geschliffen hat. Motoröl wechseln.
- ☐ Fremdkörper sitzen zwischen Reibscheiben und Lamellen. Kupplung auseinander nehmen und reinigen.
- ☐ Motoröl-Viskosität zu hoch. Öl wechseln.
- ☐ Kupplungsmitnehmer und/oder -korb verschlissen: Reibscheiben und Lamellen haben sich in die Mitnehmernuten eingearbeitet, sodass sie nicht mehr in den Nuten gleiten können. Mit Schlüsselfeile glätten oder bei starkem Verschleiß Teile ersetzen.
- ☐ Stahllamellen der Kupplung verzogen und wellig. Das kann bei zu langem Schleifenlassen geschehen.
- ☐ Lose Kupplungsmutter. Dadurch sind Mitnehmer und Kupplungskorb nicht mehr zentriert, was eine mangelhafte Trennung der Kupplung verursachen kann. Symptom: Das Kupplungsspiel am Hebel ändert sich ständig. Reparieren.

10 Schaltprobleme

Schalthebel kehrt nicht in Mittelstellung zurück:

- ☐ Gebrochene oder verschlissene Schaltfeder. Erneuern.
- ☐ Schaltwelle verbogen oder festgefressen. Verbogene Schaltwellen sind oft Folge eines Sturzes auf den Schalthebel. Leichte Beschädigungen können an der ausgebauten Schaltwelle gerichtet werden.

Getriebe lässt sich nicht oder schwer schalten:

- ☐ Kupplung trennt nicht, siehe Punkt 9.
- ☐ Schaltwelle verbogen. Siehe oben.
- ☐ Schaltmechanismus verschlissen oder defekt. Reparieren.
- ☐ Schaltgabeln verbogen oder verschlissen. Reparieren bzw. ersetzen.

Herausspringen eines Gangs:

- ☐ Schaltmechanismus verschlissen oder defekt. Reparieren.
- ☐ Schaltklauen und -fenster der Getrieberäder verschlissen. Die Klauen weisen gegen ein Herausspringen eine Hinterschneidung von etwa 5° auf. Nach langer Laufzeit oder durch Härtefehler können die Klauen verschleißen. Entsprechende Getrieberäder ersetzen.
- ☐ Getrieberäder, -gleitbuchsen und -wellen verschlissen. Erneuern.
- ☐ Schaltwelle verbogen. Siehe oben.

Überspringen eines Gangs:

- ☐ Schaltmechanismus verschlissen oder defekt. Reparieren.

11 Ungewöhnliche Motorgeräusche

Klopfen und Klingeln:

- ☐ Siehe Punkt 7.

Kolbenklappern:

- ☐ Kolbenspiel zu groß. Das kann mehrere Ursachen haben: Bei einer Reparatur wurden zu kleine Kolben eingesetzt; Verschleiß nach langer Laufzeit; Schrumpfung der Kolben durch Überhitzung. Kolbenklappern ist ein hohes Klappergeräusch, das bei leichter oder gar keiner Last auftritt, vor allem, wenn gerade Gas gegeben wird. Zylinder aufbohren und Übermaßkolben einsetzen.
- ☐ Pleuel verbogen. Mögliche Ursachen: Motor überdreht; Starten des Motors mit Flüssigkeit im Brennraum (übergelaufener Vergaser); Beschädigung der Kurbelwelle bei einer Reparatur. Bei einem verbogenen Pleuel muss die Kurbelwelle ausgebaut und das Pleuel ersetzt werden.
- ☐ Verschleiß von Kolbenbolzen, Bolzenbohrung im Kolben oder oberem Pleuelauge. Ursache: Mangelnde Schmierung oder hohe Laufleistung. Verschlissene Teile ersetzen.
- ☐ Kolbenringe verschlissen, gebrochen oder festgeklemmt. Erneuern nach gründlicher Prüfung von Kolben und Zylinderbohrung.

Ventilklappern:

- ☐ Ventilspiel zu groß. Einstellen.
- ☐ Ventilfeder ermüdet oder gebrochen. Erneuern.
- ☐ Nockenwelle oder Zylinderkopf verschlissen oder beschädigt. Die Lagerstellen der Nockenwelle sind sehr empfindlich gegen mangelnde Schmierung, die bei zu niedrigem Ölstand vorkommen kann, aber auch bei hohen Drehzahlen bei kaltem Motor.
- ☐ Schlepphebel verschlissen. Starker Verschleiß eines Hebels und schnelle Änderung des Ventilspiels weisen auf einen gebrochenen Schlepphebel bzw. auf einen Verschleiß der Oberflächenhärte hin. Meist ist auch der zugehörige Nocken verschlissen. Teile erneuern.
- ☐ Verschlissener Nockenwellenantrieb. Eine lose oder gelängte Steuerkette, verschlissene Zahnräder u. a. können sehr unangenehme Geräusche machen. Erneuern Sie die Teile, bevor größerer Motorschaden die Folge ist.

Andere Geräusche:

- ☐ Pleuelfußlager verschlissen. Ein deutliches Klopfen aus dem Kurbelgehäuse, das schnell lauter wird. Ursache: Mangelnde Schmierung oder sehr hohe Laufleistung. Bei Verdacht auf diesen Fehler sollte der Motor sofort abgeschaltet werden, um noch stärkeren Schaden zu vermeiden (z. B. Pleuel-Abriss).
- ☐ Kurbelwellen-Hauptlager defekt. Dieser Fehler macht sich durch rumpelnde Geräusche und starke Vibrationen bemerkbar. Die Lagerschalen müssen erneuert und die Kurbelwelle eventuell überdreht werden.
- ☐ Kurbelwelle stark unrund. Eine verbogene oder verschränkte Kurbelwelle kann die Folge von Überdrehzahlen oder Schäden im Zylinderkopf sein. Auch ein plötzlich blockierendes Getriebe oder Hinterrad kann Verursacher sein, ebenso wie ein Schlag auf ein Kurbelwellenende, etwa beim Umfallen der Maschine.
- ☐ Motorhalterungen lose. Alle Schrauben und Muttern festziehen.
- ☐ Zylinderkopfdichtung defekt. Das Geräusch ist ein hohes Pfeifen vom Zylinderkopf, es kann aber auch jedes andere Geräusch sein, dass man mit ausströmendem Gas in Verbindung bringt. Meist ist die Leckstelle auch von einem Ölnebel umgeben. Wenn die Dichtung nach innen defekt ist, kann ein Überdruck im Kurbelgehäuse die Folge sein, wodurch einiges Öl aus der Kurbelgehäuseentlüftung gepresst wird. Ursache einer defekten Zylinderkopfdichtung kann sein: sehr hohe Laufleistung; Überhitzung; ungleichmäßiges Anziehen der Zylinderkopfschrauben. Dichtung schnellstmöglich ersetzen.
- ☐ Undichter Auspuff.

12 Ungewöhnliche Getriebe- und Endantriebsgeräusche

Kupplungsgeräusche:

- ☐ Zuviel Spiel in einzelnen Komponenten der Kupplung. Vermessen und nötigenfalls erneuern.
- ☐ Zahnrad des Primärantriebs verschlissen oder beschädigt. Erneuern.

Getriebegeräusche:

- ☐ Lager oder Buchsen verschlissen oder beschädigt. Vermessen und erneuern.
- ☐ Getriebezahnräder verschlissen oder beschädigt. Erneuern.
- ☐ Fremdkörper im Getriebe. Das kann Dreck oder Sand sein, aber auch Metallstücke von beschädigten Motorteilen. Öl ablassen und auf Fremdkörper untersuchen, nötigenfalls Getriebe inspizieren.
- ☐ Getriebe-/Motorölstand zu niedrig. Auffüllen.
- ☐ Schaltmechanismus defekt. Reparieren.

Endantriebsgeräusche:

- ☐ Ritzel lose. Festziehen, wenn Innenverzahnung und Abtriebswellenprofil noch in Ordnung sind. Sonst ersetzen.
- ☐ Abtriebskette zu lose. Eine lose oder stark verschlissene Kette kann beim Lauf an Gehäuse und Hinterradschwinge schlagen. Kette spannen oder ersetzen.
- ☐ Ölstand im Winkeltrieb zu niedrig. Auffüllen (Kardanantrieb).
- ☐ Kegelrad/Tellerrad schlecht justiert. Prüfen und einstellen (Kardanantrieb).
- ☐ Kegelrad/Tellerrad beschädigt oder verschlissen. Stets paarweise auswechseln (Kardanantrieb)!

13 Starker Auspuffrauch

Weißer Rauch:

- ☐ Rein weißer Rauch deutet auf verdampfendes Kondenswasser hin und hört kurz nach dem Kaltstart auf.

Blauer Rauch durch verbranntes Öl:

- ☐ Kolbenringe verschlissen oder gebrochen. Besonders trifft dies auf den Ölabstreifring zu. Kolben, -ringe und Zylinder vermessen und nötigenfalls erneuern.
- ☐ Zylinder riefig oder verschlissen. Auf nächstes Übermaß aufbohren und Übermaßkolben mit neuen Ringen einsetzen.
- ☐ Ventilschaftdichtungen verschlissen, beschädigt oder verhärtet. Erkenntlich an blauem Rauch, wenn der Gasgriff nach dem Beschleunigen schnell geschlossen wird, etwa beim Gangwechsel. Ersetzen.
- ☐ Ventilführungen verschlissen. Vermessen und ersetzen.
- ☐ Ölstand im Motor zu hoch. Messen und ausgleichen.
- ☐ Zylinderkopfdichtung nach innen defekt. Ersetzen.
- ☐ Defektes Rückschlagventil in der Kurbelgehäuseentlüftung. Ventil ersetzen.

Schwarzer Rauch durch zu fettes Gemisch:

- ☐ Luftfiltereinsatz verstopft oder nass. Erneuern.
- ☐ Hauptdüse zu groß oder lose. Ersetzen bzw. festziehen.
- ☐ Choke-Mechanismus defekt: Choke lässt sich nicht ausschalten. Reparieren.
- ☐ Benzinstand im Schwimmergehäuse zu hoch. Schwimmer nachbiegen.
- ☐ Schwimmernadelventil undicht. Reinigen oder erneuern.

14 Öldrucklampe leuchtet auf

Schmierungsmangel:

- ☐ Ölmangel im Motor. Auffüllen.
- ☐ Öl-Viskosität zu niedrig. Ölwechsel.
- ☐ Ölpumpe defekt. Reparieren.
- ☐ Ölansaugleitung verstopft. Reinigen.
- ☐ Lagerstellen der Nockenwelle verschlissen. Bei zu großen Lagerspalten kann sich kein Öldruck mehr aufbauen, die Lampe leuchtet auf. Nockenwelle und/oder Zylinderkopf ersetzen bzw. reparieren.
- ☐ Kurbelwellenlager verschlissen. Siehe oben. Hier genügt es oft, neue Lagerschalen einzubauen.
- ☐ Rückschlagventil klemmt offen. Dadurch kann sich an den Lagerstellen kein genügender Öldruck aufbauen. Ventil reparieren bzw. erneuern.

Elektrischer Fehler:

- ☐ Öldruckschalter defekt. Durchmessen (siehe vorne) und nötigenfalls erneuern.
- ☐ Verkabelung defekt. Prüfen Sie den Öldruckschaltkreis auf Kurzschlüsse, aufgescheuerte oder geknickte Kabel.

15 Schlechte Fahreigenschaften

Schlechter Geradeauslauf:

- ☐ Lenkkopflager zu straff eingestellt. Das verursacht Pendeln bei niedrigen Geschwindigkeiten. Neu justieren.
- ☐ Lenkkopflager verschlissen oder beschädigt. Nach zu straffem Einstellen oder nach einem Unfall kann dies die Folge sein. Das ist auch der Fall, wenn Strom über die Lenkkopflager fließen muß, etwa Masseleitung der Scheinwerfer. Neue Lager sollten geschmiert werden.
- ☐ Reifenluftdruck zu niedrig. Grundsätzlich gilt: besser zu hoch als zu niedrig.
- ☐ Reifen vorne und/oder hinten verschlissen. Abgefahrene Reifen können sich in Pendeln, instabilem Geradeauslauf und Kippeln bemerkbar machen. – Hinterradschwingenlager verschlissen. Erneuern.
- ☐ Verzogene Hinterradschwinge. Dies wird normalerweise nur nach einem Unfall auftreten. Schwinge richten oder erneuern.
- ☐ Radlager verschlissen oder defekt. Erneuern.
- ☐ Falsche Reifen. Manche Reifentypen oder -kombinationen sind einfach ungeeignet für das Motorrad, auch wenn sie noch reichlich Profil haben.

Motorrad zieht nach links oder rechts:

- ☐ Hinterrad aus der Spur. Ungleichmäßiges Anziehen der Kettenspanner stellt das Hinterrad schräg. Die gleiche Wirkung kann eine verbogene Radachse haben.
- ☐ Räder fluchten nicht. Auch ein verbogener Rahmen, Telegabel oder Hinterradschwinge kann das gleiche Ergebnis haben.
- ☐ Verdrehte Gabelbrücken. Schlaglöcher oder schlechte Wegstrecken können die Gabelbrücken gegeneinander verdrehen. Klemmschrauben der Gabelbrücken, Vorderradachse und Schutzblechhalter lösen, Lenker und Vorderrad gerade stellen und alle Schrauben, von unten beginnend, wieder anziehen.

Lenker vibriert oder schlägt:

- ☐ Reifen abgefahren oder nicht ausgewuchtet.
- ☐ Reifen nicht ordentlich montiert. An den Reifenflanken sind Linien aufvulkanisiert, die bei richtiger Montage überall den gleichen Abstand zum Felgenhorn haben müssen. Wenn nicht, sitzt der Reifen nicht richtig auf der Felgenschulter. Bei Schlauchreifen kann auch der Schlauch eingeklemmt sein.
- ☐ »Bremsplatte«. Nach starken Bremsungen mit blockierendem (Hinter-)Rad kann der Reifen am Aufstandspunkt abradiert sein. Er »hoppelt« dann und gehört ausgewechselt.
- ☐ Felgen verzogen oder beschädigt. Prüfen Sie sie auf Rundlauf.
- ☐ Hinterradschwingenlager verschlissen. Erneuern.
- ☐ Radlager defekt. Erneuern.
- ☐ Lenkkopflager zu lose. Neu einstellen bzw. erneuern.
- ☐ Lose Vorderradführung. Lose Schrauben und Muttern an Gabelbrücken, Schutzblech, Gabelstabilisator und Achse können zu Vibrationen im Lenker führen.
- ☐ Motoraufhängung lose. Ziehen Sie alle Muttern und Schrauben nach.

Schlechte Wirkung der Telegabel:

- ☐ Gabelöl-Pegel falsch. Bei zu geringem Ölstand ist mangelnde Dämpfung die Folge, das Rad schlägt nach. Zu viel Öl kann die Gabel steif machen und zu den Dichtringen herausdrücken.
- ☐ Falsches Gabelöl. Im Gegensatz zum Motoröl kommt es beim Gabelöl stark auf die Viskosität an. Wechseln Sie es im Zweifel gegen eines der vorgeschriebenen Sorte.
- ☐ Dämpfermechanik verschlissen. Dies passiert nur bei sehr hoher Laufleistung oder langer Fahrt mit verschlissenen Dichtringen. Die Gabel muss überholt werden.
- ☐ Weiche oder ermüdete Gabelfedern. Die Gabel taucht beim Bremsen extrem stark ein. Gabelfedern ersetzen.
- ☐ Verbogene oder korrodierte Standrohre. Beides kann zum Festklemmen der Gabel führen. Stand- und eventuell Tauchrohre müssen erneuert werden.
- ☐ Verkantete Gabel. Werden beim Festziehen der Vorderradachse die Gabelfäuste zusammengezogen, verkantet die Gabel und kann nicht mehr einfedern. Klemmfäuste lockern und mit gezogener Bremse Gabel ein paar Mal einfedern, damit sie sich wieder ausrichtet. Danach Klemmfäuste wieder anziehen.
- ☐ Defekt im Anti-Dive-Mechanismus, wenn vorhanden.

Telegabel stuckert beim Bremsen:

- ☐ Zu viel Spiel zwischen Stand- und Tauchrohren. Gabel überholen.
- ☐ Lose Lenkkopflager. Neu einstellen.
- ☐ Verzogene Bremsscheibe(n). Erneuern.

Schlechte Wirkung der Hinterradfederung:

- ☐ Federbeindämpfer verschlissen oder undicht. Erneuern.
- ☐ Weiche oder ermüdete Feder. Das Motorrad sinkt bei Beladung zu tief ein und verliert an Bodenfreiheit. Ersetzen durch stärkere bzw. neue Feder.
- ☐ Hinterradschwingenlager festgefressen. Erneuern.
- ☐ Lager der Umlenkhebel festgefressen. Erneuern.
- ☐ Verbogene Dämpferstange des Federbeins. Erneuern.

16 Ungewöhnliche Rahmen- und Federungsgeräusche

Geräusche von vorne:

- ☐ Gabelöl zu dünn oder zu wenig. Das kann ein »spritzendes« Geräusch verursachen und ist meist mit unkorrektem Gabelverhalten verbunden.
- ☐ Gabelfeder gebrochen. Dies macht ein klickendes oder schabendes Geräusch.
- ☐ Lenkkopflagerschalen gebrochen. Klickende Geräusche.
- ☐ Gabelbrücken lose. Festziehen.
- ☐ Zu viel Spiel zwischen Stand- und Tauchrohren. Klapperndes Geräusch.

Geräusch von hinten:

- ☐ Dämpferöl des Federbeins zu wenig. Das kann ein »spritzendes« Geräusch verursachen.
- ☐ Defektes Federbein mit innerer Beschädigung.

A

17 Bremsprobleme

Bremsen sind schwammig oder zeigen wenig Wirkung:

- ☐ Luft im Bremssystem. Entlüften.
- ☐ Bremsbeläge abgenutzt. Prüfen Sie die Stärke anhand der Verschleißmarken, und erneuern Sie sie nötigenfalls.
- ☐ Verölte Beläge. Beläge können bereits verölen, wenn sie mit Fingern auf der Belagfläche angefasst werden. Verölte Beläge können nicht mehr entfettet werden, sind unbrauchbar und durch neue zu ersetzen.
- ☐ Verglaste Beläge. Schlechtes Belagmaterial kann bei bestimmten Reibpaarungen verglasen, d. h. es bildet sich eine glasharte Schicht darauf, die nicht mehr bremst. Notbehelf: mit grobem Schmirgel oder Feile Glasschicht entfernen. Besser: Beläge ersetzen.
- ☐ Wasser im Bremssystem. Da Bremsflüssigkeit wasseranziehend ist, enthält sie nach einigen Jahren einen relativ hohen Wasseranteil. Das kann in Extremsituationen zu Dampfblasenbildung und damit nachlassender Bremsleistung führen. Bremsflüssigkeit erneuern.
- ☐ Manschette im Hauptbremszylinder verschlissen. Symptom: Bei leichtem Zug am Hebel ist zunächst ein Druckpunkt spürbar, doch dann gibt der Hebel nach und wandert langsam Richtung Griff. Hauptbremszylinder überholen.
- ☐ Kolbendichtung im Bremssattel undicht. Ersetzen und Sattel überholen.
- ☐ Hebel bzw. Bremspedal falsch eingestellt. Neu justieren.

Bremsen schleifen:

- ☐ Bremsscheibe(n) verzogen. Erneuern.
- ☐ Korrosion in den Bremssätteln: Kolben, Bohrungen, Bremsklötze. Überholen und reinigen.
- ☐ Kolbendichtung im Bremssattel beschädigt oder zu alt. Der Kolben kann klemmen und nicht mehr in die Ausgangsposition zurückkehren. Dichtung ersetzen.
- ☐ Bremsklotz beschädigt. Bruch oder abgelöster Belag verklemmen die Bremse. Erneuern.
- ☐ Radachse verbogen. Erneuern.
- ☐ Bremspedal/Hebel klemmt. Schmieren und leichtgängig machen.
- ☐ Bremse zu straff eingestellt. Das passiert nur bei gestängebetätigter hinterer Trommelbremse. Das Pedalspiel sollte bei normal beladenem Motorrad eingestellt werden, da sich bei Beladung die Bremse zuzieht.
- ☐ Bremssattelhalter verbogen. Das kann bei einem Unfall passieren. Gussteile austauschen, Schmiedeteile lassen sich wieder richten.
- ☐ Fehler im Anti-Dive-System (wenn vorhanden). Hier kann der zweite Hauptbremszylinder defekt oder die Kolbenstange zu lang sein.

Pulsierender Bremshebel/-pedal:

- ☐ Das Motorrad ist mit einem Antiblockier-System (ABS) ausgerüstet. Pulsieren ist dann normal.
- ☐ Bremsscheibe(n) verzogen. Erneuern.
- ☐ Radachse verbogen. Erneuern.

Scheibenbremsgeräusche:

- ☐ Bremsen quietschen. Mehrere Ursachen möglich: Schwingungsquietschen kann durch Benetzen der Rückseite der Bremsklötze mit Kupferpaste beseitigt werden; Reibpaarungsquietschen, liegt an der Art des Bremsbelages, neue Bremsklötze ausprobieren; verschmutzte Beläge durch Verglasung, Dreck, Öl u. Ä.
- ☐ Bremsscheibe verzogen. Das kann rhythmische Geräusche wie Quietschen, Schaben oder Klicken verursachen. Bremsscheibe erneuern.
- ☐ Bremsklötze zu klein. Es ist sehr unwahrscheinlich, dass falsche Bremsklötze eingebaut wurden, dennoch würde dies ein Klopfen beim Beginn jedes Bremsens hervorrufen.

Schütteln beim Bremsen:

- ☐ Ausgeschlagene Telegabeln und Lenkkopflager rufen ein Schütteln beim Bremsen hervor. Ursache prüfen und beseitigen.

18 Elektrikprobleme

Batterie schwach oder leer:

- ☐ Batterie zu alt und sulfatiert. Ersetzen.
- ☐ Batterie wurde lange nicht geladen. Tiefentladung, kurzfristig kann die Batterie zwar noch einmal zum Leben erweckt werden, aber ihre Lebensdauer ist drastisch verkürzt. Daher Batterien bei langer Stillstandszeit des Motorrads regelmäßig nachladen oder, noch besser, im PKW parallel zur PKW-Batterie anschließen.
- ☐ Säurestand zu niedrig. Destilliertes Wasser nachfüllen und Batterie nachladen.
- ☐ Pole korrodiert. Leitungen abnehmen, blank schaben, mit Kupferpaste benetzen und wieder anbauen.
- ☐ Batterie ständig entladen. Entweder liegt ein Kriechstrom vor, der auch bei ausgeschalteter Zündung die Batterie entlädt, oder Regler/Lichtmaschine sind defekt. Prüfen und reparieren.
- ☐ Ständige Stadtfahrten. Bei häufigen Fahrten mit niedriger Drehzahl kann es sein, dass die Batterie nicht genügend geladen wird.
- ☐ Verkabelung defekt. Suchen Sie im Ladestromkreis systematisch nach gebrochenen oder gequetschten Kabeln.

Batterie überladen:

- ☐ Regler defekt. Eine überladene Batterie erkennt man an starkem Gasen. Regler prüfen und erneuern.

Totaler Ausfall:

- ☐ Sicherung durchgebrannt. Prüfen Sie die Hauptsicherung und die Ursache für ihr Durchbrennen.
- ☐ Batterie leer. Ursache feststellen und beseitigen.
- ☐ Massekabel der Batterie lose. Prüfen Sie die Befestigung am Batteriepol und am Motor bzw. Rahmen.
- ☐ Zündschalter defekt. Durchmessen und evtl. erneuern.
- ☐ Verkabelung gebrochen. Systematisch mit Prüflampe prüfen.

Starker Lampenverschleiß:

- ☐ Vibrationsverschleiß. Bei starken Vibrationen von Motor oder Fahrwerk leben Lampen nicht lange. Versuchen Sie, durch Aufhängung in Gummilagern die Schwingungen fernzuhalten.
- ☐ Wackelkontakt. Durch einen »Wackler« wird die Lampe ständig an- und ausgeschaltet, was ihre Lebensdauer verringert.
- ☐ Überspannung. Durch einen defekten Regler kann Überspannung entstehen, was die Lampen schnell durchbrennen lässt.
- ☐ Falsche Lampe. Eine 6-Volt-Lampe in einem 12-Volt-Bordnetz lebt nicht lange.

Ausrüstung zur Fehlersuche

Kompressionsprüfung

Niedrige Kompression hat Auspuffqualm, hohen Ölverbrauch, schlechtes Startverhalten und mangelnde Leistung zur Folge. Ein Kompressionstest liefert wichtige Informationen zum Zustand des Motors und kann, regelmäßig durchgeführt, frühzeitig Schadensgefahren anzeigen.

Ein Kompressionstester ist zum Einschrauben in das Zündkerzenloch gedacht, eventuell mit einem Adapter versehen. Einschraubtester sind denen mit Gummiadapter vorzuziehen.

Vor dem Test überprüfen Sie bitte das Ventilspiel und justieren es nötigenfalls.

1 Fahren Sie das Motorrad warm bis zur Betriebstemperatur, schalten dann den Motor aus und schrauben die Zündkerzen heraus. Verbrennen Sie sich dabei nicht!

2 Schrauben Sie Adapter und Kompressionstester in das Kerzenloch von Zylinder 1 (siehe Abbildung 1).

Einschrauben des Adapters in das Kerzenloch, dann Aufschrauben des Kompressionstesters.

3 Stellen Sie bei Motorrädern mit Kickstarter den Killschalter auf »OFF«, drehen den Gasgriff ganz auf und treten dann den Motor einige Male durch, bis die Anzeige des Kompressionstesters nicht weiter steigt.

4 Bei Motorrädern mit elektrischem Anlasser hängt das Vorgehen von der Art der Zündung ab. Schalten Sie den Killschalter auf »OFF« und die Zündung an. Drehen Sie den Gasgriff ganz auf und drehen den Motor per Anlasser einige Sekunden durch, bis die Anzeige des Kompressionstesters nicht weiter steigt. Arbeitet der Anlasser nicht bei ausgeschaltetem Killschalter, schalten Sie die Zündung aus und machen bei Punkt 5 weiter.

5 Stecken Sie die Zündkerzen wieder in ihre Stecker und legen sie so auf den Motorblock, dass die Metallkörper der Kerzen Kontakt mit Masse haben (eventuell mit Blumendraht befestigen; siehe Abbildung 2). Das verhindert Beschädigung des Zündsystems, wenn der Motor

Alle Zündkerzen müssen beim Test gegen Masse geerdet sein.

durchgedreht wird. Platzieren Sie die Kerzen nicht in der Nähe der Kerzenlöcher, damit nicht unabsichtlich austretender Benzindampf entzündet wird.

Schalten Sie Zündung und Killschalter auf »ON«, drehen den Gasgriff ganz auf und drehen den Motor per Anlasser einige Sekunden durch, bis die Anzeige des Kompressionstesters nicht weiter steigt.

6 Lesen Sie die Anzeige des Testers ab und notieren Sie. Wiederholen Sie bei Mehrzylindermotoren den Vorgang bei allen Kerzenlöchern.

7 Vergleichen Sie die Werte mit denen in den *Technischen Daten*. Liegen sie im angegebenen Bereich und sind die Werte der verschiedenen Zylinder nicht sehr unterschiedlich, so ist der Motor in gutem Zustand. Andernfalls müssen Zylinderkopf und evtl. Kolben und Zylinder überholt werden.

8 Niedrige Kompression kann die Folge von zu viel Kolbenspiel, verschlissenen Kolbenringen, defekter Zylinderkopfdichtung oder undichten Ventilen sein.

9 Um zwischen undichten Ventilen und verschlissenen Kolben zu unterscheiden, geben Sie etwas Öl in das Kerzenloch, um kurzfristig die Kolbenringe abzudichten (siehe Abbildung 3).

Verschlissene Kolbenringe können kurzfristig durch etwas Motoröl abgedichtet werden.

Führen Sie dann erneut den Kompressionstest durch. Erreicht er deutlich höhere Werte, so sind Kolben/Ringe/Zylinder verschlissen. Im anderen Fall prüfen Sie Ventile und Zylinderkopfdichtung.

10 Weniger häufig ist eine hohe Kompression, die die Werte in den *Technischen Daten* übersteigt. Entweder hat ein Vorbesitzer wegen Leistungssteigerung die Kompression erhöht, oder es hat sich viel Ölkohle im Brennraum abgelagert. In diesem Fall sollte der Zylinderkopf abgenommen und gereinigt werden.

Batterietest

Warnung: Batteriegase sind explosiv (Knallgas). Halten Sie Feuer, offene Flammen und Funken von der Batterie fern, vor allem, wenn sie geladen wird.

Zur Prüfung brauchen Sie ein Voltmeter. Am besten ist eines mit Digitalanzeige (siehe Abbildung 4), da es auch zehntel Volt anzeigt. Halten Sie auch eine Stoppuhr bereit.

1 Die Batterie bleibt im Motorrad eingebaut. Sitzbank oder Seitendeckel abnehmen, damit Sie leicht an die Pole herankommen.

2 Messbereich am Voltmeter auf 20 Volt (Gleichspannung, DC) stellen. Prüfkabel an den Batteriepolen anklemmen. Die Anzeige wird nun je nach Ladezustand des Akkus zwischen 11 und 13,2 Volt betragen. Den abgelesenen Wert notieren.

3 Jetzt Zündung und Fernlicht anschalten (Motor bleibt aus!) und sofort das Messgerät beobachten. Die Spannung wird jetzt sinken, und es gibt drei Möglichkeiten:

- Die Voltzahl fällt um lediglich 0,3 bis 0,4 Volt ab und verändert sich dann kaum noch. Die Batterie ist intakt und geladen.

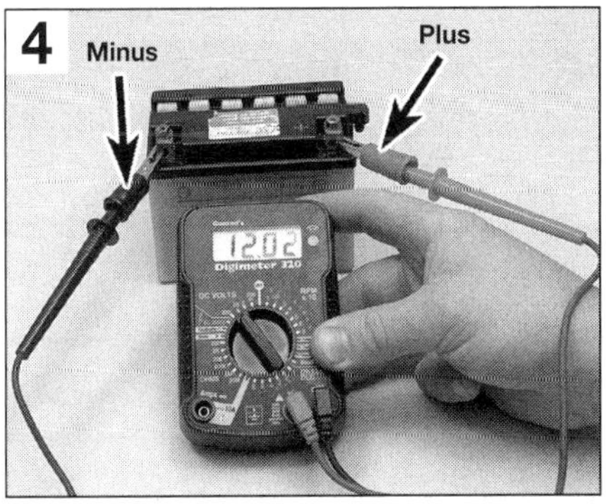

Digitalmultimeter, als Voltmeter geschaltet, beim Messen der Batteriespannung ohne Belastung.

A

- Die Spannung sinkt stärker als 0,4 Volt innerhalb von fünf bis zehn Sekunden (Stoppuhr!). Die Batterie ist tiefentladen, kann aber noch gerettet werden.
- Die Spannung bricht sofort nach Einschalten von Zündung und Fernlicht zusammen, sinkt also um mehr als 2 Volt. Mindestens eine Zelle der Batterie ist defekt. Erneuern.

Durchgangsprüfung

»Durchgangsprüfung« meint den Test einer elektrischen Verbindung auf ungehinderten Stromfluss. Sie kann unterbrochene Kabel, korrodierte Stecker u. Ä. aufspüren. Durchgang kann mit einem Ohmmeter, Durchgangsprüfer oder einer Prüflampe mit Batterie getestet werden (siehe Abbildungen 5, 6 und 7). Alle diese Instrumente sind mit eigener Stromquelle ausgestattet, daher erfolgt der Test bei

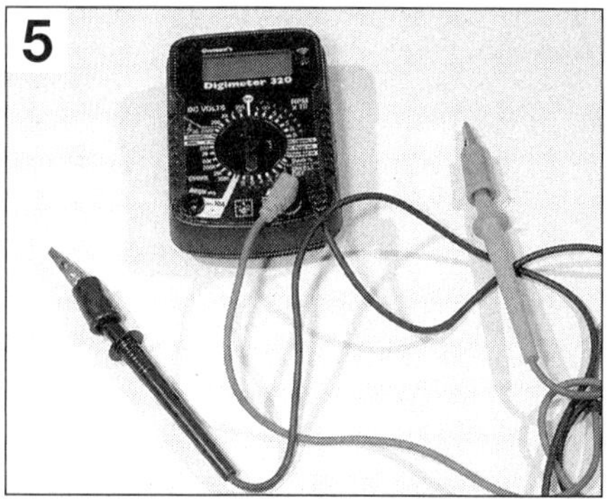

Ein Digitalmultimeter kann für alle elektrischen Tests verwendet werden.

ausgeschalteter Zündung. Klemmen Sie grundsätzlich vor jeder Durchgangsprüfung den Minuspol der Batterie ab.
Verwenden Sie ein Ohm- oder Multimeter, so schalten Sie den korrekten Widerstandsbereich ein und halten die Prüfspitzen aneinander. Die Anzeige muss Null sein. Bei getrenn-

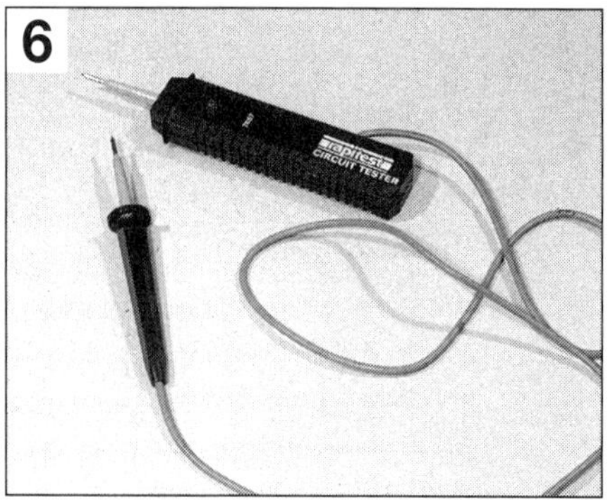

Durchgangsprüfer mit eigener Spannungsquelle

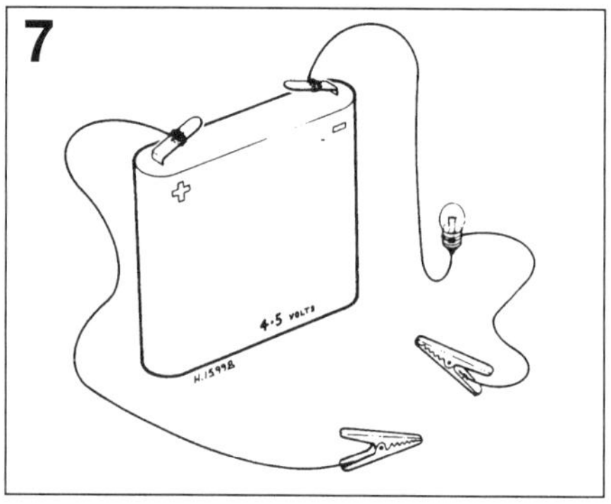

Selbstgebauter Durchgangsprüfer mit Batterie und Glühlampe in Reihenschaltung

ten Prüfspitzen muss das Gerät »unendlich« (bzw. bei manchen Geräten »1«, ohne Kommastelle) anzeigen.
Schalten Sie das Messgerät nach der Messung aus, um dessen Batterie zu schonen.

Schalter-Test

1 Verfolgen Sie die Kabel eines Schalters zurück bis zu den ersten Steckern. Trennen Sie die Stecker, und untersuchen Sie sie auf Zustand und Sauberkeit.
2 Stellen Sie das Multimeter auf »OHMs x 10« (Widerstand in Ohm x 10) und verbinden die Prüfspitzen mit den Steckern (siehe Abbildung 8). Einfache An/Aus-Schalter besitzen nur zwei Kabel, während Schalter mit mehreren Stellungen, z. B. Zündschalter, entsprechend viele

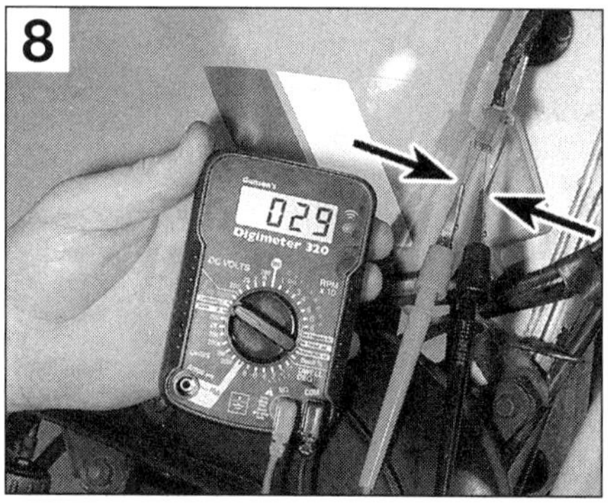

Durchgangsprüfer mit dem Ohmmeter am vorderen Bremsschalter

Kabel haben. Prüfen Sie anhand des Schaltbildes die korrekten Verbindungen zwischen den Kabeln bei verschiedenen Schalterstellungen. Durchgang (0 Ohm) sollte bei geschlossenem, kein Durchgang (unendlicher Widerstand) bei geöffnetem Schalter vorhanden sein.
3 *Hinweis:* Die Polung der Prüfspitzen spielt bei dem Test keine Rolle. Anders ist es bei der Prüfung von Dioden oder anderen Halbleitern.
4 Ein Durchgangsprüfer oder eine Batterie mit Prüflämpchen kann in gleicher Weise benutzt werden (siehe Abbildung 9). Bei Durchgang (Schalter an) muss das Lämpchen leuchten bzw. der Summer arbeiten.

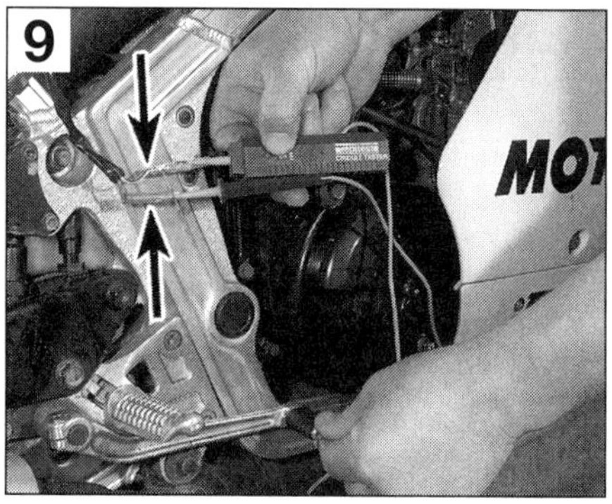

Test mit dem Durchgangsprüfer am hinteren Bremsschalter

Kabeltest

Viele elektrische Defekte werden von durchgescheuerten Kabeln oder losen Steckern verursacht. Auch korrodierte Anschlüsse oder Kabelklemmungen können Ursachen sein.

1 Ein Durchgangstest kann an einem Kabel durchgeführt werden, indem das Kabel an beiden Enden vom Bordnetz getrennt und mit den Prüfspitzen verbunden wird (siehe Abbildung 10).

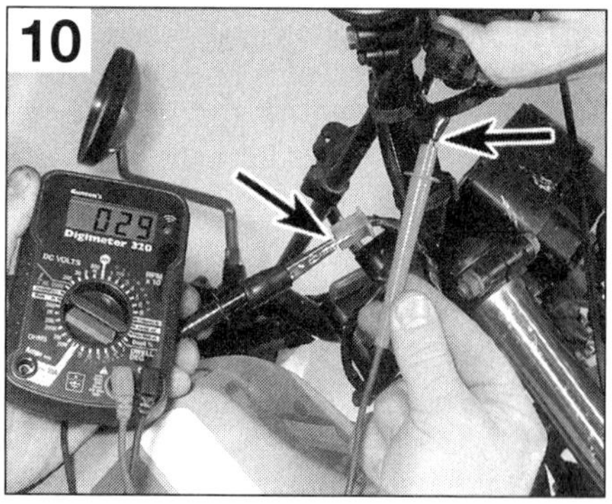

Durchgangsprüfer am vorderen Bremslichtschalter. Eine Prüfspitze durchsticht dabei den Isolationsmantel.

2 Die Prüfung erfolgt wie beim Schalter-Test (siehe oben).

Spannung messen

Oft muss festgestellt werden, ob die Bordspannung ein Bauteil überhaupt erreicht. Das kann mit einem Voltmeter erfolgen, einer Prüflampe oder einem Summer (siehe Abbildungen 11 und 12).
Ein Messgerät besitzt den Vorteil der genauen Spannungsmessung. Auch hier ist ein Digital-Voltmeter vorzuziehen, da es erstens Spannungswerte hinter dem Komma anzeigen kann und zweitens eine versehentlich falsche Polung der Prüfspitzen nicht durch Defekt des

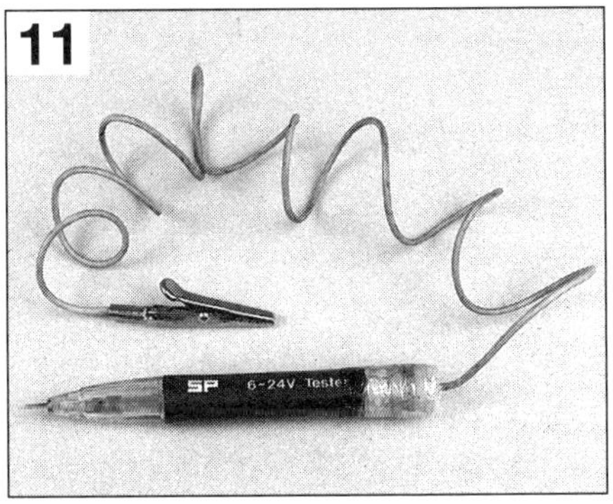

Eine einfache Prüflampe kann gut für Spannungsprüfung benutzt werden.

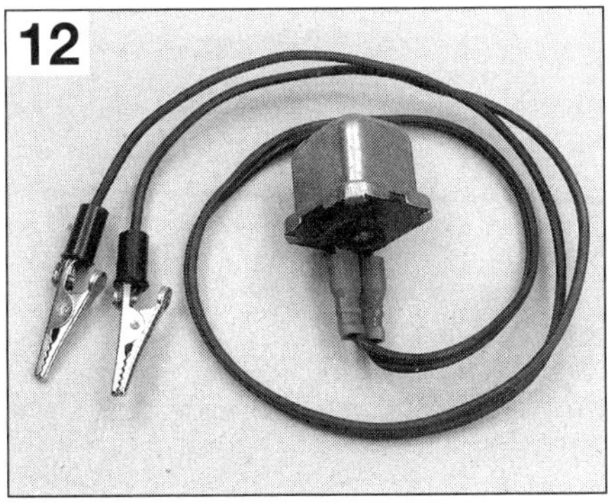

Summer statt Prüflampe

Gerätes, sondern lediglich durch ein Minus vor der Anzeige beantwortet. Bei Analog(Skala)-Geräten achten Sie dagegen peinlich auf die Polung der Prüfspitzen.
Spannung wird immer parallel zur Spannungsquelle gemessen, nie in Reihe.

1 Finden Sie zunächst den betreffenden Schaltkreis anhand des Schaltplans heraus. Sollten auch noch andere Bauteile von diesem Schaltkreis – d. h. von dieser Sicherung – betrieben werden, stellen Sie sicher, dass sie korrekt funktionieren. Trennen Sie sie nötigenfalls vom Schaltkreis, um Messergebnisse nicht zu verfälschen.

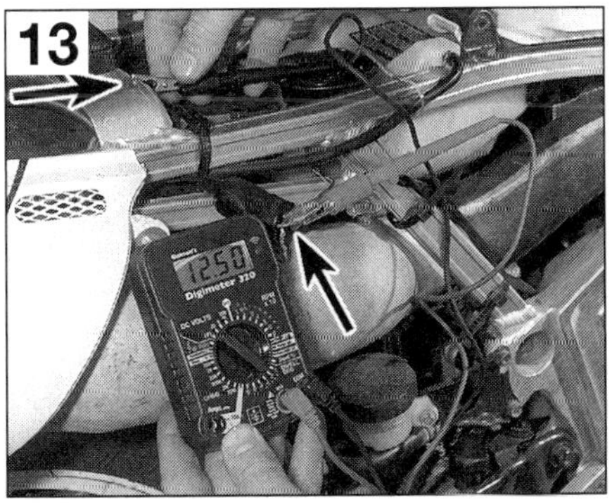

Spannungsprüfung mit dem Voltmeter an den Kabeln des Bremslichts

2 Stellen Sie das Multimeter auf Gleichspannung (DC), 20 Volt, und verbinden die schwarze negative) Prüfspitze mit Masse (Minus), etwa am Rahmen (siehe Abbildung 13). Nun können Sie mit der roten (positiven) Spitze Spannungstests durchführen, z. B. an Klemme 15 der Zündspule, an einem Stecker oder einer Lampe.
3 Verfahren Sie ähnlich, wenn Sie eine Prüflampe oder einen Summer benutzen (siehe Abbildung 14). Hier ist die Polung der Anschlüsse egal, lediglich bei einigen Summern ist sie vorgeschrieben. Beachten Sie, dass alte englische

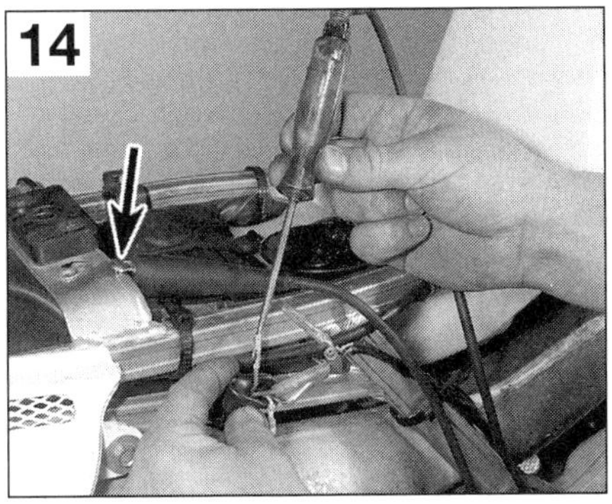

Spannungsprüfung an einem Kabel mit der Prüflampe – Lampe mit Masse verbunden

Motorräder meist nicht Minus, sondern Plus an Masse haben.
4 Können Sie keine Spannung feststellen, wo sie sein sollte, so arbeiten Sie sich systematisch den Schaltkreis zurück Richtung Sicherung. Erreichen Sie dabei einen spannungsführenden Punkt, so wissen Sie, dass zwischen diesem und dem Messpunkt davor die Unterbrechung liegen muss.

Masseverbindung prüfen

Masseanschlüsse sitzen entweder direkt am Rahmen oder Motor (z. B. Leerlaufschalter, Öldruckgeber u. a.) oder laufen über ein Massekabel, das seinerseits am Rahmen befestigt ist. Ursache schlechter Masseanschlüsse ist oft Korrosion, z. B. bei Birnen.
Bei Totalausfall der Elektrik prüfen Sie das Massekabel von der Batterie (Minuspol) zu Rahmen oder Motor. Lösen Sie nötigenfalls das Kabel, schaben Sie die Enden blank, streichen sie mit Kupferpaste ein und montieren es wieder.

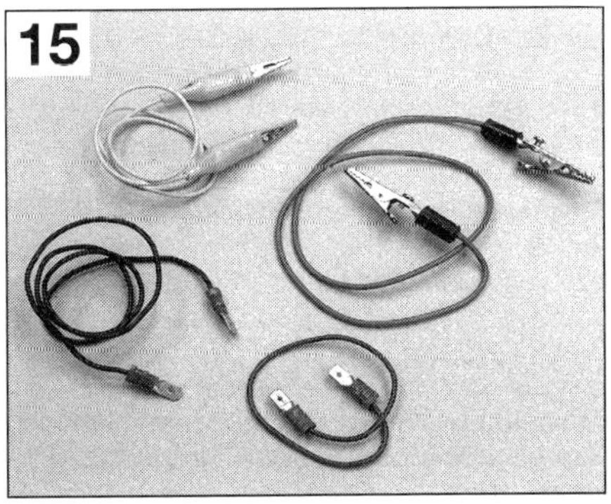

Einige Messkabel, die als Überbrückung verwendet werden können – oben zwei mit Krokodilklemmen.

1 Um den Masseanschluss eines Bauteils zu testen, benötigen Sie Messkabel mit Krokodilklemmen auf beiden Seiten (siehe Abbildung 15). Es ist gut, etwa fünf solcher Kabel in der Länge von je einem Meter in der Werkstatt zur Hand zu haben. Verbinden Sie mit diesem Kabel vorübergehend den Rahmen (Masse) des Motorrads mit dem Minusanschluss des Bauteils und prüfen seine Funktion.
2 Funktioniert das Bauteil nun, so ist sein Masseanschluss defekt. Prüfen Sie den Schaltkreis auf Unterbrechungen und korrodierte Anschlüsse.

Kurzschluss finden

Ein Kurzschluss besteht immer dann, wenn der Verbraucher in einem Stromkreis (Birne, Hupe o.Ä.) überbrückt wird, und der Strom, ohne dessen Widerstand zu passieren, ungehindert nach Masse fließen kann. Üblicherweise brennt dabei die Sicherung des Stromkreises durch.
Oft sind durchgescheuerte Kabel die Ursache, deren Scheuerstelle mit Masse (Rahmen, Motor o.Ä.) in Berührung kommt.

1 Bauen Sie alle Verkleidungsteile ab, die den Schaltkreis verdecken.
2 Schalten Sie alle Schalter des Schaltkreises aus, und entfernen Sie die Sicherung des Kreises. Verbinden Sie eine Prüflampe mit den beiden Anschlüssen der Sicherung. Sie darf nicht leuchten.
3 Bewegen Sie Schritt für Schritt alle Kabel des Schaltkreises, bis die Lampe aufleuchtet. So können Sie leicht die Stelle des Kurzschlusses feststellen.

Erklärung technischer Begriffe

A

ABE Allgemeine Betriebserlaubnis eines Fahrzeugs.
Asbest Natürliches Mineral in Faserform mit hoher Hitzebeständigkeit. Früher in Bremsbelägen und Dichtungen verwendet, heute wegen Krebsgefahr durch andere Materialien ersetzt.
ABS Antiblockier-System. Elektronisches oder mechanisches System, das das Blockieren von Rädern beim Bremsen verhindern soll.
Abzieher Spezialwerkzeug, das Lager oder Zahnräder von Wellen oder aus Gehäusebohrungen zieht.
Akkumulator Chemischer Stromspeicher, landläufig *Batterie* genannt.
Ampere (sprich: Ampehr) Einheit für Stromstärke. Abkürzung: A.
Amperestunden (Ah) Kapazität eines Akkumulators (Batterie).
Anlaufscheibe Unterlegscheibe zwischen zwei sich gegeneinander bewegenden Teilen auf einer Welle.
Anti-Dive Wörtlich: »Eintauch-Verhinderer«. In die Vorderradbremse integriertes System, das das Eintauchen der Telegabel beim Bremsen verhindern soll.
API American Petroleum Institute. Ein Qualitätsmaß für Viertakt-Motorenöle.
ATF Automatic Transmission Fluid. Dünnflüssiges Öl für Automatik-Getriebe, wird oft auch als Dämpferöl in Telegabeln verwendet.
Aufbohren Größerdrehen einer Bohrung, z. B. des Zylinders. Erfordert Übermaßkolben.
axial In Längsrichtung einer Achse wirkend.

B

bar Einheit für Luftdruck. Faustregel für Motorradreifen: 2,5 bar.
Batteriesäure Schwefelsäure bestimmter Dichte und Reinheit.
Benzin-Luft-Gemisch Das Gemisch aus Benzinnebel und Luft, das Vergaser oder Einspritzanlage erzeugen, und dessen Volumenverhältnis erfahrungsgemäß bei 1 : 14,7 liegen sollte, um optimal verbrennen zu können.
Blinkrelais Schalter, der unter Spannung automatisch und regelmäßig an- und ausschaltet. Mechanische und elektronische Bauformen.
Bowdenzug (Sprich: Baudenzug.) Flexibler Seilzug zur mechanischen Fernbetätigung. Beispiel: Gaszug, Kupplungszug, Chokezug. Besteht aus Hülle und Seele.
Buchse An beiden Enden offene Hülse, die im Maschinenbau meist als Lager dient.
Büchse An nur einem Ende offene Hülse, die im Maschinenbau als Verstärkung von Sacklöchern oder als Lager dient.

D

Diagonalreifen Reifen, bei dem die Karkassenfäden schräg zur Laufrichtung liegen.
Dichtring Wellendichtring für rotierende (manchmal auch lineare, siehe Telegabel) Bewegung. Auch: Simmerring (geschützte Bezeichnung der Firma Freudenberg).
Dichtung Flächendichtung zwischen Gehäusehälften, Deckeln oder anderen Maschinenbauteilen. Kann aus unterschiedlichen Materialien bestehen, je nach Einsatzzweck.
Diode Elektronisches Ventil. Lässt Strom nur in einer Richtung passieren. Halbleiterbauteil.
dohc (double overhead camshaft). Doppelte obenliegende Nockenwelle. Bauform der Ventilsteuerung.
Drehmoment Maß für die Kraft, mit der etwas (Kurbelwelle, Schraube) gedreht wird. Einheit: Newtonmeter (Nm), Kraft mal Hebelarm.

E

E-Starter Elektrischer Starter, Anlasser.
Einbereichsöl Öl mit nur einer Viskosität, z. B. SAE 50W.
Einspritzsystem Im Gegensatz zum Vergaser, der das Benzin durch Luftströmung passiv vernebeln lässt, spritzt die Einspritzung den Kraftstoff in exakter Menge in den Ansaugstutzen oder direkt in den Brennraum ein. Sehr aufwändig und teuer, aber genau und kraftstoffsparend.
Elektrodenabstand Spalt zwischen den Zündkerzenelektroden, der ab und zu nachgestellt werden muss. Meist 0,6 bis 0,8 mm breit.
Endloskette Antriebskette, deren Enden nicht zerstörungsfrei getrennt werden können.

F

Federkeil (Auch: Scheibenfeder.) Halbmondförmiger Metallkeil, der, in die Nut einer Welle gelegt, das darüber geschobene Bauteil (Zahnrad, Lichtmaschine) formschlüssig mit der Welle verbindet.
Federscheibe Gewellte Unterlegscheibe aus Federstahl, die Mutter bzw. Schraube am Losdrehen hindern soll.
Flüssige Schraubensicherung Flüssigkeit, von der ein paar Tropfen auf ein Gewinde gegeben und dann die Mutter/Schraube eingedreht wird. Die Flüssigkeit erhärtet unter Luftabschluss und sichert damit die Mutter/Schraube. Verbindung ist mit Schraubenschlüssel wieder lösbar.
Frostschutz Zusatz zum Kühlwasser, der den Gefrierpunkt senkt. Auf Alkohol- oder Glykol-Basis.
Fühlerlehre Auch: Ventillehre. Satz mit verschieden dicken Metallplättchen, die zur Bestimmung von kleinen Innenmaßen dienen.

G

Gabelbrücken Dreieckige Metallklemmen ober- und unterhalb des Lenkkopfs zur Aufnahme der Standrohre.
Gleichrichter Elektronisches Halbleiterbauteil (»Diodenplatte«) zum Umformen der von der Lichtmaschine gelieferten Wechselspannung in Gleichspannung.
Gleichstrom Stromfluss ohne Änderung der Polarität.
Gleitlager Lagerschalen aus bronzebeschichtetem Kupfer oder aus Sintermaterial. Funktioniert nur mit Öldruck: Die Welle gleitet auf einem dünnen Ölfilm in der Lagerbohrung ohne Materialberührung. Verwendung als Kurbelwellen- und Nockenwellenlager. Billig, schnell austauschbar und leise, aber empfindlich und mit hohem Reibwiderstand.

H

Halogenlampe Scheinwerferbirne besonderer Bauform, die mit Halogengas gefüllt ist, um den Niederschlag von verdampfendem Metall der Glühwendel an der Glaswand zu verhindern. Bauformen als H1-, H3- und H4-Birnen.

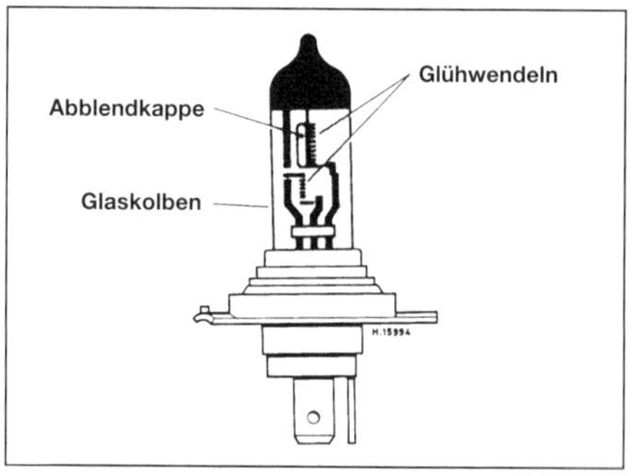

Halogen-Scheinwerferbirne

Hauptlager Lager der Kurbelwelle im Motorgehäuse.
Helicoil Spiralförmiger Gewindeeinsatz zur Reparatur ausgerissener Gewinde, wenn wenig Material vorhanden ist, sodass das Loch nur wenig ausgebohrt werden kann.

Einschrauben eines Helicoil-Gewindeeinsatzes in ein Zündkerzenloch

Hochspannung Spannung im Sekundärstromkreis des Zündsystems zur Produktion des Zündfunkens. Liegt zwischen 15 000 und 35 000 Volt bei sehr geringer Stromstärke. Unangenehm, aber nicht gefährlich.
Honen Überschleifen der Oberfläche eines Zylinders, wobei feine diagonale Riefen entstehen, in denen das Motoröl zur Kolbenschmierung haften kann.
Hydraulik Ein mit Flüssigkeit gefülltes System von Leitungen, um Druck zu übertragen. Üblich an (Scheiben)Bremsen und manchen Kupplungen.
hygroskopisch Wasseranziehend. Trifft auf Bremsflüssigkeit zu.
Hypoidverzahnung Bauform eines Kegeltriebes (siehe Kegelrad), bei der Antriebs- und Abtriebsachse nicht in einer Ebene liegen, sodass die Zähne von Kegel- und Tellerrad in speziellen Kurven (Hypoidkurven) geschliffen werden müssen. Aufwendig und teuer, aber leise und belastbar. Benötigt spezielles Schmieröl (Hypoidöl).

I

IC Integratet circuit, integrierter Schaltkreis. Halbleiterbauteil.
Inbusschlüssel Schlüssel für Innensechskantschrauben.

K

Kabelbaum Durch Schutzschlauch zusammengefasste Kabel, die entlang einer Strecke im Motorrad verlegt sind, z. B. am Rahmen entlang.
Kardanwelle Welle, die mit einem Kreuz- oder Gleichlaufgelenk ihre Drehrichtung um einige Winkelgrade ändern kann. Wurde bei Motorrädern mit Wellenantrieb mit Einführung der Hinterradfederung nötig.
Katalysator Mit Edelmetall beschichtetes Bauteil im Auspuff, das auf chemisch-katalytischem Weg schädliche Abgasbestandteile (Stickoxide, Kohlenwasserstoffe u. a.) in unschädliche umwandeln soll. Wirkung und Nebenwirkungen sind umstritten.
Kegelrad Zusammen mit dem Tellerrad bildet es ein Getriebe, das Drehbewegungen um 90° umlenkt (siehe Abbildung).

Kegel- und Tellerrad zum Umlenken einer Drehbewegung um 90°

Kegelrollenlager Lager mit Innen- und Außenring, Kegelrollen als Wälzkörper. Hohe axiale und radiale Belastbarkeit. Verwendung als Lenkkopf-, Schwingen- und Radlager. Lagerspiel muss eingestellt werden.
Kickstarter Fußbetätigter Hebel zum Durchdrehen des Motors, um ihn zu starten.
Killschalter Not-Aus-Schalter, bei den meisten Motorrädern am rechten Lenkerende. Funktioniert als Kurzschluss- oder Zündunterbrechungs-Schalter. In Deutschland nicht vorgeschrieben.
km Abkürzung für Kilometer.
km/h Abkürzung für Kilometer pro Stunde. Geschwindigkeitseinheit.
Kolbenbolzen (Hohler) Bolzen als Verbindung zwischen Kolben und Pleuelauge. Darf weder im Pleuelauge noch im Kolben Klemmsitz haben. Oberfläche poliert und gehärtet.
Kompression Verringerung des Volumens und Erhöhung des Drucks im Brennraum durch den aufwärtsgehenden Kolben. Kompression wird als Verhältniszahl genannt, z. B. 1 : 10 = zehn Volumenteile Benzin-Luft-Gemisch werden auf ein Volumenteil zusammengepresst.
Kontermutter Mutter, die fest gegen eine andere geschraubt wird, um durch die dadurch hervorgerufene Spannung im Gewinde die zweite am Losdrehen zu hindern.
Kronenmutter Mutter mit zinnenartigen Zacken an einem Ende. Zusammen mit einem Querloch im zugehörigen Gewinde kann die Mutter mit einem Splint gegen Aufdrehen gesichert werden.
Kugellager Lager mit Innen- und Außenring, Kugeln als Wälzkörper. Häufigste Ausführung: Radialrillen-Kugellager. Kann fast nur radiale Kräfte aufnehmen.

L

Lager Mechanische Verbindung zwischen zwei sich gegeneinander bewegenden Maschinenteilen.
Läppen Materialabtrag mit äußerst feinem Schmirgelleinen (Läppleinen). Kurz vor dem Polieren.
LCD Liquid crystal display. Flüssigkristall-Anzeige. Bekannt von Armbanduhren, setzt sie sich langsam auch in Kraftfahrzeug-Instrumenten durch.
LED Light emitting diode. Leuchtdiode. Wird als verschleißfreier und stromsparender Ersatz für Kontrolllämpchen verwendet.
Lenkkopfwinkel, auch Steuerkopfwinkel, Winkel zwischen der gedachten Verlängerung des Lenkkopfs (nicht der Telegabel!) und der Horizontalen.
Lichtmaschine Stromgenerator im Kraftfahrzeug. Unterschiedliche Bauarten möglich.

M

Manschette Topfförmiger Gummiring, der in Bremszylindern für Dichtigkeit beim Betätigen sorgt.
Masse Bezeichnung des Minuspols am Kraftfahrzeug, der außer bei alten englischen Fahrzeugen am Rahmen (Masse) liegt.
Mehrbereichsöl Öle mit speziellen Legierungen, die die Schmierfähigkeit bei unterschiedlichen Temperaturen gewährleisten. Diese Eigenschaft wird in Viskositätsgrenzen ausgedrückt, z. B. SAE 20W50. D. h., dass das Öl bei niedrigen Temperaturen die Viskosität von 20, bei hohen von 50 besitzt.
Mikrometerschraube Messgerät für Längen, das durch feine Einteilung bis tausendstel Millimeter anzeigt. Verwendet zum Messen von Durchmessern, z. B. Kolben, Kolbenbolzen, Ventilschäften u. a.
Multimeter Elektrisches Messinstrument, das Spannung, Widerstand, oft auch Stromstärke und Kapazität messen kann.

N

Nachlauf Strecke vom Aufstandspunkt des Vorderrads zur Kreuzung der Verlängerung des Lenkkopfs mit dem Boden. Der Nachlauf bestimmt wesentlich die Handlichkeit (geringer N.) bzw. die Spurstabilität (großer N.).
Nadellager Lager mit nadelähnlichen Wälzkörpern. Kann hohe, aber nur radiale Kräfte aufnehmen. Verwendung als Pleuellager.
Nasse Zylinderlaufbuchsen Bauform eines wassergekühlten Motors, bei dem die Zylinderlaufbuchsen nicht in den Block eingeschrumpft sind, sondern direkt vom Kühlmittel umspült werden.
Nm Newtonmeter. Maßeinheit für Drehmoment (Kraft mal Weg).
Nylstop-Mutter Mutter mit einem Nylonring in einem Ende. Der Ring wird mit auf das Gewinde geschraubt und sichert die Mutter. Solche selbstsichernden Muttern sind höchstens zweimal zu verwenden.

O

O-Ring-Kette Antriebskette, bei der die Rollen gegen die Laschen mit O-Ringen (Gummi-Dichtringen) abgedichtet sind.
ohc (overhead camshaft). Obenliegende Nockenwelle. Bauform der Ventilsteuerung.
Ohm Einheit für elektrischen Widerstand.
Ohmmeter Widerstandsmessgerät.
ohv (overhead valve). Obenliegende Ventile. Bauform der Gassteuerung beim Viertaktmotor.
Oktanzahl Maß für den Widerstand eines Kraftstoffs gegen Selbstentzündung.
OT Oberer Totpunkt. Höchster Punkt der Kolbenbahn im Zylinder.

P

Pferdestärken (PS) Veraltete Einheit für Leistung. Heute ersetzt durch Watt (W). 1 PS = 0,36 kW.

A

Plastigauge Dünner Plastikstreifen zum Messen von Gleitlagerspiel.
Pleuel (auch: Pleuelstange) Verbindungsstange zwischen Kolben und Kurbelwelle.
Pleuelauge Obere Bohrung im Pleuel, in der der Kolbenbolzen sitzt.
Pleuelfuß Untere Bohrung im Pleuel, in der der Hubzapfen der Kurbelwelle sitzt.
Primärantrieb Antrieb der Kurbelwelle zum Getriebe.
Primärspannung Spannung im Primärstromkreis des Zündsystems. Bei Batteriezündungen 12 Volt, bei Hochspannungskondensatorzündungen (CDI) etwa 400 Volt bei relativ hoher Stromstärke. CDI-Primärspannung daher gefährlich.
PTFE Polytetrafluorethylen. Markenname: Teflon (Firma Dupont). Extrem gleitfähiger und reaktionsarmer Kunststoff. Kann nur in sehr aufwändigen Verfahren mit Metall verbunden werden.

R

radial Senkrecht zu einer Achse wirkend.
Radialreifen Reifen, bei dem die Karkassenfäden in Laufrichtung liegen.
Radstand Abstand zwischen den Senkrechten durch die Radachsen.
Regler Mechanisches oder elektronisches Bauteil im Kraftfahrzeug, das die von der Lichtmaschine gelieferte Spannung im Netz konstant hält, die Lichtmaschine vor Überlastung schützt und den Ladezustand der Batterie regelt.
Relais (Sprich: Relee.) Elektromagnetischer, fernsteuerbarer Schalter. Wird zur Schaltung von hohen Strömen eingesetzt.
Ruckdämpfer Gummiteile in der Hinterradnabe, die den Ruck plötzlicher Lastwechsel zwischen Kettenrad und Nabe dämpfen (siehe Abbildung). Manchmal werden auch rein metallische Ruckdämpfer konstruiert, z. B. in der Kupplung oder am Getriebeausgang (Knagge).

Gummi-Ruckdämpfer in der Hinterradnabe

S

SAE Society of Automotive Engineers. Standard für Flüssigkeits-Viskosität.
Schaltgabeln Gabelförmige Metallteile, die beim Schalten die Zahnräder auf den Getriebewellen hin und her schieben.
Schaltklauen Radiale Verbindungszapfen zwischen Getriebezahnrädern. Die Zapfenflanken sind schräg gefräst (hinterschnitten), damit sich der Eingriff unter Last nicht lösen kann.
Schieblehre Messgerät für Längen, das durch feine Einteilung bis hunderstel Millimeter anzeigt.
Schraubenfeder Spiralförmig gewickelte Feder in Zylinderform. Verwendung als Gabel- und Ventilfeder.
Seegerring Radial federnder Ring, der zur Sicherung eines Bauteils in eine Nut gesetzt wird.
Shim Stahlplättchen spezifischer Stärke, das bei direkt auf die Ventile wirkender Nockenwelle (oft bei dohc-Motoren) als Scheibe dazwischengelegt wird und das Ventilspiel bestimmt.
Sicherung Feiner Draht (Schmelzsicherung) oder Automat, der bei zu hohem Strom in einem Stromkreis (z. B. durch Kurzschluss) den Stromkreis unterbricht.
Simmerring Siehe Dichtring.
Spiel Strecke, mit der sich zwei Bauteile voneinander wegbewegen können, ohne auf Widerstand zu stoßen.
Standrohr Teil der Telegabel, der verchromt und poliert ist und in das Tauchrohr eintaucht.
Steuerkette Antriebsmöglichkeit der Nockenwelle. Billig, aber relativ verschleißanfällig.
Steuerkettenspanner Mechanische Spannvorrichtung, die die Längenausdehnung der Steuerkette ausgleicht.
Stirnräder Antriebsmöglichkeit der Nockenwelle: Zahnradkaskade zwischen Kurbel- und Nockenwelle. Teuer, aber genau und verschleißarm.
sv (side valve). Seitliche Ventile. Bauform der Gassteuerung beim Viertaktmotor (sehr alt).

T

Tauchrohr Teil der Telegabel, in den das Standrohr eintaucht.
Teflon Siehe PTFE.
Telegabel Häufigste Bauart der Vorderradführung und -federung, die aus Stand- und Tauchrohren besteht.
Tellerrad Siehe Kegelrad.
Thyristor Halbleiterbauteil mit hoher elektrischer Belastbarkeit. Verwendung als elektronischer, verschleißfreier Schalter.
Torx Speziell geformtes, sechskantiges Schraubenkopfprofil.
Transistor Halbleiterbauteil, in Zündboxen, Reglern und elektronischen Blinkrelais verbaut.
TWI Treadwear Indicator. Reifenverschleißmarke.

U

U/min. Alte Abkürzung für »Umdrehungen pro Minute«, Drehzahl. Heute: 1/min oder min^{-1}
Unterdruckuhren Messinstrumente, mit denen der Unterdruck in den Ansaugstutzen zwischen Vergaser und Zylinderkopf gemessen werden kann. Erforderlich zum Synchronisieren von Vergasern bei Mehrzylindermotoren.
Unwucht Unterschiedliche Masseverteilung auf dem Umfang eines rotierenden Teils (Rad, Kurbelwelle u. a.). Kann durch Gegengewichte ausgeglichen werden.
Upside-down-Gabel »Umgedrehte« Telegabel, bei der die Standrohre unten und die Tauchrohre oben sind.
UT Unterer Totpunkt. Unterster Punkt der Kolbenbahn im Zylinder.

V

Ventillehre Siehe auch: Fühlerlehre.
Viskosität Fließfähigkeit von Schmierstoffen. Die Viskosität von SAE 5 ist sehr hoch (dünnflüssiges Öl), SAE 90 ist sehr dickflüssig.
Volt Einheit für elektrische Spannung.

W

Watt Einheit für Leistung (W).
Wechselstrom Ständig und regelmäßig die Polung ändernder Stromfluss.
Welle Runder, sich drehender Stab im Maschinenbau.
Widerstand Elektrische Größe, gemessen in Ohm.
Winkel-Anzugsmoment Drehmoment, ausgedrückt in Winkelgraden.
Winkelgradscheibe Messscheibe mit einem Winkelkreis von 360°, mit der sich, auf ein Kurbelwellenende montiert, die Kolbenstellung in Winkelgraden der Kurbelwelle angeben lässt.

Z

Zahnriemen Flacher Antriebsriemen, dessen Innenseite gezahnt ist und damit in entsprechende Zahnräder eingreifen kann. Verwendung als Nockenwellenantrieb und (seltener) als Hinterradantrieb.
Zündreihenfolge Die Reihenfolge, in der Mehrzylindermotoren ihre einzelnen Zylinder zünden. Wird ab Zylinder Nummer eins gezählt.
Zündzeitpunkt Punkt in der Kolbenbahn kurz vor Ende des Verdichtungstakts, bei dem der Zündfunke das Gemisch entzündet. Wird in »Millimeter vor OT« oder in Winkelgraden der Kurbelwelle gemessen.

Umrechnungsfaktoren

Länge (Distanz)

Inches/Zoll (in) x 25,4 =
Millimeter (mm) x 0,0294 = in
Feet/Fuß (ft) x 0,305 =
Meter (m) x 3,281 = ft
Miles/Meile (M) x 1,609 =
Kilometer (km) x 0,621 = M

Volumen (Hubraum)

Cubic Inches (cu in) x 16,387 =
Kubikzentimeter (cm^3) x 0,061 = cu in
Englische (Imperial) Pints (Imp pt) x 0,568 =
Liter (l) x 1,76 = Imp pt
Englische (Imperial) Quarts (Imp qt) x 1,137 =
Liter (l) x 0,88 = Imp qt
Englische (Imperial) Quarts (Imp qt) x 1,201 =
US-Quarts (US qt) x 0,833 = Imp qt
US-Quarts (US qt) x 0,946 =
Liter (l) x 1,057 = US qt
Englische (Imperial) Gallons (Imp gal) x 4,546 =
Liter (l) x 0,22 = Imp gal
Englische (Imperial) Gallons (Imp gal) x 1,201 =
US-Gallons (US gal) x 0,833 = Imp gal
US-Gallons (US gal) x 3,785 =
Liter (l) x 0,264 = US gal

Masse (Gewicht)

Ounces/Unzen (oz) x 28,35 =
Gramm (g) x 0,035 = oz
Pound/Pfund (lb) x 0,454 =
Kilogramm (kg) x 2,205 = lb

Kraft

Ounces-Force (ozf; oz) x 0,278 =
Newton (N) x 3,6 = ozf; oz
Pounds-Force (lbf; lb) x 4,448 =
Newton (N) x 0,225 = lbf; lb
Newtons (N) x 0,1 =
Kilopond (kgf; kg) x 9,81 = N

Druck

Pounds-Force per Square-Inch (psi; lbf/in^2; lb/in^2) x 0,070 =
Kilopond pro Quadratzentimeter (kg/cm^3) x 14,223 = psi; lbf/in^2; lb/in^2
Pounds-Force per Square-Inch (psi; lbf/in^2; lb/in^2) x 0,068 =
Atmosphärendruck (at) x 14,696 = psi; lbf/in^2; lb/in^2
Pounds-Force per Square-Inch (psi; lbf/in^2; lb/in^2) x 0,069 =
bar x 14,5 = psi; lbf/in^2; lb/in^2
Pounds-Force per Square-Inch (psi; lbf/in^2; lb/in^2) x 6,895 =
Kilopascal (kPa) x 0,145 = psi; lbf/in^2; lb/in^2
Kilopascal (kPa) x 0,01 =
Kilogramm pro Quadratzentimeter (kg/cm^2) x 98,1 = kPa

Drehmoment (Kraftmoment)

Pounds-Force Inches (lbf in; lb in) x 1,152 =
Kilopond pro Zentimeter (kg/cm) x 0,868 = lbf in; lb in
Pounds-Force Inches (lbf in; lb in) x 0,113 =
Newtonmeter (Nm) x 8,85 = lbf in; lb in
Pounds-Force Inches (lbf in; lb in) x 0,083 =
Pounds-Force Feet (lbf ft; lb ft) x 12 = lbf in; lb in
Pounds-Force Feet (lbf ft; lb ft) x 0,138 =
Kilopondmeter (kg m) x 7,233 = lbf ft; lb ft
Pounds-Force Feet (lbf ft; lb ft) x 1,356 =
Newtonmeter (Nm) x 0,738 = lbf ft; lb ft
Newtonmeter (Nm) x 0,102 =
Kilopondmeter (kg m) x 9,804 = Nm

Vakuum (Unterdruck)

Inches Mercury (in. HG) x 3,377 =
Kilopascal (kPa) x 0,2961 = in. HG
Inches Mercury (in. HG) x 25,4 =
Millimeter Quecksilbersäule (mm HG) x 0,0394 = in. HG

Leistung

Brake Horsepower (bhp) x 0,7457 =
Kilowatt (kW) x 1,34 = bhp
Brake Horsepower (bhp) x 0,986 =
Pferdestärke (PS) x 1,014 = bhp
Pferdestärke (PS) x 0,7355 =
Kilowatt (kW) x 1,36 = PS

Geschwindigkeit

Miles per hour (mph) x 1,609 =
Kilometer pro Stunde (km/h) x 0,621 = mph

Kraftstoffverbrauch*

Miles per Imperial Gallon (mpg) x 0,354 =
Kilometer pro Liter (km/l) x 2,825 mpg (Imp)
Miles per US-Gallon (mpg) x 0,425 =
Kilometer pro Liter (km/l) x 2,352 = mpg (US)

* *Um von mpg auf Liter pro 100 Kilometer (l/100 km) umrechnen zu können, muss das Ergebnis aus mpg (Imp.) x l/100 km = 282 – bzw. aus mpg (US) x l/100 km = 235 betragen. Beispiel: Bei 31 mpg ergibt 282 : 31 = 9,1 l/100 km*

Temperatur

Grad Fahrenheit (°F) = (°C x 1,8) + 32;
Grad Celsius (°C) = (°F – 32) x 0,56